中国农业标准经典收藏系列

最新中国农业行业标准

第十二辑

种植业分册

农业标准编辑部　编

中 国 农 业 出 版 社

出 版 说 明

近年来，农业标准编辑部陆续出版了《中国农业标准经典收藏系列·最新中国农业行业标准》，将2004—2014年由我社出版的3 300多项标准汇编成册，共出版了十一辑，得到了广大读者的一致好评。无论从阅读方式还是从参考使用上，都给读者带来了很大方便。为了加大农业标准的宣贯力度，扩大标准汇编本的影响，满足和方便读者的需要，我们在总结以往出版经验的基础上策划了《最新中国农业行业标准·第十二辑》。

本次汇编对2015年出版的339项农业标准进行了专业细分与组合，根据专业不同分为种植业、畜牧兽医、植保、农机、综合和水产6个分册。

本书收录了农产品等级规格、农作物生产技术规程、良好农业规范、植物新品种一致性、特异性和稳定性测试指南、品种鉴定分子标记法、采收贮运技术规程等方面的农业标准70项。并在书后附有2015年发布的7个标准公告供参考。

特别声明：

1. 汇编本着尊重原著的原则，除明显差错外，对标准中所涉及的有关量、符号、单位和编写体例均未做统一改动。

2. 从印制工艺的角度考虑，原标准中的彩色部分在此只给出黑白图片。

3. 本辑所收录的个别标准，由于专业交叉特性，故同时归于不同分册当中。

本书可供农业生产人员、标准管理干部和科研人员使用，也可供有关农业院校师生参考。

农业标准编辑部

2016年10月

目　　录

附录

ICS 65.020.01
B 08

中华人民共和国农业行业标准

NY/T 983—2015
代替 NY/T 983—2006

苹果采收与贮运技术规范

Technological specification for harvest, storage and transportation of apples

2015-05-21 发布　　　　2015-08-01 实施

中华人民共和国农业部　发布

前　　言

本标准按照 GB/T 1.1—2009 给出的规则起草。

本标准代替 NY/T 983—2006《苹果贮运技术规范》，与 NY/T 983—2006 相比，主要技术变化如下：

——修订采收后应在 24 h 内入库；

——修订了冷库和气调库贮藏时，入满库后 12 d 之内达到适宜贮藏温度；

——修订苹果贮藏温度为(0±0.5)℃；

——删除了垛间和包装之间的空气应保持流通，但不超过 0.5 m/s；

——增加了土窖贮藏、通风库贮藏技术条款；

——在附录 A.1 和 A.4、附录 B、附录 C 增加了苹果主要品种的保鲜参数、病害防治方法和苹果理化指标检测方法。

本标准由农业部农产品加工局提出并归口。

请注意本文件的某些内容可能涉及专利，本标准的发布机构不承担识别这些专利的责任。

本标准起草单位：天津科技大学、天津绿新低温科技有限公司、北京农业职业学院、天津盛天利材料科技有限公司。

本标准主要起草人：李喜宏、刘霞、刘大苗、王敏、李淑荣、刘海东、王腾月。

本标准的历次版本发布情况为：

——NY/T 983—2006。

苹果采收与贮运技术规范

1 范围

本标准规定了鲜食苹果采收、贮藏、运输技术规范。其中，贮藏方式为土窑洞、通风库、冷库、气调库，运输工具为常温或控温运输的汽车、火车等运输工具，特别规范了贮运过程中温度、湿度、气体指标，分级、包装、贮藏寿命、出库指标、检验规则及检验方法。

本标准适用于富士系、红元帅系、黄元帅系、嘎啦、秦冠等苹果主要栽培品种。

2 规范性引用文件

下列文件对于本文件的应用是必不可少的。凡是注日期的引用文件，仅注日期的版本适用于本文件。凡是不注日期的引用文件，其最新版本(包括所有的修改单)适用于本文件。

GB/T 8559 苹果冷藏技术

GB/T 9829 水果和蔬菜 冷藏中物理条件 定义和测量

GB/T 9830 水果和蔬菜 冷藏后的催熟

GB/T 10651 鲜苹果

GB/T 12292 水果、蔬菜制品 可滴定酸度的测定

GB/T 12295 水果、蔬菜制品 可溶性固形物含量的测定

GB/T 13607 苹果、柑橘包装

GB/T 23244 水果和蔬菜气调贮藏技术规范

NY/T 439 苹果外观等级标准

NY/T 1086 苹果采摘技术规范

SBJ 16 气调冷藏库设计规范

SB/T 10064 苹果销售质量标准

3 术语和定义

下列术语和定义适用于本文件。

3.1

冷库 cold storage

用于在低温条件下保藏货物的建筑群。包括库房、氮压缩机房、变配电室及其附属建(构)筑物。

3.2

气调冷藏库(气调库) controlled atmosphere cold storage(CA cold storage)

采用人工调控气体成分和温、湿度的保鲜货物的建(构)筑群。

3.3

土窑洞 loess cave dwelling

周围具有深厚土层的果品贮藏场所。

3.4

通风库 ventilation library

利用良好的隔热保温材料和有较好通风设备建设的永久性的贮藏库。

4 采收及入贮

4.1 品种

所有苹果品种的果实均适于短期贮藏和运输；用于长期贮藏，特别是气调贮藏的苹果，应选择耐贮性强的品种。通常晚熟品种国光、红富士、秦冠等苹果较耐贮藏；红元帅系、黄元帅系、嘎啦等苹果中熟品种次之；甜黄魁、祝光、早生旭等苹果早熟品种贮藏期较短。

4.2 采收

4.2.1 采收成熟度参考依据

4.2.1.1 易于采摘：果柄基部形成离层，果实容易采摘，但不作为客观标准。

4.2.1.2 果皮的底色：借助标准比色卡、色度仪或经验来判断。

4.2.1.3 种皮颜色：种皮颜色呈黑或黄褐色。

4.2.1.4 果肉硬度：用果实硬度计测量。

4.2.1.5 果实发育期：各地可根据多年的经验得出适合当地各苹果品种采收的平均发育天数。

4.2.1.6 果实横切面的淀粉指数：通过碘—碘化钾淀粉染色来检测。

4.2.1.7 可溶性固形物、可滴定酸含量或固酸比：一般用折光仪测定可溶性固形物含量，碱滴定法测定可滴定酸含量。

如条件许可，可测定果实的呼吸强度、乙烯释放量来掌握苹果的适宜采收期。

上述果实成熟度的确定方法并不是通用的，同一品种在不同产地、立地条件及不同年份，果实的适宜采收期可能不同。气温较高地区和气温较高的年份，苹果耐藏性差；雨量过多的年份果实成熟度差，且病害严重。高海拔地区果实的耐藏性增加，海拔每增加 100 m，果实的成熟期延迟 3 d～8 d。因此，确定某一品种的适宜采收期，不可单凭一项指标，应将上述各因素综合加以考虑，同时根据生产者的经验来确定，苹果主要品种的适宜采收期生理指标见表 A.1。

4.2.2 采收时间和方法

避免雨天和雨后采收，晴天时避开高温和有露水的时间采收。用于长期贮藏或长途运输的苹果应适时早采，成熟一批采收一批。采收时用布制采果袋或内衬布垫的框装果，采果人员须剪去指甲，戴上手套操作，做到适时无伤采收，留果梗。个别品种，如红富士苹果，也可适当剪短果梗。轻拿轻放，避免机械损伤，按 NY/T 1086 的要求进行采摘。

4.3 入库前质量要求

4.3.1 理化和卫生指标

入库前果实的理化指标应满足表 1 的规定，在贮藏结束时果实应具有固有的风味和质量。果实的卫生指标应满足 GB/T 10651 的要求。应去除伤病果。果实常见病害及防治方法参见附录 B。

表 1 苹果入库前的理化指标

品种	硬度，kg/cm^2	可溶性固形物，%	总酸量，%
富士	≥8.0	≥14.0	≤0.40
嘎啦	≥6.5	≥12.5	≤0.35
红星	≥6.5	≥11.0	≤0.40
金冠	≥7.0	≥13.5	≤0.60
元帅	≥6.5	≥11.0	≤0.40
秦冠	≥7.0	≥14.0	≤0.40
国光	≥8.0	≥13.5	≤0.80
红将军	≥7.5	≥14.0	≤0.40
乔纳金	≥6.5	≥13.5	≤0.50

表 1 (续)

品种	硬度,kg/cm²	可溶性固形物,%	总酸量,%
王林	≥6.5	≥13.5	≤0.35
津轻	≥6.5	≥13.5	≤0.40
华冠	≥7.0	≥12.5	≤0.35
红玉	≥7.0	≥12.0	≤0.90
寒富	≥8.0	≥14.0	≤0.40
澳洲青苹	≥8.0	≥12.5	≤0.80
粉红女士	≥8.0	≥13.0	≤0.90

4.3.2 质量要求

4.3.2.1 适时早采用于长期贮藏和长途运输。一般淀粉指数 2 级,即碘化淀粉指数 80%左右。淀粉指数分级标准:苹果横切面用碘液染色,按果肉染色程度由深至浅、染色面积由大到小,将淀粉染色分成 6 个等级,其中 1 级～6 级果肉染色面积比率分别为 100%、80%、60%、40%、20%和 0。

4.3.2.2 果实应具有品种固有的果型、硬度、色泽、风味等特征。

4.3.2.3 果实应要完好、洁净、无机械伤、病虫害和外来水分。

4.3.2.4 用于长期贮藏(气调库贮藏)的果实的外观质量应达到 NY/T 439 规定的"一级"或"特级"标准。

4.3.3 贮藏前处理

4.3.3.1 果实采收后按 NY/T 439 要求进行分级。

4.3.3.2 果实采收后迅速预冷降温,及时入库,一般情况下,苹果采收后应在 24 h 内入库。

4.4 入贮及堆码

4.4.1 库房准备

入贮前按 GB/T 8559 的要求对库房及包装材料进行灭菌消毒处理,然后及时通风换气。库房温度应预先 1 d～3 d 降至－1℃～0℃,使库体充分蓄冷。对于气调库贮藏,还应检查库体的气密性。

4.4.2 入库方式

经过预冷的苹果可成批或一次性入库;未经预冷的苹果需分批次入库,符合 GB/T 8559 的要求。

4.4.3 堆码方式

堆码方式应保证库内空气正常流通。不同品种、等级、产地的苹果应分别堆放。贮藏密度一般不超过 250 kg/m³;大塑料箱或大木箱堆码贮藏密度可增加 10%～20%。垛位不宜过大,垛高视箱强度而定,箱与箱之间摆放要留有足够缝距,一般箱与墙之间保留间距 100 mm～200 mm,箱与箱之间保留间距 10 mm～50 mm,入贮后应及时填写货位标签和平面货位图。货位堆码要按 GB/T 8559 的规定执行。

5 贮藏条件

影响苹果贮藏和运输的物理条件,其定义和测量见 GB/T 9829。

5.1 温度

5.1.1 温度选择

苹果冷藏的适宜贮藏温度因品种而异,大多数品种为(0±0.5)℃,易发生冷害的品种为 2℃～4℃。主要苹果品种的冷藏温度参见表 A.2,入满库后 12 d 之内达到适宜贮藏温度,温差小于±0.5℃,在果实出库前 7 d～10 d 应逐步升温或隔热保温长途运输。

5.1.2 温度测定

定时测定库房温度,测温点的选择要具有代表性,测温点的多少与分布根据库容大小而定。其中一个探头应用来监控库内自由循环的空气温度,对于吊顶式冷风机,探头应安装在从货物到冷风机回风入口处的空间内。

5.2 相对湿度

苹果贮藏的适宜相对湿度为90%～98%，相对湿度测点的选择与测温点一致。

5.3 空气流通

垛间和包装之间应留有空隙，保证空气流通。

6 贮藏方式

苹果贮藏方式主要分为冷库、气调库、土窑洞、通风库等。主要苹果品种的适宜贮藏条件及预期贮藏期参见表A.3、表A.4。

6.1 冷库贮藏

苹果采后应尽快入库预冷、贮藏，满库后12 d内降至适宜贮藏温度。裸果贮藏，库内相对湿度应达到95%～98%；塑料薄膜小包装或大帐贮藏的库内相对湿度在80%～90%。多数苹果小包装袋厚度0.03 mm～0.06 mm；富士苹果小包装袋厚度0.015 mm～0.02 mm。一般小包装的装量为5 kg～15 kg。

6.2 气调库贮藏(CA)

贮藏期在6个月以上或冷害敏感的苹果品种，气体组成一般氧气2%～3%和二氧化碳2%～3%(富士苹果<1%)，见GB/T 23244。

6.3 土窑洞贮藏

利用烟筒或风机强制通风，当气温低于库温(未达到最适贮藏温度)时通风，高于库温时密封门和通风口，主要是降温、保温、防冻。土窑洞内果实采取小包装或大帐自发气调贮藏，并防止二氧化碳伤害和鼠害。

6.4 通风库

利用风道对流或强制通风降温，其中强制通风量为单位时间内库内容积15倍～20倍。库内果实采取小包装或大帐自发气调贮藏，并防止二氧化碳伤害和鼠害。

7 贮藏期限和出库指标

贮藏时间应以不影响苹果销售质量为宜，符合SB/T 10064的要求，要定期抽样检查。苹果出库时要求好果率≥95%，失重率≤5%，硬度指标符合表2的规定。

表2 出库苹果的最低硬度推荐指标

品　种	硬度，kg/cm^2	品　种	硬度，kg/cm^2
澳洲青苹	6.5	红玉	5.5
粉红女士	6.5	华冠	5.5
富士	6.5	金冠	5.9
嘎啦	6.0	津轻	5.5
国光	7.3	乔纳金	5.5
寒富	7.0	秦冠	5.5
红将军	6.5	王林	6.0
红星	5.5	元帅	5.5

8 出库管理

8.1 气调贮藏苹果出库前，必须先解除气调状态，打开门，开动风机对流通风1 h～2 h，使氧气浓度达到21%，应符合SBJ 16规范。

8.2 苹果出库前要逐步升温，升温速度以每次高于果温2℃～4℃为宜，当果温升到低于外界环境温度

4℃～5℃时即可出库。

8.3 出库后，果实应轻搬、轻放、轻拿，避免果实机械伤害。

8.4 需要催熟的品种，冷藏后的催熟按 GB/T 9830 的规定执行。

9 运输

9.1 运输要求

9.1.1 防振减振

在采收以后和出库后的运输过程中，均应轻装轻卸，适量装载，行车平稳，快装快运，运输中应尽量减少振动。

9.1.2 预冷

采收以后不经过贮藏直接长途运输的果实，当果实温度＞15℃时，最好预冷后再装车运输。

9.1.3 温度

运输过程中应保证适当的低温，以 3℃～10℃为宜。

9.1.4 湿度

运输时间短，可不采取保湿措施，长途或远洋运输时果实需采取保湿措施。

9.1.5 气体成分

长途或远洋运输应采用通风的办法防止有害气体累积造成果实伤害。

9.1.6 运输包装及要求

包装容器的技术要求应符合 GB/T 13607 的规定。特等果和一等果必须层装，实行单果包装，用柔韧、干净、无异味的包装材料逐个包紧包严；二等果层装和散装均可。层装苹果装箱时应果梗朝下，排平放实，箱子要捆实扎紧，防止苹果在容器中晃动。包装内不得有枝、叶等异物。封箱后要在箱面上注明产地、重量、等级、品种及包装时间。果实出库装箱后，重量、质量、等级、个数、排列、包装等指标检验合格者可封箱成件。

9.1.7 运输堆码

9.1.7.1 冷藏运输时，应保持车内温度均匀，每件货物均可接触到冷空气。保温运输时，应确保货堆中部及四周的温度适中，防止货堆中部积热和四周产生冻害。

9.1.7.2 堆码时，货物不应直接接触车的底板和壁板，货件与车底板及壁板之间须留有间隙。对于低温敏感品种，货件不能紧靠机械冷藏车的出风口或加冰冷藏车的冰箱挡板。

9.2 运输工具与运输方式

长途运输和大规模运输宜采用冷藏集装箱或气调集装箱。短途运输可采取普通货车运输。装运苹果的车、船应清洁、干燥、无毒、便于通风，不与有毒、有害物质混装混运。

10 检验规则与检验方法

10.1 抽取的样品按规定项目定期检验，包括果实品质、成熟度、好果率、可溶性固形物和可滴定酸等指标。

10.2 理化指标的检验按 GB/T 12292 和 GB/T 12295 的规定执行，并见附录 C，贮藏温度和湿度环境因素的测定按 GB/T 9829 的规定执行。

附 录 A
（资料性附录）
主要苹果品种适宜的采收、保鲜和贮藏参数

A.1 主要苹果品种适宜采收期的生理指标

见表A.1。

表A.1 主要苹果品种适宜采收期的生理指标

序号	品 种	采前处理	贮藏期	硬度，kg/cm²	可溶性固形物，%	总酸量，%
1	澳洲青苹	裸果	短期（2月～3月）	≥7.5	≥13.5	≤0.72
			长期（>7月）	≥8.0	≥12.5	≤0.80
		套袋	短期	≥6.5	≥12.3	≤0.59
			长期	≥7.0	≥11.3	≤0.67
2	粉红女士	裸果	短期（2月～3月）	≥7.6	≥14.0	≤0.70
			长期（>7月）	≥8.0	≥13.0	≤0.90
		套袋	短期	≥6.6	≥12.8	≤0.57
			长期	≥7.0	≥11.8	≤0.77
3	富士	裸果	短期（2月～3月）	≥7.5	≥14.8	≤0.30
			长期（5～7月）	≥8.0	≥14.0	≤0.40
		套袋	短期	≥6.5	≥13.6	≤0.20
			长期	≥7.0	≥12.8	≤0.27
4	嘎啦	裸果	短期（2月～3月）	≥8.0	≥14.0	≤0.25
			长期（4月～5月）	≥9.5	≥12.5	≤0.35
		套袋	短期	≥7.0	≥12.8	≤0.18
			长期	≥7.5	≥11.3	≤0.22
5	国光	裸果	短期（2月～3月）	≥5.5	≥14.0	≤0.20
			长期（5月～7月）	≥6.5	≥12.5	≤0.35
		套袋	短期	≥4.2	≥12.8	≤0.15
			长期	≥5.5	≥11.3	≤0.22
6	寒富	裸果	短期（2月～3月）	≥6.5	≥14.5	≤0.35
			长期（6月）	≥9.8	≥14.0	≤0.40
		套袋	短期	≥5.5	≥13.3	≤0.22
			长期	≥8.2	≥12.8	≤0.30
7	红将军	裸果	短期（2月～3月）	≥7.0	≥15.0	≤0.30
			长期（5月～7月）	≥7.5	≥14.0	≤0.40
		套袋	短期	≥6.0	≥13.8	≤0.20
			长期	≥6.5	≥12.8	≤0.27
8	红星	裸果	短期（2月～3月）	≥5.35	≥12.0	≤0.25
			长期（6月）	≥6.0	≥11.2	≤0.40
		套袋	短期	≥5.0	≥9.0	≤0.15
			长期	≥5.32	≥10.7	≤0.27
9	红玉	裸果	短期	—	—	—
			长期（4月～5月）	≥7.0	≥12.0	≤0.9
		套袋	短期	—	—	—
			长期	≥6.0	≥10.8	≤0.77

表 A.1（续）

序号	品 种	采前处理	贮藏期	硬度,kg/cm²	可溶性固形物,%	总酸量,%
10	华冠	裸果	短期	—	—	—
			长期(6月~7月)	≥7.0	≥12.5	≤0.35
		套袋	短期	—	—	—
			长期	≥6.1	≥11.3	≤0.22
11	金冠	裸果	短期	—	—	—
			长期(7月)	≥6.4	≥13.9	≤0.33
		套袋	短期	—	—	—
			长期	≥6.0	≥11.7	≤0.3
12	津轻	裸果	短期(2月~3月)	≥6.5	≥13.5	≤0.40
		套袋	长期	≥5.6	≥12.3	≤0.27
13	乔纳金	裸果	短期	—	—	—
			长期(5月~6月)	≥6.5	≥13.5	≤0.40
		套袋	短期	—	—	—
			长期(4月~5月)	≥5.5	≥12.0	≤0.37
14	秦冠	裸果	短期	—	—	—
			长期(6月~7月)	≥7.0	≥14.0	≤0.40
		套袋	短期	—	—	—
			长期	≥6.2	≥12.8	≤0.27
15	王林	裸果	短期	—	—	—
			长期	≥6.5	≥13.5	≤0.35
		套袋	短期	—	—	—
			长期	≥5.5	≥12.3	≤0.22
16	元帅	裸果	短期	—	—	—
			长期(6月)	≥6.5	≥11.0	≤0.40
		套袋	短期	—	—	—
			长期	≥5.5	≥9.8	≤0.27
17	藤牧一号	裸果	短期(3月~4月)	≥7.0	≥13.5	≤0.60
		套袋	短期	≥8.0	≥10.3	≤0.35
18	绿帅	裸果	短期(2月~3月)	≥10.5	≥12.0	≤0.23
		套袋	短期	≥10	≥10.8	≤0.15
19	昂林	裸果	短期	—	—	—
			长期(6月)	≥13.0	≥14.0	≤0.35
		套袋	短期	—	—	—
			长期	≥11.5	≥13.0	≤0.28
20	凉香	裸果	短期(2月~3月)	—	—	—
			长期(6月)	≥13.0	≥14.0	≤0.40
		套袋	短期	—	—	—
			长期	≥13.0	≥13.5	≤0.35
21	珊夏	裸果	短期(2月~3月)	≥14.0	≥8.0	≤0.30
		套袋	短期	≥13.0	≥8.0	≤0.20
22	红元帅	裸果	短期	—	—	—
			长期(6月~7月)	≥10.5	≥11.4	≤0.25
		套袋	短期	—	—	—
			长期	≥8.5	≥10.0	≤0.20

A.2 主要苹果品种的冷藏条件

见表A.2。

表A.2 主要苹果品种的冷藏条件

品　种	推荐温度,℃	预期贮藏寿命,月	贮藏期易发病害
澳洲青苹	0	7	虎皮病、果心褐变
粉红女士	0	7	虎皮病
富士	−1～1	5～7	虎皮病、轮纹病、果心褐变、果肉褐变、霉心病、苦痘病
国光	−1～0	5～7	虎皮病、苦痘病
红将军	−1～1	5～7	虎皮病、轮纹病、霉心病、苦痘病
红星		6	虎皮病
红玉	0	4～5	红玉斑点病、炭疽病、低温内部褐变
金冠	−1～0[a] 2～4	7 5	虎皮病、轮纹病、苦痘病、裂果
津轻	1～3	2～3	衰老腐败、虎皮病
陆奥	0～2	4～5	虎皮病
乔纳金	0	5～6	轮纹病、水心病、虎皮病、软虎皮
秦冠	0～1	6	虎皮病、水心病
嘎啦	0	4～5	
元帅		6	苦痘病、虎皮病、水心病、裂果
[a] 仅用于收获时已成熟变红的果实。			

A.3 主要苹果品种的气调贮藏参数表

见表A.3。

表A.3 主要苹果品种的气调贮藏参数表

品　种	推荐温度,℃	推荐气体组合比		预期贮藏寿命,月
		CO_2,%	O_2,%	
澳洲青苹	0～1	1～2	1～2	10～11
粉红女士	0～1	1	2	6～9
富士	−1～0	2	5	9～12
嘎啦	0～1	1.5～2.5	1.5～2	5～8
国光	−1～0	3～6	2～4	8～9
红冠	−1～0	2～5	2～3	6～8
红将军	−1～1	0.5～1	2～3	6～8
红星	−1～0	5	3～4	7～8
红玉	0～2	1～3	1.5～3	6
金冠	−1～0 2～4	1～2.5	1.5～2	8
津轻	0～3	2～2.5	1.5～2	2～3
陆奥	0～2	1～3	1.5～3	6～8
乔纳金	0～1	1.5～3	3	9～10
秦冠	0～1	2～3	2～3	7～9
元帅	−1～0	1～2.5	1.5～2	7～9
太平洋玫瑰	0～0.5	2	2	8～10

A.4 主要苹果贮藏方式及最佳贮藏参数

见表A.4。

表A.4 主要苹果贮藏方式及最佳贮藏参数

序号	品种	贮藏方式	贮藏条件			
			温度,℃	相对湿度,%	气体(保鲜膜)	保鲜剂
1	澳洲青苹	冷库MA	0～1	85～90	—	1.0 μL/L 1-MCP
		标准气调	0～1	85～90	$O_2$1.5%～2.0%,$CO_2$0.5%	
2	粉红女士	冷库MA	0～1	85～90	—	0.5 μL/L 1-MCP
		标准气调	0～1	85～90	$O_2$1%,$CO_2$2%	
3	富士(不套袋)	冰温气调	−1.4	95	$O_2$1%～3%,CO_2<2%	
4	富士(套袋)	冷库MA	−1～0	93～98	—	0.3 μL/L 1-MCP
		标准气调	−1～0	95	$CO_2$0.5%～1%,$O_2$2%～3%,	0.3 μL/L 1-MCP
		土窑洞贮藏	0～2	80～95	—	1.0 μL/L 1-MCP
5	嘎啦	冷库MA	0～1	85～90	—	1.0 μL/L 1-MCP
		标准气调	0～1	85～90	$O_2$1%～2%,$CO_2$2%～3%	
6	寒富	标准气调	0±1	85～90	O_2 3%～5%,CO_2<1%	1.0 μL/L 1-MCP
7	红星	冷库MA	−1～0	80～90	—	0.5 μL/L 1-MCP
		标准气调	−1～0	80～90	$O_2$5%～6%,$CO_2$8%～9%	
		土窑洞气调	0～2	80～90	—	
8	昂林	冷库MA贮藏	0	85～90	—	1.0 μL/L 1-MCP
9	珊夏	冷库MA	0±0.5	85～90	—	1.5 μL/L 1-MCP
10	凉香	冷库MA	0	85～90	—	1.0 μL/L 1-MCP
11	王林	冷库	0～2	90		
12	乔纳金	冷库MA	0～1	85～90	—	
		标准气调	0～1	85～90	$O_2$2%～3%,$CO_2$2%～3%	
13	元帅	冷库MA	−1～0	85～90	—	0.3 μL/L 1-MCP
		土窑洞气调	0～2	85～90	—	
		变动气调	10	85～90	$O_2$2%～3%,CO_2(12±3)%	
14	红元帅	地窖贮藏	1～3	90～95	—	
15	国光	土窑洞气调	0～2	85～90	—	
		标准气调	−1～0℃	90	O_2 3%～5%,CO_2 3%～5%	
		硅窗大帐气调	−0.51℃	90.2～95.2	大帐为0.12 mm的无毒PE薄膜,帐四面各装一个硅窗,CO_2与O_2透气比率6.7	

表 A.4（续）

序号	品种	贮藏方式	贮藏条件			
			温度,℃	相对湿度,%	气体(保鲜膜)	保鲜剂
16	红将军	气调贮藏	−1～1	85～90	O_2 2%～3%,CO_2 0.5%～1%	
17	藤木一号	冷库 MA	−1～0	85～90	—	1.0 μL/L 1-MCP
18	绿帅	冷库 MA	0～0.5	85～90	—	
19	华冠	冷库 MA	0～0.5	85～90	—	
20	津轻	气调贮藏	1～3	85～90	O_2 1.5%～2%,CO_2 2%～2.5%	
21	红玉	土窑洞气调	0～2	85～90	—	
		标准气调	0～2	85～90	O_2 1.5%～3%,CO_2 1%～3%	
22	秦冠	标准气调	0～1	85～90	O_2 2%～3%,CO_2 2%～3%	
23	金冠	土窑洞气调	0～2	85～90	—	
		简易气调	0～2	85～90	硅橡胶活动窗塑料大帐,大帐扣帐后 2 d 帐内 O_2 4%～6%,CO_2 10%～14%;15 d 后,O_2 3%～6%,CO_2 8%～11%	
		标准气调	0～2	85～90	O_2 1%～2%,CO_2 2%～3%	

附 录 B
(资料性附录)
苹果贮藏期出现的主要病害及防治方法

B.1 苹果贮藏期出现的主要病害及防治方法

见表B.1。

表B.1 苹果贮藏期出现的主要病害及防治方法

病害名称	症 状	防治方法	易感品种
低温伤病	初期在果心周围出现微小的褐色,病斑以放射状由内向外扩展,能很快扩展到果皮,在果皮表现软腐状斑块。褐变组织细胞松散,组织解体,变为软腐状,有酒精味,失去食用价值	①采后果实预冷,应缓慢降到贮藏温度条件,防止温差太大 ②对易感病品种,宜在2℃~4℃条件下贮藏	红玉、金冠等
红玉斑点病	在采收时很少有明显症状,在运输和贮藏中逐渐发病,果皮表面有圆形褐色病斑,边缘清晰,微有凹陷,但不深入果肉	适时采收,及时预冷,较快降低贮藏温度均可减轻危害	红玉
虎皮病	其主要症状是在果皮上产生分散不规则的似烫伤状的褐色病斑	①适时采收或适当晚采收 ②创造良好的贮藏环境,果实采收后,尽快进入预定的贮藏状态,主要是降温、低氧和CO_2 ③药剂处理:对长期贮藏的果实,用乙烯拮抗剂1-MCP	小国光、元帅系列
水心病	果肉上发生的呈水渍状的病变,病部硬而半透明。通常靠近维管束处发生。严重时整个果肉都可以发病,甚至从外部可以看得到	①增施磷肥,避免单施铵态氮肥,最好施用复合肥 ②果实采收前2个月,喷布$1\,000\times10^{-6}$的阿拉(二甲胺琥珀酸) ③加强果园排水和过度修剪 ④加强叶斑病和害虫的防治,防止提早落叶	红玉、元帅、大珊瑚等
果肉褐变病	果肉变为浅褐色,受病部分的界限不明显,果肉不变粉绵且果皮不破裂	适时采收,控制好贮藏库温湿度,防止果面结露,用2%~4%氯化钙液浸果等措施加以预防	
斑点病	开始呈各种色斑,绿色品种为褐色斑点,红色品种为黑色斑点。斑点部位易侵入病菌,使果实腐烂	生长期增施磷肥,注意防治早期落叶病,尽量不要早采	
高二氧化碳伤害	果肉褐变,果实表皮凹陷,产生褐斑点	采用具有透气性的保鲜膜包装,贮藏期间适时进行人工气调	澳洲青苹、寒富、红将军

附 录 C
（规范性附录）
苹果理化指标检测方法

C.1 苹果形状和大小测定

取苹果10个，用卡尺测量果实的横径、纵径（cm），分别求果形指数（即纵径/横径）。

C.2 苹果的色泽鲜度测定

取被测果实，现场记载果实的果皮粗细、底色和面色状态。果实的底色可分为深绿、绿、浅绿、绿黄、浅黄、黄、乳白等，也可用特制的颜色卡片进行比较，分成若干级。果实因种类不同，显出的面色也不同，如紫、红、粉红等，记载颜色的种类和深浅及占果实表面积的百分数。

C.3 果实硬度的测定

C.3.1 方法原理

果实的硬度是指果肉抗压力的强弱，以每平方厘米面积上承受压力的千克数（kg/cm^2）或磅数表示。果肉抗压力越强，果实的硬度就越大，也越耐贮藏，反之，抗压力弱果实的硬度就越小。果实硬度大小是衡量果实本身特性和贮藏过程中及结束贮藏时果实品质好坏的重要指标之一。

C.3.2 仪器

硬度计，有长筒式（称泰勒式标准硬度计）和圆盘式2种。

C.3.3 测定方法

预先在果实对应两面的最大横径处（果实腰部）薄薄削去一层皮（略比测头大一些），用一手握果实，并以活塞垂直地指向削去表皮的部分，另一手握住硬度计，施加压力直至测头顶端部分压入果肉时为止，即可在标尺上读出游标所指的千克数或磅数。

C.4 果实比重的测定

果实比重是衡量各种果实质量的重要指标之一。

首先在托盘台秤上称被测果实重量（W）。

将排水筒装满水，多余水由溢水孔流出，至不再滴水为止。置一个量筒于溢水孔下面把果实轻轻放入排水筒中，此时，溢水孔流出的水盛于量筒内，再用细铁丝将果实全部没入水中，待溢水孔不滴水为止，取量筒观察记载果实的排水量，即果实体积（V）。

果实的比重按式（C.1）计算。

$$P = \frac{W}{V} \qquad \text{(C.1)}$$

式中：

P ——果实比重，单位为克/毫升（g/mL）；

W——果实重量，单位为克（g）；

V ——果实体积，单位为毫升（mL）。

C.5 苹果容重的测定

容重是指在每1 cm^3 容积内果蔬的重量，它与果蔬的包装、运输和贮藏关系十分密切。可选用包装用具如竹筐、果箱、纸箱、塑料桶等或特制一个 1 m^3 的容器，装满苹果，取出并称它的总重量，计算出该品种苹果的容重。

C.6 可溶性固形物的测定(折光仪法)

C.6.1 方法原理

苹果中的可溶性物质(主要是可溶性糖)的含量高低，直接反映了苹果品质及成熟程度，是判断适时采收和耐贮藏性的一个重要指标。测定方法比较简单，采用手持折光仪来测定。

C.6.2 仪器

手持折光仪(测糖仪)。

C.6.3 操作步骤

C.6.3.1 打开折光仪进行检查，由目镜观察，转动棱镜旋钮，使视野分成明暗两部分。旋动补偿器旋钮，使视野中除黑白两色外，无其他颜色。转动棱镜旋钮，使明暗分界线在十字线交叉点上。

C.6.3.2 切取果肉一块，挤出果汁数滴置于折光仪检测镜上，合上盖板，使果汁遍布于棱镜表面。

C.6.3.3 对向光源，调节目镜视度，使视野黑白分界线清晰可见，通过放大镜在刻度尺上进行读数，即可得出样品的可溶性固形物的含量。一般重复测定 3 次，取其平均值，以百分数计算。

C.6.3.4 测试前先用蒸馏水将折光仪调节到零位。每次测定完后，必须擦净镜身各部分。

注：折射率通常规定 20℃时测定，得到的读数为可溶性固形物的折射率。例如，样品在刻度上的折射刻度为 12，则此样品的固形物含量为 12%。

C.7 苹果冰点测定

C.7.1 方法原理

冰点是果蔬重要物理性状之一，测定冰点有助于确定果蔬适宜的贮运温度及冻结温度。果蔬汁液的冰点测定，是根据液体在低温条件下，温度随时间下降，当降至该液体冰点时，由于液体结冰放热的物理效应，温度不随时间下降，过了该液体的冰点，温度又随时间下降。根据这种现象，测定液体温度与时间的关系曲线，其中温度不随时间下降的一段曲线所对应的温度，即为该液体的冰点。

C.7.2 仪器与试剂

C.7.2.1 仪器

标准温度计(规格－10℃～10℃，精确度±0.1℃)、研钵(或捣碎器)、烧杯。

C.7.2.2 试剂

盐水，－6℃以下。

C.7.3 操作步骤

取一定量的苹果样品研碎，用双层纱布过滤。滤液放在烧杯中，液量要足够浸没温度计的水银球部，把小烧杯置于冰盐中，插入温度计，温度计的水银球必须浸在样品汁液中，并且不断搅拌汁液。从汁液温度降至 2℃时，开始记录温度，每 30 s 记 1 次。温度随时间下降，降至冰点以下，这时由于液体结冰放热的物理效应，汁液仍不结冰，接着温度突然上升，并出现相对稳定(汁液已结冰)。这时的温度就是样品汁液的冰点。

C.8 可滴定酸的测定(滴定法)

C.8.1 方法原理

果蔬中含有各种有机酸，主要的有苹果酸、柠檬酸、酒石酸、草酸等。果蔬种类不同，含有机酸的种类与数量也不同。果蔬含酸量测定是根据酸碱中和原理，即用已知浓度的碱溶液滴定，并根据碱溶液用量，计算出样品的含酸量。计算时以该果蔬所含主要的酸来表示。

C.8.2 仪器与试剂

C.8.2.1 仪器

50 mL 或 1 000 mL 碱式滴定管、200 mL 容量瓶、20 mL 移液管、150 mL 三角瓶、研钵或捣碎机、分析天平、漏斗、棉花或滤纸。

C.8.2.2 试剂

C.8.2.2.1 0.1 moL/L 氢氧化钠溶液：称取氢氧化钠（NaOH）4 g，溶于 1 000 mL 煮沸并冷却的蒸馏水中。

C.8.2.2.2 1%酚酞指示剂：称取 1 g 酚酞，溶于 100 mL 95%乙醇中。

C.8.3 操作步骤

称取均匀样品 20 g 研碎（或捣碎），移入 200 mL 容量瓶中，加蒸馏水至刻度，混合均匀后，用棉花或滤纸过滤。

吸取 20 mL 滤液于三角瓶中，加酚酞指示剂 2 滴，用 0.1 moL/L 氢氧化钠溶液滴定至粉红色，持续 1 min 不褪色，记下氢氧化钠溶液用量。每个样品重复滴定 3 次，取其平均值。

C.8.4 结果计算

果实含酸量按式（C.2）计算。

$$P=\frac{N\times V_1\times V_2\times A}{W\times V}\times 100 \quad \cdots\cdots\cdots\cdots (C.2)$$

式中：

P ——可滴定酸含量，单位为百分率（%）；

W ——样品鲜重，单位为克（g）；

V ——样品液制成总体积，单位为毫升（mL）；

V_1 ——吸取样品滤液体积，单位为毫升（mL）；

V_2 ——滴定时消耗氢氧化钠溶液用量，单位为毫升（mL）；

N ——氧氧化钠溶液当量浓度，单位为摩尔每升（moL/L）；

A ——各种有机酸当量值：苹果酸 0.067，柠檬酸 0.064，酒石酸 0.065。

注：有些果蔬容易榨汁，而其汁液含酸量能代表果蔬含酸量，可以榨汁取定量汁液（10 mL）稀释后（加蒸馏水 20 mL），直接用 0.1 moL/L 氧化钠溶液滴定。

C.9 乙烯的收集和测定（气相色谱仪）

C.9.1 方法原理

乙烯气体是一种植物激素，产生于成熟的果实，有"成熟激素"之称，其浓度往往为判断果实成熟程度及其耐藏性的指标。测定果实中乙烯浓度的方法是先收集果实中的气体样品，然后将此气体通过气相色谱仪进行测定。气相色谱仪中的层析柱能将气体样品中的乙烯与其他有机挥发物质分开，并判定乙烯气体的浓度。

C.9.2 仪器与试剂

C.9.2.1 仪器

注射器、打孔器、真空干燥器、短颈漏斗、血浆塞、真空泵、U 型水银压力汁活塞、气相色谱仪等。

C.9.2.2 试剂

氯化钠。

C.9.3 操作步骤

C.9.3.1 样品中乙烯气体的收集

取果实用打孔器在果实上打一小孔，然后在孔内塞紧血浆塞，并在血浆塞与果实接触的外缘用少许凡士林涂抹使其密封。将果实放在一定温度下，经过一定时间(一般需 1 h～4 h)，用 1 mL 注射器插入血浆塞中取样，并注入气相色谱中，测定果实在一定条件下和一定时间内所释放的乙烯量。

C.9.3.2 气体样品中乙烯浓度的测定

将以上取气的注射器针头插入气相色谱仪的注射口隔膜，迅速而均匀地将 1 mL 气体样品注入，取出针头，记录乙烯出峰的时间。

在测定气体以前，必须先测定标准乙烯气以作为计算的依据。测定时可根据需要取含乙烯 1 mL/L、10 mL/L、100 mL/L、1 000 mL/L 等不同已知浓度的标准乙烯气各 1 mL，注入气相色谱仪中，求其峰高值，并记录乙烯峰出现的时间。

C.9.4 结果计算

所得气体的乙烯浓度都直接代表果实内部气体中乙烯的浓度，不需进一步换算，将测得的乙烯峰高值，与标准气样的峰高值比较，即可求出乙烯含量。

ICS 67.080.10
B 31

中华人民共和国农业行业标准

NY/T 1392—2015
代替 NY/T 1392—2007

猕猴桃采收与贮运技术规范

Technical specification of kiwifruit harvesting, storage and transportation

2015-05-21 发布 2015-08-01 实施

中华人民共和国农业部 发布

前　言

本标准按照 GB/T 1.1—2009 给出的规则起草。

本标准替代 NY/T 1392—2007《猕猴桃贮藏技术》。与 NY/T 1392—2007 相比，除编辑性修改外，主要技术变化如下：

——修订了适用范围、规范性引用文件、术语和定义、等级规格、包装及标签、气调库贮藏温度要求以及运输基本要求；

——增加了适宜采收期参考指标、不宜长期贮藏果实的质量要求；

——删除了对主要贮藏品种的推荐、果实卫生要求检验、贮藏箱规格、限气贮藏、出库时的回温过程以及检验规则等内容。

本标准由农业部种植业管理司提出。

本标准由全国果品标准化技术委员会(SAC/ TC 501)归口。

本标准起草单位：中国农业科学院郑州果树研究所。

本标准主要起草人：方金豹、齐秀娟、陈锦永、顾红、林苗苗、张威远、魏世忠、张洋。

本标准的历次版本发布情况为：

——NY/T 1392—2007。

猕猴桃采收与贮运技术规范

1 范围

本标准规定了猕猴桃(*Actinidia* Lindl.)采收、贮藏与运输的技术要求。

本标准主要适用于中华猕猴桃(*A. chinensis*)和美味猕猴桃(*A. deliciosa*)的采收与贮运。

2 规范性引用文件

下列文件对于本文件的应用是必不可少的。凡是注日期的引用文件,仅注日期的版本适用于本文件。凡是不注日期的引用文件,其最新版本(包括所有的修改单)适用于本标准。

GB/T 8855 新鲜水果和蔬菜的取样方法

NY/T 1778 新鲜水果包装标识 通则

NY/T 1794 猕猴桃等级规格

3 术语和定义

下列术语和定义适用于本文件。

3.1

适宜采收期 suitable harvest period

符合一定的实际需求,如采后立即食用、采后不久可通过后熟之后食用、采后贮藏、加工要求等或者果实达到成熟,能够充分体现品种特性和品质,此时的采收期是适宜采收期。

3.2

果实生育期 fruit development period

自坐果开始(谢花)到果实发育成熟(生理成熟)所持续的时间。

3.3

预冷 precooling

果实贮藏前或运输前,将其所携带的田间热量迅速去除,使果实温度降低到要求的降温措施。

3.4

气调贮藏 controlled atmosphere storage

通过人工调节贮藏环境中 O_2 和 CO_2 浓度的贮藏方式,通常称为人工气调贮藏或气调贮藏。

3.5

控温运输 temperature-controlled transportation

在运输过程中,利用制冷设备调控温度,使运输容器内的温度控制在一定的范围内。

3.6

非控温运输 temperature-uncontrolled transportation

在运输过程中,未利用制冷设备调控温度,且运输容器内的温度未能控制在一定的范围内。

4 采收

4.1 采收指标

适宜采收期评价参考指标见表 1。

表1 适宜采收期参考指标

参考指标	范 围
可溶性固形物含量	≥6.2%
果实生育期	各产区可根据调查和试验数据，确定适合当地各猕猴桃品种采收的平均发育天数
果实硬度	80%以上果实的硬度开始下降
果梗与果实分离的难易	80%以上的果实果柄基部形成离层、果实容易采收
果面特征变化	80%以上的果实果面特征如颜色发生变化、茸毛部分或全部脱落等
种子颜色	呈现黄褐色
干物质含量	≥15%
果肉色度角	对于黄肉品种，果肉色度角在≤103°
不同品种或同一品种在不同产地及不同年份，适宜采收期各不相同。确定某一品种的适宜采收期，应综合考虑以上因素，通过仪器检测和生产者经验来综合确定。	

4.2 采收方法

避免雨天和雨后采收。晴天时，避开高温和有露水的时候采收。采前10 d果园不能灌水。雨后3 d～5 d不能采收。果实应成熟一批采收一批，做到适时无伤采收。整个采收过程中严防机械损伤，轻采轻放。随手将有各种明显伤害症状的果实、畸形果、等外果剔出。将采下的果实装入周转箱，放在树荫下或者阴凉、通风的场所，严禁在太阳下暴晒。

5 贮藏

5.1 挑选

5.1.1 除去小果、烂果、病虫果、畸形果等。

5.1.2 不宜长期贮藏的果实：果个过大；产自幼树；施肥比例不当，尤其是偏施氮肥树体果实；采后长时间常温下放置的果实；采前灌水过多或雨季采收的果实；过熟果或未熟果。

5.2 分等分级

按照NY/T 1794的规定执行。

5.3 包装、标识

按照NY/T 1778的规定执行。特级和一级猕猴桃果实建议单层托盘包装，果实之间应隔开。单个包装内最大果与最小果重量差异按照NY/T 1794的规定执行。

5.4 预冷

果实装箱后，应送到预冷间或冷藏间进行阶梯式降温，经15℃、10℃到5℃预冷后，按目标温度贮藏。

5.5 库房准备

入库前对制冷设备检修并调试正常。对库房及包装材料进行灭菌、消毒、灭鼠处理，然后及时通风换气。库房温度应预先3 d～5 d降至目标温度，使库充分蓄冷；对于气调贮藏，还应检查库体的气密性。

5.6 贮藏条件

库温控制在(0±0.5)℃(美味猕猴桃)或(1±0.5)℃(中华猕猴桃)，空气相对湿度为90%～95%。

气调库贮藏时O_2和CO_2浓度分别控制在2%～3%、3%～5%。

5.7 入库

将包装好的果实分批集中入库，每日入库量不超过库容量的25%。入库时间宜安排在清晨或者夜间外界气温低的时段，每间库房入库装载的时间连续不超过5 d。每间库房装载结束后，应在3 d内将库温降低并稳定在目的保存温度。

5.8 码垛

将包装箱按事先设定的位置和堆码方式进行码垛，码垛要合理，保证冷却循环良好。1 d 内进库量大时，应将果实分散在几个垛位上码放，以便果实散热降温。货垛堆码要牢固、整齐，货垛间隙走向与库内气流循环方向一致。货垛应按产地、品种、等级分别堆码并悬挂标牌。

5.9 贮藏环境条件监测

环境中温度、湿度和气体检测有自动监测和人工监测。

5.9.1 自动监测

冷库和气调库采用计算机管理，库内温度、湿度、O_2、CO_2以及乙烯浓度自动显示记录，可使用乙烯脱除机或 1-甲基环丙烯(1-MCP)来控制乙烯。贮藏时应根据要求，准确设定温度、湿度、O_2和 CO_2浓度。

5.9.2 人工监测

a) 温度和湿度的检测：在库内平面和垂直位置上，设置不少于 5 个点，悬挂干湿温度计或放置温湿度仪。温度稳定后，每天定时检测一次库房内的温度和湿度，根据检测结果采取相应的管理措施；

b) O_2和 CO_2浓度检测：应用二氧化碳氧气气体检测仪，贮藏前期间隔 2 d～3 d 检测一次，贮藏中期间隔 3 d～5 d 检测一次，贮藏后期间隔 5 d～7 d 检测一次。

5.10 贮藏效果监测

从库房不同位置取样，并按照 GB/T 8855 的规定执行。猕猴桃贮藏期，每间隔 10 d～15 d 抽取一定数量的样品，对腐烂果率、果肉硬度、可溶性固形物含量分别进行检测。

5.10.1 腐烂果率

对不少于 50 个果实逐果检查，以腐烂果的个数占检测果总数的百分率计。腐烂果率≤2%时，可继续贮藏。

5.10.2 果肉硬度

从抽取的样品中，随机取 10 个～20 个果实，逐果检测果肉硬度，平均硬度≥3 kg/cm^2时，可继续贮藏。

5.10.3 可溶性固形物

将检测果肉硬度的各个样果汁液收集起来，混合均匀，用于测定可溶性固形物含量。可溶性固形物含量≤10%时，果实可继续贮藏。

上述 3 项指标均可单独作为判断猕猴桃贮藏效果的指标，其中任何一项不符合贮藏要求时，都应及时对果实做出适当处理，以免造成不必要的损失。有特殊要求时，应对受冻害果率、干物质含量、维生素 C 含量和可滴定酸含量进行检测。

5.11 出库

根据客户需求或贮藏效果检测超过允许范围时应及时出库，腐烂、软化及其他不符合上市要求的果实应重新包装上市。

6 运输

6.1 运输方式

6.1.1 非控温运输

采用非控温的方式运输，应用篷布(或其他覆盖物)遮盖。并根据天气情况，采取相应的防热、防冻、防雨措施。

6.1.2 控温运输

采用控温的方式运输，控温车、船应控制温度为适宜冷藏温度，温度以 1℃～10℃为宜。

6.2 运输基本要求

6.2.1 运输前处理

采收后直接销售的果实,在中、长途运输前应对其进行预冷处理,消除果实的田间热。无论采用哪种运输工具,也不论运输距离远近,所有果实都要用箱包装,但每箱果实重量宜控制在 20 kg 以内。

6.2.2 运输条件

运输工具应清洁、卫生、无异味、无污染,严禁与其他有害、有毒、有异味的物质混装混运。短距离运输可用卡车等一般的运输工具;长距离运输要求有调温、调湿、调气设备的集装箱运。

6.2.3 堆码要求

a) 从产地到贮藏库非控温运输时,果箱在车内应码成花垛,以便通风散热。从贮藏库运往市场,宜用控温运输。当用非控温的方式运输时,果箱在车内应堆码紧密,并用棉被等覆盖,以保持车厢内较低温度;

b) 控温运输时,应保持车内温度均匀,温度控制在 0℃～2℃。每件货物均可以接触到冷空气,确保货堆中部及四周的温度均匀,防止货堆中部积热及四周产生冻害。

c) 控温运输堆码时,货物不应直接接触车的底板和壁板,货件与车底板及壁板之间需留有间隙。对于低温敏感的品种,货件不能紧靠机械冷藏车的出风口或加冰冷藏车的冰箱挡板。

6.2.4 装卸及行车要求

应轻装轻卸,适量装载,行车平稳,快装快运,运输中尽量减少震动。

ICS 67.080.10
B 31

中华人民共和国农业行业标准

NY/T 1648—2015
代替 NY/T 1648—2008

荔枝等级规格

Grades and specifications of litchi

2015-10-09 发布 2015-12-01 实施

中华人民共和国农业部 发布

前　言

本标准按照 GB/T 1.1—2009 给出的规则起草。

本标准代替 NY/T 1648—2008《荔枝等级规格》。本标准与 NY/T 1648—2008 相比，主要技术变化如下：

——增加了机械伤、病虫害症状、异味、异品种的术语及定义；

——修改了规格的具体要求，规格指标由果实千克粒数改为单果重，将“规格误差允许范围”改为“规格容许度”；

——修改了等级的具体要求，增加了“外物污染物”、“异品种果实”等要求，将“等级误差允许范围”改为“等级容许度”；

——增加了“检验规则”中的检验批次、检验方法、判定规则；

——修改了包装和标识的具体要求；

——增加了贮运的具体要求。

本标准由农业部农垦局提出。

本标准由农业部热带作物及制品标准化技术委员会归口。

本标准起草单位：农业部蔬菜水果质量监督检验测试中心（广州）、广东省农业科学院农产品公共监测中心。

本标准主要起草人：王富华、耿安静、杨慧、赵晓丽、文典、陈岩、何舞。

本标准的历次版本发布情况为：

——NY/T 1648—2008。

荔枝等级规格

1 范围

本标准规定了荔枝等级规格的术语和定义、要求、检验规则、包装、标识及贮运。

本标准适用于新鲜荔枝的规格、等级划分。

2 规范性引用文件

下列文件对于本文件的应用是必不可少的。凡是注日期的引用文件，仅注日期的版本适用于本文件。凡是不注日期的引用文件，其最新版本（包括所有的修改单）适用于本文件。

GB/T 191 包装储运图示标志

GB/T 5737 食品塑料周转箱

GB/T 6543 运输包装用单瓦楞纸箱和双瓦楞纸箱

GB/T 8855 新鲜水果和蔬菜 取样方法

GB 9687 食品包装用聚乙烯成型品卫生标准

国家质量监督检验检疫总局 2005 年 75 号令 定量包装商品计量监督管理办法

3 术语和定义

下列术语和定义适用于本文件。

3.1

机械伤 mechanical injury

果实采摘时、采摘前后或运输受外力碰撞或受压迫、摩擦等造成的损伤。

3.2

病虫害症状 symptom caused by diseases and pests

果皮或果肉遭受病虫为害，以致形成肉眼可见的伤口、病虫斑、水渍斑等。

3.3

缺陷果 defective fruit

机械伤、病虫害等造成创伤的，未发育成熟或过熟的果实。

3.4

一般缺陷 general defection

荔枝果皮受到病虫害或轻微机械伤等而影响果实外观，但尚未影响果实品质。

3.5

严重缺陷 serious defection

荔枝果实受到蛀果害虫、椿象、吸果夜蛾、霜疫霉病等病虫的为害或严重机械伤，导致严重影响果实外观和品质。

3.6

异味 abnormal smell and taste

果实吸收了其他物质的不良气味或因果实变质等其他原因而引起的不正常气味或滋味。

3.7

异品种 different variety

荔枝分类上相互不同的品种或品系。

4 要求

4.1 规格

4.1.1 规格划分

以单果重为指标，荔枝分为大(L)、中(M)、小(S)三个规格。各规格的划分应符合表1的规定。

表1 荔枝规格

单位为克

规　　格	大(L)	中(M)	小(S)
单果重	＞25	15～25	＜15
同一包装中的最大和最小质量的差异	≤5	≤3	≤1.5

4.1.2 规格容许度

规格容许度按质量计：

a) 大(L)规格荔枝允许有5%的产品不符合该规格的要求；

b) 中(M)、小(S)规格荔枝允许有10%的产品不符合该规格的要求。

4.2 等级

4.2.1 基本要求

根据对每个等级的规定和容许度，荔枝应符合下列基本条件：

——果实新鲜，发育完整，果形正常，其成熟度达到鲜销、正常运输和装卸的要求；

——果实完好，无腐烂或变质的果实，无严重缺陷果；

——果面洁净，无外来物；

——表面无异常水分，但冷藏后取出形成的凝结水除外；

——无异味。

4.2.2 等级划分

在符合基本要求的前提下，荔枝分为特级、一级和二级。各等级的划分应符合表2的规定。

表2 荔枝等级

等　级	要　　求
特　级	具有该荔枝品种特有的形态特征和固有色泽，无变色，无褐斑；果实大小均匀；无裂果；无机械伤、病虫害症状等缺陷果及外物污染；无异品种果实
一　级	具有该荔枝品种特有的形态特征和固有色泽，基本无变色，基本无褐斑；果实大小较均匀；基本无裂果；基本无机械伤、病虫害症状等缺陷果及外物污染；基本无异品种果实
二　级	基本上具有该荔枝品种特有的形态特征和固有色泽，少量变色，少量褐斑；果实大小基本均匀；少量裂果；少量机械伤、病虫害症状等缺陷果及外物污染；少量异品种果实

4.2.3 等级容许度

等级容许度按质量计：

a) 特级允许有5%的产品不符合该等级的要求，但应符合一级的要求；

b) 一级允许有8%的产品不符合该等级的要求，但应符合二级的要求；

c) 二级允许有10%的产品不符合该等级的要求，但应符合基本要求。

5 检验规则

5.1 检验批次

同一生产基地、同一品种、同一等级、同一日采收的荔枝鲜果为一个检验批次。

5.2 抽样

按 GB/T 8855 的规定执行。

5.3 检验方法

5.3.1 规格

从抽样所得样品中随机取 10 颗果实，用精度为 0.1 g 的天平称量果实重量，计算单果重。

5.3.2 等级

将样品置于自然光下，有鼻嗅和品尝的方法检测异味，其余指标由目测、手捏等进行评定，并做记录。当果实外部表现有病虫害症状或对果实内部有怀疑时，应抽取样果剖开检验。一个果实同时存在多种缺陷时，仅记录最主要的一种缺陷。

5.3.3 结果计算

不合格率以不合格果与检验样本量的比值百分数计，结果保留一位小数。

5.4 判定规则

5.4.1 规格判定

整批产品不超过某规格规定的容许度，则判为某规格产品。若超过，则按低一级规定的容许度检验，直到判出规格为止。

5.4.2 等级判定

整批产品不超过某等级规定的容许度，则判为某等级产品。若超过，则按低一级规定的容许度检验，直到判出等级为止。

6 包装

6.1 一致性

同一包装内产品的等级、规格、品种和来源应一致，如有例外要进行特别说明。包装内可视部分的产品等级规格应能代表整个包装中产品的等级规格。

6.2 包装材料

包装容器要求大小一致、洁净、干燥、牢固、透气、无异味。塑料箱应符合 GB/T 5737 的规定，纸箱应符合 GB/T 6543 的规定。内包装可用聚乙烯塑料薄膜(袋)，应符合 GB 9687 的规定。如用竹篓或塑料筐包装，允许在篓底、筐底及篓面、筐面铺垫或覆盖少量洁净、新鲜的树叶。

6.3 包装容许度

每个包装单位净含量及允许误差应符合国家质量监督检验检疫总局 2005 年 75 号令的要求。

6.4 限度范围

每批受检样品等级或规格的允许误差按其所检单元的平均值计算，其值不应超过规定的限度，且任何所检单位的允许误差不应超过规定值的 2 倍。

7 标识

包装上应有明显标识，内容包括：产品名称、品种名称及商标、等级(用特、一、二汉字表示)、规格[用大(L)、中(M)、小(S)或者直观易懂的词汇表示，同时标注相应规格指标值的范围]、产品执行标准编号、生产者(生产企业)或供应商(经销商)名称、详细地址、邮政编码及电话、产地(包括省、市、县名，若为出口产品，还应冠上国名)、净重、毛重和采收日期、包装日期等，若需冷藏保存，应注明其保存方式。标注内容要求字迹清晰、完整、准确，且不易褪色、无渗漏，标注于包装的外侧。包装、贮运、图示应符合 GB/T 191 的要求。

8 贮运

荔枝贮藏和运输条件应根据荔枝的品种、运输方式和运输距离等进行确定，以确保荔枝品质。

ICS 11.120.01
B 38

中华人民共和国农业行业标准

NY/T 2671—2015

甘味绞股蓝生产技术规程

Code of practice for sweet
Gynostemma pentaphyllum **production**

2015-02-09 发布　　2015-05-01 实施

中华人民共和国农业部　发布

前　言

本标准按照 GB/T 1.1—2009 给出的规则起草。

本标准第 9 章和第 10 章为强制性条款，其余为推荐性条款。

本标准由中华人民共和国农业部提出并归口。

本标准起草单位：恩施土家族苗族自治州农业科学院、湖北民族学院、湖北省农业科学院。

本标准主要起草人：李卫东、陈永波、黄光昱、刘金龙、郭光耀、向极钎、胡百顺、程群、朱云芬、石月明、李红英、徐怡、郑威。

甘味绞股蓝生产技术规程

1 范围

本标准规定了甘味绞股蓝(sweet *Gynostemma pentaphyllum*)生产的产地、种苗繁育、生产管理、采收、设备设施及投入品管理。

本标准适用于甘味绞股蓝的生产。

2 规范性引用文件

下列文件对于本文件的应用是必不可少的。凡是注日期的引用文件,仅注日期的版本适用于本文件。凡是不注日期的文件,其最新版本(包括所有的修改单)适用于本文件。

GB 5084 农田灌溉水质标准

GB/T 8321(所有部分) 农药合理使用准则

NY/T 496 肥料合理使用准则 通则

WM/T 2 药用植物及制剂外经贸绿色行业标准

3 产地

选择适合甘味绞股蓝生长的腐殖土、沙壤土和壤土,适宜生长温度－10℃～35℃,年降水量1 000 mm～2 000 mm。

生产基地应灌溉方便,远离污染源。

4 种苗繁殖

在播种前半月将苗床施足底肥,播前5 d～7 d起垄,精细整平垄面,喷洒土壤消毒剂进行土壤消毒,然后将千粒重为9 g～10 g、发芽率在90%以上的甘味绞股蓝种子精细播种,株行距3 cm×3 cm,播种深度3 cm～4 cm,每穴1粒,上盖细腐殖土。当苗高达10 cm以上即可按种植规格带土移栽,栽后浇足定根水。

5 大田管理

5.1 整地

播种前翻耕晒田3 d～5 d,整细、整平田块作垄,垄宽120 cm左右,垄沟宽20 cm～30 cm,垄深25 cm左右。做到垄面平整,沟渠畅通,排灌方便。

甘味绞股蓝连作的土地,每年收获后,田块灌水淹没田土5 d～7 d,消减根际害虫;若在旱田区域种植,则在栽种前15 d～20 d结合整田将生物杀虫剂拌细土混匀撒于定植穴内或定植沟内。

底肥根据土壤肥力等理化指标合理施用腐熟农家肥、复合微生物菌剂肥、生物有机肥或氮磷钾复合肥。

5.2 种植

一年有春秋两季栽种期:早春在气温上升到10℃以上时栽种,秋季在气温下降到10℃以下时栽种。以根茎繁殖为主,选1年生带有3个～5个茎节的白嫩根茎种植,剪成10 cm长的根段,芽头向上平放于播种沟内,株行距15 cm×15 cm,种根种植深度3 cm～5 cm,每穴1根,用细肥土覆盖并浇足定根水。栽种结束后,有条件的可在垄面采用黑地膜覆盖,进入出苗盛期(出苗率达到80%左右)后,在出苗点人工破膜,让幼苗露出地膜。

5.3 田间封行前管理

出苗后及时锄净垄面杂草，苗高 30 cm 时选择晴天打顶，可施追肥 1 次。

出苗后 3 d 开始追肥，按每 667 m^2 追施氮 8 kg、五氧化二磷 3 kg、氧化钾 3 kg 等量的化肥或腐熟的农家有机肥 1 000 kg 左右。以后每间隔 20 d 按该量追施 1 次，封行前结合松土及时除草。封行后，每次采收茎叶前除草，采收后按每 667 m^2 追施氮 16 kg、五氧化二磷 6 kg、氧化钾 6 kg 等量的化肥或腐熟的农家有机肥 2 000 kg 左右。

有条件的地方可施用生物有机肥或生物菌剂肥，也可每采收茎叶一次追施沼液肥，直到采收结束。

6 病虫害防治

6.1 综合防治原则

遵循"预防为主，综合治理"方针，从甘味绞股蓝基地整个生态系统出发，综合运用各种防治措施，创造不利于病虫等有害生物滋生和有利于各类天敌繁衍的环境条件，保持甘味绞股蓝基地生态系统的平衡和生物的多样性，将有害生物控制在允许的经济阈值以下，将农药残留降低到规定标准的范围。以物理防治为基础，优先采用生物防治，辅之化学防治。

6.2 主要病虫害

甘味绞股蓝生长期主要病害有白粉病、叶斑病，主要虫害有三星黄萤叶甲、蛴螬、蛞蝓、小地老虎、灰巴蜗牛、蚜虫、线虫等。

6.3 病害防治

甘味绞股蓝生长期主要病害防治方法见附录 A。

6.4 虫害防治

6.4.1 物理防治

6.4.1.1 按每 6 670 m^2 装置 1 个电子杀虫灯或 1 个盛有糖醋的容器诱杀害虫成虫，也可安装 1 个害虫性外激素诱捕器诱杀雌雄成虫。

6.4.1.2 可在出苗后 6 d 左右，每 667 m^2 田块内悬挂 24 cm×30 cm 黄色粘虫板 20 块，黄板下端高于作物顶部 20 cm，诱杀为害甘味绞股蓝生长的害虫，悬挂到收获结束。可在每 667 m^2 田块内放置 3 个～5 个草把等待三星黄萤叶甲、蚜虫产卵，带出田块销毁。

6.4.2 化学防治

6.4.2.1 化学防治应符合 GB/T 8321 的要求。加强甘味绞股蓝病虫的测报，适期施药，改进施药技术，提倡低容量喷雾，降低农药用量。

6.4.2.2 甘味绞股蓝生产虫害化学防治用药方案见表 B.1。

6.4.3 生物防治

甘味绞股蓝生产虫害生物防治方案见表 B.2。

7 采收

7.1 采摘

7.1.1 嫩芽茎尖、鲜叶采摘

甘味绞股蓝封行时开始采摘长度 1 cm～3 cm 嫩芽茎尖，采摘原料宜使用清洁通风、无毒、无异味的竹篮、竹背篓等盛器，禁用不透气的塑料袋、布袋等软包装容器。鲜叶应轻放、轻翻，防止机械损伤鲜芽茎叶。

7.1.2 采摘时间

低山(海拔 500 m ～800 m)4 月下旬至 5 月上旬、二高山(海拔 800 m ～1 200 m)5 月上旬至 5 月中

旬、高山(海拔 1 200 m 以上)5 月中旬至 5 月下旬开始采摘。

7.1.3 采摘方式

既可用手工又可使用电动采摘机,不宜采用柴油或汽油发动机的机械,以防止污染甘味绞股蓝茎叶和土地。

7.2 收割

在甘味绞股蓝生长期内集中收割 2 次地上茎叶。第一次收割在封行后 45 d 左右进行,甘味绞股蓝植株地上茎留 0.15 m 以上;在霜前进行第二次收割,割取整个地上部分。

8 储藏

8.1 嫩芽茎尖、鲜叶储藏

8.1.1 采摘甘味绞股蓝嫩芽茎尖和鲜叶后,运输过程中应采取有效措施避免日晒雨淋,防止发热、变红、变质,并不应与有毒有害及易污染的物品混装混运,防止被污染,中长途运输应采用冷藏设施。

8.1.2 不能及时付制的,应做好薄摊、控温、保湿等贮青管理措施;必要时应对采摘嫩芽茎尖和鲜叶的农药残留进行检测监控,相应指标应符合 WM/T 2 的规定。

8.2 全茎叶储藏

收割全茎叶后,应干燥保存,防止霉变。

9 基地管理

9.1 工作室

生产基地应建立工作室,放置有关生产管理记录表册,张贴安全生产技术规范、病虫害安全用药标准一览表、基地管理及投入品管理等有关规章制度。

9.2 基地仓库

生产基地应建立仓库,施药器械和未用完的种子(苗)、农药、化肥等应分开存放。

9.3 废物与污染物收集设施

生产基地应建立废物与污染物收集设施,以便收集垃圾和农药空包装等废物与污染物。

9.4 环境条件监测

生产基地应进行环境条件监测,每 2 年～3 年对基地环境进行 1 次监测,应符合生产的要求。

9.5 标志标识

生产基地应建立标志标识,标出基地的位置以及安全生产的要求。

9.6 隔离保护

生产基地在必要时应建立隔离保护,防止外源污染。

9.7 灌溉系统

生产基地应建立灌、排分开的灌溉系统,如储水池、供水渠道、灌溉设备等,规定灌区相应水质、水源标准应符合 GB 5084 的规定。

10 投入品管理

10.1 农药

10.1.1 应从正规渠道采购合格的产品,并索取购药凭证或发票,严禁采购下列农药:非法销售点销售的农药、无农药登记证或临时登记证的农药、无农药生产许可证或农药生产批准文件的农药、无产品质量标准及合格证明的农药、无标签或标签内容不完整的农药、超过保质期的农药以及国家禁止使用的农药。

10.1.2　农药应贮存在专用仓库，由专人负责保管。仓库应符合防火、卫生、防腐、避光、避风等安全条件要求，并配有农药配制量具、急救药箱，出入口应贴有警示标志。

10.1.3　农药包装物不应重复使用、乱扔。农药空包装物应清洗3次以上，清洗水妥善处理，将清洗后的包装物压坏或刺破，防止重复使用，必要时贴上标签，以便回收。空的农药包装物应在处置前安全存放。

10.1.4　农药使用应符合GB/T 8321的规定。

10.2　肥料

10.2.1　应从正规渠道采购合格肥料，并索取购肥凭证或发票，严禁采购下列肥料：非法销售点销售的肥料、超过保质期的肥料和进口国禁止使用的肥料。

10.2.2　肥料应贮藏于专用仓库，有专人负责保管。不应与种子(苗)、农产品放在一起。

10.2.3　肥料使用应符合NY/T 496的规定。

11　操作记录

各种操作均应有相应的记录，农事操作记录表见附录C，物候期观察记载见附录D。

附　录　A
（规范性附录）
甘味绞股蓝生产病害化学防治方案

甘味绞股蓝生产病害化学防治方案见表 A.1。

表 A.1　甘味绞股蓝生产病害化学防治方案

防治对象	防治适期	用药方案	安全间隔期及每季最多使用次数
白粉病、霜霉病、灰霉病、炭疽病	发病初期	方案一：0.5%大黄素甲醚水剂，15 g/hm² ～45 g/hm² 兑水 225 kg～675 kg 喷雾 方案二：拜雷顿稀释 4 000 倍喷雾	7～10 d，3 次
叶斑病、白粉病、霜霉病	发病初期	方案一：20%硅唑・咪鲜胺 300 mL/hm² 或 41%聚砹・嘧霉胺 375 mL/hm²，兑水 225 kg 喷雾 方案二：41%聚砹・嘧霉胺 300 mL＋4%嘧啶核苷类抗菌素 225 mL/hm² 兑水 225 kg 喷雾 方案三：25%凯润乳油稀释 300 mL/hm² 兑水 600 kg 喷雾	7 d，2 次
白粉病、白绢病、叶斑病、炭疽病、根腐病、立枯病	发病初期	茎叶病害用 3 亿 CFU/g 哈茨木霉菌可湿性粉剂 40 kg/hm²，稀释 300 倍喷雾；根部病害用 3 亿 CFU/g 哈茨木霉菌可湿性粉剂 40 kg/hm²，稀释 3 000 倍灌根	7 d，3 次
菌核病、霜疫霉病、病毒病、茎腐病、蔓枯病、白粉病	播种、苗期	方案一：2%宁南霉素稀释 260 倍拌种 方案二：2%宁南霉素 900 mL/hm² 兑水 360 kg 灌根和叶面喷雾	7 d，3 次
霜霉病、白粉病、黑斑病、灰斑病、纹枯病、晚疫病	发病初期	10%可湿性粉剂多抗霉素 1 500 g/hm² ～2 250 g/hm²，兑水 50 kg～75 kg 喷雾 土壤消毒用 10%可湿性粉剂多抗霉素 1 500 g/hm² ～2 250 g/hm²	7 d，3～4 次

附　录　B
（规范性附录）
甘味绞股蓝生产虫害化学防治用药方案

B.1　甘味绞股蓝生产虫害化学防治用药方案见表B.1。

表B.1　甘味绞股蓝生产虫害化学防治用药方案

防治对象	防治适期	用药方案	安全间隔期及每季最多使用次数
黄萤叶甲	初孵幼虫期	25%吡虫啉悬浮剂270 mL/hm^2～360 mL/hm^2 兑水540 kg～1 080 kg搅匀喷雾	7 d,3次
	成虫期	50%氧化乐果乳油750 mL/hm^2，兑水900 kg搅匀喷雾	7 d,3次
蛞蝓	虫害发生初期	3.3%蜗牛敌，每667 m^2 用药500 g，加适量细土拌匀，于傍晚撒施地里	1次
灰巴蜗牛	蜗牛产卵前	8%灭蜗灵颗粒剂22.5 kg/hm^2～30 kg/hm^2，碾碎后拌细土或饼屑5 kg～7 kg，于天气温暖、土表干燥的傍晚撒在受害株附近根部的行间；田间有小蜗牛时再防1次效果更好	7 d,2次
蚜虫	虫害发生初期	方案一：10%吡虫啉450 mL/hm^2 兑水1 800 kg～2 700 kg搅匀喷雾 方案二：5%吡虫啉600 mL/hm^2，兑水2 400 kg～3 600 kg搅匀喷雾	7 d,2次
蛴螬	成虫出土高峰期	40%毒死蜱乳油3 750 mL/hm^2，兑水600 kg搅匀喷淋灌根	1次

B.2　甘味绞股蓝生产虫害生物防治方案见表B.2。

表B.2　甘味绞股蓝生产虫害生物防治方案

防治对象	防治适期	用药方案	安全间隔期及每季最多使用次数
甜菜夜蛾	2～3龄幼虫盛发期	甜菜夜蛾核型多角体病毒20亿PIB/mL悬浮剂1 500 mL/hm^2，300亿PIB/g水分散粒剂75 g/hm^2，兑水45 kg，叶面喷施	1次
线虫	播种前或幼苗移栽前	淡紫拟青霉100亿/g活孢子制剂6.75 kg/hm^2，拌细土40 kg，在播种前或移栽前均匀穴施或条施在种子或幼苗根系周围，施药深度10 cm	1次
三星黄萤叶甲、茶毛虫成虫、螟虫成虫、夜蛾成虫	成虫期	诱虫烯3%，用4倍正己烷稀释后再对料基或水，制作毒饵、粘板、胶饵	1次
刺蛾、天社蛾、象甲	若虫期，1龄幼虫期	含活孢子50亿/g～90亿/g，孢子萌发率90%以上，白僵菌粉剂1 kg/hm^2 兑水300 kg，若虫发生初期喷雾	7 d,3次

附 录 C
(规范性附录)
农事操作记录表

用于甘味绞股蓝的农事操作记录表见表C.1。

表C.1 农事操作记录表

日期	产地	农事操作内容(整地、播种、施肥、喷药、除草、浇水、采摘、收割等)	工作量	操作人员	备注

附 录 D
（规范性附录）
物候期观察记载

D.1 播种期

实际播种日期，以月/日表示。

D.2 出苗期

以田间出苗30%为标准。

D.3 盛苗期

以田间出苗80%为标准。

D.4 全苗期（开始打顶采嫩芽加工茶叶）

以田间出苗95%为标准。

D.5 封行期（第一次全草收割期）

以植株茎叶覆盖垄面，基部叶片老熟为准。

D.6 初花期

以植株开花10%为标准。

D.7 盛花期

以植株开花80%为标准。

D.8 结果初期

以植株结果10%为标准。

D.9 盛果期

以植株结果80%为标准。

D.10 果实成熟初期

以果实成熟10%为标准。

D.11 果实成熟盛期

以果实成熟80%为标准。

D.12 全草生长停止期(第二次全草收割期)

以当地日均温降至10℃,全草不发嫩芽为准。

ICS 67.140.10
B 35

中华人民共和国农业行业标准

NY/T 2672—2015

茶　　粉

Tea powder

2015-02-09 发布　　　　2015-05-01 实施

中华人民共和国农业部　发布

前　　言

本标准按照 GB/T 1.1—2009 给出的规则起草。

本标准由农业部种植业管理司提出并归口。

本标准起草单位:中国农业科学院茶叶研究所、农业部茶叶质量监督检验测试中心。

本标准主要起草人:金寿珍、刘新、蒋迎、王国庆、刘栩、周苏娟。

茶　粉

1　范围

本标准规定了茶粉的要求、试验方法、检验规则、标志和标签、包装、运输和贮存。

本标准适用于以茶树鲜叶或干茶为原料，经精细加工而成的粉状的绿茶粉、红茶粉、乌龙茶粉、黄茶粉、白茶粉和黑茶粉等产品。

2　规范性引用文件

下列文件对于本文件的应用是必不可少的。凡是注日期的引用文件，仅注日期的版本适用于本文件。凡是不注日期的引用文件，其最新版本(包括所有的修改单)适用于本文件。

GB/T 191　包装储运图示标志

GB 2762　食品安全国家标准　食品中污染物限量

GB 2763　食品安全国家标准　食品中农药最大残留限量

GB/T 5009.3　食品中水分的测定

GB/T 5009.4　食品中灰分测定

GB 6388　运输包装收发货标志

GB 7718　食品安全国家标准　预包装食品标签通则

GB/T 8302　茶　取样

GB/T 8313　茶叶中茶多酚和儿茶素类含量的检测方法

GB 9687　食品包装用聚乙烯成型品卫生标准

GB 9688　食品包装用聚丙烯成型品卫生标准

GB 11680　食品包装用原纸卫生标准

GB/T 14487　茶叶感官审评术语

GB/T 23776　茶叶感官审评方法

JJF 1070　定量包装商品净含量计量检验规则

NY/T 853　茶叶产地环境技术条件

NY/T 1999　茶叶包装、运输和贮藏通则

国家质量监督检验检疫总局令 2005 第 75 号　定量包装商品计量监督管理办法

3　术语和定义

下列术语和定义适用于本文件。

3.1

茶粉　tea powder

以茶树鲜叶或干茶为原料，经加工后研磨或直接研磨成粉状的茶产品。

4　分类

按工艺，茶粉产品分为绿茶粉、红茶粉、黄茶粉、乌龙茶粉、白茶粉和黑茶粉等。

5　要求

5.1　产地环境

产地环境条件应符合 NY/T 853 的规定。

5.2 原料要求

鲜叶要求洁净、无异物、无霉烂变质。干茶符合相应产品的标准要求。

5.3 感官要求

茶粉的感官指标应符合表 1 的规定。

表 1 感官指标

项　目	要　求
组织形态	粉状、均匀,无结块,具有产品固有的干茶粉颜色
汤色	具有与原茶类产品相应的汤色,有颗粒悬浮或沉淀
香气、滋味	具有与原茶类产品相应的香气和滋味,无异味
杂质	无

5.4 理化指标

茶粉的理化指标应符合表 2 的规定。

表 2 理化指标

项　目	指　标					
	绿茶粉	乌龙茶粉	黄茶粉	白茶粉	红茶粉	黑茶粉
颗粒,μm	90%及以上的颗粒≤75μm					
水分(质量分数),%	≤6.0					≤7.5
灰分(质量分数),%	≤7.0					
茶多酚(质量分数),%	≥10.0				—	—

5.5 污染物限量

污染物限量应符合 GB 2762 的规定。

5.6 农药残留限量

农药残留限量应符合 GB 2763 的规定。

5.7 添加剂

本产品生产过程中不应使用任何化学、人工合成或天然的添加剂。

5.8 净含量

应符合国家质量监督检验检疫总局令 2005 第 75 号的规定。

6 试验方法

6.1 感官检验

按 GB/T 23776 的规定执行。

6.2 理化指标

6.2.1 颗粒

按附录 A 的规定执行。

6.2.2 水分

按 GB/T 5009.3 的规定执行。

6.2.3 灰分

按 GB/T 5009.4 的规定执行。

6.2.4 茶多酚

按 GB/T 8313 的规定执行。

6.3 净含量

检验方法按 JJF 1070 的规定执行。

7 检验规则

7.1 组批

加工过程中形成的独立数量的产品为一批,同批产品的品质规格应相同。

7.2 抽样

按 GB/T 8302 的规定执行。检验在装箱或仓库现场进行,检验数量不少于该批次总件数的 2%。

7.3 检验分类

检验分出厂检验和型式检验。

7.3.1 出厂检验

每批产品均应做出厂检验,经检验合格签发合格证后,方可出厂。出厂检验项目为感官指标、颗粒、水分和净含量。

7.3.2 型式检验

型式检验每年 1 次,型式检验的项目包括感官指标、理化指标、污染物限量、农药残留限量和净含量。有下列情况之一时应进行型式检验:

a) 原料有较大改变,可能影响产品质量时;

b) 工艺、机具等有较大改变,可能影响产品质量时;

c) 国家质量监督管理机构提出型式检验要求时。

7.4 判定规则

检验结果中污染物限量和农药残留限量有一项不合格则判定该批产品为不合格产品。理化指标中有一项不符合要求或感官品质经综合评判不符合规定的,可从同批产品中加倍随机抽样进行复检,复检后仍不符合标准要求的,则判该批产品为不合格。对检验结果有争议时,应对留存样进行复检,或在同批产品中加倍随机抽样复检。重新抽样应由交接双方会同进行。对有争议项目进行复检,以复检结果为准。

8 标志和标签

8.1 标志

包装储运标志应符合 GB/T 191 的规定。运输包装收发货标志应符合 GB 6388 的规定。

8.2 标签

应符合 GB 7718 的规定。

9 包装、运输和贮存

9.1 包装

包装材料应符合 GB 9687、GB 9688 或 GB 11680 的规定。包装应符合 NY/T 1999 的规定。

9.2 运输

运输工具应清洁、干燥、无异味、无污染。运输时应有防雨、防潮、防曝晒措施。不应与有毒、有害、有异味、易污染的物品混装、混运。

9.3 贮存

产品应在包装状态下贮存于清洁、干燥、无异味的专用仓库中。应符合 NY/T 1999 的规定。不应与有毒、有害、有异味、易污染的物品混放。仓库周围应无异味污染。

附 录 A
(规范性附录)
茶粉颗粒指标检测方法

A.1 范围

本方法规定了茶粉颗粒指标的原理、检验条件、操作方法及结果计算方法。

A.2 引用标准

下列文件对于本文件的应用是必不可少的。凡是注日期的引用文件,仅注日期的版本适用于本文件。凡是不注日期的引用文件,其最新版本(包括所有的修改单)适用于本文件。

GB/T 8302 茶 取样

A.3 原理

用毛筛对茶粉产品进行筛分,再计算出筛下茶粉的比例,或将茶粉产品放入到纯净水中进行搅拌后用激光粒度分析仪直接读出颗粒累积值。

A.4 检验条件

A.4.1 检测室环境

A.4.1.1 光线明亮柔和,无对流风。

A.4.1.2 室温保持在 20℃~25℃。

A.4.1.3 室内清洁、干燥,空气新鲜流通、无异味干扰。

A.4.1.4 室内安静,无噪声干扰。

A.4.2 仪器设备

A.4.2.1 样品盘,瓷质或木质,白色,色泽一致,无异味,表面光洁。

A.4.2.2 称样器具:感量 0.1 g 天平。

A.4.2.3 筛子:孔径为 75 μm 的不锈钢标准筛。

A.4.2.4 取样器:不锈钢材料制作的。

A.4.2.5 毛刷(A.5.1)。

A.4.2.6 激光粒度分析仪(A.5.2)。

A.4.2.7 100 mL 烧杯(A.5.2)。

A.5 操作方法及结果计算方法

A.5.1 方法 1

A.5.1.1 取样:按 GB/T 8302 规定的方法从装箱或仓库现场抽取待检的茶粉样品。将待检茶粉拆除包装后倒入样品盘中,充分混合,再用四分法缩取总量不少于 500 g 的样品,用取样器从待检样品中称取其中试样 100 g(准确到 0.1 g),置于 75 μm 孔径的标准筛中。

A.5.1.2 颗粒检验:将置于标准筛中的 100 g 茶粉试样,用毛刷来回刷茶粉 15 min,用天平对通过

75 μm筛的茶粉称量，计算出通过 75 μm 筛茶粉的质量百分比，即为颗粒≤75 μm 的累积值。

A.5.1.3 结果计算：通过 75 μm 筛的茶粉颗粒累积值取百分率，按式(A.1)进行计算，颗粒累积值≥90.0%的为合格品。

$$X(\%) = \frac{m_1}{m} \times 100 \qquad \text{(A.1)}$$

式中：

X ——颗粒累积值，单位为百分率(%)；

m_1——75 μm 孔径筛筛下茶粉质量，单位为克(g)；

m ——茶粉总质量，单位为克(g)。

计算结果保留到小数点后一位。

A.5.1.4 精密度：在重复条件下，获得的两次独立测定结果的绝对差值不超过 0.5%。

A.5.2 方法 2

A.5.2.1 取样：将待检茶粉拆除包装后倒入样品盘中，充分混合，再用四分法缩取总量不少于 500 g 的样品，用取样器从待检样品中称取其中试样 100 g(准确到 0.1 g)。

A.5.2.2 颗粒检验：将从称取的 100 g 试样中取 10 g～20 g 溶于 50 mL 的纯净水中(浓度以仪器显示"浓度正常，可以测试"为适)，搅拌均匀后倒入激光粒度分析仪的液体测定杯中，自动检测。检测结果颗粒累积有 90%及以上的粒径≤75 μm 的为合格品。

ICS 65.020
B 32

中华人民共和国农业行业标准

NY/T 2673—2015

棉花术语

Cotton vocabulary

2015-02-09 发布　　　　2015-05-01 实施

中华人民共和国农业部　发布

前　　言

本标准按照 GB/T 1.1—2009 给出的规则起草。

本标准由农业部种植业管理司提出并归口。

本标准起草单位：中国农业科学院棉花研究所、农业部棉花品质监督检验测试中心。

本标准主要起草人：杨伟华、王延琴、周大云、匡猛、方丹、马磊、许红霞、冯新爱。

棉 花 术 语

1 范围

本标准规定了与棉花相关的基本术语和定义。

本标准适用于与棉花相关的科研、教学、生产、检验和管理领域。

2 规范性引用文件

下列文件对于本文件的应用是必不可少的。凡是注日期的引用文件，仅注日期的版本适用于本文件。凡是不注日期的引用文件，其最新版本(包括所有的修改单)适用于本文件。

GB 1103.1—2012 棉花 第1部分:锯齿加工细绒棉

GB/T 3291.1—1997 纺织材料性能和试验术语

GB/T 5705—1985 纺织名词术语(棉部分)

GB/T 6098.1—2006 棉纤维长度试验方法 第1部分:罗拉式分析仪法

GB/T 6099—2008 棉纤维成熟系数试验方法

GB/T 6100—2007 棉纤维线密度试验方法 中段称重法

GB/T 6102.2—2009 原棉回潮率试验方法 电测器法

GB/T 6103—2006 原棉疵点试验方法 手工法

GB/T 6499—2012 原棉含杂率试验方法

GB/T 12994—2008 种子加工机械 术语

GB/T 13777—2006 棉纤维成熟度试验方法 显微镜法

GB/T 16258—2008 棉纤维 含糖量试验方法 定量法

GB/T 19617—2007 棉花长度试验方法 手扯尺量法

GB/T 20223—2006 棉短绒

GB/T 20392—2006 HVI棉纤维物理性能试验方法

GB/T 25416—2010 棉子脱绒成套设备

GH/T 1019—1999 棉花加工术语

NY 400—2000 硫酸脱绒与包衣棉花种子

NY/T 1133—2006 采棉机 作业质量

NY/T 1292—2007 长江流域棉花生产技术规程

NY/T 1302—2007 农作物品种试验技术规程 棉花

NY/T 1426—2007 棉花纤维品质评价方法

NY/T 1734—2009 杂交棉人工去雄制种技术操作规程

3 基础术语

3.1

棉花 cotton

棉属植物及其种子上的纤维、子棉和皮棉等的统称。

3.2

子棉 seed cotton

从吐絮棉铃中摘下的带子的棉花。

3.3

棉纤维　cotton fibre

生长在棉花种子上的纤维，具有中腔和天然转曲，横截面为不规则的腰圆形。

3.4

皮棉　lint

子棉经轧花加工，除去棉子所得的棉纤维。

3.5

原棉　raw cotton

供纺织厂作纺纱原料等用的皮棉。

[GH/T 1019—1999，定义 2.3.2]

3.6

细绒棉　medium staple cotton

纤维较细的棉花。手感较滑软，有类丝光泽。一般手扯长度在 23 mm～33 mm，细度在 4 500 公支～7 000公支。陆地棉属于细绒棉。

[GB/T 5705—1985，定义 1.1.1.7]

3.7

长绒棉　long staple cotton

纤维细长的棉花。手感滑软，富于类丝光泽。一般手扯长度在 33 mm 以上，细度在 7 000 公支以上。海岛棉属于长绒棉。

[GB/T 5705—1985，定义 1.1.1.8]

3.8

粗绒棉　coarse staple cotton

纤维粗短的棉花。弹性好，手感较滞硬，缺乏类丝光泽。一般手扯长度短于 23 mm，细度在 2 500 公支～4 000 公支。亚洲棉和草棉属于粗绒棉。

[GB/T 5705—1985，定义 1.1.1.6]

3.9

陆地棉　upland cotton

四倍体栽培棉种之一(*G. hirsutum* L.)。染色体数 $2n=4x=52$。原产于中美洲墨西哥南部的高地及加勒比地区，亦称高原棉。

3.10

海岛棉　sea-island cotton

四倍体栽培棉种之一(*G. barbadence* L.)。染色体数 $2n=4x=52$。原产于南美洲、中美洲和加勒比地区。因曾大量分布于美国东南沿海及其附近岛屿，故称海岛棉。

3.11

亚洲棉　Asiatic cotton

二倍体栽培棉种之一(*G. arboreum* L.)。染色体数 $2n=2x=26$。因原产于印度次大陆，由亚洲人最早栽培和传播，故称亚洲棉。

3.12

草棉　herbaceous cotton

二倍体栽培棉种之一(*G. herbaceum* L.)。染色体数 $2n=2x=26$。原产于非洲南部，是非洲大陆栽培和传播较早的棉种，故又称非洲棉(African cotton)。

3.13

野生棉　wild cotton species

未经过人工驯化而自然生长的棉花。指分布于非洲、南美洲、澳大利亚等原产地的棉种。

3.14

半野生棉　semi-wild cotton species

栽培棉种的野生类型或多年生类型的棉花，指陆地棉、海岛棉、亚洲棉的种系(race)。常常为栽培棉直接驯化前的材料或驯化后再野化的材料，包括上述3个栽培种和草棉的庭院种植的多年生类型。

3.15

棉花品种　cotton cultivar

人工选育或发现并经过改良、形态特征和生物学特性一致、遗传性状相对稳定的棉花植物群体。

3.16

棉花育种　cotton breeding

以不同的棉花种质资源为材料，通过遗传改良途径，选育具有较高生产性能或某种特殊性状，并适应于一定地区种植以及适合市场需求的棉花优良品种的过程。

3.17

棉花纤维品质育种　breeding cotton for fibre qualities

根据棉花育种目标和棉纤维品质的遗传规律，采用适当的育种材料和方法，选育纤维品质符合棉纺织工业要求、产量较高的棉花新品种的过程。

3.18

棉花种子品质育种　breeding cotton for nutritive qualities of seed

选育棉子的种仁中含低酚、高油脂或高蛋白质而且纤维产量和品质较高的新品种的过程。

3.19

常规棉品种　conventional cotton cultivar

在棉花种子生产过程中，由单一的亲本种子生产出遗传基因相同的子代种子的棉花品种。

3.20

杂交棉品种　hybrid cotton cultivar

由遗传基因不同的两个或两个以上的棉花亲本间(包括种间及品种间)经过有性杂交形成的子一代。

3.21

短季棉品种　short season cotton cultivar

在特定的生态环境与农业种植制度下，适应生产的需要逐步形成发展起来的生育期相对较短的棉花品种类型。短季棉品种的主要特点是株型较矮、紧凑，开花、结铃、吐絮较集中，下部结铃较多，铃期短，生育进程快，早熟。

3.22

早熟性　early maturity

棉花完成从出苗至收获的生育进程的时间特性，主要表现为生育期的长短和霜前花率的高低。通常用霜前花率表示。

3.23

特早熟棉花品种　very early-maturing cotton varieties

生育期在110 d以内的棉花品种。

3.24

早熟棉花品种　early-maturing cotton varieties

生育期在110 d～120 d的棉花品种。

3.25

中早熟棉花品种　medium early-maturing cotton varieties

生育期在 120 d～135 d 的棉花品种。

3.26

中熟棉花品种　medium-maturing cotton varieties

生育期在 135 d～145 d 的棉花品种。

3.27

晚熟棉花品种　late-maturing cotton varieties

生育期在 145 d 以上的棉花品种。

3.28

转基因抗虫棉　pest-resistant transgenic cotton

通过转入外源抗虫基因而获得抗阻害虫生长、发育和危害能力的棉花品种类型。

[NY/T 1734—2009,定义 3.4]

3.29

杂交抗虫棉　hybrid pest-resistant transgenic cotton

转基因抗虫棉品种之间或抗虫棉与非抗虫棉品种之间的杂交种,也称转基因抗虫杂交棉。

3.30

低酚棉　low gossypol cotton

一种无色素腺体的棉花类型,其种仁中的棉酚含量低于相关的国家标准和国际标准。又称“无腺体棉”,俗称“无毒棉”。

3.31

天然彩色棉　natural color cotton

棉纤维自身具有天然彩色的棉花。

3.32

优质棉　high-quality cotton

符合纺织工业需要,各纤维品质指标匹配合理的棉花。

[NY/T 1426—2007,定义 3.8]

3.33

子指　seed index

100 粒棉子的重量,用克(g)表示。

3.34

衣指　lint index

100 粒子棉经轧花后的皮棉重量,用克(g)表示。

3.35

衣分　lint percentage

子棉经轧花后,皮棉重量占子棉重量的百分率。又称衣分率。

3.36

锯齿棉　saw ginned cotton

用锯齿轧花机轧出来的皮棉。

3.37

皮辊棉　roller ginned cotton

用皮辊轧花机轧出来的皮棉。

3.38

棉短绒　cotton linter

子棉轧花后残留在棉子表面的短纤维。又称棉子绒。

3.39

一类棉短绒　first-cut linter

纤维的手扯长度为 13 mm 及以上的棉短绒。一般为头道绒。

[GB/T 20223—2006,定义 3.2]

3.40

二类棉短绒　second-cut linter

纤维手扯长度为 13 mm 以下的棉短绒,其中长 3 mm 及以下的纤维质量占纤维总质量 58%及以下。一般为二道绒。

[GB/T 20223—2006,定义 3.3]

3.41

三类棉短绒　third-cut linter

纤维手扯长度为 13 mm 以下的棉短绒,其中长 3 mm 及以下的纤维质量占纤维总质量 58%以上。一般为三道绒。

[GB/T 20223—2006,定义 3.4]

3.42

精制棉　refined cotton

棉短绒经碱法蒸煮、漂白等加工程序精制而成的工业基础原材料。

3.43

棉子　cottonseed

棉花的种子,包括棉子壳和棉子仁两部分,由胚珠受精后发育而成。

3.44

毛子　undelinted seed

子棉经轧花或机械剥绒,其表面附着短绒的棉子。

3.45

光子　delinted seed

经脱绒并精选后的棉子。

3.46

不孕子　aborted seed

未受精的棉子。色白,呈扁圆形,附有少量较短的纤维。

[GB/T 6103—2006,3.1.2]

3.47

棉子油　cottonseed oil

用棉子仁制取的油,属半干性油。亦称棉油。

3.48

棉子原油　crude cottonseed oil

经直接压榨、溶剂浸提或预压—浸提法加工后,未经任何物理、化学方法处理的棉子油。又称毛棉油。

3.49

成品棉子油　finished product of cottonseed oil

对棉子原油进行处理后,得到的符合成品油质量指标和卫生要求的直接供人类食用的棉子油。

3.50

棉子饼　cotton seed cake

棉子经脱壳或部分脱壳，以压榨法制取油脂后所得的物料。

3.51

棉子粕　cottonseed meal

棉子经脱壳或部分脱壳，以溶剂浸提法或预压—浸提法制取油脂后所得的物料。

3.52

棉酚　gossypol

棉株体及其近缘植物体内的多酚物质，分子式为 $C_{30}H_{30}O_8$，对哺乳动物和家禽有毒害作用。

3.53

唛头　mark

刷在或贴在棉包两头的生产信息和质量标识。

4　生产术语

4.1

出苗期　seedling date

50%的棉株达到出苗的日期。

4.2

现蕾　budding

棉花果枝上出现肉眼可见三角形(约 3 mm 大小)花蕾的现象。

4.3

现蕾期　budding date

50%的棉株开始现蕾的日期。

4.4

盛蕾期　flourishing budding date

50%的棉株出现 5 台果枝的日期。

4.5

初花期　early flowering date

10%的棉株开始开花的日期。

4.6

开花期　flowering date

50%的棉株开始开花的日期。

4.7

盛花期　flourishing flowering date

50%棉株花开到第 5 台～第 6 台果枝时的日期。

4.8

花铃期　flowering and boll period

从棉株开花期到吐絮期这一生长阶段。

4.9

封行　covering line

棉花株行之间枝、叶交错，覆盖行间地面。

4.10

吐絮期　boll opening date

50%的棉株开始吐絮的日期。

4.11

生育期　growth period

从出苗期至吐絮期的天数。

4.12

全生育期　whole growth period

从播种日期至棉花收获结束的天数。

4.13

株高　plant height

从棉株子叶节到主茎顶端的距离。单位为厘米(cm)。

4.14

株型　plant type

棉花成株的形状。包括塔形、筒形、球形等类型。

4.15

子叶　cotyledon

棉花种子胚的组成部分之一,种子萌发后产生的第一对叶片。子叶中储藏的养料用于棉花幼株的发育,同时也充当光合作用的器官。

4.16

叶型　leaf type

成株叶片的形状。包括鸭掌叶、鸡脚叶、披针叶等类型。

4.17

叶蜜腺　leaf nectar glands

位于叶片背部中脉或侧脉上,一般在靠近叶柄处,有时会分泌蜜露。

4.18

营养枝　vegetative shoot

着生于棉株下部,由主茎腋芽发育而成,其形态、结构与主茎相似,不直接着生花蕾。

4.19

果枝　fruiting branch

着生于棉株中、上部,由主茎叶腋的一级腋芽(混合芽)发育而成,其形态曲折多节,每节长出1片叶和1个花蕾,是开花结铃的主要部位。

4.20

零式果枝　zero type fruiting branches

铃柄直接着生于主茎叶腋的棉花果枝。

4.21

有限果枝　limited fruiting branches

仅有1个~2个果节的棉花果枝。

4.22

无限果枝　unlimited fruiting branches

具有3个及以上果节的棉花果枝。

4.23

第一果枝节位　first fruiting branches node

棉株第一个果枝着生在主茎的节位(子叶节不计算在内)。

4.24

苞叶　bract

为棉花花器最外部结构,有齿或无齿,3 片,植物学上称副萼。

4.25

苞外蜜腺　bract external nectaries

位于苞叶基部外侧,大多呈椭圆形,有时会分泌蜜露。

4.26

花萼　calyx

紧贴在花冠外侧基部或长或短的萼片。

4.27

花瓣基斑　petal base spot

花瓣内侧基部不同于花冠颜色的斑点称花瓣基斑颜色,简称花基斑。

4.28

棉铃　cotton boll

棉花受精后的子房发育而成的蒴果,也称棉桃。

4.29

小铃　small boll

直径小于 2 cm 的棉铃。又称幼铃。

4.30

大铃　big boll

直径大于 2 cm 的棉铃。又称成铃。

4.31

铃型　boll type

成铃的形状。通常有圆形、卵圆形、锥形等类型。

4.32

铃重　boll weight

棉株吐絮中期正常开裂吐絮的 100 个棉铃中子棉干重的单铃平均值,单位为克(g)。又称单铃重。

4.33

赘芽　axillary bud

在棉株主茎叶腋或果枝叶腋里由先出叶产生的腋芽。

4.34

色素腺体　pigment glands

在棉花主茎、侧枝、叶片或种仁上出现的褐色或黑褐色点,其主要成分为棉酚及其衍生物。又称棉酚腺体。

4.35

纤维生长日轮　date rings in fibre

棉纤维的次生胞壁纤维素层积呈轮纹状,由于每天层积 1 层,因而称为生长日轮。

4.36

中腔　lumen

用光学显微镜侧向观测到的棉纤维转曲展平段次生胞壁间的剩余空腔宽度。

[GB/T 6099—2008,定义 3.7]

4.37

天然转曲　natural spiral

棉纤维特有的近似螺旋形扭曲。是纤维生长成熟时沿螺旋形结构干缩形成。

[GB/T 5705—1985,定义 1.2.19]

4.38

转曲度　spirality

棉纤维单位长度(1 cm)的天然转曲数。一般 30 转/cm～150 转/cm,正常成熟的纤维转曲度高。

[GB/T 5705—1985,定义 1.2.20]

4.39

棉田种植制度　cotton-based cropping system

在某一农业生态区内,以植棉为中心确定前后茬作物的种植方式和相应的农业技术体系。包括作物布局、间作、套种、复种、轮作等内容。

4.40

棉花模式化栽培　cotton model cultivation and tillage

根据棉花生长发育规律,结合当地气候生态和种植制度特点,经过多年试验和实践,逐步形成不同棉区各具特色的规范、标准和典型的栽培技术体系,以实现棉花高产、优质、高效益的生产目标。

4.41

雨养棉　rain-fed cotton

无人工灌溉,仅靠自然降水作为水分来源的棉花生产。又称旱地植棉。

4.42

盐碱地植棉　growing cotton in saline-alkali soils

通过一系列适当的耕作栽培技术措施,在表土层含有较大量可溶性盐类的土地上种植棉花。

4.43

裸苗移栽　naked seedling transplanting

移栽时棉苗根系无营养土或其他固体基质附着。

4.44

棉花营养钵育苗移栽　transplanting cotton seedlings raised in soil cubes

用营养土制成的圆柱形钵培养棉苗或用营养土直接育苗后切割成块,待棉苗长出 2 片～3 片真叶后,再适时移栽至大田中的植棉方法。

4.45

地膜覆盖植棉　growing cotton with plastic-mulching

用塑料薄膜覆盖棉田种植棉花。

4.46

地膜覆盖移栽　transplanting cotton with mulching of plastic film

地膜覆盖条件下进行棉苗移栽。

[NY/T 1292—2007,定义 3.2]

4.47

整枝　topping and pruning of cotton plant

在棉花生育期间,适时地摘除棉株主茎和分枝上部分器官的技术。

4.48

打杈　removing vegetative branches

当第一个果枝出现后,将第一果枝以下叶枝及时去掉的操作,也称打营养枝或抹油条。

4.49

打边心　removing fruit branches top

打去果枝的顶尖。又称打群尖、打旁心。

4.50

打顶　topping

在棉花生长后期的有效花铃期内，摘去主茎顶端的生长点，控制棉花后期主茎的无效生长。

4.51

棉花化学调控　chemical manipulation of cotton

从棉花体外施加能影响植物内源激素系统的化学物质，以调节棉花各器官的生长发育，使其朝着人们预期的方向和程度变化，达到抗逆、高产、优质和高效的生产目标。

4.52

单株果枝数　number of fruit branches per plant

平均一棵棉株主茎上选留的果枝数。单株果枝数可在棉花打顶时人为控制的。

4.53

单株结铃数　number of bolls per plant

平均一株棉花的有效结铃数量。通常指棉行上连续不缺株的情况下 30 株棉株的平均值。

4.54

伏前桃　bolls before July 15

7 月 15 日前开花形成的棉铃。

4.55

伏桃　bolls between July 16 to August l5

7 月 16 日至 8 月 15 日开花形成的棉铃。

4.56

秋桃　autumn bolls

8 月 16 日至 9 月 15 日开花形成的棉铃为秋桃。

4.57

早秋桃　early autumn bolls

北方棉区 8 月 16 日至 8 月 25 日、南方棉区 8 月 16 日至 8 月 31 日开花形成的棉铃。

4.58

晚秋桃　late autumn bolls

北方棉区 8 月 26 日至 9 月 15 日、南方棉区 9 月 1 日至 9 月 20 日开花形成的棉铃。

4.59

吐絮　boll open

棉铃成熟开裂，子棉绽露于铃外。

4.60

吐絮率　rate of the opened cotton boll

开裂棉铃占总棉铃数的百分比。

4.61

霜前花　seed-cotton yield before frost

北方棉区第一次下霜前及霜后 5 d 内采收的正常吐絮的子棉；南方棉区为 11 月 10 日前采收的子棉。

4.62

霜前花率　percentage of seed-cotton before frost

霜前花占子棉总产量的百分率。

[NY/T 1302—2007,定义 3.19]

4.63

中喷花 the mid cotton

棉花中部果枝内围果节上吐絮的棉花,或者在棉花进入集中吐絮盛期所采摘的棉花。

4.64

霜后花 seed-cotton yield after frost

在第一次下霜 5 d 后吐絮采收的棉花。

4.65

剥桃花 bolly cotton,snapped cotton

从非自然开裂的棉铃中剥取的棉花。

4.66

烂铃 boll rot

由于微生物侵染而引起霉烂的棉铃。

4.67

僵瓣 hard bollly, hard seedcotton

棉铃在生长发育过程中,因受病、虫害或不利气候条件影响而形成的不能正常吐絮棉瓣。

4.68

保苗率 reserve seedling rate

收获的棉花株数(包括空枝苗)占理论株数的百分数。

4.69

亩铃数 bolls per mu

每亩棉田有效铃数的总和。计算方法为每亩株数与平均单株结铃数的乘积。

注:亩是常用的非法定计量单位,1 亩约等于 667 m^2。

4.70

蕾铃脱落 shedding of cotton squares and bolls

由于生理失调,病、虫为害和机械损伤造成的棉蕾或棉铃与植株体分离而脱落的现象。陆地棉脱落率一般在 60%～70%,严重的高达 80%以上。

4.71

脱落率 abscission rate

棉花植株上脱落果节占棉株总果节数的百分比。

4.72

蕾铃受害率 damaged rates of square and boll

棉花植株上受害虫危害的蕾铃数占蕾铃总数的百分率。

4.73

生物学产量 biological yield

棉花一生中吸收、合成的物质除去呼吸消耗所剩余的干物质总量,包括所有尚存和已脱落的根、茎、叶、蕾、花、铃在内。

4.74

脱叶率 rate of the fallen leaves

棉株上脱落棉叶数量占脱叶催熟前棉叶数量的百分比。

[NY/T 1133—2006,定义 3.5]

4.75

采净率　rate of the picked cotton

采棉机采收的子棉量占应收获的子棉量的比率。

注:改写 NY/T 1133—2006,定义 3.1。

4.76

挂枝棉　hanging cotton

采棉机采收后脱开棉铃且挂在棉株上的子棉。

注:改写 NY/T 1133—2006,定义 3.7。

4.77

漏采棉　leaked cotton

采棉机采收后仍遗留在棉株上铃壳内的子棉。

注:改写 NY/T 1133—2006,定义 3.8。

4.78

污染棉　polluted cotton

由于机械采棉造成的油、棉秆汁、棉叶汁和杂草汁污染的子棉。

[NY/T 1133—2006,定义 3.10]

4.79

撞落棉　the bump off cotton

采收时由于机具碰撞而脱落在地的子棉。

[NY/T 1133—2006,定义 3.9]

4.80

自然落棉　naturally fallen cotton

采棉机采收前自然脱落在地表的子棉。

注:改写 NY/T 1133—2006,定义 3.6。

4.81

子棉预处理　seed cotton pre-processing sequence

子棉付轧前先进行清理和干燥、加湿的处理过程。

[GH/T 1019—1999,定义 2.7.4.6]

4.82

轧花机　gin stand

使子棉的长纤维与棉子分离的机械设备。

4.83

轧花　gin

通过轧花机将子棉上的棉纤维和棉子分离的作业。

4.84

剥绒　delint

用剥绒机剥取毛棉子上短绒的作业。

4.85

分道剥绒　multiple delinting

为使短绒具有规定的长度和品质而采用分道次剥绒的方法。

[GH/T 1019—1999,定义 2.7.2.4]

4.86

短绒率 short fibre content

毛棉子上短绒的重量占毛子总重量的百分数。

4.87

出绒率 rate of produced linter

从毛棉子上剥取的短绒的重量与棉子上短绒总重量的百分比。

4.88

打包 baling

用打包机将松散的皮棉或棉短绒压缩,并捆扎成一定密度和规格的包装工艺过程。

4.89

毛头 tag on ginned seeds

经轧花后毛棉子上残留的成束纤维。

[GH/T 1019—1999,定义 2.4.3]

4.90

毛头率 percentage of tag on ginned seeds

毛棉子上毛头的重量与毛棉子重量的百分比。

4.91

破子 broken seed

种壳脱落、有明显可见伤口或裂缝的种子。

4.92

破子率 broken seed percentage

破子粒数占被检种子总粒数的百分率。

4.93

子屑 cotton seed crumbs

不带纤维的棉子碎屑。

4.94

棉子稀硫酸脱绒 dilute acid delinting of cotton seed

用浓度不大于10%的稀硫酸对带短绒的棉子进行脱绒。包括定量式稀硫酸脱绒与过量式稀硫酸脱绒。

[GB/T 12994—2008,定义 2.31]

4.95

棉子泡沫酸脱绒 foamed acid delinting of cotton seed

用硫酸和发泡剂制成的泡沫酸对带短绒的棉子进行脱绒的方法。

[GB/T 12994—2008,定义 2.32]

4.96

棉子气体酸脱绒 gas acid delinting of cotton seed

用无水盐酸蒸汽作用于带短绒的棉子表面进行脱绒的方法。又称干酸脱绒。

[GB/T 12994—2008,定义 2.33]

4.97

酸绒比 ratio of acid to linter

毛子脱绒所耗浓硫酸的质量与毛子上短绒的质量之比。

5 质量术语

5.1

子棉品级　seed cotton grade

子棉质量优劣的综合指标。主要根据采摘期的早晚和成熟度、色泽、棉瓣外观形态、病虫害程度及僵瓣、杂质等条件来确定。

5.2

子棉含水率　seed cotton moisture content

纤维含水与棉子含水的综合，用百分比表示。子棉含水率高于皮棉，低于棉子。

[GH/T 1019—1999，定义 2.2.7]

5.3

子棉含杂率　seed cotton trash content

子棉中所有杂质所占子棉的百分比。子棉杂质主要是指：叶片、叶屑、小棉枝、铃壳、不孕子、泥沙等。

[GH/T 1019—1999，定义 2.2.8]

5.4

子棉公定衣分率　conditioned lint percentage of seed cotton

从子棉上轧出的皮棉公定重量占相应子棉重量的百分率。

[GB 1103.1—2012，定义 3.11]

5.5

棉花品级(皮棉品级)　cotton grade

表示皮辊加工细绒棉和长绒棉品质优劣的综合性指标，系对照实物标准进行评定。皮辊加工细绒棉分为 1 级～7 级，长绒棉分为 1 级～5 级。

5.6

主体品级　cotton major grade

皮辊加工细绒棉和长绒棉按批检验时，占 80%及以上的品级，其余品级仅与其相邻。

5.7

轧工质量　preparation

子棉经过加工后，皮棉外观形态粗糙程度及所含疵点种类的多少。

[GB 1103.1—2012，定义 3.7]

5.8

公定重量　conditioned weight

净重按棉花实际含杂率和实际回潮率折算成标准含杂率和公定回潮率后的重量。

[GB 1103.1—2012，定义 3.10]

注：棉花公定回潮率为 8.5%；锯齿棉的标准含杂率为 2.5%，皮辊棉的标准含杂率为 3.0%。

5.9

棉花品级实物标准　cotton grade physical standards

根据皮辊棉品级条件制作的实物标准，用以对应评定棉花的等级。

5.10

校准棉花标准样品　calibration cotton standard sample

经过专门制备、混合均匀的棉花样品，由标准化管理部门认可后作为标准样品，简称校准棉样。校准棉样具有一项或几项物理特性的标准值和相应的精密度。我国使用的主要有国际校准棉样(ICC)和大容量纤维检测仪校准棉样(HVICC)。

5.11

颜色分级图　color grading chart

以黄色深度(+b)为横坐标,反射率(Rd)为纵坐标,将棉花划分为13个颜色级区域的坐标图。

5.12

颜色级　color grade

棉花颜色的类型和级别。类型依据黄色深度确定,级别依据明暗程度确定。

[GB 1103.1—2012,定义3.1]

5.13

主体颜色级　major color grade

按批检验时,占有80%及以上的颜色级,其余颜色级仅与其相邻,且类型不超过2个、级别不超过3个。

[GB 1103.1—2012,定义3.6]

5.14

白棉　white cotton

颜色特征表现为洁白、乳白、灰白的棉花。

[GB 1103.1—2012,定义3.2]

5.15

淡点污棉　light spotted cotton

颜色特征表现为白中略显阴黄或有淡黄点的棉花。

[GB 1103.1—2012,定义3.3]

5.16

淡黄染棉　light yellow stained cotton

颜色特征表现为整体显阴黄或灰中显阴黄的棉花。

[GB 1103.1—2012,定义3.4]

5.17

黄染棉　yellow stained cotton

颜色特征表现为整体泛黄的棉花。

[GB 1103.1—2012,定义3.5]

5.18

手扯长度　staple length

用手扯尺量的方法测得的棉纤维长度,以毫米(mm)为单位。

[GB/T 19617—2007,定义3.2]

5.19

主体长度　modal length

棉纤维长度分布中,占质量或根数最多的那部分纤维长度(也称众数长度)。

[GB/T 6098.1—2006,定义3.1]

5.20

品质长度　quality length

棉纤维长度分布中,主体长度以上各组纤维的质量加权平均长度。

[GB/T 6098.1—2006,定义3.2]

5.21

质量平均长度　average length of mass

棉纤维长度分布中,以各组纤维的质量加权得出的平均长度。

[GB/T 6098.1—2006,定义3.4]

5.22

上四分位长度 upper quartile length

在纤维长度分布图中，自最长纤维起，至占纤维试样质量25%处的纤维长度。

[GB/T 3291.1—1997，定义2.24]

5.23

上半部平均长度 upper half mean length

在照影曲线图中，从纤维数量50%处做照影曲线的切线，切线与长度坐标轴相交点所显示的长度值。

[GB/T 20392—2006，定义3.4]

5.24

平均长度 mean length

在照影曲线图中，从纤维数量100%处作照影曲线的切线，切线与长度坐标轴相交点所显示的长度值。

[GB/T 20392—2006，定义3.3]

5.25

2.5%跨距长度 2.5% span length

采用数字式纤维照影仪，扫描的第一个截面位置距离梳夹夹持3.81 mm，设纤维量为100%，从梳夹夹持线到纤维相对根数为2.5%处所跨越的距离。

5.26

50%跨距长度 50% span length

采用数字式纤维照影仪，扫描的第一个截面位置距离梳夹夹持3.81 mm，设纤维量为100%，从梳夹夹持线到纤维相对根数为50%处所跨越的距离。

5.27

长度均匀度 uniformity of length

用来表示棉纤维长度整齐度的指标。是基数与主体长度的乘积。

[GB/T 6098.1—2006，定义3.6]

5.28

长度整齐度指数 uniformity index

测试棉纤维长度时，平均长度占上半部平均长度的百分率。

[GB/T 20392—2006，定义3.5]

5.29

长度整齐度比 uniformity ratio

50%跨距长度与2.5%跨距长度之比。

5.30

断裂强力 breaking strength

拉伸试验中，棉纤维至断裂时所承受的最大拉力。单位以牛顿(N)表示。

5.31

单纤维断裂强力 single-fibre breaking strength

单根纤维试样经拉伸至断裂时测得的断裂力，单位以厘牛顿(cN)表示。

[GB/T 3291.1—1997，定义2.48]

5.32

束纤维断裂强力 bundle breaking strength

成束的纤维试样经拉伸至断裂时测得的断裂力，单位为厘牛顿(cN)。

[GB/T 3291.1—1997，定义 2.49]

5.33

断裂比强度　breaking tenacity

束纤维拉伸至断裂负荷最大时所对应的强度，以未受应变试样每单位线密度所受的力表示，单位为厘牛顿每特克斯(cN/tex)。

[GB/T 20392—2006，定义 3.1]

5.34

断裂伸长率　breaking elongation

束纤维在断裂负荷最大时的相应伸长率，以 3.2 mm 隔距长度的百分率表示。

[GB/T 20392—2006，定义 3.2]

5.35

棉纤维成熟度　cotton maturity

棉纤维胞壁相对发育程度。

[GB/T 6099—2008，定义 3.1]

5.36

成熟纤维　mature fibre

棉纤维按规定条件膨胀后，无转曲且形状近似棒状，胞壁发育充分的纤维。其胞壁厚度等于或大于其最大宽度的 1/4。

[GB/T 13777—2006，定义 3.8]

5.37

成熟纤维百分率　percent maturity

成熟纤维占纤维总根数的平均百分率。

[GB/T 6099—2008，定义 3.4]

5.38

成熟度比　maturity ratio

棉纤维胞壁增厚度对任意选定等于 0.577 的标准增厚度之比。

[GB/T 6099—2008，定义 3.3]

5.39

成熟系数　maturity coefficient

表示棉纤维成熟度的一种指标，系根据棉纤维中腔宽度与胞壁厚度的比值定出的相应数值。比值越小，成熟系数越大，表示纤维越成熟。

[GB/T 6099—2008，定义 3.5]

5.40

棉纤维胞壁增厚度　degree of fibre wall thickening

棉纤维胞壁的实际横截面对具有相同周长的圆面积之比。

[GB/T 6099—2008，定义 3.2]

5.41

正常纤维　normal fibre

棉纤维按规定条件膨胀后，呈现不连续中腔或几乎没有任何中腔痕迹、无明显转曲的棒状纤维。

[GB/T 13777—2006，定义 3.3]

5.42

薄壁纤维　thin-walled fibre

棉纤维按规定条件膨胀后,不符合正常纤维或死纤维特征的纤维。

[GB/T 13777—2006,定义 3.4]

5.43

未成熟纤维　immature fibre

棉纤维按规定条件膨胀后,呈螺旋或扁平带状、胞壁极薄几乎呈透明轮廓的纤维。其胞壁厚度小于其最大宽度的 1/4。

[GB/T 13777—2006,定义 3.7]

5.44

死纤维　dead fibre

棉纤维按规定条件膨胀后,胞壁厚度等于或小于最大宽度的 1/5 的纤维。死纤维有各种形态,如:无转曲扁平带状或转曲较多的带状。

[GB/T 13777—2006,定义 3.2]

5.45

细度　fineness

棉纤维粗细的程度。以直径、单位长度质量或单位质量长度等指标表示。

5.46

线密度　linear density

纤维或纱线单位长度的质量。

[GB/T 6100—2007,定义 3.1]

5.47

特克斯　tex

表示线密度的一种单位,为 1 000 m 纤维或纱线所具有的质量(g)。

[GB/T 6100—2007,定义 3.2]

5.48

马克隆值　micronaire

一定量棉纤维在规定条件下的透气阻力的量度,它是棉纤维线密度与成熟度比的乘积,以马克隆刻度表示。马克隆刻度由国际协议确定具有成套马克隆值的“国际校准棉样”进行传递。

[GB/T 20392—2006,定义 3.6]

5.49

反射率　reflectance degree

表示棉花样品反射光的明暗程度,以 Rd 表示。

[GB/T 20392—2006,定义 3.7]

5.50

黄色深度　yellowness

表示棉花黄色色调的深浅程度,以 $+b$ 表示。

[GB/T 20392—2006,定义 3.8]

5.51

纺纱均匀性指数　spinning consistency index

棉纤维多项物理性能指标按照一定纺纱工艺加工成成纱后的综合反映。

[NY/T 1302—2007,定义 3.15]

5.52

短纤维指数　short fibre index

在以 HVI 测试棉花样品时，长度短于 12.7 mm 的纤维占样品纤维总量的百分率。

5.53

含糖率　percentage of sugars

棉纤维所含总糖(包括还原糖、非还原糖)质量占棉纤维试样质量的百分数。

[GB/T 16258—2008，定义 3.1]

5.54

棉花水分　moisture content of cotton

棉花样品在烘干过程中失去的水和其他挥发性物质的重量与烘前样品重量的百分比。

5.55

回潮率　moisture regain

在规定条件下测得的原棉水分含量，以试样的含湿质量与干燥质量的差值对干燥质量百分率表示。

[GB/T 6102.2—2009，定义 3.3]

5.56

黄根　tinged linter

由于皮辊机轧工不良而混入原棉中的棉子上的黄褐色底绒。

[GB/T 6103—2006，定义 3.1.8]

5.57

黄根率　percentage of tinged linter mass

从皮辊棉试验试样中拣出的黄根的质量占试验试样质量的百分率。

[GB/T 6103—2006，定义 3.6]

5.58

杂质　trash

棉花中含有的非棉纤维性物质及着生的纤维，如沙土、枝叶、铃壳、虫屎、虫尸、棉子、子棉、破子、不孕子、带纤维子屑、软子表皮等。

[GB/T 6499—2012，定义 3.1]

5.59

杂质面积　trash area percent

测试面积内样品表面杂质颗粒覆盖面积占测试总面积的百分率。

[GB/T 20392—2006，定义 3.10]

5.60

杂质数量　trash count

测试面积内样品表面杂质颗粒总数。

[GB/T 20392—2006，定义 3.9]

5.61

含杂率　percentage of trash

原棉在规定试样中，杂质质量对其试样质量的百分率。

[GB/T 6499—2012，定义 3.2]

5.62

原棉疵点　cotton defects in raw cotton

由于棉花生长发育不良或轧工不良而形成的对纺纱有害的纤维性物质，一般在纺织工艺中不易清除。包括破子、不孕子、索丝、软子表皮、僵片、带纤维子屑、棉结及黄根。

［GB/T 6103—2006，定义 3.1］

5.63

棉结　nep

由棉纤维不成熟或轧工不良造成的纤维纠缠而成的结点。一般在染色后形成深色或浅色细点。

［GB/T 6103—2006，定义 3.1.7］

5.64

索丝　curly cotton；stringy cotton

棉纤维相互纠缠成条索状，难以从纵向扯开的纤维束。

［GB/T 6103—2006，定义 3.1.3］

5.65

带纤维子屑　bearded motes；fuzzy motes seed coat fragments

带有纤维的碎子屑。面积在 2 mm^2 以下。

［GB/T 6103—2006，定义 3.1.6］

5.66

危害性杂物　dangerous foreign matters

混入棉花中的硬杂物和软杂物，如金属、砖石及异性纤维等。

［GB 1103.1—2012，定义 3.14］

5.67

异性纤维　foreign fiber

混入棉花中的非棉纤维和非本色棉纤维，如化学纤维、毛发、丝、麻、塑料膜、塑料绳、染色线（绳、布块）等。

［GB/T 1103.1—2012，定义 3.12］

5.68

成包皮棉异性纤维含量　the content of foreign fiber in a baled cotton

从样品中挑拣出的异性纤维的重量与被挑拣样品重量之比，用克每吨（g/t）表示。

［GB/T 1103.1—2012，定义 3.13］

5.69

光子残绒率　residual lint rate of delinted seed

经脱绒处理后，棉子上残留的短绒质量与棉子总质量之比。

［GB/T 25416—2010，定义 3.1］

5.70

光子残绒指数　residue short fiber index of delinted seed

根据脱绒子表面残留短绒的多少，以数字代表各级的残留程度。

［NY 400—2000，定义 3.4］

5.71

光子残酸率　residue acid content of delinted seed

脱绒子表面含有的残酸质量占脱绒子总质量的百分数。

［NY 400—2000，定义 3.5］

索　引

汉语拼音索引

W

X

Y

Z

英文对应词索引

ICS 65.020
B 32

中华人民共和国农业行业标准

NY/T 2675—2015

棉花良好农业规范

Good agricultural practice for cotton

2015-02-09 发布

2015-05-01 实施

中华人民共和国农业部 发布

前　　言

本标准按照 GB/T 1.1—2009 给出的规则起草。

本标准由农业部种植业管理司提出并归口。

本标准起草单位:农业部农村经济研究中心。

本标准主要起草人:杜珉、刘锐、张灿强、王莉、金书秦、李冉。

棉花良好农业规范

1 范围

本规范规定了棉花良好生产经营的基本原则、产地环境、种植采收、加工储运、组织管理、可追溯体系、劳动者培训与福利等方面的要求。

本规范适用于良好棉花种植、加工及认证。

2 规范性引用文件

下列文件对于本文件的应用是必不可少的。凡是注日期的引用文件，仅注日期的版本适用于本文件。凡是不注日期的引用文件，其最新版本（包括所有的修改单）适用于本文件。

GB 1103.1 棉花 第1部分：锯齿加工细绒棉

GB 1103.2 棉花 第2部分：皮辊加工细绒棉

GB 3095 环境空气质量标准

GB 5084 灌溉水环境质量标准

GB/T 8321 农药合理使用准则

GB/T 22335 棉花加工技术规程

GB/T 25763 棉花加工企业生产环境及安全管理要求

GH/T 1072 籽棉货场安全技术规范

NY/T 496 肥料合理使用准则通则

3 术语和定义

下列术语和定义适用于本文件。

3.1

良好棉花 better cotton

通过执行棉花良好农业规范，获得第三方认证机构认证的棉花。

3.2

可追溯 traceability

对良好棉花生产及管理的各个环节，从产地环境、品种来源、用肥、施药、灌溉、排水、采收、加工、仓储、运输等所有过程的记录回溯能力。

3.3

体面劳动 decent work

劳动者在享有社会保障和自由选择劳动基本权益的前提下，从事公正、安全和有尊严的劳动，并能体会劳动的愉悦和幸福。

4 基本原则

良好棉花种植、加工、经营应遵循如下基本原则：

——有利于产地土壤、水资源等要素的有效保护和持续利用；

——有利于棉田、种植村落和区域生态环境的保护与可持续发展；

——有利于棉花生产者健康、体面与福利的提高；

——有利于棉花生产经营者经济效益的提高；

——有利于棉花生产先进技术的采纳、应用与推广；

——有利于棉花品质质量的保持与提升。

5 产地要求

5.1 产地环境

5.1.1 环境质量应符合 GB 3095 中农业区的要求。

5.1.2 棉田应选择地势平坦、土层深厚、土质疏松、土壤肥力和水分适宜，且土壤、水源、空气无污染的区域。

5.1.3 灌溉水质应符合 GB 5084 中水部分的要求。

5.2 产地管理

5.2.1 产地合法

应符合国家和地方的法律法规，包括土地利用、生物多样性保护和环境保护等法律法规。

5.2.2 基础设施建设

应具备灌溉与排水系统，建设井、渠等农田水利工程，配套沟、桥、涵、农电线路和田间道路等基础设施。

5.2.3 生态环境保护

应采取必要的生态环境保护措施，注重防护林建设，保护益鸟、益虫，维护生物多样性。

5.2.4 资源利用与保护

5.2.4.1 应保持或提高地表水和地下水的质量与供应，保留或重建自然水源附近和天然水道沿岸的自然植被区。

5.2.4.2 应采取防止土壤侵蚀、沙化及盐碱化的保护性耕作等措施。

5.2.5 棉田污染防治

应采取必要的土壤保护措施，防止耕地污染。严禁使用厚度小于 0.008 mm 的农膜，减少农膜残留，对农膜、农药和肥料包装等废弃物进行回收利用。

6 种植与采收

6.1 品种选择

6.1.1 品种的合法性

应选择使用通过国家或省级审定的合法品种。

6.1.2 品种的适应性

应选择适合目标市场需求和当地气候、土壤条件、栽培模式的品种。

6.1.3 品种的丰产性

应选择在现实生产条件下产量高的品种。

6.1.4 品种的抗逆性

应选择具有较好的抗病虫性和忍耐自然灾害能力的品种。

6.1.5 品种的一致性

应选择形态特征一致、生物学特性一致、纤维品质一致的品种。

6.2 肥料选择与使用

6.2.1 肥料选择

应符合 NY/T 496 的规定。

6.2.2 施肥方法

应综合考虑作物需求、土壤状况、气候因素、耕作制度、肥料利用率等因素，控制施肥时间、施肥量、肥料配比、施肥方式，遇到降水等不利天气条件时不宜施肥作业。

6.2.3 肥料储存

6.2.3.1 肥料储存应防止水源污染。液体肥料储存应充分考虑储存期间对河道污染以及发生洪水出现污染的风险，设立防护措施（根据国家或地方法规，或其储存能力为最大储存量的110%）。

6.2.3.2 有机肥应存放在指定的区域，距离水源至少25 m。

6.2.3.3 化肥、有机肥应单独存放，并远离儿童、食品以及生活区域。

6.3 灌溉、排水与水资源有效利用

6.3.1 节水灌溉措施

应因地制宜，根据棉花需水规律，采取滴灌、喷灌等节水灌溉措施。

6.3.2 排水措施

应配套沟渠、管道等排水设施。

6.4 植物保护与农药使用

6.4.1 植物保护

应采取综合措施防治棉田病、虫、草害，最大限度地保护自然天敌。

6.4.2 病虫害预测预报

应有专业植保人员或经过培训的棉花生产者，定点定时对棉花病虫害发生情况进行观察记录，进行预测预报，并提出预防措施。

6.4.3 农药使用

6.4.3.1 应符合GB/T 8321的规定。

6.4.3.2 应了解药剂剂型、作用特点以及是否能与其他农药、肥料混合使用。

6.4.3.3 应掌握药剂使用浓度与用量，尽量避免长期使用单一药品，采取各种农药交替使用。

6.4.3.4 禁止使用未获准登记的农药产品和违禁农药名单内的产品。

6.4.4 施药保护

施药时应戴口罩、帽子、手套，穿长袖等防护措施，不在高温烈日下工作。喷药前不饮酒，施药时禁止饮食、吸烟等，施药结束后立即进行清洗、消毒并更换衣服。

6.4.5 农药储存

应分类、单独储存。

6.4.6 农药废弃物回收与处理

农药废弃物应及时回收，并妥善处理。

6.5 采收

6.5.1 手工采摘

手工采摘时应戴棉布帽、穿棉质外衣，使用棉布袋，同色棉绳轧口。

6.5.2 机械采收

采收前应对采收机械进行检修、清理，对棉田残膜、土埂、灌溉设施等障碍物进行清理。

6.5.3 晾晒

采收后的子棉应及时晾晒。

6.5.4 存放

子棉储存应符合GH/T 1072的规定，应与普通棉花分开存放。

7 加工储运

7.1 加工场地

加工场地应清洁,无污染,无火源,具备防火设备条件。

7.2 分类、分级加工

加工良好棉花前应清理轧花机械设备,与普通棉花分开加工。加工良好棉花应符合 GB/T 22335 的规定。

7.3 加工质量

7.3.1 锯齿棉应符合 GB 1103.1 中锯齿加工细绒棉的规定;皮辊棉应符合 GB 1103.2 皮辊加工细绒棉的规定。

7.3.2 应严格控制异性纤维(三丝)混入,三丝含量应小于 0.1 g/t。

7.3.3 应使用国产 I 型棉包,轧花质量应至少达到中档及以上。

7.4 标识管理

加工好的棉花应有标识,标明产地、等级、纤维质量、重量以及生产日期等信息。

7.5 加工人员安全保护

应符合 GB/T 25763 的规定,采取必要措施保护加工人员安全。

7.6 仓储保管

应加强仓储管理,与普通棉花分别存放。

7.7 挂卡管理

入库的棉花应挂垛头卡。标明储货性质(良好棉花)、仓库编号、垛位号、批号(车号)、原唛头等级、公检级别、件数等内容。

7.8 标识检查

应加强棉花标识检查,不得更换棉包唛头或挂卡。

7.9 运输

运输车辆应保持清洁,避免油污、漏雨,防火、防潮、防污染。运输车辆应纳入追溯管理系统。

8 组织管理

8.1 管理体系

应建立如下组织管理体系:

——良好棉花生产者(农户、家庭农场、合作社、企业)、收购和加工经营者(轧花厂、经营商)与最终使用者(纺织企业)之间的组织管理体系;

——良好棉花产业链利益主体之间以书面文件形式形成管理与控制体系;

——生产者、收购加工经营者、使用者签订书面采购合同,各主体应按照良好棉花规范履行其职责和义务。

8.2 监督体系

8.2.1 内部监督

参加良好棉花的生产者、收购加工经营者、使用者应对照棉花良好农业规范,要求至少 1 个棉花作物年度进行 1 次内部检查,并制订计划对内部审核中发现的问题采取有效的整改措施。

8.2.2 外部监督

由有资质的第三方认证机构按良好棉花规范进行监督和检查。

9 可追溯体系

9.1 追溯制度

应包括能说明产品来源的文件记录、标识和产品批号系统等。

9.2 追溯的文件记录

应包括基地编号、农事管理、采摘、贮藏、运输、原料存放、加工过程、包装标识、成品检测、库存管理、产品销售日期、销售去向、用户(纺织企业)投诉、危害及事故处理等。

9.3 记录和保存

9.3.1 种植记录

应对所有田间种植过程进行文件记录，形成完整的生产档案，主要包括：

——农场基本情况记录：农场名称、种植户姓名、地块、种植品种、规模；

——良好棉花生产区域图：标识地点、面积、生产单元分布，能够与非良好棉花生产区域区别；

——生产投入记录：包括肥料种类、施用时间、施用量等；农药名称、施用量、防治对象、施药时间以及施药人员等；灌溉次数、灌溉时间、单位面积用水量等；

——其他农事活动记录：化控、中耕、除草、打顶等田间农事活动过程以及采收和运输等。

9.3.2 收购加工经营记录

收购加工经营者要对所有质量控制过程进行记录，形成完整的良好棉花管理档案。记录的内容包括：内部审核、人员培训、质量管理体系的控制和变更、机械设备的维护使用、垃圾和污染物的处理等。

9.3.3 监督检查记录

对内部和外部监督检查的整改措施应以报告的形式予以保存。

9.3.4 文件记录保存期限

应至少保存 2 年。

10 劳动者培训与福利

10.1 劳动者培训

应对参与良好棉花生产、加工人员和收购人员进行相关培训，使劳动者掌握种植、加工、检验技术等良好棉花规范，并了解棉花生产、市场信息及政策法规等，加工、收购人员须持证上岗。

10.2 体面劳动

10.2.1 劳动者身体健康

劳动者应保持身体健康。

10.2.2 劳动者权益保护

禁止雇佣 16 岁以下儿童；禁止老人参与有损健康和危险的劳动；禁止孕妇及哺乳期妇女参与喷洒农药和重体力劳动。

10.2.3 应急措施

在生产过程中，应对危害身体健康的突发事件有防护措施。

ICS 67.060
B 20

中华人民共和国农业行业标准

NY/T 2680—2015

鱼塘专用稻种植技术规程

Technical regulation for special-purpose rice for the fish ponds planting

2015-02-09 发布

2015-05-01 实施

中华人民共和国农业部 发布

前　言

本标准按照 GB/T 1.1—2009 给出的规则起草。

请注意本文件的某些内容可能涉及专利，本文件的发布机构不承担识别这些专利的责任。

本标准由农业部种植业管理司提出并归口。

本标准起草单位：中国水稻研究所、浙江大学、杭州市水产技术推广总站。

本标准主要起草人：方福平、吴殿星、李凤博、陈凡、冯金飞、舒小丽、周锡跃、徐春春。

鱼塘专用稻种植技术规程

1 范围

本标准规定了淡水池塘种植鱼塘专用稻的术语和定义、产地环境、鱼塘准备、鱼稻秧苗准备、鱼稻栽种与管理、鱼种放养与养殖管理、捕捞方法等技术。

本标准适用于我国长江中下游青虾塘、黄颡鱼塘种稻模式。

2 规范性引用文件

下列文件对于本文件的应用是必不可少的。凡是注日期的引用文件,仅注日期的版本适用于本文件。凡是不注日期的引用文件,其最新版本(包括所有的修改单)适用于本文件。

GB/T 18407.4 农产品安全质量 无公害水产品产地环境要求

NY/T 1351 黄颡鱼养殖技术规程

NY 5051 无公害食品 淡水养殖用水水质

NY/T 5285 无公害食品 青虾养殖技术规范

3 术语和定义

下列术语和定义适用于本文件。

3.1

鱼塘专用稻 fishpond cultivated special-purpose rice

经过审定的适宜鱼塘种植的水稻品种,简称鱼稻。

4 产地环境

4.1 产地要求

养殖地应符合 GB/T 18407.4 的规定。

4.2 水质

水质应符合 NY 5051 的规定。

5 鱼塘准备

5.1 青虾塘准备

5.1.1 增氧设施

青虾塘微孔管增氧设备按 0.25 kW/667m^2～0.3 kW/667m^2 标准配备。

5.1.2 放养前准备

进水要求、清塘消毒等均按 NY/T 5285 的规定执行。

5.2 黄颡鱼塘准备

5.2.1 鱼塘改建

鱼塘三边离池埂脚 2 m～3 m 挖鱼沟,沟宽 3 m,沟深 0.8 m～1 m。

5.2.2 增氧设施

增氧设施按 NY/T 1351 的规定执行。

5.2.3 放养前准备

清塘消毒按 NY/T 1351 的规定执行。

6 鱼稻秧苗准备

6.1 稻种选择

选用鱼塘专用稻。

6.2 育秧方式

旱育秧。采用稀直播的方法，每平方米苗床播刚露白的芽谷 40 g～50 g，边播种边盖细土，覆土 0.5 cm，以不露籽为宜。

6.3 秧田管理

播后管理同普通水稻大田育秧。

7 鱼稻栽种与管理

7.1 鱼稻栽种

7.1.1 栽种位置和方式

根据鱼塘面积及鱼稻覆盖面积，鱼稻栽种池塘中部，种稻面积占鱼塘总面积的 50%～60%。以鱼稻代替虾塘和鱼塘中的水生植物。栽种方式采用育苗移栽方式进行。

7.1.2 鱼稻移栽

秧龄达到 30 d 时，采用均匀稀种的方式进行移栽。青虾塘和黄颡鱼塘移栽密度 50 cm×50 cm 或 60 cm×60 cm，每丛 2 株～3 株。鱼稻均匀移栽分布于池塘中央。

7.2 鱼稻生长管理

7.2.1 基本要求

生长期间，不晒田、无需施加水稻的专用肥料、全生育期不喷施农药。

7.2.2 水位管理

7.2.2.1 移栽时

移栽时鱼塘水深保持在 20 cm～30 cm。

7.2.2.2 分蘖期

移栽后 5 d 至青虾（黄颡鱼）放养前，鱼塘保持 30 cm～40 cm 水层。其后，依照鱼稻的苗/株高，逐次提高水位，以水位不淹没心叶为准。

7.2.2.3 拔节孕穗期

盛夏拔节孕穗时，鱼塘水位控制在 80 cm～90 cm。

7.2.2.4 灌浆结实期

成熟时，水位控制在 1.0 m～1.2 m。

7.3 鱼稻收获

当稻穗谷粒颖壳 95%以上变黄、籽粒变硬、稻叶逐渐发黄时，采用收割稻穗的方式收获。

8 鱼种放养与养殖管理

8.1 苗种放养

8.1.1 虾苗放养

鱼稻移栽 30 d 后放养。虾苗选择、虾苗投放量、放养方法等按 NY/T 5285 的规定执行。

8.1.2 黄颡鱼种放养

鱼稻移栽 25 d～30 d 后放养鱼种。鱼种质量、放养量、放养方法按 NY/T 1351 的规定执行。

8.2 鱼塘管理

8.2.1 青虾养殖管理

青虾养殖管理按 NY/T 5285 的规定执行。

8.2.2 黄颡鱼养殖管理

黄颡鱼养殖管理按 NY/T 1351 的规定执行。

ICS 67.080.10
B 31

中华人民共和国农业行业标准

NY/T 2681—2015

梨苗木繁育技术规程

Code of practice for propagation of pear nursery stock

2015-02-09 发布　　2015-05-01 实施

中华人民共和国农业部 发布

前 言

本标准按照 GB/T 1.1—2009 给出的规则起草。

本标准由农业部种植业管理司提出。

本标准由全国果品标准化技术委员会(SAC/TC 510)归口。

本标准起草单位:中国农业科学院果树研究所。

本标准主要起草人:姜淑苓、王斐、欧春青、李静、马力、李连文。

梨苗木繁育技术规程

1 范围

本标准规定了苗圃地选择与规划、实生砧木梨苗培育、矮化中间砧梨苗培育、苗木出圃、贮存和运输等梨苗木繁育技术。

本标准适用于梨苗木繁育。

2 规范性引用文件

下列文件对于本文件的应用是必不可少的。凡是注日期的引用文件，仅注日期的版本适用于本文件。凡是不注日期的引用文件，其最新版本(包括所有的修改单)适用于本文件。

NY/T 442 梨生产技术规程

NY 475 梨苗木

NY/T 1085 苹果苗木繁育技术规程

3 术语和定义

NY 475 界定的术语和定义适用于本文件。

4 苗圃地选择与规划

4.1 苗圃地选择

圃地应无检疫性病虫害、危险性病虫害和环境污染；交通便利；地势平坦，背风向阳，排水良好；有灌溉条件；土壤肥沃，土质以沙壤土、壤土为宜；土壤酸碱度以 pH 6.5～7.5 为宜；苗木繁育前 2 年内，未种植果树或繁育果树苗木。

4.2 苗圃地规划

合理规划采穗圃、繁殖区和轮作区，建设必要的排灌设施和道路。

5 实生砧木梨苗培育

5.1 砧木的选择

按 NY/T 442 的规定执行。

5.2 砧木种子的采集

用于采种的砧木母树，植株健壮，无病虫害，选择发育正常、果形端正的果实，经果实堆放、搓揉和漂洗等采集种子。

5.3 砧木种子的贮存与质量要求

按 NY/T 1085 的规定执行。

5.4 砧木种子的层积处理

砧木种子和湿沙的比例为 1∶(4～5)，沙的湿度在 50%～60%，层积温度以 −2℃～5℃为宜。播种前 4 d～6 d，将种子置于 10℃～15℃环境下催芽，待种子 50%左右露白时进行播种。常用砧木种子适宜层积时间见表 1。

表 1　主要梨砧木种子适宜层积时间及播种量

砧木种类	适宜层积时间 d	直播育苗法播种量 kg/hm²
杜梨(*P. betulaefolia* Bge.)	60～80	22.5～30.0
秋子梨(*P. ussuriensis* Maxim.)	40～60	30.0～45.0
豆梨(*P. calleyana* Dcne.)	25～35	11.5～15.0
褐梨(*P. phaeocarpa* Rehd.)	35～55	30.0～45.0
川梨(*P. pashia* Buch. - Ham.)	35～50	15.0～22.5
沙梨[*P. pyrifolia*(Burm. f.) Nakai]	40～55	90.0～120.0

5.5　砧木种子的播种时期与播种量

分为春播和秋播。秋播在土壤结冻前进行，上冻前浇封冻水，冬季寒冷的地区不宜进行秋播。春播在春天土壤解冻后尽早进行。直播育苗的播种量见表 1，对于非直播育苗，其播种量在此基础上适当调整。

5.6　砧木苗培育

5.6.1　直播法

播种方式可选用宽行行距 50 cm～60 cm、窄行行距 20 cm～25 cm 的宽窄行双行条播或行距 40 cm～50 cm 的单行条播。播种前，苗圃地深翻 40 cm～50 cm，施足底肥，整平作畦，畦内开沟并适量灌水。待水下渗后播种。均匀撒种，耙平，覆盖地膜增温保湿。当气温达到 20℃后，要注意揭膜透风；当气温达到 25℃后，将膜全部撤除。幼苗长出 2 片～3 片真叶时，按株距 12 cm 左右间苗。当秋季根系旺盛生长前或翌年春天断根，用断根铲从侧面斜向下铲断主根。

5.6.2　育苗移栽法

播种方法同 5.6.1。幼苗长到 2 片～3 片真叶时，按株距 3 cm 左右间苗。幼苗长到 5 片～7 片真叶时移栽。移栽前 2 d～3 d，苗床灌足水，按株距 12 cm～15 cm、行距 50 cm～60 cm 移栽于苗圃地中。

5.6.3　苗期管理

5.6.3.1　土肥水管理

芽接前追肥 2 次～3 次，每次施尿素 120 kg/hm²～150 kg/hm²，施肥后及时灌水。苗木生长旺盛期，根据土壤水分状况，及时灌水和中耕除草。

5.6.3.2　病虫害防治

苗期重点防治立枯病、蚜虫、金龟子等病虫害。根颈部喷施或根部浇灌多菌灵等防治立枯病，选用吡虫啉等防治蚜虫、拟除虫菊酯类杀虫剂等防治金龟子。

5.7　嫁接

5.7.1　采穗

从品种采穗圃或生产园中生长健壮、结果正常、无检疫性病虫害的母株上，在树冠外围、中部采集生长正常、芽体饱满的新梢。生长季节，剪除叶片，保留叶柄(长 0.5 cm 左右)，剪去枝条不充实部分，然后置阴凉处保湿贮存；休眠季节，在树液流动前采穗，采后置阴凉处覆盖湿沙贮存。

5.7.2　嫁接方法

秋季嫁接采用芽接法或带木质芽接法，春季嫁接采用硬枝接法或带木质芽接法。

5.8　嫁接后管理

嫁接后 10 d～15 d 检查成活情况，对未接活的及时补接。枝接后萌发的新梢长至 20 cm～30 cm 时，解除绑缚的塑料条，多风地区应绑缚支棍，避免刮折。及时抹除砧木上的萌芽和萌梢。春季嫁接苗在嫁接成活后及时剪砧，秋季嫁接苗于翌年春萌芽前剪砧。剪砧位置在接芽上方 0.5 cm～1.0 cm 处，剪口斜向芽对面并涂伤口保护剂。剪砧后及时除萌。干旱和寒冷地区，封冻前苗行浅培土，将嫁接部位埋于土下,翌年春天土壤解冻后,撤去培土,以利于萌芽和抽梢。注意松土、除草、追肥和灌水。加强对卷叶虫、蚜虫、梨茎蜂、梨瘿蚊等虫害的防治。

6 矮化中间砧梨苗培育

6.1 3年出圃苗的培育

第一年,春天培育实生砧苗,秋季在砧苗上嫁接矮化中间砧接芽。第二年,春季在接芽上方0.5 cm～1.0 cm处剪砧,秋季在中间砧上25 cm～30 cm处嫁接梨品种接芽。第三年,春季在接芽上方0.5 cm～1.0 cm处剪砧,秋季即可培育成矮化中间砧梨苗。

6.2 2年出圃苗的培育

6.2.1 分段嫁接法

第一年,培育实生砧苗,秋季在中间砧母本树的1年生枝条上,每隔30 cm～35 cm嫁接一个梨品种接芽。第二年,春季将嫁接梨品种接芽的矮砧分段剪下(每个中间砧段顶部带有1个梨品种接芽),再分别嫁接到上年培育好的实生砧苗上;秋季成苗。

6.2.2 双重枝接法

第一年,培育实生砧苗。第二年,早春将梨品种接穗枝接在长25 cm～30 cm的矮化中间砧段上,并缠以塑料薄膜保湿,再将接好梨接穗的中间砧茎段枝接在实生砧上,秋季即可出圃。

6.3 嫁接后管理

参照5.8的要求执行。

7 出圃与包装

7.1 苗木出圃

7.1.1 起苗和分级

起苗既可在秋季土壤结冻前进行,也可在春季土壤解冻后苗木萌芽前进行。起苗时应尽量减少对根系,尤其是主根的损伤。起苗后剔除病虫苗,按NY 475的规定进行分级,并附标签和质量检验证书。

7.1.2 植物检疫

苗木出圃前须经当地植物检疫部门按NY 475的规定检验,获得苗木产地检疫合格证后方可向外地调运。

7.2 包装

按NY 475的规定进行包装。

8 贮存与运输

8.1 贮存

起苗后,如不及时销售和外运,应在背风、向阳、干燥处挖沟假植,或在专业苗木贮藏库中贮存。假植时,无越冬冻害和春季抽条现象的地区,苗梢露出土堆外20 cm左右;否则,苗梢埋入土堆下10 cm左右。

8.2 运输

运输过程中防止重压、曝晒、风干、雨淋、冻害等,注意保湿,到达目的地后及时假植或栽植。

ICS 67.080.10
B 31

中华人民共和国农业行业标准

NY/T 2682—2015

酿酒葡萄生产技术规程

Technical regulations for wine grape production

2015-02-09 发布　　2015-05-01 实施

中华人民共和国农业部　发布

前　言

本标准按照 GB/T 1.1—2009 给出的规则起草。

本标准由农业部种植业管理司提出。

本标准由全国果品标准化技术委员会(SAC/TC 510)归口。

本标准起草单位:烟台市农业技术推广中心、烟台市农业科学院果树分院。

本标准主要起草人:王奎良、唐美玲、于凯、曲日涛、缪玉刚、王福成。

酿酒葡萄生产技术规程

1 范围

本标准规定了酿酒葡萄生产的园地选择与规划、苗木定植、土肥水管理、整形修剪、果穗管理、埋土防寒和出土上架、病虫害防治、采收与运输等技术要求。

本标准适用于酿酒葡萄产区。

2 规范性引用文件

下列文件对于本文件的应用是必不可少的。凡是注日期的引用文件，仅注日期的版本适用于本文件。凡是不注日期的引用文件，其最新版本(包括所有的修改单)适用于本文件。

GB/T 8321(所有部分) 农药合理使用准则

GB/T 15038 葡萄酒、果酒通用分析方法

NY 469 葡萄苗木

NY/T 496 肥料合理使用准则 通则

NY/T 857 葡萄产地环境技术条件

NY/T 5088 无公害食品 鲜食葡萄生产技术规程

3 要求

3.1 园地选择与规划

3.1.1 园地选择

3.1.1.1 气候条件

年均气温 8℃以上，年活动积温(≥10℃)在 2 800℃以上，无霜期 160 d 以上，年降水量 350 mm～800 mm，年日照时数 2 200 h 以上。

3.1.1.2 土壤条件

排水良好的砾质壤土或沙质壤土，土层厚度大于 80 cm；pH 6.0～8.0；含盐量不超过 3.0 g/kg。

3.1.1.3 环境条件

空气、灌溉水、土壤环境质量应符合 NY/T 857 的规定。

3.1.2 园地规划

根据园区面积、地形地貌和机械化管理的要求，合理设计林田水路系统，按照优质高效的原则选择适宜的栽植模式。种植小区的道路可与排灌系统统筹规划，合理布局，地势低洼的地方，排水沟渠应通畅；防风林须建在果园的迎风面，与主风向垂直，乔木和灌木搭配合理。

3.1.3 品种选择

按照适地适栽原则，根据产地生态条件和葡萄酒的产品类型，选择最适应当地栽培的优良品种组合。

3.1.4 架式选择

采用单篱架栽培。

3.2 苗木定植

3.2.1 苗木质量

苗木应符合 NY 469 的规定，宜采用无病毒嫁接苗木，寒冷地区宜采用抗寒砧木的嫁接苗。

3.2.2 定植

3.2.2.1 定植密度

根据立地条件、土壤肥力和架式确定栽培密度,适宜的行距 2 m～3.5 m,株距 0.8 m～1.2 m,每 667 $m^2$159 株～416 株,宜选择南北行向。

3.2.2.2 定植时期

春季定植为主,一般在 10 cm 土壤温度稳定在 10℃以上时进行定植。

3.2.2.3 定植技术

定植沟宽宜为 0.8 m,深 0.8 m～1.0 m。沟底可铺 20 cm～40 cm 厚的秸秆、杂草等有机物。然后将原表土及行间表土与肥料混匀,施入填平。肥料用量一般每 667 m^2 用有机肥 5 000 kg 左右,并加钙镁磷肥或过磷酸钙 50 kg。

定植前将苗木在水中浸泡,使其充分吸水后取出。苗木地上部剪留 2 个～3 个芽或 8 cm～10 cm 长,将根系剪留 5 cm～8 cm。用 5 波美度石硫合剂消毒,然后蘸泥浆栽植。栽植时,舒展苗木根系,填土踏实。浇透水后培土。有条件的地区可以覆膜。栽植深度同苗圃覆土深度,或嫁接苗接口露出地面 10 cm。

3.3 土肥水管理

3.3.1 土壤管理

3.3.1.1 清耕

少雨地区在葡萄行和株间进行多次中耕除草,保持土壤疏松和无杂草。

3.3.1.2 生草和覆草

在葡萄行间人工种植鼠茅草、三叶草、黑麦草等。亦可在葡萄行间覆盖玉米秸、高粱秸、豆秧、稻草等,覆盖厚度为 15 cm～20 cm,上面压少量土。

3.3.1.3 覆地膜

沿葡萄行向覆盖地膜。采用水肥一体化浇水施肥的葡萄园,可在滴灌带铺好后,覆盖地膜。

3.3.2 施肥

3.3.2.1 施肥原则

按照 NY/T 496 的规定执行。根据葡萄的需肥规律进行平衡施肥,以有机肥为主,化肥为辅。亦可根据土壤和叶片分析结果进行营养诊断施肥。使用的商品肥料应在农业行政主管部门登记使用或免于登记的肥料。

3.3.2.2 基肥

基肥一般在秋季果实采收后施入。基肥以有机肥为主,每 667 m^2 施用量 2 000 kg～3 000 kg,并与部分磷钾肥混合施用。施肥方法以沟施为主,施肥沟深度达根系集中分布区,隔年交替在植株两侧开沟施肥。

3.3.2.3 追肥

每年 3 次,第一次在萌芽前后,以氮肥为主,适量配施磷钾肥;第二次在果实膨大期,以氮磷肥为主;第三次在浆果转色期,以钾肥为主。结果树一般每生产 100 kg 葡萄需追施氮(N)0.6 kg、磷(P_2O_5)0.3 kg、钾(K_2O)0.6 kg。追肥一般在距根颈 40 cm 左右处开 10 cm 以上的浅沟,进行沟施。营养不足时可进行根外追肥,花期喷施 0.2%硼砂溶液 1 次～2 次;果实膨大期喷施 0.3%尿素溶液;着色期喷施 0.3%磷酸二氢钾溶液 2 次～3 次。

3.3.3 灌水与排水

宜进行测墒灌溉,依据土壤类型、降水(气候条件)、树势和产量的不同每年灌溉 3 次～5 次。注重催芽水和封冻水。浆果采收前 30 d 停止灌水。可采用微喷、滴灌等灌溉技术。雨季及时排水。

3.4 整形修剪

3.4.1 架形及结构

单篱架,垂直形叶幕。架柱高 180 cm～200 cm,立柱间隔 6 m,其上牵引 3 道～4 道镀锌铁丝或塑钢丝,第一道丝距地面 40 cm～80 cm。

3.4.2 树形

3.4.2.1 倾斜式单龙蔓形

主蔓基部可与地面平行,以较少夹角(小于 20°)逐渐上扬到第一道丝,沿同一方向形成一条多年生臂,长度视株距而定。臂上培养 3 个～4 个结果枝组,每个结果枝组上留 1 个～2 个结果母枝。该树形适合埋土防寒地区。

3.4.2.2 单干双臂形

植株只留 1 个固定主干,一般干高 60 cm～70 cm,地势较低或平坦的果园适当增加干高,主干顶部两侧各留 1 个蔓,在第一道丝上形成固定的双臂,长度视株距而定。每个臂上培养 2 个～4 个结果枝组,每个结果枝组留 1 个～3 个结果母枝。该树形适合不埋土越冬地区。

3.4.3 整形

3.4.3.1 倾斜式单龙蔓整形

3.4.3.1.1 栽植当年,选留 1 个生长健壮的新梢,按架面垂直向上生长,当长度超过 150 cm 即摘心,摘心处保留 2 个～3 个副梢。冬季修剪时一年生枝剪口直径应大于 1 cm。

3.4.3.1.2 第二年春季萌芽前,每行葡萄按同一方向将一年生枝斜拉并绑缚于第一道丝,选留适量新梢垂直沿架面生长;冬季修剪时,将单臂顶端的一年生枝按中长梢修剪,长度不宜超过下一个植株,其余按一定距离进行短梢或中梢修剪,若为中梢修剪应在临近部位留 2 芽～3 芽的预备枝。

3.4.3.1.3 第三年春季萌芽后,选留一定量的新梢,间距 10 cm～15 cm,垂直沿架面绑缚。

3.4.3.2 单干双臂整形

3.4.3.2.1 苗木定植后,选择 1 个健壮新梢培养主干,生长到 60 cm～75 cm 时摘心,留 2 个副梢,按一年或两年培养双臂。冬季进行修剪,健壮枝条剪口直径应达到 1 cm。若枝条细弱,则适合于短截,或在靠近主干处选一个下芽短截,次年继续培养另一个臂。

3.4.3.2.2 第二年,对只有一个单臂的,继续选留另一单臂。对已形成两个臂的,抹掉臂上萌发的下芽,留上芽,间距为 10 cm～20 cm,同时去除主干上的萌蘖。新梢垂直生长至第二道丝时沿架面绑缚。冬季修剪方法为:在臂上每隔 10 cm～20 cm 留 1 个枝条进行短截(留 2 芽～4 芽)。

3.4.3.2.3 第三年生长季节要注意双臂的生长势,及时去掉双臂上的徒长枝,冬季修剪时,进行短梢修剪。

3.4.4 休眠期修剪

3.4.4.1 修剪原则

冬剪时间应在落叶后至萌芽前 1 个月进行,埋土防寒地区应在埋土前进行。根据产量和树形确定留芽量。剪截后的伤口应封蜡。

3.4.4.2 修剪方法

根据品种和架式进行短梢修剪(一年生枝保留 1 芽～3 芽)、中梢修剪(一年生枝保留 4 芽～6 芽)或长梢修剪(一年生枝保留 7 芽以上)。更新修剪采用单枝更新或双枝更新。

3.4.5 生长季修剪

3.4.5.1 抹芽

抹芽一般从萌芽至展叶初期进行。抹除畸形芽、副芽、双芽中的弱芽、病虫芽以及老蔓上的萌芽。

3.4.5.2 定梢

当留下的芽萌生的新梢长到 5 片～6 片叶时，选留一部分粗壮、花序好的新梢，去除其他新梢。一般留梢密度为每延长米架面定梢数为 12 个～15 个。

3.4.5.3 绑梢

当新梢长至 20 cm～30 cm 时，将新梢均匀分布，垂直绑到架面丝上。

3.4.5.4 主梢和副梢的管理

当主梢超过最上端丝 20 cm 时进行截顶，去掉结果部位及其以下的副梢。当叶幕厚度超过 40 cm 时，进行剪截，修剪 3 次～4 次。

3.5 果穗管理

3.5.1 产量指标

应根据栽培品种特性、土壤水肥条件和管理水平及产品质量要求不同来确定品种适宜的产量。一般每 667 m^2 控制在 800 kg～1 000 kg。

3.5.2 花序管理

植株负载量过大时疏去过密、过多及细弱果枝上的花序；根据品种、长势、肥水条件确定留果穗数量，一般每个结果枝保留 1 个～2 个果穗，1 个果穗平均有 20 片叶以上。

3.6 冬季埋土防寒、出土上架及春季霜冻预防

3.6.1 埋土防寒

一般在土壤封冻前适时晚埋。将葡萄枝蔓下架，捆扎后埋土。应在距植株 80 cm～100 cm 以外的行间取土。可先在基部垫土，防止粗蔓基部压伤。埋土应拍实，不宜过干或过湿，厚度应为当地地温稳定在－5℃的土层深度，宽度为 1 m 加上埋土厚度的 2 倍，沙土地葡萄园应适当加厚、加宽。

3.6.2 出土

出土一般在平均气温稳定在 10℃以上进行。

3.6.3 上架

一般在伤流前为宜，将主蔓均匀绑缚于架面上。

3.6.4 预防晚霜

3.6.4.1 灌水

在霜冻来临时或提前 1d 进行全园灌水，安装喷灌设施的葡萄园可喷水灌溉。

3.6.4.2 熏烟

霜冻前点火熏烟，火堆排列方向与冷空气方向垂直，堆置点与冷空气流动方向一致，间距 12 m～15 m。

3.6.4.3 喷洒防霜剂

在霜冻前，对葡萄植株，尤其是葡萄幼龄器官喷布防霜剂 1 次～2 次。

3.6.4.4 覆膜

对于葡萄种植面积相对较小的篱架葡萄园，在霜冻前盖塑料膜。

3.7 病虫害防治

应坚持“预防为主、综合防治”的植保方针，综合应用“农业防治、生物防治、物理防治和化学防治”等措施。农药使用应符合 GB/T 8321 和 NY/T 5088 的要求。

3.7.1 农业防治

葡萄园附近不应种杨柳树，搞好果园清园工作，及时剪除病虫枝、叶、果，并清除出园，集中焚烧或挖坑深埋。秋季结合施肥深翻树盘，以消灭越冬虫体。早期架下喷施石灰杀死病残体中的病原物。

3.7.2 物理防治

根据病虫害生物学特性，采用频振式杀虫灯、黑光灯、糖醋液、性诱剂、黄板、气味物等诱杀害虫，降

低虫口基数。

3.7.3 生物防治

合理选择生物农药;利用及释放天敌控制有害生物的发生;在行间或地头种植对害虫有诱集作用的植物。

3.7.4 化学防治

病虫害化学防治措施见附录 A。

3.8 采收与运输

3.8.1 果实质量要求

3.8.1.1 感官要求

葡萄果实完熟,具有品种固有的色泽、滋味和香气。

3.8.1.2 总糖

生产一般葡萄酒的葡萄总糖含量(以葡萄糖计)不低于 170 g/L,生产优质葡萄酒的葡萄总糖含量(以葡萄糖计)不低于 190 g/L。

3.8.1.3 可滴定酸

葡萄可滴定酸(以酒石酸计)在 5.0 g/L～7.0 g/L。

3.8.2 采收

3.8.2.1 采收期的确定

在葡萄成熟期前,每隔 3 d～4 d 测定 1 次葡萄含糖量、含酸量。葡萄达到果实质量标准即为果实成熟采收期。

3.8.2.2 采收要求

宜在天气晴朗的早晨露水干后或下午气温下降后进行采收。采收时将果穗从穗柄基部剪下,及时去除病虫果、二次果、生青果、霉烂果、泥浆果等,果实随采、随运。

3.8.3 运输

一般用周转箱包装,消毒后使用。装运过程中应轻搬轻放。从采收到榨汁不宜超过 12 h。

附 录 A
(规范性附录)
酿酒葡萄病虫害化学防治

酿酒葡萄病虫害化学防治见表 A.1。

表 A.1 酿酒葡萄病虫害化学防治

防治时期	主要防治对象	兼治对象	防 治 方 案
休眠期	白粉病、炭疽病 红蜘蛛、介壳虫	越冬的各种病虫害	3 波美度~5 波美度石硫合剂枝干喷雾
萌芽至开花前	炭疽病、黑痘病、霜霉病	穗轴褐枯病、灰霉病	3 叶~4 叶期,喷施 10%苯醚甲环唑水分散粒剂 1 500 倍~2 000 倍液或 25%咪鲜胺乳油 1 000 倍液,或 50%异菌脲悬浮剂 1 000 倍液;花序分离期喷施 75%百菌清 600 倍液,或 25%嘧菌酯悬浮剂 1 500 倍~2 000 倍液进行预防保护
	绿盲蝽	毛毡病、介壳虫	萌芽至展叶前重点防治绿盲蝽,可选用 1%苦皮藤素水乳剂 800 倍~1 000 倍液,或 25%吡虫啉乳油 2 000 倍~3 000倍液喷雾防治
落花后至幼果期	黑痘病、灰霉病、霜霉病	炭疽病、白腐病、白粉病等	发病前喷施 80%代森锰锌可湿性粉剂 800 倍~1 500 倍液,发病初期选用 60%唑醚·代森联水分散粒剂 1 500 倍液,或 25%烯酰吗啉悬浮剂 1 000 倍~1 500 倍液,或 22.5%啶氧菌酯悬浮剂 1 000 倍~1 500 倍液喷雾
	绿盲蝽、叶蝉	介壳虫	2.5%高效氯氰菊酯乳油 2 500 倍液,或 25%噻虫嗪水分散粒剂 4 000 倍~5 000 倍液喷雾
果实膨大期	霜霉病、白腐病、炭疽病、白粉病	黑痘病、灰霉病	主要喷施 1:0.5:200 倍波尔多液为主,也可选用 60%唑醚·代森联水分散粒剂 1 500 倍液,或 78%波尔多液·代森锰锌可湿性粉剂 500 倍~600 倍液,或 5%己唑醇悬浮剂 2 000 倍~2 500 倍,或 10%苯醚甲环唑水分散粒剂 1 500 倍~2 000 倍液,或 25%嘧菌酯悬浮剂 1 500 倍~2 000 倍液喷雾,与波尔多液交替使用
	叶蝉	烟粉虱、斑衣蜡蝉	选用 25%噻虫嗪水分散粒剂 4 000 倍~5 000 倍液,或 25%吡虫啉乳油 2 000 倍~3 000 倍液喷雾
转色至成熟期	白腐病、炭疽病、霜霉病	黑霉病、灰霉病	10%苯醚甲环唑水分散粒剂 1 500 倍液或 40%氟硅唑乳油 6 000 倍液喷施,25%戊唑醇水乳剂 2 000 倍液,或 50%异菌脲可湿性粉剂 750 倍~1 500 倍液喷雾

ICS 65.020.01
B 20

中华人民共和国农业行业标准

NY/T 2686—2015

旱作玉米全膜覆盖技术规范

Whole film mulching technical specification for corn on dryland

2015-02-09 发布

2015-05-01 实施

中华人民共和国农业部 发布

前　言

本标准按照 GB/T 1.1—2009 给出的规则起草。

本标准由农业部种植业管理司提出并归口。

本标准起草单位:全国农业技术推广服务中心、中国农业科学院农业资源与区划研究所、甘肃省农业节水与土壤肥料管理总站。

本标准主要起草人:杜森、钟永红、吴勇、张赓、崔增团、万伦、白由路、高祥照。

旱作玉米全膜覆盖技术规范

1 范围

本标准规定了旱作玉米全膜覆盖技术的播前准备、起垄、覆膜、播种和田间管理等技术要求。

本标准适用于年降水量 250 mm～550 mm 地区的旱作玉米。

2 规范性引用文件

下列文件对于本文件的应用是必不可少的，凡是注日期的引用文件，仅注日期的版本适用于本文件，凡是不注日期的引用文件，其最新版本（包括所有的修改单）适用于本文件。

GB 13735 聚乙烯吹塑农用地面覆盖薄膜

3 术语和定义

下列术语和定义适用于本文件。

3.1

旱作农业 dryland farming

指主要依靠自然降水进行生产的农业，也称雨养农业。

3.2

全膜覆盖技术 whole film mulching techniques

用地膜对地表进行全覆盖，实现集雨、保墒、增温、抑制杂草等多种功能的高效用水农业技术模式。

3.3

覆盖保墒 mulching for soil moisture conservation

指在田间覆盖地膜、秸秆、生草等，起到集雨、保墒等作用，实现高产稳产目标。

4 技术原理

玉米全膜覆盖是旱作农业的关键技术之一，其原理是在田间起大小双垄，用地膜对地表进行全覆盖，在垄沟中种植，集成膜面集水、垄沟汇集、抑制蒸发、增温保墒、抑制杂草等功能，充分利用自然降水，有效缓解干旱情况，实现高产稳产。

5 技术要求

5.1 播前准备

5.1.1 地块选择。选择地势平坦、土层深厚、土壤理化性状良好、保水保肥能力较强的地块。

5.1.2 整地蓄墒。前茬作物收获后，采取深松耕、耕后耙耱等措施整地蓄墒，做到土面平整、土壤细绵、无坷垃、无根茬，为覆膜、播种创造良好条件。

5.1.3 施好底肥。增施有机肥料，根据作物品种、目标产量、土壤养分等确定化肥用量和比例，科学施用保水剂、生根剂、抗旱抗逆制剂以及锌肥等中微量元素肥料。因覆膜后难追肥，推荐施用长效、缓释肥料以及相关专用肥。底肥可在整地起垄时施用。

5.1.4 选用良种。根据降水、积温、土壤肥力、农田基础设施等情况选择适宜品种。在西北地区海拔 1 800 m以下地区宜选用中晚熟品种，海拔 1 800 m～2 000 m 地区宜选用中熟品种，海拔 2 000 m～2 300 m 地区宜选用中早熟品种。

5.2 起垄

5.2.1 起垄规格。大垄垄宽约 70 cm，垄高约 10 cm；小垄垄宽约 40 cm，垄高约 15 cm；大小垄相间，中间为播种沟，每个播种沟对应 1 大 1 小 2 个集雨垄面，见图 1。

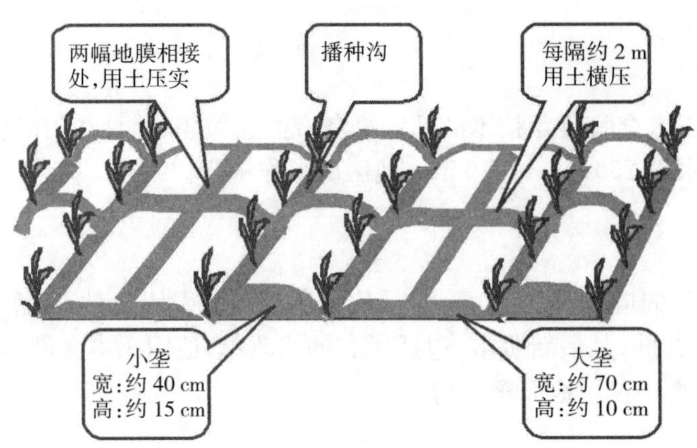

图 1 起垄覆膜

5.2.2 起垄方法。按照起垄规格划行起垄，做到垄面宽窄均匀，垄脊高低一致，无凹陷。缓坡地沿等高线开沟起垄，有条件的地区推荐采取机械起垄覆膜作业。

5.2.3 土壤处理。病虫草害严重的地块，在整地起垄时进行土壤处理，喷洒农药后及时覆盖地膜。

5.3 覆膜

5.3.1 地膜选择。地膜应符合 GB 13735 要求，优先选用厚度 0.01 mm 以上的地膜。杂草较多的地块可采用黑色地膜，积极探索应用强度与效果满足要求的全降解地膜、彩色地膜和功能地膜。

5.3.2 覆膜时间。根据降水和土壤墒情选择秋季覆膜或春季顶凌覆膜。在秋季覆膜可有效阻止秋、冬、春三季水分蒸发，最大限度保蓄土壤水分。在春季土壤昼消夜冻、白天消冻约 15 cm 时顶凌覆膜，可有效阻止春季水分蒸发。

5.3.3 覆膜方法。全地面覆盖，相邻两幅地膜在大垄垄脊相接，用土压实。地膜应拉展铺平，与垄面、垄沟贴紧，每隔约 2 m 用土横压，防大风揭膜。覆膜后在播种沟内每隔 50 cm 左右打直径约 3 mm 的渗水孔，便于降水入渗。加强管理，防止牲畜入地践踏等造成破损。经常检查，发现破损时及时用土盖严或进行修补。可用秸秆覆盖护膜。

5.4 播种

5.4.1 播种时间。通常在耕层 5 cm～10 cm 地温稳定通过 10℃时播种，可根据当地气候条件和作物品种等因素调整。

5.4.2 种植密度。根据土壤肥力、降水条件和品种特性等确定种植密度。在西北地区年降水量250 mm～350 mm 的地区每 667 m^2 以 3 000 株～3 500 株为宜，株距 35 cm～40 cm；年降水量 350 mm～450 mm 的地区每 667 m^2 以 3 500 株～4 000 株为宜，株距 30 cm～35 cm；年降水量 450 mm 以上的地区每 667 m^2 以 4 000 株～4 500 株为宜，株距 27 cm～30 cm。土壤肥力高、墒情好的地块可适当加大种植密度。

5.4.3 播种方法。按照种植密度和株距将种子破膜穴播在播种沟内，播深 3 cm～5 cm，播后用土封严播种孔。当耕层墒情不足(土壤相对含水量低于 60%)时补墒播种。

5.5 田间管理

5.5.1 苗期管理。出苗后及时放出压在地膜下的幼苗，避免高温灼伤；及时查苗，缺苗时进行催芽补种或移栽补苗；4 叶～5 叶期定苗，除去病、弱、杂苗，每穴留 1 株壮苗。

5.5.2 中后期管理。当玉米进入大喇叭口期可进行追肥。在两株中间用施肥枪等工具打孔施肥，也可将肥料溶解在水中，制成肥液注射施肥，或喷施叶面肥、水溶肥、抗旱抗逆制剂以及锌等中微量元素肥料。土壤肥力高的地块一般不追肥，以防贪青。发现植株发黄等缺肥症状时，可采用叶面喷施等方式及时追肥。出现第3穗时尽早掰除，减少养分消耗。

5.5.3 病虫防治。根据病虫害发生情况，做好黏虫、玉米螟、红蜘蛛、锈病等病虫害防治，鼓励应用生物防治技术。

5.6 适时收获

当玉米苞叶变黄、籽粒变硬、有光泽时收获。注意晾晒储存，防止受潮霉变。

5.7 残膜处理

玉米收获后，采用人工或机械回收地膜。适宜地区实行一膜两年用。

ICS 67.140.10
B 35

中华人民共和国农业行业标准

NY/T 2710—2015

茶树良种繁育基地建设标准

Construction standards for tea plant breeding base

2015-02-09 发布　　2015-05-01 实施

中华人民共和国农业部　发布

前　　言

本标准按照 GB/T 1.1—2009 给出的规则起草。

本标准由农业部农产品质量安全监管局提出。

本标准由农业部发展计划司归口。

本标准起草单位:农业部工程建设服务中心。

本标准起草协作单位:北京方正联工程咨询有限公司。

本标准主要起草人:李晓钢、黄洁、牛明雷、张晓琳、李莉、曾建明、洪俊君。

茶树良种繁育基地建设标准

1 范围

本标准可作为编写茶树良种繁育基地项目规划、建议书、可行性研究报告、初步设计文件的依据。

本标准适用于政府投资建设的茶树良种繁育基地项目决策、实施、监督、检查、验收等工作，其他社会投资的同类项目可参照执行。

2 规范性引用文件

下列文件对于本文件的应用是必不可少的。凡是注日期的引用文件，仅注日期的版本适用于本文件。凡是不注明日期的引用文件，其最新版本（包括所有的修改单）适用于本文件。

GB 3095—2012 环境空气质量标准
GB 5084—2005 农田灌溉水质量标准
GB/T 8321.3—2000 农药合理使用准则（三）
GB 9137 保护农作物的大气污染物最高允许浓度
GB 11767—2003 茶树种苗
GB 15618 土壤环境质量标准
GB/T 18621 温室通风降温设计规范
GB/T 50363 节水灌溉工程技术规范
GB 50016 建筑设计防火规范
GB 50039 农村防火规范
GB 50052 供配电系统设计规范
GB 50153 建筑结构可靠度设计统一标准
GB 50189 公共建筑节能设计标准
GB 50223 建筑工程抗震设防分类标准
GB 50288 灌溉与排水工程设计规范
JTG B01—2003 公路工程技术标准
NY/T 2019—2011 茶树短穗扦插技术规程
NY/T 5018—2001 无公害食品 茶叶生产技术规程
NY 5020—2001 无公害食品 茶叶产地环境条件
NYJ/T 60—2005 连栋温室建设标准
交公路发〔2004〕372号 农村公路建设暂行技术要求

3 术语和定义

下列术语和定义适用于本文件。

3.1

茶树良种繁育基地 quality tea cultivar clonal seedling breeding base

繁育生产茶树良种苗木和穗条的场所，一般由品种园、原种母本园、良种繁育苗圃、茶叶加工示范园等组成。

3.2

品种园 varieties of tea garden

用于活体保存茶树良种，展示和储备保存待推广茶树良种的园地。

3.3

原种母本园　breeder's seeds garden

为茶树良种扦插繁育苗木提供穗条的园地。

3.4

良种繁育苗圃　tea plant clonal seedlings breeding nursery

用短穗扦插方法繁育茶树良种苗木的园地。

4　一般规定

4.1　为了规范政府投资茶树良种繁育基地项目建设，统一项目建设内容，合理确定建设规模，正确把握建设水平，科学估算建设投资，推动技术进步，提高投资效益和工程建设质量，特制定本建设标准。

4.2　茶树良种繁育是茶产业发展的基础，是提升茶叶产量、品质和效益的关键，应加快建设茶树良种繁育基地。

4.3　基地建设应紧紧围绕农业农村经济发展的总体要求，贯彻落实国家关于茶产业政策和发展规划。

4.3.1　以服务产业为宗旨，以市场需求为导向，立足本地特色茶树资源，科学引进适宜品种，优化品种结构，增加单产，改善茶叶品质，实现茶树良种苗木生产专业化、规模化、标准化和集约化。

4.3.2　充分发挥良繁、展示、培训、研究功能和辐射带动作用，提高经济效益、生态效益和社会效益，增加农民收入，全面推动茶产业与当地经济可持续发展。

4.4　基地应合理确定建设规模和内容，可以一次投入一次建成，也可以在原有基础上改造完善或分期建设。

4.4.1　基地应科学规划、节约用地、保护环境、防止污染，提高土地产出率和资源利用率。

4.4.2　政府投资主要支持基地引种试验、原种母本、良种繁育、质量检测、良种良法示范展示以及先进工艺技术引用、机械设备配置等方面建设。

4.4.3　改造完善或分期建设时，后续项目应遵循填平补齐原则确定建设内容，保证与前期建设内容有机结合，促使基地形成更合理和更完善的茶树良种繁育功能。

4.5　基地生产的无性系茶树品种穗条和苗木的质量分级指标、检验方法、检测规则、包装和运输等方面要求应符合 GB 11767—2003 的规定。生产过程使用农药应符合 GB/T 8321.3—2000 的规定。

4.6　基地建设除执行本文件外，尚应符合国家现行的有关标准、规范、规程，应严格执行建筑、结构、供水、供电、采暖、通风、消防、安防等专业各类强制性标准。

5　基地要求与规模

5.1　基地要求

5.1.1　基地建设规模应依据当地经济、社会发展状况，茶叶生产和市场发展需要以及建设单位技术水平、管理能力综合确定，应符合国家和地方茶产业发展规划，相对集中连片、适度规模发展。

5.1.2　基地主要引进和繁育品种应选择经省级或省级以上品种审定机构审定(鉴定或认定)、优质丰产、市场前景好的良种。

5.1.3　引进的茶树无性系原种种苗质量应符合 GB 11767—2003 要求，禁止调入未经检疫或检疫不合格的种苗。

5.1.4　基地繁育品种覆盖面积在宜推广、已推广、拟推广方面应达到一定规模要求。

5.2　基地规模

5.2.1　基地面积不宜少于 300 亩，其中良种繁育苗圃应占基地面积的 30%，且不宜少于 100 亩。亩产茶树无性系良种苗木 10 万株～20 万株。

6 基地选址和建设条件

6.1 基地选址

6.1.1 基地选址应符合城乡建设规划和产业发展规划。选择生态环境良好、交通方便、地势平缓、水源充足、易于排灌的平地或缓坡丘陵地，离公路干线 50 m 以上。

6.1.2 茶园应为平地或缓坡，坡度宜在 25°以下。

6.2 建设条件

6.2.1 园地土壤应结构良好、地力肥沃，具备较好排灌条件。良种繁育苗圃有效土层厚度应达到0.4 m以上，其余园地有效土层应达到 0.8 m 以上。

6.2.2 土壤 pH 在 4.5～5.5。

6.2.3 土壤、空气、灌溉水质量应符合 NY 5020—2001、GB 15618、GB 3095—2012、GB 5084—2005、GB 9137 的规定。

7 工艺与技术

7.1 工艺流程

7.1.1 茶树良种苗木繁育工艺流程，见图 1。

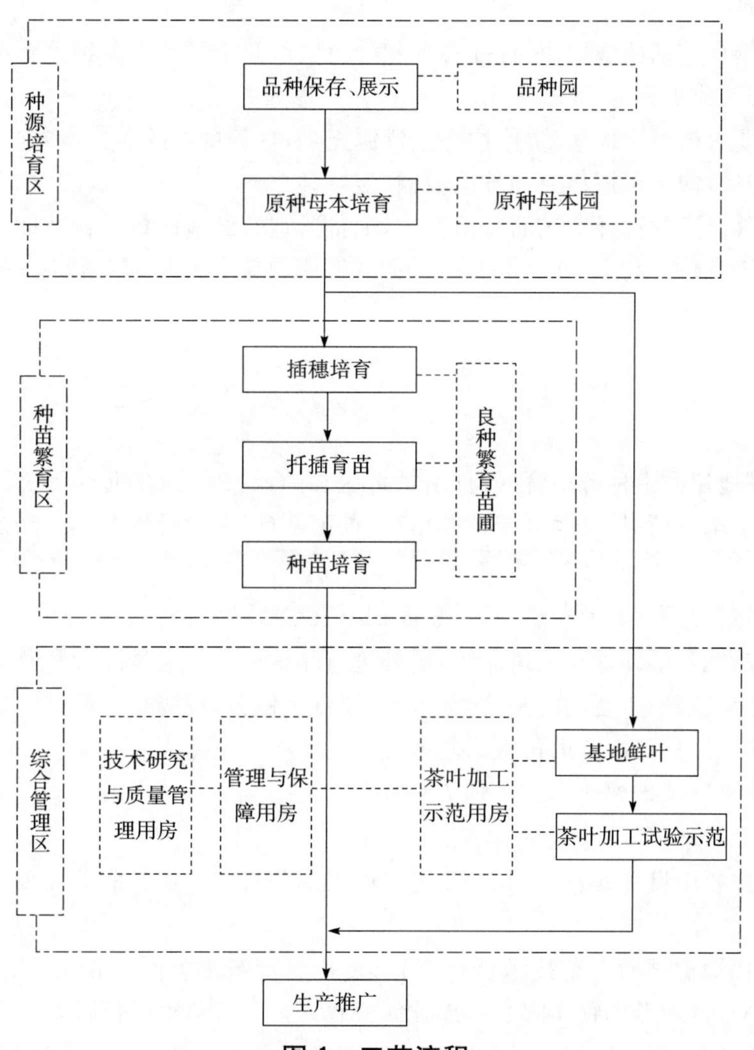

图 1 工艺流程

7.1.2 茶树短穗扦插育苗应符合 NY/T 2019—2011 的规定。

7.2 技术要求

7.2.1 品种保存与展示

7.2.1.1 保存并展示基地主要引进和繁育茶树品种。

7.2.1.2 鼓励有技术创新能力的茶树良种苗木繁育基地开展引种试验，加强品种内部检测，不断筛选适宜本地区种植推广的茶树良种。

7.2.1.3 品种园要求水源条件好、设施完备，具备较强的抵御自然灾害能力。

7.2.2 原种母本培育

7.2.2.1 原种母本品种纯度要求达到 100%。基地应持续开展原种母本园建设和品种更新。

7.2.2.2 原种母本培育需要优良的土壤地力条件。有效养分供应达到丰产茶园要求，其中，有机质含量≥1.5%，全氮(N)含量≥0.10%，速效磷（稀盐酸浸提 P_2O_5）含量≥10 mg/kg，速效钾（醋酸铵浸提 K_2O）含量≥100 mg/kg。

7.2.2.3 原种母本园建设标准应高于一般生产茶园，园内应具备完善的灌排设施，茶园作业道、行间距和土地平整度宜符合机械化作业要求，满足插穗运输需要。

7.2.2.4 原种母本培育需要良好的日常管护条件，应配备修剪、培肥、病虫害防治等设施设备，保证插穗质量。成园前对缺株、断行进行补苗时，应补种苗龄一致的苗木。

7.2.3 良种种苗繁育

7.2.3.1 良种种苗繁育包括插穗培育、扦插育苗和种苗生产 3 个环节。良种繁育苗圃的设施设备应满足种苗繁育生产能力的要求。

7.2.3.2 种苗繁育要求苗圃土地平整，周边心土资源充足，具备良好的灌排设施。圃内道路系统完备，并与周边交通干线相接，便于机械作业和种苗运输。

7.2.3.3 按地域和气候条件选择适当的育苗方式，配备适宜的设施设备。育苗期气候条件较好的茶区宜采用露天育苗，苗圃宜建立高 1.8 m～2.0 m 平棚式遮阳设施和简易越冬设施；育苗期气候条件较差的茶区宜采用设施育苗，建立钢架结构的温室或大棚，提高扦插苗越冬成活率。

8 基地构成

8.1 基地构成

茶树良种繁育基地建设由种源培育区、种苗繁育区、综合管理区，农机具及仪器设备组成。根据地形地貌、植被、道路、水系等情况，将园区按种源培育、种苗繁育、综合管理配套等功能进行区域划分。

8.2 种源培育区

8.2.1 种源培育区包括品种园、原种母本园，总面积不宜小于 200 亩。

8.2.2 品种园主要功能是活体保存茶树品种，对外进行品种展示。品种园面积宜为基地规模的 10%。

8.2.3 原种母本园(采穗圃)主要功能是培育生产茶树良种穗条，以满足良种繁育场自身繁育和周边育苗场(户)的种源需求。原种母本园面积宜为基地规模的 50%，主栽品种不少于 15 个，每个品种的面积不少于 10 亩，年生产茶树良种穗条能力达到 700 kg/亩以上。

8.3 种苗繁育区

8.3.1 种苗繁育区主要由良种繁育苗圃组成，也可以根据项目单位业务职能需要和建设条件设置工厂化育苗车间。

8.3.2 良种苗木采用短穗扦插育苗技术进行繁育；良种繁育苗圃实际育苗面积应不少于基地规模的 30%，且不宜低于 100 亩(未考虑轮作因素)，连片面积宜大于 50 亩，年产良种茶苗不宜少于 1 000 万株。

8.3.3 工厂化育苗车间一般由组培室、智能温室、炼苗场等组成；工厂化育苗车间规模应根据繁育能力和工艺技术确定。

8.4 综合管理区

8.4.1 由技术研究与质量管理部门、茶叶加工部门、管理与保障部门组成。总占地规模不大于基地总用地规模的3%，且不大于20亩。总建筑面积不宜大于1 800 m^2。其中技术研究与质量管理用房不宜大于400 m^2，加工示范用房不宜大于800 m^2，管理与保障用房不宜大于600 m^2。

8.5 农机具及仪器设备

主要包括检验检测设备、生产机具、植保设备、茶叶加工设备、其他设备等。

8.6 基地构成和规模汇总

基地构成和规模汇总见表1。

表1 基地构成和规模汇总

序号	名称		规模
1	种源培育区	品种园	宜为基地面积10%
2		原种母本园	宜为基地面积50%
3	种苗培育区	良种繁育苗圃	不宜少于基地面积30%，且不宜小于100亩
4	综合管理区	技术研究与质量管理用房	不宜大于400 m^2
5		茶叶加工示范用房	不宜大于800 m^2
6		管理与保障用房	不宜大于600 m^2

9 规划布局与建设内容

9.1 规划布局

茶树良种繁育基地须结合当地总体规划、基地功能、建设规模、地形地貌、交通、环境等综合条件，统一规划、科学设计，实现区、园、房、林、路、水的合理布局。基地的规划建设应有利于保护和改善茶区生态环境、维护茶园生态平衡，发挥茶树良种的优良种性，有利于茶园排水、灌溉和机械作业。

9.1.1 平面布局

基地平面规划布局应按功能要求，合理布局种源培育、种苗繁育和综合管理3个功能区。各功能区宜相对独立，通过道路互联互通。各功能区内应按照地形条件，将地块划分成大小不等的作业单元，一般以4.5亩～19.5亩为宜。

9.1.2 竖向布局

基地应按地形条件进行竖向布局。25°以上坡地宜作为林地或蓄水池建设；15°～25°的陡坡地，可根据地形情况建设梯级茶园，同梯等宽，大弯随势，小弯取直；15°以内的坡地及平地可建设茶园和综合管理配套设施；低洼的凹地可用于建设水池。

9.1.3 道路规划

道路规划应有利于茶园布置，便于运输、耕作，尽量少占耕地。缓坡丘陵岗地茶园主干道与支道可设在岗顶；坡度较大的山地茶园，主干道宜设在坡脚，支道与作业道可设成S形，禁止陡坡开设直上直下道路，避免水土冲刷与茶园作业不便；平地主干道与支道应尽量设置成直线形，以减少占地面积，提高劳动效率。

9.1.4 灌排设施规划

灌排设施应具有保水、供水、排水、节水功能，应根据地形地貌，结合道路规划设置，做到小雨不出园，中雨、大雨能蓄能排。各项设施满足机械化、自动化作业要求。

9.1.5 防护林网规划

防护林网建设应与道路、灌排设施相结合，不妨碍茶园机械化管理。树种应选择速生、防护效果好、根系分布深、与茶树无共同病虫害、适合当地自然条件的品种。乔木与灌木相结合，针叶树与阔叶树相结合，常绿树与落叶树相结合，以宜做绿肥的品种为主。

9.1.6 房屋建设规划

各类用房确定建设用地时，应考虑便于组织生产和管理，优先选择不适宜茶树种植的土地。各建筑物之间的距离，应符合国家现行的规划、消防、日照等有关规定。茶叶加工示范用房离茶园直线距离宜在 5 km 以内，应与办公、生活区隔离。

9.2 种源培育区

9.2.1 园地深翻平整、开挖种植沟、施基肥

9.2.1.1 根据园地的地形地貌分类进行土地深翻平整，深度应达到 0.6 m 以上。按照确定的种植规格开挖种植沟，并施用基肥。

9.2.1.2 对于坡度小于 15°的缓坡地和平地，可直接对土壤进行深翻平整；对于坡度大于 15°的地块，应结合深翻土地建设梯级茶园。

9.2.1.3 种植沟深度应达到 0.3 m～0.4 m，宽度应达到 0.4 m。江南茶区、江北茶区、西南和华南大部中、小叶种茶区宜采用双行双株种植，大行距 1.6 m，小行距 0.3 m，株距 0.3 m；西南和华南大叶种茶区宜采用单行单株种植，行距 1.6 m，株距 0.3 m。

9.2.1.4 施基肥应以农家肥或饼肥为主，农家肥用量为 45 000 kg/hm^2，饼肥用量为 4 500 kg/hm^2～7 500 kg/hm^2。

9.2.1.5 园地深翻平整、开挖种植沟、施肥、病虫害防治及其他相关技术要求按 NY/T 5018—2001 的规定执行。

9.2.2 品种园和原种母本园建设

9.2.2.1 从育种单位引进国家或省级品种的原种种苗，品种纯度应为 100%。

9.2.2.2 不同品种或与一般生产茶园同时建设时必须有道路隔离。母本园行株距可比一般采叶茶园适当放大。

9.2.2.3 原种母本园应土层深厚、土质肥沃、地势平缓、阳光充足、排灌条件好。

9.2.3 品种园、原种母本园基础设施建设内容主要是灌溉、排水、道路、供电等工程，具体要求详见 9.6。

9.3 种苗繁育区

9.3.1 土地平整

对种苗繁育区进行全园土地平整，为露天育苗及设施育苗建设创造条件。每一块苗圃要相对水平，保证雨季不积水。

9.3.2 苗床建设

苗床建设应满足良种种苗繁育要求。宜采用东西走向，长度一般在 10 m～20 m，畦面宽度 1.0 m～1.2 m，高度 0.2 m～0.4 m。畦沟宽度宜为 0.25 m～0.3 m，深度宜为 0.15 m～0.2 m，畦沟横断面应呈上宽下窄梯形，沟底平整，畦沟沿长度方向宜两头低、中间高，坡度为 3%，便于雨季排水。畦面铺 0.07 m～0.09 m 厚心土，压紧后的心土层保持在 0.05 m～0.07 m。苗床四周开深 0.4 m～0.5 m、宽 0.3 m 的水沟。

9.3.3 温室大棚建设

9.3.3.1 在北方茶区和高海拔茶区，冬季常出现长时低温冰冻天气，对扦插苗越冬易造成致命影响，建设温室大棚是提高育苗成活率和育苗效益的关键技术措施。

9.3.3.2 温室大棚宜采用连栋式，每栋跨度可采用 6 m 或 8 m，肩高宜≥1.8 m，顶高 3 m～4.5 m，长度宜在 50 m 以内。

9.3.3.3 覆盖材料宜采用双层薄膜或 PVC 中空板。PVC 板透光度≥80%。

9.3.3.4 应设置内、外双遮阳系统。外遮阳宜采用遮光度为70%黑色塑料遮阳网,内遮阳宜采用薄膜—镀铝内遮阳保温幕。遮阳系统宜采用电动控制。

9.3.3.5 根据需要可设置湿帘—风机降温、侧通风和顶通风系统。设计标准按 GB/T 18621 的规定执行。

9.3.3.6 应配备自动喷灌系统,根据茶苗生长周期合理调整灌水雾化指标。

9.3.4 育苗网室建设

9.3.4.1 网室骨架宜采用热浸镀锌钢架结构或砼柱—钢架混合结构。网室高 1.8 m～2 m,宽度宜为 1.5 m 整数倍,长度不宜超过 50 m,顶宜为平顶。

9.3.4.2 网室遮阳系统可采用电动或手动开闭系统,遮阳材料宜采用遮光度为70%黑色塑料遮阳网。

9.3.4.3 网室保温宜采用室内活动式塑料拱棚保温。骨架材料可为镀锌钢管或竹材。

9.3.4.4 网室宜采用自动喷雾灌溉—施肥系统。

9.3.5 种苗繁育区其他建设内容,具体要求详见 9.6。

9.4 综合管理区

9.4.1 技术研究与质量管理用房

9.4.1.1 由品种保存实验室、种苗繁育与质量控制实验室、茶叶质量检验实验室、培训中心和办公室组成。

9.4.1.2 房屋结构宜采用砖混结构或钢筋砼框架结构,按照普通实验室进行装修。

9.4.1.3 建筑面积不宜大于 400 m^2。

9.4.1.4 品种保存、种苗繁育与质量控制、茶叶质量检验等实验室应配备实验台、实验用品柜、实验仪器设备。

9.4.1.5 培训和办公用房可根据需要设置培训室桌椅和办公家具。

9.4.2 茶叶加工示范用房

9.4.2.1 由鲜叶摊青、加工示范试验、良种茶叶样品仓储室组成。

9.4.2.2 茶叶加工示范用房结构可采用砖混结构、轻型钢结构或钢结构。

9.4.2.3 茶叶加工示范应符合茶叶企业质量认证有关要求。

9.4.2.4 茶叶加工示范用房规模不宜大于 800 m^2。

9.4.2.5 鲜叶摊青、加工示范实验室按加工实验要求配备相关成套设备。良种茶叶样品仓储应采用冷藏方式。

9.4.3 管理与保障用房

9.4.3.1 包括行政管理、后勤管理、仓储、生活保障等用房。

9.4.3.2 房屋结构宜采用砖混结构或钢筋砼框架结构,按照普通办公用房、仓储用房、后勤用房进行装修。

9.4.3.3 建筑面积按照行政、后勤管理人员定编数量计算,建筑面积标准不宜超过 20 m^2/人,且总建筑面积不应超过 400 m^2。按照普通办公用房设置办公设施。

9.4.3.4 根据原材料、工器具数量确定仓储用房规模,库房存储规模应能满足一个生产季节所需物资的存储要求,总建筑面积不宜小于 200 m^2。

9.4.4 综合管理区建筑物应执行的相关标准和规范

9.4.4.1 建筑工程应符合国家、行业相关标准。建筑结构设计使用年限为50年,建筑结构安全等级为二级。应符合 GB 50153 的规定。

9.4.4.2 建筑抗震设防类别为标准设防类,采用丙类。应符合 GB 50223 的规定。

9.4.4.3 鲜叶摊青、加工示范实验室火灾危险性类别为丙类，耐火等级应不低于三级。良种茶叶样品火灾危险性类别为丙类，耐火等级宜为二级。技术研究与质量管理用房和管理与保障用房耐火等级宜为二级。应符合 GB 50016 的规定。

9.4.4.4 应按 GB 50189 或地方节能标准的规定，进行建筑节能设计。

9.4.4.5 综合管理区建筑物除应遵守本文件引用的标准规范之外，还应按照有关规定执行其他建筑工程标准规范。

9.5 农机具及仪器设备

9.5.1 检验、检测设备

检验检测设备主要包括土壤养分速测仪、土壤水分速测仪、光学显微镜、电子天平、恒温干燥箱、农残速测仪、超净工作台以及茶叶水分监测仪、茶叶分筛机等。

9.5.2 生产机具

生产机具主要包括茶树修剪机、移动喷灌设备、中耕机、深耕机、施肥机等，各类机具数量根据项目需要和设备性能选配，原则上不宜少于 2 套。

9.5.3 植保设备

植保设备主要包括智能型虫情测报灯、频振式杀虫灯、机动弥雾机、自动诱蛾器、病虫害远程监控系统、小型气象站等。

9.5.4 茶叶加工试验设备

茶叶加工试验设备包括茶叶初加工试验生产线、抽气充氮包装封口机、干评台、湿评台、样品柜、评茶盘、杯、匙等。

9.5.5 其他设备

根据工作需要确定办公设备和生产运输车辆配置数量。

9.6 其他建设工程

9.6.1 道路工程

9.6.1.1 基地道路分为主干道、支道和作业道。

9.6.1.2 主干道单车道宽不小于 4.5 m，双车道宽不小于 6.5 m，且都应与基地外道路交通线相连，通达基地各主要功能区，可行驶长度 9 m 以上货运车辆。路面采用水泥混凝土或沥青混凝土铺设，具体做法按照 JTG B01—2003 的规定执行。

9.6.1.3 支道路宽不小于 3 m，应与主干道相连，通达各区块，可行驶农用运输车辆。路面采用水泥混凝土或沥青混凝土铺设，具体做法按照 JTG B01—2003 的规定执行。

9.6.1.4 作业道路宽不小于 1.2 m，应与支、干道相连，可供茶园机具行驶。路面采用沙石、泥结碎石或手摆块石铺设，具体做法可按照交公路发[2004]372 号的规定执行。

9.6.2 灌溉排水工程

9.6.2.1 主要包括水源工程、蓄水池、灌排设施等。

9.6.2.2 水源工程。应保障园区有充足水源用于生产灌溉，可建设蓄水池或水井保证有效供水。新建水井工程应符合项目所在地有关政策、法规。

9.6.2.3 蓄水池。形状与大小根据需要确定，在基地范围内均匀布置，墙体可采用水泥砖、页岩砖、块石或混凝土，底板宜为混凝土，池内设砖砌梯步。蓄水池应通过管、渠与水源有效联通。

9.6.2.4 灌排设施。由主水渠、支渠以及固定式或移动式喷灌系统组成。主水渠、支渠宜采用混凝土、浆砌石、土工膜等防渗沟渠或低压管道。灌排设施应形成整体，各系统、区域有效衔接，确保旱能灌、涝能排。

9.6.2.5 灌溉排水工程规划设计宜符合 GB 50288 和 GB/T 50363 的规定。

9.6.3 积肥池、垃圾收集池

根据需要设置，底部应采用土工布膜防渗或其他防渗材料，四周池墙宜采用防渗混凝土或其他防渗材料。当采用砖墙时，应用防水砂浆砌筑和抹灰。各类池体上应设置盖板，确保车辆、人员安全。

9.6.4 变配电与消防工程

9.6.4.1 茶树良种苗木繁育基地供电电源宜从当地供电网络引入 10 kV 电源，建设变配电室或箱式变电站，并根据当地供电情况设置自备电源。

9.6.4.2 基地场区宜设路灯照明系统、电话与网络系统。

9.6.4.3 基地电气设计应符合 GB 50052 的规定。

9.6.4.4 综合管理区消防设施按照 GB 50039 的规定执行。

9.6.5 附属工程设施

包括围墙(含金属围网)、大门、监控、锅炉房、园圃内附属用房等，根据需要确定具体建设内容。

10 主要技术及经济指标

10.1 投资估算

10.1.1 应根据实际需要，遵循填平补齐原则，合理确定基地各项具体建设内容和规模，估算相应投资。

10.1.2 基地建设投资估算应依据建设地点现行造价定额及造价信息文件，并与当地建设水平相一致。

10.1.3 基地建设总投资包括建安工程费、田间工程费、农机具及仪器设备购置费、工程建设其他费和预备费 5 部分。

10.1.3.1 建安工程、田间工程建设规模及参考单价见附录 A。

10.1.3.2 农机具及仪器设备建设内容及参考单价见附录 A。

10.1.3.3 工程建设其他费用

工程建设其他费包括建设单位管理费、项目前期工作咨询费、工程勘察设计费、招标代理服务费、工程监理费、建设项目环境影响咨询服务费等。

工程建设其他费按照《基本建设财务管理规定》、《建设项目前期工作咨询收费暂行规定》、《工程勘察设计收费标准》、《招标代理服务收费管理暂行办法》、《建设工程监理与相关服务收费管理规定》、《建设项目环境影响咨询收费标准》等规定计取。

10.1.3.4 预备费

预备费按建安工程费、田间工程费、农机具及仪器设备购置费与工程建设其他费 4 项之和的 5%～8%计取。

10.2 劳动定员

项目劳动定员见表 2。

表 2 项目劳动定员

功能区名称	部门名称	管理人员	技术人员	合计
综合管理区	办公室	3 人		3 人
种源培育区	技术部	1 人/300 亩	3 人/300 亩	4 人/300 亩
种苗繁育区	生产管理部	1 人/300 亩	5 人/300 亩	6 人/300 亩
	营销部	2 人	3 人	5 人
	固定工人	5 人～10 人/100 亩苗圃		

注：本定员表中人员数量不包括劳动高峰期雇用的临时工人(施肥、植保、采茶等，该类人员数量随建设规模，特别是示范区的规模变化而变化)；种源培育区技术部、种苗繁育区生产管理部按照基地面积总规模每 300 亩为单位配备管理、技术人员。

10.3 种苗单位产品生产成本

种苗单位产品生产成本包括剪穗扦插费、综合费用、技术管理费、设施折旧费、生产投工费、成活保证费等,参见附录B。

附 录 A
（规范性附录）
茶树良种繁育基地建设项目投资估算附表

A.1 基地建设项目投资估算

见表 A.1。

表 A.1 基地建设项目投资估算

建设规模，亩	投资规模，万元	苗圃，亩	单位面积年繁育种苗能力
300～600	330～660	100～150	苗圃：≥10 万株/亩 原种母本园：≥700 kg/亩
600～900	660～990	150～250	
900～1 300	990～1 430	250～500	
注 1：根据农业部 2006—2012 年批复的 39 个茶树良种苗木繁育基地（种子工程类、农业综合开发类）相关数据，确定本表的建设规模、投资规模。经过样本统计分析得出每亩基地投资约为 0.92 万元，但考虑到通货膨胀及人工、材料、农资等涨价因素，本标准估算指标调整为 1.1 万元/亩。 注 2：本表参考样本为农业部已批复项目，该类项目在投资前已经具备了一定规模和基础，投资的主要建设内容依据 4.4.2 确定，其他社会投资建设茶树良种苗木繁育基地估算投资可以参考本投资指标。			

A.2 建安工程、田间工程建设规模及参考单价

见表 A.2。

表 A.2 建安工程、田间工程建设规模及参考单价

功能区	建设内容	数　　量	单位	参考单价 元	备　　注
综合管理区	综合管理用房	总占地规模不大于总用地规模的 3%，且不大于 20 亩；总建筑面积不宜大于 1 800 m^2	m^2	1 500～2 500	规模根据实际情况确定，估算指标根据砖混、钢筋砼、轻钢等不同结构类型和装修标准确定
种源培育区	土地整治	实际需求	亩	200～600	含土地平整和土壤改良，未包括等高地护坡建筑内容
	种植沟	实际需求	m	50	
种苗繁育区	土地平整	实际需求	亩	400	
	温室	实际需求	m^2	600～1 000	轻钢结构、PC 板维护
	大棚	实际需求	m^2	80～150	热浸镀锌钢管、塑料薄膜
	育苗网室	实际需求	m^2	80～120	热浸镀锌钢架结构或砼柱—钢架混合结构，遮阳网、雾喷系统
其他建设内容	主干道	实际需求	m^2	80～120	水泥混凝土或沥青混凝土路面
	支道	实际需求	m^2	80～120	水泥混凝土或沥青混凝土路面
	作业道	实际需求	m^2	40～60	砂石路、泥结碎石路或手摆块石路
	主渠	实际需求	m	100～150	防渗渠
	支渠	实际需求	m	70～100	防渗渠
	喷滴灌	实际需求	亩	2 000～3 000	含首部、管道、喷滴嘴
	积肥池、垃圾收集池	实际需求	m^3	600	底部 0.15 m 厚防渗砼，四周池墙防渗砼结构
	防护林网	实际需求	m	30～60	
	坡改梯		亩	4 000	
	场区工程、水源工程等				根据实际需求估算投资

A.3 仪器设备及农机具建设内容及参考单价

见表A.3。

表A.3 仪器设备及农机具建设内容及参考单价

序号	名　称	主要功能	参考单价 元/台(套)	参数指标
(一)	检验检测设备			
1	土壤养分速测仪	快速测定土壤养分	10 000	
2	土壤水分速测仪	快速测定土壤水分含量	9 900	
3	土壤pH速测仪	快速测定土壤pH	650	
4	PCR仪	进行茶树分子生物学研究	50 000	96孔,适用0.2 mL样品管,控温精度≤0.5℃,基座温度均匀性<0.5℃
5	光学显微镜及成像设备	进行显微观察及摄像	30 000	放大倍数范围:40倍~1 600倍,数码摄像装置像素≥320万
6	恒温水浴振荡器	用于茶叶内含物提取、分子生物学实验	7 800	
7	磁力加热搅拌器	用于黏稠度不是很大的液体或者固液混合物,可根据要求控制并维持样本温度	700	
8	凝胶成像仪	用于电泳结果的拍照	110 000	镜头8 mm~48 mm,信噪比>56 dB
9	水平电泳仪	琼脂凝胶制备,样品分离	4 700	
10	电子天平	用于精确称量	3 000	
11	高压灭菌锅	用于组培实验室和生物学研究中培养基和器械用具灭菌	12 600	
12	荧光化学发光成像系统	用于分子生物学和蛋白质电泳结果的成像	95 000	透射波长:302 nm,分辨率:1 360×1 024
13	纯水/超纯水系统	制备纯水和超纯水	18 800	
14	电热恒温鼓风干燥箱	玻璃器皿及样品的干燥处理	5 680	
15	低温冰箱	用于样品保存	31 200	箱内温度:−20℃~−40℃,有效容积≥380 L
16	酸度计	用于测定样品的pH,精度为0.1	3 000	
17	超净工作台	用于微生物和分子生物学实验	8 800	
18	光照培养箱	光照度和温度可控的培养箱,用于分子生物学和组培实验	10 000	
19	水浴摇床	用于生物、生化、细胞、菌种等各种液态、固态化合物的振荡培养、制备生物样品	16 800	
20	台式离心机	用于固、液分离纯化	50 000	最高转速:5 000 r/min,标配转子:16 mL×15 mL
21	火焰光度计	用于K、Na等元素的定量分析	10 500	
22	实验台		2 000元/m	具有防火、防水、防腐蚀能力
23	药品柜、标本柜	贮存试验药品或生物标准	800元/m	
24	茶叶水分监测仪	用于茶叶水分的快速检测	35 000	灵敏阈:0.1 μg H_2O;精确度:10 μg~1 mg H_2O,RSD<0.5%;滴定速度:0.6 mg/min(最大值)
25	农残速测仪	用于鲜叶中农残的快速测定	16 000	
26	茶叶分筛机	用于产品中碎末茶的含量测定	4 000	
(二)	生产机具			
27	移动喷灌设备	用于园区的移动式喷灌	20 000	
28	茶树单人修剪机	单人茶树修剪	5 000	
29	茶树双人修剪机	双人茶树修剪	8 000	
30	茶园深耕机	茶园土壤的翻耕	5 600	

表 A.3（续）

序号	名　称	主要功能	参考单价 元/台(套)	参数指标
31	茶园中耕机	茶园土壤的中耕作业	120 000	输出轴有 540 r/min、720 r/min、800 r/min、1 000 r/min 等多种转速可选
32	茶园施肥机	茶园开沟施肥	1 500	
33	提水泵	用于灌溉用水的提升增压	4 000	
(三)	植保设备			
34	小型气象站	为植保系统进行田间小气候观测研究用的自动气象站。可测量风向、风速、温度、湿度、露点、气压、降水量、光合辐射、日照时数等气象要素	45 000	温度范围：−30℃～70℃，湿度范围：0%～100%，风速量程：0 m/s～60 m/s，大气压力测量范围：500 mbar～1 100 mbar，降水量测量范围：0 mm/min～4 mm/min，电导率测量范围：0 mS/cm～15.00 mS/cm
35	智能型虫情测报灯	用于茶园病虫的自动测报	15 000	
36	自控诱蛾器	用于诱杀茶园翅害虫	1 000	
37	频振式杀虫灯	用于灯光诱杀茶园害虫	1 500	
38	机动弥雾机	茶园病虫害防治用	5 000	
39	病虫害远程监控系统		100 000	
(四)	茶叶加工试验设备			
40	茶叶初加工试验生产线	用于园区茶叶鲜叶原料初加工(根据企业产品确定生产线)	466 000	
41	抽气充氮包装封口机	用于产品包装	30 000	N_2 纯度：99.50%，包装速度：5 包/min～15 包/min
42	样品柜	茶叶样品低温陈列保存	500	
43	干评台、湿评台	用于茶叶质量的感官审评(按 QS 相关要求)	5 000	
44	评茶盘、审评杯碗、汤匙、叶底杯	用于茶叶质量的感官审评(按 QS 相关要求)	3 000	
(五)	其他设备			
45	空调	各功能用房的温湿度调节	6 200	
46	数码相机	茶树、病虫等图片拍摄	3 000	
47	扫描仪	图片扫描	3 000	
48	台式电脑	基地各类资料整理、存储	5 000	
49	笔记本电脑	基地各类资料整理、存储	6 000	
50	电冰箱、冰柜	标本、试剂、药品存放	3 600	
51	投影仪	培训	5 000	
52	档案柜	档案存放	650	
53	资料架	资料文件存放	80	

附　录　B
（资料性附录）
种苗单位产品生产成本估算

种苗单位产品生产成本估算见表 B.1。

表 B.1　种苗单位产品生产成本估算

序号	科目	单位	单价，元	备注
1	剪穗扦插费	株	0.010	
2	综合费用	株	0.015	水电肥药
3	技术管理费	株	0.015	
4	设施折旧费	株	0.05	
5	生产投工费	株	0.015	整畦、起苗
6	成活保证费	株	0.010	
合计	种苗	株	0.115	
注：以上成本为良种繁育苗圃繁育一株茶苗的成本费用，不包含母本园、良种示范园、管理用房、仪器设备等投资的种苗单位生产成本。				

ICS 65.040.30
B 91

中华人民共和国农业行业标准

NY/T 2712—2015

节水农业示范区建设标准　总则

Criterion for water-saving agriculture demonstration area construction—General principles

2015-02-09 发布　　2015-05-01 实施

中华人民共和国农业部　发布

前　　言

本标准按照 GB/T 1.1—2009 给出的规则起草。

本标准由农业部发展计划司提出并归口。

本标准起草单位：全国农业技术推广服务中心、中国农业大学。

本标准主要起草人：吴勇、杜森、钟永红、张赓、郭焱、高祥照。

节水农业示范区建设标准　总则

1　范围

本标准规定了节水农业示范区建设的原则、目标、规模、选址、内容与要求等。

本标准适用于指导全国节水农业示范区建设工作。

2　规范性引用文件

下列文件对于本文件的应用是必不可少的。凡是注日期的引用文件，仅注日期的版本适用于本文件。凡是不注日期的引用文件，其最新版本（包括所有的修改单）适用于本文件。

GB 5084　农田灌溉水质标准

GB 50288　灌溉与排水工程设计规范

NY/T 1782　农田土壤墒情监测技术规范

NY/T 2148　高标准农田建设标准

SL 103　微灌工程技术规范

SL/T 153　低压管道输水灌溉工程技术规范（井灌区部分）

3　术语和定义

下列术语和定义适用于本文件。

3.1

节水农业示范区　demonstration area for water-saving agriculture

建设或运用工程设施、农艺、农机、生物、管理等措施，科学管理、合理调控农田水分，提高水资源生产力和抗旱减灾能力。实现节约、高效用水和高产稳产目标，具有一定规模和示范性质的农业生产区域。

3.2

覆盖保墒　soil moisture conservation with cover materials

田间覆盖地膜、秸秆、生草等，起到集雨、保墒等作用，充分利用自然降水；有效缓解干旱影响，实现高产稳产的节水技术，包括全膜覆盖、半膜覆盖、秋覆膜、顶凌覆膜等不同形式。

3.3

膜下滴灌　drip irrigation under mulching film

地膜覆盖和滴灌相结合，在膜下进行滴灌的技术模式。滴灌可大幅节约灌溉用水，地膜覆盖可减少土壤水分蒸发损失，保持土壤墒情，提高灌溉效率。

3.4

测墒灌溉　irrigation based on soil moisture monitoring

开展土壤墒情监测，根据土壤墒情及作物需水规律，科学制定灌溉制度，合理确定灌溉时间和灌溉水量的技术。

3.5

水肥一体化　integrated water and fertilizer management

指对农田水分和养分进行综合调控和一体化管理，以肥调水、以水促肥，实现水肥耦合，全面提升农田水肥利用效率。

3.6

灌溉施肥 fertigation

将肥料溶解在水中，借助管道灌溉系统，灌溉与施肥同时进行，适时适量地满足作物水分和养分需求，实现水和肥的一体化利用和管理，使水和肥料以优化的组合状态供应给作物吸收利用的技术。

3.7

微灌 micro irrigation

利用专门设备，将有压水流变成细小水流或水滴，湿润作物根区土壤的灌水方法，包括滴灌、微喷灌、涌泉灌等。

3.8

喷灌 sprinkler irrigation

喷灌是利用喷头等专用设备把有压水喷洒到空中，形成水滴落到地面和作物表面的灌水方法。

3.9

棚面集雨 water harvesting from green house roof

利用温室等棚面作为集雨面，通过蓄水池等设施集蓄雨水用于补充灌溉的技术。

3.10

稻田覆膜保墒 rice planting with mulching film

以地膜覆盖增温、保墒为核心，集成旱育秧、施用长效肥料、厢面覆盖和厢沟浸润灌溉等措施的稻田综合高效节水技术。

3.11

深松耕 deep loosening tillage

进行土壤深松、深耕 25 cm 以上，提高土壤蓄水保墒能力的技术模式。

3.12

集雨补灌 water harvesting and supplemental irrigation

利用各种方式将一定汇水面积内的降水蓄积在集雨窖(池)中，在作物关键需水期进行补充灌溉的节水技术。

3.13

小地龙灌溉 xiaodilong irrigation

在塑料输水软管的管身上均匀打孔，软管一端接在水泵等水源出水口上，一端延伸到田间，进行微喷灌溉的灌水方法。

3.14

水分生产力 water productivity

在作物全生育期内，单位水消耗量所获得的经济产量，也称为水分利用效率(water use efficiency)。

3.15

降水利用率 utilization rate of precipitation

农田中保留的可被作物利用的水量占当季降水总量的百分数。

4 建设原则

4.1 综合利用各种水资源，对农田水分进行科学管理和合理调控，满足农业生产需要，实现农业高产稳产、水资源高效利用，促进农业可持续发展。

4.2 注重因地制宜、分类指导。旱作农业区重点采取各种蓄水、保墒、高效利用措施，充分利用自然降水，有条件的地区适度开发地表水和地下水实施补充灌溉。灌溉农业区在充分利用土壤水和自然降水的基础上，进行合理灌溉，提高水分生产力。

4.3 充分利用现有农业基础设施和生产条件，以节水为中心，坚持填平补齐建设方针，完善田间工程设施，同时坚持工程、农艺、农机、生物、化学和管理等措施的有机结合。

4.4 积极采用节水农业新技术、新工艺、新材料、新设备和新产品，开展试验示范和集成创新。

5 建设目标

5.1 示范区单产提高10%以上。

5.2 旱作农田降水利用率提高10%以上，水分生产力提高10%以上。

5.3 灌溉农田水分生产力提高10%以上。

5.4 实现土壤墒情自动化监测和数据远程无线传输，及时发布监测报告。

5.5 实现节水农业技术试验、示范、展示和集成创新。

6 建设规模

6.1 根据作物种类、种植模式和水源条件等确定建设规模。

6.2 粮食作物，500亩(含)以上。

6.3 经济作物，200亩(含)以上。

6.4 设施农业，100亩(含)以上。

7 建设选址

7.1 基础条件好、集中连片、交通便利、示范带动作用强。

7.2 水资源状况、作物品种、种植模式、经济水平等代表性强。

7.3 优先选择基本农田。

7.4 优先选择规模化种植农田。

8 建设内容与要求

8.1 工程设施

8.1.1 土地平整

土地平整应符合NY/T 2148的规定，根据地形地貌、土壤类型、用水方式等确定田块形状、方向、长度和宽度，满足土壤蓄积降水和灌溉排水等技术要求。旱地田块方向与坡向一致，比降应小于1/500；坡度2°～6°时宜沿等高线修成坡式梯田或隔坡梯田；坡度6°～15°时宜修成水平梯田。土层厚度宜大于50 cm，耕作层厚度宜大于25 cm。喷灌、微灌地块可适当降低平整要求。

8.1.2 水源工程

按不同作物水分需求实现相应的水源保障。

8.1.2.1 井灌工程的井、泵、动力、输变电设备和井房等配套率应达到100%。

8.1.2.2 干旱、半干旱地区和南方季节性缺水地区应建设集雨窖(池)等小型水源，集雨灌溉供水保证率应达到50%～75%。根据降水、作物补灌需求等确定集雨蓄水工程的数量和容积。蓄水池容量控制在2 000 m^3 以下，四周修建1.2 m高度防护栏；南方和北方地区亩均耕地配置蓄水池容积应分别不小于8 m^3 和30 m^3。小型蓄水窖(池)容量不小于30 m^3，集雨场、引水沟、沉沙池、防护栏、泵管等附属设施应配套完备。当利用坡面或公路等做集雨场时，每50 m^3 蓄水容积应有不少于667 m^2 的集雨面积。

8.1.2.3 塘堰容量应小于100 000 m^3，坝高不超过10 m，挡水、泄水和防水建筑物等应配套齐全。

8.1.2.4 有条件的地区可进行引小水、小型提灌和机井修缮等小水源建设。小水引流、小型提灌流量一般小于1 m^3/s。

8.1.2.5 灌溉水源应符合 GB 5084 的规定，禁止用未处理过的污水进行灌溉。

8.1.3 灌溉工程

8.1.3.1 在水浇地、设施农业和旱地补灌区，宜以管道输水代替渠道输水，以喷灌、微灌和小地龙灌溉等代替地面灌溉，配备施肥设备，实现水肥一体化应用。地面灌溉设计保证率不低于 70%，喷灌、微灌设计保证率不低于 85%。

8.1.3.2 微灌应符合 SL 103 的规定。

8.1.3.3 管道输水应符合 SL/T 153 的规定。干管和支管在灌区内的长度宜为 90 m/hm^2～150 m/hm^2；支管间距宜采用 50 m～150 m。各用水单位应设置独立的配水口，单口灌溉面积宜在 0.25 hm^2～0.60 hm^2，出水口或给水栓间距宜为 50 m～100 m。设施农业和旱地补灌输水管道宜根据实际情况布设。固定输水管道埋深应在冻土层以下，且不少于 0.6 m。

8.1.3.4 在水田区，渠道应进行防渗衬砌，防渗率不低于 70%。渠道上配水、灌水、量水、交通和控制建筑物应配备齐全。有条件的地区建议采用管道输水。

8.1.4 排水工程

8.1.4.1 排水系统应符合 GB 50288 的规定，满足农田防洪、排涝、防渍和防治土壤盐渍化的要求。灌溉水田、水浇地和设施农业必须配套排水系统。

8.1.4.2 排水沟与灌溉渠道应分离，避免串灌串排。在丘陵山区受地形条件限制必须灌排兼用时，串联田块不得超过 3 块。

8.1.4.3 排水沟宜用生物护坡或者砖、石、混凝土等材料毛砌硬化。为提高透水率，在保证强度的前提下，尽量保留缝隙。有条件的可使用管道排水。

8.1.4.4 排水沟(管)应根据土壤质地、地下水矿化度、作物生长要求和排水标准等确定深度。

8.1.5 其他田间配套工程

道路、桥梁、林网、大棚等田间配套工程应符合 NY/T 2148 的规定。

8.2 技术措施

8.2.1 旱作区

以发展旱作保墒、集雨补灌为核心，采用抗旱品种，发挥生物节水潜力。通过深松耕营造土壤水库积蓄自然降水，覆盖地膜、秸秆、生草等抑蒸保墒；施用保水剂、抗旱抗逆制剂等增加抗旱抗逆能力，建设集水窖(池)等小水源，积极发展集雨补灌和抗旱保苗坐水种，使用长效肥料、缓控释肥料、有机肥料实现水肥耦合大幅提高单产，提高自然降水生产力。

8.2.2 精灌区

充分利用微灌、喷灌等现代灌溉设施设备，大力发展水肥一体化和膜下滴灌技术，配套使用水溶肥料，实现水、肥资源的科学精确利用。

8.2.3 地面灌溉区

大力发展测墒灌溉，科学制定灌溉制度，改进输水和灌溉方式，推广应用管道输水和水肥一体化，提高农民科学用水意识，提高灌溉水生产力。

8.2.4 水田区

推广稻田覆膜保墒、湿润灌溉、控制灌溉等节水技术，促进水肥耦合，提高肥料利用率，减少水资源浪费，减轻环境污染。

8.3 服务能力

8.3.1 土壤墒情监测

每个示范区建立 1 个土壤墒情自动监测站，监测数据能远程传输到全国土壤墒情系统，适时进行墒情监测。土壤墒情自动监测站建设、运行与管理应符合 NY/T 1782 的规定。

8.3.2 农机服务

按照示范区规模配备深耕深松、机械铺管覆膜、机械收割等设备，且应符合 NY/T 2148 的规定。

8.3.3 宣传培训

设立节水农业示范区统一标牌，标明责任单位、责任人、目标任务、技术要点等内容。在关键农时及干旱、低温、干热风等自然灾害发生时及时开展抗旱节水等技术指导。完善培训设施，定期开展节水技术培训，适时组织农民现场观摩活动。

ICS 65.020.01
B 01

中华人民共和国农业行业标准

NY/T 2714—2015

农产品等级规格评定技术规范　通则

General rule for agro-products grade and specification evaluation

2015-05-21 发布　　2015-08-01 实施

中华人民共和国农业部　发布

前　言

本标准按照 GB/T 1.1—2009 给出的规则起草。

本标准由中华人民共和国农业部提出并归口。

本标准起草单位：中国农业科学院农业质量标准与检测技术研究所、农业部农产品质量标准研究中心、中国农业科学院作物科学研究所。

本标准主要起草人：汤晓艳、王敏、钱永忠、毛雪飞、朱志华、郭林宇、周剑、陈东宇。

农产品等级规格评定技术规范　通则

1　范围

本标准规定了农产品等级规格评定原则、分级员要求、环境与设施、分级工具、评定方法、结果判定与标识标注。

本标准适用于农产品等级规格评定的实施。

2　规范性引用文件

下列文件对于本文件的应用是必不可少的。凡是注日期的引用文件，仅注日期的版本适用于本文件。凡是不注日期的引用文件，其最新版本(包括所有的修改单)适用于本文件。

GB/T 13868　感官分析　建立感官实验室的一般导则

NY/T 2113　农产品等级规格标准编写通则

3　术语和定义

NY/T 2113 界定的以及下列术语和定义适用于本文件。

3.1

分级员　grader

经专门培训并考核，持有相应资格证书，从事农产品等级规格评定的人员。

3.2

分级工具　grading equipment

分级员用于农产品等级规格评定的设备和器具。

3.3

快速测定方法　rapid measuring method

使用计量器具和设备对农产品等级规格指标进行现场快速测定的方法。

4　评定原则

评定工作应依据相关农产品等级规格标准由分级员实施评定，评定方法和程序应科学规范，评定过程不能掺杂人为干扰因素。

5　分级员要求

5.1　基本要求

5.1.1　分级员应身体健康，无异常体味，嗅觉、味觉、视觉、触觉等感觉器官正常。

5.1.2　应具备所评定农产品的专业知识，并对该产品无偏见。

5.1.3　在等级规格评定期间，应具有正常的生理状态，感官功能受影响时不应参加等级规格评定。

5.1.4　对于气味评定有特定要求的农产品，应避免接触有气味干扰的物品。

5.2　培训与考核

5.2.1　培训

应按照相关法律法规，对分级员进行农产品等级规格标准及相关知识的培训。应根据标准制修订变化及实际需求对分级员进行再培训。

5.2.2 考核

应按相关考核指标和要求，对分级员进行专业知识和技能考核，合格者颁发资格证书，注明级别水平和有效期。应在资格证书有效期满前或发生标准制修订变化，对分级员进行技能复核和换证。

6 环境与设施

6.1 现场评定

6.1.1 光线

应在自然光条件下进行农产品颜色等外观特性评定，特殊的产品应满足特定的光线需求。

6.1.2 温度和湿度

应选择适宜的农产品等级规格评定温度与湿度条件，不得影响农产品质量特性。

6.1.3 气味

空气洁净，不应有其他气味污染。

6.1.4 噪声

评定期间应避免噪声干扰，避免与分级员交谈。

6.1.5 安全卫生条件

评定环境不应对农产品质量安全造成影响。

6.2 实验室评定

若规定需要在感官实验室进行评定的，则应具有符合 GB/T 13868 规定要求的感官实验室。实验室理化检测应满足相关要求。

7 分级工具

7.1 分级工具宜采用通用计量设备与器具，也可根据农产品等级规格评定特殊需要而特别定制。

7.2 对同一类型农产品，应使用统一要求的分级工具。

7.3 分级工具应满足一定的精度要求。

8 评定方法

8.1 评定方法的选择

根据农产品质量特性及农产品等级规格标准规定，选择感官评定方法、实验室检测方法、快速测定方法或三种方法有效组合进行农产品等级规格评定。

8.2 感官评定方法

应根据农产品等级规格标准规定的指标要求和/或参考图谱或感官评定细则进行评定。

8.3 实验室检测方法

农产品等级规格标准规定的需要实验室检测的指标，可抽取代表性样品送有资质的实验室进行检测。

8.4 快速测定方法

农产品等级规格标准规定的感官指标、品质指标和规格指标，可采用相关器具和设备进行现场快速测定。

9 结果判定与标识标注

9.1 结果判定

9.1.1 农产品等级规格各项指标测定完成后，应由分级员按照相关农产品等级规格标准的判定细则，确定其等级规格。

9.1.2　判定结果仅适用于实施等级规格评定的批次产品。

9.1.3　若判定结果存在争议时，可双方协商或进行复检。

9.2　标识标注

农产品等级规格评定完成后，应在相应包装箱或包装材料上标明等级规格标识、评定机构和分级员编号。

ICS 67.080.20
B 31

中华人民共和国农业行业标准

NY/T 2715—2015

平菇等级规格

Grades and specifications of pleurotus mushrooms

2015-05-21 发布

2015-08-01 实施

中华人民共和国农业部 发布

前　言

本标准按照 GB/T 1.1—2009 给出的规则起草。

本标准由农业部种植业管理司提出并归口。

本标准起草单位：浙江省农业科学院、浙江省丽水市农产品质量检验检测中心、浙江省庆元县食用菌管理局、绿城农科检测技术有限公司。

本标准主要起草人：胡桂仙、王强、金群力、袁玉伟、李官平、冯伟林、叶晓星、徐明飞、朱加虹。

平菇等级规格

1 范围

本标准规定了平菇的相关术语和定义、等级规格要求、检验方法、包装、标识和贮运。

本标准适用于糙皮侧耳(*Pleurotus ostreatus*)、白黄侧耳(*Pleurotus cornucopiae*)和肺形侧耳(*Pleurotus pulmonarius*)等子实体鲜品的等级规格划分。

注:糙皮侧耳俗称平菇、侧耳等;肺形侧耳俗称秀珍菇等;白黄侧耳俗称姬菇、小平菇等。

2 规范性引用文件

下列文件对于本文件的应用是必不可少的。凡是注日期的引用文件,仅注日期的版本适用于本文件。凡是不注日期的引用文件,其最新版本(包括所有的修改单)适用于本文件。

GB/T 191 包装储运图示标志

GB/T 5737 食品塑料周转箱

GB/T 6543 运输包装用单瓦楞纸箱和双瓦楞纸箱

GB 9687 食品包装用聚乙烯成型品卫生标准

GB 9688 食品包装用聚丙烯成型品卫生标准

GB 9689 食品包装用聚苯乙烯成型品卫生标准

GB 10457 食品用塑料自粘保鲜膜

NY/T 1655 蔬菜包装标识通用准则

国家质量监督检验检疫总局令 2005 年第 75 号 定量包装商品计量监督管理办法

3 要求

3.1 基本要求

根据对每个等级的规定和允许误差,平菇应符合下列基本条件:

——无异种菇;

——外观新鲜,发育良好,具有该品种应有特征;

——无异味、腐烂;

——无严重机械伤;

——无病虫害造成的损伤;

——无异常外来水分;

——清洁、无肉眼可见的其他杂质、异物。

3.2 等级

3.2.1 等级划分

在符合基本要求的前提下,平菇分为特级、一级和二级,各等级应符合表 1 的规定。

表 1　平菇等级要求

等级	特级	一级	二级
色泽	具有该品种自然颜色，且色泽均匀一致，菌盖光洁，无异色斑点	具有该品种自然颜色，且色泽较均匀一致，菌盖光洁，允许有轻微异色斑点	具有该品种自然颜色，且色泽基本均匀一致，菌盖较光洁，带有轻微异色斑点
形态	扇形或掌状形，菌盖边缘内卷，菌肉肥厚，菌柄基部切削平整，无渍水状、无黏滑感	扇形或掌状形，菌盖边缘稍平展，菌肉较肥厚，菌柄基部切削较平整，无渍水状、无黏滑感	扇形或掌状形，菌盖边缘平展，菌柄基部切削允许有不规整存在
残缺菇，%	≤8.0	≤10.0	≤12.0
畸形菇，%	无	≤2.0	≤5.0

3.2.2　等级容许度

按质量计：

a)　特级允许有 8 %不符合该等级的要求，但应符合一级的要求；

b)　一级允许有 10 %不符合该等级的要求，但应符合二级的要求；

c)　二级允许有 12 %不符合该等级的要求，但符合基本要求。

3.3　规格

3.3.1　规格划分

以菌盖直径为指标，平菇划分为小(S)、中(M)、大(L)三种规格，规格划分应符合表 2 的规定。

表 2　平菇规格

单位为厘米

类别	小(S)	中(M)	大(L)
糙皮侧耳	<6.0	6.0～8.0	> 8.0
白黄侧耳	< 2.8	2.8～4.0	> 4.0
肺形侧耳	< 4.0	4.0～5.0	> 5.0

3.3.2　规格容许度

各等级对应规格的容许度按质量计：

a)　特级允许有 5%的产品不符合该规格的要求；

b)　一级和二级分别允许有 10%的产品不符合该规格的要求。

4　检验方法

4.1　色泽、形态、气味

肉眼观察色泽、形态，鼻嗅判断气味。

4.2　残缺菇、畸形菇

糙皮侧耳：随机抽取样品 10 丛，拣出残缺菇、畸形菇，用感量为 0.1 g 的天平称其质量，按式(1)计算其占样品的百分率，计算结果精确到小数点后一位。

肺形侧耳、白黄侧耳：随机抽取样品 100 g(精确至±0.1 g)，分别拣出残缺菇、畸形菇，用感量为 0.1 g的天平称其质量，按式(1)分别计算其占样品的百分率，计算结果精确到小数点后一位。

$$X = \frac{m_1}{m} \times 100 \quad \cdots\cdots (1)$$

式中：

X ——残缺菇、畸形菇的百分率，单位为百分率(%)；

m_1 ——残缺菇、畸形菇的质量，单位为克(g)；

m ——样品的质量，单位为克(g)。

4.3 菌盖直径

糙皮侧耳菌盖直径:抽取单丛糙皮侧耳中菌盖最宽的 5 朵,用精确度为 1 mm 的量具,量取每片平菇菌盖最大宽度,计算出菌盖平均值,测量结果保留一位小数。

肺形侧耳、白黄侧耳菌盖直径:用精确度为 1 mm 的量具,量取每朵肺形侧耳、白黄侧耳菌盖最大宽度,得出菌盖直径,测量结果保留一位小数。

5 包装

5.1 基本要求

同一包装袋或箱内的平菇应具有一致的等级、规格、品种和来源,包装内的产品可视部分应具有整个包装产品的代表性。包装不应对平菇造成损伤,包装内不得有异物。

5.2 包装方式

糙皮侧耳可采用塑料周转箱或聚苯乙烯包装箱,菇体顶部可用带气孔的聚乙烯、聚丙烯塑料膜或聚乙烯自粘保鲜膜覆盖保湿,包装箱内糙皮侧耳应水平紧密排放,但不应挤压,且摆放层次以单层为宜;白黄侧耳或肺形侧耳可采用塑料袋或内衬塑料薄膜袋的纸箱包装。

5.3 包装材料

包装材料应清洁、干燥、牢固、无污染、无毒、无异味、内壁无尖突物,无虫蛀、腐烂、霉变等。塑料周转箱应符合 GB/T 5737 的规定,纸箱应符合 GB/T 6543 的规定,聚苯乙烯包装箱应符合 GB 9689 的规定,聚乙烯保鲜膜应符合 GB 10457 的规定,聚乙烯或聚丙烯袋应符合 GB 9687 和 GB 9688 的规定。

5.4 净含量及允许误差范围

单位包装单位净含量及允许误差应符合国家质量监督检验检疫总局令 2005 年第 75 号中附表 3 允许短缺量的要求。

5.5 限度范围

每批受检样品质量不符合等级,大小不符合规格要求的允许误差,按所检单位的平均值计算,其值不应超过规定的限度,且任何所检单位的允许误差值不应超过规定值的 2 倍。

6 标识

6.1 包装标识

应符合 GB/T 191 和 NY/T 1655 的规定,内容包括产品名称、等级、规格、产品的标准编号、生产单位及详细地址、产地、净含量和采收、包装日期等。标注内容要求字迹清晰、规范、完整、准确。

6.2 等级标识

采用特级、一级和二级表示。

6.3 规格标识

采用小(S)、中(M) 和大(L)表示,同时标注相应规格指标值的范围。

7 贮运

一般即时销售及短途运输的鲜销平菇,可采用常温方式进行贮运;对于长距离运输的鲜食平菇,宜采用冷链方式进行贮运。

附　录　A
(资料性附录)
平菇等级、规格和包装参考图例

A.1　平菇不同等级实物图例

见图 A.1。

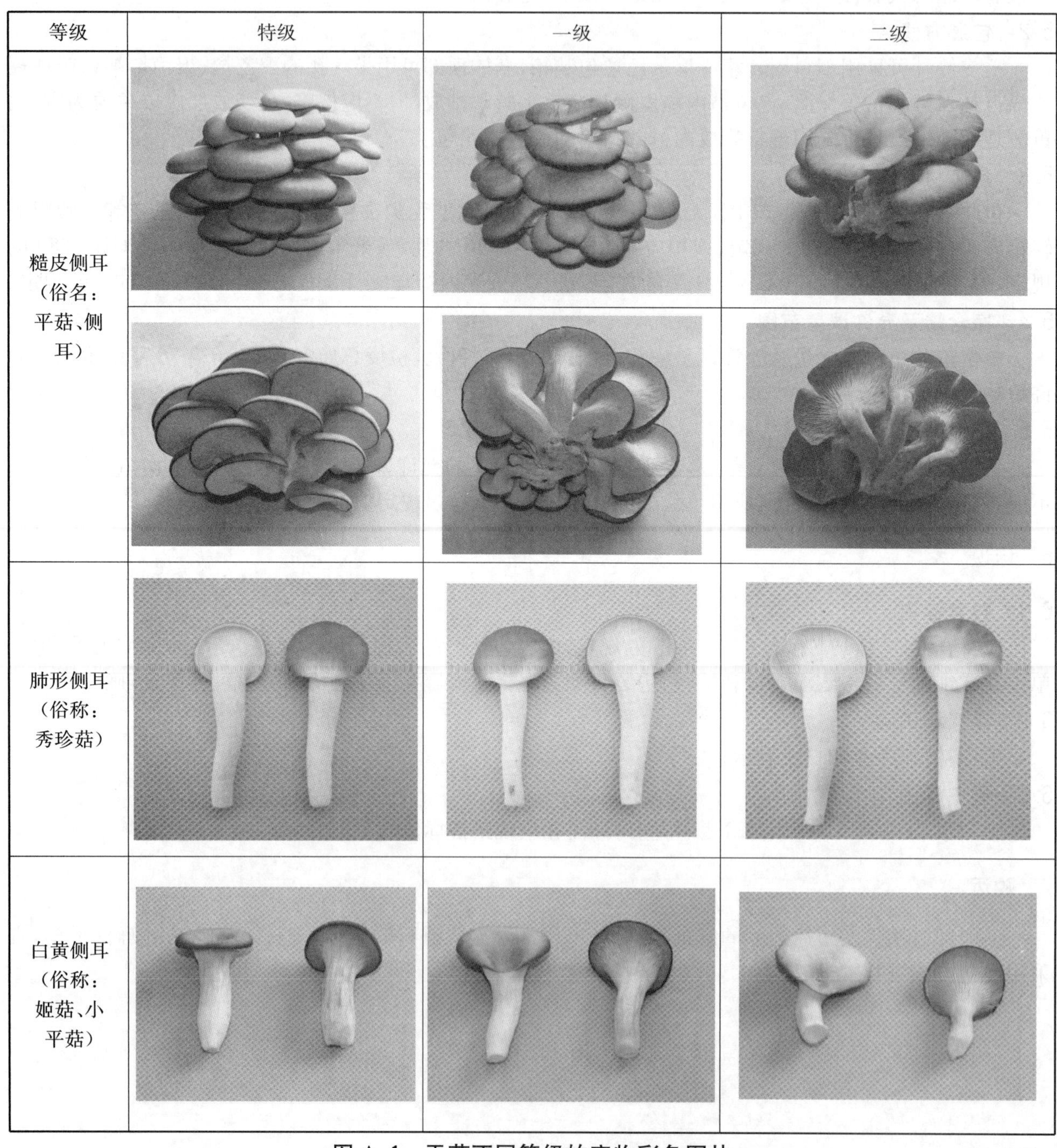

等级	特级	一级	二级
糙皮侧耳（俗名：平菇、侧耳）			
肺形侧耳（俗称：秀珍菇）			
白黄侧耳（俗称：姬菇、小平菇）			

图 A.1　平菇不同等级的实物彩色图片

A.2 平菇不同规格实物图例

见图 A.2。

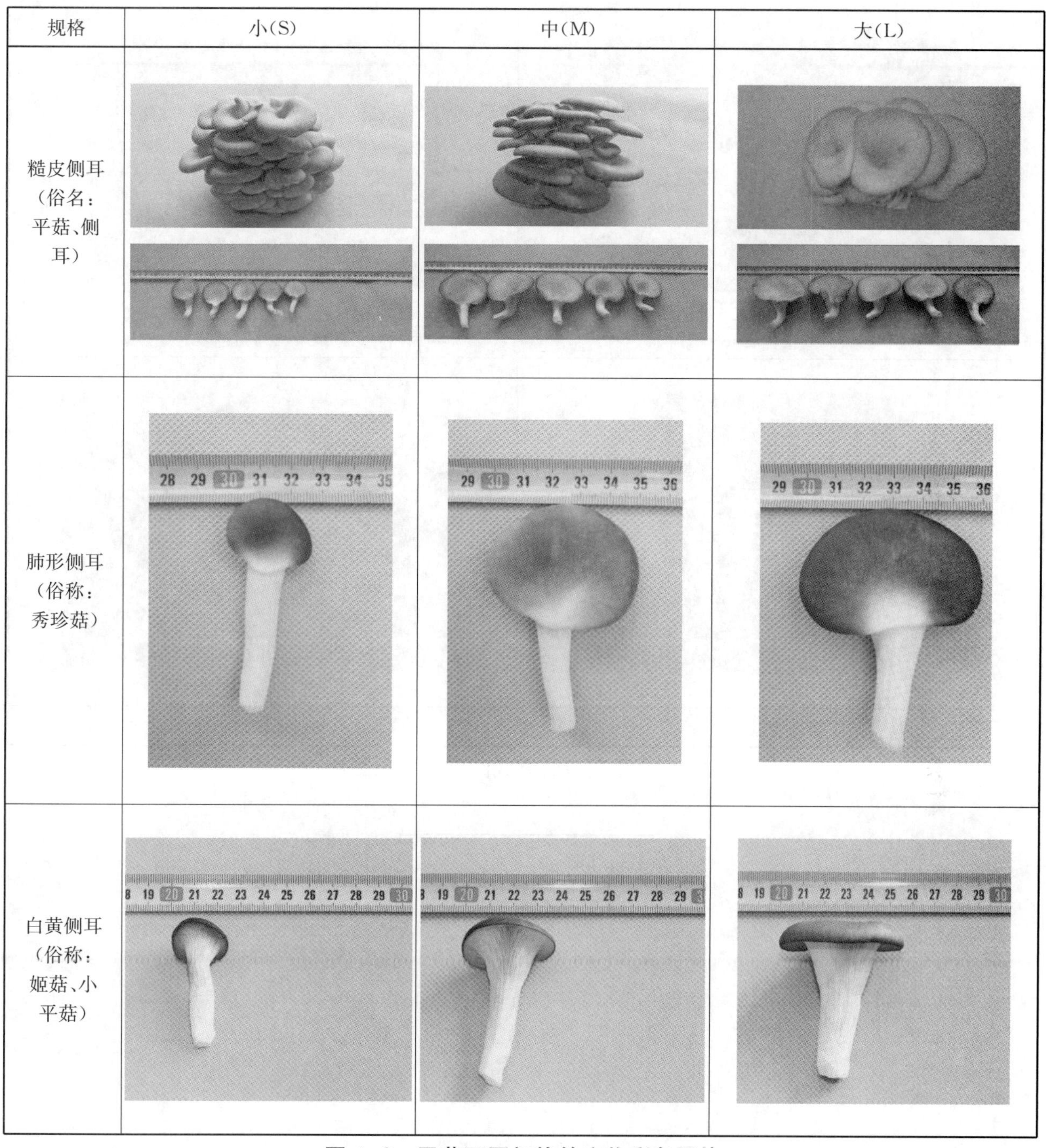

规格	小(S)	中(M)	大(L)
糙皮侧耳（俗名：平菇、侧耳）			
肺形侧耳（俗称：秀珍菇）			
白黄侧耳（俗称：姬菇、小平菇）			

图 A.2 平菇不同规格的实物彩色图片

A.3 平菇实物包装图例

见图 A.3。

图 A.3 平菇包装方式的实物彩色图片

ICS 65.020
B 01

中华人民共和国农业行业标准

NY/T 2716—2015

马铃薯原原种等级规格

Grades of potatoes pre-elite

2015-05-21 发布　　2015-08-01 实施

中华人民共和国农业部　发布

前 言

本标准按照 GB/T 1.1—2009 给出的规则起草。

本标准由农业部种子管理局提出并归口。

本标准起草单位:黑龙江省农科院植物脱毒苗木研究所[农业部脱毒马铃薯种薯质量监督检验测试中心(哈尔滨)]、华中农业大学、中国农业科学院蔬菜花卉研究所、中国农业机械化科学研究院、内蒙古坤元太和农业科技有限公司。

本标准主要起草人:高艳玲、白艳菊、李学湛、柳俊、谢开云、杨炳南、宋翠玲、范国权、张威、申宇、张抒、吕典秋、马纪、宿飞飞、胡林双、魏琪、王晓丹、王文重、耿宏伟、邱彩玲、董学志、万书明、杨帅、高云飞、郭梅、闵凡祥、王绍鹏、刘尚武、李勇、刘振宇。

马铃薯原原种等级规格

1 范围

本标准规定了马铃薯原原种的要求、等级规格、抽样方法、包装和标识。

本标准适用于马铃薯原原种的分等分级。

2 规范性引用文件

下列文件对于本文件的应用是必不可少的，凡是注日期的引用文件，仅注日期的版本适用于本文件。凡是不注日期的引用文件，其最新版本(包括所有的修改单)适用于本文件。

GB/T 8946 塑料编织袋

GB/T 8947 复合塑料编织袋

GB 9687 食品包装用聚乙烯成型品卫生标准

GB 9688 食品包装用聚丙烯成型品卫生标准

GB 18133 马铃薯种薯

GB 20464 农作物种子标签通则

NY/T 611 农作物种子定量包装

国家质量监督检验检疫总局令 2005 年第 75 号 定量包装商品计量监督管理办法

3 术语和定义

GB 18133 界定的以及下列术语和定义适用于本文件。

3.1

病薯 damaged potato tuber

指疮痂病病斑面积不超过薯块总面积 1/5 的薯块。

3.2

圆形薯 round potato

指薯块纵向直径是横向直径的 1.5 倍以下的原原种。

3.3

近圆形薯 round-oval potato

指薯块的纵向直径大于横向直径的 1.5 倍，但小于 2.0 倍的原原种。

3.4

长形薯 Long potato

指薯块纵向直径大于横向直径 2.0 倍以上的原原种。

4 要求

4.1 质量

不同等级规格的马铃薯原原种应符合 GB 18133 的相关规定。

4.2 等级与规格

4.2.1 等级与规格划分

原原种等级分为特等、一等、二等，规格分为一级、二级、三级、四级、五级，等级与规格划分应符合表

1 规定。

表 1 原原种的规格与等级要求

规 格	横向直径 mm	等 级	病薯 %
一级	≥25	特等	0
		一等	≤1.0
		二等	>1.0,≤2.0
二级	≥20,<25	特等	0
		一等	≤1.0
		二等	>1.0,≤2.0
三级	≥17.5,<20	特等	0
		一等	≤1.0
		二等	>1.0,≤2.0
四级	≥15,<17.5	特等	0
		一等	≤1.0
		二等	>1.0,≤2.0
五级	≥12.5,<15	特等	0
		一等	≤1.0
		二等	>1.0,≤2.0

4.2.2 允许误差范围

a) 圆形、近圆形的马铃薯品种不同规格原原种的允许误差范围如下:
   1) 一级允许含有 3%的产品不符合该等级的要求,但应符合二级的要求;
   2) 二级允许含有 3%的产品不符合该等级的要求,但应符合三级的要求;
   3) 三级允许含有 3%的产品不符合该等级的要求,但应符合四级的要求;
   4) 四级允许含有 3%的产品不符合该等级的要求,但应符合五级的要求。

b) 长形的马铃薯品种不同规格原原种的允许误差范围如下:
   1) 一级允许含有 10%的产品不符合该等级的要求,但应符合二级的要求;
   2) 二级允许含有 10%的产品不符合该等级的要求,但应符合三级的要求;
   3) 三级允许含有 10%的产品不符合该等级的要求,但应符合四级的要求;
   4) 四级允许含有 10%的产品不符合该等级的要求,但应符合五级的要求。

5 检验规则

5.1 抽样方法

按照 GB 18133 的规定执行。

5.2 检验方法

检查抽取的原原种,查看低于该等级和规格的原原种数量,计算平均百分率。

6 包装

6.1 基本要求

宜用编织袋、塑料网袋包装,编织袋应符合 GB/T 8946 或 GB/T 8947 的规定,塑料网袋应符合 GB 9687、GB 9688 的规定。

6.2 净含量及允许短缺量

单位包装净含量应符合 NY/T 611 的规定,以不超过 25 kg 为宜。其允许短缺量应符合国家质量技术监督检验检疫总局令 2005 年第 75 号的规定。

7 标识

包装上应有明显标识，内容包括：产品名称、等级、规格、产品的标准编号、生产单位及详细地址、产地、净含量和采收、包装日期。标签执行 GB 20464 农作物种子标签通则的相关规定。

ICS 65.020.20
B 05

中华人民共和国农业行业标准

NY/T 2717—2015

樱桃良好农业规范

Good agricultural practices for sweet cherries

2015-05-21 发布

2015-08-01 实施

中华人民共和国农业部 发布

前　言

本标准按照 GB/T 1.1—2009 给出的规则起草。

本标准由农业部种植业管理司提出。

本标准由全国果品标准化技术委员会(SAC/TC 510)归口。

本标准起草单位:北京农业质量标准与检测技术研究中心、农业部优质农产品开发服务中心、北京市农林科学院林业果树研究所、农业部全国农业技术推广服务中心、北京市通州区红樱桃园艺场。

本标准主要起草人:冯晓元、王蒙、孔巍、戴莹、韩平、张开春、王宝刚、李莉、方涛、姜楠、韦迪哲、马帅、王纪华。

樱桃良好农业规范

1 范围

本标准规定了樱桃生产的组织管理、质量安全管理、种植操作规范、果实采后技术要求。

本标准适用于具有一定规模化、组织化的甜樱桃种植管理。

2 规范性引用文件

下列文件对于本文件的应用是必不可少的。凡是注日期的引用文件,仅注日期的版本适用于本文件。凡是不注日期的引用文件,其最新版本(包括所有的修改单)适用于本文件。

GB/T 191 包装储运图示标志(ISO 780:1997,MOD)

GB 2762 食品安全国家标准 食品中污染物限量

GB 2763 食品安全国家标准 食品中农药最大残留限量

GB 3095 环境空气质量标准

GB 5084 农田灌溉水质标准

GB/T 6543 运输包装用单瓦楞纸箱和双瓦楞纸箱

GB/T 8321 农药合理使用准则

GB 9689 食品包装用聚苯乙烯成型品卫生标准

GB 15618 土壤环境质量标准

GB/T 20014.2 良好农业规范 第2部分:农场基础控制点与符合性规范

GB/T 20014.5 良好农业规范 第5部分:水果和蔬菜控制点与符合性规范

GB/T 22103 城市污水再生回灌农田安全技术规范

LY/T 1781 甜樱桃贮藏保鲜技术规程

LY/T 2129 甜樱桃栽培技术规程

NY/T 496 肥料合理使用准则 通则

NY/T 1276 农药安全使用规范 总则

NY/T 2302 农产品等级规格 樱桃

3 组织管理

3.1 组织机构与形式

3.1.1 实施单位应建立与生产规模相适应的组织机构,包含生产、加工、销售、质量管理、检验等部门,并有专人负责。明确各管理部门和各岗位人员职责。

3.1.2 应有统一或相对统一的组织形式,管理、协调樱桃种植良好操作规范的实施。可采用但不限于以下几种组织形式:

——公司化组织管理;

——公司+基地+农户;

——专业合作组织;

——家庭农场;

——种植大户牵头的生产基地。

3.2 人员管理

3.2.1 有具备相应专业知识的技术人员，负责技术操作规程的制定、技术指导、培训等工作，必要时可以外聘技术指导人员指导相关技术工作。

3.2.2 本单位有熟知樱桃生产相关知识的质量安全管理人员，负责生产过程质量管理与控制。

3.2.3 从事樱桃土肥管理、病虫害防治、整形修剪、投入品使用管理等生产关键岗位的人员应由技术人员进行专门培训，培训合格后方可上岗。

3.2.4 应建立和保存所有人员教育和专业资格、培训以及专业技能考核等记录。

3.3 职业健康

3.3.1 应制定紧急事故处理程序、防护服和防护设备的使用维护管理程序。

3.3.2 编制简明易懂的紧急事故应对知识宣传单。

3.3.3 每个樱桃生产区域至少应配备1名受过应急培训，并具有应急处理能力的人员。

3.3.4 应为从事特种工作的人员(如施用农药等)提供完备、完好的防护服(如胶靴、防护服、胶手套、面罩等)。

3.3.5 应有专人负责人员健康、安全和福利的监督和管理，对接触农药制品的人员应进行年度身体检查。每年召开管理人员与作业人员之间关于员工健康、安全和福利的会议。

4 质量安全管理

4.1 质量安全管理制度

4.1.1 实施单位应建立符合GB/T 20014.2、GB/T 20014.5的质量安全管理制度，并在相应的区域内明示。

4.1.2 有文件规定的各个生产环节的操作，包括适用于管理人员的质量管理文件和适用于作业人员的操作规程。

4.1.3 质量管理文件的内容应包括：

——组织机构图及相关部门(如果有)、人员的职责和权限；

——质量管理措施和内部检查程序；

——人员培训规定；

——生产、加工、销售实施计划；

——投入品(含供应商)、设施管理办法；

——产品的溯源管理办法；

——记录与档案管理制度；

——客户投诉处理及产品质量改进制度。

4.2 操作规程

4.2.1 操作规程应简明、清晰，便于生产者领会和使用，其内容应包括：

——从种植到采收、贮藏的生产操作步骤；

——生产关键技术的操作方法，如修剪、施肥、病虫草害防治、收获等。

4.2.2 有与操作规程相配套的记录表。

4.3 可追溯系统

4.3.1 产品生产批号

生产批号作为生产过程各项记录的唯一编码，可包括种植产地、基地名称、产品类型、田块号、收获时间等信息内容。批号编制应有文件进行规定，每给定一个批号均有记录。

4.3.2 产品生产记录

4.3.2.1 生产记录应如实反映生产真实情况，并能涵盖与产品安全质量相关的生产的全过程。主要记录格式参见附录 A。

4.3.2.2　基本情况记录包括：

——田块/基地分布图。田块图应清楚地表示出基地内田块的大小和位置、田块编号；

——田块的基本情况。如环境发生重大变化或樱桃生长异常时，应及时监测并记录；

——灌溉水基本情况。水质发生重大变化或樱桃生长异常时，应及时监测并记录；

——操作人员岗位分布情况。

4.3.2.3　生产过程记录包括：

——农事管理记录。农事管理以农户和田块为主线，按樱桃生产的操作顺序进行记录。记录形式可采用预置表格，作业人员打"√"或填写日期，表示完成该项工作，特殊处理由安全管理人员另行记录。根据所采用的生产技术，农事记录主要包括品种、修剪、病虫草害发生防治记录、投入品使用记录、采收日期、产量、贮存和其他操作；

——农业投入品进货记录。包括投入品名称、供应商、生产单位、购进日期和数量；

——肥料、农药的领用、配制、回收及报废处理记录；

——贮存记录。包括采收日期及其品种、分级、冷库地点、贮存日期、批号、进库量、出库量、出库日期及运往目的地等。

——销售记录。包含销售日期、产品名称、批号、销售量、购买者等信息。

4.3.2.4　其他记录包括：

——环境、投入品和产品质量检验记录；

——农药和化肥的使用应有统一的技术指导和监督记录；

——生产使用的设施和设备应有定期的维护和检查记录。

4.3.2.5　记录保存和内部自查：

——应长期保存本标准要求的所有记录；

——应根据本标准制定自查规程和自查表，至少每年进行 1 次内部自查，保存相关记录；

——内部自查结果发现的不符合项目应制定有效的整改措施，付诸实施并编写相关报告。

5　种植操作规范

5.1　产地选择和管理

5.1.1　种植樱桃区域的最低温度不能低于－20℃，生产基地灌溉用水水质应符合 GB 5084 二级及以上要求；大气环境应符合 GB 3095 二级及以上要求；土壤应符合 GB 15618 二级及以上要求。

5.1.2　生产基地应具备生产所必需的条件，应远离污染源，选择土层深厚，排灌方便的地方建园。

5.1.3　生产基地的土壤至少每 2 年监测一次土壤肥力水平，根据检测结果，有针对性地采取土壤施肥方案。

5.2　农业投入品管理

5.2.1　采购

应制定农业投入品采购管理制度，选择合格的供应商，并对其合法性和质量保证能力等方面进行评价；采购的农药应是正式登记的，农药、肥料及其他化学药剂等农业投入品应有产品合格证明、建立登记台账，保存相关票据、质保单、合同等文件资料。

5.2.2　贮存

农业投入品仓库应清洁、干燥、安全，有相应的标识，并配备通风、防潮、防火、防爆、防虫、防鼠、防鸟和防止渗漏等设施；不同种类的农业投入品应分区域存放，并清晰标识，危险品应有危险警告标识；有专人管理，并有进出库领用记录。

5.3　种苗管理

5.3.1 接穗和砧木品种选择

5.3.1.1 在规模化樱桃生产区域中,宜主栽 3 个～5 个成熟期不同的品种。为主栽品种选配 2 个以上授粉品种,互相授粉的比例应不低于 25%。樱桃主栽品种及授粉品种配置参见附录 B。

5.3.1.2 应根据当地自然条件,选择适宜当地气候和土壤立地条件的砧木。

5.3.2 苗木选择

选用符合国家苗木质量要求的甜樱桃品种。苗木不应携带有害生物,并有文件证明苗木的质量,有接穗/砧木品种名称、批号和销售商的记录或证书。购买的繁殖材料应有质量保证书或生产合格证书。

5.3.3 栽植密度

根据地势、品种、砧木以及种植管理方式的不同,选择不同的栽植密度。一般在肥沃土地上建园,以株行距 2.5 m×4.5 m、3.0 m×5.0 m 至 4.0 m×6.0 m,每公顷栽植 417 株～888 株为宜;山地果园、矮化砧、生长势弱的品种以株行距 2.5 m×4.0 m、3 m×4.0 m,每公顷栽植 840 株～990 株为宜。

5.4 土壤管理

5.4.1 果园深翻扩穴

深翻一般在秋季结合施基肥进行。从幼树开始,在定植穴的边缘,挖宽 50 cm、深 60 cm 的环状沟,土壤回填时混以有机肥,底土放在底层,表土放在上层,然后充分灌水,使根土密接。逐年逐步外扩,直到两棵之间深翻沟相接。树冠对接后,采用条形沟深翻,株间深翻与行间深翻应每年轮换进行。

盛果期应进行全园深翻,深翻深度 20 cm～30 cm,靠近树干的地方粗根多,应浅些,以不伤害树根为宜。

5.4.2 果园生草与覆盖

5.4.2.1 树盘内宜采用秸秆等覆盖,以利保湿、保温、抑制杂草生长、增加土壤有机质含量。

5.4.2.2 行间提倡间作毛叶苕子、鼠茅草、扁叶黄芪等绿肥作物,通过翻压、覆盖和沤制等方法将其转变为樱桃园的有机肥。

5.5 肥料

5.5.1 施肥原则

5.5.1.1 所使用的商品肥料应具备生产许可证、肥料登记证、执行标准号,并应符合 NY/T 496 的规定。不应对果园环境和果实品质产生不良影响,不应使用工业垃圾、医院垃圾、城镇生活垃圾、污泥腐熟和未经腐熟处理的畜禽粪便。

5.5.1.2 应采用叶分析施肥或测土配方施肥技术施肥,科学使用化肥。

5.5.1.3 应建立和保存肥料使用记录,主要内容包括:肥料名称、类型及数量、施肥日期、施肥地点、面积、施肥用量、施肥机械的类型、施肥方法、操作者姓名等信息。

5.5.1.4 施肥机械状态良好,且每年至少校验一次。

5.5.1.5 用毕的施肥器具、运输工具和包装用品等,应严格清洗或回收。

5.5.2 合理施肥

5.5.2.1 秋季基肥

一般在 9 月～10 月落叶前施用较好,基肥施用量应占全年施肥量 70%。初果期树每棵树施有机肥 25 kg～50 kg,盛果期的大树宜使用含钾量高的复合肥,复合肥的种类可根据土壤肥力检测结果选择,每棵树施有机肥 100 kg。施基肥的方法是幼树用环状沟,大树宜采用辐射沟或行间开沟施入。

5.5.2.2 追肥

土壤追肥一般一年两次:一次在开花前,对盛果期大树可根据土壤肥力检测结果,追施适宜种类的复合肥 1.5 kg～2.5 kg,也可施尿素 1 kg;第二次追肥在甜樱桃采果以后,每棵施复合肥 2 kg。

5.5.2.3 叶面施肥

花前喷 0.3%～1%尿素；花期或秋季喷 0.05%～0.1%硼砂或硼酸；落花后到着色期喷钙肥或 0.3%磷酸二氢钾 2 次～3 次；落叶前喷 2%尿素和 0.3%磷酸二氢钾。

叶面喷肥宜在近傍晚时进行，喷洒部位以叶背为主。

5.6 灌溉管理

5.6.1 灌溉水质监测

不使用未处理的生活污水灌溉。处理后的生活污水用于灌溉，其水质应符合 GB/T 22103 的要求。

5.6.2 灌溉方法

5.6.2.1 樱桃树生长周期中适宜灌水期为萌芽期、硬核期、采前、采后、封冻前，生长季节视墒情补水。

——萌芽水：在萌芽前进行，根据土壤墒情决定灌溉量；

——硬核水：在果实生长的中期进行，此期 10 cm～30 cm 土层土壤相对含水量不能低于 60%；

——采前水：采收前 10 d～15 d 为果实迅速膨大期，此期灌水应在前几次连续灌水的基础上进行；

——采后水：果实采收后及时浇水，根据土壤墒情决定灌溉量；

——封冻水：封冻前灌足水，使树体吸足水分。

5.6.2.2 樱桃树应避免涝害，周围不应有积水，降水量大时应及时排水。

5.6.2.3 灌溉方法除采用地面沟渗灌或行间渗灌外，尽量采用滴灌、微喷和带状喷灌等节水灌溉措施。

5.6.2.4 建立灌溉操作记录，包括地块名称、品种名称、灌溉日期、用水量、操作者姓名等信息。

5.7 整形修剪

樱桃树整形修剪按照 LY/T 2129 的规定执行。

5.8 花果管理

5.8.1 预防霜冻

早春灌水降低地温，延迟萌芽和开花；也可树冠覆膜或架设避雨防霜简易设施；或田间加热；或安置智能型防霜冻烟雾发生器自动点烟；或在花期夜间温度下降到 2℃时，点燃半干半湿的草类或作物秸秆形成烟雾，直到日出。

5.8.2 提高坐果率

5.8.2.1 叶面喷施：盛花期喷 0.3%硼砂。

5.8.2.2 疏花疏果：疏花在开花前及花期进行，主要疏去树冠内膛细弱枝上的畸形花、弱质花。每个花束状果枝大约留 2 个～3 个花序。疏果在坐果稳定后，主要疏除过密果、小果、畸形果。

5.8.2.3 人工辅助授粉，在盛花期进行人工授粉 2 次～3 次；或放蜂授粉，花前 1 d～2 d，将蜜蜂蜂箱放入园内授粉，每公顷放 3 箱蜂。

5.8.3 预防裂果

保持土壤的湿度相对稳定，临近果实成熟前，不能大肥大水，必要时可设防雨棚。

5.8.4 防止鸟害

果实成熟期，可架设防鸟网，也可采取人工和机械方法驱赶鸟类。

5.9 病虫害防治

5.9.1 防治原则

5.9.1.1 以农业防治和物理防治为基础，提倡生物防治，科学使用化学防治技术。应选用高效、低毒农药种类，有计划地轮换使用农药，减缓病、虫的抗药性。应减轻农药对环境的破坏和对天敌的伤害。

5.9.1.2 保存实施病虫害防治的相关记录。配备经过正规培训并具有作物保护相关资质和能力的技术人员。

5.9.2 农业防治

采取剪除病虫枝、清除枯枝落叶、刮除树干翘皮、翻地盘、地面秸秆覆盖、科学施肥等措施抑制病虫害发生。对樱桃发病情况进行日常检查和病虫害预测预报。

5.9.3 **物理防治**

5.9.3.1 根据害虫生物学特性,采取糖醋液、树干缠草绳和黑光灯等方法诱杀害虫。

5.9.3.2 采用人工捕杀害虫的方法。

5.9.4 **生物防治**

5.9.4.1 充分利用寄生性、捕食性天敌昆虫及病原微生物,调节害虫种群密度,将其种群数量控制在危害水平以下。在樱桃园内增添天敌食料,设置天敌隐蔽和越冬场所,招引周围天敌。饲养释放天敌,补充和恢复天敌种群。如人工释放捕食螨,防治红蜘蛛。

5.9.4.2 使用生物源农药,如微生物农药、植物源农药。限制有机合成农药的使用,减少对天敌的伤害。

5.9.5 **化学防治**

5.9.5.1 应根据 GB/T 8321 的规定,合理选择农药品种。

5.9.5.2 农药的使用应严格按照农药标准相关规定的使用量和安全间隔期操作。

5.9.5.3 应建立农药购货渠道和使用记录,主要内容包括:品种、种植基地名称、种植面积、农药名称、防治对象、使用日期、天气情况、农药使用量、施用器械、施用方式、安全间隔期及操作人签名等信息。

5.9.6 **农药施用**

应有农药配制的专用区域,并有相应的配药设施。农药配制、施用时间和方法、施药器械选择和管理、安全操作、剩余农药的处理、废容器和废包装的处理按 NY/T 1276 的规定执行。

5.10 **其他管理技术措施**

樱桃周年生产其他管理技术措施参见附录 C。

6 果实采后技术规程

6.1 **采前要求**

6.1.1 应制定采收、包装与运输、贮藏等工序的卫生操作规程。

6.1.2 应配备采收专用的容器,容器内壁光洁、柔软,以防碰伤果皮。重复使用的采收工具应定期进行清洗、维护。

6.1.3 在工作区域内,应有洗手等卫生设施,有卫生状况良好的卫生间,卫生间应与采收、包装、贮存场所保持一定距离。

6.1.4 采收时采收人员应穿工作服、戴胶手套。

6.2 **果实采收**

6.2.1 根据果实成熟度和市场需求综合确定采收期,采收时应确保所用农药已过安全间隔期。

6.2.2 用于贮藏或长途运输的果实应在七八成熟采收,就地销售的果实采收期可根据市场需求在八九成熟进行采收。同一株树根据果实成熟度可分期分批采收。

6.2.3 采收应在晴好天气上午 10 时以前进行,阴雨天、有雾、果面潮湿时不适宜采收。

6.2.4 采摘的果实应轻拿轻放,确保果实无划伤、扎伤、碰伤及磨伤,避免挤压。采后宜放在荫(阴)凉处,避免阳光直射。

6.3 **产品与质量**

6.3.1 樱桃果实分级应按 NY/T 2302 相关规定执行。

6.3.2 樱桃果实质量应符合 GB 2762、GB 2763 的相关规定。

6.4 **包装与标识**

6.4.1 应有专用包装场所，配备包装操作台、电子秤等，照明设备应有防爆设施。包装场所应清洁卫生，包装材料仓库应独立设置，宜与包装车间相连接。

6.4.2 同一最小包装单位内，应为同一等级、同一规格、同一色泽和同一品种的产品，包装内的产品可视部分应具有整个包装产品的代表性。

6.4.3 包装材料应清洁干燥、坚实耐压、透气、无污染、无破损、无异味，有保护性软垫，并符合 GB/T 6543 或 GB 9689 的要求。

6.4.4 包装箱或包装盒内的果实要装填充实，不留空隙。

6.4.5 包装上应有明显标识，内容包括：产品名称、产地、生产者或企业名称、产品质量等级、净重、采收日期、包装日期、贮藏方法（贮藏条件）、产品执行标准编号等内容。标注内容应字迹清晰、完整、准确，且不易褪色。

6.5 贮藏

按 LY/T 1781 的要求执行。

6.6 运输

6.6.1 宜选用冷藏车进行运输，箱内温度 0℃～10℃。运输工具要清洁干净，避免与化学和异味物质混装。装车后及时起运，平稳运输，装卸过程要轻搬轻放。

6.6.2 装运前应进行质量检查，在货物、标签与账单三者相符合的情况下才能装运。

6.6.3 运输包装材料应完好、无污染，符合国家相关食品安全和卫生法规及标准要求，且具有一定的保护性，在装卸、运输和贮存过程中能避免内部果实受到损伤。

6.6.4 在运输包装上应有明显的运输标志并符合 GB/T 191 的规定。内容包括：始发站、到达站（港）名称、品名、数量、净含量、体积、收（发）货单位名称、冷藏温度。

附 录 A
（资料性附录）
樱桃生产记录

樱桃生产记录见表 A.1～表 A.10。

表 A.1 地块土壤基本情况表

基地名称			
检测单位		检测日期	
土壤类型		pH	
镉,mg/kg		汞,mg/kg	
砷,mg/kg		铅,mg/kg	
铬,mg/kg		铜 ,mg/kg	
锌,mg/kg		镍,mg/kg	
六六六,mg/kg		滴滴涕,mg/kg	
与国家标准符合情况说明			
污染发生情况说明			

记录人： 负责人：

年 月 日 年 月 日

表 A.2 灌溉用水情况

基地名称			
水来源			
检测单位		检测日期	
pH		水温,℃	
镉,mg/L		铅,mg/L	
总砷,mg/L		铬,mg/L	
总汞,mg/L		全盐量,mg/L	
氯化物,mg/L		硫化物,mg/L	
生化需氧量,mg/L		化学需氧量,mg/L	
悬浮物,mg/L		阴离子表明活性剂,mg/L	
蛔虫卵数,个/L		粪大肠菌群,个/100mL	
与国家标准符合情况说明			
污染发生情况说明			

记录人： 负责人：

年 月 日 年 月 日

表 A.3 樱桃生产记录表

基地名称				
种植品种			种植时间	
地块编号			面积	
日期	天气	田间作业内容		作业人员签名
备注				

记录人： 负责人：

年 月 日 年 月 日

表 A.4 樱桃农业投入品使用记录表

基地名称					
种植品种			种植时间		
地块编号			面积		
日期	天气	投入品名称及浓度(配比)	使用量	施用方式	施用人签名
备注					

记录人：　　　　　　　　　　　　　　负责人：

年　月　日　　　　　　　　　　　　　　年　月　日

表 A.5 剩余农药或清洗废液处理结果记录表

基地名称		基地编号	
基地负责人		电　话	
操作人		电　话	
剩余农药/清洗废液名称		数　量	
处理地点		处理日期	
处理方式			
备注			

记录人：　　　　　　　　　　　　　　负责人：

年　月　日　　　　　　　　　　　　　　年　月　日

表 A.6 樱桃采收记录表

采收日期	地块编号	种植品种	面积	采收数量	生产批号	检验情况
备注						

记录人：　　　　　　　　　　　　　　负责人：

年　月　日　　　　　　　　　　　　　　年　月　日

表 A.7 樱桃贮藏记录表

冷库地点		品种名称			保管人	
冷库号	进库		出库			生产批号
	日期	数量	日期	数量	目的地	

记录人：　　　　　　　　　　　　　　负责人：

年　月　日　　　　　　　　　　　　　　年　月　日

表 A.8 樱桃样品品质检测记录表

生产批号	样品来源	样品数量,kg	检验项目			检验人
			果实直径,mm	糖度,%	…	

记录人：　　　　　　　　　　　　　　负责人：

年　月　日　　　　　　　　　　　　　　年　月　日

表 A.9　樱桃运输记录表

生产批号	日期	运输方式	始发站	到达站	数量,kg	规格,kg/箱	收货人

记录人：　　　　　　　　　　　　　　　　　　　　负责人：

年　月　日　　　　　　　　　　　　　　　　　　　年　月　日

表 A.10　樱桃销售记录表

生产批号	日期	销售人	数量,kg	规格,kg/箱	购买者	联系方式
备注						

记录人：　　　　　　　　　　　　　　　　　　　　负责人：

年　月　日　　　　　　　　　　　　　　　　　　　年　月　日

附 录 B
（资料性附录）
樱桃主栽品种及授粉品种配置

樱桃主栽品种及授粉品种配置见表 B.1。

表 B.1 樱桃主栽品种及授粉品种配置

主栽品种	品种成熟分类	适宜授粉品种
早红宝石	早熟	先锋、拉宾斯、红蜜
早大果	早熟	红灯、萨米脱、先锋、拉宾斯
红灯	早熟	先锋、早大果、宾库、拉宾斯、佳红、雷尼
抉择	早熟	早大果、红灯、先锋
芝罘红	早熟	大紫、那翁、宾库、红灯、红丰
岱红	早熟	大紫、宾库
龙冠	早熟	先锋、红蜜、拉宾斯、大紫、莫莉
美早	中熟	先锋、拉宾斯、萨米脱、早大果
佳红	中熟	巨红、先锋、红灯
那翁	中晚熟	红灯、红蜜、雷尼、大紫
先锋	中晚熟	宾库、雷尼、早大果、红灯、斯坦勒
宾库	中晚熟	先锋、雷尼、红灯、巨红
胜利	中晚熟	早大果、雷尼、先锋、红灯
萨米脱	中晚熟	宾库、先锋、雷尼、斯坦勒、艳阳
雷尼	晚熟	宾库、红灯、那翁、巨红、拉宾斯
拉宾斯	晚熟	宾库、斯坦勒、萨米脱、先锋
巨红	晚熟	红灯、拉宾斯、宾库、雷尼尔
甜心	晚熟	先锋
雷佶娜	晚熟	艳阳、柯迪亚
艳阳	晚熟	拉宾斯、红灯、佳红、萨米脱、雷佶娜
晚红珠	晚熟	红灯、巨红、宾库、早大果

附　录　C
（资料性附录）
樱桃周年管理历

樱桃周年管理历见表 C.1。

表 C.1　樱桃周年管理历

物候期	主要管理内容	技术要求
休眠期 （11 月下旬至 3 月初）	制订全年工作计划	准备生产资料；人员技术培训；维修喷药机械及其他农机设备
	树体防寒越冬	A：土壤封冻前浇封冻水，一定要浇透、浇足 B：树体涂白，可减少冻害的发生，同时清除越冬的病虫卵
	清园	A：落叶后要及时清园，剪除病虫枝，刮除粗翘皮，集中烧毁，减少越冬病虫基数 B：清除树干草环，集中烧毁
	冬季修剪	A：樱桃的冬季修剪主要在春季发芽前进行，幼树（2 年～3 年生树）以整形及开张角度为主 B：盛果期的树以培养大中小各种类型结果枝组为主，修剪措施以甩放为主、短截为辅；扩大树冠，合理调整树体结构，疏除过密枝条 C：盛果期以后的树以复壮更新结果枝组为主，抑上促下，调节花芽的数量和分布
萌芽期 （3 月中旬至 4 月初）	树体除防寒物	根据湿度情况，幼树适时撤防寒土，解除枝干上所覆防寒物
	施肥、灌水	萌芽前，对盛果期大树可追施复合肥 1.5 kg～2.5 kg，也可施尿素 1 kg，开沟追施，施后浇水，可降低地温、延迟开花，防止晚霜危害
	防治病虫害	A：在樱桃芽体萌动时，适时喷布 5 玻美度石硫合剂 B：刮治流胶病斑，涂刷石硫合剂残渣
	拉枝、刻芽、涂抹发枝素	刻芽宜在芽尖露绿时，在芽上方 0.2 cm～0.5 cm 处横锯半圆，深度达木质部
开花期 （4 月上旬至 4 月末）	防冻授粉	A：注意天气变化，防止花期霜冻 B：花期放蜂授粉
	疏花疏果	对坐果率高的品种适当疏花疏果，保证果品质量；对树势较弱的植株进行疏花疏果，恢复树势
	花期补肥	在初花期（25%开放）和盛花期（75%开放）时，分别喷 0.3%尿素、0.2%硼砂和 600 倍磷酸二氢钾溶液 2 次
果实膨大期 （5 月上旬至 5 月下旬）	灌水及中耕松土	A：要保持土壤湿润，防止过干、过湿，浇水后及时中耕松土 B：松土时要注意加高树盘土壤高度，以防雨季树盘积水造成涝害
	病虫害防治	注意穿孔病、叶斑病等病害及梨小食心虫、绿盲蝽等虫害的防治。特别是 5 月上旬应挂置糖醋液，以诱杀果蝇成虫和金龟甲
	夏季修剪	此期防止果实与枝条竞争营养，应对竞争枝、徒长枝及生长过旺的新梢进行疏除或适当摘心
果实成熟期 （5 月末至 6 月下旬）	灌水	樱桃采收前适时浇水，以减轻樱桃采前遇雨果实裂果程度
	防鸟、采收	进行防鸟、防雨覆盖；准备采收工具、包装，适时采收
	病虫害防治	樱桃采收后及时喷布杀虫、杀菌剂。此时主要害虫有美国白蛾、红蜘蛛、红颈天牛等，防治流胶病、穿孔病、早期落叶病等枝叶病害

表 C.1（续）

物候期	主要管理内容	技术要求
花芽形成期 （7月上旬至8月上旬）	修剪	果实采收后对背上、重叠、光秃、过密等大枝及时进行回缩或疏除，对生长较旺的当年生新梢适度摘心
	病虫防治	红蜘蛛、毛虫、刺蛾等害虫及樱桃叶部病害的重点发生季节，要适时喷药防治。但不同种类杀虫、杀菌剂要交替使用，避免使其产生抗性
	防涝	降雨较大时，注意防水排涝，防止涝灾
新梢缓慢生长期 （8月上旬至9月末）	施基肥	以有机肥为主，化肥为辅，实行配方施肥。施肥后灌水
	拉枝开角	此期为拉枝整形的最佳时期。此时，枝干柔软，利用这一特点调整各层各级骨干枝、辅养枝、侧枝、外围枝的方向角度
树体营养积累期 （10月至11月初）	秋耕	对全园进行深耕，改良土壤
	绑草环	树干绑草环，诱树上害虫越冬

ICS 67.080.10
B 31

中华人民共和国农业行业标准

NY/T 2718—2015

柑橘良好农业规范

Good agriculture practice for citrus fruits

2015-05-21 发布 2015-08-01 实施

中华人民共和国农业部 发布

前　言

本标准按照 GB/T 1.1—2009 给出的规则起草。

本标准由农业部种植业管理司提出。

本标准由全国果品标准化技术委员会(SAC/TC 510)归口。

本标准起草单位:中国农业科学院柑橘研究所、农业部柑橘及苗木质量监督检验测试中心。

本标准主要起草人:焦必宁、陈爱华、苏学素、付陈梅、王成秋、陈卫军、赵其阳、张耀海、薛杨。

柑橘良好农业规范

1 范围

本标准规定了柑橘生产的组织管理、质量安全管理、种植操作规范、果实采后技术规程、贮藏与运输等要求。

本标准适用于柑橘生产的管理。

2 规范性引用文件

下列文件对于本文件的应用是必不可少的。凡是注日期的引用文件，仅注日期的版本适用于本文件。凡是不注日期的引用文件，其最新版本(包括所有的修改单)适用于本文件。

GB 2762 食品安全国家标准 食品中污染物限量
GB 2763 食品安全国家标准 食品中农药最大残留限量
GB 3095 环境空气质量标准
GB 4285 农药安全使用标准
GB 5040 柑橘苗木产地检疫规程
GB 5084 农田灌溉水质标准
GB/T 8210 柑橘鲜果检验方法
GB/T 8321 (所有部分)农药合理使用准则
GB/T 9659 柑橘嫁接苗分级及检验
GB/T 12947 鲜柑橘
GB/T 13607 苹果、柑橘包装
GB 15618 土壤环境质量标准
GB/T 20014.2 良好农业规范 第2部分:农场基础控制点与符合性规范
GB/T 20014.5 良好农业规范 第5部分:水果和蔬菜控制点与符合性规范
NY/T 496 肥料合理使用准则 通则
NY/T 716 柑橘采摘技术规范
NY/T 975 柑橘栽培技术规程
NY/T 1189 柑橘贮藏
NY/T 1190 柑橘等级规格
NY/T 1276 农药安全使用规范 总则

3 组织管理

3.1 组织形式与机构

3.1.1 应有统一或相对统一的组织形式，管理、协调柑橘生产良好操作规范的实施。可采用但不限于以下几种组织形式：

——公司化组织管理；
——公司加基地加农户；
——专业合作组织；
——家庭农场；
——种植大户牵头的生产基地。

3.1.2 实施单位应建立与生产规模相适应的组织管理措施,并有专人负责。有指导生产的技术人员及质量安全管理人员。

3.1.3 规模较大的企业或产业化联合体应设立相应的组织机构,包含生产、加工、销售、质量管理、检验等部门,并有专人负责。明确各管理部门和各岗位人员职责。

3.2 人员管理

3.2.1 有具备相应专业知识的技术指导人员,负责技术操作规程的制定、技术指导、培训等工作;可从农技推广部门聘请。

3.2.2 有熟知柑橘生产相关知识的质量安全管理人员,负责生产过程质量管理与控制,应由本单位人员担任。

3.2.3 应对所有人员进行质量安全基本知识培训,对从事柑橘生产关键岗位的人员(如技术员、质检员、植保员、档案员、仓库管理员等)还应进行专业理论和业务技能的培训,培训合格后方可上岗。

3.2.4 应建立和保存所有人员相关能力、教育和专业资格、培训等记录。

3.3 职业健康

3.3.1 应制定紧急事故处理程序、防护服和防护设备的使用维护管理程序。

3.3.2 编制简明易懂的紧急事故应对的处理规程或知识宣传单,并张贴于明显位置;危险处应设明显的警示牌,在固定场所和工作区附近配置急救箱;能为突发性危险提供安全建议,如提供紧急救援电话号码等。

3.3.3 每个柑橘生产区域至少应配备1名受过应急培训,并具有应急处理能力的人员。

3.3.4 应为从事特种工作的人员(如施用农药等)提供完备、完好的防护服(如胶靴、防护服、胶手套、面罩等),并进行定期清洗、适当贮存,避免污染。

3.3.5 应有专人负责人员健康、安全和福利的监督和管理,对接触农药制品的人员应进行年度身体检查。每年召开管理人员与作业人员之间关于员工健康、安全和福利的会议。

4 质量安全管理

4.1 质量安全管理制度

实施单位应建立质量安全管理体系和可追溯系统,保证各项操作的有序实施。其内容应符合GB/T 20014.2、GB/T 20014.5的要求,并在相应功能区上墙明示。

4.2 质量安全管理体系

4.2.1 各管理部门(如果有)和各岗位人员的职责。

4.2.2 各个生产、操作环节的规定文件,包括适用于管理人员的质量管理文件和适用于生产者的操作规程。

4.2.2.1 质量管理文件的内容应包括:

——组织机构图及相关部门(如果有)、人员的职责和权限;

——质量管理措施、内部检查程序及纠偏措施;

——人员培训规定;

——从生产到销售的全程实施计划;

——投入品(含供应商)、设施和设备等管理办法;

——产品的溯源管理办法;

——记录与档案管理制度;

——客户投诉处理及产品质量改进制度。

4.2.2.2 操作规程应简明、清晰,便于生产者使用,其内容应包含柑橘生产销售各环节,有与操作规程相配套的记录表。

4.3 可追溯系统

4.3.1 生产批号

生产批号以保障溯源为目的，并作为生产过程各项记录的唯一编码，可包括种植产地、基地名称、产品类型、地块号、收获时间等信息内容。应有文件进行规定，每给定一个批号均有记录。

4.3.2 生产记录

4.3.2.1 生产记录应如实反映生产真实情况，并能涵盖生产的全过程。主要记录格式见附录 A 和参见附录 B。

4.3.2.2 基本情况记录包括：

——地块或基地分布图。分布图应清楚地标示出基地内地块的大小和位置、地块编号。

——田块的基本情况。如环境发生重大变化或柑橘树体生长异常时，应及时监测并记录。

——灌溉水基本情况。水质发生重大变化或柑橘树体生长异常时，应及时监测并记录。

4.3.2.3 生产过程记录应包括：

——农事管理记录。对每个生产环节或生产地块都有其农事活动的记录。农事活动可根据其时间顺序进行记录，主要包括品种、土壤管理、肥水管理、整形修剪、病虫草害发生防治、投入品使用、采收日期、产量、贮存和其他操作，记录内容包括处理时间、方式等。

——农业投入品进货记录。柑橘生产上允许使用的常见农药品种见附录 A，记录包括投入品名称、有效成分及纯度、供应商、生产单位、购进日期、数量和批号。

——肥料、农药等农业投入品的领用、配制、回收及报废处理记录。

——贮存记录。包括品种、采收日期、分级、贮存地点、贮存日期、批号、进库量、出库量出库日期及运往目的地等。

——销售记录。包含销售日期、产品名称、批号、销售量、购买者等信息。

4.3.2.4 其他记录包括：

——环境、投入品和产品质量检验记录；

——农药和化肥的使用应有统一的技术指导和监督记录；

——生产使用的设施和设备应有定期的维护和检查记录；

——对生产过程中产生的废物和潜在的污染源应进行分类和记录。

4.3.2.5 记录保存和内部自查：

——应保存本标准要求的所有记录，保存期不少于 2 年；

——应根据本标准制定自查规程和自查表，至少每年进行 1 次内部自查，保存相关记录；

——根据内部自查结果发现的不符合，制定有效的整改措施，付诸实施并编写相关报告。

4.4 投诉处理

4.4.1 应制定投诉处理程序和柑橘质量安全问题的应急处理预案。

4.4.2 对有效投诉和柑橘质量安全问题应采取相应的纠正措施，并记录。

4.4.3 发现柑橘产品有安全危害时，应及时通知相关方(官方/客户/消费者)并召回产品。

5 种植操作规范

5.1 产地选择和管理

5.1.1 生产基地的大气环境质量应符合 GB 3095 二级及以上要求；灌溉用水水质应符合 GB 5084 二级及以上要求；土壤应符合 GB 15618 二级及以上要求。

5.1.2 气候条件和土壤条件应符合 NY/T 975 的要求。

5.1.3 应充分考虑相邻地块和周边环境的潜在影响，远离污染源如化工、电镀、水泥、工矿等企业，医院、饲养场等场所，污水污染区，废渣、废物及废料堆放区等。

5.2 种苗管理

5.2.1 品种和砧木的选择

应根据当地自然条件、栽培技术、市场需求选择抗病虫、优质丰产、抗逆性强、适应性广、商品性好的品种。适宜于柑橘的砧木有枳、枳橙、香橙、枸头橙、红橘、朱橘、酸柚、酸橘等。

5.2.2 苗木质量

苗木质量应符合 GB/T 9659 的要求，应具备检疫合格证、质量合格证或相关的有效证明。保存种苗质量、品种纯度、品种名称等有关记录及种苗销售商的证书；提倡采用无病毒苗木、大苗、壮苗或容器苗。

5.3 农业投入品管理

5.3.1 采购

应制定农业投入品采购管理制度，选择合格的供应商，并对其合法性和质量保证能力等方面进行评价；采购的肥料、农药及其他化学药剂等农业投入品应有登记、生产许可和产品合格证明、建立登记台账，保存相关票据、质保单、合同等文件资料。

5.3.2 贮存

农业投入品仓库应清洁、干燥、安全，有相应的标识，并配备通风、防潮、防火、防爆、防虫、防鼠、防鸟和防止渗漏等设施；不同种类的农业投入品应分区域存放，并清晰标识，危险品应有危险警告标识；有专人管理，并有进出库领用记录。

5.4 栽培管理

5.4.1 土壤管理

5.4.1.1 通过深翻扩穴、间作或覆盖、培土和中耕等措施来改善土壤质地。

5.4.1.2 至少每 2 年监测一次土壤肥力水平，根据检测结果，有针对性地采取土壤施肥方案。

5.4.2 水分管理

5.4.2.1 在春梢萌动及开花期(3 月～5 月)和果实膨大期(7 月～10 月)，适时灌溉。提倡采用滴灌、微喷灌和喷灌。

5.4.2.2 果园积水时应及时清淤，疏通排灌系统及时排水。采收前多雨的地区可采用地面地膜覆盖，降低土壤含水量，提高果实品质。

5.4.2.3 灌溉水水质应符合 GB 5084 的规定要求。

5.4.3 施肥

5.4.3.1 采取营养诊断配方施肥。推荐多施有机肥，合理施用无机肥。

5.4.3.2 所使用的商品肥料应具备生产许可证、肥料登记证、执行标准号，并应符合 NY/T 496 的规定。不应对果园环境和果实品质产生不良影响，不应使用重金属含量超标的肥料；不应使用工业垃圾、医院垃圾、城镇生活垃圾、污泥和未经处理的畜禽粪便。

5.4.3.3 应建立和保存肥料使用记录，主要内容包括：肥料名称、类型及数量、施肥日期、施肥地点、面积、施肥机械的类型、施肥方法、操作者姓名等信息。

5.4.3.4 施肥机械状态良好，且每年至少校验一次。

5.4.3.5 用毕的施肥器具、运输工具和包装用品等，应严格清洗或回收。

5.4.4 整形修剪

因地制宜，对果树进行合理修剪，达到通风透光、立体结果、省力增效的目的。

5.4.5 花果管理

通过控花疏果、人工疏果和果实套袋提高果实的品质。

5.4.6 植物生长调节剂应用

植物生长调节剂使用可参照 NY/T 975 的规定执行。

5.5 有害生物综合防治

5.5.1 原则

在对果园有害生物进行检疫、监测和风险评估的基础上，贯彻“预防为主，综合防治”的原则，以农业和物理防治为基础，优先采用生物防治，辅以化学防治。

5.5.2 农业防治

5.5.2.1 不混栽与柑橘有相同病虫害的果树。

5.5.2.2 选用抗病虫较强的品种、砧木。

5.5.2.3 园内间作和生草栽培，维持适宜的果园生态环境。

5.5.2.4 实施翻土、修剪、清洁果园、排水、控梢等农业措施，减少病虫源。

5.5.3 物理防治

5.5.3.1 应用灯光引诱或驱避吸果夜蛾、潜叶蛾、卷叶蛾等。应用黄板诱杀蚜虫、粉虱等。应用黄、绿、蓝等混合色板，综合防控实蝇等多种害虫。

5.5.3.2 利用大实蝇、小实蝇、拟小黄卷叶蛾等害虫对糖、酒和醋液的趋性，采用诱杀罐进行诱杀。

5.5.3.3 人工捕捉害虫，如天牛、蚱蝉、金龟子、蜗牛和卷叶蛾等。

5.5.3.4 可在果实膨大后期进行套袋。

5.5.4 生物防治

5.5.4.1 人工引入、繁殖释放天敌，如用尼氏钝绥螨、胡瓜钝绥螨等防治螨类，用日本方头甲、红点唇瓢虫和黄金蚜小蜂等防治矢尖蚧，用松毛虫赤眼蜂等防治卷叶蛾。

5.5.4.2 果园内放养鸡、鸭、鹅等，啄食蜗牛等害虫。

5.5.4.3 使用生物源农药，如微生物农药、植物源农药。

5.5.5 化学防治

5.5.5.1 应按照 GB 4285、GB/T 8321 的要求，合理选择农药品种。注意不同作用机理的农药交替使用和合理混用，避免产生抗药性。

5.5.5.2 保存所用农药清单，制定农药安全使用规程，技术人员应按照农药标签规定的时期、浓度和次数施药，严格控制安全间隔期。柑橘生产使用的农药品种及安全间隔期见附录 A。

5.5.5.3 应建立农药使用记录，主要内容包括：品种、种植基地名称、种植面积、农药名称、防治对象、使用日期、天气情况、农药使用量、施用器械、施用方式、安全间隔期及操作人签名等信息。

5.5.6 农药施用

应有农药配制的专用区域，并有相应的配药设施。农药配制、施用时间和方法、施药器械选择和管理、安全操作、剩余农药的处理、废容器和废包装的处理按 NY/T 1276 的规定执行。

6 果实采后技术规程

6.1 卫生要求

6.1.1 应制定采收、商品化处理、包装与运输、贮藏等工序的卫生操作规程。

6.1.2 应配备采收专用的容器，容器内壁光洁、柔软，以防碰伤果皮。重复使用的采收工具应定期进行清洗、维护。

6.1.3 在工作区域内，应有洗手等卫生设施，有卫生状况良好的卫生间，卫生间应与采收、商品化处理、包装、贮存场所保持一定距离。

6.1.4 采收时采收人员应穿工作服、戴胶手套，防止污染果实。

6.2 果实采收

6.2.1 鲜销果在果实正常成熟、表现出本品种固有的品质特征(色泽、香味、风味和口感等)时采收。贮藏果比鲜销果宜早 7 d～10 d 采收。采收应符合 NY/T 716 的要求。

6.2.2 采收的鲜果及时进行预贮预冷，特别是晚熟柑橘类。

6.2.3 每年应根据 GB/T 12947 或 NY/T 1190 至少开展一次全项检测，检测结果应符合相应标准要求。

6.3 果实商品化处理

6.3.1 采用机械或人工进行商品化处理，处理工序参见附录 C 。应制定清洗消毒、预分选、打蜡、分级、质量检验、包装标识、预冷等操作规程。

6.3.2 分级应符合 GB/T 12947 或 NY/T 1190 或执行的产品销售标准要求。

6.3.3 选用国家允许使用的杀菌剂、防腐保鲜剂、果蜡等，并严格按照产品说明书使用。

6.3.4 应建立果实商品化处理记录，主要内容包括：品种、种植基地名称、处理数量、杀菌剂及防腐保鲜剂及果蜡名称与使用浓度、等级、规格大小及操作人签名等信息。

6.4 包装

6.4.1 柑橘包装

柑橘包装应按 GB/T 13607 和 NY/T 1189 的规定执行。

6.4.2 标识

包装上应有明显标识，内容包括：产品名称、产地、产品质量等级、净含量或果实数量、生产单位、包装商和分销商、包装日期、贮藏方法(贮藏条件)、产品执行标准编号、认证标志等信息。标注内容应字迹清晰、完整、准确、字体规范，且不易褪色。

7 贮藏与运输

7.1 贮藏

用于贮藏的柑橘果实按 NY/T 1189 的规定执行。应建立和保存果实贮藏记录，内容包括：品种、入库日期与数量、出库日期与数量、质量等级、检查记录及操作人等信息。

7.2 运输

运输工具应清洁、干燥、无毒、无污染、无异物，并具有较好的抗震、通风、防晒和防雨雪渗入等性能。运输时，应保持包装的完整性，不得与其他有毒、有害物质混装。宜采用冷藏运输，无冷藏条件时，宜在清晨和傍晚气温较低时运输。

附　录　A
（规范性附录）
柑橘生产使用的农药品种及安全间隔期

柑橘生产使用的农药品种及安全间隔期见表 A.1。

表 A.1　柑橘生产使用的农药品种及安全间隔期

防治对象	防治方法	稀释倍数及施用方法	安全间隔期,d	最多使用次数,次
清园	3 度～5 度石硫合剂	喷施	7	1
螨类	1.8%阿维菌素乳油	4 000 倍～6 000 倍液,喷雾	14	2
	20%双甲脒乳油	1 000 倍～1500 倍液,喷雾	21	春梢 3 夏梢 2
	25%三唑锡可湿性粉剂	1 500 倍～2 000 倍液,喷雾	30	2
	50%溴螨酯乳油	1 000 倍～3 000 倍液,喷雾	14	3
	20%丁硫克百威乳油	1 000 倍～2 000 倍液,喷雾	15	2
	48%毒死蜱乳油	1 000 倍～2 000 倍液,喷雾	28	1
	10%氯氰菊酯乳油	2 000 倍～4 000 倍液,喷雾	7	3
	2.5%溴氰菊酯乳油	2 500 倍～5 000 倍液,喷雾	28	3
	25%除虫脲可湿性粉剂	2 000 倍～4 000 倍液,喷雾	28	3
	50%苯丁锡可湿性粉剂	2 000 倍～3 000 倍液,喷雾	21	2
	20%甲氰菊酯乳油	2 000 倍～3 000 倍液,喷雾	30	3
	5%唑螨酯悬浮剂	1 000 倍～2 000 倍液,喷雾	25	2
	5%氟虫脲乳油	667 倍～1 000 倍液,喷雾	30	2
	5%噻螨酮可湿性粉剂	2 000 倍液,喷雾	30	2
	73%克螨特乳油	2 000 倍～3 000 倍液,喷雾	30	3
蚜虫	20%啶虫脒乳油	2 000 倍～2 500 倍液,喷雾	14/30	1
	25%噻嗪酮可湿性粉剂	1 000 倍～2 000 倍液,喷雾	35	2
	20%丁硫克百威乳油	1 000 倍～2 000 倍液,喷雾	15	2
	2.5%溴氰菊酯乳油	2 500 倍～5 000 倍液,喷雾	28	3
	50%稻丰散乳油	1 000 倍～1 500 倍液,喷雾	30	3
	25%喹硫磷乳油	600 倍～1 000 倍液,喷雾	28	3
介壳虫	20%双甲脒乳油	1 000 倍～1 500 倍液,喷雾	21	春梢 3 夏梢 2
	48%毒死蜱乳油	1 000 倍～2 000 倍液,喷雾	28	1
	20%氰戊菊酯乳油	8 000 倍～15 000 倍液,喷雾	7	3
	5%氟虫脲乳油	1 000 倍～2 000 倍液,喷雾	30	2
	40%杀扑磷乳油	670 倍～1 000 倍液,喷雾	30	1
	50%稻丰散乳油	1 000 倍～1 500 倍液,喷雾	30	3
	25%喹硫磷乳油	600 倍～1 000 倍液,喷雾	28	3
潜叶蛾	1.8%阿维菌素乳油	4 000 倍～6 000 倍液,喷雾	14	2
	20%丁硫克百威乳油	1 000 倍～2 000 倍液,喷雾	15	2
	98%杀螟丹可溶性粉剂	1 500 倍～2 000 倍液,喷雾	21	3
	20%甲氰菊酯乳油	8 000 倍～10 000 倍液,喷雾	30	3
	20%氰戊菊酯乳油	8 000 倍～15 000 倍液,喷雾	7	3
	50%稻丰散乳油	1 000 倍～1 500 倍液,喷雾	30	3
	25%喹硫磷乳油	600 倍～1 000 倍液,喷雾	28	3

表 A.1（续）

防治对象	防治方法	稀释倍数及施用方法	安全间隔期，d	最多使用次数，次
螨类	50%稻丰散乳油	1 000 倍～1 500 倍液，喷雾	30	3
溃疡病	77%氢氧化铜可湿性粉剂	400 倍～600 倍液，喷雾	30	5
	50%可湿性粉剂春雷霉素、氧氯化铜复配剂	500 倍～800 倍液，喷雾	21	5
青霉病和绿霉病	22.2%抑霉唑乳油	444 倍～888 倍液，采摘后立即浸果，集中处理也应当天进行	60	1
	45%悬浮剂噻菌灵	300 倍～450 倍液，采摘后立即浸果，集中处理也应当天进行	10	1

附 录 B
（资料性附录）
柑橘生产良好农业规范主要记录表

B.1 果园土壤基本情况表

见表B.1。

表B.1 果园土壤基本情况表

生产基地名称			
检测单位		检测日期	
土壤类型		pH	
有机质,%		速效氮,%	
速效磷,%		速效钾,%	
汞,mg/kg		镉,mg/kg	
铅,mg/kg		砷,mg/kg	
铬,mg/kg		有效硫,mg/kg	
与国家标准符合情况说明			
污染发生情况说明			

记录人： 负责人：
年 月 日 年 月 日

B.2 灌溉用水概况

见表B.2。

表B.2 灌溉用水概况

生产基地名称			
水来源			
检测单位		检测日期	
汞,mg/L		pH	
铅,mg/L		镉,mg/L	
铬,mg/L		砷,mg/L	
氟化物,mg/L		氯化物,mg/L	
氰化物,mg/L		含硫量,mg/L	
与国家标准符合情况说明			
污染发生情况说明			

记录人： 负责人：
年 月 日 年 月 日

B.3 砧木种子、接穗和苗木的质量记录表

见表 B.3。

表 B.3 砧木种子、接穗和苗木的质量记录表

十		数 量	
来 源	自繁( ) 外购( )		
检查日期		检 查 人	
病虫害名称		发生状况	
处理方式		处理地点	
处理效果			
自繁材料填写		外购材料填写	
繁殖地点		购入单位	
繁殖方式		购入时间	
品种纯度		购入后处理	
种子发芽率		品种纯度	
抗病虫特性		抗病虫特性	
其他抗性		其他抗性	

记录人：　　　　　　　　　　　　　　　　　　　　负责人：

年　月　日　　　　　　　　　　　　　　　　　　　年　月　日

B.4 柑橘生产记录表

见表 B.4。

表 B.4 柑橘生产记录表

基地名称			
种植品种		种植时间	
地块编号		面积	
日期	天气	果园作业内容	作业人员签名
备注			

记录人：　　　　　　　　　　　　　　　　　　　　负责人：

年　月　日　　　　　　　　　　　　　　　　　　　年　月　日

B.5 肥料施用记录表

见表 B.5。

表 B.5 肥料施用记录表

施肥种类	施用日期	施用肥料名称	施用量，kg	施用人签名
基 肥				
追 肥				

表 B.5（续）

<table>
<tr><th>施肥种类</th><th>施用日期</th><th>施用肥料名称</th><th>施用量,kg</th><th>施用人签名</th></tr>
<tr><td rowspan="3"></td><td></td><td></td><td></td><td></td></tr>
<tr><td></td><td></td><td></td><td></td></tr>
<tr><td></td><td></td><td></td><td></td></tr>
<tr><td>备注</td><td colspan="4"></td></tr>
</table>

记录人：　　　　　　负责人：
年　月　日　　　　　　年　月　日

B.6 农药使用记录表

见表 B.6。

表 B.6 农药使用记录表

日期	防治对象	农药名称	稀释倍数	施用量 kg	施用方式	施用人签名
备注						

记录人：　　　　　　负责人：
年　月　日　　　　　　年　月　日

B.7 过期、剩余投入品及其容器和清洗废液处理记录表

见表 B.7。

表 B.7 过期、剩余投入品及其容器和清洗废液处理记录表

<table>
<tr><td colspan="2">种类:过期投入品（ ）、剩余投入品（ ）、植保产品容器（ ）、容器清洗废液（ ）</td></tr>
<tr><td>投入品名称:植保产品（ ）肥料（ ）
投入品过期时间:</td><td>植保产品容器:盛装的植保产品名__________</td></tr>
<tr><td>处理日期</td><td></td></tr>
<tr><td>处理方式</td><td></td></tr>
<tr><td>操作人</td><td></td></tr>
<tr><td>备注</td><td></td></tr>
</table>

记录人：　　　　　　负责人：
年　月　日　　　　　　年　月　日

B.8 柑橘采收及商品化预处理记录表

见表 B.8。

表 B.8 柑橘采收及商品化预处理记录表

批次号	地块编号	产品名称	采收日期	数/重量	洗果/打蜡/分级/包装数量	备注

记录人：　　　　　　负责人：
年　月　日　　　　　　年　月　日

B.9 柑橘样品检测记录表

见表B.9。

表B.9 柑橘样品检测记录表

生产批号	样品来源	样品数量 kg	检验项目			检验人
			果实直径 mm	糖度 %	…	

记录人：　　　　　　　　　　　　　　　　　　负责人：
年　月　日　　　　　　　　　　　　　　　　　年　月　日

B.10 柑橘贮存记录表

见表B.10。

表B.10 柑橘贮存记录表

仓库地点		产品名称			保管人	
仓库号	进库		出库			生产批号
	日期	数量	日期	数量	目的地	

记录人：　　　　　　　　　　　　　　　　　　负责人：
年　月　日　　　　　　　　　　　　　　　　　年　月　日

B.11 果品运输记录表

见表B.11。

表B.11 果品运输记录表

批次号	时间	运输方式	始发地	目的地	数量,kg	规格	收货单位

记录人：　　　　　　　　　　　　　　　　　　负责人：
年　月　日　　　　　　　　　　　　　　　　　年　月　日

B.12 果品销售记录表

见表B.12。

表B.12 果品销售记录表

销售日期	采收批号/采收日	销售对象	出货量 kg	包装重量 kg	销售总额 元	流水编号起止	产品等级	备注

记录人： 负责人：
年 月 日 年 月 日

B.13 果园(库房)消毒记录表

见表B.13。

表B.13 果园(库房)消毒记录表

消毒区域:废弃物存放地( ) 库房( )					
清洁时间	消毒方式	消毒剂名	使用浓度	操作人	检查人

记录人： 负责人：
年 月 日 年 月 日

B.14 生产机具设备维护记录表

见表B.14。

表B.14 生产机具设备维护记录表

对象:器具( ) 设备( ) 其他( )			目的:清洗( ) 维护( )其他( )		
对象名称	时间	方式	要求	操作人	操作地点

记录人： 负责人：
年 月 日 年 月 日

附　录　C
（资料性附录）
柑橘采后商品化处理工序

柑橘采后商品化处理工序见图 C.1。

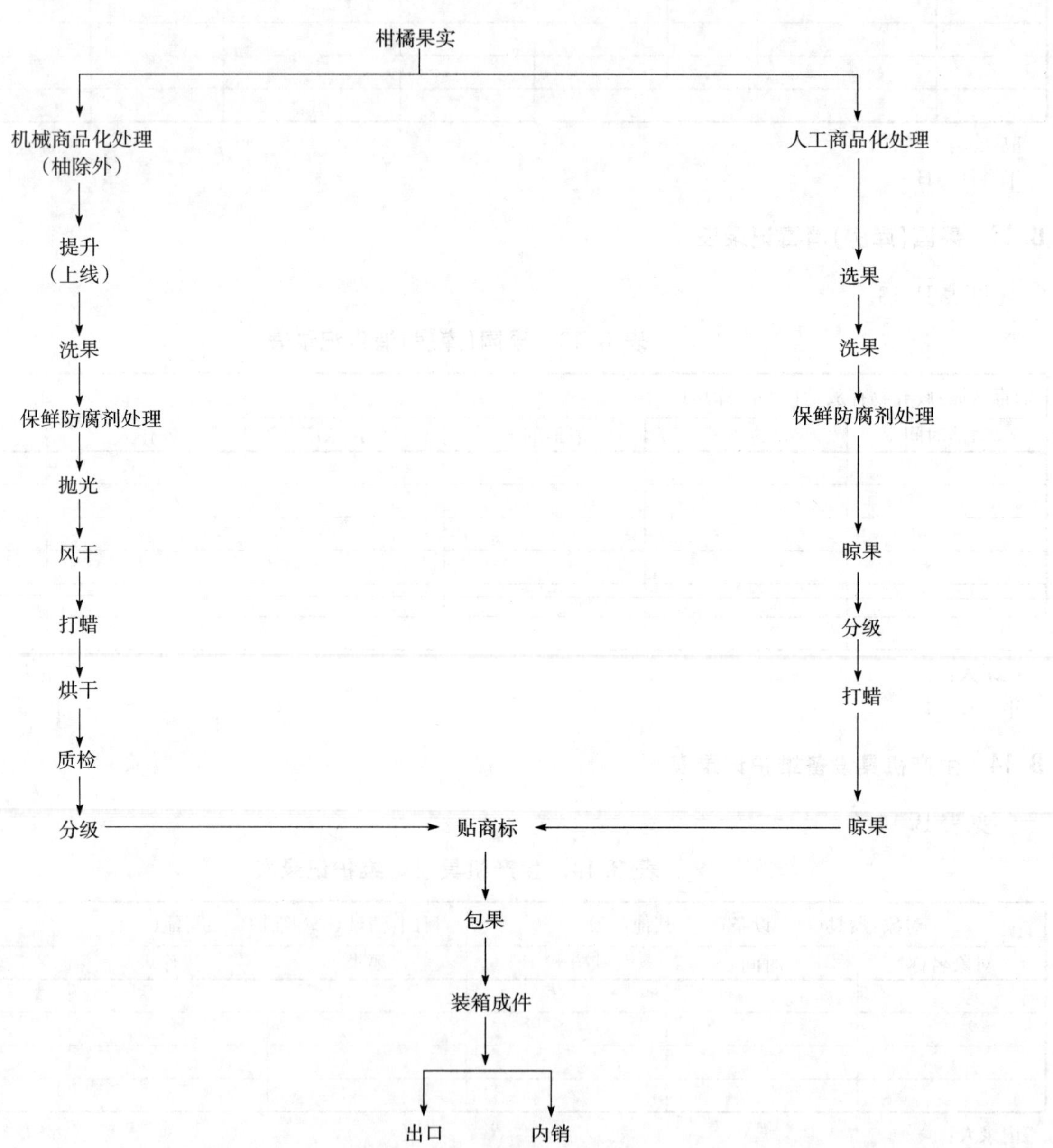

图 C.1　柑橘采后商品化处理工序

ICS 67.080.10
B 31

中华人民共和国农业行业标准

NY/T 2721—2015

柑橘商品化处理技术规程

Technical regulation for citrus fruit commercial handling

2015-05-21 发布　　2015-08-01 实施

中华人民共和国农业部 发布

前　言

本标准按照 GB/T 1.1—2009 给出的规则起草。

本标准由农业部种植业管理司提出。

本标准由全国果品标准化技术委员会(SAC/TC 510)归口。

本标准起草单位:华中农业大学、中国农业科学院柑橘研究所、浙江大学、湖南农业大学、赣州市柑橘科学研究所、湖北省当阳市农业局。

本标准主要起草人:程运江、龙超安、王日葵、彭抒昂、李红叶、邓秀新、马兆成、戴素明、方贻文、黄先彪。

柑橘商品化处理技术规程

1 范围

本标准规定了鲜食柑橘类水果商品化处理的厂区建设要求,果实清洗消毒、预分选、防腐保鲜、脱绿、贮藏、打蜡、分级、质量检验、包装标识、预冷等生产工艺。

本标准适用于鲜食柑橘类水果,包括宽皮柑橘、橙类、柚和葡萄柚类、杂柑类、柠檬类和金柑类果实的采后商品化处理。

2 规范性引用文件

下列文件对于本文件的应用是必不可少的。凡是注日期的引用文件,仅注日期的版本适用于本文件。凡是不注日期的引用文件,其最新版本(包括所有的修改单)适用于本文件。

GB 2760 食品安全国家标准 食品添加剂使用标准

GB 2762 食品安全国家标准 食品中污染物限量

GB 2763 食品安全国家标准 食品中农药最大残留限量

GB 5084 农田灌溉水质标准

GB 5749 生活饮用水卫生标准

GB/T 8855 新鲜水果和蔬菜的取样方法

GB/T 12947 鲜柑橘

GB/T 13607 苹果、柑橘包装

GB 14881 食品安全国家标准 食品生产通用卫生规范

GB/T 20014.5 良好农业规范 第5部分:水果和蔬菜控制点与符合性规范

GB/T 20769 水果和蔬菜中450种农药及相关化学品残留量的测定 液相色谱—串联质谱法

NY/T 1189 柑橘贮藏

NY/T 1190 柑橘等级规格

NY/T 1778 新鲜水果包装标识 通则

3 术语和定义

下列术语和定义适用于本文件。

3.1

柑橘商品化处理 citrus fruit commercial handling

指柑橘生产中为降低腐烂率、保持品质和提高商品价值等目标,所采取的一系列采后处理措施,包括清洗消毒、预分选、贮藏、脱绿、防腐保鲜、打蜡、分级、质量检验、包装标识、预冷等。

3.2

异味 off flavor

指柑橘因采后处理工艺不当或果实衰老等因素,导致果实中产生了有别于该品种固有风味的其他味道,如酒精味等。

3.3

脱绿 degreening

指对内在品质已达到食用要求,但外观尚着色不良的柑橘果实,在可控环境下,加速果皮叶绿素降解,促使果面呈现橙黄色或橙红色泽的过程。

3.4

打蜡 waxing

指向清洗干净的柑橘果面喷涂适量涂膜剂的过程。

4 厂区要求

4.1 选址

应选择临近产区、交通便利、水源充沛，远离粉尘、有害气体、放射性物质及周围无其他扩散污染源的地方建厂。

4.2 功能布局

——按 GB 14881 的规定作总体规划，应科学合理，方便生产，功能分区明确；

——厂区一般包括生产区、仓储区、物料堆放区、办公区和停车场，以及生产废弃物处理场所等。生产区、仓储区等作业区与生活区应有间距，并置适当面积绿化带，建筑物、设备布局按工艺流程而设计，建筑结构完善，能够满足生产工艺和质量卫生要求；

——生产区的设备摆放应遵循果实单向流动的原则，各商品化处理工序的场所间应用墙体分隔成独立的空间，通道间要安装门帘；

——原料卸货区与成品出库区设置在厂区的不同方位，且要考虑风向，出库区应设置在风向的上游；原料与成品的生产、存放严格分开，人流与物流方向分开，避免交叉污染。

4.3 卫生要求

应符合 GB 14881 的规定。

4.4 废弃物处理

应按照 GB 14881 的规定处理。

5 原料果实

5.1 感官和理化指标

符合 GB/T 12947 和 NY/T 1190 的规定。

5.2 卫生指标

符合 GB 2760、GB 2762 和 GB 2763 的规定。

5.3 其他要求

无实蝇、黄龙病为害等病虫害果，果蒂平齐，果面无损伤，不带叶。

6 消毒和清洗

6.1 消毒

对加载到预分选线(或生产线)上的果实，用适当浓度的广谱消毒剂(如二氧化氯、次氯酸钠、邻苯基酚钠等)在室温下对果实进行浸果处理 2 min～3 min。选用的消毒剂应符合国家有关规定，按照产品说明书使用。

6.2 清洗

消毒后的果实用毛刷刷洗去除果面灰尘和附着物，清洗过程中可添加适量的国家允许使用的果蔬专用清洗剂，然后用清水充分喷淋除去果面残留的消毒剂和清洗剂。清洗用水应符合 GB 5749 的规定要求。

7 预分选

在生产线上，人工初选剔除腐烂果、伤病果、畸形果和小果等不符合鲜销的果实。

8 防腐保鲜

8.1 使用原则

在能有效控制腐烂率的前提下，尽量减少化学药剂的使用。果实宜在采收后 24 h 内进行防腐保鲜处理。提倡 2 种具有不同作用机制或杀菌谱的药剂混合使用。

8.2 药剂

选用符合国家允许使用的杀菌剂、保鲜剂或食品添加剂等，并严格按照产品说明书使用。

9 贮藏

用于贮藏的柑橘果实按照 NY/T 1189 的规定执行。

10 脱绿

将需要脱绿处理的果实放置于温度 20℃～29℃，相对湿度 90％～95％；乙烯浓度为 5 μL/L～10 μL/L的环境条件下处理 24 h～72 h。

11 打蜡

采用人工或机械在清洗干净的果实表面喷涂适量的果蜡等涂膜剂，在适当的温度下及时风干，蜡液用量通常为 0.8 L/t～1.2 L/t 果实；把握好打蜡时期，以减轻并延缓果实异味物质的积累；蜡液符合 GB 2760 和 GB/T 20769 的规定。

12 分级

按照 NY/T 1190 和 GB/T 12947 的规定执行。

13 包装和标识

按照 NY/T 1778 的规定执行。

14 质量检验

按照 GB 2760、GB 2763 和 GB/T 12947 的规定执行。

15 预冷

商品化处理后的柑橘果实应及时进行预冷，在 4℃～8℃的预冷库中进行处理 6 h～12 h，将果心温度降至 10℃～15℃。

16 烂果无害化处理

整个生产过程中选出的烂果及时收集统一进行无害化处理，达到国家环保部门的要求。

ICS 65.020.20
B 05

中华人民共和国农业行业标准

NY/T 2723—2015

茭白生产技术规程

Code of practice for water bamboo cultivation

2015-05-21 发布　　2015-08-01 实施

中华人民共和国农业部　发布

前　言

本标准按照 GB/T 1.1—2009 给出的规则起草。

本标准由中华人民共和国农业部提出。

本标准由全国蔬菜标准化技术委员会归口。

本标准起草单位:浙江省农业科学院、浙江省农业厅、浙江省农业技术推广中心、浙江省金华市农产品质量综合监督检测中心。

本标准主要起草人:杨桂玲、陈建明、虞铁俊、王强、徐明飞、胡美华、何圣米、吾建祥、蔡铮、虞冰、张志恒。

茭白生产技术规程

1 范围

本标准规定了茭白(*Zizania latifolia*)生产的术语与定义、产地环境、品种选择、栽培技术、病虫害防治、采收、分级包装、贮藏、运输及生产档案等要求。

本标准适用于茭白生产。

2 规范性引用文件

下列文件对于本文件的应用是必不可少的。凡是注日期的引用文件,仅注日期的版本适用于本文件。凡是不注日期的引用文件,其最新版本(包括所有的修改单)适用于本文件。

GB/T 6543 运输包装用单瓦楞纸箱和双瓦楞纸箱

GB/T 8321(所有部分) 农药合理使用准则

GB/T 9687 食品包装用聚乙烯成型品卫生标准

NY/T 496 肥料合理使用准则 通则

NY 525 有机肥料

NY/T 835 茭白

NY/T 1311 农作物种质资源鉴定技术规程 茭白

NY/T 1655 蔬菜包装标识通用准则

NY/T 1834 茭白等级规格

NY 5331 无公害食品 水生蔬菜产地环境条件

3 术语和定义

NY/T 1311 界定的以及下列术语和定义适用于本文件。

3.1

茭白 water bamboo

禾本科菰属植物菰[*Zizania latifolia* (Griseb.) Turcz. ex Stapf]被菰黑粉菌(*Ustilago esculenta* P. Henn.)寄生后,其地上营养茎膨大后形成的变态肉质茎。

注:修订于 NY/T 835。

3.2

雄茭 water bamboo plant with non-swollen culm

未被菰黑粉菌寄生、不能形成茭白产品的茭白植株。

3.3

灰茭 water bamboo plant with smutted swollen culm

肉质茎冬孢子堆较多,致使品质下降丧失商品价值的茭白。

3.4

游茭 water bamboo rhizomatous plant

茭白根状茎上生出的植株。

3.5

有效分蘖 effective tiller

由茎基部侧芽节间萌发生长出的能够形成正常商品茭白的植株。

3.6

种墩　stock cluster

留种繁殖用的茎丛。

注：又叫母墩。

3.7

叶枕　pulvinus

叶片与叶鞘连接处的外侧，呈近似三角形。

注：又叫茭白眼。

3.8

薹管　culm beneath the swollen part

在地上生长且大部分露出土壤表面的茎。

4　产地环境

产地环境应符合 NY 5331 的规定。土壤有机质在 2%～3%、pH6～7 为宜，栽培地块地势平坦、水源丰富、排灌便利。

5　品种选择

根据当地的气候条件和市场需求，选择优质、抗性强、丰产性好的品种。宜选用的品种参见附录 A。

6　育苗

6.1　种墩选择

每年开展种墩选择工作，清除雄茭、灰茭及混杂变异株，重复 2 个生产季仍表现优良种性的，即可作为种株留用。选择符合品种特性，株型整齐、无灰茭和雄茭、采收期集中、孕茭率高、结茭部位较低的植株做好标记。

6.2　寄秧育苗

采收后 1 个月，挖取出种墩，保留薹管 1 个～2 个节间。寄秧时行距宜 50 cm，墩距宜 15 cm，深度以种墩根系入土为宜。翌年 3 月中旬至 4 月上旬，苗高 15 cm～20 cm 时，可分墩用于大田定植。

6.3　二段育苗

翌年 3 月中旬至 4 月上旬，寄秧后，苗高 20 cm 时进行分墩，将种墩用刀劈成含 1 个～2 个薹管的小墩移植到秧田，株行距 50 cm×50 cm。定植时间参见附录 A。

注：二段育苗仅用于双季茭白。

7　大田准备

定植前 7 d～10 d 施基肥，每 667 m² 施腐熟农家肥 2 000 kg～2 500 kg 和过磷酸钙 50 kg，或商品有机肥 500 kg～900 kg，商品有机肥应符合 NY 525 的规定。翻耕 20 cm～30 cm 土层，耙平，达到田平、泥烂。

8　定植

8.1　单季茭白

3 月中旬至 4 月上旬，苗高 15 cm～20 cm 时，进行分墩定植，每墩保留 2 株～3 株，定植深度以老薹管全部入土为宜，每 667 m² 定植 1 500 墩～2 000 墩，宜宽窄行定植，宽行行距 90 cm～110 cm，窄行行距 60 cm～70 cm，株距 40 cm～50 cm。

8.2　双季茭白

经二段育苗后，于7月挖墩分苗进行大田定植。每667 m² 定植1 000墩～1 500墩，每墩1株～2株，宜宽窄行定植，宽行行距100 cm～120 cm，窄行行距60 cm～80 cm，株距40 cm～60 cm。

9 田间管理

9.1 肥料使用

9.1.1 原则

根据土壤肥力和目标产量，按照NY/T 496的规定进行合理平衡施肥。生长季节所需纯N+P_2O_5+K_2O的比例1+0.4+0.56为宜。

9.1.2 单季茭白

追肥分3次～4次，在缓苗后至分蘖期，每667 m² 施尿素5 kg～10 kg；定苗后，每667 m² 施尿素10 kg～20 kg、复合肥20 kg～25 kg，隔10 d～15 d视苗情再追施一次；孕茭初期，每667 m² 施复合肥30 kg。

9.1.3 双季茭白

秋茭追肥分3次，在缓苗后至分蘖期，每667 m² 施尿素5 kg～8 kg；定苗后，每667 m² 施尿素10 kg～15 kg、复合肥15 kg～20 kg；孕茭初期，每667 m² 施复合肥20 kg。

夏茭追肥分3次～4次，在萌芽后，每667 m² 施尿素5 kg～10 kg；定苗后，每667 m² 施尿素10 kg～15 kg、复合肥20 kg～25 kg，隔10 d～15 d视苗情再追施一次；孕茭初期，每667 m² 施复合肥30 kg。

9.2 水位管理

9.2.1 单季茭白

定植至分蘖前期保持3 cm～5 cm的水位；分蘖后期控制水位10 cm～12 cm；定苗后搁田至土壤表层出现细小的龟纹裂，搁田后灌水至5 cm水位，孕茭期逐步加深至15 cm～20 cm。追肥和施药等田间操作时水位应控制在3 cm左右，3 d后逐渐恢复水位。

9.2.2 双季茭白

秋茭浅水定植后15 d～20 d内保持8 cm～10 cm水位；分蘖前中期保持2 cm～3 cm水位，分蘖后期控制在10 cm～12 cm水位，分蘖期间宜搁田1次～2次；孕茭期控制10 cm～12 cm水位；采收期控制3 cm～5 cm左右的水位。

翌年夏茭出苗期保持田水湿润，分蘖前中期控制2 cm～3 cm浅水位；分蘖后期至孕茭期间，控制10 cm～15 cm水位；采茭期控制15 cm～20 cm深水位。追肥和施药等田间操作时应控制浅水位，3 d后逐渐恢复水位。

9.3 间苗

茭白出苗后应及时间苗，除去游茭苗，并控制每墩苗数，单季茭白每667 m² 有效分蘖苗15 000株～18 000株，双季茭白每667 m² 有效分蘖苗18 000株～24 000株。

9.4 除草

宜选择人工除草和茭田养鸭除草方式，在定植成活后开始耘田除草并除去老叶。

9.5 清洁田园

茭白植株枯黄后，将茭墩齐泥割除地上部植株，并运出田外集中处理。

10 病虫害防治

10.1 主要病虫害

锈病、胡麻斑病、纹枯病、二化螟、长绿飞虱、福寿螺等。

10.2 防治原则

遵循"预防为主，综合防治"的植保方针，优先采用农业防治、物理防治、生物防治，合理使用高效低毒低残留化学农药。

10.3 农业防治

宜与非禾本科作物进行 2 年～3 年轮作，选用抗病虫品种和无病种苗。加强田间管理，改善株间通透性，合理灌溉，科学施肥。及时中耕除草，清除并集中处理茭白植株残体。

10.4 物理防治

虫害可用频振式杀虫灯诱杀。每 2 hm^2 范围内设置 1 盏功率 50 W 频振式杀虫灯。在二化螟成虫发生期，采用昆虫性信息素诱杀，每 667 m^2 放置 2 个～3 个诱芯，每隔 15 d～20 d 更换诱芯。福寿螺可采用在田间插 50 cm 左右高的毛竹竿引诱其产卵，插杆密度根据产卵多少增减，结合人工捡螺摘卵进行防治。

10.5 生物防治

在茭白移栽后 1 个月开始，可在茭白田养鸭(10 只/667 m^2～12 只/667 m^2)或养鱼；或茭白田养中华鳖(30 只/667 m^2～40 只/667 m^2)或施茶籽饼粉(3 kg/667 m^2～5 kg/667 m^2)，防治福寿螺。

10.6 化学防治

根据病虫的发生规律，选用对口药剂进行防治，按照 GB/T 8321 的规定，严格掌握防治适期、安全间隔期和施药次数。提倡不同农药交替轮换使用，在一个生长季节内使用不超过 2 次，孕茭期慎用杀菌剂。主要病虫害化学防治方法参见附录 B。

11 采收

孕茭部位明显膨大，叶鞘一侧被肉质茎挤开，露出 0.5 cm～1.0 cm 宽的白色肉质茎时采收。秋茭宜 2 d～3 d 采收一次，夏茭宜 1 d～2 d 采收一次。

12 分级包装

茭白按 NY/T 1834 进行分级包装。

包装容器(框、箱、袋)应清洁、牢固、透气、无毒、无污染、无异味。包装容器上应有明显标识，符合 NY/T 1655 的规定。

用于冷藏保鲜的应用塑料薄膜袋包装并装箱，薄膜袋质量应符合 GB/T 9687 的规定，纸箱质量符合 GB/T 6543 的规定。

13 贮藏

长期保鲜茭白时，先晾干后，再将茭白放置在－1℃～2℃冷库中预冷 6 h～8 h，分级装箱放入冷库贮藏，温度 0℃～2℃；库内湿度应保持在 85%～95%为宜。

14 生产档案

应建立健全农药、肥料等农业投入品使用档案和生产档案，档案保存期为 2 年以上。

附 录 A
(资料性附录)
全国茭白种植区分类

全国茭白种植区分类见表 A.1。

表 A.1 全国茭白种植区分类

分类	省份	主栽品种	定植时间	采收时间
华东双季茭白种植区	浙江、上海、江苏、安徽等平原地区	浙茭 2 号、浙茭 3 号、龙茭 2 号、浙茭 6 号、余茭 4 号、崇茭 1 号、青练茭 1 号、青练茭 2 号、小蜡台、广益茭	7 月上旬至 8 月中旬	秋茭 10 月上旬至 12 月上旬,夏茭 4 月下旬至 7 月上旬
华东单季茭白种植区	浙江、安徽、江西、福建等山区	美人茭、金茭 1 号、丽茭 1 号、金茭 2 号、六安茭、台福 1 号、桂瑶早茭白	3 月上旬至 4 月中旬	6 月上旬至 9 月中旬
华中茭白种植区	湖北、湖南、河南	鄂茭 1 号、鄂茭 3 号(单季茭白)	3 月下旬至 4 月中旬	9 月中旬至 11 月上旬
		小蜡台、鄂茭 2 号(双季茭白)	4 月上中旬	秋茭 9 月中旬至 10 月上旬,夏茭 5 月中旬至 7 月上旬
西南茭白种植区	云南、四川、重庆、贵州	鄂茭 1 号、美人茭(单季茭白)	3 月下旬至 4 月上旬	8 月下旬至 10 月下旬
		小蜡台、鄂茭 2 号、浙茭 2 号(双季茭白)	10 月下旬小拱棚育苗、2 月中旬定植	夏茭 4 月下旬至 5 月下旬,秋茭 8 月中旬至 9 月中旬
华南茭白种植区	广西、广东、海南	大榕茭白、浙茭 2 号、浙茭 3 号	10 月下旬小拱棚育苗、2 月中旬定植	4 月上旬至 10 月下旬

附 录 B
(资料性附录)
茭白主要病虫害防治方案

茭白主要病虫害防治方案见表 B.1。

表 B.1 茭白主要病虫害防治方案

防治对象	药剂名称	使用浓度	使用方法	每季最多使用次数
锈病	烯唑醇	12.5% WP 3 000 倍液～3 500 倍液	发病初期用喷雾,隔 7 d～10 d 再喷 1 次,孕茭期禁用	2
	三唑酮	20% WP 1 000 倍液	发病初期用喷雾,隔 7 d～10 d 再喷 1 次,孕茭期禁用	2
	腈菌唑	20% WP 1 500 倍液	发病初期喷雾	1
	苯醚甲环唑	10% WG 2 000 倍液～2 500 倍液	发病初期喷雾	1
胡麻叶斑病	异菌脲	50% WP 1 000 倍液	发病初期喷雾	2
	三环唑	20% WP 600 倍液	发病初期喷雾	1
纹枯病	井冈霉素	5% WP 500 倍液～800 倍液	发病初期喷雾,10 d～15 d 后再喷 1 次	2
长绿飞虱	噻嗪酮	25% WP 1 500 倍液～2 000 倍液	低龄若虫孵化高峰期喷雾	1
	吡虫啉	10% WP 2 000 倍液～3 000 倍液	低龄若虫孵化高峰期喷雾	2
二化螟	氯虫苯甲酰胺	20% SC 3 000 倍液～4 000 倍液	幼虫孵化高峰时喷雾,叶鞘部位施药	2
福寿螺	四聚乙醛	6% GR 480 g/667 m^2～700 g/667 m^2	危害期撒施	2
注:严禁使用国家明令禁止的农药品种。				

ICS 65.020.01
B 04

中华人民共和国农业行业标准

NY/T 2740—2015

农产品地理标志茶叶类质量控制技术规范编写指南

Manual for drafting of norms on quality control technology of agro-product geographical indications—Tea

2015-05-21 发布　　　　2015-08-01 实施

中华人民共和国农业部　发布

前　言

本标准按照中华人民共和国农业部令第11号《农产品地理标志管理办法》和GB/T 1.1—2009给出的规则起草。

本标准由中华人民共和国农业部提出并归口。

本标准起草单位：中国农业科学院茶叶研究所、安吉县农业局经作站。

本标准主要起草人：沈星荣、汪秋红、舒爱民、张优、邬志祥、王东辉、赖建红、傅尚文、鲁成银。

农产品地理标志茶叶类质量控制技术规范编写指南

1 范围

本标准规定了登记的农产品地理标志茶叶类质量控制技术规范编写的基本要求、结构、表述规则和编排格式，并给出了有关表述样式。

本标准适用于登记的农产品地理标志茶叶类质量控制技术规范的编写。

2 规范性引用文件

下列文件对于本文件的应用是必不可少的。凡是注日期的引用文件，仅注日期的版本适用于本文件。凡是不注日期的引用文件，其最新版本（包括所有的修改单）适用于本文件。

GB 2762 食品安全国家标准 食品中污染物限量

GB 2763 食品安全国家标准 食品中农药最大残留限量

中华人民共和国农业部令 2007 年第 11 号 农产品地理标志管理办法

中华人民共和国农业部公告第 1071 号 农产品地理标志登记程序和农产品地理标志使用规范

3 术语和定义

中华人民共和国农业部令 2007 年第 11 号界定的以及下列术语和定义适用于本文件。

3.1

农产品 agricultural product

是指来源于农业的初级产品，即在农业活动中获得的植物、动物、微生物及其产品。

3.2

农产品地理标志 agro-product geographical indications

是指标示农产品来源于特定地域，产品品质和相关特征主要取决于自然生态环境和历史人文因素，并以地域名称冠名的特有农产品标志。

4 基本要求

4.1 产品名称确定原则

4.1.1 农产品地理标志产品名称由地理区域名称和农产品通用名称组合构成。

4.1.2 农产品地理标志产品名称应当是历史沿袭和传承的已实际使用名称，不应人为进行调整、人为臆造、人为添加前缀或后缀。

4.1.3 农产品地理标志产品所包含的种植品种尊重现实生产实际，不应人为添加或删减，生产过程中所涉及的品种，统一在农产品地理标志质量控制技术规范中予以明确和固定。

示例：

安吉白茶

4.2 技术规范名称确定原则

质量控制技术规范首页表头中的“产品名称”是指登记的农产品地理标志全称。

示例：

中华人民共和国农产品地理标志质量控制技术规范

安吉白茶

4.3 技术规范编号确定原则

质量控制技术规范首页表头中的编号由农业部编写，编号由代号、年份、月份和获证产品总排序号四个部分组成。

示例：

编号：AGI　××××-××-×××××

4.4　技术规范日期确定原则

质量控制技术规范首页表头中的公布日期是指农业部发布登记公告的日期，基本格式为：××××（年）-××（月）-××（日）

示例：

发布日期：××××-××-××

5　结构和表述规则

5.1　保护范围

主要描述登记的农产品地理标志茶叶类产品产地的具体地理位置、所辖村镇、经纬度和区域边界等，具体信息应当与县级以上地方人民政府农业行政主管部门核定保护登记的农产品地理标志茶叶类产品的产地范围相一致。同时采用图形方式准确、直观标示出生产区域范围和生产地域边界线。

示例：

安吉白茶保护范围限于农业部根据《农产品地理标志产品管理办法》批准的范围，位于北纬 30°23′～30°52′，东经 119°14′～119°53′，即浙江省安吉县现辖行政区域。安吉白茶保护范围图见附录 A。

5.2　独特自然生态环境

5.2.1　地形地貌

主要描述影响登记的农产品地理标志茶叶类产品品质特色形成和保持的独特产地环境因子中地形、地貌等。

示例：

5.2.1　地形地貌

安吉白茶保护区域地处浙江省西北部天目山北麓，地势由西南崛起向东北倾斜，中部低缓，构成三面环山，东北开口的箕状盆地。

5.2.2　生态

主要描述影响登记的农产品地理标志茶叶类产品品质特色形成和保持的独特产地环境因子中生态、植被等。

示例：

5.2.2　生态

安吉白茶保护区域山地资源丰富，植被覆盖率达 73%，森林覆盖率达 69%，有“中国竹乡”之称。

5.2.3　气候

主要描述影响登记的农产品地理标志茶叶类产品品质特色形成和保持的独特产地环境因子中温度、湿度、光照、雨季、降水量等气候条件。

示例：

5.2.3　气候

安吉白茶保护区域气候属北亚热带南缘季风气候区，全年气候温和，四季分明，常年平均气温 15.5℃，无霜期 226 d；最冷 1 月份平均气温－1℃～3℃；年降水量约 1 510 mm，相对湿度 80%左右；年日照时数 2 000 h。

5.2.4　土壤

主要描述影响登记的农产品地理标志茶叶类产品品质特色形成和保持的独特产地环境因子中土壤类型、有机质、pH 等。

示例：

5.2.4　土壤

安吉白茶保护区域多为山地丘陵红黄壤，土层深厚，有机质含量高，土壤 pH 4.5～6.5。

5.2.5 水文

主要描述影响登记的农产品地理标志茶叶类产品品质特色形成和保持的独特产地环境因子中水文状况等。

示例：

5.2.5 水文

安吉白茶保护区域主要水系为西苕溪。它的上游西溪、南溪于塘浦长潭村汇合后，形成西苕溪干流，然后由西南向东北斜贯县境，于小溪口出县。沿途有龙王溪、浒溪、里溪、浑泥港、晓墅港汇入。西苕溪县内流域面积 1 806 km^2，主流全长 110.75 km。出县后过长兴经湖州注入太湖，再入黄浦江。

5.3 特定生产方式

5.3.1 产地环境质量

主要描述影响登记的农产品地理标志茶叶类产品品质特色形成和保持的产地环境质量要求。

示例：

5.2.6 产地环境质量

安吉白茶产地环境质量应符合 NY 5020 的要求。

5.3.2 品种

主要描述登记的农产品地理标志茶叶类产品品质特色形成和保持的适制品种(范围)。

示例：

安吉白茶适制品种为白叶一号。

5.3.3 种植

主要描述登记的农产品地理标志茶叶类产品品质特色形成和保持的茶苗定值、茶树修剪、肥培管理以及病虫防治措施等。

示例：

安吉白茶的种植技术参见附录 B。

5.3.4 采摘

主要描述登记的农产品地理标志茶叶类产品品质特色形成和保持的鲜叶采摘标准、采摘要求和鲜叶装运。

示例：

5.3.3.1 采摘标准

安吉白茶采摘标准为一芽一叶初展至一芽三叶，芽叶转白。

5.3.3.2 采摘要求

安吉白茶按采摘标准适时采摘，不采病虫叶，不采冻伤叶。

5.3.3.3 鲜叶装运

安吉白茶采用清洁、无污染、通透性好的盛具，装叶量以不影响品质为宜。应采取措施防止鲜叶劣变和杜绝混入有异味、有毒、有害物质、非茶类夹杂物。

5.3.5 加工

主要描述登记的农产品地理标志茶叶类产品品质特色形成和保持的加工工艺及关键(特定)工序。

示例：

5.3.4.1 凤形安吉白茶加工工艺

摊青→杀青→理条→搓条初烘→摊凉→焙干→整理。加工工艺规范见附录 C。

5.3.4.2 龙形安吉白茶加工工艺

摊青→杀青→摊凉→干燥。加工工艺规范见附录 C。

5.3.6 包装和贮藏

主要描述登记的农产品地理标志茶叶类产品品质特色形成和保持的包装和贮藏要求。

示例：

5.3.5.1　包装

安吉白茶销售包装必须符合 GH/T 1070。所用包装材料符合食品卫生要求，应干燥、清洁、无毒、无异气味。

5.3.5.2　贮藏

安吉白茶应贮于清洁、干燥、阴凉、无异气味的专用仓库中冷藏，库房温度 5℃～8℃为宜，仓库周围应无异味污染。

5.3.7　生产记录

主要规范登记的农产品地理标志茶叶类产品的生产过程记录要求，至少应包括：生产基地基本情况、农事、投入品（农药化肥等）的使用（名称、时间、方法、用量等）、鲜叶采摘、加工、销售等信息。

示例：

5.3.6.1　生产基地农事活动记录

生产基地农事记录表参见附录 D.1。

5.3.6.2　加工记录

加工记录表参见附录 D.2。

5.4　产品品质特色及质量安全

5.4.1　感官品质

5.4.1.1　独特的感官品质特征

主要描述登记的农产品地理标志茶叶类产品在外形、汤色、香气、滋味和叶底等方面独特的感官品质特征，包括品饮过程中特有的现象。

示例：

安吉白茶外形嫩绿显玉色或鲜活泛金边，冲泡后叶白脉翠。

5.4.1.2　各质量等级的感官品质

主要描述登记的农产品地理标志茶叶类产品各质量等级的外形、汤色、香气、滋味和叶底等感官品质。

示例：

表 1　各质量等级安吉白茶感官品质

级别	外　形		汤　色	香　气	滋　味	叶　底
	龙　形	凤　形				
精品	扁平，光滑，挺直，尖削，嫩绿显玉色，匀整，无梗、朴、黄片	条直显芽，芽壮实匀整，嫩绿，鲜活泛金边，无梗、朴、黄片	嫩绿明亮	嫩香持久	鲜醇甘爽	叶白脉翠，一芽一叶初展，芽长于叶
特级	扁平，光滑，挺直，嫩绿带玉色，匀整，无梗、朴、黄片	条直有芽，匀整，色嫩绿泛玉色，无梗、朴、黄片	嫩黄明亮	嫩香持久	鲜醇	叶白脉翠，一芽一叶
一级	扁平，尚光滑，尚挺直，嫩绿油润，尚匀整，略有梗、朴、黄片	条直有芽，较匀整，色嫩绿润，略有梗、朴、片	尚嫩绿明亮	清香	尚醇厚	叶白脉绿，一芽二叶
二级	尚扁平，尚光滑，嫩绿尚油润，尚匀，略有梗、朴、黄片	条直尚匀整，色绿润，略有梗、朴、片	绿明亮	尚清香	醇厚	叶尚白脉翠，一芽二、三叶

5.4.2　理化品质

5.4.2.1　特异的理化品质特征

主要描述登记的农产品地理标志茶叶类产品在理化品质方面的特异性，如品质成分含量或组成独特、富含某种微量元素等。

示例：

安吉白茶游离氨基酸总量（以谷氨酸计）不少于 5.0%，最高可达 9.0%。

5.4.2.2 理化品质

主要描述登记的农产品地理标志茶叶类产品各质量等级理化品质的要求。

示例：

表 2 各质量等级安吉白茶理化品质

级别	外形	水分 (Moisture) %	碎末和碎茶 (Dust and broken tea) %	总灰分 (Total) %	粗纤维 (Thick fiber) %	水浸出物 (Water extract) %	游离氨基酸总量 (Free amino acids) (以谷氨酸计) %
精品	凤形	≤6.5	≤1.2	≤6.5	≤10.5	≥32	≥5.0
	龙形	≤6.5	≤1.2	≤6.5	≤10.5	≥32	≥5.0
特级	凤形	≤6.5	≤1.2	≤6.5	≤10.5	≥32	≥5.0
	龙形	≤6.5	≤1.2	≤6.5	≤10.5	≥32	≥5.0
一级	凤形	≤6.5	≤1.2	≤6.5	≤10.5	≥32	≥5.0
	龙形	≤6.5	≤1.2	≤6.5	≤10.5	≥32	≥5.0
二级	凤形	≤6.5	≤1.2	≤6.5	≤10.5	≥32	≥5.0
	龙形	≤6.5	≤1.2	≤6.5	≤10.5	≥32	≥5.0

5.4.3 质量安全

主要描述登记的农产品地理标志茶叶类产品对质量安全的要求。如果已有国家标准、农业行业标准或地方标准，并且国家标准、农业行业标准或地方标准中对质量安全指标已有规定时，从其规定。如没有国家标准、农业行业标准或地方标准，污染物限量指标应符合 GB 2762 中涉及茶叶条款的规定，农药残留限量指标应符合 GB 2763 涉及茶叶条款的规定。

示例：

安吉白茶质量安全执行 GB 2762 和 GB 2763 标准。

5.5 标识使用

主要描述登记的农产品地理标志茶叶类产品如何使用统一农产品地理标志的规定。根据中华人民共和国农业部公告第 1071 号的规定，保护范围内登记的农产品地理标志茶叶类产品的生产经营者，在产品或包装上使用已获登记保护的农产品地理标志，须向登记证书持有人提出申请，并按照规范生产和使用标志，统一在其产品或其包装上统一使用农产品地理标志（茶叶类名称和公共标识图案组合标注形式）。

示例：

安吉白茶标志使用人须向登记证书持有人提出申请，并按照规范生产和使用标志，应在其产品或其包装上统一使用农产品地理标志（安吉白茶和公共标识图案组合标注形式）。

6 编排格式

6.1 农产品地理标志茶叶类产品质量控制技术规范首页格式参见附录 E.1，表头预留编号和发布日期的位置，表头中“产品名称”字体为华文中宋小二，编号字体为宋体四号，公布日期字体为宋体四号。

6.2 农产品地理标志茶叶类质量控制技术规范正文字体为宋体四号，正文内标题为黑体四号，行间距 20 磅。若首页纸面不够，可按附加页的页眉和页脚格式增页，其格式参见附录 E.2。

附 录 A
(规范性附录)
登记的农产品地理标志茶叶类产品的保护范围

登记的农产品地理标志茶叶类产品的保护范围图应依据 5.1 保护范围进行划定。保护范围图应当准确标示出申请登记产品的生产区域范围和生产地域边界线，做到地域完整、边界清晰；保护范围图应当界定到所辖村或乡(镇)，边界线采用加宽线条进行标示；必要时，可以加注相关文字说明。

示例：

安吉白茶保护范围见图 A.1。

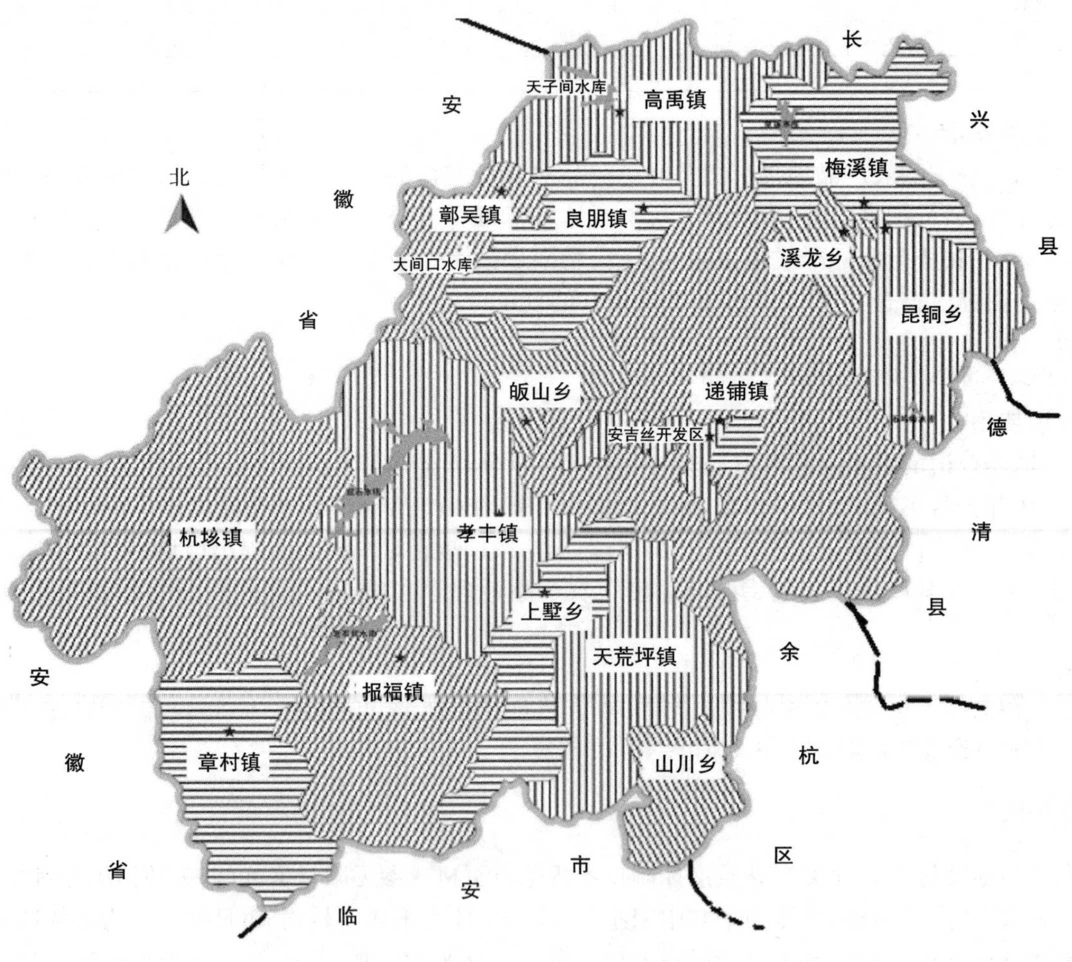

图 A.1 安吉白茶保护范围图

附　录　B
（资料性附录）
种　植　技　术

主要描述登记的农产品地理标志茶叶类产品的茶苗定值、茶树修剪、肥培管理以及病虫防治措施等。

示例：

安吉白茶种植技术

B.1　苗木

苗木插穗应来自于白叶一号母本园，质量应符合表 B.1 的规定。

表 B.1　苗木质量要求

级别	苗高，cm	茎粗，mm	根长，cm	着叶数，片	一级分枝数目	苗木纯度，%	检疫性病虫害
Ⅰ	＞30	＞3.0	＞12	＞8	1～2	100	不得检出
Ⅱ	30～20	3.0～1.8	12～4	8～6	1～0	100	不得检出
Ⅲ	＜20	＜1.8	＜4	＜6	0	99	不得检出

B.2　定植

B.2.1　时间

a)　春季定植：2 月中旬～3 月上旬；

b)　秋季定植：10 月下旬～11 月下旬。

B.2.2　密度

a)　单条播：行距约 130 cm，株距约 30 cm，每穴茶苗 2 株～3 株，每公顷苗数 4.5 万～5 万株；

b)　双条播：大行距约 150 cm，小行距约 40 cm，株距约 30 cm，每穴茶苗 2 株，每公顷基本苗数6 万～7.5 万株。

B.2.3　底肥

按茶行开种植沟，深约 50 cm，宽约 60 cm，种植沟内施底肥，每公顷施栏肥或青草等有机肥 30 t～50 t，加饼肥 1.5 t～2.0 t，施后覆土，间隔半月后种植。

B.2.4　栽种

按规定的行株距开好移植沟或定植穴，栽植时覆土至根颈处，压紧，随即浇足“定根水”。

B.3　树冠管理

B.3.1　定型修剪

定型修剪一般分三次完成，第一次在茶苗移栽定植时进行，剪口离地 15 cm～20 cm；第二次在定植后一年进行，在第一次剪口上提高 10 cm～15 cm；第三次在春茶后进行，在前次剪口基础上提高10 cm～15 cm。

B.3.2　深修剪

深修剪每年进行 1 次，时间宜在春茶后（4 月底～5 月上旬）进行。离地 40 cm～55 cm 修剪。

B.3.3　重修剪、台刈

对衰老茶园采用重修剪或台刈，时间应在春茶后及时进行。

B.4　肥培管理

B.4.1　耕作

a)　深耕：每年或隔年的 9 月～11 月对茶园行间土壤进行深耕一次，深度 20 cm～30 cm；

b） 中耕：每年进行两次中耕，深度 10 cm～15 cm。

B.4.2 除草

结合中耕进行除草，此外夏初至秋末在茶行间铺草，减少杂草生长。

B.4.3 施肥

B.4.3.1 时间

追肥时间分别是 2 月中下旬（幼龄茶园），5 月上旬，6 月上旬～8 月上旬；基肥时间为 9 月下旬～10 月中下旬。

B.4.3.2 施肥

幼龄茶园施肥以氮为主，促进树冠面的形成；生产茶园施肥情况视土壤肥力和产量而定；严禁使用含氯混（复）合肥。

B.5 主要病虫害防治

安吉白茶主要病虫害有茶尺蠖、茶蚜、黑刺粉虱、茶叶螨类、茶赤叶斑病、茶芽枯病等；有限制地使用高效、低毒、低残留农药品种，禁止使用国家禁止使用的农药；严格按照 GB 4285、GB 8321.1～8321.8 的要求控制施药量与安全间隔期；非生产季节宜选用矿物源农药，提倡采用物理防治和生物防治方法。

附 录 C
(资料性附录)
加工工艺规范

主要描述登记的农产品地理标志茶叶类产品的加工工艺中各工序的要求。

示例:

安吉白茶加工工艺规范

C.1 摊青

C.1.1 摊青间应清洁卫生,空气流通,无异气味。

C.1.2 进入加工车间的鲜叶,应立即摊青,摊青厚度 1 kg/m^2 为宜。

C.1.3 摊放时间 8 h～12 h 为宜,摊青过程中要轻翻一次。

C.2 机制与手工相辅的炒制工艺

C.2.1 杀青理条

C.2.1.1 采用名茶多功能机杀青。

C.2.1.2 投叶量一般控制在每五槽 350 g～400 g。

C.2.1.3 时间 7 min 左右。

C.2.1.4 理条手法:分三个阶段:第一阶段,以抖为主,时间为 3 min～4 min,到茶叶萎瘪不粘手;第二阶段,以捞带为主;第三阶段,以搓条为主,待茶叶至七成至七成半时起锅。

C.2.2 初烘

用五斗名茶烘干机初烘,温度 130℃左右,厚 0.5 cm,历时 10 min 左右,间隔翻叶数次。

C.2.3 焙干

用五斗名茶烘干机烘焙,温度为 80℃～100℃,每斗烘茶 500 g 左右,中间翻烘 3 次～4 次,烘至足干,手捏茶叶即断时起。

C.3 机制工艺

C.3.1 采用名茶多功能机杀青。

C.3.2 投叶量控制在每五槽 350 g～500 g。

C.3.3 时间 7 min 左右。

C.3.4 采用名茶理条机理条。

C.3.5 投叶量控制在每 11 槽 750 g 左右。

C.3.6 理条时间 10 min 左右,待茶叶七至七成半干时起槽。

C.3.7 采用五斗烘干机烘干,温度 130℃左右,投叶量 1 000 g 左右,烘至足干,手捏茶叶即断时起。

附　录　D
（资料性附录）
登记的农产品地理标志茶叶类产品生产过程记录表

D.1　生产基地农事活动记录表

见表 D.1。

表 D.1　生产基地农事活动记录表

基地名称：		基地编号：			制表人：			
日期	面积	农事活动项目	投入品（农药化肥等）				预计采摘日期	负责人
			投入品名称及主要成分	数量	方法	目的与效果		

农事活动项目主要包括：施肥、除草、修剪、间作、耕作、采摘，农药、肥料等茶园投入物使用等。

D.2　加工记录表

见表 D.2。

表 D.2 加工记录表

生产日期：				加工厂：					制表人：		
鲜叶来源					加工情况				产品贮运情况		
基地名称	地块编号	数量	等级	验收人员	加工品种	干茶数量	等级	批号	入库号	调运单位	调出日期
备注											

说明：对于规模较大的加工厂，建议制作工艺流程卡，加工过程按每道工序分别填写，如绿茶加工包括摊青、杀青、揉捻、烘干等，该卡随加工流程从上一工序交接到下一工序，直到加工完成产品入库。

附　录　E
（资料性附录）
农产品地理标志茶叶类质量控制技术规范

E.1　质量控制技术规范首页格式图

见图 E.1。

中华人民共和国农产品地理标志质量控制技术规范
产品名称

编号：AGIXXXX-XX-XXXXX　　公布日期：XXXX-XX-XX

本质量控制技术规范规定了登记产品的地域范围、独特自然生态环境、特定生产方式、产品品质特色及质量安全规定、标志使用规定等要求。本规范文本经中华人民共和国农业部公告后即为国家强制性技术规范，各相关方必须遵照执行。

1　地域范围

主要描述登记产品所在的具体地理位置、所辖村镇、经纬度和区域边界等。相关信息应当与县级以上地方人民政府农业行政主管部门核定的地域范围相一致。

2　独特自然生态环境

主要描述影响登记产品品质特色形成和保持的独特产地环境因子，如独特的光照、温湿度、降水、水质、地形地貌、土质等。

3　特定生产方式

主要描述影响登记产品品质特色形成和保持的特定生产方式，如产地要求、品种范围、生产控制、产后处理等相关特殊性要求。

4　产品品质特色及质量安全规定

主要描述登记产品由于独特自然生态环境和特定生产方式等因素所形成的独特感官特征及独特的内在品质指标。同时明确表明产地环境、产品质量符合国家相关强制性技术规范要求，注明遵照的行业标准或国家标准编号与名称。

5　标志使用规定

明确表述地域范围内的地理标志农产品生产经营者，在产品或包装上使用已获登记保护的农产品地理标志，须向登记证书持有人提出申请，并按照相关要求规范生产和使用标志，统一采用产品名称和农产品地理标志公共标识相结合的标识标注方法。

-1-

图 E.1　质量控制技术规范首页格式图

E.2 质量控制技术规范附加页格式图

见图 E.2。

编号：AGIXXXX-XX-XXXXX  公布日期：XXXX-XX-XX

附加说明

1. 首页表头中的“产品名称”是指登记的农产品地理标志全称，字体为华文中宋小二。

2. 首页表头中的编号由农业部编写，编号由代号、年份、月份和获证产品总排序号四个部分组成，字体为宋体四号。

-1-

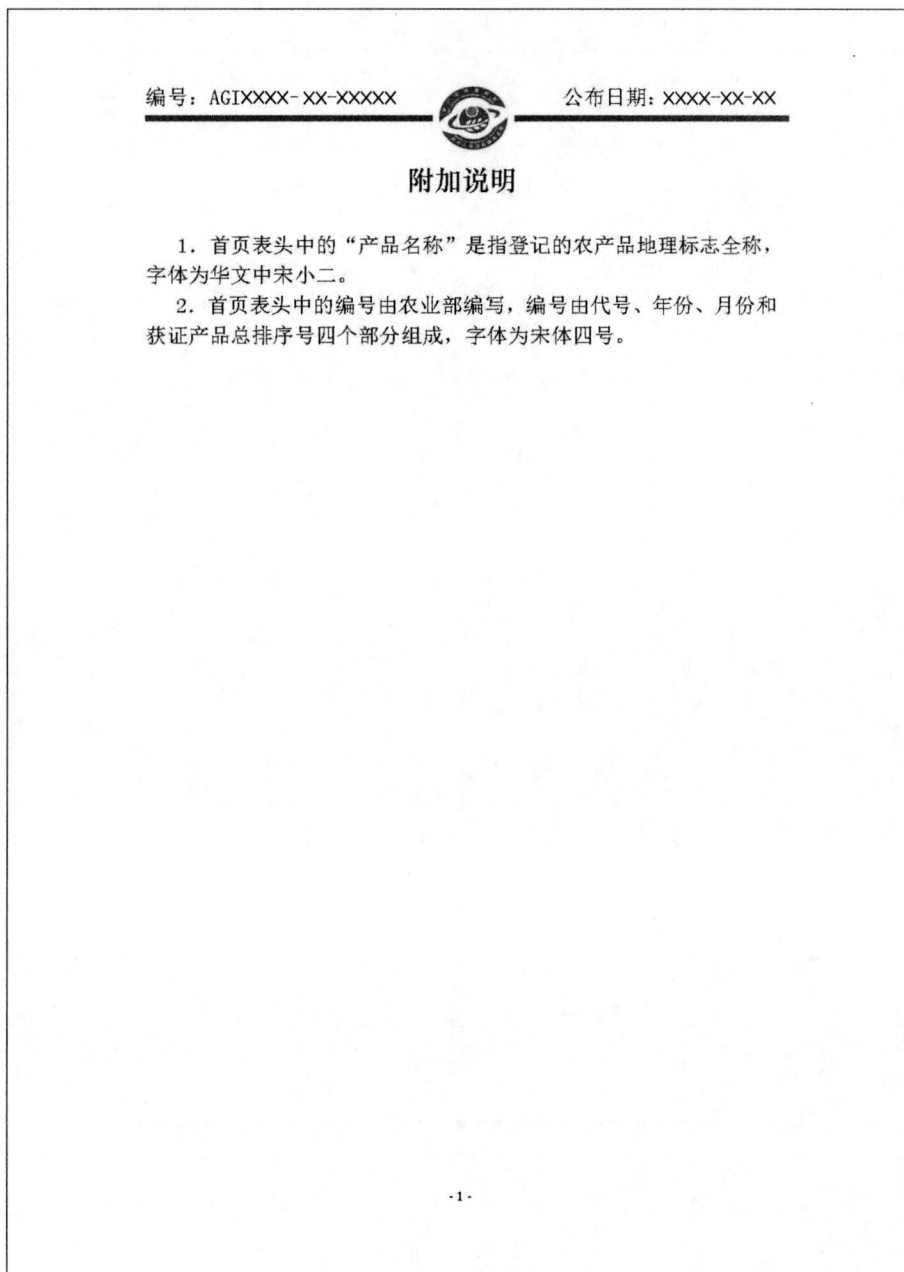

图 E.2 质量控制技术规范附加页格式图

ICS 65.020.20
B 05

中华人民共和国农业行业标准

NY/T 2745—2015

水稻品种鉴定　SNP标记法

Protocol for identification of rice varieties—SNP marker method

2015-05-21 发布　　　　2015-08-01 实施

中华人民共和国农业部　发布

目　次

前　言

本标准按照 GB/T 1.1—2009 给出的规则起草。

本文件的某些内容可能涉及专利。本文件的发布机构不承担识别这些专利的责任。

本标准由农业部种子管理局提出。

本标准由全国植物新品种测试标准化技术委员会(SAC/TC 277)归口。

本标准起草单位:中国水稻研究所、中国科学院国家基因研究中心、农业部科技发展中心。

本标准主要起草人:魏兴华、韩斌、徐群、黄学辉、张新明、龚浩、冯跃、堵苑苑、余汉勇。

水稻品种鉴定 SNP标记法

1 范围

本标准规定了利用单核苷酸多态性(single nucleotide polymorphism,SNP)标记进行水稻(*Oryza sativa* L.)品种鉴定的操作程序、数据记录与统计、判定方法。

本标准适用于水稻品种的SNP指纹数据采集及品种鉴定。

2 规范性引用文件

下列文件对于本文件的应用是必不可少的。凡是注日期的引用文件,仅注日期的版本适用于本文件。凡是不注日期的引用文件,其最新版本(包括所有的修改单)适用于本文件。

GB/T 3543.2 农作物种子检验规程 扦样

GB 4404.1 粮食作物种子 禾谷类

GB/T 6682 分析实验室用水规格和试验方法

GB/T 19557.7 植物新品种特异性、一致性和稳定性测试指南 水稻

NY/T 2594—2014 植物品种鉴定DNA指纹方法 总则

3 术语和定义

NY/T 2594—2014界定的术语和定义适用于本文件。

4 原理

不同水稻品种的基因组DNA存在核苷酸序列差异,其中单个核苷酸(A、C、G、T)的替换引起的这种多态性差异,分布密度高而均匀、通量高、数据整合易,可通过扩增及芯片扫描等技术进行检测,从而能够区分不同品种。

5 仪器设备及试剂

见附录A。

6 溶液配制

见附录B。所用试剂均为分析纯。试剂配制用水应符合GB/T 6682规定的一级水的要求。

7 标记

标记相关信息见附录C。

8 操作程序

8.1 样品准备

试验样品为种子时,其质量应符合GB 4404.1中对水稻种子纯度的要求。

种子样品的分样和保存,应符合GB/T 3543.2的规定。

每份样品检测至少50个个体(种子、叶片)的混合样。

8.2 DNA提取与检测

取试样的幼苗或叶片200 mg~300 mg置于2.0 mL离心管,加液氮充分研磨,每管加入700 μL经

65℃预热的 CTAB 提取液；或直接将叶片剪碎放入 2.0 mL 离心管，每管加入 700 μL 经 65℃预热的 CTAB 提取液，研碎。65℃水浴 60 min 并多次颠倒混匀。每管加入等体积的氯仿/异戊醇(24∶1)混合液，充分混合后静置 10 min，12 000 r/min 离心 15 min。吸取上清液转移至一新管，加入 2 倍体积预冷的异丙醇，颠倒混匀，－20℃放置 30 min 后在 4℃、12 000 r/min 离心 10 min，弃上清液，用 70%乙醇溶液洗涤 2 遍，自然条件下干燥后，加入 TE 缓冲液充分溶解，检测浓度，－20℃保存留用。

注：以上为推荐的 DNA 提取方法。其他能够达到后续操作质量要求的 DNA 提取方法都适用于本标准。

8.3 SNP 指纹数据采集

如下操作程序仅为推荐方法，其他能达到同样效果的方法也可采用。

8.3.1 全基因组恒温扩增

取 4 μL 样品 DNA 进行 37℃全基因组恒温扩增。在样品板中加入反应液：包括样品 DNA、dNTP、六核苷酸随机标记、phi29 DNA 聚合酶以及酶缓冲液，置于杂交炉，37℃恒温孵育 22 h；然后再 65℃水浴 10 min 使剩下的酶灭活。

8.3.2 芯片杂交

8.3.2.1 杂交前准备

样品板加入 FMS 试剂后，置于加热器，37℃孵育 1 h 进行片段化处理。加入 PM1 试剂离心后再加入 100%异丙醇进行沉淀晾干；加入 RA1 试剂并且封口后放入杂交炉，48℃孵育 1 h 离心进行重悬。

8.3.2.2 杂交

样品板 95℃变性 20 min 后室温冷却 30 min，离心后各取 12 μL 样品加入芯片加样区，置于杂交炉，48℃孵育 16 h～24 h。

8.3.3 芯片扫描

杂交后，将芯片洗涤、扫描，进行数据分析处理；同时保存原始信号值文件。

9 数据记录

根据 SNP 位点的分型效果，剔除或留用该位点的数据。数据记录为 X/X 或 X/Y，其中 X、Y 为该位点的单核苷酸，如 A、T、C、G，按此顺序排列。无效数据记录为－/－。

一个样品的无效数据所占比例如高于 10%，不予采用。

10 判定方法

用附录 C 中 3 072 对标记检测，获得待测样品在各标记位点的 DNA 指纹数据，利用这些数据进行品种间的遗传相似度比较。

当样品间遗传相似度≤95%，则判定为“不同品种”；当样品间遗传相似度＞95%，判定为“近似品种或疑同品种”。

对于“近似品种或疑同品种”的样品，可按 GB/T 19557.7 的规定进行田间种植进一步鉴定。

注：遗传相似度的计算公式为：$GS=2N_{ij}/(N_i+N_j)$，其中 N_{ij} 为待测品种和对照样品共有的有效标记数，N_i 为待测品种的有效标记数，N_j 为对照品种的有效标记数。

附 录 A
(规范性附录)
仪器设备及试剂

A.1 仪器设备

A.1.1 高速冷冻离心机。
A.1.2 振荡器。
A.1.3 核酸浓度测定仪。
A.1.4 电子天平。
A.1.5 微量移液器。
A.1.6 磁力搅拌器。
A.1.7 加热器。
A.1.8 杂交炉。
A.1.9 普通冰箱。
A.1.10 酸度计。
A.1.11 高压灭菌锅。
A.1.12 恒温水浴锅。

A.2 试剂

A.2.1 十六烷基二甲基溴化铵。
A.2.2 氯仿。
A.2.3 异戊醇。
A.2.4 乙二胺四乙酸二钠。
A.2.5 三羟甲基氨基甲烷。
A.2.6 浓盐酸。
A.2.7 氢氧化钠。
A.2.8 氯化钠。
A.2.9 dNTP。
A.2.10 phi29 DNA 聚合酶以及酶缓冲液。
A.2.11 SNP 标记。标记序列见附录 C。
A.2.12 六核苷酸随机标记。
A.2.13 FMS 试剂。
A.2.14 PM1 试剂。
A.2.15 异丙醇。
A.2.16 RA1 试剂。
A.2.17 无水乙醇。

附 录 B
(规范性附录)
溶 液 配 制

B.1 DNA 提取溶液的配制

B.1.1 0.5 mol/L 乙二胺四乙酸二钠盐(EDTA - Na_2)(pH 8.0)溶液

称取 186.1 g 乙二胺四乙酸二钠盐($Na_2EDTA \cdot 2H_2O$),加入 800 mL 水,再加入 20 g 固体氢氧化钠(NaOH),搅拌。待 $Na_2EDTA \cdot 2H_2O$ 完全溶解后,冷却至室温。再用 NaOH 准确调 pH 至 8.0,定容至 1 000 mL。在 103.4 kPa(121℃)条件下灭菌 20 min。

B.1.2 0.5 mol/L 盐酸(HCl)溶液

量取 25 mL 浓盐酸(36%~38%),加水定容至 500 mL。

B.1.3 1 mol/L 三羟甲基氨基甲烷盐酸(Tris - HCl)(pH 8.0)溶液

量取 25 mL 浓盐酸(36%~38%),加水定容至 500 mL 称取 60.55 g 三羟甲基氨基甲烷(Tris 碱),溶于 400 mL 水中,用 0.5 mol/L 盐酸溶液(B.1.2)调 pH 至 8.0,定容至 500 mL,在 103.4 kPa(121℃)条件下灭菌 20 min。

B.1.4 5 mol/L 氯化钠溶液

称取 146 g 氯化钠(NaCl)溶于水中,搅拌,加水定容至 500 mL,在 103.4 kPa(121℃)条件下灭菌 20 min。

B.1.5 DNA 提取液

分别称取 20 g 十六烷基三甲基溴化铵(CTAB)和 81.7 g 氯化钠,放入烧杯中,分别加入 40 mL 乙二胺四乙酸二钠盐溶液(pH 8.0)(B.1.1)、100 mL 三羟甲基氨基甲烷盐酸溶液(pH 8.0)(B.1.3),再加入 800 mL 水,搅拌溶解,定容至 1 000 mL。在 103.4 kPa(121℃)条件下灭菌 20 min。于 4℃保存。

B.1.6 24:1 氯仿—异戊醇

按 24:1 的比例(V:V)配制混合液。

B.1.7 70%乙醇溶液

取 700 mL 无水乙醇,用水定容至 1 000 mL。

B.1.8 TE 缓冲液

分别量取 5 mL 三羟甲基氨基甲烷盐酸溶液(pH 8.0)(B.1.3)和 1 mL 乙二胺四乙酸二钠盐溶液(pH 8.0)(B.1.1),定容至 500 mL,在 103.4 kPa(121℃)条件下灭菌 20 min。于 4℃保存。

附　录　C
（规范性附录）
推　荐　标　记

推荐标记见表 C.1。

表 C.1　推荐标记

序号	染色体	序列
rs0001	1	TCACTGCGATGCTGGATGTTTGCACTCTGGATTCATCTCTGTTTTTCTTTAAGTTTTCAC[T/C]CTACATGCTTTGCAAATCTGAGCTGTTTGTTTTACTTGTAAAAGATGGCCAATATACACT
rs0002	1	GCAGCCTGCTATCTGTTTAGGTATCTCCTTCAAGTTTCTAAGTCAGTGTGGCAAGCCCAA[T/G]AAAATTTGTGAAGGCTCTACTCCACCTTCGCAAGGAAAACGGGGTTAAATAATCCCCACC
rs0003	1	ATTTTTCCTGAAACAATCAAGGGATAGAAAAGAAAAACATGTGATACAAATCTCCTCATT[T/C]CATTGCATTTCATGGCATTCTATCTTCAGATAAATCTGAACACTGAGCAACAAGGTGACT
rs0004	1	GAGCTGTGTACCCCGTATGCCATCTCAAAATGGTTGAGGGACGTAATGGTTTATATTCAT[T/C]ATTTGTTTTTCATATTCTATTTCTGTTGTGAAATATGCACATATCGGGGTAATTAGGCTA
rs0005	1	GGTGAAATTCTCATCTATCAGTTGGACCCATGATGGAAAAGGTTTTTTCTATGGTCGATA[T/C]CCTGCACCCCGGTAGGTTTACAAACTTCTGTATTTCTAATGTACTGTAATAGATTGCTTA
rs0006	1	GGAAGAAGCGCATTAGATTCCACTAATCTTCAGCAACTCCTTGTTGCCAAGTACTGTCAT[T/C]AGTGTTAGTTAGTAGTAGCTCGTAGCATACTAGTACGACAAAGGAGAAAGGATCATAGGT
rs0007	1	TGAAAGATGACCTGCTTTAGTGCATTACTGCGAAGGTCATTTTTGTTTTGGATCATAGCA[A/G]AAATCACCGAGTTGGATAATACCATAGCATATGCCATTAACATGGCCCCCGCATGTCATT
rs0008	1	TGTAAGAAGCATCGCATTTAAGTCGACATGGATGGAACAGGGATACAAGGGAGCCCTCCT[T/C]ACTGATTGCATGTTTGAAACTCAGGACACTCCAGCCCAGCAGGCTTACCTGTCAGGAGCC
rs0009	1	TAATTCAATCAAACTCTTGCAACAGGATAGTTGTGTAACTATGGTGATACTATGATTTAG[T/C]CTCTTCAAAGGTATCGACTCTAGTCTTGTCAGACAATGAGGTATCAACTGTAGATAGTAG
rs0010	1	AGTTCATTCTACTTCGTTCCTAATCCAAACGCACGCTAACTCTTCCAAGTTTTAGTCTTT[A/G]CAAAATAACCACCGTTCAATGCTACCATTGAGTTGCAATCATGACCACAACGCAGTAGAA
rs0011	1	TATGTGATCCATTATTGTTAGTAATCCAATCTTATTCTCTGTATATTTACATATTTTTAG[A/G]TTCCAGCAATTCTGTATGTGACCTTTTGAAAAGGTTACTGTAATACCCCCTATCTATCAA
rs0012	1	TCCTAGAATTTCTTCAGCATCTAGCTTTTCAGAACTTTCTGTCTTTCTTTTACACACACA[A/C]TTCTTAACTTTATCTGAAAAAACACACAACTCTTGTGATGAAATGGATCGCATTCACGGG
rs0013	1	AACCTACGAAATTAAATTAACGGTGTGTGTGTATGCCTGTATTCCTACATGTAGAGAGTT[T/C]GGTTTGCTTACCTAACAATCTACTACAGGCCTCTCTCTCTGTGGCCAAAGAATAGGCAGG
rs0014	1	AATCCTATATGGCAATCACGTGTCGGCCATGCAAATTAATCATCCCGCCTCTGGCCTTCC[A/C]TGCTGGCTGTGATGAGCACGTGGATAAATCATCAGGTAGAATTCACGGGCGATAATTGTC
rs0015	1	CCTCCTGCTGCTGCTTGCTCATCACTCCCATGGGCCCTGCAACTCTCCTCTGCGACATTG[T/C]TGTCTACTACCTTTGCAGCAGCTGGGATATATAGCTATCTAGAGCTTCTTCTTCTACTAC
rs0016	1	AAGTCTATTAGTACTACTAGAGATGAGAGAGATGATGTTGACCTACTGTGATGTGTCATA[A/G]TAGTTGGCATGCCTCACTTTCCTATAGCAATATTGATTTGTCCAATTTTACAATACGTCG
rs0017	1	GTGTAATAATAGCCCAACAAAGCCAATAATGGTCGTTAAGAGCAATAACGGCCATTAAGT[T/G]CTAAAATGCTATATTTGTTGTGCTACTTGTAGTGGTTGCAATAGAGGTTGCTATATACTC
rs0018	1	ACAACAAGAAAAGAAAACGCTTGGTTTTACATGCCAAAGTTAAACATGTCACCATATCAG[A/C]CATGAAACGTTTATTTATCTTTGAGCTTCTTGGAAGAATTGGTCACATTAATTTTGAGCC
rs0019	1	GTCCCTCTCCCTGCACATTTACTCGTATGCACAGCACAACACACACTCCTCTCCTCTCCT[A/C]TCTCCAGGCTCACAGATGAGCTGTGAGCTGTGTGTGTGACACAGTCTACTGCTCTCTCTG
rs0020	1	TCTTTCTTTACTTGTTCAAACGATCAAAGGTGGGTGGTTTATCAGAGAGCCATGAACCGG[T/C]TCAGGATGTGGTGAGAAAACGATGGTCTGAAGTGGGTGATTCTGTGGCTGATGCTGCCCA
rs0021	1	TGTTGGCTCCATTTCATGCATATTTCGATCAAATATCCCAAAATCATGCTCTCTAGACAG[T/C]AAGACAGAAACAAATATCAGAAAAGGTAGCCTCTCGCCCTCCTCTCTTTCCTTTTTTCTT
rs0022	1	GATGCAGCAACTTAAGTTTATAGTCATATGGATGAGTTTTATAGAAGTTTTCAGTTCTTG[T/C]TAGTCTGATGAATGCCGGTAGGTTGTTGTTGTGTGTGAATTGTGTTGGTTTTCATCCATC
rs0023	1	GTTTGTTGAACTAACTACCATATCTCAAATCTGAATGTATAATCTGCCAGTGTCAACTGC[T/G]TGCTTCCATTTCAACCCGAGGTGTAACATGTGCACACAAAAGCTCTTCTCTGAATTCCGC
rs0024	1	CAGTGGGTTTCGGGAATGCTTCAATTCACTGCTTTCACTGGGAGCAGTGAGTCTCTTGCG[A/G]AACATATTTTTAACGGCAACTTGTGAAAGAAAAACACATTTGAGTTTGAATTCACAACCA
rs0025	1	TTTTTTACTTCTTCTGTTCCTCGGGGAATATTATTGTCTGTTCCCGTAAAGTTAAGGGGA[T/C]ACGCTAAATAAACTCCAAACTTTAGATGTCTACATTTTGATAGCTAATTTGACCGGATTT
rs0026	1	GATCGATCGCTTTGATGCTCGAGGAGAGGGGAGAAGAGAGCATAGTCAGTTCTTGGATCA[T/G]GACAAATTAATGAAAGAGCAAATGTTTGACCTGTGTTAATTAATTAATCATGCATTTGAT
rs0027	1	TTCAGGTAGTTCGGTGCCAGCAGTGAGAAGATCACATCTTAATAGTGGTGACAGTGTCAA[T/C]CCTGTTCAAATGGGTAATAAGATGGTTGAGAGGGTAGTGAACATGAGAAGGCTAGTTCCT
rs0028	1	AATCAGATGGCAACCGGTGTTTCTCAGTGCATCACTGACCAGAAGAACATAGTGAATAGA[A/G]TTCTCCTCATCCACCTCACAAAAGCTGGATCCATGATTGAATACAAAGTCCACTTCATGC
rs0029	1	CTAGGCTCTAACCAAACCGAGTTGTAGCTACATGTCAGTGAATGGTTTGTTCTAATGCAA[A/C]TTGTGCAGGGGGTGACTGTAGCTGTGTGCCCAGCTAATTAATCAACAGCCATTAATTAAT
rs0030	1	TTGTCTGAAACTCTGTAGTCTGTACACATAAACATATGGAGTACTATATCTTTATGATGG[T/C]ACAACGCTTGCTAGCTTGAAGACTAAGCTGGTGGCAAACGTCAAGCCTATATATTTGCGA
rs0031	1	CATTGATATGAGGATAATAGAATAGTAAATTGAACATTGTTTGGAATTGCAGAATGCATG[A/C]TTGATTTCCAGGGCTTATATCAGCACGAAGCGTATCACAAGAACAAAAACTAAAAAGATG
rs0032	1	GAATGTTTGTTTTCTGATGGGTGATTTACAAATTCTATTTATCCCCCTTTTGATAGAGTA[T/C]TCAGATTTGTGACAGTTGACTCAAGCGAGTGTACTTTGTTTTACTGGTATACACAATCAA
rs0033	1	AATGGTGGCTAAGCCGAGCACCCACAGCGCCGCGTCCACGTTGGCCTCCGCTTCGTCCCG[T/C]CGAGTAACAGCCACCACCATATCTTGATTAATTTCGAAGACTAATTTGAGATCGAAGCTA
rs0034	1	CATCTAGATGCCCTTGGATTAATTTTTCAAGGCAGATTTTGCCTCTTGAGAACCATGATA[A/G]CTTTTAGATTTTCCTGCCAGAATTTCAAATTGTTGATGTTATGCAATATTTAATCTATCG
rs0035	1	AGCACGTGAATTCAATTCTCTCCTCCTGCTATCTAATTCAAGCTTCAAGTTTTCATTATC[T/C]TGGAAAACTCTTAAAGCATAATCACGAGCTCTCCGGTGTAGATTGCGCATTTCTGAAATG

表 C.1（续）

序号	染色体	序列
rs0036	1	CTATGCTATTAAGAGTTTTGCCAATTCTGGTTAAAATTTTGTTATGAAACCCATGGCCTT[A/G]TAATAATGGCGGCCTAAAAGTTTGTATACTGCTCAAGAGAATATATCATCGTACGAAAGT
rs0037	1	CGCACAGCACAGGTGTAGTTTGCTCGATGTGTTCGGAATATGTGGTTTATCTCAGTTCGT[A/G]ACAGCTTCGTGCTAATCACGTTTAGTTGAGTATGACCGAAAATGTGTGCACGTATTGGTG
rs0038	1	CAACAATATGAAGGATATTTTGATTGGGAGTAGTGAAAAATCATCACTATAGCCAGAGTT[T/G]CAAAACATGTACCACGGATAACAAACCATAGTACAAACAGATCCCGGAAAGGAAACCATT
rs0039	1	GCATGTCATTGCAAAGACGTATACAGAATGTCAATGTAATCATGCTGATCAAATAATACT[A/G]AAGAGCTGACCATATGGCTTCTTACACACGAAACCATGGTAGCAACTTCCAACAGAAACT
rs0040	1	CTAGAAACCACAAGACTACACTCTATTTACATTTTACACTGCAATAGCATCAAGCTAATC[T/C]AAAGCCCCTTTTCCTTCATAACAGTACAAGACACTGTCTTACTACCGTGCAGCAGATCAT
rs0041	1	TTACCTCTCAATCGAGTATTGCTTTATACTTGTCTCAGTTGTCTGATCTTATTGAGAATT[A/G]TAGGATCCAAGCTCGTGCATCTCGGAGCCAGCATTTGGCAACAGGAAAAATGGCTCTAAT
rs0042	1	GCCCTACAGACTAGCGTGTTTCGCGAATTTGGAAGAACACGGCGATCAGTGATCACGAAC[T/C]GCATCTATCGTAGACAGATAACGGATTTACCCAAAAACGGCATGAGTCGATCAGAGCCCC
rs0043	1	TCCTCAACATGCATAGCTAATTTGAATTAATTAGATTGGGCCATCATGTTCTGCACGTAT[T/C]AATACATGGTTTTTTTCCTTCTGTTTTCAGAATAATAAGCTATAGTGCAAATGCATGAA
rs0044	1	CCTTCCAACCCTAGTACTATCTGCCTACTAAGCTGAACTCTGTATAGAACCATACACTAG[T/C]ATCATCAGAGCAGTTTCTTCATGCCTTTGAGTACTTGGAGCTCCACATAGGTACCTTCAG
rs0045	1	TGTCCATCTCTGCAGCCAAACATGAATGCACCCCAATTCAAGATCAGCTCAAAGCCTCAA[A/G]TCCAGTTTCAGTAATCTATAGCATGAACAATGAGTCCATGATGTATGAGGAGCATACGAA
rs0046	1	TCCTGATAGCTTCAGGTGCAGTGTTATTTGTTTCTGACAACCAGTAATCAATCATTCCTT[T/C]TTGCTCAGGGCCAAATGTTAACAGTTGTGGAATATTTTCTACTTCTGTACCGAGCATTAT
rs0047	1	AGAGATGCGCCAAAAGATTCCTGCATGCGGCGTGCAATGATATTGATCGATCTGTATTTT[T/C]ATATGTCCCATCAAGAACACTTTTTAGGGGGGACGTCCGATGATTATTGGGGCTAGCTAA
rs0048	1	AACTCAATTTGTGTGGTTAGTTCGACTGTTCATGTTGGAGAATTAGTTGGGCCTGGGCCT[T/C]CCAACCAGAATGGGCCTAATGTCGAGCGGCCCAAAGCTAGCCCAACAACCAGTTGCATCC
rs0049	1	ATAACCATGAAAATTCAACTTGGGATAATGTAAAAGAAATGCACAGCCCCGTTTTCAAAA[T/C]CCTAGCTATTGCGTTCAGCATCGAGTTCCATATTTTCGCAACCAAGCATATTTCTCTCTT
rs0050	1	AGAGTACATGATCAGGAATGTAGAAAAAACACACACCGAGACAGATAGTATGAGATCAAC[T/G]CCTCTATCTGGGTTCTGCTTGCACACATCACGTACTGATGCAGCTATACTTGTGAAAACT
rs0051	1	CGTGCAGTTTAAAAATTTGAGGAAAAATTAAAATTTTGGAAAAGTTGCAAATGTACTTGT[A/G]GCCAACACATTAGGGGTCTTGGAGGAGATTGAGGAGAGATTGCTTGGTTCAGTCCGGTTC
rs0052	1	TATCTGCATCTTTGGGCCTCCCCTTTTTCTTCTAGGAATTCTTCTTTGGCAGATGTGGGG[A/G]AAGCTCTGAGATCACATATGAACACAGATTTCACCTTTGCCCTTTGTTGCTGCTCATGCT
rs0053	1	TTGAAGAGAACAAAACCAAAGAATGCCTGAGAAGAGAGGACACGCTTAATTACAGTTCTC[A/G]CAGTTTTTGTTTTGATTTGGGATACATAGATTAGGCTTGTACATCGACGAAGAAAATGAG
rs0054	1	AAAAGTAACATACTTGTATGTTTCTTGAATAATATCCTCATGTTTGATTCGACATGCAAC[A/G]ATGTCGCTTTTGTTTGATCTGTATCTTAGATTTCGGAGTGAGGAGGAACTTGATCTAAAA
rs0055	1	TAATTGGGTACTCTCGTTCTCTTTTGTGCTGTGGCTTGCTGTGTCGAAATTGGTCGACAG[T/G]TATTGTTCTTACGTTGTCATATCTTTTGTTCCTTACTTTAGAAGCTGTTTAATGGGGATG
rs0056	1	TTCTTCTTGTTGGACCAAACCCTAGCTAGCAGCAGCAACCATGGCAAACCCTAGGCCTCC[T/C]TATGTGTTGCTGGAGAGAGTAGTGTTTTTCGGAGGACGCGAGTTACCCGACGGCACATGG
rs0057	1	TAGTGGCTCATGATGGAGTTCAACTCCTTCGGCATGTCTCAGTGGAGGAAAAAGTAATGT[T/C]GGTTGGGAGAGTATTCGGAAAAGTAAAGCAGCAGACGTATCAGCAGCGATACCAGCTCTC
rs0058	1	CGTAAAAAGCAATAAATGCTCCATAATCTTGCTTTACAAGTGTGTCCGTACAGTAGGACC[T/C]ATCCCCATTTGCTGCTGTAGTTGAGCTTCATGAATCTTTACAGCCAATGTAATATCAAAA
rs0059	1	ACCATACTTAGTGTGTCAGGCGACTGAAATTCTAGAAATTTCAATTAACTTAAACCTAGC[A/G]CTAGATTTTGAGAGAGAAGGAGGATGGTGAAACTCACCGGTAGACGGTGCACTGGTGTAT
rs0060	1	TATTTGTCAGGAATCATCTGTAATACACTCTAATGCTAATCTTGGAGTTCGTGGTCAAGG[T/C]CTGTTGAATTTATCTGGAGAAGGAGACATAATTGAAGCACAACGACTTATTTTATCTCTA
rs0061	1	GCTACCTCACTATCTTCTGGAATGACCTGTAGCACTCAAAAGAAAACGGATAAAAAGGAT[A/G]TACATTAGCAACACAGCATTCAGCAATGCGGATTCTTGATATTTCAGTTTGATTCAAACA
rs0062	1	AAATCAGTTCTCAGTGCACAAAATTATGGCCACTTATTCGTATGAAAAAAAAACTGCCAG[A/G]CCAACATTCTATAGTAGCACGATTCTCCTTATGAGTGCCTAAATTGGTGTTTTGCAGTAC
rs0063	1	TAAACTGCCTCACATCTACTAATCTCATCTCCCATCGCCTCAAAGCTCAATGCTCTGATA[A/G]CGTTCCCGTGGAGGCGGACGCCGATCGATCAAGGTCACCGAGGAGAGAGAGGAGGAGGGT
rs0064	1	TCTGAAGAAGTAGCTTCAATTAATTATCAACTGGAGAGAGTCCCCATCATTTGAATTTTT[T/G]AAGTGGCTATGTGATCCCCTGATCTTGATGCTACTTTTGTAGCTAAATTAAGCAGATTCT
rs0065	1	GCATGGGAATATGGACCATGGTTAATTTGCATGATCTGCATGACGTGCACTGATTAAGAT[A/G]CATGCAGAAAACGGCACAGAACCTAACCAGCAGTTTACTTGGAGAGAAACTGATTAGGAT
rs0066	1	TTGCAGTTCATCCCCACCCCCCATTTTCATTATTAGCTGTGAGCGAGATGATCGAACACG[T/G]CAAAACAAAGGTATTTGTAGACGTTTAGTACACCCTACATTGCAGATTTGCAACTTTAGC
rs0067	1	GCACTAGAAAATGGATGGCAGATTTCGGCAATGTTTGATGTCTCCTTGTTGCCATATATG[A/G]TTGCACTTTTGGGGGGGTAATTAAACATAACAAATTGTAGTTAGGTGCTCTGGTTAGTTT
rs0068	1	TACACTTCAGGTTTGAAACTAAACATGGTATTGTAGTACATCATTAACTTTATTCCTCAA[T/G]AAGGAGAGTACACTTGAGGTTGAATCTTGGACAAGTACTAGCAAAAGAAAGGAAGCACAT
rs0069	1	CATGTTTGATGATGTTCCATGCCTTGAGGACCTCATTGCAGGAGATACTGGATAAGGGGG[A/G]AAAGGGGAAAGACAAAGATAGGTCCTGACATGACGGACGCATTCACTAGAGTACTAACAG
rs0070	1	TCAGAGGAAAATGAAACAAATTGCTTGCTAAGCAAAGCACGAAGAGAGATAGAGAGGAAG[T/C]GAAGAAGATGCAGATAACTGAAAGGCCTAGTTTCCTGTCAAATTTATGTGCTTCAGTAAC
rs0071	1	GATTTGGGGGCGGCTTAAAACTGGATGGGCCCTTGACTTGGAGAAGACCTCCTCTGCTCC[T/C]CCTTGTCTGTGTGTGCGTGCCCTAATCAGATCCCAAGGAAAGGAATCGTCATGCTTTCTT
rs0072	1	TCCCCTACTATCATGGACATGTCTATTTATGACGACTCAAGATTATCATTTGTAACGGTT[T/C]GCTTTCACCCGTCACGGATAGCCTGTTACAACACGCTATGAGGTCTGAGGATCTGTGCTA
rs0073	1	TAAGATTCTTTTTTGGATGCATCGAAGATATCTTTTTTCGAAGGTGGATGCAGCGACGAT[A/G]TCATTCGATTCTTGACTATGACGCTCGCAGCCTTGGCTATCTATTCTATATAATGTGAGC
rs0074	1	TTCAAGAAAGTATTTAAACCTATTCCTTGCGTACGACCAATTGCAATCAACCCGGTATGC[A/G]TGCGTTTCATTCATTAATTCATCAACCCTGACTGGATGATCAGGTAATCAGCTACAGTAG
rs0075	1	ACTCCCATGTAAAAAAATATTCACAAACAGGTAGTATAGTACAAAAAGATGCGCTAGACT[A/C]TGACTAATTGCAACTGTTATTCCCCAGAAGACTATCAGAGCTCACGTGCAACTGCAGAAC
rs0076	1	TTATATAGAAAATTTAAGACTCACTGGATGATAGTGAAAACGCTGGGCTGACCCCACAAC[T/C]TACACATAAATCTGTCACTGATTAAAACGATTCAAAATCTACATTTGTCTCTTTACTTTT
rs0077	1	GCACGTATCGTATCTACGCTAGTGCTGGCTTAATTCGGTTTAAGTGATGCCTGTATGCTT[T/C]AATTAATACTGAAGGCCTGAACTACCTTGTATTTAGTGGTTGAATTTCCTTTATCTACAA
rs0078	1	CTGCGGATAGGGGCAACCATAAGTAGCGACGATAATTAGAAGGTGATTGATGGTTACGTT[T/G]CTAGGGAAGTGGGTAGATTTGTGCAAGAGGGCTCATCGGGCGACAAGACTCGTTTGTTTC

表 C.1（续）

序号	染色体	序列
rs0079	1	CAACACATATTTTGACAAGTAGAGAAAAAAAGACTAGATCTCTATCCCTAATTATTAAAC[T/C]TAGCTGCTCTGTCCGATGCATGTGGAGAGTAAGGGGGAAACTGTTTTAATCACCCGGGTG
rs0080	1	AACGAGGCAATATATAGCCTAACTTAACAGCCTCAAGTACTCTGATCAGTTCATCAGTTG[T/C]GGGCATCTCAGACTTGGAACCAACTCCATCTGATGTGGAGACTTCAAAGGTAAGAGGGTC
rs0081	1	GTTGTTTGAGCTTTGTGTTCTTGCTCGGGGCTCTGATTTCTGAACGGTGTAGAGATTTCT[T/C]GCACTAAATTGATATATATTGCCTTGATGTTACGTTCGGAGCCTGAAATGTTACATCCAG
rs0082	1	AATTCAACTATAAAAATAGAGGGTTGCAAAACACATTAAAAAATATAAGAATAATCGTTT[A/G]ATTAAACCGTAGGAATCGAATGAGCGAGATAAGCTCAGGAATTTTTCTAAGAGATTGGAG
rs0083	1	TCACACTTATTTCTGAATTCCCACTCCATGGTAGTACAAAGTTTTGTTAAACAGTCATGG[T/C]ACTTTCAAATGCAGGACATAAATTGCACAGTAATACAATCCTAGATTATTTGGACGGCAT
rs0084	1	GCTCTCCTAAAAACCCCTCAAATAAAAGGACCATTTCATCCCTTGTCAAAGTGTGACACT[A/C]ATATGACTAAAGATTAGCAGCTAAAAACGGCTATCTGGTGATAGTGATGGGGGCAAGATA
rs0085	1	GTGGGAACACTTCCCACCTTCTGTAGATTTGTCGACTTTCCACCTTCTGTAGATCCGTCG[A/G]GACACGAATTATAGAGCAAATCAAAGGTCAGAATTCACGTGATTCTGTCCATCATCACTG
rs0086	1	TAGCACCCACTGCATCCAATCTAACCCACCATTCGATACCCACCACAGTGAATATCGAAA[A/C]TTAAAAGAACTAAAAGGACCTAGATATATTCAAGCAAAGCATCTGATATTTAACTATCTT
rs0087	1	CCATCCCACAATATAGCAAGGTAGTAGATATTATTGTGAGAAGGTTGAAAAATAGAAATG[A/G]TGAATGTTTGCTCGCCACTGCAACTTGACTGTTTTCTTCAAACAAATGACAACTAGCCCA
rs0088	1	AAAACGTCAAGTAGAAGTATTATAATAGCATCGACTAGCTAGGTACCACATCCCATATAC[A/G]TACGTATCTTCAGAAATTATGCACGCTTACATAACCAAAATGTCAGACAGGGCCTTATGG
rs0089	1	GTGTAGAGGATTCTGTTCTTTAAAAGAACCAATTTTTGCTTGGTAGTAATAATTGCGAAT[A/G]TGGTGTTATGGGTTTTGCTCTTTTCCATTAATGACTACTCCCTCTGGTCATAAATAGTTC
rs0090	1	AAATTTAGTTGGCATCATTCAGCAGTGAGGCTAGCTGGGTTAGTTTTGCTAATATTCGTG[A/G]TAATACAGTGCGGGACGGAGATGGTGGCCAGCCTGTTCGTCACGGAGATCTCCAGCCCGC
rs0091	1	CAGTTAGTTAAATCACAATTCATTCAAACGAACCAGATCTTTTGCAAACGAGAAAAGTAT[A/G]TAAGGATATCGACATTAAGAAGTACTCCCGTCATGCCGTTGTCTTTTAACATGACGTTTG
rs0092	1	TGTGTATGAAGATTTCGAGCAGCTGACACTCGAATTCCATCACAAGGGTGATCTTTATGG[A/G]CTCGAAAAATACTGGTAATTTGCATTTCTCTGTTACTTCCTGTCCCCTAGTAATCTAATT
rs0093	1	CCATAATACCATTATTATTATAGTCATTGGTATGTGGGTCCCATTCTTTTTATTGTCACA[T/C]ATGTTAGCGCCTATAATAGTGTAATGTGAACCCGTCGAAGAGAGAGTTCGTCGACCTGGC
rs0094	1	TAAAGGTCAGAAGAATAAGATCATTATCCTCGTATTTCTTGGAAGCAAAGACTACTGATA[A/C]TGTACAGAATTGCATGTTCACAAAATAAGTATATCCAAGTGTGCACCACAATCGAAGAGC
rs0095	1	GCAAATAGTGGATCTTTCTTTTATAACAAAGATATTATTATATCAAACAGGTGTTTCCAG[A/G]ATGTTGCTTTAGTTCATCTACTTCATCAAAGAGTGCGTGCTCGAACCTTCTATGAAAATG
rs0096	1	TTTTGGTTGAGGGACTTTGGTTGTGGGACGTGATTCAACCAAGGACAAGAGTTGAGGGAC[T/G]CAATGTAGACTTATTCTCTGCCCTGTTAAGGGAGAGGAATGTGGCCCATAATACAGTCCA
rs0097	1	TGCACACGGTCACACACAGATATCGATCAGAACGAACGAGAGAAGGGAAAGCGATCGTGC[T/G]ATGATAAAAATCACTGCAAGATCAGATCAGTTTTGATATGTGGAAGTTGATGTAAAATAA
rs0098	1	TTGTCAGTGTCAGCTATATGCAAAGACACTTGGCCATCAGGGCCGTGCATGCATGCACGC[T/C]TGTCATTTTCCCAGCTTATTTTCTGCCAAGTCACCAGTTGACAGCTAGCTATCTTTAGCT
rs0099	1	TGCCCTTATGTAGGAGTAGGTGGCACTATCATGCCAGCTACTGAATTATGATGCAATAAT[A/G]TGTACAGGAAACATGCTTGATCTGTACGATGGGTGCAAATAAATTAAACCACCGAACCAG
rs0100	1	AAGGAGAGGTTGACAACCGTGAGCCCGTGGCCACACCCTGTTTTCACAGGCCACGACAAC[T/G]TGAGATGAAATGTGATGATGCGAATTGAATCAGCAGGCGATGAGCCGATCGATGGATGAT
rs0101	1	AGCCTTTAAATCCAAGAACAAAGGAAGAACACCATATAAGTAGGGTATTATGTCTAGTAT[A/G]GCCCAAATGTGTATAACCAACATTGGCCTATTTACTACGACAACAACTAGGGATGCTCCC
rs0102	1	AATATCGGCGCAGAAAGTAGATTTCTAGCAAGCAAAAAAGGCTATAACTAAAAACCTCAT[T/G]CTCTCGACCTCGATCTGAAATTCAGGTGTTAGGCATGCCAATGAACGCGCAAGAGACGGT
rs0103	1	GCAGCACATTACTCAAAGGTCAACAACGCTACAAACACACTAAACGTATGCATACCATTT[T/C]TTCATCATTTGGTGTGTGCGGGATGGCGGTTCTCATTTTCTCAAGTGATAGAATCCAATA
rs0104	1	CCACTCTGTGGACTAAAAGAAGCTTCGCCTCAGGCTGCATTCTTTTCAGCTCCAAACAGT[A/G]AGTTTCCTCTTTTGTCGTTAGCACACTTTCCGAATTAGTAGACAGTGTAAATTTTTGAGA
rs0105	1	TTACATCGCAAGACTGGACCTTTCGTTTGGAAGCGACGCCGGAACGCGATTCTCCATCCG[T/C]TGGCTACTTGGCGTTGGCGCACCAAGTGTAGGAAAAGAAATCCGAATTACCCTCTCAATT
rs0106	1	TGTGATTTTATCTAAGGGAGATGAAGATTTTTAGAAGGTTTTGATGAATATTTAGCTAGT[A/G]ATAATACGGAGAAGCCATGTTAATCCGATCTTTTGACTAGTAGACTAGTAGTACAAGTTT
rs0107	1	TACTATAAATTCTTCATCACCGTGTGATAGTCCAACTTCTGATGACGAATCACCACTTTT[T/G]TGACGATCCTGTTTGTTGTCGTGAACTTTTTTTTATGACCAAGACATCTAGTCGCTGTT
rs0108	1	GAAGGAACCATGGGAAGAACCCGAAACGACGAGATAAACCTAAAAACTACCAATGATTTA[T/C]AGATATGGGAGTAGGGTCGACCCCTCTCTGTAAAAGTTTATAGGAAAGGGAATGTAGAAG
rs0109	1	GCAAAGGTCGAGCATGCAGCATGAGAGATCATACTGCTTTCGAGCTATATATTTTTATGG[T/C]AAACTTAAATTTAGTAGATCGCCATGGCTAGCCCACAGCTCCAGCGGCCGTCCACCCAGC
rs0110	1	CCCTTATACATAAGGTTGGACTTCCTATGTATTCTGTTTTCTGCATGATTATCCGGTTAC[A/G]TTCAAATTCAATTGGATAATCGTATAAGATTTCAACTGCTTTATGTTGCATAATTGGATA
rs0111	1	AATAAGCGACGACAGGTAGTTGAAATTCTTAGAAAAGAAACAAGAAAATTTCCATGACCA[T/C]GTAGGCGAGTGGTAAACGCGCCATCATGTGTGGCGTGAGTATACACAGGTACATCTCGAT
rs0112	1	TGTGGTAATGTCACACAAGAACCTCACCCATGCCTGCTGACAAAACACTTATTTCAGGGG[T/C]CTCACTCTTGCGAAAGCTTGGAACTTACTGAAGAAAGTGCATCGTCGGGCACAACCGAAT
rs0113	1	AATAGTTAGCAAGTCAGTTAAGAAACGGCTGTACAAGTAGCGAGGGTGCATGTGTGTATA[T/G]ACGCGGAATGTTATGGGAGGACAGAAGAAGTGTAGCAGAGACGATGGATCGATCGATCAG
rs0114	1	CAGAGCCCAATTTTACCTTATTAGACATACAACATTTCTAAACTTTTGTAATTTGCATTT[T/C]GTTTTAGGACCCCTATTTCTGAGAGATAGGCCTGTATTTGAGCGTATGCATGTTAGGGTC
rs0115	1	ATGTCCTGGTTAACATCATGACTTGACATCATTTTCATACTATTTAGATATGAAGGCGTG[T/C]CCTCATTTTCCAAAATGAAATGTTTCATTCCTGCAAGATCCTCATCCCATTGAGCACTAC
rs0116	1	TGCAGACTAATTTTACTCAGATAATCTTTTGCTTGAACAAGCCTAGTTCTACTTGCATGT[A/G]TTTTGTTAAATTTAGAACTAATCATTTAAACACTACCCGCAAAACAAAAAACCTCCTAAT
rs0117	1	GACAGAAATTATCCATCAAAACTAGATGCATCCAAATATTGGTAAGTGTGATGTCCACAA[T/C]CATTTTTTTCCTCAGTTTTCATAACAACATAGCTGCGCATTTTATTTGAGGAATGCAGAT
rs0118	1	TCCTTTGTGGACCAAGATTATGAAAGTGGGATATAGTAGGAGTGTGTGAACCGAGATCTC[A/G]TTCATTTCTTGTTAGCTAGGGCCATCATATTATTGTGAGCATGTTAATTTCCCAAGCTTA
rs0119	1	CCGGAGCCATATTGCTGTTTGGGTTGAAGTATCCGGAAACGCATGCCATTTCCAATCACA[A/G]GAGTGATCATGCCGAGACAGAAAACAGCTATTGGCATCGCGGACCGTTTAGCCGTTTGCT
rs0120	1	TACTCCCTTTCCTCGGCCTCTGCCTCTCCACGGTGCTCGGAGAGAGGCTCGCGTGGCTCG[T/G]ATTGGCCTCGAAGCTGCTCATCCACCTATGTGTCATTCTCCTCATGGCTCTAGCCTTTGT
rs0121	1	GCTTCTTCCGGCCAGTGATCCCTCAGCTAATTAAGTTCATCATCATATCGATCTGTGTAG[T/C]ACTCCTTAATTATTCAGTGACCTTTCAATCGATGAGTGATGTGATGTGATCCGGCCACGT

表 C.1（续）

序号	染色体	序列
rs0122	1	AATCCGAATGGACGCGTCATTAATTAGTTTCGCTTCGGTAAAAACGCTTAAACCCCGGAA[T/G]AAGAGCGGTCTCATAGCATAGGGTAGCTCGCTAGCTTGTGTACTGGACGGGACTAGTGGT
rs0123	1	GCAATTTCACCAGAATAACATTGTTTTGGTGTTTTTTTCTTGTATATTCAATTGGTGCAG[A/G]TGGTGACGACAGAGTTGAGGAGTGTAGAAAGGAGAAGATTGTTACAGCCACAAGGAAAGG
rs0124	1	GACACAACGATAATTATTTTGATGTACATAGCAACGAAAAATCTGATGGGGACAGAGCGT[T/C]GAAAATTCTTACAACACAAAAGGGATGCACAATTGCACATGCCCTTACCATAAAATTGTG
rs0125	1	TCATTTACACGACATCCGTTTCATCCATCCACTTGACCATACCAAATCATTCCACCAAAA[A/G]AATTGAAAATTTCAAAAGGTTGAATCACATAATAATTATACAAGTGAAGAATTTGTTTCT
rs0126	1	ATGGAGAGGAAAAAAGGGGCACAAGCGACCACAAGTACGTTGAGATGATGAGCAATCGCT[A/G]TTCCGTTATCTAATCATCGGTTTAATCATGATTACTCAAATAGAATCCAGGCCGATGATC
rs0127	1	CTCAGCAAGCAAAAGATGGTAAACCCAGTTCAAACACTCAAATGTGGCGTAAACATACCT[A/G]TATCAGCCAAAGATGAACCAAAATGGAGATAAATGCAATGATTAAATTCTGGGAAAAGGC
rs0128	1	CAGATTAATATGGTCCTACTGTGTTCGAAAGAAAAAATTAACTGAGTTGGAGTAGTCTAC[A/G]TCTGCAACTGCAGCTGTGCCTAATAAACAAGAAAGGGTAATAGGAATAGTACACATGCAC
rs0129	1	ACGCTGACCATAGCCATTTTAAGAGGATCGCCTGTTCACACACCATCTTTAGATCAATTA[A/G]AAAAGATACAAAAGGAAGTGTTGAGTGTTAATTGTAAATATGCTGAGATAGAATCCTGGA
rs0130	1	AAGACGGCGTCGCAGCTGCCCAACGACGAGCTGCTCAGGTTGCTTCGGCTCTTCATTCAC[T/C]GGGGGATACGCTTCGGTAGAGGCGTAGAAAACATCAAATTCTTAACGCAAATAGGGAAAT
rs0131	1	CCACCAGCATTCCCGCTCTCGTTTAGGCGTGACATGAACCACCATTTTGACAGGTTATTC[T/C]GGTCATTTACCCCTGATTCAGTTGCTTTGACACCATCTGTAGCTGAATTATAGTCTGTTA
rs0132	1	AAGTAATCCAAAACAATACATATACGTAAAAAAATATGAAGTGGAGCACGCGCTTGAAGA[T/C]CGTGTTTGGAGATCTTATTTTGCAAAAATTCTGCGATGCATACTTCTTCCCTCACTAATC
rs0133	1	GCCTTGACCGAGAAATAGAAGAAAGGGTAGAAAGGGACGGTCACCAATAAAGGTGACCAG[A/G]GCTGCGCAACAGAAAAAGATTGTTAGCAAACATAAACCTGAAACAGAAGGCACCACAAAT
rs0134	1	CATAATTGTTCCTCACGTACATTGATCTTGCACATAAATCTCACAAAACTTTGGTTTTTA[A/G]TTTTCTTGGTGGTCTTCAGCATTCTTCGCAACAAAGGGAACTCATCAACAATGGGAAAAA
rs0135	1	TCACCAAATAATACTAAAGATAATGTTCTTCACCTAGCATAACTTCCTCATGAAACTTTT[A/G]ACTTAATACTCCATCTGGTTGCAAAAACATGTTTCGGACATCTCTCAATTCAAACTTTGA
rs0136	1	TGTTTTAAAAAATCCATACAATGTTACAGATGATATGATACTACTCTTCCATCCCTAAAT[A/G]TCTTTTAGCTATGCATCTCGATGAGTGTGTGTCTAATGTTTAGCTTAAGCTTAGCTATAT
rs0137	1	GATTTCAGGACCCTCAGGAGGTACCCCAAGATGTCGGCCTACTGGTTCAGGGACCTTGTC[A/C]GCAGCAAAAACTGAGCTGGGCTTTCAACCTTGATATAACCACCTTTTCGTTTGCAAAAAT
rs0138	1	TATCTTTGGACCCTGTAACGATTAAATCATCCACATATACTCCAACTAGCAGTAGATCAT[T/C]ACCAGTCTTTCGCTTGTACACACCATGCTCCATGGGACATCGATCAAAACCAAGTGACAC
rs0139	1	CCAAAAGTAGTGAAGTTGGATGGTGAGGATTTCCTAAGTTCTATGGTGGCTAGTGCAAGT[T/G]TTCCAAAAGAAGATTCTTTATCTGGTGCTGTACGTGGTGTACTGTTGGGTAGAGATCTCA
rs0140	1	ACAAGTCATATCCATAACGATGGGACAGTTGCAAGGGATCAATTTGTTCGCTAGAGACTG[T/C]GTGCCACAATTTGACAAGAAAAGTGCAGTTGGTGTACCTACTAACCAAGCATGACATCTT
rs0141	1	CTCAGCAAGTCCAACATGTGCATCTTGAAGTGATGTAAGCTCCAAAAGCTCCATCACATT[A/C]TCAACAAACATCTACATCAAAAGTTGCCATTAAAGCAATTACTCCATTCGTCCCAGAATA
rs0142	1	ACTCCAAATTTATAAATTGGGTGGTGCTTACGATGTCAGGAGAGGAATTGTTTTGCCCAG[A/G]CAAAATGAGATATTTTTGTCATCCTGCATCCCATAGTTCCTGCATATATGATCTGATTTA
rs0143	1	ACACAAGTTGAGCATTGCCCAACTGTTAAACATCGCTGTTGATGTTGCCGATGCAATAGA[T/C]CATCTTCACAACAACAGTTGCCCGACAGTGATTCATTGTGATTTGAAGCCTAGCAACATC
rs0144	1	ATCGCAAGATACAGTTAATTAAGAAAGCATTCCATAAGCAATCCGCACAGGAGAGATTAG[T/C]CACTCATAACAGAATAACCTACTGACCCATATTTTCTGTAAAATGTTCAGAGCATGTAAC
rs0145	1	TTTGGAAATCAGGAGATTGTCTTCCGTTGCGATGACATCACAATTAAAGAGACAAAGCAA[T/C]GATGAGAATGGTCGTGAAAAGGTTGCATGAGGTGGACGGCGACACTAATAACTTCTAACA
rs0146	1	GAGATTTTGTGCTGGGGTCAAAATAACTTTTTTTTCCACACACAAACGGGAGTGGACAT[A/G]TCAACAATGACCAATTACCACACAGTTGCAGATTTTACCACTACACCACATGCTTGTTTA
rs0147	1	CAAAATAACTATTCAATGATGGAACTGTTGCCCGAATAAAGCACTGCCCTTGCTCAAGAA[A/C]CCCAAGCTCATCAAGACAGCCCATCAACCACCTTCCCTTTGGCACAAATATCCTTGCTTT
rs0148	1	CCACAACTCGCATTGCCTGTATTGTTGTCGAATTAATAGGGATTTTGGGGCAAATATGTT[A/G]GGGATTTGAGGAAGGGAAGGACACGAAGGGCCGTTGGGCAAAGTAAAGGGTGACCGAAGT
rs0149	1	TGAAATTGACATATACATTCCTGCTTCATCTCTCGTGAAGTAATCCTGTAGTTCAATATG[T/C]TGTGCATGTTTGTTTTATTTTTTGTTGGTTAGGGACTTCTCGTTCTCGGTGTATTATTAG
rs0150	1	CACAGTGGCAATACTGCCACGGAACTAGCCCAGTGGGTTCTTTTTCTTCCTTTTATATTA[T/C]GTGGTACTATACTTTAGGGTGTAAAGTAGACGAACTGCTACATTTCACCTTCTAAGGATA
rs0151	1	GCTGCCGCCCGTCATCGCCAAACCTCGCGCGCCTGTCGCCTGCGCGATTCCTTTTTCTTC[T/C]TTTTCTTTTTCTTTTTAACTTTCTCGATCAAGCCGTCGTCCACGCGATTCAATTTTTCGC
rs0152	1	ATCGTTTACTCCTTCCATGCAGAAATATAGCCACATTTACTTATCTCAACTAATCGCAAT[T/C]ATCATTATTTAGTTTCTCCACTTATTTTCTCATTTCAACTAATTATAACCGTTCATCACT
rs0153	1	GCCAATAGGGAAACCTACAGTGATAGGCCCTACGAATTGGCAGTGTAGCTGGTTCTAGGA[T/C]GGTGAGAGGTGACATCATGGAGTTGAATATCGACCTGGAGTGGAGATCCAGGCAATGATA
rs0154	1	ATTTGTCTAATTACTATTACAAAGTATCACACCAAACTGACACAACAAGCTAGGTTAAAA[T/C]TAATGGCCTTCAGAATTGCACACCCCACACATGCAAGCTACTACCGTTTCTGACTCCCAG
rs0155	1	CATTTATTCTTCTAAATACTAGAGTTTCAAAAGGATCTTTCAATGAATTTTGTTTTTTTT[T/C]CCAAAGGTCGGGACGAATCAATTAGGACGGTAGTATATTATGGTCAATATTTTTTTTATA
rs0156	1	TAAGGCTACAAAGATAGCATATGTTGGCCATTTCATAGAAGGATCTTTAGAACATTCATT[A/C]TGGAAACAAGAAATGCATTCTGTGTTTTCTTTGAGAAGCTTCACCAATCATGTCAGGACC
rs0157	1	GAAACTTCAATTTTTTTACACAATAGATTGAAATATCTGAAGAAATCGAAGTATAACTCT[T/C]ACTTGCTCAAAACATGAAAACTAAATCAGTTGCTCATGGTCAGGACTTTATTTGCACAAA
rs0158	1	TCACTAGTGGGCATGAGATGAGAGGGCCCATGCATATGTACACAAACAGAATGCAGCTGC[T/C]GTAGTAGCTGAAGCTCCTGGAACATTCCCCACTAGAGAGGGGAAACCCCAACTTCAATTC
rs0159	1	TGCAATCTAAATTGTCCATGTACAATGACTCCTATTAGGTGGAACTTGTTTATATCGTGA[T/C]TATTTGTTTTTGCTTTGTTGGAAAAGCATTAGCCCCTCCGCCACACAATCTCTTGTCGTC
rs0160	1	GGGCCAGATCTCAAAACCCAGGAAGCAAACTGCTGAATATACTGAACTGGTCATACCTTC[A/G]CCTCATGGTCACAGAAGTTCTAAGAAGAAAAGCATGAGCTTTGTTAGTCAAAGAACACAA
rs0161	1	AAAGTTTGAAAACCCCCATCACATAGGTAGGTATTGCCTGCGCCACGAACTTGATAAGAA[T/C]ATCCTTCGCTCCCGACGACATGAACTTTTCTGCCCAGCTATTCAGTCTTTTGATCAAGCG
rs0162	1	AAGCAAGTAAATCCTTGTCACCTTAGACAAAAACTTAAGCAAACAACCAGCTGTAACATT[A/G]CTAGGAGATGTTAACAAACAAACAAGTGCTGTGCTGACGCACAAAAAGAGAGGACATATA
rs0163	1	CACTTGTGAGCAACTTGACATATTATTTTTTACCTACTTGTTACTACTAATTAATTAACT[A/G]CTCTGGCAGTGACTCGCGACATATATGTCGGCATGTTGAGCCCGACCAAAATTACCAAAA
rs0164	1	ATCCAAGATACTGATCCCTAAAATACTTAAAGTGGATAATATTCCTTCTTGTGGGCATTA[T/C]AAGTGTCCAGGTAGCTCGTATGTCGTACTCGAAATCTTGAAGTCTTTTTCCACCACTCTG

表 C.1（续）

序号	染色体	序列
rs0165	1	TTAGTTTGGTGTCTCCAGAGGAATGCTCTAATTCGATTTATGCAAAAAAGAACCCAACAC[T/G]TCGAGCAAGAACACCTGGAATCGGAGCATGTCATATATGCCATCGATCAGGACCTTAGTA
rs0166	1	TTTGGCGATTAATTATTGATTTGCCTTGGACTTAGCAAAGGAATAATTTCCTCTATTTTT[T/G]CTATGCCTCAATCATTGAATCCAAGAGAATGAATAGTGCCAAACCCTATAGTAATTGAAC
rs0167	1	TCTTTTGGATTTTATTCAGATGAAATCAAAATCCCGGTTTATTTTTCTCGAGGTCGTTCC[A/G]CTCGGGTATGAAACTATTTTAAAATTCATGTCAAACTTATTCTCACAGTATATTTCGTTC
rs0168	1	CTCTTTCTCTTCGTGCCGACCAAACATGCACTTCTCCCTGAACAGGTGAGTGTCGTATGG[T/C]CGCTGAGGCAAGCATGGGCAGCCTAGCAAGAACACAACAAACTCCTTCTTCGAGTCATCG
rs0169	1	ACGGGTTTTCACTTCCAAAGCAAAGTGTCCTGAAGAAATTCCAGAACTCATCTGAGCGCA[T/G]CCGTTTTAGCTTCAGTGCTCCTGTTGTCCCCGATGTTGAGACCTTCTGCACACAACTAAT
rs0170	1	GGATTGGTGCTGCAATTGGCCCAGCAGATTGGGCGTCCCAGTATGATAGAATGTGTGACT[T/C]GAACCGTTTAAGGCCATTTAACCAATTAATTCACAGAAATGATGTTGCCGCCAGGGATTG
rs0171	1	ATATAGGCTAAACATATGTAAGGCTGATCGAAGCCCAGTTCGTGCCGGAGTTGGATTGTT[A/C]ATTGACTTTTAAATTATTAATTAATCCGAAAACAACTTCCAAATTAACTTCCAACTACCT
rs0172	1	CGTCGTAAAAATTACACCCTTTCTTTTGGTCAGTCAGCCTTTTGATATCTGTCTTTTTAG[A/G]CTCGTCCACCCAATCCCCTCTGCCCTTCCACTCCAGGGTTCAATCCCATTTGCCATTTGA
rs0173	1	TCAACCGAGAAATCAAGAAATTAACAGTAAAAACCAACCAAGCCAACGTATAGATCACCA[T/C]TTCACCTCACCATTACACATGCATGTTGGAAGAACTAATTAAAACAGTTAGTAATTACCT
rs0174	1	GCTGTGGCATTGGTTGCAGCGGATGACAATTCCACTCACAGAAGAAGAATATTACGTTGT[A/G]CTAACATTGGATAACCAGATCCCTGAGGATCTATTGTTGCCACAAATCTGAATCCCGGGA
rs0175	1	CAAATCTTTCTGGAATTACTATATTGAGATGAAATCCGCTTCACCGATTAATCTTATCTT[A/G]GTACGGTACTAGTTTAGTAATTACCGTGGAAGATCTGGAGTATCATGAGGTAAAAAGAGA
rs0176	1	TAAGTTGTTTTGAATTTTCAAAGTCAACAAGGTGTCCCTTTTATGAAGGAAAAGCAAGAT[A/G]TCCCTTTAACCACTAAAGTTGACCATTGTCTATTCGAAAACTTTGTAAAATATCACGGTA
rs0177	1	GTAATTAAGCTAGTTTGTAAGAAAATTTATCACCTCAAAACTCGTATGTTTAATCTGTAA[T/C]TTTTGTTCAGGTTGGTACTCTGAAGCGTGGCATCAACCCGAGCTCGATATCACAGCTCAA
rs0178	1	ACTTGCTCGATTAGTTTATTAATTAATGCCCTAATCATCCAACTAACAAACGGCTAAATA[T/C]AGTTTCAAAAGCAGACGAACCTAATTACGAATCACAAAGAGAGATGCCTCACATATACAT
rs0179	1	AAGAAGATTCTTGTTGCCTCCGTGATGCGTTTGATTTTTCTATCGATGACCCCTTTGATC[T/G]CTACTTATAGGGAACTCAATGCTGCCTGTGTTTGATCGTCAAGTGGTTTCTGCATTGTGC
rs0180	1	GCCATTCGCACCACCACACTTTCTCATGACTAGTCAAGGATTCGACACTCAGTGCCACTC[A/G]TCCTCGAAAATTTTCAGATCTGGCGTGGAGAAGCCTAGAGGACGGTCATGCTGTGGTGGA
rs0181	1	GGCATCAAAAATTGTGAGCCAAACAGAGTTCTTCCCACTCTTCTTTTGCATAATCTCTAG[A/G]AGATCAGCTCTACACACATGCACTTTGTCCCAATTAAAAGCATCTCTCAGGCAACACCAC
rs0182	1	TTTTTAACAACATGTAAGAGACACTGAAGTTGATTTTAGCCAAAAAGGAGTGTTTCTTCC[A/G]ATAATGCTTTTTAATGATTTGCTATGGTTGTTCACTATTGACCATATACTCTGGTTATGG
rs0183	1	CGACCTGGTGCGGTCGAATTAGGAGGGAGAGACAACCAACTTTAATGACGATGTTGCCAA[T/C]CCCCCACGCACTATTTTTTTACCTCTGCGTCGTTCTTCGCCTATGAGGTTTAGATCTCCG
rs0184	1	ACGACGCTCTTAGGGCTGCCTGGGACAGGAATAAGCAGAGCGTCTCACACAGATATTAAA[A/G]CTCCTTTTCGAAAATCCTGCGAAGTTGAGCTATTCGACCATGTATAATTCCCTCACCCAT
rs0185	1	CAGTAGTTTCTGTTGTTGCCGTGCCAACTGCTGCCTCAGCTCACTGTTCTCCTTCTGCAG[T/C]TCCAACACCAGCTTAGCCTGATCAGTCTCAGAATCTGTGACTCTCAAAACCTCCTCATTT
rs0186	1	CCGTGCCTGTGCCGCCACAGGACCGGTCTGGATCGGAGACCTCAACTCCCAGCCGGAATT[T/C]CCTTGTGGTGTTGTTAGCCCTAACAGCAGCAGCAGCGGCAGATTTGATCCAGCTGTAGTT
rs0187	1	ATAGCGTATGCCATGAAGAGGGATACCAAACATGTACAATTAGATTTACACGCTTAGAGA[T/C]GGTCACCAGAAATTTGATCTATTTTACAATGCAGTTGGAATGTCAGTACACATTCGCCCA
rs0188	1	GCGAAACAGATTTCGGAGCGATTTCAGTCTCCCTATGTTGGGAATGTCCAAGCCTTTCCA[T/C]GTGTGCATATACCGCAAATTGACAAGGTTCCCCATTTTCGCCGGGGAGGAAAACTGCAAA
rs0189	1	TTTACACCGGTCAAATATTGTGTTCGCTAGGCTTCTCTGGCATGCATGTTTGTCTTTCTA[A/G]TATCTATCGATCAATCTCACCTGTCTGCGAAAAAAACTCCACTGACCGATACGATATCGA
rs0190	1	GGCACCACTTACACCCATCAATGCAGTAAGTACACCTGGCCTGAAAGAACCACTAACACC[T/C]TTTAGAAGCAACAAACGGTCTTCTGTTATGCCTTGTGCTTTCATTGCCTGTTAATATAAA
rs0191	1	TTGTTTTAACTGTAGTAGCTAGATGTTTTATCCTTTTTTCTCTTAGTTTAAGATTGTTCC[A/G]ATGGAGTAGGTATTGACACTGTCGTACCCCTGTGATGAGAGGGGCTTTTTAGTTTGGTCT
rs0192	1	ATCTTGACGAAATGCAAGGTTAAGAGTAAATCAGAAAAGAGATGATAAATCATGCATGAA[A/G]CCAAACATTAAGAGCTATTCCAGAGAAAGTACAAAAGGCGATCGGAAACATTAAGTTAAG
rs0193	1	TATTATCATGTAACACTTCACAAGTCTACATTAGTGAAGAATACACACAAGAATTACCTT[A/G]TTTTCATTTGCGCAGAGAAGTGTTGGAAGCCACCTACTTTCCCTTGTGTCGGTCAGCAAG
rs0194	1	TTGATTTCCTCTCAGTTCCCATGATAATACGATCTTTCGCAAATTCCAACTGTGCAGCAG[T/C]CAACTTGTCAGCACCTTCAACTGCAGCCTTAATTGCTGCAATGTTTACTAGGTTTGCAAG
rs0195	1	CTAGAGAATGTAATGCTCATTTGCAAGTTTTACAGCATAAAAATAGTCAGGTCTTAAACC[A/C]CTCATCAAGTTGTTTACCTTCATGCCAACATTATGCATAGCAAAATCAGAGCTGGCCAAG
rs0196	1	ACATGGATAATACACCACCAATGGTAGAAGTGAAGCCAAAATACAGGTAACCAGTTCATG[A/G]ATCCTTTAACACTGTGCTTCTTTTCCCAATACAGTTCTTTAGTCAAGTATCAAGTTATTC
rs0197	1	TTAATAAAACTCCAACACAGTTAAAAGCAAGAACCGGCTTTTAGTGTCCAATCAAGAAAA[A/C]AACAGGCTTGCCTCCAACTGCCTCCTTGATTGGTAAGCACACACAAACCATGGAAAATTT
rs0198	1	GGCTCACGAGGCTAAACTGATGACAAACACCTCCTGGGTCCTGTCCTAGACGAGAACTGC[A/G]TGCTCGGTCGGTCTATCTTTTTTCTAGTCTGAATGTACAGCATAATTGGTGCATGGACAA
rs0199	1	ATGTCGTACATATATAATTGTATATAGTTCTTGGCCGCGCCTTACCTTGCTCATATTTTT[A/G]GTTGGTGGATTAAAAAGTTCCCAAGTGAGTTGCTATTTTGTACACGTTTGATGTGATGGC
rs0200	1	ACTTTCGACCGTCGACTTTGGAGCTTCGAGCCTGGTCTCGCAATATGCGTTGGCATAGTC[T/C]ATACAGACTATTTATTCGTGTTCCAGAGCATAGTAATATAGTACTTTTTTATACATCACC
rs0201	1	AATCTTGATATTCCATACTACTTACCTGTATGTTATTTGGTGTACTGTGCCTCTAGTCTT[T/C]TGTCATACAATCTTTACCTACTCTACTGTATTCTACCTTCTCGAACGAATGAGCATAAGA
rs0202	1	TCCTTTTTCTATTCCTTTAATAATATAATAGATTATCTCATGTCTGATTTGGACTTGTAC[A/G]AACCTGAGGATATAAATATGAACACCCAGAGTCTTAGTCGTGAGATGAATACAATCATAT
rs0203	1	CGTGACCTACGTGTCCCGCCTAACATTTCTTAAGTTCAGACCAAGCATTTGCCTCGTACA[T/C]ACGTAATTACGTATTCCATAAAAAACTTCACCGCGTCCAAAGCAGATGCAGCCGCGTTGC
rs0204	1	ATCGCAATGGCGTCAGAGTTTCAGAGGGGGTGATGCTATTAGCGTTTACCCTTTTTCGTA[T/G]TTTGATTTTGGGATGATGGAAAGGCCACGTTTGGTCGTATTTGGCGAAGGATCTCCGGTT
rs0205	1	GAGGTAGAAGAAAAGCAGTAAGGAGAGCTCGAAAGTAAGGAGGCCGGTCCAAAGCTTCAC[A/G]CTCTTTGTGGTTCTCTCATGGTATGTGTGAAGGCCAATGTAGACATTTGTAATGCCAGTT
rs0206	1	GTTTGTTTCAATATACATATGATTTTACCTTGGCGTTGTTGTTCAGGCATATGCACGGAT[T/C]AAGATGGCAAAGGAAGCTGCAGAAGCAGCTTCACAGGTCAAAGATAGTGATGAGCTATTT
rs0207	1	TCAGAACCATAAACTTGCAGATGCAAGCATAGATATCATGCCAACCACATGACTATCTCA[A/G]TATTAGCCAGTTGAACCAGTTGAAATTTGTAGTCCTACAAACTAAACCTCCCTGATCAAA

表 C.1（续）

序号	染色体	序列
rs0208	1	TGGTATGGAGCACAGGCGATAAGCAGATAAGCTTGGATCATCAAACCGTGGGTACTGTAC[T/C]GAGCAGTACATTCAGATCAATAATAAAGTCAGAAAACACAGGTACTCTGCTCAATTTGGT
rs0209	1	CCTGGTTTCGAAAGTTATGCTAATACACCTCGGGCAGAGAAGAAGTCTATAGCTTATAAT[A/C]AGGAGACTTTTCTGTTGTCCTGCAAAACAATGTTGTATTCTCTTCGCAATCCACCAAAGG
rs0210	1	CTATTGGTCACGGTTTTGAGATCCATCAAGTTCATTGCTCAACATATGGTGAAGAAGAAT[A/G]TCAACCATGGTCCCCTTTGTCCTCACACTGCACAACATCAATGGTAAATTAATGTTGCAG
rs0211	1	TTCTTTTCCCCCAAAAAATAAGCTAGCTAGCTGCGAGCTAAGATCCAATATGTTAATTCA[A/G]CTGGATACCATCTAACAACCTTTGGTTGGACCTAATGACATGTGTCGGTAAGCAGGATCA
rs0212	1	TCACCTATCAACCTGTGGCATTCCAAGCCACTGCATGTCCACAAGAAAGGATGTATGTAG[T/C]AGTAGTAAATACTGGAGTGGTACAAAATGGCCACATTCACGTTCCACCAGCTTTTCTACA
rs0213	1	GTTCTTCCGCCTACCAGCCAGTAGTCCAATTACTGTAAAATTTTCAGCAAGCGTGTGACT[A/G]TTTTCCTTCCATGCGACAAGGACAGGCTTTCTTTCACTGATCGTTCAAACTAATGCAGTA
rs0214	1	TGTGCTTTGACGACATGTGAAATAGTATTTATTTATTGATGCATAATAAGATGTCGCCTG[T/C]TTGATGCATGACAACACATACTTAAGAGCAGACAAAGTAATCAACAGTTGACAAGTCATG
rs0215	1	CTTAATACAGTATCAAAACAAAAATGTCGATCTCTCTAATATTGATTTCTCAATCACCGA[T/C]ATGAACGTTGCTATCTATCTAAGGTTGATTTCTTCAGGAAGATGCCATCGATTACCGTGC
rs0216	1	ATCTCACATCTCAACTCTCAGCCTTTACCAACTTTTTCTTAGAAAAAGTGTTCCTAGTAC[A/G]TAATTTTAAACACAACCCAACCAATAAACAGACACTTAAGTCCGTGTGGAGACATTGGGG
rs0217	1	CTGACTGCCGACAATCTATCTAGACTCAAGCTAGCGATGCCAATTGTTCTTCTACACAGA[A/C]AATATGAGAGGTGGTTCAAGGTGCGTCTGCAACCTCTACTTCCACTTTGATTTAGGAGGC
rs0218	1	GCAGTTACAAATTGGCAATAGCACAGATCTACAAAAATAGTGTCGCTGACACAATCAAAG[T/C]ATGATGGCAAATGACAACAGACAAGTGACAGGTCGGCCTCACTCAAGATTGATATTAGCA
rs0219	1	ATAAAAAAGATCGTATATTTTGTGAAAGAAAACAAGCAGGAACCTGCATTGGGAACCATT[T/G]ATCTGATCACCTTTGAGTTCTGATGGTTTTCCTCCGGCCAGGAATTGCCCGCACCACCAG
rs0220	1	GCACAAATTCACCTGACCAACAGTCCAGGGACTAACATTGCTTCTTTAAGCTGCCATCTA[A/G]CGGCGGTGCAAGCATAAGATATGTATTTTATTCTTTTTAAAAAAGAAAAAGAAAACAAC
rs0221	1	GAAAGATACCTATATGAACTATAGTCAGGCCCTTAGTTACACAAGCCAAGCACTGAGCCA[A/G]AATCTTGCAGGGCTAAGGAAGAAGAGTTCAATCCGCAAAATAAGCACCTCTTTAAGCTAC
rs0222	1	AGAAAAAATGATGTCCATTTAGGAACTGAAAAATTACATGATGTTGTTCCCTTCAGTTGG[T/G]TTTGATTTTGGTGCACCCATCCATCATCTTAAATCCACATTAGCCAAAGTGGTATAATAC
rs0223	1	TATATTTGTGCCATTGCTATTTGACCAGTCAGGTTGGGTTATGACATATGAGAACCTTCA[A/C]TGTCAGTGCAGCTCAGATCTCCATACATATACATGCTTTGTTTATGCTAGCTCTACGGAA
rs0224	1	TGAAGCACGCATTACTGGTAGAAAATTCACAATTTTAGGGGCAAGAAACCTAGAGCTCAT[A/G]CTGGATTTTTCTCCAAATTCACCACATATTAGACACTTGTATCGTAATTTCAATGTATTT
rs0225	1	AGCCCGTATGATTAACTGAGTACAGCAAGCACGAAAGATGCGGGCATCGATCGATCCATA[T/C]ACTAGTACTAGATTTTTTTGTGGTGGGCTACTGAGAAGTGGTCCCTGTATTGTGTGCGAG
rs0226	1	CTTGTAAATGCATGCGAAATGCGATTTCACAATGAAGACAAAACCCAACAACTTGAAGGA[A/G]GCAAGAATATAGGATTCTTCATAATTTCGTAGTATCCTAAAGTTGTCATGTTTGACTACG
rs0227	1	CTTCTGCTACAATATTCTACCCCAATTACCATGTTCATAAATACCAACAGGAACAAAATC[A/G]CACATTTTTGGACTACAGCGATTTTTACAAGCTCTAACATGTCATTTTCGGACGAACAAA
rs0228	1	GTCCCACACCCTCACTTCGATATCTGAATTTCACTGTCGGTTAGCAGCGTGTCATGGTGC[A/G]CACCCAAAAGTGAACGCTACTCGACTGCTCGAGCCCCTCAAAGACAAACACGATCAGTAC
rs0229	1	CACCGCTAAGGATCAGGGTGTCTGGAAAAACAAAGAAAATATCTTACAGCGTTTCTTTAC[T/G]ATGAAAGCAAGAATGAAATGATGAATAGTGAATGATTTCTGATAATTATTCGAAAGTAAT
rs0230	1	AAGCAATTCCTATTTGCAGACAATGCTGGCAAAGGCTGTTGCTACTGAGTGTAAAACTAC[A/C]TTCTTCAACATTTCAGCATCATCAATTGTTAGCAAATGGCGTGGTATGTTTCTTTGAACA
rs0231	1	TGCGTGAGAGTGGATGATTGAATGGTCCTCGACTGAGAGGGGTTTGTTCATCAAGAAGAC[A/G]ACAACTACTGTACTACCGTTGTTGGGTCAACTACGATGATCGATGTTCCTCGCATTTGGC
rs0232	1	ACAGAAACGCATTAAACTGCAGAACCAAATCATGTTCATGTACCGTGAATCAGATGAACC[A/G]CATTTCTAGTATACATCGTTTTGGATGCATATTGGAACTTAGATGGTAAAAGCCAGAGCC
rs0233	1	AACAGAGAAATCAGTAACAACATCAACACCATCATAGCAAAAGACGACATGGTGGAGTAG[T/C]CGAAATTCACCCGTGCAGACGTTGTGATACGCCTGTCGGACGTTCCGTTTCCCACACTTC
rs0234	1	AGCTGGAGATCGACGGCGAGGTCGGCTCCGTGCAGTGGTACCAGGTTCAGCTGGAGTAGA[A/G]TGGTTCTTGTGTGGAATGGAATGAACGCGCGATCGACGTGGAGTGATAGTTTATACACGT
rs0235	1	CTGATGTATTTCAGTGTGGTGCAGAGAGAAAATCTCGAGCTACTTTTATCTATCGCATCT[T/C]GCAGGGGAATAATGTTTACTGTTTGTTATTTCACTTTGCAGAGAGAGGTCTGTCGGCTAT
rs0236	1	CTGCCATTTCTCCACTTCCTCCTTAATAAGTGCAGAGGTGGCAGCATCATCAGAGTCATC[T/C]AGTACTTGTACTAAGAAGTTTGACCTTGGCCAATCCAGGTTGCAGACAGCACCAATGGAT
rs0237	1	TCTTGCCCATTTCCTTGAGCATCCAGTGCTTTCCAAGAGTCCTTTATTGTTTGAAAGCAG[A/C]TTAAACTTTCCCTCTAAAACACAGTGAATAAGTGTCATCTGTCATGTCACTCACGTATAT
rs0238	1	GTTCTCAAATTATTTCAGTGGATGCCCATTTATTCAAGTCCCAGGGTTTACCCATCCTGT[T/C]AGTAACACACTAATTTACATTTTGTTAAGAAAGATATTGAAGTAATTGATGGCAACATTG
rs0239	1	TTTGCAAAAAAAAAGAGACAATGGTGCGTATTTTGTCAAGAAATTTTAGTACTTTTGAGG[A/G]ATTCGATCACCATGGCTCTTGCATTTTTTTTCTTGCCTTAATGATGCGTGACTTGTCACC
rs0240	1	AAATCACACTGCTAATTTTGGTTTAGAAAGTTTTTTTAGGCTGTGTTCGAAGTTACAAGT[T/C]GAGAACTCATCCTCTTAGCATGAAAAACAGAACGGCTCATTGTCATATGATTAATTAAGT
rs0241	1	GGAGGCTCACAGGGGAATTGTGCTGTCCTATTGCACTCTCTTTAGCTAAACTTGAAGTGT[A/C]TGCCACCATCATGGTATGTAGTGCTCACTTGTGCTTCCCTTATGTTTTAATAGCCTCTGT
rs0242	1	GCAAAGACTTGTGCGGGAGGCATTAGATGGGAGGGAAGGACTGGAAGGGACTCTGGAGCA[A/G]TGGCTGAAGAGTGTGTTTGGATCAGAGATTGAATCACCATGGGATCAGATCCGTGGCCTC
rs0243	1	GTATCTTTTCCCTTAAACCACAGATGTTTAGCGTTCCATTTTCTGTGCCTGTCTACATGG[T/G]AACCCCAAACTTCTTTCTGTACATCACACGGTTACTGATTCTGTGTACTGTACCTAATTG
rs0244	1	CACACGGGCCCGTGCGGGAGGAGAAACGCCTTCTTGCCGAAGGCACCCGCAAATCTGTGG[A/G]TTTCGCATTTCTGACGGTTGAAATCGTGAAAAAGAGATACTTTTTTAGGGTAAAAAGGAG
rs0245	1	ATAAGCATGTGGTGTCTACCCTGTTTTGTAGCTGGGCTAAATGTCTTTCTGTAAAAAGAT[T/G]TTCAAAGCAACGCTAACAATACTTGGCATCTTGTAAAAAGAAGCACTATTTAGTGGACTG
rs0246	1	TTGTAGGTTATTTATTTCATATTAGTCTAGTCCGCTTGATATGTAGGATCTCACAACCAA[T/C]ACAATTTTGTTCAGGAAGCTGAAATTGAAGTGTGAAGACCAAGAAAAACAAGAGAAGAAT
rs0247	1	TTGTTCATATGAGGTGAGAAAGCTGACAATAGAGCCAAAAAGAAGATGGGAGTTTTATAC[A/C]CGCGTGAAGGAAAGGACATCAGCGTATTGTCGTATCAAACGACGCCAACAACCGCATGAC
rs0248	1	GCCTGCCCATACTTCTTAACATTTCTCTAATGAACTGAGAATAAACCACACCACCAACTC[A/G]AAGTGTCCATACACGTACCGATGCACATCGCCATGACAACCAATGGACCAAATATGGCAA
rs0249	1	TTCAACGGATAAATTATACGTCCGTCTGTCCGTCACTTATGGAGACGGAGGGAGTAGCTC[A/C]TTAACGCTCATTTTAATTTTCGTCTTTTGGTTTGCAAAACCGGGTGAAGCCCGTTTGTCC
rs0250	1	TGAAATTCCTGCGTTCTCCACTGTCAAGCGTGCTAATGACCTATCGTCAACGTCTCACAT[T/G]CATGAAGTATATATATATATGGTAACGGCACACACACATGCATGACAGCATGACTCAAAT

表 C.1（续）

序号	染色体	序列
rs0251	1	CGTTTATAGCATGATGGAAACTTTGACACAACAATACAACATAGGAACAATATATACCCC[T/G]AACAATTCAAAACCGGCCAAAACCACCACACAAGAAATAGTTGAACAGACACCATCTTAA
rs0252	1	GTCGCTGTTGAGAATTCAGTGGCACGATGTCCCAGTTTCCGTGGATTGGATTTCAAACGA[A/G]TCGGTTCGTGGATGAGAAAGTAACATGTGTTACAAGTGTCGAAATGGATGCCTGAAATAG
rs0253	1	AAGGCAGGGTCGATCTGGCAAATGCTCCGGGGGTCTAATCATGTGCTCTGGCGTAAGTAA[T/G]AGAAGCAGAGGGAGACAAGAGGCTAAGGATGTCTAAGCTACGCGTGATGCGCCACGCACT
rs0254	1	GTGCGCCTGGATCAATTATTTGTGAACTAGAGAGAGCTGTACCAAAGCTGAACCTAAGAA[T/C]CTGATTATTTGAGCGGGCGTCCACTGTCTAGCTTTACTAGTACTACTATTGATCGAGTCA
rs0255	1	GGACGAGGAGCAGCAGGAGGCTGACGACATGTAAGGTGGCTTTTGCTTGGTGGTTCTAGG[A/G]CAGGGTTTTGTGTGCTTGGTGTTTCCGTCTTACATTATCACCGTATTACCGCCTCGTACG
rs0256	1	GAAGGTCCAGAACTACAAGGCCTGGCTGTATATGACACCAACTGCTAGATGGAAACACGA[A/G]GAAAAGAATGGGTAGAAAGTAATGGGCGTAAAATGTTACCGAAAACCGGGTGATATAGAT
rs0257	1	ATTTGCAGAGCTTGACCCAGCTGATGGATAAATTGTGTAAGTTCAATTCAACTAGCGATA[T/C]TGAGTGTTTACTTTGCTCCACATAATCTTCCATGTGACCATTTTCATCGTTCTTTCAGTG
rs0258	1	GTCTTTGTGATTCGGGCGCAATGAGATCAGCCCACAGCCAATAGTCAATAGAATGCTGCA[T/G]ATGTGAGCAGATAACAAATCAGAGATTGGAAAAAAAGAAAAACATACTGCCGACAAGTGA
rs0259	1	TTTCTCGTTTTGCCACCGTGTATTCTACTCAACTCTCTACTGCTGTGATCTGAACACGCT[T/C]CGCCCGCGTTTGCAGATCGATTTCGTTTTACTCCTTTCCCACAGTGACAACCAGACGACA
rs0260	1	CATAAAATTCTTCTAAGCAATAAGAAGGGTAAGAAACAACTTAGGCTTCTATTCGAAACA[T/G]AATTTGAAGTGACTATAAGCCGTACACAAAACGAGGAAGGTTATTAGTTCATGCTTAATT
rs0261	1	CAACGTTGATTTTTACTAACACTTAAGAAAACTTGGATGAACTCAACAGGGCTGCAAATT[T/C]GAATGTACATAATGCACAGAGACTTCGAGCCAGGATTAACCTTCTTGGGTGTTGGACAGA
rs0262	1	CGGTTAAAACAAGGAAGTACCTTTCATTGACATCGAGATTCCAGTCCACACTAACATATG[T/C]TGTGACAAAAGGAATATGATTTTATTGACTACTTAACAAGAAATATATATTCCAATATAA
rs0263	1	TATCTCCCCGATTATGCCACGCTAGGTGAGGATTGCTGTTGCCCGAAGGAAAGCTTGACT[A/G]CCTGAGCAACTATCAATTTGACCACACATGGACAAGGCCTAGTCGGTTGCCGGTGTATAT
rs0264	1	TAGAGTATTACACACTGGTATATGGTTCTGAGGGTTTGTGGGAAAATGCTTCATGTCGTG[T/C]GTCTGATCGGAAGACAAACATCGAACACCAACTTTCTCCTTTGTACTAGTCTCCTCTGGA
rs0265	1	CACTTGATTTGTTGAAGTAGGCTTCTAGGATTCCCAGCAATAACTGTGCTCAAGATGAAA[A/G]GGGGGAAGAAATCAAAGAATGCGCCAATTGGTACGCTGTTCTCTGGCTAGACGGTCAATA
rs0266	1	CAAGAAATGAAACAAGCATATAGTGATTGGAACATAGGCAACATACCCAAGTAAACCAGC[A/G]TTTCCAGGCTTTAACTGGATACCAGTAGCTTCGGCTGCGCTGTTGTCTCCCATAGTAAGC
rs0267	1	AGGAAAATTAGTAAAAAAGCAATAAAAAGGACATACCCCATCATTCATGTAGTTTGCAAT[A/G]TTTCCAAGAAGAATTGTAGTGTTTGTCCTGATCGCAGGTTCTTCATCAACCTGAACACAG
rs0268	1	CCTGGATCACAGGTTGACCAGGAAGAATAATTCAACCATTATGCAAGTGCTAATTCAATG[A/G]TCAGGTACTGCATCTGAACAAGCCACCTGGGAAGATCTGGAGGAGCTGAAGGCAAGGTTC
rs0269	1	AGGCCCGGACTTCATAATTTGGTCCGAAAGGATGCATTACTTTACATGGGCTTTCTCATG[T/G]ACTAGTAATGTAGCCCAATGTCATCGTCATGGTCTTGGTAGAGTCCCATCTATTAATTGT
rs0270	1	CCATTCTTGTTTTGCTTTTCAGAGGGAGAAAGATCGAATAAAATGCGACCGCGATGGCTT[T/C]GAATGTTTGACAAGTTGCCACTGCTTGCTTATTCGCTATCCTGCCGTCTGAAGATCCCGG
rs0271	1	GTTTTACTCGGGAGATAAAACATGGAAATAACTGAGAAACATAAAGCCTCCGCCGGCCAT[T/C]CCCGTTAACCATTTCCGCTCTTTCTTCTTAATCTGCCTGTGGCAGGCACGATGTGGTGT
rs0272	1	CATGCCGACTGCACAAATCTTGAGGTTTAGCACGTGGTGGTGGCAGCAATACGCGACCTT[T/G]TCGATCGTACCACTGTCTGGTGACTGTGCCGGTGGGAGAAAAATGACCGAGATTGAAAAA
rs0273	1	TCAGACAACTATTTCTGCTCAATCAGCAAATCCCCAAAATATCTAACAGAAGGCAGAGAA[T/C]TGATTCCAAACTTTGAAAGGATGAAATTCTTTCCTTCATCATAACCTTTCCCAAAACTTA
rs0274	1	CTGCAAGGGAAGCGATTCATTGGCTTTCCGCTATTTCTTGGCCGGCCAATGCAAGTAGTT[T/G]GTTGGACGACGACATCAGCAAAGTCGAGCCTCGCTAATTGGCCCGCCACTCCTTTGCTGA
rs0275	1	CAGGTATAAATCACTATTCTACCCAGACTCTATTCATGTGAACCCATAGTACCTATATGT[T/C]AGGACCAAAGTGATAAACTTCATAAACTTCAAGCTTCTCACTTTATATTGTCATATCTGA
rs0276	1	TTGCAAAACAATACTGATAATGCTGCTCTTGAAAAGTAACAGAAGTACTGTTCAACCATG[T/C]CATTTCGCAGACAGAAAGTCCCATGCTGGCCATTTATGCATTTCTGGTGGACAATAATGG
rs0277	1	ACGACGTAGGCCAAGGTCGACCAACGGTGGGGATGCTACCTCCGGTGACAACCTACAACA[T/C]GTAGATCTGGACGTCTATAGTGGAGTAAGGCAAGGAAGCTGGTCTCGAGACGACGATGGC
rs0278	1	ACTCTCTAGTTCCCCTTGTAGCAGCACATTCTTTTCCAACCATACCTGCAGATCAGTGCT[T/C]AAGCCACGCAACTTCTTTTCAAGCACAGCTGACTCTTGTTTTCTAGCTGACTGACAAGAA
rs0279	1	ACATCACGATCGAGATTGAATGATAGTTTGAAATCGAATGCTCGTAACGTCATGCAGATA[A/G]TAACGAGCTCGTGCTGGATGCAATGCAACGACCCTGCAAACTCCTAAAACGCTCTGTTTG
rs0280	1	TAAAACAATGTTCGATCTACAACTCACGGGCAACTCAATTACACATTGTCAGAGTTGAAT[A/C]GAGGTTGTCGTGTTACAACTGACGTCAGAAATATGCAACGGAGGAATGACAAGAAAAAAC
rs0281	1	CCCAAATCTAGTGACTTATAACACCCTGATGGATGGACTTTATGAAACTGGCTATATTGA[T/C]AAAGCAGCAACTCTCTGGACCTCCATAACAGAAGATGGGTTGGAACCAGACATAATTTCA
rs0282	1	GGTCGTTTTAACGATTTTAGCTAAAGATTAGAAGTGATAGTTTGCTTAAGATGATGCATA[T/C]AGATTAGAGGCGACAGATTGGAGGCAACCTGGATGTTCATCGATACAATGTTCATAGAAG
rs0283	1	CAATAAAAGGGGATCAAGTTCCTAAGCCGAAAGGATTCTACTAAAGCCTAGCATAAAATC[T/G]GGAAATATCATTCTGCGTCAAATCAATATTATTGCTTGCAGCCTAGCACAGTAGCACAAA
rs0284	1	CCGTCGAATTCCTTCGGTCTTTTTCGGTCCGAATCGGAGTGCTATTCCACACGTGAAATG[A/G]CGCATCTTGGCTTTATAAGCTAAATCATCCTATCTATACGCAAATCAAAGAAGGGTGCAT
rs0285	1	AACATCAAGAGAAAAAGTATCATACCAGTTTCTGAGTCCTCAGTTCTCCGATTCAATATC[A/C]TTTCAAGGAAATTCTGTGAAATTACCTCAAGAGGTGCAAAAACAATTCCAGCATATGAGT
rs0286	1	GAACAACGGAATCATACCCCATTTACACAAATGCTATTGTGACAGGCGGTTGATGCAGGG[T/C]GTTCATTGCATAAAATACTTCAGACTGATCCCTAACAATATTGTACACAATTTTATTAGC
rs0287	1	TAATTACCTGAATGTCGCGAATTAGAAGAAGTGTAGCTAAAGAACGTGAATCAGAATGTA[T/C]GATGGAATCCTCCACTGACTCATCTGCAAGAATTAAAATCTGTCGTTTCAAAGTTAGCAC
rs0288	1	TCCTCTTCGGTGGTCGGCCGTTTCCGAGCTCGGCACCGGAGCTCTTTCGCGCCACCAATG[A/G]CCTGTGGAACGTTGTCGACGTTGATAAAACCCTATCACAATCGAGGAAGGCATGGCTGAC
rs0289	1	CAAAACAAATTATTATGCATAATAACTAGTAAAAACAATCAACTATGAATTTGCCATTGC[A/G]AAAGCAAGAGTGACAATAATTCATGAAATGGTACAAAGGTGACTTGTGTGAGATAAACAT
rs0290	1	TGGTGTGTTTTCGGTAGGTAGGTACAAACTACTCCTGCTTGGGTTATCCGATAGCAAATA[A/G]AATCCATTAATGACTCATGGTGGTTAGGCACCGGAGAAAGTGAGACTGACAATGTTACAT
rs0291	1	TATCTTGAGATGCATCACGCATATGGTGGCATGATGGATTTGAGCTAGAGATCATATGGG[T/G]GGTGTCACTAGTTTAATCCGTGGGCTCTGCGAGCAACTGAATTGTTTTTCTAGCGCCCAG
rs0292	1	GCCTCCTAAGCGTGCTGATGAGGCAGTTGAAACCGTGCTTTGTCTCCCGTTCTATGACCA[A/G]CAACCGAGCTGATTGTTTTGGTGTATGCATTGATGAAATTTCAATCCTCCTAGGCGCTTG
rs0293	1	AGTACTCAGTAGTCACTCGAATAAAATTGACTAACCTCTTTGGCAAAAGTTTCAGGTTCA[T/C]TTGAATCTTTTGAAGCAAGAGTGCAATCAGGCACCTCAGCAGAATCCTGAGCAAATAACC

表 C.1（续）

序号	染色体	序列
rs0294	1	GCTCCCTCTTCAGAAACCCGAGGATCCAACCAATCTCAAGATTCCTTTCCTCCTGGTCTC[T/G]TGTTCCAAAGTCTCTCCAAGAATTGAGATGGTGATTTTGACCTTCCAATCTCTCCGAGAA
rs0295	1	CACACCATGCATGCTCCCGGACAATTTCAGAGAAATACCATCACGCATTCCCTGTTACTC[T/C]TAATAGCCCCATCGGCTATGCTTAAAAAAAGATAAGCTAAAGCCAAAATTTCAAATTTAA
rs0296	1	ACCTGAAGTTGCTCGACAGCAGAAACTGCACACAATGCATGGACCAATATGATTTAGCTT[A/G]GGCAGATGCATCAATGACCTTTTAGGCACAACAGCACATATTCCAATCAAAAAAGTTAAC
rs0297	1	GTTTATAGGACTGTGGTTGCATGTCCATGTTCGGAGGACTATCAAATGTTTCATCCAGTT[T/C]TATTTTTTTTATATTTAGAAATATATTATATGGGCGTGAGAATATTTTTAATAGGTCTTA
rs0298	1	GCTAGATATATAATTACACCACATCTTTCTATCATGGGGTTTATTAGAGCCCATGTTCCA[A/G]CTGGATATACATATATGTGTAGCTTTTTTTTTATCTCACTCTCGGTACAAAATTAATGTG
rs0299	1	GAAACCAAGGTAGAATCAAGATTAGTGGCTACCTCTTGGAACTTCCTCTATGCCTGTCTT[T/C]TTCCCAGCTGCCATCCTCTAAAACCCTTTTACTTCTGATATCAGGAACTTCAGTTTGACC
rs0300	1	TCAGTAAAAAATTGGTACTTCTGTGCTGGCTGAACTAACTAGGTATAGAAATTTACCTCC[A/C]CTTAATACTGGATTTTGATTAGCCCATACATTTACTCATGTATCCTATTTATTAGCCCAT
rs0301	1	CACCATGGTCTTCTTGATCTGTCATACAACCAATTGACTGGTCAGATCCCAACATCTATA[A/G]AGAACTGTGCAATGGTGATGGTGCTCAACCTCCAAGGCAATTTGCTGAATGGCACCATTC
rs0302	1	ATTTAGGAAATAAATAGATAAAAGGAAACGACAAAAGCTAACCAATTGGATAACTACTAG[A/G]CACAACTCTTGTGCCTTCCTATCTTGCGCACGCAGAGATAGGATCTATTTTGTTCGATTC
rs0303	1	AAGACGAATTATTTTGAAATATTTTGTGCGCTTTCATGAGCAAGGCCCACGTGATATCAT[T/C]TTGAGAGTTGTTGGCGAAAGCAACTGGCAATGGTTCAACGATGGCATGTAGCCATGTACT
rs0304	1	AATCTTATATCTTGTCTTTGCTTAAGCAGAAAAAATGTTTATTTATGAAGAGGAACCATA[A/G]GTACAATTTTTCGAACCATTAGATTTGCGCGGCAAAAGAAAGGCTTTCTTTAAGAAGGGA
rs0305	1	AAAAAAAATCATTATACTACGCATACACATTATTAGTCTGATGATTTATTTCCTATGTTT[T/C]AATTAGCTTTGGCGTTGTGTGGATTAGGATAATCTCATTTTGTGTTTGCTTTTGTCATGG
rs0306	1	AAAGTAGAAGTTTCTCCAGCATCTCATGTTTATGGCAGTGGCAGTCATCACATGTGTTGG[A/C]TAAGCCACAACAACAAAGCAATGCACTAGCTGGCCAGTATTGCCATGTCCGACCTTGTTA
rs0307	1	TAAGAGATAACTCACATCATTGTTCTTGAGATAGGGGTCCAGGTCATTGCTAGCATAGTA[T/C]AAGTCCCCTTGGCCGGAGCTGAAAATCTCGAGACCTGATGTGAATACATATCAAGTTGCC
rs0308	1	TGTTGGATGCACTCATCCAGTCGGTTTCTATTGGGTCACCAAATCACCAAGAAAATACCC[T/C]AAAAAATATCTTAGCCGCATTTCGATGTGTTTTTCTTTATAAGAAATGGAATGGAAAACA
rs0309	1	TGCCATCCAAACCTTCAGGTTCTGGAGGGTGTGCATTCCGAGGTATTATACCTGGATCCC[T/C]ACCAGAAGTGAGAAGTAGAAGGCTCAAGTCCTGAAATATGCCAGAAATTCCTAAAGTGGT
rs0310	1	GAATTCATGAGTATGAGAAACGAGACATGTGAGTTACAACTAAAAACTCTGCACAATTCC[A/G]CAGAATTCGAAGATGCACACGCAAGTAAGCAAGTGAACACTATGGATCCTTATATGAATC
rs0311	1	AGAAGAACAATGGGGTTCTGGAAAAGAATCGACTGATTCAGAAAATTACTGCTAGTAATC[T/C]ACTGGTCTGTGCACCTAATGGAACAATTAACATCCTAAGCAAAGGGAGGAGAACATCAAA
rs0312	1	AGATCAACCTAATATGTCAATTGGGCTTTGGGCAAGACCAAGCCTACTAATGAACAACTT[T/C]CCAATAATCTCTTATTGCAACCGAGAAAATAAGGAAGGGGATAACCAACCTATTGGTTGA
rs0313	1	CAACAAAAAAAAATGAAGCTGTGCCTTATATGTTCTGACAGGAGAGAGAAAAATATTCAG[A/G]CCCTCTATAAACTTGGATAGAGGGAGTACTCTGCATAGTTTTGATCTCCCTAGCTAGCTT
rs0314	1	TGGAGAGAAAAGGCAGAAATGCGAGAAGTTAATAACTCTTTGATATTGCATTAAAACCTA[T/G]AAAGTGACAGGGTGGCTAGTCCTTCACAGCAATTAAAAAATATATGCTAGCTATGAATCC
rs0315	1	GATTACGCTTTGAGCTACTGGAGGACCCCTTGAGAGAGATTTTGTATCAGATTGCTGTTA[A/G]TTTGTATCAATGCTGCTGCTATGTTTCTTCGAATTCGCTCATTGTCTATTAGGAAAGCCG
rs0316	1	TGTTACTCGCTCATTCTCGTGGCTGCAAACCCCATATGATGATACGACTGTGGAGACGTG[A/G]TCGTCACTCGTATCGGCTAGGCACGATGACATGATTGTACACAAGGTAATAAATAGCGTG
rs0317	1	CCGAGGACCCGACAAACGATTGGTCTGGTAGCCCAAGGCGGCCTAGACCCGAGCAAAAAT[A/G]TGCAACACGCCGCTTATGTGCATGGGCCATTTGGCGACATTACGCAAAGAAAGAAGTTCA
rs0318	1	CTGCAAGACGTAGTTGGAAACAGCAGGCCAGAGGTCCTTGGGGCCATTTGATGAATATGA[T/C]AATCCATTACGGATAACCTCACTTGTCATCAGTTCAAGTCGCGGTGTTCCTCGGAAGCTG
rs0319	1	GTAAAGATCAGTGATTTCTCCATAGGCTTCAAAATGCCTATCAATAAAATGTTCTGATTA[A/G]AGTCTTTATGCAAGCTCGGATATTCAACTGATAAGTGAACTGAGTGCTGAACAAAAGGAC
rs0320	1	GCTGGAGCACTACACTAGCCTGCTCAAATCATACAGAAAGAATGAGCACACTTTGCTATC[T/C]ACCAAAGTGAAGAAGATCTTACGGTCAAATAACTTTTGAGCCTCATGGTATTGCTTATAC
rs0321	1	CATTAACGTCATTAGCGTCGTGATTCAACATGACGACGCCAATAACATTAGCGACATCTC[T/C]CTAGTCTCTCTGTGGAAGCTAAGTCGATGATATGATGGGGTAGCGCCAATGTTTGTGGCG
rs0322	1	TGTGGATCTTAAAATCTTTATATTCTACATTTTCTTTGTGCAGTGTATTGGGTTTTCCTC[T/C]CAGCAGCTAGCTCTAGTGAGCCTGCAGCAATTGAATGGGTTCTAGAGTTGTTTTCAGAAA
rs0323	1	ATCCATTATAAAATTAACCTTGGTTAAATGTGTGGCTGAATGTGAAATTCACTCCAAGGT[A/G]GTGAAAAAACCACTTGCCCGTCCCATGCAAGTGATTCCCAACCGATCCCCAAAACAAAAG
rs0324	1	CGTACAATTTCTTTAAATTAAAAAAATATCTAGGGTATTTCCAACTGAGGAGGGAGGCAG[T/C]GAATTGAAGTGGGGCAGGAATTAAAAGAGCCATGAGTTGCACTGCAGGCAGATATGTTTG
rs0325	1	CTATTGTCATGAGACCTGAAAATATTAGGTGTGGGCATGCTAACTTCACATGCTTGGCAA[T/G]CTCGACGCATCTGGAGGGATCAATACCAGATTTTGCTGAATAAATGAAAATATTTCCTTG
rs0326	1	TTGTTTTTCTTCGAATATCTACTGTCCATGTTCTTAAAAGATTCCATAGAAGACAATCTC[A/G]ACAGTTGGGTATTTGACCGTGTTTCCAGCTCCTCCTCATTAGTTTCACTGAATCCCTGTA
rs0327	1	ATCCTAAAATTATCCAGTTTAAGTCAAACCTGACCAGAACCTTCAAGTCTGAGAGTAGTA[T/C]AAACTGCGCCGAACGTGCAGTGTTTGACCTGCATCTATACAAATTATTGCAACTGTTCTG
rs0328	1	ACAATTAATTGACTGAAAATCTCAGCAACACCGATTCAAACAACCCCTAAGTTAGTGAGA[T/C]CACTGTCACCTGTGGCAGACGTAGCTTGGATGCACGCATGCAATTATTGGGGGCACCATC
rs0329	1	TGGAGTATGTTGTAACATTATTTTTTTTAATGCTCCGATTAACTCGGCGCTGCAATTAAA[T/G]ATCAGGAAGGACATTTCCAACGTCTTCTTTTTACTTTATGCCACTCTCCTGGATAGCGCA
rs0330	1	GACTCGATTGCTGGATCGATCAGCCGTTCGTTCAATCGAGACGCCCTTGAATTCGCCAGG[T/C]TAACAATATGTGCCCTGGTCCCTTCCACCACAGCCAAAGTCGTCTTCATATCGCGCGGGA
rs0331	1	TATCAAGTCTAGCTTATTTATTAGTATCCACTACTTGCAGTTATTGCTAATTGTTTGTAC[T/C]GATTTATCTTGATTGTTTCATGTTCCGACAATAACGCGCAGGGTGTTATCTAGTATCACA
rs0332	1	ACCATTACTCCAGTCCTTATTAAGGTAGCAATAATCCAATTATAACCGCAAGTCTGCAAT[T/G]ATAACTGCTGTGCATGTATCTTATTTGTTTAGTTATTTATTTTGTGCTGAATCTTTTCTC
rs0333	1	AACTAGAGAACTAAAAGCTCTGGGAATAACAATCAAGAAAGTGAGTACCTTGAAGAAGCT[T/C]CTTGATATTCATGGAAGTCACATGAGATTGCTTGGTCTATATAAATTGAGTGGCGAGACA
rs0334	1	CGGGTGCATCAGAAGCTCCATCAAATCACGGATACGATAATCCAAGGACATGAAATCATC[A/G]AGGACGGCAGCGTTGGTGATGACACCATACAAGAAACAGTAGGAACACACAATATGCATG
rs0335	1	AGTTTTGCTGAAGCATAAAGCTATTGAAGTAATCAAGGTGAGTAATGTTTCATTGTGTGC[T/C]TCTCTTAATTGTTTTCATATTATTGAGAGTTAAATCGGTTCAATCCTACATGTTTTAGGC
rs0336	1	CTTATGCAGCTTTCGTCTTGCCATTGATGTTCACTGTTTTACATATTTGCAGCTTTGATC[A/G]GCACGCGCTGGATCTTTTAGAGAAGATGTTAACTTTGGATCCATCACAGGTATGCTGCAT

表 C.1（续）

序号	染色体	序列
rs0337	1	CTCGATCGCCCTTGCCTTTTGAGATCGATCACCAGGTTACTGTAGAAGTACAGATCGGAG[A/C]GAGCGATCGATCGAGGAAGAAGAAGAGGTAGAGGTTGTAGATGGCTGTGTCGGCTGGCGG
rs0338	1	CATGCAAATAGTTAATCTAAACTATAAATTTCAGTTATTACTCCTAGCCCCTAGGCACAC[T/C]ACACTTTCTCCTGGATGTTGTCCTCTCTGTGCTTATTGCTATGCACTGGTTGTGCTGGAT
rs0339	1	CTAATGCAATATTAGTACTAGTATGTTTTTTTATGCACCTTCCTCGTAAGCTTCGATCCT[A/C]TTGGATAATTCGCTCTGAAGCAACCAACTAATCCACCAATCCACACTGTCGATCGAATCG
rs0340	1	TTGTAGTTGTCCTAACATGCCGACCGTCAGTTTGCAAATGTTGTACGAATTGAAAACAGA[A/G]TTCGTTCTATAAACTTTATACGCACTTAATTCCCCTTCCATTTACATTTCACAGGATAAC
rs0341	1	AGAATCAGAGCGTATGATCCAAGAGCTGAACGAGTTTGGTTTGGTGGAGAGCATCATTGA[A/C]GAAGAATTCCTCAATTACTTCTATCAGCTACCACGCCAGCCTCCTCGTTCTCATGATGAT
rs0342	1	TATTGGACAATTCTTCTAAAGCTGACATTCTCTCTTCTTTTTCAAATGTTCCATGAAATG[A/G]CAATCCTGGCAAATTTGTGGCAATTCAAAAGATCCAAACGGTACGCATCTTCTTCACATA
rs0343	1	TTAATTTGATATTTTGCTATTTTGCTATTCTTTTCCTGAAGGTGATTGTACGCTTGGTCC[A/G]CAGCCTGGACAAAATTAAGGAGCCTGCAGCACGATCCCTGATTATTTGGATATTTGGAGA
rs0344	1	AAGCACAAGTTTGATCACCAGATATGCAAAAGATACATCTCAGCTGTCTCCGTAAAACTT[T/C]CCTACATTTCTGCTTAATGCCTCTTGCCGTGGGCACATAAAGCAATATGTATGAACCTTT
rs0345	2	TAACAAGTTCATGTCTCGTCCTCAGCTCTACTTATCTGCATGATTATGAGACTATGGGCA[T/C]GTCCTAACTGGTTGATTGTATAGATTACGGATAGAAAAAAATGCTCATTTTTGGAAGTAG
rs0346	2	TTTAAATTATTGAACCTTTCTATGGAAGTATCAAAGAGTCCAAATTATTTCAAAGTTTCT[T/G]TTGCAGTTACGTTTGAGAAATTGTTGGTATGAAGGCCTAACTTGGAAGGTTGCTGATGAA
rs0347	2	GATCCCTAAGATTTAGGCCCATATTGATCGTCAGCCCACTGTAGGCCTATTGGAGGAAGC[A/G]GGAAGAAGCAATAGGCCGCGTGGGAAGCCCATATTTTGCGGGCTGCCTTTCTGTATAGGC
rs0348	2	GCTTAATTACTCGCCTTCCCTTTCATGATATTGTTTGATTTATTGATGCTAACATCACAC[A/C]ATCAAATTTAAGCGATATTAATAAGGAAAAAAAGGGACGGCTAATTTAAAGTGACACTCT
rs0349	2	CCTACCCCACCCAACATCCTGAAAGAGTCCATATAGGCACTGATCGGCCTAGCAACGATG[A/G]GGGAGGATAGCAAGAATGCTAACTGGGAATGGTTATGTTTGAAATGTTTCTTAGGCTCTT
rs0350	2	TTCTTGATCTCGTTAAGCATTTTGTCGAGAACCAGTAGCTTGCCACTTGCATGCACCACC[A/G]TATCTATATTTTCAGTTACATTGCTATTGTTGCTAAGTGAGCTTCGCAGAAATTCATTAA
rs0351	2	CAGTAGATGTTGATACCCAACCATCTGTTGAAGTGCCATCTGTGTTGTTGGAGCACTTGT[A/C]GGCGATGAAGGTGCTGACTTGAGCCTGCCCTCCAATCAGATTGAGGCTGTAGATCTCCAT
rs0352	2	AAAATGAATATAAATTAACCCAAAGAGAGACAATAGGGTATGTTCTTGCCTCTTGGTGTT[T/G]TCCTGATGCAACTAGCACCCTAAGATCTGTACACATGTCCTGCATAAAAATTAAAGAAAG
rs0353	2	GAAAATTATAGTCGTAGTACTACAAATTTGCAGTTTGTGGCTGAGGGGAATCTATCCCAT[T/C]TGGTATATGCTGTCACTTTGTGCTAGTACTGTACTATGTACTAGCCTGTAGCCTCTACTT
rs0354	2	CCTTCTTGGCAACACTCCATGACATGAGATAGCTACTAGCTAGCTATCCATGTAGGGAAA[A/C]TAGATCATTTTCTCAGGTGTCAAAACTTTTGTACATATGTATCCACGTCATAGGGGCTTG
rs0355	2	TTGAACTCGAGCTAGGTGCGGCACTTGTCATGGTGCTATCGAATGAGCTCCTAGACAAGG[T/C]GCTCAGCTTCTCTATCTCCTCCTCATGTACATCTCCATCCTGCGAGAGCAGTGGAAGCCT
rs0356	2	CATCGTGTGGGCTTGCCATATGATGTGGTAACCTCACACGGTGATACATTTTCGGTTTTT[A/G]TCGGTAACTATACAATTAGGGCCTTCACTGTGCGAATACGTGGCGAGTTACTTCGATACG
rs0357	2	GATAGTGACAGTGACCTTCCATCTGCTGAAGCGAGGAACCAGCTTGCTGACAACAACACC[T/C]ACAGTGCTATCCATTCAGGTTCCTGTTCTCTATGGCTGTACAACTTCAATAATCAGTGCG
rs0358	2	TGCAAATGCCCATGATATAAGCTTCATTAATGATAGCTTGCAATAGCGCAGCACCCAGGA[A/C]AAAGAGCAAAGGTGCCAAATGATCACCTTGCCCAACTCCTCTTTTACAATGAAAATTCTT
rs0359	2	CAAGAACTGACTGAGCACATGCTCTATTTATCCAATCCAAAACAAGGCATTCAGAACTAC[T/C]ACATGTCACTATGTCAGAATCAGCCTATAGCACGATCACCATTAGAATCTTTTCCAATGA
rs0360	2	CTTTTTACCATTTTTATCACAATTTATCTTAGCGAGTTTCCTTCAATAAACTTCTCAAGG[T/C]TGTATTGTCATTCCATGGGTCTGGGGAGACTGGATCTGGTGGTGTGTCTCTCCCAAAGTG
rs0361	2	TGTCTGGTTAATTCAGAAGAAATCGACGGAATATGCAACTGGATTCATCAATAGATCATG[T/C]CGTTAGCACCGCACAAGTGTACATGGCTACTACTTGCAATGTGTTGAGTTAAGTGAAGCA
rs0362	2	ATCTTGTCTCACGACGTCATCGATCGCTGCAAATTTTGAGTTCGTATACAAAGACTTGGC[A/G]TGCGCGATCCGGTCATTTCTCGAATCACTAGCTTCTCTAGGACTAACCTAGTGTGTCGGT
rs0363	2	GATTTTGGTCTTAACTGGCAGCAGATTAATTAGGCACTGGTTCTGTACTAGTGGTAGTTT[T/C]GTACGTACGGTTCTTGCATTGCATTATAAGTGAATGGCCTAGCTGATGAGCCTGTTGTGC
rs0364	2	CTTGGTCTAATGCTTTTTAGAGAAAAACCACCTGGGCTAATGTTGGCTTTGGCAGGAGTC[A/G]TAGCTACGCGATCCAAAGGTTGGGCCAGAGACTGAACGTAATTATGTAACGTGATCGAAC
rs0365	2	TGAAGTTCTGAACATACAAATCATATCAATCATGGTGTGTGAAATGTGAATGCAGCAGGA[A/G]TTAGAATGTCATGCCATGTCCCTGTTGCCAAAGTGAAAGAATGTTATTTGCGATTTCTTT
rs0366	2	ATTCATGAAAAAAATCAAAGACGAGCGGTCAAGCGTTGGAGACAGAAATTTATAAATGAA[A/C]TTATTTTGGAAAGGGTGTACTGTACTAGCTAGTGCGTGTGCTTGAGTTAATCATGGGTAG
rs0367	2	ATAGCGAAACACAGTTTTGAAGATGGCCAAATGTCCGTTTTCTTGACATGTCCATTTTCA[T/C]TGGGCACTGCCATGAGCTGTGCAACTGTAAATCTGTAATTCTTGCATTTTTCTCATCTTT
rs0368	2	TCTCCCATCATACTTCTACATGAACAAATTGATGGTTCTTTTGTCAGTGCACAGTGTACA[T/C]CTTAAATATTGGAATTGACAAGTCTCCACTCCTCCTGTGCGTGTCCACCATAATGAGCTG
rs0369	2	TGTATGTTTTAAGTTATTGCTTCAGAATAATGTAATGTGGTGTGCTGTACCAAACATCAT[A/G]GTGTACCTTCTATTCTGATGATTATGCATCCATGTCACCTGCTGCAGTTGCTCCACCTGA
rs0370	2	TGTCAAAATCGCCCTGAAGGTTTTGGGCACTTGACCCTGCGTAGTTCAGTATAATTTGTG[T/C]GTAATTCGTCGATTATTACCGTGTTACCTTTTTCAAGCACGATGATCGCGTATTAAACAG
rs0371	2	ATAATATTTATTTTATAGGGTTTCATCCTTACAAAGAGATTGCCTTCTTTTGGGTCTCAT[T/C]ATCAAGAGTGATATCCTATCATTTGAATACCTCAAAGGTTCAAGAGTTGGGCATCTTATT
rs0372	2	GCTCTCCTTGGCCATGGTTTCCTCATCTTCCAATGGGTCATTGAGCTCAGCCAACACTGG[T/C]GGTATTCTTTGCTTAGCTTCCTTAAGCAAGTGCTTAAGGTCAAGAAGGGTAGTCTCCGTT
rs0373	2	AACACTATTTGTATGTATGTGGTCTAACGTGAAGCACGTGGAAACTTACGTTGAAATTGC[A/G]AGTTAGAAGGAGATCCACAAAACAGAGACTCCATGGTTTCTATTGCTCGAGCACAAAGTT
rs0374	2	AGGAGATGGTTCGTTGCATGAGAAACATTTTCCTCCGTCTATCTGAATCCTCGAAGATGT[T/C]ACCAAAGGAATCTTCTGATTGTTCATCTTCCTCAGCAGAACGTCTTTCTGGTTCTACACT
rs0375	2	ATTTTTGATGAGTCTGTTAGTCCTCAGATACTACCCTTGCATTCGGAGGTCTTTGTCAGA[A/G]TTTAGCTGAAATAAGCAATTGCACCGTAGTTTAATTGCTGCTCCTTAATTATTACCATTA
rs0376	2	CATATAGATAGGAAGGGAGTCAAAGCGAGCGAATTATTTGCATTGGCACGGACTATGGAT[A/G]AAGGCGTCGCGGGGTACACAAGGACGACGACGAACAAAAACGGATTGTGACGATCGGAAA
rs0377	2	CAATACTCCCCTCTTACAGGCAATGGACAGAGCACACCGTCTGGGTCAAAGGAAAGTGGT[A/G]AACGTGCACCGTCTCATCATGCGCGGTACCCTGGAAGAGAAGGTGATGAGTCTTCAAAGG
rs0378	2	CTCCTAGAGAGATATATATGTCTTGGTCTTAACCTTTCATGCATCAAAGGATGACCCCAC[A/C]TGTGGCAATATCATATTTGGGTGTTGTCCTTATCAGATATGCACTTGCTTGGTTAGCAAC
rs0379	2	AGAACCCATTTTATTAAATGCCAGCCAAGGAAATTGGCCATAATTAATTCAACCTTTTTG[A/G]GGGAGAATGATTAACTCATCCTTAATACTGTAGTGGTCACTGGTCAGTCAACATATTTTT

表 C.1（续）

序号	染色体	序列
rs0380	2	CTCTGTGGATGCTTCCATGAAATTTCTGAATCCAATGTTTTGTACCACCATATAAATAGA[A/G]ACTGTGGTTTAATTCATGTTTTGCAATAGAAGAAGCAGCATCCCCATGTGCAGAGAGATT
rs0381	2	ACAGTCTTACGCAGTGCGAATATGCTGTGCAAGAAGTTGCCAGAGCATGTTCAAATTTGC[A/G]AGAAGATCCAAACCTTGGAACTTGGCTGTCATGTCCATCCTTTATTCAAGGGCTTCTCGA
rs0382	2	AGGGCACAGATCGGCTAGTTCCAAGCCAATTGCACAGGTTTTAGCTCATTGACTGACAAA[T/C]CAATGTTTGGATAACTGAGATGGGAGATGGGAAAATACGGAATGAATTGTATTTCTAGTC
rs0383	2	ATGTATGTACCAATCATATTCTAATATGGTGCAGAATCCCTCCAAGATGAGAAAAGCACA[T/G]GCAGAGGTTGATTCTGTACTCAGCAATGAGACAATTAATGTGGACCAGCTCAAGAAATTG
rs0384	2	ATAGCGCACATATGCTATGTGGACACACTTTTTGTAAAGTGTGCACACCCCCTTATACAC[A/G]CTTTCTAACAGAGGAGAAGGCTTGAGATAAATCCATGGAAAATAAATAAATAAAACTAAC
rs0385	2	TTCAACTACTCCAGAAAATTGCAGAAATTGATGTGTACAATGGGGTATCCAGGTATATTG[T/G]TAAAATACAATAATCCTACATATCTGAAGTTATAAGTGAAACCATCCGCAATAAGTCAGC
rs0386	2	TAATTAGTAAAGGAATTTGATGTTATGTTCTCTTCTGAAATTTCAGTAAGAGAGAGTGTA[T/G]TACATATCAGGTGCATAATTGGCTCAGGTAAAAGTTTTATGGTCTAGACGACAGATTTGT
rs0387	2	GCAACTGCTCCAGAAGTTCAATGCAAGGCAGGGTTCTAGTTCTACTGTGTGCCTGCACTT[T/G]TTAGGATTAACGAAAGTTTAATCATCATGAGGCAAAACATCTCATTCACTACATGGACTT
rs0388	2	ACCAGCCACAAGCCATCAATTTTAGAAGCATCATCGTCGTCTAGTTAGTCACTGTAATCT[T/C]CTGAGTTGTGACTCTCGTTAGTAAGGCTCCTACCATTCGACCATTGCATCAATCGGTAAT
rs0389	2	TTTTCACAAAATTCATATGAAATTCGTCCGTTCCAAAGGAGGCCAGAACGACGGCGATGA[T/C]TGATATGAGGACGATTTGTGGTATGCACCGAATTTTCCGATCCTTTATTTAGAGAAGATT
rs0390	2	GGCAGCCTCAATTTTCCTTATGTGAAGTTGATGCCATGTGCTCATGCGTGATTGATTTGT[A/G]AGGGTTTGCATTTTTGAAATGGAGGAATAAAGCGAAAAACAGTAGTACTTTCTATATCTT
rs0391	2	ATGTGGGGAGGCTAATTCATGGGGCACTTGGCACTTGGCTGAGCTTTATATAGTTTCAGA[A/G]GCCTTAATAGTATATAATGGCTTTGTTTGGCCCAATTAAGGCCATTGTTGGGGTCAATAG
rs0392	2	ATTGTTTTTCTCCTTAACTGAAGAGAAAACCAGGTGAACTGGTGTTTCAGACCAGCAAGT[A/G]AAGTGTGTTTACTCTATTGTACTGTATTGGCTGCTATGTTCTTTGTTTTATGACCAATCA
rs0393	2	AGCCAAAGTGAAAAGGTTGAATTAATCCTAGGGGAAAAAGGAGAGGGTATATACCTGGAA[A/G]TTGAAATAAAGGGATGAAAAATGTTTGGATGGACAAAACATGGAAATAAATAGAAAAGAG
rs0394	2	TGAAAGAAACTGCATACTTTTGGTAGTTTAATTTTTTTATGGGATCATGAAATAAAACT[T/G]ACCAATTTATTTGTACTGTATTAGTGTAACTGCTTGTCTGCTGCAGTAACAGCAGTGGCG
rs0395	2	TTGGAGTTGCTGGAATCTGTGAGTGATTATTTGCAAGGCATGGTTTTACGGATTCTAGAA[A/C]AAGAGCAGAATGTGTATTGCTAATATGATTGCGACACAATGCTCTATCAGAATCCCTATG
rs0396	2	CTTGGTCTGGAGCTGCTCAAGTTTTACTCTCTGAAAATACTGTGAGCTTTTGACCAGAAA[A/G]TTTGTGATAATCTGTTAGCATATCATGATTCTGCTGTTCTTAGTCCAGTCTTTAATTTCT
rs0397	2	TGTCAAATGCATAGGTTGTCATCTTGCCCATATTATTCACGGACACGAGCAGATAGGGGA[T/G]AAATAGCACGTAGGAGGTGACGAGGATGAGGGGCGGGGCGAGGTACCCAGCCGGGGAGAG
rs0398	2	CTACTTCCTTGGAAGGAAATTTGGCTGAATATCCTAGTATAATACAAAATTATCAAAGCA[A/G]ATAAATGACTGCTATCATCGCATGGGTCCCTCCAGGCTGAGTATTGCCAAGAGCAAGTAC
rs0399	2	GATGGGCAGTTGGGCACTAAGGCTTGTTTTCTCTAGCATATATCTTAAGCATAAAAAGAG[T/G]GGTGTCATAAGCCATGTTGATGCTTACTGTATTTGAAGCACAACAGTAATTTCTAACGGT
rs0400	2	AAGAAAAGCCCCCGCTACTTTGAAGTTGATGATAGAAATCGTGAGGATAGATCTGGAAAA[A/G]CAACTCCAGTTCAACGGTTTGAGGACCGCAGGCCTTCTGAACCACAGAGGCCAGATAATG
rs0401	2	GGGTAACGTACGGCTGGTTTAGCATGTTAGGGGTAGTAAACGGAAAACTCTCATTTCCTC[A/G]AGATTTTGATAATAATTGTAAACCGGTCTCACGATTTAAACATGGTGGTAGACTGGTAGT
rs0402	2	AGACCTCAGCTCCTGTCAGCTCGATGGCCTTATACCTCCGTGCATAGCCAACTTGAGCTC[T/C]ATTGAGAGGCTTGATCTGTCGAACAATAGCTTTCACGGGCGTATACCAGCTGAGCTTAGC
rs0403	2	AGTTGCAAGTGTCAACGGAAATCCTACAAGATTCCTACCTTGGAATGCCTACTGAAATCA[A/G]CAGGGCAGTTTCAAACTCCTTCCAATTTCTCCCTGGCAGAATTTGGAAAAGAGTCAATGG
rs0404	2	ATGCTGCTTGTTGTTACTCTCGATATCGTATGGATCATAAGATGATCGCTGGATCATGTC[A/G]CTGCCGATGCTTTGGATGGTTGGTCGGAACGGAGACGGTGTGAGGAAGACATCTGATCCG
rs0405	2	CGTTGTCTCATTTGCTCAGCCACGTCATTTTCTAGCCGATTGAGGGCACAGTGTGTGAAA[T/C]TTGGAATGAACTCAAACTAATGAAATAAAGAATTTTAACTAATTCGGATCTTTACAAAAG
rs0406	2	TAGTAGGTATCTGGTAAGGATGGTAAAAGAGGTAGCCCTGGCGGGGGCTTGGTAGTCAAC[T/C]ACATCCCTTGGTTTCACACCCCCTTGTTAGGGCAAACAAAGGGCAAAGTGACGAGCGCCA
rs0407	2	AGTTGCATTTTCGACACAACTATATCTCCCTAGACGTACGTAGTTAGAGCATATCCACCA[A/G]CATTGTCGACTGGTGAGCATCCTCTCAGCCGCTGTTGATCATGTGCAATTCTTTACTCAT
rs0408	2	TAGTGGCGCTCATTGGGGAGGCGAGCGTTCGATCTAGCGTTACCTCGAAATGGCCTTATC[A/G]TAGGTGGTCCTCCTGAAGGCCTCGCCTATAATTCTATAGGGAAGTCGTCTATGAAAAGGT
rs0409	2	CCTAAGGAGCTTGGACGCATGCCCTTCTTGAAATCTATGTGAGTTGTGGTTGCACGATGA[T/C]TACAAGCACCTGGAGCTTGCTGGGCTGAAAGTGTATACTAAAATATGGCAACATATCCTA
rs0410	2	ACCTCAAAGGGTTTGTGATGTTTGCGGGGTACGTCTAGAGAGTATTCAACCTTACTTGAT[A/G]AATCGGATCAGTCGTGCTTCACAACCTCCAACTCATGATGTCACTGATCTGAGTACATTG
rs0411	2	TGTATATTCGTGAATAACTTCTTTTGGTGGTGATGGTGATGGTTGGGAGAATATGTGTAA[A/C]AGGACAGTTCATGGTTACACAAAGAGTCAAATAAACATGTAATTCTGTCTTAGAATCTCT
rs0412	2	TGCATGGTTATTGTGCCATGGTTGCCAGCATGCAATTGCATAGACATAACTTGCCTTTGC[T/C]CCTCAACCTCCGGCTCAATGCTTGCTTTCCCTTTCTTCTTACCTATCCTAAGTTCGTCAG
rs0413	2	GGGGTCCAAACAAAAACAAAAGCTGGCCGTTTTTCGGCGACATGGCCAATGCATCATCTA[T/C]TAGCAGCTAATCTGAACAAACTTTCTTCCTGTAATAATCTAATCGTTGGAGATATAATCA
rs0414	2	GTAGAAAAATGAGAGGAAAACCACACATATCAATGGCGTGAGTAGCGACTTCAGTTGAGT[T/C]GAAAGATCAAACTGGGACATTTCAGTGGTTACCGCTGGCCAACATGCTTGGAACGCAGAA
rs0415	2	ATCATTTGAGCACCCAACTGACACGCTCCTTCTTGGGCAGTCACTGAGGCAAGGGAAGAG[A/G]CTTACTTCAGATTCCTTGGCAACAAACTGGACTCAAGGTCAGTTCTATCTCACTGTACTT
rs0416	2	TCCTTCAAACGGGCAGCAGCGCGCTGCACTGCACACACACAAAAACTGACAGGGTGCCCT[A/C]AAAAAGCGAGTAGAATTTGTAGGGGAGCGCTGCGGTGACATGATAACATCATGGGGGTAG
rs0417	2	CAATTATGTAAATCGCTCCTCCGTCCTCACCATTTCTTTTCCTAGGATCTGACTAAGCAT[A/C]GCCCTTAAAATTGAAATTTGATTATGAATGGCTCTAAATGCATACCGTATGATCTAAAAG
rs0418	2	TGATAATTTGTTATAATTTTAGCTTATACTATTTTATCTGATAATAAAATTGGTCAATAA[T/G]TTGCTTGTTTTTCATGGCTGACAAGGTGTGTCAAAATTTGGACACAGATATTTGCAACAA
rs0419	2	TTCCTAAAAACTTGCATACAAACCATAGTCTCTTTTGGGACTCATTGTGCAGCAATGTTC[T/C]TGCATTGTTTTTTAGACCAGTCCTAGAAAACTAGATGTACAAATCAATGGACCCCAAAAT
rs0420	2	AGACAACCAACTATGTGGTGTTCTAAATATTAGCCCTTTGGCTCCTTGATTATACTGTCT[A/G]TCCATTGATAGGATGCGCAACACATTGGCTGATATTTCCGTGGCACAATTTGTTATGTAC
rs0421	2	GGGATGGGAGAATTGATGTGGATGTATTGTTTGGACCCCAATTACATTTGTCCAGAAAAG[T/G]TGGTTGCTTTCAGCAGTTTTGTGTATTCTTGCAAAATGCAGCTAATCTAGTTTATGCTAA
rs0422	2	GTATCTCTCTAGGATCATCAATCGATGCTTAATTAATCAGAACTACCATGATGGCATGAT[A/G]TACGACAATCACTTCTCATGTCAGTTATTACGGAGTCACACCGGCGGCAACGTGTCAGCC

表 C.1（续）

序号	染色体	序列
rs0423	2	TATATTTATTCATATATAAGCCATCAGTCATCACTAATCGTTGCAAGTCTGTAATCCCTG[T/C]GAACGTGAAGATTTAAGTGCAATTCGTTTTATGGCTAATCACTCTAGGTAGAATTTAAAA
rs0424	2	TAGTGACCACAGGCTGTCTGACTGTCAGTTTTGCAAGGGGGAATCAGAAAAACTGACCTT[A/G]ACTGCATAGAGGGCCCATGATCGTTCTTGTGCTGGGATTAGATGGGCCAGCACTACCTGT
rs0425	2	AAAGGTCCTTTCTGTCTTTCTCGTGGTCAGGCTGTGGTTGTGCTGTGCATGAGTAGGAAC[T/G]AGGAAGCCAGCATTTTTCAAGTTATCAGGTCATAGGGAAGGATTTCGATGTTTTTTAAGT
rs0426	2	TAATTTAATATGCGACAAAATAGGCATTAATTCAACGGTATTTTAATCTTTCTGCCACCC[A/G]CGATTTAAGGAAATATGTTGCGTCTTATTTTTCTTGGATTGTTTCATAACTGTTACTTGC
rs0427	2	TGTGTGTGTGTATGGTGCGTGACAAGTGGATGGGCGTCCATGGCGACCATCACGTATGCT[A/G]GTTTGTTTATTTATATATGCGCGGATTACTTGCGGATCGAGTTGAAGGTATACCAACAAG
rs0428	2	AATCACACCACTGCAAATGCAAAGGAATAAATGTATGTTAAAAGTGAACTCCAAACATTG[T/C]GGCAAGCCAGTAATTACCACTTGAAAAACATCATCTAGGCGATTTATGCAGCTTAATGCT
rs0429	2	TGCAGGAAGAAGAATGCGCAGATGATTGATCGCAATGATATGATGGCTAGTACGAAAATC[A/G]CACGGATTTTTAATTCTGCCTTTCGTACCGCCATCTCACGTGGGAAGATGCTTCCCCCCA
rs0430	2	GTCGTTAACCTCTCGATCAGCATGCATGGATGCAGCTTGCATTGCATATATATAGCTCCA[A/G]TGCATTGCTGCAACTCTGCAACTCCAAGCTATCTAATCTACTAGCTAGCCCTTCTCTCTC
rs0431	2	AAATAAGTAAATTAAACGTAGGGATGCAAAGCTACTGCTACTACTACTACTAGTAGTACC[A/G]AACATGCTCTTGTACATGCATCGATTGCGTCAAACAATGCTAATCAAATCAAGCACACAA
rs0432	2	CTTGTTGATCACTAACTGAATTTAGAATCGATAGTAGTAGAATATTTCCAGAAAATAAGC[T/C]GCAATTTTGCCGCGATGGAATGACCTAACATAACGCGATGTGTTAAAGTGCTTTATCTCG
rs0433	2	AATTGGGAAATGGCCTTGGGATGACCGACGGTAACAACTTTCTCTTTCAACCTTAGGATC[A/G]AGATCCAATGTTCTAAAATAATTAGGGTGATATGGCTAAACGACGGAATAGAAAAATATT
rs0434	2	ACAAGACGATCTCTCTAAAACAAAAGGAGAATCCAACTTCTTCTTGCAAATATTGTGCGA[A/C]GATGGTATTGAAAGTGGTGCCAACAAACACAGAAAAGACAAGGAAGTCCACCTCAGCAAA
rs0435	2	CAGAACTGTCTAACCTACAGCTATCAAATATAACTATGGATCTCCCTAAAAAAATAACTA[T/C]GGATCAATAGCCGCCAGCCGCCAAAACAGTTAAATAGACATTTTTCCGTAGATGGTCAAG
rs0436	2	ACTATACCACATAAACTCTGTTCTTTGCATACACTCATGCAGAAAATAATGCATAATATC[T/C]GGTTTGTTGCCTAGAATATGGTTCTAAATGACCTGACAGAACAAGAAATCAAAAGATAAC
rs0437	2	GCCAGAACAACTGTAGTCTAAAAAAACATAAACAGCCAAACCACAATCCCACAATACTTG[A/G]TGCAAAACATCCAGACCTACCACTAAACTGTCTAAGCTCAACACTGAAGTAGGATAGGAC
rs0438	2	CATGTTTTCGTTCGTCAACATGCTAATTTTTCGTCCGTGCATATGAGCACATCCGATTTC[A/G]CAAAACAAAAAATCCTATCTGGATTGCCCCAGAGCCCCACCAACGCAAATAAAAAGGATA
rs0439	2	GAAGGCTAACATTCAGCATCATCGCAGAGTACACAAGGGTATCAACATCATACAAGATCC[A/C]GGAGGGTGCAGAATACCGTAATTAAATGTTAAATGTTATCTCTTTTAATTGTTCAAGAGT
rs0440	2	ATAAAAAATCTAAGGACACCCCTAAACAAATAAGGCTAAGTTCGAATGTGAGTTTTGGGG[T/C]GAGCTTTTTCTGGCATGGGAAACGAGGCAAGCAATTAGTGTACGATTAATTAAGTATTAA
rs0441	2	CACTAATAGATTCACACGTGTGTATCATGAGTCCTAGGGGTGAGTAACCGCATGCAAGAT[A/G]TGTACATACATGCATGCATGTGACAACATAACCGGCTTATTTCGATGACATTAAAAATTT
rs0442	2	ATTAATTAGTCATTTAGAAAGTACCTCCTTTTCCTCCTCCGTTTCCTTCTGGATCTTCAC[T/C]TCATCCATTAACATGTGTTCATAATGCCTGATCACATGAACCTTAGGTTGGTTGGAGTTC
rs0443	2	CAGGGAGATCGGCACCGGCGAAGTGGAAACCAGCCATTGAAGGCAGAGAGGAAACAGGC[A/G]TCTCCCACGGTGATTAAAGGCTCGATCGAATGCAATTCAAGAGGGGAAATAATGCCCACA
rs0444	2	CGGGTTGGAATTTAAATTATTCATGGATTTCCTGCGGAGTCTCAGTATATTTGGGGATTC[T/C]GCTCCTCGAGAGTCGTTCCAGGAATTGATTGAAATCATTCAAGCACAAGCTGATCTTGAT
rs0445	2	CAGAGATAGTACTATTACTCTCTCTATAGTAAAATATAGCTATTTTTGGCTACCAAATTC[A/G]TAACAATAATAACTACATGCCTGTTCAACATCTAGGCTATGGCTACACGCTGCTGATTTT
rs0446	2	TTCTGACTATTGAATTAACTGTAGAATGATGGGACACTCGTGTTCTGAACCTTTCAAGAA[A/C]TACCAAATATTGGTGATAGAATATTAAGCAGCACTCTATTGTTGAACTAAATAAATGTTC
rs0447	2	ACCCGTTGCAACACACGGATACGATGCTAGTTAGCTCAAACAAATGAGTTGGTGTTGTGC[T/C]CTTGGTATACTAACACTCCAAACACTTGAACATTTCAGGTATCTAATGGCTGGGGTCATA
rs0448	2	ATCGGAATTGACAAATTAGGAGGCCTATAGGCAAAGTAGAACTGGTTAGTCGAAGCCAAA[A/G]CCATATTCCATGGCTATGATTATGAATGGTCGGTAGTTACCCACACTCTTCTATGGCAGT
rs0449	2	GCCCACATTTATCTTAGGGTATCTCTCCCCTTATTAAAAGAAGAGTGTAGAGACATAAAG[T/G]ATTAAATGACTCAAAACTCTAAGTATAAGGAGTCTGGGTCCCGGCCTATTATGAGACCCG
rs0450	2	CTGACCTCGATGGCCATGGTGACAGTAGGCTTGGGTGGGTCGGGTATATCGCTTATTAAC[A/G]GCAACCTATGGCCAAAAGGATAGAGGTGTCCTTCATTTTCTATTTTCTTTCCATGAACCA
rs0451	2	TTTGATCAAATAAAGATATCGTAAAAAGATCTTTTTCTTACATATGTTGGACAATGCCTT[A/C]TCCATTGAGAACAGGTAATCCCTGTTATTCCCATTGGGGCCATTGGCTGTAGCAATTTGC
rs0452	2	AGCTTTCTGATACGTGTCATAATTTGTGCACAGGTATGGGAGAATTGGACTAGGGGCACA[A/G]TAACAGAGATAGTGGATCCATCATTGCGCTGTAGAAGTGCCGAAAGCGAGATTCTCAAGT
rs0453	2	TCCTATACAGTCCCTCTGGTCACAGGTAAGTGATGTTTTGGACATCAAGAAGGTAAAATG[A/C]AACTTTGACTGCTAACTTATATTGTATACCCTCTGTTCCATATCATAAGGTGTTTAGTTT
rs0454	2	AACAGTTTTTCTTTCGATTTATCCGTATTTACAATTAAATCATTTTAATTTTAATAATTA[T/C]TTTGTTTGGGTTTGAATATACTCATTTCATCCAAACGACCCGCTCTTTTTCATGGTTGTT
rs0455	2	GCTTCCTTCAAAACAAGATGTTCCAATTCCATATTGTGGTTATGTTCAAACTTCAAACAC[A/G]ACTGTGCTCCTTGCAAATAACAAAGGCACTGATAATTATATTGCCGTGAAACTTTTCCTT
rs0456	2	AATAAAATCTGCCACCCTAGATAACATCATGCCTAGCTAGTAGATAGAATTGTCTATTGT[T/C]GTGAAATGAGATGTTTATTGTGCAAGATACTATTTGGTGGTTTTCCATATCAGTGAAATT
rs0457	2	AGTTTCCAGTTGCTCTCATCATGCCTTTTCCGTGCTGCTGCTTCTATACCTGCTCTGAGA[A/G]CTAAGACTTCATAGTGGAAAGCGTCCATGAGATGTGTGATTCTTCCGGCTCCAGATTCAA
rs0458	2	ATGGGAGTTAATGCAAAAGCAACCTGAGGTTGAACATCACTGTCTACAAGTTCAATATAT[A/G]AAATGTTTTCTTCATTAGACTATTTTGGATTGTAGGTATAGGTTCATAGGTTCTCATTCC
rs0459	2	TGGCGCGTGTAAGTGGTTTTTGTTTCTCTTGTCACATGCAGGAATCTCAGCTACTCCGTT[T/C]TTTTTGAAGCAGAATAAAATCATGAATTTATATGTTAATTAATGTGGATTGCACGATAGT
rs0460	2	GAAGTAGTTTTTGTATTGGTAATAAATAGCAGGAGACATAAATCTGTACCGATCAAGGAG[T/G]AGTTGAAAAACAGGGCTTTGATATTTGTGTGGTGACCACTGACCAACCACAATGTTTGGA
rs0461	2	ATGTGCAAATTTCCTTTACTGAGTTGCAACGGATTTAAGCTCATTGAACATCGAAGCTGA[T/C]GTGTGCTTTTGATGTTTGTAATCTACTCCCTCCACTTTATATTATAACTTTTTCCTAAGT
rs0462	2	TATTCTTCTTGTCCCTTGGTCAAACCCCTACCAGCAGACTGATTTGGAGTAAATTACCGA[T/C]AAATGGTGGTAGGGGAATCTTCGATCTGGTTGCCTCATCGTTATTTTCATTTTAAAGGAG
rs0463	2	TAGTCAAATAAGCGTGCATGTGTCTGTTATCTTTGGAGATAGAGAATCCCGGATATCGAT[A/C]TTATCGAGTTCAGAAGCGTACAGGGTGTGTGTTGTGTTGTTAACTTGGTACTAGTGGCCA
rs0464	2	GGCTGAATTAACCAGGAAAGGGAGCACAATGGACAAGGCTCAAATATATGAATGGAGGAG[T/C]TACCACTAGCTAGGTGAAAAAACATGCATGTACAACGAGTAATGCATGAGTCAAGCTACC
rs0465	2	ATATATTCGTCGCCGCTAAAGCATGAACTGCTGAAGCTAAGCTATAGCCCCTCATGCATC[T/C]GAGCGACCTTCACCAACCTCATACCCATCCATCCATGCATTGTACGTAATGTCCGGCCAT

表 C.1（续）

序号	染色体	序列
rs0466	2	TGTTTTTGTGCCTAGCTTTGGTCGGAGGTGTTTGAATTGTTGGGGAATTTTGAGCTTTT[T/G]CTGTGATCTGAGCTTCAAATTTCGGTGGGGGTTAACTTGGCCTGGGCACCTCGGAATTTC
rs0467	2	GAACATAAATCTCAATCAATACAAAGTAACTTACAATGATTTTGCAAATAAGACAGAACA[A/G]GATCCAATAGCACCAGATACAATAGCATAAGAAAATGGCAACAATGTCCGCCAATGTGAG
rs0468	2	TTGGAAGTTGCAATAGATATGAGATTTTGGAGTTTCATCTTCTTGCCCCCAAGAGACCAT[T/G]TGCGCAATCAGTAACTACTAATAGTGCTTCATTTGCTAAAGTAGTAGTACTAGATTTTAT
rs0469	2	ACTGATCAGCTTGTGAAGATCGATGTTGAAGGGTTTAGGCTTCAGAACCCCTGTGCCCTG[A/C]ATCATCAGGAATTCAGGATACTAGACTTTTAGACACTACTAATTAATTCTGATGAGATCC
rs0470	2	GTACGCAACGCCGGCTAGGCCAGAGACGCGAGTACGTGACCCAGAAACGCAAACTTCAAA[A/G]CGAAATCTTCAGTTATCGAATTGATCTGAACTCTTCAAAGCTTCAGCTAGCCTGCAATTT
rs0471	2	TCTTTTCTGTAGATAATTTTGCACTAGTAAACTAACTACTCTTTGTTGACCTACAGTTCC[T/C]GGAGTGATTGGCTGCCTGCAAGCTCTAGAGGCTATAAAGGTTGCTACTGATGTTGGTGAA
rs0472	2	TTATAACAATTCATTGGTAGTGAATCCTCTTGTGCTATTTTGCTTCAAACTGCATGCTCG[T/C]CAACCTTTAACATCTACTTCCTGTGTTCTCAAATAACACAGCACTGACTACTTCAGTTCA
rs0473	2	CAGGGTGAATGAATGGAAAACAAAAAGCATAACCATACTACTGCTGCTACTGCTACTTCT[T/G]AATGCCATAGTGCGCATATTCAGGAGTTAACAAGCCTCCTGAATATCAAATAACTATAGC
rs0474	2	GAAACTGAGAGCGTGGATTTGTTAAATGGAATTCGGGCGCCTAATCAAGCGGAGTTTGTC[A/G]ATTCTTTTGCTCCGCCGTGTACTTTGCCGGAAGTTACGTTTGCACGTACAGGGAGACCGT
rs0475	2	CTTATTATGCTAAAGTATTGCGAGCCACGCATTTTGCTAACAAATTGTTGATCACACTTT[A/G]GATAAGAGTTGTTAAAATTATAAGTATTACACACATGTGGTCTGAAGCTAAAAAATCGTG
rs0476	2	CAAAACGATGAAAACTCAGCTTCTCCCTTAAGATCCACCACTGGTGGCGAAGGAGGCTTG[T/C]ATTCTTATGGTTGCCTCACCTAAGATGAATATGACGGCCGGTGGAATCTCCTAAGAAGAA
rs0477	2	ATAATACTCCTAGTCAATTCTTTCTAGGAGAATATATGATTGTTTTAATATGCTGTCAAT[T/G]ACTTACTCATTCATTCTTTGAATTATCCATTCATGCTGTTCTTTCTGCCACTAGTGCATA
rs0478	2	GATTTAGACCGCCGTACATACATGTATTCTCCTCATCTAGGTAGACTGAGGAGTTGTGGA[A/C]TACTCTTCCATGCCCTACTGATCACCGTGCAACGTGCATGGCCAAGGAAATCGTAACAGT
rs0479	2	AGTATTGATTTCTTGTCATCCTGGAAAGTTTGAAATGGCTATAGTTTTCTGTATCGAGAG[T/C]GGACCACCAATTAAGCTTTCCCCAATGGTTAACCGCAAATGAAATGGAATTAATTTCTTT
rs0480	2	CCTTGCTCCTTTCTGTCTTTTTGGTATTCTTTTTTCTCCTTTCTTTGATGTGCTACCTTG[A/C]CAGTAAAAGAAGAGCAAATTAAAGGGGAAAGGGTTCATTTGGTCTCATAGTTAATTTGGT
rs0481	2	ATACAGTTTCGTTTTTTAATTTTAAGTTTCGTCCTTTGGTTCATGACCAAACCTATCGTC[A/G]GCACCAGCTGCTAATATAAGCGTGATGAATCATTCGACCTACCAAATGAGCATTTAGTAC
rs0482	2	CAGCTATAATATCAGAAAATGCTCTGAGTCTTCTTTAGATGTCTTAACTCTTAATGATTG[T/C]GAGTAGTGCTGTAATGCACTAGTTTGAGAGTTGAGTTATTTTTCCGTATCACTCTGTTGG
rs0483	2	CTCTAATTGAGCTACTACTCCATTATTGTGAGCTTAATTAAGCGTGGTTATCTATACCAC[A/G]TGAGTGACAGGAAAGCTCTGATAGTCGTGGTGCCTGTGCACACGCACGCCGGCGTGCGTG
rs0484	2	CCCCAAATCTTGTCTTATCTTAGTTCGGTGGACACCACAACCCAACCCAGAAGATCAACG[A/G]CAGTTTAGCTCTTCTTCGTCGGTCCTCTGCGCAGGTGACCACCGGAGCGAGGCGGCCAAG
rs0485	2	CTAGTCACAACAGTTGGGGCAAAGTTACAGGGCATCCAGCAAGTATAGTCCACACTAGTG[T/C]GGCATCCATCGTGTGAATATGCTCCTTAGGATCGAGAGGCGTCGGAAATTTACAGAAGAG
rs0486	2	GTCCCTGCTATACCGATGGAAATAATATCATTTTAGCTAATGGAGAAAGATTTCAGTAGC[A/G]AAACAAAGTAGGACGTACACCTTTGAAACTCAAAACGCGTTTAGTTGGTGGATCATGGGT
rs0487	2	GGAAGTCGCATAACAAAATGGCACAATAACTTAATGAAACGGCTCAAAATACTAATAACC[A/G]TAAGAGAGTGCGAAGAAGGAAGGTGAGATCTTAGACGCATAAGAGGAGCTATATATGTAA
rs0488	2	CACCGTAACGTTGTTTTCGATAAGAATATACATGCCACACGTGCTGCTAAGTGCTATGTC[T/G]AATAAGTCATCTCTCGACTAGGTCAGATAATTTGTTCGCTCAGAGGAGATCCAACCAATA
rs0489	2	GCAATCCCCGCATTCCAATTCTTGAAGAGCTGAGAGCCCTCAAAGACCATATACATACAT[T/G]CTGCACAGCCAGACCTCTTTTTTGTACCATCGATGTTGTAGATTTCTGTCCTTGCGGTTC
rs0490	2	GATATGAACCTTGGTTTCCACATTAATGACACAAAACATGATATGCAAAAAAATGGACTT[T/C]ACTTCTTGTACAGGGTAAAGTCCATTTTTTCCCTTAGACTTTGCTCAAAGTCCAATTTTC
rs0491	2	AAGATCCAGACACTGGTGTGGTGTTCAGTGCTTTCTTAGTTTCTGATAAATGCACTCCAG[T/C]GGATTGTCCCAGAGGATTAACCCCAGCGACTTCTGAAACATTATGAACTTGTTCAGTTGC
rs0492	2	ATAATATAGTTGGGTTTTCACCAGACTCTGTTTTGGATATAGCTTCTGTTACATGTGAAA[T/G]CAACACTTCTGCAACCCTTGATGTTATAGTGCATGAAAACCCATCTTGTCCTGGTGGATT
rs0493	2	ATGACTAATGCATGTACGAGGGGGAGTTGTTAATTTGCCCACTCATCACTTCAGATGCAT[A/G]TTATTACTTTTTAAAATAACTAAACAGTCATGATGAAGTTTAATATATATGTAAGTGAAT
rs0494	2	GAAACAGTGGCACCTACAAAGAAAAGGGACCGTGTGTTTATAAATACTGTAGCATCTCTT[T/C]AATTAGCTGCGGCCTGAATCCTGATCACACTACTACAGTTTTGCTTTTACCTAATTAACC
rs0495	2	TCTCAACATCCAAGCACAAATTTGCGGCGGTAATTGCACGAACAGTCTCTAGACGCAGCA[A/C]AAAACCGTACACAAGTATAGATAGGGGGAGGAAAGCAGTTTGACAGACAGGTGGCGTAGC
rs0496	2	GAAATTTGATCAGTACACGTCGTGATCAATTAATCAACATATAGCAACAAAGAGCAAAAT[A/G]GTGGTTTAATTTGAACCGTTCATTGGTTAACTCATGGTTGGTGCAAATTAGCTAGCTCAC
rs0497	2	TGTTGGATGTAGCACTGCACAGCCATCGAAGCAGTTAGTATTTATACGAAATTTAAAAAG[T/C]ATTTCAAGTTTCGATATACACATATATGGGAACATATGAAAACACGTGTTCTGCGGTGAT
rs0498	2	AAACGAAGCAGAGTTTTACCCTGGTTTCGACGGTTAGTTTGATGGTGTTAATTTAAGGGC[A/G]AAAAGATAGTTATACTTATACCCACACACCTAGCCGTGCCACTTTCTTCTTGGAGCTGTT
rs0499	2	GTCGCTTCTGCTGTCACGTACGCAGCGCAGCGCGGCGCACAGGCAATGCCAGAAAACAGC[A/G]GTAAAGCAGAGCGATTTTATAGCAGAGGGATTAGAAGGTTTCAGACTTTCAGTGCAGTGA
rs0500	2	TAATTGCCTCATAGTCGCAGAAACTGCTTGGGAGAATCTACACTGAGATAGCAACCAATA[A/C]AAAAACTGTACAGAACAGGCAAAGAAAATGAGCATATTTACATCCATCAAACGCTAGCAG
rs0501	2	TTCCAACAGCAAGGGCATAGCCGCATATAGCAATTCAGATAGTGAACCAACTTCTGGCTG[A/C]AGTGAAATACCAGCTCTGATAAATAATAAACTATATTTTGACGTTTATGATATGATTTGA
rs0502	2	CAAAGGAATTAGATGAAGAGATATACCTTGGCCGCCACCCTCCTCAGCAGTAACCTCAGA[A/C]GCGACGGCCCATGGAACACTGAACAACACCTGCAAAGATCATTGCAGCAAACAGTAATAA
rs0503	2	CATCTGTCACTGTAGTAACCGACGATGGGTTGCACCTGACGGTAGAAATAAATGAGCACA[T/C]TTATCTCATATACTACTTACCTATTTTTCATCAAATTTTGCATTTATTTTATGACTTGGA
rs0504	2	AAAAAAAAAGAAACAAACCATGCCTCGTGCCTACAACATGAACGACCACTGTTGGGGAAC[A/G]ACAAGGAGCATGACAACTCGATCGGCGCACTCAACTCTATTCATACCATTGGGTTGGAGA
rs0505	2	AAGTGCAGAAGATTGAAAGAACCATAAAGGGTTTACAAGCTAATACAACATAGTTACTGA[A/G]TAGATAATGTGGATTGTGGAGAACAAATAGCAGATTTCACAAGTCGACAACAAACACCCT
rs0506	2	GATCAATCAGGGCATCTGAAAATCTGATCTGATCGTTCCCTTGAGATAGAGAGAGACGGT[A/G]TAGAGTGCGGCAAGTTGCAATTTTTATCCAAAATCAAGGCAGAACCCATTTGGATTTGAT
rs0507	2	ACTGGCTCACTGCATGACAACACAATACAACGACCGCGAACATAGTTACACAATCCACAA[A/G]TACTCAGCAAATATGCAAAAGCAGGATATGGTGTTACACTATTGCCTTACGCCAGTAATC
rs0508	2	AATGCTGAAATTTTGCAACCTGCAAACCGCAATCAAATTGTGTGGCCAGTTCTTTACCAA[T/C]CAGCTTGTATACATTTGTACAGTGCAGAGTTCGGCCCGTACTAGTCATTAGTACATGTGT

表 C.1（续）

序号	染色体	序列
rs0509	2	CACCTCACTGCAGTCCACAGGGGGAGTCTTCCTCCTCTTTGAGTCAGCCCTGTCAACCTC[A/G]ACGTGCGCCTCTGTGGCAATGGAAGCCAGCTTCTTTTCAATTGTCCTCCATCTTGATTCA
rs0510	2	GAAATTGGCGTGCGTATTCGCGTAACTACATATCTACATGTGCTGTTTGATCAATCTCAC[A/G]TTTCGGTTATGTGCGGTGATGAACTGATGATGTAGCTTATCTGAATTCTCATAGCAATGG
rs0511	2	ACTATGCTAAAGCCTCTTGGGTACATGACTAAATTACTCCCAGTAAAGAACACTACATCA[T/G]TTGAATAACTCATCGGAACCATGAAAAGTAAGAACACACCATCTCTCCTAGCGGCGCACA
rs0512	2	ACTTTCATAAGACCTGACAAAAAATAGGAATCACCCTAACTAGCTAGCAAAGCATAACCA[T/C]GACAACAAAACTAACAGCCTTAAAACAAAACGCAGTTCACTGTACATTGGTAAAAACTCG
rs0513	2	TACGATTTTTACATGTAATAATTTTTTTGTTATTTCACTTAAAACTGGCTACATCCAT[T/G]TGTTGAAAATTCTGCAAAATTCGATGCTTCACCATGTTTTGTATCTGCTCTGTAATCCTG
rs0514	2	GATAATTTCTTGGCGGCCCTAGCATTTCTAGCCGCCATGGAAATTACTCATATTACACCC[T/C]AAATATATTCTTGATTGCCATGGTAGGTAGGGCCGCCAGGGAAAGACACAGTTTTGGACA
rs0515	2	AGTACATTCATTATTCAAAATTTCATTCTACCACTTCTGCAATAAAAATCGCATAAAACC[A/G]ATATCCCAACCATAATAACCACCAGTGCGTTAAACGCAAACATTATTCTGCAATAATTAA
rs0516	2	ATTCAACAAGGAAATGTCTCTAGACAAAGAAGATATTCGGAAAAATATGTGTTTGGCTTT[T/C]TGCATGGACCAAATTGGCTTCTGCCTAATTGTGTTTAATCAATGGAGTTTTTTAAATAAG
rs0517	2	AAGCGTAGTACGTGCTGACGAGTTGGAACTACTCCTATGGTAATGAACTACTCCTAGTTG[T/C]ATCCCCATCAACTTTGTTTGGACAAAGAGGGAGATAGCACTGTAACATCAAAACTCTCTG
rs0518	2	AGCTTATGGCTCCAATTCTGTAAAACAAGAACGTGACATAATAACTGCATCAGGTGTGAA[A/G]TGTAATGATGTACCACTTGGAACTCCAGATCATATCTTGGGAAAGAAAAATATGGACTTC
rs0519	2	TGGGAAAGAAGCTAACTACCAGATGTCAAAGATTATGCATGAAGATGCAAAACCCTTTTG[T/C]CTCCTTGGGCATAACTGAAAATATCCTGGTCCAAATTTTAAATTGGCCTTATGCAGTCGA
rs0520	2	AATTATGAGAGGTTTATGGTATTGACCACACATGTATCAATTTACATTGGAAGCTCCGTT[T/C]ACATAATCCTTTTCAGGGTGAAAATGTATTGTCGATGAAACAAAAAATGAACACAATGTG
rs0521	2	TCCTAACTAACAGGGAAAGAAGATATGCCATGCTAGTAAGCAAAGGGCAACGCTTGTGGT[T/G]TTTAATACCTTGTGCTTGTGATATGTCCTCTCTCTCTCTCTCTCTCTCTCTCTCTCTC
rs0522	2	CCGTCAAAACATCTTGCGTATTGGATTTGCATGGGAATCTGATTCGAGTCGATTGAGACT[T/G]CATTTGTTGCTATCAGGCAATGAATTGAGCACTTTGTACGCTGATTTGATTCTGTGTACG
rs0523	2	GCTCCACCCCTCGTTAGCTCACCAGCTCTCCCCCAAGAGCTGCTTACCTAACATACTTTT[A/G]CAACTCCACCATTGTCCATTGCCAAAGGCCTTCGATCTCGCCTCCCAGATCTGCCCCGCG
rs0524	2	CGGTGAAAAAAAATATATTTTGATCTAGGACTAGCAGTACGTATGTACTACTCTACGTAC[T/C]ACGATGACGCGACGGGGAACGGAGTGGACCATGCATGAAAAAAATCGATTTCGCGCGCGG
rs0525	2	ACGCCATCCGCGTCGTCCCCCACTTCCCCAAGCAAGGTCCGTCTCTCCCCTCTCGGTTCG[T/C]CAGTTTGCCATATGTGCAAATACCTAGTGGTATCTGAATATCTGCGCGCGCGGCGTGCAT
rs0526	2	GTGACACATCCAACTTCTGTTATTCTTCAGAAAGCTATCAATATCATATGATGTTATTCC[A/G]ATTGTAGGCGGTGCTGCTATTCTCATGCATGCTAGCTTTTCTGCTAAACTACACTATCTT
rs0527	2	CCGATTCATCGTCATCTACATCAGGGAGAAAAGAAGACTGCCCTCGGGTGCCAGGTAATG[T/C]TGATTCTGAAGTGGTGTCGTCCCATGATAAGGAACAAGCAACAGCCTCAATTGCTGAAGA
rs0528	2	GATTTTTTTTCTTAAAAGACATGATCCATTAGTCTCAATAAATGTGTGATATAGTACCAG[T/C]GATGAAACCAACAACATTTTTATCAGGACTACGTAGAAAAGCCTAAGCAACCGTCCACTG
rs0529	2	TACTGGTGTGTGGGGTAATCTTCACAGAACTAAGCTCCACAAGTGGATTTCCCTCTTGAG[T/C]GTCTTCCACAGAAGTTGAAATAACAGCACCACGTCCATCAGAAACAGCAAGACGACCAAA
rs0530	2	AAAGAGGGATCGATCTACCCAGCTACTACTCGAGCCACTGGCACTAGTGGACTAGTAGAG[T/C]GTGCATCTTGATCACAGTAAGGACAGGTAGAGAGTCAGCAGTGCTTCTCACGTCCGCGAG
rs0531	2	TCAAGGCAAAAACTCTACTCAACTTGCGGGTAAAAAAGCATTTGAAAAGAGCAAGACCCC[A/G]GATGAGAATTCACTTCACTTTGTAGGTAAAAGGGACAGCTCGTCTGAGAAAAGCAAGGCT
rs0532	2	GTCAAGGATTTGATTTCGAGCCTTTCGTGCAGGTTCCAAACTTTCACATATTATGTCCAA[T/C]GGTATTCCAGCAGGTTTTATATCCAGTTGAATAGCAGTAATACCTCTCCTTGTTCCTGCA
rs0533	2	TGTCAATGTCATAGAATAAAGGCGAATATATATGGGGACTTCCACTGTCAGAACAACTTA[T/C]TGCTGATAGTAGTAGCTTTGGGTGACTTTCAAGCCTGTATGCAGCACTACTCTAGCTAAT
rs0534	2	AATTGTATAAAACTCCGTTTTGTCAGGCGGGGAAACGCGGTTACTGGTATATATTGACGT[A/G]TCGTCGTTGCAGGCCGCCAAACCAGTAACGCTATCTCGGAGCGTGATCACGCACGGCGCC
rs0535	2	GTGCCAGAGAAATTTGGATTCCTCTATGGCTGAATTATTGAAGGTGTTTGAAAGCAAGGC[A/C]TTTCAAGACAATTTTCAAGGTATGACATTAGATTCAGTAGTTGTGTACAACAGGAGGAAG
rs0536	2	AAGCATCACTACATAATTAGCATTACTTGGATTCAAATCCAACAAGTTTCTTATAGCATG[T/C]TCGGCCAGTTCTAGGTGTCTGTGTATTCTACAGGCATTGAGTAATGACCCCCAAATGACT
rs0537	2	CTGCTCAAGTTGTCTAACTTTGCATGCACATGGAGAGATAATAATGCAGATTGGATGTCA[A/G]CTGCTCAAGTAGTATGAATTACTCATTTTCTGTTTTTCCTGTTGTTGCACTGCTGTGTCA
rs0538	2	AAGTCTTTTGGATTTTCTATTTTTCACGTTATGAAGATGCACGTAGGACTTCTGGTGCTC[A/G]CCATGATCAGAAGCATGAAGGTGTATCTGGTGCGCATGAAAGGAACAGGGCTGTTGCGTG
rs0539	2	ATTGGTGCCAACAGACCACCTCATGATGTCAATGATATCACAAAAGGTGAAGAACGTTTA[A/G]GGATTCCAATTATTAATGAATATGGCAATGGGATTCTTCCTCCTCCATTTCACTACATAC
rs0540	2	GTTGCCCGCAAAGCAGTATGCTTGGTTGCCCGTTCTTTGTTCCTTTTACCAATACCAAGT[A/G]ATGTAAAGAATTCTGGAATGTGAACTCTCTGCCATGATATAGCTCTAGCTCAATGCATTA
rs0541	2	TTGACTGAATCTTGTTCTAAACGCCAATCTCTTCATGCAGAAGATAATGCTACACCATAT[A/G]CTAGAAATACTTCACATAAGCAACATCGCCCTATGGTTAGAAAATTACTTCTAAAAAAAT
rs0542	2	TCAGGGAAAGCGGGGAAAGGGGATCCCGAAACCGAAAGGAGGGCAGGGCTGGATTGATTG[A/G]TTGATTTTGGCTTTTCAGTTAAAGGACAGAGCACGCAAAGCCACACAAGATGACTTGTGA
rs0543	2	GCCCCACCCCACGTCTGCAACGTGGAGGAATCTTGCTTGCACCAGAATCACGAGTTCACA[A/G]CGGATGGCGGAAGAGTAGGTGGTGATCAATGCATTTCTTTTTAATCACGCCGAACATACG
rs0544	2	GAGGACCTCTCACAGGATGGAAATTAAGTTCATATGGAAGACAGTGATGCCAAACTCGTC[A/G]CAGTCGACAGGGCCATAATCATGCACGATGGATATGCTCAGAGAGAGCAAACTAATTAGC
rs0545	2	ATGTGTGCTAGCTCAAGATTTGAGCTCTAGCTGAGATTAATTGCTGGTTGTAAAGTGATG[T/C]ACATTCAATGTCTAGCTATGAAAAGTCAAATGAGACACATATATTTCCTAGCTAGCCCCG
rs0546	2	GGGATGGGATTGTCTCTGGCAAAGAATATTTCTCTAAGATCTAAGTTGGCGTTATCCCTC[A/G]AAAACTAGCGGACCAATTCAACCTACTTTTCTCTCTATTGACATATGATCCATCCTTTAA
rs0547	2	ATAAGACGTGATCAAGCAGTGTATTGTGCAAGCTTCTTTTTAGCCGAGACGCTTTCAAC[A/C]ACACTGTTATTTTACTGGTGTCATCATGCAAGTAAACTAGTTCTTGATCATCTCCAATAA
rs0548	2	CGGCCCAGGAGACTACTCCGTCGAAGTCGTAATGGGCCAATACTTGGTGGCCTTCTAATC[T/C]TCTCTCTCTCTCTTGGGCCTGATCTACGGGCCAGCGTCCACGTACGCGTCGGCCTGTGAG
rs0549	2	ATGGCGAGGTGGAGCTCGGTGAGGAGGTTGCCAAGAAGCTCATTGAGTTGGAGCCTCAGC[A/G]TGGCAGCCGGTACATCCTCCTGTCAAACATATATGCCACCTCGAACAGATGGGATGACAT
rs0550	2	TCAGCGAGAATTGCATTGTTCAGCTTGACGTCATACCTAAAACATTGGAGAAGCACGTCA[A/G]ATTGCCAACCGTGATGACACCATAATAAGCAACATAAATAATCATGTACTCCAGCATATC
rs0551	2	TTCCAGCTCCACACGACTGGTATGTTTTCAATTGGATCCGATGTAAGAAATTTATCATTG[A/G]CTTCCATTTGTTTAAGCATGTCTTGAGAGGACGTGCTCTTAAGTGTTCGAGTATGTAATT

表 C.1（续）

序号	染色体	序列
rs0552	2	AGCGACTCGGCAGAGGGATGAGTTGTGGTAACCGGAAGAGTGTTTTAGAGAGAAGGACGA[T/C]GACGCAGGCCACTTAATCATGTACAGGGAAGAGAAATGCATAATTATGTACAGCTAGCTA
rs0553	2	ATGGTCAAAAGTGGAAAACCCAATAGGTTTGTTACTACTACTAGTTTGGTCCTTGTTATG[T/C]CCAACGAACTAATTTGACAGCGACAACACAAACAAAGGGGTCAGCTAATCCACTATAGTT
rs0554	2	TCAAGACGAGCCTCCTGCATACAGCCAAAATTTAGGATCAGTGAGCAGAATTTCTGAAGT[A/C]ACGTCACTAGAAAGTGCAGACGACCAATTGTACAGGGTAGTTTACAAATTATCAATCTTC
rs0555	2	ATTATTTCTTACGGATCATCCAAATTTGTGGGCTAGCTGTCCATTTTATACCATGTTATG[T/C]TACTTTTATCTCTCTTAAGCCTTATTTGAGAAAAATAAAATAATGCATTATTGGCGTGGA
rs0556	2	AACATCTCCATTGCTCTCTTCATTGCTGCCCAGTAGTTCAGGCTTTATGATCTCAATTCT[T/C]TGTTGTGAATTCATATTCAGGTTTTTGGCATATCGCGAGAGATACAATGAGTTAGTATTG
rs0557	2	TACTTCGTGCTTGGGTTGTCAAAGTTTGTCGTCACTATCCATTCGCCTTGAGCTAAGAAC[A/G]TCAACTCGGGCTCCAGCACCCGCTCCTCCTCCATGAGCTTCACCTCTACATCAAGCTTGG
rs0558	2	TGGTGAGTACAAGGTCCATATGTGATGAAGAGCTCTTCCTGAACTACCGGTACAGCAACT[T/C]GAAGAAGCGACCAGAGTGGTATATCCCAGTTGATGAAGAAGAGGATAAGAGACGATGGAG
rs0559	2	AATACTCTGATAAAAAAAAGGGGTCAATTTTGGATGATCCAAACAGTATCTGAACTCGGA[T/C]TGCCATGCACGCAGCTGATGATGCTTACATCTTCCTGCTCAACTGGTTCAAGCGCTTCCC
rs0560	2	GCCTGCAACACAGCTCTTGAGTGACAGAATATAGAATAGCTCAAGTTACATCCAGAAAAT[T/C]AACCGTTCATGATGCCAGGCTGCCAGCTACTTATAGTGAAACATACCTCATTTGTTCCAT
rs0561	2	ATTTTCCAACACTCAAACATTGATCTCGGACTCCATTGGCTTGGTGTGACTTGTTGATAA[A/G]CTACAATTTTGTAACTAGTTCCCAAATTCTCCTAATGTATTTGTATTGAAGAACAGGTGA
rs0562	2	TGTACTCTCGCTATTGGTGGATCGCAGAAGTCCACAACCAACCCACATTTATGTATGTGA[A/C]CTGGCAATTTCAAAATCAGATGATAAGGGAGGATTCTTGCTTAATTGGCTGCAGGTATCA
rs0563	2	ACAACATCTTTTCAGTATGTGGATGTGTCAAACTCCCTCCAAGAAGTTATTATACACTCA[T/C]GCTTGATGCAAATAATTACCCCTGTTTTGTGCCTTTGTGGTTAGTAGTCCTGTACTCTAG
rs0564	2	TGTGAGGCGATGAGCTTTTAGGCGAGTATAAAATCTCCACGACATTCGTACGTGGCGTCA[A/G]TCAGATCAGTAATTTCAATAGGAGCACTTGGAAAGGCTTAAATTGCTTAATCATACTACC
rs0565	2	AGTCCTGGGGCTCCGGAAGAAGATGACAAGGTGAGAGCACTGGCAGAGTATGTAGTGGTG[A/G]GCTCCGGGACCACCTCGATCATTTTCCATCGCAGATTTGGAGCTCGGGCACTCCACGCTG
rs0566	2	CATTCCATTTCCATGTAGTTGAATTTGCAATGGTTTCATTTTCTCACCTGTGTTGCTAAC[A/G]CTTTTTCGGTTAAATCTATTATGTAAACTCTTAGCAGTGACACCGGTAACTTTAACAAAA
rs0567	2	TCCATGTTGTGGAAACAATCATTCCTGGATTATAGCTCTTTGGTTTGCTGGGTGAAATCA[A/G]CCTTCACAAGTTTGGTTTAGAACAATCCGAAATTCCTAAAAGTCAAACTTTCCAAATCTC
rs0568	2	CACAAATGGTTACAGTAACATGATCAGCGTTCGAGGTTATCGTAAGCATTGATTGAAAGC[T/G]GGAAAAAACGGGTACAGAGAAGAGAAAGAAAAGTGTACAGTTACAGGCTTACAGCTCAGA
rs0569	2	ATGCGGGTTCTCCATGTTTCTCGCATTACAACATTGGACGGGCCAAAAATTGGCGTTGGC[T/C]ATGTGGGCTACCAGCCTATGAATAAGTTCATTTGAGGTTACTTAACTTGACGACGAGTTC
rs0570	2	TAGCAAAATAGCATAAAGAGTCAAGAAAGGTGCAACGAAAAGATGTTGATGGCAGATGTT[A/G]GTTGAACCGTTGAACAAACCTGTTAATTTAATTAGTGAATGTACACTGACGGACTGACCT
rs0571	2	CCGTAATTCCGGTCACAACTCACAAAACATCGAAACAGGGAGAGGGGGTATTTTGCAAAA[T/C]CTATAGGGGGTATTCTGCAGAAATTTGGATCGCTGCCATTAATATCGATCGGAAGGAGGG
rs0572	2	GGGATAGCGAAAGATAGGCAGATAGCACGTGATAAAAATGTGTCCCGTATCAAACAAAAA[T/C]CAATTCCTATGGAAGAAAAAAGAGAGAGAGAAAACTCCCACGTTGAAAAAGACCTCAAGT
rs0573	2	AATGAAGGGTTCATCAGGCAATCAAAGTCCTACTACATCACTGTTAAAATACTGTCCTCC[A/G]AAGACTGTCATCCTGGGGTTCAGTAAGGGTGGAGTTGTTGTCAACCAGCTCGTGACAGAA
rs0574	2	TACCCATTGACCCACTTTAGTTCAACTGAATCAACTAAAAATGAACTCATCTGACTATTA[A/G]TTCAGCTAGCTTGGGTAAATGGATATCCATGTATTGACCTACTCCCTTCCTAAATTAAGA
rs0575	2	ACTAGCATTCAATTTCTTATTTGAAACGTGCCGCTGGTTGCATGGATTAAAAATAAATCT[T/C]AAAATTCAACTAGCAACCAATTGCCTGCCCCAGATTTACCGGAAAGGGATACCCACATGT
rs0576	2	GATCGAGTAGATTGCCTATGTCACATCTTATGATATCGACTGCTAGCCAGTACTTGTTGA[T/C]AAACAAAATTTGAACACGTCTGCCTTTTTTTCCCAGCTTCCGGAGTTTCAGAGAATACTC
rs0577	2	AGGATTTCCCTTCTCTCTCAGAGACTCGGATTGGTGATGGCCCGGCGCTGAATTGCTCTG[A/C]AATCTGCCGAAAGCATCGATCTTTGTCTCCGAAAGATCAGGGATTGGGCCCTCGTATCCC
rs0578	2	CAACCGTTAGCCCCATTGTGATCTCACCCAGTTGCTAGCCTCTTTTGTCACCTTGTCACA[A/G]CTCTCCTCCATTCATTACACAATGGCATCAGCCTTCTAATCCTCGTTGTGTAGCAATCTT
rs0579	2	CCAAACCGACAAAACCCTAACGATACACACTAGTGTGGCTAGAAAGGCAGGTGCGTTCCC[A/C]CTTGTGCAATACGCGTGCCTTCGCATGTGTGGAGAGACAAAAGTTGAGGGGGAAATGGGA
rs0580	2	GCACATGTACACAAGTATACACACAGCTGAAAAACCCATGCTGATCACACAAAGCACAAG[T/G]GTCAAGTAAGTTACACGGATCAATGTCTCAGCAACTGATGAACTGAATAGAGCACACGAC
rs0581	2	ATGCCCATGACATGAGGCCAGGATCGACTACACCAGAATCACATCATGTCATTAGCAGCG[A/G]AGTCTTCACGTGCTACGGTGCTAGGATGCTGCTATCTACTGGAGTCTGGAGTAGGATGGT
rs0582	2	CATGCTTATATGAACTAACTTAATCAAGTTGAAACTGAGCTTTTCTAGTGAAACAACGAT[T/G]AAGTTTGGATGATACCATAATTCTATCCCTATCGATTGGATTAGACTCCCCTAACTTTGT
rs0583	2	CATTTATGCCTTACGTATTGATCCTTCATCGACATTTTCTCATCCTGTCAATCTTACTGA[T/C]GTCAATAAGCACAGTATGCAACATCTGCTAGATCTTCACAAACATCCACCATACATAACG
rs0584	2	ATCTGATCCACTGATTCCAAACTCTTCCAGCTTCAAAGCCTACGTATGTACAGAAATACA[A/C]TATAAGCAGGCAAAATGAATCAAATACAACATGCTAGATTTTTGTTCACAGTGATTGAAA
rs0585	2	TCTCAGGCAAGCTGAAGCGAGGTGCAGGTCGCCAGGTCCTAGACTTCCTAGACTTTAGTC[T/C]AGCCAGTTTGTCTGGGCAGTAGCGACAACCAATCTAAAGAAGTGCAACGCCAGTGTACGA
rs0586	2	TTGCTCGCTTGTTTTTTCTCCATCTCCATCTCCAATTCATGCCGATGGAGCTGCAAATTT[T/C]GTTGAAGATCAGCACGCTCTCTCTTTAGCAATTCCTCATTTTCCAAACGCTGATGGTCTA
rs0587	2	TGATTTACGGTTCAAAATGAAATCACGAGGCACACTAATATTTTTTTTCACTCAATTTCA[T/C]TGCTTCCACTTCTCATCGACTGATAGCATGCCATGAAAAACCGCACATTGCATTTGGTGA
rs0588	2	TGTGGAAGAGCTCAACTTGATACATCGATCAATCATGTCTTCTGCATATTTACATGCCTC[A/G]GGTAACCTCTCATCCTTTAGCTTTGATACGAGCATGTTCCCACTCTCCTCCAATGGTGGA
rs0589	2	AAGTTTACAGTTTACACAGATCTATAATAACAGATGTGGGGGTAAGGAGAAAAGAGAAAG[A/G]AGAAAATGGAGCAAAAACAGCAGTGCTCCTGTAGAGAATGGCATGTCAATAAAAAGAACC
rs0590	2	AAAATAAAAATAAAAAATAATATTCAACGCCACCAAATCGTGAGCTTGAATTCAGACCAG[T/C]GAAAGTGACCATAAGACAGTTCTGGTGTTGCACATGTTTCAGAGGTTGAAAAAAGGGAAC
rs0591	2	TATGTTATGGGAACCAACCAAACAGTCTCGACATGGAGTCTTGTTATGGTGGTGCCTATA[A/C]TATTAGACTAGCTAGCTACCCTGTGTTTATTTTGTGGGTTTAGCGGAAAACTCATAGAAA
rs0592	2	GTATAGCACGATCCTTATCCTGTGGAATCTCTGGAGGCTTTCTGCTGAGCTGATTAAACA[T/C]TGTCTCAAGTCTTTCAAGACGCTCTAGACAAGGATTTACACGATCTTCCTTAATTATCTG
rs0593	2	CTTCCCCAAAACCTGTATGTTTCCAACTGGTACCATCTATTACTTTGGTTGGTCTTATTT[T/G]CCTTTCTGATGCATCTCTTGTATTTTCATTAGAGTTTACCTGCTCGGTGTTCACTTTTGC
rs0594	2	CGTCGAGCCGAGCTGTATTTGCTTCGGAGAACAAAATCTTGCGCACTTGGGACCCAGATT[A/G]GCTTCGAAAGTGATCGCAAAGTCCAATTCGAAGTCTTGTGATTGATCGCCAATGATTTAT

表 C.1（续）

序号	染色体	序列
rs0595	2	AATGGGAGCAGCTTCAAAAAGGACAGTGATTCATGACAAACCGAAGGAAGAGGACTACTT[T/C]TATGCTAACCCTCAAGAGTGCTTGCGAGATCCCAATCTTTTACGGACATCATGATATTTT
rs0596	2	TTTTGTTTTCCCTGATAATTAATAAAGTTTATCATTGTTTTTTCCCATTCTGTGGCTATT[A/G]TGTTGTACCTTTATGGTGTTTTGAATGATGTATAGTGCCTTTGCCTTTAGTTGCTGGGAA
rs0597	2	AGCTGATGCAGCCAATTGTAGAACCAAATGCAATTGCAACCTTGTGGCTTTTAGATTTTG[A/C]TGGCATCAGAGTACCTATTGATAGAAGGCCATTAGAGCAATTGCTATCTACATGGCCAAT
rs0598	2	TTGTTACCTCCAGATTCAGCGCGACCGTAATCAATGGCGCCCTCGGTACCAAGACCAGAC[A/C]TGTATGATCTGTCACATCTTTATATATGTTTCGTTTGGCGCATAATTCCCCTGGTTATGC
rs0599	2	GGCACGCTCCCATTTTGTCAAGGCAGTGCACGTTGTGGTTGTATAGGCTGGAGGACCTTG[T/C]CTTCTTCCCTTCTGTAATTTAGATAGTGTGTTTGCTTTTGCTTGTCAGGGTTGTGAATAT
rs0600	2	CACACTGCCATCGACCTGCACCATACTCACATATATGGGCAGAGACAAGCCTATGGCAGT[T/G]TAGACTCATAAACCCTAGGCTTACCTCCAATCATGTTTTAATTATCCTAAATCACCATGT
rs0601	2	TAGTTAATGTTTTGTTCAGAATTTGATGCGTTAAAAAGATAAACTTCCTGTTTTGTAATT[T/C]GAGCTGACTCAGTTGACCTGTGTCATAGTATCAGACATATTTTGGAACATTCACCTGCAA
rs0602	2	GACATCTGAAATCTAGCATGAAACCGCCACAAACAATTCAGGCTCGTGCTAATTGAACAC[A/G]AGCAATCACGCGTCAAAACCCCAGCACAGCCAAATTAAAGATGAAGCCACTAAGCTGGGA
rs0603	2	CAACTAAACAGGGCCTAAATTAAATGGCCGTGATTATTGTTTGTGACAGTTTTTAAGAAT[A/C]TTTAAGAATGCAATACTGAGAGAGAGGGAAAATACTCTCTCGCCACACACATCTCACAAA
rs0604	2	AGCTACAGGACGAGTAATGAATGGGGCAATCATTTTGGTCTCAGGTGGCATGTCTCTGTC[A/G]CGCGAATAAGATTGTATCCGCTAGCGAATAATGGAAGTATGAATGAGTGAGAGCACTCAG
rs0605	2	TTCCATTTCTTCTTGGTCTTGGCGTTCGATTCGATCCCCGCCGGGCTCCTCAAGCAAACA[A/C]ATTTGGTGGAAAACACCGCGTGATACTCCTAAGAATTTGTCCTTAATTTCCTACTGTTTT
rs0606	2	TGTTGTTGTTGCGAGCAGTGCTGGCTTGTATGTTTCCAGCTTGTTTAATATTCCACTTCC[A/G]GCTAAAGGAGAGAGAGAAAGAAAGGGCTATATGTCTGCGTCGTCTTTTTAATTTTCTCTC
rs0607	2	AATAGACTGGCCTAGCTGCTTACCATCTTCTTCATAGGGAAGACCTACATGCTGACCATG[T/C]CCTACACAAGTTTCAGACAAGCCTCCCTCTGCGGCGCACATCCAAGCTCTCTACATGCTT
rs0608	2	TATGACTATAACACCTTATATTTGGAAAGACAGTTTTCTTATATATCTGCTGAATTCCTT[A/G]GGACTAAGATAACTTTCCCGTATATTCGAGGGTATATCATATCTGTACACTGCACAACCC
rs0609	2	TTTATAGTCAATGATTATAACAGGGCAGGGTTGCACAGGACAGTGTTGGTAAACAAAAAA[T/G]AATGAGGCAAGCTAATTCAAGACATCAACAAATAAAGAAAGAAATGAATCTTGCTAACTG
rs0610	2	TTGCATGACATCAGTGTATATTCAGCGCCGCGGTCAGAGACTTCAGGGTTAAACTAATGG[T/C]GTTTTTGTTTAGCCTGACGAAACTATGTAGTAGTAGAAGCTGAAACACGCTTTAAATTGC
rs0611	2	GGGTGAGTGAAGTTCTCAAAGCTGAAGATCATGAACCTTCCGGTATTACCATTTTGACAA[T/G]GGTTCCTTCATGGAAAGCCATTAGAGCTCCCCGCGGTGAATTAAGCCTGACAACGTAAAT
rs0612	2	AGGAACAAAAGCTAATACTGACGTGTTTTTGGGTCAAAGGCAAATACATGTGTAAATGGG[T/C]CAACGGTTAATACTCATAAATTTATTGGGTCAAAGGCTTTTACTCATGATTTATTGGGCT
rs0613	2	CATGGGATTGTGGGTGAGACAATGAGGGGACAAGAATAGAGGTGGAATATGAAAGGTGCT[A/C]TGGGAATTTTAGCGAAGATTCACAATGTAATGGTGATGGCTTAGATAGGATATGTACAAA
rs0614	2	CTCCCCCGGATCAAGCACAATATACATATACCTAAGCATCATGTCCGTCCAAGGAACACG[A/G]CACTAGAGGCTTCCAATGAGATTATATATTCTACTGTGTTATGAACTTTATCAACATCGC
rs0615	2	ACCTTACATCTAAAGGTATGGCCTGATCGATGCATCTTTCCCTTGTTTGCTTAACAGTAT[A/C]TTCATTTTATTGTACTTTTCTGTTTTGGTCTCTGTTAAATGCTGTTTAGGGACAATTTAG
rs0616	2	TAGGGAGGTTTACACCTAATATACAAGAGATACATGCACAATTCTATATCAGGCAAAAAA[A/G]AACTGGGGAAAAAGAGGAGCACATCAACATATAGCTTCCACATAGCACGTGCACACTTAC
rs0617	2	CTCATAGGTATAACGACCTTTCCCCTGTCACATTATATAACAGATTTAAATAGTGTTCTT[T/C]TCATCCACAGAACTACTGATGTGCTGCATAACTAGTCCTTCATATTTTAGTTGGTTGATA
rs0618	2	TCTTACCATGAGCACCCGTGCTGTCCCGTTTCTTATAAACGGCTTTTAATTGCTCTCATC[A/G]CTAGCTAATCCCCACATCCGCTGCTTATCATAATAAATCACTAACACACACCAACTTTTT
rs0619	2	AAGAGAAGTGCATCAACACGAAATCATGGATCAATCCATGGTGACGAGCCTGTCAATGTT[T/C]TATTTATAGCGGCCTACAAACTGAGGACGCCAACGTCCTGAAACTGAAAACTTGTTGTAA
rs0620	2	GGTTGTGCTGGCACAGGTTCACTCTCCTCTGGTTGGTCATCTGATTGGTCACTGTCTTCT[A/G]TCGCAGTATCCTTTTTGTTCAGCTCATCCTGCTCTTTTTGTATAGCTATCTTATTGGGAA
rs0621	2	CCTTTCTTCTTGTTATGATGCTACTATGTTATCATGGAACTAGAGACCTCAGGAGTGATG[A/C]AGGTTTTGCAGCTTGGGTGTTCTTCAGATGTGTCATGTGTTTGTTTGATCACACTCGATT
rs0622	2	TTGAACATGCTGTTTTGAAATAAGAGCGCAGGAATTGCAGTTGTAAGGTCTTCTTCCTGT[T/C]CATAAATCCTAGCTACATCTTCACCCGTGACAATTGTTAAATGCTCGAATTTTGTTTTAA
rs0623	2	ACAAGGGGTAGAACAAAGAATAATAAAGTATAAACCAAGTTTACAAATATAGTATGTTTC[A/G]TGCTCACCTCACGTGTGCACGTCCTATCCTAACCAGCATCTAACTTGATAGAATTGGCCA
rs0624	2	ATACTGCTTCACGTATTGATGGTTCTCTTTCTTTTAGAAGCATTAGGCGCTTTATCTCCC[A/G]ACTTAGATTTCTTTGTTGCTTCTGATTCAAGAGACTCTTCCAATTTCTTTAGAGCTTTGA
rs0625	2	GCCTTTCTCAATGATGCAATACTCTTATAAGGTATGATTCGCTCTCGTTGGGCCTCTCTC[T/C]GTTTATTCTTTTGTTTTTCCAATATATTAAGCTAGGTATATCAGTACTGTGATAGAGCGC
rs0626	2	TCCCATGATCAGCGCAGAGCTTAATGTGACGATTACAAATCCACAAGGATGTCAATACCA[T/C]GATGTCGCTGATATAACTGGAATTGACTTCGTCAGTATGATTTTCGGCAACCGTTGTGCA
rs0627	2	TACGTTAAACTAAGTCATAGAAAGCTAGCAGAGTAGTGATCGCTAATCCTATCCTACCTG[A/G]CTTAAGAGAAATTTGACAAGGAACTGTTCCAAGTCTTTGTACCAATATTAAACTACACCA
rs0628	2	TTGTTTACATACCCTGACGAACTCCATTCTCAGGCGACCACTGTCCATGAAGCCATGTAG[A/G]TGTATTTTGGTCACATTTCCTTGTCAAGCATGACATGAGCTTCAACATGATGCCGGCGTA
rs0629	2	GTTATGCTGTGGTTTCTGTTGTTTCTACTGCCCGAACTCATGAGGTATTTGCCATTTGGA[A/G]GTTCTCTACACTACAGCTATTTCCATTGATCTTGTTTATCAACTACTCAGACACAATTTG
rs0630	2	TACCACCATTCGGTACACCAAACACCCTACGAACACTTGCCCTTGCCCTTCTGCTTGCCT[A/G]CGTCATTATGGGTTTTCGTTTTCATGCTCCATACCGAAAACTCATTAATCATTATATACT
rs0631	2	GACTGAATTAAGAACAATGAATCAGTATCAATCTGAATATTCTAATATGATGGAGCTCCA[T/G]TTTGACTAATCTCTCGCTATGGATTTTGGAGGCATACTAAATTGCGGCGACGAACTGACC
rs0632	2	GTGATGTAAACAACATTGCTGCGCTGCGTCTGTACAAAAATCTAGGATACAAATGCATCC[A/G]TGTACCAGAAGATGCTAAGTGGCCAGAACCTAAGATAGCAAAAGGAGTGCGATACAACTT
rs0633	2	GGAAAAATTGGATGGGATTATCAGGGTTCACACGTCGGTACTACTGCTATTATTCCAAGC[T/C]TTTTCAACCGCGTCCCCCTGATTTTGTAGTACTTTTTTTACAGTCTGGATTATCTGGAA
rs0634	2	ATCAACTGGGAGAATTTTTTTTCCTCATCAATACAACTTCATCTACCAACCGATTCCCAG[A/C]TGATGATTGTCCAAACTCCTGATGCTGAAGATGCCAACTGGATCATCCCTACCAGTTCCA
rs0635	2	TTTTCTTGATCCTTGGGGATTCTCTGCTCAGCTCTGGGCTCTGGCACTGCCTGCCGACAA[A/C]AAAACAAAAAACAAAAAGGGCCTGTCCACTTGGATGGGCCATTATTATTGAGGCCCATCC
rs0636	2	TTGAGGATGATGAGTAATGGCCACAGCAACAGCAGCAAGAGCCTTGAAAGGTTTATATCT[T/C]GGAGGGCTCTGCAGATGGGGAGCTCTGCTCCCTGCAAGACATGGGCACTGGGCTTCTTCT
rs0637	2	TGAATGACCATGAATTTGTGTATGGTGTCACCCTTGATGTTTTGGAGTTCCGCATTCTGA[T/C]GTTTCAGCCTTCTTCAAGGCAAGGTTGTTCTGCACTAGTGCTTGAGCAAAGTTGGAGCTA

表 C.1（续）

序号	染色体	序列
rs0638	2	TCTGTTCAGAGAAGGACAGGGGATCAACTCACAAATTTAAGATGCCTCCAGAAGTAGCAT[A/G]AACAATTCATTTATATATGCATATCTTGGCATTATATATAGGGCCTACTTAAGTGGAAAC
rs0639	2	TGATAAAGCTAGTTTAGTTTTATTATATGTTGAATCACCATAGGTGTGGTAGACTGATGA[A/G]CAGTGCCTTAATTGGATAGTAGTACCGAACTAGCACACTGACTACGTAACGTGATATGAT
rs0640	2	GCTGATCCTCTCCTGATAGTTCCTGTTGCACATATTTGAGTGTTTCTTTCCTTTTGTCTG[A/G]AGAGCAAAGACATGTTCCTTACAACTCTGATTTTGTAAACTGAGTAATACGCCACTTTAC
rs0641	2	AGCCAGATGGTTCAAAGCAAAGATATACAGCAAAGCACATATTGATAGCAACTGGTAGCC[A/G]AGCTCAACGTGTCAACATTCCTGGGAAGGTAACAAAATTCTCTGCCAGCCTTTGCAAACT
rs0642	2	CTATGCCTTGGCTTGGATATTACAGCATTCTGATGAGAGCCATGCCACAGTTCTTGTGGC[A/G]GAGAACTCAATGCCAAAAAATGAAATGCCACTGCATAACGTGGGATATGGCAAGAAATTG
rs0643	2	GGCTCCTGGCTGCAGACCGCTGCTGCTGCTGCTTGATGCAGCAGGTCTCTTGCTGTTTTC[A/G]TTGATGAAGTTTGATAGAATCTGCTCAGCTCCTCTGATATGTAGTTCTGACTACTTTGAT
rs0644	2	ACGCCATCCGTTACCTCCCTCCGACGCATTGCTGCTGGTCCTGCTGGATCGTCAGGCTTG[T/C]TGCGAGTCAGGCAAAAGGCGCTTATACCCTTCGTACAAATACTAGTACAAAATACTAGTA
rs0645	2	GGATGGTATATACCGAGCATTTTGGCAATCCTTTTTGGGTCCTCACTGCCTCCTCCACTG[T/C]TACACATGTCCATCAATGTCAGCTCATGAATTATCTCATTGTGATCGTCTGCTTGGTGGC
rs0646	2	ATCCAGCAACCTGAGAAAAAAAAGTATTCTTTTTAACTAGTTCCCTTTTCAGAATTTACA[A/C]CAGATGTCCTCTTCTCTACTTGAGATGCTTGATGATCCAGAGGAATCCACCAGAGAGCTT
rs0647	2	TGGCATGTGGGCTACTGTGGCTTCATGTGGGTGTGTCACTGGGACCCACATGTCAGTGAC[A/C]AGATACTACTACCTCACAACCACACCAACTGGCACAACTGGAGAGCTGTTGCACTTGCAG
rs0648	2	GCACATACCAGTGTCAGGAAATAATGCATGTTGTGACTGCAATGGCTAGAGGCATCCAAC[A/G]TTGTCCGTGTAACTTCAACTGAAAGCTTCTATGTGATTCACTTATGCACCATATTCTAGA
rs0649	2	TTATCCTCTAGATTCAGTTCAACAGGTTATACATACAACAATAATCGATTCCATTCAGAC[A/G]ACTGACTAGCATCAAATGTAATAGGTGGTAGAAAAGAATCTAACCAAGACCATTCGCATC
rs0650	2	ATGTGGGTAGCACACTTAACATAAGAACATAACAAAAATGTACCGGCGCCAATGTTGCGA[T/C]ACGTGGCTTAATGGGAGCACGATGGCCATGGGATCCATAGTCCAACCTCTTCTGCAACAC
rs0651	2	ACACACACATACATGATACATATCCCTCTCACTCACGCACATACTCAACAACAAAAATAA[T/G]TGCTGATCTATTGCTTCTTGTAACAGTCAAAGACGAAGATTGCAGAAGTGATGACCTCTC
rs0652	2	CTAACTCATATATTTTTTTCGAGAACGGTTGGATGATTAACTGGCATCTCTCTCTTACAA[T/C]ACAGACAATCTTTGATACGAATCTACGTGGTGACGACTCGGACTAGACGGTCTTTTTATT
rs0653	2	GCAACACCTTTTATCTCTGAAGAGACTCAGATGCACACTATTCTGCTGTAGGCTTTAGAA[A/G]TGGTTGAGGTGGAACAACAAACCCAAATGGCTTTGGAGCTTGATGGAAATATTATGAAAT
rs0654	2	GCACATGAACTACCCCAACCGCTGATATGGTAATGCTAAAACTTCACTATTAACACTATA[A/G]GATAACCATGTGCCAAAGCAGAGGGGGTAAAGGAAAGATATTTTTAGGGGAAAAATGGTT
rs0655	2	AAAACGACAATTATACCCCATGAGGAGTGTGTTTGGCTTCAACCAAGAAAAGGTAAGCAT[T/G]TGATTTGTGGGAATGTTGGGCCCTAGCACAATATGTTTAATTCCATAGCAATTAAACATC
rs0656	2	GCTAGACCGAATGGTATTTTATATTTATCCTTTTAACTTTTGCTTCCTTGAAAAATATCC[T/C]TCTAGAGTTCTATTATGTTGACATCTTGCCTGATCCAGGGCAATGATATGGATTCGTCAA
rs0657	2	CAACGACAATACCTTCATTATTAAAGAAGCAACTGCTTGTAGCTTCAAAATTTCATATTC[T/G]CTTGACATAATCTAAGTCGGCCATCCTTTTCTGAACTCTGATGCTAGTACACTCTTTAAT
rs0658	2	ATGCCTTTATATTAGAGTATAAATAAAATGCCCCTAAGTGTGAATTTAGTGATATAATAT[T/G]CACGTAGACAATTTAGCTGAGTTTGTTATATTGGTGAACAAGCTGATGAAGAGGCATGAG
rs0659	2	GACAGTACCTCCTTTTCGATATTGCAACTAGCGTCTCGGAACAGCTCTACTCTTTGAGAA[T/C]GGGAGATCCCTTCTAACTCATTTGGAAGGACTGCAGGGGCTGTCATGCATAAACCCACTA
rs0660	2	AACAAATTGAGAAATGTTGGAGATAAAAGGTTAGAACAGTTAGGGGTTGGTAAGTTTGCT[T/C]TTTTCCCAACTACCTCTTGTTCCATCTTCCATACATGATGCATGCTTCACCGCCAATATG
rs0661	2	AGCAAGGTAAGTTAATTAGAGAGTGCATGACACTCCTCTGGATAATAAAGCTTTAAGCAA[T/G]ATTTGTTACTAAAACCTTGTGTGCTTTTGCCCTGGCCAAAGTGCTTAGTAGCATATTTCA
rs0662	2	TTTGCCAGTGAGAAAAAAATCTGCCCGTCTCAACAGAATAGATTTTCAACAGCTTAGATG[A/G]CTAGGCGCGTGTTTTGAAGCAAAATTGCAGTGCAGAAGAGAAGTTGACGTTTGAGAGCAG
rs0663	2	GAACTGATAGCACCTCATACCAAGCACTGGGCATTGACGTATCCTACACAACACAAATAA[A/G]TAGACGATTAATCACAGTCGTATCACTCTTACTTGCCACAGAAAATCAAACAGTACGCAT
rs0664	2	GATGATTCGATGGAATTCGATAGGTTTTGATGGAATTTCTTTGAATTTTGTCGGTAACCG[A/C]TCAGTTTTACAAAAAGAAACGAAATTCAGCATGCCTGCACTTGCTCCCTTAATTTTGTTT
rs0665	2	CATCTTGCCTAATCATAGTAAAAATAGAAAAACTGGCATGATTGTTGGTGTCACCCCACT[A/G]GATCAGAAGATAAGTAAAATAGAAATGACTTGAAAATACACTTTTATTAAATATATGTCG
rs0666	2	TTGTAACCTCATCTAGAAAGATAGGATTATCTAAAAAAGCAGAAGTTTTTCCATCTTCAG[A/G]CTCAGAAAATCTGCCCTGAACAGAAGAGGGTGCATTGTCTTCTGCAGCACTGGCACGTAA
rs0667	2	TAAGCGGCAAACCCTTACAAAATCAAAACCCAATGCGCATACCTCAAGTATATCCTTAAC[A/G]TCATCCTTAGTCAGTTTGTTCTGTCTTAGAAGCAACTCTATTCTTGTTCTCATCTGTGAA
rs0668	2	GAGGTCGGTGGTAAGCAGAAGGTTTTGGTGCAACGTTGCTAGTGATGTTTCCTTTCACTG[A/C]GAGTGTTTGGTGAGATTGTAAGTGTCTGTAATCTGTAATGAATGAAGCTCCTTTACAAGA
rs0669	2	CATCTGATGTTTATGCAGTTTATTTATTCATATGTTACATATCAAGCATTTTTGCTAGTT[A/G]CAACTTACAAGTGGAGTTCTAACTTTATTCCGTCCATGACATAGGTACATTATTACAATT
rs0670	3	TGTGCAAATATTAGCTTCTGATTTATTAGTTTTGTTAGAATTGCCGTGTTTTGATTGCAG[A/C]CTTTGGTGTTGTACTTCATGGTTAACTAACCATGCCTGCCTTATTACAGAGAAGGTAAGG
rs0671	3	GCATTTCACGCTCATTCCATTGCCAACATCAGTTCTTAATTTAGATCAATATCCTGTCTT[A/G]TCTGGTTATATTCTGAAATTCTGCTTCGATCGAGGACCTTGCAACCCTGATTCTCAGCTT
rs0672	3	ATTTTGTCATGCTTTTTTTTTTAAGTTTATTGTTCCACAACTTGCATTAAGCTAAACTTT[T/C]CCGTGCATGTTTTCGAAGCAGTACCAAGTTCATATGTTGCATTTGGATTTTGGACGACTT
rs0673	3	CAGGAGCATCCATTGAAAAGACTTATAGTGACAGATCAGATTACAAAACTAACAGCGACA[T/G]ATCAGATTACAAAATTAACCACAGAGATGCCCATGCTGATGGTACATACTTTCCATTAGC
rs0674	3	ACCCATTACTATGTGGACCTCCACTGAACAATCTGTGTGGGGCTAGCCGGAGGGCGAAAC[A/G]ATTGGCTGTGTCTGTCATAATTGTCATAGTCGCAGCAGCGCTTATACTTATTGGAGTTTG
rs0675	3	AAGTTGCCAGCACTTGTTTCTTTCCCATGTAAAGCTATTACAACTCCTGTGGACAATTGG[T/C]GGGTGAGTATTCCAAGCAACATGATATATTGGATAAAATTGTTCGACAAATGCTACAATC
rs0676	3	ACAACATATGCATGGGCAAATTAATAGATTTTCTCATCGCAATCCAAATCAAAGACTGAC[A/G]AATTCTACTAAAAAAACCGTGCTTGACAACAGAGTGCCAGGTGGTTAATTAGCCACTCAC
rs0677	3	TAACCGCATGAGGTGCAGAAATTCGGGGCATCGAGATTCGTGCTTTCTCCAGGATTGGTG[A/G]ATAGCTAATCTGAATAAGAGGCCCATATGTGAAAGCAGCTCGCGGCCCAAGAGAAAAACT
rs0678	3	TGAGAGACTTGGAATTGTAGAGACTTAGCATACGTTTACGGGAGCTTTTAGCAAAAGCCA[A/C]TTTTCCCAGAATTTTCAGTCCACATCCTCAGTATCTGTAGCTATAGAATTTATAAAATAA
rs0679	3	CAGTAAACATCACAATGTGCTCAAATAACAACTCTATCGTGCACTAACAAACAAAAATTG[T/C]TGACACCGCCTTATAAATGGCATGGTTAAAGAGTGCAACATTTAGTAATTCAATAAGGAG
rs0680	3	CTAAAATGAATTAACCAACTCATATATAAGTGGAGGAGGGTGTGTTTAAAAACGGTGAGG[T/G]TATATTCCTCATTTTCCCCGAATAAGAGGGTATATTCTTTTTATGATTACTTTTAAGTG

表 C.1（续）

序号	染色体	序列
rs0681	3	ACACCGAACTGAACCTAGTACAATTAGGATTGAAATACTCTGACTAAAATGTGAACCCTC[T/C]ACCGAGCAGAACCACATATCAATGACTTTGTCTTAAGGAAGTACTCCCTTCATTTTTTTA
rs0682	3	GTTCGTGATAGGGTGTCAATTATAAACGCCACGGATTGTCAGGCCGGCAGCTTGTAGGAT[A/C]TTTATAGTACGAATCAATCATAAAAATCTTTTCAAATTTCGACGTTTTAAAGGTGGCCGA
rs0683	3	TCACAGCCTTGACTCCCTGTATCACCAAATCGAAGTACACCCATTAGTAAGAAATTAATG[A/G]CCTTTGCTGAAGAAATTGTGATGGAATCGAAGTTACCTGTAGCATTGGACCCTTCGCAGC
rs0684	3	AAGGTCAATACACACTTGTTTAGTTATTTCTTATCTCTTTCACCTGAGCTTTTCATTGTA[A/C]CACTCTTGACCTTTTGTACAGTTACATAGGTAACTCTTTTGGCTTCTAGCTGAATTTGTT
rs0685	3	CTACCAGATTTGTCCGCTCCATCTCCAGGTGCTGTGGAACAAGAAGTTTCCAAGGACGCC[T/G]GATCTGCATCTGCATGCCCTCTCTCTATAGTTCCACGAGCATCATCTTGAGCATCCGTAG
rs0686	3	TCGAACTTTAAGGAGATTGACTGCGCTGATAAACAGTACTGTCAGAAATTTATAATCCTC[A/G]CGCTACTATGTGGATGACAGAGGAAAATTTCCTACATGGGACAACATTCCCATTCCTAGA
rs0687	3	GGTCACGAGCGGCGGCCAAGTAGGAAAAGAAAGGAGCTTTTCTTTTTGCATGTTGCGCCT[T/C]TGGAAATTCTGCTGACTAAAAACCAATGTTCCCTTTGGCATTTTTCTGTCTCATGGTTTT
rs0688	3	GAGATAGGTTAGAGAAATACAGGAACAAAGGCGAGAGCCGAGAGGGTCAGGCTGTGTGAA[A/C]TGTGAAGCTTAACGCACAAGTGCAGACCCACTCACCGAAATGGAACTAATGCCCATCAGT
rs0689	3	TGCTTGATCCTAATTTTTTTTTCAGAAGAACTTTGTGAAAGTATAGTCAACACGTGCAAA[T/C]CAATACATGTCGTTATGTCTCATCTTACTAACCACTTGATGTCTCGGGTATATTTAATGC
rs0690	3	CATTCCCTTTGCAACTTGAATGGATAGTTTAGTCTTCTAAGGCTTCAACCCAGAAGATAC[A/G]AATGATGCAGTTCGTGAGATCCAACCACACAAAAAATTGCATCTGGCAAAAGTTTTTCCA
rs0691	3	GTTGAGGATTGTTGTGGAGGATTGTTGTCAAGAAGAATGGAGGAAGCTGACAGATGAGTA[A/C]GAAATTAAGACCAGGGAAAGTCATTGAGAATAGCTCCTCAATTAGTTGTTAGAAGCTTCT
rs0692	3	ATCCAAGATGCATTTGCTCAATGTATGGGTGGCCTCCTTAGCGTTGTAGTTAAGGATATG[A/C]GGCTGTGCATCGAGTGTATAGATGAAGGCGTGTCTCTTACCTCCATCAAGTCAGGCAGCT
rs0693	3	ACAAAATCCAACTTGCACCACCTATATAGAAGGATTTTATGCATCCCAAATTCCAAAGTT[T/C]AATTCTACTACTTCAAGTTACAATTCTCTTGCAGCAGAATCAAAATCTGACAGCCACCTC
rs0694	3	ACCATTTCATTACTATTGTGAGTCCATAACTAGCATATCCTATCATGTTCAGGTTGTAAA[A/C]ATCACTCTACTGCCTCCTAGATTCATTGGCTGATTGGCTCATGTAGTTTATGGAGAACTC
rs0695	3	AGTCCAAGATAGTTCTACAGAGCATGAAAACATTGAATGACTGACTGAAACTTCACTTGG[A/G]AGACGATGAATTTCGTGCACTAGCGTGACAAGTTTGATGAGGAACTCGGAGAAAACAACA
rs0696	3	TTAGTAGATAAGCAGGAATCACTCGGTCGTGAGCTCGTTGATTGTTTAGGACTAGTGGTG[T/C]ACTTTAATTAATTGTTCTCCAACCAAGAATCAACCAAGTTGATCGGTTTTTAAAATCCAT
rs0697	3	CTCTCAATGATAGGATCCATTATCTGGTTGTGACTTATGTTGTTCTTATCATGCAGAAAA[T/C]GTCTTCAACCTTTTCAGCTTTCGGGAAGTAGTAGGCATGAAGTATGTGGATGTGAGGCGT
rs0698	3	CACACGGCCATCTTTGACCTTCATGATGAGCTAAGAGAAAAAAGGATTAGTAGTTCAGTA[T/C]GGGTTACACCTGCACAATCCCAATTAACTATTGGATTCAGTCACCTGGGTCTTTTTTCAC
rs0699	3	GCCAACTGATGTTCTCATTGGTTACTTACATTGAATATAACTCGCATGTGGCATTAAGGG[T/C]ATTGCCATAAAATATTATCCGTGGCAAACTATTTATTATTTTTGGATAGTATCATTCGCG
rs0700	3	TGATCATTGCAATCCCTTCTTGCAGAACCATCAACTTATGCTTATTTACAACCATACAGG[A/C]ATCGATGACAGCATCACTCTTTTGTCGCTCATGTAGCTTTTTTCACTTGCACAAACACAG
rs0701	3	GGTGTGACTTACATATTACTTAGTCACCTTGTCTGGTTTAAAGGTGGCTAGTACCCAAAC[T/C]GTTACCACTGGTCTTCCCAAAACTCTGTAGCTAACAGTTAATGATTATGGGGATGATCAT
rs0702	3	CGTTTTGAGCTAACTAGGAATTGACGTGTTCGCAGCCGAATTTAGCGAAAACGACCACAA[T/C]AATTTCTTAAACTGATTGGTAATTGTATCATGCCAGCTTCGTTTGGCCTGTAACAGCGAC
rs0703	3	ATGTAACAAAAAACTTAATTTCAAAGATGAAGGGGGCCAACAAGATATGTAGACAGAGCT[A/G]CCAAATTTAAATATTGCTGGTGTCCATGCTTTTCTGTTCTTTCTAAATGGCCTTGATTGC
rs0704	3	AGGTTCAGTGGTTCTTACAGCCAAGCATATCAACACACATCCTGTAAGAATATATGGCCT[T/C]CGTCTTCCCCATTTTGAGGTGCACCTATCACTGTATAGACCCACGCATGGTTGAACCTGC
rs0705	3	TTCTACCTCAAGATGTCACCGTCTGATCTCTCCCGGAGGAATATTCACTATCCTGATGCA[A/C]TAGCATTTCCTATTCATGACAAAATGGAACTAGACATCAACAAGAGGTCTAGTAGCCTAT
rs0706	3	TCAGGTATTTATTATGTTGCTCTATGGTCATGTGTGTTGCATATGAGTAATTCTTCTGTT[T/C]TTTCCGGAGTAGTACCTTACGTATTACATCCTTCTTAGTGTTTCTTGTCTCTGTTGTTTC
rs0707	3	AATTAGCAGAGAAGATACTTGGAAGTCCACTGAGCTTGTAGAAAAAGATGGAGAAAGATG[A/C]AGTTTTATGAGAAGATCCAACCAGAAGCAATAATGTAGATATGGTTATCTATATGTATAA
rs0708	3	CAGCAGTAAATGTGCAAACCAGTAGTTGTGTTCATCATAGCAGGAGAGTGCCACTCGATC[A/G]ATGAGCAGTACGCCCAGCAGCAACAGAATTCAATTGTTCTCCTGACAAACGATCCCCACC
rs0709	3	AGGTATTCCGTTATTTCTGCCCCTAGTGTTCATGCCTCGTAGACATAACTAATTCAGAAT[A/G]CTATTCCTTTTTGTTATGAAGTAAAATGGGCTCAATTCCATGCATGCCAGTATACCTGAT
rs0710	3	CAATAGGTCTAGATGTCAATCTTGTTTAATTTGGTTACAACTGAATTAGTAGCGCCACCG[T/C]GCCGCACCATAGCTTTGGAAGTAGCACGACGTCGGTGCCTTCAGGCTGCAGCGTGCAAAC
rs0711	3	TATCATGTTGGTGATCAGATGCTTCTTTTTTGAGGTTTTCTTTTCTGCTACAGATAGGAG[T/C]TATCTCTGTCGAAAACAGTAAGGTTGTTGCAGAGTGACCGATGATTTTTGCCTGCATATG
rs0712	3	CCCTACCACAAAGAACTGGCATGGAAGAAATGAAAGGCTCCGTAGACACGAACCCAAAAA[A/G]AGAAATTTGCTCGTACAGTACTAATGTACATCCGTCTACACGTACTCATACTACCTCTCC
rs0713	3	TATAAATTTGTGTTCTCATATTGCAGATCAAATATCATCAATATTTTGGCTAATACATTC[T/C]GATCTCCATGAACCCAAATTTTCCCGAGCCTTTGAATGTCTCTCTACCATGGTTGCTTCA
rs0714	3	AAGCACTTAGATACAATCAACTTTGCCAGAAATGCTACCAAATCCTAGTGCAAACTGCAT[A/G]AATAGCTAAAACAATAATAGATATAATCTCTTTTACCTGTCTTCTAAGAATAGCGAACAG
rs0715	3	CTGGGTACTAAGCCAGGACTAAAAGCGGTTAGTGCATACTAAGACGGTACTACTAAAAGT[A/G]ATTATTTTTGTACTAAAAAGTGCTTTAAGCGCGCACATGACGAGCAAATGCTAGTGGCCC
rs0716	3	AGAGAGCGATATGGAAGCGAGAAACGTCATCATTCCTGCACTAATCTCGGTGTAATCCTA[T/C]GGCCAAGAAAACATCAAATATGAGAGAAGAAATCACCCGACGGATGTTTAGCAAAATCGA
rs0717	3	CCACTAGATTGTTACAAGAGTAGTAGCATCTTGTTAGCTGTGAACTTGTCGCCTATAACA[A/G]CTGTTACAAAAGCTAGAATCAGTGATATAATTTAGAAGCTATGGTTGATAAGACCATTTT
rs0718	3	GGTGAATGTTTCTCCATGTGCAGATGTGCTTGGAAGCATGGGAGACTAGGACATCTCCAA[A/G]TCTGAAATATACTACTCCATGGGAGTAGCTCATATGATCCAGCAAAATATAGCACAGGCT
rs0719	3	AATGAGAATCTTGTAGCAGTATGCGTTTTGTTCATGCCAGTGTATGGAGTTATTTGTCCT[T/G]CTCCTGCCCCGAGTACAGCAATGGCCATCGTAGTAACTGGATGTGTTGCGATCAATTTTT
rs0720	3	ATGCATATATGCATTGCATGTACCTACGTACGTACTACACTCTCTTCTCAGAAATAAATC[T/C]GCACATGGATATTTTAGCGGATCAATTAATTATAATTAATATATGATGATGCAGGGAGGA
rs0721	3	GATGCTTCCAACATCATAACATCATATTTGTCGAATTGTCGATCAGGCCATTCAGGAAGC[T/C]TGTTTTCTAACTTCTTATCCTCTTCCTCCTGTCATCTTCTAACTAACACAAGCTTCTACC
rs0722	3	TAGAGGAACATTATGCTACTCAAATAGGTGAACTCCACATAAATGAGTTACAAGAGCAAC[A/G]CAAAAGAAAGATTGAAGAACTGCAAGTCATTGAAAGGACACACCATCGATTTCTCAGCAT
rs0723	3	CTAAGTGCCTGATCTGGTAATGCTATACTCCTAGTATCCTTGAATCCTGATAAGGGTAGT[A/G]CAGTACGGAGTATACTCGTATTTTTGTTACGAGACTCCACTTCATAAATTCATATACTAC

表 C.1（续）

序号	染色体	序列
rs0724	3	TACAGGACGCAATAAATTTTTTTGAAGTGGTGCGCAGATGAAGCCCCCCATCCCCACCCC[T/C]CAAAAAATAAATAACGGCAGCAGGCAAATAATTTAAAGACATTCAGGTCCTTAATTGCTA
rs0725	3	TTTTATATTTTGCTATATTTCAACAACTGCAATGTCAATGTTTCCTCTTTTGCATGCCAT[T/C]AATTACTGCTTCTCTGGATAGGTGCCTGACTATGCCATATCTTTCGTCAAGGGGAAGTCA
rs0726	3	GAGACAACGCTACAAGGGTAGCCCCATCCCTGCGTACATACTATAGATTCTGAAGCAGGG[A/G]TTGAGCCAGGTATGCGCTACTGTTTTTCGGCCAAAGGAAGAGAAAAAGAAACAGTATCCA
rs0727	3	GTACAGTACATGTTTAAGCCCACAAAACGTGGTTGGTACAGTAGAAATCCTTGGAGGAAT[T/G]TACGTTACATTGCCGCCGTATACTCTTGGATCCTTGCATTGTACTAGCAAACGCGTGTGT
rs0728	3	GTTCGCTTCGTAAGAAGCCGGCTACCTCTGCTCGATCCCGCCTTTGCCTGCGGATTCCCA[T/C]CCTGATTTTCGCCGTTTGTTTGTTTAGTTTCTTGGGGCAAATTCGAGACGAGGGGAGGAG
rs0729	3	GCCGTGTTGCCGTGTTGGTTCATAGGTTCTACTCCTACTTCTGTCTAACTAATCCCCTTC[A/G]TCAGCGACAGGCTCCGTCTCCACCCACCACACACATCAAGGCTGCTGCTGCTGCCTGCCG
rs0730	3	GCGACTTTTCTTTCCTCTTCGAGACCAGTATTTTGCAACATGTACACGCGCCAGTGGGCA[T/C]ATATTTGCATCACGTATATATACATATCCTACTACTTTTATCTCAGCAAGAACCTTCAGC
rs0731	3	CTTGACGTCGTTGTTCCTTTCCCAATCCATAAACATCAGATGTTGATTTCTCCTAATGTA[T/C]TTTCACGCACGCGTGAAGCAAGTAGCAGCAGGACAGCCGCAGCTAGCAGTTCACAGTGGC
rs0732	3	GGAAAAGCAAAGAATGATCAGGAAAGAAATGCATCAACGATGTACAGTACTCCAAGACAA[T/C]ACTAGAGATTAGCAGTAAAAGCTGCTGATTGATGTCTACTACTAACTTCTTTGGCAAATC
rs0733	3	AAATGAACTGGAGCTGGTTTCCTATGTTCATTGGTAGCATTGCCAATTGCAATCACAGTA[T/C]ATGTAGTTTCCTATTGCTATCTCACCTCACCTGCTCTTTCTACTAACAATTATTTACCTC
rs0734	3	TGAGTCTTGTTTGGAGATTTTGTGGCAGTTGCAGTTTCTCTCGGAATTATAAACTTTTTT[A/G]TTCAGATTTTAAAAAGTTGTAATTCATAAAATGAATTAAAAGCTATAAACCTATTTTTAA
rs0735	3	CCAACAATGATGACACCATGAACTTTAACACGCTATAATAGCTGCACGTAAGGTGATAAT[A/G]CCTGAAAGAAAATTTCTCCCTTCGATAAAACCCTGCGAGGGTTAATAATTAATACGTAGT
rs0736	3	CCCATTTTCAAACGCTTCGTAGTCGGATCAGGATTTCCGAGTAAAACTAACAAAGCCATT[T/G]TGTAAAATTAATTGGATCGGTTTGTGGCAGCAACGATCATGGCCCAAGACACAGCCCACG
rs0737	3	TTTGGATCATTTACTCTTGCTTCTTTTGCCGGTGGGCAATGTATAATCTGAGTATGGCCT[A/G]TAACTTTTTTTGTACTGCCTTCAGATATCATTGATCAGTACTAGCATTTGCTATCTCTAA
rs0738	3	TGAAATCTTACAAGGAAGACACAAAGGAGTTGATTTATTTCTTCTCATCTTCTGGCTTGT[T/C]TGATTTGTCTTCCTTCTTCTCTTGCTGTCAGGAAGAAGAGCGTACATAGTTTAGTGATAA
rs0739	3	AAGGTAACCTTGGTTATGATCAAGGGTGAAACATCATTAGGGTGGTAAGTATTGCCGCTG[T/C]TTTTGTCGTACTGAATGTAAGACAAAACTGCGGCAGTGTTGATCTGTCTTTTAACGTGGC
rs0740	3	GCTAAAGCTGTAATTGCGTGTTTTGAGAAGTTAGGTGTGTCATATGACATGAACCGGGTA[A/C]GCTATACACCTTTATGCTCGACACTTACTGAACCACATTAACCAGATATTGTTGGCACCC
rs0741	3	CCTTTTTTTTCCTCCTTTCGGTTTGGGAAGCGGTACCTGGTAAAGTGGCAGGTTAACCAC[A/G]GTTAACTCGTTGAATCAGTAGGTGGATCCCACCTGTTAGGGACTCTTCCGCTCCTCGCCA
rs0742	3	GGCGTCCCGCGCGCTCCCCATGGATCTGAACAAAGCGACACTCTACTTTCATGAGGCCAC[T/C]GGCCCTTCCGCCATGGCAGAATCATCGGAGCTCCGATGATAACTTGTTTTGTAAAACTAC
rs0743	3	GACTTCTTTGATCTGTGTCAAGCAATCCTAACGGGCCCAAATTGTAAACAGCAGGTGAGA[T/C]GGCCTCAGCACGGTTATGGATATCACTAGGGAGTAGTTGGTGGAAGATATCATCCCTGTG
rs0744	3	GGCAGGGTGAAAGGATAAGCATTGAAATGCCCACAAATACAAGTCGCTTCTTTAACACAG[A/C]TGGGCTTGTTAGAAAATCTTTCCGAACACAGAATTTACTGCAGAAGAAAATGATATTGGC
rs0745	3	CATACATGAATTTAATACTGTAATATGCACAGAAATATGGTAGGGAACACATACCTTGCC[A/G]ATCAATGCTGGTCCAATAATAGAGTTCACATTGTCAACAGCCTGTTGAAATAACAAACGG
rs0746	3	TTGAGTAAAGACAGTTTTTGTTTGGCACGAGCAACCTATGCAAATTGCCTTTTTTCCATT[A/G]CTATACAAAAGCGAGATCTCGCCTTTTTGTGGTTAACCTTGGACGTTACTCAACCTGTAG
rs0747	3	TGACCAAACAGATCAGAGATTTAAATAGTACTACTGCCACTACACCAGAAGCTTGATGAA[A/G]CAGACACTCAGACAGTCAGACTTCACAGTCATACTGTTGTGAGAGATTTTTTTCGCATGT
rs0748	3	GTCCAACAGATGAACTTGGGGAGAACCAATTATTTCCTGGACAGAAAACAGTGCAGGTCC[A/G]TATTCGTTATTGTTATGCAGAATTGCAGACTATGACATGAACTTGTGGATAAATACTAAA
rs0749	3	GCAGAAGAGCTCGAACGGCAGACAGATCAACAAACTAGGTTCAAACAAAGGCTTTTATTT[T/C]CTTTTTTGGAAGAAAATTTCCTGTGACAAATTCAGTTGAGCTCTAAAAACACTGCAAAAT
rs0750	3	ATCAATCAGTAGAAAGATTGTAATGCTTTCAATTTCGCCCTCATGGAAGCTACTGATCTG[T/C]ACATGGCCCATGGATGCAACCGATCTGGACGTATCCTCAATTGTATCACTTTTTGTAGAC
rs0751	3	GAGGTTGTGGAGACGGAACAGTGGAGGTTTAGTGGTACACCGATCAGTGGCAGTAGTAAT[T/G]GAGGTTTTGCACGGTGTTTGGTGCACCGCCTTTGTTGGATCAGGTCGTATTTTTTGGTGT
rs0752	3	ATCTCATGATTGATGGATGCTCTCCACTTGGCTTTTGTAATGAAGTTTCATGAATACGTC[T/C]TCAGTGATACAGGAGGCAGTCTCTTTCATAAATGGAGATTTTTATTGCTCAAAATAACCT
rs0753	3	CTCCTGCAGCCACCCTTCCAATGGTCTCTCTTGCTGATGATCTTCCACCTCCCTATCATT[T/C]GGTTGATAGAAGATGTTGGTTAGGCATTCAAGTAAGAGAAGTTTAGGTACCACAGTTTTA
rs0754	3	GTATATGCGGTCGTTGATCCATGGCGTTCTATCCTGGAATCGCCCACTGTCTATTTTTAA[T/C]GAGGTTGGAGAACCACGTTGGTTAGCCTACCCATGATTTTGCGGCTAGTAAAGCGTGCAC
rs0755	3	AGGGAAGCTGGAAAGGGAGGCATATGATGATTTGCGCTCCTATTACTCTAGGCTCACTTC[A/G]CTGTCGGGATTACCCTTTGAGGAACAACTCATGGAGCTCTACACAGTACCTATGTTCCAA
rs0756	3	GGTGCGGTGCGGTGCACGGGGGATGTCACGTGAAAGGCTGCGGCCTGCGGGCAGCGGGCG[T/C]GCATGGCACGGTGCGGACATCTTGTGATGATTGTCCTTTCTGCTGGAAAACGACCTGGGA
rs0757	3	CAATATGTCAAACCGACCTGCAAGCGATGTCAAACTGAGATGCCGCGGTGCAATTTATCC[A/G]TTGTTTCTTTTGTAAAAAGGCAGCCGTGGTATTCGATAAATTGCCAATCTGATCTTTGCG
rs0758	3	ATATATGCTATATGTGATGGAGGTCTAACAAATACAGTTAGTCAAAATGCCACATTCAAT[T/C]AAACACTTGCAAGCTAGACCAAAATATTATGATACGCCTTTAAACTTGGCTTAATTTGAA
rs0759	3	GTTTATCCAGCGTACATGATAGCATGAATAAATGAAAAGAATGTTAAACATGGGTCGCAA[A/C]TATATGGTCCTCACCGAAATCAACTGACCAAAGCAAGAGCAATTTCGCATGAAAGCAGCC
rs0760	3	AATTTGGCCCCTGCAGAGGACAGTTGCCCTTTGCTCTCCACATGGAGTCATGGACATAAA[A/G]GTCTACATTTTTCACCCAGGGAGGTCTTGCAATTTATCAAAATGTATACTAAATAGTCGG
rs0761	3	ATCTCCTCCTCTAGCGTGTGTATCAGGGAAAGGGAATAATTCGAGGTCAACCTCGTTTGG[T/C]CACCTTATTGTTCCCCTCAAGCCGAACGGAACCTCATCTTGAATTCAGGCGCCACTTAGA
rs0762	3	CTCGTCTGGTGGCGTATCTACAAAGCTCCTTCATCATTCTTCATGTACCACTCATCTCAT[A/G]TAGTATGCTCGAATTGTATCTTCCTGAACACTCAACTCGAACACTACTTGCCTAGTTTGC
rs0763	3	AAGAGCTTCCAATCACGTAGGCTACTATTGAATTCCAAAATTGCGAACATTGACAACCTG[T/C]TTATTTTGTTGATAAAATGTGTTATGAATTCTGATGCTCTGGCCCTGCTTATTTGTTCAA
rs0764	3	AAAGAATAAATTTATCTAAGGAGGAATCCACCCAAACAAATTAACACTAATCAGAGTGGA[A/C]AGAAAGCTGAAAAGGGCATCAAAAGCAGAATACAATGCCAGTTAAGTTTTGTGGACAGAA
rs0765	3	CGGCTAGTGCCATGACACCGAACTGACTGAAGAGGACGGCAGGGTGAAACACCGTATTTC[A/G]CTGCGGATTTTTGGACAGATTCTGGTTTGTCTTCGTTGTGCACGTACAAGTGATTATACG
rs0766	3	CCCTGCGCCACTACGACATGCGTCGCCGTCATGCACTGGATGGAAGAGAGATAAATCCCT[A/G]AGCGGGGAGGAAAGGGAGAGATAAGGGTGTGCGCATAACTGGGAGGATGACGCTGTTAAC

表 C.1（续）

序号	染色体	序列
rs0767	3	TTATTGCCCGCAACGTACCCACAACCTCATCGACTCTATAGAAATTAACCGATGGAGAGA[T/C]GATTTCCATCCCATCCTAAGTCCTTTAAAATCTTGAGAGCTAGTGTCTCCTAAGAATCAT
rs0768	3	TATACAAGTGTATTTTGTATATATATATAATATAATAAATTATTTGATGGGCAATATTTT[A/G]TAGCATCATGGTTGGTTAGTTTTAAGGTTCCGCTCGGTGTTTTAGGTTCTCATTGCAAAA
rs0769	3	ACAGAATAAGAAGGCAATGGATGGAGGGCCAAGAAATGAAGTCCAAAGCCTACATATGCT[T/G]TTAAGACTTGAATAACTATCAAATATCAATAGCAAATTTTAAATCAGAATTTGCACCTCG
rs0770	3	TTGTGTTATGCAGAAGAGATCAAAGCATTTTGTTTTACCGCGATGATGCAGTCTTCCAGG[T/C]GTTCACCCAAGCCCCAGATCGGAGCGTCCATGATCACCAGCTTGTACGTGGTCATGACGG
rs0771	3	GACACTGAAGATGTTGATGTGTCTAGAATAAAACGAGAAAGATACTTGAGTAGGAATGCC[A/G]TAGATTCACTGTTAGAAGGAAAGGAGTCATCATTTGATCATCATAACGTACCGGATACGA
rs0772	3	GGACCGTAGTATTGACACTCTGACGGTGCTCTATCAAATGCGGCCAACAGTAGGAAGATA[A/C]CGCGGCCCCCACGAAGTTGCACGGCCACCGGGCCAAAGGACTAGAACTGCACGGTGGACA
rs0773	3	ACTGTGTAAAAACTGAAACGTGTTATACTCTACAGAAACAGGACAACCGACTCTGAAAGA[T/C]GCACCGATTCTCTGATTTTTTTGCAAGGCTATTCTGTGACCTGAAATTTCAGTCACCTAT
rs0774	3	TCTTATGTATGTATGCTCTTAGTTCTCTCTAAGCTCTATGCAGGGGCATGTCCATGTAAC[T/C]TGGCAACGATCTGCTTCCAAATAAAGAGCAGGATAGGGAAGGATGCAAGAAATCAGACTT
rs0775	3	TACTCTCCCAATCTCTCCCCCAAAGTATTTCCTTTTTTTTTAATCGGATGTTCCTGAAGG[T/C]ACCCCAAATTATTTCTTGCTTGCTTGAATCGATACGTGTGGTGTGTCTCCTGATCTCTAT
rs0776	3	TATATGACCCTCCAGATAGCCTGTCAGATGTGGACGATGAATTCAAATTTTGATCAGTTA[T/C]ACATCCCTACCTTCATTTCTGAGGTCTTTCTGGTAATACCATGAAAAGGTACACACGAAG
rs0777	3	CGTCCGGGCGGCTCCTCGATTTCGCCAGTGATCAGGTGAGCTGCTATTGTGTACTAATTG[T/C]TTCACCCAAATACTTCTCATCAATCGATTAGACAAAGGAAAGGGGAGCATAAAGATGCAA
rs0778	3	TCTCCTGTCCAGATATTGATTTTATATCTACAAGCTCAGACCATGCCTCCTCTGGAATTA[T/C]TATAAGCTCAGATAACTGTGAAGTTTCAAGATTGTCGCCTTCTACTGAAGCAACACCTCC
rs0779	3	ATACCATTGAATTTTATGAGTTTCCTTTGGAATAGGTCCAAAGTTAGCATGAAGTTCAAC[A/C]TCTTGGAAAGTCTCTTTTCATCCAATTCGTATGTTTTCATTCGGTCCGTCCAAATGGTTT
rs0780	3	TTTCGCTTTCTTGAAAGCAACTTGCAGCTGACAATCTTATGCCCTTCTTTATGAGCATTG[A/G]CCGAATCAAAGAAACGGACGATACTGGTATACAGGATAGATATTGTTTTCTCTAGTAATC
rs0781	3	CTAACTAGAAGCAGGAAGCGGTTGAAGGGCTTTAAGGGGATTCATGATAACTCCATCAAT[T/C]AGACCATACTCCTTTGCCTCCTTCGCGCTCATGAAGTAATCACGGTCAGTATCTACGTTG
rs0782	3	CATTTATCAGGGTACGCATTGAAACCAAAGATATGGGTGCATTGAAACCAGGAAAGAATA[A/G]TGAAACGCAGAGGTGTGCAGCAGTGTTCACGTTCACCTATCCACCACATTGGTGAACGAA
rs0783	3	TAAAAATATTTAATTTAATTCATTCATACAATCAAGTAAATAATCCACTGTAGTAATCTC[T/C]GAATAATCCGTTTCAAACTAGATGGGTAGCTGAAGTAGCATCTAACATGGCATAAAAGCC
rs0784	3	TGTACAAAGTCCACAAAGGCAACTAAAAGCGGCGTAGGGATCCTCTGTAATTTAACAACG[A/C]AAGCAAGACCAGCACAAATTTCATCTTCTCTCTTTACAAGCTAGCGTGCCTCAATTAGAT
rs0785	3	GGTATTGCTTTTGACAATAGTGGTAACTGCAGTGCAGACTACAGAGGCTGAATCAGGCGT[A/G]TTTATTCGGCTACATTTATGATATTGTAGATCAAACGAGTTCGGTGAGCCGAAAATTAGA
rs0786	3	TCGCTATCCATAATACCAACAAAAATGTGTAGCTATTGTCATTTCAGTTTGACACCATTG[T/C]CATTCTAGTAGCTCGGGTGATTTGCAAGGAACGAACGAAACAATAGAGCGTTTAACAGCG
rs0787	3	TAATAATGTATCTCGTTTTACGTGCAAATAATAAGCCAAAATCAAACAGAAAGAACACGC[T/C]CTTACTAGTTTTCCTCCAAAATTATATCGAAACGGGTCATTCCATATAAGTTCTAAAGAA
rs0788	3	TTCATCAGCCCATTCTTTTCCCACTGGAAATTTTTTCAAATCTTGGTCAACTTCCGTGGA[T/C]CCAACATGGAGAGTTTTCTGCTATTCATCATCTGAATCGTTCAATCATATTTCTCCAGAA
rs0789	3	ATCCTGGCCGATCTAACGGCTGATATTAGTCGGGACTGACCGGTACTAACTCAGCCCTTG[A/G]TTTTGTACCGCACGGTGGAGAAGGGTGGAGGGGTAAGATTGTATTTTCGCGTGCCATGGT
rs0790	3	TGACTGCGAATCCAACCAACCACTCTCTCCGGTCACAAACACTTGATTTTTGGACAAGAT[T/C]CAGTTAAACCTTTGAAAGTTTGAATATTTAAAAACAAAGGGAGTAATTTGCACTACCATT
rs0791	3	GTTGGTAGTGTGGACATCAAGAAAGAATCCGAGGCCTTGCATGTAAAGTAGTAATGATTT[T/G]AGCACAATTCGATGACTTGGCTGAGGCATTTTTGTGGACTCTTATGGCATTCTTATCATC
rs0792	3	TAAAAAAGAGTCGATCTACGTAGTGATGCGACTCCACCTAGAACAACGAGTCTAAACAAT[A/G]AAGTAGATCTTTAGACTCCAAGAGAGGAAGCAAACTTAGCGGGAGAGTTGATCGACGACG
rs0793	3	AGATTAATTTTTGAAAATTTAAATTTTGATCATGACGGATAAACTACGTACCCACCGGAC[A/C]ATGAGTGTACAGTTTGTTTCATCATACACAAATACAACCAAGAAACTTCCGTCTCATAAT
rs0794	3	CAAAGACAAAGATCAACGAGAAGGATGGTGAGGAATTCTTGGTGTTAAGGAGGACAAAGG[T/C]GACGGACGGCGATGAATACTTGGTCGTAAAGAGGACAAGGGTAAAGGTTGGCACCGAACA
rs0795	3	TTAGACTAAATGGACTTGCAGGTTTAGAAAGCTAACTATGGTAATTACGAACAGGATCAA[T/C]AAACTAAATGTGTATGCAGAAGAAAAGCTGCACATGTGCATAACAACGCATTAAATAATT
rs0796	3	AGCTATGTTTCCTGGATTTGTCCACATGTACGCTTGAACACGTACAGTTAATTGTTGTGC[T/G]ATCCGTCGAGACCAGCCAAAGCAAGGCCTCGTGAAGTTTTGCTGCTGGGAAACTACTGTT
rs0797	3	TGTCATTCTTAGAAACATTTGTATCAAAGCATAGAAACCCATTCACCTTATGGCTAAATT[T/G]AAGTGCATGGGCACGACTTACTGGACTTTGCATTGTTGGTTCATCTTGTTGAACTTGTTG
rs0798	3	TGCTCCGTGCTGATGAGTGCGACTGCATTTGAATCCACGTATGGTGTCGCAGGGGTGATC[T/C]GGTGATGTACAACTATGTTCTTTTCGGCCAAAGTGTGTCATCGAGTTTCCAATGGCCATA
rs0799	3	CATTGGTTTCTGACCTAGTAAAAGATATGTTTTCTCCCAGTACCACGAATCTGAGCAAAT[A/G]ATTATCCGATTCGTTATACCGAAAGGGGTCAGTATAATCCTCAGCTCCTATGGAGACGGG
rs0800	3	GAAATTTTAGCAAAATTAGGTCACTAAACTGAGTACTGATTTATGTTCAAGCACCTCCAC[A/G]GACAAAATTGAAAAAGGAACAGCCATGTTTGATCAAGGTAAACAACAAGTCCTTAAGGGG
rs0801	3	GAAAATTAGACTACAAACACTAATGTGCAGAATGACAGGACTAGGCCATCTTGTAAACAA[T/C]TCTTCTAACTCGAACACCTCAACATAATTCAGGAAGAACACAAGAAATAGGGCAACCAAT
rs0802	3	GGCATACAAGTTTCATACAAGCATTGGGTTTTTCATGGTGAACAAGTGGACCTAGATATT[A/G]ATCCAGTTGATGAGCCTATCAATGATGAAGATGATGAGGATTTTGATGGTCTGGACATGA
rs0803	3	TCTAAACATGGCCATGCCGAAAACCATCGGTTTCAGACGGCCTTCTTATTTTTTTTGCTA[A/C]TTACATGTAAGACGAACACTTTGACGAACCACTACGCATACACACCGCAAGCACACGTAT
rs0804	3	CATGCAACCATATATGCATGAACACTCTCCATGCGAGACTCACCATTTTGAAGACATTGC[A/G]TAGGTCACCGAGCTTGTCATTCTCCCTACCCACGCCGCTGCCACCCCATCCCACCCTCCC
rs0805	3	GAACTGATGAATTTAATGAATGTACTAATATCTCAAGCCTTGCTCAGCTGACGGTTAAGA[T/C]TTAAGACCACTAAGCATAGAACATTAATTTCCATTGGTGCATCGTTTCATTGAGCTTCCA
rs0806	3	CCGAAATAGAATTGTTCGATGCATTCAAAGAAACCAGTTGAAGAGAGCCAATCTCTGATG[T/G]TAGGTGCCCAGAGAGGCGGTTGCCATCGAGAAGGAGCAAGCTGATGTTCTTCATGGCACC
rs0807	3	GCAAGATAGAACAATGCTTTCTTGCAATTAATGCGACGAGATGAGTAGGGATCAAGTCAA[A/C]ACGGTGCAATTAGGCTTGAAATTTACAAATCCAAATTGGCTAGAGGCAAAGTCGCTTTTC
rs0808	3	CAGTCTGAATATCTGGTACATGTGGATTATTGGTATTGAAAACAATTATATTATTCAAGC[T/C]GCAGACTTGCAGTCATTAGATGAAACAGTGATATTACATGCCATTCTATTCTTGTACCAC
rs0809	3	TCTCGCTTCCATCTTGCAAATCTGGTACATTGTCGTGTTGCATTGCCCAACAAATTCTTG[T/C]TGGGATGGTGCTGTTACTCTTAGTTTGTTTGTTGTGAGATGAGAAGTTAATAAGCTTTAG

表 C.1（续）

序号	染色体	序列
rs0810	3	ATTAAGACTTTGAGATCCTCATTGCCATCGGTCTCTGCAGCTGTTCTTAAAATGTTAAAG[A/G]CATGGACAGCATGGTGCAAGAATAGAAAGAAATCAAGAATTTGGTTATATGTTCTATGAA
rs0811	3	ACTCCCTCTATCCAATAAAAAACCAACGATTTAGTTCTTTTCGCGCAGGGAGTATATTTG[T/C]TCATGCGGTACAAACCAACATCATCTTTACTCGATTTCGGCTAGTCGGCAAAACATAGTG
rs0812	3	GGCCTCAAATGTTTGCCATTTTCTTTAGAAGAGCACAGCAACCAATACTGAAACGCCAAC[T/G]CCTAGGTTCAACAAAAGACCCGCAAAGAAGAGCGGTTTCAGATTTTTGAACAAACATGCA
rs0813	3	TGCTACCGGAGTAGTTAAGACTGGGATTCTGTGTTAATAATATTTTTGGGTCTCGGCACA[T/G]TTATGTATGCGCAGCAAAGCGACCGATTTCCTCGCATTTGTTGATGTTGCGATTTTTTT
rs0814	3	TGTTTGCCATGAAGATCGAAACATTTAAGTATTAAATTATTCTTAAGAATGCAGCAACTC[A/G]GTATATCATCTGTGACTTGAGAATGCAGTTGTGAATCAGTACTCTTCCTACTAACATAAT
rs0815	3	AGACAGATGGTGGTTTTCTCGAGGTTTAGTAGATTGATTTCGGTTGACGTCAGCTAGCTC[T/C]GAACCAATCCGAATTCGAAGGTAGTCGATCCGGGCAGAGGCCTTGCGGTCGACAACATTA
rs0816	3	GTTGCTACCGCTGATCTGGCTTCGTGGACCTCGCCGTTGGGAAGAGGCACTAGTGTCCAC[T/C]TCACTCTGCCACTATCTGAAGGATGAGGATAAAACAAATAAAAAGAAGGAAAAAAGAAAA
rs0817	3	AATTGACTGATTGCTATTTTGCTAATAGCACGACGAGCAGAATGATGATGGTGCTGAAAA[A/G]TCGGATAATCAAGTTGTGGATTCTCTTAATGAACCCAACAGAAGTAATACAGGGAAGAAG
rs0818	3	GTAAATTTGGTCAGGCTCAGGGAATGAAAATGTTAGGAACCAATTGCAACTTCTCTCGAG[T/C]CAGTACTTATGTTGTTAGTTTCATAGTATCTTGTTTTTTGAACGACGTTGGTTTCATAGT
rs0819	3	ACTTTGAGATCATTAATCATCATTAATAAATTGTCAGTGATAAGCTGGCTTAGCCTAGAA[A/C]GGCAAGATAAAGATGCGTTATATGCCTGGCCATGCTGTCCAGAATGTGTATTCAGAGGAT
rs0820	3	TTTAAAACACGCATACAGAAGTTGTGAAAATATTTTAACTTAACCCAAGGTTTAAGAAAA[T/C]ATAGTGGTGAAAGTCTGTCTTGTTATGTCCCAAAACAGAAAGAAACCAATGGAACCTACA
rs0821	3	ACAATCCAAGGGCCCAGATCTTATCCCCAATCCCTATGCAAACCCTCCATATTCCATTCG[T/C]CGTCTCACATCTCATTATCTCATAGCCCATCACAGCTATTTATATCTTAACTAGTGAAAA
rs0822	3	CCGTCTTTGGTTAAGTACGACCAAATAGAGGGCAAATTGACAGAAACAAGGGGCGCCGCC[A/G]TGATGGAATCAGATTCGTTGAGCAGCTCGGAAGTAGTTGATCAGGCCGAAGTCCTCCGGT
rs0823	3	AAACGGGGCGTCCAGGCCGGCCGGTAATTTCTTTTCTACGTACACGGCAAAAACCAAGAC[T/C]CGTAGACTAGTACTCCTAAAAGAAAGGGAAAGAAAAAAAAATGCCAATAAACTAGGCTCG
rs0824	3	ACCATTATCAATATCTTCCTATCCCCAATTAATCTCTCTTTTAAATGCCAAAAATTGAAT[T/C]AAATTGACGAGATGAATTCATTTTTCAGTCACCTCTCCACCTTTCGCATCCCCACCTCTC
rs0825	3	CAAGTTTAAGAGTTTGAGAAAAGGACTAAAGAAGTGGAGCAAGACCATTTCAAAACTGAC[A/C]ACTCTGATTTCTAATTGCAACCTTGCAGTCTCTTTTATCGACAAGTTGGAGGAACTAAGA
rs0826	3	AATATATTTTATTTTCTAAATATTTTTTGTCTTATCATCGTTTCTAAATTCAAAATTTCT[T/C]GTCTCTTGCCTTGTTCTCACGTAAGAATTAGACTTTGAACCTTAGTAGACGTGTTGATTG
rs0827	3	TGCACTTCTTGTGAGGTGGACTTGTTAAGGTGAAATTTTAGAGTAATAGAAGCATTTGTA[A/G]TGTGAAAACAACAGTAAGCAAAAGAATCATACAGATAGGGCAGATGGAAGCGTTTCCAAT
rs0828	3	GTGATAGGAGATAAAAACGTCTGAAGAAAATGCACTAAAACTTAACACGTTTTCTGAAGG[T/C]TTTCAGCCTACAGGGTACATCGCTAGTCTGGTAGAGACGCTAATAAAAAGGGGTAGTACC
rs0829	3	GTCACACCTATTTGTGTTGAAAATTGTCCTTTTGTGATTCCTCGTTCTTTATCTAGTACC[T/C]GGTTGCAATTTGTTTGATATAGTGTGGTACTTGTTGTACAAGTATCAAAATTCCTTACAA
rs0830	3	TTTTAGATAATGGATAAAAATCCAACTTCTATATCCACTTGTGAATATATACAACCAAAA[A/C]ACCTGGGCAGCACTATTGGCGAGAATAGCATCTGTGCTCTGTGCACTATTGGTTCGCCCA
rs0831	3	TAAAAGTTTAACTAGGAAAAAATTTTAAATTGACTTATATGAAACGGATGGAGTATGATC[T/C]AAGTGGTTGGTTGGTTAGAATTGGTTTCCAAAGTGGTGTTTATAAATCTCACTGATGAGA
rs0832	3	AAACAACACAAGGTGGACAGGTACGAATTGATGTTGTTGTCACGGTAAGTCCCATTCTAT[T/G]GGGATGGCAATCGTCAGATGATTGCAGCTGTGGCATCTAGCTAGAAAACACCAGTGTACA
rs0833	3	GCAAAAAATGAAAAAAGAACCAATCACTTGTCAATGACAAAACATACAGGTCCCAGGAAA[A/C]GGCCGAAAGTATTTGTCAGATGACTATTGCTGTTTTGGTTTTGATACAAGGAACCAAAGG
rs0834	3	TAATACAAGATATGTTCATAGCTGAATTTTCGTGTCTCTCGAAGGATGTCCCCTATGCCT[A/G]TCCCCTACGTCATCGAAAAATTTAAAAAACAATTAATAAGGTTGATAAACATGTAATATA
rs0835	3	TCATGTGGGTATGAAACTATGATCGCACAACCATAGCTGCCACCTCAACCAGTCTGTCTC[A/G]GTTGCTATCTTCCTTGCCGGTTTCACAATGACGATAGAAAGCCCGATTTCCCCTTTCTTG
rs0836	3	CACACGGTTTCAAACCAATCGACGCTAGCTCTGGCCGGATCAACATAAAAACCTGTGGTG[T/C]TGTTAATGTATAGCGTGCAAAGCTAAAAAAGTTGTAAAAAGGATGAAAGGTCTAGCTAGA
rs0837	3	AATCTCTTTTTCGGTGGTAGTGCCACGTAATTGGCCCTCCCCTTCGTGCTATCGGTGGAT[T/G]GGGAGTGACTGCATGCTCTCGAGTTATGGAAAATAAAATGGATGTGGGGATATCAAATTT
rs0838	3	CTCCTCTAACTTTTGTCAAGATCAAGTCACTACTCACTACTACTAATATTACCTTTAATT[T/C]CCTCTCTCTCTATCTCTGTGTGTCAAGATTCTTTGGTTCTTGAAGCCGCCTGCTGCCAGT
rs0839	3	CTCTGAAAGAAATCAGGTAAAACCAGCCAGTTTCTGGTCAGATTACCGATCAATTATGCA[A/G]GTAGGCATTGGATGCCTATACTCCACTTGGATTTGAACTGTACAGTAACGAAACCTTGCA
rs0840	3	TCTGTTTTTCTCAATTGAATAGACAGATCTCCTGCCCTTCTTTTATTAAAAAAAATCACA[T/C]TCATGATTTCCAACAAAATCAGTAGCACAGTACCAATGGGCATCAGCAGAGTAGTTAATA
rs0841	3	TAACCATGACACCAGCAGATTAAAGCTTCAATTATGGCTGACCGGTTAACGTTACACTAG[A/G]AGTACCATCCGTGCGTTGCTATGGATCTAACAAGTAATTTATTTGGGAACAAAGAGAACA
rs0842	3	GAACTGAGGAGCTGTGTGTGTCATTATCTTCAGAAAGGGCGTGGATTTTAATTTCTCAAC[A/G]AGATGTCCCCCGTTGTTTACATGTCACTCAAATAGTTAATTTAATTTCTTTTTCCATTGC
rs0843	3	GTCCTCAATTGCACAAATGATCAACAGACAGGATTTTGCAGGCCATCAATAGTTACTGGG[A/C]TAGTTTGGGTTGAAGCCTATTTTTGCCCTACTGAAATTTTGACAACTTCAATAGTATGAA
rs0844	3	GAATCCTCGCCTACATAGCTGATATTTTCCCCGTGGACAAAAGAATTGAGGATGTTATAG[A/G]CTCTGTTCTATTCGTTTTTTTTCCAGATTTTTACCACAGATTATGTTGCTCCACGCTTAT
rs0845	3	GCTACTCATTGAGTTCAATGATACGCCACTCTCATGTCTCACTGACTAATGGCCCCAGGA[T/C]CCAAATGCTAAAGATAATGTTGAAGAAACAAGGATCTTCAACATTTTAAACTTTTCATTG
rs0846	3	ATCATCATCATCATCGGTCTGCATCACTGAGGTGTCCCAAAGTCCAACTTTCATCCATCT[T/G]CGCGTACGTGTGATGGAGGAATTAACACGAGTATGGTAGTAAGCCCATACGAAAATCTTC
rs0847	3	TCGGTATACTGACGTGCTTCTGTTTGCAGTGTGGGATGTGATTCAAGTTTTAGTTGTTCC[A/C]AATGGGAGAGCTGTCCTATTCAGGTTGTTGTAGTTAACTTTTATTTTTTGCCACATGCTT
rs0848	3	CCCCAGTCTGTGACGATGATTCCACCTCATACTGCTGACTTGAACAATCTGGTCTGTCGT[A/C]CATCATTACGCCTATTACTCTAGCTTCTTCAAATGCTTCAGTTGCCCGAAACTTGGCCTT
rs0849	3	CAAATGATAAATGTGCTTCTTTACATCCAGGCATTCGTAATCAGTATGAAAAGGATGCAG[A/C]ATACATTGACGCTACATTTTATAAATAAGGTTTTCTTTTCTAAGAGAAAGAAGGGTGCGA
rs0850	3	CCACATGCTTGTATAGGGGAACGATAGGGTTAGCTAACTAGCTTCAACTGGCCGGAATTA[A/C]TATAGGCCCTAGCTAGCCTGCCAGGGCAAAATTAGCTGCAGGAACATGCATGAATGAAAA
rs0851	3	TTTGAAAGAATTCTATAAAAACAACACACTTGAGATTAAATGAACTTTAGAAACAACACA[T/C]TTGCAGAGGGAGTACCCATTTCCTTTGATCAGAAAGAATAAATGGTTCAAACTCCAAAGC
rs0852	3	TCATATTCCTACGGTCTCAATATTATATAAATGGTCCAAGTGCATGGTTGGGCTAGATCA[A/G]GAATGAGTTGTGTTTAACATGCACTCTTTATCGTATTCCCTAGCCTAAGGTGAGAAACAC

表 C.1（续）

序号	染色体	序列
rs0853	3	ACCGGCTAGCTGCTGTCGTTCATTCATCTTGTACAAAGGAAGTCTATACTGTATCCCTCA[T/G]TTATAGCCTGCGTCCGATTTTTCTCTATCAATTGCAAAACCAGATATGGATACCCTTAAC
rs0854	3	AAATAGCTTAAGTGCAACCAACAAATATCGGTTCCAGTTACCATCAATGTTTGACCAGAT[T/G]GCTAGTGTTTGAGTTCATCAACATTTCTGTGACAACTATACAGTGAGGTGGAACTGACTG
rs0855	3	TAGATGTACCTAGTCCTTCTTCTTGGTTCAAACATAGCAGTAACTAGGTGACGCCTAGTG[T/C]GTTGGAAATATTATAAATGAATATATTAAATTATGGATAGAATTGGATTAAAATATTGCG
rs0856	3	CTTGGACCAATTCGGAGGGAAAATATCAAGAACAGTTGAACTAGAATCCCCCAAGGGCAA[T/C]GTGTATGTCGTCAAAGTTAGCAAGCACATGAATAAGACAGTCCTCCAGTGTGGATGGGAG
rs0857	3	GCGAGATGGTAATGGATTTTCATTTGTTGCAGTATATGAGCCACCTTTTGGAACTGTACT[A/G]TCTACATGGCTGTGCCTGCGCGATAAATTCCTAGATGGGATAGGTTCTATACTCTCCTAA
rs0858	3	TCGGTCCATTGGCTCCATTAATGGTTCCTACTCAAAGGACAGAGGCACACGGGCTGGGCC[T/G]TCACCATCTTCTTGATTTTTCAACTTTTTTGGAGGGAATTTGCAACAAGACTGCGAACCA
rs0859	3	TTTTAACTCTATACACTTTCTTCGATTAAGCTTTTTCTTATTCTCAGACTCGTTCTTTCT[A/G]ATTGGTGAGAATTGCATTGCCCTCTCGTACCTTTATAGTTGCACCCGAAAATTTTAATAA
rs0860	3	TGAATTACAGACTACAGGGAATAAGCTCAATACCAGCAAGGAAGTTGATTGAAGAGAATC[A/G]TCAAAGTGTAAGTGTATGCTGAAATTACATATTTTTGCACCAGGGACGCCTCATATATTA
rs0861	3	GTGAGTTGAATTGGTGACGCAAGCATATATGATTAGGTGTAGCAAATTAGTTACTCCATC[T/C]GTTTGCATAATTTTGTCAACTTTGACTAAAATTTTCTTCCACCTTTTCAAATGCACAATT
rs0862	3	AACAACCCAAACAACGACTCCAGTTAACGCCTCGTTAGTTGATTAGGTTTTCGAGAATAA[A/G]TAAAAGACGAGCAACAGCTACAGGTAGGAGTAGTACGTAACATACATGGCTGATCACTAC
rs0863	3	TTCTGTATGTTAAGGAAAGGATAAGTAAAAACCACAAATAATGCATGTATTTGGTTTCAA[A/G]AACATAGTCTAGGCTGATTTCTGAAACCAGTGCCACATGAAAAATCAAAATGCTGCATCA
rs0864	3	TAAATCACCTCTCAAGAAAAGAAAGTTTTTACTTTGGGATAGGTATAATTGTCTTTTATT[A/G]CACCTTGGATCACCTCCTCTCCATCTCCCACTATTTTCTCTTCCCATGATCTAGGAACAT
rs0865	3	CAAACCATGTCTCCCAGTGTTGACACATGTAACTACAACTACAAGCAATGAATCAGGCCA[A/C]TAAGCAGGCAAAGTTTCTTCCTAGAAACCGAGAACAACCCAGAAAGTGCCCTAGGCCTGT
rs0866	3	GGTTTGAGTGTACTAATCAAGCTTTGAACCATGATGCTTTGTTTTCTTCACTTCAGTTCT[T/C]GAGGGATTTTGGTCCCAAGTACAGTACAAGACCCAAAATTTAAGTAAATAAAAAAGGGGG
rs0867	3	GTTTCAGGCAGACAAATTGTAGTCATGGAGTGTACTGATTGCTGCTAAATTATTATTCAG[T/C]CCTCCTCTGATGGTGTAGGACTCTGTGTAGGCTTGTAGGGAAGTATTAGTACAAGTCGGG
rs0868	3	TTTAGTTTCTGAACTTTGCCTAACCTTGAGTCCTTGACTCCCTGTTTAGTTTGTCAACTT[T/C]ATGAGCTCATGCATGTTGATGACATTCGAGGGACAGTTACTTACGTTGTGAAAATTCTTG
rs0869	3	TGTGGAGTTGCGAGCGTATCTAATAATGTCCTCGTCACTACCCCCCACAGCATCCACTCC[A/G]TGGAAGAAAAGCCCTGATGCCAACATTGGAGCTCTAGATTGGCTAGCAGCGTAGAGTCCC
rs0870	3	CACACTTCCATCGTCCATGATTGTAAGGAGAGTGCCAAGTCACTAAAGGGAGGATTCTCT[A/G]GACAGAACCTAGAATTTAGCAAAGTAAATCCTGTCCAGTGAGCTGGACATACTTGGGAGA
rs0871	3	TTTGTTTTAATTTTATCTCAGTTCAAGGAGCTTGCACAAGCTTATGAGGTATTGAGTGAC[A/C]CGGAGAAACGTGAAATCTATGACCAATATGGTGAAGATGCCCTCAAGGAAGGAATGGGTG
rs0872	3	GCATGGTATTGCTGTTTCCAATCGAGTTCTCTATTAGCTGGGCTCAGTATGGCAGTAGTA[A/G]TACTAATTTCTAAGATGGTACCCTTCTTCGACTGTGTTTAACTTGCTTATACCGTTGCTT
rs0873	3	AACGGGTAGTTGCCATTTTTCCATGGCTGTATACTGGTTAGGGCAATCAGCTCATTAAAG[T/G]AACGAGTTCTTTTTCTAGTTTAGGTGACGAGTTTTTTTTTTTTTGAGAAACACAGCACA
rs0874	3	AAAGTCAAAATGGCATGAACGCACCTATTAGAGATGGATGTTATGATGGCATTGCACAAG[T/C]GATGACGCTGGGATATCGACTATATAGGGGCATTGGCAACGGGCCGATCGAGGCATGTCA
rs0875	3	CTGTATTGGAGGCTTTGACACTGTACCTAAGAGAATTAGAGAAAATTCAGTGCATGGAAA[A/C]TTATGTTGCCAGAATAATTCAACAAAATCAAAACAAACAATGAGCGAAAAGCTAATAATA
rs0876	3	TGCAGGACTAAGCCAGAAGCCAGGATGGTCAGGGGATCACTAATCGAAATTACTGTTACA[T/C]TACAACTTAAAAAGTTGCTAAAATTATAAGTGTTTCCTATTCAGTAGCCAAACTAGAGAA
rs0877	3	ATAGCACGGGGATCAACCAAAAAAAGGCAGTGCGGGGCCCAATCAATCTATAATTAACTC[A/G]CGCCCGCCTAATATATATTCCCTCCGTAGTCATAAAGGAAATCGTTTAAGACATCGACAC
rs0878	3	CTCCACTCTCTAACCCAGAACCCTAATCCGTAGGTCCTCAGCCAGAGTTAAGGGGTCACC[A/G]TCACTGAGTCTTGCCATCACTATCGTTGGTCAGTCTGCCATCTCCATCACTCTCCTCTCC
rs0879	3	CACAACACCACTATAGATCTATACGTTGCTGGATCTTGCATGTGCGCAAGCGTTTCGAGG[T/C]TTCGAGCAATAACCACAAGATCAGCTCGAACATCCAGAGAAAGGAATCAAAATCGACCAA
rs0880	3	TATCATGTATATCATGTCCGAGGGTGCTCACCTTTCACTATCAAATTATGCTTTCTGTAT[T/C]GAAGCGTCACGGCAGTTTGCTGAATCCAGGGTTGGTCTAATTGACAGATCCATTCGTGCC
rs0881	3	GCGGGTATATATATATCCGTATCATTCTCGATCGGCAGGTGAATTGTTAATTTTGTTCAT[A/G]TGTTGCATATATACTTGCATGGTTGATGTGTGTTAGCTAATCGATGGTGTTAGATCAAGC
rs0882	3	GGTTGAGGACAGCCTGAACTGAACTTGCTGCTAATCATTGTACATCTGTGGGCAAAGCAA[T/C]GGTGTCAATGTGGGGGTAGAAGGGTCATTTCCTCAAGACAAAAAATGAAATTAGGAGCAT
rs0883	3	ATTCATGAAGACATGATTTCCATCATTGGCTCATTGGGATTCTTTCTTTCACACATCTTG[T/G]GTCTATATATATACTCCACTTTTTGCGTGATTGCTGTAAGTACCATAATGATTGCCGGTT
rs0884	3	TTTGTATGTTAGTGATGTATAACTACGTATATATATGTACCTCTGAATTAATTTTCACTG[A/C]AGAGACGGAAATTAATTAAATCTCTGCTTCATAGGAGTATCTCCATAAGCTACTGTCAGC
rs0885	3	CAGTCCTCGATGAGAACACCTGCAGTAGGCTTTGTGATGGTGGCCATGGCATGCTCTTAA[T/C]CAGAGGATATAGCTCGTAGGATTTACTACGGATCCGTGGGATTTGGAAGATCTCGTAGTG
rs0886	3	ATCAGATGCATCAACATCTCATTTCTCATATCTTTGGCAGGTCCAAAAGAGCGCTGATCC[A/G]TGTACGACGCGACCATGTTAGGTTCCCGTGACGATGAATCTTGAGAGATCGCAGTTGGAT
rs0887	3	GGAAATTTGTCGGACTGATTGTTCGGACGGAGTATAACCGAATTATCATCTACCAGTGCT[T/C]AAATAATTGGAACTAAGCAATAACCATTCGTTAATATTGTCCCTCTCACATCCAGTGTGG
rs0888	3	TTTGTTGTACTCACCTTTCTAGCTTGCACAGTTCCTCCGTCCTTTCGCGCCGATTCCATC[A/G]TTAGCTCTCACTGCCCTGTTTAATAAGTGGTCCTCTCTTACTTGCAGGATGGGCAATTTT
rs0889	3	TCCAGAACCTCCAAATGTAGTGCACTGAGATTTGGCAAAGATCCTAGCTCTTCCAAGCTA[T/C]ACCAATCATGTGTACTGTCATCCAAATCGGTTGGGAACCCCAACATCTCAACCAAATTTT
rs0890	3	TTTTATGATGCTTGGATGGTACTAGAGGTAACTTATTCACTTAGAAGTGAGCAATGGATG[A/G]TGTTCCACTAATAAGTGGAATGTACCTGTAGAACCTTACCAGCAGAGAACATCTCAAAAG
rs0891	3	ATAGAGATAGTAAGAGACTAGCCTGTACTGTATCAGCCAGGACCTATATAGCTAGCAACA[T/C]ATATACTCCTACATACTCCATGCATGCCTCTCTCAGAAATACAGATGATTTATTCAATTA
rs0892	3	AACTCAAGCGGCACGAGCTTCACCGGAGTAGATGAGATGCTACTGTTTGTCTGAGAAAGA[A/G]GAGAAAACTATGGTGGCTCGAGGAGTGTACTTGATTTGACAACACGCCTGCCGGTACATT
rs0893	3	ACTGAGGCCATACCGTGAAGACGAGCTGAGGTACCTCAGAGGGGAGGACAGGCAAGGGCC[A/G]TATCAAGAGCATGACCGCATCTACCGGTACGATGTTTACAATGACCTCGGTGAACCAGAC
rs0894	3	GCTCCAAAGCTTTTGCCTCGGCGTGATTGGTTGGTTGGTTGATTCGTTTCCTGAACAGGA[T/G]AAACAGCCGCGTTTTCTCTGGCTGGGGTTTCCGTTTAATTGCTCTCGCTAATAGCTTAAT
rs0895	3	GTACCCTTGGACCGGTGCTCCTGATCTCGATGGGGTATATTGACCTTGGGAAGTGGGTGG[A/C]AACGATAGATGCCGGGTCTCGGTTTGGCTATGATCTCGTAATACTGGTGTTGCTTTTCAA

表 C.1（续）

序号	染色体	序列
rs0896	3	CAACAGACATACAACAAGCGTCAGAAAATGAGGGCAGCTGAAGGATATCAAATGTGGAAC[T/G]CCTAGATGCCTACCTCGCAACAATACAAAACAAATTACCTATTGCACTTCCTCAGACACC
rs0897	3	TGGATGCGACAATGGTTGATGGTTCATCGAATGGGTCATCGGGGCCAAGGTAGTACATCT[T/C]GGTTGCAGGCCCTTCGCATAGATCCTGTGATGTTGGGAGAAACGGTGCAAATGGATGTTT
rs0898	3	AATTTATCAGTTTGGTCACGTCAGTAGAATGCAGTGCTAGAAGAATCTGAAGCTGGAGAA[T/G]GATACAACTGATTACTGCATACCTGTGGTCCAATTGGTTTGCCGTTTTTCGCAACTGCAG
rs0899	3	ACAAGCAGTTTGCTAGTTGAGTTATGGGTGAAAGACTCCACGGACCACTGTATAAATCCT[A/G]ACGCCCACAAACATCACACACACATGGGCATCATTCGTGTAAGGATTGAAAGACGTTTAA
rs0900	3	GATAAAATAGAAGTTAAGGGTTAAAATAGACAGATCAGCTACTTCAGACAGTAAACTGGG[T/C]ATTTGTTTCATCCTATTTATCTCAAACAGACATCCTAGCGCAGATGATGCTCTGGCTGCG
rs0901	3	CCAGCATTAGTCCGGCATGAGTTTTGGCTGATTACCAAAACCACTAGCATAGAGAATCCT[A/G]TTGTGTTTTATTATTATCTTTGCCTTTATCGTAGCAGTAGAAAAAAGTATAGTACAATAA
rs0902	3	TCTGTTTCCAAAAGTTCCCTTGTAATACTGGAGGATCTTTGGCCCATTCTGCAGTAGATG[T/C]TTCAGTGAGTTGCATAGACTGTGTCATTTCGTCTTGGAGGTCTATCAGGAACTGAGCCTG
rs0903	3	ACGTGGCCGGTTTCACATCAGAAAGCATCTCTATAAACACATAAATTTCAGGAGTCCAAG[T/C]GACAGTGGTGCAAAAGAACATGCCTGGGAACAAGTGCTGACGACGAGAGGTTTCAAAGGG
rs0904	3	AGACGGGACCGAGGGCGGTGGCGGCGGCGGTGGTGGCCGCGGCGAGGAGAAGCACAAGGC[T/C]GTAAGTTCGCTTGCCTCTAAATCTCGCGGGCTCATTGGTTCTCAATGCCTACTGATCAAC
rs0905	3	TCTACTTCAGGCTGATGCTGATGACGTCCGCAGTTCTGCGGCAAAGGCAATTGGTACATT[A/G]TGTCAGGTATGGTTACTTTTGCCCTTCTTTTATCCATATAAACTTTTCCCTTGTGATGCA
rs0906	3	GATATGATGCTGAAAATGGCCCAATCACAAGTCCACACAACAGAGCAAGAGGGGATGGCA[T/C]CATGGCAACAATGTTATCTTTGACACAAGAGACAAAAGGCTAGAAGAGTTCGATAGCTGG
rs0907	3	TACTAAGTACATTGCTTAGGAGGGGTGTTTGTAGTCTAAGATGATATGGGAAATGACATC[A/G]TAGATTATTGAATCGTGAGTCAGACAGGTGTATGATTCCCATTTTACAATGGTTTTGATT
rs0908	3	GGAAGGGAAGGATGTGGTCGCTAAGGCCAAGACTGGCTCCGGAAAGACCTTTGCTTACCT[T/C]CTCCCTATGCTGCATGAGCTATTGAAGTTGTCTGCAGAAGGGCGTATCCGAAAATCTGCT
rs0909	3	AAATACAATTCTCCAGACTGGTATGCTCTCCTGTGTATAGTGTGGATGTGCAAGTGCAAT[A/C]CTTTAAAAACCAACCAACGAATAGAACTTTTATTGTCGTGAACTTGAAACATCACCAATG
rs0910	3	GTCATCTCATGGGTCTCGTCGTCGTCGTCCTTCCCAGATCACATCAGCTACCCGTCGTCC[T/C]AGCTATCATATGCATGCCTTTCCGGCTCACCGACATGGCACGATGATTGCAATCCTAACT
rs0911	3	TTTTCCGAGATTATTTTACGGTGGAAAAACCAAAAATTTATTTTCAAAAGTTAGTCTTTT[A/C]GAGCAGAGGGAGTACTCCTAAACATCTTTAGGGAAGACGTAATGTGATCGAGAAAGATAC
rs0912	3	TCTTAATTGTATCTGGCTTTGTACTTATAGGGCAACGATCATATGAACGGATCGGAGAGG[T/G]TTTTTGCAATGTGGCTTGGCAGAATTGATAGGATTTATTACTTAAACGAAGATTTGCTAT
rs0913	3	ATAATATCGGAAGCTCAGAGTGCTTTTATTCCAGGGCGACTCATTACTGATAATGCTCTA[A/G]TAGCTTTTGAATGCTTTCATTCTATTAAGAATTGTAAACGGGAGAACCAAAACTTTTGTG
rs0914	3	ACTGCGTTAATTCTCTCCCGACAAAAATGCCCTTTTCAACCGGTTGTTTTCTGAATCCTC[A/G]CTATCACCACACGTGAAGAAATCAAGAAAAGTGAGAAGAGTCACGTCCGAATTTCCTGTA
rs0915	3	GTTACTGGTTAGTACTCCATCGGTAAAAAAATCCCTCCTTTTCATATCTTTTTTTCGCTT[T/C]CAATCTTGCGCAATTCGGGACCTTTCCTGCCATTTCGTTCTGTCCAAATTCAGAACATTG
rs0916	3	AACCCTTACGTACATAAGTACATTGTATACGTATATGTATGGTCTGTATCAGTATCACTG[T/C]CCACGTCTTCTTTTCTACTAAAATGATAGTTGCCAAGTCTTCGAATGATCCTTTTAACAG
rs0917	3	GTCATCAACAGCAACAGGCCCTTATGTAAGCTATGTATTTCTTTTAGTTTGCACTTGAAA[T/G]TGCAATTCAGCTACTGGTTCAACAAGGTTTTGAATTCAAGGAAGTGATTTACCGTGCCTT
rs0918	3	AGTTGTGTGTGAATTAGATTGCGAATAGGCCCTTGGTAAAAATGAAAAAAAATATGGGGG[T/G]TTTCAGTTTTTACAAGCCCATTTGGTCAATACTGGGCTAGCCGTTGTTGGCCCGACCGCC
rs0919	3	ATGAAACCAGTCTGTAATCAGGCTAGCTAGAAGCATGGATGTTTCTTCAGAAACCATGTA[T/C]ATCTCAAAAAGAACCTTATAGGAAAGGTAGAACCCAGCAACTAATGAACCATTAGATTGA
rs0920	3	TTCGAGAATGATCTCAAGCAGTTATCCATGGCTTTCATGTGAGTTCCCTTCACGTATTTA[T/C]TTTATGCATTGTTTAACCACTAGGAAATACTACTCGAATTTCAAATCTAGAGGAACATGC
rs0921	3	TTTTCTTCCCAATGTTTGACCGATTATTTTATTCAATTTTTTTAATGGTTAGTGTTATAG[A/C]AGGGGTAAAACACCCTCCTCTTTTGATCAAAACACTAAGTAAAAGGAGGTCTTGAGATTT
rs0922	3	GAATTACATGATCTATAGCTACCAGTTATGCGCCACAAATCACAAATGTTTATTCAGAAT[T/C]GGAAATGCAGTTGCCTTGTTCATGAGTTTCAGTTCAGCGGAGCATATGGGTGGCTGATGA
rs0923	3	TTCTGTTCCGTGTCGTCTTCTTCCCCCGCGACAGCTGCCGCCAATTAATTATTCTACCAC[T/C]CCATTAAACCACCTCCACCCTTCTTCTTGTTCTTCCTTCCACTTCCCCCACTCGTCGTCT
rs0924	3	GTTGACAAATTTCATGGTTTTTTCTCCCCAAGCCCACCTTAGTACTCCTATGGGCCTCTT[T/C]TTATTCCTCGTTAAACCGAAGGCCTTGGACCAAATACACAGCCCATTAACACAAGATTAA
rs0925	3	ATTGAAGTCGTACGTAATTAAGCCCTTGAATTTTGTCAAATTGAGTGGTTAGTTAGGACA[A/G]GCAGCTAGCCAAATCGATCAACAGGACGCCTTTTTCAGCTTCATATCCCAAGTGGGATTG
rs0926	3	GAGGAAGGAATTTGAGGCTGAAGGCAGGACTTTGGTTGCGAAGGAGAAGTCGGAAGCGAT[T/C]GACTCAAATGTCATAACTCCTGGGACACCATTCATGTTTGTACTCTCTTCGGCGCTTCAA
rs0927	3	TGTTCTTCTTTGCATGTGGAATTGACTGGTGCTCCACATGATCTTCATTAACTGATGGTT[T/C]AATCTAGTGGTCAAAGATCTAGGTAGCTGTTTGGGCCTTCCAGGGCTTCATTTAATTAAC
rs0928	3	TGGCTTTTGCTGACATGGCTCGTTGACTTGGTCCAAATAACCCAGTTAGTGGGTTGGGTC[T/C]ACATGTCAGTGTCTCCTCTTATTCCAAGATTGGCAGTAACTCGGCCCATTTATTTATGGG
rs0929	3	AAGATGAGCATAGTAGGCCGGTGGGACTGCACAGGAAAGAAAAAGAGCAATACATCAGTG[A/G]ACAAATGCAACAGATTTGAAAAGGAGCACCACGTAGAAAAGAATCTCTGTAGTTCAATTG
rs0930	3	CCTAACTCCTAACCTGATTATTCTTGCTGGTACACTGAGAATTTAGTTGTTCATCGCCAC[A/G]CGAAAGACGGAAAGAGTGAGCAAGTGCAGCGTTGTTCTATCCTCATGTTACTTAATCACT
rs0931	3	GTATCTATTTATGAATGGAGGGAGTATTGTAGCTCTAACGTGCATAATTTGTATTTGTTG[T/G]TTCACATAGCCATTGACCTTATACACAATAAGTTAGCGTGCACATATGACATTGTTGTTC
rs0932	3	ACAATGAACTAAATGGCATAAAAAATACAATTAAAATTTACCAACTATGTATCTGTTTTG[A/G]AAGTTCGCAAGGATAAGTCGGCTATCACAACTTTTGAAAAGCTCACGATGTGGTGGGGTG
rs0933	3	TTGTTTATCTGTAAATAACTTATGCATTTTTCTTACTGAAGGTGAGAGGAGAGGCTATTG[A/C]TAAAGAGTTGAACCTTCGCCACAGAGGTGTTACGTACTCCGTTCTCTTCTATGCTGCTTG
rs0934	3	AAGAGAAGATGTCTTTTCTGTGGCTCTTTGTGGTTGATCTTGGGGGAATTCACTTTCTCT[A/C]TTTACCATTCGTTCAAAACCTTTACCTTCCTTTTGGCTACATTGGGTGAAAAATATGCAA
rs0935	3	CATTTCGTATTCAAATATATATTCAATTCAATTTATAATTTAGTCAATTGTGATGGCCAC[A/G]GATCTCTCTAACCTAGTTCATTTTTCCTCTGTACTTTTCAGCCATGCAAGGGAGCTCCAA
rs0936	3	TTACTGTACTTTGAGCCTTAACATGTTTCTGAATTAAACAGCTATTACATTGAGTTCCGT[T/C]GAATTATTCTGCTTTGGGTGGTCCTCCGTCTCTCTCATCTGCCGTATCAGACTATGTATA
rs0937	3	CATAAATAGGGGTGGCGCCAAAAGAAATATTTTAGCCTACGTGAACTTAGAAATTCCATC[T/G]TCAGTCTATTCTACAATGATAATTTTATAATGGAGTGTTTGACAACGAGTCTGAACAACC
rs0938	3	ATGTTCCGGTGTTAAAAGGCTCCAGCTATATACTTGCTTTTTGCATGAGTTGAATTGGCT[A/C]TCTGCCGCTCTGCGTCACTGATTTGGGGTAGCTTTTCCTCACACTGGAGCCATGTCATAA

表 C.1（续）

序号	染色体	序列
rs0939	3	TGGAAAAAAGTGCTAACGATAAGCATTACGTGAACATCTACAAGCCTGATTGTGTCCCAA[T/G]ATTCATATGGAGACTCTGTATTCGATTGACAGATAGTACATAACATTGTAGATCTGGTAA
rs0940	3	CACACAAAAATTTGCACCTTTTATGTGCATCAGCACACAGTAGTATACTATATTCAACCC[T/C]CACAAATCAGAAAGGTGGTGCTTAGGAGATCACTACTACAGAGTTCCCCTGAACCCTGAA
rs0941	3	ACCTACGTGTCACTCGTCGTCAAGCTCTCCACGATTTTGCAACGTTTTTTTGAGCTCAAA[A/G]GATTGGTTGATTGATTGCTTTGGTTGTTGGTTGGGTAGAGTCGTCGCCGGAGTTCATGGG
rs0942	3	CATTTTTTAATTTCACGTTGTTTCACAGAAGGAAAAATAATGATGTGAGAAATTACAAAG[T/C]TAGTATTTTAATCCTCAAAGTCTGAGCAACTCCGGGATCTGTCCTGTTGGGATTGTGTGG
rs0943	3	TATAATCCATGTTTAATTTACCAGTCTTTATATGATCTTAGTTCTGTTGCATGAAGTTTG[T/G]TTAGGTGCATCTGGCCTGAGACCAATGATGGTGTATCCATTGTCAAATTATGAATTCCCC
rs0944	3	TGATTTGATCATGATGAATTTTGGGACAGGATTATATGGCCGAAGCAGATCTCTGCATGC[T/C]GCATAGAACACCGCAAGAGCATATAGTGCCATTGAGTATGAGACTGTATATATGATAGTA
rs0945	3	CACTGCTTATGACTCGCTCGATTAATTAATTAAGGCTGAGCACAATAATTAGCCGTCGAA[T/C]AGAAGTGGGATAAGGGAGAGGATCAGAGGAAATTCTATATCGGTTTTTTGTACCGATCTA
rs0946	3	ACTATGTAATGGGTAGTCATTTGGCATGCTACTTCAGTGTCCCATAAGAAAAGGTATGGA[T/G]TCAACATAAAATAATAGTCTCAGAGAAAAAAAAATATAACCTACCTTTGCACTTCCATGC
rs0947	3	ATTCTTTGATTGCTGCTTAGTACTTTCCTTGTCTTGTTGAAGAAATGATATGGATTGGTG[T/C]CACTAATACTAATAACAGTGGTGCTGATTATGTTTTTGTGAGCATCTTTGTGATCCTGGT
rs0948	3	GACCTGTGGTTTCTTTCAGGTCGAAGAGTATATGCACCTGGATTACAATATATATTTGTT[T/C]CTAAGGAACCAGGACAAGAGTTTTGTGCACCTCTTGATCCAAAGCTGCGTGGAAGTGATT
rs0949	3	CCATTTATCCAATGATGAGAAAGCTCACAAACCTATTCAAGGGCATCGCCTTCATTTCAC[A/G]AGAGGGTTTATATAACTTGAAGAAATAGCATCATACTATCATGCAGAATCAGGCTAAATC
rs0950	3	GAATAATGCAAGCAGATTGAATTATTAGCATGATCGCTTTACTAACCTGAAGAAATGTGG[A/C]ACCGGTCCTTTCACTATAGTACAATCCATAACCTTCAGGCATTTTTCCCTTTTTAGTCGT
rs0951	3	CGAGCCAAAGCAAGTACCATGATGTTTGGTGAAACCTCGACTTTTTCAAGTCCAATTAAT[T/G]GGAAAAAAAGAGAGGAAAATACACACTGCCGCAGCTTGACCCAAGCCCAACTCAGCCCAA
rs0952	3	TCACCATCTCCTTCAGCAGACAGACTGGCAGAATCATCGTGTTTCCGACTCGCAGTTGAA[T/C]GGCTAGAATCACCGCTACTCCTGCCTGAATGATCATTTCTTGGGGGCAAAATACAGTACA
rs0953	3	TCAGGCCATCATAACAACCAAAATCTCATGTGGCCTTACAGCGGTGCACCGAAGATTTGG[T/C]GAGTATTGCAGAAACCTGCTTACAAGGTCCACTGCTTCAGGTGGAAGCCTTTTTTGGAAA
rs0954	3	CCCTATCGTGGCGCCTATCCCGATCACGATCATGGTCTCTTCTGCTTTCTCGAGGTTCAA[T/C]TCTGTCCTTTCTTTCTGAATCTCTATCCCTGGATGCCTGACCATTGCGGTCCTTGCTGTA
rs0955	3	TCTGGATCAGGAATAAGTAGAAGTACCTACCAGTAATTGTAGACTGATGGTACAATCGCA[A/G]GCAGTGTCATTAGTGCACGCCGTGTGCCGTGTGGGGATTCAATCCAACATGAGACTGACA
rs0956	3	ACAATTTGTCACACGTACAATTTCTCGGCTTATTCTTCACTAGACATAATGCAGAAAACA[A/C]TCTCTCAACACTTGTTGTTGCCACCGGTAGGATCAATACCAATTTAAGGAGCAAATAGGC
rs0957	3	GGCAGCTAAAATCTGCCCAGGCAAGAGAGATGAGGGGAAACAAAGTCATGGTCAGTAGGT[T/C]GAGATAGATTTTTTGGCCTTTTGGTTCAAGAATCCTGTACTGTGCCGGCCAAGTTTTATT
rs0958	3	TACTCCGTACTACCATAATTTTTATTATAGTGAAATCTGTAGGGTTTTACCTTAGATGTG[T/C]TGATGATTGAAATATGGCAGTGATACAACGTATGGCTTGGCACTTGGCAGGTGGAGAAGC
rs0959	3	TGATGTGGCAAAATGGGTTACGTGGATCACTGGTAAGCCTGATTCACCAAAATACTTAAA[T/C]GGGCTATGCAATAGTCCTAAGTGGACGGTTACTCTGCTGATATTTTTATCCAAATGAAAG
rs0960	3	GATAGTTTCATACAACAGCCAAAGTGATCCAGCATTTACACCGCATGTTGGCCCAACGAT[A/C]AAAAAAATTACAATGTACATAAATCGGTAAATGTAAGCTAGCAAGATTAATACAGACTAG
rs0961	3	TATTTTCTTCTCTTTGTTTATTAACCGAGCGTACCCCTCACATTATTGGATCTCCAACAA[T/C]AATTGGTACTACTGACATTCATATATATGCTAATATATAAAGCTATTTGCATTTAATTTA
rs0962	3	GAAGAATTAGTCAGACACTGCCTGCAGCAGAATGAAAAAAAAGGACAAAAGGCTTAATAA[A/G]GTGCATACAGAAAGAAACCAACAAGATCAAGGGACAAATGGTGTACAGCGACTAGTATTT
rs0963	3	GAACATACGAACTTTATTACAGATATAAGATTCAAACCGAATTCAACTCAGTTAGCTACA[T/C]CATCTTCTGATGGAACTGTTCGACTATGGAATGCAATCGAAGTAATTTCTTTTTAGTCTT
rs0964	4	TATTAGCTAGCTAGCTAGCTATATATATTCGGCCGGCCTATCTTTCCTGGTATATACGAT[T/C]GAGTATCTCATTCTCTTTATTATATGGATCATGCGGTGCATGCATGGTAGCTAGCTAGGC
rs0965	4	AAAATCAATCAATTTCTTTCAATAATGTCCCTGGAACGCAATTACCATCTTGCATCGCGT[T/C]TTTTGTGTACACGTGTATCATAAAAAACAGTTTGGTCAATTGGTACTATATAAGGTTTGT
rs0966	4	TTGTCCCTGATTTCATACCCAATTTCTATTTTCATGCCCATTCGTATTAATAATTTGCAA[A/G]TTTTGCTCATATACACTACACAGCGCCATGAATCGGGTTCAACATCCATACTTTTATCTA
rs0967	4	GAAGGTTGGAGGCCTTGCAAACTGTATAAATTTATTTCAAACTAGGAAGTTAAGTTAATA[A/G]GTAGGCATGGAGTTGATTTTTTTGCTCAGGATCGATGCATGGATGCATGTCAATTTTATA
rs0968	4	AAGTAGGTTAGGCAGGAATTCCCTACCTATAGTACAAATAAATACGAATGGTCATGGTCT[A/C]ACCTTATTAGCTAGCACAAGGTCTCTAGGATGACGACTCCTCTCAATTTCTCAACCACGC
rs0969	4	AAGGGATTAGAAAGTATCATCTAGTTAATTGGAACACTATTTGCTCCCCTAGAGAAATAG[A/G]GGGTTTGGGCATTCTAGATTTAGAGGCTATGAATATTGCTTTATTGGGAAAATGGATATG
rs0970	4	GACTGACTCTTACATTCTAGCTTTTCTTTCTGTGATGCCACAACAGTTGCATTCTTACTG[A/G]TACCATATTTTAGAAAAGGAGAGCACTAACATCTTTTTTCCACTGTAAAGAATTCGATAT
rs0971	4	ATTTTGGAATGGGACCATCTAAAAATATTTGGGCCCAAAAATTACAGGTCCTTCAAATAT[A/G]TCATTATATTCCAAACTCTTCATAAAATTTGCCATGTCATCCTAGATGGGTCATCCTTCA
rs0972	4	TCTACAACTTGACCATAAAATATGTAGTTATGTGAAATTTACTTAAATTTACTTGTTTAT[A/C]TTTTATGCATAGATTGGTCTATTCACCTGATTACGGGGTAATTACTGCTTTTGAATCTGG
rs0973	4	ATCACCGTGGACAGAGTCCCGGACTCGGGCATCGCTGCGAGCAAGAGCAAAAACAAACCA[T/C]TCGAGACCGGATTCACGACAGTGATCGTGGTCTTCTCATTCTTCTCTGTTTCTCTGATTG
rs0974	4	GTAATATTATAGTTCGCCCTAATTGCTCAAGAACAAAGATTATTTCATGATACAAGAAGT[T/G]AAAGACAGTGTATTGTATTATATCTGAGAAATGCAACCACGATTCAATAAGCAATAGTTG
rs0975	4	CTACCTTTACTCCTCACATCTCCACAAGTTAATGCACAGATCTGCTGCTGCTCTGCGCCA[A/G]CATTTGCAGAGCAAGTCAGTGCGTGCAGTGCAAGCATGTCAGATGCTGATCAGATGCAAA
rs0976	4	CAAGCACCATGGATAAAGATGCTATCCTCCATCATTGTGTTATTTTGGCCTATGCATACA[A/G]CAGTGATGTCTGGTAGTCAAAAGACATGTTCTTCCATGTGTTACATAGTACCCCAAGTGC
rs0977	4	CAAAAGGTGGTAACGCGCGCGTATATGGTGGAATGAATGTGAACCAGGAGTGGAGCGAGT[T/G]AACGTCTCCTATTTTTAGGGCCCTGCCGTTTTTGTTTGCAGATATGGCTCCGGTTCATTT
rs0978	4	ATTACTCTTTGTATTAGTGTACTTCGATTAGATAAAAACTAATTTTAATCAGGTAGTAAA[T/C]GAATTACTCCCGCATGATAATCTGTATTGGTATACTTCGGTCAGCTTATTTTTTAACATG
rs0979	4	ATTGAAAACAAATGAACAATCGCTAGAAAACGGAGCAATAGGAGATTAAAATGTTCATCA[T/C]GGAAACATGCCATACCATGTGCTCAAATGTCGAAACAAAAGCGGGTCGCGGAACATATCA
rs0980	4	CACAGCTGAGATCGCTGAAGCTGTCAGACGTTAAAAGTACTCACTATGCCAAGCTATTTG[T/C]ATCCATCAGCAAGATGCGTCTTCTACAGAGCCTGCTAATTGAGACTGCCAATAGGGATGA
rs0981	4	CCTGATGGAATCTGGAAATGCAAAGTTTAAAGGGAAGGATCCGTCCTTGCAATTTCAGAA[T/C]TGGAGAATGTTGCCTCACTTCTTGAAATGCAGCTTGCAATTTTGTAGCCACTGTGGTGCT

表 C.1（续）

序号	染色体	序列
rs0982	4	GGGTAATCGGATAATCCGGCCCAATTCATCTGTTTCGAACGAGATGCACTGGCAATAATT[T/C]GTTTGTAAATAAAAAGTTAACGAGACAAAAAGATGATATTTTGTATCCTCTATGGTACTC
rs0983	4	CCTAACATGAACTATATGTTGTAGAGGACAAAATTAATTAGTGGGGTGGTATAAAGGCTA[A/C]TCACTGCACAAAGGACTCTGCAAAGACTCAAAGAGCATATTTTGCTAGAATCTAGGGCAA
rs0984	4	GTAAACCACTTGACATTAATTAGTCGATTTCGCTGGACCCTTGTGTCCCTTTTTAACTCG[A/G]AAACTTCAAAAACACAATTTTTTGGTGCTTTTTTAGATGTATGTTGGGAGACAATATCCT
rs0985	4	GAAGTAGCTAGCTGGCCTAACTGAGAAACTGTTCAGAACTCAAGCCTAAGTTGGCACAAC[A/G]GTGGATATCAAATAGCAATTAGTTTTCCTAGACATAATATAAAAATACACTTTTTATCCA
rs0986	4	ATTTCAGCAAAATTGAGAAATTTACCCCCCAACGATGCATATGTTGTACTACCAAGAAAC[A/C]TTAATCCCTATGACCCTAAAAGAACTGATGCGAGAGACATGAAATCGATCCAGCTCCAGG
rs0987	4	TCAATGTGTACTGAATATTTGAATTTCCGATAGAGAGTACATCGGCACACAGATATTTGT[T/C]TATTCTGCTGACCATTTCTCTAGCTCTAGCAACATATGTATCCTACAATAAAAGATGAAT
rs0988	4	ATGCATTGTTTCTACTTGTTGGATCAGATAATAATTTTCTTTGTCCATCTCTCTCCTTTG[A/G]TTTTATGTTGTCGATACTGCCCTCCCCTCCAATGCTCTTTTACTTGCATGATAATGTCAG
rs0989	4	ATTGGTTCAAAGTTTAGGTTCTTCATAACATGGCCATACACCTCAGCTGCTATGGATGCT[A/G]ATGTAATATTACGGTAGTACTTCTCCACTCCTTATAAGTGGCACACATGCTTCGTAACAA
rs0990	4	TGATCTTCCTTAGCGATGCATAGATGGAGAACATGGACTGATTTGGCCAAATGAACCTGG[A/C]AAAGTCATCTAACAATCACAACTGTATTTTGTGCAAGCTTTTTCATTTTTGGACAAAGTC
rs0991	4	ACCGTGTACTGCTTGTATTTCGATATATCAGTCACACGGTCCATCTTGGGAAAAACGTCC[T/G]CGATCTTCATCTCCTTTTTTTCCCTATCTTCCTATCCAAACTAGTGTGTACCCCTTGACA
rs0992	4	CTGGATAAACTTCGATATCATCGTTTGACCATGTTCAAACATACAAGGTTACAGACTAGT[A/G]CTAGTTAATTATGAAAGCATTATAGGTTGTGTACATCCTTTGTGTGTAGAGGCCGGTTTA
rs0993	4	GTCGATTTTAAGCGAAGGGTTTCCTTATTTTCTCCAATCATGGATTTGGGATCAAACATC[A/G]TCAAATTCAAGAAAATTGTGTGGTTCAGAGATGTCAAGATGCGATAAGCCTACCTAGGAC
rs0994	4	GTGTTTCAGTAGTGTCAGCACATGGTTCCCGGCTAGGATTTGTACCCGCAGCTTGATCTT[A/C]ATCTTCATCAGATTCTTCAATGCGGAGTTACCTAACTTTCTTCCCAACTTTATCGGTTGG
rs0995	4	ACCGATCACTTGCTGTTGTTCATTCACGACTGGTATCCTGTGAACCTTCTCCTTGAGCAT[A/C]AGAGCAGCAGCTTCTGCTCATATAGTCAGTCAACAGGAAGAAAATTAGCAAAGGGTCAGA
rs0996	4	TATAGGGAACCCCATGCTGATTTGATTTTGTGACTTCACTGCGATGTTTTTCCTCGTTTG[A/G]GATTAGCCTGTTGTTTCTGTGTGAGGGTGAGAATAAGCCATTTTAGGTAGCAGCTGTGAT
rs0997	4	ATGACCAGTCATCTGCCGAAGCTTCTCATGATAATTAACAACTAAAAGTATGCAAATGAA[T/C]TCACTCTGACCTGTCACTTAGCTTGAGCCATCCAAATCACAAGTGAAGTCAACAACGGAA
rs0998	4	CAATTTGCAGCAATGAGTTTATTCCACCAAGCTGGTTAGTAACAGGGGAAGAGCAAGTCC[A/G]TAAGCTTACATAAATGGATAATGCAGTAAGAAAAGACAAGGTTACGTTAAATACCTTGGC
rs0999	4	TGGGCGATGGAGAGAAGGAGAGGATCAGAGTTGAGATGGCAGCTGTATGTGGGAATGGAT[T/G]AGAATGGGAAAGTGTGGTCCCCTACTTTGCCCATGGAGGGTATTTTTTATTCATACGCAA
rs1000	4	CTTGTATACTTCATCAACTGGCCCTAATCTCTGAAGCATGCATACACATGCTAACCTACT[T/G]CATGCTCTAGTGGCATTATACTCTAATACAATTGAGCAACACTCCATTAATTAGGACTAG
rs1001	4	TCACCTCCTCCTCCAATTCAGCAATTCTAGAATGATGAAGTGAGTATTCTCTCCTTATAA[T/C]CCTCTAGTTCTTGCTGTATTCATCTTGTCCTGTGATAAGTTAGGAATTGATCTCTATCAT
rs1002	4	GGTCCCTCTCTCTATATATACTACTCCTACATAGCAACAAAAATCAAAGAAACATTGCAT[A/C]TGAGACCCAACCATCAGGTAGGTGAGTTGGCAGATGACAAATGCATGGATGGATAGACAA
rs1003	4	GTCATGGTCATTGGGAATTTCATTCCTAATGGCACTGAAGTTGATTCTCCTTCCAGAGTT[T/C]GTTGCAGAATGCATGGTTAGAAGTTTTGCTTCTTGCAGCCCTTAGATATGAACGATGCAA
rs1004	4	GATGGGGAGGCGAGACGTGGTTCACGAGCGAATGGGGCAGACAGAGAATGGGAAGGAGTC[A/G]AGGAGATGGTGTTGAGGTGTACTCCTGGGTATTTTGGTCATTTTAACCAAGGCCTTGTTT
rs1005	4	AAAAGAGAGAAAGACCGAGACCGACACAGGAAGGCTGAAACACTGGAATTAATTAAGAAG[A/C]CAAAGGTAATATATGTTCTTGGTTGCTTATTAGTTCTGATTCTGATCGTATTGATTAATG
rs1006	4	CATGAGTGAGGTGACAATAGGGACTCTGAAGAGAATGCGTTTGTATTGTACTATGTACCA[T/G]GATGAGATGAACTCGTTGGGCTCCACAAAACCATGGGTGAATTGGACCAGGAGTACCCGG
rs1007	4	TTTTATTTGGCAACGATTAGCTGGTATTTCATTTGGTTTGCTATGGATTTGCCGTGTTGG[T/C]CACTTCTCTCCATCATGGCAGTAATTAAACAGAGAAAAAAAGGATAGATTTTACCAAAAT
rs1008	4	TTTAAATACTTATGACAATGTTGGAAAGAAAACAGATAACTCTAGTATAATGCATGTTTA[T/C]TGTCTCATTCTGAACTTAACCCATGCGCGTGCATCGAGAAACGAAGAGATAAATCAAAAC
rs1009	4	GTCCTATCAGCGCAGCCAATAGCTATACACAAACCGATATATATTAATCACTGGGCATGA[T/C]GATGAAGAGGAAGACGAAGATGATACCAACATGAGAGATACGGAAGTTAATGAAATAGTA
rs1010	4	GCAAAAACTGTTTCTCACAAGTTCTAGCTGTCCTGTTGGCGCCCTTGCATCGATTGCCCT[A/G]TCCAAAATGATTTGCGATGTGCAATCAAACACCCCCAAACTTTGTACCAGATCAATTCTC
rs1011	4	CAAAAAAGCGAAAAAAACTAGACAGCCGAAAACTGGGCAGCCAAAAAAAACAGCATGCGC[T/G]TGCGGGAAACTGGCAAACCGGACAAGAAAAAAACTGCGTGTGAAAAAAACTAGGGCAAAA
rs1012	4	ACCTAGAAATTTTGTAACATTTCCTCGATATTTTCGGCAACCCACTGTAGTTCTATCTAG[T/C]TTAAAACACTAGTTACTTGGGGGATGATTACGAATTGAAGAGTTGAACATTGTGTGGTTC
rs1013	4	AAATGTACAAATATGACACTAGGATCTAATTGCAAGATAACGTGCCATTCCGATCCTTAG[T/C]AGCAATTGTGTACTCTCCGGATATCTGACTGCTTCACAGATGTGGAACATAAACATTGTC
rs1014	4	CACCCATTTTTGTGATCCCTTCTAACAAACTGCGATATAAAGATGATGTCTAACCTGCCA[A/G]TTTTCCAGGCATGTTGTTTGACATTTGGTTTTTTCTTGTCTTGTAGTAGGCTGTAGCTAG
rs1015	4	TTGGTTGAGTTCACTAAAAGCCTCTATTACTTAAAAGTTATGAAATTCGTAATTAGAGGA[T/C]CACACATGAAACTCACCGATTCAACATTGTATTTTGTAACGTCGCGGTTCTGTACTGCGG
rs1016	4	TTGGCTTTTAGCGTTTTGTCTATAATGAGTGCTTACCACTTCATGATTTAATTGTTGTGT[T/C]CAACCTTAGCATGTGCAGAACCTGTCATATTCTCACTTCTCTCTTCTAGTAAAGAGTCAT
rs1017	4	CCTCCCTGATTGTCTCATCTGTTATGAGATCCAAGGGAAAAGAATTCATCCGGATTGGAA[A/C]CAACCAAAAGAAATTGAAACTGGGGGTAGGACTTAGGACCACAATCATTCACAAGAACAC
rs1018	4	TTATGACATGCCGGTTGAATTTTATTGGGTACATGAGTCCATCCAACAAAGGGCGGTGCC[T/C]CTCCATGACGCGCGCACACCGTCCAGTGTGCGTGCGTGTCCAGTGTGGGTGCGTGTCTGC
rs1019	4	CTGATGGGGCTAGTGATATTCGGCCAATTGGCACTGGTAGCAGCTTCTATCGTACTCGGT[T/G]TACTGATTCTCAAAATTTAAGGAGTCCTACCAAATATAACGAGTTCTACACTGATTTCTA
rs1020	4	AATCTGTTTGCCAGAATCCATTTAATATTAATCAGATCTGGCACAATCAGGTCCTGCATT[T/G]CTGATTGAAACATTGTGTTTCATGTTCCCTGTTTTCCAGTTAGCAATGAACACTGTTCTG
rs1021	4	GGGGGTTTCAAGACACGCATGTCAGTAAGAAAGTCTGTGTGTAGAAATTTGAGAGGAAAC[T/C]AAGAAATTGCCATAAAAGACATTCTTTTTTTAGCGTATCTGGAACGTTGATCTGGAAATT
rs1022	4	TATATAGCCCTGATATGAATTCTCATCTAGACCACCTCAAACAAGTTCTGCAGTTGTTAG[A/C]CACTCATCAGTGGAAGGTTAAACTGAGTAAGTGTGACTTTGCTCAAACTCAGATTTCTTA
rs1023	4	ATTACTTTTTCTGCCTGTACACTTTCCATTTTGGCCAGACAATGATAATCTTCCACCTCT[T/C]CCCTCACGTGCTGGTGGTAATGTCCATGTCCCTTTGCTTTTCTTAGAAAAAAAAATTCAC
rs1024	4	GCCATTCAACGAATTGATCTCTCTGAGAACAACTTATCCAGTGAAGTTCCTGTGTTCTTC[A/G]AGAACTTTATCAGCCTAGCCCACCTAAATTTATCATACAACTATTTTGAAGGGCCAATTC

表 C.1 (续)

序号	染色体	序列
rs1025	4	CAATGTCCTGGTTAGTCAGTCTGTTGGCTTCTTTGGAAGGTTCTGAATGACAAACAAACC[A/G]TGTTGTCGTTCCTCCAAATTTGTACCGTTTTCCCTCTTCTTAACAAAAAATTGGGTGTTC
rs1026	4	TGGCAATCCAAGAGAGTTTCGTTCTCGTTTGGTGAAGATTCCGAAGATGCTTCACGCCTT[T/G]AGCCATGAAGTTTCCAATGCACATGGATGTGTTTGGTGGTGAAATTATGGGTTTATTTAA
rs1027	4	CACCCTCTCTCACACACACTCCCTCACATGCAAACGATATGACCAAGTCCAACCAGGCCA[T/G]CAGCAGCAGAGCAGCCATGGCCATCTAAGCTCAGTTGCTGGGGTTGCTCCGGAAGGAGCC
rs1028	4	AAAGAGAATCTTTTAAAGGAAAAAATATCTATTATATGATGGTGTTGCAGGTTGTTTGGG[A/G]TGATGTAGCATCCTATGTCATGCGTGCACTGATGTCAATAATGATTCACAAAAAGAAAAC
rs1029	4	ATGGTGTTTCCTTCCATAAGATATCAGATAAGTCTTGCCTTTCGTCTATTTGTTCTCCTT[A/C]AGTTCCTATAACTGTCTGAACCACCGATTGTACCCCTCTTTCTGTTGTTGTTCTCCTTTC
rs1030	4	TTATTGGCTTTTGGCTTTGAAAAGTCGACACTTATTTGTGACTGGAGGGAGTACAGTTTA[T/G]TCTTCCACAAATATGTTATTGCGAGATTTACTGTTGAAGGTGCATCCCTGGAATCATGAA
rs1031	4	TGGCACGAACAGATTACAGATTGTGTCCGGGCCTGCTAGTTGCAGCAGAAGAGGTATCAA[T/C]TTCCCAGTGAAACTTCACACAGTTCTCTAGCTTAGCTACACAAATGAAGCAAACAAAGGA
rs1032	4	GCTGCGCCGTCGCCCCGTGCGCGTCCGGCCAGACGCTCACGATCTGCGCCTTCTCCCCTG[T/C]GTAAATTAATAAGAAAGCGTGCGGGTTTGATTTCGCACTAATAATGTTCCGGAAATTGAA
rs1033	4	GAGAAGGGTGTTAGAGCAACAGCTGAGTTTTATGATTATGGAAGAAAAGCTGAAATGGTA[A/C]CAAAGAAGCAAAGTTAAAGAAATATTAGAGCGGGATTGTAACACAAAATATTACCATGCA
rs1034	4	ATCTGTACGTAGTGTGTTAGTATCATATTTGATGATGAAGGCCAAATTAGTAAATAATTA[A/G]CCATTCTTCTTGCTGAGTGTGCCTCATATTATCAAGCCGGGTGGATGGAATAGCACTGCC
rs1035	4	CAAATAGTGGTCTCTTTGCCACCGAGAACCATGCTAGTTGCATGGAAAAATTTAAATTTT[A/C]GGTTGAGCAAACGGGGAGTTGAAATCCAGAATTAACACATGCTCGTGGCGCTGCATGCCT
rs1036	4	CATTGAAGCCAAAATTAACAGAAGTCAATAGAATCAAGGTAATTCTACCCTGCTGAAATA[A/G]TGTGTTTTTCATGAGTAATTAGCCTAACGATGCTCATCCTAATTTGTGGTAATGGTAGCT
rs1037	4	GTAAGAGAGATTGTAGCTTGAAACGATATTTTTAGGTATTTCTCCAATGCCCACCTTAAC[A/G]CGTGGGGTATCATCTTGTATAGGAAATACACAATGGCAATCAGACCTGCTGTGCTGCCTC
rs1038	4	CCTAAGGTCCACATATCATCCTCTCATGTTTTATAGATCACATCCAAGCAATGATTATCG[T/C]GTAAAACCCTTCGACACCCACGTACAAGATTCCAATCACATAGTGGATTACCAAGTCATT
rs1039	4	CAGTTCTATACTCTTGCTAGCTGTAGATCTACAAAAGATGCGGAGGACTCCCAAACACAA[T/C]ACCCACCCAAATGCTGATGAAATCCTCTATCAATCTCCAAGCATAGAAATATCCACTGAC
rs1040	4	CTTTTCGTTGGGAATTCGTTGTAAAGTAAATGTGAAAATTAGCATTCTGTGCTCACTCTT[T/G]GTATGCATGTCCTCTCCGACGCTCTGTGCGGCAAGCAACATGTTGTCTACAGCATTAGCT
rs1041	4	GCCAAACATTGAGGGATGTAGGTAGAATGCAATATTCGAGGTGTTACCATGTATTTTTGG[T/C]ACACAGTAGCTTTGTGGTCTCCGGTTGGGGGTAGGGATCATGACTTGGATAATGAAGGTA
rs1042	4	CAGAAAACGATTCACACGACCGCTTGATGTTCATCCACCACGGCTCGTCACTCATCGTTC[A/G]AGTGCTACATGATGTCGACAATGCCCAGTACCATGTATTGTTCCTGATGTGCAGCTGAAC
rs1043	4	TTCCTTGAATAAATTATTCACAATGATCAGGGCGAACTCTGGTTGGAAGGTTTAGATTAG[T/C]GAGAATGGAAAAGATGTTGATTTGATAGCTGCGGGCAAACCGGGACCGATGAACAAATTA
rs1044	4	TGAACGGTCAAAGTCAAACTTGGAAGGTCAAACCTAAGGAAAGGAAGAGGAGCTCAGTGA[T/C]CGTGCGTGACGTCAGCAATGGAGATGGAGATTGTATTATACCTCGACGAAGAGGGTGTGC
rs1045	4	TTAAAAAGTATTTATCACCTCCACCCATGGTGCTTGCGCCTAAAGTTGGAACTCTGTTTC[A/G]GCTCTACATTGCCAACTGAGGACAATGTCATTGGTGTTGTGTTAACACAAGAAGTGGATT
rs1046	4	GTGAGGTAAGTTCAAATTTTAACAACGCCTTATAAGCTTTTGCACTTGCGATTACAGTGT[A/G]CATCATTTTGCGGTACTCCCTCCGTTTGATTTCTTTTTCAAACTGTTTTTAGGTTTGGAC
rs1047	4	CATATAAACTATTACAGGTGTTGTCATTGGACTTAGCTGTGGCTTCAGCATCCTACTTCT[T/C]AGCTTAGGAATAATGCTTCTCATTCATAGATGGAAAAAAGACATACAAAAGCAACTACGA
rs1048	4	TATGATTATGATTTTTTATAATTGATCTACGTTTTCATATACTATCACATACCAACTTAA[A/G]TTGGGTCAACGTGCCACATGGTCACTGCTCAAAAAGCCTTTTTAACGTCTATTTGAACAG
rs1049	4	CTTAAACCATTTATTAGTTTGCAAACCCTTTGGTGGAGTTGTTTCTGGGTTAGTGTTTGA[T/C]AAAAATTTATATTAAAATTTATCGAATAAATATTTCAAATAACAAACATCAATGTGTATT
rs1050	4	CCTTCTTTTCGCCTGTATCAAACATATGTGACGGAAGCTTTAGTGCAGTACCACCAACAT[T/C]AATTGACTTGAGGTTTACATTGTAGTGTGGCCTGAGTAGTAGAATCATGGATAGGTATTA
rs1051	4	TTAAGGTGGTATTCTAAATAGTTTAAATAGCTTTCTTGTTTTTAATCAAATGGTGAATTT[T/G]TAAGTCGCAGTCATTCGTCCTATAGCCTATGCAATAATTGGTTATAGCCTTTTAATTAAA
rs1052	4	TGCATGAAATTATAGCATAGATCCATCGAATTAGCTAGCTATTAGCTAGTTAGCATGGCA[T/C]TAATTAAAATTAGAAGGGCAGATGTACACATAGGAATGAGTAGTGGTGATGCCTGCAATG
rs1053	4	ATGGTTGGGATAAGTCCATTTTGTGTTCCTCATTTTCTTAGGTTTGTGTCTTGTATATGG[T/C]TGGAGTAAGGCTCCGTTCGTATGCGCGAGTCCTGATCCCGGGTCATGTTCCGTGCACCGG
rs1054	4	TTTCAGGAATCTTGCAAGCATATGAAAGTTCAATAACCCCACGTTCATATTTCGTTTTAC[T/G]TAGGCAATTTTAGCACCGCACACCACTGTTATTATCCTTCCGGCTTCAGCAAGGTGGTAA
rs1055	4	AGTTACCTCAACCCCCGGGCCATGATATTGGAGGACCAACGGGTCACACGACAAGTGGAC[A/G]ATCGATTTTTGTATGATCCATATCCTTCGGCTCTTCGCCTGTAGGTGGCTTGGCGTGCAG
rs1056	4	TGGAAATTCTAAGTTCTAACCCTTCCATAAACTTTACAAATACAATTAAGAAAAACCTTT[T/C]GCGAAAATAGACCCAAAACTCGGCACAAAATTCCTAGCTTTGTTATCCAGGTTAAATGTC
rs1057	4	ATGGTTCCATATGTATTTCTATATTCAAAGCTCACTCATGTTTTCTCTGATTGGTTATGT[A/G]CTTATGGTTCATTCATGATTCACCCACTGTACAGAACAGACAAGTCATGCTTCCATATGG
rs1058	4	TACAGTAAATTAATGTTACCTGCATAAATATTCAATCTTTCATTGCGTAAATAATTTTGC[A/G]TTCCTTTTGGTAACAACTTGGCTCCAGTAATTATGCGCACTCTTTGACAGCAGTATCTTG
rs1059	4	CATCTTCCATTAGACCTTGTTCAGTTAATCTCTAAGAAAGATAGGTATGAAATTAATTCC[A/C]TTTTGATGGGATTAACCAAACAAAGTCTTCACAAACACACCTCGATCCTATTCTCACTCT
rs1060	4	TAGATGTCACCTTGCGAGGCTACTTATTGGGAAATTGCATGTGATCAGTCATCCGACAAA[A/G]ATGAAAAAATTGGAAATTGAGCTGAAGCCTCCTACCCTGCATGTGCATATGAGACTTTCT
rs1061	4	AATCGATCGAACATTCGAACCTGATCTGTATGAGGACTTTGGATGATGCTACAGTGATGA[T/C]GATCGAACTAGTGTTCAGGGTTCTTGGTACTGATATCTACCCAAGGCGTCCTTGAAGGAG
rs1062	4	CTCCAAACCCACGATCATTGGAGATGACCACGTCACGCCATGCCATCATCGCTGCTCCTC[A/G]ATGTTTGTTGTCTGTAGAAGTCGTTGCCGAGCCGAAACTGGCACAGGAAAGTGCTGGATG
rs1063	4	GAAGTATGAGGAATGCATTGACAGATACATGAGGTTTGCGTATTTGAACCTGCAGATGTA[T/C]GAGATGGTGTACGAGAGATTCTCTGCCAAGTGCTTCCACAGGGCTAGGGATTTGGTTATT
rs1064	4	AATGGCATTGATCCCTCCTGTTCCTTTCCCTTTTTTTTCTCCTGTGCTTCATCCATGGCT[T/C]CTCCACAGCCTACCATCGACTGTGTTCCCCCTCCTCCTTACCTTACCTAGGACACAGTGG
rs1065	4	CAAGCCTCTGAACACAACCAAGTTGTCACTGCCTGTACTTCATACCTTAGGAAACTTAAG[A/G]GACTGCAAATTAGCGATCCATTTGTCTTGCAATGGGCCCCACTGAGAAGCGTCACCTCAG
rs1066	4	TACCTAGAAACTGTGCTTTGCTGCAAGAGGGTAATGTTTTATGGCAGAGTGCACGGTTTC[T/G]TTTTAGACAATTATGTTTAGATAGGTAATATAGAAAGTTTTAGCACTAAAAAGGTCAAAT
rs1067	4	GATTGATCTTGCCCGCTCTCATGTGCGAAAGCTTATCAAGGAACAAAAATCAGAGGGCAT[T/C]GAGAGCTTAAAGAAGCAGCTTGTGCAAGAGATGGAATCCTGGAAGAGCAAGCAGAAGGAG

表 C.1（续）

序号	染色体	序列
rs1068	4	CGTCGCTCAATCGAGTACAATGCTGCTGTAGTTAAGACGACAACTTTAGCAGCGGAACCC[A/C]ACTGTCGGATCAGAAATCAATGGCTCACACAGTTTCGAAAACACTATAAAAAACGATTTT
rs1069	4	CCTCTTGCATAATGCAGGTTAATTTCCTCAAAAATAATGCCATAGTACTATTTTCTGTTT[T/C]AGAGACGGTTTTTATGTGGGTTCATTTGCTACAAAATCTAACCATTTTGCTGAGAGGTTA
rs1070	4	AACGGTTCTAGATTGTTTTAGCCATCTCTAACTGCTACCAAGTATGCCCGTTACAAATAC[T/G]TGAATTTGCAACAACTCATTTGGACCTCTTATAGATGTAAGGATTTATGCTAGTGCCTAT
rs1071	4	CGATGGCTATGTCGAGAATGGCTAGTTTTGTGCATACTTTGATCCTGTTCGACACGCGTC[A/G]ACGAGGTTCACAGCATAAGTAAACTACTAGAGTAGCCATAAAATTTTCCAGAGCCCGAAC
rs1072	4	CACCTTTTGGTAGAGAAAAGCTCCTAGGGATACTTGTCATGATGGTGTGGTTGAAGTTTG[T/C]TGGCATACAATCGTCATATTTGCGCGCAGTGGGAAGCATGACTATGATGATAAAAATGAC
rs1073	4	TGCACACCTATTTCCATTCAGAAAACAAAAACAAAAACCAAAAACTTGAGATGCCAGAAA[A/G]GTCCTTTGGTTTATGGCTTGAGCCTGTACAGTTGAGGAGAATTTAATTTGAGGGGCACCA
rs1074	4	TGGCTAAACTCGGTTCGTCGTTACCACATGAATGGAGAACGAAAAAAATCTGGCAGGTAG[T/C]CTACTGAGAGTGCTTGTTGCAGCAATTGTGGACAAACTAGCCTAACTTAGCATTGAAAGC
rs1075	4	GCACTCCAGGTCCGGCCAGCCGGTGGCTTGCACTGCTATCGCCCTTATGGCTGAGCAACT[A/G]GCTTCGAAAATGATGACCATTTTCGTAGGTATACTTACCTCTAGGTGGTTAGCTTAGTCG
rs1076	4	CTGTTTTCAGTTCTCAGCAAGAGGGAAGAAGATAGAGCACTGTTGTGATATGATATGCAT[A/C]ACTTTTTCTACCCCCTTGATGTGCTTGTTAATTCTAAATAAGGAGGGGAATAGGAATATT
rs1077	4	AGGAGGGCCAACGTTCGCTTGAGGATGGCCTAGCTTGACCAGGGCCATCAACATATATTA[A/G]CCGCAGAACCAATCATCGATAATTACAAGCAACCTAGCAAGCAATATATAAGTGCCATTT
rs1078	4	AAACACGTCTTTAGTTGTATACTTGTATGACAATGACTGCAGTGAAGTGGTAACTGGTAA[A/G]TACTCCCTTTTGTTTGAATTCACACTGCACCATCTGATTACCCTTTCTCACTAGACACGT
rs1079	4	AGCCTTATCTCTGTCTACGCCTGCCTACTCTCCTCTGCATTACTCGATCTACTAACCTTT[T/C]TCTGCCGTCGCTTAAGCCAAGCCCTGGCGTTTTCGGAGAAAGTTACGTGTACTGATCGCA
rs1080	4	CTATCATGACCGTACATGTTGATCTTAGCCTCTCAACATATATGCGAGGGGAAAGGGCAA[A/C]ATATAATGAGAGACGGCGAGGCGATCGACGATTTCTCCATACGCATGAACTGTCCTCGCC
rs1081	4	CCTATGTAAAAGTCAGGCATGTATCCGTTATGAAACAAAATCATGTAGCAATTGCTTATG[T/C]TATGTATGCCATGAATTAGCTGTTGGCAGTCCATCACATGCACTGCCATCATGCACACAC
rs1082	4	GCCTACATACAGATACCCACGGAAGAAAACTAAATTATAACTTGATCAAGGATCTCTATT[T/C]GAAGACTAGATCGCCATCCGTGTACGAGGTAGAAAAACTCTCTGGCCACCTACTTTAAAT
rs1083	4	CTGAAATGGTACAGAAGCATATGGACAAGAGGGAAAAAACGCTTCTGGATTGACCACCTC[A/G]TTTCGACAAGCACCACAAGTTCAGATTCTGAATTCGCAGTACAAAAAAAATAAGATCCTC
rs1084	4	TTCCATTCACTTGGCTATCATTGATGGTGATTAGTCTATCAATTGGATCATGATTCCATC[A/G]CTCACCAGGCACTTAAGATGGCACGCGACCTATACGTTTGCAACTTGAAGGAACACAAGT
rs1085	4	GTACCCAAAGATTCGGCCATTGCATCCATGTTCTCCATGCATGGCTGCACCTGAACTTGT[A/C]CTGCACTCCTGCTGCTCCACCATCGCTCGCACGTGCCCCAGGATCAATGAGCCTCTCGTG
rs1086	4	TAGAGGCATCTAGTGTGGCGTGTGCCATAAAATACAGCACTCCAGTTCTACCTAGTGTGG[T/G]GTGTGTGTGTGTGCAGGTAGTAGCTACTTCGAGCTGCATGCCACAATGGCTAAGCTTTTT
rs1087	4	CACTGGGACATACTCCCAATCATATTTAGGCTTCATCCTCGTATTGGAGTATGGGAAGCA[T/C]CTAAAATTAGGAAATAACCAACAGACGAAGAGAATGAATACTAATATAATGATCAACTAT
rs1088	4	AGCCCCACCTATCAATCATCAACAGCAACGATAAACCGCCTGCTACACCAGACCAGAAAA[A/G]AGTTCACTTCCTAAAACAATTTGTATATTCTATGGGATATAATACTAGTAGCAATTAGCA
rs1089	4	TTGTTCCACCAGGCACGTACAGAGAGCCCACATTCCATGTACTCCACGAAGTTGTATGTA[T/C]TATAGGTCAAGAATAGTGCTAATGTGATGTTGAAACAATTTTCTGATGCCTATAGGAACA
rs1090	4	GTTCATTTTTGCGTCAGTTATATGACTATCTTCCAAATATACATTGACCGTCTGAATGTG[T/C]ACACATGGGTATTAGTGGGTTTGGTACTAGTTGTTACTCAAGACAAGCTTTAATACTCAA
rs1091	4	CTAGTCTCTAACATTTGTCCCAAAATAAGTTCATATCTATCCCTCTTCATACCCTCGGTC[T/C]GCAAATCGAGTTTTATCTCCTCCATACCCTCTTACTTGCCCACCCACTAATGCTACTTTC
rs1092	4	CTGAATGTGACCTGAACTTTTTGTCCACTCCTTGGAGAAAGAGGATGGAAATATACGTTC[A/C]TTACATTGACCTGAAAAACTCTGAATTCTGAGAGATTGCAGAACAAGTAATTAAGCAGAG
rs1093	4	TCGTGGAGGGGAATCGATCCTAGACCTTGCTCTTACATAGGGCAGCATTCCAACCACTAA[T/G]CCAGCCCAACCGTAGGTATTCATATGCTTTAATCTACTTACATAGCATTTACATCCTAGT
rs1094	4	GTGCAGTTCCATGTGAACACGTTCCGTTCCGACATTTCATCGAATACTCGGCGTGCGGTG[A/G]CAACTTTGCCCGTGCGGTACTCTTTGATGGTGGTATTCAATCGGAAAACTTTGCTGGCAT
rs1095	4	GCTAAACCCATAACGTTGGACGTCAAACAAAAATGAAAAAGAAATGGAGGGAGTATTTTT[T/G]ACTCTTTTTCTATGAATCACCAGCCTTTTATTGCATCTTCCCCTTCGTACAACATGTGAC
rs1096	4	GGCACAAGGCCAAAACGTCCCACAGAATTAGCCTCGAAAAATCACCCAAAAAACAAAAAA[A/C]CCCAGCCATCAAGGGCGCGCCGCGACTGGACCAGAGACTAGGGAATCACCTGAGAGACCG
rs1097	4	TGTCGTCAAACTTGCATTTATGCCGCGATGATGCCTTTTGCCGTTTGACATCTTTTTTGG[T/G]AGTTTTTTCTGGCACAATCTTTTCTGCTGACCCAATGCGTACTCTGGCTTGATCATTGTC
rs1098	4	AGGCTCACTCCAATCCCTTGGTCCTTTCAGAGACCGTCCTGTGCCAACCACAACCTGGAA[T/C]GTAGCGAGTTTCTAAAGAACGCATGTATCAAATGTTCAAATCCTTCATGGTGCAAGCCAA
rs1099	4	TAATGCAACGTAGGGTAATTGCGTGAGCACGCATCGTGCAATGCAGTAGAAATTGATGCG[T/C]TGGTATTGTGTGGATTGGAGCTGTGAATTTTGAGGTTTCTGTGGCGTGATTTGGTGAAGG
rs1100	4	CCCCGAGATGAACATATACTAATTAACTCATCGTAGATGCCATTGATCTCATGGTCATAT[A/G]CATTCTTCATACCTGAGAGTCGCCAGCAAATGATGGACCAGCTTAGACTGAACACCTGTG
rs1101	4	CATGTCCACGAGAGCATTGTTCAACACCATGTCCTCCCTAAACCTATCAGACTTCACCAT[A/G]CGGGTATGGACCTGGCGGCCTTCTCTACCCGCAGCAAGGCCTGCACATGCGCTCATGACG
rs1102	4	CTTTTTCATATCGTAGGAAACAATAAACAATATGTAGTACACACAGCATCAAATACACAG[A/C]AATAGGCATGTATCTGCAAAATACACTCTCCGTCCCCGAATCAAATCTTAGCTATAAATT
rs1103	4	TAAGTGGCATGTCATGTCCAAAAGTTAACAGTATTATATATTGTGTTATATATTTACAAA[T/C]ATGGGAGTAGCACAAATCCCTCCTAGGGAATGAGAGGAGTTCCGAAGAAAAGAAACATCC
rs1104	4	GGGAGTAAGAATCTTTACCTCTTCACATTTGTATATTTGATGCAAGTTTTTGGCATCAAA[A/G]TTCTAATCTGATGGTAATGCATGTTGTTGCAGTGAATTTTGTAGCATGGTGAAACGGATT
rs1105	4	GTAGTTATTTAGTCATCCTGATGATTAGCGTGGTAGTATTATTTGGCCACACCACCTTCG[T/C]TGACGTGACAAGACAAAACTATCATGCCTGCTATGTGTGGCGAGTCGGTGTTGTTTTATC
rs1106	4	AATCCGCTGATCCTCCGTACGCGATTGAATGAGATGACAGAGGTAATGCAAAAATACACA[T/C]GTGCATAGGTCGGGAGGACGAGTTAGGGTCTGCTTGGTACAGCTCCAGCTCCTGGAGGTG
rs1107	4	GCTAAGCTTTTGCTTGTGGCCGGAGCACGGGCCGCGTCACGCGCCCATACCGACCGATCG[A/G]ATTTGACCCGGGGGGAATTTAACTGGTCGATCTATCGATCGATCTCGGTCGTACTACTTG
rs1108	4	ACCACATGAATGGAGTTTCTTTTTTGAGGCTATTCATCCGCAGTGATCTAGCAGCTCATA[A/C]GGAAATCGGACTCACATAACAAAAGGTCATTTCTATGACATCATAGGTTACAGGAACTTA
rs1109	4	GACGATATCGCACACAATGTGGTTGGCAATTAATATGACAACCGGTAATTGCAATAATCT[T/C]TGTAGTTTGTTTTGAGTTTGAGCTATGTAGATTTCCTGATTTTTACTCTGGCTCTTATTT
rs1110	4	AATCGACGAATTAATCGATCTTAGTTACTTACCGCGAACACTTCTTCTTTTTTACCCGCA[A/G]ATTAATTAACGTGTTCGTGTGAGATCGTGTCAGGAACCTGCAGATGGAGTACGTCGACCT

表 C.1（续）

序号	染色体	序列
rs1111	4	ATTTTTTTAATACGGGTGACCGTAAACGTATTTTACTCTTTTGTTTACTCGAGTCTCCAG[T/C]ATGTTACTTGTGCAGTTGCTAGGCGCGCCGCTGATCTCACGAACACACGTGGTGCGACGC
rs1112	4	GCAGCAATGGCAACTCGAGCAAAGTTACTGGTCCAGTAATGACCAATGACCGAAGATTCA[A/G]ATAATTGAGAAGTGAAATCAGCATCAGGTGCAATGTGCAATGGAGCAACAACTTCCTAAC
rs1113	4	CATAGAATATGAATCAATGGAAGGCCTTTTTTTGGTTGCTAAAGAACTAAACAGTCCACT[A/G]TGCTTCAAAGTTCAAAGGTTTGGTTTGTATCATTTTGCTTTGAACTTTTGATCTCTATCT
rs1114	4	AAGGAAATGGAAAACAAATGCAATGAAAAGATTTCAGAAAACAGGCAAGATTCTGAGAGG[T/C]ATTTGATGTGTCTAAAGGAGGAGCATGGCTCAATGGTAGGTGGTACTGGTTGGATCTGTC
rs1115	4	ATTTGGGGCCCATGTAACTTTGAGTTGTTTGTGGCATCTGCTTACTGTATCCTTTATTCA[A/G]ATTTGCTATGTTGCCATATATGTTGTGTAAAATTGAAGTACCTATTGATTGGAACTATAT
rs1116	4	GATTGTATCAAGGGGCATCAAAGTGTTACAGGTTTTATTCATGTAGCACTTTGTAAGTTG[T/C]GGATTGTTCGAACGGAACACTCTGTAAATACATATGTTACTGAGTGCTTGTCCGTTATAC
rs1117	4	GAGAAATTCTACGTTTTACGATTGACAAGCGACATGTCCTATAAATTGGCATCGACGAAC[A/G]TGAGTTCTACGAAATACAAAATACCTTGGTACAAGCATTTCTGTCCCTTTTTATCATCGC
rs1118	4	TTTTACATGAATTGGTTCATTGCCTTCGAAATTCCCGTGAAATTTCTCCGTTCTAAAGGG[A/G]GCTTGATAACCGCTATCACTATATGCTATCCATGTCATATGTATATAACCCAAAGGTAAT
rs1119	4	TAAACTAGTGGCAAATTTCTAGTCTCACTTAAATTCTATTAAAAACGTTATTGTGTCATT[T/C]TAACCTCGCTTTGGTGACCTTCTTGAATTGAAAAGACCTTTTGTTTTGAAAGGGTAAGGC
rs1120	4	AGAAATCTACCAAAATTTGTCGTCTCCAGTTTCTCTTGTTCGTTTCAAGCGTTTCAGATG[T/G]CATAGTCACTCGCAACACAGAAAACACTTCTACTAATATACGCCTTTACTGAATAGCTGC
rs1121	4	AACACCAAGAGCTAGAGACAGCAACTCACCAACCACTAGCTATAAGCTTATTGCCCTAGA[T/C]TAACATAGCTAATTTCAACTAATCTCAATCAGTGACAACTTTTATTAAGTAGCTTAATTA
rs1122	4	TAGTAATTTAATTTTTTTAAAATTGTACACGGTTTCTTACGGTTTAACACGATTACCCGT[T/C]CGTGACATACTTCGTCCTCATATACTACACCAACCGTCGTACGTCATGACACATAGCGAT
rs1123	4	ATGGGTGACCGGCTTCACTGACGTGGCATACTAGTTAAAAATAAATAAAACTTATAGGAT[A/C]CATATGTAAATAGTTACCTCACCTTCTTCCTTCTTCCTGTGCTTCCCCTCCTGTCCTCCA
rs1124	4	TTTTTCAGCGGGTGAAATTATTCAAACATCGTGAAAAAATCTGAACGCTTTTCAGGGTGA[T/C]CTACTAGTTAGAAATCAGGTGACGTTGGTAAAAGAATTCTGAACTTTAACCCGAGTTTCA
rs1125	4	AGATCTGGTACAAGTTGCCCTCACACAGCACAATGTTCTTGGCATTGGTAAAAGCAGACA[T/C]GGTGTTGTATGGCGGAGCGAAACTGGTGGCAGGATCAAACGGGAGGTTCCCCTCTGGCAA
rs1126	4	CATTGCCTTTCTGTGTGAATCTGTACCAACGTATTCTCGGTGGAGAAAAGTTGCACAAAT[A/C]TGTTTGTAGTTTTGCTCCTTTTCCTTTTTGTTCATGAGAGAACTGAATTTCTTCTGCACA
rs1127	4	AGATGGCATATCCCAGCAAAATATCTCTGCCCAATGACGGCAGCCAGTACAACATGTAGC[A/G]GACCTGAATGTAGTTATCCCAACGAACATCCGTTACTTTGTCATGACTAGACAATCAAAG
rs1128	4	AAAATTGGGTTCTACAGTTAGGCCTTGAGAACTTCTACAGAAAAGGAACAAACTTGACAC[A/G]CGTGGTATTTCAAATACTTAGTAAAATAACCTAAGTAGCTATGCACAGAGCAAAATTGAG
rs1129	4	AGGGATATCTCTTTGTACACGGTAAACTCGTGTCCAAGGTGGTACCATGGATAGAATTCT[T/C]GCAACAATATCCACCAGAAGTTCAGGTGGATAGTTTCGGTATCTGAAACACAACAAACAT
rs1130	4	ATGTCGAAACAAATACCTTCAAGATATAAGAAAAAAAAGGAGCACGCACAGCAAATCGCA[A/G]AGAAAAAGAAGGAAAACCCAACGAGGGGAACAAACGTTACATAAGTACATAACCTTTTGC
rs1131	4	CAAGGTATGCCACAGGCTTCTCCAGTGATCTGGACCTTTTTTGATTTGCGTGTCAAGATG[A/C]TCAGTTGACGATCTTCTTGTCTGTCATGTAACAATGAGTGATCTTAATTGTTCACCGCCT
rs1132	4	AGTTATTCTGGCAGTTGACTTCAGCTCTATCAACTTAACACCTGTCACATGCTCTCTGTG[A/G]ATGTAAGTGCATGTTCTCTGATACCTGGTACTTTATACCCGTGTTAAGCTTTATTAAAGT
rs1133	4	AGGAATGGGATGAAGCTTTGATTCGGCACATAATTTTCACTCTCGATGCTGATGAAATCC[A/G]AAAAATCAAGCTTACCCTAAATGTCTGAAGATTTTGTTGCCTGACACTATGAGAAAAATG
rs1134	4	ATAAAGCTCATGCCGTTTTTTGCTTCATCTGTGCTACTGCTTAGCTCCAGGATGCAGGAG[T/C]TTTTCTTGCTTCTAGCAGAAACTGAGCACTTCTTACAAAAACTACAGCAGGGCTGATGTA
rs1135	4	GGTGCAACTTCATCTCACTCACCTTGGTCGTTGCATGCACATAAAGAACAAAGAAAAATA[T/C]AGAACAAAATAGCGAGGAGGGTGGCTCTCAGGCTCTGTGCCGAAGTTCTATGAGCAAGCT
rs1136	4	GAGATTTGGTACTTAAGAACTGCAAACATGTAGAGAAGAGTATGTGGAGGAGAAAAGAGA[A/G]TCATCTATAGGTGGGAGAAAGGCAGTGCATGATGAAAGGGTGGGTGTGAGGAAGGTGATG
rs1137	4	CGTGGTCGCCGGTAAGCTCATCCCCGTGGTCATGGTGCCGATGAGGTTGAGCTCCTTCCC[A/G]TGGTTGCCAGCTAAAAAAACTCCCTTCTCTCTTGCCCCAATAGCTTACGAGCTAAACGAG
rs1138	4	ATGGCATGGGTGCATTCAACTGTGGGCCATTCGGCGATTAACTTTTATCCAGGCCTCTCT[A/C]TCCTTATATCGATGATCTATGCATAATTTTTCACCATTTCACATCAAATATTTAGACACA
rs1139	4	GCTTGCACCACCGCTAGCAAAAAACCACAACTAAAGATAAGCGCAAAGGTGATGACATTG[T/C]GACATCACCTCCAAGCATATCTGTGGCAACCACAAATGTCACTAATATCGGGCGAACGTT
rs1140	4	TGTGATAAAAAAGTTTGAAGTTTTTTTAAAAAAGGTTTAGAACTAAACGAGGGCTTTATT[A/G]GCCCACCGAGTTTAAGATGGACTGCTCACTTTGTCGTTTAGATGGCATTTTAGTCCACGG
rs1141	4	TGGAAGATTGTTAACACTCACCAAGTCACCAGGCTGATCGGTCAAAGGCTACCTTGTATG[T/C]ATGTGAAAAAAAAATCTGATATTGGTTTACTCAGGCAGAAGTTTGAAATGTATCTTTACC
rs1142	4	CAACCCACCCTGAATAGATACAGAAGAGAAGAGAGGATATTTCGAGGAGACACATAGCGA[A/G]TGTGCATGAAGGAGCTGAATGCAAATTTGCATCCAAGGTGAACATCCATGTGGGAAACGT
rs1143	4	TTCAGTAACTAAACACACCCTATATCTTAGATATAAAGTTGGAGCTTTTGTGCCACATTA[T/C]AACAAGCTCATTATCGATGTCTGCTTTAGTTGATAAAGTTGGAACTTGGGTTCCGTCGTT
rs1144	4	TGAGTTGTTTATAGGAATAGTAAGTGGGCATTTCTTGATGCTGTGAAGTCTTCTGGTGCA[T/C]CCCCACCCAGGATTGTAATGGTGCAACAATGCATCCGTGATAAGGCTGTACTGGAGACCA
rs1145	4	CAAGATCACCATCTCATACAAACCTGACCAGACAGGTCCTCGAGACCTCATTGAAGTCAT[T/C]GAGTCAGCTGCCTCTGGTGATCTTACTGTATCGATATACCCAGAAGCAGATGGAAGGCAG
rs1146	4	AGGGCACCGCGACAACGGCCACGGATTCCACCGAGCCAATCGCCATTGAGCGCTTATGTC[A/G]TCACTGATATATGGTTGTTTATGCTTGTCTACCTTCCAGAATTCTAGTGCCCAGTAGCCT
rs1147	4	GCAAAATAAGGAAAGAAGATGACAAACATATGGTGATGATACTGTCATGTACGCAGGGGC[T/C]TATGCAGGTCTAAAGTAGTCTTATCTCTAAAATTAAGTTTATATCTCTTTAAATCATAAT
rs1148	4	GACTGTAACTGTGGAAGTTAGCAGAACCGTGTAACTCATCGGTATATACTCCGAAAAAGT[A/G]AGCATGTAGTCGTGACTCATGAGCATAAATATTTGGCGTTTAATTAGTTCGAAATTCAAT
rs1149	4	GGCATATCCTTTCCCATCTCTTTTCATCACCCTTTTTTCTTAACAGAAACAGCCACCAAA[T/G]AATCATAGTACTATTCTGTGCAACTAGTATATGATTGATCGAGACGCAAGAACAAATTCC
rs1150	4	TTAAGAGTGGAACTGGTTGTTAGGGTGTTAGCGTTGCAGGCTTGGCTGACTTGCAGTATG[T/C]AAGTCCAAACCGACCCCATGCAACTGCCAATCTCCTTTCACAAGTCAAGAGCACGCAGCA
rs1151	4	AGGTGAGTCTGTGTATTGTACAGTGTACATAACACTCTTGGAGCAGAGTATTACTACCTG[A/G]CAAGTACTGCAGCTGGCAAATACTGCCTCAACTTCAGAATATTCAGACCCATTATAGGGG
rs1152	4	AAGGATCTTTTGCAACTCCAGCCCCACTGATAATATGGCCCAAATAGGATATATGTTCCT[A/G]GGCAAATGCACATTTACTGAGTTTAACCTTCCACTGATGATTAGATAACAGCTGCAGGAC
rs1153	4	CGATTTTCGCTGATGCGGCGTGGTGGGGTCCACATGTCAGTGCCTTTTCTTCTTCTTCGC[T/C]CTTCCTTTTTCTTTTCTCCGTTTTCCTAAGCACACCGGCATGCAGGGCGGCCCTCCACGA

表 C.1（续）

序号	染色体	序列
rs1154	4	TAGTTAGTTTTGAAGTCATCAATAGTGAACAACAAAAATATACCACAAAAATTAAGGCAT[A/G]TGCTTCACATGTGACATATCGCAACAAACCAATTGTTAAAGTTAATGACTGCAGTAAAAC
rs1155	4	TCACTTCAGCCTTAAAAAATAACAAACTGTCATCCGCAAATAACAGGTGCGACACACCAG[A/G]AGCAGAGCGACAGACCTTTAGAGGCTGAATCTGTCTTTCATCCCTCCTTCTTTGCAGAAT
rs1156	4	GTTCAGTTCTCTTTAGTGAGATCCTTGTGTTTAATTTGCAGAGAAAAGGGTATTGTTAGT[T/C]AGTAAGTAAAAGGGTGGATCTTGTTCGAAGATTCAAGAGTCATGTTGGATTCTGGTTCTT
rs1157	4	CTTGAAATCTCCCGAAACAATCTGATTTGTTCAAGTAAATGGAGACAATGATTACTAGCA[T/C]TATTTGACAGCTTTCGTCATACTTATCCATTTCCAGCACTAATACTATTGCTGTGCCCAC
rs1158	4	GTCTGTTCTTAGGCACATAGCAAACTTTTTGTATGATGGAATTACCTGTGGACCTGAGGC[A/G]AAGCGAAGAGATGCCATATAGCTATGCCATGCCTGCATTTAGGCCAATGTTAGTAAAATT
rs1159	4	CACCCAACACTGTCGAACAATCGAGATGCAGATTTTGAGAAGAATTCGCTCTGAAATAAT[T/C]CTATAATTCGTGGTAGTATTGCAGCATGTACAGGCTACTATTAAGTTGGAGTGGTAGTAG
rs1160	4	GATAAGTGCCCTGCGTGCACATTTTAATCCCGCTGGACCGTTCATGCTTGTACAGAAATT[T/C]CCTCTCTCTTTTTTTAACAAAGGGAGGGAATTCCGACCTTGCAGGTAGCCACCTTAAAGA
rs1161	4	GGTACCACTATATTTACAAGTTTAATCAGGACTGACTGGTGTCTGGTCACGATATGTGCC[T/C]TGTGCCCACACATTAGTGTGGAAATTTCATATGTGTGGGGGTGTTGGAGGGGAGGGATGG
rs1162	4	AGTACTTATTATGGCTCTACTGCCTTTGTGTTGACATCACGGTTGCTGTTCAGCTCTTAT[A/G]CCATTTATACAATGCTTAGCCTGAACATGTCCCAACTACCAATGTTTATATACTAGTTCG
rs1163	4	GAAACATACAATCAGCAAACAATTGTAGGCTACTGTAGTACCTTCAGGCTATAGCACTGT[A/G]CTTGTGGCCTTGTGAGTGTACTCGATGAACTCCATACCACAAATTGCATGAGATTTCAGC
rs1164	4	CGTCGACCTCGTCGTTGAGCCGGGAAGACTCAGCAGTCCAGACTCGTCTATCAATGGCCA[A/G]TTGCTCTCCTCCGTGCCTTCACCTTTCAAGACCTCATGTACAATGAGTTCTGCAAACTAT
rs1165	4	ACTTTACACCCCGTGAAGACATATCTTCCAGCAACCTTCTGGACTTGAGGGCTGTAGGAT[A/G]TTGCAGTAGTGAAAACCAGGCATCAGAAATGACCATGCAACACTACAACTAGAAATACAA
rs1166	4	GATTTTTTGTAAACATATAGACATATTACAAATTAGATATACCACTAGAATAGAAAAGGA[A/G]CATACATGATGAGATTGGTTTCTTGCAGTGTGCAGGTCTTCCATTTTCCTCTTATTTTGT
rs1167	4	AAGCCCAAGGACTTGTTCCCCCTGATTGCTTCTTCGAGGTGCGTTTCTCTTAACAGTTTC[A/C]GCAAACTTCTTCTAATTAATTCAGCCCTGATCTGATATTGTCAGTTTCATATTATTTGGT
rs1168	4	ACAAAGCAGAAGTACATTGTTAAAGGTTTGACTGATAAACCTGCAAGTCAGATAACTTTT[A/G]TAGATTCTGAATCAGGACAGACCAAGAAGCTTCTTGATTACTATTCGCAGCAGTATGGCA
rs1169	4	GAGCAAATTCCGTGTGAAGGACAGTTCACGGACCTACATTGTATCAGTGAAGTTGAAGAA[A/G]CCGCTGCCTTTAAGCCAACTCTTGGAGCAGCGGCCTGGGCCTAGAGATGTCATGCAGGGC
rs1170	4	ACTTGTAAGCTTGGAGAAAGATTGACTAGATGCATGCATGCACAGCACCTGTGCTAGTTG[A/G]TGACTGTCATCATGCTGATGGCAAAAACATCTCCATAATTGTATAATTTGTGTTTAATTT
rs1171	4	TATATGTCTTTATGCAGAAAGCCCTCACTACTCTGAACTCTGAAGAAACAATCTATGCAT[A/C]GTACTGTACCTTGACGAACTCTTTCTTTGCAAGTCAAGTTAGAGCCATCACCTATAGCAA
rs1172	4	CATGGTTGAACCATGTTGATTACTATAGTACTTCGGTGAGGCATAGAAACATTATGTCTG[T/C]TCTTGACATATCAGAGTCTGGTCACTCCGGTACAAAACTGCCTTACCATCAAGTGTCATC
rs1173	4	AAGAGCATCCTAGGAGTCTGACGCCCATGCTATGGGCCAAAAAGGTGGCTATGATATTCC[A/C]TGTTCCATTACGCAATTACTTTACATTTGGTAATGTGTGCCTCGTACAGATATACTCCAA
rs1174	4	ATAGTAAATTCGGATCAAAACAAGCCGAATAAGCTAAGGGTGGCTCCAATAAGATCAAAG[A/C]AACCTCCACAACACGTCAACCTAGAACCTTCGCACCGCACAATAATCAAATCACCAAATC
rs1175	4	ACACAATACAAAAAGTACACGACACCGCCTAGCCTCATGGCAGTCCACGTTCTTAGTATC[A/G]TACACCATCAATTCGTCCGATATGCGTCAGAAAGAAATTGATAAATTAAATCGAATCCAA
rs1176	4	TCTGGAAAACACATGGTCCAGGCACACAAGAATGCTTATCCTGCCTTTTCAGCATAAAAA[T/G]AAAAGGAAAAAAGCACACAAGAAATTCTACCTAGAAGCCCTTTTCCTGCTGAAAATGTTA
rs1177	4	AAAAAAATAGATATACATATTTGATCAAAAGGTCAGATTGATAGGGTTAGATTTGAATAC[T/C]AAAGAGATCATGACAATGGCATGTGGAGGACATGCTTTTGTCAAGTGTTAGTATGTTTGT
rs1178	4	GCTAGATTTACCAGCTCCTGTTCTGCCAACTATTCCTACCTTTTCGCTGCCATTAATGAT[A/G]AAAGATATGCCATGAAGAACAGGAGGAAGTTCTGGTCGGTACCGAAGCACGACGTCTTCA
rs1179	4	GGATTTTATCTTCCCAAGAGAATCAGCACCCCGCATGGTCCAAACTCCAAACCCCAACTA[T/C]TCTTCCCAAAGTTTGAAGCTTTTTAACAATGAAAGGCCTGAAAAAAGGGCACCTTTCTGC
rs1180	4	TTTTCAACGAATAATACCATATTTTTTCTGTTTGAATTCTTCTTTATTTCTGCCTGTTGT[T/C]TCCTTATGAACCACTTTGACTGTGCTGTGCTGAAGGTAAAAGATAAAAACCACATAATTC
rs1181	4	CCTCGCCGATATCGGAGCAACTTCTGTTCTGTCTCCATCTTTGCGGGCTCCAGAAGCATT[A/G]AGCTTGGCTGCTAGATGGGAAGAAAGGTGAAGCCAATATGGACTATGGTGATTCGTAGCA
rs1182	4	TAGAAGTACTGAAAATTACAAAATGCAGAAAATTGACCAGTTTTCAAGTCTTGCAAGTTT[T/C]ACCACCCCACTGTGAGGAGAAGACATGGCTTCCAAACATGAATAAACTCAAAGTGCACAG
rs1183	4	CTTTATTTAGCGCACCGCAAGCTGCACCAGCACACTCCTCATGCCAAGGAGAAGCAAATA[A/G]GATAATTGCTCCAATGCTGCCTTCCTCGAGCAATCAGGGGAATGGCTTAGTGCGCTCGCC
rs1184	4	ACCATCATATGTTCTTTATATGACTGTCAACACAGGAAGCAACCTGAAAGTTTCACATGT[T/C]TGATGTAGTTGGATGGATGCTTGTGTTTCATGAATCTAAAGGTTTTGCACCTTAAGGCTA
rs1185	4	AAAGCAGTACATACGGGAACTTCCAGAAAAGAATAATATGTTCGCTTTTCGACAAACAAT[A/G]CAATGTCATATAAAAACCTCAAGAACGGTCAGCAAATTCCAAGAACTACGGATTTGCTAA
rs1186	4	ACAATGAATCAGAAACTGGGATACTGTCCTGGTTCTTCTGGCACTTCTCTGTGGCAATGA[A/G]ATGCTGATGCTACTGATGCACAATGCAGGACGTGAAGTGGCTACAGACAATCACCTCGTT
rs1187	4	GGGATACCCCTCAAAAGGCTAATAAAGACACTTTCCCCAAATATACATCCCGTCTCGTCT[T/G]GTTCGTGTACGGGCATCCAGCTATATGTGCTGATGTGGCTGTGATTCTCTGCATGCACTG
rs1188	4	TGTCTCCCAGCTGCTGCCATCTTCAGTGTCACTCTCATTCTGAGGGCTTTTACTTGAGTA[T/C]ACCTTGGTTGGCTTTTCCAGGAATATATCAGTCATTGGGCTAGCCTCTTGGATTTCTGAT
rs1189	4	CTGGTGGGAAATTTAATCATGTTGTTTATGTACACCCATTTTCTCAGGTGAGTAATGCAA[T/C]AGTGTTATTTCTATTAATAGCTCAAGTGGAACTCTGCGAGAGTAAGATGATGAATTAATG
rs1190	4	TTCCTGGAAATAGAATTTTAAATGGTAGAGCCGGAAACAGAAACATGCTTTGCATCATAA[A/G]GAAATCGGCAATTCATGTTGGAAACATGCGGTATCATTTGGAAACTGTGACACCGTATGT
rs1191	4	AAACACATCCTTTTCACAGAAAGTAGCGAAATCACTAAATTTCGGCGATATACTGCTACA[T/C]AACCAATTTTATCTCACAGTTTCTCCTTCCCAAAAAGACGGTATCTTGAGATCTACCGTT
rs1192	4	AAAACCAAGTCGTTCCACTTCATTTCACCTCAACGTATATTCTTGTAAAGCAAACAAGCG[A/G]ACGACCCATCATGTCGTTCGTCGATCCTAAATACATCATCTGAGCATTACCGATAGACGG
rs1193	4	CTTCCCCAAGAACATCTGAGGCCTATATTTATGAACACAACAGGTTAGAATCTTTTACAG[A/C]AGGAATGAGTGAATGAGAGTATAAAACAACACAACACTATTGCACATCATTACACCCATG
rs1194	4	CCGGAAGAGACAAGCAGAGACTATAGCTAGGCTGGGGCTTGGAACATAACTGCATATTAA[T/C]CATGTGTATAAATTAAAACAGTGGAGCTGATATAAAAACTGTCCACCATTGGTAGGAATC
rs1195	4	ATCATAGAAGGCAACTCTTTCATCATAGGCAGTGGTTCCACAGTAGTCATGCACAACATG[T/C]CTTACAGACTCCTCTTCGGATTTGTCCTTTCTCTTGTCCTACAGTTCTCCTTAGTATTAT
rs1196	4	AAGGAAATAAAATGTTGCGTAATGCCTTCGGTGTTACATGTTTGATAAGTACTGTGATGT[A/G]ATGTACCGCTATCCAGCAACTGTATGATTTTGGGTGTTAAGTGTTACTGATTGAAATGGA

表 C. 1（续）

序号	染色体	序列
rs1197	4	TGCCTAAATTACTTGTATATTAGCCATATCATTGGCATAATGCTGTCAACCTCTTAGTTA[A/G]TTGGATTGCAAATTAAATGGGACATGGCACGAGCAGGTAACTATACAAAATTTTCATCGT
rs1198	4	TCAAATCAAATCAAAATCAACCAAATTTCTTTTTGAGGGGAACTGCGTGGAGATTTTATC[T/G]GGTTCGTGACGGCCGCGCGGCGGCCGAATCGGAAAAACTCTCTCTCGCAAAGACGAGTGG
rs1199	4	TGTAAATCAGCACTGACAAAATATTATTTCTAACCTTCAGTTTATTTGTTGCAACTGCAA[T/G]TTGTTTCTGCAAAGTTTGAATCTGTTCTTGTTGCATACTACATGTTTCCTGAGCAGAAGC
rs1200	4	TGAAGAAATAGAGCATATGTATCCAATTATCAGATGCATACTAGATGATTTCCCATAGTC[T/G]TAGAGCATGGTTGGACCGAAGAAAGCAAACATACGGCCAAGACATTTCTGTCCTTCCAGA
rs1201	4	AGAAAACCCTTAAAATCGTGTATTAGAGAACTCGATTGAGAAATATGGTATATACTTTCA[T/C]GTTATATGTTAGTACTAGAGAGATGGTAACAAAGTGGCCTCGAAAAGAATCTAATATGAT
rs1202	4	GCCTGTCTGCTGGGCCGGCCGTACCCTGCAAAGTGCAAGCAGCTAGCATCCCATCCATCC[A/G]TCCATCCATGCAGGACTCACACGGGTGCATGATCGATGCAGCTAAAATGAAATGTCAAAA
rs1203	4	ACTTTAAAGGAAAATCAACGGTTTGATCTCGTCAGAGGTTAGACCATCGAATCCTGCAAC[T/C]GCATATTGTCTGTACTACATGGGAATGCATATAGTTAAGAGGTGGTTGTGACTAAGGAAT
rs1204	4	GGGAGAAATTTACTATGGTTATTGTTACGGCGCTTCTTTTAACCTGGAAGTAGCTTGGCA[A/G]CAAGCAGCAGCGTAAATGCGCGGTCTGCGACGGCGAAAGGAAACCAAGCGGAATGGTATA
rs1205	4	TCTTCTTATGTTTCATGCCTATCTTGTACTATGATGTAAACTGACTTGAAGAAAAAAATA[T/C]TTACAGAAATCCATCCTACTGGGGAAAATTGTGTTTTATGTCCACTCCTGATGGTGAAAA
rs1206	4	GTATCCGCAAGTTTCTATAGTGGTGAGTCACAACAGTTCATTGAGTGCTGTGATTGTGGC[A/G]AATATCTCAAGAAAGCTGAGAGACGGCTTGCTGAAGAGTTGGAGCGTGTTTCTCAGTATA
rs1207	4	CTGAGCAGTGGATGCATCATCGTTCACTGCCTCCTCAAATAAGAGAGCGAGTAAGGAGAT[A/C]TGAACGCTATAGGTGGTTGGAGACCAGAGGAGTAGATGAAGAAAATTTGGTTCAAACCCT
rs1208	4	TGCCTGATCAGCTTGAGATTGAGGCAAACTGAAATTAGCTACGATTTGAATCATCTCTCT[T/C]TGACAAGAACGGGGGAAAGATGAATGTGTTTTTTGCCTTTGGAAAAAGGAAAAGAGGATG
rs1209	4	ATGCTATAAAAGTCGATTTCAATTAAGCGTCTGCTTCTGTTAATTTGGAGATTGGATCGA[T/C]TTACACGCGTATGCACAAGAACAGTTTGGTCGATCGAGTTGACGATAGCAATGGATGAGA
rs1210	4	CTTGCCGCGTTGAAGTACTGGGGTCCTAGCACCACAACCAACTTTCCGGTAATTAACTCT[T/C]ATGCATATATATAAAGATGGATTTATTACATATTTACAATGCATGCATGATCAAAATATA
rs1211	4	CCCTTTCCCTTCGTCGTCTGGCTCGTGCTTATTCCCTCAGAGCCAAGGAGCTGTCTCGAG[T/C]ACTGACACATCAAATATAGCTCAAGTGCAAGAACCAAGCTTAGCCTTCCATCAGCAGCAT
rs1212	4	GCCTCCATGAACCTCTTGCTTAATTTGTTGCAAATTGAGCAAGATGTAGTACTTGTTAAT[T/C]TGACCCTCTCAGAAAACAACTATGGAAGCACACAACAGTTAACACTAGTTAACAGGATAG
rs1213	4	ATTATGGCTAGCTCTCGATCGCTAACTTGGCATGTTGATCGACATGCATGCATGATGAGG[T/G]GATCGAATTGATCGGTCGATCGATGCGTACGTACGTGTGCGTTTGCGTTCTGGCCGGTAC
rs1214	4	GGATTATTTTATTCGAATTTCGTGTAAACTCTAGCTTCATTCAGTTCGATTTTTCTCCCT[A/C]GGGAACGCGAGGATATTCTGTCATGATTGGTTCATGGACACAATAGACTGCTGGTAGGCG
rs1215	4	CAAGCAAAGAACAAGTACCTTTGTGTCACCGGCACTGGCAGCCGATAAGTGAGCTCTTGC[T/C]ATGTCATCATCCTTCTCAAGAAACACAGCACGCTGTAAAAGCATGGCATATGATAATAAT
rs1216	4	ATACCTTTGTGATTGGAAGGGAGGGGCATTTCGGGGATATGAGTGAGTTGAGTGGCATGG[T/C]ATCTACTCTGTCCGGTCAAGGGGGTTTGACTACGGCTCTGAGCGGGGATGACAGCTAGGG
rs1217	4	ATCTACTGATCTACTCCCCTACTGGCTACTCCCCAGTGTCGTGACCACACCATATTTTGC[A/G]CACACAGACAAATGTTCACCTTTACAATGGAGGTCAAATCTAACATGTTTTATGCGTGGT
rs1218	5	TCTACAAATAGCATGAGAAATGAAATTCTAACTTCCTAAATTAACCGTTGCTTACTTTTA[T/C]TGAAGACTCCCTCCAGAAAGGCATCTACAGAGTAAAGGAATTCTTTAGGAATCAAAAATG
rs1219	5	CATTGAGCTGATTCATCACTCACCTTCTCCTCCAACAACCTGGAAACCAAGGAACTTGCT[A/G]TACCAGATTACAGCTTCTTCTATTTTCTTCATCCGTGTTTCATCCTCAATAAACTTTGCT
rs1220	5	GGAGCCGATTGACAACCTTTTACTGGACCCAAAGGGGCAAAGTGATCTTGCCCCTAATGCT[A/G]GTTTCACCGATCCGGTAGGCGGTCACGGTGCGCCTACATCTAGCAATGCCTATGCCATGA
rs1221	5	CTGCTAAAAGTCCACATATAAGTGTGATATTTTAGGTACTAGGATTTAAACCCAGGCTTT[T/C]CAGGTATATGTTCTTTTCGAGCAAATATAATACTGGATTATTGAACGTCTGAAACATGCT
rs1222	5	TTAGACCATTTCTACGCAAACAACCACAGCAAATCAGCATGTCATGCTATATTTTCACAA[A/G]AACAATTTATTATTAATAACTGTAATTAACACCACTCCTATTAGACTGTTTGCATGCTCA
rs1223	5	CTTTAATCCCCTGATTTTTCTCCTCCTCTCCCACAACCTCTTGCTACTAATCTTCTTCTT[A/C]TTCTTCTTCACAAAAACCTCCTCCTGTGATTAGTAAACAAAACAAACCAAGAGAGACCAT
rs1224	5	ACATGCATGATGGATGGATGGGTCGATCCATTATTATATATTAATTAACCATTTCTCTGT[T/C]TCCACAAATTTCTGCTTAATTCAGAATTCAGAGTTACTCCTAGCTAGCTATAACTTCTTT
rs1225	5	TTTGCAACAAAAGGGGCTCTACACATGGCAGGACCTTTGTGAACTTGTTCAGGCCAGTGA[T/C]GGTGAGCTGACAGAACAACTGAGTTCCATATCAGCTGTTGAGATTGATGGGTTCTGGAGG
rs1226	5	CTTACTGTAACTTGTTTCTGCAACCTGCATGACCCATGACTGAACCTGCTGGAATGCAGT[A/G]CAATGCAATGCAATGCTATGATCTGTTCTATTTGTATTTTAATTGATTTTAGTCCTTGAT
rs1227	5	TTCAAGATGTGTGGCTTTTACCTTGTTGTTTCTCAATTTCATATCTCATTAATGAAATTA[A/G]TTTTGATCTTCTGATTTCACACAGTTTAATAATGTATCACCTCCTCTGTGCATGAGATTA
rs1228	5	CTCTTCGTCCCAAAATAAATTAATTTACTTTACACGTGATGTTCAGATTCATGTAAAGGT[A/G]AACATATTTTGAAACCAAAGATGTACACTCCAGCAAGCACCGTGGCCATTGTACCATGGG
rs1229	5	TAACAACAAACTAATTAGTGCCAATGTGGCTCAGTGGTTGACAAAAAAGCAAATATGCAG[A/G]ACCTATAATCCAACATAAACTTGCCCATGGTTTTGTGACTTTGACTACCAGGTTCAGAAA
rs1230	5	TGATGGCAGTGTCCCCAAGAGAAGGTAGTGTTAGCTAGCACCTATATCCTTTGCTTCTGC[T/C]TCTGCAAATTCTCTTGTGATTGTGTTGTCACTGCAGCTGTCTATCTTTGTTACTGTTGCA
rs1231	5	GGCATTGGATGGTGGATGAAGGATGGGCTCCATCAACAATCTCTTACAATGTTCTCATCC[A/G]TGGCCTTTGCTGCATTGGTGATTTGAAAGGAGCATTAGATTTCTTCAACAGTATGAAAAG
rs1232	5	GAAGGGAACATTTCACCGATCCAGAGACCACCAAATTTTGCATCAACCAAACTAAACCAT[A/C]TTTCCCCCATCAACTCATCTCCCTCCAATCACACGCATCATCCAAATAGAAGAAAGCCAC
rs1233	5	TGTGCAATGGCTGAAATAAGCTGGTGTAAACCTGTATAGTCTTTTCATATATAAGGTCAC[T/C]AAACGAGCACTTGAGTTTAATTAATGTGCCTAAATCGAAACCAGCACATATACACGGGTC
rs1234	5	AGCGTGGTGTAGTTGAGGAATGGAGTGGATTATTATTAGACGCTGATGTTGAGATAAGGA[A/G]TATATATATGTTTTTACACCATAGTTATAGAATGCAACCAAATCATCGGATGATTTGTAG
rs1235	5	ACTCTCTCTTCTTCTTGGGAGGCTGGGAGCTACCAGCACAACACACCAAGGAAGCTGAGG[T/C]GAGAACGATTGATTACTTTGCTGGCTGCTCTTAGCTACTACTACAACTGTTTTGTCTTAA
rs1236	5	ATTCCTGGAAGAAGCCGGAATGCATCACCATCAGAGTACCGAGTGCCACCAATGCCATGA[T/C]AGGATGAACCCAAGACGTGTAGTACTAGTTGCACCGTAGCAGCAGCACATAGCAAGGCCG
rs1237	5	CATATAGTCAACTCTTTAAGTTTGACTGACTGTAGCGACTAGTGATGGTTATGCTATGAG[T/C]TATATTTACTCCTAACTAAGCTCATAAACTTCTTCAAAGGTTAGAGATTAGTTCAACAGG
rs1238	5	ACAGTACTCAAAGTCCTCATCCAACTCCCTCGGTCTTGCAAGCTGCTTCTCACGGCAAAT[A/G]GTGGAAGCACCATCTTGTTCACAGCCCTCTGGCCGAGATTCAACAGCAGGTGGTTCAGCT
rs1239	5	ATAGCTTACATTGTAAATAGCCTGATAAGTAGTACTTGAGGTTAAACTGTGGCACTAGAG[T/C]CGAACACGCTCACCGGTATACTGTATCGGGACTGACCAGAGAAACTGTAGTGAGTGAATT

表 C.1（续）

序号	染色体	序列
rs1240	5	AGCTCTCCAGATGTTAATACCAGGTATATCACAGCATTATTGAGTACAGTTACCTGCAAT[A/G]TATGTTGCTTCTGCGTTGTTAGCAAGATCGAATCCATCTTCAAGTACAGAAAATGAGAAT
rs1241	5	CGTCACCCAGATCGAAGAAGCCAATCAAGAAAACAAACCCCAAGCACAGCGAGAGGTTAG[T/C]AAAACCAACCTTGCTTGCTTCTTGATTCGTCTTCTTCCTCCTCGATCCCTATCCTTCAAG
rs1242	5	CTTCTGATTCTTCAGAACTGCAAAAGTGAGCTTTGAACAGTTCATCACCTCTCAGCTGCA[T/C]TCTGAAGATTGAGTATTATGGTCATAAAACTCATTGTATGGATCTTCTTGACAGAGAGAA
rs1243	5	GATACCATGTAACTAATTAAGATGTCCCTGTAGCTACCATGGCTTTGGATAGTGGCAGTA[T/C]ACGGTACAGGGTGTATTAAATTAAATCAGCATAACATCCTAGGAGTAGGATTATCCCCCA
rs1244	5	AGGTATTGGGATGCCAAATCACTCCCCATAGGAACAACAATGTGTACCATGTGGTCAATC[T/C]GCTGAACTGAAGAAGATTTACAGTTTCTAATAGCAAAATTTTTGTAACCTGATGCAAGGG
rs1245	5	TCTAGGAATCAAAGATAAATAAATTATCATTGTTCTATACTTGTATTTGCATATATGTAT[A/C]TTTCAACAAACTTTGTAATGTATATCTATGTTTGGTACCGGTCAGGATGCACCTAAATTA
rs1246	5	TAATCAGGTCTGTGAAATGTTTCAAGCCTTCAAGACCATTCTGGTCTCCAATATACTTCT[A/C]TGTTTTTCTTTTACTGAGAGCTAGTATTTACTAGTTGGTGTGGCTTATCAGAATTTGCTT
rs1247	5	GATGGTTATTGCATTGCATCTTATTTGTTTTCTTTTATCATTTCAGGCTCTCCTGCATTC[A/G]TCGCATATGTACCATGAGGCCAAGGCTTCTTTTGCACACCATGGTATCAAATTCTCAAAT
rs1248	5	ATGGATTAACAACCTTGCAGCTACAAGGTTCCTATCAATTTTTAGTTGATTTGGCATTAC[A/G]CTCTAGTTAGCATAAGCACATCAGTTACTGACCAATGTCGTCTTGTGCAATCTTCCTAGT
rs1249	5	GGAAAGAAGACATTGTGGGCTTCATATCGTTTCAAATTTGGGCTTGGGCTAGAGTGTGCA[T/C]ATCCCAACTTCCCAAGGCCCATTTACCTCTCTAAAATCAAAATCAAATTTCAGCCCACAT
rs1250	5	GTTGAAAGGAAAATGTTGAAAAGAGAACATGAAGCAAAGAAGCTGAGGAGGTCCTTGTCC[T/C]ACTTCTTGTTGAGAGAAGGATGGCGCTTCAATGATTGGTCTATCCAACTATTCAACCTAG
rs1251	5	AGTTATTAGAGGAGCACACCAGGATGACTCCCACCTTCATACTTCTTTGAATGATATTCA[A/C]CATTCTGAACAACTACATGATGGCCGTGTACTATGCCAATCCGCATACCTTTAATCGGCT
rs1252	5	TTTAGTTACGTATGAACTCATTCTTACTACGAGTTGTGTAAACGGTCACGACAAAATTCA[A/G]TATGCCCTACTACGTCAACTTCACAAACCTGTAATGCTATAAAATCAATCTACATGTCCC
rs1253	5	CAATGACAAAATTCTGACAGCATTTCACATAACAATGTGAAAAACAGATTCGCTGTGACA[T/C]TGATGTTGTGAATTTGTTTTTTAGATAACAACTGATGCAGTGATGTGGGAAAACTGACA
rs1254	5	GCCGAAAATAACTCAGCTTAGGTCGTGTTCTATAGTCCCCTCTCCCAATTTTCACTTCCT[T/C]GTTTTTCGTGCGCACATTTTCCGAACCATTAAATGGTGTATTTTTTTATAAAAAATATAG
rs1255	5	TCACACCGAGCACGGGAGGAAGAAACTAAGAATAAACAAAGAGCAGCAGAGAAAACAAGG[A/C]TCAACATGGGAGCAAATAATCAAAGAAACGATAAAAAAGATAAGATAATGAGAAAGAACC
rs1256	5	AATGCCATCTATTTAAAAATGGTGTTTTGCAAACCAGGAGTCCAGGCCAAGTTGATCTAA[T/G]GCTACTACTGTATTTTGAAACAGGAGAACAGGAGACGAAGCATCAGAAATTCAGATGTAC
rs1257	5	TCTCAGGACAGAAGCCCGGTTTCTCAGAAGACAAGGGCTTTGTTCTTCTGAAACCGACTA[T/C]TCGTCCTATTTATCTTCCACCTTGCGCTTCAACGGCCTCGCTACACCCAAGCAGGGGCAC
rs1258	5	GGCATCTCGTCCGCGTGGGACGGCGTTTTTGGTTTTCGTGGAAGTTCTGAGAAATTGATC[T/C]CGTGATGATAGAGTTCTTAGAAATTGGATACATCCAGCCTTTACTTAGAAAAAAAAAAGCT
rs1259	5	AAACCAGAGGTCGCTGGGCGTCGATGTTGCGCGAGAGAGAAGAGAGAGTGAGGAAAAGCA[T/G]TACTCGGGATTTGGGAGAAAACAATTTAGTGCTTGCAACCATTTGCAAGAAAGTAGAAGA
rs1260	5	ACCATTCACTGATACAACAAAAGGCGATTATGCTAGTTAGGAACTGGCTATACGTGCTGG[A/G]TTTCCTAACCGGCACCTTTGAGGATTTAAGGGTGCCGATTTAGGAGCAGACACCTTTAAG
rs1261	5	GTGAGCAAAAACAATATACTCCATAACATGCATCCTCCAAAAGGATAAATGGAAGCACCA[T/G]AGGAAACTTACATTGATAGCCACAATTCCAGTCCACCTTCAAGGAGGTTTTCCGCACGTA
rs1262	5	GATCTTTTCGTTAGTGTTTATACAATGCTTCTAACTGCCAACTGAGACAACAATCAATCC[T/C]CTCATTTGAACGGAAACAAAACATGAGACAAAAATAATATTCTGAAACTGCCAACTGTAT
rs1263	5	TATTCCATCCCATAGTGTAAAGGGCTCCTCTCACTTTTCATCACTATGTCCAATCCCCTT[A/G]TACTATAGTTGCATGCCTGAATGGCCCCCTTGAACGTCACGCACGCTGGGGTAGTAGCTA
rs1264	5	TGCAAAAACTTCTCGATTTACAATGTTGTTCTTCTTCGATGATTGAATTGAACTTCCAAC[A/G]AAGCATTTGCATATCATCATCTGAGGAATCATATTTTCTATTCTTCTTGTTTTGCGGGGA
rs1265	5	CGTATGATTGTCGCCTAAGAAAGTAAGAAACGTATGGCTGTCGTATAATACACATACGGT[A/G]TTCCAAGAGTTCGACATTAATTAATTAATTTGTACGAAAGTGCATGGTAGGCAACTAGGC
rs1266	5	CCCTTGGGTCCCCAAATGGTCCAGCAGAACACTCCATCAGCAACCTCCAATTAAAATGTG[A/C]CATCCAAATTTTGTTTCCATCTTACACAAGATGCCAAGTCATACAGTAGAGTAGAAAGAA
rs1267	5	GAAGAGGTTTCAAATATTTATGAAACTTATGCACATACGGACCATGTCACGTAGCTGTCC[A/G]CTCAGCTATTTCATTCAAACAAATAGCGTGCAGCTATAACATCAGAAGAAGAAAGTTATT
rs1268	5	AAATGGGAATTTGTGGCTAGTTATTGCGTTGCGCTAGCTTTACCTTCGCAATTGAGTGAA[A/C]AGAATTCATAGGAAAAGGGATAGCTATCTCATCTGTTATGTATTTAAATTGGGTCAGGAT
rs1269	5	TTAAAAATTGGGTTGGATTGCACTTAAGTGTTTTAACCGGTTTTGATAGACGAGGGGCGT[A/G]AATGTCTCATTTAATAGTTCAGGGTTGATTTCTACACTCAGGCAATAGTTGTTGGGTGTC
rs1270	5	CGATCATGAAATAGACACCTGCATAAGTAAGCAAGGTGGCGGTTCCATATGATTTATGTT[A/G]GCTTGCATTTAGGTTACACCGTGTTACTTGCAAGAGTTTCTCCATCGGCTAGCGTGGTGG
rs1271	5	TTTAGATCTAAAAGTAGCGAACGGTTTTAAACTAGCTAATCTCTTGCCGACGTCAGTTAC[A/G]TTATGGATCTGGTGAGACGTAGTGTATTGTTCTGATAAAGTTCTTCACAAGGGTTGCAAA
rs1272	5	GGACCTAGTTGAAGCTTGAACTAAAGTTTGGGTACCAATAGTTAGACTTGCTCATTGGAT[A/G]ATTCTCAATATGGTTGGTGAATGCATAGATGCTACTCTTCCAGCAAAAAGCATATGGTGT
rs1273	5	AAACATTTGCATATTTAAATAGTTCAAACTTTTGTTCGGCATCAAATAATTATGTCATTT[T/C]ATGAGGCTCAGTTCTTTCGTAGAACCAATCGACGACGAAACTCCCCAAGAGCCCAAATGG
rs1274	5	AAACGGTGAGTTTATATCACCGAGCTAAGTTAAACATTGCTTGCATTCTCCTTCCGCTCA[T/C]TAGCATGTTACTGGATCGTAGTCTCATCTCATGTCACAATCGTAGAAGTTTTTCCTCCGA
rs1275	5	AAATACAACCTGAACCATATGCATAGTTTTATGTACCGCGTCGTCTATTTGCCATCAGAG[A/G]GTTTGCAATTAAATCCCGAAAGGTGCACATGTCACCATCATCTGGTGCTGTGCTAACATA
rs1276	5	CTTGAGTACATACTACGAAAGTGTAGTTACTACCAATGGGTACTTGGGCTTTTAGTTGCT[A/G]ACACAACCCAAGTCGTACCTGAGAGGTTGAGCCCAATCTGGCCATCTTACACAAAGCTCA
rs1277	5	AAAAAATATTAGGGTAGATTTTCAGACTTCTATATAAGTAAAAAGCTAAAAGGTCTAGGG[A/G]AGGGGAGAGGGGAGAGTCAATGGGTGAATAGTATCTAGTTTGAAAGAAATAGTTAGGGCT
rs1278	5	ATTGTTTAAACTTTAGTAAAGACCTACAACCTATTTAATCTGGCGATAAAAATCTGCCTG[A/G]ACGACTCCCTGGTATTCATTATCAAGCATGCATTTTATTTATTACTGTACTGCAGCACTT
rs1279	5	GTACAATTCAAGCAATTTATTCTCTTCATTGTGTTTCAAATAATAACATAACACTACAGC[A/G]TTTTTATTTTTTGGCAACTCAACCCATCATGCTGCTATGTTTGCAGGGATCTATCTTACA
rs1280	5	TCAAGTAAATATTTATTATCAGTGCCCACTCATGCATGGTCAGCAGTAGGGTTTGAAATT[T/C]CGGAACCCCGGGCAAATATCTCGTCCGCAATTTTTTGTTTTTTACAATTTTTTGAATTC
rs1281	5	TTGGATGAAAGAATATTTGATTGGCATATTGGACACGAATATTCTTGATGTTTTCATTTG[A/G]AAGCACAGTGGATAATATAATCCTAGGTGACCAAAGTTCGGTGAATTTCATCACATAAAT
rs1282	5	TACCCATGTATTGTATTTATTGAGATGATTCAAACAAGAGTGGTAATAATTCTTTTAAGT[A/C]TTTGACTATACTAATGGTGGTTATGTCGAGAAAATAATTGGAATGGCACCTCTATTGTAC

表 C.1（续）

序号	染色体	序列
rs1283	5	ATAATTTCGATGAACCATGTAACTCTTGACACCCTGAAGAACTACTATGGCTAACACTAA[T/C]ACTTTTAAGCTAGATTTTCAAAACTGCAACTCAACTAGCAGAATTTAAAGTAGTTAATAC
rs1284	5	TTCGCCGTAACGTTAGTACAGACACATTAGTAGCTATCTCTAATATATCGGTACAACTTG[A/G]AGAGAGCTACACATTAGACGTCCGACGGGAATGAAAAATCAGATCTCACGGTAATGCTTG
rs1285	5	CTGAATTTCCATGGTTTGAGCAGAAGTCAAGCCGAACCATGTTGATGACTCGTGAATCTG[T/C]GGTTCTCTCCAGTTGGAAGGTCTGTGCATTGTTCTTCTCAAGGTCATAAGAAAACTCTCC
rs1286	5	TACTCTTTGAGAGTACATAAAAGATCAGCAGAGTGTTTTGAGAGCATAAAAGATTCGGTT[A/C]ATCGGTAAGTAGCAAGAACATATGAACACATCGCAAAGGAATGACAGCAAGTAGACATAC
rs1287	5	GTAGGAACGTACAAGTGTACATCCCCTCCTTTAGAGTTCAAAGCGGTCGATACATGCAGT[A/G]CGTGGGTGTACTGTACGCCATGGATGCGCTACAGTTCGTGTGCATACTAGATATATTGAC
rs1288	5	CGTGCCTCTTTGGTTATTGACCTTGGTCCTTGGATCAATGCCCATGGCATTACACTTTAG[T/C]TATTTATTACTTTGTCAGAAAGTTTAATAGCCCTTTCCATTCATTAATATTAGTGTGTTT
rs1289	5	TAAAAAAAGGATGAGGAAATTCAAGACCATAAAGGAGCGTAAAAGAGTTTCCTATTAGCC[A/G]GCATTAGTACTATACACATGGTTCAGCCCTTCACCTTTCAAGGGGGAATAAGAGCCAAAA
rs1290	5	TTCAAATCAAATCACAGATCAGCAGACCTGGAAATACTTAATTCATGTGCTACTTCTAAC[T/C]ATGTACTGCATCAACAGAAAGGGCAGGCAGAAGTGTTTACCGAAGGTGGCATAGTTACAG
rs1291	5	GTCTCACCACTGCACACTGACACCACATTCACACATATGTGAGTTCACTCCAAACACAAA[T/G]ATTAAAGAAGGTTATATAAATTCCTATTGAAACCCCATACGTGTAAATTGAAATCACATA
rs1292	5	AGCACTAAATTCCATGTGTTGCAGCAGAAACTATTTGCTTTGCACATGAGCTTTTAAAAT[A/G]TAAGTTTAGAATGGAGGAATCCTTTTCCAATTCCCATGGGACTCACGACAATTTGGAACA
rs1293	5	ACTGTTTCACGTGTACTACCTGCTGTTGAGAAATACGCCTATAGACTCCTTGATTTTCAA[T/C]AACCCATTTTGGCTGCCAATTAGGCTATACAACTCCCTTAGATGAAAACATGGTTAATTT
rs1294	5	CTGACAACAACATTATTGACAAAGGTGATAACCAATCAAATTTCTATTGCTTGTTGAAGT[T/C]ATGAATGAAGCAACAGAAAGAAACGAGAGAATATCCATGAGAACATTGCCACAGAGGTGG
rs1295	5	CTAGACATGCATTCACTTTCTTTACCCTGTCCATAGAGCTAGTTTTAGGTGCTTATTTTT[A/C]CCCGTTGGTTCAGCATGGTCTATCTGGCAAAAAAATTGGGTATTGCCCCCTTTCATGTCT
rs1296	5	CCTCTCCGTATGGTATTCACTACACTAAGCCATTGCGCATGTTTCTCTTGGTTTATCTCC[A/G]GGTGTGTGCCTCTTCCTTGTTAGTTTCGATAACATTGGCTCTTTGCCAGGTTTTTTTGTG
rs1297	5	GGGAGCAAAACCAAACCGCATTGTTGGTTGAGATGTAAGTGCAACTGCTATTGATCCCAC[T/C]ATGTGTCTGTACTATACCTTTAATGTTAGTCTCACCACCTTTCCCTTAATTTTTCTTTCT
rs1298	5	TAATACTTCTTGTAAACTTGTTTGGCTTGCACCAGGAGGTCATGTATATCAGCGAGGGAA[T/C]TGTCCCTGGCACAGACCATATTGTCAACTGCGGCCACCTTGGCCGTGCTCGACTTATAGG
rs1299	5	CAGCACAGCTAAGCCTGCCGTGGCCGGGTCCCGGGGAGCCGTACTATATATGACTAGTGC[A/G]TCTATGACTTCTCTTGCGATATGTGACAAGGAAAGATGAGCTGCCGACAATTAATCGATC
rs1300	5	TTCTTCCAAGAGAGTGCAGGAAAACAGAAATAAAACAAAAACATCAGGCGCCATCCTTAC[T/C]GAGTTATAAATCAGAACATCTGGCTCCAAGGAAGGATCCCAATCTTTGCGACGCATCTTC
rs1301	5	TCATCTTCTCCCATCATATATTTTTATCCCTCCCCACAATCTCTCTCTTATCTCCTTCC[T/C]ACACCTATCCCCTTTTCTTGCCCTCACCTTTGATGATGTTTGCTGCCTCCGCCGATGCCC
rs1302	5	ATCTAGCTTAATTGTTAATACTGCATGATGGCAAAGTTTTGTAGTTGTGGAGACATACTT[A/C]AGGAATTAGGATGCTGCTTACTCAACTTCGAGATTGCATTGCGAAATTCTGCAGCACTTC
rs1303	5	TTAGGTAATGGTTACTCTGATTAAGACGTGGCTACTACTTCTTACCCAAAGAACTGGTCC[T/C]CAAGACCAAGAACATGGCAACCTGATCATATAAAAGCTCGTATTTAATGAAGCCATACTT
rs1304	5	TCTGTTCTATTTAGCTGTTCTTCCCTTTGCTCTGAATCTGATTACCTCCAAAACCTGAAA[T/C]GAAAGGAGAAAATAAACAAGAAGCATACAAGATGAATTAGCACACTCAATTGCTCAAATC
rs1305	5	ACTGAATGTACTCTTTTGCACCTTTAATGCATTTTGGACGGCCTTGAAATAGAAATAAGA[T/C]GAAAAACCGTGGTTATTCGTTTGGATGCATGAGAGGGGTTGCTTTGGGAAATTTCAGGAT
rs1306	5	GTCCAGGCCTACTTAGGGAGGGGGAGAGAAGAAAACTCGGCGAGAGAGAAGAAAACTCAA[A/C]GAGAGAGGAGGAAACTCCAGAGAAAACTCATGCTTAGGTCTCGCAACCTCAAGCACCTGT
rs1307	5	CCGGACTACGACAAATTTTCTTTCTTGCTACTAGGATCGTGTGGTACACCTATACTTAGT[A/G]GTTTGGTGGAACAGTTCCAAGGTGACAATGATTGGAGCTATCCCATATAAACTATCAACT
rs1308	5	ATCATCAGATGACCATGCATTCATGGATTAAAGTGGGGTTGGAGAACGGATGACTGAATT[A/G]ATTGCATCACTAGTTAAAGCAATTGCTAATAATTTTCAGTTTATCTTATAACTACCACCT
rs1309	5	TTTCCACCGTCATATATATTCGTTGTTCTCTCCCTATTGGACACAATCCGAGGAGGATCA[T/C]GAATACTAACATGGGACATGTGCCCCCTCCCAAAATTTTTTTTTCAAGATTTCTAAGTGA
rs1310	5	TTTAGACTCTTGCTCGAAAGAGATTACTGGATAGATTGTTGCTACAGATATCTACTTATT[A/G]TAGAGGAAAATTAAATTAAATATGTTAATAAATAAATCTAACCAATAATATATTAAAAAC
rs1311	5	GGTTACATACCTACATGCAAGAACAGAATTTTAGAATAGGAAGGATATATTCTGATCTCC[T/G]TGGATAACCACAAGGAAAACCACCAGGAACATCAATCCAAAGAAATAATTAGCAGAGTAA
rs1312	5	GCTGAAAGTGTCGAGCTTGTACTCGGTGTTGTTGCGCTCCTTTGGGTCCAGGAAGATCTG[T/C]AGCACAAGTTCATACAAGGTCAGCGTTGTTTGAATTCAGCGAGACAGCATAAAAATCATT
rs1313	5	CAAGTTCGGCCTACATAAAAGAGTGAAGAGCAATCACCGTTATGATTGAGAAAGTGTTTC[T/C]GTGAACATGAAAAACAACAGATCTAAAGGGAAGGCACAGAATACATTCAAATCAGGCTCC
rs1314	5	CCATGAAAAGAATAATAACAATTTAAATACAAGAGGAATGGAGGATTTCAACTACTGGTA[A/C]ATGAAGTTGGGTTATTAGACATTGACATTCCAAATAGAAAGTTCACCTGGTCCAATAAAA
rs1315	5	CGCGAGTGTATTAGCGCTCTTTTGGCGGTGCTGGGTAGTAGAATGTAGAATCGTTTCTTG[T/C]TGATTCCCTGAACTGATCCAGATCAAACATCTTCTAAAGGTTCTGCGATGCAATGCTAGC
rs1316	5	TGAATAAATGCTCTGTTCTGTGAACCTACTTGTTTGCGATCTTTTGTGGAGCAAAACAGG[A/C]ACGGTGCAAACCAGAGCTGAAATCGAAGGAAAATAGACGCGAGTAAATTGTGTTCGTTTT
rs1317	5	CTTCTGACAAAAGACTATGTGTCTAATATTTCTCTATTGGCATGTAGTTTGACTGTTTTG[T/C]ATCAATCTTTAGGTTTGTGATACACCATCCACGAGCTGCAGTAATCAGGCAAACAGTGCT
rs1318	5	GAAGTTCTAAGCTTCGACGGGAGCATCCTCAGGTATGTTCTATACATAAAAAGAACTGCA[T/C]CGCATAGTGTAGCGGTAAAGTGAATTAACCGTCCTTCCTCATCGGTTTAAACTTTTGGGT
rs1319	5	CATCATCAAGCTCCAACCACCTAGGTTGGCACAATGTTTCTTTTGCCTCAGTTTGTTACG[T/C]ACAAAGCCATGAGCTTAATTATGCGCTAACTAGATTCATTAGGAATAATGCCGAAAAATG
rs1320	5	TTAAAAGAGAATGAAGTAGAGCCAATGCTAAAGAAAGTAAGAAACCTTAGAAGAATTTGA[T/C]GATAAACCAAGTGGGGCCAAATACAAGCCAAAGAAGTAAAATTTGGCAAGGCAGACACTG
rs1321	5	TCCCTAACCAGATAAACCTCATTCCTCCTTAGTTCTCTCTTATTCGTTCTCACGCCTCTC[A/G]TGCCAATGAATGCCAATACTCGAGAGCATCATAGTGAGGTCATGAGCAGCGGTGGCCAGC
rs1322	5	CCTCACTTTATAGTTGAGACTGGAGAGACGCAAATGAAACACTACCTGTATTGGAGGGAT[T/G]TAAGGTGGACTTTTCCTACATTTGGGGACAGTAATAATCAGGCCTCTGGAGCAAGCATCG
rs1323	5	TGCAATGATTCCCATGTTATGGAGCCTGAAAAAGTGAAGCTAAGGATTATTACCTGAGAA[A/G]GGGTCTAGCCAAAGATAAACAACAGTACTTAATTTAACAATATCAATTTGGAAGGAAAGT
rs1324	5	TGCACATGAGGCATTGCATATGCATAATTTATTCAGGCAACAATCTGCAATGCAGGCCCT[A/G]GGATGCAGCATGCAAGTTGCTAAAAATACTAGACATAGGAATATATATACTAGGATGAAG
rs1325	5	ATAGCAGAATTGTTATAAACATAGATTGATGATTCTCAAAGTTCACTGCAAAAGTTCGTT[A/G]TCTCCGAATATTAACAAGCTTTTGTGAGGCAACTATAATAGAATGGTGTCATACTGTCTG

表 C.1（续）

序号	染色体	序列
rs1326	5	CGAATCATCTATATTTTAATGAGACGAAGCAAATTAATAATCTCTTATTATGTGGAGATA[A/G]CTTAATTAGTTGTTTCTCTTCTCTCCTGCCCCCTCTTTTGCAGGGGAATTGAACCATCTT
rs1327	5	CACTATAACCCAACAACGATAAAAACTTCCCCCATTTGTTTGGCTGCTAGATAATTCTCA[T/G]TGTTTTAAAAACTGCACGTGCCTTGCCATATTGAACAGAAAATGCAGGTATGCAAGTATA
rs1328	5	TTTAAGAAATTCATGTAGAATCGTTAAAACCAGCTTGGGAAGTGTACTGTTGCATCGATC[T/C]ATAATATTTTTTATGGATAAGAACACACCCTAAGAATAAACATTAACTAGTCAGAATCGC
rs1329	5	GGAATTTTTTAGGAGTTTTTGTATTGATCGGAGCCGTTAGCTTTTGCTGTGCTAGCCTCA[A/G]CTTCGTGTCCTTTGTGAGCCCGCTTGGATTTGTTAATTTTGGTTTTAAAACCTTGAGTGA
rs1330	5	GCACATGATGCTGAGTTAGCCCCGGGGGTTGGGGTGGGGTGTGTTCAATTGAAGTGATTG[A/G]TTGATTGGTGAATTGGAGTCGTGGAACACGGGGTAATCTGAGAATTAAGATTATGTCTGC
rs1331	5	GGGGTAGATTTGATTGATTGCTTAATGTTGAGTGATGATCTAGAGTTTACGCAATAGTGT[T/C]GCCATCGGTGGTTCCGTGACACGTTCTTAGATTTGATCGAAGTAAACCTGTAACCAGCGT
rs1332	5	AACCCGTCATCGTCAGACTATATGCCTAAACTAAACGTGTTGAACATTATGCATTTAACT[A/C]TTTTCTAATTAATTGGCACGTACGCAGTTATACTACGCAACACTACCAAACTACTTTTGG
rs1333	5	TCCAAAAACCCTTCCTTTCAGTGCACCGGCAGGTTGCCCAATAATTTGTGGAGTGTCCTA[T/C]CCATAGGAGAGCGAGAGGACCATCGCTTAGCTGCGCCGATGTTGCAGGTTGGCAAGAAGA
rs1334	5	TAGAAACTGCACGAATCACTCATGCAGTTTTCATATTTAGAGAATTTCTACCGCACATTC[A/G]TTTTCTGAGTATGCAACTTGTGATATAGTAGTTTGTTCATCCGAGATCAGTTTCAGTGCA
rs1335	5	CGGTGCTGGATTCAGCTCAACGCTCGTTGGACACATGCGAAGCACAAGCACAAAAGGTTA[A/G]GGCGATTGTTTACCTTGTGTTAAAAGGTGCTAAGTTGACATCATTAGGGGTAGATATATT
rs1336	5	TCAATCGACCCACGTTGCATTTAGGTCCTATTGTACTGAAGCCTTCCATAAAGCCATACT[T/G]CAGCAGCACTATTGGGCCTGCTTGCTTTTGTCCCTTTTCCAACTATTGGCTTTAACGATT
rs1337	5	ATAATAACTTGGTCCTGACATACAATGGAAATTGAATAATGTTCGAAGGAAATAGGAGCA[A/G]TGACAAAACAAAATGAATGCATGGATTTTAAGTTATTGCACCATAATTACAGACCTGGAA
rs1338	5	TTCAGAATCGTCGAGCTGATCAGTTTACGGTGAGAGATCTTTCCCGTAACACTCAGATCA[A/G]CGAATTTAAACTTCTTTACTAGATTATTTCAACTTTGCAACTTATTATATAGTTATGCTT
rs1339	5	AAAATCCCGGCCTCCACGTGGATGGGCTGAGATTTTTTGAAGCATATATCCAGAGTTCAA[T/G]CACTAACTTCACCTTTAGTTCTTTACAAATACATAAAGCCTAGTATAGGTTTGAATCAAT
rs1340	5	GGAGCTGTTGCTGATGTCTTGGCCTTCCTTTGGCTGCTGGTGTATTGGTTCTTAATCACA[T/C]GCATGAACCCACACGGATTTTTTTTCGCATGAACAGCTGCTTTCAGCATCAATCGATTAC
rs1341	5	CCTGGATTTGCAGGTGCTCACTTTCTGGACTTAATTTGTTTTTGTCATAGATCACGAACA[T/C]ACTGAGAGATATAAATACGAGGGTTCGTATGTAAGTTGTATCTTACCAACTATTTACCAG
rs1342	5	AATTCTTACTAGCTTTAAATGTCATACCCAATTGGTGTCTAGTTATAGCACCAAAGGATC[A/G]GAAAACGAGCATGAAGTTCTCCTAAGTCGAAGTGGCACATATGCTGACTATTGAGTTACT
rs1343	5	GAACGAACCCTCTGCCGAAGCAACGGATCTGAATCTACGTACCGAGCTTGTCAAGCAAGT[A/C]CCCCTTTGGCACGGCCAGGCAAGCAAGCAAACGCCGCGGCTACCAATACCATGTTAGCCC
rs1344	5	TTCCCTAGGATTATCACAGGAATTTGTTCAATTCCAGCAAAATTCATAGAAGTCCTATAC[T/C]CCCCTAGAAGGTCTAAAAGATGACAGCTTTTCACGGTTGCTTGAGTACGTTAAACAGAGT
rs1345	5	AGCTTGAGCGAGTTTCAACAAGTTAGTGTTGGGGGTTGAGATAGGGGTGGAAGGAGGGAG[A/G]GATGGTGGTTCCCTAGCCCTAGGTAGATGGGGGATGCGTGGGTGACAAGGCAATGGTGGC
rs1346	5	GCAACAGAATACAAGAGGATGTACAATGCATTGAGGTTCGTATGTAAAAAGTTCCCTTTG[A/C]CAAAGGGAAAGGCCAGAACAGCAGCTGGGGGTGCACAGGACAGCGAAGCTGTTGGGGGTG
rs1347	5	GGCAGATACATCATAGAACATGCGAATTCTTCAGCGAATCAGCGGGATCAACCGATCAAC[T/C]GGACTGGCACAGGGACCATCTGATGATGGTCAACTGGCCACTGGCACAGTGAAACAAAAC
rs1348	5	GCTTGGAAAAAATCATGCTGTCACCCACATTTCTTTATGGAGAACATATGAAATTTGCAG[T/C]AATTGGATGAGAGGCTGATATCTAATAATCTATGTGCTTCTTCTATAATTGAGCCATGTT
rs1349	5	ATTATGTAAGAATCATATTCCTTTATTCTTTCATATTGGTGAAGCCGTACCGTGTCAGTA[T/C]AGGCTGATTTTTTTACATTAAAGCAAAAAAAAATGTCTATGTTCACAAGGTAGAGGGTGA
rs1350	5	CTGTTATCTCCACCAGCCTGACAGTCGTCGATGTTTGACGCAAGGGAGAGTAGAATGAAG[A/G]ACATCAGAATACATAATGGCAGTGGGCATAAAGTAGGCATAACAATGTAGAATGTACCTG
rs1351	5	AGACCAATATAGAACAAAACTCCCAATGACATTATAAGCAAGACTGGAAAGATTGCATTC[A/G]TGATGTGAATAAAATGGAGGAAGATACCGGATTCCCATGTTGTAAATAGAGGCCCAACAT
rs1352	5	GAACTAATCCGGAACAAGACTTTGCTCGAATAAACCTTTTGTGCCTTTTTAGTAATATGC[T/C]CATGCTGAACGCTACGAAGCAATTGCATTCTCTTTAATAACTTTGAAACTTCCATGTCAG
rs1353	5	ACTGGATTTCTACCATATGAATCAGTCTCCCCATGTGGCTAAGCATCATTCCAGGATAAG[T/C]AAGCGAGTGAGATCCAGACATCCATGGACTGTTGGAGCAAGTTCATCTCTGTGCAGGCCA
rs1354	5	GTCATCCTATTGCTTATTGATGTCTTCCACCAAATGGATCTTTTGGCAAGTCTATCTCCT[T/C]GTGTTGTATCCATCTACTCTGCTCTATCGACAAATATTACTAAGCTTCTACTCGTGTGTC
rs1355	5	ATTAAGAGAACACCTAATGGGCAAGATGTTTTCTCAAGAACTAAATCATCAGCAACCTGG[A/C]AAAGGGGAAATCTTTTTGTTAAAATCACTATGGATATATCATCTAGAATCTAGAATTTCT
rs1356	5	AAACTAGTTGATAGACGACAAGTGACCCACTAGCGAAAACTATTCGCTAGCTGCTTGTTG[A/G]CACGTGGCCCGTCCGCGAATATGTTTATATATTTTCTTTTTTACAAAATTTGAAACAGTA
rs1357	5	TGCTGAAATGAGCGATGAACTGATCGATCATTCTGCTGCCCAATTGTTATTTCTAACCCA[T/C]TATCTAACAAAAAAAATTGTTATTTCTAACACATCAAACAAGAACAGAACTTGCAGAAAA
rs1358	5	ATGGGAGATGTAATATTATGCTTCCTTTTTCCACACGATGACTGAATGAATCACTAAAAT[T/G]TGTGAACTCTACATGTTTCTGGAGATCTTAGGATGATTACGCAATCGCAGGAACTGCAAG
rs1359	5	CAACTTCCAACTTCCGACCTCCTAGTAGTTGAGCACCAACTTTCGTTCGAAGGGTAGCTT[T/C]GTGGCATGCTTCATCCACAACAACCAGAACCTATGGTTTGATTTTGTATACTACTTCCTC
rs1360	5	CCCACACAAATGATTTGTACTCTGTGTTGTCTACAAGCGAAAAAAAAAGAGGAAAAAAAA[A/C]AAACAAACTAGAAACCAAACGCTGATCAATCTACACCCAAAGAGCCAAACACGAGAAGAA
rs1361	5	CAAGAATCGCCTGCTCGGTGTTAACTTGCGCAAACTCACTACGTCAAGACGTCAACAACT[T/C]AGCTCTAACTCTGGAGATGAAGCCTAACCAAACAGTTTTACTTTATTAAAAATGGGAGCA
rs1362	5	GTATTTGCAGTAGTGAAGGGGAGCAAGAGGATATGCATATATATGCGATCAATGATGTGT[A/G]GTATGCGATATACGCTTTCTGATGAGATGATGTGATCGAAAGCGAGCGTGAGCCGACCTG
rs1363	5	GCTGATCTTGGAACACTGTATTGCATGTATGCTCGTTGGTGAGGGTGACCCTGAACTCTG[A/G]GGGATGTTTGTTGTTTTCTTGCTGCACATATTTCTTTGCTTGACACTTTCGCTCATCACT
rs1364	5	CCCGGCGATGGCGGCGAGACTAACCATAGTGAGCGCCATTGTTAATTCTCAGCTGGACAG[T/C]TGGTAGCTTAGCTTCAGTCTTAGCTTGTCACAGTTTTGGATTGGCGACTGCGGTACTTAT
rs1365	5	AAGGACTAGTACTACTTCCTAGTTCTTACGAGGAACGTAAAACACCAATGACATAACCAG[A/G]CTGTTTAATCAGTCAAAATTTTTTGAAAATTTTTAATCAGTCAAAATAGAGTTTCCAAGT
rs1366	5	ACCGTTACCAAGAGTGCCATGTCATCTAAAAAGGTCTATACAAATGAAATAAGATCTCCA[A/G]TGTACAGTTTCATTTTGCGGTTTCACGGGTTTGTCATAGCATTTAATAGTGATACATGTG
rs1367	5	TATGGCTTTTGGAATAAAGACAAACATACATGAAAACCCTGGTCCACACAGCACGACATG[T/C]TGGGGAGGCCAACTTACAATATGCCTTATGCAATTTTAAAATACTACTACCTCTGTTTTA
rs1368	5	TCAGAAATCGTTTTATCGTTGTTGTTGTTATCCTTTTCCTTTTTCTTACATAAAAAGAAT[T/C]GGCATAGGCAATTTGGCTTTACACTTGTGCCTAGCGATCTTGTACTTGTAGGACTATTAT

表 C.1（续）

序号	染色体	序列
rs1369	5	CAAAAAGATCATCTTGAATTAGTCAGGGTATCAGAGAAAGCCAGGTTACGGATGGCTATA[T/C]AGGACAAATTAACACGGCGATAATTACATAGTGCGACGCATGCTTTTGCACATGATTCTC
rs1370	5	TTGCGCAGCACAGAAGCTTTCAGTAGCTTTCACAGAATATATGCTGCCTGAGCGTGCAAA[T/C]AAACTATCGTAGCGACGACTATCTTGCGCTTAGTGATAGTTACTGTTCAGGGATGCTTTC
rs1371	5	AACCCCCATTTCAATATATTTTTCTGTGTTGTAGGCTGAAAAGGAGGCCTTCGAGGAGGC[T/G]GAAAAGCGGAGGAAGGCTAGAGAAGACGAGGTTTGTGATTGCTTTTAGTTCACTGGTTAC
rs1372	5	TATATGAAGTCCACGTGATCCAATTTTCAAGCAAATCGATGATAATAAGCTGTTGGTAAA[T/C]AAATGAAGCAATAATATAGGTAAAAGTATATCTCTGTGCTTAACAATTGAAAAGATAATG
rs1373	5	ACCAAAATGTCAACTCCGCATATCCAATAGCCACATGCTGTCAATTTTTAAATCTCACAT[T/C]GATGTTTGTTAAGAGGTGGTGAGGCTAGCCGGTAAGACCCTAGGTCTTTCTCCGTGCTGT
rs1374	5	ATGTTTTTCATGGCAGGTGTTTGATTTGTTTGATCTGAAGAGAAATGGGGTAATCGAATT[T/C]GGGGAGTTTGTACGGTCGCTCAGTGTGTTCCACCCAAAAGCGCCTAAATCAGAGAAGACT
rs1375	5	GTTAATGATCCAGTCATTAACCTTGAATCATCTTGGAGTTCGTTGGATGATACCTCACAT[T/C]CGGCATTGATTGAAGGCATTGAACAAGACACGGGGGATTCTAAATCTTCAAGAAATAGCA
rs1376	5	ACAGCAGAAGCCGAAGCACTAGGTTCACTGCCAGCCCTCCCTCTGCATCTGGATGATTGT[A/G]TTTTGTGAAGCAACAGCAGCTGTGGGATTGACCATCATGTTTTGTGACCTGAATACATGT
rs1377	5	ATTATTGCAGTCCTGAAGGACGGTGCAATTGTTGAGAAGGGGAGGCACGAGGCACTCATG[A/G]GGATTGCCAGTGGAGCTTATGCTTCACTTGTGGAACTTCGCCATAATGTGACATAATACA
rs1378	5	TATGGATGCTCACATGAGCACTTTAAAACTGGAAAGAGAAAGCGTGCAGAATCTAGTTAT[A/G]GTCAGCTTGTTATGCATCCAATAGATGAGATTTTGTGTTGGCACAATGCTATCCGAAAAG
rs1379	5	TATTAGCCCTTTCATTTATTTATCCTAGTACTATTTGTTTTAGGATAGCAGCAATTTTGC[A/C]TTTGACCAGACGAGTTAGCCATGCTTTCACACACGAAGAAGCCTCAACGTGTATTGATGA
rs1380	5	ATGAGTTGTCAAGGCTCAACAATAGGCTGACATGGAAAGGGATCATCTAACTTAATTATT[A/G]TGCTGTTAAGTCACTGCCATGTGAGCCGTAAAAAAGTGAAACCCACATGTTAATTATTGG
rs1381	5	AATAATTGATCCTATACAGGAAATCGTGGTGGCTGAAAAAGCCAGAAACGTCACGGCAAT[A/G]CTGAGTTCATAGAATAAAAACTGACATGGTTACTACTAATTATTCATCTTTATATTTGGC
rs1382	5	GCTCCTGCCACTTGTGTGAAGTGAAACGATGTGTGCCTAACTGCAGCAGTAATTTAAGAC[A/C]GTGAATTAGTGGTCAAGTTAATGGAACTAAAGATGCTGCACCATTGTGGCGTTATTTTCC
rs1383	5	AGCGGAGATACTTCAGGTAAAACACTGCACCCCTCAGCGGAAACTTGCTACAGCAAACTT[A/G]GTCCACACATTTGCTGTCCAGATGATGAAAGCTCGGGCAACTATTTGTTCTGACCTGTCT
rs1384	5	TAAAGAAACAAAAGACTATACTAAAAGCAGCTAAACTTGAAGATGAACAGAACAGGAGAC[A/G]TAATCAAATATAAGGACGGTGAAGTATTTAAAAGTGGATGTGAATGGTCATGGGTTTAGG
rs1385	5	GACTGCGGTGGCGTCACTGAGCTAGGCGCCACTGCTTCATTGATAAGTCCCCTACCACAG[A/C]GCTAGGTCCATTGACGTTGAGGTTGGGAGTTTAGTGTCAGATATTTTGGTACTAATCTCT
rs1386	5	TAAGAAGCAGCCGAAGAGAATTCAGCTTGTGAGAATGGAGAAAACGAAAACCATCTTATG[A/G]CTTCTCATGTATTTTTTGAGTTCTACAACTACAATTTCTCATAATCTCGACGAAAAGCTG
rs1387	5	CCCATGTTGATAGTGATTCCACTGTGTGCCCTCATCCCAACTCTTTTCCGCATTGTCTTT[T/C]GCAGGGTGTATGTAGCATGTGCCAAGTCAATACATCATGCATTTCTGAAAAATCAGTTGT
rs1388	5	CACCTCAGCGACCATTGCGACGATGTCGTTAAGTTTGTTGACAGCAGAACCAACTCCCTG[A/C]AATCACAAGAAAAGCCAACTATAATCAAATGTTTGAAACATGAAATAACACATGAACTAG
rs1389	5	ATATGGCCATTTCCAGCGGTTTCTTTCTGTATCGGTGCTTAGTGCGATAGCACGCTATTT[T/G]TTGGTACTTTCCCTTGTACCATCATGCCTGGTCTGAGTTGAGTGGACCAGCCATGGTTGC
rs1390	5	ATTAATTATGTTCTAGTAATGAGCAATCTCGTTTTTGTGTGAAAAACTTCCCAACCACCC[A/G]CAGCGTGAGTGAATCAGTGAATCCTGCGGCTGCGATGCGTCGAGGCGTGTGGGGCCACAG
rs1391	5	AGAACAAACACCACACAGGGATTAGTCTCTGCGTATAGTAAACAAAGTTAAACAGGATAA[T/C]ATATGTACTGCAACTCTGCTAGTTCTAGAACAACAAAATGATTCAGATTTCTTTCAGCTT
rs1392	5	GCAAGATGGTTGGGGAAGCAAGGTGTTTGTTTGACCTGACGATGAAGTACAAGTATAGCC[A/G]AACAAAGTTCACATACAGCACGCCACGGTAATGAACTCTTCCCGAAGTACAAAACGCAGC
rs1393	5	GGCTCTGCAATCTGTGCCATCGGTTGCCTCGGGATGACAAATAAAATGCGACTAGCCATT[A/G]CGTGCCTAGCCTACCTCCTCCCCTCTCGTCTTCCCCACAAGCCCACAAGAGAGGGACCGC
rs1394	5	AGACTATCAGTCATGTTTGTGATTATTATCATGTGAAACAACGGAAGTATATGCACGATG[T/C]GTTTATACGTGCAAAACGACCATAGTTGACCTACGGACGCATATCCTAGCAGCGTTTGCG
rs1395	5	CAGTCGAAGTGTCATATAAGAATGGAAGTAGAAATGGCAACCACGGCGACTTACAGATCA[T/C]TCATACAGACACAAGAATTCTATTCCCCTTCACAACATTCACTAAGTCATAACTTTTTTA
rs1396	5	GTCACTAATTCTATGTAATTATACATGTTAGTCAGGACAGGACTGCAGCAAACTCACTTG[A/G]TTCTTTGCCTGCCTCAAGTCTTCCATCGTCAGTGGCCTGAGGTCAATTGTCCCTTCAGTT
rs1397	5	TTATATGTTTCGCCTGTGGATTACCATTGATCAGTTTACTCCATCACAAGAAATATCAAC[A/G]GGATCTTGAAGAAGCTAGTGGTACAGCTAGGAACAATATCATACTTATTGCTAATTTTGT
rs1398	5	ACAAGCATGCATGTCCAAGTAGTAGTAGTATTAGTTTGAACTAGAGAAAGAGCAAGCAAA[T/G]CGCCGTCGGGGCGGGGCATCGTGTTCGCAGTTGCAAATGTTCAGTGAGATGGGGAGGTAT
rs1399	5	TAGGTCGTTCTTTTTTGTTTGTTAGACTACTTCAGTAATTATTATTTTTGACTCAGCCTT[T/G]CACTTTTGAACATTTCTTGCATGTGCACTTGTCTATATGCAAATACCTGTGATTCTTAAC
rs1400	5	CCAGGTGTTGTCGTTAAGCTCTGTTTTGACTCTTCTATTTTTCCTGATTGCCATGTTGAA[T/G]AGGTTGGGTGAAATATCTTGGAGCATAGACCATGGAGCCAGTTATCTTTCCAAAACATAG
rs1401	5	TTACTAGCTAGTACTTACCTGGAGGGTGAAGGCTGTCACTAATATTGCTAGAAACAGAGA[A/G]CCAGTCTCCAGCAGGTTGAAATCAAGATCCATTGGGATTCCCATAGTCCAGGCTACAATC
rs1402	6	GAAGAGGTTTTGATCCTGCAAAAATAAATAAGGTATACCTCTGAGAACAGTTATCCACAT[T/C]AACTGATTCACCATTGCTTAATTGGATAAGGATCACACATATCACCTGTACATGCTGATC
rs1403	6	CAAAACACTCATTAAGGGAGAACCCTTTCTGAAAAAGCTGATCATATGCACAAAAAAAAA[A/C]CCCATGTTTTTCTCTGTTAACTGAATCTCACCTGTTGTTGCTCAGAAGCGTCAAGGAGAA
rs1404	6	AGAATTGACACTGTGCCACATGGATTTCCCTTAAATTGCAGCAATAAAGTTTTTCAGTCA[T/C]GATGACATTGCAAAGAAGAGAAGTACAAATAAAAATTCTAATCGTACCTGATTCCCACTA
rs1405	6	TCTCTTGGAGACGGTTTGCGATGCGAGTATAATTATGCAGAAAGGACCCTGGGGCTAGGA[A/G]GCAGGGAGTGGAAGGGGCAGGAGAACGGGCGGCGCCGACGAGGGCAGCAGCGGCGAGCGG
rs1406	6	GTTATGCCATGACTAGTTATTAGTTCTGTTGGATTTTGTTCCAACAAGTTCAGTATGGCT[T/C]TGATGCTGAACTTTCGAAAAACAATATGCTATTATTCTCCTGGTCACTATCACCTCACAG
rs1407	6	TACTGGAAATTAATCATTGTGAAGATAGTACACTTTAAATTAGATAAGTTTTTATATGAC[T/C]GTTTGGCTTTGGCATATAATCTACTACCGGCCAGCTCGTGATTAATGGTCGTTTGCCTAT
rs1408	6	GCTAAGCATATATATGCATGTTCCACAAAGTTCAGAGAGTTTGCACGCGTCATGGGTGCA[A/G]ATATTGCCTATTGGCCATAAAGGATGCATGGAATCAAGGGATATCCCAACATATAGTGCA
rs1409	6	ACACTAAGCCTTGGATCTAGAACCTTCATTAGAAACTACTAACATCAACACAAAACAATG[T/G]CTGTATGTGTAAGAACTGAAGGGTGAACACAAAAGTAACTGCACAGTCCACACTGCTATA
rs1410	6	AGCAGCTGGCTTTCCTAATCAGCAACATGAAATTGCTCAAGAACATTTTCCTACTGACAA[T/C]CTGATTCCGCAGAATTTGGCAGTTCATTCAGAGTTTACAATGAACCATAACCAGCAACAA
rs1411	6	TGAGACGGCAAAAGTGTCATTTCAGGACTGGAAGCGCGACCATATCCTCCAATCTGTCTT[T/G]ACAGTTTTCAGATTTTTCTGACACCATGCTAGTAGGTATAGATAACATATAGTATGTGAT

表 C.1（续）

序号	染色体	序列
rs1412	6	CGCTGTTATCACTGTATTATCTAAATTGGTATGCTGTTATAATCTAGTATCCAGCAACAA[T/C]AATAATAATTTACCAGGTAATCCTTCCATACGGCAACCACACACCACCATAGCTAGTTCA
rs1413	6	ACTAAAACTTACTCGTGTGGAGACTATGGTTATACGATATTCTGCATCAGCAATTGCAAA[T/C]CATGGTGGCAAAAAACATATTTCAGATGAAGAACATCTATTTGTAACAAGCAAAACTTGA
rs1414	6	CCACTTCACTTCATTGTCACGAGCGTTGTGGCTCTATCTGATTGGGATGCAGAAACGAAA[A/G]AAGTCTGTTGATTGGAACTGGCAAATCTGACAAACTGCATCTGCGTGACGTCGCAGCTGT
rs1415	6	GTTCCTGATATACACTGTCGTCCTGACTTTCTGTTTAGAAGATGTCTTCGTCAGAGTTCC[T/C]GAGTTCTGATAAACCAACCAATCGTCAGAATCAAATTAATGGAGATGTAAACAGAAGTTA
rs1416	6	CGTTTTGAGAATGGTTTTCGCTGGCATGTCACGTTGACGTTGTCCACCATGCTAATGTGG[A/C]AATTACGTGGCATTCTATTAAGAAAATTTTAGAAAGCGTTGGGGCCCCCATCTATTTTGC
rs1417	6	AGTTCAAGTACGCATGATGCAACCCTTCTGTTTGGCTAAAAAGCTTGGTCAGTTAGGTGA[A/G]CCTGTCTGAACCCTGAATTTTCTGATTGCTTGTTTGGTATCTGCATTGACTGCACCTGCT
rs1418	6	CAGCTACTAACTCTTTGTTCTCCAGTCGATGATTGCAGAACGAAGCGAGTGATTTGGTAT[A/C]AGGCTCTTGTGAGGCAATCTCAGATTTGTCATAGGGGACTTGTCATTCATACTTAGCCAC
rs1419	6	ATTATGCATCCCTGCACTCGTTTTTGTAACAATTATGCACACACATTTGTTGTGTTTGTC[A/G]ATATATATCTTTCAGTAGAAAGCGTGCATTCTTTCAAGAAATAAATAAAATTTAATTTTG
rs1420	6	GTCAGAGCAAATAAGTGAAGAACATGGACTAGATAGGGACTTGTACTGCACAAGATTAGT[A/G]CTAGTGTTTCGGGTGGCTATAGAAGCTCAAGATAACCACAGAAATTTCACTATACCCAGC
rs1421	6	TTGAAAGCCAGAAACCCCCAACAATGAAGTATTTGGGATAAGCACGTGGTTGCAGTTCAT[A/C]AAGACATTTGCTGCCTACAAGTTAGATCCTACTGACTTAATAAATGGTGATCCTTTTGTC
rs1422	6	TGAGCTTCCTCACAACACTGAGACCATTGATATCATCATTATGATGACTGGTACTACAGG[T/C]GAGGAGTTTCCCTTTTTTATTTTCATGTTCTCCTCGTATTTTTGGTGAAAGAGGCTCGCT
rs1423	6	CAGTGGCTGCTTATTCCACCCAGTAACTGAAGATTGCACCTGAAGGATGGTACATTTTGA[T/G]GTAACCTATCCCTTCTTATATTGCACAAAATATTGACTTAAGAAAAACAAACGCAGAGAT
rs1424	6	AGCACCTGGTCTGGACTCACAATTTGATGCGCCCTTTTCACTCCCTGTAATTGCACCACG[A/G]CCACTTCTCCTCCTGAATGGTAAGCCAATCACTTCTGACTGAATGCAAAATCAGTATGAC
rs1425	6	AAATGTAGATTGCCTAGTCTCATAGCAGAAAATCAAAAAATTTCAAGGCAACATTTCACA[T/G]ATTATAATAGTTACTTCGTTCAATCATTAATTATTTGATGTTTATAACAATATTTGGTTA
rs1426	6	TGCCTGTCTACTCGTCTGGCTTGGAATATCTACTTCAATATCTGATTTATCATCACTAAC[T/C]ATGTAATTTTAATGTCCAAACAATAGTAAGAGGCCTTCAGGGGCACGAGAAGATGACAAT
rs1427	6	TTCAAAGGAAGGAGGAGGGATTTGGCGGTCGTGTAGGAAGACTTGCCATCCGATGTGTCC[A/G]CACACAACACCAAACACCGTTTGCTTCGGCCAATGGATGGTGTTCTTGTTTGTTTTGTCA
rs1428	6	CGCAGCCGTTGTCTTCAAAGTTGACGACACCATCAACCATCTATGTCACCGACGACCACC[A/G]TTCTACTATCTGGCTTGGCTACAGTCAGATCTGGTGCTGGAGCTCGCCTAGTTGCCGCCA
rs1429	6	GGGAACTTAAGAACACAGCTGAAAAAAAAACCCACCTTACTCTATTTCTATCTGTTCGTT[A/G]TTAACCTCTAAAAATAGGGTAGGATTGCCCTCTTGTGGTCCACCTGATTCTATTTCAACA
rs1430	6	TGTGCGTGTTCAGGGAATGTATCTGCCTGTTCAAGTGCATGTTTAGTCAAAGGCTCAAGC[A/G]TGCAGCGTGATCCTTGCCTTGTGAATAGTTAGCTAGTAAATCATAGACTGTATGGACCAA
rs1431	6	TCGAAGGTAATTGAAATATTGCTCCTATTCTGAATGTCTAAGAGTTGCCTCTAATTGGTA[A/G]CATAATACTTTCATTGTTAAAGCCACATATTATTTTTTAATGAAAAAACACTTAATAAA
rs1432	6	AACATGGAAGAAGAGGCGGCTAGCAGATGCATCCTTCTCCCAAGAGGAGTATCTGAGTGG[T/C]GGTGTGTTGGTTCCTAAAGGCACCGAAGATATGGATATGCTAGCGATATCTGATGGAAAC
rs1433	6	ATGTTTAGGCAATGGTCGTTATTTCTAAGCAATAAAGCAATTGGCAATCAAGTGTACAGC[A/C]CTGAAACGAAACACTGTCTGCGAGCTGTCCTGCACATTCTTCAGTTCTGAACTTTCCTTC
rs1434	6	AGCCATCCATCTTACTACTAGTACTACTACTATATCCTTGCTCCTACTATGGTGGATCTA[A/G]CTGTAGTGCAGGAGAGAGATCTGAATTCTGATGGAGCAGAGAGTGATTACATACTGATTT
rs1435	6	GGCCACCAAACTTCGCAGCTAACAAATGCAGAAAACTTAACTCCTCCACACACACGATCA[A/G]TCTAGGCACAATCAGTACTAGCTAGCAGTAATAATTAAACAAGAAAAAAGAATCACAATC
rs1436	6	CAAAGCTTCATCCACCATTTGATTTCATCAATGAAATGGAGGAGTCTGCACCTGAGCACA[A/C]ACGGCCACACAGCATATGTAGCTGGGTAGACCTTCACTCTACCAGAGTAAGCGATCCAGG
rs1437	6	AAAACCTTGGCACTTCGATTCAACTGGGTCCTCAAATATAGAGCATCTGGGTTCAAAAAC[A/G]GGAGAGTCCAATATGATGTCTGGTTGCTGACTCAATTGGTTTAGCCGCTGATCACACTGG
rs1438	6	GTAACCACGTTAATTTTCTTTTCTTCTTGGTGATTGTGTTGCTGTAGGCTTAGCTTAGTG[A/G]TTATTGTTTACCCTTTGGTCATGCTGTTAATCCAGTTGTAAACTTGTAATTGTGTTGGAT
rs1439	6	AACCCCCGACAAACATGTTGCCTTGTGCTTACCGGCCCTCAGTAACAGCAGCAACGTAGC[A/G]TCCACCACATCTCCAGGAACATCCAAACAATACCAAAACAAACAAATATATTGAATATAT
rs1440	6	GCACGATTAGGATGTCAGTACAGGAGAAAATGGGGAAGTTTCTTGGATGCAAGTAAAGT[A/C]CTCGGCTGGAGTCAGAGACGGTTGAATGCGAGAAGAAACAGGGGAAGGAGGAATTTCTGA
rs1441	6	CCATACGCTGTTCGAGCTGCGGCGAGAGCCATGAATAATTCAGGGATTCCGACAAAGGAT[T/C]TCGCATTCCAAAGACACAACATTTGGACCAACCAAAATATATTATTACTCCCTCCTTGGG
rs1442	6	AGAGTTCTCTGTCATGACTCATAATTATGTTAGCATGTGTTTGACTTCTTGGTGTTTTTG[T/C]CCATCTTAGTTACAACTTGCACTTGCTTACCTTCGGACATGCCTAGACCCCAGCCTAAAA
rs1443	6	TGATGGCGTGCTGCGAAGGCCTCAAACTTGCTTGTGCTCTAGTGGCAAATAGGCTAGCAA[T/G]CAATACTCAGGAAAGCTCTCTTTCCCTTGGAAAAAAAAAAGAAAGAAGACCGACACATTT
rs1444	6	GGATTCATCAGCAGGGCCCTGATCGAATTTGTTGTAGAGCCGACTATTTTCCACGCAGAG[T/G]GCAAGAGTCCCACAAAACTAATGTATCGATACATCATAGCTAATCTGGTCATGCGTCCAA
rs1445	6	ATGGGTAGTATGGCAGATTTTGCCACAAATTTTGAGTTAGTTGATAAGTCCTTGCCGTTG[T/C]GCAGTTAGCTTTCCAGCCAGCAATCGAGGATGTCGTCGGTGCAGCTCTCCGGTGCCGGAG
rs1446	6	GGATTGGCGTCGCTGCCCAATCCTGCCGAAACCGCATGCCACCACCTGGCAAAAAGGATG[T/G]CGCTGCCACCACCCCACCTCTAAATTTTTACATGCATATGGACTTTTACTCCTACGCGAG
rs1447	6	GCTTATAAATTTGAGGAGGACTATAGACTAGTATACCGTTGCAACGCAATAGTTAATGTG[T/C]TGACACCATCACAATATCGTAGGGTACAAATCTGGTACCATTGGATACCATGTTGATGGT
rs1448	6	TGTGGGTCCCTCAAATATAGCTCTAATCTAATAGGGAATAGTATTGAATCATTGATGGCT[A/G]TTTTTACTGGCATAGCGTCTATTTGTCCTACATAACAGTTACATCTACATGGCATTTACG
rs1449	6	CAGATACCCTCTATATCCAAACAGACCCAAATTGGGGCAAAACAACAAGCTAACTCTATC[A/G]AACCAATTCGTTTTTCTTGCTGTGAGCCTTTCCTAAAACTGGCAGACGCCTTAGAATCTC
rs1450	6	ATAAGACGTCCTATAATTCTGAGATGCCTGTTTTTCTTGCGATTTTGGATCCGAGTGCTC[A/G]TAGCCTGATCACTTATCAGAGTGCTTTGCTGTTTTGATTTCTGAAGTGCACTGATGCTAC
rs1451	6	ATATATTATAAATATAAGCATCTATGATAAGTCTAGAGCTTAATCCGAATAGATAGGTTG[T/C]ACCATAAAAAACTACCAGCTACGCTCACTTCGCAATGTTACTCAACCATTACTCTGTTTC
rs1452	6	CTCTTGCAATTATAATATACGATGAACCTCTTAGGAAGAATGATAATAATTTTGCAAAAT[A/G]CTGATGATAACTGGTTAGGGCTAAATAGCTGGCTCCTAGGAGCCAGTGGGGTAGGGAGCC
rs1453	6	ACCCTACTTGGCGTGCCTTGCAACCAAAAGGAAATGTCAAGAGTGAGTGACAATGAAAAG[T/C]CTATAATATAATTTGCCATAATATAAAGTAGAGAACCTTTTTACTCCCTCCGTCTCATAA
rs1454	6	ATAAAAATTCTCAGTGCTATCCAGCCAACTACAATTGGAACTTTTAGCTACTTATTATTA[T/G]GTTATGGTCTGCGGAAGTAACATTTGCTGAAGCCAACAAAACAATTTCTAAGTGTTGAAC

表 C.1（续）

序号	染色体	序列
rs1455	6	ACTACTACTACTCAACTTTGCTGTAGGATGCTGGACCAGCCAGATCAATCAACGACTCTC[T/C]TTTACCGTTAACAAAGAACACACCCAAGGGGACCAATTGAAAAGAACTTCCTACAAACAA
rs1456	6	ATGCAATGCAACGACAAATAAATAAGGATTCCACACTGGATAATGATATACACTGAGCAC[A/C]TTACTGATGCTATATATCTATTGTATATCATATATATTTGAGCGGATGGTGAAATTATAA
rs1457	6	CCATACTGACCCAGCAAGTTTGACCACGGTTCACTTATCACGTCATCTGAAACCAATTTC[T/C]AAGCCACGTAAGAAGTTGATTTACACCCGTATTTAAAGTTGATAAGAAGGCGTTATACCC
rs1458	6	ACCAACAAGCAAGCGTTTTGCATCAGAATCTGCAAGTGTCCTGCAGAGAACTGGATTACT[A/G]TACAAGCTGGCCAAAGCTTCAATCACACGTTCCTGTACAAGGAATGGTGCCTTAGGCTTA
rs1459	6	TACCATCGCAAAATCTTGCTTACAGATGCAACCTTGGCTTCAGGATCAACAACAATTCCT[A/C]CATTTCTTAGGAAATCACGTGCAGCTTCCACCAGTTCTTTATCGATGTTTCCTGGCGAGT
rs1460	6	GTACAGTACTAGCTACAGTACCAGCTTTGCATGTTCATTGGAGGAGAAATTGAGGCGATG[T/C]CAGATATAGCTAAGTCCGGAAGTGACTGTTATTTGGACATGTCAACAAGCAAGGAAGTGG
rs1461	6	CTTGTAGTAGAGTGTACCATGTGCACCATTAATGCAATCAACATCAAACATTTCATTCGC[T/C]AATTACCATTAATGGGCATGCTTCTTCTTGTTTGACAGGACGTAAAGCACATTCCTATTT
rs1462	6	CTTTGTATATACATACTGGGCCACTAGTCACTAAAGAGAATGTTTTTCTAATTTCGTGCC[A/G]GTTTTGTCCAAGTGGCATAACACAGTAGCATGCGAATGTGGATGAAGGATGCTTAAAAGT
rs1463	6	TTATTTACCGTCGTAGTAGCGCATCTGGTTGCAAAGAGATGGCTGTAGTCCGATTGATAA[T/C]GTGAACATTGCAGCGACATCACAGTGCACACCCATTTTTCCAGATATAACATAACAGAAA
rs1464	6	ATTGAACAAACGGCATGTGAATTTCATTTTCTTCATAAATTATGCCCACAGCTTTGCTCT[T/C]AGTGGTTTTGATCATTGAACACATATATAATACTAGCTTTGTTTGATAGAAGAACAATTC
rs1465	6	TTGTGCCAAACAAAACTTAATTCATGGAGAAAAAAAATTCACGCTGACCATTGATCAATC[A/C]TTGTGGTACCAAATTATAATGGCATAGATTGCTCGGATTAATAGATGTAGCCATGTAGGT
rs1466	6	TTGTATGGTTATCGCGCGGTTACTATTACTGTACTCCAACGGTAAATCTAGTTGCATTAT[T/C]AGTTTCAATTGCGCCTATTAAGGGCGACAGAAACACATTAAGGTTGATGGCAGCTCATCA
rs1467	6	GGATCACACCATAGTTGTAACCAAGTTCTGCACGCTTGCAGACAATGTCGGTAATGTAGT[T/C]GGTGACACTTTTAAGAGTTTCCTTCTTTGCAGCAACCTACAGTACAAAAAAGAAGTGTTC
rs1468	6	AATGCCTGAGAAGTAATAGCAAATACAATTGTATGGTATTTTACATCTCCTTTGTAACTA[A/G]TTGTTAATGTTGTTCATTACCTGTCATTGATATAGTTACCCAGCTGACCATTCACCCCTT
rs1469	6	TTTGTCGGGGTCTCCATGGTGATTGGTCAATAGCCACTGGAGAGTGGAGACTATTTGACT[A/G]TTTGTGCGAAGAGTTACAATTTACAAAATGAACTAGGAAGTTGTCTTGCACTAATAACCT
rs1470	6	TAGGAGTATCATGTTTCCTGTAGCTTCCCTGTCCAATGGTTTAGTATTGACTTTGCATGG[A/C]TCGACTGATTAGCAACACACATTACCATCATGCTAATCACACACGGTACAACGGCATAGT
rs1471	6	TGCAATGTGAAGGTACTACTGTTGATGTGTCTGGTTCTAAGGAAGATATTATGGAAGTTG[A/C]GGAGAAGCTGATTGATGATATTTCCGGAAGCCCTTCTAGTCATTTGCCTGTTGCTTTAAA
rs1472	6	AACCGTGCAGCAACTACAGTTCCTTCAATTCCGTGGCACTGCCGTATACAAGGTAAAATA[A/G]CTAAATAAGGTGACTAGTACGTTGCTACCGAAGTGAAGTTGTGTTTAGCTATGCTTGCAG
rs1473	6	AGAAGCTTTATGTCATCAAAGGAGGATGTGGAGCTGCAAGGTGATACACACATTTTATGG[T/C]TATGTGCTTTGCTTATTGCAAATCTTTGCCTTTCACTATTTCTCCATCGCGACTATTTTT
rs1474	6	GTCGTACACGCACGCCCCGCCGGTGTCGCGCGTGGGTGCGTGCCAATTAAGTTGCCAACT[T/G]CCAAACTTCCTCTTCTCCAAGTTTCCACGATTTCGGAATCATCAACAGTAAAACTTCAAC
rs1475	6	CAGGGCTCAGGACAATATTAAATAGGAAAGCACCATTTCTGGAACACATGCAGTGATTAT[A/C]CACTAGGTGCTGCCAGGATGTAAGTGATATACTCTCCTTATTTTATCCTTTGAACAAACT
rs1476	6	AATGGGCCAATTGGAGCCAAGAACGCAAGATCTCAACTGGTCTTCCATGAGGACCGCCCT[T/G]ATAGAAATGTCTAGTTTTAATGACCCCATTCACATAATCAGGGATTCGCAAGGCGATAAA
rs1477	6	TTTCTGGCTAAATTATCAGAACATTTATATATTGCATCACTTTGTTACTTATTTTTCCTT[T/C]TCATTTCCTAACAGAACCGCCGATAGAGAAAACCTTGCGGGCTTCCATTGCTGAGATATC
rs1478	6	GTGTCCATATACCTTTCCTATGGAGTATGGAGTGAGCTTAGCAAACTATTAGTGAAATGA[T/C]TGGTTGGGGATGCTAGAAGAAAAAATAACTATAACCGATTTTATCTGGTTTCTTTGAAAC
rs1479	6	CCAGCCCGGAAACCGCTGAGAACACTGCAAAAGAGAGTAACATAGAACATCAGATTATAC[T/C]AAAATCAACGCAATTTGCCATTTGCATAGCCAAAATTCACTCAAATTGAAAAAATTGAAA
rs1480	6	GATCATGCTGATGATGCTAGTTCTTGTTTAAGAGTAGAACTAGAAGATCGTCGTACCTCC[T/C]GATTAATTAATCTTCAGAAATTCAGCGTATTATCATATCTCTGTACTAGCTTGTCTGTCG
rs1481	6	CTCAACCCAAAGCACCATCTAAACTATTACCATTTCCAACAAGTCAAGTTATTTAATACT[A/G]ATATCAATCGTGGTGAAATTCGATCAGCCATCCATAACCGTAGATATGGTTGTTTGAATA
rs1482	6	TACCATCTGCTCAAGTAAATCTCGCACGTTGTAACCAGAATCCTAAACAATCAGAATTCA[A/C]ATGGTGAATAATAAAATGCCATAAATCCTATCAATGTGTTTTCTCAATATGTAAGTATGT
rs1483	6	CTCAACTGTCTATATCACAACAAGTTTCTTTGGATATCTCCTCTTTGGTGAATCTACGCT[A/G]TCTGATGTGCTCGCCAACTTCGACTCCAATCTTGGTATTCCATACAGTCAGATGCTAAAT
rs1484	6	ACAATCGGAGCAGCAAACTAACACTTCAGTGGATGCCTACATATATCATGTTCCACTCTG[A/G]AGTTGCTCTCGGACTCCACCTGTCACTTTTATCAACACTACACCAGGGATTTCATCGACT
rs1485	6	CTCGTAGCAAATTTTGCCTTAAAAAAATAGGCAGCCGATTTTAGTGTGCGAAAGCACTTC[A/G]CAAAACACTGGAACGGATTACAAGAAAAGACAAACCAAGTAAAATAATAAAAAATTCAGA
rs1486	6	TTAAGCAAGCTAAACTGAACACTAGGCACAGAGTTCTTAATAGAAACGTAAGTACTGATC[A/G]TTAGATCTCCAAAGGTAACATATTTTCTTAATAGAATATTAAACATAATGATAATCAGGA
rs1487	6	TAGTGCCTCAGCCACAAATGCCGCCAGATCATAATAAAGCAGGGCCATCAAGGTGGTGAC[A/G]AGCTTCGCCGCCAGGTCAGAATGAAGCAAGGAGCAGTCCATTGGATTCAGATGAAGGTGG
rs1488	6	CAAGTTCACAAAGAAGAGCGATGTTTATAGTTTCGGCATAATACTTTTCGAACTCATTAC[T/C]GCCATAAATCCACAACAAGGTCTCATGGAGTACATTGATCTAGTAAGTGAATTTTAACAT
rs1489	6	AAATGATGTCTTATCCAACTCTGGCACAACCAAAGTGACATTCAAATATCTCGCAATTAC[A/C]ACCATGTCGCATATCTGATGAAAGAGAATGAGCAGAAGACCATGTTAAGAGTCAGAACTT
rs1490	6	TGTGTGCAATCCGCTAGAGAAGTTAACAGATAGGAAGTTGGAAACACCTTGCCACAACTC[A/G]TCAAAGAGAGGATGTGTGTGTTGGGGAGAGATGGAGGAAGGGAGAGTATGGTTAATCTAG
rs1491	6	GGGGGGAACAGTGGGGAAGGGCAGTGGATTGCATCACGGTGAGCAGAAGCGGTGGCGGTG[A/C]TCTTGGATTCTCTATCCGTGTTCTTCTTTTTTCTGAGTTCTGATATCCTCTATGTGTTAC
rs1492	6	GATAAAAGCAAAAACTACAAGTTTGTAGCACAGCCAATCCACTAAGGCATATAATGCCAT[T/C]TCTAATGTTTTAAGTGTTAGAATTAACTAGAAAGATACCTGCGCATTCTTGTGGGTATGT
rs1493	6	TACCACCCATGTTGATTTCTCTTAAATTGGATTGTTCAATAATTGCATTAAAAATGAAGC[T/C]CCACTTGTTTGTCCCTCCTCTTTTGTTTTTCCATCCTCTTAGCTAGTAATGTTGAAGTC
rs1494	6	CCTGGTGACGCTGATTGATTTCAGTGCGCTTTAATTTGCATGTTTCAATTGTTGGTTTAA[A/C]TACTCGCGTGGATTGTGAGTTGTGATTACGCTTTTCCGAATGACGTCCATATTACATGTG
rs1495	6	ATTGGATTCATGATATTGCTTTTCCGAAGATTAACAACAGAGGTAGTCGCATAATAATAA[A/C]AACGCGAGATGCTGGCTTAGCTGGAAGGTGTACCTCTGAATCACTTATTTACCACCTTGA
rs1496	6	TACACCACACCATAAATAGAGCACGGTACCAAGCTAATGAGTACTGAGCAGTCGAGCTAG[T/C]GCCCAGCCTTGCGTTGAACATCACATTACGTACGTTTCAGCAAGCAGGTGCTCGATCGAT
rs1497	6	TCCGTCCAAAATCCCCCTGGTGGACTCAGTCCAGCATTGTATGTGACACTAACAGCTAGC[A/G]CAGCAAGAAGTAGCAAATACTTTCGCAACCTCCACAAGAACACAAAATCAGTCTTGATCC

表 C.1（续）

序号	染色体	序列
rs1498	6	AACGTATTATCAACCTATCCCAGCACTGAAGTTTGAGACTATGAGAGGCGTGCAGTGGAA[T/C]AATATACCTTCACACGAGAAACATCAGACATCGCCGTGCTCAAGTACAGTTCAGTCTGTA
rs1499	6	TCAGCCTACATGCATATAGGACATGAAATGCTTCATGCCCAAAAGAATTGAGAGACATAC[A/G]TAGTGTTGAGTAATTAATCAATCGATCAACAAGAACAGCATACATCACACTCGTAAAATG
rs1500	6	GTGACATTCGTGGGGTAGTAACAATCACGTAATCGGCTTAATTACCGTGAGCAGTTGTTG[A/G]GATATTTCGGCACAATCGATCGAATCGACCATACAATTTACCTCCTGTAAAGAAAACGCA
rs1501	6	TTTGCAATTTAGATCTTACTTTAGTTACATATATTATTATCTATAGAATAATACTCAAAT[T/G]ACAATTAGATCTTACTTTAGTTGTATCCAGTGCTTCCTTCATCAGTGAGGCCTTTGTTCT
rs1502	6	GTTTTCGTCTTTTTAAGCATGTGTTAGTGAACGTATTTACAGTGTGCGAGTGTGGTATTA[T/C]GTGTGTAGTGGTGTTTGTGTGTTCCACGTGTAAACGGAAAAAAAAGGCTTCTCAAGTATT
rs1503	6	TCAAGGGTAAGCTGGCTCAAGCATGTCAGTCAAAATTGCATTTGAGAATTATCTTGAATA[A/G]TTCAAGGGGTACTGAAGTCATGAAGGACTACCTAGACAAAATGGAGAAAGAGGTTGGCAA
rs1504	6	GGCACATAGCATTTCTACTTATCTGTCCACTCTTTTCCAGATTAGATCTGCCAACGTCCA[A/G]TGGTGTAGAACCCATTAGGTTTTTCACCTACACGCATGATATGATTAAAATGATTCAATA
rs1505	6	CACAAACAGTAGATATCACACTGCATCAATGCCCACTGCTGCTGCGCCCTTTGATGAGCC[A/C]TCCCCATCTTTGTCATCAAACTTGCTTCCAGGAGCAGAAGCAGCATCAGCCTCGATTTTG
rs1506	6	TCTGCATATAGATATTCGATGACATGTAAATCAACCATTTTTTCCTTTTTGATAATCCTA[T/C]GGTCTGCTCTTTTCCCTGGGGTGCTGGATATGTTCTTCATTGCTTCCGACAGCAATATTT
rs1507	6	AGTTACCCTGTATTTATTTGTACATCTATATTTGTTTATGACATGTAAAACTAGGTCCTA[A/G]AGCCACACTCGTAACTTCCTGGCACATGTATATGCATTTACATGTGATGAATGAATTTGC
rs1508	6	GGGGCTCGTAATTTGGCCTCACGTTGTAGTTTCATATTTTGATGCCCAGACAATCTAAAG[A/G]AAACAAAAACATGCCTCATATCTAGCGACATATATAGATGTAACACTTGGAATAAGCTGG
rs1509	6	TCGTGAGCAATTTTTCCTACAAAAGCAACAAAACTAGCAGCATTTGCAGCAAATGCACCA[T/C]AATCTAATTTTCTACCATGATGCCCAAACCAAATCTAGCCCAATCCACATCGAATTGAAT
rs1510	6	AGTAGTTAAATCCCATGCACATGTGCGCTAATCCCATCGATTAGTTTACAGAAAGAGCCA[A/G]GACTAATTTTGTACGCCAGGACTTTAGCCTTTAGACTACATCATGAGCTAAGCTGATCTT
rs1511	6	GGTTCTTATTTCAATGATTCAATTCATTTATAATCTGCTACTGTCAGTTCCTTCAGATGA[A/C]GAATTAGTACAAGGCATGTAATACTCAGAAATGAGGCAACGCCCTCAACTTTCGACAATC
rs1512	6	GGAATGTAGTTATGCTAGTCTTGAAACTCCAGATGCAATGAAATGGCATTACTGCTTTCT[T/C]ACAAGTTCATATATAGTATTATTATTACATCATTGATTCCCTATCAGTAAATGCATATGT
rs1513	6	CGATAGTAACAAGCAAAGCACTGTCAAGAAGTAATGCGTCTAATTCTACACTTCCACAGG[A/C]CTATCTAGTCCCTCCCAAAAAAGAAACTATCTGATTTTGACCTCGATTCTTCTCCTCCTA
rs1514	6	TAGACTAGCTAGTTAAGCTGTTGATCTCACTATAAGCTGTAAAAAAGATACTATTCTAAT[A/G]ACAAAGAATGAACTAAAGTGACAAAGTAGAGCTAAGCTTGCAGATAGACACGCATGAATG
rs1515	6	CCTTTGATGAGAATCTCATTGAGGGTATACTCCCTGATTCCATTGGCAACTTGTCAAGTT[T/C]TCTCACAAGGCTATATGTTGGTGGCAACAGAATAACTGGGTACATACCAGCTTCCATTGG
rs1516	6	GAGAACTTCTCTGCATCAAGAGTGGCGGAAGTGACTATTAACTTGAGATCAGTTCTACGC[T/C]TAATTAGCTTCTTGAGTAAGGCAAAGAGAATGTCTGTATATATAGTCCTCTCATGTGCCT
rs1517	6	GACTTTACGAGCAAGTACCAACTATAATTGCTAGCTGAAAATCTGCCACATTGGTTTTAA[A/C]AGTAAGCTAGAGATGGGACTTGAGGAGAGACAACACAGACCAGCGACTAAGAGCATATGC
rs1518	6	TCAAAAGGATCACAATTAACACATGACACATCCAAGCAAGCAAAGTCACAGCCTCACAGT[A/C]TTAATAGGCTATTACACTGCCAACATAACAAAATATATAGGTAGATAGATAGTTTGCAAT
rs1519	6	CCACCGGTGCCAGGAGTTGTCCCGTGTCCAATGTATAGGCCATTGACTCCACCAGCACTG[A/G]CGAGCAAGAATCAGCAGGACGCACAGCTTCAACTCCAGGTTCAACCAGTAAGTATATATC
rs1520	6	CCAAAATGAACTCATGATGGATCTACTATTCTTAAGCATTGCTTTTCTAACATCATGGTG[T/C]GAATGTGCTTGTAGCATGATGGGACATACCATCCAGTGGGGAGCTACCCACGAAGGATCA
rs1521	6	TCTGTCATAGTATAGAAATGACGTGTTAACTTTTATAGCCCGTTTATGCAGGACTAATGT[A/G]CCCGCTTTAAGTGCATCTTCACTTTCCTCGTAAAGGTAACCTTAAACAATAAATTAATAT
rs1522	6	TAGACTCACTAGAGGCCAATAAATTTGCCAATTTTTAGATTTCTATGCAGCCACTTCTCG[T/C]CTCCAGCCACGCGTGGTCCTTCACCTCCCTGTGCGAGGGCGCCAGGATAGGAAGGAGAAG
rs1523	6	TCGGTCACGTTTTGCATGTAATGAACTCCGTTGGATGGAAGAGAATAAATAGAGAAAAAC[T/C]GAAAAGCAGAAGAAGGTTGCACTGCACAAATTTCTTGCTTTGTTCCTCTGTTTTTTCTCT
rs1524	6	TTGCCTTGCTATGATATCATTGATAATGGGCAGGAGTTTGACATTTTCAATGTTGCAACC[A/G]ATCGAGTGTCATTTGAAAAATTTCAAGGAAAATCACCACCTCTTGCTTACTGGGTTGAAA
rs1525	6	ACAAATGCATTTAGCACGAATGGGAAATTTAACTTGGACAAAAGAACCTGGGTGACGAAC[A/C]ACAGAACGACAGAAGGCCACAAAAACAATTGGATTTCTACTACATTTTATTTATGCAACA
rs1526	6	TACACGTATCCCAACACCTGCATGTTGCCTCACAGCGGAAAATGCATGCTGATCAATAGA[T/C]GTATGCATGTGTGATGGAACTTGCAGAGCCGCTGTTGCCTCACACGGTGAGCAGCCAACG
rs1527	6	GCACAACAATTATTGACGGCAATGGGCATGGTTGTTAGGGCGTATTTCGTTGGAGATCTC[A/G]TCAACAGAAGGAGTAGCATTAGTCCCGGCGACTTACCGGTGGTGGTGGTCAAACTTCGTC
rs1528	6	ATCTAGATCCAAATGTCACTTCGAGAAGGGGTAGAAGTCGCAAGGTGATTGTATGCCGGC[A/G]TCCTATCGAGGAGGCCACGCGAAGGAGTTTTTGTTGAAGATTCCCCCGAGCGATTTGAAG
rs1529	6	GCAATATATTCAGATGCTGATGAATCTTCACAAAGATAGTCACTTCCAGATGGTCTGATA[T/C]CCATGGTTTCAGTTGAGCATTCCTTTGTAAACAAACCATATAGAAATGCATTTAGTGCTT
rs1530	6	GAAGTACTATTCAAGAACAACTAGCATACAAGAAACATCAAAGATCATGCACACATGACA[T/C]ATCATATCCTGTCTGCAGAATGCCAAGTTTCATGATTCACTTGCTTATGTATATACTCCT
rs1531	6	TCTGGTTAACCTCCCTTGACTATTAGTCGAGTCTCAGTCGTGTTCTCAACCGAAAGACCA[A/G]GTGCAGAGCTACCTATCAAATCCAAACGCAGTTTCATTACACGTGAGGTGCGTTGACATG
rs1532	6	GTCCACGCGATCCCGCACACTTACGCCCTTGTCTCCGTGTGATCACGCTCAGGCGATCAG[A/G]AACGAAAAGAAAGCCTCCTCGTGACCGTTTACATGAGGATAAAAACACATGTAGCTAGTT
rs1533	6	GAACATCCATGGGCCAGGCTACAGCGATGGATGCTCTCCCAGGCAAAACAGCGATATCCA[T/G]CTCCCAACTTTTTGCACATGAAACACCAGCTAAAAGAATCTTTTCAAGGGGGGTTTAGGA
rs1534	6	TAGTTAACTAAAGTAGTCAGAACAACAATGAAAGGTTAATGATGTGAAGACATACTGTCT[T/C]CTAATCAAAGCATTTTGTAGGATTATAAGATGATATTCTAATTAAGCAAATGCCACACCA
rs1535	6	CAGTTGAAGTCCTTCCATTTTACTTCCTAGGACTTCAGGCGATTTGGTGGCTTTGTGATA[T/C]GGCATTTCCTGCTTTCTTACCCTTATATTTATAGATCAAGTGGACATGGATATGTCCATC
rs1536	6	ACTACATTGAAATCACATGTTTTTCCCCTGTCTGTATTTGGGGTTAAGAAGTGTTGCTTC[A/C]ATAGTTCCACTAATGGGAACCAATCCAAAATCAATAGCAACAGTAAGTATGTAGTGTAAA
rs1537	6	CGGGTATTGGCTCCTCCTAATGAGTCGTTACATAGGTGTATATCAGTGACGAATGTTGGT[T/C]ATCTTGGTTATCTCTAATGGCCGTCAAATCCATCCATTGCAATTACAAACATTTGTAACA
rs1538	6	CTTTTTATCATCACCATTCTTTTGACCACTACTTTCACCCTTCTCAGAGTCCTCTTCATC[A/G]CTTAGCTCCTTAGAGCACTGATGCTTGGCCTGATTGTGAATATTGTGTGATTCCTCCATC
rs1539	6	TGAGTTGGCTGATCAAATCCGTTGTCCAACCTACGTTTGTGGGCAGATCCAGGTCAAGTA[A/G]CCATTGGTTTGCAGTCGAGGCATGTTGCAGTGTGTTGTTCTTTTTCTTGGAGGCCAAGTA
rs1540	6	TCAGAAACACCTCGGACCTTATTTTGCTCGAAATTTAACATCGCCGAGGCGAATCTCATT[A/G]GAAACGCATAGAGCCGCGGGATCATTGTGCCGATATATATAGTACACATAGGTTTAGGAC

表 C.1（续）

序号	染色体	序列
rs1541	6	CGATTATCCTCCCCATTGCTGACGATGCCAATCGCCGAACAGGGCGACGAGCCCCAAGGA[A/C]AAGCAAGGATTGGAGAGCATCCTCACATTTCCTTTGCCAAAGCTGTATGGTCTCCTGAAT
rs1542	6	CACCCTAAAAGCCAACCACCAAAAACCGTTTTCCATAGTATAGAGGTCTCAAAAACCATT[T/C]GAAATTTTGTTCGAATCTACTTTTTGTCATGTCGAAACCTCCAATTTTTATGATTTTTTT
rs1543	6	GTAAAGGATCAGTTAGAACTCCACTTTGAGACTGAAATTAACAGGACATTTTATCCCTAG[T/C]TATGAATGCTTAGAGCAGAGCCCTAACAGCAAATATCTTGTAATCAGTTACTCAAGGGCC
rs1544	6	CATAAATGTTTGTGCCAGCAAATATTACGAAAAATAACAGCCCAAACAATTAGAGAAGGG[A/G]AATTAATATACATTAGTTTGCTTGGGTGAATGTAACAAAGAAGTAGTATAGTAGTAGACA
rs1545	6	TCAGGAAAAACCTCCTACCATTGTGTTGTGACAAAAAGCCTGTTAAGTTTCACCAAGGTT[A/G]GTCTTTATTGTTCATTGCTTCATGTGTACCTTCTTTCAAACAAGTACATCTTCTTGAGTT
rs1546	6	TACATGCTTATATTCAAGTTTTCTTTTTGTTCTTGAAATCTGATGCCACGATCTATTTTT[T/C]TTCTAAGCACAAAGTAGTGTTGGTAGTTAATACAATGTGCGTGGTGCATTTTGACATATT
rs1547	6	CCATTTCGAATGCAAGGATTTCATTTGTTTGCAATACTGCCTCCGATTAAAATAGCTCCC[A/C]TGGTATAATGCTCATTATCTTTTAAAAAAAGATCATTTCCTAAAAAAAATTCCAATGAAA
rs1548	6	TGAGTTGCCCAGTTGAGAAGCCATATATCGGGGAATATGTACGTACTAATTGCACCCTCT[T/G]AAGAACCTAGCTAAGATTGCACCATCAAGATTCCTACCTTAAAATAGTGCACAAATCAAT
rs1549	6	TGTACAGTAGTACCCTCTTAGCCTTAAAAGGATGCTCAGATGATGCCGGTTGCTGGATTA[T/C]CATTAATTATGCTCTTCACCGAAATGTTTCTGTGGATTACTTGGCTTGGACTTGAACTCC
rs1550	6	GTTTTTCAAATGGTTTCTATGAAACCGGAAAACCAATTTTTGGCTCGGTATCCGTTTCGT[A/G]AATCCTTCTGTTCATTAAGTACTCTGTACTATACCAAGCAGCAAGAAGTAACTCTAAGCT
rs1551	6	TAAGGTGGTATCTGCTTTTGAAGTTTACATATTGAAGTTCTAGCGGTGGTTTCCTAGTAA[A/G]ACTAGAAGTGCATCATGAACACTATCCTAAAAAAGAGAAAGAAATATAGTAAGAAAACAC
rs1552	6	GCTACGATATTGGTTTTGTCCTACTAAGTAATTATCTGTTGACTTTGAAGGATAACAAAT[A/C]TTTTTTTATTGATATTGTGGTTGTGCACACTCTAAACCAGGGCTCCCTGAGATGATACTA
rs1553	6	ACATTCAATACAAGTGATGAAACTTCAGTCATGAAAACCATTACGTTTTTATATTTTAAA[T/C]GAGTTGAAACCACATGCTGGCATGCTGCATTCATTACAATGCCACCTGCCAATTAGAGGT
rs1554	6	TTTTATCCTACGTCCACCCCTAGTCACTGCACTCTCAAAAGTCATTACCCTGGAAATGCG[T/C]CTATGTACAACTTGAGCTGGCCAAGGGCCAAGGCATAATCGGTATTCGGTCATGAAATAG
rs1555	6	GTAGAATTGTAGCTGCACCTTGCATAAGTATATGAAATATGCTTAGGTCCCCTTTGTTTC[T/C]GCTTAGGTTTTTAAGCTGACTTTTCATTTTCAGCTTTTATGGTTAATAAGCCAGTAGTTT
rs1556	6	GTGCCGCTACTTGCACTATAATTATAACGTGATATTCTGGAGCCTAGTAGCTCTGGATGG[A/G]GGAGATCTGGAGATGTTATCTTTGCCCGCGCGCTGATATTTCTGTTCCCAGGGACGGATC
rs1557	6	TGGCAAGGGGGTGCCTGGGTTTTGAGTTTCAGGAGACACCTCAATGAAGAGAAAAGAGCT[T/C]AGCTTGCAGAATTGCTTTCTAAAGTTCAGCGGGTGGTGATGTCTTCTGAGCATGATAAAG
rs1558	6	ATGTGAATTTCTACCCTTTTCCTTTTCAACCCATACTAATGGCGATTAATTTCTATTTTC[A/G]GTGCCTCTTTCACATGAACCCTTTCCTTTTCTGCCCCTTTCAATTTGTTCGATTTTGTGG
rs1559	6	GCATCTTTCTGCGTGTTTCAGGGCCACAAAACGAGAATAATATCTTGCAATTTCCTTTCC[T/G]TTTCTTCAGTTGCTTTGGCATCATCGATCGAGTCGATATGTTTTATGCTGTGTAGGTCAG
rs1560	6	CAATAGCACCAAGTTGAGAGGTTTTGACAAGGAGCACATCACCTAGTAGTGCTCAAGGAC[T/C]AAACAGATCACAGGTAAATCATCATCTCCAAGCTAAACACTGTCAGGCAGAATGCAATAG
rs1561	6	TGAGGTGGTCGCTCCATCTGGTTCGACCGCCGTCTTTCCAGGGTCACCTGTTCCGTTTTG[T/C]TTTTGTTTTTGTTGTTTTTTGGCCAAAGTTCGCACGTAGATTCAGAACGAGGAAAACAAG
rs1562	6	TGGTAACTACCGAAGGGTAGGTCATACTGAGTTGTTGACAAATTACAGGGCACCAGTTCA[T/G]AAAAATGTATAGTAAAAGATCCAATTTATCATTTAGAAGCAAGGGCCATCTATAAACTGT
rs1563	6	AGAGAGAGATATGTATATATACGTGAAATATATGGTTACGTACCCCTCCTTTGGACCTCC[T/G]TGAGGTGCAGCCCATGATCACCTCCTCCAGTCCAGAACCAGAGGTCGACCTCCCATCAAA
rs1564	6	GATATGGCTTTAACTGAAGGAAGGGAAGAGATAGAAAGGAAAAGGTTCTCCAGGCACACA[A/C]GAAACACCTTTGGACATACGCCAGACCGAGCTGTCCCTCTATCTAGCCTTCCCCTCTCTC
rs1565	6	GGAGAACACCTGCGGACAAAGCGTTTCTATTCCTTCGTCTTCCTTCTGGGTCAAGTACTT[T/C]CTCATTCAATGTGCGAATTAAACCATCTGTCACCGATCGAGCTACCAGCTGCTCCCTCTA
rs1566	6	CCATCCATAAACAAAACCAATTTGACTTGCTAAAAAAAAGTCTAGTTACAAATGCGACTG[A/G]AAGTACAACCTGCACCTTCTATCGTCATCGTTGTTTTGAGATTTGTGCGTACAACGCAAA
rs1567	6	TTCTAGGGGTCTTCTTCCAAATGGTGGATGTTCAGACAAGTCCAGTTTCTTGAACAGTGA[T/C]ATTTTGTTTCCACCTGGAGGCTACCCGTCATTACGTTTGCCTGTGGTAGTTGTACTTAAC
rs1568	6	GTGGATCACCTCACCTCATCCGGAACGAGGCTGGACCGATGGCCCATCACAACCTGGTTC[A/G]ACAAACCAAACATCATGTTGTTACCTGGGCTGTCTAGTTTTCAAGCAACTAAAAACCCTT
rs1569	6	TCTCCGTTCTTGATTTCTTCCCCCATCTCAACCCAGCTGCTGCAGAAAGCGGCATTTATC[T/C]TGTGGAATTCGGTGATATCTTCTTCCGTCGCCTTCTTCGCCAGCGCCGGCCGTACGAGCT
rs1570	6	GACTAAGCCTTACAATACACAATTAATTAGAAAAACTAAGCAAAAAACCACAACTACAAC[A/G]TACTGTGAATAAAAGGAGTAGGTTTTCGAAGGGAATACCTGTCCACTTATAATGTGCCTC
rs1571	6	ATGAAGTTTGAGCTGATGCTTAAAATCCTCAAAATAGTGAAAGGAAGGAAGGATCTATGT[A/G]AATTTCTCTAACCAAATTCTACAAACCAACTGTCTACCTAGGAAATAATTCTAAAGGATT
rs1572	6	CCACCTCTGTCCTAAGCCGGTCTCTTCCTCCCCTTGCCAGCCATCACATCAGCGGCGCAG[T/G]AACTTGAGCGCACAACTGTCGTTCCCAACTTGCTAGATTTGGTTCAAGGAGAACATCAGT
rs1573	6	TGTGCGGTCATGGTTACACTTTATTTGTCGAACGAGAGGTTGGCCCACTATTGAATTTAA[A/C]CCAGGTATTTCTCGCTGAAATGTTTAGCCTACAAGTGAATTCTACCCACTTAATTCCCAT
rs1574	6	CTCGAAATTCAAAGACCAGTTTCATCAGTTCTTCTTTCTGCTGCATTGGATCTCTGCAAG[T/C]GCCACCCAGCTGCTGCACTGGAGGCTATCCTTTTACCGCTGGTTCTTAGAAAGGAAGGGC
rs1575	6	ACTCAAAGCTGAAAGGGACCCAATCACAAACTCACAATGCATGAAGTACCACATGTAAAT[A/C]AAAATTAGCATGGCCAATTGCCATTATTTTTGTGTTCAAATGTTCAAAGCCTGAGCTTCC
rs1576	6	TAGTTAATTCATTTCTTCGATCTCGTCGCATTTTTTACGCGTCAGTTCTTTCTTTATCTG[T/G]GTGTTCAGTTCCATCAGCTGTTGGGATATATATGACCGGAGAGGCAAAAAGTTAATTTGG
rs1577	6	GTGTTTTCATCTGCCTTCGTCATATTGTACAACTAAGTAATATTCTGTAGGTAAGCTTTC[A/G]ACATCTACTTCGTTAAGTTAATTAAGCAATACTATGAAGGGAGTGGCTGGTAGCAAGCAA
rs1578	6	ATTGTCCTGATCTTGCATGAGAAAGCAACTTTTACAAGTGTAAGATGTTTTTACTCTATA[T/G]TCTAAAGGTTTGGTTGCAGGGAGTTAGCAATAATGTCAGTTTTTTCCCAAACACAACCAG
rs1579	6	TCCGCATGCAAAAATCGATTAATAAACGATATGTAGTAGTGTCTGAAACGGAAGGACCAG[T/C]GTACACAACAGAAGTAGGAAGCTGTGTTATTCCATAATTGGTAGCATTTAATCTTAATCA
rs1580	6	GCTAGCAAGTGTGACTGTCGATTGGGCTATGGCCTGTGAAAGTCTATTATTACTCTCTTC[T/C]AATTAGATCGAGAGTGAAAACACTGCCAACTACTCTCAATAGAAGAGAGAAACGAAATCA
rs1581	6	AAAATAAAGCTGGACGTACTCGCACAAAAATTAAATGAGTGCTGCACGTCACATTTATAT[T/C]GGGTCACTCTTTGTTGAGAGCTCCTTGTCCTTGCATGCAGGTCACTTTGCAAAGTACTAG
rs1582	6	ATGTTAGTGCGAGAAAAGGTAAATTGGGAAACTTAACTCCATTCGTTGATGGAGTGTAAC[A/G]GTAGCTGAAAATTTAGCATCACGTGTCCACCTAACGAGCCCAAGTAATTGCCCGGGTCAC
rs1583	6	CCTTTTGCTCCAGGTACAAAGAGAAGTCATTACTTTGCTCAAAGCAGACTTAATGCCTCC[T/C]AGGGTACTCTTATCTCCAGCACTTTCCCATGAGTCCTTAATAATTTCCGATATAGCCAGT

表 C.1（续）

序号	染色体	序列
rs1584	6	TGATGGTTTCATGGATCCTGACAAGAAACAAGTAATTCAGATAGGTACCCCTGAACTTAC[A/G]AATATCATCATTAGCAATTAAGTGTGGAAATCATGAGATGAGCACGTGCTAAACCAAGAA
rs1585	6	GTACAGAAAAAATAAAGCAAAGGTACACAGTCCTGTTATCTGGTCCAGGAAATTGCACTG[A/C]AGAATTTATGTCATGGATCTGTCACTTATTTTCTTGCTACATTTATCTAAGTAATTTGCA
rs1586	6	ATCCCTATGAAAGTCATGCCACCATTTGGTTCTGAAGAGCTCATCGATAACAATTTAGGC[A/G]ATCCATTCACTGAATCGACTTCATCTGTCGTTGAACAATCTTCCCAATCCAAATGGCAGC
rs1587	6	ATGACCTATTGTGGAATGTGCTTGCAGATATACAACTTAATGTGATGCACATTCTAGAAA[A/G]GCCTATAGACACTTTTCTCTTTTCTGTTTGTAGTTCTAACAATTTTCATGCGATCAGGTG
rs1588	6	CTGATTGAAGAATTAAAGCCATGAAAAAGGCTGGTAGATGAGAGATAGAGAGATACCATA[T/C]TATGCAGACAGTGGTGCATGATGATGAGTTCAATTCTTTCAGAGAAGTGTAATGTGGGCA
rs1589	6	CTTTGGCAACATCTTTGCCCTGTCCTAAAATACTAGAGATACCAATCATGTAGAATAACT[T/G]ATCAGTATCAACAATATACATACGCCTATGAACAACAATAATAATAATAATTTGATCACC
rs1590	6	TGGGCCACTATCACAAATCTCCTCTCTCAAATATGACTTTGGATTCATCGAGCCAGATTG[A/G]AAATCACTTCTGTATGACCTTTTTAAAGCATCTGTCATAGCAATATTCATGTGTCATTCT
rs1591	6	CTCTTTGAATTGCACAAGCAGAATGCAGCAGGAACACTGGTTCTTATCTGGGGGAAACTG[A/C]GTGTATAATAAAATTTAAACACCAATGCATTTTGTCAAGAGTAGTGTTGTATTTTAAATC
rs1592	6	AGTTAGACGCTTTTGGTTCAGTTATCATTTACCAAGCACTCCTCTGTCATAAGTTGGCAA[T/C]GTGTCCTATGCACACAAGTTCCGGTTGCACTAACTGTGCACACCAACTGAGAGATGCCCT
rs1593	6	CAACACCTACAAGATAGTTAATTAGTGACACACATGGTATATGCTTGCTTTTATATTTAG[T/C]GAGTATGAGGCCTTCAATATAAGGACTACTGGGCCATAGTGTAACTGCAACGGTATGCAA
rs1594	6	CAAAGCTGAACAAACAACAAGCCATGAAATTAGCCAGTAATTTCCTTGTATATGCATGGC[T/C]TCTGATGTCTTTAGCATCCTGACACGTGATCCTGGTGTGATGATGACTGAAAGCTAACTC
rs1595	6	ATACTGCTCTACACCAGGTAGATAGCTCACAACAAGCAAGAGATACCATAAGTAACCAAC[A/G]TACCTCAGGCTCTGGGTAAATAGGTTCCTCAAGACCCGCCTTGATGGAATCAGTTATTTC
rs1596	6	CTAATCTTAACCATATGCACATAAACGATAACTAATCCCCTCGCCCCAATATTTAGTCTC[A/C]CGCACAGTATAAGTTTTCTCGTCACTTGTTTCTTGTTAGTAGCACAACCAATACCATAAC
rs1597	6	ACTCCGATGGAAATGCCATTATTGGTGATGGGAACCCCTCAGTACCATCACTTGCATGTC[A/G]TAATGGTTTAGAAAATGTACCTGTGACGGAGGAGTCTTCTGCTAACAATGATGCAAAAAG
rs1598	6	CATTTTGACTTTGCAATGTTTGCACCAGGCCTACACCTTCAAAGCCTTTGCACATACCAA[A/G]GGAGAAATTTAATGAAGTTGACCCAAGTTGAGAGAAGGGCAAGGGAGACATGAGCAAGGA
rs1599	6	ACTGTCTTTAAGATCACATTAAGAACTAATAGACCTGTAAACCCTTTCATCTAGCAGGAT[A/G]ATGCTTTGGGTGATGAGCTGGTTGTTGAGATGTGAAGTTGTTTGCCATTAAAAATGCTCC
rs1600	6	TCAACAGGTGATCAGATCATTCTTTCTTTTCTTCTCTTCTCTTTTCATTTTGTGCAGGAA[A/C]AAGTGATCTGATCCATAGCTTTGGAGATACTGGGATGTTGCCACAGTCCCAGCTTGCTTT
rs1601	6	TCATCAAGGTTCCCTAGAAAAATGCAAGTAGCAATTTTTTTTACAGCATCACTGAAAAGG[T/C]AGAAGTGTCTAGTAATTGACATTTTCAAGTGGCACATATGAGCTCACCAGGGAGTGACCG
rs1602	6	TGCTTTTCCATTTTTCTTTATGAATGCCACTTTGCTGTTTGGCCCCATTTGACTGTGATG[A/G]TTTTTTTTTTGTCAATCTCAAAACAGCTAGATTATGACTAATACAGTGCTAATAATTTAA
rs1603	6	TTCCTTCTTGCCTATTGTTTTCGCTTACATGGTTTCTCTGATCTGATCAGCATCTTTGTA[T/C]ATCATTGTGTAGAGAAGGCTGGACGTGAGCAAGAATCGATACCAACCGAGGAAAAAAGGC
rs1604	6	GAAATGGTGTACCGCATGGTCCGCATCCGCATGTATTACAAATTTTACATTTACGCATAA[A/G]ATTAAACATTTGTTGAAAAGAGTACGGATGAGTCAACCACCAGACATTATTTTGGTTTCC
rs1605	6	CGAACACAGACAACATCTAATGAGCCCTTTCTCTTATACGTAGAAAGGCATGTGCATGCA[A/G]CACCCTTTATTTTGTTATATCACCTACACTTGCATCGATACATCATTTATATTCATTTCA
rs1606	6	GCGAGGGAGAGGGTGCCACCAGTGCTCGCTGGTGGCGAGGGGAAAATGAGAGAACAGTGG[A/G]TTAGAGGACTCAGCGTGAATGGATAAGAATGAGAGGCTCAACTTAGCTTGGTTTTTACGG
rs1607	6	ACGCACGCCATTAGTTATACAGTTATACTACTACTACTAGCACTCATCATCACACACCCA[A/G]CGAATACTGTACTGGAAGTAGCTAGTAACGCGCTGCTGGTAGGATCAAACAACACAACAC
rs1608	6	TGAGCCAGCATTCGAGGGAACCCATCGGAAAAGATCTGAAAGGTGGGGGTTCTAGGAGGG[T/G]TTCTTGGTGTTCTTGTATTGGTTTTGGTGGGTTCTTGCTGGGGGTGCGGAGGGGGAGGGA
rs1609	6	GATCAGGCTGCCCTCCTTTCATTGGCCCATCTTTGAGTTACGAAGGAGCCGATCACCTAA[A/G]CCAATCTCGTCGGAAGTCTCTCTCAAGATATTCTCTTAATTAGGATTTGGGTAATCTACA
rs1610	6	TTTTTTTGGGGTGTCTCCTTATTGATTGCTTTAGTAAGACAAGGGCATGCTTTGACTATT[T/C]ATTCTCTGATGAAGGTAACTTTGGATGCATTAGGACAAATGTTCCAGTCTGCCCGTGGTA
rs1611	6	GGTAATTAATAATAGTAGTAGTAGTAACTTTTTTTTTACCTCCCTCTACTTAGTTGATTA[T/C]TGTTCTCGTTTGGCTTTTTGTGATCGGGTCATGGTTATGCGCTATCTAAAAGGTACCGTA
rs1612	6	CTCACCATCATTGTATCGTTGTTGTCGGATCTCCTCTAGTGGACGAAGAGAGTTCAACTT[A/G]TCTACGATGGTTGAATGCCACTTCCATGCTCTTATTATCTCAAAAAATATATATGTAAAT
rs1613	6	CACATATCTCCAAACTCCTATAAATACATCCCTTTCCCCCCTCTCACCATTGCACACACA[T/C]CACCCCAACACACACAACACAAAACACACTAACTACAAGACTACTTGTACTACTACTCTT
rs1614	6	GCAAGAATGAGACAATCTAATGTAACTGATATGCAAGAGAGCGGTGGGCCGATTCCGTTG[T/C]GTCGAGATGGGCCGAATTGGTTCGGTCACGGCCCACAGGGAGGGAGAGCCCTTTGCTGCA
rs1615	6	CACAAATCAGCTGCGAAACGAATTGCAAAGCCAGCAAAGAGATACAGTAGTACTTTATCA[A/G]CTAATCTAGAGCTCTGTTCTGCTTGGCAAGTCAAACATGGCCAACAGTATGTGTGATTAA
rs1616	6	TCAGGTTAGTTGATGCCTTGATGGCACTGTTAAACTTAACTAAACTACCTACCTAATCCA[A/G]CTTGCCTCTTCTGCATGCCATATTGCCATGCATGCATCGTTGCCATCGTCAGCCGTCAGA
rs1617	6	GGTAACAAACATATAACAAGAAAAAGTGTATTGATGTAAGCATACCAGTGAATCTTGACA[T/G]AGAGAAAAATGGGCATGGACGTGTAACAGCGTAAGAACATCTTCAACAGCCTTTCTATTT
rs1618	6	TACTAGTACTACTAGGGGTAGTATGCTGTTCCTGCAACATGCAATGCCTAGTCTTGTCAT[A/C]ACAGCTCCTCTCCTAGAGGGACCCACTGGTTCGTTATTTTGCATGTCTGCACGGCTGCCC
rs1619	6	TTTATTGAACGGCCGGATTTCGTTTGGTACCTGTGGTACCAGTACCTGGAGGTACCAACT[T/G]CTGGACCAGAACAAAGCTCGTTCCTGCAGCAGCAATCACAAGTTCACAATCCAGTGGATG
rs1620	6	TAGATTTCGTAGGCATTCATCATCCAGTTATTCAGTTGTGTTGTACATCAGCCTCTTAGA[T/G]CTGTTATCCTAACAGGGCTCCAACTGAATTACCTATGCAATAACTGTTGGTGTTTATTGA
rs1621	6	CAAATGGTATGAATTCATAGTTTGTGCCTCCAAAATCAACTGTGATTTCCTCAAAACGCT[T/C]TGGCAAAAATACTTCCGCATCATCCCAATATCTGTGGTCTCTACCGATGGCCCATACATT
rs1622	6	TTTTGCAACGAACTGTCTCAAAAACCTAAGACCTACAATTTAATTCATACAATGGAACTT[T/G]TGGGTTTATGGATTTTACTCTATGGTGTTCCTTCGAGCCTGTCATATTAAACCCGGCTAC
rs1623	6	TGCTTATAGCTCATGTGATACGTTGTTTCTGAGGCTCCATTCCAGTAATTTCGTTTTCTA[T/G]ATATTTTTCAATGTTCAGTAGTACCGACATTGCTATTATTTTTTAATATACCGTTCCACT
rs1624	6	GGGAGCATCGCTAGCAGATGGCCCATCCTATTTTCTTTTGTGGGCAGAGCTAATCTAACA[A/G]TAAGTCAGGGGTTATCCAATAATACTTGGGTTAGGAGACTGCAGGGCTCCTTGTCAGGAA
rs1625	6	ATAACTAAAGCCATAGTTTCCATGTGAAACTGTTATTTATTGTATAATGCTAAATGGTAA[A/G]ATTTTCGTATTGATAGGAAGCATGAAGGTTGATGATGGTCCTGGCGTCAATGGCAGTAGG
rs1626	6	AGAAAGGATGTGAGCACATATTGCATGAAAAAATATCATTGGTTTGTTGCATAGCTCACA[T/C]TGTCATCAGAAAAATTGTTTGAACTGATTCCGAGCTCTTCAAGACGAGGGGGTGGTGCTG

表 C.1（续）

序号	染色体	序列
rs1627	6	GGGAAGTGTTTACAATTGCAAATGTGGCATCTTGAGCAGTATAGAGTATCAAACAGACAT[A/G]TTCCACTTGTAATTTTAAAAACTCTAGCACTTCTGTGAGATGGAATTTCTGTGTCACTGC
rs1628	6	AGGCATGGGGGATTTGTTTCTGAATCTGGACTGGAAACACGAGAAATGAAATCATAGGGA[A/G]GCTGTACATAGTGCAAATAACAGAATCTGAAGTTTCATTCTCTGAATGTCATGATATCCA
rs1629	6	GTTAGCCATATCTATGCTTCTCAAATTGACCACAGGCCAACTCCTTATCCCCATTGTTTT[T/C]CTTGCTGATACGAGTTTAGTCATTGCAATATTTCACCCTTTAAAGGCCTTGACATCACAG
rs1630	6	GCCTCGCTATATCACATTACACACGGTATGATCTGATGACATCGTTCCTAACAGTATCAG[A/C]AACACAGTAATTAATTCAGTAATCATCGTAGTCGTCGTCGTTCCTGTTGAGAAACCGCCT
rs1631	6	GTACTGTATAGAGGTTACAAACTAGTTCTCAGTTTGGTCCCTTGGCTATCTAGAGTGAAA[T/C]AGGGAACCACAAGTCAATAATAAGCAAACAAGAAAAATAATGGTGATAAAAACGTGACTC
rs1632	6	GTAGGAAAAAAAAAGGGGCACTTGAAACTATTTTATTGTAGAATTATTCTGTATCTATTG[A/C]TGTATGTGTTATTGTCGTGTAAAAAGTAGTAGAGAGATGGGAAAAGGATACGAGGAAGAT
rs1633	6	CACCAGGCAGTAAATGTACTGATCTGGTCAACTTCCTCATTTCAGTCCATAGAAGGTTTC[T/C]AATCCAAATTGTGTGAAACATGAAGGCATGTAGACCAAGTAGTTTCCAAAATGCTTTCAC
rs1634	6	GCTGAAATCAATGATATTCATACTTCTGGAAAAGGTTTAATGGGTGTCAAATGTACAGAT[A/G]CCTGGGTCAATGGAGTACCATTGGAATAACAATTATGAATGCTGTACAATTTGGTGGTAT
rs1635	6	GCTAGCTCATCTGCTTGGCTCTAGCTTCGACAGTAACGCTTGCTTGGGCATTGGAAGGGA[T/C]AATCCGACAATGGACAAGAGACATGGCCACTTGGGACAATTGATCGATCATTGCTGAGTT
rs1636	6	ACCCACGCCCTCCTCGCTTTCCACGCTGCTGCTTCTCTCTTCATTTTCCACCTATTTTTG[T/C]CTGAATTGCTGTGGAATGCAGTATCATGAGACGGCCGTGGTGCCCCGCGAGTCGATTTTG
rs1637	6	ATTTATTTTTCAGGTTATTCTCGAGTCTTTGACTTCACCACATGTTATTTTTCAGGTTTA[A/C]GATGGTGCAGGGTTGACCCCATCGGTTTATAGTTGCAGCCTCGCAGTGAAACTCAATTAC
rs1638	6	ATGCTGAATTGTCCCTAAGAAGACGGATGACATCCAAGTATGGCAATCCAGGTTTTACCT[T/G]TCAAACGGGGATCGTACTTTTAGAACCAACATGTAAATAAGCTATCTTGGTAATACGGCA
rs1639	6	ATGGTGCGATGTAATAGTAATGTACGTGTCTCGGATGGCGTCGAGATGCAACGAACGAAT[A/C]AAATGGAGGAATTGGAATCAATGGCGATCGGCTATGGCGACCTGGAGGTGCAGGTGTTGC
rs1640	6	TTGAACTAGGAAGCACTATTACATCAAGCGTGAATATGTTTAGCTGTGTGCATCCTAACT[A/C]TGCATAAGTTGTTGAAGATCATGTAATTTCGCTCCTTCTTGTGGCACAATAATTTAACAC
rs1641	6	TTCAAAAAATCTAACCACTTGTTTAGGTGATGATTACTCGCTTGGCGTTTGGATGAATAT[A/G]CTCTTGGGAATTCATACCAATCGCCAAATTGCGACCCTACCTCAGCTAAAAACTATGTCT
rs1642	6	TTTAGTGACATATGCGAATTCTGCATAGTGCCACGGCACTGGAGATTATTCCAAAAGATG[T/G]AGTGTGACTGCAAGAAAAGAGCAAAGTCAAGGGCCCATCCTGACATGAGCTCACCACCAT
rs1643	6	AATATTCTTATCATTTCACCTGAGAAAAAATAGACCACCTCCATATGCACTTAAAAGGGC[T/C]CTAGAGTTGCTACTTACTTGATGCTAACAGGACATTTTCTTCACCAAAGCCATCTTCAAC
rs1644	6	TAGCAGCAATATTGTCCATTTCCAACATCAAGAAAAAAACGGAGGGAAAGCTAAGCAAAC[T/G]AGAGGACATACTGATAGCTTCATAGCTAACGAACTTAAATCGCCTCAGGCACTGTGGAAG
rs1645	6	CAATTTTCCCTTTATCATTCCTTAGTCCTAGCATTAACTGTGGGGCAAAGAAAAGTTGAA[A/C]CTTTATGTTTCCTGTAATCCATACACAGCTCAACATAATAGACATCTCCACGTAAATAAC
rs1646	6	TGTTTTCTGATGATTTTTTTTTTACTTGGGGAGTTTATAGGTGATTTCATTCGTGGTGGC[T/C]GCTCTGCTGTGTACATAACACATGCATGCATTCGAGATGATTTTTATTCAGAAAGCGTAG
rs1647	6	ATAATATTTCTTGCACAGTGAATAAGGTAGCTTACTTTGTTACGGAGGATCTAGACCTCC[A/G]TAGGTCGGCTTTTAGACCTCCTTAATTTTGTTTGGTGAACTCTCATCCCATTTCCTGGGA
rs1648	6	TTAGAAGTTGATTTTTTATGATCCGAAATCTCTAGAGTTGAATTTTTATAGGACGACGAG[T/C]GTAGAACGGTAGGCTGGTTGTTAATTAGCCTTGTTTGTTTGCCATGGGCGGCCGGTGGTG
rs1649	6	AAGACAGCTTCTTCAGACTACTAGTATTTGTTCAAAGCAGCTCACAGAATTGTTGTTCTG[T/C]TATGCATCTGTAAATTTACTAGTTATGGAATATGTAAATAGAAGTCAGAAAACTGTAGGC
rs1650	7	GAGGAGGATGGGGGTCATGCAGCGACGGAGATGACGCTAACGCGACGGCTCAAGCGACAA[A/C]AAAGTGGGCGATTATGGTTACATAGATAAGGAGGGTAGAATAGAGGAGGAAAAGACTACA
rs1651	7	ACCAACTCTCATACAAATCCTTAGTCCTCGCTCAGGTTAGCAAACTTTGTCATCGCCATA[A/C]GGCCACCCAATCTATCACATAAAGGGAGGGTATGCTAGGGCGATGAGATGAGGTCAAGTG
rs1652	7	TTATCGGTTCGCTAGTCCGATGGTCTTACTGACCCTCTAGACGGTCCAGTTGCAGTTTGT[T/C]AAGTTATATGAACTGTCTGTTTGATTACAACCACAAATGCGCGGGCTAGTGGGATGGTTA
rs1653	7	GGAAATTAAGCCGACATATCTAGCTATAGCTGCTTGCCGGATCGAGTGGCTGAGAAGGCA[T/C]CAAGTGTGAAGCCCATAATAACGACTGCAGCACTCGCGCATGCCCGCTCAACTCTACGGG
rs1654	7	AACGTGTCACCACATTTCCCTTGGTTCTACTCCATGGTTGGACTTGGACATGCATGAATT[A/C]ATAATAATGCACGGGTTTGCTAGCTACTCCTAACTTAATTGAAATTATTATTGTTGTTTG
rs1655	7	CAAAGCTTCCCCATAGGCAAAACCACCATGAAAAAAAGAACCCATTTTAAGGGGTTATAT[A/G]GATGGACTTGTATGTGGCCATCTTTTTCCTTTTTCTCTTGTATGTGGCCATCCGATGCTA
rs1656	7	ACTGGATGTTGGTGATCCAGACAAAGTACTTGTGCTGCAATACCCTCCCCTGTTCTGGCA[T/C]GCGTTAAGCTTATCCCTTCTCCTAACTAACTTTGCATTGTTCTTTGGATTTCTCAGAAAG
rs1657	7	TAAAACCGAACCGATTTAACAGAAAAAACCGAATGCCCACACCTAGGTTTGACGAGGTAT[A/G]GTTTCTCCTGGTTGATGGAGTACAGGTGTGTACAGCTAGGTTCGGACAAGATCCAGAAGC
rs1658	7	CTCAGCTGGAGACTCTCCACTGGGAGGATGCTTTCGATCCAAGCTCCGTCCGGTTTGGCA[A/G]CATGGCAAATGTCAAGTGTCTGGGAACTCACTTTTATCTTGCATTTGGACAAGAGGACTT
rs1659	7	GTATGAAAATGATCAATCAGTTTTAAGGCGAGACAGGAGAATGAGTATTTCACTGCTAAT[A/G]GTTCATGTAACTCATAAGCAACATGAAATTAGGCCCAGAAAAGTAGGGCTAAAGGTATAC
rs1660	7	CATCCAACGTTACCAAAATCTGGTAACGTCAAAGTGTGCCAAAATTTAGCAAGGCTAATT[T/G]TGGCGAAAAACCCTGCATTACATTTAGGGATGCAAGCGGTGCAACCCACGAACCTACTTA
rs1661	7	CAATCATTGAAGTGTATTTGGAGCGTCAAATCACACAATTTAGATGCAACAGTCAGAGGG[T/C]AGCTATACAAGGAAAAAACAATAAACAGAGAGCAGCTGTACGAGGAAAAAGATGTTATCC
rs1662	7	TCCGGTTTTTTCAGTATTTAGTAATTGGGCTTAACGAATACTCCCTCAATAAAAAAACAA[T/C]CTAGAATATGATGTGACCTAGGATTATCCACGGTTGGTCCTCTCCTACCCTGGTAAGATA
rs1663	7	ATCGATGGGCATACCATGCATGCATGACGGATTTGCAGTTTTAATTATATACCAATACTA[T/G]TATTGGTAGATCGAAGAGGAAGCGACTGATTGATTGATTGATTATTGATTGATCGATAAG
rs1664	7	TTTTCCAGAAGAACTTTGATTAATTAATTCTGATCAGAATGAATAGTTGCAACATTATTG[T/C]GTAATTTCAAGGCAGTACTCCTCTCTATATATATTGCTAGCGACTAGCAGCTGTCTGCAG
rs1665	7	AAAAGTTCAAAAATTAAGTGCCGGACGGTGCATATATTATATCAAGCTGAGTTATACTAA[A/C]CCATTTTTTCTTAAAAGTTACACTTTGGGGGTTAAATTTAAGTTAACCCTTTTGACGAAA
rs1666	7	CCCCTCATACATCTCCACTAAGCTATTTGCAAACATAGCAATTTCCATTCTCCACTGGAG[T/C]ATGGTTTTCTCAAAATAGGTCTCCAACAAGCTATAATCGATTAGTAGTTCCCATCCTCCA
rs1667	7	TATGAAATCTAGGAGATAACTAAAAAGGGAAAAACCATGTTCACACTGTGTAATGGCCGT[A/G]TTTTGGGTTTTCTACCACAAACCAGATCATTTGAAATATAATGATCTGAGTTCTAATTCT
rs1668	7	AATCGTCGCGAAGACATGCCTGAATTCAAAGCCATCAAGGCGGCCTTCTGCTCGGTACGT[T/C]CTGAGAGCCCTGGAGAACCCGCTAAAGATTCTGCGAATGGCGTCCCGCTCCAATTCAGCA
rs1669	7	GCATAACTGCTAAGAAAACAATGGGCAGCACTAAAGAAGGAAACAGATGAGGGTCTATTT[A/G]TAAGATAAAAAATCTTCAGGGGCTGAAGTGCAGACAACTTAACTATGCCTTCATACACGA

表 C.1（续）

序号	染色体	序列
rs1670	7	GACGATGCTTGATGCTTCCTCGACTCGAGGGGGGTTCACTTCTCCGTTGGATCCCTTTCT[A/G]TTTATTTATTGGAATTACGGGAAGGAACACGACTGTGGGCTGGGCCGGTCGTCAGAACGG
rs1671	7	GCTTCTTCTCCGGTGACGAGTTTGGGTTCCTAGACATCGTGCTCATACCTTTCTCAAGCA[T/G]GTTCCATGGTTACAAGCAGCATATGGTGGGTTTGATCTAAAGTCGAAGTGTCCATTCCTG
rs1672	7	CCAATCTCATATGATGTCACTGTGCCACAATTTGGGAGTCTTAATGATCTTGTTCAGGCT[T/G]TAAGTTCTGCTTGTTCACTGGGAGATGATGAAATCCTGCTGATTACAGAGGTATGCTTTT
rs1673	7	AGTAGGAACAAATACTTGCTCTATAAGCATGATGCATGTCAGCCACCTTTTCATTACATA[T/C]TTGTATGCTTCTTGGATGGCTTGTTGCTACTTCTATGTTTATTATTTGCTGAACAAAACG
rs1674	7	TATAGGTCGAAGGCTTTCACGTATGATGAAGTAGTGGAAAAGGTGGCTCAAAAACTTGGT[T/G]TTGATGACCCAACTAAAATTCGGCTTACATCGCATAACTGTTATTCTCAACAACCTAAAC
rs1675	7	TCTCTCCAACAGTTCTTGCCTTCTATCAGTCCAAAGCTGTCCAAGACCGAACGCTGCCAT[T/C]TGCTTCACTTTTGTCCAAAGCCCTTGGCCAAGTTCAATGCCTCCAACTTCAACAGCAACG
rs1676	7	GGGATGGGATGCTCTTATCCGTCCTCAACAAAATTCGTGGTGGCTGGCCGGCCTTTTCAT[T/G]CTACTCAGAAACGTTGTTACTGTGGTGCTACAGCTGCGACTGCTTACCTTGCTCTGTTAG
rs1677	7	AAATATCACCAAGCAACGAGCTTATGGTTGGATTTTCTTCGGAAGCTTCTTTTGTGCTTC[A/G]ACTGCTATGCCTGTACAAAGTTCACAGATAATAAACTAGAAATAAAATAACCTGGTCCCT
rs1678	7	GGGCGTGAATTATACTGCCAGCATTATGAAGGCCGCCATGATGGCACCAGTAAGTGAAGC[A/G]GTAACAATGTACCCTATTCCAGATAGCTGAGAGGCCACGGCAAATGTCATGGCAGCAATA
rs1679	7	CCAAATGATAAACTATAGTAATTAAGGCAATTTCGGTGTCATTCAAGAGGGAGTGGATGA[T/C]ATGTGATAGCGAGAGGAAAGAGTTATTAGGTGTATGATATTATTCCCTGTCAAATTTATT
rs1680	7	GTCATTCTCTAATATTTGTGTCTTTTAAATGGTTTATAAGATACGGTTAATTTATCAATA[T/G]TGTTTTTATTTTCAGATACATCAGCTCAGATTCCAGCTGCAGGAGTACCCGTTGCAGTTT
rs1681	7	GCCCCTTATAGCGAGGATTGGTCTTCTTGGGCCGTCTGGACTTCTTCAGTGCATCAGCTT[A/C]TTGGTTTGAATTACCTCCTCTCGCCAGCTCCGTCTCCTTACGAACAGGTTCACCCTTGTC
rs1682	7	TTTTCACCATTATCTGAAGAAGAGAGGGGACGATGGAAGTAGGAAGCCACGTACTACTGC[T/C]GGACACCTATGACTTTATTGGCTCCGTGAATGTCACCACCGTGCAGAGAAAAGATGGAAG
rs1683	7	TATTATGAACAATTGTCCACGGTGCCCTTATTGCACTTAAACACGATTCATCAGTTTTTA[T/G]TGGCCACATGCTTTAACTCCATTCAATCTTCAGTAAAGAGAACTATGAAATAGAAGTAAG
rs1684	7	TCTTTTTAGGTCTTCGGAAACTTTGGTTTTGCCAATGAGTACCAGTCATCGAAGCTGTGC[A/G]AAGCAAAGTTTTCAGAGTGTGAAGATAAAATGGAACACCTTCAATCCTTGAAGCTTCCTT
rs1685	7	CCACAATCGTGCAACATACATACATGCACCTAAAAGTTGACAAAAACTCCTAACCATCCA[T/C]TGTTGCTAAATTAGATCGTGCAGACAACATTCTCCTTCTTTTGACACATGAGCAGGGAAA
rs1686	7	AGCCAAACTGACGATAACGATGACTAACGCTAATACCTACTACAACACCAGGTGCTGGCC[T/C]TTATTTGATAACTTGCGCCTGCGAGAATTCTTAGGCAGAAGCAGATGCAGCAGTGGCACC
rs1687	7	TTTTAATTGCAATTTACGATCGCCAATAGTTTGGATTCATATGTTGCTAATCCCAGTTAG[T/C]ATTATGATCATTGTGGTGCTTATAGTCGTGCTGTAATTCTTGTAGCTTAACCCCTCGAAA
rs1688	7	TCATTAGTTAGTTGGTGCATTCCACAAATAAGTATCGTACCAAGCTAGAGTGCTCAAAAT[A/G]TGTAGTTAAACATTATCCACAAATAAGTAGTCTAGCATGTGTACTAGACATTTTCCAAAA
rs1689	7	CCAGTACACTGTAATCTAATACTGCTAGAAGTATACGAATCGCTTGATCGATTCGTGAAT[A/C]GCATCGCAACGAATTTATTCTACTAGTCTACGAGGGATGAAAGCGATTTACTAGAGATAT
rs1690	7	TCTAGCTCAACTCTCACAGAAAGAATATGAATTCCTCACAAGCCCTCCAGGTTCAAGAGT[A/G]TCTGAAATCAGTGCAGCTGAGATAGAAAAGCAACCAGCTCTTTCATCCATGCATGGTCGA
rs1691	7	AGCAACTACCAAACTAACTCACAAGATTGTGAATTGTGAATTTGTGAATCAGTATTTTTA[A/C]ACGCAGTTTATTTTTGCGGCGATTTTCAAGCTACAAATATAAGATACCAAGTTTATCTAG
rs1692	7	CGTGCAAAATCTTGTTTTTCTCCCTGGCTCACGTGCAAGTGCATATCAGGTCTCACGTAG[T/C]TCCCTGCACTTCTACTATACTTCAGCTGTGTACAACCTCCTCCTCTACAGTTTTCACTCG
rs1693	7	AAGGTTATTCAACACTTGCAAAAAAAACTAGCTTTCAGTATGGCAGTTTAATTATCTTAC[T/C]GGGATACCACGGCGACGAAACTCTGCATGATCATTTCCTAAGAGTGGAGCAGTCAATGGG
rs1694	7	ATGGATCTCTGAAACCACAATTACCCAATCAGTTTCCTTTCCCCTCTTTCTACCACAATA[T/C]CTCATTATCTCGGAATGGGATGCATTTGGAGAAGATAAAAGGGTAGTTCTCCCCATTCAT
rs1695	7	AAAATGAGTGCAAATGTGCAACGTAGCAGGATGTGGCTACTGGTACGTGATTAGCGATCT[T/C]GCGTGACATTTGAAAGCTGTTTTCACGTTTCATGAAATTTGGAAGCTGTTTTCATATTTC
rs1696	7	TATTCAGCCAGATCCACACGGAAGATTGCTGACTCCAAAATGGTTCCTTTACGTGCAACC[T/C]GAGGTAATGCTTTTCTTGGGTGAGCTAAATTGTTTTCAAACATTACAGTTACTAGATAAA
rs1697	7	AGTACACATATACCACATTCAAATTAGGCTGGGATGTCATACAACCCACCCTTCTAACCC[T/C]AGAGAATTCTACGTCCCCGTCAATCTAACCACACAAGCATATAAGCAAATTTCCAGAAAC
rs1698	7	CTGATTCAGCTAAATGAACTAATTTATACGATTGGAGTTTTGAAAATAAATTTAGTTCAT[A/G]TAGCTAAACTAGGATGGTTAAGGAGTATTCGTGGGTCGGCCCACTCTAACCCCTAGCTAC
rs1699	7	GAGGGACCAGCTTTTCAAGGGTATCGGTTTTTGCCTCGTTCCGAAGATGGATTCTCTGCG[T/C]AATACTATGTTCACCTCAACAAATTCAATGGATGACGAAATATGACTGGGGCAGTATACT
rs1700	7	GACAATCTCATAAGTATAGCTGATCTCATGTTGCTAATTTTCTTGTCCAAAGATATCAGC[A/G]GTGTTCTGGTTGTCTACTTACTGAATTGGCATGATATGTGCTGTTCACCTACAGCGAACC
rs1701	7	ACAGGAAATGAATGAAGTAAAAGCTATAGCAAATTAAAGGTAGCGAACAACATCCATTCT[A/G]TCCATCCATGATCCACTTGTCCATGGCCATCATATTTGTAGTCTTACCGGTTTGATCATA
rs1702	7	AACTCTAAATCTAGTGATGATCGGCACATTATTGTGTCTATGCATGCTACCTTTTTCCCT[T/G]CTAGGATTATACACTTATCAATGTTATTTCCATAACAGTGAGATCAAGGAGCGCATCAAG
rs1703	7	CCCTGCAAGTGTGCAAGAACCAGTTCAATGGTTGTTGTAAGCTGTCACTGCAGAACGAGC[T/C]AAACAATACGCAGCAGATCATCACTCAGCATCTCTTAATGTTTCCAGAGGCATTGATTTC
rs1704	7	TGACTGAAGCTGCAATTTTGCTGTATGCAGGTTTTTGACAGTCTTGATTGCTTACAGTTG[A/G]CTATATGAGAGTTTCCAACGAAATATAAATATGCATGCTACTGAGAAAAACTAGCATCAG
rs1705	7	AACCGGTATGCTAGTTTGTGACGAATAATCTTACATTTAATCAAAACAAAAGTTGGCCAG[A/G]TCATTCTCGCTAGTAACTTATCCACCTTAGGCTCCTGCAGAATCAGTAACAAATCGTCAA
rs1706	7	TCTTCATAGATGGTCAATTTTCACGAGATCTAATGGAGGAAAAGCGTGTGGCTGGTACCT[T/C]TCGTTGCCGTTGAGGCGCGCGCCGAAGAAGAAGGCGACGGAGAGCAGCCACGAGTCGGAG
rs1707	7	TACGCTATGTAGGAGACCAATTCATCACCTATAAATGTACCATCACCGCCAACTCCCTCC[T/C]TTAAAACTAAGACCAAGTAAGAAGAGCCATGGAAAATAGATATGACATTGATAGGGATAG
rs1708	7	GCGGCGCACGGCGAAGGACAGCGCCATGGCTTTTGGTTGTTTGGCTTTGCACCTAGTTAT[A/G]TCAAAGCTATTGAACGTAAGTTCAAATGTTGGCCTTCAAGCTAGCCTAGACAATTAATGG
rs1709	7	TACAGATAATATGTTTCCAGTCAAGGACCAGGAAACCCTCCAAACAGGGGACCCGAAGTC[A/G]TGCATGACCTTTCCCTCCCACTTATCACCAACTTTCCCTCTACTCCAAATGACAACCTTC
rs1710	7	CAAAATCTCTAAAGCATACCAAGACCACAGATGCTACTGATAAAATGACGCTGTAAATTA[T/C]ATGAATCTGAAGTATAAGAGATATACCATGCAACAGACATCCAGCTAGTTGGCAGAAGAT
rs1711	7	TGAAGGTTGCATTAGTTCTAATATATGATTGCTTGTATTCTGGAAGTGCATACCACCCAC[A/G]TGTTTTATATTGTCAGGCTAACTTATCTCTTTCAATTAGTACGGTTGATATTTTTATGAT
rs1712	7	TAGTAGTGGCAGCTTGAATTGGGTGTAATGTATCCTTGAGCTGAAAGAGATGATGACTAG[T/C]AGCTTTCTTGTGTGCAGGATTTTTATGAAGAAAACTCTCAACTCTGTACAGCGCTGAAAG

表 C.1（续）

序号	染色体	序列
rs1713	7	GAGGGCTCCTTCGATTTCTGTAGTCCATATCTATGAATTTCTAAATCCTGTGCGACAGTA[T/C]GGTTTTTAATAACCTTTTTATATGAACCAAATTGATAAGATTAGGGGCCACCTCTGTTAT
rs1714	7	ATGTCGGAGGAGGCTTTCGAGCTCGGCGGAGCGATGTGCTCAACCGCATCCTCTCCAGCT[T/C]AGTCGTACTGTGCTCAGTCCGCAAGCTCTGCTGAAATGTTTTAACTTGCTCCTCGAAGCT
rs1715	7	CTAGATCCGCCACTATTGGTAAGTGGAGCTAGCTCTCGGGCAGGTCAGGCTACCGCCAAA[T/C]TCTGTCTTTGCCGTCTTCACTATCGATAGCTATCTAGTATATTATCGAAAAACGTTATTA
rs1716	7	TGTATTGTGAGTGATCCCATATACCTGCACAATCTTGTTGAAGTAGCCGCTGAAGATATG[T/C]CCCATCTGAGAGCTGGTAGTGGCCGCAGAACGACGAGGCAATTCGCACGGCAAACTCCTC
rs1717	7	ATCAGTCTTTGAAGCTCTGTCATAGTTTTGAAGGATCAAAAGTCGCTATATAGGGGATGA[A/C]TACATGGTTTCACAAGTTTGGCAGCTGATCATGTTAGAATTTCATGAACTTAATCAGGAG
rs1718	7	AAACCACCAGCAGTTGTCACTTGTCAGTTGTGCATGGTGTCGATCGTATTTGGTTAGATG[A/G]GTCAATCAGATATGTCAGCAGCCATAAGTTATATAAATAGGATTTGGGTTATGTAACAGT
rs1719	7	ATAAGGGATATGAGTTGGAAAAGTTGGGTAAAGAACTCAACCTTTAAAGGGTATTGTTCT[T/G]CCATGTCAGTCTTGCAGTTGATGTTTGATCTAACGGCCGGTAAGGTGAGCCAGAGATATA
rs1720	7	TCTTACTGCTTCTTCGATTCCCGATGCTTCCCAGGCCATAGCAGGCCATACCCAACTTGT[A/G]CAAAGGAATGTCGATACCCACACACATGCCCTTGTGAGCTGGAAGTATAAAACCTTCGTC
rs1721	7	TGCATCACATGGTATATGGTCTGAGTTGTAGACCTCGCAGAATTAGCAGGCTATGTATGT[A/G]GTCTTTCATTTTAAATGGCCCTGCTATGCATGTATATGATCATTTTATTGCCTCCATCAA
rs1722	7	TAATAAAATCGTAAATTCCGTACCCTTTTGAACATCCAAAGTTCGGCAGGGTGCAAATCC[A/G]AGACTGAAGATTAGTTAGAGATGTACCATGTTAGATAGCCTATAAAAAATGTTGTTCCAT
rs1723	7	TTTGATTGGTTAGCCAGAAACGGGAGGGGATCGATTGATCAAGCAATTAGAAATGGAAAT[T/C]AATCCTCCATCCATGACGCGATGCCCTAGCTAGATCGATCCGGGCGGGAGAGAGAGAGAG
rs1724	7	GACTGCAAACACGCCATGTCGCCATCGAAAGTTCGAAACTCCAGGCATATAGGATTGTTC[T/C]ACTAAACTGAACCTAATATATATGCATACAACCAAAAACAAATATTTCAGTGAATTTAAA
rs1725	7	TGTCAGCTTTCCTTTCGGTCACTTTTGGGCTATCCGAAGATGACATGCTGTGATACAGAT[T/C]GAAGAGTTAACATATCAGATTTCACAAACAATTTCCTGTCGAAAATGTTCAGAGGTGAAA
rs1726	7	AATTCTAGTGTTTTTGGTTAGGTTATAGTCCATTCGACTCGTGCTTAATTAGTAGTTGTT[A/G]ATCTTAGTTGTTCCTTAGTGTGAACTTTGTGCCTACTTTCAACCCATGATTTATAGCGAT
rs1727	7	AGCCACAAAGCATGAAAAGAGCATTATGTGAAGACAACATGTGAAACAAGATTCCTGTGC[A/C]GGTGAAGCCATTTTCCCATGCAGCATCCACATAGCATCTGTTTCCATTGGGAATGTTTTT
rs1728	7	CGCGCGTGATCGCGGACGAGGAAAACGGATTTTTGTTGTTACTTTAAAGGAGTGCCCATT[T/G]TTAGTTATAGGAAATCAAATTTAGGCTCTCTCTTGGAGATATTAGTTTTTCAATTCCCA
rs1729	7	ATCAGCCTCTTGGCTGTCGGTATACTTGATCTCTGTGAGAGCCGCAAGAGGAGATCAGTC[T/G]GTTATGGAAAATTACTTGCCGATTATGTAGACATCAGTTACTCGGGCCTAGCTAACTACC
rs1730	7	TATAATGTAATACACAAACTCTAAATCCCGTGAGTGTTTGCAATATGGGGCTGTGCCAAA[T/C]ATAGCCTCAAATAATTGAGAGTAGGTCTGAAGTATTTCTGTCGACGGGATGTACCCGACA
rs1731	7	TTTGTAAAAAGCAATGATGTGTTCCTTTAACTCCCCTTCTTCAGAGATCAACTCACCCTC[A/C]TGCTCCAAGCTAAAGATCTATTCTGCAAATTCCTCACCACCTAAAGTAAACTGAGGGTTA
rs1732	7	ATGCGTAGTACCCCCTTTCTTATTTCATTTGGTGAGGGGTAGATGGACTTTGTGAAGATA[A/C]CAAGGTTTTGTATTTAATCATTTGCATATTTATCTATCTAGTACCTTTGTATAAGCATTA
rs1733	7	TTCATAGGAAAACATTGCTGATTTTTTCTCAAATTTATTCATAAAGTATTTCTTGTGGTG[T/C]AGCAAGGTAATATCTGGAGGTTCCAAGAACAGGGACCAATGTAAGTTCAGTTAAATTCTA
rs1734	7	ATTCTTGTTTGACAGTTTGTTGTTATATTAAGAGATTGCCAATTCTTTTGATTAGACAGC[A/G]CTAGAAGGTTTTGAAGCAACACTGCGGACATCACCTAATGATCCTACTGCTCTTGAGGTG
rs1735	7	CTGCTGCTGCTGGACTTAATTGGCTTTGTAACTGATGGATGCTGAGCCACGTCCCCCTCC[T/C]CTTCACTGCATAACTGGACAACTGCCACGGCAATGGTAGATGGCTGACTTTGGAGGTTTC
rs1736	7	TGAAAAATAGAGAAATTTATTAATTTCAGTAATATAGGATTAATAATATGAAAAGACGTA[T/C]TTAATTTTCACTTGGTCGATCTCTATGACACGAGTACACGACTGCGCTCATATGCCTATA
rs1737	7	TTCCAATCTGTCTGTCTGCTGATGGCACTTGGTGGTTTGTTTTGCTGTTTGATGAGAGCG[A/G]CTTGAAATGTTGCTCTTAATATAGGGAAGATGCTGGTAGCATGGAACTGTTTGCTCGCTG
rs1738	7	ATTGGTTCGAGTCAACACAAACTTGCTACTACTAGCAAGTTAGTAGCTTAGTAAGCAATC[A/G]ATCATATAAAAACCTGAAACCACCATTATATATTCTAAACATGTTGACCAGCAGATCTAG
rs1739	7	GACCACCTACCATCAAGTTGGTACTTCATTTAATTATGCTTTTTTTCTTGTCAAAGATC[A/G]ATGATGGGTGATCAATTCAACAACTTGGGGGTGTACAGTTCAGAAACGAAGTCGCTTAAC
rs1740	7	AAGAGTCAATCAGTGTAAGATAGCATGGTTACTTTGGTGATTGTTTGTTCCAATGTTTCC[A/G]ACTAATGCTACAGATAAAACGCCCAAGAAGCATCGACATGGAAATGAAGAATGTTAGAAA
rs1741	7	CTTCTCTGTGTCTAGAGTTGCTCAATCGAGACCAAAAGCTCACTATAATTCATGCCAAAG[A/C]AGAGGCAAATAATATATTTCAACTATTTGACTGATGGATATGACACATGCAGGTTGTGCA
rs1742	7	ATTCACCAGGAAAGGTCAAAGCTTGCTGAAGAATATATGGGGACGTACCAGTGCGCTGTC[A/G]CCTTCCTATATTAATTGCGAGGTACAATTTATAAATACAATATCTGCTCCTCAAAATAAT
rs1743	7	AGTTACATACAAAAGGCACGGAACACATCAACTATAAAACAATATCTGATATTACTAAGA[A/G]AAATAGTAGTGTGTAGAAAGCTTTTGGAGGGCTCATGCCTATATGTATTGTTGAATGCTA
rs1744	7	TGTCGTAGTTTATGCCAATCTGATTGATGGGTTTATGAGGGAGGGCAATGCAGATGAGGC[A/G]TTTAAGATGATAAAGGAGATGGTTGCTGCTGGTGTGCAGCCAAACAAAATTACCTATGAC
rs1745	7	GTAATAGCTTAGTTCATAATTCTTTTTGCAATTTTCTGATGAGCAATTAACTAGTAAGG[T/C]CACTAAATTGGGAATTATGTTGGGGGTGATGATACTTGTGTTAGGACTATACTACATGAT
rs1746	7	TTAGATATGTGTTATTTTTCATTTTCGTGATCACATCAATTGTTTGTCTGCATAAGCCAG[A/G]ACATCACATAAGCGATGTGGCAACCAATCAAGGGTAGAGTTTTGCTTGTGGAATGGAAGT
rs1747	7	CCTCTGGTTCCCCATCCTCTGCTGGTAAAGAGAGGAAGGGGATTCACCCTGCCAATAGAT[A/C]TAGTAGTTTGGTTAGATTTTTCTCTAAATAAAGTTTTAATTTTTTGTTTTGCCTCATCGA
rs1748	7	GTTGAAAAATAGAAAACAATGAAAGAACACCTAGATTAATTTGAAAAAAAGTTTCCCATG[T/C]CATGATTGGTTGAAAACATGAGTCTCATGGACTAAATGATGCGAACATGTAAAAGAATGT
rs1749	7	ACTTTGATGGTGCAGCTGTGGTCATCAGGATGCTTTCCTTAATGAACAAAAGAGCTTTAT[T/C]GCACATCTTTCACTAGGGAGAGTAACAAATAGTAGTTATAATCTCTAGCACTTAACAGAA
rs1750	7	TCATCAGAGTAACAGCCCTCTCAGACTCTGCAATCCTTCCTAGGTGATCAAGAATCCCTG[A/G]TGTACTCCCCGCGGCAATGCCGGACGGAAGCACCCTACGCAGATCAACCCCCATCGCTTC
rs1751	7	TCCTGATCTTGAGGGCAATCAAAAAGTGGAAACACACTGCTCCTTACCTCGACATTGAAC[A/G]AACCCATGTGGAATCCGGTCACGCCCTCCTTAACCGTGTCGACAAGTCCTCCAGTAGATG
rs1752	7	TATGGTTCTGATACGCAGGGACACCATAGGTTCTTTTCTGTACCCTATTCCCTGTGGCCT[A/G]CATCATGTTGCATATAATGCCCAAGCTTTTGCACTGGAATTCCAAGTGACCAGAAAGCCT
rs1753	7	TAGTACTGGAAGGAACTTGAATTCTTAGAAAGACGGTGTAGTCATGACGTATACATGTAT[A/G]TTTCGGAGCATCTCTCAAGTTTCGATCATTATTTGGAACCTTCCATGGGAATAAAATGAA
rs1754	7	CTTGGTTATTAGCATTATTGACATGTCTTCCTAGTCTTGGGCTTTGTAAATGTCTGGGAA[T/C]CATACTATAGTGAGAGCTTCGTTCAACAGTTCTGTTATTGGAGTTTGAAATCACCGAAGT
rs1755	7	TCATTAAGGATATTTGACCTGGTCTTGTGCGCAACCTTAGCCTATCAATCCACATTAATT[A/G]CGGTGTATTTCAATTTCTATGGACAAATCACAGGCGATGCGGGGGTGTCGCTGTGCATGC

表 C.1（续）

序号	染色体	序列
rs1756	7	ACACAGCACAAATAGGATCAATGGGTATGAGGAATATAATGCGGCTGAAGATACTGCTGG[T/C]TGCACAGAAGAGTACAAAGTCATTAGGTAGGAGAAATGCAGAGTACTTCATTACTTATTC
rs1757	7	GGACAAACAATTAAAAGATCCAGTTAGAATTGAACTGAATCCTGATATGCCAGGAGACAA[T/C]GCACATGGTATATGTGCAACAGACCATTTGCGAAGCACCGTGAAGAATGAAGATGAAGGT
rs1758	7	AAGAGAACAATAATAATTGCCATGCTGTGAAGCGCTTGTGCTTTATGTGATTTCTCCCAC[T/C]ACAAGGTGGCATATTTGCTATGTGATTCATCGTTTCTTCAACCTATTCATCTTCACAGGA
rs1759	7	ACTGTAGTAGACTTTAGAGAGGGATGGGGACCAATTCCAATTCCAAGTAATTAAGTGCGT[A/G]CACGAACTAATCTTTGATTTGTTTATATAGCTGTTTGGTTGGCGATTCCAGTGGTGTATC
rs1760	7	CCGAGTGCGATGGTGACGGGGGATCGATTACCAGACTTGTCTGGTTGTTGCCTGTCACAA[A/G]ACCAAATTGTGGCAAGGGCGAGACATCAGTCAAAGGGAACACTGGTGGCAAGACCTACAT
rs1761	7	GATAGATGCTGGAGAATGATCATGAAGTAATGAGGCTTCTTCAGTGTAGACTGCTCCAGT[A/G]ATCTTGACAAATGGACATTCGAAAAACCTTATGTGAGACAACAAACACCAGCAAATGGAA
rs1762	7	TCTCCTTCGCACACAATGTACTCTTACGTGGCGTTGTGGATTAGTGGTCCACACTAGAGC[A/G]TTGTAAATGCTCACATGATGAGTCTTTATCATAGCTAGATCCCAAGGGTTTATAGACACA
rs1763	7	TTCCATTCAAGAAGGCCTGAAATCTTCTCTTCAACCAAGTGACAGTGCAAAGAGCCTAGA[A/G]ACTTATACAGCATCAAAAGCTATGTCTGCTGCTCAAGATTCAGAGTGTAATGAAGATGAT
rs1764	7	TGATGAACTGATCAGTAAACTTTATGTCGGCTGCAGTAGAATCTTCTCCATCTCTCGCTA[T/G]TAGTAAAATCTTCCCGATGGTCTTCACATGTTCATCATATTATACTACACACGTAATTAA
rs1765	7	AATGTTAGCAGATCCATCCCAACAGTGATCTATGTTAGCAGAATCAGGGCTAATGCATGA[A/C]GATCTGATGATGATCACTGCCCCTCTTTGACAAGGTCAAGGAACATGGCCAGAGCCGATT
rs1766	7	CCTCAAAAGTTTTTTTCCTCCAGAGATGTAGCTCCATGATTTGAAACGTCAATTCCATT[T/G]TCATTCTGCATCCCAGTATTCAAATTGTTAATTCCAGTGCCATTTCCATTAGCTGGTTTC
rs1767	7	TGTAATAACTGCCTTCCGGTCAAAGCAGCATTTACCTTTTTCAGCTTTTCACTTCACTCA[T/G]AGCCCGAAGCAACAGGTTGGTAGTAGTACTCAACAATCACTGTCTAGTGTTAGTTTTTTT
rs1768	7	AATATAATTAACTACTCATCCTGATTCAATGCTCTCACGTCCAGTAATAATAACCGCGTG[T/C]TGCTAATTAACTTGCTATAGCTCTTCAAAGGGAGTAGTCAGCACGTGTTGTGATAAGTTT
rs1769	7	GCACTGTTCCATAATTTGGTACAGCACCCAGATTGGCAAATGTCACAAGCTTGCAGCGAT[T/G]CGTACAGTAAAACTCTCAAGAAATGGCACGGATGGCTGGCGAGTTCAAGCTTTTCGGTAG
rs1770	7	TGCAGGTTTTGCATCACCTTCGTTCTCTGCAGGTTTTGCAGAGCTTACCGCTGTACCACC[A/G]TCAGCAGAAGGCATGGTTACGTCGACTGGCGTGGAATCTATTGACGGATACTGAATAGGA
rs1771	7	TAATGCTCAAGGGGAGAATTCAAGTGGCAAACAACATAAAAAAATGAAATGGCTTGGTAG[T/C]CCATTTTGTAAGTTGTGTGAGTCTAAGGAAGATGTGGACCATCTGATTTTTAAATGCTCA
rs1772	7	CTCGAAATTTCTCTCCAGCTTCCTTTCAATAACATAGCACAGCTGACTATAATACCCCTG[T/G]GTGTCCCAGACGGCGTTGCTGGAGGCACGAGAAACAAGATTTGCAGTGGAGCTACTCGTT
rs1773	7	CCACCTTAGTTTTCTAGCTAGCGGTAGTTGAAGATAACTCCCTTGCAGTTTCACTTGATC[A/G]AGGGCAAAACTGATATATATATTTTATACTTATTTAAGTGATTTAAGTTAATTGAAATTT
rs1774	7	TGTAGGTTGACAATATGTTTTATTGTTGGAAACATGGAATTCCATCTCTTGAACGTGCGT[T/C]GAAAGGATGCATTTGCAAGTTTACAAGTGTAATGTGTGCGTGTGTATTGTGTGATATGGT
rs1775	7	ACACCGCCTGCATCATCCATCCAAGAAGAGTTTCAGAGCAGGAGACATGCCAACATAAAT[A/C]TTTTGTCAGTTTTGATGTAGCAAGAGCAGCTAATGCTGGATTTCAGAGCAGGACAAATGC
rs1776	7	AATTTAATGCATTATTACAATAGGCTCAATCAGAGCATGTCATCAGATAGGTACATTCGG[A/C]AAATTCATTTCCCTGAAAGACAATTTTTTTCATAACATACAGTAGTACTCCCTCCGTTGT
rs1777	7	TCCATGAATGTGAATTTCTATTCCAGCTATGAATGTGTAATTGAAATACAACCTTACAAG[T/C]CGTACAGCAATGGCCTTAAGGAAGGACCAAGGTACAGTGCAACCATTGCAATTCTGCTTT
rs1778	7	TTAATTTTAGAAATAGAAAGGGAATAGACATATCTCTACGCAATAAATAGTTCTCACCTA[T/C]GAAGCGAGGGGATCCTCACCCTTATTCTAGCAAATAGTCCATTCCCCATATACATTTTAT
rs1779	7	CCGGCCCTTACCTTGTGATACCTGCTTTAGTTTTCTGCTTTTATTTGCCAACATGAAAAA[T/C]TTCTGGTACATCTAATAGAATTCTTGGATGCCCCTGATTGTTAGACCAAAAGCCTGAAAT
rs1780	7	ACCCTTTTTGGGTTTGGGAGGCTTGGGGAAGTGAGGTGCTACTATCTTGCATTTCTTGCT[T/C]AGCTGCTGCGAAGATTTCAGCTGCATCATTTGCTCAGCTGGTGTGAAGATTCCTGCTCAC
rs1781	7	CCCACAGAGAGTTAACTGAGGTGATCGCAAGTTCCCCAAGTTAAGCAACCACTGCAAGCC[T/C]TCTGCAGCCTTGTTCCTCCCTCATATACCTTAAACACCTTTTTTGGATAAACATGACAGC
rs1782	7	TTTTTAAAGAACGCCCTTTCGTTTAGCCAGAAATAAAACAGAATTTGTGAAGCTTTACTT[T/C]GACCAGAAACTGTGATACATAGTCATATAACTCAATGTGTGCGTTAAGTCAACTAATAAC
rs1783	7	TTCTCTTAAATAGTTCCTATATACTATGGTAATACTCCTGTAGCTAGTGATCCTGATCCC[A/G]GCGCACTGAATCAACTCGAATTAGCGAATTTCTCTCAACATACTCGAAAGAGAGAGAGAT
rs1784	7	GCTGCCCGGCGTCTGCGGCGTCGTCTCGCCCTGGACGTTCGCCGCGGGGAACACCAATAG[T/C]AATCGTCCCTACTGCAGAAGGTATGGAAGAAATCAGGTTGATTTTAAATGGATTCGTTCA
rs1785	7	CTAGCTAGCCGAAGGAAGGGAAACCTTATATCACATCTTAGAAAACACTTCCTTCGTTGC[T/C]ATATATGAGCCCCTCCAAGAGGTAAGCACGTCCAGCAATGAGGTGTCCAAGCCTATACAA
rs1786	7	ACAAACTTCCAATCTATCCCTAATTATATAAGCTTGACCCGTTACAACGCATGAACATGT[A/G]ACTAGTAAAAATGAAAGTAGGAGGTTTGGTGATAATTGGCTTCGTCATCCTCTGCAGCTG
rs1787	7	ATTTCGTGTTTAGATGTTAATTTTGGGTGTTCACACTAGGATTTCGGGCCGAGTTGACAC[T/C]GTTTCTGAGTCAGTGATGAAAGCGGATTGATTGATAATATCGCTCATCAGACGTGTGGGC
rs1788	7	CTGTACAGTTTCTCGGCTTAGCAAACCGTCCGTGTGAAACTATTTACATAACTGGTTATC[T/C]TGACTGAACCGTTTGTAAAAACTACAGGGTTGTTGACTTTATTGTCCTAATTAACCATAG
rs1789	7	GGGACATAAAAGATAGATGAATGAAAAACGAACCAAGCACCCTCATGCATATGTCCTAAT[A/G]TGGTATTTTGATCACTTCGAAGTTACTACCCATCTTGAGAGTACGTCAAAACTAGAAATA
rs1790	7	CTTATATTTTTTTATTAACCATCTTGGTTGGTTTGTAATTGTTTTCTGTGTATTTGAGC[A/G]ATTCTGATTCTTTCGCTGTTAGCTCATACTTAAGGCCTCATTTGATTTGCATGAAAATTA
rs1791	7	TGGGTCAAGTGGTTTGTTAAATTTTTGTGTGAAAAACATTAGTGAAGCCAGAGTAGTATA[T/C]TCCATAAAATTCTTGAACTTTCCCTATCTCCACTTGATGCAGATACTACTCTACATTATC
rs1792	7	CAATTTGGACAAATACTTCAGCACGGATATTGTGAATCTTTTGTGTCTCAAATGATGAGC[A/C]CTTAATAGCCATTGTGTCCACCTATTAGCTGCTCATCACTCCACATGCTATATTAAGTGT
rs1793	7	TAGTTTGTGATGATTTTGATTCTACAGTCTTATCTTCCTCACAAGGGTGGGCACTACTGC[T/G]GACCTCCTCCTAGGAGTTAGGATATATCTCTGCCTTTTCGGTTTTCTGGAGAATATTAAA
rs1794	7	TTTTTTGTTTTTCAGTAGCAATGAATTGTGGGCCCCTACTAGCATTCCTCCACAGGTAAC[T/C]CACACGTGGCACGGATCTAAAAATTGTGAATTGAAATATAAACTCAAAATTGGAAGCAAC
rs1795	7	CAATTCACACGCTAATCAATCAATTAACAAGAAATGCAGGTAGCTAGGAGGTGCCATCAC[A/G]AACTTAACAAATGCAAGCACTTGCAACATTAATTCACACTCACACACATCATGCATATAC
rs1796	7	ACGATGGGGCTTATTGTGTTTTAAGTTAGTGACATGTTTCAATAGCTGGCCCCTACAAGA[A/C]TTTTGATCAAGCTCTGTCACCAGGGGCCTGTTTGACATAGCTCCAGCTCCTCAGCCAGGG
rs1797	7	CAAACTGGTCTCTAAAGTTTCTATTGGGGATTCCGGATTCATCGGCGGCAACAACAACAA[T/G]AGGCGAAGGGGAGATGGAAATCAGTCGCCTCCTAGTCCAATCTAGGTTTGTGTCAGAGAA
rs1798	7	GAGAAGTAGAAAGTATCGTCTGGCAGATAGGCAAAGACATGATCGGCATGTTGAATGGCG[A/G]ACCAATATGTGCTACTGGCAGAGGAGCATTTATCTAGTAGCTCTTCAGTCCCAATTATAT

表 C.1（续）

序号	染色体	序列
rs1799	7	AATCCTTCCGCGTTCACTCGGACGACACCTTGTTTCCATTGAAGGCAAGGTGTTTGAGGA[T/C]GGCGTGGTAACTCTCTTTGTCCTGGCCATTTCATGCTCTCCAGATTATCCGAATGCATCC
rs1800	7	AGGAGGAGGAAGATGAGGACAACTGGCCACACGGAGGAGCAGCCGGAGAAAACCCCAACG[T/C]ATGGTAGGGAAATGAAAACGGCAGGTAGCTAGCGAGAGGAGGAAGAAGAAGACGACGACC
rs1801	7	TGAAACGGAGGGAGTATTATCTTATTAAACCCTGAAACGGTACATCTGTATCGGTTGGTA[T/C]GAGAACTTCCTTTCTAAGAGCCAAATTGGAATGGCCTCTCGAATGAAATTGACAATCTTG
rs1802	7	ACTGGGGCCTCTGTGTTAGTGGAAGGAGTTATAGCAAGCAGCCAAGGTGGTAAACAAAAA[T/G]TGGAGTTGAAGGTTTCAAAGATCAGTGTGGTAATGGTTTCATTCTGCCTATAGTTTCCTC
rs1803	7	CTTTTTTCAAATGTAAGATTGTTCGAAAATGATGGTGTCAACTAGATCTTGAGCAGGAAA[A/G]ATCAAAACTAATGTTGTGCAATTCACCCAAAGAGGTGATGGAGGAGATTTGGAAGTTTTC
rs1804	7	AAATTAGGCTAGATTAGCTTTTGCCGATGCAATTCTGTAATTCTTCTTAACGGGAAAAAA[T/G]GATACTTCAGTACCATTTTATCCTTATCATTTCCCCTACTCTGTCAAACCGCTAGGTGCC
rs1805	7	ATCTTTATCTTTTTAATCAAGTGACCATATGCATATCTTCCTATTTTATTTTCCTTGCAC[T/C]TGCATGTTGCGGGGCATTTAATTATTCCCATGGCAGGCGGTTCTGTTCTATATACTCCGA
rs1806	7	AGTTTCATTCCGTACCACCATAGGCCTTTCAACTGATGTATCTCCTTCAGGTTGATCAAA[T/C]GGAATGTTCACCGGCTGTTCAGGAGTTCTTCTCACAGTTCCCTCACCCTTCACATTATTG
rs1807	7	TTTTCTGGATCTAAGCTCGAAATGCCTAGAACTAGTACATTTCCGGCAAAGATTGCTGGT[T/C]TTGGAACAACAAAGCTCCTTTCCTTGGACAAGGCTCAGTATGCAAGATTTCTAACAGAGA
rs1808	7	TCCCATGCATAATACTCAGCAAATATATAACTGTCAAATTATAGCTGCATGTTATAGAAA[A/G]TTATGCCTCACGAATTTCTTGTGTCTTATATGCAAAAAAGGAAAATGAACCCCCCATGGC
rs1809	7	AGATGCCATGGAATTTAGAGAACACGGTCATCAGTCCATGTATCAGCTCCTACATTTGCT[A/G]ATACGGATCCTACAGGAGAATATCTTCACGGCACATCTACAAAGTTAATCTCCGCGTTTG
rs1810	7	TAGACCCTTGATAATTTCCGTTCTCGGTTCGTCACTACTTCAGTGCTTCTTCCTTCAAGA[T/C]ATCAAGTGTTTCATTACAAGTTGGGAAAATATGTAGTGCAAAATGTAACGTAAACCTGAA
rs1811	7	GTACTAGATCTACACCGACCGAATATAGATCTTGTCAAGTTTCTCTGATCAGATCATGCA[T/G]GACCCACAGGCCTTCAGAAGTTCATGTCCCTCTAGAAAGTTGGCAAGAGTGAATGATTAA
rs1812	7	ATACGTACATGGTGCAGTACACGTATGCATGCATACACTGGCGACAGGTAGGAGTGAACA[A/G]TGCCTTGAACGGCGATCGATCGAGGGACTTTCGATCGTACGTTTGGAAAGAATCCGGCCC
rs1813	7	GCCTGGAAGTGTTGCAAAGACCAAAAGGGCACCCAGTGAACAAACAAGGAAAGGGAGCTC[A/G]TCCTCCAGTTCTCGCCCTCTTCAAAAGCAACCACAGAGGCCTGAAATTTCAAAAGGAGCT
rs1814	7	CCACTAACCATGGATCACCCAAGTTACATTGGGTCTGTTCCACCATGGATTCAATCAGAG[T/C]CATAACTTTAGATCGTGGACTTACACAATCCAAAAGACAGTCTCATGGATAAGAACTACT
rs1815	7	TAAGTTTTCACTCATAACGCCTCAATGTCATTATGTCATGTGTGCAAAGACGAGATTAAT[A/G]TTAATTGCCCTCATCTCTTTCAGCGTCTTATGCATGGTCTTGTATTCTCGTTGTTTCTCT
rs1816	7	GTCATTTCGTAAAAATCCTCTCTCTAGAACAAACAAAAATCATAAAATATTGCATGTGGT[A/G]TCCTTCAATAAAAAACTAAAATTTTAGGGCGTTCATGGGCAAAGCCACATTCTTGCGATG
rs1817	7	ACTTGTTTGTCATAATAAAAAGAGAAAAAAATGCAATGGATCTTGGAGCGGTTTTGTCTT[T/C]TCGCACAGGCATGTTGGAGCTTGCAAGATCCTCGAAGATGCAAATATTCAGCTACCACTA
rs1818	7	GCTGCCATAATTTATGATCCAGCATTAGATCTGAGCTAGGAGGTAATATCTGAACATCAC[T/C]TCTGCTATTTGATGAACATCATATTTTCATCATATATACTTTCTTTTTCCAGATTTCCTG
rs1819	7	AAACTAATGGTTTCTTCAGGTAATCGGTGACAGTTCACTGGAATATGCGGAAAATATATA[T/C]CCCAAATGCTAGCTATAGCATCTTTGGATCAAAGGAAACGGCATGAAATCAAAATCAAAT
rs1820	7	TTTCTTATTTGCAGAGATAAAATAGTCCTATCTTGTTGTTAGCTGTTTATCTTATTTGTT[T/G]CTTCATTTCAGGCAGGAAAAACATTGAGTGTCCGGAAATGGCAGGCTGCATTTAGCACTG
rs1821	7	AATCTCAATGGGCGGTCCTTTCAAGTTACTGAAGTTGATGAAAGATACAAAATGAGAAGT[A/G]TGAACTAGTGCCGTTTTCGTGCCGCGTCATGCCGCATATCCTCTCAATGTACGTCCACTG
rs1822	7	AATATAGTTGGGGGGTCTAACTTTACCACGACTTAGTTTGTTAAGAATGTGACGACAATT[T/C]ATTGGTCCCACACAAGTATGGGATCATATTTAAGTTAGAAATGAAGTGTATGATGACAAT
rs1823	7	TTGCCGAGGCCGAGGAATTGGTCTGTGGCAGGGTCGTGGTCTTTTTAATGAATTAGTCCA[T/C]ACCACAGTAGCACAGTACATTTGCAAGTAGCAATAGCTCGCAAGCCAGTTGCATCACTGC
rs1824	7	GCTTCATGGGCCTTACGGGCCCAAAGTAAAAGTATACGTCGCGGGTGCATATGCTCGAAG[A/G]TGTAGGCGGCCGGGGTGAAACGGTGGACACGGCTAGCCGCCCATGGATTTGTTTGCTGAA
rs1825	7	ATTATGGGCTTGAGGATTTCTTCCAGGAGGTATCATAACAATTTTATCCACACCAAGATT[T/C]TGATGCACTATTGTCTATGATTTTGTAGCCATGAGTGCTAATTTCACAAAATGATGATGA
rs1826	7	CATGGAAGTACTTTATTTACTTTATACGTCTCGTCCATTCTACATATTATATGGTAGATG[A/G]TAGTGATTAGCTCCTCCAAGAACTCAATTGCATATATCTTGTTTGGAGCATGATTTGTAG
rs1827	7	TCTATCCACCAACCATCTCCGATTAATGAGGAACTTAGTCATTTTCCCTCCTTACTAAAA[T/C]CTTCTTGGGATGAGGAATTATTTTATTTTGGGACACTGGGAGTAGACCTAAGCCTAGTTA
rs1828	7	GGGACAGCAAGTGAACTTATCTCTTGTTTTAATCATCTCCACATGGACAAATCCAGCCCA[T/C]TCATGAGCAAAATCGGCCCACCTCTTATTTCACGTGAACAAAGTCTGCCCACCTCTTTCA
rs1829	7	TCCATACAGTTATACAAGCAGAACTGCAAACCAAATAAGTAATCACTGTTCTAACAACGA[A/C]GTTGCAAAAAGGACCATAGCTAAGACTGAAAAATTCAGTAAACATTTTCTCAGGATTTCT
rs1830	7	GGTATTCCATACTAAGAATATTTTAAATATCACTAGGGTATTTTAAATGGGATATATTTT[T/C]TTTACCTATTAAAAGTGAGTCATCTCAAACGAATCACATTAACGCTCGTTGAGGGTAGTA
rs1831	7	ATGGAATCCGTACAAAGCCCACACTTCTTGTGGGGCTACAGGGCAAAATCAATGATGGAA[T/C]CAAACAAAGTACATCAATCTAGTGACAGGGCAAAGACCACTACACATGCAAGATTAATGA
rs1832	7	ATGACCAGAACCTGAATGAAAGAAAACCATTTGCCTACAAGTAGCATGTGTATTTTTTCA[A/G]GGAATTTTCCACAGATTCTGACAATAAAACTTGACAGAAACGCACAAAGAGCCAGATTGC
rs1833	7	GGAGTAGTTACTTAATTATGTGCTACTCATCTCATTTTTCCTGCCAGGAAAAACTCAGCC[A/G]CATCCTCTGTTTCGAACGCAGCTCTGATTGGCCGCATGCAAAACAAAAAAGCCCATCTAG
rs1834	7	CAATCCGGACGGAGGCCATCGCGCGGCTCGCCGGTCCACGTGGCGCTTCCCCACTGGCCC[T/C]CAACTTATCCAGTCAGATAAGGTTGCACACCAACACGTCCTCCTCAATATATTTTTTTCC
rs1835	7	GGTGGCCAAAATTCACTTGCGGGTTATATTTTTGGTTGGGTTTGAACTTCACTTGCTTAG[T/C]CTCACTTGTTCGCAGTGTTATTAGATCTCGGGGCCTATGCCGTGGGAGTTTCTGGGTTGG
rs1836	7	CCTCTGTACCGTGAGTCTGAGCTTATACAGGAAAACTACCTTGGTATGTGCCAAAAAAAA[A/G]GCTAGTTGAGGCCAACTATTCTTCCGTTTCTGCTCTGTTTCAATGATGTTAGTAACATAT
rs1837	7	GCCACTTTTTTCGTACCTTGGATGGCAATTCAATAGTTCTCAATTTCTCGTCATTATCAT[T/C]GTTACTTACTGCAAACAAAACCCATTCTTTCTAATAAATTACTCTAACATAAACATGAAA
rs1838	7	ATATGTAACATTGTCAAACTTACTAATATATACCAAGTTGCCTCCATTTATTTTTACATT[A/G]GTGGCTCTGATCCCTGTTCTCGATTTCTGAAGAAGCTGCTTATCATATCAAAACCAATTA
rs1839	7	CAAAGTGCATTCGTGCCAGGTCGCCTAATTACAGATAATGCCTTGCTGGCTTTTGAATGC[T/C]TCCACACCATTCAAACTAACAGAAGACAGAATAGAGCAATGTGTGCCTACAAGCTAGACT
rs1840	7	CCATTGCTCGCCACTTTCTTTCAGGTTCATACAGAAAAGTCTACAGATGTTAACAAGAGA[A/G]CTAGTATCCTTTGTAAATTACATCAAAATATAATATTACTATGATTGCGAGACGGATTTA
rs1841	7	ACTGTATATATAAACATGCACAGGTAAGTTCACTGATAACTTCTCCATCTACACATCACA[A/G]GTTCACAGCAATTGCCAAGTACTCTCTGAGCTCTCAAGCTACAAGTTCTTAATTACATAG

表 C.1（续）

序号	染色体	序列
rs1842	7	AACCCTCTCTGACGAGAAGAGATCAGAGACGAGTGTATCTAGAGACACAGAAGCGAATGG[A/G]TGGTGAGTTTGGAGAGGCGGAGCGGCGGGAAATATATAGGCGGGGAGGGGTCCGGACTA
rs1843	7	CGTTTTCGAAGTGAAAACATAAAGAAATTTAGGTGGGTAACTTCTTACTTTTTTCTTATC[T/C]ACATGATATGCCATTGCCTTGTCAACCAACATATTAACTAGGTGATACCCCGCGCTTTGC
rs1844	7	ATTTTGCAGGGGGCCAGTGCTGGATACAACGGAGGAAACAAACAAAGGGAAGAGATGGCA[A/G]GAGGTAGTAGTAGCAAGGATCCTCTGTAACAACCATATCTACAACGATCGTTGCAGATTC
rs1845	7	GGAATCTTTGCAGTTACAAGGTTCTGAAACTACCCAGCCGAGGAATCCCTGGTCGGCAAT[A/C]TGAATTGCTGAGCTATCATCTTCTGATCGATGATATATATGCAGATGCAGGAGTAACTGT
rs1846	7	GACTCTGGTCTGATGCTGCAATAATCGATCCATTTGGTTGGAGAACCTTTGGGGAAAAAA[T/G]AAGAAAGCGGTAGGTTGGAGTTGGACGGGGTCAGGGAAGGAGGAGAAGAATAATCGAGGT
rs1847	7	ATTAGATACAGTCCAACGAATTGTGCAGTGTGTACTGGTGCGGAGGCTATTTAAACCGAG[A/C]CCCCATGTGTTCAAGTACTTGTTGGCTTTGTTGCCTCCTCCATGAATGGTGAAACTCTCT
rs1848	7	CGTTTACTGTATAAACACTAAAAGGTGGGGGAGACCACTTGTTAACAGTCTAATGATCTA[A/C]AAGAACATAGATCACAATCAAAATATTTTCTAGGGCTCACTCTGTATAATAAATCTGCAA
rs1849	7	GGAACTAAACGGCCCTATGTCACTGTGTGTGCGCTACGTCAGGAATCTCATGCAGGTCTA[T/C]GTGAAATACAACAGAAAAACCTCCTGTCTCTGAAAGCACCAGCCAGTCGGAATTTCAGCT
rs1850	7	GCTTAAATGTGAGGCACAAATATGTGACTGTTGTGTGTTTCGTTGCTAGTTGCTACAAAC[A/C]TGCAAACACACCTCTTATTTGTTTATAAATTCAAAAAGACAATGTAAGCTAATGTGCATG
rs1851	7	GAAAGCAAAGGAAACCAACATGGTAGTTGTGTTAACTGACCTCGAAGGTTCATACTTTTC[A/G]TAAATATTGGTGGACTGGATAATGAATTGACAATGTTGAAGTTCATCGCGCCATCAGGTC
rs1852	7	TACGTCAGTGACAATGTTTATCTCACTTTACATCCGAGGATCCGAATCCTCTATCAAATG[T/G]AGAGTATTCTAATTTAGCATGAGCGAGTTGGAATTTGCTTCATCAGAAGATCCAGGACAA
rs1853	7	ATGGGACTATCGCTACTTGAAGGCAAACTAGAATAGTTACCCTACCCCCTGCTTCTCTGC[A/G]AACTTCCGTGTACCTCCTGTCTTCCTCCTGCACAATGGTGCCCAAGCGCCATGGTCCAGG
rs1854	7	AGATGACGTGCGCCAGGGCGACCATGGAGGAGAAGGCTCTGATACAGTCCACCTTGAAAT[T/C]TGAGGATTTCTGGAAGACTTCTTGCTACCACCTGGAGGAGGATGTCCCCAAGAAAAGTAC
rs1855	7	GAACAAGGCCATAGGGAGAGCGATCGGGGGAGAGGTGGGTGAATTCATGCGAATGGAGTC[A/G]GAAAAGGATGGCACTGCTGTGGGGCAGTTCCTTCGTATAAAGGTTCGTCTGGATATTCGT
rs1856	7	TCCGCCGCCTTCTTGATCGCCTCCTGCAACTCCTGCAACCAAGAAGGCAAGAACCCATTT[T/C]GCCATCAGAAAACTTATCTAAATTCACAAACGAATTGAAGCGAATTGGTGTACGTGCCCT
rs1857	7	TTTGGAGGGGCTGACACCCGACAGAATTATGTACACTTCTCTCATTGCATGCTATTGTAA[T/G]CGTTCAAACATGAAAAAAGCTATGGAAATTTTCAGAGAGATGAAAAATGGGGTATATCG
rs1858	7	ATGATACTCTTAGCCCTGCTGTTGGAACGAAGGGCTGCAGTTCATTGTTCTTAATACGAT[A/G]GGCTTCAGTATGAATATATGATGAGTTGTGCTGTTCTTTTTTAATCTTGTTCAGAAGACG
rs1859	7	GTTTTTATTTGTTTTTTCTTTTCTTTTTCTTGTCTCTTTGACCATTACTGTGTGCAGTGT[A/G]CCATGCTAAGCTCAACTCCTACCAATTGTGTCGGTTTCTTTGTTTTATTAATCAATCAGT
rs1860	7	GAGGGAGTACTATCCAGTAGCAGTACCCAGTGGACGGCCTACTACTCTACCAGAACCCTC[T/C]CTGGCAGTTAACTGACCACAACAACACACCAGTAGCAATGTACGGCGAAACTGCTGTTCG
rs1861	7	AAGTAGCCTCCTCCATGTGCAATGCACGTTTGCTTACCGTGCATCACAAGAGAACTTAGC[A/G]CTGACAAGTTGTTCATCAAAGTAGACAAACTTGCATACTCCTATATGGGTTAAGAGCACG
rs1862	7	AGACTTATTAAAATACTTACTATTGACAGTTCTCACTCTGCCAATTCATTTTTTTTCTAA[A/G]AAGAAAATATTCGATTGCACTCGGCAATCAATTGGCCTTCATGATATCTAATCCTATGCA
rs1863	7	TACTTTCGTTAAAGAAGGCCATTGCCAGAGGCAAATTCACTTGTTGGCTGTCACCTAAAC[T/G]TGTTGCCTGTTAGCTGCATCCTGTGGCTTTCTTCTGGCTTAGATGTGCCATGTGAATTGC
rs1864	7	GGGAATGGCTTCACTCCTAGAGGATCTTGACGATTTAATTGTAGACCCCTATGAGAATGA[A/G]GAGGAAGAAGACCAGGATTTAAGGTAATAATCATCATCTGGTCATCATTTTGGTTAAATC
rs1865	7	ATTCAACTTAAGTCAAGGTGATGGTCTCGCCTGACGTTAATAGTCCAACTGAAAGCCATG[A/G]ATTCTGTCCTTGCTGCTGGTACGGGTCCGCGTGGCCGGATTAATTTGGGATTTGATCGGT
rs1866	7	AAGTCAAATTGATTTGATGATCATTTGATGGGTGAGATTGGATTCTTTTCACTGATTAAA[T/C]AGTGTGTACACTTGGCTGAAAGATGATGGTTCCGTTTCAGATTGCAACCAACTGTTGCCT
rs1867	7	CATGCATTTCAATGGGAATAATATGGTACAAGAGCAACCAACGAACTCAAACTACGGAGG[T/C]AAGTGCGCATCTAATATAGCAACTCTAATGAGTACTCACTTTGAACTTTACTTACCAACT
rs1868	7	ACTTAATTGTTCATAGCACATCAAAAGATTCTACTTTTTGTATCAGGACAAAGGTATGGG[A/G]GTATGCACCTTTCTTTCACCAATTCTTGCAATAGCACTAAAGATGACCGAATTTGGCACA
rs1869	7	ATGCAAGGATCCTAGATGGATCACTGGACTTATGTTACAGTGCTTGCAAAAGGTTACCGG[A/G]CAACAAGTTATCTTAGCTCTTGTACGTCCCAGGAAGAGGAGCTTGTGTTAACTGATTAAT
rs1870	7	GTAACCAAAGAATGAGAACAAATGATTAAAATAATAATAAAACAGCGTACACGAAAAAGA[A/G]AAAAAAAAGGACGAAGAGATTTTAGTGAGACGTACGCGCAAAATTCTCAGTCGAATCCGG
rs1871	7	ATCTTGAAGGCTTAAGGCTATTCTTTAAGAGCTAGCATTCTTACCAAGCAAGAGGACTTG[T/C]GGTGCGGTTTATGAGGAATGCCTTTGAGTAAAGTGTGTTTTCTTTGAGTTCTTGTCTGCT
rs1872	7	ATTATTTTTTATACTATAACTGCTACAGTGAGTACATGCTTTTCATTACTATGAATCTG[T/C]TAATTCAGTTGTGTTGGACTTTTGCACAAGTCATGAGGATCTAGCAGTAGAATGCTGTCA
rs1873	7	TCCAGTATGCATAGAAGAACGCTAGGATCTGTGCCTTTTTCTGAAAGGAGTGCTTGAAGT[A/G]TTTGGCCCATAGATCGCCTGAACTCAGAAGAGGCCATCACCCTCTCACTTATGAGTTTTA
rs1874	7	CCGACTACTCCCAAGTCCAATCCCAATGCATGCAGATGCATTGCATTGCCTCTTTGCTTC[T/C]TTTCAGCATCGCATAGAGACCAGGTCACAGCAGAAATGTGTACTCCAGCTCACTTCTGCA
rs1875	7	CCATTCAAAGAAAAACTTTCATGATTGGAACTCACTTGGGGCCATGAAGAACAGTTCATT[A/G]CGATTTGCAAAGGTGATTTGGTCATCCTTTCCTGGCACTCAAAACTTGAGGAATTAAAAA
rs1876	7	TAGCATATAAAGCAGTATGAGTTCTTTCTGTATTGAATTTGGAATGTAGGGAAGCAAAAT[A/G]TACAGAAATTTGCCTGTCATTCCTGTATGATACAATATCGGCATATGGCTGTTTCCAGAC
rs1877	7	TTGCAGGGAGAAGGTTACCATCCCGAGTCAGAAACAATTCATAGTGCTGGAAGGGGATGG[A/G]TCTTGGAATACCGAGATCACCTTTGCCGGTCACGCTCACGCCAGCATCGACGAGCTGTTG
rs1878	7	TCGTTGATGGTCCGCTTCATGTACTCGATCCCCATCTCGTTCAGCCTCTTCTCCATCATC[T/C]CCATGTCCTCGCACTGCATGCAAAAATAGGTTTTGGCATTAATTAATTCGTAGTGATGCA
rs1879	7	TTTTAATAGTCTGGTGAATAAGCTGAAAATAACGTGACAATGTGCCACACCAGGGCTGGT[T/C]AGTTGGCTGGGTTATGGGCTTCGCCGAGACGCTTATATGACCGTGATTAATTAGTTTGGT
rs1880	7	AGTGTGACGGGATCGATCGGCGCAGTTTGATTCATGAGTCATGACCAAACTGGGCTGATC[T/C]TTTGCCCGACTTTTGTCAGGAGTGGCTCTAAGGCATAAAGGCATAATGCGAACGTACGTA
rs1881	7	CTGTTAAGACCATATAAAAAAGTTATGGACGTTTGTGATGGAAATACTGATTTTATGCTT[T/C]CTCTGAATGTGAACCAAAAGATTAAACATTGCTGGTTGTCCATCATTTATCAGAATGACG
rs1882	7	AGCTGCAGTTCTCACGAGTGTTCCTGCTAAAAATGTCAGCAGCCCAGCACCACTTTCAGT[T/G]CCAGAGGTGGACCATGATGGGATCGAACGCAATCAAAACAGCAGTTTAGTCCCAGAAATA
rs1883	7	TTTCAGAAATGTTTAACCCAACATCCAGTAACTTCAGAAATGTTTAATAAAGGGTTCCTC[A/G]ATAATGTCCTTGAGCCAATTTGGTGCAAACAATGATCATTTGAGCCAATCACATTCCCCA
rs1884	7	TTGAGTCATTGCTACTTTGATGTCAACGAAAGAGAGAGAGAACTAATACAAGCAATAGTG[T/G]TGCATGTGTCTTACGTGTCACCGCCATGTATGAAAATTGACGAAAGGTTCTTCGGAGTAA

表 C.1（续）

序号	染色体	序列
rs1885	7	TTCTCTTCTACATCTAAAAATATTGAGAGCAGGCATGTAGATCAAACAGCCTTTTTCCAT[T/G]ATTGCACTCCCGGTTCATTTACTGCACTTGGATCGCCGGTTTTTAACGAGCGAAGTGAGC
rs1886	7	TGATTTTCGTTGACGTGGCTTGTTGACAAGGTCCAACCGGCTGAGTCATCATGTGGGGCT[T/C]ACATACTAGTGATTCATTCCTTCCCTACTCCTCCCTCTCCCCCATATTTCCTCTCGCGGG
rs1887	7	GTCACAGTCTCTCTGTGGGAGTCCATAACCATGTTGCTTGGTTAACCAATCAATTTAAGT[T/C]GCAACGACAGCTAAGTACAGTATACCATACGGCCGGCCGTAGGCTGAAGCAGCAGTGGTA
rs1888	7	CACCTGTTTCCTATAGCATGTTTGTTCTTCTAAAAGGGCGCTCTAGGGAAGAAGCATTTC[A/G]AATAGGAAAGGAGATCGCCTCTTCAATAACTGCAATGAATCCGGATCCAGTCACATTGAA
rs1889	7	TAGCACTGTTAATTCCTCTTGTTTGTTTAACTTTGGAGCATCTAGAAAAGGCTTTTCTTG[A/G]AGTGTACAAAGCCTTGACTTCCATCCCTCATGAGAACAATGAGAATTTGGATTCTTATGG
rs1890	7	AGCAGATTCTGGTAATAGTTATATAATCCTTAAAACTGGCTTCCCTAGATTCACACTAGC[T/C]GCTCTGGAAAACACTGCCTCCCCCAAATAACATCATAATCTAGTTTGCTAATTGAAAAGG
rs1891	7	AGATATGGGACTAAGGAGCAACAAAAGCAGTGGCTTGTTCCTTTGTTGGAAGGGAAAATT[T/C]GTTCTGGATTTGCAATGACAGAACCACAAGTTGCATCTTCAGATGCAACAAACATCGAGT
rs1892	7	AGCGATCAACTGGAATCGTCAAAACTTGTGGATGTCACAAAACTACTGATCAACGAAATG[A/G]CACACTTAGCTACTGATGAATAGTGAGCGAATACAACGCTAGAGTAGATGCCACGAATTT
rs1893	7	GAAAGGCAGACACAAAAGTAATGGATGAACATCCTGTCCCCACGGTATCAATCTAGCAAG[A/C]AGTAATGTGTGAAGTACCTGATATTGGCTCGCTTTTGTTGGCATCATCTCTGATACGTCT
rs1894	7	TGTGGTAGGATCATTTGATCGTCCTAACCTTTTCTATGGCGTGAAATCATGCAACCGGTC[T/C]ATGGCCTTTATCAATGAACTTGTGAAGGATGTCTCAAAGAACTGTACTGTGGGTGGCTCA
rs1895	7	TGCATATGATCCGGTTGGAATTGGAATTATGCAGGGGTGGTGTGGGTTGAGGGGGGAGGA[A/G]TTGCAAAAAAATGCAATGGCTGCGTCTGATTTCCCTGTCAAACAAACACGGTCGCTTTCGG
rs1896	7	TTGTTCGTCGTATAATCATCTACTATCTATACGCCTAAAATAGACAAACAACATAATGTC[T/C]GCCTATAAATGGTACCTCATGCATTAGAGGAGAGAATATGCTCTTCGGTAGACATGTTAG
rs1897	7	CTTCGTCAGGATCATCGATCCGAAGCGTTTTCGGAATCCACAAGTTTTTCTCTGCCTTGT[T/C]ATCTCCTTGCGGTTTGGAGTCCCTGGAGTGCTTTCCTAGGACAGGAGAGCCGTTGTCTGA
rs1898	7	AGCTCAATCGAAGTTTTAAATATTTTTACTTCATTATTTCTTCATGCTCATTCAGGCTTG[T/G]TTTCAGCCCAGGAATGCAACTATTTTGAATCGACCCAAATTCCTTCAATTCGTAAATTCC
rs1899	7	CAATAAACAACAAAATCCAAAATCAGAGCGGCATGTATACGAGATGAAGAACAGACTCAC[T/C]CACACTGTCGATCAAGAACAAGAAGAACACGAACACAACAGCAAGAAGAAGAACAACAAG
rs1900	7	GAAGTTGTGAAGGCATGTTCAGGAAAATTCCATCCTCTCTACCAGGTTTGTGTTATGACT[T/C]ATCTGTTGCTTTTATGATAATCCATTGACCCTGTCTGATAGAACTCAATTTTATGTAGTT
rs1901	7	CCTCCTATCTAACAAATTGATGTTAACCAAGTCCAGCAGCAACGTGCGGGGCATCCTCTA[T/G]TAGTTATTGATGTCATGGCCATATATTGTTGACATGGCAGATGATCTTTACCATCCATTG
rs1902	7	GTTCTTTGGAAGACCATCTTCACGGTATGCCACTGAAAAACCTTAATTGGATCACTGCTT[A/G]CTTTGCTACTGGATGATTCATGATGTGTGTGCTCACAACTAGATTTTGTTTTACCCAGAT
rs1903	7	CTCATTTGAAATCAAGGACCGCTCCATTGAGTTCGATGAAAACCGCAATGTCAACCGTGC[T/C]GAGTTTCTCGTTCGAGCATCGATGCAGTTAGTATGCTTTATCTTTCTTACAGAATTATCA
rs1904	8	ATATGTACACAGCTCATCTTTTTTCACTGGAATGTATAGTAGCAAAGCCATTTGGGTTAG[T/C]TTCCTGAGTACTTCTCATCCACAACTTAATACTCAGCTAAACTGTCTTATATTCAATGCA
rs1905	8	ACTAGAAAATTAACTAGTATTAAGCAAGTTTTTTATATGTATAGCATGACTATCCCCATA[A/C]ACCCCTATGTTATAACCATGCATGATGGTACTAAATAGCAGTATCGTGGTTTTTATATTA
rs1906	8	ACTGATTCAATGGAAGGCTCTAGTAATAAGGATATGAATAGCTCAAAGTGGAAGTTGAAC[A/G]GTAATCAGGCGGCGGAGGGTAATTCTAAGGAGAAGAGGAAAATGAAGAAGAGGATGTTCA
rs1907	8	TATCCACAGATGACAATTTCTCCTCTAGTGCTTTGCAGAGCAAACATGAACATATGAACC[A/G]TGATGCTCTTTCTATAGATGACCGCTCGGTTAAGTCTGGTGATGAATCCGATGGGGCTGA
rs1908	8	TTTCCTTTCCTATAGATACCTTTTTAGCTTGAAGATAACACATACATGATGCATATGGTC[A/G]GGAAGTATATTTGTCCCTCGAGCGGATATGTCGCTCATTCTTGTGTGTTATCTTAATGTC
rs1909	8	GGCCTTCAATCTTAAGAACACCATATCAAGGAAATGCAAGTTTGAAGAGGCGAACAGCGC[T/C]TACGAGGATCTTGACCGTGGCAAGATCGTTGGGCGAGCCGTAGTTGAGATCATGTCGTAG
rs1910	8	GAGGCTCCAACTGCTTACCAAACCAAGGGGAGAGAACTCATCAAACAAAACCATATTTTA[T/C]CAAACCCCTTAAAATCAGTTTGTTGAAATGCCTATGTGAGAAATGGTCTCCCCCTGTAGA
rs1911	8	TAAAACAATCCAACAACTAGCCATCTGAAATTGAGGACTCCAGATCTCAAGAATTCCAAT[A/C]AATTAGAGTATAATTAATTAAAGAGGGAATTACTAGTACAAAGAATCTATAGATCACTGC
rs1912	8	TGGTTATTCTGCAGTTTTTATGCTCGTATCATCAAGTTCATCCAGGGAACATTCAGATAT[T/C]CAGTCACTTCTTGTACCATGGTCCCGTTTGATTTAAATTATTGATAGAATTATTACCATA
rs1913	8	TTCTCAACCGATTGTTCACCACTGAGCTTTAGGCTCTTTCTCCACTGCAATAAAACATCA[A/G]GGTTAAAAACTCAAGTTGCCGGTAATTATGGAGATGCAGCTAGATGCCAGGTGCCATATG
rs1914	8	ACTAAACTTCCGAAGTGAAGTGGACAATTTGCAAACATGCTTTCCTCGTGTCCACATCCC[A/G]ACACTCTAACATCACAAAGGTAAATTTTGTACAACATATATAATATTCCTCTACACATGA
rs1915	8	TGCTCGGTGACGCAGGCGCAGTTTGAGTGAATTGAAATCCATGGCGGCTGGCTATACCTT[T/C]CTGCACTACATTTGCAATGCGCTGCATACGTAGAACTGTAATGCAGAGATTACTGAATTT
rs1916	8	ACATTCGAGAAATTTCACTCGTAATATACTTTTTCCCACACCGAAACCACAAAATTGCGT[A/G]GTTTTCGACCGGTTTTCATTGAAAACTTATCAGCGTGGATCGAGCAGCCTGTCTCGCTCG
rs1917	8	TTCTTACTGCCTAGTGATCATAGTTCGATACTCACGGACAAGAAGTTGGGTGTAATATAC[T/C]GTATGTTTGTGTAAGTTCATTCTCCAAGTTGCGTTAAATATTTTTACTACAAGACTGCCT
rs1918	8	TTGCTTTTGGTCTTAGCCATTGGCGATTAGATGATGGCTGCTATGCTACGCGGGTGGTGA[T/C]TATCAATCATAAGGATCAGAAGATTGGTCGGTGACAACTGAAGTTGGTTCGACAGTAAAG
rs1919	8	AGTAATAATGTACCACAGGGTGAAGATGTACGGGAACAAATGGAGCTAGCTGTCAGTTTA[T/C]CAGAGTTTGTCTCTTCTCTCTTAGTCTTACTATCATTTACTTTCAGATCTAACCACCAGC
rs1920	8	ATTAATTATTTTAATTTTAGAAATGGATTTGTGTAATTTTTAAAGTAGTTCAGAAAAAAT[T/G]TGTGTGGAAAACCAGGGATTTCTTCTCTCCCAGTCATCCAGACGAACATAACTTAAGATA
rs1921	8	CCCGGGCTCTCTGAGCGTTTTGCACATGACAAATGTCTCCTCCCTCAGTCTACCACCATC[A/G]GCTTGGAAAAGCAGTGAAATCCCAATTGCTTCTTCCCAGGAGTAAGGGAACAACGGACGA
rs1922	8	TGACTACAGCTTCGGAAAATATTCTGTGTTGCCACTTCACAAGTTCTCATGCCGTGCATG[A/G]AACTACAGATGGCAGGATAAGTGGCTTATTTCTTGTGAGCTTTAACAAGTATGCTTATAA
rs1923	8	AATAGATGCCAGGTTAGGTTTGGCCACAAACCAAATTAGCCATAAATATCGATTACTCCT[T/C]TGGACCGCATGATTTCATATATATCAGTTCAATTCCAGTGAAAATCTTCTAAATACTTGT
rs1924	8	CTCTACAAGCTTATCAGTAAGAAATAAAAACAGTTTTAACATTCTTTTGGTAGACTGACA[A/G]ACATAGTTTGTGTTCGCTTCTAGTTTCTCTCCCTCGATTTGACAGCCTTTGTATGTTCCG
rs1925	8	ACCCCGTGATATCCTCGAGCTTGGATGTGCATGAACATGTTGGGTTTTGGTTTGATTAGC[A/G]TCCCCAACAGCGGAAGCCTAAAAAGGGTGAACGTGTCATGGACTTAGCAACATCCTAAAG
rs1926	8	GGCAGGGGATACCGCTCAGTGATGTATGTTACTGAAACATACATGTGAAGGATTCCTAGA[A/C]AAGTGTAGTTACGTGTGTTGGTGGGCGCAGAACTGCACAAGTTATCCTTAAGTTAGTAGT
rs1927	8	CATTGACTGGATGACATTAAACTAGGTAGCATTGAGCACCTTGTTTTAAAGAATGCAGAA[A/G]CATGAATGGTATGATCATTACCAAAAGGAGAGAAAAATCAACCAAAATCTTGGTTTCAGA

表 C.1（续）

序号	染色体	序列
rs1928	8	CTAACAACACTTTGGCAATTTTTACTATGATGATGAAAATGTCAAAAACTTAGCACCAGA[A/G]AATGAACAGGTAACAGCTCTTTCACTAGATTCTCCTCCTGCTGGATGGATGGATGGATGT
rs1929	8	TAAACCAATGAATTGCAGCTATATATATAGTGCATCCGAAATTGATCATCATATCATCAC[A/C]TCATTAATCAAGCGCGCGATTGATCATTCATGCATACTAGCTACTGACTGTTTCACCTAC
rs1930	8	TCGTTCGCCATCATTGCCAGAGGTCCTGCAGCTCCCGAAGCCGGCAGCACCAGCTCCGCC[A/G]CCACTGATGTCCCAAGCACTAGATCCGTTGTCGCTGAGGTTTCGAGCACTAGATCCACCA
rs1931	8	TGGACCGCATCATCATAGTGGAAGAACTACAAACTACAGGCCTGACGCTGGTTGTCTCCA[A/C]AAACACTAAAATCGTCAACGCGAATGCAAAGATGCCATATCTTTCACTCGCAAATCGGAA
rs1932	8	CTTCACTTTTGCCTATAAACCTAGACAGGCCTTCGTCCAGATTCATAATGTTTCTTTTTA[T/C]GTAGGTGGTATGTAGGATTTATTTCGATTATTTAAAAGTAGAATTTATTTCCATTCATGA
rs1933	8	ATGGACAGAGACATATCGGGAATAAAACTTCACCCTTGATCATGTGATGAGGCCTTCAAG[A/G]GTGACTTTCTGACTTGCATAAGGTAGTTAAAGACTTAAGCACAGATTATTGAGCAAATTA
rs1934	8	TGTAAATCATCTATATGTAACAAATTGGCTACACAAGTAGATGTATATTTCGAAATATCT[A/C]TATTCCATGTTCTAGAGGTCTCACTAGCTATATACCAATTTGACAAGGTGGAGATATTGT
rs1935	8	GCTTATAAATAATCACATGAGTGAAAATGCCATCCAGCTTATAAATCAGCGATCTTGTAG[T/C]CAATTAACCTGACCTTCCCATCATAAATTTCATCCTTGTGGTTGACATCAATGGCTCCAG
rs1936	8	ACATCAGGGTGCATTAAGGCAGTTGAAGGCCTCCTAGTATTTGCATTGTCACATCCCTAA[T/C]GAAGGACAAGCTGTTGATATGTTGGACTTTGTTCTGAATATTGTAAAAGTATAGGATGGA
rs1937	8	AATGGTTTCTCGGGTCTTGCTGCTGGATGTGGAGATTATCCGATGAAGCTCGATGAAGTG[A/G]TGCAGGATCCATGCGACAAGCCTGGGCCATCACCTGAAGCTAAAAATGACCTGAATATAA
rs1938	8	GTTTAGCAAAATAGAGCATCCAACCAAGCATGCCCTTTGTGACTAAAATTCCTTGTCAGT[A/C]ATTCCAGGGTGTGCATCCAAAAATATTTCGCAGATTGATCGTTCTGATGATTACCAGAT
rs1939	8	ACCCTTAACATAGTCTAATTGTGTTATTCTTGTTTGTAGTTAATTCCTTATATGTGGGCA[T/C]TGGCAATTATTACACTTCCTGGTGGAATGATTGGTGAGTGCATTCTTCTAAATTTTCTAT
rs1940	8	ACGAAAAGAAAAACATCATGTCAAATGTGAAGAAGACACTGTCAAAGGAGACAAATAGAC[A/G]ATGGATGAACTGGGACACAACAATGATTTTGTAGGTTAATGAAAAGCACGCAATTTTTTC
rs1941	8	GTACTGTGAATGCTTAATTTTATTTTGGGAACATCAAGGTGTATGGCCCTCATTTGTTGG[T/C]TTTAGCCTTTTAATTTGCTAATCCTATATATTAGCATAAATTCAGCAATAAATATAATAT
rs1942	8	GCTAAAATAGATAGTACACCTCCCCATATATTTACAGTAAATTAATATTTTCGAGAGAAT[T/G]ATAGGCAAGATGTTGGATGTGTTTAGTCTGAAAACAAATGTGGTGGAGATCGATTAGAAA
rs1943	8	TAAATTTGAGATTTAATTGCACAGAACTTAAATGTACGGTAGATTAAAGTCAAAATGATC[A/G]ATAGCGTGGTTTTGTCAAAATCCTCGTGGATTTGTGTAACTGAGACTATGGTTATATGAA
rs1944	8	TTTGTCTAGACGCACTACCTACTAACCAACCTACATGCCATTGCAATCTTGCCACTAAAA[A/G]GGTACAGCTTGCTTGGGCTTTGCACAGGATGTTCTGAATAATAACTACTGTACTCTTTTT
rs1945	8	TCATTGATGAATTTCTTCTGTGCCAAGACCAACCTAGAAGCAAAGTGGCAATCTTGTACC[A/G]TTGTATTCTTTTTCATCGTGGAACTCACCCATATTACAGTGAGATGGTGCAGTTTATTTT
rs1946	8	TTCTTGTGTGGCCCACCTGTCAGGCTAGTTGTAGCTCACGTTTGAGATGTGTGGGAAATA[A/G]TGGCTCAGGAGATGCCACGCGCACACCAGACAAGTCACGGGGCTCGTACAAAAAACGCTG
rs1947	8	TCTTTTTCCCCAGGGCTAAATGCATCTGCTAGCTGACCCGTGATGACAATGCAATCCCAT[A/G]TATTTCCATTGTAGTGTTGCAATGCATGAGCTGGTTCTTGCCTGGGGGTACTAGTTACAA
rs1948	8	AGGTCTGATTCAGAGTCTAGGAGTTTCAGAATTGAAGCTTGCTCCAATGGAACGATTCTC[T/C]AGAATTAACTGGACTAGCTAGTTAATGAGTTATTAAGAACAGTTAACTACCGAAGGAAGA
rs1949	8	TAAGCTAAGCCAAAGAAGCAGTTTTTCATATATACTAAGCCAGGCTCGGTCGTTCTTATT[T/G]GACAAAAGAACAATTAATGGTACTTCCCAAGAAAATTTGCACTTCTAGACATTTACTTGG
rs1950	8	CTCAAGAGGCCCCTAGCTACCTTCTGTCAAAGGGACTCGTCATTCATCGCTAAGCAATGA[A/G]TCTGTAGCCGGAGCTGCTCCACTCCGGCGATTGAGCAGCGGCGACGGCGGCGCATCGGAA
rs1951	8	TTAAGAATTAAAGTGATCCAGAAGAGGGTAAATTTTGATGGGCAGTGCAAAACTCTGCAG[A/C]TGAAAATTCCTTTGACAAGACTACAAAGTATAATTCCAAAGTGAATTACTAAAATAGGTT
rs1952	8	ACCTAACATATCGTATGGTGACTGTATGTCTGTAGCATAAGCGAGGTATGACACACTGAT[T/C]GATAGCCTAGCCAATCGATGATCGTAGACAACCTGATACGCTATAATTATGTTGAATCTA
rs1953	8	TTTTACTATTTTACTATCATATAATGGATGGATGAAGAAGATGAACCGCTGCATCTAATA[A/G]TTCGCATGAAAGAGAAATACAACTAAGTAACCTTGTTCAGCTAGATGCATTGCAACCAAA
rs1954	8	CAGCAATTCCAATTTAATTGCGATTGTGTTGGTTTCAGAAATTTTGATGGATTTTTGGGA[T/C]GTCAGTTTCAGCTGGGTGACGGGTGCATGATGAAACCTCAGGTTTAAAAACTCAACTACT
rs1955	8	CTGAACCTGTGACCGTTGTGCAGGATGAAAGCAGGGCAGGATGGCACCCACGCGGCGCCG[A/G]CCATGGAATCTTTAGTGTTTGACAGCATGTGGTTTAAGTCCAACAACATAGATTAGTAAA
rs1956	8	AGAACAGCTTAACTTCCCTTTTGTTCCTTGGTTCTGGCTTTTAAGGCAACTTGACCCTTT[A/G]ATTGCTTCTATATCCCATTAGCATCCATGGTTGCATAACCCATTTCATTACAAGCAGGGC
rs1957	8	ATTATTACTTTGTACTCAAATATACGCATGCATACTCACCGCTACAAACGCACATCGTAC[T/C]TTTATAAACACATCCAAGAAACCGTTAACGAATACATAGCCCACTACTTAAAAAAATTAA
rs1958	8	CCTATAGGCATCACAAAATACCTTCTGCAACCTAGCGGCAAAATGCCCTACATATTCTCG[T/C]CCTATGTTCTTCACAATACTGTCTAGCAGATACAAAGATGGTAATTTCTGGTCGGCAGAC
rs1959	8	GCTCAACAATAATGCTCCAGACCTATCCAGCCGCGCGAACAAATATGAACTATTTTTTAA[T/G]CAACAATTTTAGTGCATGGAGGACACAATATGTCTAGAGAAACAATGTTGAACTTTGCCT
rs1960	8	AAGTCATCCCCTCTGAAAAACTGCGAAATCTTCAAGATAGATGTCGTGGAGATGATGAAC[A/G]GGAGATCATCGAACGAAAGGCTGTCAAATGGCATGCATTCTTCGAACGAAGGCGCCAATC
rs1961	8	ATCACTCTGATCAGATCAATTGAATTTAGCGACCACTTGTTCTCTATTTTCACGACGAAC[A/G]CTGCCTGGATGGACTAATCTGTATATACGATGAAACAACCATCCAGCCGATGCAAAACAA
rs1962	8	CTCTAGAGTTCCTCCTTCAGAGTGGATCTTCTCCAGTAAGTATTTCTCTAATTGAAAACT[T/C]CCAAGTCCAAAATCAGTGATAAAAGAGAATTTTTTACTTTTGGTAATAAATATATTGTTT
rs1963	8	CCTCTGATCTCCAGCAAGATCTTGCTAATATGCTTGACAGCAACATGCTGCATGCACCCT[T/G]CCTCTTCGATCCTGGTTGGGGCATGATCCTACCCATCACTGATCATCTCAACTGTTTGCG
rs1964	8	GGACATGGCTGACCCAATTGTTGGTTCAAAGAATGAGATTCGTGAGAGATATATGCGTCT[T/C]GCTGAGATAACTGAACTGATTCATGTATAAGTCCAACCTAGCTGTTTCATTTAACTTTTT
rs1965	8	CAGAGTTTGCAGCTTCTGTAATTTGCCTAGATCCTTTGGAAGCTCTTCGATGAACGTAGA[T/G]CGTATCCCAAGGTATCGCAAATTGCGAAGATTGGTCACTGTGCTGGGCAGCTTATTGATC
rs1966	8	TGATATGATTCGACGAAATTGATCCTCCAAAGCAAACTAAGTCATAATATATTTTTCTTC[A/G]AGGTCCTTTTCTCTCCCTATTTCTCAGGGATCATTCTGTAATTTCTCTATGGCTGTGTTT
rs1967	8	AGATTTACCATTCATGTCTATTTCCTATTGGAATGGAGTCATGTAGTAATAATGTCCAGT[T/C]GAAGCCACTGTCATCTTTACCTCTATTTGCTCCTTTGCACCCATATCAGCTTTACCTGTA
rs1968	8	TGCTTTCAAGTGACTTTTGAGGTGAGACGGCATTGAGACACGTGCGGAGCATTTGAGACA[A/G]GTGTGAAGGGCAACAACGTGCCAACGTGAGGGAAGCGGAGGCTCACACCGTGACGGAGGA
rs1969	8	ACAAGAAACTACCTCCCCATATTTGGTTTCTTCTGGTTGAATTAAGCTTCTATTGATCAG[T/C]TCATTGAAATAACTCTTAGCAACTTCCTCTGAACTCCCCCCATGGAAATGATGGACAAAG
rs1970	8	TGACAAGCGAAGAAAGAAGGGATAGAGTAATCCATCAAGCCCAGATGTGGAGCAATTTTA[T/C]GGTCCTCTCAGATATATCATCCCTAGGCAAAATACAGAGAGCCTCCTTCCAACGGCCAGT

表 C.1（续）

序号	染色体	序列
rs1971	8	TTAGCACTAATATAAGGGGTGCACCCCTAGCACCTATATTGTCACATATGTCCAATGATC[T/C]AAGTTATTGGTGTTGAATAATAGCTGTTGGCACCGAAACAGATACCTATGGATTATAACA
rs1972	8	GCATCGTACAAACACACCATCTATATATTTAACAAGCTTCCGTGTTGTTTCGGCAGCAGA[A/G]AGAGAGAGAGAGATGGGTGGTGTTAGTGGTAAGCTGGTGTGGGTGTTGCTCGTGATGTGC
rs1973	8	TGGCAGTTCAGGGGTGGGAATACCAGCTATGTTACCAGCCACTCAGGATCAACTACCCCT[A/G]AGCTCAGCAGGCAGAAAGAGATTGATCCTCTCACTCAATCACCAACAATCACCGGAGTTA
rs1974	8	AACCAACACAGATGAAGCTCCCAGGCATGTGATTATCATTGTTTGGCACGATGATGGCCA[T/G]AACAGAAATGAAGGCCTGGTCAGGTTACATTAAACGTAGCCTTAAGATTACATTAGCTAG
rs1975	8	ATATGCTTTGTTCTGTGCAATTGTAATTCAACAGGCATATTTAATAACCTGCACATATGC[A/C]TCTTGAGTTCTTAACACTACAATATATGCAGAGAAGGTGATGGAATAACTGTTCAACCTA
rs1976	8	AATCAGGGGACATCTATAAATGCATTGTAAGGCCAAGAAAGAGAACTATCCAAGATCCTT[A/G]TACTATTGAAAACCAATCTCATGTGAGTTCCTTGCAGTTCTTCTTGGTTTGAGTTACTGG
rs1977	8	TGCAACCAGCTTTTGTAGAATCTCCATCAACCAGAATTGGAGAAAAAGATGGCCTGAATA[T/C]GACCGAAAGTTTAGAGTTTACTGACATGAGTACACAAGTCAAAAGTTCAGGACAAATCTG
rs1978	8	ATTTCCTAAACAACATGTAAAATAATACAAAGGCACATTAGCTAGTATGCATATGTTGTC[A/G]ACAGGTTATACCAGAGTAAGTATTTGAGGATGCAATGTTCAGGTAGTACCAAGGTATACA
rs1979	8	CTTCCTCTGTCCCATAAAACAATTCATTTTGGCTATTCATTTGCATAGCCAAAATCCCTC[A/G]TATCATAGGTCGGAAAGAGTATGTTCATGAAAGATGAAATTCATCTGTTTTAGTGGTTTA
rs1980	8	CTTTATTTTTGATTTAAATGAATGGCCTGCAGCTAATTTTCATAGAGTGGCTCATATCCT[A/G]GTAACCCATGTGTCATTAGTTTATGTCTTAAATTTTGTGCACCCTTTTGTCGAACGGTTA
rs1981	8	TGCGCGCCGCCGCATGCCTCCTTTGCCTCGCTCGCTGGAGTTGGGTGGCGCGGGGATTAG[A/C]GTTGGATTCAATCAGTACAAAAACGCACGTGCTCACCCTATGAACACTTACTTTGAAATG
rs1982	8	TCTTTCGAAGAGTTATATTGAATTTTAAGATTTAATGGGTTGTAACTTGATAGTAAGATA[T/G]AATTTCTCAGCTTCGATGGTACATGACAGGGAGCTTCCTGAGATCCTTCCCTTTATTTCG
rs1983	8	CCAATTACTACACCACGTAGGAGTACTCACCAACTAACACCAATAATTAGCACCCAATTA[A/G]TAATCGTCCCTTCTTTTCACAAAACTTTATTATTGTAGCACTTACATTTTTATCAAAATA
rs1984	8	TCTTGCTGTTGCTATTCGATTTCGAGCGGAATTGTATTTATAATAACCAATCGAGAACAG[A/G]TTGATCATCGAGAAGATGATAGAATTTGCAGGAACATGCGAGGCATGTTCGTGGGGAATG
rs1985	8	CCACCCTATGCCCTCTTCAAAAATTTCGCCATGGATGATAGAGTAGGAGGTGCGCTAGGT[A/C]TCTGGATAGCTAGAGGTTGAAAAAGCGTGAAATTGGGCCGATGAATGCATTTGGGCCAGG
rs1986	8	CAGGCAGCGGGAACTGGGTGTGACATTAAACAAGAAACTGAGGGCAATGTGCTACCTAAC[A/C]TAAGGCTAAAGGCCATAAACAAACTACAAATGCCCCAGCAACTATCGATTCGATGCCTCA
rs1987	8	GGTGGGTGTGCTCGACTTCTTCCTTGTTGTCGAGCTCCTAATACTGACAGCCAACGCCAT[T/G]GCTCACATCGCCATCTATGAGTGAAACATGTGGGTGGACAACAGGCAAGGCTCCGTGAAG
rs1988	8	AGATCGACTTGTTAGATGTTCATATCTCTCACTGGCAATGCGAATGGCAGAACAAATAGT[T/C]TTATTCATTCGAGAATTAAGCACGCAGAAGAAGAAGAAGAAAAACTGAGAACCCTAGCCC
rs1989	8	GCAAAGGCCCTAAGTACTGATGCATATGGAACATGATATGATATAAACACGATAAAGTGT[A/C]AATGTTGCTCAATATCATTGGAAGATCACAAATTGGGATATACCGTCTGTCATGAGCATT
rs1990	8	AAAGCACAAAAAAGGTTCAAGAACACACCAAGCTATGGAGATTCTTTTTATTGAAAGGAA[T/G]TATGTCGTAGTTCGCTGCCACAAAATAGTAGGCAGCAAGAATGCTCATAGTTTTGCTTGT
rs1991	8	AATACTTTTGAGCTCACTTGAGAAGAGAAGATCAATTCGGTTTGAATTGATGATTACTAC[A/C]CAGTCGGCTTCAGCAGTTGCCTTTGTCAAAGCAAAAGGAAAGTGGTGACAAAAAGAAGAA
rs1992	8	TTTGCACCCTTGAAAACCTCATTCCAGAACAAATTTTCAGAATCATCCTTTTGAAGACAT[T/G]GCATTTTGTACACCCAACTGCCATAAGCACATGTAGTAGCGATGGACAGAATACTTGTAG
rs1993	8	GACAATAGTTGGGACAGAGACAGAAATGTGTTTGAGAGCATCGACCTTTCATTGCTACGG[T/C]CTTTGACTGTGTTTGGTAAGTGGGAAACATTCATCATCTCTGACAACATGAAGTTGCTCC
rs1994	8	CAAAAATTATAATCTTTAAATCAAACTAATTAGTTAATGTAGATTATCTATAACAAAGAT[A/G]ACCCAAAACAATGATTATTTTGCAGAGAACAGTTAGGAGACAGAAATCCATGTCCCAGAG
rs1995	8	ATCAAATGATCGAGACTTGAATCGAGCGGCGCTCTGTGGTAGACCATCCCTTCCAACTGC[A/G]ATCACTGAACAGTTTCTTGGAGCATTCATGTAGCAGTAGTTTGCAACCTCAAAATGATTC
rs1996	8	AGAGGAAAAATTGGGGTTGCTTGGGACTGAAGATGCGTGAAGGTACAGAGATAGGTAGAG[T/C]TTGCATGGGAGTTGTAGAGTAGTGCCAACCTAGGAAATGTGGCTGCTTCTGATTGGATCT
rs1997	8	TTACAGCTCTCGTCCTCCGCTGTGAAAGCTGAATCTGTCGACAGATCTAGTGGAAAAACA[T/G]AGTTGAATTACTCTGTCCATTTTAAGTTAGAAATTAGTCCTATTCAACTCGTTTAGCAAT
rs1998	8	ACACAAAAAGTTCTTTACCACAAGCCTTAACATACAACAAAGTATCATCAGCATATTGCA[T/C]TATTGGAAAGTTATGGTCATCCCCCATGGGAATTGGCTTAGATAACAAGCCCTTTTGATG
rs1999	8	CTCATCCCCAACCATCGCAGATCACAGATTAACAACAATAATCCTCATCCCTATCCATCA[T/C]AGGTCAACACTAGTAAGATGAAGAACTACACAAGATGAAGAACTACCCAAGCAGTCGCGG
rs2000	8	AATCTATGAGCATATAAAAACCTGGATACGGTTCCACTTGTGCACTATATTTTCTTGTCA[T/G]AACCAATGGTCAAGTTCCATTAGGAGTTGAATTGAGTTAAAAACATTTAGCTTCATACCT
rs2001	8	ATGGACCTAGAAATCAAATCATATCTTGTTGAAAGGCAAAGGAACACACTACTAACCCTT[A/G]CAATTTTTCATGCTCCTAGGCTCATCAGAAAGTAGGCAAACCACAAGGTATTTAATTACT
rs2002	8	AACACATGTGCATATCATATTTCTTTAAGATGTATCTCGCCAAGCATAATTTTTCAGTGG[T/C]AACTTGCAATTGAGTTCTTGTTGAGTTGACCTATTAATTTATTATCGCGCCATATAGGCA
rs2003	8	CGTGCAATAAATATTCCAGGAGGGGAGTTCTCCAATCTCCTGCCTCTATTTCGTGAACAT[T/C]GGTTATCATAGCTGCCGATGGAATTTCTTCCTCCTTTTCAATGAGTACCGGTAATACTCT
rs2004	8	ACATATATCTCACCTTGAAATCCACATCATAAGTAAATATTATGTCTTTGCCAACTTCAA[T/C]CTCCTGGGGAGAATCAGATGATGTAATTATATGTTTTGCATGAGGATCACAAGTGGTCAG
rs2005	8	TCCATAAGACAAATTTCACCCTCATAGCAACAGCTGTAAATCTGCAACGCAAATTTATCA[A/C]AGAAAATCAATAAAAATAACAGTAGAATAGGAAGAAAAATTAACAAGACATGAGAATAAG
rs2006	8	TGGTTATTAAAGACAAATCATGGCAAACACAACAACATAACCTTCTCAAATGTATCATCA[A/G]AGCGTGTAACAAGACGAGCAGAAACTTCATCATTCTCCGGAGGGAAGTTCTTTATGTGGT
rs2007	8	ATTTCTGCTTGCACACTGCATTTACTTAGCTGGTCATGGTGCAATGGTGTTAAGTGATCA[T/G]ATCCATTACATTCAGTCATTGGCTTAATTGTATGAAATAGATCATTGATGAAAAGATCGC
rs2008	8	TGTTTCTAATTGAATGCTCCAAAAGAGGTAAGATGTTGTATCATGCATTTATATGTAGAG[A/G]TATCTATGGTCCTTTCTCATTGATTTTTTTCTTAATTTGAGCTTTATTGATCTGTTCTTA
rs2009	8	TTGTTTTCTGGATTTTTTTTTATTCACCTGAGGTCCTGGTTGTTTTGTTCCCCAATCCTC[T/C]TATGTACTTGTACTACAAATCGAAGGCAAATTACTGCATATTTCAACCATCACAATCCCA
rs2010	8	ACAACTTACCCCTTTTTTCTGTAAATGGGCTGAGGCCAATCTTCTTTACAGCCCTTTTGA[A/G]CAACTTCCAAGCCCACTTATTGAGCAAACAGATGGTCACAATTTCGTTATTAAGGATTCC
rs2011	8	ACAATAAGGTTGGATAAGGGTTGGCTGGCTGTAGGGAAGAAAGGTCATGAAATCATCTGT[A/C]TTTGTTGTGTGTTTGTATTTGTATATGGACTATCACGGATGAAGCCGGAACGAAATAGAG
rs2012	8	GGTTTTTGAAACATGGATTGGACTCGAGTTTATGGAGTTTGCTTTTTTGGAGGGATGAAC[T/G]GCATAACATGAGATTATTTGACACAGCTTATGAGATGACAGTGGAAAAGCAAAAAAAAAG
rs2013	8	CCCTTCTATCACTCCACAGACATATGGCCTTCTAGTGGAATTATTTTAACTTTATTTGGA[A/G]ACCCAACATCACATCAGCTGCCATGTGGCGAAAACCACCATTAAACAATCTCAGAGGGGT

表 C.1（续）

序号	染色体	序列
rs2014	8	CTTCAGTTGATGATTTCTGTTCAAGAAGCTCTCCAACAGTAATATGGTTCTCTGCCAAGC[A/G]AAAGCACTTTTTCATTCTTGCATAGTCCACAAGATTTAGTTTTGTAAGTGTCACCCAAGT
rs2015	8	ATCGAGATTATATTGATGACGTCTAGTCGTCTACCAGTGGAAAGAGATACTAAATTGCAT[A/G]AGCTAGAACATTGTCAATGAAGTTATCCAGAGTAGATTATATTCATTGGAGAGATGTAAC
rs2016	8	GAATTCAGTATTTGTTATACGGGATTTCGGATACATGATATTGTTATAATGATGTTTGAC[A/G]TCCCAACATCTCATATTATTCAGTGTCCCAACAGACTTTCTCACGAGTCGCGAGAATTGT
rs2017	8	TAGGCTCTGAATCTTTTAAGATAAAAACCTTCGATCACAGGGGGTGGTTACAATGCAGCT[A/C]GTCCTTGGCCCTTAGGCAGCTTCTTAGTCCCAGCTGTGAGAGGAAAAAATGGCTTTAGTA
rs2018	8	ACAGGACTTCTAAAGAAAAAGTTTGAATGAATAGAAGAATGTGAGAAGAGTTTCTCAGAA[T/C]TGAAGAAAAGGTTGATCACCGGCCTCCCTAGTTTAATCGTCCTAGATATATAAGAAATGA
rs2019	8	ATTCCCTTTTAAACATCCCCTATTATTTCTCTCTAGCAACTAAATAAGGAATTGACAGCA[T/C]GTTTGGTTAGGGGGAATTGTTAACAGGGATGGAACTTTGAGAGGTACAACCTACTGTTTG
rs2020	8	ATGCAAGGAGTAGATCAGGATACCCATCAAAAAGGATCTTCACACGTTCAATAACAGTAT[A/G]AGTGTTAATCCTGCATAACCAAAGTTTCAATAAAACTTGTTATCCACATACAACTAGTAA
rs2021	8	CAGCTGGTTGAGTTGTCTATAAAAATTTAAAAATGCTTTCAGAATATTATAACTTGGTTG[T/G]GATGTACAAAATATGTTCGAACACAAATCAGCTCAAGGCTGCATGTTAGAAGCCTTAACA
rs2022	8	CCGGCAATAATCAATCGGAAAGCCACAAGAAAAAAAAAAGGGAACCGTCCTAATCCACAA[T/C]GCCCAGCACACCGCAACGCTCGCCGCTCCGCTCGCCTGTACGCCGCTCTGCCTGCCCATT
rs2023	8	CCTATGGGGCGGAGGCTTCACATTGGCAAACTTGATAAAGAGGGATGGAAAAGGGAAGGG[T/C]AGGTAAGGAGGTTGGTTCAACGGGCCTTACCGATCTTGTTCACATATTTAGGTTAGCCAG
rs2024	8	GATGTTTGCTTTTGCAGGACTCATATTCTACTATGGACACACATACACCAAACTGTAGTG[A/C]AAGAGATCACCATAGCATTAGACAAACATCTTTCAGGGAACTTGCTGCTAGTTGCAAGTG
rs2025	8	ACTGCCTGTTGTTTGTCCACCACGGCTTGTCTTCCTCTTCCACTCGGGTGTTGCGCTCAA[T/C]GCCTGGTACCGTCTATTGTTTCTGCTGTGCAACCGAACATCCACAACCCTCGGTACGCTT
rs2026	8	CAATATTGATTTGTAGTGCTGCTGGTAATTTAATCAAATGGCACATTTGTTCCTAATTTG[A/G]CAGGTGCTTGGTGGTTCCAATTTGGAGAAGTTCCTACTTTACAAAAGTATGCACCGCGTA
rs2027	8	TGGACTACTACTAGGAAAGATTGTTAACCAGATCAGCCTTTTGACAAAAACCAGGGCCAG[A/C]AGGCCATCACTTTAACTGAAAGTGTGTTTACATTTAACAACTCAATGAGTACCCAACTTC
rs2028	8	TTTTTTAGCAATTCCCTTTCCCATGTATTAGGCCTCGATTTATTAGTCATTTTCAATGGA[T/G]AAATAATTAATGATTATTTTTCATGTGTGAGACGTTGGATTCAAATTAAGTTATTCACTT
rs2029	8	TTTATATTTGCTCATTAAGGCAAGAAGGGTCGCATGTTCTTTCATAAAACAAAAGGGTCT[A/G]GCCCGAAGTGTTCCATTGCAGCGTGCCATGATCGACTTGCTACTTTGATTCTACTATATG
rs2030	8	ACCTTCTAACTAGTAAGTGAAGTCCATTGCCACATGCTACTGAAACATAATACTATTGTG[T/G]GACTAATTGTAGTAATTCTCAACAGTTTTCTCCATTGGTGGGTTGTCTATTTACATTATG
rs2031	8	ATGATCTGTTTAAACATACTCCATTCTTTTTACGTACTGGTGACTATCACGGAGATTAAC[T/C]TTTTCTGATTAGTGAATTCACCTCGGCAAGTGAGCAGGATGGAAGAATACTGTCGTCGTG
rs2032	8	TGCATGCTTGATACCACTGCATATACTATACCTTCACCTTTGGGTTGCAGAGACATCCAA[T/C]GTAAATATATACTACTTCCGTCCGAAAATAAGTGCAGGTGTGGGTTTCTATGTTTAACAT
rs2033	8	CCCTGCTGCCGATTCGTAGTCTCGTAGATGCCGATTGTCGAGTCCAGCCGTAAGGAACAA[T/C]CTCGCTGGTGATAATCAAATTTAGCATGTCATTGTGATTTAGGTCGAAATTATAGAAGTA
rs2034	8	CAGATATAAACCTAATCGTTGGAGGTTGACAAGTGAGCCAATCCATCTTGGAACCCTAGA[T/C]ATTGGCGCCTGATTGATGACAAGTTCTTGAAGACTCAATGGAGGAGGGCACCATGGTTCC
rs2035	8	TCGGGCTCCGCCAGATAATCGGGTTGAACCCGTTTTGTTTCTTAGGCTGAATCCAAAAGA[T/G]AGTCCACGTGGCTGTGTCCACTAATCAACCGAAAATTTAATTACGCGTCATTTTTAATGT
rs2036	8	TTGACATTAGTGACATAAACCATGGCATAATAATAGGATGGTGGCCTGACAGTTGTTTGT[A/C]ATGATATACGCGAAATGGACCACATTTGTTTTCTGATGCTGGTTTCACATATTTTAGTTA
rs2037	8	GGATTCTTCTATGGTGTTCTCTTATATGGGAAGTGTGAACTGTGATGTTACTGAGCGTAT[T/G]GAGCCATAGTGAACTGATGCACGATTTAGGTATGGGGCTGTTTATGTTTCCCCAAGGGGA
rs2038	8	CTCGAATATATATAAGCCAGTTGGGATCAATCAGGCTAGCAAACAGAGGAAGCCAAATCA[A/G]CCAAGCCTGAATTCTGAATGTGACCACGAATCACCGTATCGTCCTGTTTTTGGATGTGAA
rs2039	8	CATTAGGGAAGTTGTGGCCGGTCTGATTTGCTCCAGCCATTAATTCCATGATTCATTATT[A/G]GAACAAGCTCTTCTAGCTCCAGCTCCGGCATGATCCAAGGAGCCCTCCAAGTTGGTGTTT
rs2040	8	ATGATTGTGATAACCAGAAGCTGAAAGTGGAAATCAAGCAATGCCATTAGATTATCAGAA[T/G]TCCACTGGAAGCTGTACTTTTGAATCCTCTTTGATGATTATCAGAAATGCTACTCTAAAG
rs2041	8	CCTACCTCTCCTCCTTCTGACTGCTTGATTTGGCAGTGTGTGAATTGTGATGGAAGAAAT[A/C]AAAAAACAAGTGGGAGAGAGGCATGGGTTTATTCAAGGATTTCGACTGCCATTTCTCCTG
rs2042	8	CAGATTATCTAGTTTTGTTAGTGGAGCGATGCTGCCAAGTTTGCAACGATGCAATGCAAG[T/C]GCGCTCGTTCAAAATCCTGTTAATTTAGTTACTTACGAGATTCAAGCGCACGAACTCGCA
rs2043	8	TTAGGGACCGACCATACAGTTTACTCTTCCAAAATTGCAGGCCTAGCAGTCACTGATAGG[A/G]TATCATGTTGGCTGAAATATTCAATTTTTTAATTAAATTTTTTTATTAAAATTTAACCAT
rs2044	8	ACCCTGTTTGATGCAGTATCACCAGCATACAGTGAATCCAAAAGGACATGGCTCAAATCA[T/C]TGTATATCACCTTGTATGCAAATGTCTCACAGAGCTGTCGGATGCCTTCTTGGCAGGCTG
rs2045	8	CTCCCCATCTTCGTTGTCTCCACGCACTCCAACTCCCTGATCGAGCCCCCATGCATCCAC[T/G]GTCTCTTTTGTTGAGCGTGGTTGCCTCGTCGAGCTCTGGTCATCGTAGATGTGCATGCTC
rs2046	8	GAACTTACATCAGAAAAAGGAATTTTCTGTTCATTCAAATATCAAGCCTTATTTTCTGGT[A/G]CTTACAACGTGGGTTTGTATATAGCACAGGATTAGCTTTGCTAAGAGAAATTAACGACAC
rs2047	8	TCGTTTAGCAATTTGGAAAACATGCGCATGAGAAACGAGAAAAGTGAGTCGAGAACTTTG[A/G]CTAAAGAACACAACAGTTTGTTGCTTGGTGTTGAGAACTCATTCCTTGTGAACATAAAAC
rs2048	8	TACTCATGCGTTGTATAGCTGAATTTTGCTAGACTGACACGAGTGTCAATGACAAGTAGG[T/C]CCAAAATAATTATATTTCTTAGCAAAATAATGAAATAAATACTTAGCAAGAGTTTTAAAT
rs2049	8	TGGGCCTCGCTTAGTTATTGCCCATGAATTCAATATATATTTCCCGGCTGTTGCAAGTGC[T/C]CCCTACACCAAAATATTTTTCATGTCAAATCCCTAAGACAGTCCCCTACGCATTCCCTAA
rs2050	8	AATAATGTCATAATATTATATTATCACATAATATGATACTAGATAATTATAAGTTCCATT[A/G]ATATAACCAAAGATGCAAGCTAGCAAGATAGACTCGTACGCTCATCTGTAACCAGCCCAC
rs2051	8	ACATTGTGTCGACATTTCTCTCCTGGGTGCCGTATTTGCACAGTAATTTTGAGGTGTGCC[T/C]CTGAGTGGATGGTTTGTCTCCTAACAGTAGACTAGAATCCAGAGTTGTTGGAGTTGATCG
rs2052	8	ATGTTGGTGTCACCGGATGTAGGTATCATCAAAGGAGAGATTCCGTGAGAAACTGTAATG[A/G]TCAAATTTCTCGTTTTAGCGACTATTGGATGTGATCTCTCTGCATTTGATATTTCGATGT
rs2053	8	ATCATATCACTCTCTCCTCTCCTGTGCGTCCATGCTGATGATGCTACTAGCATTTCCAAT[A/C]CTCATGTCATGTGAGGGGTGACCTCTCAGTCTCAATTGCCTATGGTAGGAGTATATGGCA
rs2054	8	GGCGTTGGCAGTTCCAGCTGCCGTTTCTGATGGATAGTTTGCAGCTCGTAGTTTGCTAAT[T/C]AGTAGAGGAAATTAACTTTTAGGTTGAGTTATTAGTATTATTTATTTATTTTGGATCGAG
rs2055	8	TATAATGAGATCTAGCATGATATCATGCACTCGGCAAGCCTTTGCTCTACCAGTATAGTC[A/G]ATGTCCACTGGTTGCACCATATTTCTATTGACCAACTCATTGAAGTACTTTTCTCCTACT
rs2056	8	AATTGACGGACAAAAATAGATCAGTTTGCCATCTCTCCTAATGTCTAGAGGCTAGGAATG[A/C]AGAGTAAACAATACAAATGTGTGCAACTGGTAAAAATATGCTCGTACTTGACAGGAATAT

表 C.1（续）

序号	染色体	序列
rs2057	8	ATGGTTGCTTGCAATGCTGACCTACTGTTTTCTGAAGATTCAGGCCAGTATTTGAAAATA[A/G]TCTGTTTGTATAGGTAAAAAATACGATGTGTAATTAAAAGTACAAAATTGGACAAAGGCC
rs2058	8	ATCTATGCTACCATATTAGTAACAGTACAGAAAACAACATGCTTGGTGAAAACAATGATC[T/C]TTTCTAAGAATGTGGAGTCAAAAGCAACGGCAGTACGGAAAGTAATAGGTTACCATAAGA
rs2059	8	GGAGATTATTTCAAGAAGACTTGCTCTTTTTGCTTTTATTGCTGGGTGGAGCATTGTAAC[A/G]TCCGCTGAGACTGGGCCTACTTTCCAGGTATTTTTGAATTACTTGCTTTTAGAACAACCC
rs2060	8	TCAGTGAACTAATTAAAATGGTTCAGAATTTATCATAAGCATAAGGCAATTTATGATACT[A/G]TACTTGATGCAATGCATTGACATCATTCGACAGTTTTACTCCTGTCCTGTCTAGAAAAGC
rs2061	8	CACATCTATTTATCTTCAGTGAAGCTTTGGTGTGATCTCTAAGGTTATTTATTATGTCTG[T/C]TGAATGCTTGCTTCTCTTTCTTTTCCCGTTGGTTGGGCTGCTGCTACATACTTGATCAAC
rs2062	8	ACCCTCAAAACTCGACACCAACTACATTTGACGTCTCAGTGAGTGTTTATTGAAACAAAT[A/G]TCATCTAATAAAATTGAAACAAATAAGAGGGAATGGAGGTGCATTGCTTTGTCAATTTTA
rs2063	8	GGTTACTGATGTTCATCATTTTGGCATGGCAGTTCAATGACATGATAAATGTACCCTTCG[T/C]GTCAAAGCCGTTCGTCGCAGGGCTCATTGCGTACTTCCTAGACAACACTATCCAGAGGCG
rs2064	8	GCCTGAAAAGACAGTGTTCATAGCTAGTGTGTTTTTGATGAAAGTAAAGTTAGAGCAATG[A/C]ATCATGGTTGTGGAAAGGCTGAACTTTTCTGACCAGCAAAATCTATATAATGCAGGAATT
rs2065	8	GTTTCTTCTCTATTCTACTTGCAGGCCTCCGATCCCATCCTCTTACCTCTTCTCTCTACT[A/G]CATTTCTTTCTTCTCTCCTCTCTAAAAGTTTTTGGGGAACTTTTCATGTTCAGTTTAGTA
rs2066	8	GCTTCTCGGCGGCCACGAGCGTGAGGCCCCATCTAAACATGGATCATTTCATGCGAAAAT[A/C]AGCTCAAAAAATCTCATCTCGCGCTCTAATTTGATGCAGGAGCGACGCCCAAATCGGTGC
rs2067	8	GGAAAATGTTGGTTGGGAGAACACAATCTTTGGACCACTAACAGTCTCTCCATCATGTAT[T/G]GTGATCTGATCATCTCTTCCTTTGTGTGGAATTGAAGTGGATTCAGAAAGGGGAAAAAAA
rs2068	8	TGTTGGTAGTTTTTTTTCTTTTCAATTTTATAGTGGGAATTTTGCCATAACGATTTAGAA[T/C]GGGGTAAATTCGCAATTGCTCCTATTTATCATGGTTCTTTTTAGTATGAGGTAGTATTTG
rs2069	8	ACGTAGTGCTGATCTATCAGTTAGGAATATTTGTACAATCATATAGGAAGCCACATGGAA[T/C]TCAAGTATGTCCAGCTAGCCACTCTTAATTAGGTGGATTAGTACATATATATTAGCTTTC
rs2070	8	TGACCTAATTTGACCCGGTTTTAAGATTTCCGGTATTGACGTTACATAAAGTTTGAGGGA[A/C]GTGAACTAGACTTATTTCTTATGTGAATGGGCTATATCGTTTCGTTTGTAAGCCTTCCGG
rs2071	8	GTTCACATAAATAAAGTGAATAAATGGGAGTCCGTGAAGATTCAAGACCTTTGGGAGGTC[T/C]AGATGGACTCTACGGGGTACAACTTGCAGGCCGGTCAATGTACAGTGATGATGAAGCCGT
rs2072	8	TCCGGTTTGTATATTAGCACTTCACCTGCTTCATTGTTTGTATTGACAAATTTCAAGTTT[T/C]ATGTTATCCATATGATCCATATGCTACTGAACTCGTTATCTTGTGTCTAGTTGTTACGAG
rs2073	8	CAGGGAGAGGTACGGTGGTCACGTATTATATATGATTGGCCGAATAGAACCAAGAGGAAA[T/C]CATCGTATTTATATGCGACTGACGAGAGCCCCCAGCTGCCTGCCTGCGTGCATACGAGCG
rs2074	8	CAAAACTATCGATATCCTACGATATTTGGATAGTGATAACTTGCTAGTTCTTGTGGGAAT[A/C]AAGCAATCCATGGTATGAAAATTTTGCTTGAACCATCAAGCAATTAGGAAAAACTGGGGC
rs2075	8	AAAAGGAAGGGTGCTTGGGATGAAAGAGTGCGCTTGGGACTCTCTTTATTGGATTGATTC[T/C]GGTTTCTTTCCATCAACCATAAAACTTTAGATCCAATATCTCGTGTGTATGAGCAAAGGG
rs2076	8	ACTTGATCGGTACATCGTGTGCTAGTTGTGTTTGTAAAAGCAATGAAAACAACACGGGTT[A/C]AGCGGTTATTGATGGGTGCAAACCGGTAAAATATGACAGAATTTGTGAGATAAACGCAAT
rs2077	8	GCTTGGCCTCTCCGGACGGCATTTCTTCGTTTTCTTTTTTGAGGCGACGATTGAAGTTCG[A/C]AATTGAGCGCCAAGAGAAAGCCCTCGTCCAAAATTTGGGCGCCAAAAGCCAGTCCAGACT
rs2078	8	TCCGTGCTGCTCGCCTTCACCGTCCTCCTCAACAGCGTGCAGCCCGTCCTCTCAGGCAAG[T/C]CCAAAGCCTCGTTGCCACAAGTTTCGCATTGCATTCATGGATGGAAGTTTGGCGAGCCAT
rs2079	8	GGTATGGCACATGTATATAACTCAACAAAATTTAGCAGTGAGCATTCATAAGTGAATGCC[A/G]AGTAGTTCCACTGGGACTATTGTCGTTTTTTATCGCATAACACCAGGAGGCACCCCACAA
rs2080	8	GTTGGGAACCAATCGTATCGTCTATAGGATGGATCGTTGCTGATGAATCATCAAATGCTT[A/G]TATCATTTGATAGCTCTGGCGCACCCGTGGACTGTGGCTAATGAAGTACCACTACTCCATT
rs2081	8	GACCGGCCTTTCATTTCTCCTCATTGCCATAACACTAATCACAATCCACACGCATACAGC[A/G]TTAGGGACTAGGGAGGAGGAGACCACAAAATATGATGCAATGCATTTTCTTAATAGGCGG
rs2082	8	ATTCTCAATTGTTTTTCTTTTGTAGAAATACTTGCGCCGTATGAGCAGCAGAGATACAAC[T/C]ATCAAGAGAATCAAAGCAACGATACTCGGCTGAGCTGCTTTCCCTATCCTAAAATAAAAT
rs2083	8	GTGGTGCCTAAGGTGTCACGACCTTCATAGTGGCGTTGCCTAGCAAGTTTTCGCTCCCCA[T/C]CTTTTCTGTCTCCTCTCAATTTGGTTTTCTCGATGGTCGTGATCAGATTGTTGTGAGAGA
rs2084	8	CAGACCCAATACCACTTTGCGGCAGGTCTGCCCTAGGACACTGCCAGTGCATGTCATTTC[A/G]TAGTATATATCAGCGGGTTTATGATAACCATGAATGATTGTATAGCAGGCTAAATTAGAC
rs2085	8	ACAATGCAGATGCATCATGCTAGTAGGCTAGTACTCCTACTAGCTAAGCTTGAGTTCAGA[A/G]TAGAAAGCATCCCTACTTAGTGTAATTGTATATCCATTCCACATAGCATGTGATCCTGAA
rs2086	8	GGATTACCGAGAGAATTACATGTTTTTTCCCACAACCCAAGAGAGGAGATGTTTTTTTTT[T/G]ACAGCAGCAACTGCTCTAATTAACAATTCAGGGTGACCCTATGGCAATAATCAGTACATC
rs2087	8	CCTCGAGGCAGAACAATCACGACGAGCTGAGCACCAAGAACCACTCCCTCATTAAATCAA[T/C]GATATGTTCAGCTTATTTATTCATGCATTTGATCGATTGAGTTGTGTTGCGTTTAGATCT
rs2088	8	CAACAATAACTCATGACAACCCATTATGTTTGTAACCAAGAGTAAATAGAAGAGTAGACA[T/C]TAAAGAATACCGTAAGTAATAAATTTTCAGCAATACATCACATATAAAGGCTTGGGAGGA
rs2089	8	AAATCAATTATTTCTCCTTATTTTCTGTAGTTCATTGTACAGGAATTAAAAACCAAGGTT[T/G]CCAGTAAAGTGGCCAAATCCATAGCACAAGAATAACTAGTAAGTGGCAACATATAGGTAT
rs2090	8	GTTGAAGCCTGTCGACAGCGAACCCATTTCTCCTGCTGAAACTGATGTTAACCAGCTTCC[A/G]ATTATCTTGTCTGATGCTCTTGCGAGCTTTTTTGGGACTGGAGAGAAAGAGATGCCCTCG
rs2091	8	CAGTGAAGATTTTATCTTTGCTTCTCTCACTGTCTTAGTACACTTCCACTGATCTCATCA[T/G]ATTACATATACTCCTTTCTGGAGGTGTAGTTTCTACTTGTACTAGTACTAGTACTACACT
rs2092	8	TAAATGTGTTATACAACTATACATGATAAATGTGTCCTCAAGGACCACATGTCAGTATGT[T/C]ACACAGCATTGCTTAAACTCTGTACGACTGTTTGGCATCATTACTGGTGATTGGACATAC
rs2093	8	TAGAAGGCTGCACGCAGCTGGACAATCTGTTCTTGCGTGGCCTGCCCAACTTGGTGGAGC[T/G]GGACCTTTCAGGCTGTGCAATCAAGGTGCTCGACTTTGGAACTATGGTGACGGATGTCCC
rs2094	8	TGTTGGTCCACCACCTATTGGTTTTACTACTAATTCTTCGTCAGGTGGTAATCATTCTTT[T/G]CCCATGAAACAATCACTACCAAAATCTATAGATGATCATGTGCCTATTACGGAGACAGGG
rs2095	8	CCGCTTAACCTGCTGCAACCAGTGAAGGATGCGTCGTGCCAATGATCTGTAATTTGTACC[T/C]ATCGCTTTTAATTAGCCTGTTCTGGATTATTTAGCCTGGCTGTAAAAAAGCTCATAGAAA
rs2096	8	TTTCTATCTTCCAACCGTCCTATGGGTGTCTTAAAAAATAGAGCAATTTTCACAAAACCC[T/C]ATATCTTAGGGCATCCGTAACGCACAACCCCAAGTTTTACAGGTTGTTTCATGAAATCTT
rs2097	8	GTATAAAAAAGATAGTAATATGCCTTTTGACTCTACCTATTCCCGCTCATTATTGTCAAA[T/G]AAACACATCTTTTTGGTGGAGACAACTGCATACTCATTTTTCCATTGAGATGTGGAAGTG
rs2098	8	GTGACATCGTCATGGCTGCTGATGCTGATACAAACAGTTCTTGTTCCGAGGTTTGTGCTA[T/C]TTATTTCTTGATGTTTGGTGGTATTGGCCGGTCTGCTGCTGAGTCATGAAACCGGTCGTT
rs2099	8	CCATGCAACATTTATACATAAAGTTAATGATACTTAGGACATGTTTGGTGACTGTTATCT[T/G]CATGAGAAAAAGTAATGCCTGAAGGTAGCCTGACAGTGGTGAAGCCAGGATTTAGGCATG

表 C.1（续）

序号	染色体	序列
rs2100	8	ATATAGCTGCTTGTCAGTGTCATAGGGATGCATATGGGCAATCATGCTACCACATAAAAA[T/C]TCATCTCCATAGTTTGTTTTCTACAGTTAACAGTATAAACAAAACAGACGAGAATTATAA
rs2101	8	TCATTATGCGAAGGATGCTGCTCTCGAGTTGCCTGACTTGGTTGAGATGGCATGTGAGAT[A/C]ATGCCTGAAGCTCAACAAAAGGAAATCAGACAATGTCTTCGGAGAAGAATAGACAAGTGT
rs2102	8	GGCGAACTCCCAGGCTGCCTTCTCTGCAAGTGTCTTGGCAATGGCGTACCATATCTATGT[A/G]CAAAGATAGATGTTCAGAGCAGCTGAAACAATGCCAAAAACCTGCAAATGTATATATCGG
rs2103	8	ATAAAAATATAAAGCAGCAGGAACTATATATCCCCTCCCTCCTTCTTGCATTGAGGTCTT[T/C]CTTAAAAAATGAATTTATTCCAAAGAAATCATGGATTTGACAACATAAATATGAGTATTG
rs2104	8	AACACAGTTTCTCACCTCCTCCTTCTTCTCCTTCCATAATTCCATTTGCCCGTGACATGA[T/C]AGTGTCACAATGACAGCCAAACTTGGCTCATCTATCTATCACCTGTCAATTGTGTGGTTA
rs2105	8	CCTAAAATAAAAGAAATTAAAGAAAAATCTTGATCATATCTGTACTTACAGCATGAAAAT[T/C]CGTTTTAGTTCAAATCTACCACAACCAAGGAGCATGACAAAAAGTAAGAACACCATGTAT
rs2106	8	AAAATAGAGGATATATATGGTTTGCTAGGAAGTTACTGATTCAATTCTCGAGAATCAAGC[T/C]ACTATTCACATGAACACTGGTATTGTAGAATCCCAAGTAATCCCAATAAAATGGACTAAT
rs2107	8	ACAAAGCAACAACATCACCACCACATCATCCCTCTACCCTACCTCCCCACATCTCATCCA[T/C]GCATTATGTTCCCTTCACAACCTAACACAAAACAAAACCATTCAATTTCTATAGAAACCA
rs2108	8	GGTCTTGAGCCTCCCAATCTGCATAAGCCGAGTTCGGCTTCTTCACCTCTTTTCCACCTT[T/C]GGTGACGGTGATCTCCTCATCTGGTTTTGGAGTCACGCCGGTCAGATGACCGTAGAGGCG
rs2109	8	CATTAACAGAAAATTCACGTAATTAAGTGATCAGTCAAATTGCTTGGTTAAAAGAAGTTT[A/G]AAGGTTGACAATCTCAGCAAGAGAGTGTGAAGGGTCTGATTTCCATACCTGCAACCCTAA
rs2110	8	TTAATAGAAAAGTTATCCGAAATCATCTCATTGCGACTTAACCATATAGCCTAGCATATT[T/C]CAGATGTCCCGGCTAATATTGTCTCTAATGATGGTGATATCTAAGGTAGGATTACAGTGT
rs2111	8	GACTAAGTGGCTTGTTTATTGAAATCTTTACAACTTTTTATCGCTTTTCTTGTCCTTGAT[A/G]GCAGCCACCCCTCTCATAGTCTCATTTTCCATGCGAACAAAATATTTTCTCTATCGAATG
rs2112	8	AGGGAAAATATATTATAATAATTCGCACGAACAGTGCTCGTCGATGCTTTTGGCGATGTT[A/G]TCGCCGACGTCGAAGCTCTGCGTCTCCTGGTAATCTAGGTTGAAGACGAAACTGGAGGTT
rs2113	8	GGATGTTAAAATCACCCAAAATTCAAATTATTTGATTACCCAAATCACAATTAAATTCCC[T/C]AAATGTAGCAGAATCATTCACGTTGTCACCTTGTTTCGTTGTAATCATTTCATAATATCA
rs2114	8	TCAAAGAACAACCGAAATCTGGAACGTATATGTTGCGGCCAAATTGAAGTCCTGCAATGA[T/C]TCAGCCAAAGCAACAGAAATCATCTTGATCGCAAGCCAACAGTCAGTATGTACAAATTTG
rs2115	8	CAGTGTTTCTATTCAGTACAAGCTTATGATCATTTCTGCTTTTATAGCTTTATGAACACA[A/G]CCATAACAAGAAAATGAGCTGCCCTGCGATGGCGCAATTACTGTCCAACACGCTCTACTA
rs2116	8	GACTTAGAACCCTCATCTTTTTGTTTAACATTTCCATTACATTATACTATATGACAATGC[A/G]TGAAAAGACCATACCTGCTCAACTTCTTGAAACTATAGGGGCTAATAATGAAAAGATAAA
rs2117	8	AAGATGTGCACCACGTACATACTGTACATGGGAGTATCGAGTACGTATACATTTCCGGTG[T/C]AGTACGTACGTACGTATAGTGCAGTGCAGGTCGAGCGAATCGAGCGCACCAGGCAGGGGC
rs2118	8	CAAGCTCTACGAGTTCTGCAGCACCCAGAGGTTCATTTCATTTCCTAGCTACTCTAATCC[A/G]TCCATCAAACCCACATCACATCACACTTCAATTTCGCAAGCTTAATTAGCCACCCTTTCG
rs2119	8	GAGAAAAATCTTAGCTCAATGCTAGGCTTATTAACTCATGCGCCGCACGACATGGATGAT[A/G]GATTGCTTTTCGTAGGAGCTCAACATCTTTGCGCGTCGCGCGCACGATTTCCCGGCTTGA
rs2120	8	GGTGAATCAATCACCCACATGACCAAAAATACACCGAGACGGAGCCCTAAAATTCAGTAA[T/C]AGAGTAGTACACGCCCCCACGGCACCACACGAGATCATAAGCCGCGGCAAGGAGCACTCA
rs2121	8	GCCCGTTTTGTAACACATTACTCCAATGTTTTCTTGCGGTTTGCAATTTGCTAAGCTTAC[T/C]TGTTCGGCAGAGCTTAGCTCATGGGCAGTTGATCTTCCTGACCATCAATCGAGTACTCCA
rs2122	8	GTCACTAAGAGATGGAGAGAGATTAGCAGTGGGCAGCCACTAATGCGACAGTGATTATGA[A/C]GCCGGCAACCTATCTACCATATCCACACACATATATATATTCTCCTATTATGAAACAAAC
rs2123	8	TGCAGACGTTTTCGATGTTGATTACTTCATTGAGCAAACCAGAGGTTATGTGGAAGTTGT[A/G]AAGGACATGCCTGAAGAGATAGCATCAAAAGAGCCCTTTAAGGTTGATTGCAGCAAACGA
rs2124	8	AATCAGGTGAGTCATCTCTTCAAATCAGAGAGATGTTCATATTCTTTTACATCCTTGTCC[A/G]AGTTGCACCAGCTGGAGTCTCTTACTTTAGGAGCTTGGACTTTGGACAGCACAAAGAATA
rs2125	8	CTCCTAATCTTGATTATTACATCCCAAAATTACTGAATCCCCTCCTCTTATTGCTTCACA[A/G]TTCCCAAAAGTGTACCACACTGGTATATAAAAAACACCCCATCCTGTGTGCCTGCCGACT
rs2126	8	AAATCATGGGAGGAAGAGAAGAAAAGAAGGGACATTTCTGACGAACTCCATCAACATCAC[A/G]GATACAAGAGACAAATCTAGAAGCAGCATAAAGAATACAGTAAGATGGAGAAGAAGAAGA
rs2127	8	CATTGTCTGACCTTTATTACAAAGCAGGTGATATTGACTCTATGAGGATGCCTTTGGACC[T/C]TTGTTGGGCTTCTCCCGTGAGCTTAGATGTTAGCTCACCAGCGAACATGATGGTGCCTCT
rs2128	8	AAGGTTTGGAGGCAGTGGTACGACCAAATTCTGGCAACTTTGAATAAACAATTCCTCGAG[T/C]GATGCAGGCAACTTCGGGATCTCCACTATTCCGGAACAACTAGTTATATTTAATTCCTCT
rs2129	8	ATATCACAACATGGCAAAACCAACAAGCTAGAATGCATTGTGTATACGATATTCAAACAA[A/G]ATCCTAAATCTTAGGGACCTAAACAGAGGAATGAAAATAAAAAGCATGCCCACTAAATGT
rs2130	8	CTACCGCCAAAGCCAGATAGCAAGTAGATGATTCCAATACGCACTAGTAAGTAAGGAAAC[T/C]GTTGTCAGTGTGCAGGAACATTACCAGATTCAAACTCAAAATGAGAAATGGGTACACATT
rs2131	8	TTACAGGCCAGAGAGATTGCTGGAGGGGGTGCAAAAGGTGTAAATGACAGACTAGACACA[T/G]TACTCGATCGTAGCTCGCAAACACACCGCATCTTTTGGATGCAGGCAGTCATGTGGAGAA
rs2132	8	TGCCACTGAAACCAATAGGCCAGTTGTTGGTGGTATGGGTGGAATGGGTGGAATGGGAGG[A/C]TATCCTGTTGATGATCGTCGGATGATTGGTGTTGGCATGGACAGCAGAGGTATGGGCTAT
rs2133	8	TCCAACAGCATCAGCTTGCTGAAGCTGAATCGATCTATGGTCTATCTGAATTCTATCTGC[A/C]ATCCTTCTCCCGATTTGAATCTTTCTCAGTTCTCACTTCTTCAACTATACCTACCAGCTT
rs2134	8	TGATACTAGACTGTTCATGGCCAAAGAACAAAAGTATTACTTAATTTGTTCAAACTTTTG[T/G]ATTGACAGTACCTTTCATGTTCAGGATTTACCACGATTTAGCCATTAAATCTGAATTTTA
rs2135	8	TTTTATTCAGTTTAATTTATTTATGGTTCCAATAAAAGATCCTTTATGCATTGTAGACAA[T/C]AGCAGAAGATGAATTTGGTATCCGTTTGTGGGATCTCAGAATGCTTAAGTATCCTCTGAA
rs2136	8	TGCATGACGTATGCACTCCAGTCGTCTCTTGCACGGGACGTGCCAGATTATTACTTTTCA[T/C]ATTTTACTAATGTACGGTATATTTATATTTATAATATGCTCAGATATCCATATATCTGTA
rs2137	8	TAAAGTTTCTTGAGTGGTACTGATGGAACTATCAGTCTCCAGTGCTGAAATCAAGAAAAA[A/G]GGTCTGCTGTTGTAACCAATCTGCCTCTTGTTGTTAGCTAATCCAGCTGCTGCTCGCAAG
rs2138	8	CAACTATGTTCACACAAGTAAACTGGTTTTGCTTTAACCTCCAATCTGTACCATGTTGTA[T/C]AGACTCGTACTTAGACAATTTTGGCTACTATTATTTCCACCAAAAAATGGTGATATCTCA
rs2139	8	TCTGCTTTTCAAAGTAAGTGCCTTACTGAAATGCGTAGGCTGGAAAGTTCCACAGATGAA[T/G]CAAATTTCCTATAGCAATGCTGACCATTTCTTTATTGTGAACGTTTGCAGCTTGCCTCTG
rs2140	8	CACTAATATAAAAGGGCACAGATTCCTGTAGCTAGCCTCCTAATGTAATGGTGGTCCGGG[A/G]ACACAAGTTGCATGCAAGGCTTCATTGCCATGAACTTTGTTTTGTTAATTACGACAGGTC
rs2141	8	Tatggccagcctcaagaaataccaataagtactactgtgtacataagaaaacataacaaa[A/C]acagggagggagggaagagggattttgggcgaagggttgagctagttattatagttggag
rs2142	9	ACAGTTCAACTAGATATGTCGCTATCTTTCACTAGATGCGATGTCTTGTATATGGAATTT[A/C]TGTGTATTTCGTATTCTTTAAAAATCATGTGCCACCACGTGTGCTGCTTGGAGCAGCAGA

表 C.1（续）

序号	染色体	序列
rs2143	9	CCATATGCATACAGTCACCAACCTTACTTTCCAACTACAATGTCCAAACGGCTACTTTAT[T/C]CTGAACATGTTCCCTTCTGCCCTTGCATTGCTCAGCACCTTATTTTGACTGTAAAGTACC
rs2144	9	TTCTCTCTCAGCTGATTCTAGGTCAGACTTTTGAGAGCTTAAATAAGAACTAGAAGATAA[A/G]GCAACTTGTTCAGGTGAATCTGCAACAAATTCACCTAAATTGTCGTCAACCAAAGTATGT
rs2145	9	TGTATGGCTCCACAAGTGCTTTTGTTCTTCGTGTTAACATGTTCCATGTGTGGCTGTCTC[A/G]CATTCTATGGATTTGAATGTAATATCATAGCAAATGATGTATGTGAAATCACCTATGTGA
rs2146	9	CTACAAATTATTATGGTCCTACAAGAGCAGGGGACCTGAGAAAGTGATTAGTGCGAGTAC[A/G]TGGCCACTTAATAATTAAGGTAGTCCGGCTGGCTGGCAGGATGCGGCGTGCACGCGGTTT
rs2147	9	ATGGATGGATGTGTTTGCATTGCAACAGTGCATGAACAAGATCTTTTCCCGTCTAGCAGA[A/G]CAAGAACGAGAGCAGAGCAGAGCTGACGGCTGCATCATTTTGTTGTTCCGGCCGTTGGCC
rs2148	9	AAGATGTTATTAGTTGTGACTTGACTAGAGCTTGGTTTATGGTGTGCAAAAACATATGCT[A/G]CTATGATTGCAGGTAATTGAGTATTTTGATTTGCTTGGTGTTACAATAATCAGTCCAGAT
rs2149	9	GTTGCTGGTAATACTCAGCCAATTGCAACAAAATAGTTTCTACTGTGGATCATGCCATGA[T/C]TGTAGGTTTGTAACTATCACTAGCAAACGAAGTGGAAACCAGCACCATATGTGTGGGGCT
rs2150	9	TTCTTGAGAGCAAAAAAGTTCAATTGGATGACATCAGGAAGACTTCTGCTGACATTAATC[A/G]TGTTACATCGTCGGATACCAGTGAACTAGAGGCAGAAATGATGGTTTGTTCCCATTTCTC
rs2151	9	GGGATATTCGACTTTTTCTGTTCATCAATAGCTTTAGATGGAAAATATCGGTTAAACATC[A/G]TGATACCTTTTACTTTGTAGGGCATGAACCCTCCTCCCATGGCACAAGGCCATCATCTGG
rs2152	9	GATTAAAATCTTGACAATAGAAAACTTGTTTACCTAGGTTCTATTTGTCTGTGTTACCTT[A/C]TGAGGTCCAGTCAGACAAGAGATGATTTATATAAAGGTTCGAGCCCTCAGGCCTCCCTAG
rs2153	9	AAGAAGCATCAGTGCTTCACAATTTCGCTGCCAAATCATACACAAACCAATAGGCTAAAC[A/G]TTCAAGCTTTGTTCATCCTTTTAGTAAAACTTGAAACAAAATCAACATATTTTCAACCTT
rs2154	9	CAAAGACTTGTTATGTTCATTTGGGCTGATCAAAACAAGCCCAATCCCTAAAATCAATAT[A/G]ACAACGATTCTTTATTCAAATAAAGTGGCAACAATTGCCTCGGGTGGTAGATATGCCAAC
rs2155	9	CTTTCTTTGCTTTCTCCCAGTCTCTCTTCTGATTCTTCAAAAAAATTGTGTTATGTTTTG[T/C]AGTGATGATGTTGCATGCTTCTTTTCGAAAATTGACTCCTTCAAGTCTACCTGATCCTGG
rs2156	9	ACAGGTGGCACTTGGTGGTTCATACAACTATGGCTAAACTTGCACACTGTTAAGGTTTTC[A/C]AAAGATCAGCATTGAATCAAGCAAGTTTCCCATCTATTGACAAGCCGATTGAAGATGATG
rs2157	9	ATTTTTGGTGCTCATCCTTTATGGATTCAAGAGGTGCTCAATTCTTATGCTGTTGATACT[T/C]AGGCTCAGCAATTGCTCACTGAACTGGCTATTACAGGTTCCAATACTCAAGGTTTTGAGC
rs2158	9	CAAAGCTTAATTAGTCTCCAAACAATAACCTAGCAAAAATTTTGCTACTATCGAATCTTG[T/C]CACTACCAAAAACACCCCGGAATCATGCCATTACCGAAAACATATATGGCGGCAGAAATG
rs2159	9	AAGCTAGTACCATTTTGACAAGGAAGCGCACTTGACAAAATTTGGGCTTATCTGTCTTTA[A/G]AAACAATTTTGTAGTCTGAAACTTGCGTGGAATTGACAGCCATCACACCGTGCAGTCGCG
rs2160	9	TGGCCAATTGGGGGCGTGATATTGGGAAATCAAAGAAGGGCTCCATCAAACTTTCACCAA[T/G]AGCCATGATAGCGCTCAAGTCTACCGTTGTGGATTTTAATCATCAACAGGAACACCCAAG
rs2161	9	CAAACCCAAAGCTTCTAGAGCAGACTTGTCAAAGTAGATTTCAGCATGAGCTGGAGTCAC[A/G]TCAATCAATTGAGGGAACAAACTACTAGTTGAAGCATACTCCTTGACAGTATCAGCAAAA
rs2162	9	AGTAACTTGCTTTGTGCAACTCATCTGCGGCTTCTCAAGTAGAGGCATTGATTTTACTCC[T/C]TCTTCATGGAGGAAAAAGATGAGATGTACCAAATCATCCAACCATTGCTCTTCTGAAGGG
rs2163	9	AAGGGTGGTCAGTTACCTGAGCATGGGAATTTCACCGGAATCAAGAGAGTTTGAACAATC[T/C]TATCCCAAACTTGTTGCTAGCATCGCTATCAATGTTGCACCCTAGCAATTTATGACCCGA
rs2164	9	ATTGGTAGAAGAAATATTTTTACTAACCTCTGGTTTGGTGTAGAGGGTGAGCAAAATCCT[A/G]TGTTTGTGTGTGTGAGATCTTGATCATGAATGTATGAAAAGAATCTAACAAGGGTCACAA
rs2165	9	CAACCTTGCAATTTTAGGTTCACTAATTTTATAGCAGGGTAGAACAGACTAATCCACGAT[T/C]CGTTGCTCCACTCAACGTTCACAAGGGTCAGCACAACAGATGGCCCTAAACTGACCAAAG
rs2166	9	AATTGAGGATTTTGTTGGGCAACTTGAGTCCGGTGATCTGAAACTTAGAGTCAGAGTACT[T/C]GAGGTAAGATTATTCTGGTAACAAGTTCTTTTACTATCTAGCATCTTGTTAAGGTTGTTG
rs2167	9	AACTGATTACAGCTGGTAAAGAAAAGTCAGCGCTTTCGTAACCGATCTTTTTATGCGCTA[A/G]TTAGTGCAAATATCTTGACGCGTGGGTCAATCTTTTTTAATTATGAATCCACTGGTGTCA
rs2168	9	TCCTTATTCTCCTTGCTGTACCATCCAGATTGAAGTTCCTGTTGGGAGAGGGAAACCACC[A/G]GTACTTGTTGACAAAGATGAGGGCCTGGACAAGGTACAATCTATATAGCAAATATGGCAC
rs2169	9	ACACGGCTGATAATCATCCAAATGAACTGCACTTTTATTCTGCCTTTATGCCCATGAATG[A/C]AGGACAACCAACGTAACCAAACACCCATAAAGTAATGTAAATGTGCTCCAAGAAATTTAA
rs2170	9	GCCCAGTGCATTTTCGAGTATGGGTTTACCTGTGAAAATATGGAGGGTATTACTGAAAGT[A/G]CATGGTTTTTTAACTAGCTCCAACAATGCGAGTTGTTGCGTTACTTGCTGAACAATTTAA
rs2171	9	GTGTATTGTAGTTTAGGACAGAGTTCCTCCGTAGTTTTGTAGTTCGGGTTTATCCCATTT[T/G]TTGGTTTCACTGGTGTAGCTTCATGGTGACTGGAGTCTGGAGAAGATGATGGTGATGACG
rs2172	9	GACTGTTTTTTGGAAGGATGATTGGAATGGGACTGGAAATTCACTGGCAGAGAGGTTCAC[T/C]ACCCTGTTCTCTTTCTCTAGAAATGAAGACATCTCGGTTTTTGGATTCTTAAATGATCAA
rs2173	9	TTCATGCTGGAATGCATTTCGGCTGGTACAACTTACACTGCTGCCCAACAGAAGTTAGTT[T/C]GTTCATGATTCCTTTTTTTCTTTATTCCGAGTGAAGACTCCCTACAAGTTCACCCCTCTC
rs2174	9	AGGTAGCTTGCTGAAACCTAGACGTGTTGGTGCTAACTCTGGCTGTGGCAAGTCCTTGTC[A/G]AGGTATTGCATTACCTGCCGCATATTTGGCCTTGAAGCAGGAAATGGATGCAAACACACA
rs2175	9	ATCCGATCCGATGAAGACACCACAAGGATATCACAATAATAGGGAACCTCCAATACAACG[T/C]CTTCAAGAAGGCTGCGACATCTTGAATATCACTATCTCTAGGTTTTCAATGAGAGAGTCC
rs2176	9	CGCTTGATGCTCTCAAACGCCCTTGCATGTAAAGCTATTACGGAATAATTGCAAAAGTAA[T/C]TTATACTCGATGAATTGTTCGGGCTAACTAGTTCCCAGCAGAACACTCTCTCAAGTGATA
rs2177	9	AGTGACTGGGTTGGGCCGTTGGGGTATGATCACTCAAGCCAGACACATGAAGTGTAGAAG[T/C]GTTCTACTGGGCAATGGCTTTGCTCCCTTGCAATTTAGTGACCATTCAAGCCAAGGAAGT
rs2178	9	AAATCAATTAATTCCTTTGTTTCTGCATACATTATGATCGACCCAGGTGCAAAAGGGATG[T/C]ATAGATAAAGGTAAAACATTGACTGTAGCTCATAAAGATAGGAAGACAACATATAATCAA
rs2179	9	AAGAATCACTGAACGATTGAACTGGACCAGCTCTTCCAACTATTTGTTCCAAAACTACGG[A/C]AAGGTCAGCATAGTACTTTCCCAATTAATTAGTGTTTCATTGTTTTAATCTGAACGGTAC
rs2180	9	AAGAGATTTGATTTGAGCTCATCTGAAATCATTCTTAGAGACAAAGTTATTCCAGTCACA[A/G]AGCATAGTGTTACTGTCGTGCTTGGTTTGCCAACTGGACGAAGAGATTTTGGGAAGAATT
rs2181	9	GATCCAATTTACCGAGTACCATAGAATGACAACTGAGATGAAAGGTTGTGAACTTGTGAT[A/G]TTGGTGCAAAATAACACTACCCCAAGTCACATGAGTCAGTAAATTATTTGATACATCATG
rs2182	9	TATATTCTAGCTTCCTATCAGCATAAATTAATGTAGAGCGAAGAGAGCTACCTGAATAGA[A/C]CTCCGATAAGAGATTGGGAATAATAACTTGTATAGTCACCCTAGTTGTGATCAATGGATT
rs2183	9	CGATTGGACCTAAAGCAGTTATAAACCTCAACCGAGCCAAGAGGAAACACAAATCAAGCC[A/C]AATGTGTCATCCAGATGGTAACACAATTATGAATGTACATGTGCAAATAGTATCTATACC
rs2184	9	AATTCAATGTTTCATCTTTTGTAAAATCTAGTGCAATAATCTCTTAATCTGACGAGAGGA[T/C]GACTACAAACTCATAATGCTGAAGTAAAAGGCTATGATGCATAGTGTAGGATTTATTCAA
rs2185	9	TATGTTATGTTAAAGAACGACTCTGTTGGCTAGAACTTGTGACAGCCCTTATGAAGGGGC[T/C]GGTCAACCAATAGCAAACCTTTTCTATGTCCTCGTAGCTCGCAAAATTAATTAGGACTCG

表 C.1（续）

序号	染色体	序列
rs2186	9	AAATTGAACAGCAGAGGTAACCGACGTGTACAACATACTGAAACTGGCATGTATCACTTA[A/G]TGTCATAACTCATGACAACGATGATTGTACTGATGTGTGGAATATCATAAGAGGTAAATA
rs2187	9	CTGCTCACTACCGAACCATCTACTTTAGCAAGCATGCATTAATATTGTATTCACGATCGA[A/G]GTACACTCTCTAACACATAAATGATAAATAGTTTTAAAAAGACGATATAAATTCGTAAAA
rs2188	9	CCTGATCACCGCCTTCACTGGTATCTCGTCGAGAATCCAGAATGCAGAGCTTCTTATCAT[T/G]CATGTTGAAAGCATATAGAGTCCAGTGGCCATCAGATGATACAGGGATTAATACCTATAT
rs2189	9	TTGATAGCCTCTGGGGTGTATGTCATCATCTGGCACACCATAGAAGGGCCTCCTTGGGTA[A/G]GCAGAGCCAACCTTCCCTCGATCAAATTCAGAGAAAGGGTATTCAGGAAGTTCAGAGTCA
rs2190	9	AGAAATAATATTGAAGATTTGAACAGGCATAAATAGTCATAGAGAGCACAGCACAATTGG[A/G]TTCATCAAGCAGGCATGCAACAGCTAATAACAAATACAAATAAGGTAAGGACAGAAGAAG
rs2191	9	TATCTAGTAGTGTACTGACCCTCCAGGATGGTTAAGACATATATGCAAGAAAGCATATAT[T/C]AGTGATCCTGTGTCAGAGGGCGATGTGACGGCTTGCGACACAAAGTGTTTTGTGTTGTTA
rs2192	9	AGGCACAGAATTAATATTTACCCGAAATCCGTATAAATTTCTTTGGGTGGGATTAGACTG[A/G]CCTTAGAGCTATCATTAGTTATGCAATTCAAAACAAGCAGCAGACGGAAAACGCTTGGAC
rs2193	9	ACCACTTGTCGAGGTGTTTAGCGCTTGGGTCTATTATTACTTGTGCATCTCATGTGGCCA[A/G]TATTACTTGACATATTTGACTTACAAGCATATGGGACATCCCTTCACAATCATGTTAGGT
rs2194	9	TTAGGGTTAGCTCCATATATTTTGGTGTGTTAGTCAATCTATACCGCTGTAGATCTGTTG[T/G]ACGAAAAATTCAGCCAAGGTACAAACTAAAGGATTTTCTTGCAAAAGATATATAAGGCAG
rs2195	9	ATGAGTCATCTATGATGGGTGTGTAAGTTATGTGACATGTAGTAGCTTCCATCCATCACC[A/G]ATGACTCATCTCTGACAAGTTGTAACTCACGAACTGTTATTGAAGACAAATTAATAATCA
rs2196	9	TTATGGTTAACTTCAGCGAAGTATAAGTTTCAGAGTCCATGGCAAATTCTCAACTCTCAG[T/C]ATGAGAGAGAATAAGACATATAAAGAATGTGAGCTTTGTCTCCTAAGTTGCATTCAACTT
rs2197	9	TGCATTGGCATTGTGCTGGCTCTATAAATAGGTGCAACTATTGGTTGCTTAAGTGTGATC[A/C]TATCATTCCTCACCTGCATTCATTCAGAGAATTCTCTGAAGACTGTTGGAATCTGAATAC
rs2198	9	TGATCATGTATATTAGTATATATATTATCTGATGGGCTAATAAGTGTCTAACCAATTAAT[T/C]GTCCTATTAATCATGGCCCATGTATGGCCCAAGATGTTTTCATAAACAACATATTATTAC
rs2199	9	CAAAAGATCATTTGTTGTCCCGGTTAAACGAGTACGTGTACTTCTTCCCTTCTATAAATA[T/C]CAAATCTAATACAAAATATGATACATTTTTCTGTTCATATTTATAATACTATCATATTTT
rs2200	9	TAATTTTTGAAAGCTGGGTGATGATCATGATGATATATGGAGTAGCAAACAATATTATAT[A/G]GTTTATGCTTGAAAAAGTGGCGAGGTGTGCTCGTAGAAAAGGCCGACAAGGTTCATCATT
rs2201	9	CATGGGAGCAAATGCCGCACAAATTTAGAGTGTACTGGTGTAATTTTGCCAAAACAGTTT[A/G]CCCATATTCCTGAGCACTTCCTTTCTAAAAGTTTCATAAAATCGCCATCTGCAGAACGAA
rs2202	9	TACTCCCTCCATCTCAAAAATCTCAAAATATAGCAACCTAATTTACTGGATTAGTCATAC[T/C]ATAGTGCAACGAATCTGAACAAAGAACCTATTCAAATCCGTTGTTAGGTTGTATCTAATC
rs2203	9	CTGTCTAACAGGCCTTGTGTAGAAAGGACTTCCATTAATTATTTTGGTCTCCCTAGCTAA[T/C]TTGTGCTTTACATAGAGTCAAAGATTGCAATTCAAGTAAACATCATTCTAAGCAAGATAA
rs2204	9	AGAACAACTACGGCATCTCGTTAACATCCAAGATAAATACGGACGAACTGCTCTGCATCT[T/C]GCAGCAGAGAAGCTTAATTCGAGGATAATTTCTGCTTTATTGCTTCACCAAGGCATAGAC
rs2205	9	AGGTCCAACTCACTTAAGATAGAAACAGGAAGATTCGATGGGAGGATGGGGAATAGAACA[T/G]AAAACTATTAAATTTCTGTTGTCAACTTTTAGGCTAAAACCTAAAATGCCCTTGTTTATA
rs2206	9	TGGTTCCATTTGCCCTTTGGGCTTGCTTAACTGATGGTATCACCTGCTGCAGCACTGTCT[A/G]TACTGTTAGAGAAGTGCAAGAATGTCGAGGTCAATGTACAGCAAGAAGACCAACAAAGGA
rs2207	9	TGCAACCGCACAAGGTGTAGGACTAGCAGCAGCAGATAGGCTCGGGTCCAATTTTGGATG[A/C]TTTGACATATGTCCTAATGGTTCGGGTCCAGTTGTGGGTAACCTAGGTGGCGAATAGGCT
rs2208	9	CTGGATTGCTGGTACGGCGACATCTGAAATTTTATACGACGTCGTGGTCTTAAATTTTGT[A/C]CGAATTCAAACTGAATTTCATAGATGTGGTCACAACCAACCGTGCCATTCACAGTACGAA
rs2209	9	ACCCACTAGTTAAGGGAGCAAAAGTGGACCTGGTGTTGGCCCAGTGAATTTTATGTCTTG[T/C]GGATGGCCCATTAAATCCCGTCCATTCGTTCGTTTTGATCCTACGGCTGGATGATGTGAA
rs2210	9	ATCGACAAATCCTGGAAAAGTCACCTCTTCCCTGTATCATATGAAGTGGCTGAGAAGTAT[A/G]TCTAATATTTACGTTGTGTTCAACATATTACACAATTAAAAGGAGTGCACATTTGTTCCC
rs2211	9	CTTATATGTTTCCTTCGTAACTCTTTGGTAATCTACTAAAAGCTTAAAATGCCGAGCATC[A/C]AAAGTTGTTCACATCGTTCTATACGTACTACCACTCCGCCTCGCCACCTCCTATTATATC
rs2212	9	TAAATTGGTAAGGACATGACTTTTATATTCCTGTGGCGGCAGACGATTTATTTTAAACCA[T/C]TTATTATAGTACATCTATGATGAGTAACAACAACCCTAATACCATAAAAAAATGATGGCC
rs2213	9	TTCACTGTGCGGTAAGATGGTTCAGTGATGTTTGCTCGCATGGAGAAGTCATTCAGAACA[A/G]TGCTACACTTGAATGCCTCCTATGAAGAAACACATAAATAGCATATCAGAAGCAAATTCT
rs2214	9	TGGTAGGCATATCACATATCCGAGGTTGTTGTTAGATGGAAACTCATTATGTTAAATCAT[A/G]TTTAGACAGCTAAATACAAAAGCGAACAGTACTTGTGTTGGTGGTAATTCGTCCTCTCGA
rs2215	9	CCTACATACCATAAAACTATTGCAGGTACCTCCTATAGTAACATTTCTGCTAACCAGGCT[T/C]TGTTAAAACTCTGAAACTCAGGTATGCCTTTGTTAGTTATCGCTTTTGGAAATTGAATAG
rs2216	9	GCCCTCTTGAGACCTGCTTCTTTGCTGGTACTTTGTTTCCAATCTACTTACACAATTTGT[T/C]TGTATAGCTGTATAATTGATCATTCTTTCGTACACCCTGCATACTTACGTACATATGTTA
rs2217	9	AAGGAGGTGGACACTCCCTGCTTCAGAACTGATTGGGGCTTCCTACGGTCTCTGAAAACT[A/G]ACCTTGCGTATTCTCTTGTTTCCAAAAGGGTAGGTTACAAAAATTAGCATCCACTATTTT
rs2218	9	TTCCTGTATGCTAAGAAAGTGGCGATATCATACCTGCATAGCACAGAAAATCATGTGATG[A/G]CTATGGCATTAGTGTTGGCTTGCCAAAGTTAAGAAACAAAACAAGATAAGAAAACTTGAA
rs2219	9	TATTCCTTATTATTCACTCAGTTACGGTCCTGATCAAGGAGATGCATCCATTTGAATGGA[A/G]CAGAAGCAAATTAACCCAAATATTGAAATGCTAAAACAGGAACATTCCAGAAATCAGACA
rs2220	9	GTTTACCTTCCTAACCATTGTCAAGGATTCGTCAGTTGTGCAAATGGTTCTACCTGACCT[A/G]TTACGGATGAAGGGTTCTGTAGTTGTATGTGTTGGTTAGGAACAGGGATGACTGATGATA
rs2221	9	CTTCCACATGGAGCTGACATTGTAGCCACCATTGAGCCGCTCATCGGCAATGGAGCTTAT[A/G]TCTCCTGAGGCAACTTTCTCTTTGACATGTTGAATAATGTGACCATTGCCTTGTAAGATT
rs2222	9	GCAATATCATAAACATAGAATATTGTTCTCCTTGATTATTTCGTAAACTCGTTCGCATCT[T/C]AGATCTACACACCTCAGGGAATTGAAAAATAATATACTGCCTCCATCATAAATGGAGTTA
rs2223	9	GCGCCGCGCCGCCACGTCGGTCACCAGCGCCGCCGCGCTGCCCACCCGGAAGATGCAGTT[T/C]GTCACCAGCATGTGCTTGTTCTCGCCGAAGTACCAGTTCAGGCTCATGTTCTCCGTCACC
rs2224	9	ACATTATCCTGTAATACGAACGACTAGGTCATCACAAAATACATCCTTGGATACATCATG[T/C]TTTCCTTAAATACAAGTATATGCATCAATCTGAAATAATGTCATAGAACCGTGGAAACAA
rs2225	9	TTGTCCAATTGGTCAATTGGGCTCGCTCTCAAGTTTGCATTCAATTCAAAATGTAGCACT[T/C]GGCAACATCCAAAGGTGCTACTTGGCCAGCCAGCCAGCCAACTTCCCAAATGCTTAATCA
rs2226	9	TACTAGGCTGTCCTCTTTTCGTTCCCCTGCAACCATGGAGCTTGTGAGTAAAGAAAAATA[A/G]AACACTGAGCGTTCGTCAACTACACTATGATGCTTTTCTTTTCCTGCATCCCTGGAACTC
rs2227	9	GAGAAAAATGACCCTGGATGTCACTTATTAAATCCCTAGATTATTGGAAGTGGAAGGGTC[A/G]TTGGGATAAGACGGGGAGAAATTTGAATAGTGATTGATGTGATAAATAATACAAAGAGCA
rs2228	9	CATGATATGTACTACTCCTATATATGGTATCTACCACCGGACCAATTTATCTCTAATGTG[T/C]GAACCATAATTTGTACTATGGGTCCGTATAAACTAACATGTAACATACATCATAATTAAA

表 C.1（续）

序号	染色体	序列
rs2229	9	TTAGTATCTGCCTTATTATGTAACGCACAGTCCAATTTGGCAAAATAGCATGCATAACTA[T/C]TTTTAAGGATTAAATAATTATAATCATTCTATGTATTTACTAATGTAAAAAAATGTGAAA
rs2230	9	AATGCATGTTCCAAGTAGAAGAGTCCTTGTCCAAGCAAGTTTTAGACAAATTGCTCGACC[A/G]TTCTTCACAGAAATCTACAAAACAGAAAAATGGAACAGTTATATTAACTTGAAGACATGA
rs2231	9	CAGAATAGGAGATAGAGTTAGGTTTGGATTGTAACCGAAATCTCTAAATACCTAAATATC[T/C]GTAAGCCACGTTGGAGGCTGTTTCTAACTCATATCAATATACGTGCAGCCTCGAACAGAT
rs2232	9	CAGATGCTGTATTGCAGTTGCTATTTTACTGCCTTCAGTTGGATCCCCAGCAACAATTGC[A/G]TGATGCTGCTGAGAGAAGTTTAAGTGCTCATTGGCAATATGAACCAATTAAGCAAAGCAT
rs2233	9	GCCCGAGCTCTCCTCTGCCAAACCGTGGCAATAATGCCACCCCTATTCCTCTTTGCTCTA[T/C]ATACCTAATCTTCTTCTAAGTTCTTCGCTTTTACTTACTACTATTATTATCATTTTCACG
rs2234	9	GAATTTATCCATATAATCGAGAGTAGATAATCCGCGATAATAATCTGATGAATAACAAGT[T/C]TGAATTTTGATATGTTGTTGTTGCTGCAATGCATCTGATCAAGCCACTGTCCTTTTTCCC
rs2235	9	CGCTGGTGTATTTTACTCTTAGATTAATGCAGATAATAGGCAACTCGAAATCAGGTACTC[A/G]ATTTTAAATTATCTCATGCTGGTGTTCGAAACAATCAGTACGCCACATTAATGTGAAGAT
rs2236	9	CAACAAAAGTTCGTATATATGCTTCCAAATTTCAACGTGAGAACCACCGCTCAATTATAA[T/C]CTCCTCACCTTGTCGTTGACTGTCATTTTCTCCTTTTCTGAGGCTGATCTCTCCATCCAA
rs2237	9	GAGTTAGAATTCTGCACTAGTGTCGCTGTTACTGTGCAGCTGGGATGATCTCAGTGGCTA[A/G]CAGTAGTGCCGATTTGACCTTGATGAGCAATTGAGCATTTCTATAGATATCTGTGTGAAT
rs2238	9	TGGAGATCTTGCTGTATCACTATCCCAAGCAGGCCCTCAGTTTACCCAAGTAAGCTTAAT[T/C]TGTGCTCATAATCATCCTTTTGTTCTCTTTTGCTTGATCTAATACTTTCTTCCATATTGT
rs2239	9	TTGCTGTTTCGTGCAAGCCAACTTCAGGTTAAGGGTCAGTCTTTGAATGAAAGGATTTAT[A/G]TAGTAATTTCCTAAGATTCAAATCAAATCCTATATATGAAAAAATGTTCTATTTGCCCCT
rs2240	9	ATTCTGATTGAAAAAACAATTTGCAGGCAGGATTGGGTGAAGTGTGCACATATAAATAAA[A/C]AACAGGAACATTCTATAAGGCTGTTTAGCACAATGAATCAGTAAAAAGGTGTTTAAATGA
rs2241	9	AACTAACAATCGCACAACCATCTCCGATCAGAACCTAAATAGAGTAACCCCTGCATAGCT[A/G]CGCATCATCGTAGGGGGGATGATGGATAGTATGGGTACGGACCGCGAGGTAGTCAGCGGC
rs2242	9	GTTACATGAACACAGTTCATCTTCAGATGTAGTAGAAATCTGTGCATTCTGAGGTAGATG[T/C]TTCCTCTTGAGAGGAAATGCTGATTTATTACACTCTGATTTTCTAGCTAGGGTACTGTAA
rs2243	9	TTCCTGATTGTAATTAATTAAGCCTTCCATAACTTATTGCCACGTGCCACAGGAGTTACA[A/G]TACACATTGGCGCCATGGACACAAACATTACATAGGGCAAAGCAAATCACGAGTGGTCTG
rs2244	9	AGGCCAAAACACCCTGCCTTCTTGGACATCTAGGCTGGCATCCATGCAAATGCTTTGATA[T/C]GATACCCTTTTACATCAAAGTTTCAAAGTGACCCTACTCCTTTGGGATTCTTAGGATTCA
rs2245	9	GGCAGGGGGTGGTATTATTTGTTAGGGTTTTGCCATCACATGATCCCCACCAACCCAGCA[A/G]AGAAATCTATCAAGACCTTGCAAGCCCATCACTAGAACAGGATAAAGCATGATCATCAGG
rs2246	9	TCATTGGAGAAGACAACAACTTCTGTGTGGCTTTGTTCAACGAACATGTCCCGTGTCTTA[T/C]CTTGCTAGCTCGCTAGCGGCCTAGCGCTGTACGCCGTGGCCCCCGTGGATTTTGGAGCCA
rs2247	9	CCCTCTTGCATCATACTCGTACTACCATACTACTGTGATATCATACAAAAGTCAAGAAGT[A/C]GTTTGGTACTCAAAGGACCAAGAAGCATCTTCAATTGCCAAGTCATGACAATTAATCATT
rs2248	9	AACTCTGATTGAGTCGAAGAAGTTACTTAAGTTTCGTACTGTTAAAAATGGTCAATTACT[A/G]TCATTAACCTAGTTTCTACTTATTAGCCCGTGCCGTACTTAGCATTAATTAGCTCGTATA
rs2249	9	CACAAAAGCCGGTTTGTTTGAGATAAATGAGCAAATGTTTCTCTGAATTTTGCTTGGTTT[A/G]TACAAATTGATCCCATTTTGGATTGAAAGTTACGGCAGACAAAGAGGTTGGTAAGGCCGC
rs2250	9	GTCTGGTACACTCTACTATACGATAGTTTCTGGTCAATGGTCATGTGCTCGAGCTCGTCG[T/C]AAATCTGCATCACTCAAAAGATAAACCTGCCCCTTCCGTACAAGCATACCTGGAACACTG
rs2251	9	GTTGGATATTACCATCATTGCTGTTCAATTTTTTAAAATAAGTTTTTAGTGTGGACTATT[T/C]TTGAAATAAATTTTCCCAAAGGGCCAAACTGTCAAAATTTTCGGAGCTCACAAAGTCGCA
rs2252	9	AAGAATTTCATAGGATTTTGATGGGTACAATGATAGGAAATTTTTTATAGCATTTGAGTC[A/G]TACAAAATTCCTCCACAAAGCCCTGATTCAAAAGCAGGCCTGAACAAGGAATTCGACCGT
rs2253	9	TGTGAAAAGCAAACTTGGCTGCAAGTGTCGCTTGCATCTGACGTTGATGACGTTGCCAAG[T/G]TGGCTGCGTGTGTGGGGACGTTTGTCCAGGTAAGGTGGTGGTCTAGAAATTTCTGTTCCT
rs2254	9	TAGCAAGTAGATAGTATTGAGCATGATTTTTAGTACATACTGGTGATCTGGAAAAATGCC[A/C]GATATGTTTGTTTCCTTGCTGAATGTTGAAAAGCCTGCAGTTTTGACACACCTGGATAAT
rs2255	9	CTACTAGATTAAGAAACAATTTAAATGGTGGGCAGCCCTGCTAGTGCAAGAGAATGGATA[A/C]GGGTTACTTATTTGCTAAGTTGCATCTATGGTAGGCCCTAAAACAGAGAAGGTCCATGGG
rs2256	9	GTCTGGCGCCCGTCGGCAGGGCCGGGTGCCCTGAAGGCCTGAACACATACTGTGGCTTAT[A/G]TTATCAGTGGCAGCTAGACATGCTCATCTGATGAACAAGCTGTTTTCTGCATGCTCCTAT
rs2257	9	CTGTGCCGACTGCCGAAATCCATCACGGCGCAAAACTCGCAAAGCTCGCGCCGCGCATAG[T/C]CCAAACCGCGAAAATTTCGCTCTCCCACCACGAAATCCCCAAATTTCCCCGCGCGGTCTC
rs2258	9	ACCAGCAGAAAAAATTAACATGCATAATTGGGTTGCATGTTTTGTTTAAGTCATAGCAGA[A/G]TAATCCAACTGTATCTCTTCAAGAGTTGACAAACATCAACATGCACAGTTAAGTTATAGA
rs2259	9	CAGCTCGTCGATCCAGAGCATGAAATGTTCAGTGTTCAGCTATCTGCACTACTACAGACT[A/G]CCGATTTTGTAGCCAAGGATGTATAAACGTATGCATGCTTGTACTACCACCGTATAATAT
rs2260	9	AGAAGATAAACTCCACCCGTTCTTGGAAGCAATGGGACCTGGCCTTATTAGTGACAGACT[A/G]TCCTCTCGATCAAAGTTTTCGCTTGCATCATAGGTAAACCTAAAATGGGTAGCCAAAGAA
rs2261	9	CTCTCCCTGCGCCCAAATTGACAAAAGAAAAGAATATATACGAGATCGTCTCTGTCCTTG[A/C]AGCAGTTTTCCGGCTCGATTTGCACGCGCCGCTGGTTGCGATCGGGGGCGTGACAGCATG
rs2262	9	AGAGTTTTTCTTTGTATGATTACTGTCCAATTATACCCTGAATTGTGAGTTCGAATGCTA[T/C]TACTAGGATGTGAACCACGCTGTTCTGGCCGTTGGCTATGGTGTCGAAAATGGCGTTCCC
rs2263	9	TAGCACCGATCGATATGGGCAGAGAACAGTTCCATGTCCGATCGTGCCCATGCATGCCTT[T/G]GCAACGCAGCTGTGCCTGCAATTTTTAAAGAGAGCGCAACGATTGAGCAACACAGTTGCA
rs2264	9	GGAGCCAGCAGTGTAAACCTTGTAGTCTGCAACTGCCTTTATTCCGCCCCATCCTAATTC[A/G]TGATACTCTGTCCATATATCCCGGCATGATGTATTTGAGTGGGCAATATTATTGCCTTTG
rs2265	9	ACTACACTACAGTGCCTGCAGATGGTGTGGACTGATGATGGCACCCCGCCAAAATTCAGA[T/C]TGATCAAAATTAATTCCTGTCCCAGAATTGGGGCACAATCGCCTATAACGATTAACGTAC
rs2266	9	AACACGGCAGTCCGTGCAGCCGGTGAGTTCTCTGATAATTTTAGGTCCAAACTTTAAATG[T/C]ATGCTTTTTCTTTGGTAATTTTGGGTTAATTTCGTGTCTGCCTCAACATGATTTATTTAA
rs2267	9	GGGATCGTAATCGTTGTTCGAATGCCTTCTTGTCAACATGGATCAGTACATTAACCAAAA[T/C]TGGTCAGAGATGAAGCCGGTGAGAGAGCATGGGAGAGAATGCACTACGGACTGAACACTT
rs2268	9	ATGGCGCTCCTAAAAAAAACAACGTGATGTTCCAGTCAAAATCAACCGTTCAGCGAAAGC[A/G]ACGAAGCTTAATCAGGGACCGAAAATGTCACGGAAGAGCGACACATGCGGATATCTGTTT
rs2269	9	TGAATATGGATAAACTCGTTGTTCAATTTTATTTTATATTTTGAGATAGAGGGATTAGTA[T/C]AGGAGTACATGCCGTACGCATCAGTATTCTTCATGACAGTGATCATATATTCAGACCACT
rs2270	9	TTGCCACACAATGCAGACGCAAACATGTAACTGACCGGAGAAATGAAGTGGATTTTGGCA[A/C]AAAAGTCAGGTTTCTACCACGCACCCATCGGTCAGCAGGAACTCCCTCTTAGACGGCCTC
rs2271	9	CTTCTACATGATCTGTATTCCTGCATGTTTCTTCAGTATAACGTGTCTACATGCATCACC[A/G]CATGATAAAAAACGGGATCATTTATGATCGGTTTCTATCTCAAATAATTTCTGAAAGAAC

表 C.1（续）

序号	染色体	序列
rs2272	9	TGCTCGACCCCATGCTCCAAACCCAATCACATGGACCCATTAAAAAGTCCACATTCTATT[T/C]CATTTTCAGTCGCATAGGTCTATAAATAAAATTTAATCTCTATACACTTTAATCTTCGTT
rs2273	9	GACACGATGCATACAACAGGTTTCCCTTGACCCGAAGAAATTCGTGGGTGTAGCTTCTGC[T/G]CCTGATGCGGTAGAATATCTTCATTCTGGCAAGAGTGTTGGCAAGGTACCATCGCTTATA
rs2274	9	GCGACAATAAATGTGGGTGGGCGCACGCACAGCGCCATGTCGATCGAGCATTTCATCCTG[A/C]GGCTGCCCTACAGCGTGAAGCATGTAAGGCGTTACAGTATAGTTTTGTCATGGTGGATAC
rs2275	9	CAGCATGACCCATGACATTCAAAGATTGTATGCAAGAAAGCATGACTTCGCAGCCCCTAC[T/C]ATTAATTTCAACGGGAGCAAAGAAGAGGTGATAACTAATTATTCAGAACCAGCACTAAAG
rs2276	9	GTCGACGTTGGCTGCATCACAAGCTAAAACATGTACTCCATGCCGACCGCCTTCTTGGAC[T/C]AGACCTACGCCATCTTTGCCTGATGGCAAACACGAGTTGTCGATCCACCTCGCTAGCGAA
rs2277	9	GTATGTTATCATCCAGCTAAATTTTGTGTCATTTGTCAGTTTTCTCACTGTGTTGGTGAA[T/C]AAGAAAGTTTCCATGCCATATTGTAGATTCGTGCGAGGATTCTTGAGGATGCAGGTATAT
rs2278	9	TACTTATGCTGCTATTAGTATTACTGTTTTCACACGTGCCACGCTGTGGTCTACCTTGTA[T/C]CTCTTCTCCCTTTTGCCATTTGTGGATACAAAAATGATACATTCCACAAACCAGTGACAC
rs2279	9	TAATCAAAATGTTAAAAGGGGATCTTGGGGTAGAAAACGAGTAGATTAAGACAACCATAA[A/C]TCAGCTCCTTAGTTTGAAAGACCATCATCAACAAACAACAAGACATTTACAAACTTTCAT
rs2280	9	CAATCCCAGCTCGCTCGGTTCAATTCGTTATCTGCATGCATAAGCATAACCAGTTAAACC[A/C]CATGGGATGCAAAGACCATAATTAATCAATCGTGTTGAGATGTGCTTTGCTTTGCTCCGA
rs2281	9	CTTTTGCATCAGCAACGCGAACCAGCATTTGTAATTTTTAGAGCAAATTCCAGGAAACCT[T/C]GCATTTTATTACAAGCAAATATAACTCACATGTCCAAAATAGTTTATGAGAACTCATTT
rs2282	9	CTGCTGACAAATTCAATTGCACACATGGAAAACAAGTGAGCAAAACGAGCTTTGCAGCTC[A/C]CACGACAGACAGCAGTGTTTCTTCGGCTGCATAAATAGCTGTGCCTGCAAAAATACCGTT
rs2283	9	GTTGCCTGCACGCAACCTCTCCCATTGGTTTCTCCTGCTTTTTCCCTTTTTCTTTTACGT[A/G]CCATTTTGGTTGGCTACAAAACAAACAATGAGGGGGTGTAGTGTACCCACTGGTATGTGC
rs2284	9	AAAATCCCGACCTAAGATGCAAACTTTATCCCCAAAAATCGCCGTTACCACAAAAAAAAA[A/C]CTGGTCAAAAAGATGTACCTCAAGTAGTAAGAGATAAGCACAAACCAGCAAAAACAAAAG
rs2285	9	GCAAAAACAGAACCCGCTCCATGATGAGATGAATGTGTTACATGAAGCTCTGCACAATTA[A/G]AAGTCATATGGCAAACTTTGTAAAAGTACTGCTGACATTGACAGTAACAAAAATTAGTAT
rs2286	9	ACCACAGAAATACTATTGGAAGTTTGGAACAACCTAACACAAAGGCAAGAACCATGTGAA[T/C]AGACTCATTCATGTCCTGTAATCTTCTATCCACTGTCTAGAACTTCAATCCAAAGTCATA
rs2287	9	ACACTGCGTGACCAAGGCAAGCACATCAGGAAGGAAGAAGCCAACTTCAGATTTCAGAGG[T/C]ATCATTTCAGACCTCCGACATGTCAGCAACAGGGTTAACAATTTCGGAACGAAAATGTCC
rs2288	9	TGATGACAACCTCAACTTCAGCCCATCCCTCTCTCGATTTGGCTAGATTTCTCGTTCTGA[T/C]CAATCACCATCATCGACCTACTTCGTCCACTACCTCTCCAAGCTCGACTTCTTCATCAAC
rs2289	9	GAGATGATAATAAGCATGTAGTACATGTTCTTGCATCCGACATGGCTAGGATAGTACTAA[A/C]GATAATAGGATGTCTGCTGCTAATGCTAATCTGGTGCTAACTAGTACATCATGTTTGGCT
rs2290	9	GTCATGGCAGTTACGCACTAGCATTGCTTTTTCTTTTCCAAAACATCGTTAAGGGACTA[A/C]GCTAATTAAATTAAACTCTATAATCCATTTCTTTCAAATACGCCTTATATCTAGCAGTCA
rs2291	9	TTTTCACACAAGCTGCTCGGCACCATGCTGCTCAGGTGCACATTCTGTCATTTGGAAATA[T/C]CCCACTTCCTTTTTTTTTCTGTGGCAATCTGTACAAAAGCTAATTTTGTGTAAATTTGT
rs2292	9	CCGCTAATGAACGCGTTGATTTACAACAACTCCAACATTTCGAATCAAAGGTGGGGGTAG[T/C]TTAGCAATGGTAGCATGATGGGCCGCAGGAAATGGCGGGAAAGATAACGAGGAACATATC
rs2293	9	CAGACACATGCATGTCGATGAGTCGATCGATCGAGCGAGTGTGTGGCCTTTAACGACAGC[T/C]TTTTGCATAAATGCCTCTGAATTTATTCAGCTAGCGCTACTGTACTGCATGCTGCGTTCG
rs2294	9	TGCTTATGCGGAATTGGTGATTGACCAGTGGTACTGACAGGTGCTTGACGAAGACAAAGA[A/G]AAACGTCATTAGTCTTATTAGCAATATATGTAGATGTAGTGCTAACGAAAACGGGGTAGC
rs2295	9	TCGATCACACACACTGACAAAATCTCCAAAAGTTAGCCCGGCGTGTTAAGCTTGTCAGTT[A/C]TCACACTTGATAATAATAGCACGTGCACGCGGAGCACGTGCTCAGTCCACAATATAATTC
rs2296	9	GGTATGGGATTCTGGTGTAGTGGATTTTGCAGAGTAGATTTTGGTAACTAGGAGTACTTC[A/C]GAACACCATGGCTTTTGCATTTGCAAGTACGGTGACTTGGGTGCCGCACTGAATCTATGA
rs2297	9	TTGTGATGTTGGAACTTGGATGTGATGTTTCTTGGCTCTATAGTTTTAGCTGTTGACAAC[A/G]GGTCTTTGGGCCGTTTCTTGTGGCATTTGGCATTTCAATGGGGGTTTAGCTCATTGCGAT
rs2298	9	TTTTTTTCAAAAGTCCCAACATAATAGGTGGTAAGCAATCATATAATTCTCATTCCGCAT[A/C]CATTCAAGGGATGTGCGCATGGCTGCATGGCCTATCAATGTCTATAGAACTCAACATGCA
rs2299	9	ATAGTCACAAAGGTCATGTATCCTATTATCTTGTTTAGATGGAAACCGCTGGTAAAATCA[A/G]CAGAACATTCAAAATAACTGAATGATTTCTGATAAACATAATATAAAAATGAAGTGAAAT
rs2300	9	ATCGATCGGCACACGATTCTGGAGGAGAGATACACGCGACGCACGAGTGTGTCCGTTTCC[T/C]CGTGGCATCATGTGACGCAGAAGGGGCGTGTAAAACGGGGAAACTATTTTGAATCCTCAA
rs2301	9	CTGCATATATAATTTTTGTCACTTTGACAAGGTGAAGTTAGCCCGACAAATTAAGAAACA[A/G]TGGCACACTTCCTGACGAGTTGTGCAGGTAGTATTAGCAAACTGTTTTGGAATTTCATCA
rs2302	9	ACACTCCCAATGTTAAATAATGATTTCCTATAGGCTCTAGCTTAATAACACTTGAAACTC[A/C]TGAGTTGTTCAAGATGTCAATATCATGAGTTGGCTGACCACCCATAATAAACAGGCTAAG
rs2303	9	ATTAGACCATAGCAAATTCCATGGTAGCTCAGTAGCTCACCATCATAGTATCCACGTCAC[T/C]TTAGGAGAAATCACCAAACGATTTAAGTACCTGAATTAATTGCATTCATGTGATAAACTG
rs2304	9	TTGTCCATGAAGTTTAGCAGGAGATGATTCAGAGCATATTCCCTCTTCCTGCAAAGAGGG[T/C]TCGTACAGGCTCGTCTCCTTCGCAAACTCCTCCTCGTTACTGACTTTGATTTACTGGTCG
rs2305	9	GAAAATTATGGTTTAAATACCTAATGAAACTGATGGCATTACCTGCAGATGCAAGGAACC[A/G]GTTACAAACTGATGCTTCCAACTCGGTAAAGCCATCTCAGCTGATATCAACACCATCTGC
rs2306	9	TTAAAACTTATTATATTTTGGGACGGAGATAATATTATTTTATTTTCTTAATTTTGCATC[A/G]ATCTCAAGGCATGTTGGATGGTAGATCAATCGTTTACCTCTGCTTCAATAAGCTGCTGCA
rs2307	9	AATGTCGCAATTTGCCAATGGGATCAAATAAACGGCAGCTGGAATAAAAAGAGAGCCAAA[T/C]TGGTGGACACAATACACTGAAAACAAAACATTTATTCAACTATAATCTTATTCGTGAGCC
rs2308	9	ATAAAGACAAACTGGAAAGGGCATGGACATTGAACTTGCAACAAATGTGTTGATTTAAAC[T/C]GATTTAAACGTATCAAGCCGAAAACGAAGTACCTCCTAACTATTAGGTGTCCAGATCACG
rs2309	9	GCCATTTAGGGTTAGCTGACTGCCAATTTCAAGAACATACCGGTCACTCTTGCCATAACT[T/G]ATCACTTTCCTGCATATCCAGCATATATATACATATAACAGTAACGCACATTTGAATTGG
rs2310	9	CGCAGCAACAATATTTGAAACGCTAGATTACTTGTACCGTGCTACTCTTCGAGCCAAATG[T/C]CGACGTATTTGCTGGACCATGGTTGGCGAGACAAAGTCCTCGACAACTAGGAGGTTGTCT
rs2311	9	GCATTCTCCTGCACTAAAATTAGTGTCTTAGAGTATTTATATTGTGTATAAATTTAAATC[T/C]TAGAAAACCTTATATTTGGGAGGGGAGAAAACAGTAGTTCCTTGTCTCATGCTTTTTGTT
rs2312	9	CTGTGGGGTTGGCGCTTTAATCTTTGCTTTTGGGGTGGGTTTCGTATTAGAGCAAATCCG[T/C]TGTACACCAAACTGAAGATTTCAACAAAATATAGTGGTGGGATCTGCTTGTGAAAAAAAA
rs2313	9	CAATACAACACCAATGTCTCAAAAGGATGTTTTCACTTTTCACTCTATGCAGGTATCATA[A/C]TTAGCAATATAAACATTTCAAAACTAGACAATAATTATTGTCTGACTATTGTTAGCTGCT
rs2314	9	TGGTTACAAATAGAATTCCTAACATGGTGTGCTTAGATTTGAAATTTCAGAGTTGCATGT[T/G]CTTAGAAAAAAATTCGGTGTAAAATCTATTGTAGACAAGAGGTAGTAATCAGTTTGTCAAA

表 C.1（续）

序号	染色体	序列
rs2315	9	ATGCAGCAACCAGGTCTCGCGTTTCATTTCCAAACGCAAGCAAACGGCCCGTTCAACCGA[A/G]CGTACGCCGCGTCGGATCGACCGGTGCAGAGACCGCGTCCCGCCCAGGAAAAACCCAACG
rs2316	9	CCTGGAGTATTTGAGGTTTTCTTCTGAAATCTCTATCCACGATGAGGTGCTGTTCAGATG[T/C]CACCACATATATAATGAGACAGTGGTAGATCCATACGAGTTAATTCTGAATATCTAACTG
rs2317	9	ACGTAGTATGTTTTTTCTGTAGTAGTTTGTTCTTGAAAGATAGATAGCATAGATTTTTTC[T/C]GAATGCCCATTTTGTGTGTGGCTAATAGTAAGGTACTAAAGATCCACATTTGGATGAAAG
rs2318	9	CATCAGTATTCTCAAGCCAAAGTACTACTCATAAATCTATAGCTTCCCCAAGCAAAAAAA[A/C]TACCTCATCTACCCCAAGCTTGGGTAACTTCCCTAGCACAGCTGATAAACCTCCAAGAAT
rs2319	9	TTAAATTTAGTACCTTTGTCATGCAAGCCAGCTATCTTGGTCTTGTTTACAACCTGGAGA[A/G]ATAAAAATAAGGAATCCATAAGTTGCCACAAAGGATGAGGGAGTCTCAAGAATGTTTTTC
rs2320	9	TTTCTTTAAAAATAAATCAATTTATCTGGCATCTGGCGCTTTTTACTCATTTAAGATTTG[T/C]TGTTCATCGCTTGATTCTGATCTGTGGTCTACAAGACCATATATTTTTCCTGCAATCCTG
rs2321	9	TGCTTGCGGCACTATTGGCTAGCAGTTGATTAGCCTCTATGTTTTTCCTGTGGCTATACT[T/C]TACGAACCCAAGTATTTAAAAATTAACACATGCCTGCCCGCAGCTATGAGTAATCACATT
rs2322	9	CTACTCCAAATGCATGAGACAAATCTGTAGTCTAGCTTACTGGCCTGTGAAAAACACAAA[A/G]CCAGGCCAGGTCTAAGGAGCACTAGTAATGCTGCGTTCTTTGGTGAGTTACAACTAATCC
rs2323	9	TTGTTCATCTGGCGAGCCACGTCGATTGTTACATAACAGCCACTAATTATTTCTGAAATA[T/G]TTGCTCGCTGTAATGCAACATAGAAAATCCAACTATCCGTTTGGATTAATCCATACCAAG
rs2324	9	GTCATAGATAAAACATCAAGCTGGGCAGCACATAAAACAATTATATTGCACAGAGAATTC[A/G]ATAGCAGCACAATATTGTCAATCAGGTGCAACTGTTCGTAACTGCATATATGTGATAACA
rs2325	9	CATATTCTAACATTTTCTTCACAAATAAAACCAGAGATATAGAGGTCTGACTGACGTACT[T/C]GACCCTTCCTTGAGAGCACACACCGGGAATCACCAGCATTTGCAACAATGAGTTCATCAT
rs2326	9	TGCCCAAATCTTATATATCAGTTGTGTCTTCAGGGATTTGTCATTCAATAGCTTCTCAGG[T/C]AACCTGCCTCCGAGTTTTCAATACCTCAAGAACCTCAAAACACTGTAAGAAACTGAATTT
rs2327	9	TTGTCCTCATATCACAAGATAGTTTATACTTTAGGTATGACACCACCAGGCAACATGCGG[T/C]CGCAAACTAAACAAAATCCTTACTGAACTACCCATGCTCAAAAGATAATATCTCGAAGCC
rs2328	9	GTAACCAGGATAAAATAATCACCAATGATGTTTGTGAACAGTTGGTCAGTGAGCAAGTAA[T/C]GGATACACCCTATCCTCTTGCTGAGTTGAACCAGCAAAGCGGCTTAATTGAAGAAGAAAT
rs2329	9	CCGAGTGAGTATGGAGCATGTTCACAGGTAGGTATGGGCTCTTAATTAGTCCTTTAGACG[A/G]CAAAAATCCTCTAACCATCAATATACTTTTTATTATCTTTCAATCAGTTTTTCTCCATCC
rs2330	9	GTGTTTTGAGGAGCCTGGACATTTCATTAAGAATTGTATGCCCTCTTTTGGCTAAAAATC[A/G]ATCTCTCTTTTAACTATTTCAATTTTTGAACTTTTAGTGCACTGTCCGTGCTACAGTCAT
rs2331	9	ATGAGCACGCACACATAGAAAGGGATAGGATGTAAGAGAGAGAGAAATTCAGTCCATAGC[A/G]AAACACTCATTACCCTGATATTTGCATACATCAACATAGGCGAAATGCGGGTGGTTTAAA
rs2332	9	GCCCAGTAGTGCTCTAGCTCTAAGTGACAGCATTCTTAATATAGATCATCTATTTTATTT[A/G]ATCTGATGGACTATAATGAACTTCCTCCCTCTGCTTTTTATATTATAGGCCGTTTAGAAT
rs2333	9	GTTCAGTTTTGAGATTCAGGAGGGGCACATTGCCCCCTTGAAGTCAAGCACTCAGCGCGG[A/G]TGATGAGAAGAGAATCGGCACAACATCTAATATGTGGATATTTATTCAGGACGTGGTTAG
rs2334	9	GCAAGATGGTGTCTACTTCCGGTTCCGGGTCGAGATTATGCACACATCACTTTGACCAGT[T/C]ACCAGGACTACATGTACAGTTGAGTCGGGGACACAGAAAAAGGGAGAGGAATCAGATGGG
rs2335	10	CATCGACATTGAGGCTAGCCAAACCAGCTTGTGGTGGGCTACATTTCTGAACTTGTTTAG[T/G]AAATTTTTGTCTTTTGACGACTACCTTGGCTTCAAACAGTCCATAACAATTATATCCACA
rs2336	10	AGAAGGGATTGTGTTAGAGAATTTGTTGAGCAACTAAAGGCAACTATAAGATCCCAAGTG[A/C]TCTTTATTTTTTTCTATATGGTAAGCGCCACGTAAATACCATGTAAAATAAAAACTAAGT
rs2337	10	AATCCAAGTCGACACACTTCGGGCAGCATTGACATTGCTTTCCTGGAGCACACTCGTCAG[A/G]TACCTGACTAAGTTCTTCACGACCGCAGAGAAGCACAGGCATTGAGTGAATTCAGCACCT
rs2338	10	CCTGTAGGCAACATGTTCTCATCTCCTCCCACCCTCGAGGTTCAATTTCATTTTGATACT[A/G]GATTTCCTATTAGAATGGTAAATTTAAAGATATTTGGTTCATTTTATTATACTATAGATG
rs2339	10	AGTAGTGACAGTTTTGTGTCGCAGTCGCAACCGCAATCACATTGTGTTATCTTGTCTCCG[A/G]CCAGCTCCCAATCATATACCTGTCGCGATGCATGTATGCTACTACTAAATTCGCTGAACT
rs2340	10	AGTTCTGTGATTACCAATAGGCGGCATTGGCGATATGGCTGAGCGAAGTGCAGCGAGAAG[T/G]GCTGCTGCTGACAGTTTTGGTGTAAATACAGTAGTTACTAGGATATAGTTGTATTACCTG
rs2341	10	AGAATCTTCTTGTTTCAGCATGAATCATTACACAAGAGTTACACACAGACAAGTGCATGC[A/G]AGCTACACGTGTCAACTACAGTTATGATCGCCTCTCCGGCTTGCCGGTGAACCACCGGTG
rs2342	10	GTTTCGTCAGCGAAATTCAATAATCGAGTTCTCCAGTGAATTCAGTCCTTGCGAGATGAC[A/G]AATTTGGAGCGAAATTCATGAAATTTGATGAATTTTGTTCAAAATTCATTGAAAAACGGA
rs2343	10	AAGCTAGGAAAAGCCTCATCAGTACTTTGTGGATGAGTGCAAGTGCAAATGCAAGTTATG[A/G]TAGCCAAGAATTTCCTAAAAATACTGAACATAGATCACAAGTAGCAGCTACATTAGTACT
rs2344	10	GAGCCAAGCGCAAACTAGACCGGATCGATGATTTTTCTTCTCCTCCGCATCTTGGATGAC[A/G]TCGAGGATGGCTGGAAGCAAGCGCTCCAGAGTCTCACGCTGGTCCTCCATGCCATCCATC
rs2345	10	TTTCACCTGAAGAAAACCAACATGAAGGATAGGAAAAGATCACACAACAATGCCCCAAAG[A/G]GAGAGCAACGCCAGTAGGTGTCGCCGTTGCCGGACCGAATGGGCTAGGCTCCCTCGTGTG
rs2346	10	TGGATTGTGGAAAACGATAGAAAGAATACTGATATCAAAGAAGAAAAAACCAAAAGAAAG[T/G]GCCATGTTTTGCACATTAAAAGGGTTCAAGCCAGTTCAATCCTTCTGACCCATTAACATT
rs2347	10	AAACAACGATTGGTTGTCTCATGTCTAGCCTAGATCTGTACTTATGAATTTTATGGCTAT[T/C]TATGGGTTGGTGAGCGATGCCTAACCTCGGTTCATATTATTTGCCCCTTTGAATTTTTTT
rs2348	10	GGCATCGCAAGTTCGCAACATGGCATGATTAATTAAATCTATATTAAGATTAAATCAACA[T/C]TCTCTCGCATTATGTTGCAGTAAAATATACCTTAAGTAACGAAATGGGCGTAGTTCAACT
rs2349	10	ATGGTGGAGGCAAGGATGCTGTTTGATGAGATGTTGCAGGCTGGAGTTGAAGTGAATACA[A/G]TCACGTTCAATGTTTTGATTGATGGTTATGCAAAGGCTGGACAGATGGAGAACGCTAACA
rs2350	10	AGTGCATCACGGTCATCTTTGCTTGCCTGATCAGGAAACGTAGACAGGGATGTTACTCCA[T/C]TAGAAGTCTTGAACATACCTTATAGGTGTTGAGCTCAGCAGAAAATTTATATGTTGAACT
rs2351	10	TGCCAATTATTTTGGTGTGGCATTAATTGATCATTGCCAAACAAAAAATTTAAGAGTCGG[A/C]TGGGATTTTCGGCCCCATCATTTTATGCTTATTATCCGTACCACATATTATTAACTAAAA
rs2352	10	TTGAGTAAATAAAATTCGGAGACCAAAAATTCCTCCAGAAATTTTTTTGCGAAAACTTGC[A/G]TCATGCTGGCTCTCTTTGGTTTTACACTCTTTTATGCCAGTGCCAAAATCTTTATATTTG
rs2353	10	TTTTATTAGATTGGTTTGTTCTCAAATTAGTTCAGTTTGTATTAGTTCAGCGTAAGCCAA[T/C]GACCTCTCATTTGGATTAAGCAAGAATTATCTCCTTTCCAATATCTCGATCTCGTCTCTG
rs2354	10	TCTGTGCCCTTGTGCTGTGGAGTGTCGAGCCAACATTTCTAGCTTCTATTTTGTTCTTTT[T/C]TGCTTGATGTAGTGTGGTCGGCTGGTTTTAAGAAAGTGCCAAAGGAAGCCGCCGCCGCCG
rs2355	10	CGAGTACTTCATCTCTGCTGACTGCTGCTTCAGCTTCGTTTTCTAGCTTCAGGTGATGCA[A/G]CGATATATACTGTATAATTGATGAAGAGCATGATGTTAGAGAGCACTTGATGGCCTCGGT
rs2356	10	TCATATCAATGGACAAAGAAAAAAATCTTGCATTCGAAAGGGGATCTTCCTAGGATTATT[T/C]CTAGTTACTATATTTATATCAATATCAATGGAAACATAGAGAGGAACAAGGTTGAGCAGA
rs2357	10	TGCTCACAATCACAATGCCATCATCCTCATCAGGACAGCCACACATGCTGCTACAGCTGC[T/C]TGTGTCCACCATGTCCACCAACCCTAGCAAGCACAAGCACAAGCAAAACAAAAGGGAACA

表 C.1（续）

序号	染色体	序列
rs2358	10	AAGAACTCCACTAATAGCTTGCAACGAATTCTGTAGCTTCCCCAGTTCTTGATGCACACT[T/C]CTGTCTGATTTAATCCCCATCAAACCGTGTTCACTAACAAACAAAATTATTTTTCCAATA
rs2359	10	CGCACGTACACACTCAAATGATATTTGAATTGAAAATGAACTATTATCTATGTCAATTTT[T/G]TTTTGTATGTTTGTAGGCACATATATTGTGACTGTTAGCACTCAGCAAAGATATCCTTTT
rs2360	10	AAAGTGCACATGTAATAGGTTGGCAAGGAAGAAATGATCTCAATTAACCAAAGCGAGTCT[A/G]TCACCATAGGATGAAAGAGCTGAATTAGCATATAGTCTTCTCTCGATTCTATCAACAATG
rs2361	10	AGGACATGCAAAACTAATAAAAAAATTCAGTTAACCAACCGGCCGTATGCAAAATCTTGT[A/G]CCAGCTACGTGCTAATCCTAGCCAAAATTTGTCGTTTCATGTATACATGCCATTACTATA
rs2362	10	TTGAGAGGGAACAGTTGAGTCAAAAGGGCTGTAATGCTGTATGGTGTGAAAACAGCTGCT[T/C]GCTAATTTATCTTTGCCCAATATCAACATTTTGTCAGCCTGTTACACAAGGTTGGTTTCC
rs2363	10	CGTTAGCTTGTGTCGAAGGAATAAGCAAGGCCAAGATCAATGATAGGGAAGTTAAGGTAT[T/G]TTATATCTTTACTCATACCACTGTTGAATCCAATCCAAGTACCACTTTTGCTTTCTTTGT
rs2364	10	CATATTGATATTGTATTGCTCTGCGCCCCATCGATCATTACTCCAATAGAACATATTCTC[A/G]TGAACATACTAGCCGACTAAGGCTCAAACATAATAATCAATAAGCATTAGCCAGGATCCC
rs2365	10	CTTAATTAGATGCCTACTGCCTCCAAGTTATGTTACTCTGTTTGTTACTGCATCCTATGT[T/G]TTTTTTCTAGATGATTTTGTTGAAGCAATCAATCCCAACCTGATGTATACTGCTCATTGT
rs2366	10	ACGTGGAAGCTAGCTGAAGTACGAATTTAACGCAAACATATCATCCATAGTTCTATACAG[T/C]CATCCATGTACACACCCGACATCACTACACCACATACGATGGAAGGGAAAGGAATTATAG
rs2367	10	CCAGCACTGACATTTGCTGCTACTGCTAGGATGTCTAGAGTGGATTATTAGTGATATACT[T/C]CTACTAGATACTCAGTTTCAAGTTATGGAGAAACTAAATATGACCTCTCTGTTATATTAA
rs2368	10	GTAGAGCTCATGAACAGACACCTCTCTGGAAGAAAATCCAGTAAACCATTATTTTTGTCA[T/C]TGTCAAGAGTAAGCAAGAGAACATGTGTCAAAAGGAACTAATATTTATCTAAGAAATCGT
rs2369	10	GATTCGCTTGCCCAACATATATACAGATGCCCTGCAATATTTACATCTTCTAGGTCTAGG[A/C]ATATTAGCAAATTAGCAAAACAGGTGGAAGAAACACTACTTAAGGAAGCAGGTTCAAAGC
rs2370	10	CCCATCCAAACTTTTGCATTTCATACTGTTCCTGTTTTGCGTTTTGCCAAATCCTTTGCA[T/C]AAATGTAATAAATGCCTATTACTTTAGTTGACCGTCGATCATCGATATTTAACCGTTAAT
rs2371	10	AATTCGAATCGGAGAAGAAGAGACAATTCTTCCTCCCTATAAATTTGGCGCCAACCATTC[T/C]CAATTCCACCAAAAGCTGCATTGCTCCAATCTGAGCGATCTCGCGTGCTTTGCCATGGCC
rs2372	10	TTTATTTTACATGATATATGGAGCACAATACTCTCTCTTCCAGTGCAATGGAGTTTGCAT[T/G]TGCCTTAGTACATTGCGGTATTTATCTTCCAGTGTAAGTAGTTTGTATCATAAATGAGGG
rs2373	10	AAGCACCCTCAGCTCATGAGCTACTCGCAAGCCAGCTCAAGATGGCTCGAGCAAACAAAC[T/C]ATGAGTTTTTCATCCAGCCCTAGGGCCGAGGTGAAATAACTTCTAAGTTAGGGGTCCTTG
rs2374	10	AACACCCTTGGGGCCATTGCCTGGAAACATAGAATGGTCACACGATATATATGATGCATC[T/G]ATTTGTTGCAGCTGGTCCAAGATCATACTCCTACGAGGAATTGTACACTGCAACAAATGG
rs2375	10	CTTAAAAAAGACGAGAACCCTAATTGGTTGACGATGACAAACATGGATGATGATAAAGTC[A/G]ATGCATGGATGGCAAAGAAGACAATGAGCACGATGTTTTTGGGGCCCAAGGGCAATACGA
rs2376	10	AAGGAGAAAACTGGAGAAGAAGGTGTAACAGAGGAGAAACATTTCCTTTCCCATTTTTCC[A/G]CATATATCATACACTTTCCAGCCAAAAATGTACAATCCTTGATTCGAGAGTACGATAAAT
rs2377	10	ACAGTGTGAGGGCAGATGATATACATCTCTCTGGGAAAGGATCGCGAGCTGCGGAATAGT[A/G]ATTAATTATTGGAGCATCTGATTGTTCTATATGTACAATTTTGAAGTTAACCAAACACAC
rs2378	10	GTAAAAGAGTTTATTTGATTATATATCGAATAACGTGTCAGTAATTCTTTGGAGTTAAGG[A/G]CCTCTTATTTATGGAAAAGTCGTGTCAATAGTACAGTTAGTGGTGTAGCAACTCAAAATC
rs2379	10	GATCATAGAATTGTTCTCACATGAAAGTGAAGCCTGATCCATCGAATTTTTCGGAGAGAA[A/G]TTTATCTAGACTCTCAGCCATCTCTGGTGTGACGTGGTTCACCCAATCTCCAATAGCACC
rs2380	10	AAAGGCAAGACGAGGTGGCGCCGTGGCCGCCGCTCGAAGCTCGCACGCACAATGGAACAT[T/C]TGTACCCTTTTTATTCCACGACACAGCTTGAGACGTCTAACTCAGTAACTCAGTGTTCCA
rs2381	10	TGCATGCAGTACCAAACCTGAATGCAAGAAGTTGAGGAAATCAGGGAAGGAGTGATTGAG[A/G]ATTGAGCAGTTGAGTACTCTTGAAGAATACCTTTCTTGCCTCTTGACAGAGCTGAGCCGT
rs2382	10	AGAGAAGGTCAATGCCTGCCTACAAACATGCATTATCGCAGGTGGGCCGTTAAGAAGGCT[A/G]GCTCCGATAATGTACGGTATATTGCAGGCGGGCCTCTTAACTGCATTATCGTAGGCAAGC
rs2383	10	ATATATATTATTAAAACTTGCCATCCAATCTATGTATGCCATTGTAACTATCCAATTCTC[T/C]ACCAACAAATAAATATATCGATCTTGGACTATCATGAGCACGATCCTATCTTTCTTCTTG
rs2384	10	AATAAGTTGTATTGAGTATGTCTGGCATTAGGGAAATCACTTGTAATGGATCCAATGGAG[A/G]TGACCCAAAATTTCCAGATTTCAATCATGATTTTTTTTGGCCAAAATCCAGAAAGTGTGG
rs2385	10	GTGCATTTGTTTACGCGCGCGTGTGTATATATAGATATGTGTACTCCTGATCTCATCCAC[A/C]GTTCATCCGCAACTAGCAGATCGATCCACGCTACCGGATCCAGATACAGAACCCGTTTCG
rs2386	10	TGGTGGAGGCCATTAATCCACTATGGAGGTGGTTCCCGCTTTCGGTGAGTAACTACCCTA[T/G]CCTGCCATAATGGGATGTCCACCCTTGGCAATGCCTTATAGTCTAGTTTTGATACTTTAG
rs2387	10	TTAACTAATAGTCCTGGAGTTATAATATGATTTTGAAGGAATAATGAATTTTCATGAAAC[A/G]CAATAGGCCTAATTGTTCTACGGATATTGACATCAAAACCACTTTGGTGTAGGGTGCACT
rs2388	10	GGCAAAGATTATCAATAATCACAATTACTTGTGTTTAGTATGTTTCTTGAAGTATGATTT[A/C]AGAGATAAATCGATGTAAACCAGCATTATGTTGGCTTAGGCTAAAATGGCTTAAATGTCT
rs2389	10	AAATGATGCAATATTTAGGTTCGTATCATTTTTTGAAATATGTTGCCATTATAGTATGAA[A/G]CAAAAGCATATAAAAATAGGACGAAATGTCAACTTCCTTTGGCCATTCTCGAGAAAAAAA
rs2390	10	CCTAGTAGTTCAGTTGGAGGTCGAGGACATTTTTAAATTCCCTAAGACATGTAATAATGG[T/C]AGTATTGAATGTTGTGCATTGAAATGTGCACGAGTATGCCATGCATGGTGCAAAACACTT
rs2391	10	CCATCTATCTGGTCAAAACATACAAGGTACTCTTATGGGAGATATCAGCATTTGATTCAA[T/C]AAATAAACAACATAATTGCATCACAAACGTTCGAAGAATAAATGTAACCTTCAAATCAGA
rs2392	10	CCTTTCCATTCTTCAAAAAACTAACACGTACTAAACACCCTTTTCAACTTTTAGTGGAAA[T/C]GATTTCTCTCATCTCTTCTGGCCCAGTTCAGTTCAGTGCCAACCCACTGAATTCAGCGAG
rs2393	10	ATTACCTTACTCCTATCACCTAGCTCATTTGTAGTTTGAATTTAATTTGAGTCGGTAACT[T/C]CCCCTGTATCAGTTTCTTGCAACCCTACCACCATTTGGAGTAATCAGTTTAATTTCAGTC
rs2394	10	CTCTCTGCTTCGTCCGTTGTCTGTGCAGAAGTAGGATAGAACACGATGATCGATGGGTGC[A/G]TGGATCCATGCTAGAGTAGGAGAGAAACACGCCCGCACGGAAGGTCCGCGTCTACATCGG
rs2395	10	CAATGAACCAAATGTGTTTAATAGCAATATTGCCCAACCAAGCAGTGACACTTTCTCTGG[A/G]AGTCAAACCAACGGAACAATTGGAAATGTATGTACTTCTCTGTTAATGACTGCTTGCAAC
rs2396	10	GGTGAGGACATAGAAGCCCTCGCCAAGCGGACCGATGTAGTATGTGACGTCCTCGATTGG[A/G]CCATTGCATGTCAGCTTCTGCCAATCTTCTAACTTCGCGCCCCAATTCTCCGTCGGTGGC
rs2397	10	TGATAGGCAGTGTATTGTTTGAGTGGAAATCATTGGAGGCATGATTAGGCAAACATCGTT[T/G]AGACCACGCATGATTTGCTGGTAATCATTGGTAGATCTATGGGAGGAAGAGTGGCTGGCA
rs2398	10	AGAACAGAACAATATTTTACATGGAGTCGACGCGTATGTGTACAGGATATGATATTTATA[A/C]GGAGGACATTAGGTACGATGCGTACTGCAGAACGCGATATCTCTACAACATTAGCATTAA
rs2399	10	GCCATATTTATTGAAATCCCATGGGGTAGCAATTCTGGTTATGGTCAAGACGGTAAATCG[A/C]GCCACCCTGTTTTCAAAACTTTCCGACACACAAATATGCTTCAACTTTCCATCCGGCACA
rs2400	10	ACATATTAAATTTTCTGTAGCTAGGTGATGCATATGCTCAACCTGGTACCAAAGCAGAAA[T/C]CTTTGGTGTAAAGTGTTAACGGATTTCTCTTGATGCCTTACAAAAAGAAATCAACACATC

表 C.1（续）

序号	染色体	序列
rs2401	10	CCAACACAACATAACACTATATGAAATGGTTCGGGCACGGACATCTCAGATACAACATCA[T/C]ACCTCATCTGTCAACAACATTGACGACATGTGTATTGTCATCCTGTTGATGCTGCTCCTC
rs2402	10	TGTTTGTTTTCTCTACTCTCCGTCTACTTCTTTCTTTCTGATATGGGCAAAATGCTGCTA[T/C]ACCAGGAGGATATATATAGTGATGACTCAGTAGTCTTTTTATGGGAAAGACAACAGTCCA
rs2403	10	TCTCCAACTCTGATATTCAATTGACCATATTTGTTTCCGTGGGCCACCAGAAACCATTGC[A/G]AGTTCCAACCTGCGAAGCTCTCATATGCATGGGCATATGCTCAATGACTTCCTGTAGGTT
rs2404	10	TTTCTCTCAATGCTACGGACAAGTGTGCACTATGCACAACTTATTTGAACAGGGTTCTAC[T/C]ATAGCAAGGCCCGTCTTGGGTTGTCAAGGAGTCCATCTAGCTACCCACAAGTAGCCATTA
rs2405	10	CTTGTGCAGATTTATGGATATTCTAGCACTATGCTGGATCAGGTCATATGTGATGGGCTC[A/G]TACCCTTACCTATGACAGGTTAAGCCATCGTCACAGATAAATGGTCACCGATGACTTTGA
rs2406	10	CGAGGGTGGAGCATGGGATGGCATCAATGGCGGCAACAATAGTTTTCAACGTTTGTGGCC[A/G]CGGGAGGACGAGGATGGTTGCAGAAGAAGAAGAAGAAGCCTGCGTATTGACTAATATTCG
rs2407	10	CTCATAGTAAATCTATGAACATAAATCTTCAAATGCTAAACTATATAAGTTTAACTCATG[T/C]CATCTTAGGTGGGACTTGGCCTTAGGCCCCAACCTATGAAAGGCTATGCTCTCAAAGCAC
rs2408	10	ACTGAGTCTGAACTCTGAAGAAAGTAGTGTTGCGTTGGCAAACCCTTCTTCGCTTCTCCC[T/G]TGAAATCCAGCTGAAACGCAGCTGAAATCCGCGCCACTACCACCACCGGCAGTGCGCCAC
rs2409	10	TAGCGCTGAGACATAATAGCATCAGCACCTTTTGGGTGACTTCTGCATGTCTTACCTCCT[A/G]ATTTCTCCATAAAGCATTCATTTTTCTTTACTACTCATTTCCATTGGCACCTGCTTGTTT
rs2410	10	CCTTCTTACTGTTTTATCAGACGGCCAAAATATAATTTGATTTTAGACCAGAAACGATAG[A/G]GAATAGCCCTAAAAAAATTAATCAGCATGGCCTGAAACATCCTGGATGTAGAGGCTGGGT
rs2411	10	TTTGACTTTCCTGCTTGAGTTGTTGGATCGCAACTCGTGGGTGAATCGAGATGGTATGTT[T/G]TATAATAACCCACACTTAGAACTTTCAAAAGTGTTTAAAATAAATGAATTGCCAAACAAA
rs2412	10	CGTCCAGGAGTATTGTCCAGCAACGGATAGTAGAAACATGAAAGACCAACCTTTTCCCAC[T/C]GCTTATGGGGAATCCTTAAATAGCTATAGTTGCAGCTCATTTTTTTGAGAGCCACACAAT
rs2413	10	GCTATTAACCTCAATTCAGTCTGCATAATGATTAGTGTTTTGGCTATCTAAGAGACAGCG[T/G]ACACTTGTACGTTAGAAATATCATGTTAACCCAGAGATGATTTGGTCCAAGATACCATTA
rs2414	10	TAAGGAGGAAAGAAGTGAAGGGAAAGTTCCGGCCACGGCGATTGATCCCACCAACGAGAA[A/G]AAAAAGAGGACTAAGATGGTGCGCTACACTCAAGACCAAATTCAGTACTGCTTTGCGAAC
rs2415	10	AAATATGTATGTTAATCAGAAAAGAGCGGGGCAAATAAGCTGGGAAGATCCAACTCCAAT[A/G]CAAATCACTTCATTAAGATTCATCTCTTACGTCCTGCTTGTCTTAGTACTCGGCTCCTGC
rs2416	10	ACAGGGTTTTTGATCGGAGGATCATGTTGATAATGTAGAGGGAGGCGCATCAGCAACAAT[T/C]CCACGAGGGTTGCGACATCCGAACGTAACTTTGTCTCTAACAGCCATTAATCCATTAGGA
rs2417	10	CTTCCTCATCTTTGAAAACCGGTGCAAATCGATTTATCGATTTCTATAATGGTTTGGGAT[A/G]CGGTTTCTGTAAGCGCCGCACACATATCAGTCAGATATGACAAAACATATATTGTGGTC
rs2418	10	ATTTTCTTAATTTTTTTTACTGTATTTCAACGATTTGTTTTTTCTAAACACCACACGAC[A/G]CCAGAATGACATTGTTAGCTAGTAGTCGTTTCCTACAAATGCAACAGTAGTAGTATCAGG
rs2419	10	GAGACCAAAACAAAGTACGTGTAACGTGTACTCTCTATCATGTTGGTGTGGATATAAATA[T/C]ATTATACCAGTCACACAATAATAGGTCTGGTGTCTATTCATTTATTCTTGTATTATACTA
rs2420	10	AACAAATCAGCAGCAGACAGGTTCGAGTCTCCATTCCAGAAAGAAAGAGCATATAGAGAT[T/G]TGGATTGGATTGCTCATGGCAGTCTGAGCAAACTGTTATTAGTACTAATAAGATTAAACC
rs2421	10	CACTAATGATGGTATGCTAAGACATCCTGCAGATGTTGTACAATAGAGAAATATCGATCG[A/G]ATATTTTCTGAATTTACAAAGGATCCAAGAAGCATTAGATTTGGGCTGAGCACGTATGGC
rs2422	10	AAAGCAACATGAGAGTGCTGAAGCATATAACTCAGCAACACAAAGCCATATTTTGGAATA[T/C]AGCCTGACCCTGGAAGTGCATTCCACCATGTAACATGAGTATAATCGGGAAAAAAGTTAT
rs2423	10	TTAATTTCTTTTCACACTTTGGACCACACCAATTCTCTTGCTAATCATGTCTAACCATGC[T/G]TCCGCCAAAGAGAGATATGATTTGCCCACGGGTGATGGAGTTCATCGGCATATAGAGTCA
rs2424	10	GTGGAAAATGAAGAACTGGTTTATGTGAAATTAATGTAAAACTGCTGTGTCTAGTGACCT[T/C]ATGCTTGAGAAAGACATGAAAATGTTTCAGTTTGTCTAGACCCACCAAAAACAATAATAT
rs2425	10	CAAACAAGGCCCACAATCCAAGTGGGATATAGATCCTATCAACTTATACCATGTAAGAAG[T/G]AAGAAATAAGGATGGAGTGCTAAGTGCTCCAAGGAGGCAGGGACTTCATTTTGCAACTCT
rs2426	10	TACAATAGCAATATTATAAGCTAAGGATGGCCTAACTTTCTCCATAAGGTCAAATTAGAT[T/G]TCCAAAAGCCAAAAATAAAGTAGTTTGTGCCTCTACATGGGCTTCTACAATATTTACAAT
rs2427	10	CATTCATCTAAACCGATGTGCATGTCAACAACAAAATCAAGTCGATATCTGTTACTGCAA[A/C]AGATTTACATCATGGCCTAATCGATTTGATATTGCAAAGCAATTCAGTCCAACATGCTAA
rs2428	10	TGACAAAATTATTAAAGCTGTTTTGGAGGTCCAGGTTTAAAAGCATAAAGACAGGAAAA[A/G]CCATAAGATATGTTTGCATGAAAAAGTTGCCTAACTAAATGAAGACAAAATACAGGTCAT
rs2429	10	ATGGCCTTGGAGCCCATCCAGCTTGGAACTTAGCACTATTTCTTTCCACAAAATTTGTAC[A/G]GGTCTACGGGAAACCTAGAAAGTAAAATCCATGTCCGGCTGGGCCCTTCATGTTACAGAT
rs2430	10	AACCTAAAATTGTTGGTGCAGGCGGCCAGACGTCGGCGGCAGCGCACTGCACACAAGAAG[A/G]CAGATTTCCGTGAGTATGTGACTCTATTTTTCAGTTTTACTCGGCTCGACGACGGCTCCT
rs2431	10	CGGCCGTGTCATCGGCCTCGACCTCGCCAATCGCGAGTTCGATGGTAGGACGGGCGTGCT[T/C]GATGACCAGGTGTCTCTTGTTGGTGACATAAGCCGCTCTTTGCTCTCTCTGGAGCACCTG
rs2432	10	AGTGGAGAGGAACCGATTGAATAGAAAAATAGAGGTTGGTATATAGATATTTTCGTCGGA[A/G]ACCTCCTACGCTCACCCAGCTAGCTCAGCTTATATATAGGCACCTTTTTCTTAAGAAAAC
rs2433	10	GGCTATTAAAATGTTAGCTACACATTAGACAAGCTAAGGCAAGAAACTGTGGCCTTGAAA[T/C]GTAGGACCATGCAAGCAGGCCACGCCTCGCCATCAGGGGTCAGTTTGTTGACAACTTAAC
rs2434	10	CCATCCCCACATTGAAGTGCGCTTGCGATGTCCCCGCCGCGGCGCTCATTTTGAACACCC[T/C]GAGGAATCCTCGACGGTGATGGCTCCAGTGCGGCAAATCGGTAAGAAATGTTAAATTCTT
rs2435	10	AGTGAGATGATAATTAAGGCCTCGAGGTCATTTGCATTTCAAGAGTAAATTACATCTATG[A/G]CACATGATCATGGTACGCCATAGCTGTATAAATAGATACAACAAAATTTACAAATTGTAT
rs2436	10	GTCACTCGTTCTTGATGCGTTTTCAGTTTCTTGTACAGTGTTTTTCCCCAGCAACAGTGA[A/G]GTAGTATTCAGTTATTCACTGTTCAGTCATGAGTTCATCGCAAAATATGATGTAAGTATG
rs2437	10	GCTGTTCTCAGAACGAAGTGGACATTAAATTGGCTAAGCTTGATGACCCACTTGGCAATG[T/C]GTCCTACAACATCTTTGTTCCTGACCACCTCGCATAGGGGGAAAGAAGAGATGACCGTGA
rs2438	10	TATTGTCCGTTCTACCTAACCACCAATCGGGGAGGTTGCTTTGGTAATGAATATTGGTTA[A/G]TTAGGGCTGGTGTAGCTTGGTGAAGGTTTCATTCCACACAGCATGGACAACATAGGCATT
rs2439	10	GGCTAGGATTGCACGGTGAGATGCCGCCATGCGCGTCATCAGCTGCAAGTGCAAAGAGAA[A/G]AAAGAGAGGAGCACTACCACAGGAAAGGCAAGTTAAGTTAAGGGGTTGTGTGTTCTTGCA
rs2440	10	GCTGTAACTTGAGCGGGACATTTTAGCAAGTGCAACTTAATTTATGGACAAAGTCTATCA[A/G]GCATATTGGACCCACACATTTGACACGCAACAATTGCTGAGGCCAATCTCATATGAAAAA
rs2441	10	ATGCATGTGTGGCTACAGCAACTTGCTAATTAACTGGTATATGTGTCTCATTCACAAATG[T/G]GTAGCTTCCGTATCTAACAGTGCCGGCAACGATCCTGACTTTGAAATTTCATATTTACAA
rs2442	10	ATTAGTTTACACAATCTTTTACTCCCAATCCCAGATGGACCCACAGCACAACATGCCACA[A/G]CTACAGGAAACCATCATCGTCGTCTACCCTTCCTTAAGATACGAGCTGGAAGTGACAAAG
rs2443	10	GTAGGAGCTATCAGACTGTCATGGTTGATTCTTGGAAGTTGGAAGATGGAAACTTCTTCA[A/C]TTTAAACTGTTTTACAGGTATCTGAACATTCTCTGTTCTTGCAATACTCATTTTATTTCT

表 C.1（续）

序号	染色体	序列
rs2444	10	GGAGGACAAACACACTATGTTCATGAATAAGTGATGGCTCTCCAGTTTTGAATGTTTCGT[T/C]TAGTTCATAAAGCATTTGGGAAATTGGTTTCTTCTTTATCTGAACTACTGATGTACAAAT
rs2445	10	GATAATTTTTGGATTGTTTCTTGAATGAGTTTTGTCTCCAAGGGGGTCAATAATGCTGGC[A/G]TCCCTTGTGTCACTGCCTTAATTACTGATTAAGCTTTTCCTCTTCCTGAAAACCAAAATT
rs2446	10	TTCTAATGTCGATCCACGAGGGCCATATCAGGCAGGTCAAGCTTGTCCAGCGTGGTTATG[T/C]GATGAGTCCAACTAGAACTTGTCATCACCTAAGAATGATGTTGCTTACAACTCATAGCAA
rs2447	10	TAATACGATTTATAATCTGATTTTATTGTTTTGAGGCTTCTAACTTGCTGAATTTTGTTG[A/G]TCCTAAGTTGTTTCCTCCTGCACTCAGTCTGGTCCTCTTGATTATTGCTGTAGTTCCAGA
rs2448	10	GTTAAACATATTTAGTACGCTGTCAGTGTCAGAAGTATTTTCCTGTCTTGGATACTCCAT[A/C]CTGTCAGGCTTAACATGGTCTTTTACCTGTTCTAGAACATGGTTTCGTACATAAAATCAC
rs2449	10	TTAGACTGCACTGTCACCGAAGTTAACACTAAGTTGTTTCGTAATAAAGTAGTCAACTCA[T/C]GTTAGGCTCCCATCAAGTATTTCCAAGAACTCTACCACCCCATTTCCTCACCGCTCACTC
rs2450	10	ACCCTGACATTGGCATACTTCCCACAACGGGGTGCAAAGGAGGCTTGTTTGATGTTGCCC[A/G]AGCTCTGGACCTGAACTTCATCAAGGACGACAATCCGGTAACCAGGGTTCTTCTTACTCT
rs2451	10	CATAATGGCTTAAAGGAGATTATTGTTTAGAGAAATCTTTTGACAAGTGTGGATGGCCAT[T/G]TTTCCATTCCACGATGTCCCATAAGTCTCAGATGTTCTACGGGAGCATCGCTTATCTATG
rs2452	10	AAATACTGCATTCTTTTCTCCAACTTAGCTGTAGTGCTTTGTCATGAAGAATTATGGATC[A/G]AAATGCACCTGCTTTTGATCAAATGGTAAATGCAATTTGAACTACATGAAAAGAGGACGC
rs2453	10	AGCATTCTATTATATTAGTTCCCATCTAATTCCCTTTTCCTCAACATAAAACCTCCACCA[T/C]CACCAGCGCCCTAAGCGATTCCAGCATTCTAGCACCACACAGCAGTAGAGGAGCCATGAA
rs2454	10	GTAGTAGATATCTTGGTTGTTTCACAGTATCCAATTCCCTTTTATTGACTGCATTCTTTC[T/C]GACCGAAGTTTAACAAAGAGTCGATTCTCAACCCAAATGAGGTCCTCGACATGGACTTGG
rs2455	10	TTACTCCCGTTGTAAGAGAGACAATATACCTATAAGATACTTTCACCTAGGAGTATTTCT[A/G]GATTGGTACATACACAAGGAACTTACTACTGAAAGTGCACCTAGATCCCCAGTAGGTTTT
rs2456	10	CCCTCCACAGCAACCTGATTACCTAACCAAATTATAGTCACCAAGAAACCATTAGCAATG[A/C]AAGCAAGTTACGGATGGACATCGGGTGGCAAGCAGCAGCCTCCTGTCCTGTTCATCCTGG
rs2457	10	ATCAAAGATAAACGAGAAATAGCAAATACTTCTGTGGACTATGGAAGTGCTATGCACATT[T/G]ATGTTAATTATATTGGTCAGCACATTCTGTAGAGAACACAACTAGCAACCACCATGTACG
rs2458	10	CATATTGCTTCTAACTTTATTTTAAATTACCTTATAGCTAGTTTTTAGTTCTGCCCTAA[T/C]CACATCATCCTGCTGACAATTCCTCACAGAATTTAAGCACTTTTAGTCCTTCACTTCATC
rs2459	10	CAGATCCTTAGTCAAGTCTGGAACCAGTTTCCAAAAGCTCATCATATACAATGTTTGGTT[T/C]GCAGAAATTGCAAGCAAACAAAACATGAAAAAATATCTGGGAAAAAAAAGGCTCTTTGAA
rs2460	10	TGTATATATATGCTGTTATTGTCCGATATTATACTTGTTGAATATTTTGGATCACCCTAT[A/G]TGTGAGCGGAATTAATGTACCGTCCTTTTACCTCCACTGTTACACGTTTAAGTTAAAATT
rs2461	10	CTCAAGAGGGATGGGAATGGAAGCTAGGGTTTTGGCCAAATTTGGTTTTTGAAATTTTTT[T/C]GCTAAAATTATTTTCACAGACAGTCAGCATAGGTGACCACAGGCATGCAAAAATCCCGTT
rs2462	10	TAGTACTACATAATTACAAAGTCTACTTCACAGGGGAAAAAGAGTGCAGCCGAATTAGAT[A/G]GACTATGACTTTTATGCCTGGTTATACATACTTTCTTATTAGTTGGCCTGAATAAAGATA
rs2463	10	GAGCATTAATTGAGATCATGTATGTGCCCACGATTTACTGTGCGGGGACAGGCACATTAT[T/C]GTGACTTCAAGTGCAGAAAATTTTAAAGCTGATTTCTAGCCATTAAGTGCGGATACTTTG
rs2464	10	CCAGTTACCTGCTGGATCTGCATTTTGTTCCTTTTCAAGCTGCCCAAGGCCACCCTTGAT[T/C]TTCCACGATTAGCCATTTTGTTCATCGGTTAGCTAGAGTTCGATTTGCATGCCCACCATG
rs2465	10	GCTTCAGTATCTCGTATCTGATAATTTGTTTTGCTTGACACTTTCCAGACCTGACTTGAA[T/C]GATATTGGATCCGGTTCTCATGTGCATCTGAGTTTATGGGAATTCGATCAGAATGTGTTC
rs2466	10	ATGGGTAGAATCGTCGCGGAATTATACTAGGATGAACAGCTAGTGTACGTTGTGGTGGTA[A/G]GCTACGACGGCGATCGGTGGGCTGCATCTGTCCGGGAGTGATGTGGGGGGGCACGTACGT
rs2467	10	TCCTGCTGTGGTCCATCTGAAGCATCTTCAGTTGTATCATCTGTGGAACCAAAGCCTTCC[A/G]CAAATAGATGAATCAAAAGATCCCCAAGTGCATGAGTCATTTCAGATGTCTGAAACCATC
rs2468	10	ATTTTTTGGGTTCACAAGATAAGCTGTATCAGTTTGCAACTGGAATCTTCACATGATTAG[T/C]AAATTATGATGCCAGAAGATGCACTTTACTTCCTGCCCCTTTGTCTTATTAATTACCTTA
rs2469	10	TTACTTTCCTGTATTGCCATATGATCCTTTGTTTCCCTGTGTACAATTGGCAATCTGGTG[T/C]ATTGATCAAAGCGATGTGATGTATAAAAACTACAAAAATGGATCAAATATAAAAATCAAG
rs2470	10	TGTTAGTTTACTGATGCTGAATCACGCAGTGGCGCAGTATTAAGTTTTGGGTGTTCATGG[T/C]ACTTATAACACAAATCTACATAATGTTTTATATTGATCATAAAAATGTTATAAGTGCCAT
rs2471	10	TGTGCACTAGGCAAATGTGCAACCTGCATGTTGCGTGTTGAGATCATACTAGTACAGAAA[A/G]CCCGGTGACAATTTTGGTGATTTGAGTGCATCGTTGGTTCCTACTCTGTGTAATGAATGG
rs2472	10	TTCTTTACATTAAATTGTTGATCAAACATGGGTGATACACTGAAGCACCCACCTCATCCC[T/C]TGTGCTTATTTCGGTTTTTGATCTGAAATTTTTCACCCATTTAACGTTACTTTTGGCTCT
rs2473	10	CACGCGGACACAACTTTGTTGAATTGGAACAAAGAAGTGTTTCTTCATGCAGAAAATTCA[T/C]CCAATAAAGCAGGGAGGCCTTTAGGATCTCAAGGATATATGGGGCTTTTAATGTTTTCAA
rs2474	10	AAAGCTAAGCTAAGCTAAGCTGGAAGATAAGCCCTCATGGGGGTGACAAGAGGGGGAGGA[A/G]GCTGCTTTTGGGGGACTGATGGGCATTAGTTCTGTCTGGTAGGCTAAGGTATAGCTTTAT
rs2475	10	TCATCAATTTGGCCGTACTAGTGATCGAAGGAGGGTCAGCCGCTAAGCCAAATTGGCAAG[A/C]AGTGACATAGTTTCCAGAAGTAAGGAGCTAAAGCTAGGCTGCTAAAACAGAGCAACGAAT
rs2476	10	AATTTATTATAATTTATTTACGGGTTGCATTTGTTATGGCATTTCCCTTGCCTAGATATC[T/C]TTTTTTTCTTTTCTTTTCTTTTTTTGAAGTTATGTATAGGTTAGAGTTGAAATGTTTGCT
rs2477	10	AGGAGTGATGCCATAAATCTGAAGAAATTTGAGCGTTCGCTGGTGAAGGTACAGTTATTT[T/G]AGCTATTAACATCTTTTACTGTGTTCATATGATAAATGGTTTACATTTTCTATTGTAGCC
rs2478	10	ACACAAATACGAAGGTAACGATGGTCAATTAGAAGTACTAGCTCCGCCCATGTTGTTTGA[T/C]ATACTATTTTTAAGTTGAGTATTACAGGTTATGTGGTGCGCTTGCATAGAACAAGCGTTG
rs2479	10	TTTGGTTGTGAATTTAAGGCTTTAAAATTTAAATAGCACCCATAAGCCATGCTGTTATTT[T/C]CTGATATGTTGTGTTGTGATTGGACTTAATGCACAGTTTTAGTAGCAACTGGAGTAACGT
rs2480	10	TCGCTATGAGAACCCTACCCCCAATCCTCATCAGCCAGCAAGGCTTTCCACTAGATGTCT[T/C]AATAACTCTTGATGTCCCTTTAACTTGACCCTCCAGAATAAAATCTCTAACTTCCAAACA
rs2481	10	TGAAGGTATATAAGAAGTTTTCACCTGATATGAAGTAGATTGGTTTTGTTGAGCAGTTTC[T/C]CTTAGCCATTTGATTGCCAATGGAAGAGATTCAAAAACAGAACTAGCTGTACTGGAGTTT
rs2482	10	CACTGAATACAAAAGGACGAGAAGGTTGCAGCGGCTTGGAGGTTGGAAGAAAAATGGCAG[T/G]GCTGTTCGCCTCTCAAGTCTCAACGTTGGTTGGTAGTGGGGCAGTGAGGCTCAGGAGCAT
rs2483	10	CAACTGAACAATCATTCCAAATTCCAGAAACAGCATCACATAGCACTTTCCGGTTACCAA[T/G]CTGCAACACGATGAAGCAGAAAGAAGGGAATAGGAAAATTTAATGATTGTTTTTTTATGA
rs2484	10	AAGTAGGTGATATAGGCCCTCTACGTTCAAAAACACAACTGCTGTTTGAAACATGTAAAA[A/G]AGCATGAGGTCTCTTGGAAACGGAACGGAGGAATATAAGATTTTATCGGGTTTGAAGGCC
rs2485	10	CCTTAAAAATCATATAAATTCCTGAGTTCCAAAAAACCTTACGCAAAAATATATAGAAAA[A/C]ATACCAGAGAAATCCACAAATACACTAAAAGGAACGCCATAAAAATCCCCAAAATATCCA
rs2486	10	TTGTTGATGAGCAGCATTCCATACAAAATTATTGTGTAGGAGCATGACAACTAGTGGTAT[T/C]AATGCTACCACGGTATCACAATGTCATGATCTAGTATGATATGTGGAACTCTGAACTCAT

表 C.1（续）

序号	染色体	序列
rs2487	10	CGTTGTTAGAAATTTAGAATGCCACAATTACTAATTAAGAAAAGACCGATCGATCGAACT[A/G]TTGCTTTAGCATTTGTCAAATGTATGACAGTGACGAATCGATCGGCCCGATTAATCTAGA
rs2488	10	TTGTGACATCAAAGATCCAAAGCAAAACATCGAATGGACCGTTCCAGAAGGTGGAGGCGG[T/C]CCAGGGTACACAGTAATGTAGACGATAGCAAAATACTGCCTGATACCATGAAAACATTAA
rs2489	10	GTTTTAATGTAGCTGCAGTGACTTGTGAAAACCTTAGCTGATTAAGTTTTATGATAATAA[T/C]AAGAATCTGTCTTCTTGTCTTATTAAATGTCTCAGTATGGTTTAGCTGAGGATACAATGA
rs2490	10	CACATGTTTTGTAGATAACTAGCACCTTTAAGATATCTAATATGACTTGACCTTTCTGCA[T/C]GTCTTTACTTATGACGAGGAACAGTAGTACTTCTGTTTCTTCCATTGTCACGGCGCATGT
rs2491	10	TGAGACCAACGCAAGAACGCCAACATCGTCAGGTTGCAATTCAAGGATATTGTCTGCTAT[A/G]CTTTCTCCAAGCTCCAGCTTCTTGTTATTCAGACAGCCTGAAAGTAGAGCAACCCAAATG
rs2492	10	CAAGGTGTCGAGGCTAACATTTCCCCGCATGCCTGCATTTTATTTCATTGGCATTTGCCA[T/C]ATTACTTAACAAAAAGGTGAAAAAAAATGCATTTGTAAGAATTTAATTATCAAATGCTCA
rs2493	10	AGCAACGGCCTAACTTGTTCTTTAATCAGCTGGATGCCAAATAAAGAGCTATAAGAGGGG[A/G]AAAATGATCTGTACATACAATATTTGACTATCCGGTTCCTTATTAGCTCTTACACTGACA
rs2494	10	AGAGCCTTTAGTACAGTCAGGGGACATCATTTAGTTCTGCACTTGCTTGCAATTATTCAG[T/C]TTCTTGCAATTTGTAGCCGCCAAATTGATTTCATTCTTCCTGAAAATTACACAACCGTGT
rs2495	10	CAGCACGTGCTCACAATTCAATTCTACAGCATGTCATGGCTATGTTCTATATTGCCTGAA[A/C]TCGAAAAGATACTTACAGCAAGTATAATAACACATGAGCCAGATTATGAATCATCATGAA
rs2496	10	TATGATCATATTAATCCAAGGAAGCTAGTATGATGATTAAGTTTGTGATCAAGCCGTACT[A/G]TGTGCATGCCAATGCATGCATGTGTTCAAGTGTACACTATGCTTGGTCTCAAGTGGATCA
rs2497	10	TCACAATCTTAATGAAGCTATGGACGAAAGTACAATACCTGTGACAATTCGACGTGGGCC[T/C]AGTTCCTTTACACCATCCAAAAGCCTCGAAAGAGACTCTGGAGTCCTTGCATGATCAACG
rs2498	10	TTGTGTTCTTCCTCTTAAACTTGTCTTGCCTACTAGGCTACTAATATGGAGTTTATAGTA[A/G]TTGCCTTTTATGGTTCTAAGATTAGGGATGACGCCACTGCGCCCACCTTTTCCTTTACTG
rs2499	10	AATATATGGCCGGAAGTGTTTGTATCTGCTGACTAATACTTGTTCTGATCGAGCATTTCT[A/G]ACATAGTTGCATGCCTTGGAGAGTTTTTATTTTTGCCTAAATGTGCATCGATATCGTAGT
rs2500	10	TTCAGAACCTATTTGAGCCAAGTGAGCAATATTATACATCAAGACATGGAAGTAGTAATT[A/G]ATATTTTGCAGGTAAGAGCAAGCAGACCAGTTTATGGCTTACCTTGAATGCATCCTCATC
rs2501	10	CGACCATACGTCGTTGGGACTGGGCTACTTATTAGGCTTCCTAAAAATAACTTGATTTGA[T/C]CTACCTTAATGGTTTAGATATCTAGTAGTGCTGGTCCAAGTATATACACACCTACAGGCT
rs2502	10	CACTCTATCTCTTGGGCTGTGGCACAGATGGCCCATTGGGTTGTCCATGTATTCTAAACA[T/G]GCCCATTTTTAACTACTCTATATATACTGCAAGTGCAATAGTAGTGGCTGACGGTCTAGA
rs2503	10	GTTATATAAGTTTAGGGATGCCATATATCTGATTTTCGGTTCAAAGACGATTTTTTAACT[T/C]CGTGACAAGATGGGAGATCTTAGGTGAACTTTTTTCCTTTGCGAATACATCAATGTTTGC
rs2504	10	CGTAAACCGTCGGATCTCAACACCCACCGTGCTTGGATTGTTAACACGTGTATATATCCC[T/C]CCTCTCGCTCATATAGGTAGCTAACGTACGTGACAGTACTGCCCTAACATTCTTACCGTG
rs2505	10	GCATTTACAATTATGCAACAGCACATCACCCAATGATAGCTGAAAAATAATAGAAAGATA[T/C]TGCAACCTTTATAATTAGAGGGCAAGATTCTCGGCAAATATCCAAAATCATCACTTGAGG
rs2506	10	TACCACCCCCGTTACTGTTACTGCTGCCTGCTGCTACTACTAGTAGCACTGAATAATGTA[A/C]TATTGTAATCATGCATGCATGTTCTCTTCTCTTCTCCGGTGTGCTCGATGCAAAGTCAGA
rs2507	10	TGGGAATGCACCGTTCCATTACGCCGTGTGCAATCCTGTGACCAAGAAGTGGGTGATGTT[A/G]CCAAAGGCCAACTGGGCTTCTGACTCATCTTATCTTGAAGACCACCCCATTGCCTGCTTG
rs2508	10	CCTGTAAACAAATGCATGCGTGTACATCTATCTCTATGAGTATCTCTCAAGATAGAATCT[A/G]CATGTTATAAGAGTTATGAAGTCACAACAGATTTATACCGACATTGTTAAAAGGATAATT
rs2509	10	TTTCTGATTTGTTTCTCAGAATGCTACAGTAACTCAAGATCGCAGCACTGATGCTTGGAC[T/C]GATATATCACATCCTTCAATTGTTTCTGCACAAATAAACCAACCACCTCCTGTGGTTGAT
rs2510	10	AGTAGCGTTTTCTAGATCGAGACTCCACAAGAAATTTGTGTGGTCTCCGCTTGTTGCTGC[T/G]TTTGGTCCGTCGGAATTTGGAGTTGGACAAAAATGCAGTAAAAATGCGAGGAATTTAATT
rs2511	10	CACAAAATTTAGCTTATAAACATATATAGGCATGAGCGAAACAATAGGGCTCCAGGTCTC[A/G]TAGAAGGCGAGACCTATGTGCAAATGGGCCAAGGACAGCTACGCAAATATATAGACCACT
rs2512	10	TGACATGTTGATAATTGAGTTGGAATATATTAATATGTATATGTCAACACCCTTGATTTT[A/G]TAGTTTGTAAAATGGAACTGAATCAATCATCGGTGTGGTCCAGAGCAGATGATGCATGTG
rs2513	10	TTCTTTAAGACAGCATTCTTCGCATAACCATTCACCATCTGGAACTTTCTCTAACTTCAC[T/C]CGCATGCAATAACTAGTCAACAATAAACAGAAATTCAAAAGCTAGCATATTGCAGCATAT
rs2514	10	TTAAAGCTCTCTGGAATCTAGTTGCTTCTCAAGCGCAAGCAGTGAGCTGCCATCTTTCCT[T/C]TTTGCACAAAGTTTATTAGAGGATGAACTAGCTAGTTGGTAGTATACTAGTATGTGCAAT
rs2515	10	ATTTGTAGGCGATGTTCTTCCTCCTCCTGTCTCCCCCATCTTCCCCAGTTATCACTAGGT[T/C]TCCGAGCAGTGACAAGAGGTGATGAGTGGTAGGGAGAAGGGCGACGGCCTATGGTGCGAG
rs2516	10	AGCTACAGATAAATCTACTGGAAATCCCGTATCTACCCCTCCCGTCCCCACCTATAGCCA[T/C]AAAAAACACGTAAATGCCACAAAATCCAAGGGGCAAAAGAGACCATCCAAATAAAAAAAA
rs2517	10	CTGCGGCGAGCGATGTGCACTACATCTCTCTCCACCTTGGGCTCAGAATTGGCAAGAACC[T/C]GGAGGGCGAGAGCAGCCCTGACGGCGACTGCGGGAACCAGAGGCCAGGCGACGGCGGAGC
rs2518	11	CCATGTCAAGGTAGGCTACGTCGTCAGAGGTGATGTGTTGCAAGTACAAGAGTCGACGCC[T/C]TGCCTTGAGGAGTTTAAATGCAAATTTTAACGTAAAGCTTGCCAACTTGTATTTTTATAA
rs2519	11	CTCTTCTCTCAATGGAAGTAGATGAGCCACTACCGTAATGGTGGCCTAAGATATATATAT[T/G]TTTTGAATAGTTGACGGTACCAGTTCTACCGAATATATTATAAGAGGAGAGTTGATCCTA
rs2520	11	TTAAGGTTGTTGCAGAAAAGGTTTGCAGAATGAGAAGCAAAAGCAGTATACCCTAAAGTT[T/C]GTGGTCATGCCTACTTTTGCATGGATCTCATATATGAATACTCTTTGCTCGTTGATGGCT
rs2521	11	AACAACTGATGGGTGCAGCACTGCACAAGATAGTAATCTTTTTATGACTTCATCCATTCA[T/G]GTATATACGCATATATCCATTCAGGTATATATGCGTAAGAACAACTGATGAGGCAGATTT
rs2522	11	CTTAGCCTTTGCCGCCGATATCGATCGGATCTCCGACTCGGGACACAAGTATGTCTTAAA[A/C]TCGCATCATTAATCTTAATTTAGATATAAGTTAATGATCTTGTGTGCTTCCATAGTTCCA
rs2523	11	AGATCTCCCCTCTGGCCTGAACTCATGAACTCGTAAAATGAAGGTACAGAAGAATCCACA[A/G]GAACATGCCAGACCAGTACAAGCCAATTCAGTGTGAAGGGCTGTATGCATCAGCTGCCAA
rs2524	11	ATAATTGAGTACATGTGTTTAAGTTTCAAAGTAAGAAAGAAGTGCATGCATCGGAAGAAG[A/G]AGTGAATGCATTCATGTACCGAATGTATATATCATCATCTGATCCGTTCCTCTAGTAGAT
rs2525	11	GCAGACAGTTAGCTACGTCCAGAATTCCAGAAATTCTAGTATACATCGTGTATAAGTACT[A/G]AATAAAACTGAATCACATGTCAAGGTAACAATACTTTTTTGTAAGCCAGAGTATCCAATC
rs2526	11	ACACACTATCGTGTTGCAAATGCTTGGCTAATCATTTTCCTCAAAATAACAATTAAAAAT[A/G]AAAAGAAGAAGAAAAAAGTGCTGGCGAATTAAGCGTCGACAACCTCGCAGCCGCACAAAA
rs2527	11	CACAACATTTCATATTTGATACTTCACAGTAGAATTCATCTTGACAAGAATCAGGAATGC[T/C]ACCATTCACCATATATCTTCACATGCATAGGATTTAGAAACAAACTCACCATATACAAAA
rs2528	11	TTAGTATTGTATACCTCTGTCATGCACTTGTTCTACTGTTTTACCTGACCTATACCACTT[T/G]GTATTTACTACTTGACTTGACAATCTGGAAAAAAAGTTGACCTGATCCATGATAATGTCA
rs2529	11	CTAGTCTAATAGTATTTGGTTTGGCAATATGTGACATGTAACCAGACAGATCCATAGGCT[A/C]TTTTATGATCCTGTGTTCAACAGGTTTAAGGTTTTCGTGAAGAAGTGTAGTTAAGGTTAA

表 C.1（续）

序号	染色体	序列
rs2530	11	CGGCTTCCAGCTGCTGCTTTAGCTCATAAATATGGTTCTGGAGCTCAGACTTGTGAGAAT[T/C]CAATTCTTGAGTCTTCTTAGCAACTGCATCACGAATTTTCTCCTCTTGTTCTTCCCTAGC
rs2531	11	GATCAGGAGACAGATGGCTGCAGAAGACATATTCACCACTAATTTGACAAGTCTATGCCA[A/G]GAGTGCCTTCAAACAATTCCAGCCATGTAGTAGTCTTGCAGATCATCTGTGGTAGCACTT
rs2532	11	AAACTTTGGACTTTGCTGATAATTCATTGGGTTCTTGTCTATGGATCCTCCTTTTTGAAG[T/C]GCATTCTACAGACAGCGAATTATCCACCCTTGGTCCAAGAACCTTCCTACCAATGATGGG
rs2533	11	ACCTGAACACTAGACTTAATCATTCTTTCATTTGTTAAGGATATGCAACATCAACAGATG[A/G]CCGATAATTGGCATTATCAATGCACGTGTCATTATGTGGTTTGATTAAGCTTTGGATGTT
rs2534	11	TAGATGACTCCCGCGACGAGGAAGATCGCAATGAATTACTACTGACGATACAACTTACTG[T/C]CGGCTTGTCAGTGACAATCAGCGGCCTCTTTGCAACATTGCTACAAGCTCCAATGGAAGT
rs2535	11	CTCCATCATCACTGTGCGTGAATATAGCACTAATTATATGTAACCGGCCGGGCTGAAATA[A/G]TTACCTTTGATGAACAATATGCAACCGTACCATATTAATTATATGTAACTAGTCATCAAC
rs2536	11	TTTGTCTTCAAAAACTATCGATCGGCTTTTATCTGAGTGCAGAGCCTCCCAACCACAAAA[T/C]CGGATAGAGAGTATCCCCCATCTATTAAACCAGAGTAAATCGGATCTCTCAGTGGTTTCG
rs2537	11	AACTATTGCTTTTTACTTGTTGCAGGAGTGGACAATTGACTTGAAGGGGAATCTAAGCCC[T/C]TCAAAGCGATCATGCTTTTGGAAGTCTAAAAGAGTGTTCTTTGTCACTCCACAAGTTCTA
rs2538	11	TGTCCAGTCTGCCTCAGCTCTTTTTCAAGGTGACTTACAGGATGATTATTTGAGAAAAAA[A/G]TATCTACCTTGCAGGAGCATCTGAAGGTGCTCGTCCAAGTACCATAAACTTTCCAAAGTC
rs2539	11	CCTGTCACCCTGTCTTGCCACTAGAGTACAAATTCAATATTGGAACCCAGAATTACGAAA[A/G]TTAAAAACAAAATAATAAAAATGAAATGGAAAAACAGAATGTACACAAGACAGAGAGAAG
rs2540	11	TAACTGGATAATAATTAATAAAATGTATGTGTGCGTTCCTGGTGAAGCTAATATATATAG[A/C]TAGGAACGAGATGTAATGTCATGCACTGGTGATCCTTATATGTACCATGAGAAAGCATTA
rs2541	11	CTTGTCCGATTCTCACATCCTGATCGAATCGAGCATCATCCATATATCGATGGGTTAATC[T/C]CCCTGATCCGAGCCATATATAGCTAGCTCTAATTGAGTTGCACTTCTAATTAACCTAGCT
rs2542	11	AACACAGCTGGGACTTTGGCAGGAATAGTTGGTGTTGGTCTCACAGGAAGAATTCTGGAG[A/G]CAGCGAAGGCATCTAACATGGACCTGACAAGCTCGGAAAGTTGGAGGACAGTCTTCTTTG
rs2543	11	TGCTGCAACTACAACATCTATAAGACAAATTGCAACTAAAGCTGCTCTTACGGCTCCATC[A/G]AACACACATCAGTATATCATCATGCATCTTCCACAAAAGCTCGATTAATTAGGTACTGTA
rs2544	11	TATGGCTTCTCTATTTCAGTGCAGCTGTCGCCTAAACTCTGTCAAGCTTAAAAGAATTGA[A/G]AAATGGGCCTACCTTCATGATTCCATCCACTAAATATCCAAACAGAAAAGGTGGATTTAT
rs2545	11	ACCTCTATCACCAAGTACGATGAGGAGGCCGGTGAAGATGAGCATAAGGAGAGGGTCGGG[A/G]AAAAGGAGGAGGACTACTCTCGTTGACAGCTGAGGAGATAAAGGTCATTACCACCAATGA
rs2546	11	ATTAGTAGAAAATCTTAACTTACTTTGGCATTGATGCTTTGTAATTCTCCAACAGAAGTC[A/C]AAAAGACCAAAAAAGGAACTCTAGAGAACGAAAATGTATATTACTGCATGATATAATAAG
rs2547	11	AGTCATCATTTCTAGGATCCTTAACTTCTAATGCAGATTTTTGCACCCGATGATTCTGTT[A/C]TTAATCAAGATCAGGAAAATACACACTCTTTTGGCATTTCAAGGCACTGGTTGAACATGT
rs2548	11	AGATCTGTGATTCCATGAGATGGTTACTACAATCGTGTGCTGTTGCCTGTTAGAACTGTA[A/G]CTCCATTTGATGAATGGCTTCTTCAAAAGGGGGAAAACCATCCATACATTTGTCCCTAGC
rs2549	11	TGAGACGATGTAGTACTGATCGAAATCACTGGAGAAATTATTTCCCTGAAACAAGAGAGG[A/G]TCCCGATCCATAATTCCACTTGGGTACTCTAATTCAGTGGTAGTTGAACATATTATTATA
rs2550	11	GTTCCACCACCTTCAGCCGCCAGTACATCATTATGCAGTTATTCATGCTCCACCGGTCCA[T/C]GGACGGAGCAGCACAGATTGACAACTACACCTTCTAACTCACTGGTCACCATAGTGTTCA
rs2551	11	AGTAGCCACAAGCCCAGTAAAAAGGGACAAAGGCTAAGCCAGTGCTGGTGTCAAATGTGA[T/C]GCCGACGGCCACAACATCCTGAATGGATCCATCTGCCAGGTGAAATCAGTGCAAGTCACA
rs2552	11	ACGTGACACGAATAATCCGTTTAGAACAAGGCCTTGCCACTTTGTGCAACTGTACAATCA[A/G]CCATCATGTCCTTCCAAAATTTTTATCGGTGTTGCATCCTACATATATAGATTCTGCTCG
rs2553	11	TCCTGTGATTCCATTATTTTCCTTCAGGGCGGGAGCCATTTTCTCTGTTGTGATAGCTGC[A/G]GTGACCATGCCCCCTTCATCACTTTCTGTTTTAATGATCACATTTTTGGAAGGGTGAGCA
rs2554	11	GTTCCTCATAATTGGACGCAATCTAGTTGCCATTGTTTTAATGAGTGCATCCAATAGGTG[T/C]GAAATGTGCAAGACAAACTAGACAATAAGATTTGGGTATCATATTTTGATTGGTTTCTAG
rs2555	11	TCATTCCCTCAGTTGGAACCGATTTAAGAATATCCCCATTGGTTTGAAGCAGCAATACCA[A/G]ATGGCAAATTAAGGAGAATTTAGATACATCGACAGCCCGGGTCTTCCGCAACTCTGTCTT
rs2556	11	AAGTACTATGTTACATATATCTAAATCAAATACATTTGGCTTGACAAAGTTTGTAAACCA[A/G]ACAGTCCTTAACATCACAAGTGTGTGTTGGCGAATGGCGATCACTGATTAATTAAGAAAA
rs2557	11	AGGTGGAGACTCCCATTATCCTCGCTTCAAACTTCAGTAGTAGAGACTTGAGTCCTCGTC[A/G]CTCCTATGATACATCCGCTCCTACCTTTAAAAATATATCTTCAAAGAAAATTGTCTTGTA
rs2558	11	GCACCCATCTTCTGCCTCTAGCTCAAGTGCTTAATTATTTCCCCTCCCCTCTCCCCCAT[A/C]CTTTCTCTGCTTCTCATCGACTAGGGCAGGGGAGCACTATCTCTAGCTTGGAATACGTTC
rs2559	11	AAAATTCGTAGGGAACAAACAACTGGAGGGCCCACCATGCTCTACCCTTTTCTTTGTTAG[A/C]AGGGAGAAAGATCCTAGGTGGCAATGTTTCCCTACAACAAGATTGAAAACCATAAGGAAC
rs2560	11	GATCTGTGACAAGAGAGCAGGGCTAAGATACCTCTCCAAGGAAGAATACTTGGCACAGCA[A/G]CCTGAGTGGTGTGATCAAATGGCTTGGGATGCAATGGCTACTGTTTGGGTTGATCCTGAA
rs2561	11	CTGTGTAAAAATAGTGGAAACAACTGATATTGTTTAATGAGAAGCTATCATTTAAAAGGG[T/C]TCGTCTCTCTGTGTGGAGAAGGTGAACTATATGCATGGTTTTGAAACACCGAACAATACC
rs2562	11	GGGAAACAGAACAAATATTTGATTGTGCAAGTCTGTGACTTTGGCAGGCACACGGCAACT[T/C]GAGATTATTGTCTATTACGACGATACAGGAGTACGGGACCATATATAGCCACTTTGTACC
rs2563	11	TAAAGGCACCACCGCACCATGCTAATGTATGTGTGCTACTACTCAGATAATTCAAGAAGG[T/G]TGTTAAACGCACAATTAATAGACATATAGAGAGAAGCATTGCTTCATTAGCTGTTCACAT
rs2564	11	GTATGGATAAAATGCCAAGAACTTATTGTAAACGAGGGAGAATTTATAGTCAATTTGCAG[T/C]CCAACCTTTTGGTGATAGCTAATTTGATCATCATCTCATAAGTACTTGTATCCCTTTCCA
rs2565	11	CCTAGAACGAGCCTTGGATTCGTGGATTATGAGATGGCACAAGAAAAAAGTCGACAACAG[T/C]GGCAGAGCTGGCGATGTTATCGAGCCTGTGCAGCTAATAGTGTTTTTCGATGATCAACTA
rs2566	11	TAGTCATAGTTGAGTTTGTTTGTATGTACTACCAAAGTAGCGTGGCTAACACACAAGTTT[A/G]ATCTCATTTAAAGCCGATACTGGGTTTATGGGGCAGCCTGTCTCTGCAAGTTGCATCCTG
rs2567	11	TGTTTCCTGTGGACAAATATGTGGACCAACCTTAGTCCCAGAACATCCAACACCATTCAG[T/C]TTGCTAATTATAAGCATGGAGAAACTTACAATGAATTTCACTCGCATAGGCAAACATTAC
rs2568	11	GCACTAACCTGGAGATTAACTGAAGACCCTTCTCGAGAAGCCGGAGAGAGGACATCAACC[A/C]GAGGATGGATGGAGCTCAATCACTGGAGATTATAAACGGGATTTACGACGATGGCGCCAT
rs2569	11	GTCACTCAATAGTTTAACTGGTGGAATACCGGATGAGATCACTTCTCTTAAAAGATTGCT[A/C]AGTTTAAATTTATCATGGAATCAATTGAGCGGAGAAATCGTAGAGAAGATTGGGGCGATG
rs2570	11	ATTAGTCTTAGCTAAGAGCGAATGGCGTTCATGTGCGCCATATGCAGTCCGTTTTTCCG[T/C]ATGCGGTTTTAGATGGGCCAGAATAGATTCACATAGATGGGCTGGACCAAAGGATGGG
rs2571	11	TTCACACATACTTCTTTTGAATAGGGTGATACATATGCACGTACATAAAGTCAGTAAACA[T/C]GTGCCAACAGACAACACAATTCAGGTGAAAACCGGTAGAGTATGATCTTGGTCCTCCATT
rs2572	11	ATGTATTTCAGGCTTGATGCAACCTGGTAACTTGGTAAGATTTCTAGCTGAACACATTGT[T/G]CTATCTTTGGGAGTGCCTTAATTTTATGATTAAATGCTGTGGTGCCTTGTGCAATGTGAA

表 C.1（续）

序号	染色体	序列
rs2573	11	TTATCCCAAAGCTATATCTCAGTTGGATTGTGAAGCTTTATTAATTCATAAACTCGCCTG[T/C]GTCTTTACATCTCATAATGTAGTGATATGCCCATTTTGGTTCGTTTGTCTCGTTTATTAA
rs2574	11	TTGAAATAAAACGAAATCCTCTCAAAAAGAGAAAAGAATGAAATGGACAGGAACGATGCA[A/G]GCAAGCATGGTAGCAATGTTTTGACGACATTTGGCCACAAAACGAAGATATATAGCACGG
rs2575	11	AAATACAAATCCAGCAGATAGGTACATAACAAGTTAGCACAGCTGCACTGGTATATATTT[A/G]CCATACAAGAAAAAAAGAACATGAGTACCAACAGTATGAGATGGTTGAGTCAGAATGAAT
rs2576	11	CGGTCGGGAACGCGCATTCCGACGAACACTTGGCGGGCGCCGCAAAGGGGGGGACACTGG[A/G]TGTTCATCCCAAAGGGGGAGATGATCAATCCTTGCAAAGTCAACTCGCGTACCAATCCGT
rs2577	11	AGATGGACCAAAAAAATGCAGCATCTTCAAGAGCTGATTTTGTAGGAGACTAGGAGTGCTA[A/G]TTACCTTCTCCCTACATTAGCAATCTTGTTTGATGCCTCTGCATTTGTCAAGTCCATTGA
rs2578	11	TTCCATCACATATTTTCTATACACTGATGTACAAACTGGATTGAAAAAACAAGAACCACT[A/G]AAAACTAGGATCAAATGGACACAAAGGGGTTTTTTCCCTTGAAATGAGCAAACTTGAAAA
rs2579	11	CAGTTAAGGTGAGTGAGAGTTCATCATTTGACATGACTGAAGGTTTTGGAAGATTCTACA[T/C]AATGCCTACTACTAGTGGTGCTATTTCCTGGTGGTTCAGTACATGGAATTTCCATAATGG
rs2580	11	GGCCAGTGAGCTGGGGCTTCCTTGCACATTAGACCCACCCGTTGAAATTGCCAAATAGAG[T/G]TTCATTCTTAGCTCACCTCCTCACCACCGTGAGAAGTGAGAAAAAGAAGGCTGCTAAAAC
rs2581	11	CCAGGGTGCAACCGTCTCCGTACATTCTCAAGGGTGTATATTAAGAGTAAGCAATTCTCG[T/C]AAGGAGTAGCATTTAGGTTGCTAGAATCCTCCAATACAAAAATTGGTTTCGATTCTTCGT
rs2582	11	GTACAAGTAGGAAATCAGGGGGTGGTTTTCATATTCAGCCTCTTTGTAGAACTATAAATG[T/C]GATCAGAGAGAAACAAACCGATGTTCCGGTCTGTTGATTAATTCGATATTATCTTTTAGC
rs2583	11	TGGCAGTGACAGTTGAGTTAGTTGGTGGGTTTACCTGATGAGCACGATGTAGAGGTTCCG[T/G]TCGGTGGTGACCTCCTCCTCCTCGTCGGAGACGATCCGGGGGTCGGAGTTGATCCGGGCG
rs2584	11	ATCAATGGCGATCAAGATGTGTGGCCTTTGATGTCCACGATCCATCAATATCCATTAGCG[T/C]CTTATATACCATCAATCTTGCCATGATTTGGCCTTCTTTGGATGGTTGTGGACGCCCAAA
rs2585	11	TCCCTTTATTTCGATCCTCTTCTGCAAAAAGGAGTATACTGGTGATCTGTTTCTTGCTTA[T/C]ATTTTGTTTCATTTACTTTAATTTAGTAAAAGGGAAGGGATATTTTCTCTTCATCTAGGG
rs2586	11	TGTGGCCGCCGGCGGCGGCGGCAAATGGTTAATTACAGCGAGGTGGCCATTAACTGCTAT[A/C]TACTTCTACTGACCAGCTATATGGCGCATATGGGGAGAGTTAATGGGAGCAACTACTGGT
rs2587	11	AAGTTTGTTTACCAAATTGTTATATTCTCTCTTTGTTGTCTAGTCTTCTTAAGCCATGTT[A/G]GTAGAACAAAGGACATCCTCCATTGATGTCCATAACACTTGCTTTAATTGCGATTATGGT
rs2588	11	GGCGAAACAGAAACACAAGACTAGTGAATAATCACCGTGTTTCCAAAGTTATACACTGAC[A/G]ACAGATTATTCCAATCAATTTCGGAAAACCAGGACATCTCAGGTACTGGGCTTGCGGAAA
rs2589	11	AAACTGTGAGTTATGTAAAGTAATAAAAAGAAAAAAACATAGAATTTTAATACAGATGTA[T/G]GGGCTTAGTTAATCCTTGGGCCAAGACTACATGGCCAACTTTAGTCCTTTTTATCTTTTC
rs2590	11	GAATTCCTTTTTAAATTTCTCTCTCTTTCTTTCATGTCTGTACTCCAACAAGAACGATTT[A/G]TATCTAGCTTAGGTATCTTTTGCAGAATCTTGGCCAGCTAAGCACGGCGATCTCAAAGAT
rs2591	11	GAATCGTGACCATATTTTGGCCTTTCCATACTCAATGGTTACAAACGCTCAACAATGTGC[A/G]TACCAGACTACACTCTTTTGGGCAATGCTGTTTTTCTAAGACTATTTATTGAGCCTTTGT
rs2592	11	AATTTGTACAGATCTTATGATCATCAATCCAATGGGCATGACAAGCATGCCACTGAACCT[T/G]TTTCCTATACCTCGACATGACATCATACAAAATATTCAGATTATACTTGCTAATTGCTAC
rs2593	11	TTACATATGTGACAGTGTATTTAATACTATGGACACTAACTGAGGTAGGGGGTTGGGATT[A/G]CCCTTATTCCACCTTCTCGATCTTAGTCTTAGACATGATGATGAATTGGGAGAGAGATCT
rs2594	11	GCTTAGTAGTGATCAATTGCCTCTGATAGCGTTCATCGACCGAATCTGCAGCTACATGTT[T/C]TTTTAGGACAGAAGTTTCTTCTAAAATGTGTGCTTTCTTAGGCTTCAATTTTCACATGGA
rs2595	11	TTCTATAACTTTTCAATTACCCTCTTCAATATGACAATGGATTCACTTGTCAATCTCTGC[T/G]ATTCTTCTTCTTCTCTCCCTCAACATCTTTCCTTACCCCACCCATAGTGCCCCAGACGAT
rs2596	11	ATAATCATGACATGATTAAGGCATGCATTGAGTTTTGCATTATTTGGCATGACATGATAG[A/C]TGAGATTGCCTTTTGAAGCAGTGTTATTACCATATGAAGTATAAAGTGCCAAACCAATTC
rs2597	11	ACATTAAGTGACATCCAATGCCTAAAGAGACTGAAGGAATCAGTTGACCCAAACAATAAA[T/C]TGGAATGGACATTTACTAACACTACTGAGGGATCTATATGCGGATTCAATGGCGTGGAGT
rs2598	11	ACACAAAAAGGTAAAAACACATGAAAGACTTGATAGAACGGGAGAACCCCGACAGCTAGT[T/G]CTTTTTCTACTACTAATTGAGCGCGAGGTCTGACCCCTCCTCCACCCTCTGCCGGTGGTG
rs2599	11	GAAAATGCAAAAGGCTCTAAACAAACCTGAATTCATAAACACCATGGAAAGAAAACCTAA[A/C]CTGACTTATTATATTGATTTCTAAACACTTTATTAAAATGCTAAAAATATATTGCAAACG
rs2600	11	CAGGTCATACATAGAGCTGGTGACTCACATCTTTTGTTTGGCCGAATGAAAATCAAAGAA[T/C]TTTTTTGAAATATTTTAAAACAATAAGTGGGTTTACGAATTGTTCAGCCTAAAATTTGT
rs2601	11	AGGTCCTAACTGCATCCGGAGCTTCAGGATGGGCCATTCACCAAGCACCTTGGTAAAAAT[A/G]GGCATTGAAACTGACAAGATGCAAATTCCCACAGCTAACCATGTAAGCCGAGGGGCGAGC
rs2602	11	AAAGTGCAATGCAGCCACTCTAGATCATTGGATCTTGCACTGGCATGCAAAATTTACCGC[A/G]TTTAAGAGGCGTTGCTTAACATACTTGTGTGTATTTTCTGAGTTCTGAATTGATTCTGCT
rs2603	11	TGTATTGTAAGTTCAGGTGTGAGATCGGAAACTAATGTTTTGGAGCTTTTCTGATGGCAG[T/C]TTACTGACATGGAATCGAGGAGATTGGAGCAGTTAGTGTTCCTGCTTTGCTGCTTTGCAG
rs2604	11	TTACCGTTCCTTGCCGCGTGATACTAAAGGTTTCCGGATACATTTTCTGAAACTCCTGAA[T/C]GAGTTGCTCCATCTGTGCCCTCTGCTCATTAGATAGTTTGTCAACTGTGATTGGGATGAT
rs2605	11	TTATTTGTGTGCAATCACTGGGAATGACACTGTAAATTTATGCAACTTATATGACCTCTA[A/C]CTCCTAAACTGTTTATGCAATTCGCCAGCAATTGTACCACATGTCCCAAAGAGATAGATG
rs2606	11	AGGATCTGCTGTCTCGGGCTCTTTTTTTTAGGGTTTAGGGTACAGTGCTCGATCCTGTAA[T/C]AATTCTGAAAAAAGGCAGTGCTTTTCGTGTCTCTGAATGCCACATCACAATGCCCAAATG
rs2607	11	CTGCTTCCCTGCATCGCAACTTATAACCCTCTGTCCCGACAGGGTCTTCAACAGAAATCG[T/C]AAGATCTCTCAGTTTGGTCAGACATTTAAGATCCTCAACGAATCTTATTGAGTTGCTTGA
rs2608	11	CATAACCTTGATTTGGACCTCAGAAGACAAGAAGCTAGCTAGAGCTGTACCTGCTTTGTT[A/G]ATTGTACTGTTATAGTTTCTTGCTGGAAATTACTCAGCTCAGCCTTTGACATCATACTGG
rs2609	11	CTCCTATTTCTGTGTGGAACAGCACGCAATATTCTAATTTCTACACACAACAAACCTTTC[A/G]CATGTCTTGTATTTCTATGTGGACAACACGCAATATTCTACACACAGCATCTCTTTTTGC
rs2610	11	TTGCATTGGGCATCTGTGAGTTGCGACCAAACCTTACTGTGCTCAAATTGAATAGTGTCA[A/G]TAAGGAGCTCGAGGAGTTCATAGAGAAAATTAGGCCCCACCTTACAGTATATGAATGTCC
rs2611	11	AGACGTGTGCAGTAAAAATGGACTACACTATTAGACCAATAACACAGAAGGCAATAACTA[A/G]ATAACATATATCCAGGCATAGATATATAGATAGGAACAATGACCTCGGCGTGATACATAG
rs2612	11	CTTACACAGTCCTACAAGTAAGATATGTCAAAACAAACATAAGCTGACAAATTTGAATAC[T/C]ATCGTAAGTACTTAGGGCAAGATGGCATGATCTCCATATAGGAGATTAGACAAATAGATG
rs2613	11	TGATGAGTTTGATCCGTTTTTCCTATCACTACTGCTCCTCCAACTCCTCGCTGCTCAGCT[A/C]CCTGTCCTCCCCTATGAAAAGCGTCAGTAGTACTCTCCTCATTCTCTCTTTTCACTGAAT
rs2614	11	CGTCCACATATCGCCAGCGACATTATTCCTGATCCCAATCATTTTCCAGCTGGTCATCCT[T/C]ATTCTCTATGACCGCGTCATCGTGCCACCTCTCCGTAGGCTCACCGGCTATGTCGGTGGT
rs2615	11	CATGTCAGATGTCAGATTTTGTAAGCATTAATACTGCTGTAAATTGTACTGGTGCATAGT[A/G]CATACATATATTTGGCCTCTCAGATGTGCCTCACGTCAAATATATAAGCACATACATGAA

表 C.1（续）

序号	染色体	序列
rs2616	11	GTAGATGTAGCGGCATATCTCACGTATATGCTCAGATGATAAGACATCGTTTAGTGACTT[A/C]GTCACATGTAAGGCAAATATCTGTGGAGATATTAAAAACATGTAATATATACTGCGGAAA
rs2617	11	CGTCGGACAATGGTACCCTAACGAGCATCCAACTAGCAAGGGCTATCCCTTGCTAGAGGG[T/C]ACCCTATCTATAATTTAAAGATCCGTTCGCCTTGTTGTTGCTGCGTTTCACTTTAACATT
rs2618	11	ATTAAGTTACATGAAAACTCAAACGACTTGAGAAAGAGATGCTAAATTTTGAGCCCCAAA[T/G]TATGGTTGGTGTAGTAATGCACCAAGTACTCTACCATCATTTCTGTATATTGGTGCACGA
rs2619	11	AACCAACCAAGGATTTATATCGAAGGTCGCGACATGAGGACGCTCTACACGCTTGTAAGT[A/G]TGATACATAGTTCGGTTGAAGTTGTTGCTACAATAGGTTCATCTTTCTTGAAATCATTGG
rs2620	11	ACCTTATCCATGCCATGCCTGATAAAGGGCCTTTTGGAGGTTCTAGCAGCCGTAGCTACT[T/C]CTAGAATCAAAAAGCTTTTCTAAACAATTTAGTTTTTCATCTAGATTTTGAGAAGTTGTT
rs2621	11	CGTTAATTTCAAGATATGTTAGCCCTCTCATTGTGTGCTCATTAGAGTGATTAAACAATG[A/G]GATCATTAGCATATGCACCATGTTAATCGAGACCATTTGTCAAGGACCTGACTGGCAATG
rs2622	11	TTCAAATGATAATATTTATTATTTTCGCTTATATTAGCGGTCAAAGTTTAAAAGGCTGCG[T/C]AGTCCTTTTAGGAAGTAGCAGCGCACAATAAAATATGGAAAAGGCTGAAGTGTGGAAATG
rs2623	11	CAAGATGGGGATTGGCGGAGAAATGTTGTTCCTCGCCTATCCGTATCAGAGAATAAACTA[T/C]AGGTATACAAAATTATCTACCATCACAGTTTTAAGAAAATGATAATCTATTTAGCTATAT
rs2624	11	TAATGGTTAATAGCTTTGTCAAATTCCTTACTCCAATACCATCTATTTACACCAACTGGG[T/G]ACATGGCCACTAAGTGAATAAAATTCTAGAATAATGCATTAGCACACTTGTCCCTTGAAA
rs2625	11	CCGCTTTCACAAACATAAATCAAACAGTTCGTGATTCATTTTCAGTGAATTTTAACAGTG[A/G]CACGTACTACGACCTGTTGTGCTAGACGCTATGAAATTTAATTTGGACAATTAAACTTCA
rs2626	11	CAAACTCCAAAGAGAAGATAAGCCGTACCACCATTCGTGGATTGAAAATTTTGAACAAAA[A/G]TTAAGTTATTTATAAACACTAATTATCGCATGAAATTCAAATATCTGCCTTTCCCAATTT
rs2627	11	TTCTCAAATACTAGACACCACAAAGTACAACAGTAGCATTTGCACAATGAAAGCAAAATA[A/G]TTGACACCATCAATGGAGAATAGAGGCAGCATGTTCAGTGACTCAGAAGCCTCCAGCAGG
rs2628	11	TGATGGTCCTTAGATGAATTGGGTCAGTAACAGGGGGAGGAAAGGTAGAGGATGGTGGAA[T/G]GTGAGGGGAAAGTTTAAGCTTCCCAAGAGAGGGGAGTGGAGGGAGCAAGAATAGACTTTC
rs2629	11	TTCTGTCCTAACTAGGCTAGGCAAAACAACAAAAACCAATTTATAATCTCTTGGTTGTTG[A/C]ACATCCCAATTTACTCCTAAGTTGGCAGATGCTACCGTACGTTTCGTACGTTCTGCTCTT
rs2630	11	TCATCGATCAGGTCATAGGGATATAGGGGAGGAACTTCTTTAGCGGCAAGAAAAGTCTCC[T/C]ATGTGTGCAAGTTCTCATCTGCCTACGGAGAAAGATATCATAGATTGATCGGTGATTTCC
rs2631	11	GCACAAATTTCATGATTTTTCACCCATCATCATAGTGCATTGTCAATTTTGTTGTCCTTC[T/C]ATGAAAAGGATTTGGAATTGAATTCCTTGTTTGTATCGTATTAAACGACAACTTGGTTTC
rs2632	11	GCCCACATGTCAGCCTCTAGGAGAAAATTGGTGGAGAGAGGTGGTGGCTTTGTTTCTGCC[A/G]AACTAGGGTTCGGCTTGTCAAACCAAACACGGCCCCTCTCATCTCCACCATCCATGTGAC
rs2633	11	AGATTCAGTTTTTACTGCCAAAATGGTTTTCAAAACTCTTCTATGAAGACCTCGCAGAGA[T/C]GTTACATATTTGATAAGTCCGCATTGTTGACCACACATGTTTAAATATATTGGATCTATG
rs2634	11	TTCTTGTTCATATGCTAAATTTATTTTATTTTCTGGTTGTACAACCTTCTGATTATAATT[A/G]TAACTTAAATTTTTCAGTCTTTTGCAGTGAACTATGATTTTGGTGTTGCGGCCTACTCAG
rs2635	11	TCTGCTTGACTTTGGTGCCTTGTTGGCATGCCCAACTAGTCCAGGGTCATCGAACATCTA[T/C]TGTCCATCTTCTTTTCCAAGATGAGCACAACATTCGGCTGCAACACCATGACTTGTGATG
rs2636	11	TGGAAGCATGATCATGATCAAGTGTTTGTTCTTGTCACCTCTTAGTTTTTTCCTTCTTTT[T/C]TTTCTCCCAAACTATGTTTAAGCTTTTGAGCGGTCTGGTTTGGAGTTTGCTTCTGTTTAA
rs2637	11	TCTGTCTAGCTTTCTTTTGCTTAAATGCTGCCAATCTGCAGGTCACTGGAAGAGTGTAGG[T/C]AGCACCAGTTCACTCTGGTTTCAGCCTTGATCGGACGAAGATAAGCGGGTAGAAGCCAAA
rs2638	11	GGGCTATTAACACAGGATGAAATGGGCCGCGCGTGTTTTATCAGTTGTGCTTGTCTCCAG[T/C]GTTGGGCAACAAGTATCACCGGAACCCGGATGCAATCATGCAAAAAGTGCGTGACGCGAA
rs2639	11	GCACCATGGTTGGATGAACCGATCGAAGTTGTTGCTTTCGCATTGATCCTGGAAATAATT[A/G]GATGTCCAGAACCCTCCAGCCTCTCCTTAACGATCTTGTCCAGCCTCGCTGCCATCTCTG
rs2640	11	TCCTTTTCTCTCAAATATTTAGTTTTTGTAACATTGGTTAATTACAATGATTTGGTCATG[T/C]ATATTTCTGCCAAAGTTGGCGGATGACAGCATTAAACAATTGCACTTTGAAGGATGTTGA
rs2641	11	TCCTGCTGCAAGTATCAGCATGCTAGAAATACTGACCAAGTGCTGGGAATATATACAAGC[A/G]CAGCCATTTGTGCTTCTGTTATGATTCTAGACAGATCGACCATTACCTACTTGGTTTGAT
rs2642	11	TGAAATTGGTATGCAGCTCAGAGCAGCCGCTAGCACACATAGCACACACTGAATGCAGCT[T/C]TTTTTTTAGGTGAACTGAATGCAGCATTTTTAGTGGTACACTGGTACTTCTATATATTCA
rs2643	11	CTTGATTTATGTATATTCGAATACAAATAAGGCATACTTTGCACATTCCACTACGTATGC[A/G]ACATACCCACGAGTGCACCTTATGACACACGATGTAATAGATCGAGCAAGATCTAAATCA
rs2644	11	TAAAACATCAGGAGCCACTGTCTCATCAGCTTGATTATGATCCTTTTGATTGATTATACG[A/G]TTTCTCCGTTTCTTCAGTCAACCACTGTTATCCTCATTGGGCTTCCCACTAGAAACCTCA
rs2645	11	AGTTCATCTGAACCATCTGAACCCTAATTTGTTTACCAAGAGACCCCAATAAATCACCGA[A/G]AAAATGGACTAAATACAACTTTGTTCGTTGGGTTTTTGACAAAATGCCACCCTATACGAT
rs2646	11	TACTGTGGCAATTGGGTGGTTTCTGGGTGGAACTTTGCTTCCTGTTTGATTTGATTGGAT[A/C]ATACGAATGACTGCTTCTGGTTTCAGGTGAAAAATGAAAAAGGTTAATGGACACGGTTTT
rs2647	11	GCATGTCCATTGTCTAAAGTAGTTTAATTTCACAAATTCATGAAATATGTCAAATTAGTT[T/C]TGGTGACATGCCAACCTGATATTTGACCATGCTCTTAATGTTCCGTTGAAGACATCAACA
rs2648	11	GGACACCAACAGTTGCTTGCTTTGGAGAATACATGCTGATGATGATGGACGCACATGCAT[A/G]CACCAGAATCAACTCCTTGGGATCCAGAAGAATTCAAGAGTCAATGCATATACAATACTA
rs2649	11	ATTTCAGCTGTTTGTATATACACTCGTTTACTGTAGTATATGGTATTGGCACATATACCT[T/C]ATTAATTGCCCAGGGGTGTTTAAGTCTAATTTCTACCCAGTTGAAAGTGTAGGACGTTTT
rs2650	11	CTATGAATCATGTGTACCTTGGTAGAAACATAATGGCTGCCACAAGGGTGGCCACTGTTG[T/G]CTTGGATCCAGATGGTGTTGAAGGCGGATGATGTAGGCACTCAAGTTCTTATTTTTACCG
rs2651	11	CTTTTTACATTGACCTGCTACAATTTAAAGTGCGATCAGTGCATATGGGAAATAGGAGGA[A/G]GTCACGATGCCCTGGAGGCTGAAACTGGACCGTACCCCACGAAGACGACGAGCCAGACCA
rs2652	11	TCAGTACAGTTCCTATACGGTATATATCCTCTCATTGTGTCAGCCGAATTTGAAAAACTC[A/C]ATGGAATTATTTCTTGCCAGCTAGTTCCAAGTGTATTGCAAATCCGATTGATTGGCTCAA
rs2653	11	ACGTTAATTTAGAGTGCCTAATTGGTTACTACTTGTTTCAAGGTTTGCGAACGCAACACT[A/G]CGTGGTATTATTTTTCTTCTTTTCATAATTATTATACTATCGTCTGTTGGGGAGTTGACC
rs2654	11	TAACTACAGCTAACATCAACATTCAACAGAACGAAAATCAAGAAACATGATAAAGAATAC[A/G]GATTCCAGATCCTGTTTTAGTGGAAGGATGGAACTTAAGAATTCAAGTCAAGTATTAGAC
rs2655	11	TGTGCTTATACACATCATATAAATATGTCTAAATAAAAGTTTAGCTTCCTTGATTATAGC[T/C]GACCAGTCTCTCGGTCAGCCATCAATGACAGCTAAACTAGTTTGTTCTGTGTGAAATTAA
rs2656	11	TCAGTTTAAATTCATGATGTTTGAGACAAAACAAAACTCGAAAAATCCAACAATTTCTCT[T/G]AAACAGATACAAAAAGCTAGCAAGATATAATCAGATGGAAACGCCCTCAATGCTACCTCC
rs2657	11	GCTGGTAAGTTGTCTAAGTCTTAGTCTTCCAGTTTGGGCATTTGTGAATGTCTGATACTT[A/G]ATAATGCTAAGATACGAATAGAGAGAATAATGTTTCATTTATTAGCATTTTGTTGAGGAA
rs2658	11	TAGACAAACATTTATATGTTATACTCAACCATCATTTTTCATTGTGTTTCAACTGTTTC[T/G]AAGATTAATTTGAAGGTTACCACTCATCTAGTTTGCCAGAGTACTCCAAATTCTTTCGAA

表 C.1（续）

序号	染色体	序列
rs2659	11	GATGTTATCTTGTCTATAGCAACTCCAACATGTAATTTTGCAGCTCTAACAATCTTAGAG[T/C]AATTTTACACCAGGAAAATCTCATATGACCGATTGTTCAAATTCAGTGCGATATTTATTT
rs2660	11	CACTCTGTACAATGTCTCGATTGTTGAGATTTTTAATTTTTGGAAAAAAAGAAGTCTTTG[A/G]TCAGATTTTATTAGGTGGGCATTGCTTAGTAGTGCTGTTGTGCTAACTACCTTTTGGATG
rs2661	11	AGGTAATTAACATATGTCTCTACACTAGCCAAACGATTGTTTGCAAACATATAGAAAAAT[A/C]TAGATGCAAACATCAGTTATGTTTATGTCCTTTCTCATCCCCTTGTAGACAAGAGTATGA
rs2662	11	ACTAAACTATTCTCCATAGATAGATCCGGTCACCGTCTCACCGACCATACTTGGTTACAC[A/G]TTCCCAGTGCTCAGGTGGCTGCATTGCATGTCTGTATCCACCCAAGAGCCAGCACCGACT
rs2663	11	ATGGAGAAGAATAAATCTCCAAGTGTTCGAGTGGCGAGTTGAAGCTCAGCCAACTATCAA[A/C]CACCTCAGTTTTAAATGGACCAGACAGTTTCAGTACACTGAGTTCTGGGAAAAGACCAAC
rs2664	11	GCAGCCGTTTGAACTTTAGGAATATGTCATCTGGGATTACAATTTCGTCAAGTCCATGAC[A/C]AATCACAATGATAGCTTTGAGTGAATCTGAAGAATCTGAAATATTGATAGTACTAATTTC
rs2665	11	AGAGGGGCAGAGGGTGCTCATGGCTGCTGCATCTCAGCATGACACGCTTACACGGGCTGG[T/C]TGGATTCACATGCATTAAATTGTATATATGCAGATCTGCTTGGCTACTGCCAATTAGTGT
rs2666	11	TGGATCGGATCACCAACAAACAAGCTAAAAAGACGTAGTAGCTAGTACGAACCATCCATA[T/C]ATATGCATGCATGGTAGCATTAGTTGTGTGTGTTTGTGTGTTCTACTAGCTAGCTAGGGC
rs2667	11	ACCAAGAATGCATGAGGTGGAGCTAGGTAGATTAATGTACTAAAAGATATTCCACATTCA[T/G]TAGTATCATGGAGAGACAAACTGGGGTACCTAGGCACATGTTGCACATATAGGCCAGGAC
rs2668	11	AGTGGTAGCAAGTATACACCGTATACTCCGTGGACATGGTACCGGAGATAGAGGTGGATG[A/G]TATGATATTAATGTTAATTTCATGGGATTTAATTACTGGTAAGACATGCTGATAATGACC
rs2669	11	TTTGGTCTACTCAAGGTGTGTTCCAAAGTCTTCGTGACGTCTGGGACCATCATGGTCACT[A/C]CAGGATTACAAAATGTAAGAGCAAGTCGATGTCGATTGTAGTTCTATTATGTTGGGCCTG
rs2670	11	TTGAACGGATCATGGCCGATTAGCTCAGATACCCTGCCCTGATGTGAAAAGTGTAGATGA[A/C]CTGTGCTTTTACTCAACAAGTCCCCTATACTCCACTGTTTTTTTAGGTGTCTGATGTTTT
rs2671	11	CAACAATCCTGAATGTGCTGTTTCCTGTACCTGGACATTCACCGAATCCACTAATATACA[T/C]TCTTGTAGTTGTATCACGAGATATGTCTTCTAGCTGGTTATCCTTGCTTATGGATGTACT
rs2672	11	GGTGAAACACGACGACAATTGCAAAACAAAAATGTGTGTATTAAATCTCATACCAAGATA[T/G]AGGGATAAATTCTCTCACCATGCTGGAGATCTACAGAATGCGAGTAATCACTTAGCGCAA
rs2673	11	TTAATTGAGTAAAAGTGACTTTTTCCAAAATTCAAACCTGAACCATTTGGCTACATGTTG[A/G]GTTGGTCTACAAAACCTTCTGGACCCAAATATAAAGGGACGGACCGAAGGTCTAATGCGG
rs2674	11	GATCTTCTACTCTCTAGCCCTGGCTCAGGGTACTCTCTACATGCTATGGTTCATTCTCAA[T/C]GCAGGGAATGCGATGATGGTTAGGGTTGTGGCCAGTAAATGCGATTTTGAAAAGAGTTGG
rs2675	11	CACACGGGCACACGCAATCAAGGAAAGAAAGAAAGAAAGAAAGCAGCCATGTTTGTTAAT[A/G]TTCTTGTTAACCAGTAGCTGGGTTTGGCCAACGATCCCCAACAAACATAGCTTGATAGCT
rs2676	11	TTGCTTTCTCCATGTATGCTGCTACTGATAATTCCCCTAGCTAGCTTGGACTGCTTTATT[T/C]GCTTCAATTAACAGTCCTGCATTTAGGGAGAGAGAACATAATTGTTCTTCCTTTTTTTCA
rs2677	11	TGTAGTTTTGTAATAGTTTAATCTACGTGTTTGAAATTTTCTCTTTTTAAGTTGGCCTTG[T/C]TTGGGACTCACATGTAAATAACCAGTTTTCATTCTGCTAGACGATCATATACTTAAGTTC
rs2678	11	ATTCCATGTGTTTTACTGAGATCTAATTACAATGAAGGATCTCATTAGTATTGTCGCGAA[A/G]TGATCTAACTGTTGTGACATCTATAAGAGATTTGCATTTGTCGAAATGCAGAAAGGGTGG
rs2679	11	TCTGAAGATTATATTTATCTTTAAACCCAACAAGATCAACCAATTCGAGCTCTAGTTCAT[A/G]AGAAAGGATGGCCTTGACAAAGAACTTGAAATTAAGGAATGGCTACTTACCGATACATGA
rs2680	11	ACTTGTTAATTAATCAGTTGCTGCATTTTCTGAAGCAAGCATGCATGCATCCATTCCACA[A/G]AGGAATGTAGGTTCCCAAGCCGTTCTTGCATCGATCGGCTTAATAGCGTGATATCACTGC
rs2681	11	ATTGCCTCGTACTGATGCATGCCTGCAAGAAGCGCGCTGTCACCAAAAGGACTGTCCCTG[A/G]TTTCCAGCTTCTTGAGATTTTTGCAGCCATTGAGCACGTAGGTCATGCCATCGTCGGTAT
rs2682	11	GAGCTGGAACCGTGTCAAATAAACCCTAAAAATAGAAGAACTGTATCTTGGAAATGCTCG[A/G]CTGGCTAAAAAAGATTAGGTTGAAATTCAGTATATTTTTGAGCCAAAAATATTTATTGGC
rs2683	11	GAAAAGCCGGCTTCAGTTTGTCACTTCAGGCGACAATGAGACTGAGGATGACTTCTCACC[A/G]AAAGAAATAAATCAAAGGCATATCCTTCATGAAGCAAATCTAGCACCCTCGGTCACCTCC
rs2684	11	GTACAGATTGAATCACGAGTAATCTCACAAACCATGCACGCCGTACGTACGCATTGTCGT[T/C]GCCAAACTAATTAGCTCGTCTAATCGTGGTTTAGTCGTGCATGGTCAGCAATAGCTTGCC
rs2685	11	ACCACTCTAATCAAGAAAAGAAGCAAATCTACAGAAACAATTTGTAAATAAAAACCTACA[A/G]ATCGGAAAAGATATCTACTGTAGTAAAGAACAGCAGCAGAAATAACTCTGTAACAACTAA
rs2686	11	CATCCATCGCCGCCTCTTCCTCATTCAGCTGGGTTGGTTGGGGAGGGCCACCGGCTGGAT[A/G]GGGAAGGGGAAAGATGTGGATGGAGAGAAGGAAGAAAAAGTGTAGAGATTGATATGTGGG
rs2687	11	TCCTTGACCCAATTTTTTACCCATTTCTCTGTAAATTTTGATGGTTTCTTAAAATTGCTC[T/C]GATCCAAAATGTTTATTTGCAGGTCCTGGCTGTTCTTCACTTGGTGTTGGAGCTTTCTCA
rs2688	11	ATAGGTCAACCTTCTTCCATTCGCCCAATGGAGACGAATAGAAGAGATCATATCTTCATC[A/G]ACAATGGATGCTCTTTGGTAATGTTTGGTCTTAGAATTGGCGATTAGACGGTGTATGGCC
rs2689	11	ACTAGAGTTATTTGGTGTCTTTAATTTAAACACCATAGCTAAACTGAACTTAATTTCAAT[T/G]ATATGGTTTCTGCCTGCCTAGAGTGTATTGATGTTGGATATGACAACATTATCACTAGTC
rs2690	11	CTAGAGGTCATTTATTCAAGGGAGTTTCGCTGTAAGTAGAATCATCTGTGTGAGCAATAT[T/C]ACTGTAGCTTGAATTGGATGGATATCATAGGTCAGCCGCTTGGCTCAAATTATGGGTGAC
rs2691	11	CTTCAAGTTATTAGAAGTAAGTACAAATACCAGAATATTTTTGACTTTTTGATGAAGAGG[A/C]GCAACAGCCCAGCTGTTTATATGCCAATGCCATTTGAAATTTTTTGTGGTTCACCTACAC
rs2692	11	TGAATATATGCAGGCTTAGTGGCTTACAGAATTCTCAAACTCGTCTTCTTCAACAACTCA[T/C]CATGATTCGATATTGGGAAGGTACACATAGTACATAATGTGTTTTGCATACATATGCAAA
rs2693	11	TCAAACAGTGCAAATGCAGGTATATCTGCCTTAAACTTGGAAGAACAGCCTGAAACATGG[A/G]TTGGTCTTGTCAAATTTGATCATGTTAACATTGTGATGCAATGGACAAAGAGTACATGTA
rs2694	11	GATCGGGAGCTCGAGGTTCGTTGGGAGCTGAGTCCCGGGGGCATGGATATGCTGAGATCC[A/G]CGGCGGACTACTACCTCAATCTCGACCTCCTCTACGAGTTCATGGACCTTATGCGGCTGG
rs2695	11	TTCCTAAAGCTCTTGACCTACCAGATGGTCTGTTCGATGGATAAGAGTCTATCCTAACCG[T/C]TGTGTTAAATTAATCATTGCGAAATAGAAAAAAGGATAAGCTTTCAATCTGGCGAATACT
rs2696	11	GAAGTCCGATGTAACTCATGTCTTGTTGTCTCTCATCGCTCTCTAGAATCCTCCCAAAAT[T/C]TTGTGTCGTTTTCATGTGAGCTATCCAGATACATCATCTGTCGAAATCCTGTGTTTGCAA
rs2697	11	AGCCTCTTTACTGGACCTTCAGGATTCATTTGGCAAGATTTCTGACTTAAGTGAACAGGA[T/C]CTATCCCTTTGCAAGTTGCATGCTGTTGTACATATACTCCTAGCTTAATGGTTTGTTTGC
rs2698	11	CTTTAGGGACCTATTACTTAGTGCTACTTTGTATTGGTGGACAAGCCTTTGGCTTCTCTA[A/G]TGTCCAAAGGGTCACTTGTACCTGTAATGTGATGATCGATTGATCTCCCAGATTCCGTTG
rs2699	11	TGGGTTTTGTGATCTATGGGCCTGTACACATCAGTTTATGGCTTTGTGCTATCACAAATG[A/G]TTAGATGGGTTTCAGCTTATCCAATTTCCTGGTAAAACAGCTTCTACTCTTATTGGCAAA
rs2700	11	TATGGAGTAGGAAGGATAAATGCTTTCACTTCGATTCATCACGTCGAAAGAGAGTGCAAT[T/G]AAACAGTACTGCATCAGTTAGAACGAGGCATTGTGTGGTCTGACATGAGCATGTTCCCAT
rs2701	11	AATTGGGTTACACATTACGTTACGATGAATTGGAGTAATATCTGGCTTCCCAACTTGAGA[A/C]CTCGAGGATGTGGATAACAATGGAGGATCCTCGAACGGGATAGTCATCCCCAACAGGGC

表 C.1（续）

序号	染色体	序列
rs2702	11	ATTCATTCCTAGCCGTACTTAGCTATATTTATAGCAGGATTCCAGCATATATGTCATCAA[T/C]TTGAAAATGTGAGGCACAATATTCTTTTGTGATTTGCTTTTTATCAGGGGTTTTCTAAGG
rs2703	11	TAGTGATGGTGGCATTGAGACTATCTCCACCACTTCCATCTAACATGTGGGACCCAATAG[T/C]AGTGGCAAGAGGAGATGTCTACTAGGCCAAAGGGTGTCTAAGTTATGGGCATGCAGTCGG
rs2704	11	ACCTCCTTTCTCATTCCTTATCTTTTTCCTCACCATCACTTCAACCACCCGCTTGCCTTT[T/C]TTTTATTGATATTATTCACCCTACTGGAAGGACCTATGCCAAATTGGATTGTTAGTGAGA
rs2705	11	AATAACTGCACTGATTACATCATCTTTTGAGTCAAATTGGTCAACCAGTAAGCCCCTAGG[T/C]CTCCAGGACAGCTGAGTAATAGCAACTGATGAGAAGAAGTTAAGTGTTCTTAATTATTAA
rs2706	11	TTTCATGGCTCGTGCTCTATAAACAGACCTGGCAGCTGGGTACGTAAAATATTAATTTGA[A/G]ATAGAGACATAGAGTTGCCTCTAGTAGATCTATAATCAAAACAATTAATGTCTACAGTAA
rs2707	11	TTTTCATAATAGAATTCAATCCAGACCACTCTGCATCAAAGATACATCAATCCAGCCACA[T/C]ATTATTGATCGGCATAGCAGAGAAATAGTATAATATAACAAACCCTCATCACAAAACAAC
rs2708	11	TGCAAGCAAGACACCAGTATCGCCTCCACCATACATTGATCCATATGAGCTACTGGAAGA[T/C]GAACGACTCTCTCGACCCTCCCCAGATGTCTTCTAAGCTTAAGGACACACGAATATGGGA
rs2709	11	GCCATGACCTCAGGTGTATATGCATTATATATCCTGCTGCCATATCTTGAGATTTGCATC[T/C]TCCGATCTACCGCTGAATTTCTCTTGGTTTGTCTTGAGCAGCGAGGGCCTTGGGGAACAA
rs2710	11	GAGAGCTCATTTCGCTCACACCGTCACATGCAGTGGAGAGCTGGGTGCATCCTGTTCCAC[T/C]GCTTGGAACGGGATGGCATGTTTTAGCATTCCAGCAAATAAAACGTCCCAAGTACCCCGA
rs2711	11	AGTATGTTATATAACACAGTTAACAACCAAACAGTACACACTATGTTTCTGATGATACTC[T/C]GTAAACGATCTCTCAGGTGAAAGACTGAAAGGGAACAATCAGTTGTGGCCCATCAGTTGG
rs2712	11	CTGGCTTGATGTGAATCTGCAGCTCAACATACCTGATAAGACCTTTGATGACACTAACGT[T/C]ACGAGTATTTCTTGGGCAGCCTCGCAGCTTCCTGGTTGCCATGAGGGGGGGTGGGAGCGA
rs2713	11	TAGTAGTTGTTTATATTAGACACATGGAAAACACGTGTGTTATATGTATGTCTTGTCTAA[T/C]CTGCATCCGTGGCATTAATTTCAAACATACTCCCTCTCTGCTAAAATATAAACATTTTTA
rs2714	11	ACCTGACCAGGGTGGCCTGAGTATATCTCTCTACCACAAAACCTAGAAAGGAAGAAGAAA[A/G]GTAAAATACAATAAGCTGTATTGATATGTTATATCTAAAAAGGAAGGAAAAAAAGATGTA
rs2715	11	TTGGGTATGTGTTATTTATAACCCTGATAGTATGTATCTGATAAAATAGTAATAGCATAG[T/C]CCACTTGATACTTCCGGCTACTCCGGCAAATGCCTAGGCTTGTAGGCAAACACACAATAA
rs2716	11	CATATAGTTTTGATGTACCCCTCTAGGCATAAATGTTTGACGCATAGGACAAGTTTCGAT[T/C]AAAAACTTTTGAAACTTAATTTGACTACCAGTTTTATGTTAAAATGAGTTTATAAAATAT
rs2717	11	TTGTTAGGAGGTTGGCCAGCTCTGTACAATCGAGCTATTTAAAGTTAGGGATTCAATTTG[A/G]TTTTGGGAATCTGATAGATATTTCCCATCTTCTTTGTTCTCTCATCCCCTTTCTCTGATT
rs2718	11	CATTTTTATGTTGGATTTATCAAATAATTTTCTTGAGGGAGAACTTCCCCGCTGTTTTAC[A/G]ATGCCAAACTTATTTTTCTTACTCCTAAGTAACAACAGATTTTCTGGAGAGTTTCCATTA
rs2719	11	AACAAATTGTTTCCAACAACAAGTCACCATGAAAAATAAATGCATAGAACTGAATCTAGA[A/G]AGGAGGTAGAAGTTTGTAATTCATACCTGAGAAGATGCTTTAATTCCAAGAAATAGCTCC
rs2720	11	AATGGCTCACCCATCTAACATCGCTACGGTACCTAGGCTTATCAAATGTAGATCTCAGCA[T/G]AATATCTTATTGGCCTCGTGTCATGAACATGAATGCTTATCTAAGGGCACTCTATCTTTC
rs2721	11	TAAATTACCAAAATTGCAATCCCTGACCTCACCAACACCCATGTCCTCACACAGTACCAT[A/G]TCAAATGCACAGATTTTCGGAGAGAATCAACAGGGAGTGTGTTTTGGTAGGTGTATAGCG
rs2722	11	GGATTTCTGTTTGGATCTTCTTGTGCCAAGCAAAAAGTATGTATAGCAATGAGAGGACGG[A/C]TAGTGTTGCAACAAGAGAAATAACAATAGGAATTACTACAGGTTTATGTTTATTCTTTGG
rs2723	11	TGGTGGGAGACTACGGATGGATGAGAGAATTGATTTGAGCATGAGCGATCCTGATTTAGT[T/C]CCTCTGATTATCCAGGTAGGGGACACTGATGGTGCAAATCTGTTTTTGTTTATTTTTCTG
rs2724	11	CCATCAGTGATAGATTTATCCCATACAAATCACTGAAATCCGCAGACCAACGTAAAGTAG[A/G]TCTACTCAGCATCATTTGATCAAGTAGCAGTATGCCTCCTTAACTAGCTAAGAGAACTCA
rs2725	11	CGGCCTCCAGATAGAATCATGAACATTCTTGAATGTCTGATCCTGCCATATGATTTATAT[T/C]TTTTACCTCTACTATTAATAGAGTGGAGCCAGCAATAGAGTCTGCTTATTAATGTTGTAT
rs2726	11	TAGTTAACAGAACATGAGCCCATTGCTGAGGTAAAACAATGTTTGAAGCCTCAACATAGA[A/G]CCAAAGGTAAGCTGAACTAACTGAGATCTAAATAGCGCCCAACCTTGGCAGCAGTATCAA
rs2727	11	CCGTCAGTTTCAGCATGTTGCAGCCTTGCAGGACAGGAAATTATCAGAATCAACAGAGAT[T/C]ATGCAACATCTTATGTCTGCTGCTAGCCCCAATTAATAATACTGTACAGTGATGTTGTCA
rs2728	11	TAGTGCTACGCATCATATCTGCTTGTGCTAGTGTGTGCCCTTGCTAACTGTAGATGGACC[A/C]ATTCCTTAACTGAGAATTAGGGCCTGCATAAGATATTATCCATTGGCTAAACCTTATGCT
rs2729	11	ACAAGTGAGACCACTGCTATGTAAGCACCACCTAAGCCCAAAAGACCATGTAAACCGCCA[A/G]AGAATGTATATATCAATGTGGTTTTAAAAGTTCGAGGTTTTATATCTTGTATTGTGGTTG
rs2730	11	ATCCAAGTTATGTGCAGTTTGAGCTTGGGTGATTTGGTCAGGAGACATATCATGAACTAG[T/C]ATTGCAGGATTCTAGGCTAGGCTAGCTAACATGTTAAAGTCTTGAAGAACTGTTACAATC
rs2731	11	TTACAAATGCCTATTTGACAAATATTTGGAGTCATGAGTTCATTCTTCACCATTAAAGTT[T/C]GCTTCTGTCATTTTTTGGTAGCTCTTGGTCTTTGATGACCTCGAAGTTCCTAGCCACAAG
rs2732	11	AGAATCGTATAAGTAAATTAATAACCATGACGAAATGAATTTATTTGCATGGACATATAT[A/G]GAAGAATCTTGCAAATAAACAAACAAGTCGGATGAAATGGCACAGCGAGTGTGACCTGTT
rs2733	11	GATAGCAAACCACCAGTTTCAAAGCAGGTTGAAACTTGGATATAAAATCGTGGTCACAGT[A/G]GTTTAATTTGTTAGTAGATGTAGCTCATCGGTGTCCAACTCCCAGAGGTTTGTGCTATTA
rs2734	11	TTCATTTGCAATTTGATCTGATCTATCCTGCCAAAAAACACAGAGCATATGAGGATTAAA[A/G]AGGTGGACGTCGGAGTGGTTGCAGTATTTGATGGTCATAATGGGGCTGAGGCTAGTGAGA
rs2735	11	GATTGGTCTAGGTTGAACATTTGCTATTGGCACCAGTGAAATAAGCATGTGCCATGTTCT[T/C]TTGTGCTGAGTGGAGCATAATTGTTCAAGCTAGGTATGTGATGCCAATGGAGATCTCTAA
rs2736	11	TGAGGTAGGTGAGAGTTACTTCACCGAGCTTATAAATAAAGGCATGATCCAGCCGATGGG[T/C]TATGACATTTACAGTGACACGTTTGATGGTTGTCGTGTCCATGACATGGTCCTAGACCTC
rs2737	11	TACATTCAATATAATATATATACACAGATATGCATGCGATGGTCGATCAAGATCAAGCGA[T/C]CATGCATAGCATAGAATAGCTGCAATTGGTCAAAGGAGGATCATCTCTCCAACCTAACAT
rs2738	11	ACAAAAATGATTTTTTAGATTGTATTTTAACTACAGCCGATAAGATAACAAAACTCGTTG[T/G]CTCTCCAGAGCTTCTCGATGCACACCTGCAGCTGAACCAGTCAACATCTCTGCACGCTGC
rs2739	11	GCTTTCCATAGTCTCCGCCTTTTGCCCTGCAAATTGGCAATTGAGATGTTGAGAAACAAT[A/G]TTCACATAGAATGCTTTCTGTAAAAGCTTCTGGTTCTCTTATTAAGAAAAAACTTCTGGT
rs2740	11	ACTGATGCTATCAGCAAAGCATTCAAGGCCACTGAAGAAGGGTTCATTGAGCTTGTGTCT[T/C]GCCAATGGAAAACTGATCCACAAATTGCAACTGTTGGGGCATGCTGCCTTGTTGGTGCTG
rs2741	11	TAATGCTGAAAAGGGAGATGTGATGCAGCAGAGTGATGAGAACAATGGTGATAAACAGGA[A/G]AATCAGGATCTGTTGTCTCCAATGGCAGAAACAGCAGGAAGTGACAGTACCTCAGTCACA
rs2742	11	GCTCAACCTATCAAAAGTAAGTCCCGAATCAGGTCATGTTGTAGTTTGTTGGCGTGGCGT[T/G]AGGTGCCATATAATTGATTGAATGTGGTGGTGTAGTGTGGTTATGCTTCCTAAGAAATGG
rs2743	11	CTCCCAGTTTTTACCAGGTTCTAATTCCTCAACTTCAGAAGTGTCGTTATAACTGTTTAC[A/G]TTCTGACCAAGAAGCATTACTTCCTTCACGCCTGCTTTCCAGAGCTCCCCAACTTCTCGG
rs2744	11	AAACATCATTTGGCGAGGTTGAAGATGAATATTTCAACTTTGCAACACAATTTGAAAGGC[A/G]TGCAGAGAATTTTACTTTGCTAGTTAAGTAATTTTTCTATGGATAACAGAAGCTATGTAA

表 C.1（续）

序号	染色体	序列
rs2745	11	CAAGTCCAAAACAGCATCGCTACTTTTGTTCCTGACCTAATTGCTTTGCTACATCCTAAG[T/C]GGATAAACTCTTGCAGAAAGAGCAATTAAATTACTTCTAGAATGAGGATCTTAGCATAAA
rs2746	11	TAGATCCTGCTATTGAGTTGTTTTACCAACCTTTCGGCCGGTGCACTAAAAAGTAAAGTG[T/C]TGTTAGTCTGCTTGTATCTTCAGTGTTCAGGAATATTTTGGGCCGGGCTTTTCCATTCTG
rs2747	11	CACACCTCATGTCCCCATCATTTCGCACAATGATCCGATCATTATTGCCATTTGGCGATC[T/G]ATCCAGGGCCACACACATTATTTGTCCCATTTTTAGTTTTAGAGATACACTATTATAATA
rs2748	11	CACAGAGACAGTGTATAGTGGCGGCTTCGATAGGCATGCAATGCATGATTAGTTTGGATC[A/G]GTCAAGCTAGGCGGATTGTCGATTAATTATTGGGGGGGATCAGGGATGGGACTCGGGAAC
rs2749	11	CTTCTATGTAGCTCCGCCCCTGCCGGCTGCCGTGGAGCCAATCTGGAGCTTGCATCTTCA[T/G]AGATGAGATGAAGGTGAGGGCCAGAACCTTCTTAGCTTAACTTCCTCAAATACAAAGGAC
rs2750	11	CTGGTTGCTACAAGGTAGTCTTATCTCGCAGATGTCCATTATGGAGAGTCTTGAGGACTT[T/C]CAAGCACACACAAGATTCCTAGTTAGGAATAGTTTTTCCGGGGACTGAAATTCCTAGTTA
rs2751	11	AAGCTTATCAGATAATCAGGAAGTTCCCCGCAAAAAGAAAAAATTAGGAAGCATATAGAT[T/C]AATATTTTCCTCATAAGTCACTAGTAGTCACCTTCCACATTTGGCAAAATCCTTCCTGAT
rs2752	11	AACGTTATGATCAATATTAATGGCTGCGATATAAGATAGGGTCCTCTCTGCAAAAGTGTC[A/G]TCAGGGTGGTTCCACGCAACAGACTGGGCTTCACTTGACCAGGTGGTGGGTTTGGACACT
rs2753	11	GGGGTCACGTCGCGTCGCTCTCAATCCCGAGATCGCGGCGGGTTCGGCTTGGCGATTGGA[A/G]AAGAAGAAAAGAAATGGCGCCGGGTGCGTGGAATATTTACGGCTGAGTCCCTGGTTTGTT
rs2754	11	AAATGGAAATGAATCCCAAGCGAAACCTAACTGTCATATGCTAGTAGGAATTCAGACAAT[A/G]TTATCATCTAACTGTAGATTGACCATGCTATGAGTCTAACTCTGAGCAGAATAATTGTAC
rs2755	11	GTGTTTGGTCAGTAATTCCCCATACACAAATCTTAATGAACACAAAGAAATTTGGATTTG[A/G]TGTGTACTGTAGTATGTAAACAGATGTGCTTTCCTAGCGATAGTAGCTAGTATACTGATC
rs2756	11	GTAATCAACCTCTATTTATTGTGACCAAATTACTTGAAGGCATGGCAATTGTGGAAAGAA[T/G]AAAGATGGGTTGAACTCTTGGATGCTTCGTTGTCTACTGAATTGCATGCATTTCAGATGA
rs2757	11	TGTTACAGGAAAACTACATTACTATATGCAACTTAGGTTCTACTTATAAAACACACCAAT[T/G]TCATTAAAACAACTCACGTATTGACGCTCAGTTAGAAGAGCGGACTGTTCCTTTCTGAGA
rs2758	11	TTTTGGCCGATAGATGTAGAAATGATCCTGAAGATTCGCACCTCAGCTTCACTTGAATCC[A/G]ATTTTTTGGCTTGGCATCCTGATAGATTGGGAAAATTCTCGGTCAGGAGTGTGTACCACT
rs2759	11	GAGAGGTTCCAGGTGTCGAGGTTGGTGATATGTTCTACTTCAGAATAGAGATGTGTCTGG[T/C]TGGACTGAATAGTCAGAGCATGTCTGGGATTGATTACATGTCTGCTAAGTTTGGTAATGA
rs2760	11	GAGAAGAGAGGTTCAACACAACTCATTTGAGTGTGTATCAGGCTTTGCCAATAGAACAAA[T/C]ATATCTACGAGAGTTACAGCTTCTCCAATGTTGTTTGATTAACCGATGAAACTAACCACT
rs2761	11	CACGGTACTGAATGCACATTTGAATAATCTGTTTGTCCGTCCAACACAGCAAAATAGCCA[T/C]CCAACATGCTATTATCCAGAAAATTAGACAACCGGTGGTTATGTGGTCTGAAGGATTGTA
rs2762	11	CGTAGACACGGAAACGGATATCCGGTCTAGCAATAACCTAAAAAGAACTCAATTGGCCCA[A/C]CATAGCAGCGGGTGCCATGCGTAGTGAGCTAGTGGCCAGATCATCATGTGGTTCGAGCCC
rs2763	11	TAACGGAAACCGAGGGATAATCTGCCCCTTTCATCACAAACGAACGGAGAATTGGGCAAG[T/C]TAGGATATTCATCTGTATCATAGCCAAGTATGTAAAGAAGTGGATATATGATATGCATGT
rs2764	11	CTCTTTTATAAAACAAAGAAATGAAATTCGATAAGATTAACAAAAGGGCAAAATCTTCTG[A/G]ATGAAGCTCAAAATGCGTGTCACACACCTCAAAGATTCAAGCTTAGCAACCTAATCACCA
rs2765	11	TACATCCTGGTTAATAGATGAATTCAGCTTTTAGAGCTGGTTGTGTTAGGAGGATCTTAT[A/G]CCCATAATTTCAAGAAAAAGGTGAGTAACTTTCTCTAGGATATGCTTTTGTGCTGTATGA
rs2766	11	CACTAGTACTTAACACATGTTTAAGAAAAGTCAAAAGCACACATCATCAGTTGGTTGTTG[A/G]GGGCATAATTGCATCAAGCAAAAAGAAAACCCCCAAAGGCAGCAAAATTACAAAGGAGAT
rs2767	11	TCAAGAACCAACTGTACGGAACATTCCACCTTATGATCCTGCAGCAGATACATCAGAAAG[A/G]GCATATCTTTTTGATGAGATTATTCCAAAGAGTATAAGGCCGCACCTTGTGGATATTATA
rs2768	11	GCTGTATTTCCTCAAAACACCAGCGCTCACTGAAAGAAGTGCAAAATGGACGTTTAAGAA[T/C]TGTTTTCCTTGCTAGGTCTCTGGCTCTCACCGCTCCTCATGCTGACTGTTCCAATGTCAA
rs2769	11	TCTAAGCCTATGATTAGGAGGGGTCCCTGGTCTGAATCCTACTTAATGACAGTCATTACA[A/G]CACTTTGTTACACTAAATATATACAGCAAGTAGGTCCTTCTCTAGGATCTTTTTAAAAGG
rs2770	11	CCCTATAGTAAATCTGGTCTCTATTAGCAGTACCCTACCCCAGTAATTAAGAATTCCAGT[A/G]CACTCAGAATCAAAATCCCAGGGAGTAAATCTGTGTATCAGATCCAGTGTCAGTACTGGG
rs2771	11	GCACTGTGAACTATGGCTAGATCAACAAATTTGAAGATCTACTGTCTATGTTTCCATTTG[T/G]AGAACTGATAGTAGATACCGATGTAAATTCAATTCGAGGTTCCAAACGCCTCCCATGCCT
rs2772	11	CTACAACTCGACCTCATGCTGCTGTCTGGAGAGAAATCCTGGCAGTCAACGTATACAACC[T/C]GTGAAATTTCATCGTCAGGTCAGATCGAAGAAAACGAAAAGGAAAAGATTTCGGTGCCTT
rs2773	11	TCCAGATCAAATGTAAAGGTGATATTCCACGATGTGAATTTTCTGCATCACATACTGAAT[A/G]AACACATAAATAAACAGATAACACAAATAGAGCCCGCACATTGCCGTAGATTTTTTAAGA
rs2774	11	TGTCGTATCATGTTTCCTAGTGTCTCCAACTCCTACTATATATGCAGCACTAGTCGACAT[T/C]ATGTGTACAAGCCTAGCTTGTGAAGCAGGAGATCAAATGCCTCAAGTGCACTACTCTTAT
rs2775	11	TGGTCCAATCTTGGTAACTGCTATTGCTCCCTCAATCCTTAGATATTTCAAGTTGTGCAA[T/C]TGCCCAATTGTTGGAAGACATACACATGATTTGCACCATCTTAGAGTCAGATATTCTAGT
rs2776	11	CTCTGCTGCACAGCTACTATGAAATGTTCGCACGCGTTTTTAACTAAGCTTTGGAATGAA[A/C]ATCGCAGAATGTATCATAGTATCATTCGTTTGGAAATTAATTAAAGATCTGCTCAAATGT
rs2777	11	GAGTTAAAGCTCTACCAAATAGTCCCGAAATCATACGTAAAAGGCGTATGATGGAGTGAT[T/G]GATGGAAATGGAATCGATCGCCAGCTAGTTCAGTACAATCACACAAGATCCATCGCAATT
rs2778	11	AAAGTAAATAATTACTCCTGTACCCACTGGCAATTAGATGTCCTGGTGTTCTCTCACGCA[T/G]GATCTAGTATTACCCCTTCGTTATTATAGTGTAGTAATCCCTTCGTTATTATAGTGAAGT
rs2779	11	AGGTCCACACCTGAAGCTGGAATATACGATGGATTGATCGAACTTTGTAGTACTATTTGT[A/G]TTTGGTGGATGCGTTTGTTCGACGATTACTGACCTGATTTTGCTGCAACTGACAGATATT
rs2780	11	TTTCGAGAAAAAAACCACAACATATTTCGAGAAAAAAACAATGAGCATATACAATCATGT[A/G]TGGGTGAATAGTTGAGAAGTTATCTAGGTTATACTGAAGCTCATCAGTTTTCCTTATTCA
rs2781	11	ATAAGATTAGAATTGAAAGCTCCACCTTGAAAGCAGCCAGCTTCTGATGAATATTATATG[T/C]GATAACTTGCCCATCTATCTCGTAGATTTTTTTCAGAAGATCTTTTTTTTGGCACCCTTA
rs2782	11	TAGAAGTGCCATTCCCAAACTTTACCCTAACTGAAATATTGACAGAAGAAATAACTATCA[T/C]TGTATCACATGTCAATGACTTGAACCTTTTCCCTCAAGCAGCACTACTCACTGCTTTATG
rs2783	11	TTAAGTCGCCTGTCTTCCCTCAACACCGCGTGATTCCAGTTCTTCGAATGATGCTTCACG[T/G]ATGCACTGGATTATATATCCTGGCAGAACTAATGGAGAAATTGCTGATGAATTCATAGCA
rs2784	11	ATCAAAAAGAGTGGGCAGTGTGCATCGGCTCCATGGCAGAGTGATCCATGGTCTCTTCTA[A/C]CTCCCTTTCTGAAACGCGAGACTAAGGCTGAAGTTGCATCACTTCAGCGCGTCTCTCTTG
rs2785	11	GCGAAACGATGGCTCCGATGATTATTCCTAAAAGTTGTGCTAGAAGTAGTAGTCAGCAAC[T/C]AGTAGCTAGCAATAAAAAGTGGACAGAAGACGGTAGAGGACTTCAATAATTGTGTTAGAT
rs2786	11	CACCTGCCGAAGCCGAATGTTCATGCAAGCACTGTAGTCGTGTCTTGTACTATATTTTGA[A/G]TTTGTGTCCAGGGGATCCGGCCGGAGCAGATTAAGTGATCACTTTTGCCATATTTGTTTT
rs2787	11	GTGCCATGGTATTTTCTTTCCCTAACCCACCAAGACAACCACTCATATACACACTAGGAC[T/G]GTAAGCACCTTCGAGTAACTGGATCGGTATATTATGAATTTAATAGTCACACTTTGTTGT

表 C.1（续）

序号	染色体	序列
rs2788	11	ATTGACAAGCTGATGTGCGTGGAGCTTAATTTGTACATTGTCTTTTTCTCATATTGCTAC[A/C]AGTACTTATACTATACTATAGTGTAGCCACAGCTTGATTATATTATACCATAGTTACATT
rs2789	11	CCAGATCCCTAACATAATTGCTTATCTTACTGTCATCCTAAGTCAAACATATCAGCTAGC[T/G]TCGCATGAAAAATTAAAGCTGCCGGACGATTGGGACATCTCCTCCAACTAATTTATTTAT
rs2790	11	CTGAGTACGCTCTTGAAGATGGCAAGAGCTTTGTAGAGGCCTAGCTTACGGGAAAGATTG[A/G]AATCAGATATATCTCTCCCCACTGAAAATTGACACAATTATTGCCAGGTGATCACAATTA
rs2791	11	GTTGGTGATCATGTTTTCCTAAGAACCTAAGTAATTCTTTTTTTTCTTCAAGTTACTCA[A/G]ACCAAGTTTATAAAGTTTTCTCACCAGGTGAGCAAATTAAAGTCAATTGGCTCTTGAATG
rs2792	11	CGAAGTAGTTGCAAGAGAGAAATCTAAGGATCAACGGGAGGACATGATGATTGACAAAAA[T/G]GATATGGTGATAATTTGCAATGGAATCAGAGAGTAAATATGAAGTAGCAAATATAACTCA
rs2793	11	AAGTATGATGGTATCACCTATATATGAGAAACTGAATGTATGTATTTGTGAACTTTCTGG[T/C]ACTCCTGAATGCTTTATGAAGATGGTCGATTGGATGAATATTCCATTACTTCCTGCGTAA
rs2794	11	GTTACCATTCATGCATGGATGGATGGATGGATCGAGCTAGCAATGGATCTGGATCACTGA[T/C]CACACACATGTGAGGTGACAAACATGTTCGTCGGATGATCATTTCGTCATCGTCTTCGTC
rs2795	11	TTGTGACTACATGGTGCTAGTATAAGTTCTGTATCCTTGGATGTCTAGGATGACCAGCAA[T/G]TTGCCACGTTTGGTGTTCTGACATTTGCTTGTGCCTTGGACGAATACTGAATAGTACTCT
rs2796	11	AGGCCCCAGGCATCACCATACTGGTTAGCACCTAATATTTGTTTAGCCTGACTAGTCAGT[A/G]TAGGAACTAGACACCACCCTGCTGCATGTATATGCCTAACGCCTTTTAGAACAGTGCTAT
rs2797	11	TAGGAGATATACCTGGGTAACCAAATTTTGAGCTACAACCTATGCAAGTTACGAGTTAAG[T/C]CCATGTGGATTGTGTTAGGATGATACAACTATCTTTTCTAGCTCATACAAAGAAGGCTTT
rs2798	11	ATATGAATGAATTCTGCAAAATTACATGAAAACCCATTCATCTATGGGCCTTCTGTTGCT[A/C]TCTTCAACAACTGTATGGGCCCAAGCCCAAAACTGCCCATGGGCTACAAACGAAGGCCCA
rs2799	11	ACTCCCGTTATCCCAGTTCAATTTGATTTTTGATTCCTGATGCCAATGCATGGAACGGAT[A/G]GATCAGAAAGTTGTCCTTTCACAGTGTAAAGGAAATTGAGACGCTGGCATATAACGAGTT
rs2800	11	GGTTCTCCAACCATTCTGGCAAAATCTCCAATTTGTTGCAGTTATCAATTTTCAAGCTGG[T/C]GAGAGAGGAAAGATGCTGCAAACCCTGTGGGAGGCATGACAATTCATGACAACCACATAT
rs2801	11	TGGCCGATATGAGATGGCAGTATATGCTTTACAATGCAGTAACTTAAAGCGTATCTTGCC[A/G]ATCTGTACTGACTGGGAGGTATACTGTTTATTCAGCTCATGCAAACGTTTTGAGTTTGAT
rs2802	11	GAGAACCCTAGATTTTACAATACATGGGAGCACTTATTTGGGAAAAGACGATCCACATCA[T/C]TTGGTCCCACCCATCAAGAACACCGGAGACCTCCTTCACATTACTACACAAATAGTTTTC
rs2803	11	GACAATGTTTACCAGATAGCGTGCCTTGTTTGATTTTTCGTTCTTTACTACGGTAATACA[T/C]AGCAAGGATTGAAATTGACGTGCGTATTCGTCTTGAGCAATAGATTTAACGAGTTAACCA
rs2804	11	TGCAGATATTGAGAAACAAGGTAAACATAAAGTACTGAATCCATAAATGTAACTGAAAGT[T/C]TGAAACACGTAATTTATCTGACAATGAAACTAGATACTTGGGCTGTTTACCTGTAAGGAA
rs2805	11	CAAGAAAAGAATGATCATAGCTGAAAGGAATCGATTCCAAACACTTTGCAATGATTAGCC[A/G]CATGCAGAGCAGGGAGACATCAATGGTGTGTACTTCAAAATGGAATCTGAACAGGTAATC
rs2806	11	GCTGGCACACTCATATCTTCATCTGATATAGGTGGGTCAATGAACGTCTCAAAACTCTCC[T/C]AGTGCCATCAAATCCAAACCTCTTGCCTTCGCTGTTCTGGATGACGACATGTCGGCGCAC
rs2807	11	CTTCATCTTGACAGTGAAGTTGAAGTGATGAAAAATCTTGTAATAATGTTCCACGTTAAA[A/G]CACTGATGTAGCAGCTCATCAAATTGGTAATCATATTCCTAGAAACAACGTTAGCTGATG
rs2808	11	GGACTGGAAATTCTTTTAGGAGCTTATTGTAGTCATCAGACTTGACTGTTGAGTCATCCT[T/C]CAATCTACCCTCATAGAAATTTTCACTCACGAATTGACTAATCGAAGGATCCATCATATA
rs2809	11	GTGTATCTTTTAACTCACGTCGTCAAAGATCATGAATAATAATTGCATATGCCTCTTGGA[T/C]TTAGAAATTAGTATCGGCAGATCTCTGAAACATGATCACGTCCATACGGAAAATTAAACT
rs2810	11	ACAATCAACAAAGACAAATGTCTCAGGTAATCTTGTTACTTTCTTGGTACTAGTTTGTTC[A/G]CTTGTATTGGTAATATGATTACACATGTTGGATCCCTTGGATTTGAATGAAAAACATAGA
rs2811	11	CTCTTGACCTTTCCTGCAGCGGTAACATCCCCTGGATAAACAAGCCACCGATCGATGAGC[A/G]CGTCAAAACATCTCTCAGCATTACGCACCGCACAGTCTGCACTAGGCCAATCGTCCTTCC
rs2812	11	CATGGCACAAGTACAACAACACCACCAATGAAATGAATGAATGTACCGTTTAGACCCTAA[A/G]CTAATCTAGTCAAGTGTTATGAGATTTGGTAAGCCAACTAGATAATTATGTATCTGTCAA
rs2813	11	ATTTTTTTAGGTTATGGGAACAGGATTAGCAAACCTATATTTTTGTTAAATGCAACAGAG[T/C]TGTTTACATTTTGTTTCCTAATGCAGAACTCAGGATGAAGCATTCTGATGGTGGCTATTC
rs2814	11	AAAAAGCGTAAGTTTAAACATTATGTACTAATTCATGTACTAGTCTATAATATGACAGAT[A/G]AATGGTTCAGTCAGTCCTAAAAAAAAGATGGCTCAGTTCTGTTTCTGACCCAGAAGTATG
rs2815	11	ACTGTTCTGCTGGTATTAGTTTGGTGATGGAAGGAGCTTCCTCAGTGTAATTGAAGTTCT[T/G]ATCTGCTGCTCAAGCTCCCTGCCACCCCATTGCTGAGCACCTGGCTTGCGGTTTATCTCA
rs2816	11	AGATCGATTTGTGTAATATGCAGCTGACATGAACAATTTAAGTGTCATGTAAAATTGATG[T/C]ACAGATTCCTTGTTGACCTGGATCTTAACTATGGTCATGATATGGTTATATTAGGCATTG
rs2817	11	AGATACATGCATGTGGTGCTTCTTGCCTGGAGTATGAGTGTAGCAGTAGCATAGGGATGT[A/G]TTTGGTGACTCATGTAGCAGGCAACATGTCTTGAAACCGTGGGCATGAGAGGCAACAGGG
rs2818	11	GTTTATTGCGTAATCGATGGTGATCTATCGATTACGCATGCTCTTGTCCGATGTTCTTCC[A/G]ATTCCGAATTGAATGGTGTATATAATTAATTACTAGAAATTTGGATATGAGAAGGTACTT
rs2819	11	GCATGGCATCTTAGCACTTTGGAAGTGTAGTTTGGAGAAATGACATATCGCAGAGACACA[T/G]ATGGTTAACTGTTATCTTAATAGAAGCCAAGAGAATAGTACTCATGCACACATATCAACA
rs2820	11	AATATACCTATTGATACTTGTTCCAGTTCTGGAGGACACCCATTATCATGCTTAAATATC[A/C]TTTTGTAGAATAGCCTTTTGGAGGCATCATCAGAAAGAGGCTTCATCCTATAAATTGCAT
rs2821	11	ATATAATTTTAAAAGCTTTTTAAGCTATTACTTAAATAATCATGTGTTAATTTATCGCTC[A/C]TTTTTCTGTATCGAGTTTGTAGGTTCCCAACCATTATCTTAGGTGTGGAATGCATAATCA
rs2822	11	CTTTTCTCGGAAAAACAAGAAGCAACCAAAACCCATCACAGAAAAAACAGATGAAATCGT[A/C]GCAGCATATTACCAGTCTTCTCTTCATCAAGTCCCCCTCTCCCCTCCTCGCGGCAAGAGA
rs2823	11	CAACATTTACTGCATAGTCGCTTAGACTCTGAGAATAATGTTGAATCCTACCTTTTCGAT[T/C]CTCTTTCAGACTCAGTAAATTAAGCGACAATTAATTGTGTATCCAAACTCATTGGACATA
rs2824	11	TGTCAACCTGTGAGAGGTTCAACTCCCGTTGTTGCCTAATGAATATCTTTTATATTTATT[T/C]GGATGGATGAGGAAGGTTCATCCTAATTATTGTTTCTACCAAAGCTTACGATGAATAATA
rs2825	11	GTGTACTTAACAAGCGATAAATGATAAGGATTAAAAATTAAAACAAAGATTGCATGCAAA[T/C]GAACACCCAAGTGTCAAAGAGACAGAACCAACCAATTAGAACTGAATACCCAATGCCACC
rs2826	11	TTACTTTTAATTAAAAGGCCGGTAACTCTTAAACAGCCATACTCAAAAGAGAAACCCGCA[A/G]CATCCAGCATCATTTAGTAATGAGGCCCTAAACTAGAAAAGTGGAGGCTTCTCTATCATT
rs2827	11	ATGAAAGTTCAAATCTTCGCGTGGTTTCTTAGCAGAGAGCGGTTATCAACAAAACAAAAT[A/C]TCTTCAAGAAGAACATTGTCAGCTCGGCGGTTTTCGCCATTTGTGAAAGCTCGGCTGAAA
rs2828	11	GCTAATCCCAGCTCTATGTGTCCTCGAGCTTCTTGTCCTAGACTTCAGCTGCTCTGCTAA[T/C]ATGATCCAACAGTCCTACCTCCTCAGCGTGTCCTAATATCTTCCGCTGCAAAAGGTGAGA
rs2829	11	TAGTAGCCGCTTCTTGCATTCTTCTTCTTCTCCTAGGACAGTGCCATCCAAGTATCCAAC[T/G]AACGCAAGATGGCTCTGGTTGCTCAGGCCTCCACCATCGCGCAGTTCGCCGGAGTGGACG
rs2830	11	TGCAAGACTGATGAATTGAAATACCGATTCATTCTGGTTTGCAGTACGACGCTCAAATTC[A/G]TGAATAACTCTGCTCAACAGTGATTCTACAAGCTGCAAATCACCAGAGTCAAAAAAAAAT

表 C. 1（续）

序号	染色体	序列
rs2831	11	TTTTTCAGTCAAAAGAAGATCCATAGCATTTCGAGCCTTCGAGGGATCCCAAAACTAAAA[A/C]AATCCCCAACTCAAAACCCCAATTAACTACCGAGAAATCCTCCTGCATTATCGGTAGAGG
rs2832	11	GGCCTGCTACAGTACAGATCCGCCATTAATGACGACTCTAATCACATCCCACCATCGAAT[A/C]AACGTGCTGTTAAAGTGTTAATTAAGACGATGGGTGAGCTTCTGCAAACAATGCTGCTAG
rs2833	11	CATCACAATCTTCTCCAAAGCCTTTTGTAGTATCAAATGAGTTCTTTTTGTAGGAACCAA[T/G]AAAGCTAACAAAGGTGAGTTTCTAGGGGTAAGATGTCGACTCTGAAAACCAAACCAAACA
rs2834	11	AGGAATTCCATTATGTCCTTCCTTTTTGGACTTGGACACACTAGCAAGGTGTGCATCACT[A/C]TTGGGTCCTAAAGTTTTGTCCATTGATGATAATGAACTTCTAAACTAAATTTAAGTGCAT
rs2835	11	CTTCTTCTTCTTCTTGGCACCGTCGTTGTCTTCATCGGAGCTCTTCTTTTTCGATTTCTT[T/C]TTGTCATCTTCATCGTCGTCCGGGTTCTTGGGTTTCTTCTTGGATTTCTTCTTGTCATCT
rs2836	11	TGTAACTATATCAGATCTCATGCACAATCTTATCATTAACCTGCCTCAGCAGGCATGTTT[T/G]CTCTAAATTTCATTTTACCACAGTTTGATGCAACAAGTACAACATTCCTTACCAGATATT
rs2837	11	TCAAGTCGTTAATCTGGTCCGATTCCAATTGCTGCCGTATATATAGCGTCTATTTGTTGT[T/C]AAATTCATCTACATTATTGAGAGTTTCAGACTTTCAGTGTGTCCTCGATTCACACTATGT
rs2838	11	GAAATATGCAATCTATCATGGGTCCATTCCATGAAGATGACATAATAGAGAAGCAACAAT[A/G]CAATCCACATGCCACTATCTCATTTAATAAAACATTTATACTAGAATATGTAAACCAGCA
rs2839	11	CACGCGTAAGCGTAAGGTTTCTCTGAATCTCTTGCATTCCAAAGACAGGGTCGCATGTTA[A/C]GCAGATCGAGGCAGCGACGACCTGTGTGGACAAGTCACTGCTATCACTTTCATGGAGCGG
rs2840	11	TTTTGTTTGAAGCAGTTCAATCCCCTTGTTATCCAGCCGCAAGCAATGACGCAACAGGTA[T/C]GAGTTGTTGTGACATCTACTGCATCTATTATTGATAAGGATGTCAACAAAATAATGTGTT
rs2841	11	CCTTTCCATCCAGGTTTTCTTGGAGTATGCAGATGTGGACGGCGCCACCAAAGCAAAGAC[T/G]GCAATGCATGGAAGGAAGTTCGGTGGAAATCCAGTTGTTGCAGTGTTCTACCCTGAGAAC
rs2842	11	CTGCAAATAATACATTATGTAGAACCAACCTTTTCGAATGTATGTAGTCATAGGCTTCAG[A/C]ATGTGCAATAGCCATCCAATGCAAAGCCTGATTGTATACACCAGTTGGCAGAGTAGATGT
rs2843	11	CTTCTTGCTCCCCAGAGTCCTGAATAATTTCGTCATATTCTTCGTCAGAGTCATCCTCCA[A/G]GATCTCCTGTTGTTTCAATTTCCTTTGTTCTTCATGTGTCAGGCTACTCTTATCTTCGTT
rs2844	11	ACCTATATATTCTTGTAGAGATAACTATTTTATTAGAGAGATCAGATAGCTATAAGATTG[T/G]TTGCAAGAAAGGTGTACCTTTACCTAGTTCTACCTCTAGCTATTCAGATAATTTTCCTTC
rs2845	11	GCAAGAACCCGCAAGCATAGCCTGATATAGAGACTATTGCCAATGCCAACAGCTAGCCCA[A/G]TGTGGTTGGATATCAAAGTTGATTTTAATTACCTCTAGATAACTATAATGTATGGCTTTA
rs2846	11	TCAGTGAGCAAGTAGCATTTTGGTCTTCCTAGCAAGTAGCAACATATCATCACAAAATCA[A/G]ATCTTATGATCTTGTGGTGTTTTTAATTTCTTCTCCTAATTTGTTTAGGAGTCATAAATG
rs2847	11	TTGATATTCTTTGATCTTTCTTATTGTTGTGAACGATTTGTGAAAATCTGTCGTGCATGT[T/C]CATGCTACTTATAGTGTGTTAAGTGAGCTACTGTCGATCGATTTTTCAGCTCGATTAATT
rs2848	11	ATCATAGCATATATTTATAGAGAGATCTATCGATGGATCGAATATATAATAATGCATGTG[T/C]AGTGTTAATCAGTGTGTGACATGCATATATGCAAGGGTGTCACGCAAGAAACTACTCGTA
rs2849	11	ATGCGTTAATTAATTAGCTCATATGTTGATCGACGACGACAAGCTGATCAGTAGTACCAT[A/G]TACTGCTAGCTACTTGGCATTGTACTGTACTAGCAACGAACGTAATCTACATTGACCTTG
rs2850	11	TCAGAGTAACTGCAACGGCAAACTGAAACAAGTGTGAAAGTTTTCAGTTGTCAATTTGGG[T/G]TTCAGTTTTGTTTATTGGAGAGAATCCTGGAGTCAAGTGGAGATTCCAACAATCAAAATT
rs2851	11	CCTTCCGCCCATTCTTCCGGACATTAACGTCTTGCTTACATTAATTGGCCTTGTTCCATA[A/G]AATTATGTTTTAAAGTCGAGCATCTGCCCAGTAAAGGCCTGTGCAGACGCCTATTTGAGC
rs2852	11	CATCCCGAACAGGACCAAACTTTTGAAATGGAACTTGGACATCCTCAGGTCTGGAAGAGA[A/G]CCCAAGTGAACAACCAGGAGCAAGTGAAATGATGCAGAAATTGGTATTGTATTGTATTGT
rs2853	11	TGTAGTCTAGTTTCTTCCATGATTCCATGATTGCGGGTGTATGTGTTGACATGTACTACT[A/G]CTCTACTTGCGATATACTATAAGGTTGAGTTATACCCAAACCGATTTTACCGTATGGTGA
rs2854	11	TTACAACACAACACAACAGTTACAATCCTCTAATGTTTACATCACTCAAATGGGGATGCA[A/C]ACCAAGGGATTGCTTCCTTATCAACAACAAAAAAAACCTGCTAAAACACTTCCACCTCAT
rs2855	12	TGCAGGACGAGAAGGTTAAGTAAGGAAAGAAAAGCTACTACTCTCCTAACAATTACTATG[T/C]GTTTAATTATTACATATATATATACTCGACTCACGCTGCTACAGCGTTGGGATCCTCTGC
rs2856	12	TCCATGGGACCCTTCCCTCAGCACACGGAAGCCTAAAAGCAACAATGAAGTCACCACCTA[A/G]CCACAATGATAGAATCTTGGTTGTGCCGAGGCAGTTGTTTGGCTTGCAAGATGGCGTTGT
rs2857	12	GTTGATGTCATCCTTCCAGAATTCGATGTCGGCGATCTTGGCTGCGTTGTCCTCGGTGAG[A/G]TAGATGGATGATGAGCTCAAATTTGTTGGGAGAAGAGGAGGAGGATCTAGCTGGCTCATG
rs2858	12	CGTTGGATAATAATGGAGATCGATATCAATCGATTTCTCTAGCTGTAGCTGCTTGATTTG[T/C]TAGCTTTAAATTTGGCTGGAATATTTCTGATAATAGTACTTATTTTGGTTTGAATTTCTA
rs2859	12	TTTTGGTACTACTACTTATTAGTTATTACTGCTACAAATTAGCTCACCTCACTCTCTTCA[T/G]ACTGCATACAACTCGCAGCATCTCTTGCCTGCTCTTCTTCGTTGTGATCAGTCTGTGCTT
rs2860	12	ATCAGCCAGACAATTTTAATAGTTGACGGGTATTGGGTATCCTGGTTTTAAAGTTGAGGG[A/G]CGTTATTTAGAATAATAGTTGAGGTGTGTAAAGTTTTCGGCCTCAATTTGATTTTTTTCC
rs2861	12	TTGGCCACGTCATCGGCTCCATTAACTGAAACAGAGTACTCTCCAATGGAATGTGTCCCA[A/G]CATCAACACCACTAAAACCACTGCAATGTCGTCGTGCTCGTCACGACATCACCATGTCCG
rs2862	12	GTGCATCAGAATCGGTTGCTTGATCAGTAGAGAGAGCTGCTCTCTGATGAGCTCGTGAGA[A/G]AGCATGGAAATTTTTGGCTGCTGGAACGGCTGAGCTTGATGGAGGAGAGGAGGCGACAGG
rs2863	12	ACGTACATTGATTTTGCTGCTGTCCTTAGTGCCCAGCCGTCTAATTCCACATGTTGCCTT[A/G]TCGTACACCCTAAGAAAGCTTGATGCGCAAGGCAATATTGTTTGATCCCACAGCAGAAAA
rs2864	12	TCACTAGTGGTCAGGACAGGCGTGCAAGGTCAGCTGTGAGTTATCATTGTATTTCTTAGA[T/C]GAATATTTCTTCAGCTGTTTTGTAACAGGTAATTCTCCACTAGTCACAGAAGATTAAAAT
rs2865	12	TACAGGCATTGATACAAACTTCTACACAGTAGCTAGTGTTGCTGAATATAGCTTGGTCGT[A/G]TACTCCCTCCGTCCCAAATTAAGTACAATAAATTTTGGTTAGATGGAACATAACTATAAA
rs2866	12	TCCCATTTTTCTGATCTGTCGTCGTAGAGTACTGTTCACCATACGCACGGAGGAAAAATG[A/G]GGCTCGTCGCGTCGTTCTGTTTGGATTCTTTTGAGTAGCCTTGATCGAGATTTTTCAGTA
rs2867	12	GATGGTCGCGTTGGAGAAGGAGTTCTTGAGGAAGTGACGATTATCGCATGCCATGATGCA[A/G]GGCTTGAACACGTCCATGTGCATCAGCCACCCGTCGTTGTGGAAGAGATGCACCAGAGC
rs2868	12	TATATAAGGATCTATCTTCTTCTGTAAAATTGTGCTGTACAGGGTCCTCAGGAATTTGCC[T/G]TGGTGATCCTCTTTCAGCTGTCAATCACTCGCGTTCGCCAAACCAACCAGCTTCAGCATG
rs2869	12	ATTTCCCTCCTTCTCCTCTCTTGCATCTCCCTATCTAGAGGTTAAATATGACTAGAATTT[A/G]TCACAGTTCTAGTCAATCGAAGCCTAGCGATTCTCAATTTTTATGGTACTATCATTCAGC
rs2870	12	CAAACATGCTGCTACATTACATACCGCTCTTTGATCATAGCTCTTGAAACTCCGCTGCTA[T/C]TAAGTTCAGCTGGTGATGAACCAGTAGCTTGAACAGAGAGTGTCTGAAGAATCTGAAATA
rs2871	12	TTTTTAAAAAAATCTGCATTTGGCAGGGAGAGGAACATGAGGCGGCCTGGCTGCTGTTGC[T/G]GCATGGTTGCTTGGTACAGTAGGCATCATTAATTGCGTCGTCACTGTCTGTCTGTCTCAC
rs2872	12	CTGCATATGAAGACCGCATAAGGGGATTGCCATGGTGTTGGATTTTTTTGAAGAGTAACA[A/G]ATGAAGCAAACAAATGCTCACCTAGAAGGTCTATTTGTTCCCCCCAAAATTTTGACATCA
rs2873	12	TAAAAAAATGCAACACTTGCTTCTCATGGAGTATAGTAAATAGCAAAACAAGAAAGAGTG[T/G]CTTATGAACAAGCAGAAGGAAGATACCTCTTGCTTCTCAATGAAACCTTGTTGTTTGAGA

表 C.1（续）

序号	染色体	序列
rs2874	12	GTGATTTTGATTCTAGTTAATTGTCCGGCAAATTTGGGTTTTAACCCATGTGTTTACTCA[A/G]GCGATCGATCGACCTCTTGGAATTTGTCCATATCTCCTTGTCAAATTAAGTTGTTTTTTT
rs2875	12	GATTAACAGAACAGTGTTTTGAGAAGTATCACAATTCAGTTACCCTCAAATGAACTTTGG[T/C]AAGCATTGGGAGTTTTTTTTAATGACAGATTAATATGTCCTCATTTAAGTTGCAATTTCC
rs2876	12	CCTTACTCAAACATCTTCTCATCCTGATCTTGCCATTAACTACCCTCTCAGCAGTCAACC[A/C]TAACCATCTCTAATTCAATAAGGGCATCGAAGTTTTTTAATCAACCCTAAATCTTTGCT
rs2877	12	TTGGAGCTCTGCAGAAAATGTTTTCTCCTTTACCACCTCATGCTCAAGTGCAGTCACCAT[A/G]CCGCGCAGCTCCACAACTTCTGAGTTCACTGACTGGAGTTCTGACTGAAATGATTCTTTA
rs2878	12	ACCATTCAGCACAAAAGTTTAAACTGATCAACCGCCACTAACATGGTGTCACAGTATCAG[T/C]CAGTTCGATCTAAAAGCTTAAAGCTCAAGCTGATCGATTGTTGCTCGCATTGCATCAGAA
rs2879	12	TCAAGAGCCTCCCTACGTTTTCTTAGGCTGAGTTCGCTTCAGTGCTTATAATTTTCGCCG[T/G]CACGTGAAACGAGGCAAACCATTAGCCTATAATTAATCGACTATTAATTATTACTATTTA
rs2880	12	TCGACTTCAAGTATATATATCTTGTGTATATTTGTTGATTTGATCAATTCAATTTGGTAT[A/G]GTACTTGCATTATTGCACATTTGCATGGCACTACTTAGACAAAGCCTTTTTCAGGCGGTC
rs2881	12	GGGAGCTGCATCTCATGTCTGCTCCATTGAAATCAATTGATGGTTTAATTTTGTTTGATC[A/G]ACCAAAATGCAGTGTCCGGGCAGAGGATATTGCTTCTGGGGCATCACTTTCATCTTCTCC
rs2882	12	ATTCTAGGTTTAATGAATAAGGAGAAAGTAGAATTTGCGAAATGAAGCTGCAAGAAGATG[A/G]CCAATTGTAATAGCAACTTGGGATCAGTGTGACATGACACTAAAGGTACAGCATTATATT
rs2883	12	ATGTTTTGGCGAAGCATAGCATAGAAGCCAAGGAATTGGAGGTTGCACTGTTGCAGCTCC[T/C]GGCCTCAAGGTTGCATCTGATAGCACTGCATTGGGACTGAAGAAAGATAACATAAACCAT
rs2884	12	GCGTGTATTCTCCACTTTATTACCCCTGCAATTTGTTTGTGAAAATCATCCTCCTTCCCC[T/C]CTTCTCTTTCCCAAGCTTACCTAGCAGTTTTGGTTAAGAGGTGAGTGGAAGTGAGGGAAA
rs2885	12	ATACAACTCTAAGCAAGTTACCAAGTTCTATGTGGAGGCTGCTAACTTTTAAAAACCTTA[A/C]CAAAAAATTTGTATGGAATGGAATAGTTTTGATCCAACAAATAAAATTAAGGACACAACT
rs2886	12	CAACAGTATCATTTCAAACTATGATAAAACAATAGTCGTCAAAATGTGTTTAATGCAATC[A/G]ATTTGGTCAAGTAAAAGTGAACAAAAGAGGGGATAACTTTAGCTTTCAGCCGTTTAGATG
rs2887	12	TTGGAATCAACATCAGCTAGCTAGAGATGCTCAGTAATTTAGGGAAAGAAAATTAACGAC[A/G]AGAACACAATTAAGTGATGTTCAATGATAACCTCGATCATTAGGAGATAATTCCATGACT
rs2888	12	TCATCACTCGTCACTCAGGAGTAAGGTTATAAGTGGATTGACCCGCGAACTCACTTATTT[T/C]GATCTATAAGTGGGATCTATAAGTGGGTTCACATACCAACTCACTTACACTATGCCAAAC
rs2889	12	GAAGTTCAAAAATGCTTTTCAACAGCTTGTGCCTTTTTCGAGTCTCAAAATTTTTCTCAG[A/C]TGCCTTAGAATCAAAGTCACCACTGGTATCATCAACCATATCATCATCAGAATCATCGTC
rs2890	12	AGTCGTCTCAGTCTCAAGAACCACTCCTGTAATAAAGACGCTTGTTGAGACGTTTTCAAT[A/G]TTGTCGTAGGCCCAAAATTATTTTTCATATTTTTTGGTTAAAAATCCTAGAAAGTCCTCC
rs2891	12	GAATCCCTAAAGAAAATGTCTGCAGTGGTAGATAATTTTGACCCTGGAATTTTTTTAAAA[A/G]AAGATTCTGTGCTCTGCTAGCTGATTTGAAGTATTGACATGGCAAATAATTTATCCATAG
rs2892	12	TGATGTCCTTTTATTTATTGGTTTGCAACACTAGAGATATATAACCAACCTCCTCCCTTC[T/G]TTTTACTTGCATTTAGAGCATAGATATAGACTCTAATGTACTACATATTTTGTCATTGTG
rs2893	12	TGGTGTTTCGTAGAGACCATTTGTTCACTGAACCAGCGTGATACTGACCCAATTCCCTGG[A/G]CATGTTTTGATTCGTCCAACCAGGAAAATATTTCTTCATGGTCCGCATACCTGTTAATAA
rs2894	12	TTTATCTTCTTGAACACAAGATGTTTTCCCTAAGTTTTGGATTGACCTTCCAACTGTCAA[A/G]TACTATGGTTGGGTTTTTAGACTTTTGCAATTTATGTTATACTCACTCCTAATCGAGTGG
rs2895	12	GTACGATATGCGTAGTAGTACTGTTTGTTTTTGCCAAGAAAGGGAGAAAAACAAATAATA[A/C]GTAGTAACGTATTTACGCCACCGGAAAAAAAGAATAGAACGTAAATACCCTGCCTGATTT
rs2896	12	TTCTCGCCTACTTGACTAAATCACGTGGAGTATCTACTATAGGGTTTATGAAATTTGAAC[A/G]GATCGAACTGGGTCAAATTGATGATAAACGCTCAAAATTCAAGGTAATGACTCAAATTTT
rs2897	12	GATACATTTCTGAAGGAAACAACAAAATACAATATCCAAAAGCAGACGTTAGGTTTCAGC[A/G]GCCAGAAATTTGCATTTCACCGATAAACATATTCATGCATGGTCAACTCGTACAAGTGCA
rs2898	12	GAGTACTATTTGTTTAGATAATGGAGAAATTTATTAAAGCACAAAATATAGGGGGTACTA[T/C]AATTATACCTAATATGTGACCTCTGTCCCTGGTTATACTAATGGTTTAGTGTCATGTCTC
rs2899	12	TGGAAGAATAAGTTCCACAAAAGTACTTTGAACTAATTAACTTATTCAGATTCCATTCAG[T/G]GCATGCATCTTCGCAACACCATACGTTGGACTTTCATTTCACCTATGATGCATATATGTG
rs2900	12	CTCCCAAACTACTACGTGACCCATACTTGGCACGTTCACCTAGCTTTTATGGCAGCTAAA[T/C]GGCGTTTACGTGGAATAAAAACTCAATAGGACCCACGTGTGATTAGCAGTTCTACTAGAT
rs2901	12	TGGCCCTCCTGTTCATCTTGTTGGATCTCAAGTAGGAGTAGCTAGGAAGAATCTGATGTG[A/C]CACAGCTGCCTGCTCTCCAGATGCAGCCAGCCATGGTGCCCTCCTCATGAATGATGATGA
rs2902	12	ATGGCCGGTATTTTTTTATTCTTGTGTTCTAAAGGAGTACTTGCTAAGAAACCCACAACC[A/G]GAATAGAAACCAGACATATTTAAGGTCCACCCCACATGGCAGACACACCTTTTATCTTAT
rs2903	12	TGAAGAAAAACACAGAGAATCATACCTGATTAGATGGCTGAAAGAGGTTGCTTCTCAAAA[T/C]GAGCTCTCCATTTGCTTGGCTGTATTTGAAAATGGTTGTGGAGACTCACCAATTCATGGG
rs2904	12	TAGAGTGTTGCGTCTTCAATGCACAAATGAGTAGGGTTCGTTGTATAGATGGAGCTTCTT[T/C]GATGAAGAAGCAGGGTTCAATTTATCATTTTCGGTACTGTATCGGATATTTCCGAAATTT
rs2905	12	CATGCAGTGTTGCCTGCAGGTAGGCACTGAATACTTTCCGAGTTGTATTAGCGTTCGAAA[A/G]CTTAACTGCCATCTCAATTCGATTACAACTTTCGTGAAGTGTTGCATGATCATGTAATGA
rs2906	12	ATAAATAGATACATCGACATGTTTTTGTAGCAGGAGATTGTATATTGTTTCTATTGCTTC[T/C]ATTAAAAGCATATTCTTCTTTAGCAATGATTTCATGTGGGACATATTTGTGCTGCTATTA
rs2907	12	TGCATTTAGCAGAACATCAGCTCGACACAGCTCACCAGCACAAGCTATAAATGTTCTTCT[A/G]TCAATCTGGATGGATCAACATGAACATGATAAAAGAAAGCATTACAGAACTTGGTCAGGC
rs2908	12	GGCACTGATGCGTATCAGCTGCAATTTAGTTGATGGATTGGATGGGATAGATGAGCTGCT[A/G]AGAATGCTCTAATAAGATAATGTTGTGGTCTAAAAATGGTGAGGTATTGGATTCGGTTTT
rs2909	12	TCTAGCCATTCAAAGTATAGAGTAGTAGACTCACTCGAGAGCCAACTGTTATCTACCTGG[T/C]GAAAGACCTGCAGCAAGCAACACTAAGGTTGCCCCATGTAGTTCCAATTTGCAAAGGGCT
rs2910	12	GAGTGTTTTTTTCATTGTGCCAATGAATTTCACTAGATTTTTACAAGGGTGTGGTTGATA[A/G]TTACCTGAAAATATTGAATGACCTTGCACGAATGTTGTCCAAGTGGCCCGGCATAAATCA
rs2911	12	AATATCATTAGTTCCCTGTGCATTTTACCTGCTAGAAACTAAAATTAGCGCGTGGAACAT[A/G]TTGTCCTTTTTTATTTTGTGTGACTTCCTGCATTTCAAATAGAATGAGAAAGGTTGGAAA
rs2912	12	TTTTTCGTTTGTGTTCAACCAGAGATGCGGCATTGGCTGGACTTCGTGTGGCAGAGCGTG[T/C]CTATTGGAAGGAATTTGTGGACAGAGTATTGAAAGATACCAGCAGCATTGATATAACTGC
rs2913	12	TTTTTTTTTGAATGCTATTTCGTTCCCTCTCTTGCCGGCAGTAGCTTCCAAATGGAATTC[A/G]AATTAAAGCCAATCCGTTAACGATGGCAGATGCGTAATATCGTTCGTGACCCAAGGGCAA
rs2914	12	CTGCTGATATTGGTGTTGAATGCTGGTGAGTAGTCCTTACAATTACAATAATTGCAGTAA[A/G]GGTACCCACCAGTCGACCACAGCAACTGTAAGTTCATTGATCTGATAAATTGGCAAAACA
rs2915	12	TCAAAATCAGTCGTGCAAATCGATCGATCGAGAGTGAAATAAAAAATCATGGATACCCAC[A/G]GTTATCTTTATATTTGCTGCAGAAACCTTGGGATATAAAACTAGCTAGTTTTTGCTAGAT
rs2916	12	TGGTAACACAGGCAGTGGGAGCTTCCTTAAGAAGGCAAGCGCGCAGCCAGAAAAAAAAAT[T/C]CTCAAAATAAAACTGGTCCACAAAATTATGAAAAACTATTCTGTTCTATCAATATTTGAG

表 C.1（续）

序号	染色体	序列
rs2917	12	ATTAATAATCTCATCTCATGATGAATGACCGCGCGGAGAGTAGAGGTTGATGGAGGAGAC[A/G]CCGAGGTAGGCGGCGAGTAGGTCCTCGTCATCGTCCTCCTGCCTCGCCAGCGCCTCCTTC
rs2918	12	GTCATGCCATGCCGTGCTTGGGCCGGGCCGTCAGACCACGAGCGTTGTGGCCATCTATAA[A/C]AAAGGTCCTTCTAATTTGGCATATCAAATCAGAGAAGTCCCGATCTCACCTACTAGGTAG
rs2919	12	ATTAATGAAAATTTCATGCCGTCAAAATTTAGACGCTTCCGTATAAATTTTCTGAGCGGA[A/C]AGATATATGCACACGTACGTGCACACATATCTAATATTGACACAAATAGACAATAGATAA
rs2920	12	TGTGTGAAAATACATACATAGAACCGTCTTCCAAAATAATCGACCATCTACCCACTTTAT[T/G]CAGATCGATCAATTAAAAGGTGTGAAGAATCAAATAATTTCAAACTAAGAGTTCCTGTTA
rs2921	12	GGGCGTTTCTGGCACGTTATTGACTTCTTGCCTTCTTGGGATCTTGGCAGCTACAAGGAA[A/G]AAGATTTGGGAATTTGGAATCGGTTGGTGTTGACGTCCGGTCTGTTCTATAATTTGTTAT
rs2922	12	GGGCGTCTATATTTGTAATTTACTACCCGTGTTTCTAACGAATAGCTCAGTCCCGCTCCA[A/C]ACAGTTTGTAATATGTACCCAGGCTAGGTGACCCCGACAGAGTCTTCTCACAAACCTCAC
rs2923	12	GTGTACAAGGTCCTGTATTCGAAGACGAGGATAATGGCCGGCGGTTGTAGCTGACCCATG[T/C]CCACCATAGAGGAGATACTTGGGGGGATCCTAAGAGCAGTCCAGAAGGTTCTTGCAAATG
rs2924	12	TATGCAGGAACGTAGTTCCGCCACTTCTGACAACTGATAATTTTTAAGGTCTGTCTGAGG[A/G]AAATGGAAAATGTTGATGCAAAGCTGTGTACACGATCTCCAGCCTGGGGGAAGAGCTGCG
rs2925	12	AAGGGGAGAAGAACAAACAACAATAGAAGGGTTGCACTTTCCTACTTTGCAAGCCACTAG[A/G]AAAACCGAATAATACAAGCTTCAAACAAAGGTTGGGTTTATTTTGCAAATATTTTATTTC
rs2926	12	AACTAAGAGGAAATGGAATGCAATTTACAAGAGAAGCATCTCATGAACGAATCTTTGCAT[T/G]ATGTTTGTCTGTGGTCAAATAAAGCTAGGACTTGCACTATATAGTCGATGAATAGGTGAA
rs2927	12	CCCATCCACGTGAACAGGCTGGGAGTTACACTAAAATCATGGTTTATGATTAGAGTTTTT[A/G]TCCACCAAAACAAGAATAAAGGGCTTAATAATCTTATAATAGACCAAATCTGCCGACATA
rs2928	12	GATGATGAATAGAGCTTTCAAGAGGTGTCTCATAAGAAGAAAAGTAGGGGGAGAAAAACT[A/G]AACCTACAATTACATCCAGGATGAGCTTAAGGAATAGGGAGTTGGCTGATGTTCCTGTCA
rs2929	12	CAACCCTGTCTCCTTAGAGTCATACTGCTTGAACTCGTTGGCATTGAACCTTAGATTTAA[T/C]CTTTGCACACTCGGCATTGCTCCTTCCACAAAAGTCATGCATGGTGCTGTACAGACAAAC
rs2930	12	AATATATGCCTTTGTTTTCTTCTGAAATTATTCTGATGATTTATTCCTGATGGGGAACCC[A/G]CCTAAAAATTATCCGTGCTCTGTGGATTTTTCAACCTCACAGAATGTCGCCAGTCTGATT
rs2931	12	TCCCATTGGCTGAGCATTTTGCTCTGGTTCTTGGTAGAAAGCCAAACCATTCGCGTAGTG[T/C]TGGCATTGGTGCAGTCAACCAAGGGGCTAAAGAAAGGTATAGGATTCATGCACGAGCTGA
rs2932	12	TAGTCACTAGTCAGTCAATTATCAAGCAAGTGTTGGTAAAAAAGATGATTCGCATGGGTT[T/C]GAGGATATGAACTGAGTAATTACCCGTTAGTCCTAATCCAGACGGGATGGATGGATTAGT
rs2933	12	CTCCAGTTTTTTACTCTCAAACAGCAATGAACTTCGTGCTTTGCTGACTGTTACCATAAC[A/C]TGTGGAACCATGCAATGCTTGGTGCTGCAATAAGAAATTCCATATCTCTTCTGCTCTAGT
rs2934	12	CTGATGAGGAAAGTAAAACAGTGCCAAATCTTGAGAAGGTATAATATCTTATGCTGTGAT[A/G]TAGAACTCATGCTTGGTTTCCTCTTTAAATGTTTTCATGGCAATCTCTTTCAACCTTAAC
rs2935	12	TTTATCTTTTACATGGTAAAATGTAAATGCATGGCCTTTTGTTACACATAAAGACCTTCC[T/C]GAATGCAACTTTTATATCTGGTAAATTCTAATAGTCTACTCAATCTTGTGCAATTAAGTT
rs2936	12	GATTATTGCACTATCCAGAATATAGACTACAATGAGCAACCAATGAAAGCATGCATGTCT[T/C]TGTGGATGGAAGCTGCAGACGATATGTATGAGCAAGCCCTTGAGCATATGGACATGCAGC
rs2937	12	GTAAATATATCAAAAGTAGCTTTCAGAAACGGCACCATCATAAGTAAAAGGAAATGAGTG[T/C]AGTAAGACTAACTTGACGAGCTCTAACACCAAGATGTGAAAGGTGAGGTAGTTCCTGAAG
rs2938	12	GCAGGACCTCCGCACCGACGGCCGCAGGCGGCTGCAGTTCCGGGCCATCTCGGTCGAGAC[T/C]GGAGTCATACCTCAGGTCTTTGGATTTATTTCCCCATGTGTCTTTTCGATTGGGCGTGCA
rs2939	12	AGGCCAGTGAGAACAAGCCTGTGATGAATGAATGAAGGCTTTCTGATGTGTTTGGTCCTT[A/G]CAAGGAATAGGCTTCAATCATGTGATTCCTAGTATGTTTCTGTACTGGTTCTGTTTAAGT
rs2940	12	TAATGTCGAGAGAAAGAAAGACGAACGAGAAAAAAGTTGAGCATTTCACCCATTGTAGCA[T/C]TAATTACGTACATGATTATGCAGGCGCTAAACCTGATTAGAGTAAGTTCAATAGTATAGC
rs2941	12	TAATCGTGTCCCACTCCTCTTCAAACTCTAATGGTTGCTGCCGAGGTGAATAACTGAACA[T/C]GCAGCCAAGTCAAACATGGCAAACAATCTAGATAGCTCAGCTAAGCTATAGCTCATCTTA
rs2942	12	ATTACCATGACTTGCTCAAGAAAAAGTTCAGATATCTCACAGTTGATGAATTCAGCTCTG[A/G]GCATTCTTGGGTTGATTTAGGTGGAGTGCTTGTAACACGCTACCCCAAGACCCAAGCATG
rs2943	12	GGAAGAATGCGATACCTGGTCTCTCATATGTCAAGGAGAAGAAGGTCCGCAAGGAAGTTC[A/G]CAAACTGGAACTTCCTGTCTTACCCAGTGACCACTTTGGACTTGTTTTGAGCATTACTCT
rs2944	12	GTTGTTAGGTCTGCTAGCAGCAGTACGCTATTACTTCAAGTTAATCACTGCATGAATTTC[T/C]GTTTATGGGAATCTTGAGATTTACAATACATTTGAATGCTTACATTATATGTAGCTAAAT
rs2945	12	GGTGACAACCCAGCTCTGCTTGACCACTTGTTTAGACTGGCTAGCTTCCTTGGTGTAAAG[T/C]GGCATTCCCAGTCATGCAAATCCTCCATGCCGAAGCGGCTTAGCGTATATAATTCCTCTG
rs2946	12	GATGGACAAGAACAAAAGAAAAATGTTGCTCCAAGTAAAAGAAAATCTCAGAAGGACAAG[A/C]CAATGGGAGGCAAAAGCTGCAATGATGAAGTACAAAATTCAAGCAAGAAGATGAAAAAGA
rs2947	12	CAGGTAAATTGGCTTCTGGTGAACAGTACAACTCAATTTCATGCTATAGGGCTTACAAGG[T/C]TTGCTGCTTGTACGGTCCAACTGAAGTAATTGAAAGTTTAATCTACTAGATTTGTTGGGA
rs2948	12	GGACACCTTTTATCTCGCCACCGCAAAACCACAATATGCGGAAGATAACAATCGAACCAT[T/C]AATGTCAGTTGAAAGCAAACAGGATCTTCATAGGATCATCCTCTTTCCCTTTTATGTGAT
rs2949	12	TATATGTACCCGTTTGTTTTACTACCACTTGTTTACCGTTTGATTAAGTCGTCATTGACC[A/G]ATTGGCACCGGGATCGATAAGGTTGGTTGGCTTTTGTACACAGGAAATGTCAGGCAGCGG
rs2950	12	TGAATTTACGTTGAATGTTTTCAGGTTTGTGTAACTCTACTGCACTCATGAATTCTCTTC[A/G]AATGTTTGAATCATTGAAGCATGATCAATCTTATTGGGGACACCGACTGCATTCTAACTA
rs2951	12	AGCTCTTGCAATGTCTTTAGGCAATTCTGATACGTCTGCACAAGAGGAAGATGGCAAATC[A/G]AATGATCTTGAACTTGAAGAAGAAACTGTTCAGCTGCCTCCCATAGATGAAGTATTGTCT
rs2952	12	AGTTTTGAAGGTGCTGAGGCAACAGGTAACAGGATATATACTACCTTTAGTACACACGGA[T/C]TAATTAATAACACTTTTACGACTACCATCACACATGAACATGCTTGCATCATATCTTTTG
rs2953	12	GGGAAGAAGAAAACAATGGCGCTTCCAAAGAGACCCAGCCCAAGTCAAACGACGCGGGCC[A/G]CAATCCTGGAAATTGCACCTATTGTGGAAAGCGGGGTCACTGGGCCAAGGACTGCCGCAG
rs2954	12	ATGTACTGAAGGAGCTAGAGGGATGCCTTATTGTTGTGATGGCTACAAGTTATAACTTGA[T/C]ACTGATGATATGATCTCAGCTCTACACCATTTTTTCTTACTAACTTTCTCGCCAATCCGT
rs2955	12	CGCCCGTGTAGCCGAGCCCGCGCAAGTTGAGGCATACGACAAGTCAACAAAACATGCGCC[T/G]GAATGGAAACGTGTGCTTCCATCCCTGCTTGTTTCTTTTTTTTCCACTTCGTTTGACTTT
rs2956	12	TGAGCTGCTATACTAGGTTACAATTATGGGTGCAAAAATACTGCAAGATTAACCTTTATA[A/G]TAATGCTTGTTTGGGTGGCTTCCCCCCTCCCCCACCCTATTTTTTTGCACTCCGTCGATT
rs2957	12	CTGAAATCACCATCCTAATTTTCATTAGTGACAAACAAATGAAATAGGAAGATGGAAAGA[T/C]AGGGGATCATAAACTTGTTCGCCATTAGCGAAAATATGTGCCATGAAAATCCAAAGAAAA
rs2958	12	GGAAACCATGATGTTACTTGGACATATGACGTTGATATGCAGGCAAGATGTATGGCTAAC[T/C]TGCTCAAAATATGACAATAATGTAACTATTTTTACCAGTTTTTTAGTCACTTAATTTGGA
rs2959	12	AATCCCTGTCCAATGTTAAGAAAACATTTAACAGATCGCTCAAAACACCCAAGCAAATAG[A/G]ATGTTAAGCGCAACAAGAACTCAGTGGTCAATGCTCAGATGATGACGATTCAAAGTTTTA

表 C.1（续）

序号	染色体	序列
rs2960	12	GGTTCAGATACGAGTTGTGGAGACCGTGACGGTGTTCTGATCACATACCCCGATATCTCT[A/G]TATTTCATCATCATTTATAGTCTATTTCACTCGTCGGCGTGCACTGGTAATCAGGAGATC
rs2961	12	TTGCGGGAAATTTTACTGTTGTTGAGAAGTAATGGGAGGTACCACATAGTGTAAAACTTG[A/G]AACCTTCAGGTACCAAATTTTTTTTAGCGTAAAAACTAAAAAGTATTCTCAACACTGTAA
rs2962	12	CCAACACTTTGGATAAGATTTTGACGAAGGCTTATTGGTCTATAGTCTCCAATTTCCTCC[A/G]CTCCATCTTTATTTGGAATAAGGACCACATTTGTAGAGTTGAGAAGATTTAGATGCACGT
rs2963	12	AAAGAAAACCCGGAACAAATAACGGAGTTGGACGGTAGTGATAGAAAAGGGAACACGGCA[A/C]ATTCGAGTGGTATTTAAGTGTACCATGGAATTTCATGAAATTTTAGTTCCAGGTATATAA
rs2964	12	TGCTCAGGTCAAGCAAGAAAAATCTTTTGAGTGTTCAGACTTCGGGCTGAAAAGGGAATC[A/G]TTACAAATAGTTTTTGCTAGCTTCATTTCATGAAGGTTTGTCAACATGCTCAAATGACAG
rs2965	12	AAATTCAAAACAAATTTGAGAAAACAAATAAAACGTACGTTTAGCCGTGATACTCCCACC[A/G]CTCAGATTCAGCCTGTGCTATAAAAGAATAAGTCCACTTGATAACTGTAAAATCATTGTC
rs2966	12	GATACTAAAGGAAGGGATGGTTTTTAATGTTTCCCTTGGTTTCCAGAATCTCCCAGAGAA[A/G]ACTGGCGATTACAAGAACAAAGAATTCTCTCTATTGCTGGCTGACAGTGTTCTTGTTTGC
rs2967	12	ACCAAGCAGATGAAGAGAAGTATTTGATTTGAAAATGCATTTAAAAACAAAGATCAAATA[T/C]CTCGAAAATATGTTCACATGTGGGTGCTAACCTAATTACACAGGCATTTGACAACCACCT
rs2968	12	GCTCTAGAATTACTGCTGTAGCTACTCTGAACAATATGATGTTGTCACGGTCTAGGAGAA[T/C]TTTTACGAGATTATCAACAGAGTTATTGTTTGCTTTCATGATGATCATGGCACTACCTTC
rs2969	12	GTCCTGCCATGCATAGCTAGCCACTGGCAGAATTTAGAACATTATGTTGTTGGATTGTGT[T/C]GACACTTGACCTAATTTTATTTCATCGTGCTGAACCATATGTCGAACTGCTACATGTGAT
rs2970	12	GAAACAGTTTGGAAAGGCAGAATTAAGGGGGAGTACCACAGTTTGTTCCTGAAAATCATA[A/G]CATTTCTTGTAAGCCACAAGCTCCAACAAACTGCAGCCATCAAACTCAAAGTGATTTTAG
rs2971	12	TACGTCCATCGCTTGCTTCTCTATCTGCTCCTCTGTTCTGCTTCCACTGATGCAGACTTG[A/C]AGTAGCTAGTAGGAGTTGCATGCTTAAAACTTCAGAATTTTCGACTGGTACTGAAGTGAA
rs2972	12	TGGAAATCTACTGCGAGCGAGAGAATCAGGCAAGGTTGTTCTAACTGCTCCTTTCCAGCT[T/G]CTCAATAAACGCATCGGAGTGGTCCTGACGTACGCAGTGTACAAGTCTGAGCTTCCCCTG
rs2973	12	TGCCCTCAAGTGTGCAATGGCTGCCTCCACCTATGATCCGTCATTTGCCAAGATCTAGTG[A/C]CATTCATTCTCTAGTCATCGATGCCACCACTTTAGTTCTCTGTCTCACTCGATTTTCTTG
rs2974	12	TTTCTTTTGCTTCAGAAAATTTTTTTACATCTTTTTAAAAGTATGAATAGAATTGCCTTG[T/C]TTTGTCACAGAGTACGCGTGAAGAAATCCATTGTATGTACTCGATCAATTGGCCACTTAA
rs2975	12	CTTGAGAATCATATCATCAGGTCTTGAGAGTTGGAATCCTATATATGGAGACTAGCAGGG[T/C]AGCATTTAAAAATCCTCTAGTGGTTTTTGAAATGCAGTGGGTAGAAATCTGGGGTATTTT
rs2976	12	AAGGAGCGCCCGCTATATAGTTTCTGCGGCATGCGTGACGCGTCCCAACACGATCGGGAT[T/C]TCTATAAATATTCATCGGTAGAATCAGCCCAAATCACAGGCACCCAACAGTACACATACG
rs2977	12	TATTACTAATTAAGGTGATGGGTCGATGCTTTGCTAACAACATGAATGGATAGAATGAAA[T/C]ACTTACTTAAAGCAAAATTCGAAAAGAAAATAAAATAGAATAGGAACTTCAGATCTTAGA
rs2978	12	CCCCTACGTTTGTACTCAACTCCTCAATATCATTGCCTGTCAGGGTCCATGGTTTTTCCT[A/G]TAAGAGTTTTTCACATAAAAATTTGTATCTTTGTTATGCATCTATTTTTTCTAACAATTA
rs2979	12	CGAACCAAATCTACCAACAAAAACCGATGACATATCTCACATCTAACACTGGTCATGTCC[A/G]GACTATTTGTGAAAAGGGTGTTGAGGACAATCTCTTCACGAAAGTTGTCAGCTTGATCAT
rs2980	12	TTAAAAAATACCTGTTCAAATTCGAAAGAACAATATCAAACGGCTAGCTAGGCTAGCTTG[T/C]AAATAATGCATCTATTTTTTGAAATAATTAAAGGGACATGCATGTGTCATAAATTAACCC
rs2981	12	GCTGTTGATCAGAGGGGATCACGATATCTGGGAACTCGGAACTCAACGTTTTTTAAACAT[T/C]TAAGTTGATCCTGTTTGAGATGGCTGAAATTGAGCGGTTGATTGGATAATTTTGTTTTGT
rs2982	12	ATTTTGTACTGTTGGAGGAAGTACCCAATGAAGGTGGTTCTTCTTTCAGTTTCTTCTTAC[T/C]GATGGTCTTGCATCGGAAGACTGGCTTAACAAGCCGTGAGGTAGTGATCGGTTTGCTCAA
rs2983	12	TGTAAGTGTAGTGTGTGTATACTGTATAGATGGTGCATGTACCAATGGATCATCCACGTA[A/G]TCGAAAGAAATGGCTTCATGGATCTTATAAACTGGAGTACATAGCAGGAGAGAGGATAGC
rs2984	12	CCAGGCAATGATTTCCACTGGGATGCTTTAATGAATGGTCTGTAATTGTCTCTGCAGGAA[A/G]TATATGATCAACAAAAAGAACTTATTTTACTTGCGGAGCGAGTTGTACTTGCAACTCTTG
rs2985	12	TGGATGACGTACCACCTGCTCATTCTCCCTTCACCCGACCATGCCACTAGTTCTGTATTT[T/C]TGCCACCTTCCTCCCTTCCATTCAACCCGACCATAGGAAATGCCACATCCAGCCAGCATG
rs2986	12	GAGGGGATCAGGGGAGTTGTGATCTACCGAAATAATTCCCTTTCTAGATAAGGGATTTGG[A/G]TCAACAGTTTTATGTCAGTGATGGGATGGATGGTACAGAAATAATGGGACTATAGGGTTT
rs2987	12	GGATCTGCGCAGGGTGTTCTTGTAGGCCCTGCCTCTGGGCAGTAGAAGTGATAAAATTAC[A/G]TTGTTCCTTATAAACTGAAATTTCTCCCTTTTGAGTCCAGTTTTATAGGGACACGCATGA
rs2988	12	GCCAGAATTATCTAAAGAAAATCAGAATGCCTTGAAAAAAAAAGAGAGGTACACGAGGGT[A/G]GGAATGAGATGTATTCAGGAAACAGGTGACAAGAACAAGATTCATTGTGGATCAAGTAGG
rs2989	12	TACACCCATCAAACTCTTCACCCCTAGACGATTCATCCTTGTCCTATAAAAGTGAAACAA[A/G]AAAGATTGGATAACGATGGGATGGAAGGATTAGTAGAGTAACTGTGCAACCATCATAGTG
rs2990	12	TCTTGTTGTTTCCCGGAAACGATTTTTGTAAGTAGGATATAGCAGTACAATCTCTGAGTG[T/G]GCACATACTTTGCCACATTGGCAAGATATGCTCATGTTGTGGGATCCGGGAACGGCGAAA
rs2991	12	AGTTGTAATAAGTTGTACTTCTTGTCTTAGTTTATAGTGTTAGCTACTAGACGTCTGTTT[A/C]ATGTTATTGTTATAAGCTATTTTAATTTTCTTTCTAACTAAATTTTAAGTTTAATCAAGT
rs2992	12	AAGTCTACATATTCGTAATGGGGATGCAAAGACAGTATAAGAATTATACACCAACCAAAA[A/G]CCTGTGGTGTTGCTTTTACGCATACATTGTTGGAGCACGATTAATCATGTGATTTAAGGG
rs2993	12	AATCAGAATAAAACCACATTGATTTGTAGTTAATCATACATGCCAACCTCCTGAATCCTA[A/G]TTTTAATCTAGACTAAGATCTTACTTAACCTACATGGCAAAGCCATTGGTTCACATTAAA
rs2994	12	ACCAAATAGCCCATTAGTTCGTCAAAATCAAAGATCAACCAATCGGCTTTTGATGCAACC[A/G]CTTCCCTCATCTGCACACCAGCATAGCAGATAAACAAGTCTGCTCCATTAGGTTGCCGAG
rs2995	12	GATAGTCGAGATAGCAACCATCGGGAGTTCTCCAGCATCCAGAATATGATGCACTACAAG[T/C]GAGCTATCTGCTGCTTTAAAACAAAATGCTTGTTGCACTTTGCTAGAGACCTAAATGATT
rs2996	12	CTCCCATGTTGGCCTTTCACAGCAAGAAGTTCCCTCAGCTCTTATAACAGGATGGGTGTA[T/C]GAAGATAATCTCATAGCTGCATCCGTTGAAATTAGACTATGACAATGATGTTAAATACAA
rs2997	12	GTAGGAGAGGAGACGATCGGGTCAAGAGAGGCAAATATTTTCTTTCTTTTTCTAGAAATT[A/C]AATTTGGCGGGAGGAATTGTGGAGAAAGCTTCTTCGGAGAAGGGCGGTCAAATGCGGCGG
rs2998	12	TGCACAGCCGGTCGGCAGGCTGGAAGGATAGAATTTTCTCATTGTCCTGGCTCTCCATCA[A/C]TGAATGCAATGGCGACCTTGATGGTTAGCGGATGTAGTATCATATTTTGGATGGACAAGT
rs2999	12	CTTCATACATACAGAATCTGTAGCTGTTCAGAGCAACTATTGAGCTTTCTGACCCCACCA[T/C]TATATGAGGTACAGTACCTTTTCCTCAACTTTGGCACTTCTGTTTGTTTCTATCCCAAAG
rs3000	12	CCTAATTATTGGAAATTAAATTTTCGAGCTATAAAAAGACAATATGAATGCTTCTTCACT[A/G]GAAATACTATAGTTGAGTCCTATAACCAACCGCTGCAATTTCCTATCTACCCTAAACAAC
rs3001	12	TCCATAAGAAGGATGTGCATACTGTACATCTGTTCACTAAAAAGAGGATGCATAAACAGC[A/G]TGTTTTTCCTTAGGATAGACAAAAGAATTCAAATGCCACAAACTATATATTTTATGCATT
rs3002	12	TAGAAGGGATCAGAGAAAGTTATGTTATTCTACTGAGTACTTCAAGGCAATGCTTTGTGG[T/C]GAAGCACCGTACCCAAAGTTAACAAAATAATGTGCAATGTTGTGGATAAGAGAGTAGTGG

表 C.1（续）

序号	染色体	序列
rs3003	12	ATGGGCAATGAATGCATTCAATAAAGCCCAGAATCCAATAGCAAAATATAATTAAGAAAT[A/G]TGATCATGTGTCTGCAAACATGGTAAGCTATTCACAGTACATACCTCGTACTCTTTTTCA
rs3004	12	TCTGTGTTCAAACATAATGGTCAGAGACTCAGAGTTAATCTTAGCTTTACCCAAATTGGA[A/C]CGTTTCGGACTCTCCTATGTTAGCTCGCCATTGTAATCCTGTTCTACGCAAGGAAAACTG
rs3005	12	TCAATTTATTCTTGGAGTCGAGATTCAGATCTGTCCAGCTAAGCATGTCCATTTGTTAAA[A/C]AGACCCTTGATGGTAAATTATACAGCAATAACAAGAACACATATTTGCTCCATGCATGCG
rs3006	12	CGGAGATGATCAAGGAGCTCAGGAGGTACACCATCCCTGACCTGGTCACCTACAACATAT[T/G]GCTGACATACTGCTCGAAGAAGAACAGCGTGAAAGCCGCGGAGAAGGTCTACGATCTGAT
rs3007	12	TTGAAATTCAGCGGTTGTGGCATGAAGTTACACCAATTCTTTGTGTTTTCCGAACTTGCA[A/C]ACTGCTTATATTGGTTCTGTTTTCTCCCTAATGGAATGACGCGCAAATATGTACTGTTTT
rs3008	12	TAGATGACAAGGATTCAATCACCCGTGATGATTTATGTTTCTTATGTATGGGAAATTACA[T/C]CTTCATTACAGTCCAACTGTGCACTAATAATCTGTGTGTAGAAGTAGCAACTATTCTAAC
rs3009	12	CGCTCGTCCAAATCCAAAACCACAGCAATACACATCATTCTTCCTAATGAGCTTCTGATT[A/C]ACTGAAGTACGTACTACTGCTCCTGATCCATTGTAGTACAGCTAAAAACAGCAGATAAAC
rs3010	12	TGGCTGACTTCCTTGGTTTGTGCCATGTCATTCATGATTTGCCTGAGACAGTAAATTAAC[T/G]AACTATAGGCTTTGGTCCCACTATCATGTATGAAAGATTAATTTGCCATTGTTTATGGAA
rs3011	12	TGTGTTTATAGGATGCGCTTGTGTGTATGCATAAGTGGGTTGTGTAAGTGTGGTCTGTGT[T/C]GAGTGTCTGCATCCCAGTGTACATTCGCCAAGACGAAAAGAAGAATGAGCACACCAAATT
rs3012	12	ATGATGCCTATGAATATTGTTGCCTCCCAAGTTTCATTGTTGTCCTCATGTTCACTCAAA[T/C]CGTCAATGACATATCATGTAGGCTTGGTAAGCATTAGGAACACCAAATCTAAGGTAACTC
rs3013	12	GGTGGCCAAGCATCCCTTGACGGGGAAGCAAGAGGGACATAAGACTGGAATCAAAGTACA[A/C]AAATAATTAAGGCCCGTTCAACCTAGAATTTTAGAAATAATGGGAGCTCAAATAATGTTT
rs3014	12	AATCAAGCTAGTTGCTTTGCAATTTCTAACAGCTTCCCCACTACAAAAAGAGGCAGTATT[T/C]AGGTAGCTAAATCTTGCTGGTTTACTACATTTTAGGCTGGTTTCTATCTCAACTGGCTAG
rs3015	12	ATGGATGATTTACGTGCTGATCGATGTCATGCTCACATCGTACTAACATCGTCCCAAAAT[A/G]TTGCTACCCTAGTTCTCGATAGGACATTTCAAATCCAGTCTTATTATAAAGTTATAATCC
rs3016	12	TGCACACAAGATTACGTTAATAGTAAATTTCAACCATAATAGGTTAATCCGCACCGCACC[A/G]CAGTTCGATCTCCCTCACTTTTGTTTTCCTCTTATTTTCTCCATCGCGCGCCTGATTCGT
rs3017	12	ACAGCCGATAGCAAGGAGAAAATCACCAAGCTGCTGGTCGACATCTTCTTCACTAAAGAA[A/C]ACAAGGACGCCTCCACGAGACAATTGGCAGGTGAAGCACTGGCAATGCTTTCCGTCGACC
rs3018	12	TACGTGCTGAATTGCACGCACTCCCAAGTCCTCGATAAAACTACAGATTTCAATCATGGA[A/G]TGGACGATGATTTATGAAAGACTCATCGTCGGTCGGCTCGGTCAGTCAATCTTTGATATT
rs3019	12	AGGGTTAGGCCCAGATCGATCTCGTGATCTGTGAGGTAGGGGATACGGCGATGTTGGTGG[T/C]GGATTACATCCAGATCAACGGTTTGACGGGATTCGATGGGTGGATTAGCATCGGTGAATG
rs3020	12	TTATATGTAGTAGTCCTTATGGTAGAATTTGTCACTACTGTAATTTATCAACAACTGATG[A/G]AATGAAGAGGCATCATCATCTGTTGAAAATATTGCCTGGCAGCTTAAATGGAGCTTTGAC
rs3021	12	GACGGAGGAAGTAATTATTTCAGAATAAAAATTGTCAAAAAATAAAGATTGGCAAAACAG[T/C]AGTACCTGCACTTTTCAGAGCAGTTGACCACTGTAGTACAATGTGATGAGGGAAACAGTA
rs3022	12	CTATGCACATCGTCGAGCAGCCTGTAGCTGCTGCTCATGGAAGAAGATTAGTTCTACGGC[A/C]TGTAGCTAGCTTAATTTATTATGGGCATGGTTCGTGGTTTTGATTTTATGCGATTAATGT
rs3023	12	TGAGCTAGTGAAACTTGCCTGCAACGACGAAGCTGCTTGCTAGCCATGCATCCAGCAAGC[T/C]AACCAAATTAACGCCAAGATATTCGCTGCCTACTTAATTAATTTGGCGAGGCAAAGGGCT
rs3024	12	CCCGGCCCAAAAAGTTCCAGGTTCAAAACAAGGCTTGGGCCCTTTTTTGGCAAAATCACA[T/C]AAATTTTTGTAACCATGCAATTTGCTATGTGATTCATTCTCGTCTTTATCTCTGGCAAAC
rs3025	12	GCATACTGTGTGGCCTGCATTTGGTTGACACAGATTTGAACTGATGCACCTCAGAAGATA[T/C]ATGTGTTTGTTACTGTGTAGAATGTAATTATCCAGTACTTGCAGTTATTTTTTTGTTCAA
rs3026	12	TGTGATGAAACATTGAAACTGCAACTAACTCTTGAACAATCTCAAGCTTTGATGAACACA[A/G]TACAGTTCCCGGCTGCTGTGGTTACGTCCACGTCAAGAGTCCCTAAAACGGCACGGCAAA
rs3027	12	TGCCCATAAAGTGAGCTTTATTATTTCCAAATTGATGTATAGTTGATGTCACCACTGGAG[A/C]GATGTCATCTTATTCTTTGTTTGCACCACATGCCTAGTGCTTTGCACAAATTGGGGAAGA
rs3028	12	TCCTTGAAGTCATTGGATGCAGCTGATCTAAAAGACCAATGCACTAAATTTGCACAAACT[T/C]TCTCTTTGGATGGTTCCTCGGATGTTGATATAAATGACCTAATTTCTGAATTAGGTGTTA
rs3029	12	AATTCAAAGCTATAGACAATATCCACTACAAACAACACACAAGAAAGTGAAAGACATGAT[T/C]ATATGGTTGTCCCAACTAATCCACAACAAATCTTGCTTTTACCATGGAGAAAGACATGAT
rs3030	12	AATTTCAGATTACAACAAAATATACTACAAATATCAGGTGCATTCATGTGTAATTTGAAA[T/C]TGATTTGTGTTTTTCGCAGGCGCGTCGAAGTGTCTGAGAAGGCTGAAGAATCCGGTGAGA
rs3031	12	GCCGAATGCATGTGTGTACTCATGTTTACAGGTAGAGAGATGGGGCCAAAAGCTAGGATG[T/G]TGTAGTTGTGTACGTGTGGTCACCAACCGGGAGATATGCAAAGAACCATCGAGTGTGCCT
rs3032	12	ACTTTCTCTGTGCTGTGCATCAATGTTGCCCCCATGTCAGTGTTCTGTTTTATTTTCATC[T/C]TTTTGCCCTTAATATCTGTTTCACTCAGAGTGTTTCATGAAACGCCATATTTTCAATTTG
rs3033	12	CTATGTTCATATATCTGAAGACACATCTACCAAGCATGCCCAGTTAACATGTTCTTAATT[T/G]CCAGGGTTGTGGCAAGCAAGTTTCACTAACAAGAATGTGACACCTATTTATACAATAATG
rs3034	12	TCCTACTACTGCGGTAAATTCGACGATCAATCGAGACTGCTGAGATGATGAACTGGTCAT[A/G]AACTCTCTGTAATGTTAGTGAATAATGGATGTGAAGATCGAATGAACATTTGGATATCTG
rs3035	12	TTTACATTTAAGTGCAGTAATTCAGCTTTCCTTTGTCATATTTTGTTGCGCCAAACTTAG[T/C]TATGCCTTTTTATCATTATTTTCTTAATTCCAAGTTTACTTATAGTTTACCAAACCCTTG
rs3036	12	AATCTTGGAATGGATCGCTTCGTTTTATTGATTACTGAGCGAGATTTATTATGTTTTGAG[A/G]ACTGGATTTATCATGCCATTCACTCATTAATTATCTGATTAACTTGCATGTCCTGCTGAT
rs3037	12	TTCTCTTGTTAACCAATCAAATTGGTGAACACCTTTCACCTCAACAATGGCAGGAGAAAG[A/G]GTATTCAAAGCAAACCATGAGTGCATAGCAGGATAGGTCTTCTTGTCAGTGATGACATGG
rs3038	12	ATGAATATTGGTATCAGCCTTCATGTTTTGCTGTTTCATCTCAACAAGGTCCCTGAGATC[A/G]GCAACGCTAAGATCAGGCTTCCTTTTTTGCTTTTGAATCACATCAGACTCATCAACACAA
rs3039	12	GTGAGTGTGCTTGTTGCACCTATTTGTGCTTGCGATGTTCAATGTAAGTTTAATAACATT[A/G]TTGTTCTCTTTATCTTTAATTTTATTCCGGGCCGTCGATAAGGGTGTTCAAGCTGGAACA
rs3040	12	CTCTGGAAGTTGAGTAGAGGAAGAGAGGAACAGACAACAGAAACAAGCAAGCATCTTGGT[T/G]GTTGTTTTGGATACATATACAAGGTTAGTTAGTTGGTTAGTTACTTGTTCTTTGTGGTAG
rs3041	12	AAAAGGGTAGCTTAGGTAGCTGTGCTTTTTGTAAGGCCCAAAGTACAGTGTGAGTTTCCT[A/G]GCCCATGTAGGATAGGCCTTTGCACTTTGGAAGCCCAATGTTGCACTTCTTGCTTCAAGA
rs3042	12	TTTTGGAGCGGCTTTCAAATTAAATTAGTAAGACAAGATATCTCCAAACCCCCTGGAGCA[T/C]CACAAGTGCTATATGCGACATGACCATTAATTTGGAATACATTTTGAGATGCCATCGATC
rs3043	12	CAAATCTTGGTCTAAACGTCAAATATCTATAACCGGAGGGGAGTAGTTCAAAAATTTTGA[T/G]CTTTTCGAAGCATGTGTCATGTCGTCAATGGGGGGATGTGGTGAAACATACCTTGAGAT
rs3044	12	TTTTTCTCTAGGTCTTGTCTTGCAAACTAGGATAAAGATACAAGTTAGTAGTACAAGAAA[A/C]AGTAAAGGTGAAAGTCTTGTGTTCTTTTCCCTGCGATTTCTTCTGAAAAAGGTCGCCATT
rs3045	12	TGGGTGCTGTACTTGTTTCTGCTTTTGAGGTAAGACCAAGGCCCAAAAATGTAATCAGAT[A/C]TCTTTTGTTATGTTTTATCTTTTGTTGTTTCTAATGTGTGTTATCTCATGTAGTCCACTG

表 C.1（续）

序号	染色体	序列
rs3046	12	AACATCAGCATGAACACGCAATGATGATAGCATCTAGTAACACTGATCATCAGGTTTCAA[T/C]TTTCACCTGTAAGAACAAAACAAGAACCATGAACAATAACTTCTCAAGGAAATTATTAAA
rs3047	12	TCCTTGGCTCAAAAGGGAGAGCAAGCGAAAGGAAGCACAAACCTTAAACACCCCAAAATT[A/G]AAACTTTAGTTTGAACAAGAGGTCGAAAGAGTAATGACAATTGACTATAGTAACAAACAA
rs3048	12	GTTCCAAGATATGTTTTTTCAAATGAGTCTGCTACTGCAGTTGCTGTTCGCCAATGTTTC[A/G]TTGAGGTGCTTCGCTTTTGCTCTGATCTTCTGACATGTTTAATATTTTACAATTACACTC
rs3049	12	GTTTTTGAAATGCCTACAGACCCTGAGAGAAGAGGTGTTACCAGTTTCACTGTCAAGTAT[T/G]CTATTACACATAACATTGTGTTTTGACTGATCGCTGAAACATCTTTGTCTGCAGGGTTCA
rs3050	12	CTTCGATTGCACCAAGCAGTTGATTAATTAATCGTGGGAGGGTAGCTTGTGTACGTAGAG[A/G]CGGTATGCTTTGCTACCTATCGAACTATAAGTCCGCATAGGTGCACGTTTTCATTAAGTG
rs3051	12	ATCCAAATCTTTTTACATACGGATGTTCTTTTAGTCCGCCTACAATTAAATAGACGGTCC[A/G]TAAAATTCGTTTTTGTACGTAGTTGGGTGGGCTAGCATGTACCAATTGTACTATAGACAT
rs3052	12	CGGTGGCGGCTCGGTCCGATTGGACGCAAGAGATTATCAAATTGGTTCCTGAGTTCATCC[T/G]GTTCTTGAGAGTGTTCTTGAGCTGTTCTTGAGAGTGTTCTTGAGTTGGGAGTTGTAGAGC
rs3053	12	AAACCCGGTGAAGACAGTAGAGCAGCAGCAGCAGCAAAAGAGGAGCCAAAGATGTTGGCA[A/G]CAGCAGCAGAAGGATATGGTGGACCAAAACAAGAAGCCGACACGAAGAATATGAGGGGCA
rs3054	12	ATAACAATTTTGAACAAACAGTTGATTTCATTAACTGACAGTGACAGGAGCATGTACATC[A/G]TTTAGATTACTTTTTACATCATTATCAAAAAGAAGATTACCTTTTACATTGTCTAACTCA
rs3055	12	GTTAGACAGTGCCAGGAAATCATTGATCTTGGCTCATGGCAAATCATTGCCTTACCAAGA[A/G]CTCCCTGTGACCCTATTCCTGCATAATCAGGTTATCAATAAAGTTTGATGTTATTTTGTG
rs3056	12	CTGCAAAAGTTTTTATCCAATGTATTTACTGAATGCAAGAAAAACTGTAGGTGTGACGTG[A/C]CTTCTATTTTTTAATTGGTTTCAGAATTTGTTTAAGAAATGCCAATATAAAAATGTAGAA
rs3057	12	AAAGTTGAGCTCTTCGACCTTTTCGTGACTACCATGAGAAGAAAACACACCAGATTCTGA[A/G]GCTGATACAACACTGTAAATAGTACTGAGTTCATCTCGCAGTGCGGCAATCTTAGATATC
rs3058	12	ATATTCTTCTTGGTAATGGCTGCTAATTTCCATCTTCTCGAGAAAAGCATATGCTCATGT[A/G]ATGGCAACATGATGGAGAAGACATGCCTGGATTGTAATAGGCCTATCAAAATCAGGTTCA
rs3059	12	GTGATGTTGGTGGTTTCTATCTTGGCTAATGGAAGCTTGCCAAGTGACAAGAGAAATGAA[T/G]CAACAAGAAGCTACTATAGAACAAAACCCCTAACTTTGAGATGAGGTAACAGTACTTTAA
rs3060	12	AGTGTTTTACATACGTATTATCTCTATTATCTCTCATAATTAAACAGTTTATGGTACCAA[T/C]AGTTTCCTTCAGTAAACAAGCACTACTCCTAGGTAGTTAGTATAGGTACATGAGGAATTA
rs3061	12	CAAATTTTAAAGCAAGACGAAAGGGATAAACTTCAGGGCATGACACACGTGCACCATAAC[T/C]AATAGATTCTAGTTGAGAAGATGGATTTTTTTTCTAAAAATATACGTTTTTTTGACCGA
rs3062	12	CCGGAAACAACCACAAATAACCGATTTTTCAGACATAATCCACCACCCTAACATGACAAG[A/G]TGATAAATTTCAGTAGAGCTTCACCTATCCTTGACGCTGGAGCATGGCTCCATGGACTCG
rs3063	12	CCAAGACATGCCAAGCACTCAACTAGGAATTAAACAGGAGGCAAAGGGATGATACTCAAC[T/C]GAGTTGTCTTCATCAAGTTGAGAGCATGTGATGCGCTGTTATTCACAAGTTCCGGGTGTC
rs3064	12	TAGCAGAACAATGCATGGTCCATCATGAGAAATATTTTGAGACTATACAGCCATGAGAAT[T/C]GAGATTCTTAACTAAATACAATCAACCCTAATTCAAGATAGTCTGCCTATGGGTAATCAT
rs3065	12	AGCTGGCTGGCCTCCTCTCTCATGTCGATTCATCCGTGACATCCATGTATCCTCCTCGAT[T/C]TCAAATTCTCAAATCAGATTCTTTGTTCGCTGTCTCGTCCATATGATTGATGTCTTTGCC
rs3066	12	ACCACCATTAGCATTAGAACTAGAATTAGCATTAGCAAGCACAGGATTAGGATTAGATTT[A/G]GTTGGGAGTAAATTGGTTACTGCGTGGAGCAATCGAAGCCGAGGAAGAGGGAGTCGTCGG
rs3067	12	AACCAACCAACCAACCAGCCAACAAAAAGTCTCATCAAAAAAATGAAAACAAGCAGAAAC[A/G]CTGTAGACAGTAAGCTTGTGATTGTAACCACAGCTGCTGCTTTTCTTTCCTGCCACTGCC
rs3068	12	GCTTGTTCATCCTGCACACCACACTAGCAGTGGAGTAAAACTGTAAAAAGTATTTCAGAT[A/C]TTTGATTTTTGCTTGGTGGTGAGAGATAAATAAAAGACAAGTCGTCTGCAACCCTGCATC
rs3069	12	TGATCTTGTTGTTCATTTACTTTTCCAGTGCACAAAATTTGGTTGGTTATCTCATTATAC[T/C]ATCACACATCTCCTTGCATATTAGAGCATAAGCTGAACAGTGTGGACTGGAAACTTTTGT
rs3070	12	TCATTTGTTGGTTTATTACTTGTGTGATTGGAAATGTATCCAGCACTCCAGCATGCATGC[A/G]TTCTATAATTTATGCTAACAGAAGGTCTATTGTGCTTCTGGTGAACAACTTTGAAGAGAA
rs3071	12	TGAAGGCAAGCTTTTGTATTTCTAAGACATACAGAACTTAATTTCATCAAATTTGGTAAA[A/G]TTGTCAAGATATGTGACCACTATGTGCACTTTGCATGCAGTACATCATTTGCATTTTTGA
rs3072	12	TGTGCCTGCACCCCTCTTTGGTCCAGCTGCTTGATCACTCCCATGGATTTCATTTCTTTC[T/C]TTCCCTGATTTTAATAAATCTATTAACCAGCCATTCACTCGATCAGTTCTTAGTCTAAAC

ICS 65.020.20
B 05

中华人民共和国农业行业标准

NY/T 2746—2015

植物新品种特异性、一致性和稳定性测试指南　烟草

Guidelines for the conduct of tests for distinctness, uniformity and stability—Tobacco

(*Nicotiana tabacum* L.)

(UPOV: TG/195/1, Guidelines for the conduct of tests for distinctness, uniformity and stability—Tobacco, NEQ)

2015-05-21 发布　　2015-08-01 实施

中华人民共和国农业部　发布

目　　次

前　言

本标准按照 GB/T 1.1—2009 给出的规则起草。

本标准使用重新起草法修改采用了国际植物新品种保护联盟(UPOV)指南“TG/195/1,Guidelines for the conduct of tests for distinctness,uniformity and stability—Tobacco”。

本标准对应于 UPOV 指南 TG/195/1,与 TG/195/1 的一致性程度为非等效。

本标准与 UPOV 指南 TG/195/1 相比存在技术性差异,主要差异如下:

——增加了“叶:主脉粗度”、“叶:茸毛”、“叶:叶片厚度”共 3 个性状。

本标准由农业部种子管理局提出。

本标准由全国植物新品种测试标准化技术委员会(SAC/TC 277)归口。

本标准起草单位:华南农业大学、广东省烟草南雄科学研究所、农业部科技发展中心。

本标准主要起草人:陈建军、吕永华、杨扬、邱妙文、任永浩、雷佳、赵伟才、李春兰、饶得花、王维、邓世媛。

植物新品种特异性、一致性和稳定性测试指南
烟　　草

1　范围

本标准规定了烟草(*Nicotiana tabacum* L.)新品种特异性、一致性、稳定性测试的技术要求和结果判定的一般原则。

本标准适用于烟草新品种特异性、一致性、稳定性测试和结果判定。

2　规范性引用文件

下列文件对于本文件的应用是必不可少的。凡是注日期的引用文件,仅注日期的版本适用于本文件。凡是不注日期的引用文件,其最新版本(包括所有的修改单)适用于本文件。

GB/T 19557.1　植物新品种特异性、一致性和稳定性测试指南　总则

YC/T 142　烟草农艺性状调查测量方法

3　术语和定义

GB/T 19557.1 界定的以及下列术语和定义适用于本文件。

3.1

群体测量　single measurement of a group of plants or parts of plants

对一批植株或植株的某器官或部位进行测量,获得一个群体记录。

3.2

个体测量　measurement of a number of individual plants or parts of plants

对一批植株或植株的某器官或部位进行逐个测量,获得一组个体记录。

3.3

群体目测　visual assessment by a single observation of a group of plants or parts of plants

对一批植株或植株的某器官或部位进行目测,获得一个群体记录。

3.4

个体目测　visual assessment by observation of individual plants or parts of plants

对一批植株或植株的某器官或部位进行逐个目测,获得一组个体记录。

4　符号

下列符号适用于本文件:

MG:群体测量。

MS:个体测量。

VG:群体目测。

VS:个体目测。

QL:质量性状。

QN:数量性状。

PQ:假质量性状。

*标注性状为 UPOV 用于统一品种描述所需要的重要性状,除非受环境条件限制性状的表达状态

无法测试,所有 UPOV 成员都应使用这些性状。

(a)～(d):标注内容在 B.2 中进行了详细解释。

(+):标注内容在 B.3 中进行了详细解释。

__:本文件中下划线是特别提示测试性状的适用范围。

5 繁殖材料的要求

5.1 繁殖材料以种子形式提供。

5.2 递交测试的烟草种子数量至少为 2 g。如果是杂交种,必要时还需提供亲本种子各 2 g。

5.3 提交的繁殖材料应外观健康,活力高,无病虫侵害。繁殖材料的具体质量要求如下:

递交的种子的质量要求净度≥99%,发芽率≥90%,含水量≤8%。

5.4 提交的繁殖材料一般不进行任何影响品种性状表达的处理。如果已处理,应提供处理的详细说明。

5.5 提交的繁殖材料应符合中国植物检疫的有关规定。

6 测试方法

6.1 测试周期

测试周期至少为 2 个独立的生长周期。

6.2 测试地点

测试点的条件应能满足测试品种植株的正常生长及其性状的正常表达。测试通常安排在同一个地点进行,如果同一个地点不能观察到某个品种的一些重要性状特征,这个品种可安排到其它符合条件的地点进行测试。

6.3 田间试验

6.3.1 试验设计

申请品种和近似品种相邻种植。

以穴栽方式种植,每个小区不少于 40 株,设 2 个重复。

6.3.2 田间管理

按当地大田生产管理方式进行。

6.4 性状观测

6.4.1 观测时期

性状观测应按照表 A.1 和表 A.2 列出的生育阶段进行。生育阶段描述见表 B.1。

6.4.2 观测方法

性状观测应按照表 A.1 和表 A.2 规定的观测方法(VG、VS、MG、MS)进行。部分性状观测方法见 B.2 和 B.3。

6.4.3 观测数量

除非另有说明,个体观测性状(VS、MS),植株取样数量不少于 20 株,在观测植株的器官或部位时,每个植株取样数量应为 1 个。群体观测性状(VG、MG)应观测整个小区或规定大小的混合样本。

6.5 附加测试

必要时,可选用表 A.2 中的性状或本文件未列出的性状进行附加测试。

7 特异性、一致性和稳定性结果的判定

7.1 总体原则

特异性、一致性和稳定性的判定按照 GB/T 19557.1 确定的原则进行。

7.2 特异性的判定

申请品种应明显区别于所有已知品种。在测试中，当申请品种至少在一个性状上与近似品种具有明显且可重现的差异时，即可判定申请品种具备特异性。

7.3 一致性的判定

对于测试品种进行一致性判定时，采用 1%的群体标准和至少 95%的接受概率。当样本大小为 40 株时，最多可以允许有 2 个异型株。

7.4 稳定性的判定

如果一个常规品种具备一致性，则可认为该品种具备稳定性。一般不对稳定性进行测试。

必要时，可以种植该品种的下一代种子，与以前提供的繁殖材料相比，若性状表达无明显变化，则可判定该品种具备稳定性。

杂交种的稳定性判定，除直接对杂交种本身进行测试外，还可以通过对其亲本系的一致性和稳定性鉴定的方法进行判定。

8 性状表

根据测试需要，将性状分为基本性状、选测性状，基本性状是测试中必须使用的性状。烟草基本性状见表 A.1，选测性状见表 A.2。

8.1 概述

性状表列出了性状名称、表达类型、表达状态及相应的代码和标准品种、观测时期和方法等内容。

8.2 表达类型

根据性状表达方式，将性状分为质量性状、假质量性状和数量性状 3 种类型。

8.3 表达状态和相应代码

8.3.1 每个性状划分为一系列表达状态，为便于定义性状和规范描述，每个表达状态赋予一个相应的数字代码，以便于数据记录、处理和品种描述的建立与交流。

8.3.2 对于质量性状和假质量性状，所有的表达状态都应当在测试指南中列出；对于数量性状，为了缩小性状表的长度，偶数代码的表达状态可以不列出，偶数代码的表达状态可描述为前一个表达状态到后一个表达状态的形式。

8.4 标准品种

性状表中列出了部分性状有关表达状态相应的标准品种，以助于确定相关性状的不同表达状态和校正环境因素引起的差异。

9 分组性状

本文件中，品种分组性状如下：

a) * 植株：高度(表 A.1 中性状 2)。
b) * 植株：叶数 (表 A.1 中性状 4)。
c) * 叶：形状 (表 A.1 中性状 14)。
d) * 叶：主脉背面颜色(表 A.1 中性状 22)。
e) * 开花期(50%的植株至少有 1 朵花开放)(表 A.1 中性状 24)。
f) * 花：花冠颜色(表 A.1 中性状 30)。
g) * 花：雄蕊发育程度(表 A.1 中性状 31)。

10 技术问卷

申请人应按附录 C 给出的格式填写烟草技术问卷。

附 录 A
(规范性附录)
烟 草 性 状 表

A.1 烟草基本性状

见表 A.1。

表 A.1 烟草基本性状表

序号	性 状	观测时期和方法	表达状态	标准品种	代码
1	植株:形状 PQ (+)	32 VG	圆锥形		1
			筒形		2
			椭球形		3
			倒圆锥形		4
2	*植株:高度 QN (+)	34 MS	极矮	心叶烟	1
			矮		3
			中	K326	5
			高		7
			极高		9
3	植株:主茎颜色 PQ (+)	32 VG	白绿色	鄂烟 1 号	1
			浅绿色		2
			中等绿色	NC89	3
			深绿色	青梗	4
4	*植株:叶数 QN (+)	32 MS	极少		1
			少		3
			中	K326	5
			多	革新 5 号	7
			极多		9
5	植株:腋芽生长势 QN	32 VG	极弱		1
			弱		3
			中	K326	5
			强		7
			极强		9
6	叶:类型 QL (a) (+)	32 VG	无柄	中烟 90	1
			有柄	青梗	2
7	*叶:叶茎夹角 QN (a) (+)	32 VG	小锐角		1
			中等锐角		2
			直角		3
8	*叶:叶片长度(包括叶耳) QN (a)	32 MS	极短	沙姆逊	1
			短	青梗	3
			中	K326	5
			长		7
			极长		9

表 A.1 （续）

序号	性　　状	观测时期和方法	表达状态	标准品种	代码
9	＊叶:叶片宽度 QN (a) (+)	32 MS	极窄		1
			窄	长脖黄	3
			中	K326	5
			宽	中烟 100	7
			极宽		9
10	＊叶:长宽比 QN	32 MS	极小		1
			小	中烟 103	3
			中	K326	5
			大	长脖黄	7
			极大		9
11	叶:主脉粗度 QN (a)	32 VG	细		3
			中	K326	5
			粗		7
12	叶(仅适用于无柄叶):叶片基部宽 QN (a) (+)	32 VG	极窄		1
			窄	G28	3
			中	K326	5
			宽	鄂烟 1 号	7
13	叶:主脉与侧脉夹角 QN (a) (+)	32 VG	小锐角	长脖黄	1
			中等锐角	K326	2
			直角		3
14	＊叶:形状 PQ (a) (+)	32 VG	披针形		1
			长椭圆形		2
			椭圆形		3
			宽椭圆形		4
			卵圆形		5
			倒卵圆形		6
			心形		7
			圆形		8
15	叶:叶尖形状 QN (a) (+)	32 VG	极尖		1
			尖		3
			中等尖		5
			微尖		7
			钝		9
16	叶:横截面形状 PQ (a) (+)	32 VS	凹	K326	1
			平	鄂烟 1 号	2
			凸		3
17	叶:纵轴方向弯曲程度 QN (a) (+)	32 VG	直		1
			轻度弯曲		3
			中度弯曲		5
			极度弯曲		7
18	叶:叶片皱褶程度 QN (a) (+)	32 VG	无或极弱		1
			弱		3
			中		5
			强		7
			极强		9

表 A.1（续）

序号	性　　状	观测时期和方法	表达状态	标准品种	代码
19	叶：叶缘波状程度 QN (a) (+)	32 VG	无或极弱		1
			弱		3
			中		5
			强		7
20	叶：叶耳发育程度 QN (a) (+)	32 VG	无或极弱		1
			弱		3
			中		5
			强		7
			极强		9
21	* 叶：叶片颜色 PQ (a)	32 VG	白绿色		1
			黄绿色		2
			浅绿色	金星 6007	3
			绿色	K326	4
			深绿色	青梗	5
22	* 叶：主脉背面颜色 PQ (a)	32 VG	白色		1
			白绿色	鄂烟 1 号	2
			绿色	翠碧一号	3
23	叶：叶片厚度 QN (a)	32 VG	极薄		1
			薄	金星 6007	3
			中	K326	5
			厚	青梗	7
			极厚		9
24	* 开花期(50%的植株至少有 1 朵花开放) QN	32 MG	极早		1
			早		3
			中	K326	5
			晚	NC27NF	7
			极晚		9
25	* 花：长度 QN (b) (+)	32 MS	短	青梗	3
			中	红花大金元	5
			长	NC95	7
26	花：花管直径 QN (b) (+)	32 MS	小	长脖黄	3
			中	K326	5
			大	翠碧一号	7
27	花：花管膨胀程度 QN (b) (+)	32 VS	弱	长脖黄	3
			中	NC27NF	5
			强	中烟 90	7
28	花：花冠大小 QN (b) (+)	33 VS	小	青梗	3
			中	K326	5
			大	翠碧一号	7
29	花：花冠顶部尖锐程度 QN (b) (+)	33 VG	无或极弱		1
			弱	青梗	3
			中	翠碧一号	5
			强	NC27NF	7
			极强	长脖黄	9

表 A.1（续）

序号	性　状	观测时期和方法	表达状态	标准品种	代码
30	*花:花冠颜色 PQ (b)	33 VG	白色	白花 205	1
			浅粉红色	青梗	2
			中等粉红色	翠碧一号	3
			深粉红色	红花大金元	4
			红色		5
31	*花:雄蕊发育程度 QL (b)	33 VG	无或不完全		1
			完全	K326	2
32	*花(仅适用于雄蕊发育正常的花): 雌蕊相对于雄蕊长度 QN (b)	33 MS	短	RG17	1
			等长	K326	2
			长		3
33	花序:形状 PQ (c) (+)	33 VG	球形	G28	1
			扁球形	红花大金元	2
			倒圆锥形	G80	3
			二重圆锥形	翠碧一号	4
34	花序:紧密度 QN (c) (+)	33 VG	极松	青梗 C316	1
			松	NC82	3
			中	中烟 90	5
			密	V2 翠碧一号	7
			极密		9
35	蒴果:形状 PQ (d) (+)	35 VG	窄卵形		1
			卵形	K326	2
			宽卵形		3
			球形	鄂烟 1 号	4

A.2 烟草选测性状

见表 A.2。

表 A.2 烟草选测性状表

序号	性　状	观测时期和方法	表达状态	标准品种	代码
36	叶:支脉粗细 QN (a)	32 VG	细		1
			中	K326	2
			粗		3
37	叶:茸毛 QN (a)	30 VG	少	青梗	1
			中	K326	2
			多		3
38	花序:相对于上部叶位置 QL (b)	33 VG	叶间		1
			叶上	K326	2

附 录 B
（规范性附录）
烟草性状表的解释

B.1 烟草生育阶段

见表 B.1。

表 B.1 烟草生育阶段表

编号	名 称	描 述
00	干种子	
10	出苗期	50%幼苗子叶完全展开
11	十字期	50%幼苗呈十字形
12	生根期	50%幼苗第四、第五真叶明显上竖
13	成苗期	50%幼苗达到适栽和壮苗标准
20	还苗期	移栽后 50%以上烟苗成活
21	伸根期	10%烟苗从成活到团棵
22	团棵期	50%植株达到团棵标准
23	旺长期	50%植株从团棵到现蕾
30	现蕾始期	10%植株现蕾
31	现蕾盛期	50%植株现蕾
32	开花始期	10%植株中心花开放
33	开花盛期	50%植株中心花开放
34	第一青果期	50%植株中心蒴果呈青绿色达青果标准
35	蒴果成熟期	50%植株半数蒴果呈黄褐色达成熟标准

B.2 涉及多个性状的解释

(a) 腰叶和上二棚叶之间完全展开的最大叶。

(b) 中心花 5 朵～6 朵。

(c) 盛花期。

(d) 第一青果期中心蒴果。

B.3 涉及单个性状的解释

性状分级和图中代码见表 A.1。

性状 1 植株:形状,见图 B.1。

圆锥形
1

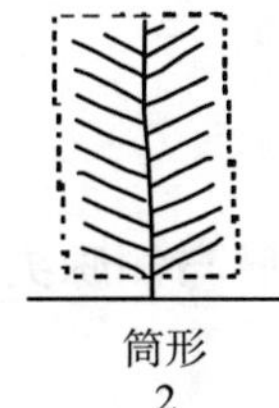
筒形
2

椭球形
3

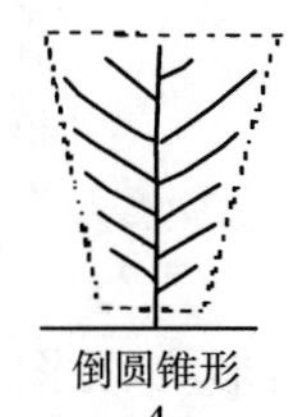
倒圆锥形
4

图 B.1 植株:形状

性状 2　＊植株：高度，米尺测量自地表茎基处至第一蒴果基部的高度。

性状 3　植株：主茎颜色，观测主茎高度 1/3～2/3 处的颜色。

性状 4　＊植株：叶数，观测自下而上至第一花枝处顶叶的叶数，长度 5cm 以下的小叶不计算在内。

性状 6　叶：类型，见图 B.2。

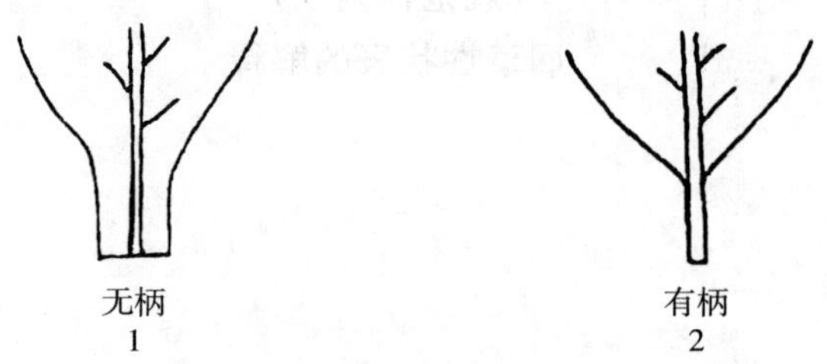

图 B.2　叶：类型

性状 7　＊叶：叶茎夹角，见图 B.3。

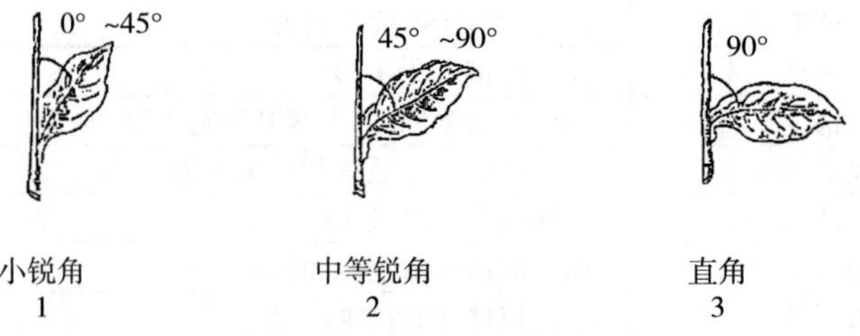

图 B.3　＊叶：叶茎夹角

性状 9　＊叶：叶片宽度，以叶面最宽处与主脉的垂直长度。

性状 12　叶(仅适用于无柄叶)：叶片基部宽，见图 B.4。

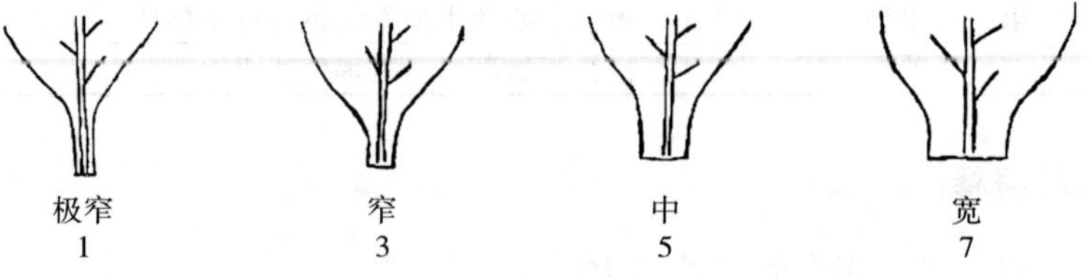

图 B.4　叶(仅适用于无柄叶)：叶片基部宽

性状 13　叶：主脉与侧脉夹角，见图 B.5。

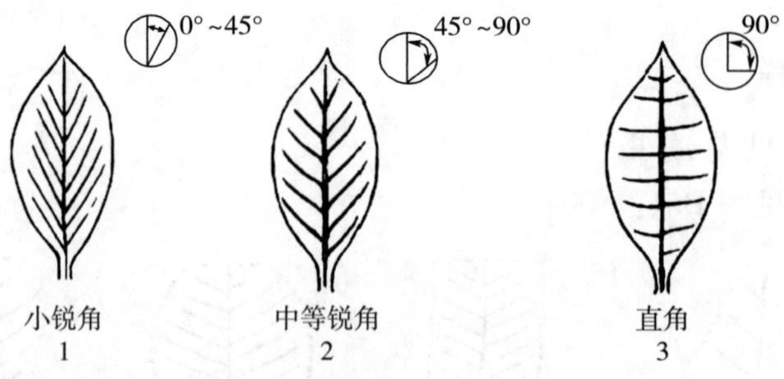

图 B.5　叶：主脉与侧脉夹角

性状 14　＊叶：形状，见图 B.6。

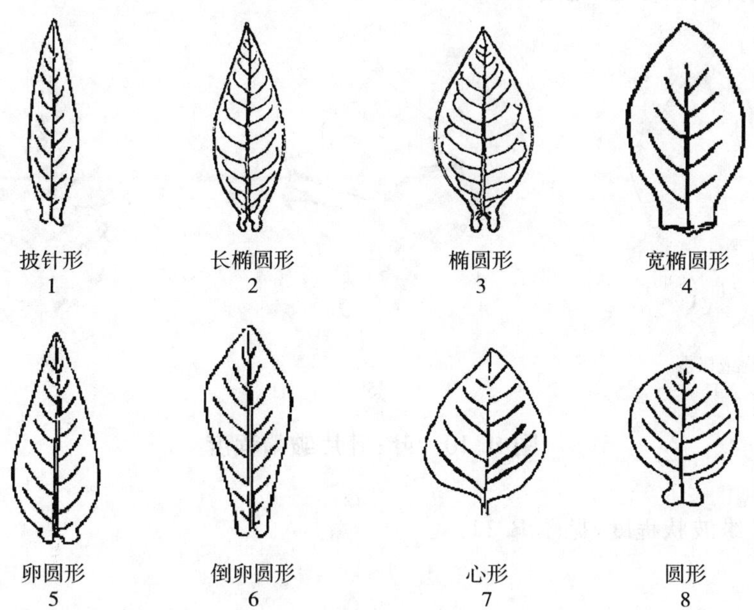

图 B.6 ＊叶:形状

性状 15　叶:叶尖形状,见图 B.7。

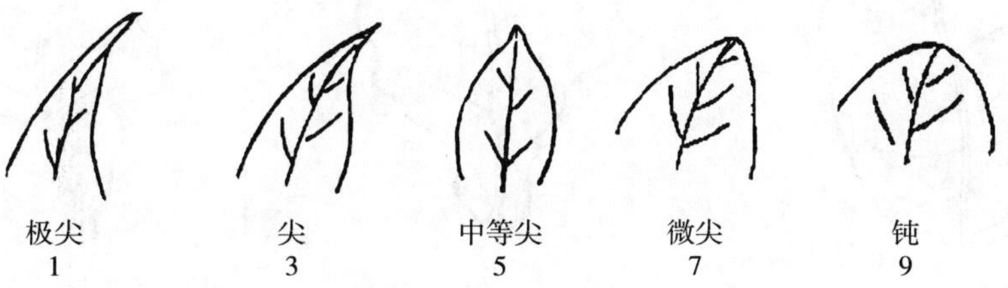

图 B.7 叶:叶尖形状

性状 16　叶:横截面形状,见图 B.8。

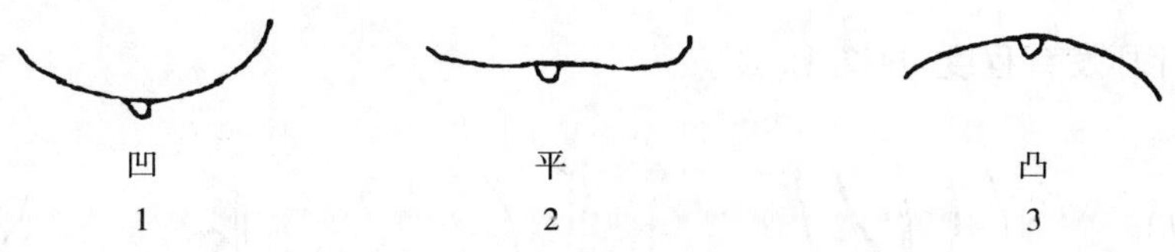

图 B.8 叶:横截面形状

性状 17　叶:纵轴方向弯曲程度,见图 B.9。

图 B.9 叶:纵轴方向弯曲程度

性状 18　叶:叶片皱褶程度,见图 B.10。

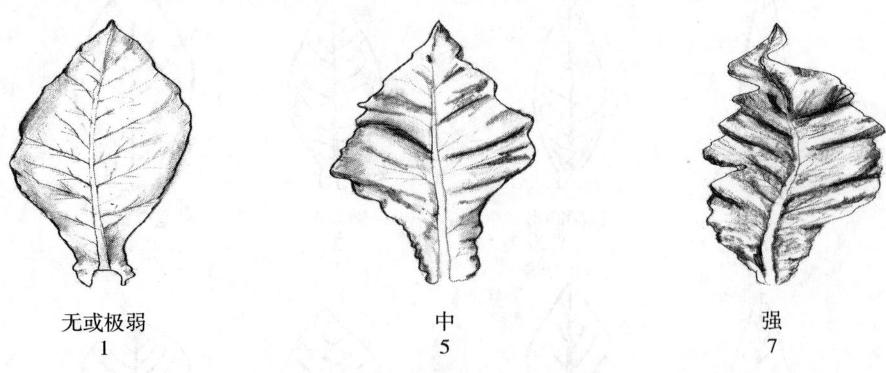

图 B.10　叶:叶片皱褶程度

性状 19　叶:叶缘波状程度,见图 B.11。

图 B.11　叶:叶缘波状程度

性状 20　叶:叶耳发育程度,见图 B.12。

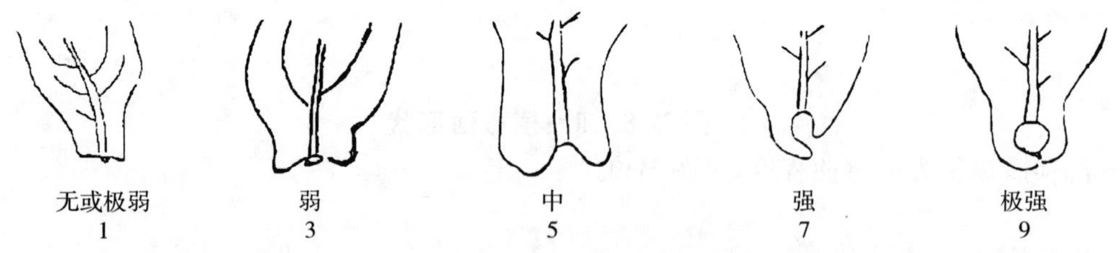

图 B.12　叶:叶耳发育程度

性状 25　＊花:长度,见图 B.13。

性状 26　花:花管直径,见图 B.13。

性状 27　花:花管膨胀程度,见图 B.13。

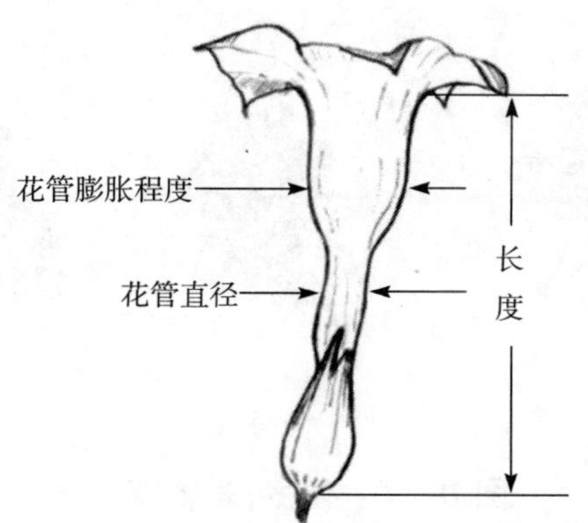

图 B.13　*花:长度;花:花管直径;花:花管膨胀程度

性状 28　花:花冠大小,见图 B.14。

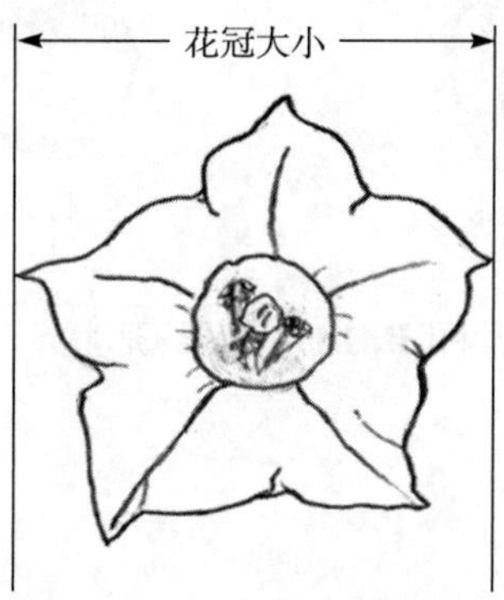

图 B.14　花:花冠大小

性状 29　花:花冠顶部尖锐程度,见图 B.15。

图 B.15　花:花冠顶部尖锐程度

性状 33　花序:形状,见图 B.16。

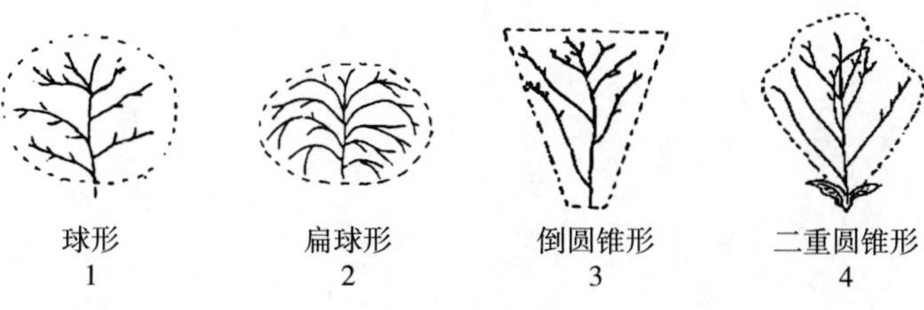

图 B.16　花序:形状

性状 34　花序:紧密度,观测主花序的开张情况,见图 B.17。

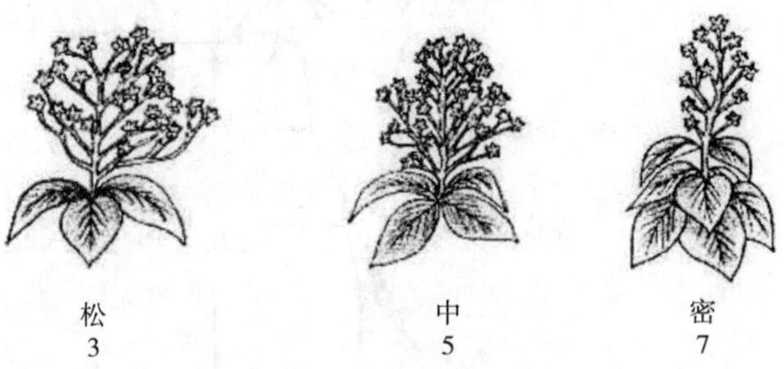

图 B.17　花序:紧密度

性状 35　蒴果:形状,观测中心蒴果的形状,见图 B.18。

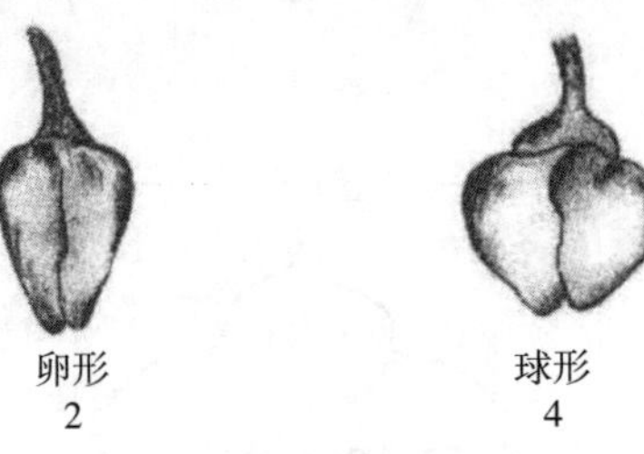

图 B.18　蒴果:形状

附　录　C
（规范性附录）
烟草技术问卷格式

烟 草 技 术 问 卷

申请号：
申请日：
（由审批机关填写）

（申请人或代理机构签章）

C.1　品种暂定名称

C.2　申请测试人信息

姓名：
地址：
电话号码：　　　　　　　　　传真号码：　　　　　　　　　手机号码：
邮箱地址：
育种者姓名：

C.3　植物学分类

拉丁名：____________________
中文名：____________________

C.4　其他有助于辨别申请品种的信息

（如品种用途、品质抗性，请提供详细资料）

C.4.1　烟草类型

C.4.1.1　烤烟　[　]
C.4.1.2　白肋烟　[　]
C.4.1.3　晒晾烟(包括马里兰烟)　[　]
C.4.1.4　香料烟　[　]

C.4.2　抗病虫性

C.5 申请品种的具有代表性彩色照片

（品种照片粘贴处）
（如果照片较多，可另附页提供）

C.6 品种的选育背景、育种过程和育种方法，包括系谱、培育过程和所使用的亲本或其他繁殖材料来源与名称的详细说明

C.7 品种适于生长的区域或环境以及栽培技术的说明

C.8 品种种植或测试是否需要特殊条件

在相符[ ]中打√。
是[ ] 否[ ]
（如果回答是，请提供详细资料）

C.9 品种繁殖材料保存是否需要特殊条件

是[ ] 否[ ]
（如果回答是，请提供详细资料）

C.10 申请品种需要指出的性状

在表C.1中相符的代码后[ ]中打√，若有测量值，请填写在表C.1中。

表C.1 申请品种需要指出的性状

序号	性 状	表达状态	代 码	测量值
1	*植株:高度(性状2)	极矮	1[ ]	
		极矮到矮	2[ ]	
		矮	3[ ]	
		矮到中	4[ ]	
		中	5[ ]	
		中到高	6[ ]	
		高	7[ ]	
		高到极高	8[ ]	
		极高	9[ ]	

表 C.1 (续)

序号	性　　状	表达状态	代　码	测量值
2	*植株:叶数(性状 4)	极少	1[　]	
		极少到少	2[　]	
		少	3[　]	
		少到中	4[　]	
		中	5[　]	
		中到多	6[　]	
		多	7[　]	
		多到极多	8[　]	
		极多	9[　]	
3	*叶:叶片长度(包括叶耳)(性状 8)	极短	1[　]	
		极短到短	2[　]	
		短	3[　]	
		短到中	4[　]	
		中	5[　]	
		中到长	6[　]	
		长	7[　]	
		长到极长	8[　]	
		极长	9[　]	
4	*叶:形状(性状 14)	披针形	1[　]	
		长椭圆形	2[　]	
		椭圆形	3[　]	
		宽椭圆形	4[　]	
		卵圆形	5[　]	
		倒卵圆形	6[　]	
		心形	7[　]	
		圆形	8[　]	
5	*叶:主脉背面颜色(性状 22)	白色	1[　]	
		白绿色	2[　]	
		绿色	3[　]	
6	*花:长度(性状 25)	极短	1[　]	
		极短到短	2[　]	
		短	3[　]	
		短到中	4[　]	
		中	5[　]	
		中到长	6[　]	
		长	7[　]	
		长到极长	8[　]	
		极长	9[　]	
7	*花:雄蕊发育程度(性状 31)	无或不完全	1[　]	
		完全	2[　]	
8	*花(仅适用于雄蕊发育正常的花):雌蕊相对于雄蕊长度(性状 32)	短	1[　]	
		等长	2[　]	
		长	3[　]	

C.11 申请品种与近似品种的明显差异性状表达状态描述

在自己知识范围内,申请测试人列出申请测试品种与其最为近似品种的明显差异。见表 C.2。

表 C.2　申请品种与近似品种的明显差异性状表达状态描述

近似品种名称	性状名称	近似品种表达状态	申请品种表达状态

ICS 65.020.20
B 05

中华人民共和国农业行业标准

NY/T 2747—2015

植物新品种特异性、一致性和稳定性测试指南　紫花苜蓿和杂花苜蓿

Guidelines for the conduct of tests for distinctness, uniformity and stability—Lucerne

(*Medicago sativa* L. & *Medicago varia* Martyn)

(UPOV:TG/6/5, Guidelines for the conduct of tests for distinctness, uniformity and stability—Lucerne, NEQ)

2015-05-21 发布　　2015-08-01 实施

中华人民共和国农业部　发布

目　　次

前　言

本标准按照 GB/T 1.1—2009 给出的规则起草。

本标准使用重新起草法非等效采用了国际植物新品种保护联盟(UPOV)指南“TG/6/5，Guidelines for the conduct of tests for distinctness，uniformity and stability—Lucerne”。

本标准对应于 UPOV 指南 TG/6/5，与 TG/6/5 的一致性程度为非等效。

本标准与 UPOV 指南 TG/6/5 相比存在技术性差异，主要差异如下：

——增加了“根：根蘖性”、“叶：中央小叶宽度”、“叶：中央小叶长度”、“叶：叶形”和“抗性：苜蓿霜霉病”共 5 个性状；

——删除了“抗性：苜蓿黄萎病”、“抗性：苜蓿茎线虫”、“抗性：苜蓿无网蚜”共 3 个性状；

——确定了 49 个标准品种，其中，UPOV 标准品种 31 个；非 UPOV 标准品种 18 个，其中，国外品种 3 个，国内品种 15 个。

本标准由农业部科技教育司提出。

本标准由全国植物新品种测试标准化技术委员会(SAC/TC 277)归口。

本标准起草单位：兰州大学草地农业科技学院、草地农业系统国家重点实验室、农业部科技发展中心、农业部牧草与草坪草种子质量监督检验测试中心(兰州)。

本标准主要起草人：王彦荣、余玲、唐浩、刘文献、贾喜涛、段廷玉、张吉宇、孙建华、李世雄。

植物新品种特异性、一致性和稳定性测试指南 紫花苜蓿和杂花苜蓿

1 范围

本标准规定了紫花苜蓿和杂花苜蓿(*Medicago sativa* L. 和 *Medicago varia* Martyn)新品种特异性、一致性和稳定性测试的技术要求和结果判定的一般原则。

本标准适用于紫花苜蓿和杂花苜蓿新品种特异性、一致性和稳定性测试和结果判定。

2 规范性引用文件

下列文件对于本文件的应用是必不可少的。凡是注日期的引用文件,仅注日期的版本适用于本文件。凡是不注日期的引用文件,其最新版本(包括所有的修改单)适用于本文件。

GB/T 19557.1 植物新品种特异性、一致性和稳定性测试指南 总则

3 术语和定义

GB/T 19557.1 界定的以及下列术语和定义适用于本文件。

3.1

群体测量 single measurement of a group of plants or parts of plants

对一批植株或植株的某器官或部位进行测量,获得一个群体记录。

3.2

个体测量 measurement of a number of individual plants or parts of plants

对一批植株或植株的某器官或部位进行逐个测量,获得一组个体记录。

3.3

群体目测 visual assessment by a single observation of a group of plants or parts of plants

对一批植株或植株的某器官或部位进行观测,获得一个群体记录。

3.4

个体目测 visual assessment by observation of individual plants or parts of plants

对一批植株或植株的某器官或部位逐个观测,获得一组个体记录。

4 符号

下列符号适用于本文件:

MG:群体测量。

MS:个体测量。

VG:群体目测。

VS:个体目测。

QL:质量性状。

QN:数量性状。

PQ:假质量性状。

*:标注性状为 UPOV 用于统一品种描述所需要的重要性状,除非受环境条件限制性状的表达状态无法测试,所有 UPOV 成员都应使用这些性状。

(a)～(c):标注内容在 B.2 中进行了详细解释。

(+):标注内容在 B.3 中进行了详细解释。

A:在表 A.1 中“观测时期/方法/试验区”一栏,表示穴播试验区。

B:在表 A.1 中“观测时期/方法/试验区”一栏,表示条播试验区。

C:在表 A.1 中“观测时期/方法/试验区”一栏,表示特殊试验。

5 繁殖材料的要求

5.1 繁殖材料以种子形式提供。

5.2 递交的种子数量至少 1 kg。

5.3 递交的繁殖材料外观应健康,未受到任何病虫害的影响。繁殖材料的质量至少达到下列指标的要求:

净度≥98%,发芽率≥85%(含硬实,但应注明硬实率),含水量≤11%。

5.4 递交的繁殖材料不应进行任何影响品种性状表达的处理。如果繁殖材料已处理,应提供处理的详细说明。

5.5 来自国外的繁殖材料,应符合中华人民共和国海关手续,并满足植物检验检疫的要求。

6 测试方法

6.1 测试周期

测试的周期至少为两个独立的完整生长周期(从出苗或返青到种子成熟)。

6.2 测试地点

测试通常在一个地点进行。如果某些性状在该地点不能充分表达,可在其他符合条件的地点对其进行观测。

6.3 试验设计及管理

6.3.1 试验设计

申请品种和近似品种相邻种植。

试验应在能保证植株正常生长的条件下进行;试验区应地势平坦,土壤质地及肥力等状况应基本一致。试验一般设有穴播、条播和特殊试验三种:

——穴播试验区:测试品种植株总数不少于 60 株,每品种 3 个重复,每重复不少于 20 株,株行距均为 60 cm;

——条播试验区:每品种 3 个重复,每重复 2 行,行长不小于 2 m,行距 30 cm,密度 100 株/m 左右;

——特殊试验:对性状评估的专项试验,样本大小依据测试性状而定(见附录 A 和附录 B)。

6.3.2 田间管理

可按当地大田生产管理方式进行。

6.4 性状观测

6.4.1 观测时期

性状观测应按照表 A.1 和表 A.2 列出的生育阶段进行。生育阶段描述见表 B.1。

6.4.2 观测方法

除少数性状外,绝大多数性状应在穴播试验区进行。具体性状观测方法,见附录 A 和附录 B 的规定。

6.4.3 观测数量

个体观测性状(VS、MS)植株取样数量不少于 60 个,在观测植株的器官或部位时,每个植株取样数量应为 1 个。群体观测性状(VG、MG)应观测整个小区或规定大小的混合样本。

6.5 附加测试

为了特殊目的,可以开展附加测试。必要时,可选用表 A.2 中的性状或本标准未列出的性状进行附加测试。

7 特异性、一致性和稳定性结果的判定

7.1 总体原则

特异性、一致性和稳定性的判定按照 GB/T 19557.1 确定的原则进行。

7.2 特异性的判定

申请品种应明显区别于所有已知品种。在测试中,当申请品种至少在一个性状上与近似品种具有明显且可重现的差异时,即可判定申请品种具备特异性。

7.3 一致性的判定

一致性的判定应按照异花授粉植物的判定方法进行,申请品种的一致性程度不能显著低于近似品种。

7.4 稳定性的判定

如果一个品种具备一致性,则可认为该品种具备稳定性。一般不对稳定性进行测试。

必要时,可以种植该品种的下一代种子,与以前提供的繁殖材料相比,若性状表达无明显变化,则可判定该品种具备稳定性。

8 性状表

根据测试需要,性状分为基本性状和选测性状。基本性状是测试中必须使用的性状,基本性状见表 A.1,选测性状见表 A.2。

8.1 概述

性状表列出了性状名称、表达类型、表达状态及相应的代码和标准品种、观测时期和方法等内容。

8.2 表达类型

根据性状表达方式,性状分为质量性状、假质量性状和数量性状 3 种类型。

8.3 表达状态和相应代码

8.3.1 每个性状划分为一系列表达状态,以便于定义性状和规范描述;每个表达状态赋予一个相应的数字代码,以便于数据记录、处理和品种描述的建立与交流。

8.3.2 对于质量性状和假质量性状,所有的表达状态都应当在测试指南中列出;对于数量性状,为了缩小性状表的长度,偶数代码的表达状态可以不列出,偶数代码的表达状态可以前一个表达状态到后一个表达状态的形式来描述。

8.4 标准品种

性状表中列出了部分性状有关表达状态可参考的标准品种,以助于确定相关性状的不同表达状态和校正环境因素引起的差异。

9 分组性状

9.1 使用分组性状,可以将已知品种分组种植,从而选择出近似品种,并在安排种植试验中,将这些近似品种种植在一起,以便于特异性判定。

9.2 分组性状的选择和使用参照总则(GB/T 19557.1)和 UPOV:TG/6/5 文件的有关指导。

9.3 品种分组性状如下:

a) 根:根蘖性(表 A.1 中性状 4)。

b) *花:出现紫色花的频率(表 A.1 中性状 10)。

c) ＊花:出现杂色花的频率(表 A.1 中性状 11)。

d) ＊花:出现乳白色、白色或黄色花的频率(表 A.1 中性状 12)。

10 技术问卷

申请人应按照附录C给出的格式填写苜蓿新品种技术问卷。

附 录 A
（规范性附录）
苜 蓿 性 状 表

A.1 苜蓿基本性状

见表 A.1。

表 A.1 苜蓿基本性状表

序号	性　状	观测时期/方法/试验区	表达状态	标准品种	代码
1	*植株:播种当年秋季自然高度 QN (a)	02/MS 或 MG/ A 或 B	矮	Jindera	3
			中	中牧 1 号苜蓿	5
			高	无棣苜蓿	7
2	植株:生长习性 QN (+)	03/VS/A	直立	UC-1887、UC-1465	1
			半直立	Sanditi	3
			中间	公农 2 号苜蓿、天水苜蓿	5
			半匍匐	陇东苜蓿	7
			匍匐	Jindera	9
3	*植株:播种当年越冬前自然高度 QN (a)	04/MG/B	矮	Jindera	3
			中	无棣苜蓿	5
			高	Sanditi	7
4	根:根蘖性 QL (+)	05/VG/A	无	陇东苜蓿	1
			有	甘农 2 号苜蓿	9
5	植株:第二年春季返青自然高度 QN (a) (+)	05/MS 或 MG/ A 或 B	矮	Maverick	3
			中	无棣苜蓿、天水苜蓿	5
			高	甘农 4 号苜蓿	7
6	*花:初花期 QN (+)	06/MS 或 MG/ A 或 B	早	陇东苜蓿	3
			中	无棣苜蓿	5
			晚	图牧 1 号苜蓿	7
7	叶:中央小叶长度 QN (b) (+)	06/MS/A	短	公农 1 号苜蓿	3
			中	无棣苜蓿	5
			长	中兰 1 号苜蓿	7
8	叶:中央小叶宽度 QN (b) (+)	06/MS/A	窄	公农 1 号苜蓿、甘农 2 号苜蓿	3
			中	蔚县苜蓿	5
			宽	新疆大叶苜蓿	7
9	叶:叶形 PQ (b) (+)	06/VS/A	披针形	陇东苜蓿、蔚县苜蓿	1
			卵圆形	甘农 4 号苜蓿	2
			阔卵圆形	新疆大叶苜蓿	3

表 A.1（续）

序号	性　状	观测时期/方法/试验区	表达状态	标准品种	代码
10	＊花:出现紫色花的频率 QN (+)	06/VS/A	无或极低		1
			低	Sanditi	3
			中		5
			高	陇东苜蓿、天水苜蓿	7
11	＊花:出现杂色花的频率 QN (+)	06/VS/A	无或极低	Symphonic	1
			低	Luzelle、Letizia	3
			中	Franken Neu、Karlu(M. v.)	5
			高		7
12	＊花:出现乳白色、白色或黄色花的频率 QN (+)	06/VS/A	无或很低	陇东苜蓿	1
			低	甘农 2 号苜蓿	3
			中	Karlu(M. v.)	5
			高		7
13	＊茎:最长茎秆长度 QN (+)	07/MS/A	矮	图牧 1 号苜蓿、Karlu(M. v.)	3
			中	陇东苜蓿、Franken Neu	5
			高	天水苜蓿	7
14	植株:第一次刈割后 3 周自然高度 QN	08/MS 或 MG/A 或 B	矮	无棣苜蓿、Karlu(M. v.)	3
			中	甘农 7 号苜蓿	5
			高		7
15	植株:第二次刈割后 3 周自然高度 QN	09/MS 或 MG/A 或 B	矮	中牧 1 号苜蓿、Karlu(M. v.)	3
			中	蔚县苜蓿、Franken Neu	5
			高	新疆大叶苜蓿、Saranac	7
16	植株:第三次刈割后 3 周自然高度 QN	10/MS 或 MG/A 或 B	矮	中兰 1 号苜蓿、图牧 1 号苜蓿、Karlu(M. v.)	3
			中	蔚县苜蓿	5
			高	新疆大叶苜蓿、Derby	7
17	植株:第四次刈割后 3 周自然高度 QN	11/MG/A	矮	中兰 1 号苜蓿、Karlu(M. v.)	3
			中	Sanditi	5
			高		7
18	植株:第二年秋季自然高度 QN (a)	12/MG/B	矮	中兰 1 号苜蓿	3
			中	Sanditi	5
			高		7
19	植株:第二年越冬前自然高度 QN (a)	13/MG/B	矮	中兰 1 号苜蓿	3
			中	甘农 3 号苜蓿	5
			高	Derby	7
20	＊植株:秋眠性 QN (+)	11 或 12/MG 或 VG/C	1 级	Maverick	1
			2 级	Vernal	2
			3 级	Boja、Ranger	3
			4 级	Legend、Mercedes	4
			5 级	Archer	5
			6 级	Abi 700、Dorine	6
			7 级	Sutter、Oro	7
			8 级	Maricopa、Carmen	8
			9 级	CUF 101、Medina	9
			10 级	UC-1887	10
			11 级	UC-1465	11

A.2 苜蓿选测性状

见表 A.2。

表 A.2 苜蓿选测性状表

序号	性　　状	观测时期和方法	表达状态	标准品种	代码
21	抗性:霜霉病 QN (c) (+)	01/VS/C	极低	陇东苜蓿	1
			低	新疆大叶苜蓿	3
			中	新牧 2 号苜蓿	5
			高		7
			极高	中兰 1 号苜蓿	9
22	抗性:炭疽病 QN (c) (+)	01/VS/C	极低	Saranac	1
			低	Venus	3
			中		5
			高	Saranac AR	7
			极高	Arc	9
23	抗性:疫霉根腐病 (c) (+)	01/VS/C	极低	Hunterfield	1
			低		3
			中	Trifecta	5
			高		7
			极高	Aquarius	9
24	抗性:苜蓿彩斑蚜 QN (c) (+)	01/VS/C	极低	Hunter River	1
			低		3
			中	Trifecta	5
			高		7
			极高	Aurora	9

附 录 B
（规范性附录）
苜蓿性状的解释

B.1 苜蓿生育阶段

见表 B.1。

表 B.1 苜蓿生育阶段表

生育阶段代码	描 述
01	幼苗期(从子叶展开到长出 4 片～5 片真叶)
02	播种当年秋分(9 月 22 日)后 2 周
03	播种当年秋分(9 月 22 日)后 3 周
04	播种当年秋分后 6 周
05	返青期
06	初花期
07	盛花期(80%的植株开花)
08	第 1 次刈割(盛花期)后 3 周
09	第 2 次刈割(第 1 次刈割后 3 周)后 3 周
10	第 3 次刈割(第 2 次刈割后 3 周)后 3 周
11	第 4 次刈割(第 3 次刈割后 3 周)后 3 周
12	第二年秋分后 2 周
13	第二年秋分后 6 周

B.2 涉及多个性状的解释

(a) 秋分前 2 周刈割。量取地表至植株自然顶部不需人为拉直的垂直高度。

(b) 自第一花序枝条向下，主茎上的第 3 叶片。

(c) 整个试验期对全部供测幼苗进行观测。

B.3 涉及单个性状的解释

性状分级和图中代码见表 A.1。

性状 2 植株：植株生长习性，见图 B.1。

性状 4 根：根蘖性。春季土壤解冻后返青前观测。刨开根部土壤，目测水平根的有无。

性状 5 植株：第二年春季返青自然高度。返青后约一个月，最早返青的品种生长至 15 cm 左右测量。

性状 6 花：初花期。穴播区观测每个单株有 3 个花序开花的平均日期，条播区有 25%的植株开花的平均日期。

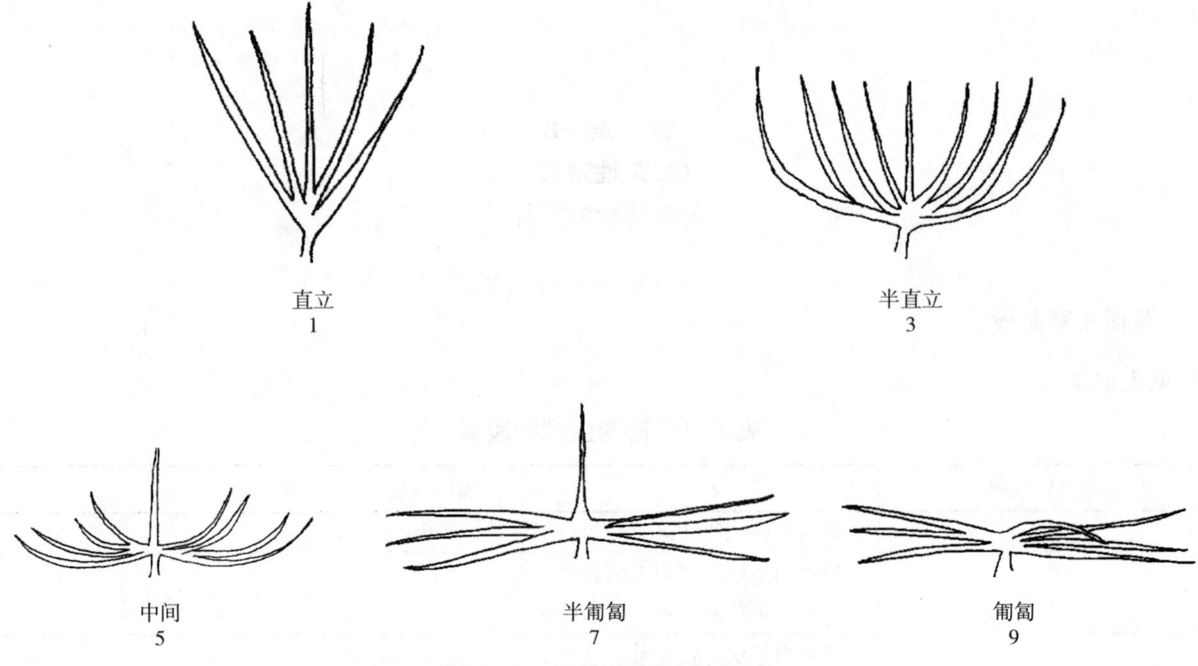

图 B.1 植株生长习性图示

性状 7 叶:中央小叶长度,见图 B.2,测量中央小叶的最长部位,但不包括叶柄。

图 B.2 中央小叶长度与宽度测量图示

性状 8 叶:中央小叶宽度,见图 B.2,测量中央小叶的最宽部位。

性状 9 叶:叶形,见图 B.3,对中央小叶的叶形进行描述。

阔卵圆形
3

图 B.3 叶形图示

性状 10　花:出现紫色花的频率,见图 B.4,统计紫色花植株占供测植株的百分率。

图 B.4　紫色花图示

性状 11　花:出现杂色花的频率,见图 B.5,统计杂色花植株占供测植株的百分率。

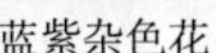

蓝紫杂色花　绿紫杂色花　白黄杂色花　黄紫杂色花

图 B.5　杂色花图示

性状 12　花:出现乳白色、白色或黄色花的频率,见图 B.6,统计乳白色、白色或黄色花植株占供测植株的百分率。

乳白色　白色　黄色

图 B.6　乳白色、白色或黄色花图示

性状 13　茎:最长茎秆长度,量取最长茎秆(包括花序)的实际长度。

性状 20　植株:秋眠性。

在中国北方于秋季严重霜冻前测定。根据测试地点霜冻时间的早晚,刈割和测定时间可按照性状 18 或性状 19 规定进行。

测试地点如果符合试验条件即可直接在本标准的 B 区测定;否则应另外选择适宜地点进行田间试验;具体试验设计、取样数量和田间管理等同本标准 B 区。

根据性状 18 和性状 19 的方法进行测定,按表 B.2 进行分级记载。

表 B.2　苜蓿秋眠性分级方法

标准品种	秋眠分级	代码
Maverick	1	1
Vernal	2	2
Boja、Ranger	3	3
Legend,Mercedes	4	4
Archer	5	5
Abi 700、Dorine	6	6
Sutter,Oro	7	7
Maricopa、Carmen	8	8
CUF 101、Medina	9	9
UC - 1887	10	10
UC - 1465	11	11

性状 21　抗性:霜霉病(*Peronospora aestivalis* Syd.)。

a)　菌种的收集与保存。自田间自然感病植株上广泛地收集孢子,在温室培育的幼苗上进行扩繁,扩繁的孢子用于抗病性测定。为避免污染,可在每毫升接种物中加入 50 μg 制霉菌素(nystatin)和 10 μg 四环素。进行抗性测定时,应多种几盆苜蓿,采用高感品种、加大播量,以便收获孢子供下次接种用。温室内收获孢子前,对苜蓿保湿 12 h～16 h,以促进孢子形成。剪下带病幼苗后,全部保存于水中以最大限度地保持孢子的萌发力。如果植物收获过迟或孢子于干燥的空气中暴露数秒钟,分生孢子的生活力便迅速下降。将带菌幼苗存于－20℃,可使少量孢子存活数周,在液氮中贮藏,孢子的生活力可保持多年。

b)　孢子的配制与接种。制备分生孢子时,剪下带孢子的幼苗或叶片,立即置于不含氯化物的水中用力振荡,而后过滤孢子悬浮液,移去植株残体。接种物应含具生活力的孢子 25 000 个/mL,方可保证均匀染病。接种时喷洒孢子悬浮液,直至幼苗完全湿润。

c)　培养与评价。接种后的植物应在 20℃黑暗、近于 100%相对湿度条件下密封培养 24 h～48 h,其余时间连续提供 5 000 lx～10 000 lx 的光照,建议采取如下步骤:

第 1 d:在盛细沙的盆中播种,播深 1.5 cm 左右,密度 2 粒种子/cm～3 粒种子/cm,行距 2.5 cm。每盆一半播种待测品种,另一半播种标准品种或检测品种,整个试验每品种至少需 50 棵×4 盆(托盘)或 25 棵×8 盆(托盘)幼株。

第 3 d～第 5 d:每天往盆中洒水 2 次,以使沙子紧贴种子,保证出苗一致。

第 5 d:种苗出土且子叶已扩展,喷洒接种物,在黑暗条件下培养。

第 6 d:移开密封培养有机玻璃罩或黑色塑料袋,开灯,拔除自接种后新出的幼苗。

第 7 d～第 10 d:继续拔除新出幼苗。

第 11 d:密封培养,关闭光源 12 h～16 h(过夜),以诱发孢子形成。

第 12 d:评价。

计算各品种病情指数,依据表 B.3 标准,将待测品种与标准品种进行比较。

病情指数按式(B.1)计算。

$$DI = \frac{\sum (s \times n)}{N \times S} \times 100 \quad \cdots\cdots\cdots (B.1)$$

式中:

DI ——病情指数,单位为百分率(%);

s ——各病情级别代表数值;

n ——各病情级别病叶数；
N ——调查总叶片数；
S ——最高病情级别代表值。

病情级别按下列标准划分：

——0 级：无症状；
——1 级：受害叶片数小于 25%；
——2 级：受害叶片数 25%～50%；
——3 级：受害叶片数 50%～75%；
——4 级：受害叶片数 75%以上。

分级时，须确认标准品种或已知抗性水平的检测品种的抗性在可接受的抗性范围(%)，此时对待测品种的抗病性测定方为有效。

抗性分级标准如下：

抗性级别	表达状态	标准品种
高抗(<10%)	极高	中兰 1 号苜蓿
抗(10%～25%)	高	
中抗(25%～50%)	中	新牧 2 号苜蓿
低抗(50%～75%)	低	新疆大叶苜蓿
易感(>75%)	极低	陇东苜蓿

表 B.3 苜蓿抗霜霉病抗病性评价表

标准品种抗性	病情指数预期及可接受范围(%)
抗	
中兰 1 号苜蓿	$0<DI\leqslant 25$
新牧 2 号苜蓿	$25<DI\leqslant 50$
感	
新疆大叶苜蓿	$50<DI\leqslant 75$
陇东苜蓿	$DI\geqslant 75$

性状 22 抗性：炭疽病(*Colletotrichum trifolii* Bain and Essary)。

具体方法如下：

a) 育苗。
取土壤混合物置于 10 cm 的塑料盒或托盘里，每重复 50 株，不少于 4 个重复。播种后置于 23℃，16 h 光照的温室中培养。定期施肥并采取必要的措施控制昆虫。

b) 菌株的收集和保存。
自感染的茎组织分离病原菌，于 4℃条件下，将菌株保存在土壤或硅胶中，保存寿命至多 7 年。

c) 孢子悬浮液的制备与接种。
取 23℃条件下在燕麦培养基上生长 7 d 的菌株，以每升含有 2 滴吐温的蒸馏水配制孢子悬浮液，浓度为 2×10^{6}/mL。在幼苗 7 d～14 d 接种时喷洒孢子悬浮液，每盆 3 mL～10 mL，直至幼苗完全湿润。

d) 培养与评价。
接种后的植物在 23℃黑暗，近于 100%湿度的保湿培养箱中培养 48 h，其余时间在 23℃的温室中培养。接种后 10 d～14 d 以幼苗存活率进行抗性分级。

分级时，须依据表 B.4，确认标准品种或已知抗性水平的检测品种的抗性在可接受的抗性范围(%)，此时对待测品种的抗病性测定方为有效。

抗性分级标准如下：

抗性级别	表达状态	标准品种
高抗(＞50％)	极高	Sequel HR
抗(31％～50％)	高	Trifecta
中抗(15％～30％)	中	
低抗(6％～14％)	低	Venus
易感(0％～6％)	极低	Hunter River

表 B.4 检测品种

标准品种抗性	预期抗性范围，％	可接受的抗性范围，％
抗		
Arc	65～70	45～80
Saranac AR	45	40～60
Sequel HR	50	30～65
感		
Saranac	1	0～5
Hunter River	10	0～15

性状 23 抗性：疫霉根腐病 *Phytophthora medicaginis*(Hansen and Maxwell)。

a) 育苗。取土壤混合物(水癣混合土：珍珠岩＝3：2，不宜使用纯沙培养基)置于幼苗孔或平板上，放在蓄水池中。每重复 50 株～70 株，最少 3 个重复。播种后置于 20℃～24℃、12 h/d～16 h/d 光照条件下培养。

b) 接种培养。自生长于感染病菌土壤的苜蓿幼苗分离病菌，保存于玉米粉或 V-8 汁琼脂培养基上，保存温度为 4℃～12℃。

   在苜蓿幼苗 10 d～12 d(第一个三叶开始展开)时，用孢子法或菌丝法接种。孢子法用 Miller and Maxwell(1984)的方法生产游动孢子，孢子浓度为 50 个/mL。接种前预先加水使土壤饱和，然后将游动孢子液淋于幼苗上。菌丝法取在 V-8 汁培养基中培养 9 d 的菌丝，捣碎，按每皿(9 cm 直径)1 L 水的浓度配制，每株幼苗单独用一个培养皿的菌丝接种。接种前先用菌丝溶液浸透土壤浅层，然后用水饱和土壤。

c) 培养与评价。齐苗后计数(播种 7 d～8 d 后)。接种后的植物在温室或培养箱进行培养，保持 2 d淹水状态；当几乎所有感病对照品种都生长停顿并开始死亡时开始分级。在分级之前保持湿润。游动孢子接种 10 d～12 d 后、菌丝接种 14 d 后进行抗性分级。

分级时，须依据表 B.5，确认标准品种或已知抗性水平的检测品种的抗性在可接受的抗性范围(％)，此时对待测品种的抗病性测定方为有效。

抗性分级标准如下：

抗性级别	表达状态	标准品种
高抗(＞50％)	极高	Aquarius
抗(31％～50％)	高	
中抗(15％～30％)	中	Trifecta
低抗(6％～14％)	低	
感病(0％～6％)	极低	Hunterfield

抗病、感病描述：

抗病——植株生长旺盛，主根和次生根无或较轻坏死；子叶下胚轴无或较轻出现萎黄子叶。

感病——植物生长停滞或坏死，根、子叶下胚轴和子叶出现中等程度或严重坏死。

表 B.5 检测品种

标准品种抗性	预期抗病范围,%	可接受的抗性范围,%
高抗		
WAPH - 1	55	55～60
Aquarius	55	45～70
抗		
Agate	33	25～40
感		
Saranac	1	0～5
Hunterfield	4	0～7

性状 24　抗性:苜蓿彩斑蚜[*Therioaphis maculata*(Buckton)]。

a) 育苗。将沙子、泥炭土和珍珠岩组成的土壤混合物(重量为 8∶3∶3,再加入 1.4%的石灰)置于 6 cm×31 cm×55 cm 或近似尺寸的托盘里。种子经软化后用杀菌剂处理以抑制腐烂。种子播深 1 cm,行距 3 cm,上覆蛭石。每重复 50 株～70 株,3 次重复。播种后放在温室中培养,培养条件为(26±4)℃;18 h 光照。

b) 蚜虫的收集与培养。每年自种植区采集蚜虫种群,置于蚜虫敏感的苜蓿(如 Arc,Caliverde)上,在温度为(26±4)℃,光照 18 h 的温室中进行培养。

c) 培养与评价。种子萌发后 7 d～8 d,真叶期,统计幼苗数目。将蚜虫喷洒在植物上,保证每株虫口数≥2。约 18 d 后或当 85%的敏感植株死亡并且在表 B.5 规定的可接受范围,喷杀虫剂终止试验。试验终止 10 d～15 d 后对植物进行抗性分级。

分级时,须依据表 B.6,确认标准品种或已知抗性水平的检测品种的抗性在可接受的抗性范围(%),此时对待测品种的抗病性测定方为有效。

抗性分级标准如下:

抗性级别	表达状态	标准品种
高抗(>50%)	极高	Aurora
抗(31%～50%)	高	
中抗(15%～30%)	中	Trifecta
低抗(6%～14%)	低	
易感(0%～6%)	极低	Hunter River

抗性描述:

1～2	抗	植株至少形成 1 个三叶结构
3	易感	感染期生长缓慢
4	易感	植株存活但是不形成三叶结构
5	易感	植株死亡(=总出苗－1 级到 4 级)

表 B.6 检测品种

标准品种抗性	预期抗病范围,%	可接受的抗性范围,%
抗		
CUF - 101	60	45～75
Baker	50	35～65
Aurora	65	45～80
感		
Arc	3	0～5
Caliverde	3	0
Hunter River	3	0

附　录　C
（规范性附录）
苜蓿技术问卷格式

苜 蓿 技 术 问 卷

申请号：
申请日：
（由审批机关填写）

（申请人或代理机构签章）

C.1　品种暂定名称

C.2　申请测试人信息

姓名：
地址：
电话号码：　　　　　　　　传真号码：　　　　　　　　手机号码：
邮箱地址：
育种者姓名：

C.3　植物学分类

拉丁名：______________________
中文名：______________________

C.4　品种类型

在相符的类型[　]中打√。
育成品种[　]　　地方品种[　]　　引进品种[　]　　野生栽培品种[　]

C.5　申请品种的具有代表性彩色照片

（品种照片粘贴处）
（如果照片较多，可另附页提供）

C.6　品种种植或测试是否需要特殊条件

在相符的[　]中打√。
是[　]　　　　　　否[　]
（如果回答是，请提供详细资料）

C.7 品种适于生长的区域或环境以及栽培技术的说明

C.8 其他有助于辨别申请品种的信息

（如品种用途、品质和抗性，请提供详细资料）

C.9 品种的选育背景、育种过程和育种方法，包括系谱、培育过程和所使用的亲本或其他繁殖材料来源与名称的详细说明

C.10 品种繁殖材料保存是否需要特殊条件

在相符的[ ]中打√。

是[ ]　　　　　　否[ ]

（如果回答是，请提供详细资料）

C.11 申请品种需要指出的性状

在表 C.1 中相符的代码后[ ]中打√，若有测量值，请填写在表 C.1 中。

表 C.1 申请品种需要指出的性状

序号	性　状	表达状态	代码	测量值
1	*植株：播种当年秋季自然高度（性状 1）	极矮	1[ ]	
		极矮到矮	2[ ]	
		矮	3[ ]	
		矮到中	4[ ]	
		中	5[ ]	
		中到高	6[ ]	
		高	7[ ]	
		高到极高	8[ ]	
		极高	9[ ]	

表 C.1（续）

序号	性　状	表达状态	代码	测量值
2	*植株:播种当年越冬前自然高度(性状3)	极矮	1[　]	
		极矮到矮	2[　]	
		矮	3[　]	
		矮到中	4[　]	
		中	5[　]	
		中到高	6[　]	
		高	7[　]	
		高到极高	8[　]	
		极高	9[　]	
3	根蘖性(性状4)	无	1[　]	
		有	9[　]	
4	*初花期(性状6)	极早	1[　]	
		极早到早	2[　]	
		早	3[　]	
		早到中	4[　]	
		中	5[　]	
		中到晚	6[　]	
		晚	7[　]	
		晚到极晚	8[　]	
		极晚	9[　]	
5	*花:出现紫色花的频率(性状10)	极低	1[　]	
		极低到低	2[　]	
		低	3[　]	
		低到中	4[　]	
		中	5[　]	
		中到高	6[　]	
		高	7[　]	
		高到极高	8[　]	
		极高	9[　]	
6	*花:出现杂色花的频率(性状11)	极低	1[　]	
		极低到低	2[　]	
		低	3[　]	
		低到中	4[　]	
		中	5[　]	
		中到高	6[　]	
		高	7[　]	
		高到极高	8[　]	
		极高	9[　]	
7	*花:出现乳白色、白色或黄色花的频率(性状12)	极低	1[　]	
		极低到低	2[　]	
		低	3[　]	
		低到中	4[　]	
		中	5[　]	
		中到高	6[　]	
		高	7[　]	
		高到极高	8[　]	
		极高	9[　]	

表 C.1（续）

序号	性　　状	表达状态	代码	测量值
8	*茎:最长茎秆长度(性状 13)	极矮	1[ ]	
		极矮到矮	2[ ]	
		矮	3[ ]	
		矮到中	4[ ]	
		中	5[ ]	
		中到高	6[ ]	
		高	7[ ]	
		高到极高	8[ ]	
		极高	9[ ]	

C.12　申请品种与近似品种的明显差异性状表达状态描述

在自己知识范围内,申请测试人在表 C.2 中列出申请测试品种与其最为近似品种的明显差异。

表 C.2　申请品种与近似品种的明显差异性状表达状态描述

近似品种名称	性状名称	近似品种表达状态	申请品种表达状态

ICS 65.020.20
B 05

中华人民共和国农业行业标准

NY/T 2748—2015

植物新品种特异性、一致性和稳定性测试指南 人参

Guidelines for the conduct of tests for distinctness, uniformity and stability—Ginseng

(*Panax ginseng* C.A. Meyer)

(UPOV:TG/224/1, Guidelines for the conduct of tests for distinctness, uniformity and stability—Ginseng, NEQ)

2015-05-21 发布 2015-08-01 实施

中华人民共和国农业部 发布

目　　次

前　言

本标准按照 GB/T 1.1—2009 给出的规则起草。

本标准使用重新起草法修改采用了国际植物新品种保护联盟(UPOV)指南"TG/224/1,Guidelines for the conduct of tests for distinctness,uniformity and stability—Ginseng"。

本标准对应于 UPOV 指南 TG/224/1,本标准与 TG/224/1 的一致性程度为非等效。

本标准与 UPOV 指南 TG/224/1 相比存在技术性差异,主要差异如下:

——增加了 5 个性状:"种子:千粒重"、"种子:内果皮皱褶程度"、"根茎:长度"、"根茎:粗度"、"侧根:数量";

——删除了 6 个性状:"茎秆:花青甙显色分布"、"茎秆、叶片数"、"叶片:托叶有无"、"小叶:横切面的形状"、"浆果:形状"、"叶片:衰老时颜色";

——调整了 3 个性状的描述或表达状态:"茎秆:颜色"、"小叶:形状"、"*浆果:颜色(完全成熟时)"。

本标准由农业部种子管理局提出。

本标准由全国植物新品种测试标准化技术委员会(SAC/TC 277)归口。

本标准起草单位:吉林省农业科学院、农业部科技发展中心、中国农业科学院特产研究所。

本标准主要起草人:王凤华、徐岩、郭靖、郝彩环、周海涛、张新明、许世全、张浩、刘同方。

植物新品种特异性、一致性和稳定性测试指南
人　参

1　范围

本标准规定了人参新品种特异性、一致性和稳定性测试的技术要求和结果判定的一般原则。

本标准适用于人参(*Panax ginseng* C. A. Meyer)新品种特异性、一致性和稳定性测试和结果判定。

2　规范性引用文件

下列文件对于本文件的应用是必不可少的。凡是注日期的引用文件,仅注日期的版本适用于本文件。凡是不注日期的引用文件,其最新版本(包括所有的修改单)适用于本文件。

GB 6941—86　人参种子

GB 6942—86　人参种苗

GB/T 19557.1　植物新品种特异性、一致性和稳定性测试指南　总则

3　术语和定义

GB/T 19557.1 界定的以及下列术语和定义适用于本文件。

3.1

群体测量　single measurement of a group of plants or parts of plants

对一批植株或植株的某器官或部位进行测量,获得一个群体记录。

3.2

个体测量　measurement of a number of individual plants or parts of plants

对一批植株或植株的某器官或部位进行逐个测量,获得一组个体记录。

3.3

群体目测　visual assessment by a single observation of a group of plants or parts of plants

对一批植株或植株的某器官或部位进行目测,获得一个群体记录。

3.4

个体目测　visual assessment by observation of individual plants or parts of plants

对一批植株或植株的某器官或部位进行逐个目测,获得一组个体记录。

4　符号

下列符号适用于本文件:

MG:群体测量。

MS:个体测量。

VG:群体目测。

VS:个体目测。

QL:质量性状。

QN:数量性状。

PQ:假质量性状。

*:标注性状为 UPOV 用于统一品种描述所需要的重要性状,除非受环境条件限制性状的表达状

态无法测试，所有 UPOV 成员都应使用这些性状。

（a）、（b）、（c）：标注内容在 B.2 中进行了详细解释。

（+）：标注内容在 B.3 中进行了详细解释。

5 繁殖材料的要求

5.1 繁殖材料以种子和种苗形式提供。

5.2 提交的种子数量不少于 200 g，种子质量应符合 GB 6941—86 表 1 中对二等及以上种子的要求；提交的种苗为 3 年生，数量不少于 300 株，种苗质量应符合 GB 6942—86 的 2.4 条款中对二等及以上种苗的要求。

5.3 提交的繁殖材料一般不进行任何影响品种性状表达的处理。如果已处理，应提供处理的详细说明。

5.4 提交的繁殖材料应符合中国植物检疫的有关规定。

6 测试方法

6.1 测试周期

测试周期至少为一个生长周期。人参的一个生长周期指从越冬芽萌动，经过出苗、展叶、开花、结果、果实成熟、地上部植株枯萎、进入休眠直到休眠期结束的整个生长过程。

6.2 测试地点

测试通常在一个地点进行。如果某些性状在该地点不能充分表达，可在其他符合条件的地点对其进行观测。

6.3 田间试验

6.3.1 试验设计

申请品种和近似品种相邻种植。

以点播、育苗移栽方式种植，对 3 年生种苗进行春栽。每个小区不少于 60 株，行距 20 cm，株距 10 cm，共设 3 次重复。

6.3.2 田间管理

可按当地生产管理方式进行，对移栽当年的 4 年生植株去花去蕾，不留种籽。

6.4 性状观测

6.4.1 观测时期

对移栽第 2 年即 5 年生植株进行观测。按照表 A.1 列出的生育阶段时期进行性状观测，生育阶段描述见表 B.1。

6.4.2 观测方法

性状观测应按照表 A.1 规定的观测方法（VG、VS、MG、MS）进行。部分性状观测方法见 B.2 和 B.3。

6.4.3 观测数量

除非另有说明，个体观测性状（VS、MS）植株取样数量不少于 20 个，在观测植株的器官或部位时，每个植株取样数量应为 1 个。群体观测性状（VG、MG）应观测整个小区或规定大小的混合样本。

6.5 附加测试

必要时，可选用本文件未列出的性状进行附加测试。

7 特异性、一致性和稳定性结果的判定

7.1 总体原则

特异性、一致性和稳定性的判定按照GB/T 19557.1确定的原则进行。

7.2 特异性的判定

申请品种应明显区别于所有已知品种。在测试中,当申请品种至少在一个性状上与近似品种具有明显且可重现的差异时,即可判定申请品种具备特异性。

7.3 一致性的判定

对于系统选育的品种,采用3%的群体标准和至少95%的接受概率。当样本大小为60株时,最多可以允许有4个异型株。

对于其他方法选育的品种,一致性不应低于同类型其他已知品种。

7.4 稳定性的判定

如果一个品种具备一致性,则可认为该品种具备稳定性。一般不对稳定性进行测试。

必要时,可以种植该品种的下一代种子,与以前提供的繁殖材料相比,若性状表达无明显变化,则可判定该品种具备稳定性。

8 性状表

根据测试需要,将性状分为基本性状、选测性状,基本性状是测试中必须使用的性状。表A.1列出了人参基本性状。

8.1 概述

性状表列出了性状名称、表达类型、表达状态及相应的代码和标准品种、观测时期和方法等内容。

8.2 表达类型

根据性状表达方式,将性状分为质量性状、假质量性状和数量性状3种类型。

8.3 表达状态和相应代码

8.3.1 每个性状划分成一系列表达状态,以便于定义性状和规范描述;每个表达状态赋予一个相应的数字代码,以便于数据记录、处理和品种描述的建立与交流。

8.3.2 对于质量性状和假质量性状,所有的表达状态都应当在测试指南中列出;对于数量性状,为了缩小性状表的长度,偶数代码的表达状态可以不列出,偶数代码的表达状态可描述为前一个表达状态到后一个表达状态的形式。

8.4 标准品种

性状表中列出了部分性状有关表达状态可参考的标准品种,以便于确定相关性状的不同表达状态和校正环境因素引起的差异。

9 分组性状

本标准中,品种分组性状如下:

a) *茎秆:颜色(表A.1中性状3)。

b) *浆果:成熟期(表A.1中性状16)。

c) *浆果:颜色(完全成熟时)(表A.1中性状17)。

10 技术问卷

申请人应按附录C给出的格式填写人参技术问卷。

附 录 A
(规范性附录)
人参性状表

A.1 人参基本性状

见表 A.1。

表 A.1 人参基本性状表

序号	性 状	观测时期和方法	表达状态	标准品种	代码
1	植株:高度 QN (+)	02 MS	矮	长脖(农家品种)	3
			中	宝泉山人参	5
			高	集美人参	7
2	植株:茎数 QN (+)	02 VS	大多数为 1	集美人参	1
			大多数为 2	康美 1 号	2
			大多数为 3		3
3	*茎秆:颜色 QL	02 VG	绿色	新开河 1 号	1
			紫色	宝泉山人参	9
4	叶片:表面皱褶程度 QN (a)	02 VG	弱		3
			中		5
			强		7
5	叶片:绿色强度 QN (a)	02 VG	浅		3
			中	宝泉山人参	5
			深	康美 1 号	7
6	小叶:长度 QN (b) (+)	02 VG	短	长脖(农家品种)	3
			中	新开河 1 号	5
			长	宝泉山人参	7
7	小叶:宽度 QN (b) (+)	02 VG	窄	长脖(农家品种)	3
			中	新开河 1 号	5
			宽	宝泉山人参	7
8	小叶:形状 PQ (b) (+)	02 VG	窄椭圆形	长脖(农家品种)	1
			椭圆形	新开河 1 号	2
			宽椭圆形	宝泉山人参	3
			卵圆形		4
			倒卵圆形		5
9	小叶:边缘锯齿程度 QN (b)	02 VG	无或极弱	康美 1 号	1
			中		2
			强		3
10	叶柄:长度 QN (a) (+)	02 MS	短	长脖(农家品种)	3
			中	新开河 1 号	5
			长	宝泉山人参	7

表 A.1（续）

序号	性　状	观测时期和方法	表达状态	标准品种	代码
11	叶柄:相对花梗的着生姿态 QN (a) (+)	02 VG	直立		1
			半直立	新开河 1 号	3
			平展		5
12	* 开花期 QN (+)	02 MG	早		3
			中		5
			晚		7
13	* 花梗:长度 QN (+)	02 VG	短	长脖(农家品种)	3
			中	新开河 1 号	5
			长	宝泉山人参	7
14	* 花序:类型 QL (+)	02 VG	简单型	康美 1 号	1
			中间型		2
			复合型		3
15	* 伞状花序:下部小花姿态 QN (+)	02 VS	半直立		1
			水平		3
			半下弯		5
16	* 浆果:成熟期 QN (+)	03 MG	早		3
			中		5
			晚		7
17	* 浆果:颜色(完全成熟时) PQ	03 VG	黄色	黄果人参	1
			橙色		2
			红色	康美 1 号	3
			其他		4
18	种子:千粒重 QN (+)	03 MG	小		3
			中		5
			大		7
19	种子:内果皮皱褶程度 QN	03 VG	弱		1
			中		2
			强		3
20	* 主根:长度 QN (+)	04 MS	短	康美 1 号	3
			中	福星 1 号	5
			长	新开河 1 号	7
21	* 主根:粗度 QN (c) (+)	04 MS	细	长脖(农家品种)	3
			中	新开河 1 号	5
			粗	福星 1 号	7
22	主根:表皮颜色 PQ (c)	04 VG	白色	新开河 1 号	1
			乳白色	康美 1 号	2
			黄色	福星 1 号	3
23	侧根:数量 QN (c) (+)	04 MS	少	长脖(农家品种)	3
			中	二马牙(农家品种)	5
			多	大马牙(农家品种)	7
24	根茎:长度 QN (c) (+)	04 MS	短	宝泉山人参	3
			中	新开河 1 号	5
			长	长脖(农家品种)	7

表 A.1（续）

序号	性　　状	观测时期和方法	表达状态	标准品种	代码
25	根茎:粗度 QN (c) (+)	04 MS	细	长脖(农家品种)	3
			中	新开河1号	5
			粗	福星1号	7
26	根茎:匍匐茎有无 QL (+)	04 VG	无		1
			有		9

附 录 B
（规范性附录）
人参性状表的解释

B.1 人参生育阶段

见表 B.1。

表 B.1 人参生育阶段表

编号	描 述
01	出苗期
02	开花期
03	果实成熟期
04	鲜参采收期

B.2 涉及多个性状的解释

（a） 叶片：所有对叶片的观测，应在发育完全的叶片上进行。
（b） 小叶：所有对小叶的观测，应在中央小叶上进行。
（c） 主根：所有对主根的观测，应在收获以后进行。

B.3 涉及单个性状的解释

性状分级和图中代码见表 A.1。

性状 1 植株：高度，测量茎秆基部到顶部叶片着生点的长度，见图 B.1。

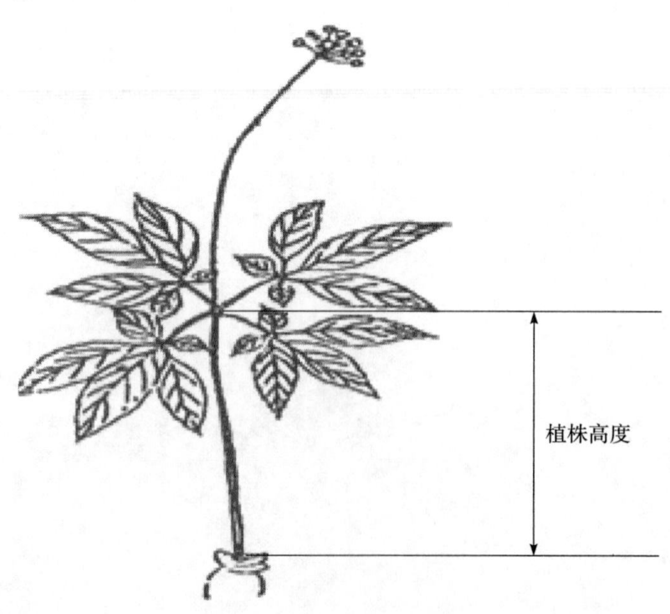

图 B.1 植株：高度

性状 2　植株:茎数,见图 B.2。

图 B.2　植株:茎数

性状 6　小叶:长度,测量中间小叶的总长度,见图 B.3。

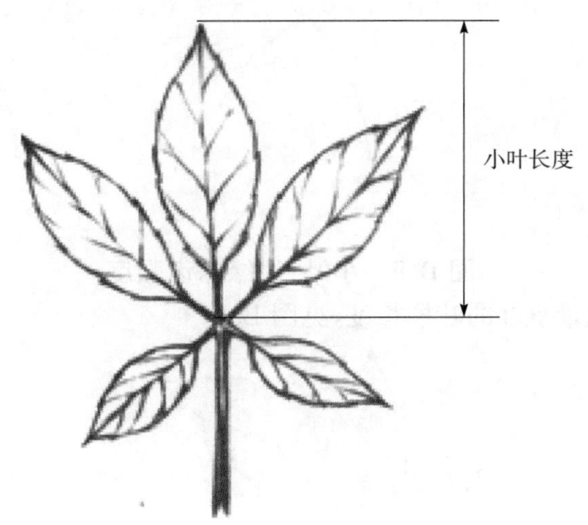

图 B.3　小叶:长度

性状 7　小叶:宽度,测量中间小叶的最宽处,见图 B.4。

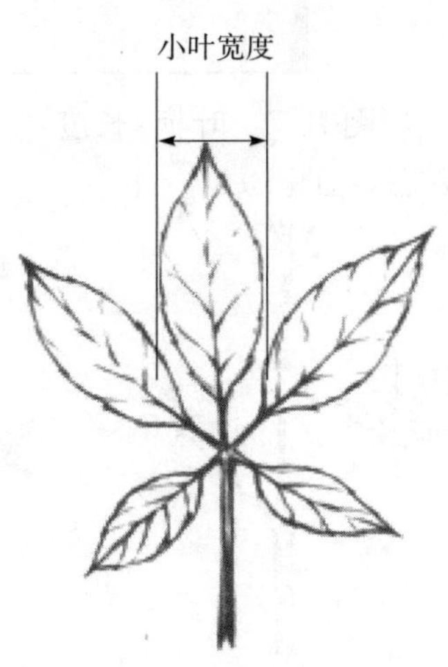

图 B.4　小叶:宽度

性状 8　小叶:形状,见图 B.5。

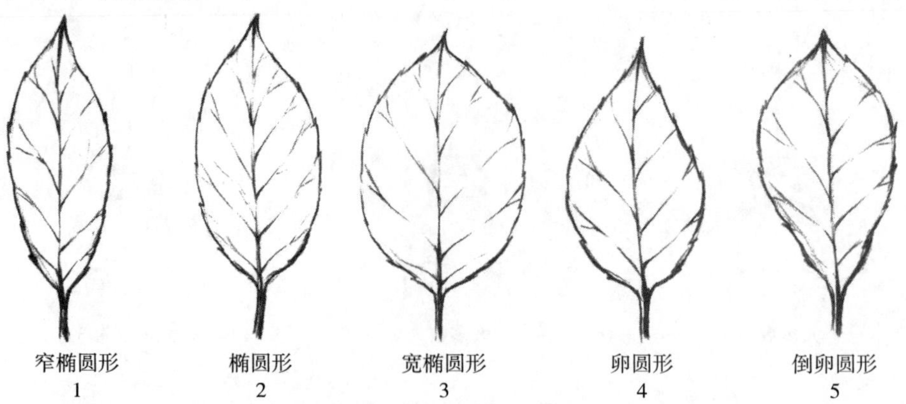

图 B.5　小叶:形状

性状 9　小叶:边缘锯齿强度,见图 B.6。

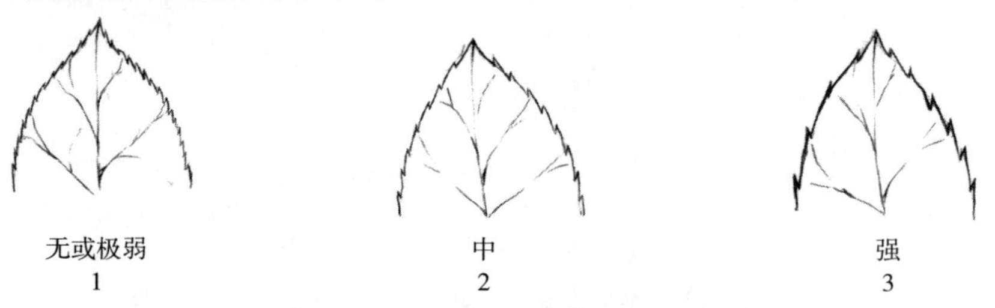

图 B.6　小叶:边缘锯齿强度

性状 10　叶柄:长度,测量复叶的叶柄长度,见图 B.7。

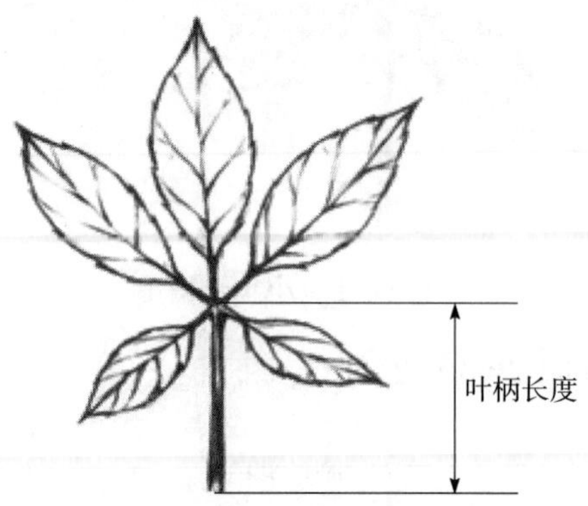

图 B.7　叶柄:长度

性状 11　叶柄:相对花梗的着生姿态,见图 B.8。

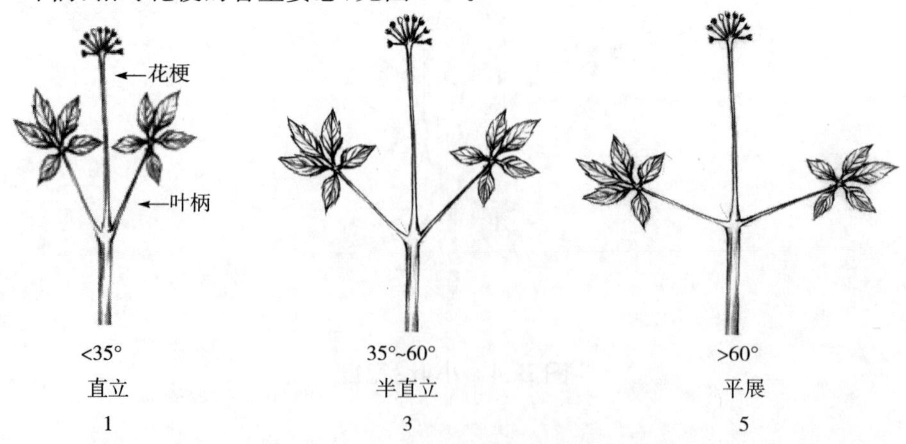

图 B.8　叶柄:相对花梗的着生姿态

性状 12　＊开花期，记录小区 50％植株开花的时间。

性状 13　＊花梗：长度，测量花梗基部至顶部花序着生部位的长度，见图 B.9。

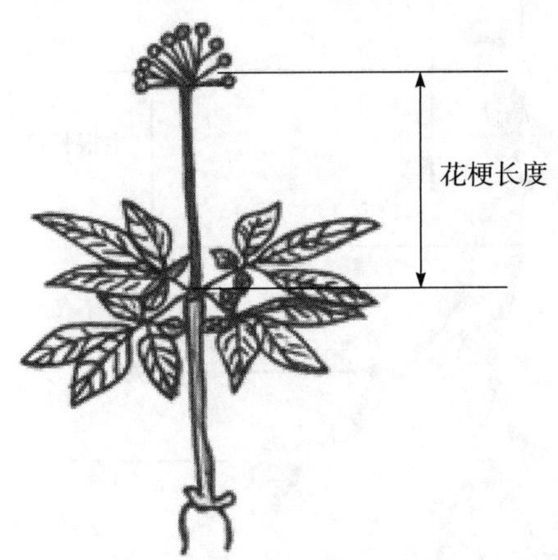

图 B.9　花梗：长度

性状 14　＊花序：类型，见图 B.10。

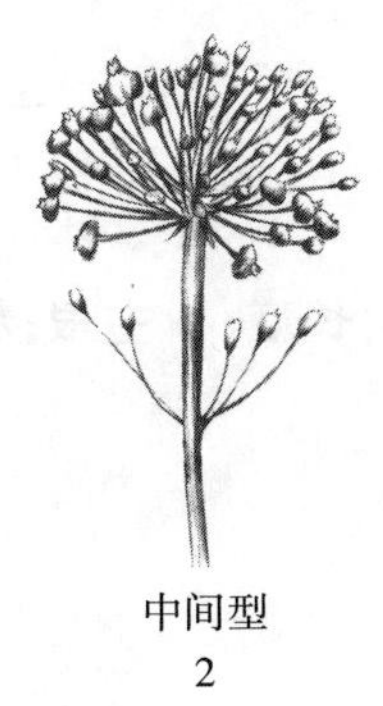

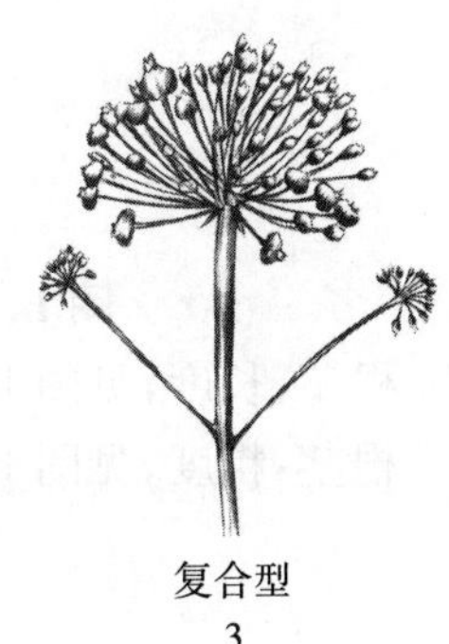

图 B.10　＊花序：类型

性状 15　＊伞状花序：下部小花姿态，见图 B.11。

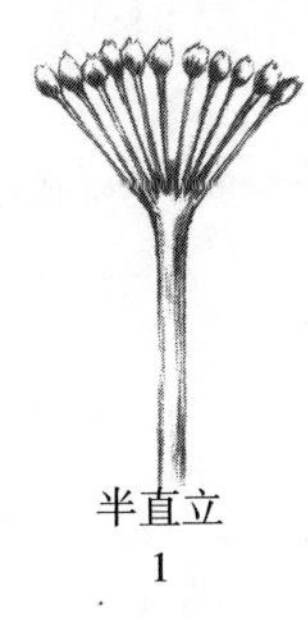

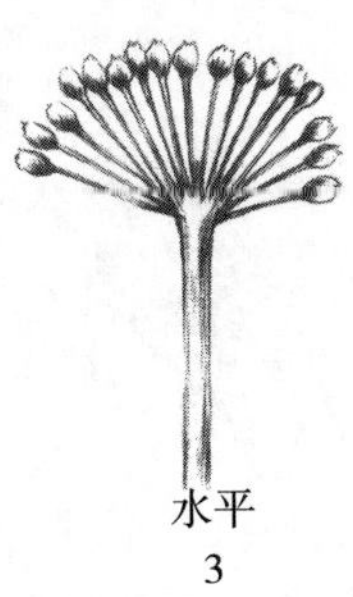

图 B.11　＊伞状花序：下部小花姿态

性状 16　＊浆果：成熟期，记录小区 50％植株浆果颜色变为成熟色的时间。

性状 18　种子：千粒重，按照 GB 6941—86 中的操作方法进行称量。

性状 20　＊主根：长度，测量根茎基部至主根分叉处的长度，见图 B.12。

性状 21　＊主根：粗度，测量主根最粗部位的直径，用卡尺测量，见图 B.12。

性状 23　侧根：数量，见图 B.12。

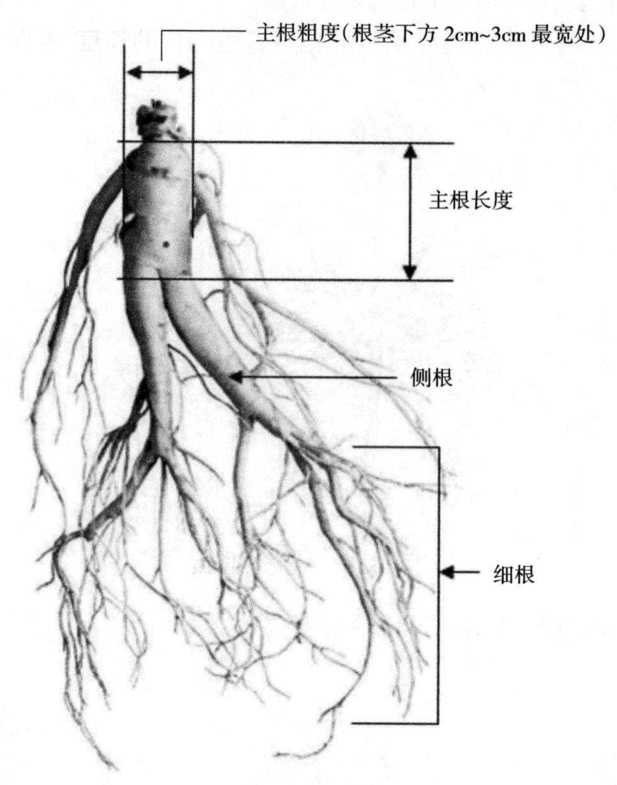

图 B.12 ＊主根:长度;＊主根:粗度;侧根:数量

性状 24 根茎:长度,见图 B.13。

性状 25 根茎:粗度,见图 B.13。

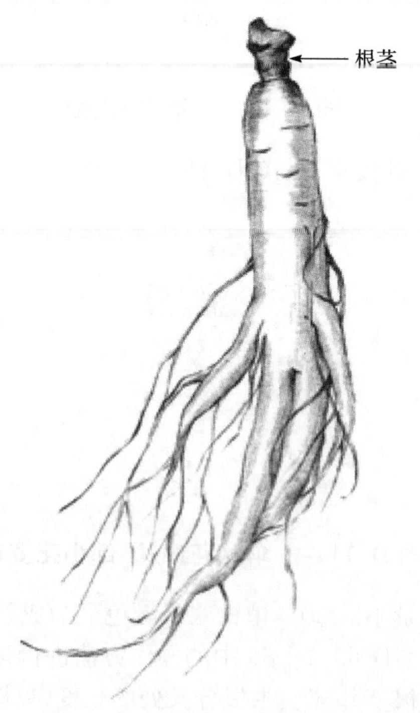

图 B.13 根茎:长度;根茎:粗度

性状 26　根茎:匍匐茎有无,见图 B.14。

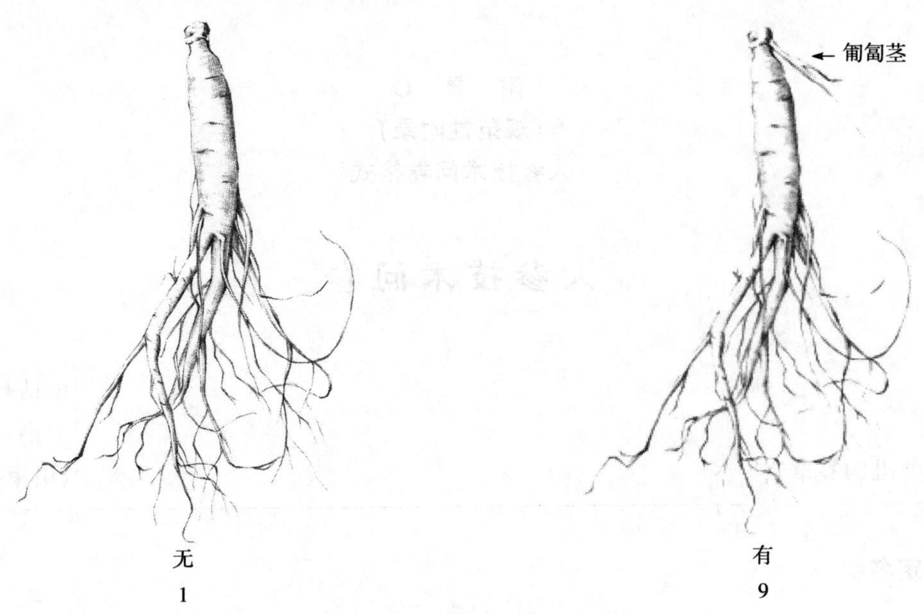

图 B.14　根茎:匍匐茎有无

附 录 C
（规范性附录）
人参技术问卷格式

人参技术问卷

申请号：
申请日：
（由审批机关填写）

（申请人或代理机构签章）

C.1 品种暂定名称

C.2 植物学分类

人参（*Panax ginseng* C. A. Meyer）

C.3 申请人信息

姓名：
地址：
电话号码：　　　　　　　　传真号码：　　　　　　　　手机号码：
邮箱地址：
育种者姓名（如果与申请人不同）：

C.4 品种的育种方式和繁殖方式

C.4.1 育种方式

C.4.1.1 杂交

C.4.1.1.1 全部亲本已知的杂交　　[ ]
（请说明亲本品种）

C.4.1.1.2 部分亲本已知的杂交　　[ ]
（请说明已知的亲本品种）

C.4.1.1.3 亲本完全未知的杂交　　[ ]

C.4.1.2 突变　　[ ]
（请说明亲本品种）

C.4.1.3 发现和开发　　[ ]
（请说明发现的地点、时间和培育过程）

C.4.1.4 其他　　[ ]
（请详细说明）

C.4.2 品种繁殖方式

C.4.2.1 种子繁殖 [ ]

C.4.2.2 其他繁殖方式 [ ]

（请详细说明）

C.5 申请品种具有代表性的彩色照片

（品种照片粘贴处）
（如果照片较多，可另附页提供）

C.6 品种的选育背景、育种过程和育种方法，包括系谱、培育过程和所使用的亲本或其他繁殖材料来源与名称的详细说明

C.7 适于生长的区域或环境以及栽培技术的说明

C.8 其他有助于辨别申请品种的信息

（如品种用途、品质抗性，请提供详细资料）

C.9 品种种植或测试是否需要特殊条件

是[ ] 否[ ]
（如果回答是，请提供详细资料）

C.10 品种的繁殖材料保存是否需要特殊条件

是[ ]　　否[ ]

（如果回答是，请提供详细资料）

C.11 品种需要指出的性状

在表 C.1 中相符的代码后[ ]中打√，若有测量值，请填写在表 C.1 中。

表 C.1 申请品种需要指出的性状

序号	性　状	表达状态	代码	测量值
1	*茎秆:颜色(性状 3)	绿色	1[ ]	
		紫色	9[ ]	
2	*花序:类型(性状 14)	简单型	1[ ]	
		中间型	2[ ]	
		复合型	3[ ]	
3	*浆果:成熟期(性状 16)	极早	1[ ]	
		极早到早	2[ ]	
		早	3[ ]	
		早到中	4[ ]	
		中	5[ ]	
		中到晚	6[ ]	
		晚	7[ ]	
		晚到极晚	8[ ]	
		极晚	9[ ]	
4	*浆果:颜色(完全成熟时)(性状 17)	黄色	1[ ]	
		橙色	2[ ]	
		红色	3[ ]	
		其他	4[ ]	
5	*主根:长度(性状 20)	极短	1[ ]	
		极短到短	2[ ]	
		短	3[ ]	
		短到中	4[ ]	
		中	5[ ]	
		中到长	6[ ]	
		长	7[ ]	
		长到极长	8[ ]	
		极长	9[ ]	
6	*主根:粗度(性状 21)	极细	1[ ]	
		极细到细	2[ ]	
		细	3[ ]	
		细到中	4[ ]	
		中	5[ ]	
		中到粗	6[ ]	
		粗	7[ ]	
		粗到极粗	8[ ]	
		极粗	9[ ]	

表 C.1（续）

序号	性　　状	表达状态	代码	测量值
7	主根:表皮颜色(性状 22)	白色	1[ ]	
		乳白色	2[ ]	
		黄色	3[ ]	

C.12　与近似品种的明显差异性状表达状态描述

在自己知识范围内,申请人列出申请的品种与其最为近似品种的明显差异,请填写在表 C.2 中。

表 C.2　与近似品种的明显差异性状表达状态描述

近似品种名称	性状名称	近似品种表达状态	申请品种表达状态

参 考 文 献

[1]UPOV TG/224/1 GUIDELINES FOR THE CONDUCT OF TESTS FOR DISTINCTNESS, UNIFORMITY AND STABILITY GINSENG(特异性、一致性和稳定性测试指南 人参)

[2]UPOV TG/1 "GENERAL INTRODUCTION TO THE EXAMINATION OF DISTINCTNESS, UNIFORMITY AND STABILITY AND THE DEVELOPMENT OF HARMONIZED DESCRIPTIONS OF NEW VARIETIES OF PLANTS"(植物新品种特异性、一致性和稳定性审查及性状统一描述总则)

[3]UPOV TGP/7 "DEVELOPMENT OF TEST GUIDELINES"(测试指南的研制)

[4]UPOV TGP/8 "TRIAL DESIGN AND TECHNIQUES USED IN THE EXAMINATION OF DISTINCTNESS, UNIFORMITY AND STABILITY"(DUS 审查中应用的试验设计和技术方法)

[5]UPOV TGP/9 "EXAMINING DISTINCTNESS"(特异性审查)

[6]UPOV TGP/10 "EXAMINING UNIFORMITY"(一致性审查)

[7]UPOV TGP/11 "EXAMINING STABILITY"(稳定性审查)

ICS 65.020.20
B 05

中华人民共和国农业行业标准

NY/T 2749—2015

植物新品种特异性、一致性和稳定性测试指南　橡胶树

Guidelines for the conduct of tests for distinctness, uniformity and stability—Rubber tree

(*Hevea brasiliensis* Muell.–Arg.)

(UPOV:TG/254/1,Guidelines for the conduct of tests for distinctness, uniformity and stability—Rubber tree,NEQ)

2015-05-21 发布　　2015-08-01 实施

中华人民共和国农业部　发布

目　　次

前　言

本标准按照 GB/T 1.1—2009 给出的规则起草。

本标准使用重新起草法修改采用了国际植物新品种保护联盟(UPOV)指南“TG/254/1,Guidelines for the conduct of tests for distinctness,uniformity and stability—Rubber tree”。

本标准对应于 UPOV 指南 TG/254/1,与 TG/254/1 的一致性程度为非等效。

本标准与 UPOV 指南 TG/254/1 相比存在技术性差异,主要差异如下:

——增加了“叶片:主侧脉角度”、“叶片:形状”、“叶片:侧小叶基部形态”、“叶片:三小叶姿态”、“叶痕:形状”、“叶痕:与芽眼距离”、“大叶柄:形状”、“叶枕:沟”、“蜜腺:表面形态”、“胶水:干胶含量”、“抗性:白粉病”、“抗性:炭疽病”共 12 个性状;

——删除了“叶片:背面叶脉绒毛”、“叶片:与叶柄相对姿态”、“叶片:长度”、“树皮:主要颜色”、“树皮:质感”共 5 个性状;

——调整了“*叶片:中间小叶与侧小叶相似度”、“*叶片:叶面光泽度”、“*叶片:质地”、“*叶片:叶缘波浪程度”、“*叶片:顶部形状”、“*树干:曲直度”共 6 个性状的表达状态。

本标准由农业部种子管理局提出。

本标准由全国植物新品种测试标准化技术委员会(SAC/TC 277)归口。

本标准起草单位:中国热带农业科学院橡胶研究所、农业部科技发展中心、中国热带农业科学院热带作物品种资源研究所。

本标准主要起草人:李维国、张晓飞、唐浩、高新生、黄华孙、王祥军、黄肖、高玲、位明明、张源源。

植物新品种特异性、一致性和稳定性测试指南 橡 胶 树

1 范围

本标准规定了橡胶树(*Hevea brasilensis* Muell. －Arg.)新品种特异性、一致性和稳定性测试的技术要求和结果判定的一般原则。

本标准适用于橡胶树新品种特异性、一致性和稳定性的测试和结果判定。

2 规范性引用文件

下列文件对于本文件的应用是必不可少的。凡是注日期的引用文件,仅注日期的版本适用于本文件。凡是不注日期的引用文件,其最新版本(包括所有的修改单)适用于本文件。

GB/T 17822.2 橡胶树苗木

GB/T 19557.1 植物新品种特异性、一致性和稳定性测试指南 总则

NY/T 221 橡胶树栽培技术规程

NY/T 1314 农作物种质资源鉴定技术规程 橡胶树

3 术语和定义

GB/T 19557.1界定的以及下列术语和定义适用于本文件。

3.1

群体测量 single measurement of a group of plants or parts of plants

对一批植株或植株的某器官或部位进行测量,获得一个群体记录。

3.2

个体测量 measurement of a number of individual plants or parts of plants

对一批植株或植株的某器官或部位进行逐个测量,获得一组个体记录。

3.3

群体目测 visual assessment by a single observation of a group of plants or parts of plants

对一批植株或植株的某器官或部位进行目测,获得一个群体记录。

3.4

个体目测 visual assessment by observation of individual plants or parts of plants

对一批植株或植株的某器官或部位进行逐个目测,获得一组个体记录。

4 符号

下列符号适用于本文件:

MG:群体测量。

MS:个体测量。

VG:群体目测。

VS:个体目测。

QL:质量性状。

QN:数量性状。

PQ:假质量性状。

*:标注性状为UPOV用于统一品种描述所需要的重要性状,除非受环境条件限制性状的表达状态无法测试,所有UPOV成员都应使用这些性状。

(a)~(c):标注内容在B.2中进行了详细解释。

(+):标注内容在B.3中进行了详细解释。

5 繁殖材料的要求

5.1 繁殖材料以芽接苗的形式提供。

5.2 提交的芽接苗数量不少于15株,且标明砧木种类。

5.3 所提交芽接苗芽片及外观应完整,植株健壮,愈合良好,未受到病虫害的影响。质量标准应符合GB/T 17822.2的要求。

5.4 提交的繁殖材料一般不进行任何影响品种性状正常表达的处理。

5.5 提交的繁殖材料应符合中国植物检疫的有关规定。

6 测试方法

6.1 测试周期

测试的周期至少为一个独立的生长周期。

6.2 测试地点

测试通常在一个地点进行。测试地点选择按NY/T 221的规定执行。如果某些性状在该地点不能充分表达,可在其他符合条件的地点对其进行观测。

6.3 田间试验

6.3.1 试验设计

申请品种和近似品种相邻种植。每个小区7株,株距2 m~3 m,行距5 m~6 m,共设2个重复。

6.3.2 田间管理

按NY/T 221的规定执行。

6.4 性状观测

6.4.1 观测时期

性状观测应按照表A.1和表A.2列出的生育阶段进行。生育阶段描述见表B.1。

6.4.2 观测方法

性状观测应按照表A.1和表A.2规定的观测方法(VG、VS、MG、MS)进行。部分性状观测方法见B.2和B.3。

6.4.3 观测数量

除非另有说明,个体观测性状(VS、MS)植株取样数量不少于5株,在观测植株的器官或部位时,每个植株取样数量应为3个。群体观测性状(VG、MG)应观测整个小区或规定大小的混合样本。

6.5 附加测试

必要时,可选用表A.2中的性状或本文件未列出的性状进行附加测试。

7 特异性、一致性和稳定性结果的判定

7.1 总体原则

特异性、一致性和稳定性的判定按照GB/T 19557.1确定的原则进行。

7.2 特异性的判定

申请品种应明显区别于所有已知品种。在测试中，当申请品种至少在一个性状上与近似品种具有明显且可重现的差异时，即可判定申请品种具备特异性。

7.3 一致性的判定

采用1%的群体标准和至少95%的接受概率。当样本大小为7株时，允许出现1个异型株。

7.4 稳定性的判定

如果一个品种具备一致性，则可认为该品种具备稳定性。一般不对稳定性进行测试。

必要时，可以种植该品种的下一批无性繁殖材料，与以前提供的繁殖材料相比，若性状表达无明显变化，则可判定该品种具备稳定性。

8 性状表

8.1 概述

根据测试需要，将性状分为基本性状、选测性状，基本性状是测试中必须使用的性状。橡胶树基本性状见表A.1，选测性状见表A.2。

性状表列出了性状名称、表达类型、表达状态及相应的代码和标准品种、观测时期和方法等内容。

8.2 表达类型

根据性状表达方式，将性状分为质量性状、假质量性状和数量性状3种类型。

8.3 表达类型的相应代码

8.3.1 每个性状划分为一系列表达状态，每个表达状态赋予一个相应的数字代码。

8.3.2 对于质量性状和假质量性状，所有的表达状态应在测试指南中列出；对于数量性状，为了缩小性状表的长度，偶数代码的表达状态可以不列出，偶数代码的表达状态可描述为前一个表达状态到后一个表达状态的形式。

8.4 标准品种

性状表中列出了部分性状有关表达状态可参考的标准品种，以助于确定相关性状的不同表达状态和校正环境因素引起的差异。

9 分组性状

本文件中，品种分组性状如下：

a) *叶片：叶面光泽度（表A.1中性状3）。
b) 叶枕：沟（表A.1中性状19）。
c) *胶乳：颜色（表A.1中性状21）。
d) *树干：曲直度（表A.1中性状22）。
e) *树干：茎围（表A.1中性状23）。
f) *冬季落叶始期（表A.1中性状31）。

10 技术问卷

申请人应按附录C给出的格式填写橡胶树技术问卷。

附 录 A
(规范性附录)
橡胶树性状表

A.1 橡胶树基本性状

见表 A.1。

表 A.1 橡胶树基本性状表

序号	性　状	观测时期和方法	表达状态	标准品种	代码
1	*叶蓬:形状 PQ (a) (+)	141 VG	弧形	RRIM712	1
			半球形	GT1	2
			截顶圆锥形	IAN873	3
			圆锥形	RRIM600	4
2	*叶片:叶面绿色程度 QN (a)	141 VG	浅	RRIM600	1
			中	PR107	2
			深	GT1	3
3	*叶片:叶面光泽度 QN (a) (+)	141 VG	弱	PR107	1
			中	RRIM600	2
			强	IAN873	3
4	*叶片:质地 QN (a)	141 VG	细	IAN873	1
			中	RRIM600	2
			粗	PR107	3
5	*叶片:叶缘波浪程度 QN (a) (+)	141 VG	小	PR107	1
			中	热研 7-33-97	2
			大	RRIM612	3
6	*叶片:中间小叶与侧小叶相似度 QN (a)	141 VG	低	RRIM600	1
			中	PB260	2
			高	GT1	3
7	叶片:主侧脉角度 QN (a) (+)	141 VG	小	Tjir1	1
			中	RRIM600	2
			大	RRIC52	3
8	叶片:形状 PQ (a) (+)	141 VG	倒卵形	93-114	1
			卵形		2
			椭圆形	GT1	3
			菱形	RRIM600	4
9	*叶片:顶部形状 QN (a) (+)	141 VG	芒尖	RRIC28	1
			急尖	PB86	2
			渐尖	RRIC100	3
10	*叶片:基部形状 QN (a) (+)	141 VG	楔形	海垦 6	1
			渐尖形	PR107	2
			钝形	RRIM612	3

表 A.1（续）

序号	性　　状	观测时期和方法	表达状态	标准品种	代码
11	叶片:侧小叶基部形态 PQ (a) (+)	141 VG	内斜	PB260	1
			对称	IAN873	2
			外斜	93 - 114	3
12	叶片:三小叶姿态 QN (a) (+)	141 VG	重叠	RRIC100	1
			靠近	PB5/51	2
			分离	RRIM600	3
			显著分离	PR107	4
13	*叶片:小叶片最宽处位置 QN (a)	141 VG	基部		1
			中间	PB217	2
			顶部	RRIM600	3
14	*叶片:纵截面形状 PQ (a)	141 VG	直		1
			弓形	GT1	2
			S形	PB260	3
15	叶痕:形状 PQ (a) (+)	181 VG	半圆形	RRIM600	1
			近圆形	PB235	2
			马蹄形	PB86	3
			心脏形	大丰 318	4
			三角形	海垦 1	5
			菱形	热研 88 - 13	6
16	叶痕:与芽眼距离 QN (a) (+)	141 VG	近	RRIM600	1
			中	海垦 6	2
			远	PB5/51	3
17	大叶柄:形状 PQ (a) (+)	141 VG	直	RRIM612	1
			弓形	红星 1	2
			反弓形	93 - 114	3
			S形		4
18	*大叶柄:姿态 QN (a) (+)	141 VG	上仰	GT1	1
			平伸	PB260	2
			下垂		3
19	叶枕:沟 QL (a) (+)	141 VG	无	RRIM600	1
			有	PR107	9
20	蜜腺:表面形态 QN (a) (+)	141 VG	下陷	PR107	1
			平	GT1	2
			突起	RRIM600	3
21	*胶乳:颜色 PQ (c) (+)	141 VG	白	RRIM600	1
			浅黄	Tjir1	2
			黄	PB5/51	3
			深黄	PB5/63	4
22	*树干:曲直度 QN (c) (+)	291 VG	直	GT1	1
			微弯		2
			弯	RRII105	3

表 A.1（续）

序号	性　　状	观测时期和方法	表达状态	标准品种	代码
23	＊树干:茎围 QN (+)	281 MS	小	PR107	1
			中	RRIM600	2
			大	IAN873	3
24	＊树冠:形状 PQ (+)	261 VG	三角形	PR107	1
			卵圆形		2
			圆形	PB314	3
			扁圆形	RRIM600	4
25	＊树冠:枝叶密度 QN	261 VG	稀疏	PR261	1
			中等	PB260	2
			密集	PB217	3
26	＊种子:形状 PQ (b) (+)	261 VG	椭圆形	PB235	1
			圆形	RRIM600	2
			长圆形	RRII105	3
			倒卵形		4
27	＊种子:长度 QN (b) (+)	261 MS	短	GT1	3
			中	RRIM600	5
			长	IAN873	7
28	＊种子:宽度 QN (b) (+)	261 MS	窄	GT1	1
			中	RRIM600	2
			宽	RRIM712	3
29	＊种子:厚度 QN (b) (+)	261 MS	薄	PB260	1
			中	PB235	2
			厚	RRIC712	3
30	＊冬季落叶习性 QN	291 VG	不落叶		1
			部分落叶	PR107	2
			完全落叶	RRIM600	3
31	＊冬季落叶始期 QN	281 MG	早	PB260	1
			中	PB235	2
			晚	GT1	3

A.2　橡胶树选测性状

见表 A.2。

表 A.2　橡胶树选测性状表

序号	性　　状	观测时期和方法	表达状态	标准品种	代码
32	胶水:干胶含量 QN (+)	141 MG	极低		1
			低	RRIM600	2
			中	GT1	3
			高	PR107	4
			极高	热研 88-13	5
33	抗性:白粉病 QN (+)	141 MG	高感	PB5/51	1
			感	RRIM600	2
			中感		3
			抗	RRIC52	4
			高抗	RRIM717	5

表 A.2（续）

序号	性　状	观测时期和方法	表达状态	标准品种	代码
34	抗性:炭疽病 QN (+)	141 MG	高感	南华 1	1
			中感		2
			感		3
			抗	热研 88 - 13	4
			高抗		5

附 录 B
(规范性附录)
橡胶树性状表的解释

B.1 橡胶树生育阶段

见表 B.1。

表 B.1 橡胶树生育阶段表

生育阶段代码	描 述
未分枝幼树(幼苗期和定植后 1.5 年～2 年时间)	
11	第一蓬叶抽发期:70%的植株抽第一蓬叶后叶片处于小古铜期
12	第二蓬叶抽发期:60%的植株抽第二蓬叶后叶片处于小古铜期
13	第三蓬叶抽发期:50%的植株抽第三蓬叶后叶片处于小古铜期
14	第四蓬叶抽发期:50%的植株抽第四蓬叶后叶片处于小古铜期
15	第五蓬叶抽发期:50%的植株抽第五蓬叶后叶片处于小古铜期
16	第六蓬叶抽发期:50%的植株抽第六蓬叶后叶片处于小古铜期
17	落叶始期:50%的植株开始落叶且落叶比例达到 1/3
18	落叶盛期:50%的植株大量落叶且落叶比例达到 2/3
幼树期(分枝后到开割前期)	
21	第一蓬叶抽发期:70%的植株抽第一蓬叶后叶片处于小古铜期
22	春花期:70%的植株处于春花盛花期
23	第二蓬叶抽发期:60%的植株抽第二蓬叶后叶片处于小古铜期
24	夏花期:60%的植株处于夏花盛花期
25	第三蓬叶抽发期:50%的植株抽第三蓬叶后叶片处于小古铜期
26	秋果成熟期:70%的植株夏花所结的秋果经充分发育后处于成熟期
27	冬果成熟期:60%的植株秋花所结的冬果经充分发育后处于成熟期
28	落叶始期:50%的植株开始落叶且落叶比例占树冠比例达到 1/3
29	落叶盛期:50%的植株大量落叶且落叶比例占树冠比例达到 2/3

B.2 涉及多个性状的解释

(a) 顶蓬叶的下一蓬。

(b) 秋果中果皮已干燥但未开裂的橡胶果实。

(c) 植株的主干。

B.3 涉及单个性状的解释

性状分级和图中代码见表 A.1。

性状 1 * 叶蓬:形状,见图 B.1。

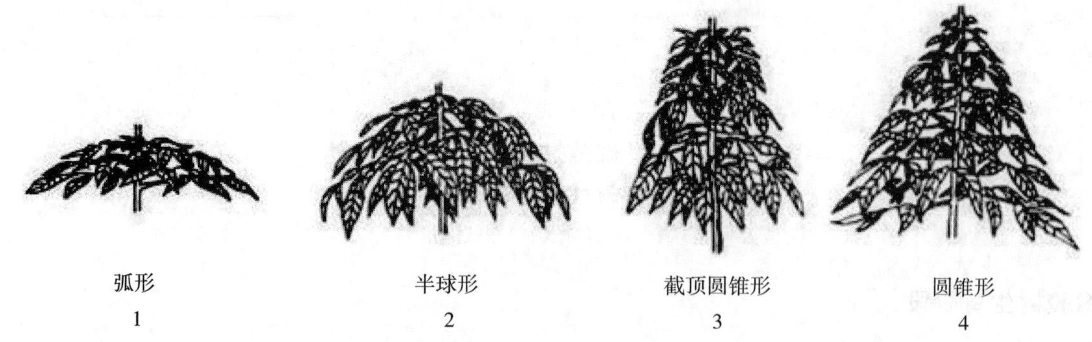

图 B.1 ＊叶蓬:形状

性状 3 ＊叶片:叶面光泽度,见图 B.2。

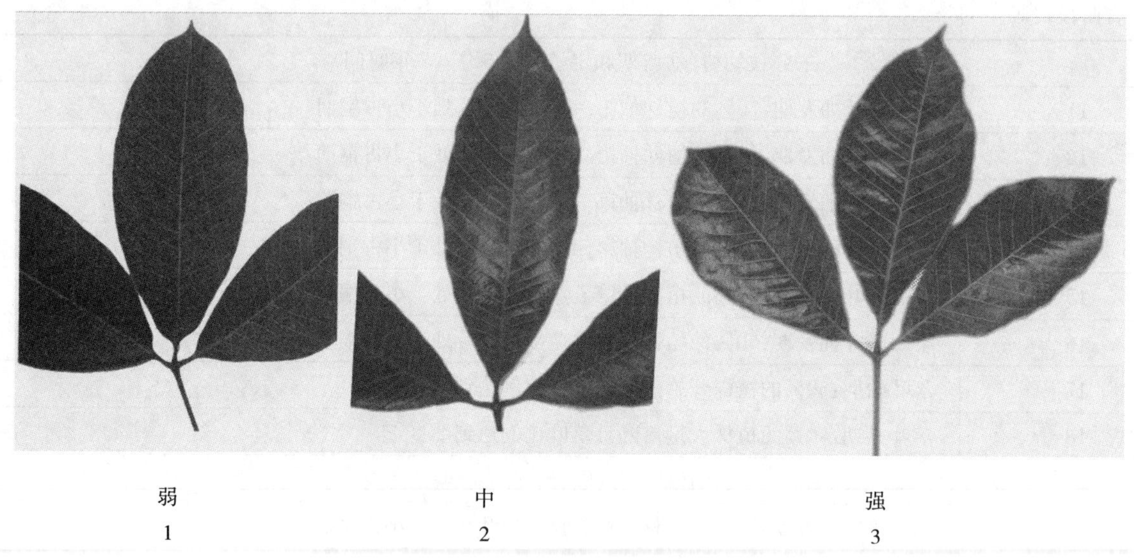

图 B.2 ＊叶片:叶面光泽度

性状 5 ＊叶片:叶缘波浪程度,观测中间小叶,见图 B.3。

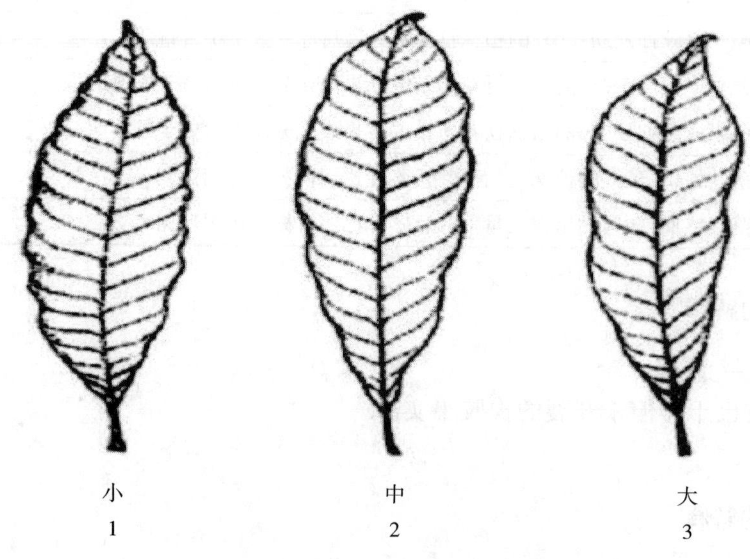

图 B.3 ＊叶片:叶缘波浪程度

性状 7　叶片:主侧脉角度,观测中间小叶中部主叶脉与一级侧脉的夹角,角度不大于 55°记为小,大于 55°小于 65°为中,不小于 65°为大。见图 B.4。

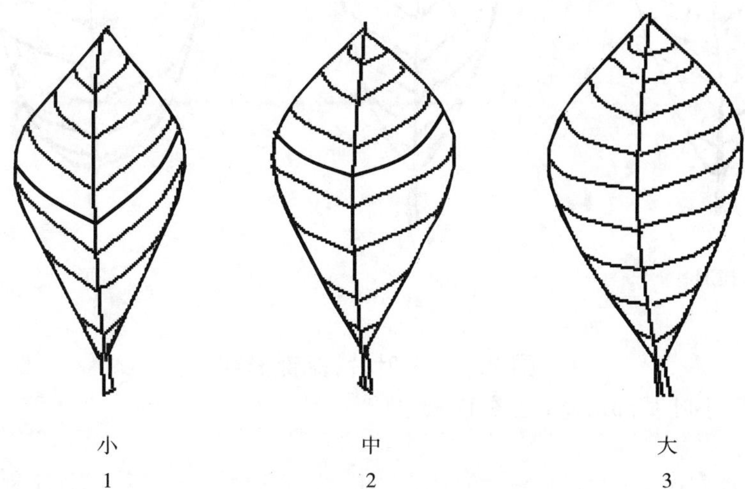

图 B.4　叶片:主侧脉角度

性状 8　叶片:形状,观测中间小叶,见图 B.5。

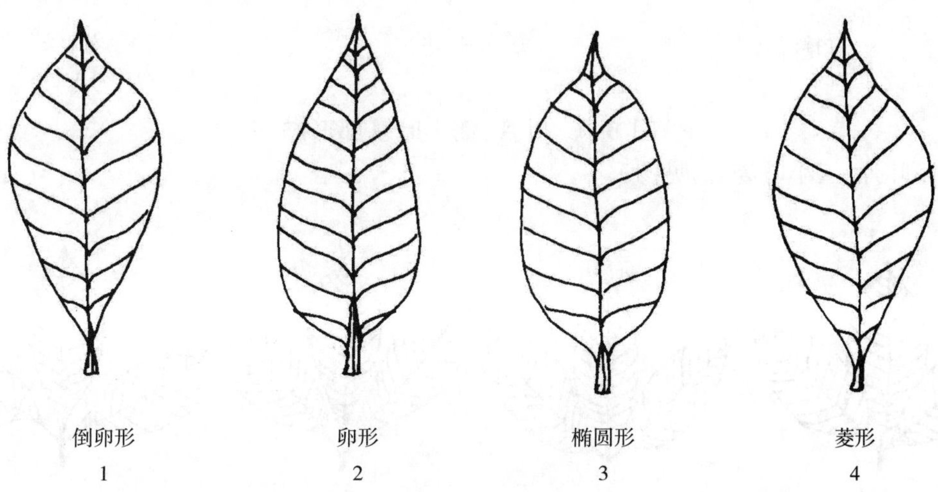

图 B.5　叶片:形状

性状 9　*叶片:顶部形状,观测中间小叶,见图 B.6。

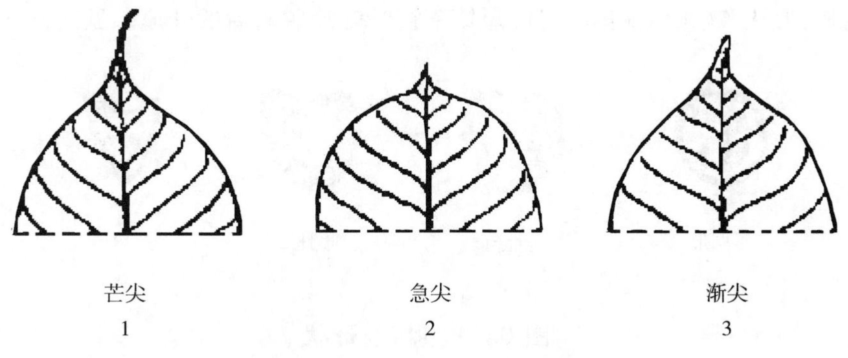

图 B.6　*叶片:顶部形状

性状 10　*叶片:基部形状,观测中间小叶,见图 B.7。

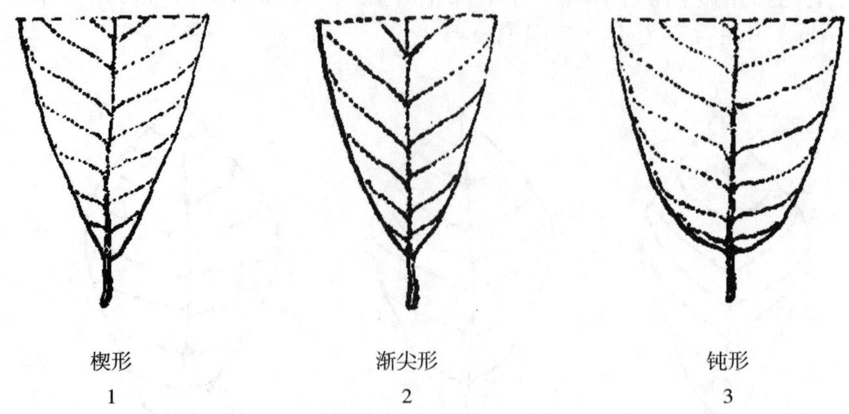

图 B.7　*叶片:基部形状

性状 11　叶片:侧小叶基部形态,见图 B.8。

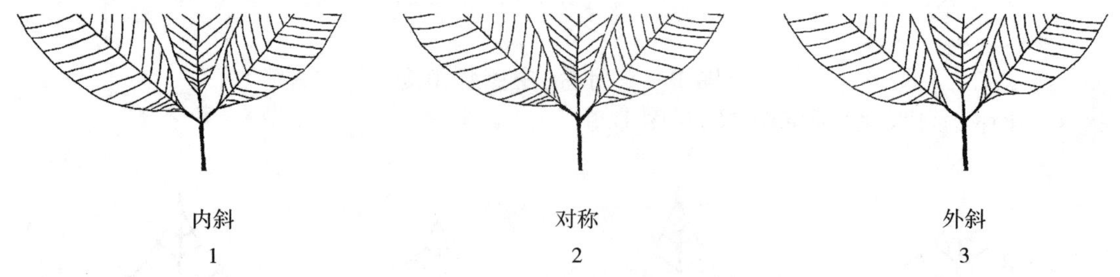

图 B.8　叶片:侧小叶基部形态

性状 12　叶片:三小叶姿态,见图 B.9。

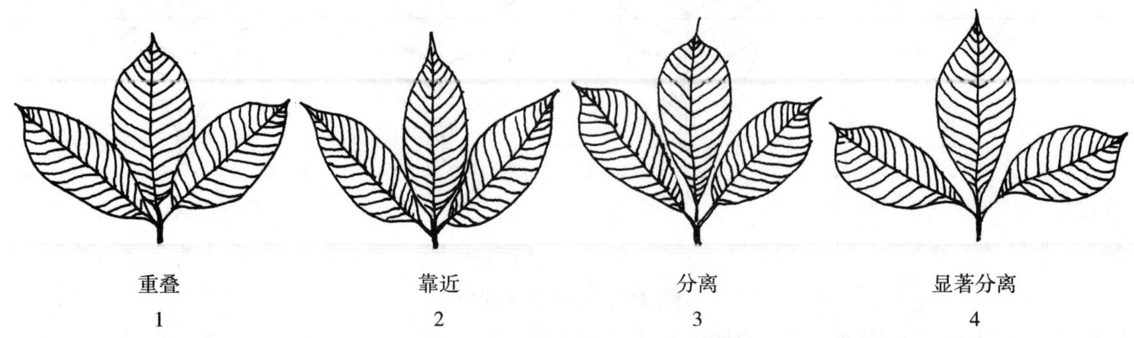

图 B.9　叶片:三小叶姿态

性状 15　叶痕:形状,观测植株第三篷叶至第五篷叶叶片脱落后的叶痕。见图 B.10。

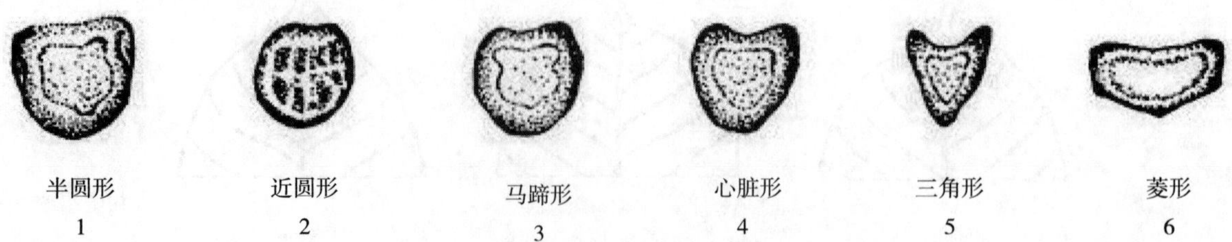

图 B.10　叶痕:形状

性状 16　叶痕:与芽眼距离,观测植株第三篷叶至第五篷叶叶片脱落后的叶痕与芽眼之间的距离。

性状 17　大叶柄:形状,见图 B.11。

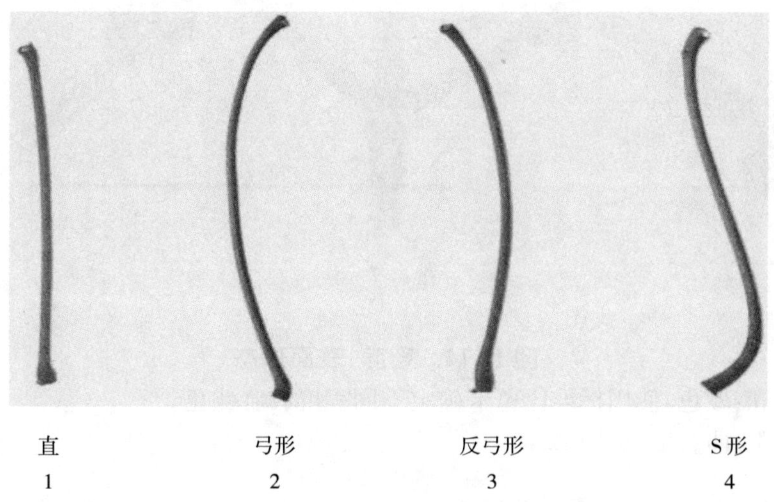

直 1　　弓形 2　　反弓形 3　　S形 4

图 B.11　大叶柄:形状

性状 18　＊大叶柄:姿态,见图 B.12。

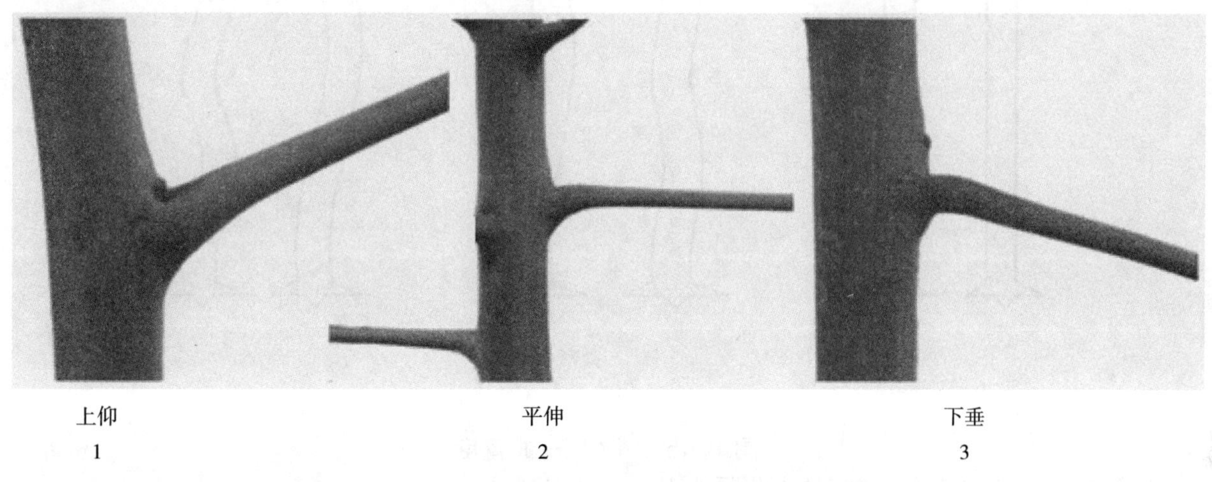

上仰 1　　平伸 2　　下垂 3

图 B.12　＊大叶柄:姿态

性状 19　叶枕:沟,见图 B.13。

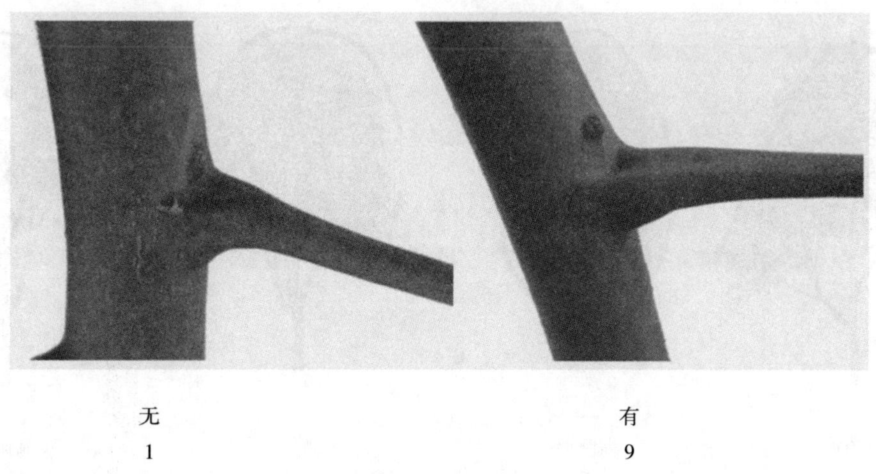

无 1　　有 9

图 B.13　叶枕:沟

性状 20　蜜腺:表面形态,见图 B.14。

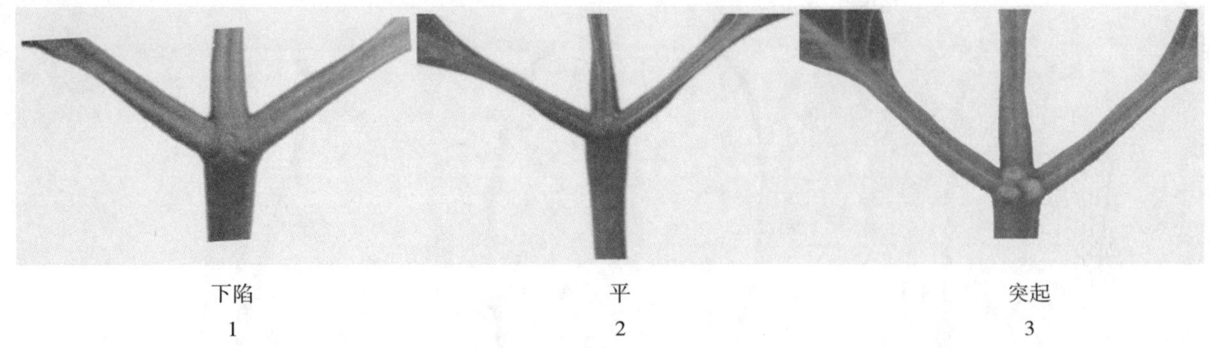

图 B.14 蜜腺:表面形态

性状 21 ＊胶乳:颜色,使用标准比色卡确定不同程度胶乳颜色。

性状 22 ＊树干:曲直度,见图 B.15。

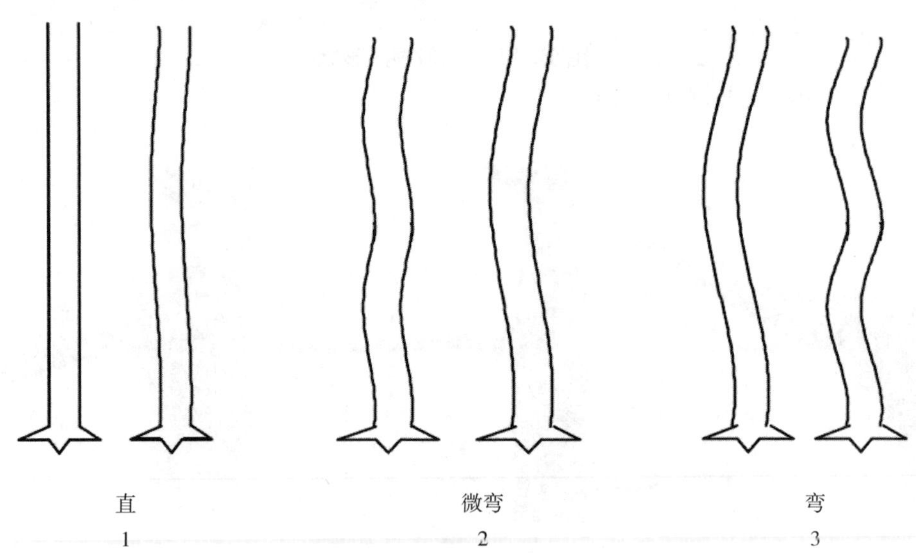

图 B.15 ＊树干:曲直度

性状 23 ＊树干:茎围,在植株主茎距地 1.5 m 处观测。

性状 24 ＊树冠:形状,观测由骨干枝及辅养枝组成有代表性健壮植株(无风,无病、虫害)的树冠。见图 B.16。

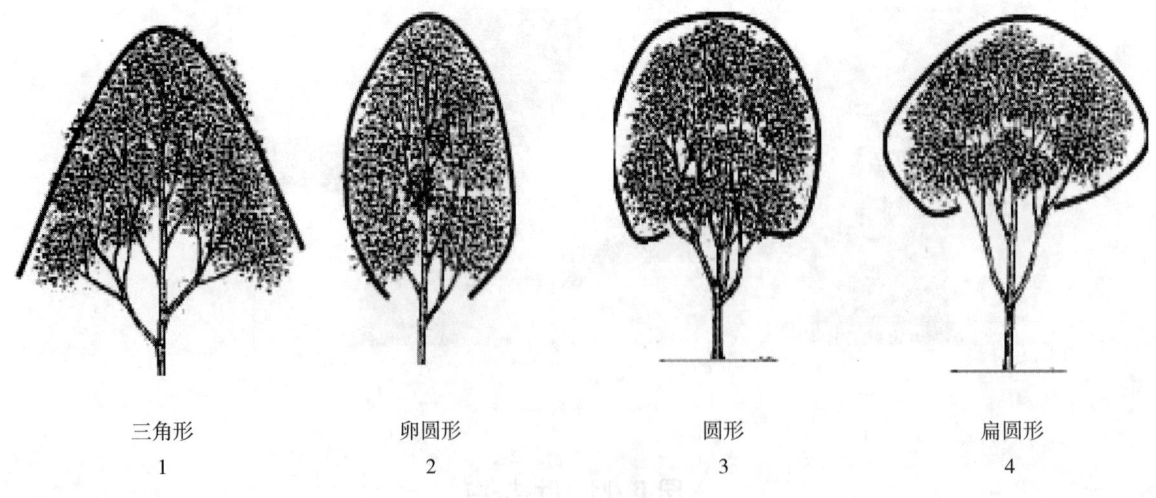

图 B.16 ＊树冠:形状

性状 26　＊种子:形状,垂直种背观测,见图 B.17。

图 B.17　＊种子:形状

性状 27　＊种子:长度,垂直种背观测,见图 B.18。

性状 28　＊种子:宽度,垂直种背观测,见图 B.18。

图 B.18　＊种子:长度;＊种子:宽度

性状 29　＊种子:厚度,平行种背观测,见图 B.19。

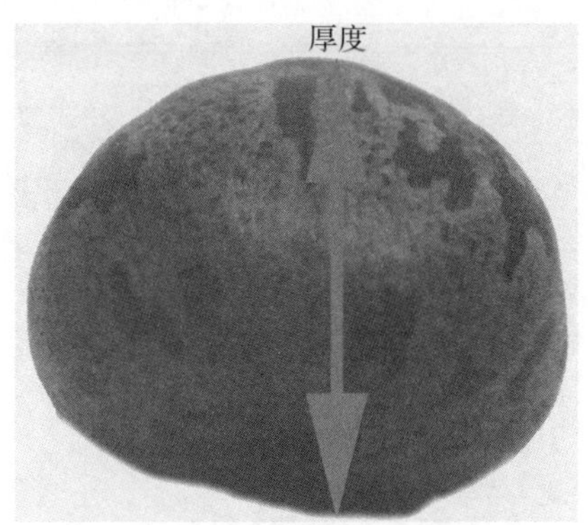

图 B.19　＊种子:厚度

性状 32　胶水:干胶含量,按 NY/T 1314 的规定执行。

性状 33　抗性:白粉病,按 NY/T 1314 的规定执行。

性状 34　抗性:炭疽病,按 NY/T 1314 的规定执行。

附　录　C
（规范性附录）
橡胶树技术问卷格式

橡胶树技术问卷

申请号：
申请日：
（由审批机关填写）

（申请人或代理机构签章）

C.1　品种暂定名称

C.2　申请测试人信息

姓名：
地址：
电话号码：　　　　　　传真号码：　　　　　　手机号码：
邮箱地址：
育种者姓名：

C.3　植物学分类

拉丁名：______________________
中文名：______________________

C.4　品种类型

在相符的类型[　]中打√。

C.4.1　育种选育方式及繁殖方式

C.4.1.1　杂交

(a)　定向杂交　[　]
（请指明所用亲本）
(b)　已知部分亲本　[　]
（请指明已知亲本名称）
(c)　未知亲本　[　]

C.4.1.2　诱变　[　]
（请指明原品种名称）

C.4.1.3　转基因　[　]
（请指明原品种名称）

C.4.2　品种特点

C.4.2.1 速生 [ ]
C.4.2.2 高产 [ ]
C.4.2.3 抗风 [ ]
C.4.2.4 抗寒 [ ]
C.4.2.5 抗病 [ ]
C.4.2.6 其他 [ ]

C.4.3 品种繁育方式

C.4.3.1 无性繁殖

(a) 芽接 [ ]

(b) 组织培养 [ ]

C.4.3.2 其他

(请说明细节)

C.5 申请品种的具有代表性彩色照片

(品种照片粘贴处)
(如果照片较多,可另附页提供)

C.6 其他有助于辨别申请品种的信息

(如品种生长、产量和抗性等,请提供详细资料)

C.7 品种的选育背景、育种过程和育种方法,包括系谱、培育过程和所使用的亲本或其他繁殖材料来源与名称的详细说明

C.8 品种适于生长的区域或环境以及栽培技术的说明

C.9 品种种植或测试是否需要特殊条件

在相符的类型[ ]中打√。

是[ ] 否[ ]

(如果回答是,请提供详细资料)

C.10 品种繁殖材料保存是否需要特殊条件

在相符的类型[ ]中打√。

是[ ]　　　　否[ ]

(如果回答是,请提供详细资料)

C.11 申请品种需要指出的性状

在表C.1中相符的代码后[ ]中打√,若有测量值,请填写在表C.1中。

表C.1 申请品种需要指出的性状

序号	性　状	表达状态	代　码	测量值
1	*叶蓬:形状(性状1)	弧形	1[ ]	
		半球形	2[ ]	
		截顶圆锥形	3[ ]	
		圆锥形	4[ ]	
2	*叶片:叶面光泽度(性状3)	弱	1[ ]	
		中	2[ ]	
		强	3[ ]	
3	*叶片:叶缘波浪程度(性状5)	小	1[ ]	
		中	2[ ]	
		大	3[ ]	
4	叶片:形状(性状8)	倒卵形	1[ ]	
		卵形	2[ ]	
		椭圆形	3[ ]	
		菱形	4[ ]	
5	大叶柄:形状(性状17)	直	1[ ]	
		弓形	2[ ]	
		反弓形	3[ ]	
		S形	4[ ]	
6	叶枕:沟(性状19)	无	1[ ]	
		有	9[ ]	
7	*胶乳:颜色(性状21)	白	1[ ]	
		浅黄	2[ ]	
		黄	3[ ]	
		深黄	4[ ]	
8	*树干:曲直度(性状22)	直	1[ ]	
		微弯	2[ ]	
		弯	3[ ]	
9	*树干:茎围(性状23)	小	1[ ]	
		中	2[ ]	
		大	3[ ]	
10	*种子:形状(性状26)	椭圆形	1[ ]	
		圆形	2[ ]	
		长圆形	3[ ]	
		倒卵形	4[ ]	
11	*冬季落叶始期(性状31)	早	1[ ]	
		中	2[ ]	
		晚	3[ ]	

C.12 申请品种与近似品种的明显差异性状表达状态描述

在自己知识范围内,申请测试人列出申请测试品种与其最为近似品种的明显差异。见表C.2。

表 C.2 申请品种与近似品种的明显差异性状表达状态描述

近似品种名称	性状名称	近似品种表达状态	申请品种表达状态

ICS 65.020.20
B 05

中华人民共和国农业行业标准

NY/T 2750—2015

植物新品种特异性、一致性和稳定性测试指南　凤梨属

Guidelines for the conduct of tests for distinctness, uniformity and stability—Ananas

(*Ananas* Merr.)

(UPOV:TG/295/1, Guidelines for the conduct of tests for distinctness, uniformity and stability—Pineapple, NEQ)

2015-05-21 发布　　2015-08-01 实施

中华人民共和国农业部　发布

目　　次

前　言

本标准依据 GB/T 1.1—2009 给出的规则起草。

本标准使用重新起草法修改采用了国际植物新品种保护联盟(UPOV)指南“TG/295/1,Guidelines for the Conduct of Tests for Distinctness, Uniformity and Stability—Pineapple”。

本标准对应于 UPOV 指南 TG/295/1,本标准与 TG/295/1 的一致性程度为非等效。

本标准与 UPOV 指南 TG/295/1 相比存在技术性差异,主要差异如下:

——增加了“叶:条纹”、“仅适用于有条纹品种:叶:条纹颜色”、“果实:相对于叶丛的位置”3 个基本性状,以及“植株:大小”、“花序梗:苞片大小”、“花序梗:苞片颜色”和“花序梗:苞片数量”4 个选测性状;

——调整了 UPOV 指南 TG/295/1 中性状 5“叶:上表面绿色程度”的表达状态。

本标准由农业部种子管理局提出。

本标准由全国植物新品种测试标准化技术委员会(SAC/TC 277)归口。

本标准起草单位:华南农业大学、广州花卉研究中心、农业部科技发展中心。

本标准主要起草人:张志胜、谢利、杨旭红、黎扬辉、郭和蓉、曾瑞珍、任永浩、易懋升、杜宝贵、刘洪。

植物新品种特异性、一致性和稳定性测试指南 凤 梨 属

1 范围

本标准规定了凤梨科凤梨属(*Ananas* Merr.)新品种特异性、一致性和稳定性测试的技术要求和结果判定的一般原则。

本标准适用于凤梨属新品种特异性、一致性和稳定性测试和结果判定。

2 规范性引用文件

下列文件对于本文件的应用是必不可少的。凡是注明日期的引用文件,仅注明日期的版本适用于本文件。凡是不注明日期的引用文件,其最新版本(包括所有的修改单)适用于本文件。

GB/T 10469—89 水果、蔬菜粗纤维的测定方法

GB/T 12293 水果、蔬菜制品可滴定酸度的测定

GB/T 12295—90 水果、蔬菜制品可溶性固形物含量的测定

GB/T 19557.1 植物新品种特异性、一致性和稳定性测试指南 总则

NY/T 451 菠萝 种苗

NY/T 1442 菠萝栽培技术规程

NY/T 2009 水果硬度的测定

3 术语和定义

GB/T 19557.1 界定的以及下列术语和定义适用于本文件。

3.1

群体测量 single measurement of a group of plants or parts of plants

对一批植株或植株的某器官或部位进行测量,获得一个群体记录。

3.2

个体测量 measurement of a number of individual plants or parts of plants

对一批植株或植株的某器官或部位进行逐个测量,获得一组个体记录。

3.3

群体目测 visual assessment by a single observation of a group of plants or parts of plants

对一批植株或植株的某器官或部位进行目测,获得一个群体记录。

3.4

个体目测 visual assessment by observation of individual plants or parts of plants

对一批植株或植株的某器官或部位进行逐个目测,获得一组个体记录。

4 符号

下列符号适用于本文件:

MG:群体测量。

MS:个体测量。

VG:群体目测。

VS:个体目测。

QL:质量性状。

QN:数量性状。

PQ:假质量性状。

*:标注性状为 UPOV 用于统一品种描述所需要的重要性状,除非受环境条件限制性状的表达状态无法测试,所有 UPOV 成员都应使用这些性状。

(a)～(d):标注内容在 B.2 中进行了详细解释。

(+):标注内容在 B.3 中进行了详细解释。

__:本文件中下划线是特别提示测试性状的适用范围。

5 繁殖材料的要求

5.1 繁殖材料以种苗形式提供,但同一批繁殖材料的类型应相同。

5.2 提交繁殖材料的数量不少于 25 株。

5.3 提交的种苗应达到 NY/T 451 中的一级种苗要求。

5.4 提交的繁殖材料一般不进行任何影响品种性状表达的处理。如果已处理,应提供处理的详细说明。

5.5 提交的繁殖材料应符合中国植物检疫的有关规定。

6 测试方法

6.1 测试周期

测试周期通常为 2 个独立的生长周期。如第一个生长周期的测试能充分判断出申请品种具备特异性,也可只进行 1 个生长周期的测试。

6.2 测试地点

测试通常在 1 个地点进行。如果某些性状在该地点不能充分表达,可在其他符合条件的地点对其进行观测。

6.3 田间试验

6.3.1 试验设计

申请品种和近似品种相邻种植,每个品种每个小区不少于 10 株,设 2 个重复。

大田露地常规栽培。观赏用凤梨属也可采用盆栽种植,盆径 10 cm～17 cm,每盆种 1 株。

6.3.2 田间管理

按照 NY/T 1442 的要求执行。

6.4 性状观测

6.4.1 观测时期

性状观测应按照表 A.1 和表 A.2 列出的生育阶段进行。生育阶段描述见表 B.1。

6.4.2 观测方法

性状观测应按照表 A.1 和表 A.2 规定的观测方法(VG、VS、MG、MS)进行。部分性状观测方法见 B.2 和 B.3。

6.4.3 观测数量

除非另有说明,否则个体观测性状(VS、MS)每个小区植株取样数量不少于 10 个,在观测植株的器官或部位时,每个植株取样数量应为 1 个。群体观测性状(VG、MG)应观测整个小区的植株。

6.5 附加测试

必要时，可选用表 A.2 中的性状或本标准未列出的性状进行附加测试。

7 特异性、一致性和稳定性结果的判定

7.1 总体原则

特异性、一致性和稳定性的判定按照 GB/T 19557.1 确定的原则进行。

7.2 特异性的判定

所申请品种应明显区别于所有已知品种。在测试中，当申请品种至少在一个性状上与近似品种具有明显且可重现的差异时，即可判定申请品种具备特异性。

7.3 一致性的判定

采用 1%的群体标准和 95%的接受概率，当样本大小为 20 株时，最多可以允许有 1 个异型株。

7.4 稳定性的判定

如果一个品种具备一致性，则可认为该品种具备稳定性。一般不对稳定性进行测试。

必要时，可以种植该品种的另一批种苗，与以前提供的种苗相比，若性状表达无明显变化，则可判定该品种具备稳定性。

8 性状表

8.1 概述

根据测试需要，将性状分为基本性状和选测性状，基本性状是测试中必须使用的性状。凤梨属基本性状见表 A.1，凤梨属可以选择测试的性状见表 A.2。

性状表列出了性状名称、表达类型、表达状态及相应的代码和标准品种、观测时期和方法等内容。

8.2 表达类型

根据性状表达方式，将性状分为质量性状、假质量性状和数量性状 3 种类型。

8.3 表达状态和相应代码

8.3.1 每个性状划分为一系列表达状态，以便于定义性状和规范描述；每个表达状态赋予一个相应的数字代码，以便于数据记录、处理和品种描述的建立与交流。

8.3.2 对于质量性状和假质量性状，所有的表达状态都应当在测试指南中列出；对于数量性状，为了缩小性状表的长度，偶数代码的表达状态未列出，偶数代码的表达状态以前一个表达状态到后一个表达状态的形式描述。

8.4 标准品种

性状表中列出了部分性状有关表达状态相应的标准品种，以助于确定相关性状的不同表达状态和校正年份、地点引起的差异。

9 分组性状

本文件中，品种分组性状如下：

a) *植株：姿态（表 A.1 中性状 1）。
b) *叶：花青甙显色（表 A.1 中性状 6）。
c) *叶：褶（表 A.1 中性状 10）。
d) 叶：刺（表 A.1 中性状 11）。
e) *果实：形状（表 A.1 中性状 34）。
f) *果实：主要颜色（表 A.1 中性状 37）。
g) *果实：果肉颜色（表 A.1 中性状 42）。

10 技术问卷

申请人应按照附录C给出的格式填写凤梨属技术问卷。

附 录 A
（规范性附录）
凤 梨 属 性 状 表

A.1 凤梨属基本性状表

见表 A.1。

表 A.1 凤梨属基本性状

序号	性 状	观测时期和方法	表达状态	标准品种	代码
1	*植株:姿态 QN (a) (+)	1-T VG	直立	台农 20 号	1
			半直立	无刺卡因	3
			平展		5
2	*植株:叶数量 QN (a) (+)	1-T VG/MS	少		3
			中	无刺卡因	5
			多	台农 17 号	7
3	*叶:长度 QN (a)(b) (+)	1-T VG/MS	短	巴厘	3
			中	无刺卡因	5
			长		7
4	*叶:宽度 QN (a)(b) (+)	1-T VG/MS	窄	巴厘	3
			中	无刺卡因	5
			宽		7
5	*叶:上表面绿色程度 QN (a)(b)	1-T VG	浅		3
			中	无刺卡因	5
			深	台农 19 号	7
6	*叶:花青甙显色 QN (a)(b)	1-T VG	无或极弱	台农 21 号	1
			弱		3
			中	无刺卡因	5
			强	台农 18 号	7
			极强		9
7	叶:条纹 QL (a)(b)	1-T VG	无		1
			有	金边菠萝	9

表 A.1（续）

序号	性　　状	观测时期和方法	表达状态	标准品种	代码
8	仅适用于有条纹品种：叶：条纹颜色 PQ (a)(b)	1-T VG	白色		1
			绿色		2
			黄色	金边菠萝	3
			红色	神湾	4
			紫色	无刺卡因	5
9	叶：下表面毛状物密度 QN (a)(b) (+)	1-T VG	无或稀少		1
			中等	无刺卡因	2
			密	巴厘	3
10	*叶：褶 QL (a)(b) (+)	1-T VG	无	巴厘	1
			有		9
11	叶：刺 QL (a)(b)	1-T VG	无	台农20号	1
			有	巴厘	9
12	仅适用于有叶刺品种：叶：刺的密度 QN (a)(b)	1-T VG	稀	无刺卡因	1
			中	台农17号	2
			密	台农4号	3
13	仅适用于有叶刺品种：叶：刺的位置 PQ (a)(b) (+)	1-T VG	仅在基部		1
			仅在端部	无刺卡因	2
			在基部和端部	台农21号	3
			在整个叶缘	巴厘	4
14	仅适用于有叶刺品种：叶：刺的颜色 PQ (a)(b)	1-T VG	黄绿色	MD-2	1
			橙色	台农1号	2
			红色		3
			紫色	台农18号	4
15	*仅适用于有叶刺品种：叶：刺的大小 QN (a)(b)	1-T VG	小	MD-2	1
			中	台农4号	3
			大	巴厘	5
16	*花序：苞片大小 QN (c) (+)	2-A VG	小	神湾	1
			中	无刺卡因	2
			大		3
17	花瓣：端部颜色 PQ (c)	2-A VG	蓝紫色		1
			紫红色	无刺卡因	2
18	花瓣：长度 QN (c)	2-A VG/MS	短		1
			中	无刺卡因	2
			长		3

表 A.1（续）

序号	性　　状	观测时期和方法	表达状态	标准品种	代码
19	雄蕊:长度 QN (c)	2-A VG/MS	短	广西菲律宾	1
			中	台农 17 号	2
			长	台农 13 号	3
20	花柱:长度 QN (c)	2-A VG	短	广西菲律宾	1
			中	台农 20 号	2
			长		3
21	未成熟果实:颜色 PQ (+)	3-I VG	灰色		1
			中等绿色	无刺卡因	2
			深绿色	MD-2	3
			粉色	金边菠萝	4
			红色		5
			紫色		6
			褐紫色		7
			深褐色		8
22	植株:高度 QN (d) (+)	4-M VG	低	巴厘	3
			中	无刺卡因	5
			高		7
23	* 花序梗:长度 QN (d) (+)	4-M VG/MS	短	无刺卡因	1
			中		2
			长	台农 18 号	3
24	花序梗:直径 QN (d) (+)	4-M VG/MS	小	台农 20 号	1
			中		2
			大	无刺卡因	3
25	* 植株:块茎芽数量 QN (d) (+)	4-M VG	无或极少	台农 20 号	1
			少		2
			中	无刺卡因	3
			多	巴厘	4
26	植株:吸芽数量 QN (d) (+)	4-M VG	无或极少	台农 20 号	1
			少		2
			中	无刺卡因	3
			多	巴厘	4
27	植株:吸芽大小 QN (d) (+)	4-M VG	小		1
			中	无刺卡因	2
			大		3
28	* 植株:裔芽数量 QN (d) (+)	4-M VG/MS	无或极少	台农 20 号	1
			少		3
			中	巴厘	5
			多		7
29	植株:裔芽大小 QN (d) (+)	4-M VG/MS	小		3
			中	巴厘	5
			大	无刺卡因	7

表 A.1（续）

序号	性　　状	观测时期和方法	表达状态	标准品种	代码
30	冠芽:数量 QL (d) (+)	4-M VG	1个	无刺卡因	1
			1个以上	巴厘	2
31	冠芽:姿态 QN (d)	4-M VG	直立	台农20号	1
			半直立	无刺卡因	2
			平展		3
32	冠芽:大小 QN (d) (+)	4-M VG	小		3
			中	巴厘	5
			大	无刺卡因	7
33	果实:相对于叶丛的位置 QN (d) (+)	4-M VG	低于	台农4号	1
			等于		2
			高于		3
34	*果实:形状 PQ (d) (+)	4-M VG	长圆锥形		1
			圆锥形	台农18号	2
			圆筒形	台农17号	3
			椭球形	无刺卡因	4
			圆球形		5
35	*果实:长度 QN (d) (+)	4-M VG/MS	短		3
			中	无刺卡因	5
			长		7
36	*果实:直径 QN (d)	4-M VG/MS	小		3
			中		5
			大	无刺卡因	7
37	*果实:主要颜色 PQ (d)	4-M VG	黄白色		1
			黄绿色	沙捞越	2
			绿色		3
			灰绿色		4
			浅黄色		5
			中等黄色	无刺卡因	6
			橙色	MD-2	7
			橙红色		8
			红色	金边菠萝	9
			褐色		10
38	*果实:大小 QN (d) (+)	4-M VG/MS	极小		1
			小	神湾	3
			中		5
			大	无刺卡因	7
			极大		9
39	*果实:果眼大小 QN (d)	4-M VG	小		3
			中	无刺卡因	5
			大		7

表 A.1（续）

序号	性　状	观测时期和方法	表达状态	标准品种	代码
40	＊果实:果眼顶端相对位置 QN (d) (+)	4-M VG	凹	台农 20 号	1
			平	无刺卡因	2
			凸	巴厘	3
41	果实:果眼颜色均匀程度 QN (d) (+)	4-M VG	弱	无刺卡因	1
			中	MD-2	2
			强	巴厘	3
42	＊果实:果肉颜色 PQ (d)	4-M VG	白黄色		1
			浅黄色	无刺卡因	2
			中等黄色	台农 21 号	3
			黄橙色	巴厘	4
43	果实:果心直径 QN (d)	4-M VG/MS	小		3
			中	巴厘	5
			大	无刺卡因	7
44	果肉:颜色均匀程度 QN (d)	4-M VG	弱		1
			中	无刺卡因	2
			强	台农 20 号	3
45	＊果肉:密度 QN (d)	4-M VG	疏松	巴厘	1
			中等	无刺卡因	2
			致密		3
46	果肉:硬度 QN (d) (+)	4-M MS	软	沙捞越	3
			中	无刺卡因	5
			硬		7
47	果肉:纤维含量 QN (d) (+)	4-M MG/MS	低	台农 16 号	1
			中	无刺卡因	2
			高	MD-2	3
48	果肉:香气 QN (d) (+)	4-M VG	弱		1
			中	无刺卡因	2
			强	巴厘	3
49	＊果肉:果汁含量 QN (d)	4-M MG/MS	低	台农 4 号	1
			中	无刺卡因	2
			高		3
50	果肉:酸度 QN (d) (+)	4-M MG/MS	低	巴厘	3
			中		5
			高	无刺卡因	7
51	＊果肉:甜度 QN (d) (+)	4-M MG/MS	低		3
			中	无刺卡因	5
			高	巴厘	7

A.2 凤梨属选测性状

见表 A.2。

表 A.2 凤梨属选测性状表

序号	性　状	观测时期和方法	表达状态	标准品种	代码
52	植株:大小 QN (a)	1-T VG	小	神湾	3
			中	巴厘	5
			大	无刺卡因	7
53	花序梗:苞片大小 QN (c) (+)	2-A VG	小	神湾	1
			中	澳大利亚卡因	2
			大		3
54	花序梗:苞片颜色 PQ (c) (+)	2-A VG	绿色	神湾	1
			粉红色		2
			红色		3
			紫色		4
55	花序梗:苞片数量 QN (c)	2-A VG	少	台农 20 号	1
			中	神湾	2
			多		3

附 录 B
(规范性附录)
凤梨属性状表的解释

B.1 凤梨属生育阶段表

见表 B.1。

表 B.1 凤梨属生育阶段表

编号	名 称	描 述
1-T	营养生长期	从定植后到抽花前的整个时期
2-A	开花期	50%植株花苞可见
3-I	幼果期	果实膨大到体积达到最大前
4-M	成熟期	果实大小已基本稳定,果皮果肉颜色向成熟色转变,直到出现该品种成熟特征

B.2 涉及多个性状的解释

(a) 性状 1～性状 15 和性状 52 的观测时间应在人工诱导开花前。

(b) 性状 3～性状 15 观测植株上部 1/3 最长叶片。

(c) 性状 16～性状 20 和性状 52～性状 54 在开花期观测 10 个花序或 10 朵小花。

(d) 性状 22～性状 51 应在收获前观测 10 株植株和 10 个果实。

B.3 涉及单个性状的解释

性状 1 * 植株:姿态,见图 B.1。

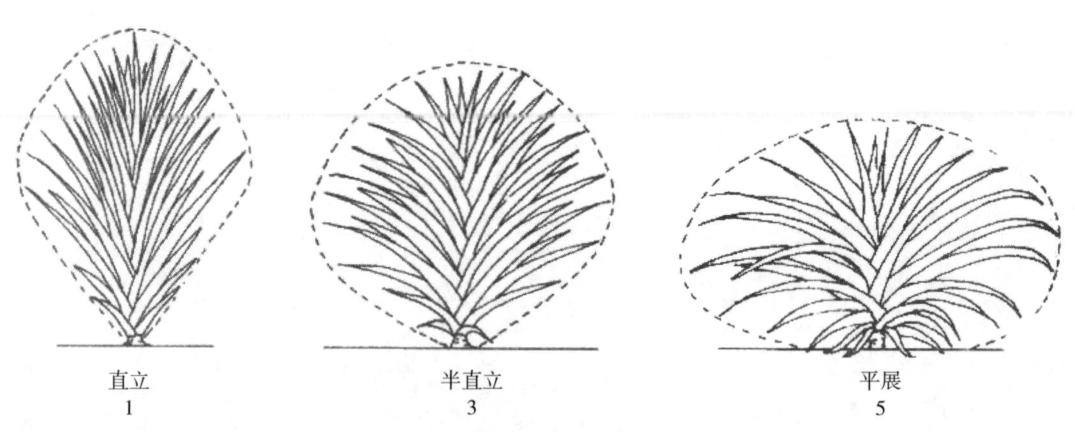

图 B.1 * 植株:姿态

性状 2 * 植株:叶数量,指植株抽花前长出的叶片数量。

性状 3 * 叶:长度,测量人工诱导开花前植株上部 1/3 最长叶片的长度,共测 10 株。

性状 4 * 叶:宽度,测量人工诱导开花前植株上部 1/3 最长叶片的宽度,共测 10 株。

性状 9 叶:下表面毛状物密度,包括叶片下表面的白粉。

性状 10 * 叶:褶,叶片下表皮沿叶缘翻卷至上表皮,在叶缘形成一条窄的银色条带,见图 B.2。

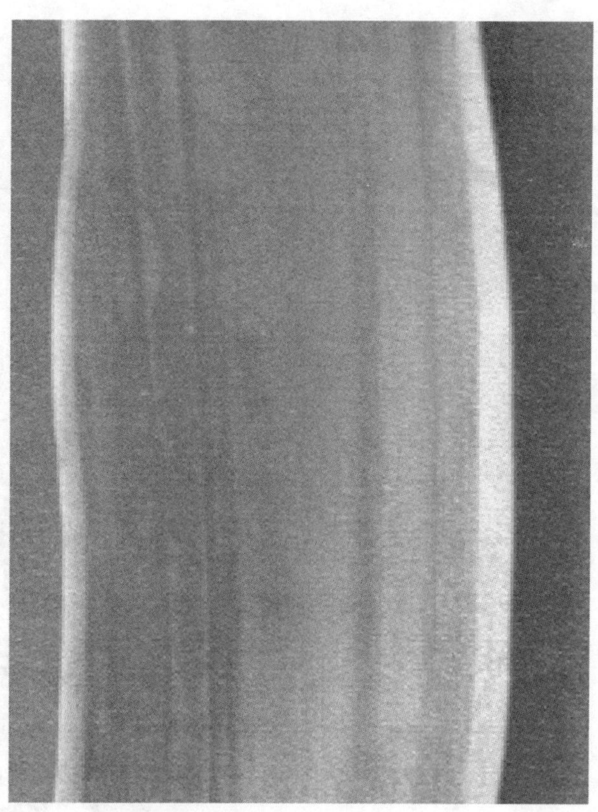

图 B.2 ＊叶:褶

性状 13 仅适用于有叶刺品种:叶:刺的位置,见图 B.3。

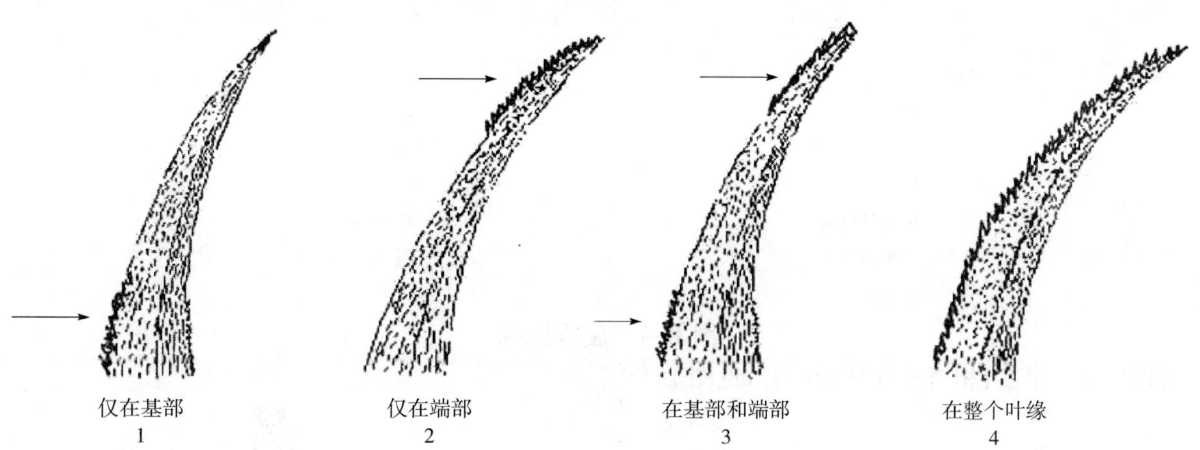

图 B.3 叶:刺的位置

性状 16 ＊花序:苞片大小,指生长于小果基部的苞片大小。

性状 21 未成熟果实:颜色,指小花闭合后 15 d 幼果的颜色。

性状 22 植株:高度,指从植株基部到果实基部的高度。

性状 23 ＊花序梗:长度,见图 B.4。

性状 24 花序梗:直径,指果实发育前花梗中部的直径,见图 B.4。

性状 25 ＊植株:块茎芽数量,见图 B.4。

性状 26 植株:吸芽数量,见图 B.4。

性状 27 植株:吸芽大小,见图 B.4。

性状 28 ＊植株:裔芽数量,包括果实基部和花梗裔芽的数量,见图 B.4。

性状 29　植株：裔芽大小，指花梗上最大裔芽的大小，见图 B.4。

性状 30　冠芽：数量，不包括小冠芽，见图 B.4。

性状 32　冠芽：大小，见图 B.4。

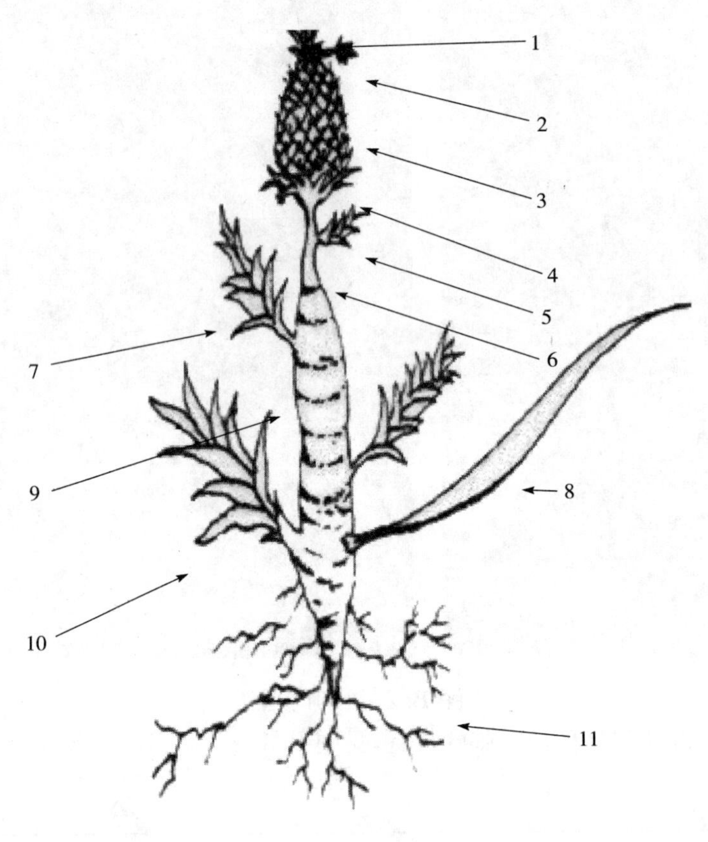

说明：

1——冠芽；

2——小冠芽；

3——果实；

4——果实基部裔芽；

5——花梗裔芽；

6——花梗；

7——吸芽；

8——叶；

9——茎；

10——块茎芽；

11——根。

图 B.4　菠萝植株

性状 33　果实：相对于叶丛的位置，见图 B.5。

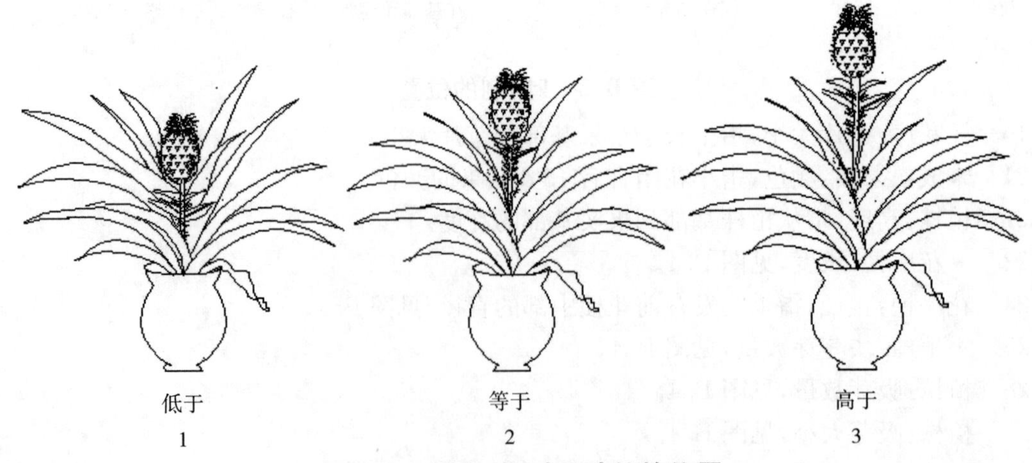

图 B.5　果实：相对于叶丛的位置

性状 34　＊果实:形状,见图 B.6。

长圆锥形 1　圆锥形 2　圆筒形 3　椭球形 4　圆球形 5

图 B.6　＊果实:形状

性状 35　＊果实:长度,不包括冠芽和果颈。

性状 38　＊果实:大小,指果实体积,可采用(果实长度＋果实直径)/2 计算。

性状 40　＊果实:果眼顶端相对位置,见图 B.7。

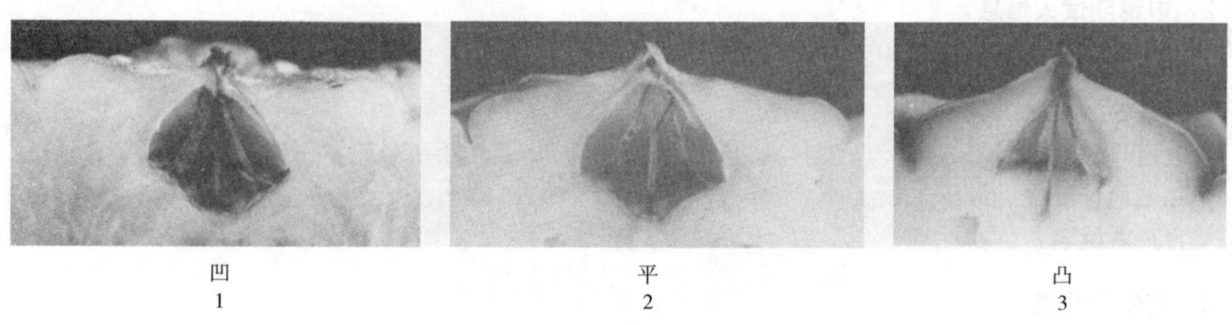

凹 1　平 2　凸 3

图 B.7　＊果实:果眼顶端相对位置

性状 41　果实:果眼颜色均匀程度,果实从基部到顶部果眼颜色的均匀程度。

性状 46　果肉:硬度,去除果皮和果眼后,按照 NY/T 2009 的规定执行。

性状 47　果肉:纤维含量,去除果皮和果眼后,按照 GB/T 10469 的规定执行。

性状 48　果肉:香气,去除果皮和果眼后,用感官品尝的方法确定。

性状 50　果肉:酸度,去除果皮和果眼后,按照 GB/T 12293 的规定执行。

性状 51　＊果肉:甜度,去除果皮和果眼后,按照 GB/T 12295 的规定执行。

性状 53　花序梗:苞片大小,指花序梗上部 1/3 处苞片的大小。

性状 54　花序梗:苞片颜色,指花序梗上部 1/3 处苞片的颜色。

附　录　C
（规范性附录）
凤梨属技术问卷格式

凤梨属技术问卷

申请号：
申请日：
（由审批机关填写）

（申请人或代理机构签章）

C.1　品种暂定名称

C.2　申请测试人信息

姓名：
地址：
电话号码：　　　　　　　　传真号码：　　　　　　　　手机号码：
邮箱地址：
育种者姓名：

C.3　植物学分类

拉丁名：________________________
中文名：________________________

C.4　品种类型

在相符的类型[　]中打√。

C.4.1　育种方式

C.4.1.1　杂交　[　]
C.4.1.2　突变　[　]
C.4.1.3　其他　[　]

C.4.2　用途

C.4.2.1　食用　[　]
C.4.2.2　观赏用　[　]
C.4.2.3　兼用　[　]

C.5 申请品种的具有代表性彩色照片

（品种照片粘贴处）
（如果照片较多，可另附页提供）

C.6 品种的选育背景、育种过程和育种方法，包括系谱、培育过程和所使用的亲本或其他繁殖材料来源与名称的详细说明

C.7 品种适于生长的区域或环境以及栽培技术的说明

C.8 其他有助于辨别申请品种的信息

（如品种用途、品质和抗性，请提供详细资料）

C.9 品种种植或测试是否需要特殊条件

在相符[ ]中打√。
是[ ]　　否[ ]
（如果回答是，请提供详细资料）

C.10 品种繁殖材料保存是否需要特殊条件

在相符[ ]中打√。
是[ ]　　否[ ]
（如果回答是，请提供详细资料）

C.11 申请品种需要指出的性状

在表 C.1 中相符的代码后[ ]中打√，若有测量值，请填写在表 C.1 中。

表 C.1 申请品种需要指出的性状

序号	性 状	表达状态	代 码	测量值
1	* 植株:姿态(性状 1)	直立	1[ ]	
		直立到半直立	2[ ]	
		半直立	3[ ]	
		半直立到平展	4[ ]	
		平展	5[ ]	
2	* 叶:花青甙显色(性状 6)	无或极弱	1[ ]	
		极弱到弱	2[ ]	
		弱	3[ ]	
		弱到中	4[ ]	
		中	5[ ]	
		中到强	6[ ]	
		强	7[ ]	
		强到极强	8[ ]	
		极强	9[ ]	
3	叶:条纹(性状 7)	无	1[ ]	
		有	9[ ]	
4	* 叶:褶(性状 10)	无	1[ ]	
		有	9[ ]	
5	叶:刺(性状 11)	无	1[ ]	
		有	9[ ]	
6	果实:相对于叶丛的位置(性状 33)	低于	1[ ]	
		等于	2[ ]	
		高于	3[ ]	
7	* 果实:形状(性状 34)	长圆锥形	1[ ]	
		圆锥形	2[ ]	
		圆筒形	3[ ]	
		椭球形	4[ ]	
		圆球形	5[ ]	
8	* 果实:主要颜色(性状 37)	黄白色	1[ ]	
		黄绿色	2[ ]	
		绿色	3[ ]	
		灰绿色	4[ ]	
		浅黄色	5[ ]	
		中等黄色	6[ ]	
		橙色	7[ ]	
		橙红色	8[ ]	
		红色	9[ ]	
		褐色	10[ ]	
9	* 果实:果眼顶端相对位置(性状 40)	凹	1[ ]	
		平	2[ ]	
		凸	3[ ]	
10	* 果实:果肉颜色(性状 42)	白黄色	1[ ]	
		浅黄色	2[ ]	
		中等黄色	3[ ]	
		黄橙色	4[ ]	

C.12 申请品种与近似品种的明显差异性状表达状态描述

在自己知识范围内，申请测试人列出申请测试品种与其最为近似品种的明显差异，请填写在表C.2中。

表 C.2 申请品种与近似品种的明显差异性状表达状态描述

近似品种名称	性状名称	近似品种表达状态	申请品种表达状态

ICS 65.020.20
B 05

中华人民共和国农业行业标准

NY/T 2751—2015

植物新品种特异性、一致性和稳定性测试指南 普通洋葱

Guidelines for the conduct of tests for distinctness, uniformity and stability—Onion (*Allium cepa* L., Cepa Group)

(UPOV: TG/46/7, Guidelines for the conduct of tests for distinctness, uniformity and stability—Onion, echalion; shallot; grey shallot, NEQ)

2015-05-21 发布　　2015-08-01 实施

中华人民共和国农业部 发布

目　　次

前　言

本标准按照 GB/T 1.1—2009 给出的规则起草。

本标准使用重新起草法修改采用了国际植物新品种保护联盟(UPOV)指南"TG/46/7,Guidelines for the conduct of tests for distinctness,uniformity and stability—Onion,echalion;shallot;grey shallot"。

本标准对应于 UPOV 指南 TG/46/7,与 TG/46/7 的一致性程度为非等效。

本标准与 UPOV 指南 TG/46/7 相比存在技术性差异,主要差异如下:

——增加了"鳞茎:鳞片数量"共 1 个性状。

本标准由农业部种子管理局提出。

本标准由全国植物新品种测试标准化技术委员会(SAC/TC 277)归口。

本标准起草单位:北京市农林科学院蔬菜研究中心、农业部科技发展中心、山东省农业科学院蔬菜研究所、内蒙古农牧科学院蔬菜研究所、南京农业大学园艺学院。

本标准主要起草人:梁毅、陈运起、吴雄、张洪伟、林新杰、徐岩、陈海荣、刘冰江、莫青、严继勇、曾爱松、李健绮。

植物新品种特异性、一致性和稳定性测试指南 普通洋葱

1 范围

本标准规定了普通洋葱(*Allium cepa* L. Cepa Group)新品种特异性、一致性和稳定性测试的技术要求和结果判定的一般原则。

本标准适用于普通洋葱新品种特异性、一致性和稳定性测试和结果判定。

2 规范性引用文件

下列文件对于本文件的应用是必不可少的。凡是注日期的引用文件,仅注日期的版本适用于本文件。凡是不注日期的引用文件,其最新版本(包括所有的修改单)适用于本文件。

GB/T 19557.1 植物新品种特异性、一致性和稳定性测试指南 总则

3 术语和定义

GB/T 19557.1 界定的以及下列术语和定义适用于本文件。

3.1

群体测量 single measurement of a group of plants or parts of plants

对一批植株或植株的某器官或部位进行测量,获得一个群体记录。

3.2

个体测量 measurement of a number of individual plants or parts of plants

对一批植株或植株的某器官或部位进行逐个测量,获得一组个体记录。

3.3

群体目测 visual assessment by a single observation of a group of plants or parts of plants

对一批植株或植株的某器官或部位进行目测,获得一个群体记录。

3.4

个体目测 visual assessment by observation of individual plants or parts of plants

对一批植株或植株的某器官或部位进行逐个目测,获得一组个体记录。

4 符号

下列符号适用于本文件:

MG:群体测量。

MS:个体测量。

VG:群体目测。

VS:个体目测。

QL:质量性状。

QN:数量性状。

PQ:假质量性状。

*:标注性状为 UPOV 用于统一品种描述所需要的重要性状,除非受环境条件限制性状的表达状态无法测试,所有 UPOV 成员都应使用这些性状。

(a):标注内容在 B.2 中进行了详细解释。

(b):标注内容在 B.2 中进行了详细解释。

(+):标注内容在 B.3 中进行了详细解释。

__:本文件中下划线是特别提示测试性状的适用范围。

5 繁殖材料的要求

5.1 繁殖材料以种子形式提供。

5.2 提交的种子数量至少 15 000 粒。

5.3 提交的繁殖材料应外观健康,活力高,无病虫侵害。繁殖材料的具体质量要求如下:

净度≥98.0%,发芽率≥70%,含水量≤7%。

5.4 提交的繁殖材料一般不进行任何影响品种性状正常表达的处理(如种子包衣处理)。如果已处理,应提供处理的详细说明。

5.5 提交的繁殖材料应符合中国植物检疫的有关规定。

6 测试方法

6.1 测试周期

测试周期至少为 2 个独立的生长周期。

6.2 测试地点

测试通常在一个地点进行。如果某些性状在该地点不能充分表达,可在其他符合条件的地点对其进行观测。

6.3 田间试验

6.3.1 试验设计

申请品种和近似品种相邻种植。

采用育苗移栽每个小区不少于 60 株,适宜行株距,设 2 次重复。

6.3.2 田间管理

可按当地大田生产管理方式进行。

6.4 性状观测

6.4.1 观测时期

性状观测应按照表 A.1 和表 A.2 列出的生育阶段进行。生育阶段描述见图 B.1。

6.4.2 观测方法

性状观测应按照表 A.1 和表 A.2 规定的观测方法(VG、VS、MG、MS)进行。部分性状观测方法见 B.2 和 B.3。

6.4.3 观测数量

除非另有说明,个体观测性状(VS、MS)植株取样数量不少于 20 个;在观测植株的器官或部位时,每个植株取样数量为 1 个。群体观测性状(VG、MG)应观测整个小区或规定大小的混合样本。

6.5 附加测试

必要时,可选用表 A.2 中的性状或本文件未列出的性状进行附加测试。

7 特异性、一致性和稳定性结果的判定

7.1 总体原则

特异性、一致性和稳定性的判定按照 GB/T 19557.1 确定的原则进行。

7.2 特异性的判定

申请品种应明显区别于所有已知品种。在测试中,当申请品种至少在一个性状上与近似品种具有明显且可重现的差异时,即可判定申请品种具备特异性。

7.3 一致性的判定

对于单交种、雄性不育系和自交系一致性判定时,采用1%的群体标准和至少95%的接受概率。当样本大小为60株~82株时,最多可以允许变异数为2个异型株。当样本大小为83株~120株时,最多可以允许有3个异型株。

对于常规品种一致性判定时,采用3%的群体标准和至少95%的接受概率。当样本大小为60株~66株时,最多可以允许变异数为4个异型株。当样本大小为67株~88株时,最多可以允许有5个异型株。当样本大小为89株~110株时,最多可以允许变异数为6个异型株。当样本大小为111株~120株时,最多可以允许有7个异型株。

对于三交种的一致性判定,申请品种的一致性程度不能低于同类型品种。

7.4 稳定性的判定

如果一个品种具备一致性,则可认为该品种具备稳定性。一般不对稳定性进行测试。

必要时,可以种植该品种的下一批种子,与以前提供的繁殖材料相比,若性状表达无明显变化,则可判定该品种具备稳定性。

8 性状表

根据测试需要,性状分为基本性状和选测性状。基本性状是测试中必须使用的性状,基本性状见表A.1,选测性状见表A.2。

8.1 概述

性状表列出了性状名称、表达类型、表达状态及相应的代码和标准品种、观测时期和方法等内容。

8.2 表达类型

根据性状表达方式,性状分为质量性状、假质量性状和数量性状3种类型。

8.3 表达状态和相应代码

8.3.1 每个性状划分为一系列表达状态,以便于定义性状和规范描述;每个表达状态赋予一个相应的数字代码,以便于数据记录、处理和品种描述的建立与交流。

8.3.2 对于质量性状和假质量性状,所有的表达状态都应当在测试指南中列出;对于数量性状,为了缩小性状表的长度,偶数代码的表达状态可以不列出,偶数代码的表达状态可以前一个表达状态到后一个表达状态的形式来描述。

8.4 标准品种

性状表中列出了部分性状有关表达状态可参考的标准品种,以助于确定相关性状的不同表达状态和校正环境因素引起的差异。

9 分组性状

本文件中,品种分组性状如下:

a) *鳞茎:分球(表A.1中性状10)。

b) *鳞茎:外层干皮底色(表A.1中性状15)。

c) *鳞茎:纵切面形状(表A.1中性状21)。

d) *鳞茎:每千克鳞茎生长点数(表A.1中性状27)。

10 技术问卷

申请人应按附录C给出的格式填写普通洋葱技术问卷。

附 录 A
(规范性附录)
普通洋葱性状表

A.1 普通洋葱基本性状

见表 A.1。

表 A.1 普通洋葱基本性状表

序号	性 状	观测方法	表达状态	标准品种	代码
1	*植株:假茎叶片数 QN (a)	VG	极少		1
			少	红玉	2
			中	连葱5号	3
			多	邯郸紫星	4
			极多		5
2	*叶:姿态 QN (a)	VG	直立	连葱5号	1
			半直立	邯郸紫星	2
			开张		3
3	*叶:蜡粉 QN (a)	VG	无或极弱	西班牙甜黄	1
			弱	美国502	3
			中	连葱5号	5
			强	邯郸紫星	7
			极强		9
4	*叶:绿色程度 QN (a)	VG	浅		3
			中	连葱5号	5
			深	邯郸紫星	7
5	叶:弯曲度 QN (a) (+)	VG	无或极弱		1
			弱	红玉	2
			中	连葱5号	3
			强	西班牙甜黄	4
			极强		5
6	叶片:长度 QN (a)	MS	极短		1
			短	红玉	2
			中	连葱5号	3
			长	邯郸紫星	4
			极长		5
7	*叶片:粗度 QN (a)	MS	细	红玉	1
			中	连葱5号	2
			粗	邯郸紫星	3
8	假茎:长度 QN (a) (+)	MS	短	红玉	1
			中	连葱5号	2
			长	邯郸紫星	3

表 A.1(续)

序号	性　　状	观测方法	表达状态	标准品种	代码
9	假茎:粗度 QN (a) (+)	MS	极细		1
			细	红玉	2
			中	连葱 5 号	3
			粗	邯郸紫星	4
			极粗		5
10	* 鳞茎:分球 QL (b) (+)	VG	无	札幌黄	1
			有	连葱 5 号	9
11	鳞茎:鳞片数量 QN (b) (+)	VG	少	西葱 2 号	1
			中	连葱 5 号	2
			多	邯郸紫星	3
12	* 鳞茎:大小 QN (b) (+)	MS	小	红玉	3
			中	连葱 5 号	5
			大	西班牙甜黄	7
13	鳞茎:收获后外层干皮附着性 QN (b)	VG	弱	西班牙甜黄	1
			中	黄金大玉葱	2
			强	札幌黄	3
14	鳞茎:外层干皮厚度 QN (b)	VG	薄	西班牙甜黄	1
			中	邯郸紫星	2
			厚	札幌黄	3
15	* 鳞茎:外层干皮底色 PQ (b)	VG	白色	白珠	1
			灰色		2
			绿色		3
			黄色	连葱 5 号	4
			褐色	札幌黄	5
			粉色		6
			红色	红玉	7
			紫色		8
16	* 鳞茎:外层干皮底色程度 QN (b)	VG	浅	红绣球	3
			中	红玉	5
			深	墨玉	7
17	* 鳞茎:外层干皮复色 PQ (b)	VG	无		1
			偏灰色		2
			偏绿色		3
			偏黄色		4
			偏褐色		5
			偏粉色		6
			偏红色		7
			偏紫色		8
18	* 鳞茎:纵径 QN (b)	MS	小	红玉	3
			中	连葱 5 号	5
			大	札幌黄	7
19	* 鳞茎:横径 QN (b)	MS	小	札幌黄	3
			中	连葱 5 号	5
			大	邯郸紫星	7

表 A.1（续）

序号	性　状	观测方法	表达状态	标准品种	代码
20	*鳞茎:纵径/横径之比 QN (b)	MS	极小	红玉	1
			小	黄金大玉葱	3
			中	连葱 5 号	5
			大	札幌黄	7
			极大		9
21	*鳞茎:纵切面形状 PQ (b) (+)	VG	窄椭圆形		1
			中等卵圆形		2
			阔椭圆形	黄金大玉葱	3
			圆形	札幌黄	4
			阔卵圆形	连葱 5 号	5
			阔倒卵圆形	西班牙甜黄	6
			菱形	邯郸紫星	7
			横中等椭圆形	红玉	8
			横窄椭圆形		9
22	*鳞茎:最大横径的位置 QN (b) (+)	VG	上部	西班牙甜黄	1
			中部	札幌黄	2
			下部	黄金大玉葱	3
23	鳞茎:顶部收口宽度 QN (b) (+)	VG	极小		1
			小	红玉	2
			中	连葱 5 号	3
			大	西班牙甜黄	4
			极大		5
24	*鳞茎:顶部形状 QN (b) (+)	VG	凹陷		1
			平	邯郸紫星	2
			微凸	黄金大玉葱	3
			圆	札幌黄	4
			轻微溜肩		5
			溜肩		6
25	*鳞茎:基部形状 QN (b) (+)	VG	凹陷		1
			平	邯郸紫星	2
			圆	连葱 5 号	3
			稍尖	西班牙甜黄	4
			极尖		5
26	*鳞茎:肉质鳞片表皮颜色 PQ (b)	VG	无	白珠	1
			偏绿色	连葱 5 号	2
			偏红色	红玉	3
27	*鳞茎:每千克鳞茎生长点数 QN (b) (+)	MG	少	札幌黄	1
			中	黄金大玉葱	2
			多	西班牙甜黄	3
28	*鳞茎:干物质含量 QN (b) (+)	MG	极低		1
			低	西葱 2 号	2
			中	连葱 5 号	3
			高	白珠	4
			极高		5

表 A.1（续）

序号	性　状	观测方法	表达状态	标准品种	代码
29.1	春播栽培抽薹开始时间 QN (b)	VG	早	西班牙甜黄	3
			中	紫冠	5
			晚	札幌黄	7
29.2	秋播栽培抽薹开始时间 QN (b)	VG	早	西葱 2 号	3
			中	紫冠	5
			晚	连葱 5 号	7
30.1	春播栽培抽薹性 QN (b)	VG	无或极弱		1
			弱	札幌黄	3
			中	紫冠	5
			强	西班牙甜黄	7
			极强		9
30.2	秋播栽培抽薹性 QN (b)	VG	无或极弱	红玉	1
			弱	连葱 5 号	3
			中	紫冠	5
			强	邯郸紫星	7
			极强		9
31.1	*春播栽培收获期(80%以上植株倒伏) QN (b)	VG	早	紫冠	3
			中	白珠	5
			晚	西班牙甜黄	7
31.2	*秋播栽培收获期(80%以上植株倒伏) QN (b)	VG	极早	西葱 2 号	1
			早	红玉	3
			中	连葱 5 号	5
			晚	紫冠	7
			极晚		9

A.2 普通洋葱选测性状

见表 A.2。

表 A.2 普通洋葱选测性状表

序号	性　状	观测方法	表达状态	标准品种	代码
32	鳞茎贮藏期发芽时间 QN (b) (+)	MS	早	西葱 2 号	1
			中	连葱 5 号	2
			晚	白珠	3
33	*雄性不育 QN (b) (+)	VG	无或极弱	连葱 5 号	1
			弱	西班牙甜黄	2
			强		3

附　录　B
（规范性附录）
普通洋葱性状表的解释

B.1　普通洋葱生育阶段

见图 B.1。

图 B.1　生育阶段附图

B.2 涉及多个性状的解释

(a) 在鳞茎膨大盛期观测。叶片长度和粗度观测选取植株中部最长完整叶。

(b) 在鳞茎完全成熟时观测。

B.3 涉及单个性状的解释

性状分级和图中代码见表 A.1 及表 A.2。

性状 5 叶:弯曲度,见图 B.2。

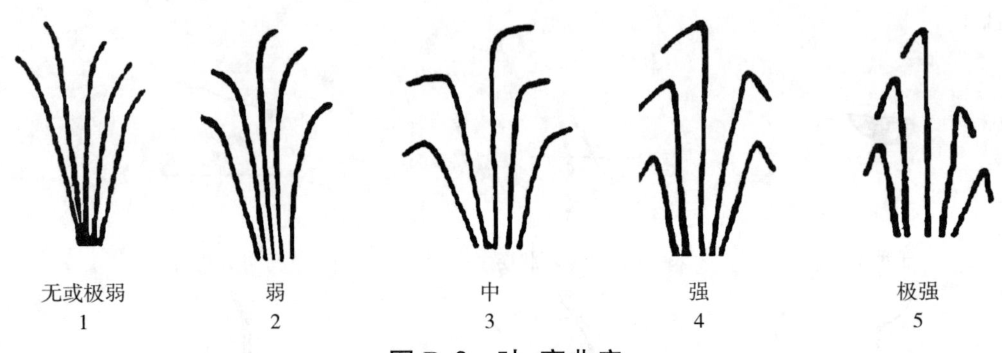

图 B.2 叶:弯曲度

性状 6 叶片:长度,见图 B.3。

性状 7 *叶片:粗度,见图 B.3。

图 B.3 叶片:长度;*叶片:粗度

性状 8 假茎:长度,见图 B.4。

性状 9 假茎:粗度,见图 B.4。

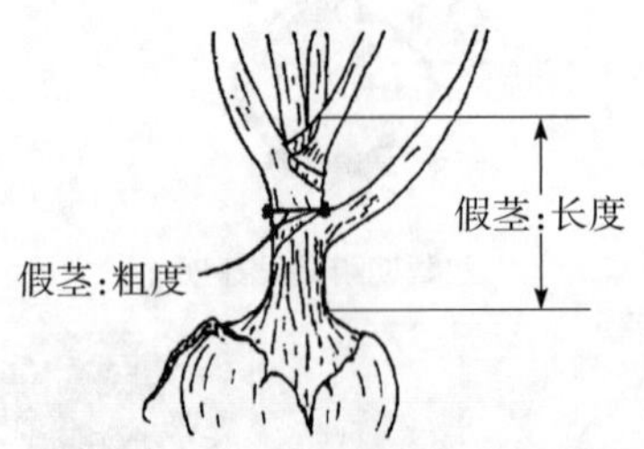

图 B.4 假茎:长度;假茎:粗度

性状 12 *鳞茎:大小,在鳞茎收获期,随机采收鳞茎称量,计算出平均数。

性状 13 鳞茎:收获后外层干皮附着性,见图 B.5。

图 B.5　鳞茎:收获后外层干皮附着性

性状 18　＊鳞茎:纵径,见图 B.6。

性状 19　＊鳞茎:横径,见图 B.6。

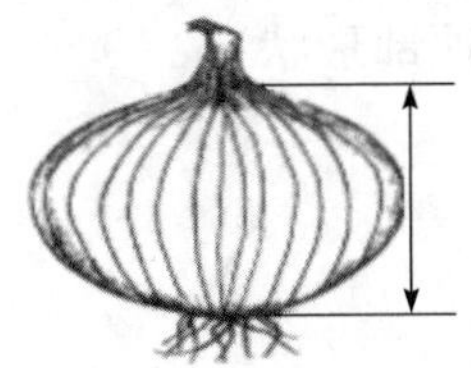

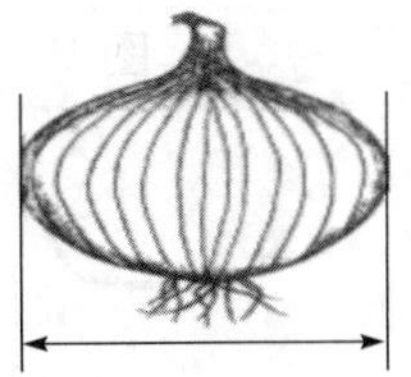

图 B.6　＊鳞茎:纵径;＊鳞茎:横径

性状 21　＊鳞茎:纵切面形状,见图 B.7。

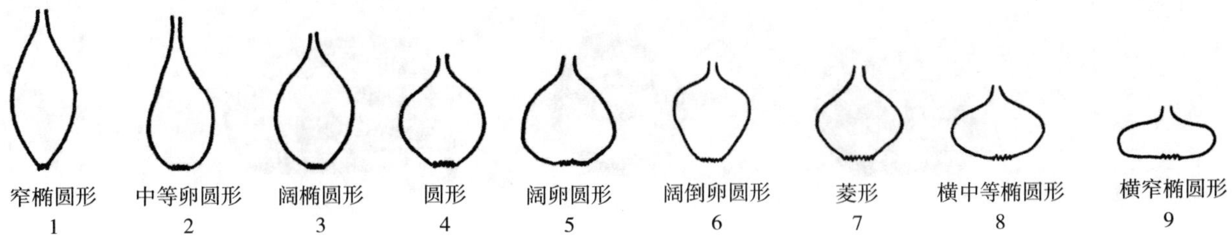

图 B.7　＊鳞茎:球形指数与纵切面形状

性状 22　＊鳞茎:最大横径的位置,见图 B.8。

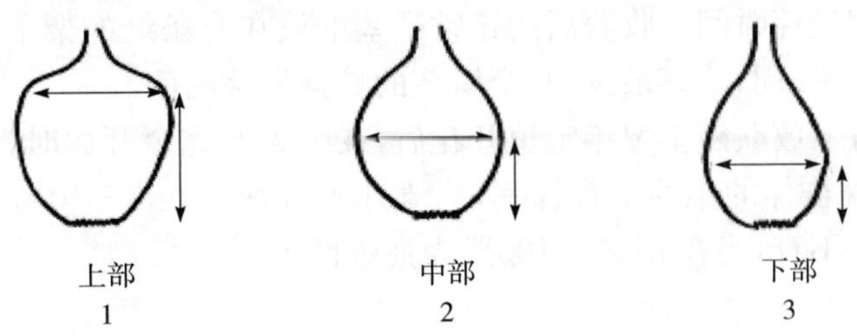

图 B.8　＊鳞茎:最大横径的位置

性状 23　鳞茎:顶部收口宽度,见图 B.9。

性状 24　＊鳞茎:顶部形状,见图 B.10。

性状 25　＊鳞茎:基部形状,见图 B.11。

性状 27　＊鳞茎:每千克鳞茎生长点数。鳞茎储藏干燥后出芽前,取中等大小鳞茎,从基部 1/3 以上横切,以观察到的每一个绿色轴作为一个生长点,确定每千克鳞茎生长点数,见图 B.12。

性状 28　＊鳞茎:干物质含量。在鳞茎收获期除去鳞茎干皮和鳞茎盘的突出部分,将每个重复的 20 个鳞茎样品洗净切成 1 mm～5 mm 的小片,立即称量每一个典型样品的重量,样品 105℃干燥 2 h

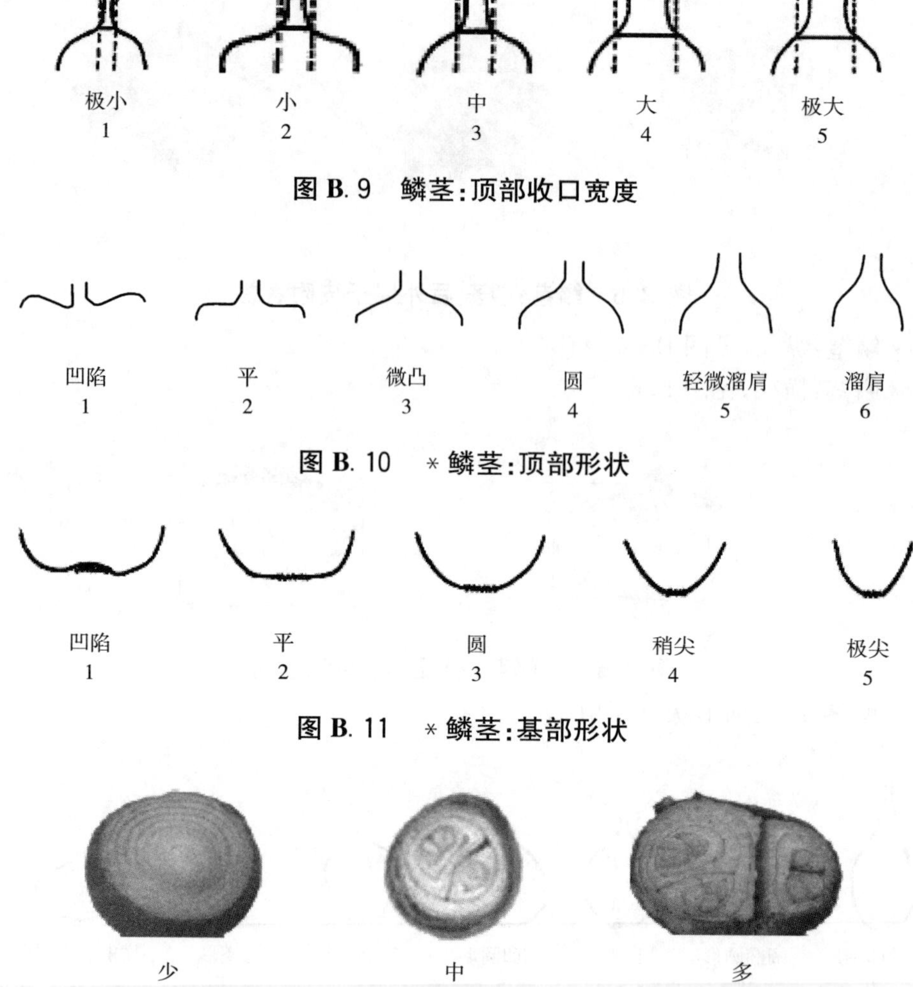

图 B.9　鳞茎:顶部收口宽度

图 B.10　＊鳞茎:顶部形状

图 B.11　＊鳞茎:基部形状

图 B.12　＊鳞茎:每千克鳞茎生长点数

后,65℃保存 22 h,取出后称量干物重,计算出鳞茎干物质含量。

性状 32　鳞茎贮藏期发芽时间。收获后的正常鳞茎堆放在有条缝的架子上,在良好的通风条件下 2℃～5℃储藏。每隔 2 周～4 周,观察最少 50 个鳞茎的贮藏发芽时间。

性状 33　＊雄性不育。收获鳞茎翌年定植开花后,在晴天花完全开放时,花粉从花药释放后,逐株检查雄性不育性,计算植株群体的雄性不育株率,当雄性不育株率在 0～10%为无或极弱雄性不育,当在 11%～80%时为弱雄性不育,当在 81%～100%为强雄性不育。

附　录　C
(规范性附录)
普通洋葱技术问卷格式

普通洋葱技术问卷

申请号：
申请日：
(由审批机关填写)

(申请人或代理机构签章)

C.1　品种暂定名称

C.2　植物学分类

拉丁名：____________________

中文名：____________________

C.3　品种类型

在相符的类型[　]中打√。

C.3.1　对日照长短的反应

长日照生态型[　]　　　中日照生态型[　]　　　短日照生态型[　]

C.3.2　繁殖类型

单交种[　]　　雄性不育系[　]　　自交系[　]　　常规种[　]　　其他______[　]

C.4　申请品种的具有代表性彩色照片

(品种照片粘贴处)

(如果照片较多,可另附页提供)

C.5　其他有助于辨别申请品种的信息

(如品种用途、品质和抗性,请提供详细资料)

C.6 品种种植或测试是否需要特殊条件

在相符的[ ]中打√。

是[ ]　　　　　否[ ]

(如果回答是,请提供详细资料)

C.7 品种繁殖材料保存是否需要特殊条件

在相符的[ ]中打√。

是[ ]　　　　　否[ ]

(如果回答是,请提供详细资料)

C.8 申请品种需要指出的性状

在表 C.1 中相符的代码后[ ]中打√,若有测量值,请填写在表 C.1 中。

表 C.1 申请品种需要指出的性状

序号	性　　状	表达状态	代　码	测量值
1	*植株:假茎叶片数(性状 1)	极少	1[ ]	
		少	2[ ]	
		中	3[ ]	
		多	4[ ]	
		极多	5[ ]	
2	*叶:绿色程度(性状 4)	极浅	1[ ]	
		极浅到浅	2[ ]	
		浅	3[ ]	
		浅到中	4[ ]	
		中	5[ ]	
		中到深	6[ ]	
		深	7[ ]	
		深到极深	8[ ]	
		极深	9[ ]	
3	*鳞茎:分球(性状 10)	无	1[ ]	
		有	9[ ]	
4	*鳞茎:大小(性状 12)	极小	1[ ]	
		极小到小	2[ ]	
		小	3[ ]	
		小到中	4[ ]	
		中	5[ ]	
		中到大	6[ ]	
		大	7[ ]	
		大到极大	8[ ]	
		极大	9[ ]	
5	*鳞茎:外层干皮底色(性状 15)	白色	1[ ]	
		灰色	2[ ]	
		绿色	3[ ]	

表 C.1（续）

序号	性　　状	表达状态	代码	测量值
5		黄色	4［ ］	
		褐色	5［ ］	
		粉色	6［ ］	
		红色	7［ ］	
		紫色	8［ ］	
6	＊鳞茎:外层干皮复色(性状 17)	无	1［ ］	
		偏灰色	2［ ］	
		偏绿色	3［ ］	
		偏黄色	4［ ］	
		偏褐色	5［ ］	
		偏粉色	6［ ］	
		偏红色	7［ ］	
		偏紫色	8［ ］	
7	＊鳞茎:纵切面形状(性状 21)	窄椭圆形	1［ ］	
		中等卵圆形	2［ ］	
		阔椭圆形	3［ ］	
		圆形	4［ ］	
		阔卵圆形	5［ ］	
		阔倒卵圆形	6［ ］	
		菱形	7［ ］	
		横中等椭圆形	8［ ］	
		横窄椭圆形	9［ ］	
8	＊鳞茎:每千克鳞茎生长点数(性状 27)	少	1［ ］	
		中	2［ ］	
		多	3［ ］	
9	＊鳞茎:干物质含量(性状 28)	极低	1［ ］	
		低	2［ ］	
		中	3［ ］	
		高	4［ ］	
		极高	5［ ］	
10	＊春播栽培收获期(80％以上植株倒伏)(性状 31.1)	极早	1［ ］	
		极早到早	2［ ］	
		早	3［ ］	
		早到中	4［ ］	
		中	5［ ］	
		中到晚	6［ ］	
		晚	7［ ］	
		晚到极晚	8［ ］	
		极晚	9［ ］	
11	＊秋播栽培收获期(80％以上植株倒伏)(性状 31.2)	极早	1［ ］	
		极早到早	2［ ］	
		早	3［ ］	
		早到中	4［ ］	
		中	5［ ］	
		中到晚	6［ ］	
		晚	7［ ］	
		晚到极晚	8［ ］	
		极晚	9［ ］	

表 C.1（续）

序号	性　　状	表达状态	代码	测量值
12	*雄性不育(性状 33)	无或极弱	1［ ］	
		弱	2［ ］	
		强	3［ ］	

ICS 65.020.20
B 05

中华人民共和国农业行业标准

NY/T 2752—2015

植物新品种特异性、一致性和稳定性测试指南　非洲凤仙

Guidelines for the conduct of tests for distinctness, uniformity and stability—Busy lizzie

(*Impatiens wallerana* Hook. f.)

(UPOV:TG/102/4, Guidelines for the conduct of tests for distinctness, uniformity and stability—Busy lizzie, NEQ)

2015-05-21 发布　　2015-08-01 实施

中华人民共和国农业部　发布

目　　次

前　言

本标准按照 GB/T 1.1—2009 给出的规则起草。

本标准使用重新起草法修改采用了国际植物新品种保护联盟(UPOV)指南“TG/102/4,Guidelines for the conduct of tests for distinctness,uniformity and stability—Busy lizzie”。

本标准对应于 UPOV 指南 TG/102/4,本标准与 TG/102/4 的一致性程度为非等效。

本标准与 UPOV 指南 TG/102/4 相比存在技术性差异,主要差异如下:

——增加了“叶片:形状”、“叶:边缘锯齿密度”、“仅适用于单瓣品种:旗瓣:先端凹陷程度”、“仅适用于单瓣品种:翼瓣:裂片分离程度”、“花距:长度”、“花距:先端”、“花距:花青甙显色”、“花丝:颜色”、“花药:颜色”共 9 个性状。

——删除了“叶:长度/宽度之比”共 1 个性状。

——调整了“* 仅适用于双色或多色的品种:花:次色的分布 ”的表达状态。

本标准由农业部种子管理局提出。

本标准由全国植物新品种测试标准化技术委员会(SAC/TC 277)归口。

本标准起草单位:上海市农业科学院[农业部植物新品种测试(上海)分中心]、农业部科技发展中心、上海农业生物基因中心。

本标准主要起草人:褚云霞、邓姗、张新明、黄志城、顾晓君、陈海荣、顾可飞、李寿国、林田。

植物新品种特异性、一致性和稳定性测试指南 非洲凤仙

1 范围

本标准规定了凤仙花科凤仙花属非洲凤仙(*Impatiens wallerana* Hook. f.)新品种特异性、一致性和稳定性测试的技术要求和结果判定的一般原则。

本标准适用于非洲凤仙新品种特异性、一致性和稳定性测试和结果判定。

2 规范性引用文件

下列文件对于本文件的应用是必不可少的。凡是注日期的引用文件,仅注日期的版本适用于本文件。凡是不注日期的引用文件,其最新版本(包括所有的修改单)适用于本文件。

GB/T 19557.1 植物新品种特异性、一致性和稳定性测试指南 总则

3 术语和定义

GB/T 19557.1 界定的以及下列术语和定义适用于本文件。

3.1

群体测量 single measurement of a group of plants or parts of plants

对一批植株或植株的某器官或部位进行测量,获得一个群体记录。

3.2

个体测量 measurement of a number of individual plants or parts of plants

对一批植株或植株的某器官或部位进行逐个测量,获得一组个体记录。

3.3

群体目测 visual assessment by a single observation of a group of plants or parts of plants

对一批植株或植株的某器官或部位进行目测,获得一个群体记录。

3.4

个体目测 visual assessment by observation of individual plants or parts of plants

对一批植株或植株的某器官或部位进行逐个目测,获得一组个体记录。

4 符号

下列符号适用于本文件:

MG:群体测量。

MS:个体测量。

VG:群体目测。

VS:个体目测。

QL:质量性状。

QN:数量性状。

PQ:假质量性状。

*:标注性状为 UPOV 用于统一品种描述所需要的重要性状,除非受环境条件限制性状的表达状态无法测试,所有 UPOV 成员都应使用这些性状。

(a) ～ (b)：标注内容在 B.1 中进行了详细解释。

(+)：标注内容在 B.2 中进行了详细解释。

__：本文件中下划线是特别提示测试性状的适用范围。

5 繁殖材料的要求

5.1 繁殖材料以非洲凤仙种子或扦插苗提供。

5.2 种子繁殖品种需提交的种子数量至少为 2 g，营养繁殖的品种需提供 30 株生根扦插苗。

5.3 提交的材料应外观健康，活力高，无病虫侵害。提交的种子还应达到发芽的最低要求。种子的具体质量要求如下：净度≥95.0%，发芽率≥80%，含水量≤7%。

5.4 提交的繁殖材料一般不进行任何影响品种性状正常表达的处理（如种子包衣处理）。如果已处理，应提供处理的详细说明。

5.5 提交的繁殖材料应符合中国植物检疫的有关规定。

6 测试方法

6.1 测试周期

营养繁殖品种测试周期至少为 1 个独立的生长周期，种子繁殖品种至少为 2 个独立的生长周期。

6.2 测试地点

测试通常在一个地点进行。如果某些性状在该地点不能充分表达，可在其他符合条件的地点对其进行观测。

6.3 田间试验

6.3.1 试验设计

申请品种和近似品种相邻种植。提供的繁殖材料为种子时，穴盘育苗移植至直径 12 cm～20 cm 的花盆，每个小区至少 20 株；提供的繁殖材料为扦插苗时，每小区至少 10 株。共设 2 个重复。

6.3.2 田间管理

按当地生产管理方式进行。

6.4 性状观测

6.4.1 观测时期

性状观测应在盛花期进行，观测全株开花 15 朵以上的植株，涉及花的性状观测雄蕊未脱落的完全开放花朵。

6.4.2 观测方法

性状观测应按照表 A.1 和表 A.2 规定的观测方法（VG、MS）进行。部分性状观测方法见 B.2。

6.4.3 观测数量

除非另有说明，营养繁殖品种，个体观测性状（MS）植株取样数量不少 10 个，种子繁殖品种，个体观测性状（MS）植株取样数量不少 20 个，观测植株的器官或部位时，在每个植株取样数量应为 1 个。群体观测性状（MG）应观测整个小区或规定大小的混合样本。

6.5 附加测试

必要时，可选用表 A.2 中的性状或本文件未列出的性状进行附加测试。

7 特异性、一致性和稳定性结果的判定

7.1 总体原则

特异性、一致性和稳定性的判定按照 GB/T 19557.1 确定的原则进行。

7.2 特异性的判定

申请品种应明显区别于所有已知品种。在测试中，当申请品种至少在一个性状上与近似品种具有明显且可重现的差异时，即可判定申请品种具备特异性。

7.3 一致性的判定

对于营养繁殖品种与自花授粉品种，一致性判定时，采用1%的群体标准和至少95%的接受概率。当样本大小为20株时，最多可以允许有1个异型株，当样本大小为40株时，最多可以允许有2个异型株。

对于异花授粉品种或杂交种，一致性程度应不低于同类型现有已知品种。

7.4 稳定性的判定

如果一个品种具备一致性，则可认为该品种具备稳定性。一般不对稳定性进行测试。

必要时，可以种植该品种的下一批材料，与以前提供的繁殖材料相比，若性状表达无明显变化，则可判定该品种具备稳定性。

8 性状表

根据测试需要，将性状分为基本性状、选测性状，基本性状是测试中必须使用的性状。非洲凤仙基本性状见表A.1，选测性状见表A.2。

8.1 概述

性状表列出了性状名称、表达类型、表达状态及相应的代码和标准品种、观测时期和方法等内容。

8.2 表达类型

根据性状表达方式，将性状分为质量性状、假质量性状和数量性状3种类型。

8.3 表达状态和相应代码

8.3.1 每个性状划分为一系列表达状态，以便于定义性状和规范描述；每个表达状态赋予一个相应的数字代码，以便于数据记录、处理和品种描述的建立与交流。

8.3.2 对于质量性状和假质量性状，所有的表达状态都已在测试指南中列出；对于数量性状，为了缩小性状表的长度，偶数代码的表达状态未列出，偶数代码的表达状态以前一个表达状态到后一个表达状态的形式来描述。

8.4 标准品种

性状表中列出了部分性状有关表达状态可参考的标准品种，以助于确定相关性状的不同表达状态和校正环境因素引起的差异。

9 分组性状

本文件中，品种分组性状如下：

a) *叶：斑纹（表A.1中性状6）。

b) *花：类型（表A.1中性状14）。

c) *花：颜色数量（眼区除外）（表A.1中性状16）。

d) *花：主色（表A.1中性状17）。

组1：白色。

组2：黄色。

组3：粉色。

组4：蓝粉色。

组5：橙色。

组6：红色。

组 7：紫色。

组 8：蓝紫色。

10 技术问卷

申请人应按附录 C 给出的格式填写非洲凤仙技术问卷。

附 录 A
(规范性附录)
非洲凤仙性状表

A.1 非洲凤仙基本性状

见表 A.1。

表 A.1 非洲凤仙基本性状表

序号	性 状	观测方法	表达状态	标准品种	代码
1	*植株:高度 QN	MS/VG	矮	重音红星	3
			中	杰出深红	5
			高		7
2	*植株:冠幅 QN	MS/VG	窄		3
			中	翼豹鲑红	5
			宽		7
3	植株:侧枝花青甙显色(侧枝的上部 1/3) QN (+)	VG	无或极弱		1
			弱	翼豹粉红晕	3
			中	超级精灵猩红	5
			强	节拍红色	7
4	*叶:长度(含叶柄) QN (a)	MS/VG	短		3
			中	节拍红色	5
			长		7
5	*叶:宽度 QN (a)	MS/VG	窄		3
			中	节拍红色	5
			宽		7
6	*叶:斑纹 QL (a)	VG	无		1
			有		9
7	<u>仅适用于有斑纹的品种:</u>叶:上表面主色 PQ (a)	VG	浅绿色		1
			中等绿色		2
			深绿色		3
			蓝绿色		4
8	<u>仅适用于有斑纹的品种:</u>叶:上表面次色 PQ (a)	VG	白色		1
			黄白色		2
			黄色		3
			浅绿色		4
9	<u>仅适用于无斑纹的品种:</u>叶:上表面颜色 PQ (a)	VG	浅绿色	杰出玫红	1
			中等绿色	翼豹粉红晕	2
			深绿色	超级精灵白色	3
			红色		4
10	<u>仅适用于无斑纹的品种:</u>叶:下表面叶脉间的颜色 PQ (a)	VG	仅绿色		1
			红色和绿色		2
			仅红色		3

表 A.1（续）

序号	性　　状	观测方法	表达状态	标准品种	代码
11	仅适用于无斑纹的品种：叶：下表面叶脉颜色 QL (a)	VG	绿色		1
			红色		2
12	叶柄：上表面花青甙显色 QN (a)	VG	无或极弱		1
			弱		3
			中		5
			强		7
13	花梗：上表面花青甙显色 QN (b)	VG	无或极弱		1
			弱	翼豹粉红晕	3
			中	超级精灵猩红	5
			强	节拍红色	7
14	*花：类型 QL (b) (+)	VG	单瓣		1
			重瓣		2
15	*花：宽度 QN (b) (+)	MS/VG	窄		3
			中	节拍红色	5
			宽		7
16	*花：颜色数量(眼区除外) QL (b) (+)	VG	1种		1
			2种		2
			2种以上		3
17	*花：主色 PQ (b)	VG	RHS比色卡		
18	*仅适用于双色或多色的品种：花：次色 PQ (b)	VG	RHS比色卡		
19	*仅适用于双色或多色的品种：花：次色的分布 QL (b) (+)	VG	旗瓣的整个表面		1
			所有花被片的基部		2
			沿所有花被片的中脉		3
			所有花被片的边缘		4
			所有花被片的不规则分布		5
			部分花被片的侧边		6
			部分花被片的尖端		7
20	*仅适用于单瓣品种：花：眼区 QL (b) (+)	VG	无		1
			有		9
21	仅适用于有眼的品种：花：眼区的大小 QN (b) (+)	VG	小	超级精灵鲑红	3
			中	翼豹新粉红	5
			大	翼豹樱桃红晕	7
22	仅适用于有眼的品种：花：眼区的颜色 PQ (b)	VG	白色		1
			黄色		2
			粉色		3
			红色		4

表 A.1（续）

序号	性　　状	观测方法	表达状态	标准品种	代码
22			紫色		5
			蓝紫色		6
			白色和粉色		7
			白色和红色		8
23	仅适用于单瓣品种:旗瓣:宽度 QN (b) (+)	MS/VG	窄		3
			中	杰出深红	5
			宽		7
24	仅适用于单瓣品种:旗瓣:先端凹陷程度 QN (b)	VG	弱	杰出玫红	1
			中	杰出深红	2
			强		3
25	仅适用于单瓣品种:翼瓣:裂片分离程度 QN (b)	VG	弱		1
			中	翼豹粉红晕	2
			强	杰出深红	3
26	仅适用于单瓣品种:翼瓣上部裂片:宽度 QN (b) (+)	MS	窄		3
			中	杰出深红	5
			宽		7
27	花距:花青甙显色 QL (b)	VG	无		1
			有		9
28	仅适用于种子繁殖的品种:始花期 QN (+)	VG	早		3
			中	超级精灵白色	5
			晚		7

A.2 非洲凤仙选测性状

见表 A.2。

表 A.2 非洲凤仙选测性状表

序号	性　　状	观测方法	表达状态	标准品种	代码
29	叶片:形状 PQ (a) (+)	VG	卵圆形	翼豹粉红晕	1
			近菱形	杰出深红	2
			椭圆形		3
			近圆形	翼豹新粉红	4
30	叶:边缘锯齿密度 QN (a) (+)	VG	疏	杰出深红	1
			中		2
			密	杰出玫红	3
31	花距:长度 QN (b)	VG/MS	短		3
			中	翼豹樱桃红晕	5
			长		7
32	花距:先端 PQ (b)	VG	挺直		1
			卷曲		2
33	花丝:颜色 PQ (b)	VG	白色		1
			黄色		2
			粉色		3

表 A.2（续）

序号	性　状	观测方法	表达状态	标准品种	代码
33			蓝粉色		4
			橙色		5
			红色		6
			紫色		7
			蓝紫色		8
34	花药:颜色 PQ (b)	VG	黄色		1
			红色	超级精灵白色	2
			紫色	超级精灵鲑红	3

附　录　B
(规范性附录)
非洲凤仙性状表的解释

B.1　涉及多个性状的解释

(a)　全株开放 15 朵以上时调查最长的侧枝顶端向下第 5 片叶。

(b)　雄蕊未脱落的最大花。

B.2　涉及单个性状的解释

性状 3　植株:侧枝花青甙显色(侧枝的上部 1/3),调查盛花期最长的侧枝。

性状 14　＊花:类型,花瓣层数多于一层为重瓣。

性状 15　＊花:宽度,见图 B.1。

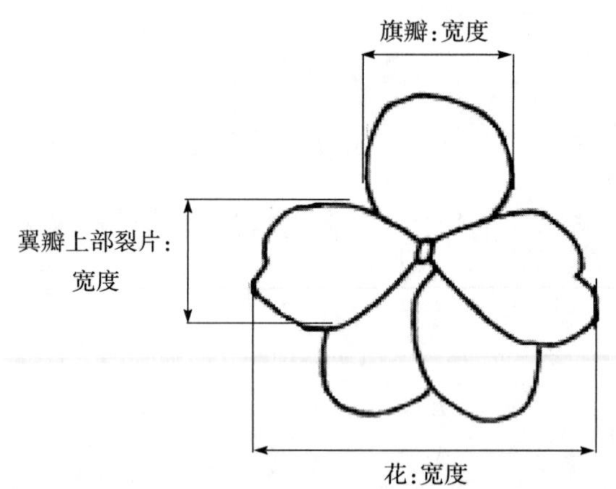

图 B.1　＊花:宽度;仅适用于单瓣品种:旗瓣:宽度;仅适用于单瓣品种:翼瓣上部裂片:宽度

性状 19　＊仅适用于双色或多色的品种:花:次色的分布,见图 B.2。

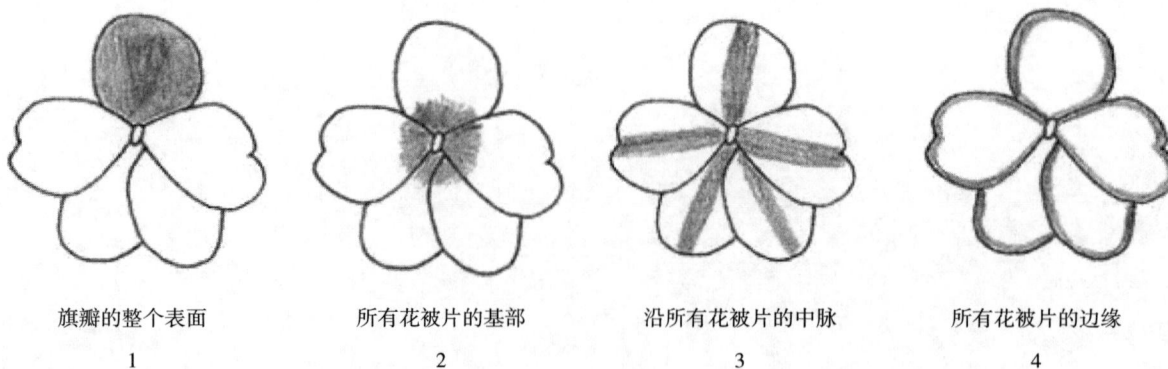

旗瓣的整个表面	所有花被片的基部	沿所有花被片的中脉	所有花被片的边缘
1	2	3	4

所有花被片的不规则分布　　部分花被片的侧边　　部分花被片的尖端

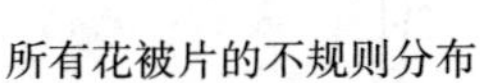

5　　6　　7

图 B.2　*仅适用于双色或多色的品种:花:次色的分布

性状 20　*仅适用于单瓣品种:花:眼区,见图 B.3。眼区指花中央的晕,主要分布在翼瓣特别是下部裂片上。

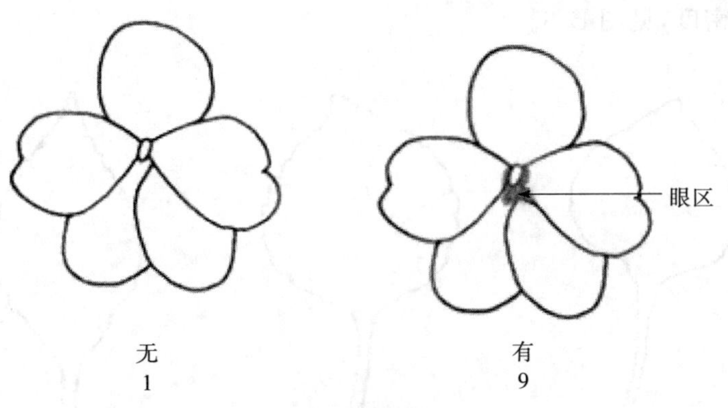

无　　有

1　　9

图 B.3　*仅适用于单瓣品种:花:眼区

性状 21　仅适用于有眼的品种:花:眼区的大小,见图 B.4。

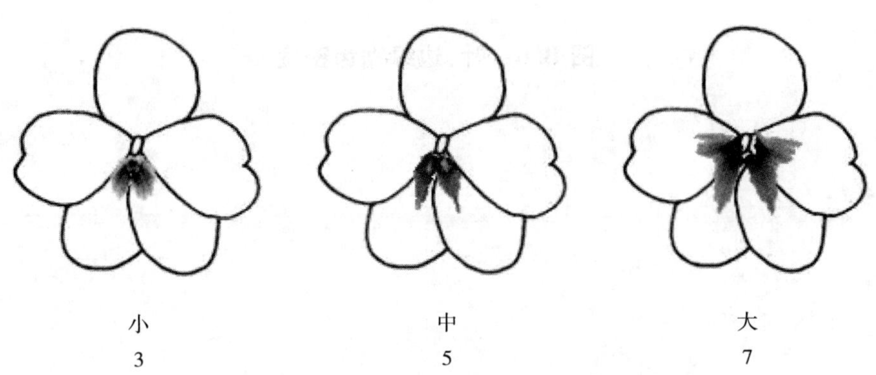

小　　中　　大

3　　5　　7

图 B.4　仅适用于有眼的品种:花:眼区的大小

性状 23　仅适用于单瓣品种:旗瓣:宽度,见图 B.1。

性状 26　仅适用于单瓣品种:翼瓣上部裂片:宽度,见图 B.1。

性状 28　仅适用于种子繁殖的品种:始花期,小区中 10%植株开第一朵花的时间。

性状 29　叶片:形状,见图 B.5。

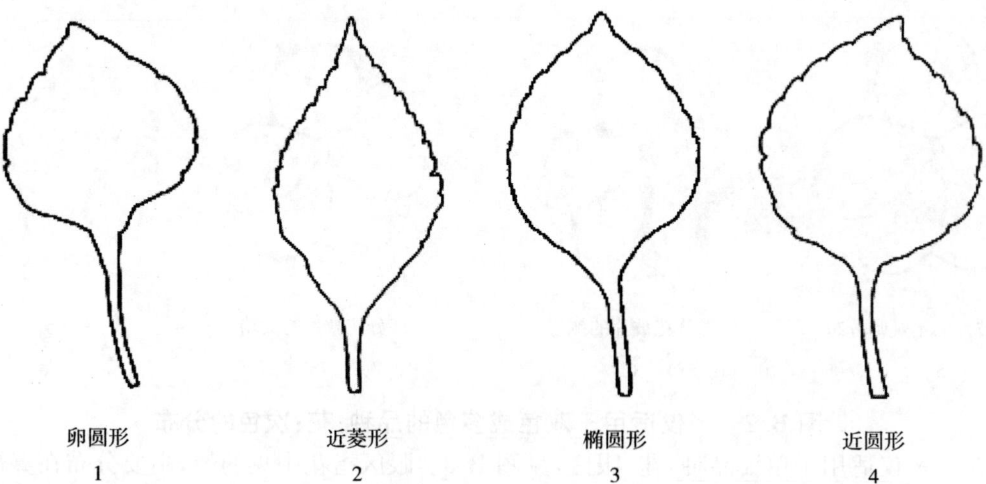

图 B.5 叶片:形状

性状 30 叶:边缘锯齿密度,见图 B.6。

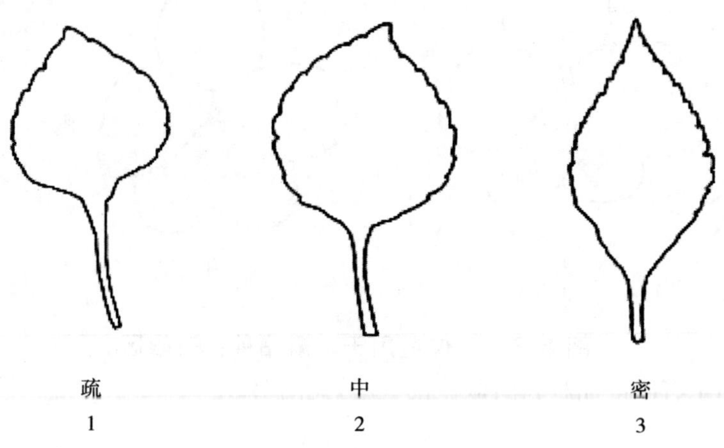

图 B.6 叶:边缘锯齿密度

附　录　C
（规范性附录）
非洲凤仙技术问卷格式

非洲凤仙技术问卷

申请号：
申请日：
（由审批机关填写）

（申请人或代理机构签章）

C.1　品种暂定名称

C.2　植物学分类

拉丁名：______________________

中文名：______________________

C.3　品种来源

C.3.1　常规种　[　]

自花授粉品种　[　]　　异花授粉品种　[　]

C.3.2　杂交种　[　]

C.3.2.1　亲本已知　[　]（请指出父母本）

C.3.2.2　父本或母本已知　[　]（请指出已知父本或母本）

C.3.2.3　亲本未知　[　]

C.3.3　突变种　[　]

C.3.4　驯化　[　]（请指出何时、何地、如何发现）

C.3.5　其他　[　]（请提供细节）

C.4　品种繁殖方式

C.4.1　营养繁殖

C.4.1.1　扦插　[　]

C.4.1.2　组培　[　]

C.4.1.3　其他　[　]（请指明方式）

C.4.2　种子繁殖　[　]

C.4.3　其他　[　]（请详细说明）

C.5　申请品种的具有代表性彩色照片

（品种照片粘贴处）
（如果照片较多，可另附页提供）

C.6　其他有助于辨别申请品种的信息

（如品种用途、品质和抗性，请提供详细资料）

C.7　品种种植或测试是否需要特殊条件

在相符的[　]中打√。
是[　]　　　　否[　]
（如果回答是，请提供详细资料）

C.8　品种繁殖材料保存是否需要特殊条件

在相符的[　]中打√。
是[　]　　　　否[　]
（如果回答是，请提供详细资料）

C.9　申请品种需要指出的性状

在表 C.1 中相符的代码后[　]中打√，若有测量值，请填写在表 C.1 中。

表 C.1　申请品种需要指出的性状

序号	性　状	表达状态	代　码	测量值
1	*植株:高度(性状 1)	极矮	1[　]	
		极矮到矮	2[　]	
		矮	3[　]	
		矮到中	4[　]	
		中	5[　]	
		中到高	6[　]	
		高	7[　]	
		高到极高	8[　]	
		极高	9[　]	
2	*叶:斑纹(性状 6)	无	1[　]	
		有	9[　]	
3	*花:类型(性状 14)	单瓣	1[　]	
		重瓣	2[　]	
4	*花:宽度(性状 15)	极窄	1[　]	
		极窄到窄	2[　]	
		窄	3[　]	
		窄到中	4[　]	
		中	5[　]	
		中到宽	6[　]	
		宽	7[　]	
		宽到极宽	8[　]	
		极宽	9[　]	

表 C.1（续）

序号	性　　状	表达状态	代　码	测量值
5	*花:颜色数量(眼区除外)(性状 16)	1 种	1[　]	
		2 种	2[　]	
		2 种以上	3[　]	
6	*花:主色(性状 17)	白色	1[　]	RHS 比色卡
		黄色	2[　]	
		粉色	3[　]	
		蓝粉色	4[　]	
		橙色	5[　]	
		红色	6[　]	
		紫色	7[　]	
		蓝紫色	8[　]	
7	*仅适用于双色或多色的品种:花:次色(性状 18)	白色	1[　]	
		粉色	2[　]	
		橙色	3[　]	
		红色	4[　]	
		紫色	5[　]	

附 录 D
（资料性附录）
标准品种名录

标准品种名录见表 D.1。

表 D.1 标准品种名录

中文名	英文名	育种单位
超级精灵白色	Super Elfin White	美国泛美种子公司(PanAmerican Seed)
超级精灵鲑红	Super Elfin Salmon	美国泛美种子公司(PanAmerican Seed)
超级精灵猩红	Super Elfin Scarlet	美国泛美种子公司(PanAmerican Seed)
节拍红色	Tempo Red	德国班纳利公司(Benary)
杰出玫红	Advantage Rose	德国班纳利公司(Benary)
杰出深红	Advantage Crimson	德国班纳利公司(Benary)
翼豹粉红晕	Impreza Pink Splash	美国泛美种子公司(PanAmerican Seed)
翼豹鲑红	Impreza Salmon	美国泛美种子公司(PanAmerican Seed)
翼豹新粉红	Impreza Pink New	美国泛美种子公司(PanAmerican Seed)
翼豹樱桃红晕	Impreza Cherry Splash	美国泛美种子公司(PanAmerican Seed)
重音红星	Accent Red Star	美国高美种子公司(Goldsmith Seeds)

ICS 65.020.20
B 05

中华人民共和国农业行业标准

NY/T 2753—2015

植物新品种特异性、一致性和稳定性测试指南　红花

Guidelines for the conduct of tests for distinctness,uniformity and stability—Safflower

(*Carthamus tinctorius* L.)

(UPOV:TG/134/3,Guidelines for the conduct of tests for distinctness, uniformity and stability—Safflower,NEQ)

2015-05-21 发布　　2015-08-01 实施

中华人民共和国农业部　发布

目　　次

前　言

本标准按照 GB/T 1.1—2009 给出的规则起草。

本标准使用重新起草法修改，采用了国际植物新品种保护联盟(UPOV)指南“TG/134/3，Guidelines for the conduct of tests for distinctness，uniformity and stability—Safflower”。

本标准对应于 UPOV 指南 TG/134/3，与 TG/134/3 的一致性程度为非等效。

本标准与 UPOV 指南 TG/134/3 相比存在技术性差异，主要差异如下：

——增加了“植株:分枝期”、“第六叶:叶片刺长度”、“第六叶:叶缘”、“植株:株形”、“花序:直径”、“花序:形状”、“花序:中部苞片中脉横切面形状”、“花序:中部苞片刺长度”、“花序:中部苞片泡状突起”、“花序:中部苞片形状”、“花序:中部苞片着生姿态”、“花:柱头与花粉管的位置”、“花:小花类型”、“花:干花花瓣颜色”、“种子:冠毛”、“种子:壳类型”、“种子:形状”；

——删除了“出苗 15 d 高度”、“种子:大小”性状；

——调整了“花:花瓣颜色”、“种子:种皮颜色”性状的表达状态。

本标准由农业部种子管理局提出。

本标准由全国植物新品种测试标准化技术委员会(SAC/TC 277)归口。

本标准起草单位:农业部科技发展中心、新疆农业科学院农作物品种资源研究所。

本标准主要起草人:刘志勇、白玉亭、王威、颜国荣、张新明、堵苑苑、马艳明。

植物新品种特异性、一致性和稳定性测试指南 红花

1 范围

本标准规定了红花新品种特异性、一致性和稳定性测试的技术要求和结果判定的一般原则。

本标准适用于红花(*Carthamus tinctorius* L.)新品种特异性、一致性和稳定性测试和结果判定。

2 规范性引用文件

下列文件对于本文件的应用是必不可少的。凡是注日期的引用文件,仅注日期的版本适用于本文件。凡是不注日期的引用文件,其最新版本(包括所有的修改单)适用于本文件。

GB/T 14488.1 植物油料 含油量测定

GB/T 17376 动植物油脂脂肪酸甲酯制备

GB/T 17377 动植物油脂脂肪酸甲酯的气相色谱分析

GB/T 19557.1 植物新品种特异性、一致性和稳定性测试指南 总则

3 术语和定义

GB/T 19557.1 界定的以及下列术语和定义适用于本文件。

3.1

群体测量 single measurement of a group of plants or parts of plants

对一批植株或植株的某器官或部位进行测量,获得一个群体记录。

3.2

个体测量 measurement of a number of individual plants or parts of plants

对一批植株或植株的某器官或部位进行逐个测量,获得一组个体记录。

3.3

群体目测 visual assessment by a single observation of a group of plants or parts of plants

对一批植株或植株的某器官或部位进行目测,获得一个群体记录。

3.4

个体目测 visual assessment by observation of individual plants or parts of plants

对一批植株或植株的某器官或部位进行逐个目测,获得一组个体记录。

4 符号

下列符号适用于本文件:

MG:群体测量。

MS:个体测量。

VG:群体目测。

VS:个体目测。

QL:质量性状。

QN:数量性状。

PQ:假质量性状。

＊:标注性状为 UPOV 用于统一品种描述所需要的重要性状,除非受环境条件限制性状的表达状态无法测试,所有 UPOV 成员都应使用这些性状。

(a)～(d):标注内容在 B.2 中进行了详细解释。

(+):标注内容在 B.3 中进行了详细解释。

5 繁殖材料的要求

5.1 繁殖材料以种子形式提供。

5.2 提交的种子数量至少 2 kg 或不少于 10 000 粒。

5.3 提交的种子应外观健康,活力高,无病虫侵害。种子的具体质量要求如下:

发芽率≥90.0%,净度≥99.0%,含水量≤12.0%。

5.4 提交的种子一般不进行任何影响品种性状表达的处理。如果已处理,应提供处理的详细说明。

5.5 提交的种子应符合中国植物检验检疫的有关规定。

6 测试方法

6.1 测试周期

测试周期至少为 2 个独立的生长周期。

6.2 测试地点

测试通常在一个地点进行。如果某些性状在该地点不能充分表达,可在其他符合条件的地点对其进行观测。

6.3 田间试验

6.3.1 试验设计

申请品种和近似品种相邻种植。株行距为 45 cm×15 cm,穴播或条播,每个测试试验至少栽植 60 株,每穴定苗一株。

6.3.2 田间管理

按当地大田生产管理方式进行。

6.4 性状观测

6.4.1 观测时期

性状观测应按照表 A.1 和表 A.2 列出的生育阶段进行。生育阶段描述见表 B.1。

6.4.2 观测方法

性状观测应按照表 A.1 和表 A.2 规定的观测方法(VG、VS、MG、MS)进行。部分性状观测方法见 B.2 和 B.3。

6.4.3 观测数量

除非另有说明,个体观测性状(VS、MS)植株取样数量不少于 20 个,在观测植株的器官或部位时,每个植株取样数量为 1 个。群体观测性状(VG、MG)观测整个小区或规定大小的混合样本。

6.5 附加测试

必要时,可选用表 A.2 中的性状或本文件未列出的性状进行附加测试。

7 特异性、一致性和稳定性结果的判定

7.1 总体原则

特异性、一致性和稳定性的判定按照 GB/T 19557.1 确定的原则进行。

7.2 特异性的判定

申请品种应明显区别于所有已知品种。在测试中，当申请品种至少在一个性状上与近似品种具有明显且可重现的差异时，即可判定申请品种具备特异性。

7.3 一致性的判定

一致性判定时，应采用 3%的群体标准和至少 95%的接受概率。当样本大小为 60 株时，最多可以允许有 4 个异型株。

7.4 稳定性的判定

如果一个品种具备一致性，则可认为该品种具备稳定性。一般不对稳定性进行测试。

必要时，可以种植该品种的下一代种子，与以前提供的种子相比，若性状表达无明显变化，则可判定该品种具备稳定性。

8 性状表

8.1 概述

根据测试需要，将性状分为基本性状和选测性状。基本性状是测试中必须使用的性状，基本性状见表 A.1，选测性状见表 A.2。

性状表列出了性状名称、表达类型、表达状态及相应的代码和标准品种、观测时期和方法等内容。

8.2 表达类型

根据性状表达方式，将性状分为质量性状、假质量性状和数量性状 3 种类型。

8.3 表达状态和相应代码

8.3.1 每个性状划分为一系列表达状态，为便于定义性状和规范描述；每个表达状态赋予一个相应的数字代码，以便于数据记录、处理和品种描述的建立与交流。

8.3.2 对于质量性状和假质量性状，所有的表达状态都应当在测试指南中列出；对于数量性状，为了缩小性状表的长度，偶数代码的表达状态可以不列出，偶数代码的表达状态可描述为前一个表达状态到后一个表达状态的形式进行描述。

8.4 标准品种

性状表中列出了部分性状有关表达状态相应的标准品种，以助于确定相关性状的不同表达状态和校正环境因素引起的差异。

9 分组性状

本文件中，品种分组性状如下：

a) *植株开花期(性状 18)。
b) *花：花瓣颜色(性状 19)。
c) *花：花瓣颜色变化(性状 34)。
d) *植株：开花期高度(性状 37)。
e) *种子：种皮主色(性状 39)。
f) *种子：含油率(性状 43)。

10 技术问卷

申请人应按照附录 C 给出的格式填写红花技术问卷。

附 录 A
(规范性附录)
红 花 性 状 表

A.1 红花基本性状

见表 A.1。

表 A.1 红花基本性状表

序号	性 状	观测时期和方法	表达状态	标准品种	代码
1	第一叶:叶片长度 QN (a)	23 MS	极短		1
			短	PI613368	3
			中	塔城有刺	5
			长	PI537695	7
			极长		9
2	第一叶:叶片宽度 QN (a)	23 MS	极窄		1
			窄	PI613368	3
			中	PI613380	5
			宽	巴楚无刺	7
			极宽		9
3	第一叶:叶片长度与宽度比率 QN (a)	23 MS/MG	极小		1
			小	PI613397	3
			中	PI613427、PI613380	5
			大	PI271070、PI613368	7
			极大		9
4	第一叶:叶柄长度 QN (a)	23 MS	极短		1
			短	PI613423	3
			中	PI613397	5
			长	PI537606	7
			极长		9
5	第一叶:叶片刺数目 QN (a)	23 MS/VG	无或极少	PI613397	1
			少	印度红花	3
			中	PI537669	5
			多	PI613475	7
			极多		9
6	第一叶:叶片齿状 QN (a) (+)	23 VG	无或极弱	PI613397	1
			弱	巴楚无刺	3
			中	PI537659	5
			强	PI613507	7
			极强		9
7	植株:分枝期 QN	40 MG	极早		1
			早	PI613368	3
			中	PI271070	5
			晚	PI537619	7
			极晚		9

表 A.1（续）

序号	性　状	观测时期和方法	表达状态	标准品种	代码
8	花序:直径 QN (b)	57～59 MS	小	PI613368	3
			中	PI537662、塔城有刺	5
			大	PI613380	7
9	花序:顶端形状 PQ (b) (+)	57～59 VG	圆锥	PI544056	1
			椭圆	PI537619	2
			扁平	PI613380	3
10	花序:苞片中脉横切面形状 QL (b)	57～59 VG	平	PI537619	1
			浅 V 形	PI613507	2
11	花序:中部苞片长度 QN (b)	57～59 MS	无或极短		1
			短	PI613397、巴楚无刺	3
			中	PI613368	5
			长	W6970、PI613439	7
			极长		9
12	花序:中部苞片宽度 QN (b)	57～59 MS	极窄		1
			窄	PI271070	3
			中	PI560168	5
			宽	PI613380	7
			极宽		9
13	花序：中部苞片长/宽比率 QN (b)	57～59 MG	极小		1
			小	PI613397	3
			中	匈牙利红花	5
			大	PI613444、PI613439	7
			极大		9
14	花序：中部苞片刺数目 QN (b)	57～59 VG	无或极少	PI613397	1
			少	PI613423	2
			中	PI271070	3
			多	PI544057	4
			极多		5
15	花序:中部苞片刺长度 QN (b)	57～59 VG	短	PI613430、PI537659	3
			中	PI537662	5
			长	PI613439	7
16	花序:中部苞片泡状凸起 QN (b) (+)	57～59 VG	无或极弱	W6970	1
			弱	塔城有刺	3
			中	PI537656	5
			强	PI537662	7
			极强	PI613427	9
17	花序:中部苞片形状 PQ (b)	57～59 VG	披针形	PI613439、W6966	1
			卵形	匈牙利红花	2
			椭圆形	塔城有刺、PI537619	3
			圆形		4
18	* 植株:开花期 QN	60 MG	极早		1
			早	PI613423	3
			中	PI271070	5
			晚	巴楚无刺、PI613380	7
			极晚		9

表 A.1（续）

序号	性 状	观测时期和方法	表达状态	标准品种	代码
19	*花:花瓣颜色 PQ (b) (+)	61～65 VG	白色	PI613423	1
			浅黄色	PI537695	2
			中等黄色	PI613368、PI613439	3
			橙黄色	PI613475	4
			橙色	PI613380	5
			橙红色	PI537619	6
			红色	PI613430	7
20	花:柱头与花粉管相对位置 QN (b) (+)	61～65 VG	未伸出	PI613430	1
			部分伸出	PI537606	2
			完全伸出	匈牙利红花、PI613397	3
21	花:小花类型 QL (b) (+)	61～65 VG	开放	PI613397	1
			闭合	PI613430	2
22	第六叶:叶片绿色程度 PQ (c)	61～65 VG	浅	塔城有刺、巴楚无刺	3
			中	PI613397	5
			深	W6966、W6970	7
23	第六叶:叶缘	61～65 VG	全缘		1
			锯齿		2
			浅裂	W6966、W6970	3
			深裂	PI613439	4
24	第六叶:叶片形状 PQ (c) (+)	61～65 VG	倒卵形	巴楚无刺	1
			卵形	PI613427	2
			椭圆形	PI537669	3
			纺锤形	PI271070、PI613423	4
25	第六叶:叶片长度 QN (c)	61～65 MS	极短		1
			短	PI613427、PI613368	3
			中	PI613380、匈牙利红花	5
			长	塔城有刺、W6966	7
			极长		9
26	第六叶:叶片宽度 QN (c)	61～65 MS	极窄		1
			窄	PI613368	3
			中	PI271070	5
			宽	W6966	7
			极宽		9
27	第六叶:叶片长度与宽度比率 QN (c)	61～65 MG	极小		1
			小	PI537669	3
			中	PI613397	5
			大	PI613380、PI537619	7
			极大		9
28	第六叶:叶片刺数目 QN (c)	61～65 VG	无或极少	PI613397	1
			少	PI613368	3
			中	PI613423	5
			多	PI544057、匈牙利红花	7
			极多		9

表 A.1（续）

序号	性　状	观测时期和方法	表达状态	标准品种	代码
29	第六叶：叶片齿状 QN (c)	61～65 VS	无或极弱	PI613397	1
			弱	PI537669、巴楚无刺	3
			中	匈牙利红花、PI613439	5
			强	PI271070	7
			极强		9
30	第六叶：叶片刺长度 QN (c)	61～65 VG	短	巴楚无刺	3
			中	PI537606	5
			长	W6966	7
31	植株：第一分枝高度 QN	65～69 MS	极矮	PI613439、PI613368	1
			矮	PI537662	3
			中	PI613381	5
			高	印度红花、巴楚无刺	7
			极高		9
32	植株：最长一级分枝的长度 QN	65～69 MS	极短		1
			短	PI613427	3
			中	PI537619、PI613368	5
			长	PI613439	7
			极长		9
33	植株：株形 QN (+)	65～69 VG	紧凑	PI613381、PI613380	1
			松散	PI613439、W6970	2
			下披	PI613400	3
34	*花：花瓣颜色变化 QL	65～69 VG	无	PI613423	1
			有	PI613430	9
35	花：干花花瓣颜色 PQ (b)	69 VG	灰白色	PI613423	1
			中等黄色		2
			橘黄色	W6966	3
			橙红色	张掖有刺	4
			红色	PI613430	5
36	花序：中部苞片着生姿态 QN (b) (+)	69 VG	直立		1
			半直立	PI613444	2
			平展	PI613430	3
			半下披	塔城有刺、PI613380	4
			下披	张掖有刺	5
37	*植株：开花期高度 QN (+)	71～79 MS	极矮		1
			矮	PI613423、PI613427	3
			中	PI613380、PI613381	5
			高	巴楚无刺、印度红花	7
			极高		9
38	种子：冠毛 QL (d) (+)	79 VG	无	PI537619、PI613380	1
			有	PI537659、W6966	9
39	*种子：种皮主色 PQ (d) (+)	79 VG	白色	匈牙利红花、PI613380	1
			黄白色	PI271070	2
			浅棕色	PI613423	3
			棕色	PI613397	4
			紫色		5
			黑色	PI613368	6

表 A.1（续）

序号	性　状	观测时期和方法	表达状态	标准品种	代码
40	种子:壳类型 PQ (d)	79 VG	普通	巴楚无刺、PI271070	1
			条纹壳	PI613384	2
			薄壳少壳	PI613423	3
41	种子:千粒重 QN (d) (+)	79 MG	极低		1
			低	PI560168、塔城有刺	3
			中	W6979	5
			高	PI613430、PI544056	7
			极高		9
42	种子:形状 QN (d) (+)	79 VG	月牙形		1
			圆锥形		2
			椭圆形		3

A.2　红花选测性状表

见表 A.2。

表 A.2　红花选测性状表

序号	性　状	观测时期和方法	表达状态	标准品种	代码
43	*种子:含油率 QN	79 MG	低		3
			中		5
			高		7
44	*种子:亚油酸含量 QN	79 MG	低		3
			中		5
			高		7
45	种子:油酸含量	79 MG	低		3
			中		5
			高		7

附 录 B
（规范性附录）
红花性状表的解释

B.1 红花生育阶段

见表 B.1。

表 B.1 红花生育阶段表

代 码	名 称	描 述
00	干种子	
10	种子萌发	
20	苗生长期	
23	6 片叶展开	6 片真叶展开
30	伸长期	
40	分枝期	
50	现蕾期	
57	花蕾膨大结束	主茎花蕾膨大结束
59	花蕾即将开放	主茎花蕾即将开放
60	开花期	
61	初花期	小区 10%植株主茎顶端头状花序开放
65	盛花期	小区 50%花球开放
69	终花期	小区 80%花球开花结束
70	种子成熟期	
71	种子开始成熟	上部一级分枝果球种子成熟
79	完熟期	全部植株果球种子成熟

B.2 涉及多个性状的解释

(a) 观测充分发育的第一片叶。

(b) 应观测主茎头状花序。

(c) 观测充分发育的第六叶片，秋播区在分枝期观测。

(d) 应观测充分发育成熟种子。

B.3 涉及单个性状的解释

性状分级和图中的代码见表 A.1。

性状 6 第一叶：叶片齿状，见图 B.1。

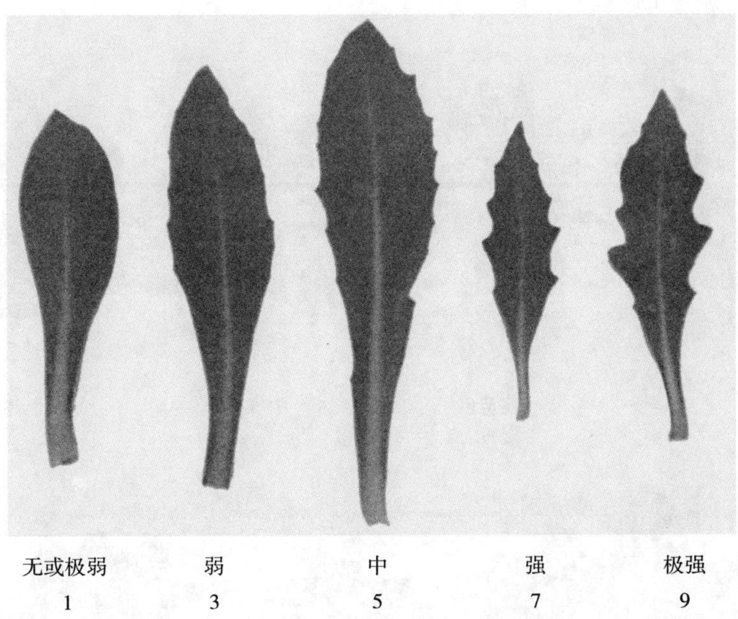

无或极弱 弱 中 强 极强
1 3 5 7 9

图 B.1 第一叶:叶片齿状

性状 9 花序:形状,见图 B.2。

圆锥形 椭圆 扁平
1 2 3

图 B.2 花序:形状

性状 16 花序:中部苞片泡状凸起,见图 B.3。

无或极弱 弱 中 强 极强
1 3 5 7 9

图 B.3 花序:中部苞片泡状凸起

性状 19　＊花:花瓣颜色,见图 B.4。

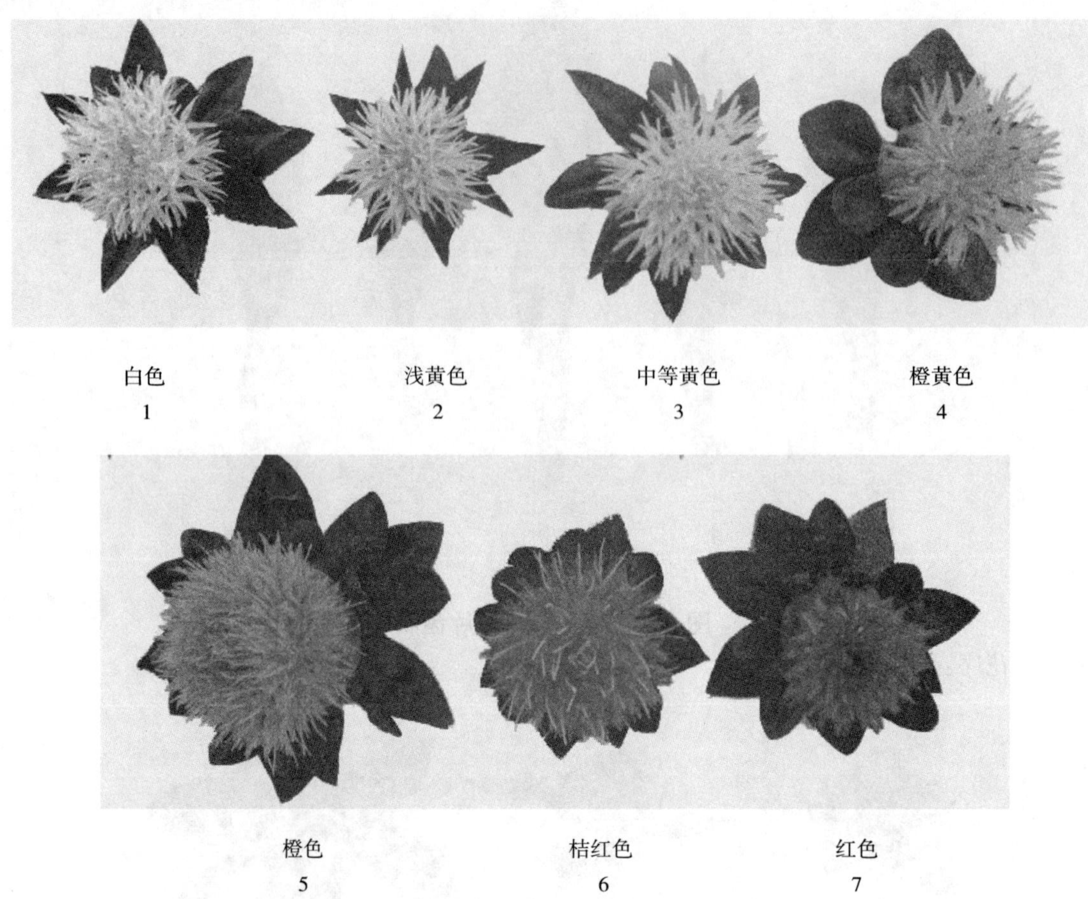

白色　　浅黄色　　中等黄色　　橙黄色
1　　2　　3　　4

橙色　　桔红色　　红色
5　　6　　7

图 B.4　＊花:花瓣颜色

性状 20　花:柱头与花粉管相对位置,见图 B.5。

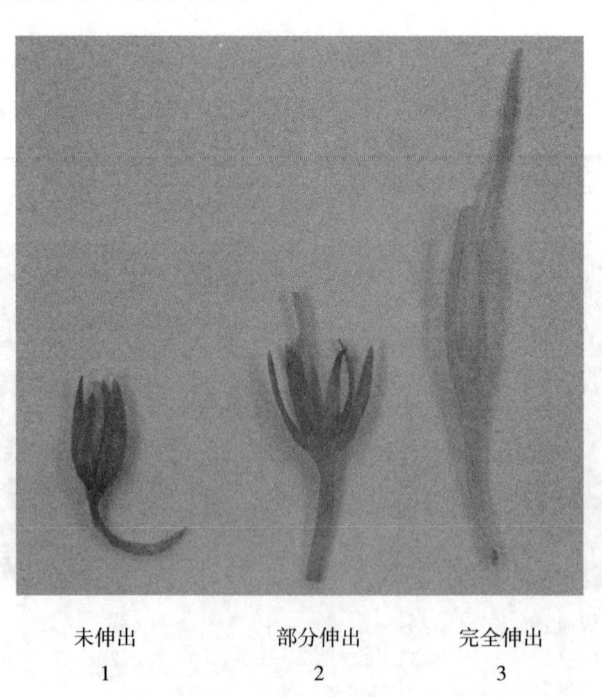

未伸出　　部分伸出　　完全伸出
1　　2　　3

图 B.5　花:柱头与花粉管相对位置

性状 21　花:小花类型,见图 B.6。

开放
1

闭合
9

图 B.6　花:小花类型

性状 23　第六叶:叶缘,见图 B.7。

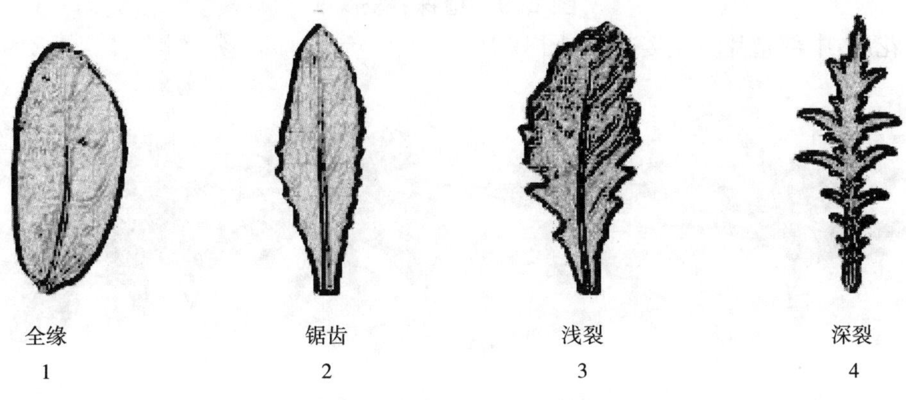

全缘
1

锯齿
2

浅裂
3

深裂
4

图 B.7　第六叶:叶缘

性状 24　第六叶:叶片形状,见图 B.8。

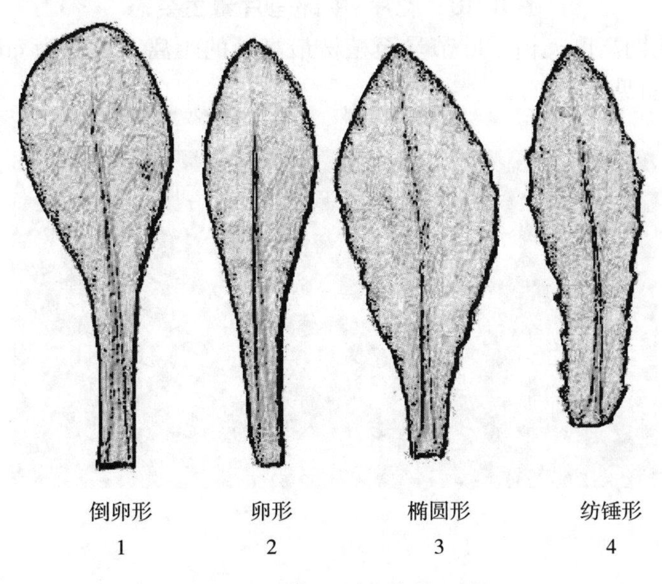

倒卵形
1

卵形
2

椭圆形
3

纺锤形
4

图 B.8　第六叶:叶片形状

性状 33　植株:株形,见图 B.9。

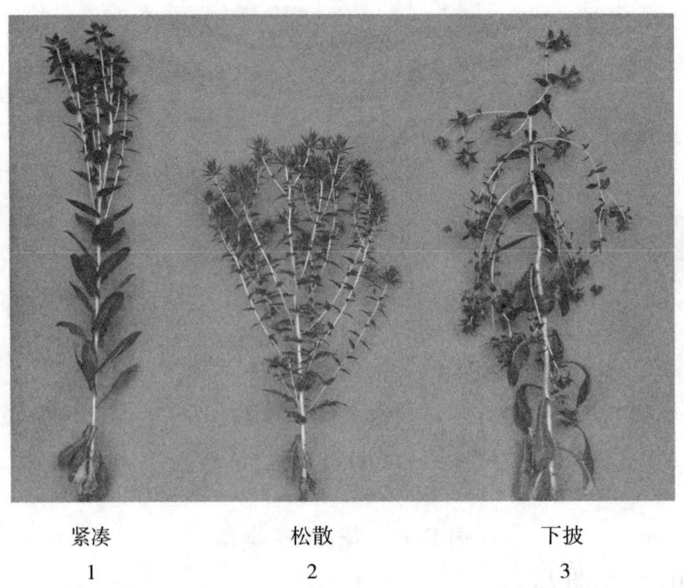

紧凑　　松散　　下披

1　　2　　3

图 B.9　植株:株形

性状 36　花序:中部苞片着生姿态,见图 B.10。

半直立　　平展　　半下垂　　下垂

3　　5　　7　　9

图 B.10　花序:中部苞片着生姿态

性状 37　植株:开花期高度。由子叶节量至植株最高处的距离。单位为 cm。

性状 38　种子:冠毛,见图 B.11。

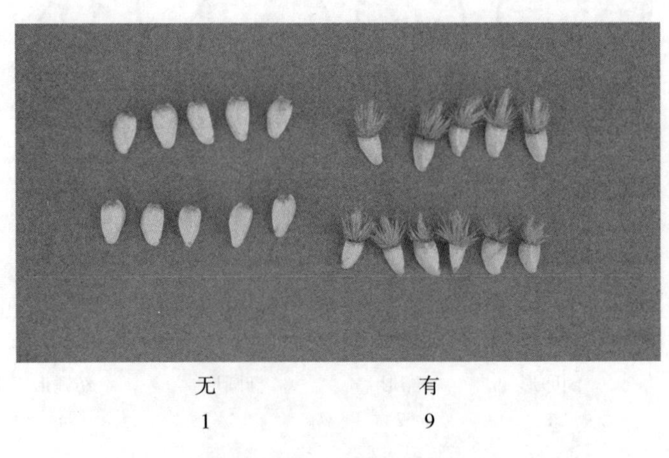

无　　有

1　　9

图 B.11　种子:冠毛

性状 39 *种子:种皮主色,见图 B.12。

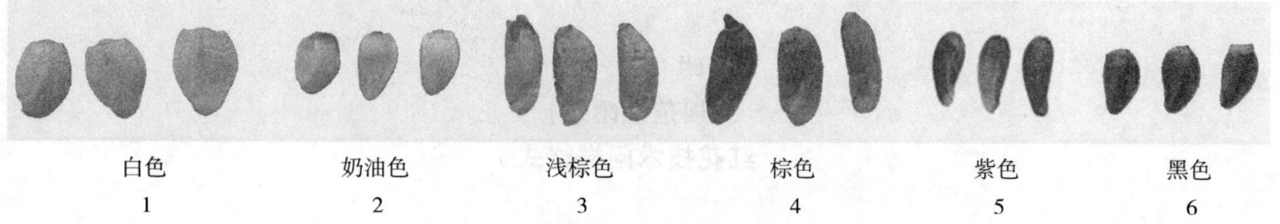

白色 1　奶油色 2　浅棕色 3　棕色 4　紫色 5　黑色 6

图 B.12 *种子:种皮主色

性状 41 种子:千粒重。随机取 1 000 粒发育良好的种子称重,精确到 0.01 克,重复 3 次,重复间差异不得大于 5%。

性状 42 种子:形状,见图 B.13。

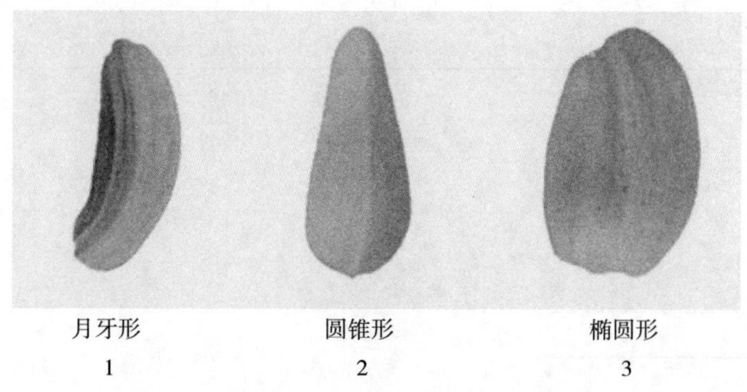

月牙形 1　圆锥形 2　椭圆形 3

图 B.13 种子:形状

性状 43 *种子:含油率。按照 GB/T 14488.1 的规定执行。

性状 44 *种子:亚油酸含量。按照 GB/T 17376 和 GB/T 17377 的规定执行。

性状 45 种子:油酸含量。按照 GB/T 17376 和 GB/T 17377 的规定执行。

附 录 C
(规范性附录)
红花技术问卷格式

红花技术问卷

申请号：
申请日：
(由审批机关填写)

(申请人或代理机构签章)

C.1 品种暂定名称

C.2 植物学分类

拉丁名：______________________

中文名：______________________

C.3 品种类型

在相符的类型[ ]中打√。

C.3.1 油用 [ ]

C.3.2 药用 [ ]

C.3.3 兼用 [ ]

C.3.4 其他 [ ]

C.4 申请品种的具有代表性彩色照片

(品种照片粘贴处)
(如果照片较多,可另附页提供)

C.5 其他有助于辨别申请品种的信息

(如品种用途、品质、抗性,请提供详细资料)

C.6 品种种植或测试是否需要特殊条件

在相符的[ ]中打√。

是[ ]　　　　　否[ ]

(如果回答是,请提供详细资料)

C.7 品种繁殖材料保存是否需要特殊条件

在相符的 [ ] 中打√。

是[ ]　　　　　否[ ]

(如果回答是,请提供详细资料)

C.8 申请品种需要指出的性状表

在表 C.1 中相符的代码后[ ]中打√,若有测量值,请填写在表 C.1 中。

表 C.1 申请品种需要指出的性状

序号	性 状	表达状态	代 码	测量值
1	花序:中部苞片形状(性状 17)	披针形	1[ ]	
		卵形	2[ ]	
		椭圆形	3[ ]	
2	*植株:开花期(性状 18)	极早	1[ ]	
		极早至早	2[ ]	
		早	3[ ]	
		早至中	4[ ]	
		中	5[ ]	
		中至晚	6[ ]	
		晚	7[ ]	
		晚至极晚	8[ ]	
		极晚	9[ ]	
3	*花:花瓣颜色(性状 19)	白色	1[ ]	
		浅黄色	2[ ]	
		中等黄色	3[ ]	
		橙黄色	4[ ]	
		橙色	5[ ]	
		橙红色	6[ ]	
		红色	7[ ]	
4	第六叶:叶片齿状(性状 29)	无或极弱	1[ ]	
		极弱到弱	2[ ]	
		弱	3[ ]	
		弱到中	4[ ]	
		中	5[ ]	
		中到强	6[ ]	
		强	7[ ]	
		强到极强	8[ ]	
		极强	9[ ]	
5	植株:株形(性状 33)	直立	1[ ]	
		展开	2[ ]	
		下披	3[ ]	

表 C.1（续）

序号	性　状	表达状态	代　码	测量值
6	*植株:开花期高度(性状 37)	极矮	1[　]	
		极矮到矮	2[　]	
		矮	3[　]	
		矮到中	4[　]	
		中	5[　]	
		中到高	6[　]	
		高	7[　]	
		高到极高	8[　]	
		极高	9[　]	
7	种子:冠毛(性状 38)	无	1[　]	
		有	9[　]	
8	种子:壳类型(性状 40)	普通	1[　]	
		条纹	2[　]	
		薄壳少壳	3[　]	
9	*种子:种皮主色(性状 39)	白色	1[　]	
		黄白色	2[　]	
		浅棕色	3[　]	
		棕色	4[　]	
		紫色	5[　]	
		黑色	6[　]	
10	种子:形状(性状 42)	月牙形	1[　]	
		圆锥形	2[　]	
		椭圆形	3[　]	

ICS 65.020.20
B 05

中华人民共和国农业行业标准

NY/T 2754—2015

植物新品种特异性、一致性和稳定性测试指南　华北八宝

Guidelines for the conduct of tests for distinctness, uniformity and stability—Hylotelephium tatarinowii
[*Hylotelephium tatarinowii* (Maxim.) H. Ohba]

2015-05-21 发布　　2015-08-01 实施

中华人民共和国农业部　发布

目　　次

前 言

本标准按照 GB/T 1.1—2009 给出的规则起草。

本标准由农业部种子管理局提出。

本标准由全国植物新品种测试标准化技术委员会(SAC/TC 277)归口。

本标准起草单位:上海市农业科学院[农业部植物新品种测试(上海)分中心]、农业部科技发展中心、上海市农业生物基因中心。

本标准主要起草人:褚云霞、黄志城、邓姗、杨旭红、李寿国、陈海荣、顾晓君、杨华、顾可飞。

植物新品种特异性、一致性和稳定性测试指南 华北八宝

1 范围

本标准规定了景天科八宝属华北八宝[*Hylotelephium tatarinowii* (Maxim.) H. Ohba]新品种特异性、一致性和稳定性测试的技术要求和结果判定的一般原则。

本标准适用于华北八宝新品种特异性、一致性和稳定性测试和结果判定。

2 规范性引用文件

下列文件对于本文件的应用是必不可少的。凡是注日期的引用文件,仅注日期的版本适用于本文件。凡是不注日期的引用文件,其最新版本(包括所有的修改单)适用于本文件。

GB/T 19557.1 植物新品种特异性、一致性和稳定性测试指南 总则

3 术语和定义

GB/T 19557.1 界定的以及下列术语和定义适用于本文件。

3.1

群体测量 single measurement of a group of plants or parts of plants

对一批植株或植株的某器官或部位进行测量,获得一个群体记录。

3.2

个体测量 measurement of a number of individual plants or parts of plants

对一批植株或植株的某器官或部位进行逐个测量,获得一组个体记录。

3.3

群体目测 visual assessment by a single observation of a group of plants or parts of plants

对一批植株或植株的某器官或部位进行目测,获得一个群体记录。

3.4

个体目测 visual assessment by observation of individual plants or parts of plants

对一批植株或植株的某器官或部位进行逐个目测,获得一组个体记录。

4 符号

下列符号适用于本文件:

MG:群体测量。

MS:个体测量。

VG:群体目测。

VS:个体目测。

QL:质量性状。

QN:数量性状。

PQ:假质量性状。

(a)~(c):标注内容在 B.1 中进行了详细解释。

(+):标注内容在 B.2 中进行了详细解释。

5 繁殖材料的要求

5.1 繁殖材料以种苗形式提供。

5.2 提交的种苗数量至少 50 株。

5.3 提交的繁殖材料应外观健康，生长势强，无病虫侵害。繁殖材料的具体质量要求如下：

株高≥5 cm，枝叶完整，未开花。

5.4 提交的繁殖材料一般不进行任何影响品种性状正常表达的处理(例如生根剂处理)。如果已处理，应提供处理的详细说明。

5.5 提交的繁殖材料应符合中华人民共和国植物检疫的有关规定。

6 测试方法

6.1 测试周期

测试周期至少为 2 个独立的生长周期。

6.2 测试地点

测试通常在一个地点进行。如果某些性状在该地点不能充分表达，可在其他符合条件的地点对其进行观测。

6.3 田间试验

6.3.1 试验设计

申请品种和近似品种相邻种植。

每个品种每个小区不少于 20 株，共设 2 次重复。

6.3.2 田间管理

可按当地的常规管理方式进行。

6.4 性状观测

6.4.1 观测时期

性状观测应在植株至少有 1 个花序 50%的花开放时进行。

6.4.2 观测方法

性状观测应按照表 A.1 规定的观测方法(VG、MG、MS)进行。部分性状观测方法见 B.1 和 B.2。

6.4.3 观测数量

除非另有说明，个体观测性状(VS、MS)植株取样数量不少于 10 个，在观测植株的器官或部位时，每个植株取样数量应为 1 个。群体观测性状(VG、MG)应观测整个小区或规定大小的混合样本。

6.5 附加测试

必要时，可选用本文件未列出的性状进行附加测试。

7 特异性、一致性和稳定性结果的判定

7.1 总体原则

特异性、一致性和稳定性的判定按照 GB/T 19557.1 确定的原则进行。

7.2 特异性的判定

申请品种应明显区别于所有已知品种。在测试中，当申请品种至少在一个性状上与近似品种具有明显且可重现的差异时，即可判定申请品种具备特异性。

7.3 一致性的判定

采用 1%的群体标准和至少 95%的接受概率。当样本大小为 20 株～35 株时，最多可以允许有 1 个

异型株。

7.4 稳定性的判定

如果一个品种具备一致性,则可认为该品种具备稳定性。一般不对稳定性进行测试。

必要时,可以种植该品种的另一批种苗,与以前提供的繁殖材料相比,若性状表达无明显变化,则可判定该品种具备稳定性。

8 性状表

基本性状是测试中必须使用的性状,基本性状见表 A.1。

8.1 概述

性状表列出了性状名称、表达类型、表达状态及相应的代码和标准品种、观测时期和方法等内容。

8.2 表达类型

根据性状表达方式,性状分为质量性状、假质量性状和数量性状 3 种类型。

8.3 表达状态和相应代码

8.3.1 每个性状划分为一系列表达状态,以便于定义性状和规范描述;每个表达状态赋予一个相应的数字代码,以便于数据记录、处理和品种描述的建立与交流。

8.3.2 对于质量性状和假质量性状,所有的表达状态都已在测试指南中列出;对于数量性状,为了缩小性状表的长度,偶数代码的表达状态未列出,偶数代码的表达状态以前一个表达状态到后一个表达状态的形式来描述。

8.4 标准品种

性状表中列出了部分性状有关表达状态可参考的标准品种,以助于确定相关性状的不同表达状态和校正环境因素引起的差异。

9 分组性状

本文件中,品种分组性状如下:

a) 茎:长度(表 A.1 中性状 2)。

b) 叶:颜色 (表 A.1 中性状 5)。

c) 叶:边缘花青甙显色(表 A.1 中性状 8)。

d) 花:颜色(表 A.1 中性状 18)。

10 技术问卷

申请人应按附录 C 给出的格式填写华北八宝技术问卷。

附 录 A
(规范性附录)
华北八宝性状表

华北八宝基本性状见表 A.1。

表 A.1 华北八宝基本性状表

序号	性 状	观测方法	表达状态	标准品种	代码
1	幼叶:上表面颜色 PQ (+)	VG	浅绿色		1
			中等绿色		2
			蓝绿色	Ht-9	3
2	茎:长度 QN (a) (+)	MS	短	Ht-9	3
			中	Ht-19	5
			长	Ht-14	7
3	茎:粗度 QN (a) (+)	MS/VG	细		1
			中	Ht-38	2
			粗		3
4	茎:花青甙显色强度 QN (a) (+)	VG	无或弱	Ht-12	1
			中	Ht-19	2
			强	Ht-24	3
5	叶:颜色 PQ (b) (+)	VG	黄绿色	Ht-5	1
			浅绿色	Ht-13	2
			中等绿色		3
			深绿色	Ht-9	4
6	叶:先端形状 PQ (b) (+)	VG	锐尖		1
			钝尖		2
			钝圆		3
7	叶:最宽处位置 QN (b)	VG	近先端		1
			中部		2
			近基部		3
8	叶:边缘花青甙显色 QL (b) (+)	VG	无		1
			有	Ht-09	9
9	叶:着生密度 QN (+)	MS	疏	Ht-19	1
			中	Ht-14	2
			密	Ht-12	3
10	叶:长度 QN (b) (+)	MS/VG	短	Ht-9	3
			中	Ht-19	5
			长	Ht-13	7

表 A.1（续）

序号	性　状	观测方法	表达状态	标准品种	代码
11	叶:宽度 QN (b) (+)	MS/VG	窄	Ht-5	1
			中	Ht-13	3
			宽	Ht-11	5
12	叶:长宽比 QN (b)	MS	小		3
			中		5
			大		7
13	叶:基部宽度 QN (b) (+)	VG/MS	窄	Ht-52	1
			中	Ht-6	3
			宽	Ht-38	5
14	叶:边缘齿对数 QN (b) (+)	VG/MG	无		1
			1对		2
			2对		3
			3对		4
			4对及以上		5
15	叶:边缘齿的分布 QN (b) (+)	VG	上部1/4	Ht-52	1
			上部1/2	Ht-30	2
			上部3/4		3
16	花序:宽度 QN (c) (+)	MS	窄		1
			中	Ht-43	2
			宽	Ht-7	3
17	花序:高度 QN (c) (+)	MS	低		1
			中	Ht-43	2
			高	Ht-7	3
18	花:颜色 PQ (c)	VG	白色		1
			粉红色		2
			红色		3
19	开花期 QN (+)	MG	早	Ht-43	1
			中		2
			晚		3

附　录　B
（规范性附录）
华北八宝性状表的解释

B.1　涉及多个性状的解释

（a）　每个植株中最长的茎。

（b）　最长茎中部最大成熟叶。

（c）　最长茎的花序。

B.2　涉及单个性状的解释

性状分级和图中代码见表 A.1。

性状 1　幼叶:上表面颜色,见图 B.1。

图 B.1　幼叶:上表面颜色

性状 2　茎:长度,见图 B.2。

性状 16　花序:宽度,见图 B.2。

性状 17　花序:高度,见图 B.2。

茎长度、花序宽度及花序高度的测量均精确到 0.1 cm。

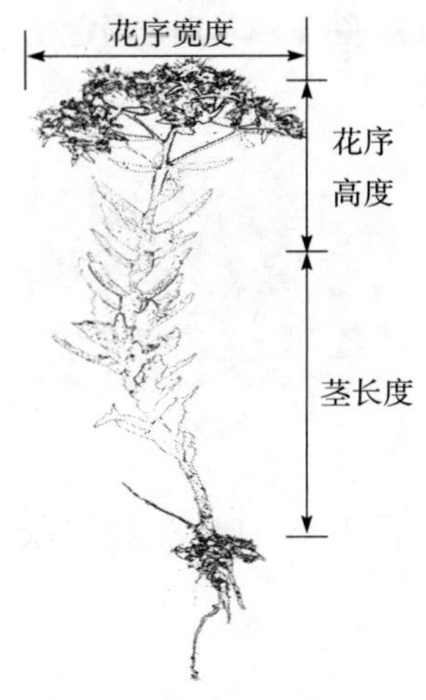

图 B.2　茎:长度;花序:宽度;花序:高度

性状 3　茎:粗度。

测量茎中部的粗度,精确到 0.01 cm。

性状 4　茎:花青甙显色强度,见图 B.3。

观测茎中部花青甙显色强度。

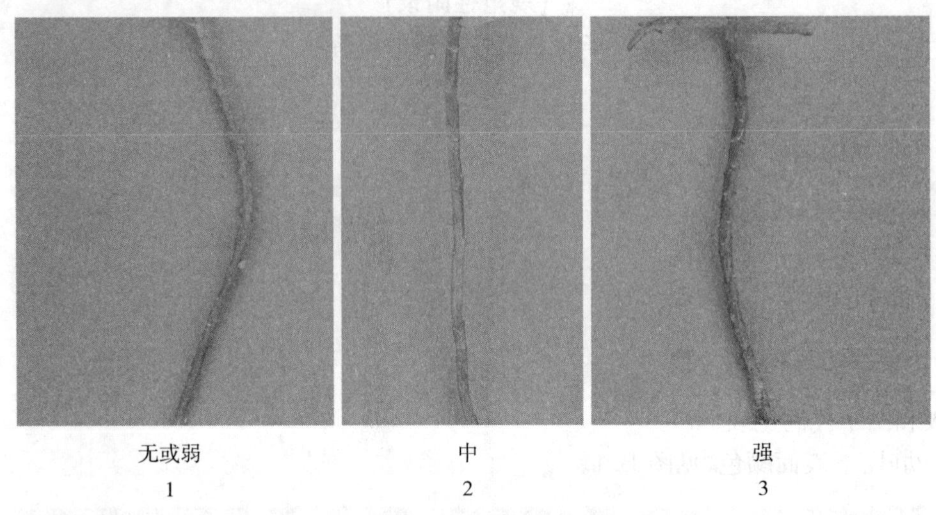

图 B.3　茎:花青甙显色强度

性状 5　叶:颜色,见图 B.4。

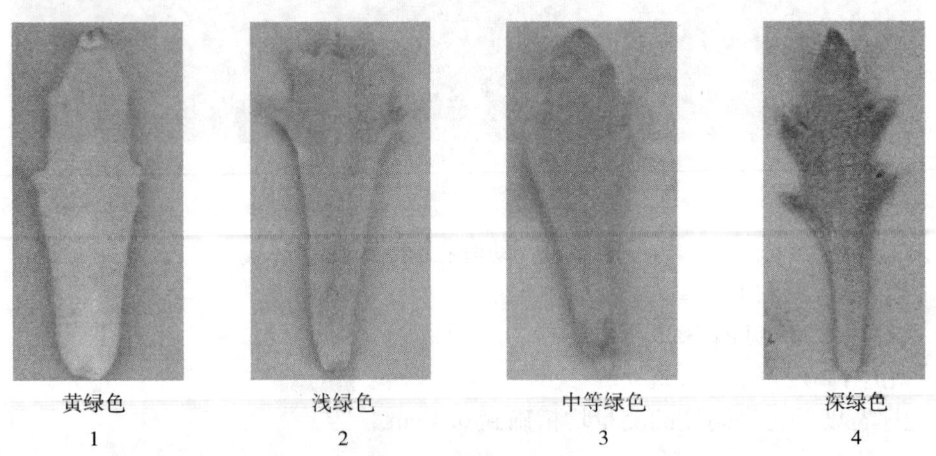

图 B.4　叶:颜色

性状 6　叶:先端形状,见图 B.5。

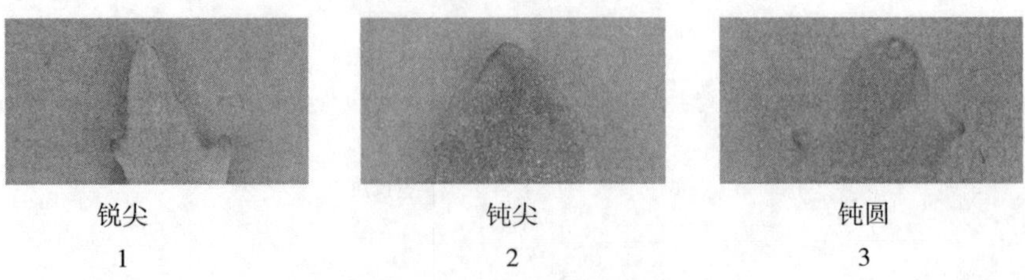

图 B.5　叶:先端形状

性状 8　叶:边缘花青甙显色,见图 B.6。

性状 9　叶:着生密度,见图 B.7。

统计茎中部 3 cm 长度中着生叶片的数量。

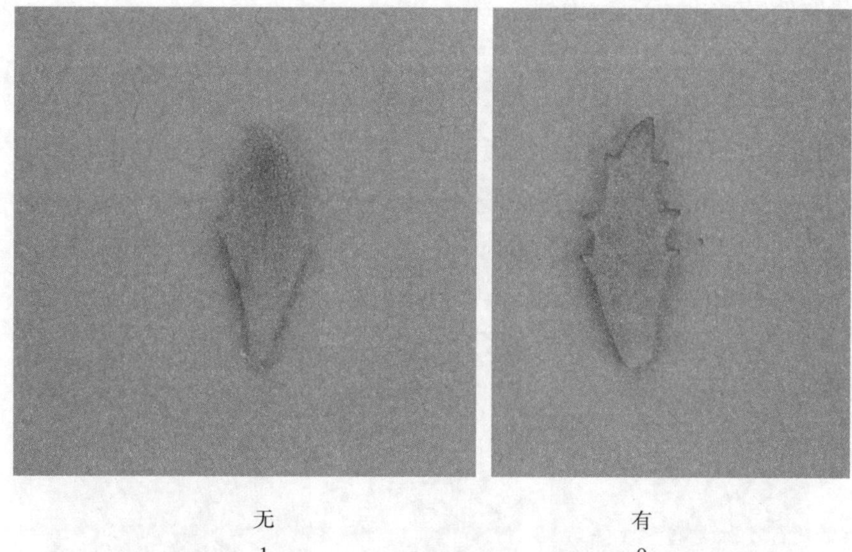

图 B.6　叶:边缘花青甙显色

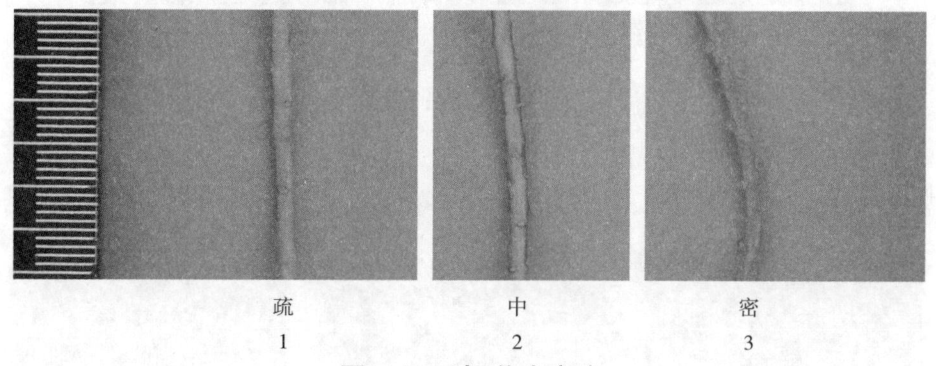

图 B.7　叶:着生密度

性状 10　叶:长度,见图 B.8。

指叶的基部到叶顶部,弯曲的叶片需压直后进行测量,精确到 0.1 cm。

性状 11　叶:宽度,见图 B.9。

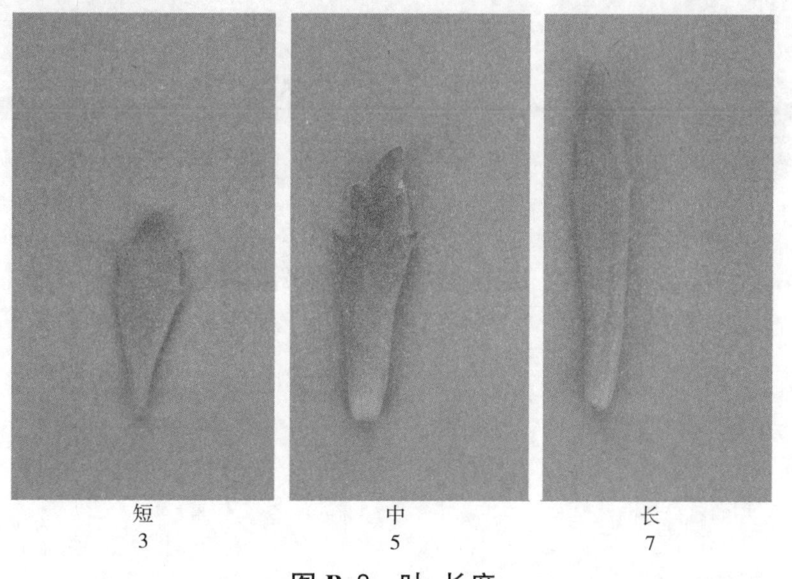

图 B.8　叶:长度

测量叶片的最宽处(包含叶齿),精确到0.1cm。

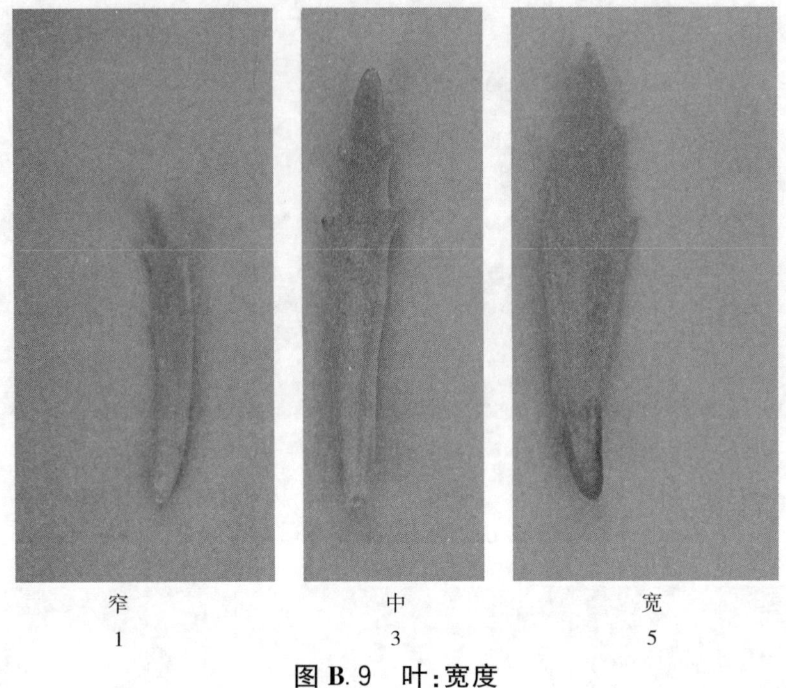

图 B.9 叶:宽度

性状 13 叶:基部宽度,见图 B.10。

测量着生处上部 0.5 cm 的宽度。

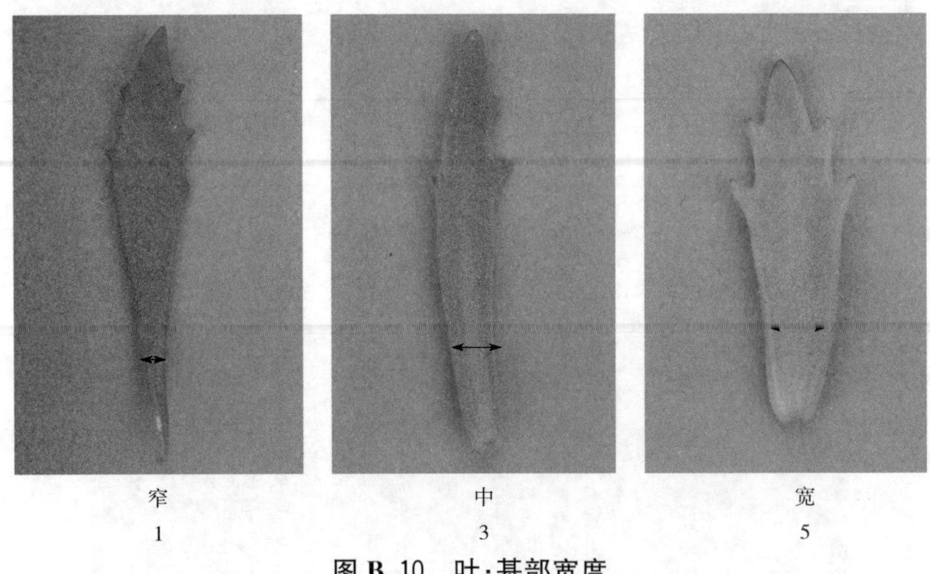

图 B.10 叶:基部宽度

性状 14　叶:边缘齿对数,见图 B.11。

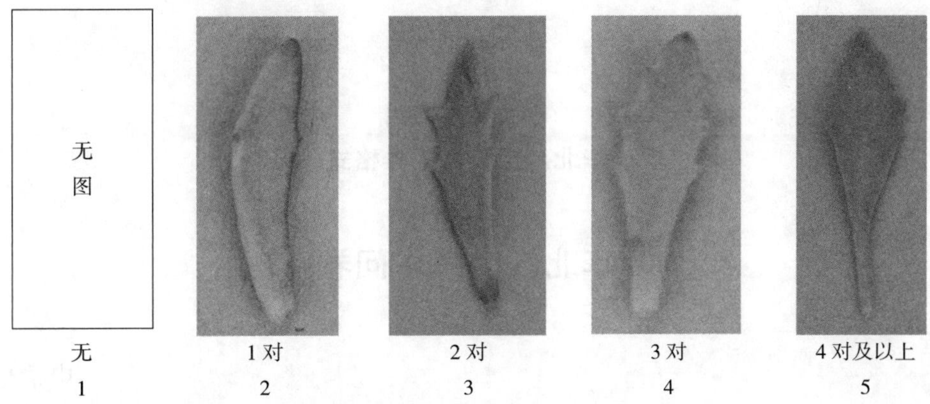

无　　1 对　　2 对　　3 对　　4 对及以上
1　　2　　3　　4　　5

图 B.11　叶:边缘齿对数

性状 15　叶:边缘齿的分布,见图 B.12。

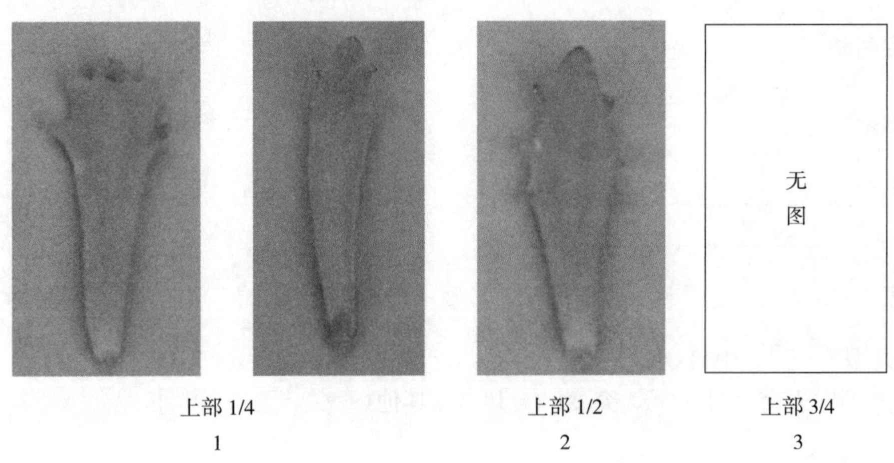

上部 1/4　　上部 1/2　　上部 3/4
1　　2　　3

图 B.12　叶:边缘齿的分布

性状 19　开花期。

50%的植物达到开花期的日期。

附 录 C
（规范性附录）
华北八宝技术问卷格式

华北八宝技术问卷

申请号： 申请日： （由审批机关填写）

（申请人或代理机构签章）

C.1 品种暂定名称

C.2 植物学分类

拉丁名：____________________
中文名：____________________

C.3 品种来源

在相符的类型［ ］中打√。
发现［ ］ 杂交［ ］ 突变［ ］ 其他（ ）［ ］

C.4 申请品种的具有代表性彩色照片

（品种照片粘贴处）
（如果照片较多，可另附页提供）

C.5 其他有助于辨别申请品种的信息

（如品种用途、品质和抗性，请提供详细资料）

C.6 品种种植或测试是否需要特殊条件

在相符的［ ］ 中打√。
是［ ］ 否［ ］
（如果回答是，请提供详细资料）

C.7 品种繁殖材料保存是否需要特殊条件

在相符的［ ］ 中打√。
是［ ］ 否［ ］
（如果回答是，请提供详细资料）

C.8 申请品种需要指出的性状

在表 C.1 中相符的代码后［ ］中打√，若有测量值，请填写在表 C.1 中。

表 C.1 申请品种需要指出的性状

序号	性　状	表达状态	代　码	测量值
1	茎:长度(性状 2)	极短	1［ ］	
		极短到短	2［ ］	
		短	3［ ］	
		短到中	4［ ］	
		中	5［ ］	
		中到长	6［ ］	
		长	7［ ］	
		长到极长	8［ ］	
		极长	9［ ］	
2	茎:花青甙显色强度(性状 4)	无或弱	1［ ］	
		中	2［ ］	
		强	3［ ］	
3	叶:颜色(性状 5)	黄绿色	1［ ］	
		浅绿色	2［ ］	
		中等绿色	3［ ］	
		深绿色	4［ ］	
4	叶:边缘花青甙显色(性状 8)	无	1［ ］	
		有	9［ ］	
5	叶:边缘齿对数 (性状 14)	无	1［ ］	
		1 对	2［ ］	
		2 对	3［ ］	
		3 对	4［ ］	
		4 对及以上	5［ ］	
6	花:颜色(性状 18)	白色	1［ ］	
		粉红色	2［ ］	
		红色	3［ ］	
7	开花期 (性状 19)	早	1［ ］	
		中	2［ ］	
		晚	3［ ］	

参 考 文 献

[1] UPOV TG/1"GENERAL INTRODUCTION TO THE EXAMINATION OF DISTINCTNESS, UNIFORMITY AND STABILITY AND THE DEVELOPMENT OF HARMONIZED DESCRIPTIONS OF NEW VARIETIES OF PLANTS"
[2] UPOV TGP/7 "DEVELOPMENT OF TEST GUIDELINES"
[3] UPOV TGP/8"TRIAL DESIGN AND TECHNIQUES USED IN THE EXAMINATION OF DISTINCTNESS, UNIFORMITY AND STABILITY"
[4] UPOV TGP/9 "EXAMINING DISTINCTNESS"
[5] UPOV TGP/10 "EXAMINING UNIFORMITY"
[6] UPOV TGP/11 "EXAMINING STABILITY"

ICS 65.020.20
B 05

中华人民共和国农业行业标准

NY/T 2755—2015

植物新品种特异性、一致性和稳定性测试指南 韭

Guidelines for the conduct of tests for distinctness, uniformity and stability—Chinese chive

(*Allium tuberosum* Rottler ex Spreng.; *Allium hookeri* Thwaites; *Allium ramosum* L.)

(UPOV: TG/199/1, Guidelines for the conduct of tests for distinctness, uniformity and stability—Chinese chive, NEQ)

2015-05-21 发布　　　　2015-08-01 实施

中华人民共和国农业部 发布

目　　次

前　言

本标准按照 GB/T 1.1—2009 给出的规则起草。

本标准使用重新起草法，修改采用了国际植物新品种保护联盟(UPOV)指南“TG/199/1，Guidelines for the conduct of tests for distinctness, uniformity and stability—Chinese chive”。

本标准对应于 UPOV 指南 TG/199/1，本标准与 TG/199/1 的一致性程度为非等效。

本标准与 UPOV 指南 TG/199/1 相比存在技术性差异，主要差异如下：

——扩大了指南适用范围，除普通韭(*Allium tuberosum* Rottler ex Spreng.)外，增加宽叶韭(*Allium hookeri* Thwaites)和野韭(*Allium ramosum* L.)两个种；

——增加了“叶片：先端形状”、“叶片：横截面形状”、“叶片：中空”、“假茎：花青甙显色”、“植株：抽薹习性”、“仅适用于抽薹品种：花薹：横截面形状”、“仅适用于抽薹品种：总苞：形状”、“仅适用于抽薹品种：总苞：大小”、“仅适用于抽薹品种：花序：形状”、“仅适用于抽薹品种：花序：大小”、“仅适用于抽薹品种：开花持续时期”、“小花：颜色”、“仅适用于抽薹品种：花：雄性育性”和“种子：颜色”共 14 个性状；

——调整了“植株：分蘖数”、“叶片：厚度”、“叶片：绿色程度”、“叶片：光泽度”、“叶片：蜡粉”、“假茎：粗度”、“仅适用于抽薹品种：花薹：数量”和“仅适用于抽薹品种：花薹：粗度”共 8 个性状的性状名称或分级代码。

本标准由农业部科技教育司提出。

本标准由全国植物新品种测试标准化技术委员会(SAC/TC 277)归口。

本标准起草单位：四川省农业科学院作物研究所、四川省农业科学院园艺研究所。

本标准主要起草人：赖运平、蔡鹏、余毅、房超、张浙峰、王丽容、何巧林。

植物新品种特异性、一致性和稳定性测试指南 韭

1 范围

本标准规定了韭新品种特异性、一致性和稳定性测试的技术要求和结果判定的一般原则。

本标准适用于普通韭(*Allium tuberosum* Rottler ex Spreng.)、宽叶韭(*Allium hookeri* Thwaites)和野韭(*Allium ramosum* L.)新品种特异性、一致性和稳定性测试和结果判定。

2 规范性引用文件

下列文件对于本文件的应用是必不可少的。凡是注日期的引用文件,仅注日期的版本适用于本文件。凡是不注日期的引用文件,其最新版本(包括所有的修改单)适用于本文件。

GB/T 19557.1 植物新品种特异性、一致性和稳定性测试指南 总则

3 术语和定义

GB/T 19557.1界定的以及下列术语和定义适用于本文件。

3.1

群体测量 single measurement of a group of plants or parts of plants

对一批植株或植株的某器官或部位进行测量,获得一个群体记录。

3.2

个体测量 measurement of a number of individual plants or parts of plants

对一批植株或植株的某器官或部位进行逐个测量,获得一组个体记录。

3.3

群体目测 visual assessment by a single observation of a group of plants or parts of plants

对一批植株或植株的某器官或部位进行目测,获得一个群体记录。

3.4

个体目测 visual assessment by observation of individual plants or parts of plants

对一批植株或植株的某器官或部位进行逐个目测,获得一组个体记录。

4 符号

下列符号适用于本文件:

MG:群体测量。

MS:个体测量。

VG:群体目测。

VS:个体目测。

QL:质量性状。

QN:数量性状。

PQ:假质量性状。

*:标注性状为UPOV用于统一品种描述所需要的重要性状,除非受环境条件限制性状的表达状态无法测试,所有UPOV成员都应使用这些性状。

(a)～(d):标注内容在B.2中进行了详细解释。

(+):标注内容在B.3中进行了详细解释。

5 繁殖材料的要求

5.1 繁殖材料以种子形式或鳞茎形式提供,根据需要分批提供。

5.2 提交的繁殖材料数量。

种子:每批至少20 g。

鳞茎:每批至少200个一年生鳞茎。

5.3 提交的繁殖材料应外观健康,活力高,无病虫侵害。

5.4 提交的繁殖材料不应进行任何影响品种性状表达的物理或化学处理。如果繁殖材料已处理,应提供处理的详细说明。

5.5 提交的繁殖材料应符合中国植物检疫的有关规定。

6 测试方法

6.1 测试周期

测试周期一般为2个独立的生长周期。

6.2 测试地点

测试通常在一个地点进行。如果某些性状在该地点不能充分表达,可在其他符合条件的地点进行。

6.3 田间试验

6.3.1 试验设计

申请品种和近似品种相邻种植。

单株定植,普通韭和野韭行距为20 cm～25 cm,穴距15 cm～20 cm,宽叶韭行距为25 cm～35 cm,穴距20 cm～25 cm。每小区不少于60株,设2个重复。

6.3.2 田间管理

按当地大田生产管理方式进行。

6.4 性状观测

6.4.1 观测时期

性状观测应按照表A.1和表A.2列出的生育阶段,在春播和移栽后,翌年春季刈割1次,25 d后进行。生育阶段描述见表B.1。

6.4.2 观测方法

性状观测应按表A.1和表A.2规定的观测方法(VG、VS、MG、MS)进行。部分性状观测方法见B.2和B.3。

6.4.3 观测数量

除非另有说明,个体观测性状取样数量不少于20个,在观测植株的器官或部位时,每个植株取样数量应为1个。群体观测性状应观测整个小区或规定大小的群体。

6.5 附加测试

必要时,可选用表A.2中的性状或本文件未列出的性状进行附加测试。

7 特异性、一致性和稳定性结果的判定

7.1 总体原则

特异性、一致性和稳定性的判定按照GB/T 19557.1确定的原则进行。

7.2 特异性的判定

申请品种应明显区别于所有已知品种。在测试中，当申请品种至少在一个性状上与近似品种具有明显且可重现的差异时，即可判定申请品种具备特异性。

7.3 一致性的判定

应采用1%的群体标准和至少95%的接受概率。当样本大小为60株时，允许有2株异型株。当样本大小为120株时，允许有3株异型株。

7.4 稳定性的判定

如果一个品种具备一致性，则可认为该品种具备稳定性。一般不对稳定性进行测试。

必要时，可以种植该品种的下一批申请繁殖材料，与以前提供的繁殖材料相比，若性状表达无明显变化，则可判定该品种具备稳定性。

杂交种的稳定性判定，除直接对杂交种本身进行测试外，还可以通过测试其亲本系的一致性或稳定性进行判定。

8 性状表

根据测试需要，性状分为基本性状和选测性状。基本性状是测试中必须使用的性状，基本性状见表A.1，选测性状见表A.2。

8.1 概述

性状表列出了性状名称、表达类型、表达状态及相应的代码和标准品种、观测时期和方法等内容。

8.2 表达类型

根据性状表达方式，性状分为质量性状、假质量性状和数量性状3种类型。

8.3 表达状态和相应代码

8.3.1 每个性状划分成一系列表达状态，为便于定义性状和规范描述，每个表达状态赋予一个相应的数字代码，以便于数据记录和品种性状描述。

8.3.2 对于质量性状和假质量性状，所有的表达状态都应当在测试指南中列出；对于数量性状，为了缩小性状表的长度，偶数代码的表达状态没有列出，偶数代码的表达状态描述为前一个表达状态到后一个表达状态的形式。

8.4 标准品种

性状表中列出了部分性状有关表达状态可参考的标准品种，以助于确定相关性状的表达状态和校正环境因素引起的差异。

9 分组性状

本文件中，品种分组性状如下：

a) * 植株：生长习性（表A.1中性状2）。

b) * 叶片：宽度（表A.1中性状5）。

c) * 假茎：横截面形状（表A.1中性状18）。

10 技术问卷

申请者应按附录C给出的格式填写韭品种技术问卷。

附　录　A
（规范性附录）
韭性状表

A.1　韭基本性状

见表 A.1。

表 A.1　韭基本性状表

序号	性　状	观测时期和方法	表达状态	标准品种	代码
1	＊植株:高度 QN （＋）	50 MS	矮	B7	3
			中	雪里黄	5
			高	791	7
2	＊植株:生长习性 QN （＋）	50 VG	直立	平韭 4 号	1
			半直立	线韭菜	3
			水平	B13	5
3	植株:分蘖数 QN	50 VG/MS	少	线韭菜	1
			中	平韭 6 号	2
			多	A3-2	3
4	＊叶片:长度 QN （a） （＋）	50 MS	短	平韭 3 号	3
			中	平韭 5 号	5
			长	B3	7
5	＊叶片:宽度 QN （a） （＋）	50 MS	窄	雪里黄	3
			中	平科 2 号	5
			宽	791	7
6	叶片:厚度 QN （a） （＋）	50 VG	薄	宽叶韭	1
			中	791	2
			厚	B4	3
7	叶片:绿色程度 QN	50 VG	浅	791	1
			中	平韭 6 号	2
			深	A3-2	3
8	叶片:光泽度 QN	50 VG	弱	阔韭	1
			中	平韭 3 号	2
			强	宽叶韭	3
9	叶片:蜡粉 QN	50 VG	无或极少	鹿耳韭	1
			中		2
			多		3
10	叶片:先端弯曲程度 QN	50 VG	弱	平科苔韭 1 号	3
			中	线韭菜	5
			强	B15	7
11	叶片:先端形状 PQ （a） （＋）	50 VG	尖	宽叶韭	1
			钝	791	2
			凹		3

表 A.1（续）

序号	性　状	观测时期和方法	表达状态	标准品种	代码
12	叶片:横截面形状 PQ (+)	50 VG	近平	B8	1
			浅V形	武威蒲韭	2
			中等V形	791,宽叶韭	3
13	叶片:中空 QL (+)	50 VG	无	791	1
			有	线韭菜,雪里黄	9
14	假茎:花青甙显色 QL (+)	50 VG	无	平韭3号	1
			有	A3-2	9
15	*仅适用于无花青甙显色品种: 假茎:主色 PQ	50 VG	白色	长安白棉韭	1
			浅绿色	平韭5号	2
16	*假茎:长度 QN (b) (+)	50 MS/VG	短	A3-2	3
			中	武威蒲韭	5
			长	平科2号	7
17	*假茎:粗度 QN (b) (+)	50 VG/MS	细	线韭菜	1
			中	二秧子韭菜	3
			粗	平韭6号	5
18	*假茎:横截面形状 PQ (+)	50 VG	扁圆形	平科苔韭1号	1
			近圆形	平科2号	2
19	假茎:叶片数 QN (+)	50 MS/VG	少	B5	3
			中	平科2号	5
			多	791	7
20	植株:抽薹习性 QL	60 VG	无		1
			有		9
21	*抽薹期 QN (+)	60 MG	早	B4	3
			中	春早红根	5
			晚	线韭菜	7
22	仅适用于抽薹品种:花薹:数量 QN (+)	70 MS/MG	少	天津大金钩	1
			中	791	3
			多	豫韭菜1号	5
23	仅适用于抽薹品种:花薹:长度 QN (c) (+)	70 MS	短	线韭菜	3
			中	A11	5
			长	B5	7
24	仅适用于抽薹品种:花薹:粗度 QN (c) (+)	70 VG/MS	细	线韭菜	1
			中	春早红根	2
			粗		3
25	仅适用于抽薹品种:花薹:横截面形状 PQ	70 VG	扁圆形	B4	1
			近圆形		2
			近三角形	阔韭	3

A.2 韭选测性状

见表 A.2。

表 A.2 韭选测性状表

序号	性 状	观测时期和方法	表达状态	标准品种	代码
26	仅适用于抽薹品种:总苞:形状 PQ	70 VG	半纺锤状	阔韭	1
			纺锤状		2
27	仅适用于抽薹品种:总苞:大小 QN	70 VG	小	阔韭	3
			中		5
			大		7
28	仅适用于抽薹品种:花序:形状 PQ (d)	70 VG	半球形	B4	1
			近球形		2
29	仅适用于抽薹品种:花序:大小 QN (d)	70 VG	小	阔韭	3
			中	791	5
			大	天津大金钩	7
30	仅适用于抽薹品种:开花持续时期 QN	70 MG/MS	短		3
			中		5
			长		7
31	仅适用于抽薹品种:小花:颜色 QL	70 VG	白色	线叶韭	1
			紫红色	B4	2
32	仅适用于抽薹品种:花:雄性育性 QL	70 VG	不育		1
			可育		2
33	种子:颜色 PQ	80 VG	灰色	791	1
			黑色	豫韭菜 1 号	2

附 录 B
(规范性附录)
韭性状表的解释

B.1 韭生长发育阶段代码

见表B.1。

表B.1 韭生长发育阶段代码表

代码	描 述	解 释
00	干种子	
10	发芽期	从种子萌发到第一片真叶长出
20	幼苗期	从第一片真叶显露到开始分蘖前
30	第一个营养生长盛期	分蘖开始到第一次花芽分化前
40	休眠期	植株停止生长或生长非常缓慢
50	第二个营养生长盛期	分蘖开始到第二次花芽分化前
60	抽薹期	30%的植株抽薹
70	开花期	已抽出花薹中,50%的花序开花
80	种子成熟期	从开花结束到全花序种子成熟

B.2 涉及多个性状的解释

(a) 观测发育充分的主茎最大完整叶。

(b) 观测发育充分的主茎。

(c) 观测植株主茎上的花薹。

(d) 观测完全展开的主花序。

B.3 涉及单个性状的解释

性状分级和图中代码见表A.1。

性状1 *植株:高度,见图B.1。

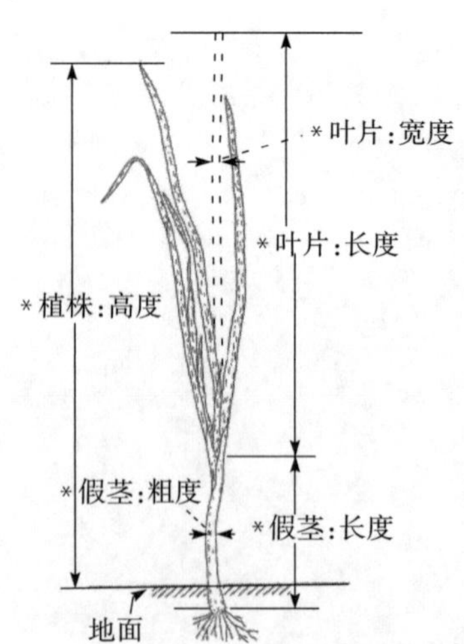

图B.1 *植株:高度;*叶片:长度;*叶片:宽度;*假茎:长度;*假茎:粗度

性状 2　＊植株:生长习性,见图 B.2。

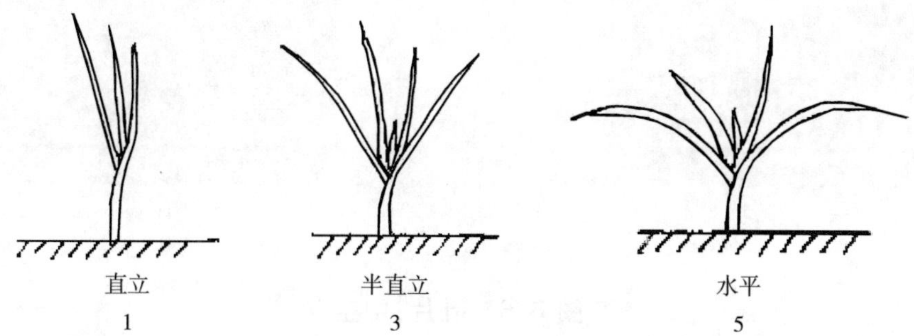

图 B.2　＊植株:生长习性

性状 4　＊叶片:长度,见图 B.1。

性状 5　＊叶片:宽度,见图 B.1。

性状 6　叶片:厚度,见图 B.3。

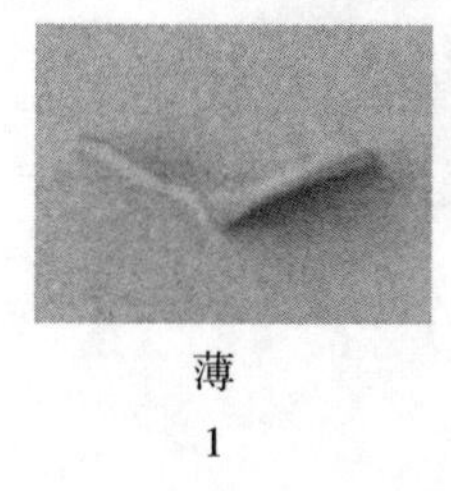
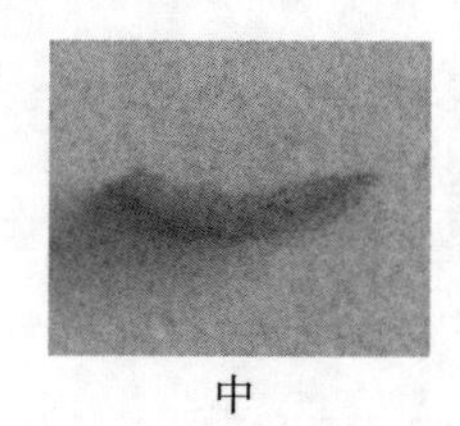
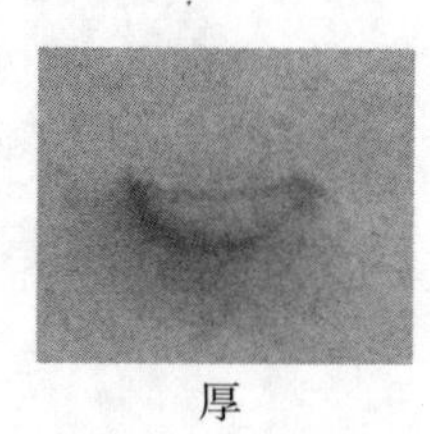

薄　中　厚
1　2　3

图 B.3　叶片:厚度

性状 11　叶片:先端形状,见图 B.4。

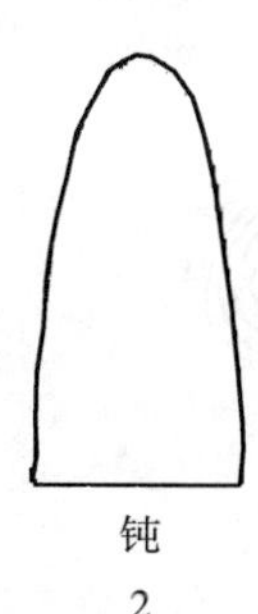

尖　钝
1　2

图 B.4　叶片:先端形状

性状 12　叶片:横截面形状,见图 B.5。

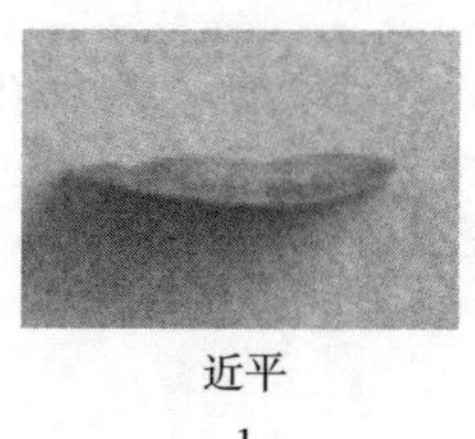
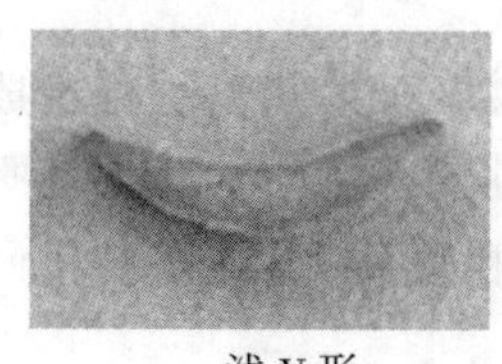
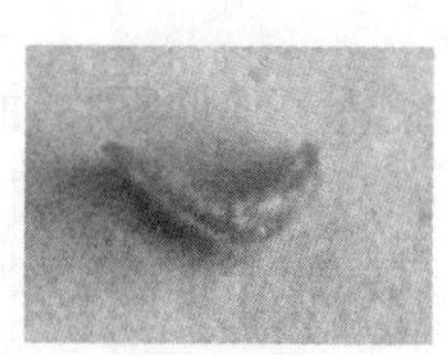

近平　浅 V 形　中等 V 形
1　2　3

图 B.5　叶片:横截面形状

性状 13　叶片:中空,见图 B.6。

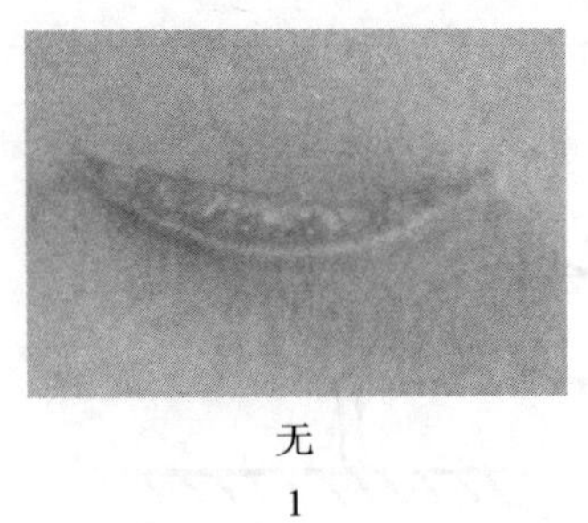

无

1

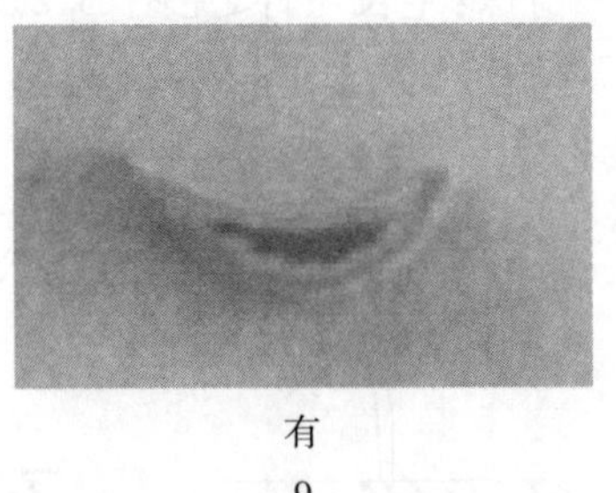

有

9

图 B.6　叶片:中空

性状 14　假茎:花青甙显色,见图 B.7。

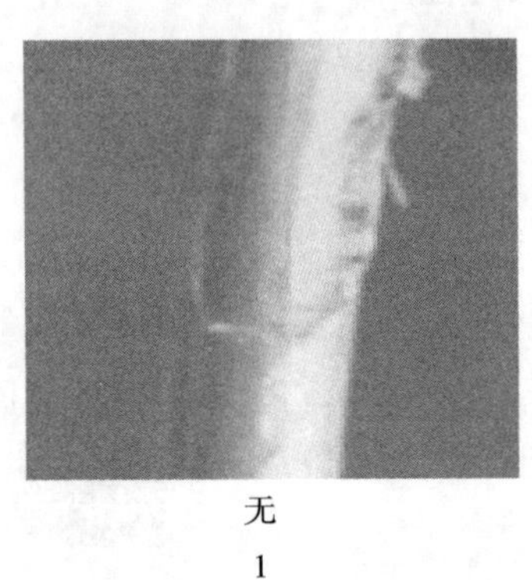

无

1

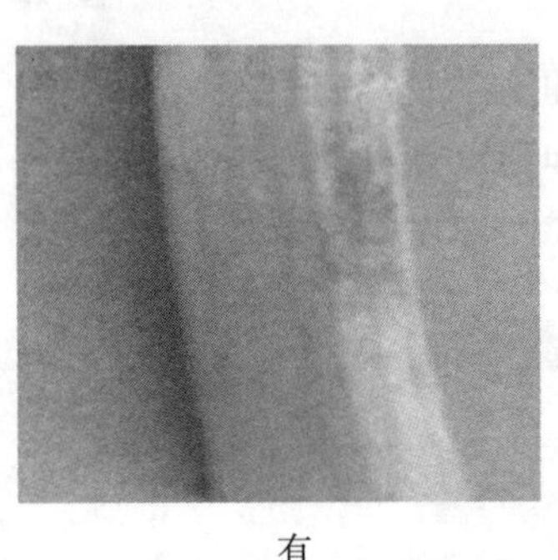

有

9

图 B.7　假茎:花青甙显色

性状 16　＊假茎:长度,见图 B.1。

性状 17　＊假茎:粗度,见图 B.1。

性状 18　＊假茎:横截面形状,见图 B.8。

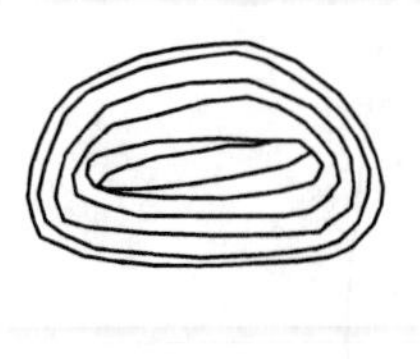

扁圆形

1

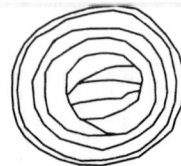

近圆形

2

图 B.8　＊假茎:横截面形状

性状 19　假茎:叶片数,计数主茎上的所有叶片(包括枯黄叶片)数量。

性状 21　＊抽薹期,花薹抽出出叶口 2 cm～3 cm 视为抽薹,计数播种(移栽)翌日至小区内 30％植株抽薹的天数。

性状 22　仅适用于抽薹品种:花薹:数量,主茎上的种子成熟时,计数小区所有植株花薹的数量。

性状 23　仅适用于抽薹品种:花薹:长度,测量主茎上花薹的长度,不包括花序。

性状 24　仅适用于抽薹品种:花薹:粗度,测量花薹的中间部位最大横径。

附　录　C
（规范性附录）
韭技术问卷格式

韭 技 术 问 卷

	申请号： 申请日： （由审批机关填写）
（申请人或代理机构签章）	

C.1　品种暂定名称

C.2　植物学分类

在相符的分类[　]中打√。

C.2.1　**普通韭**（*Allium tuberosum* Rottler ex Spreng.）　[　]

C.2.2　**宽叶韭**（*Allium hookeri* Thwaites）　[　]

C.2.3　**野韭**（*Allium ramosum* L.）　[　]

C.3　品种类型

在相符的类型[　]中打√。

C.3.1　**按食用器官分**

C.3.1.1　**叶用型**　[　]

C.3.1.2　**薹用型**　[　]

C.3.1.3　**叶薹兼用型**　[　]

C.3.1.4　**根用型**　[　]

C.3.2　**按休眠习性分**

C.3.2.1　**无休眠**　[　]

C.3.2.2　**浅休眠**　[　]

C.3.2.3　**深休眠**　[　]

C.4　申请品种具有代表性的彩色照片

（品种照片粘贴处）
（如果照片较多，可另附页提供）

C.5　其他有助于辨别申请品种的信息

（如品种用途、品质、抗性等，请提供详细资料）

C.6　品种种植或测试是否需要特殊条件

在相符的[　]中打√。
是[　]　　　　　　否[　]
（如果回答是，请提供详细资料）

C.7　品种的繁殖材料保存是否需要特殊条件

在相符的[　]中打√。
是[　]　　　　　　否[　]
（如果回答是，请提供详细资料）

C.8　申请品种需要指出的性状

在表C.1中相符的代码后[　]中打√，若有测量值，请填写在表C.1中。

表C.1　申请品种需要指出的性状

序号	性　状	表达状态	代　码	测量值
1	*植株：生长习性（性状2）	直立	1[　]	
		直立到半直立	2[　]	
		半直立	3[　]	
		半直立到水平	4[　]	
		水平	5[　]	
2	*叶片：宽度（性状5）	极窄	1[　]	
		极窄到窄	2[　]	
		窄	3[　]	
		窄到中	4[　]	
		中	5[　]	
		中到宽	6[　]	
		宽	7[　]	
		宽到极宽	8[　]	
		极宽	9[　]	
3	叶片：厚度（性状6）	薄	1[　]	
		中	2[　]	
		厚	3[　]	

表 C.1（续）

序号	性　　状	表达状态	代　码	测量值
4	叶片:横截面形状(性状 12)	近平	1[　]	
		浅 V 形	2[　]	
		中等 V 形	3[　]	
5	假茎:花青甙显色(性状 14)	无	1[　]	
		有	9[　]	
6	* 仅适用于无花青甙显色品种:假茎:主色(性状 15)	白色	1[　]	
		浅绿色	2[　]	
7	* 假茎:长度(性状 16)	极短	1[　]	
		极短到短	2[　]	
		短	3[　]	
		短到中	4[　]	
		中	5[　]	
		中到长	6[　]	
		长	7[　]	
		长到极长	8[　]	
		极长	9[　]	
8	* 假茎:横截面形状(性状 18)	扁圆形	1[　]	
		近圆形	2[　]	
9	植株:抽薹习性(性状 20)	无	1[　]	
		有	9[　]	

ICS 65.020.20
B 05

中华人民共和国农业行业标准

NY/T 2756—2015

植物新品种特异性、一致性和稳定性测试指南 莲属

Guidelines for the conduct of tests for distinctness, uniformity and stability—Lotus
(*Nelumbo* Adans.)

2015-05-21 发布　　2015-08-01 实施

中华人民共和国农业部 发布

目　次

前　言

本标准按照 GB/T 1.1—2009 给出的规则起草。

本标准从植物形态特征、农艺性状、抗病性状等三方面，共筛选睡莲属的性状 43 个，其中必测性状 42 个，选测性状 1 个。

本标准由农业部科技教育司提出。

本标准由全国植物新品种测试标准化技术委员会(SAC/TC 277)归口。

本标准起草单位：深圳市公园管理中心、深圳市铁汉生态环境股份有限公司、深圳市高山水生态园林股份有限公司、浙江人文园林有限公司、农业部植物新品种测试(广州)分中心。

本标准主要起草人：李尚志、刘水、黄东光、王曙曦、陈巧玲、陈煜初、刘洪、徐岩、高锡坤、杨雄、钱萍。

植物新品种特异性、一致性和稳定性测试指南 莲属

1 范围

本标准规定了莲属(*Nelumbo* Adans.)新品种特异性、一致性和稳定性测试的技术要求和结果判定的一般原则。

本标准适用于莲属新品种特异性、一致性和稳定性测试和结果判定。

2 规范性引用文件

下列文件对于本文件的应用是必不可少的。凡是注日期的引用文件,仅注日期的版本适用于本文件。凡是不注日期的引用文件,其最新版本(包括所有的修改单)适用于本文件。

GB/T 19557.1 植物新品种特异性、一致性和稳定性测试指南 总则

3 术语和定义

GB/T 19557.1界定的以及下列术语和定义适用于本文件。

3.1

群体测量 single measurement of a group of plants or parts of plants

对一批植株或植株的某器官或部位进行测量,获得一个群体记录。

3.2

个体测量 measurement of a number of individual plants or parts of plants

对一批植株或植株的某器官或部位进行逐个测量,获得一组个体记录。

3.3

群体目测 visual assessment by a single observation of a group of plants or parts of plants

对一批植株或植株的某器官或部位进行目测,获得一个群体记录。

4 符号

下列符号适用于本文件:

MG:群体测量。

MS:个体测量。

VG:群体目测。

QL:质量性状。

QN:数量性状。

PQ:假质量性状。

(a) ~ (d):标注内容在B.2中进行了详细解释。

(+):标注内容在B.3中进行了详细解释。

__:本文件中下划线是特别提示测试性状的适用范围。

5 繁殖材料的要求

5.1 繁殖材料以地下茎(或种藕)形式提供。

5.2 递交的地下茎数量至少 20 支。

5.3 递交莲的繁殖材料，要求新鲜、健康，单支种藕应具 1 个完整顶芽，2 个以上藕节。

5.4 提交的繁殖材料一般不进行任何影响品种性状表达的处理。如果已处理，应提供处理的详细说明。

5.5 提交的繁殖材料应符合中国植物检疫的有关规定。

6 测试方法

6.1 测试周期

测试周期为两个独立的生长周期。

莲一个完整的生长周期是从地下茎萌发，经过茎、叶生长、开花、结果、新的地下茎形成直至休眠的整个生长过程。

6.2 测试地点

测试通常在一个地点进行。如果某些性状在该地点不能充分表达，可在其他符合条件的地点对其进行观测。

6.3 田间试验

6.3.1 试验设计

申请品种和近似品种相邻种植。植株大小为小株型品种，种植在口径 26 cm×26 cm，高 17 cm 容器中；植株大小为中株型品种，种植在口径 61 cm×47 cm，高 30 cm 容器中；植株大小为大株型品种，种植在口径至少 1 m×1 m 的容器中，每容器 1 株。

6.3.2 田间管理

按当地大田生产管理方式进行。

6.4 性状观测

6.4.1 观测时期

性状观测应按照表 A.1 和表 A.2 列出的生育阶段进行。生育阶段描述见表 B.1。

6.4.2 观测方法

性状观测应按照表 A.1 和表 A.2 规定的观测方法（VG、MG、MS）进行。部分性状观测方法见 B.2 和 B.3。在利用 RHS 比色卡判定颜色时，应在一个合适的由人工光线照明的小室或中午无阳光直射的房间内进行。进行颜色判定时，应将植株器官置于白色背景上。

6.4.3 观测数量

除非另有说明，个体观测性状（MS）植株取样数量不少 10 个，在观测植株的器官或部位时，每个植株取样数量应为 1 个。群体观测性状（VG、MG）应观测整个小区或规定大小的混合样本。

6.5 附加测试

必要时，可选用表 A.2 中的性状或本标准未列出的性状进行附加测试。

7 特异性、一致性和稳定性结果的判定

7.1 总体原则

特异性、一致性和稳定性的判定按照 GB/T 19557.1 确定的原则进行。

7.2 特异性的判定

申请品种应明显区别于所有已知品种。在测试中，当申请品种至少在一个性状上与近似品种具有明显且可重现的差异时，即可判定申请品种具备特异性。

7.3 一致性的判定

对于测试品种，一致性判定时，采用1%的群体标准和至少95%的接受概率。当样本大小为20株时，最多可以允许有1个异型株。

7.4 稳定性的判定

如果申请品种具备一致性，则可认为该品种具备稳定性。一般不对稳定性进行测试。

必要时，可以种植该品种的下一批的繁殖材料，与以前提供的繁殖材料相比，若性状表达无明显变化，则可判定该品种具备稳定性。

8 性状表

根据测试需要，将性状分为基本性状、选测性状，基本性状是测试中必须使用的性状。莲基本性状见表A.1，莲可以选择测试的性状见表A.2。

8.1 概述

性状表列出了性状名称、表达类型、表达状态及相应的代码和标准品种、观测时期和方法等内容。

8.2 表达类型

根据性状表达方式，将性状分为质量性状、假质量性状和数量性状3种类型。

8.3 表达状态和相应代码

8.3.1 每个性状划分为一系列表达状态，以便于定义性状和规范描述；每个表达状态赋予一个相应的数字代码，以便于数据记录、处理和品种描述的建立与交流。

8.3.2 对于质量性状和假质量性状，所有的表达状态都应当在测试指南中列出；对于数量性状，为了缩小性状表的长度，偶数代码的表达状态未列出，偶数代码的表达状态描述为前一个表达状态到后一个表达状态。

8.4 标准品种

性状表中列出了部分性状有关表达状态相应的标准品种，以助于确定相关性状的不同表达状态和校正年份、地点引起的差异。

9 分组性状

本文件中，品种分组性状如下：

a) 仅适用于结藕品种：地下茎：主藕节间形状(表A.1中性状2)。
b) 植株：大小(表A.1中性状4)。
c) 群体花期(表A.1中性状14)。
d) 花：类型(表A.1中性状21)。
e) 花瓣：上表面主色(表A.1中性状25)。
f) 花托：形状(表A.1中性状34)。
g) 仅适用于结藕品种：地下茎：主藕节间横切面形状(表A.1中性状40)。
h) 地下茎：藕节间表皮颜色(表A.1中性状42)。

10 技术问卷

申请人应按照附录C给出的格式填写莲属技术问卷。

附 录 A
(规范性附录)
莲属性状表

A.1 莲属基本性状

见表 A.1。

表 A.1 莲属基本性状

序号	性 状	观测时期和方法	表达状态	标准品种	代码
1	地下茎:结藕性 QL	VG 10	不结藕	至高无上	1
			结藕	大贺莲	2
2	仅适用于结藕品种:地下茎:主藕节间形状 PQ (+)	VG 10	短圆筒形		1
			圆筒形		2
			长圆筒形		3
3	地下茎:顶芽颜色 PQ	VG 10	白色	安徽飘花	1
			浅黄色	中日友谊莲	2
			紫红色	大紫红	3
			浅褐色	金华大白莲	4
4	植株:大小 QN	VG 20	小	粉松球	1
			中	朝云	2
			大	赣白莲	3
5	立叶:高度 QN (a)	MS 20	矮	粉松球	3
			中	美洲黄莲	5
			高	赣白莲	7
6	叶:颜色 PQ (a)	VG 20	绿色	中日友谊莲	1
			深绿色	大贺莲	2
			绿色且叶尖紫红色	红千叶	3
7	立叶:姿态 PQ (a) (+)	VG 20	凹形		1
			平展		2
			反转		3
8	立叶:表面质地 PQ (a)	VG 20	光滑	大贺莲	1
			粗糙	西湖红莲	2
9	叶柄:刺颜色 PQ	VG 20	黄绿色	红千叶	1
			浅棕色	大洒锦	2
			紫红色	西湖红莲	3
10	叶柄:刺数量 QN	VG 20	无	美洲黄莲	1
			少	杏黄	3
			多	冬花红	5
11	开花期 QN (+)	MG 30	早	冬花红	3
			中	淡云	5
			晚	鄂城红莲	7

表 A.1 （续）

序号	性　　状	观测时期和方法	表达状态	标准品种	代码
12	花:相对于伴生立叶的高度 QN (+)	VG 30	低于		1
			等于		2
			高于		3
13	花梗:高度 QN	MS 30	矮	粉松球	3
			中	秋水长天	5
			高	中日友谊莲	7
14	群体花期 QN	MG 30	短	粉松球	3
			中	西湖红莲	5
			长	红牡丹	7
15	仅适用于植株大小为小的品种: 花:花数量 QN	MS 30	少	葵花向阳	1
			中	粉松球	2
			多	萤光	3
16	仅适用于植株大小为中的品种: 花:花数量 QN	MS 30	少	美洲黄莲	1
			中	瑶华	2
			多	朝云	3
17	仅适用于植株大小为大的品种: 花:花数量 QN	MS 30	少	鄂城红莲	3
			中	大贺莲	5
			多	中日友谊莲	7
18	花:花蕾形状 PQ (b) (+)	VG 25	窄卵形		1
			卵形		2
			阔卵形		3
			纺锤形		4
19	花:花蕾主色 PQ (b)	VG 25	黄绿色	美洲黄莲	1
			浅绿色	萤光	2
			绿色	大洒锦	3
			粉红色	粉松球	4
			紫红色	红台莲	5
			紫色	千堆锦	6
20	花:花蕾次色 PQ (b)	VG 25	白色	萤光	1
			黄色	瑶华	2
			绿色	秋水长天	3
			红色	大洒锦	4
21	花:类型 QL (c) (+)	VG 30	少瓣	鄂城红莲	1
			半重瓣	葵花向阳	2
			重瓣	红千叶	3
			重台	红台莲	4
			千瓣	千瓣莲	5
22	花:形态 PQ (c) (+)	VG 30	碟状		1
			碗状		2
			杯状		3
			飞舞状		4
			叠球状		5
23	花瓣:形状 PQ (c) (+)	VG 30	披针形		1
			窄卵圆形		2
			卵圆形		3
			阔卵圆形		4
24	花瓣:上表面主色 PQ (d)	VG 30	参照比色卡 RHS		

表 A.1 （续）

序号	性　　状	观测时期和方法	表达状态	标准品种	代码
25	花瓣:上表面次色 PQ (c)	VG 30	参照比色卡 RHS		
26	花瓣:脉 PQ	VG 30	不明显	中日友谊莲	1
			明显	西湖红莲	2
27	雄蕊:数量 QN	VG 30	无或极少	朝云	1
			少	淡云	3
			中	秋水长天	5
			多	红千叶	7
28	雄蕊:附属物颜色 PQ	VG 30	白色	中日友谊莲	1
			白色且尖端红色	红牡丹	2
			黄色	美洲黄莲	3
			红色	鄂城红莲	4
29	雄蕊:附属物大小 QN	VG 30	小	淡云	1
			中	千堆锦	2
			大	萤光	3
30	雄蕊:瓣化 QL (+)	VG 30	无		1
			有		9
31	雌蕊:发育状况 QL (+)	VG 30	正常		1
			泡状		2
			瓣化		3
32	花托:侧面颜色 PQ	VG 40	参照比色卡 RHS		
33	花托:顶面形态 PQ (+)	VG 50	凹		1
			平		2
			凸		3
34	花托:形状 PQ (+)	VG 50	喇叭状		1
			倒圆锥状		2
			伞形		3
			扁圆形		4
			碗形		5
35	果实:形状 PQ (+)	VG 50	卵圆形		1
			圆形		2
			椭圆形		3
			纺锤形		4
36	果实:表面颜色 PQ	VG 50	红褐色	大贺莲	1
			灰褐色	西湖红莲	2
			褐色	一丈青	3
37	仅适用于结藕品种:地下茎:藕头形状 PQ (+)	VG 60	钝形		1
			锐形		2
38	仅适用于结藕品种:地下茎:藕节间表皮质地 PQ	VG 60	光滑	安徽飘花	1
			粗糙	大紫红	2

表 A.1 （续）

序号	性　状	观测时期和方法	表达状态	标准品种	代码
39	<u>仅适用于结藕品种</u>：地下茎：藕节间肩部形状 PQ （+）	VG 60	钝形		1
			锐形		2
40	<u>仅适用于结藕品种</u>：地下茎：藕节间横切面形状 PQ （+）	VG 60	近圆形		1
			扁圆形		2
			近方形		3
41	<u>仅适用于结藕品种</u>：地下茎：藕节间弯曲 PQ （+）	VG 60	无		1
			有		9
42	<u>仅适用于结藕品种</u>：地下茎：藕节间表皮颜色 PQ	VG 60	白色	鄂莲六号	1
			浅黄色	安徽飘花	2
			黄色	金华大白莲	3

A.2　莲属选测性状

见表 A.2。

表 A.2　莲属选测性状表

序号	性状	观测时期和方法	表达状态	标准品种	代码
43	抗性：腐败病 QN	VG 20～40	高感		1
			中感		3
			中抗		5
			高抗		7
			免疫		9

附　录　B
（规范性附录）
莲属性状表的解释

B.1　莲生育阶段表

见表 B.1。

表 B.1　莲生育阶段表

编号	描　述
10	种藕
20	5 片～6 片立叶完全展开期
25	现蕾期
30	开花期：50%植株至少有一朵花开放
40	花瓣脱落时
50	种子成熟期
60	休眠期

B.2　涉及多个性状的解释

(a)　涉及叶片性状的观测，应选用第 5 片～第 6 片立叶。

(b)　花蕾性状：当花蕾出水后 1 周左右、现色时。

(c)　凡是涉及花性状的观测，应选用第 1 次完全开放的花。

(d)　花色性状：在色温 6 500°K 的条件下检测。

B.3　涉及单个性状的解释

性状 2　仅适用于结藕品种：地下茎：主藕节间形状，见图 B.1。

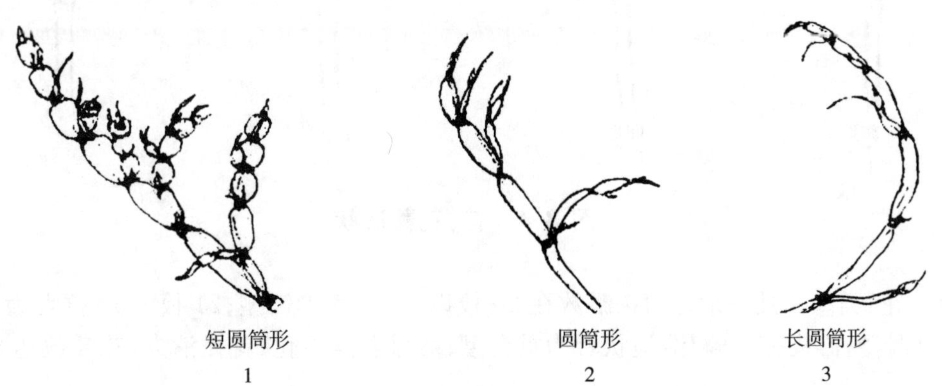

图 B.1　仅适用于结藕品种：地下茎：主藕节间形状

性状 7　立叶：姿态，见图 B.2。

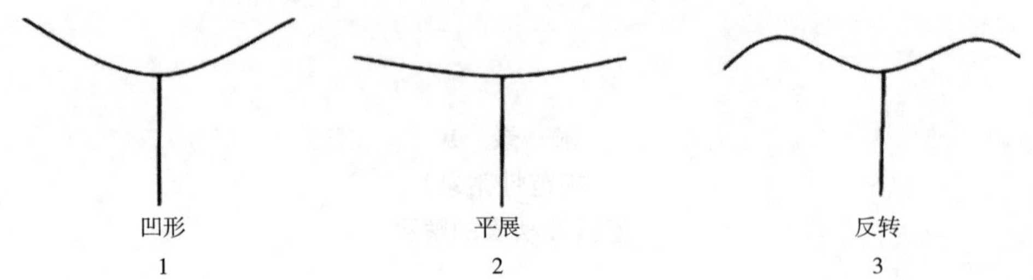

图 B.2　立叶:姿态

性状 12　花:相对于伴生立叶的高度,见图 B.3。

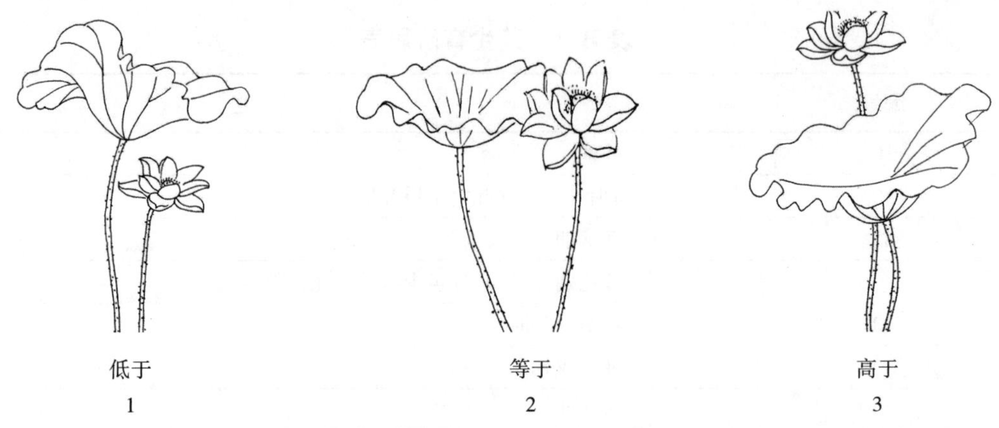

图 B.3　花:相对于伴生立叶的高度

性状 18　花:花蕾形状,见图 B.4。

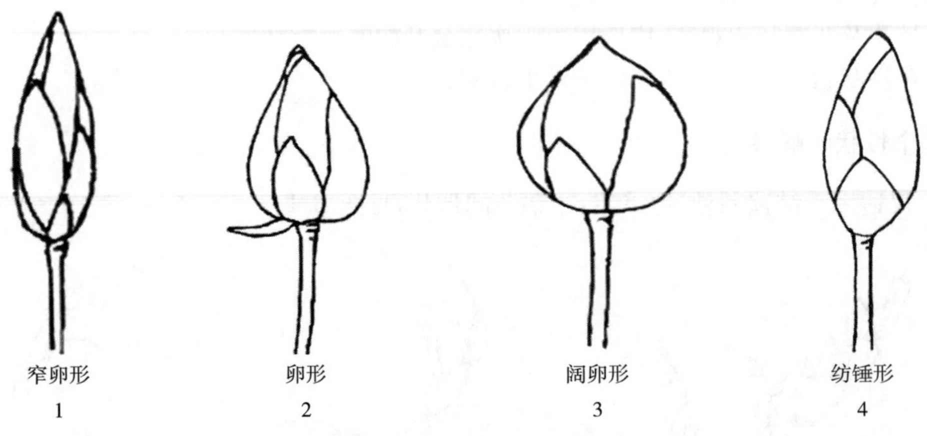

图 B.4　花:花蕾形状

性状 21　花:类型。凡一朵花的花瓣数在 20 枚以内者,为少瓣型;21 枚～50 枚者为半重瓣型;51 枚以上者为重瓣型;心皮完全瓣化,泡状者为重台型;雌雄蕊全瓣化、花托消失、花瓣数达 1 000 枚以上者为千瓣型。

性状 22　花:形态,见图 B.5。

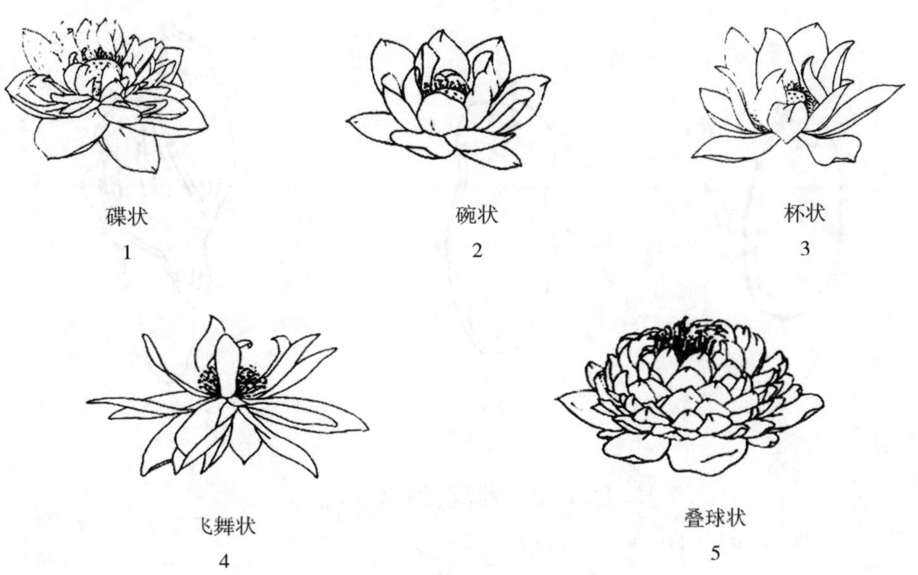

图 B.5 花:形态

性状 23 花瓣:形状,见图 B.6。

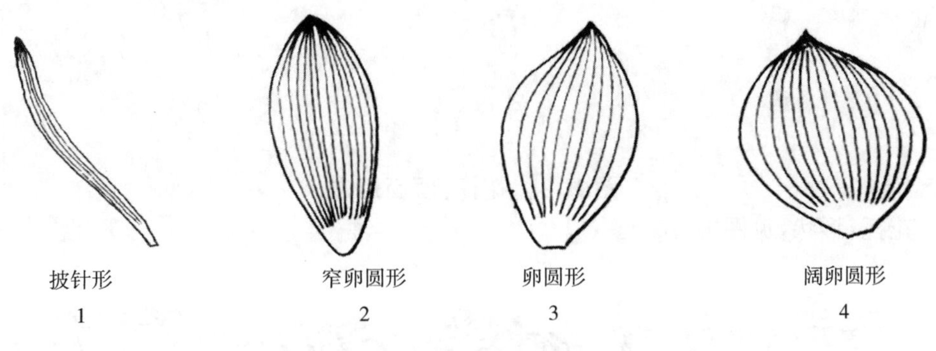

图 B.6 花瓣:形状

性状 30 雄蕊:瓣化,见图 B.7。

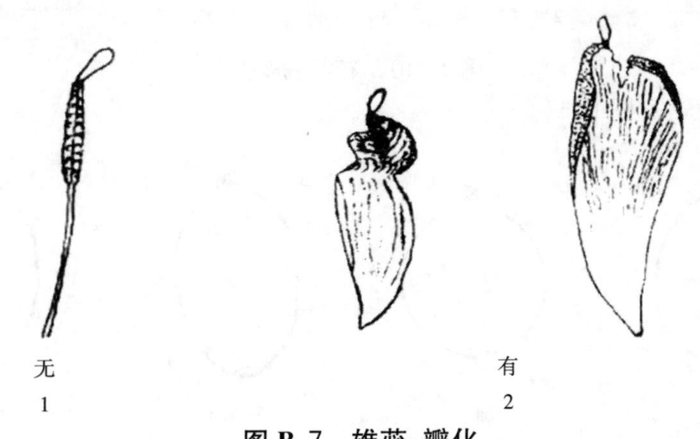

图 B.7 雄蕊:瓣化

性状 31 雌蕊:发育状况,见图 B.8。

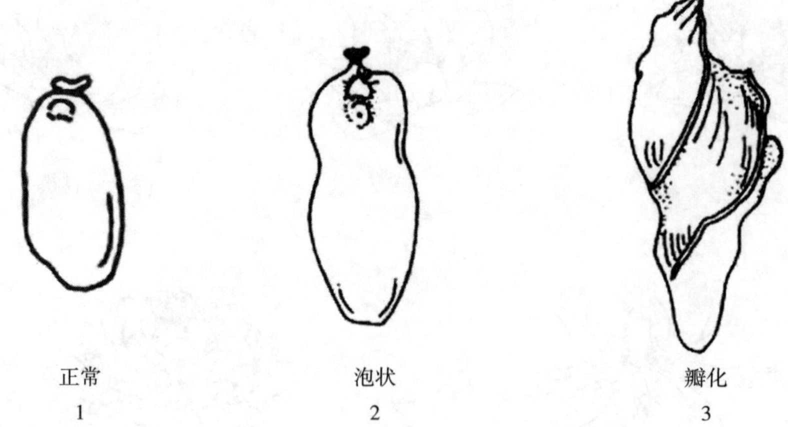

图 B.8　雌蕊:发育状况

性状 33　花托:顶面形态,见图 B.9。

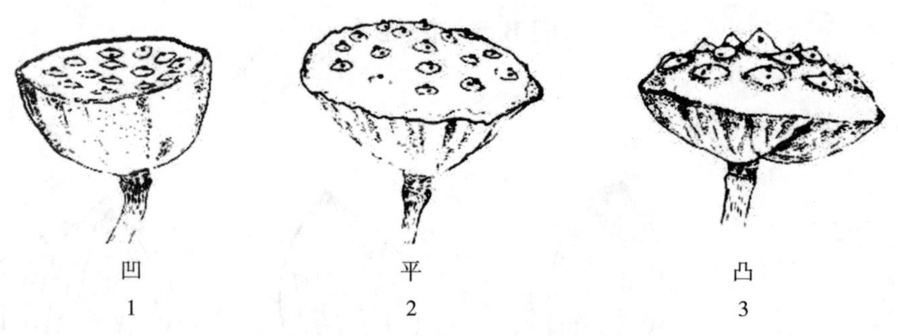

图 B.9　花托:顶面形态

性状 34　花托:形状,见图 B.10。

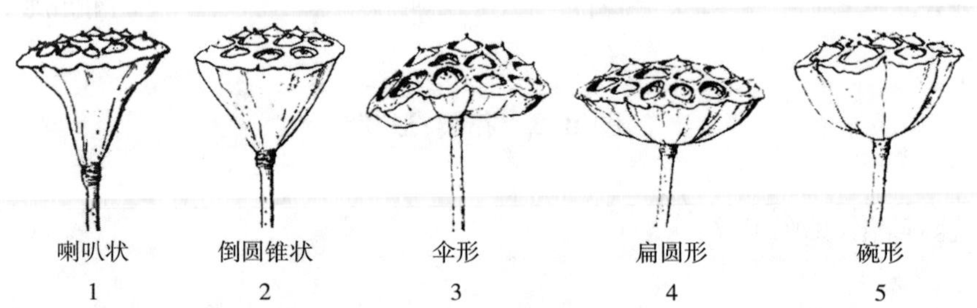

图 B.10　花托:形状

性状 35　果实:形状,见图 B.11。

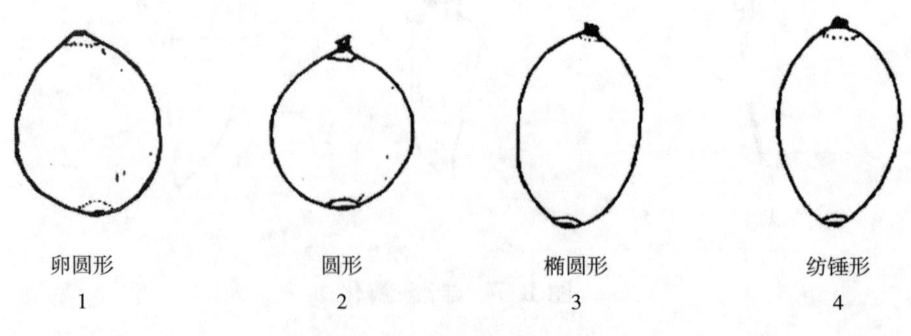

图 B.11　果实:形状

性状 37　仅适用于结藕品种:地下茎:藕头形状,见图 B.12。

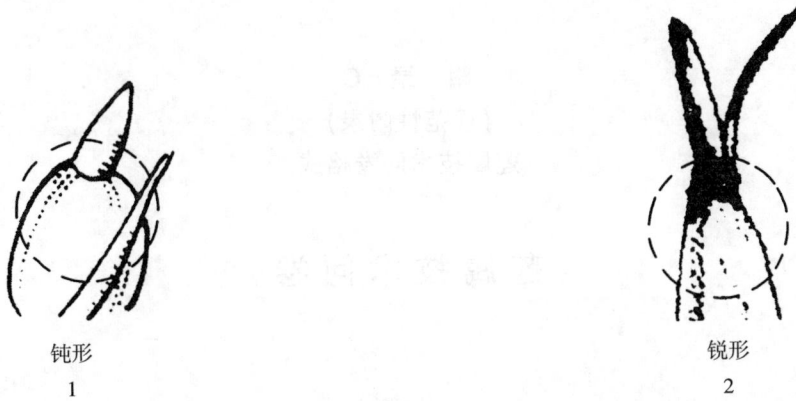

图 B.12　仅适用于结藕品种:地下茎:藕头形状

性状 39　仅适用于结藕品种:地下茎:藕节间肩部形状,见图 B.13。

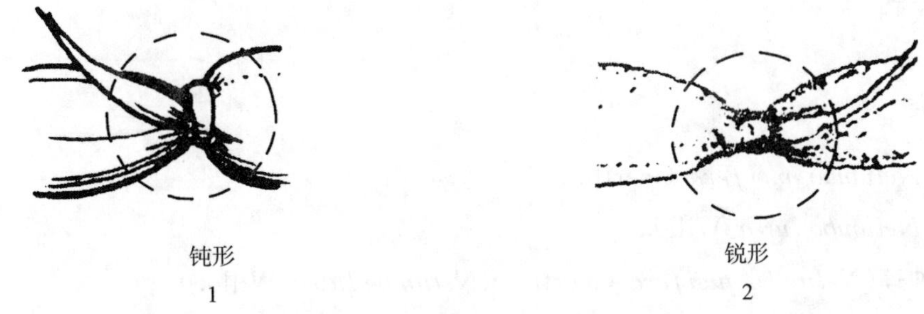

图 B.13　仅适用于结藕品种:地下茎:藕节间肩部形状

性状 40　仅适用于结藕品种:地下茎:主藕节间横切面形状,见图 B.14。

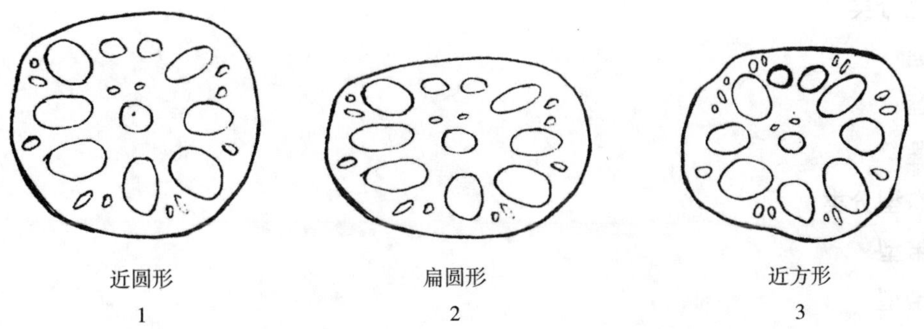

图 B.14　仅适用于结藕品种:地下茎:主藕节间横切面形状

性状 41　仅适用于结藕品种:地下茎:藕节间弯曲,见图 B.15。

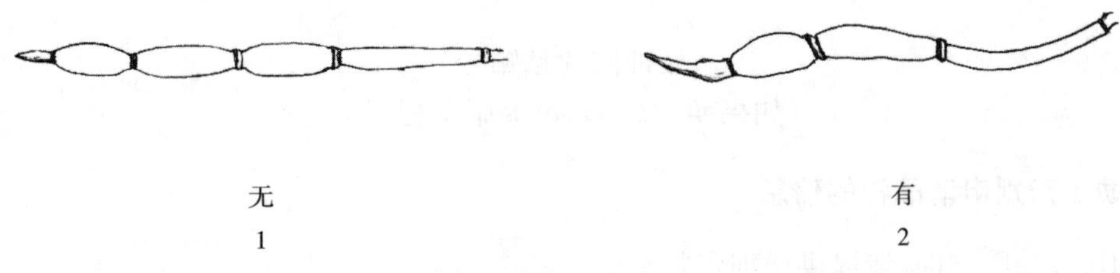

图 B.15　仅适用于结藕品种:地下茎:藕节间弯曲

附　录　C
（规范性附录）
莲属技术问卷格式

莲属技术问卷

申请号：
申请日：
（由审批机关填写）

（申请人或代理机构签章）

C.1　**品种暂定名称**

C.2　**植物学分类**

C.2.1　**中国莲**（*Nelumbo nucifera* Gaerth.）　[　]

C.2.2　**美国莲**（*Nelumbo lutea* Willd.）　[　]

C.2.3　**中美杂种莲**（*Nelumbo nucifera* Gaerth. ×*Nelumbo lutea* Willd.）　[　]

C.3　**品种类型**

在相符的类型[　]中打√。

C.3.1　**按用途分类**

C.3.1.1　**花莲**　[　]

C.3.1.2　**子莲**　[　]

C.3.1.3　**藕莲**　[　]

C.3.2　**按生态型分类**

C.3.2.1　**热带型**　[　]

C.3.2.2　**温带型**　[　]

C.4　**申请品种的具有代表性彩色照片**

（品种照片粘贴处）
（如果照片较多，可另附页提供）

C.5　**其他有助于辨别申请品种的信息**

（如品种用途、品质抗性，请提供详细资料）

C.6 品种种植或测试是否需要特殊条件

在相符的[ ]中打√。

是[ ]　　　　　　否[ ]

(如果回答是,请提供详细资料)

C.7 品种繁殖材料保存是否需要特殊条件

在相符的[ ]中打√。

是[ ]　　　　　　否[ ]

(如果回答是,请提供详细资料)

C.8 申请品种需要指出的性状

在表C.1中相符的代码后[ ]中打√,若有测量值,请填写在表C.1中。

表C.1 申请品种需要指出的性状

序号	性　状	表达状态	代　码	测量值
1	仅适用于结藕品种:地下茎:主藕节间形状(性状2)	短圆筒形	1[ ]	
		圆筒形	2[ ]	
		长圆筒形	3[ ]	
2	植株:大小(性状4)	小	1[ ]	
		中	2[ ]	
		大	3[ ]	
3	群体花期(性状14)	极短	1[ ]	
		极短到短	2[ ]	
		短	3[ ]	
		短到中	4[ ]	
		中	5[ ]	
		中到长	6[ ]	
		长	7[ ]	
		长到极长	8[ ]	
		极长	9[ ]	
4	仅适用于植株大小为小的品种:花:花数量(性状15)	少	1[ ]	
		中	2[ ]	
		多	3[ ]	
5	仅适用于植株大小为中的品种:花:花数量(性状16)	少	1[ ]	
		中	2[ ]	
		多	3[ ]	

表 C.1 (续)

序号	性 状	表达状态	代 码	测量值
6	仅适用于植株大小为大的品种:花:花数量(性状 17)	无或极少	1[ ]	
		极少到少	2[ ]	
		少	3[ ]	
		少到中	4[ ]	
		中	5[ ]	
		中到多	6[ ]	
		多	7[ ]	
		多到极多	8[ ]	
		极多	9[ ]	
7	花:类型(性状 21)	少瓣	1[ ]	
		半重瓣	2[ ]	
		重瓣	3[ ]	
		重台	4[ ]	
		千瓣	5[ ]	
8	花:形态(性状 22)	碟状	1[ ]	
		碗状	2[ ]	
		杯状	3[ ]	
		飞舞状	4[ ]	
		叠球状	5[ ]	
9	花瓣:上表面次色(性状 25)	参照比色卡 RHS		
10	花瓣:上表面主色(性状 24)	参照比色卡 RHS		
11	雄蕊:瓣化(性状 30)	无	1[ ]	
		有	9[ ]	
12	雌蕊:发育状况(性状 31)	正常	1[ ]	
		泡状	2[ ]	
		瓣化	3[ ]	
13	花托:形状(性状 34)	喇叭状	1[ ]	
		倒圆锥状	2[ ]	
		伞形	3[ ]	
		扁圆形	4[ ]	
		碗形	5[ ]	
14	仅适用于结藕品种.地下茎.土藕节间横切面形状(性状 40)	近圆形	1[ ]	
		扁圆形	2[ ]	
		近方形	3[ ]	
15	仅适用于结藕品种:地下茎:藕节间表皮颜色(性状 42)	白色	1[ ]	
		浅黄色	2[ ]	
		黄色	3[ ]	

ICS 65.020.20
B 05

中华人民共和国农业行业标准

NY/T 2757—2015

植物新品种特异性、一致性和稳定性测试指南 青花菜

Guidelines for the conduct of tests for distinctness, uniformity and stability—Broccoli

(*Brassica oleracea* var.*italica* Plenck)

(UPOV:TG/151/4, Guidelines for the conduct of tests for distinctness, uniformity and stability—Calabrese, sprouting broccori, NEQ)

2015-05-21 发布 2015-08-01 实施

中华人民共和国农业部 发布

目　次

前　言

本标准按照 GB/T 1.1—2009 给出的规则起草。

本标准使用重新起草法修改采用了国际植物新品种保护联盟(UPOV)指南"TG/151/4,Guidelines for the conduct of tests for distinctness,uniformity and stability—Calabrese,sprouting broccoli"。

本标准对应于 UPOV 指南 TG/151/4,与 TG/151/4 一致性程度为非等效。

本标准与 UPOV 指南 TG/151/4 相比存在技术性差异,主要差异如下:

——增加了"幼苗:下胚轴花青甙显色"、"植株:开展度"、"叶片:叶面蜡粉"、"叶片:数量"、"叶片:形状"、"叶片:先端形状"、"叶柄:横截面形状"、"主茎:粗度"、"花球:花蕾均匀度"、"花球:重量"、"花球:球顶形状"、"花球:球茎颜色"共 12 个基本性状;增加了"自交亲和性"、"种子:种皮颜色"、"种子:大小"、"抗性:病毒病"、"抗性:黑腐病"、"抗性:根肿病"共 6 个选测性状;

——将"植株:茎数量"、"叶片:泡状程度"、"叶柄:花青甙显色"、"始花期"、"花瓣:颜色"、"花瓣:黄色程度"共 6 个性状调整到选测性状表;并将"花瓣:颜色"和"花瓣:黄色程度"2 个性状合并;

——调整了"叶片:边缘波状程度"、"花球:球面小叶"、"花球:花蕾大小"、"花球:纵切面形状"共 4 个性状的名称或表达状态。

本标准由农业部种子管理局提出。

本标准由全国植物新品种测试标准化技术委员会(SAC/TC 277)归口。

本标准起草单位:北京市农林科学院蔬菜研究中心、农业部科技发展中心、农业部植物新品种测试(上海)分中心。

本标准主要起草人:简元才、康俊根、丁云花、黄志城、陈海荣。

植物新品种特异性、一致性和稳定性测试指南 青花菜

1 范围

本标准规定了青花菜(*Brassica oleracea* var. *italica* Plenck)新品种特异性、一致性和稳定性测试的技术要求和结果判定的一般原则。

本标准适用于青花菜新品种特异性、一致性和稳定性测试和结果判定。

2 规范性引用文件

下列文件对于本文件的应用是必不可少的。凡是注日期的引用文件,仅注日期的版本适用于本文件。凡是不注日期的引用文件,其最新版本(包括所有的修改单)适用于本文件。

GB/T 19557.1 植物新品种特异性、一致性和稳定性测试指南 总则

3 术语和定义

GB/T 19557.1 界定的以及下列术语和定义适用于本文件。

3.1

群体测量 single measurement of a group of plants or parts of plants

对一批植株或植株的某器官或部位进行测量,获得一个群体记录。

3.2

个体测量 measurement of a number of individual plants or parts of plants

对一批植株或植株的某器官或部位进行逐个测量,获得一组个体记录。

3.3

群体目测 visual assessment by a single observation of a group of plants or parts of plants

对一批植株或植株的某器官或部位进行目测,获得一个群体记录。

3.4

个体目测 visual assessment by observation of individual plants or parts of plants

对一批植株或植株的某器官或部位进行逐个目测,获得一组个体记录。

4 符号

下列符号适用于本文件:

MG:群体测量。

MS:个体测量。

VG:群体目测。

VS:个体目测。

QL:质量性状。

QN:数量性状。

PQ:假质量性状。

*:标注性状为 UPOV 用于统一品种描述所需要的重要性状,除非受环境条件限制性状的表达状态无法测试,所有 UPOV 成员都应使用这些性状。

(a)～(c):标注内容在 B.1 中进行了详细解释。

(+):标注内容在 B.2 中进行了详细解释。

5 繁殖材料的要求

5.1 繁殖材料以种子形式提供。

5.2 提交的种子数量至少 50 g。

5.3 提交的繁殖材料应外观健康,活力高,无病虫侵害。繁殖材料的具体质量要求如下:

净度≥99.0%,发芽率≥85%,含水量≤7%。

5.4 提交的繁殖材料一般不进行任何影响品种性状正常表达的处理(如种子包衣处理)。如果已处理,应提供处理的详细说明。

5.5 提交的繁殖材料应符合中国植物检疫的有关规定。

6 测试方法

6.1 测试周期

测试周期至少为 2 个独立的生长周期。

6.2 测试地点

测试通常在一个地点进行。如果某些性状在该地点不能充分表达,可在其他符合条件的地点对其进行观测。

6.3 田间试验

6.3.1 试验设计

申请品种和近似品种相邻种植。周边设保护行。

采用育苗移栽,每个小区不少于 60 株,因品种特点选用适宜株行距,设 2 次重复。

6.3.2 田间管理

可按当地大田生产管理方式进行。

6.4 性状观测

6.4.1 观测时期

性状观测应按照规定的时期进行。观测时期见 B.1。

6.4.2 观测方法

性状观测应按照表 A.1 和表 A.2 规定的观测方法(VG、VS、MG、MS)进行。部分性状观测方法见 B.1 和 B.2。

6.4.3 观测数量

除非另有说明,个体观测性状(VS、MS)植株取样数量不少于 20 个,在观测植株的器官或部位时,每个植株取样数量应为 1 个。群体观测性状(VG、MG)应观测整个小区或规定大小的混合样本。

6.5 附加测试

必要时,可选用表 A.2 中的性状或本文件未列出的性状进行附加测试。

7 特异性、一致性和稳定性结果的判定

7.1 总体原则

特异性、一致性和稳定性的判定按照 GB/T 19557.1 确定的原则进行。

7.2 特异性的判定

申请品种应明显区别于所有已知品种。在测试中,当申请品种至少在一个性状上与近似品种具有

明显且可重现的差异时，即可判定申请品种具备特异性。

7.3 一致性的判定

对于单交种、雄性不育系、恢复系等品种，采用1%的群体标准和至少95%的接受概率。当样本大小为60株时，最多可以允许有2个异型株。

对于自交不亲和系，采用2%的群体标准和至少95%的接受概率。当样本大小为60株时，最多可以允许有3株异型株。

对于三交种、开放授粉品种等其他类型品种，品种的变异程度不能显著超过同类型品种。

7.4 稳定性的判定

如果一个品种具备一致性，则可认为该品种具备稳定性。一般不对稳定性进行测试。

必要时，可以种植该品种的下一代种子，与以前提供的繁殖材料相比，若性状表达无明显变化，则可判定该品种具备稳定性。

8 性状表

根据测试需要，性状分为基本性状和选测性状。基本性状是测试中必须使用的性状，基本性状见表A.1，选测性状见表A.2。

8.1 概述

性状表列出了性状名称、表达类型、表达状态及相应的代码和标准品种、观测时期和方法等内容。

8.2 表达类型

根据性状表达方式，性状分为质量性状、假质量性状和数量性状3种类型。

8.3 表达状态和相应代码

8.3.1 每个性状划分为一系列表达状态，以便于定义性状和规范描述；每个表达状态赋予一个相应的数字代码，以便于数据记录、处理和品种描述的建立与交流。

8.3.2 对于质量性状和假质量性状，所有的表达状态都应当在测试指南中列出；对于数量性状，为了缩小性状表的长度，偶数代码的表达状态可以不列出，偶数代码的表达状态可以前一个表达状态到后一个表达状态的形式来描述。

8.4 标准品种

性状表中列出了部分性状有关表达状态可参考的标准品种，以助于确定相关性状的不同表达状态和校正环境因素引起的差异。

9 分组性状

本文件中，品种分组性状如下：

a) * 花球：颜色（表A.1中性状23）。

b) * 花球：纵切面形状（表A.1中性状30）。

c) * 成熟期（表A.1中性状35）。

d) * 雄性不育（表A.1中性状36）。

10 技术问卷

申请人应按附录C给出的格式填写青花菜技术问卷。

附　录　A
（规范性附录）
青花菜性状表

A.1　青花菜基本性状

见表 A.1。

表 A.1　青花菜基本性状表

序号	性　　状	观测方法	表达状态	标准品种	代码
1	幼苗:下胚轴花青甙显色 QL (+)	VG	无	碧绿 2 号	1
			有	蔓陀绿	9
2	植株:开展度 QN (a)	MS	小	未来	3
			中	优秀	5
			大	蔓陀绿	7
3	*植株:高度 QN (a)	MS	极矮		1
			矮		3
			中	优秀	5
			高	马拉松	7
			极高	碧绿 2 号	9
4	植株:侧枝花球 QL (a) (+)	VG	无		1
			有	马拉松	9
5	植株:侧枝花球发生程度 QN (a) (+)	VG	弱	蔓陀绿	3
			中	优秀	5
			强	马拉松	7
6	*叶:姿态 QN (b) (+)	VG	半直立	优秀	3
			平展	蔓陀绿	5
			半下垂		7
7	叶片:叶面蜡粉 QN (a)	VG	无或极少		1
			少	优秀	3
			中	阿内布罗	5
			多	未来	7
			极多		9
8	*叶片:颜色 PQ (a)	VG	绿色		1
			灰绿色	马拉松	2
			蓝绿色		3
9	叶片:花青甙显色 QL (a)	VG	无		1
			有	碧绿 2 号	9
10	叶片:数量 QN (a)	MS	少		3
			中	未来	5
			多		7

表 A.1（续）

序号	性　状	观测方法	表达状态	标准品种	代码
11	叶片:形状 QN (b) (+)	VG	窄椭圆形	马拉松	1
			中等椭圆形	优秀	2
			阔椭圆形	蔓陀绿	3
12	*叶:长度 QN (b)	MS	短	玉冠	3
			中	未来	5
			长	碧绿 2 号	7
13	叶:宽度 QN (b)	MS	窄	山水	3
			中	碧绿 3 号	5
			宽	蔓陀绿	7
14	叶片:边缘波状 QN (b)	VG	无或极弱		1
			弱		2
			中	独秀	3
			强	马拉松	4
15	叶片:边缘齿状缺刻 QN (b)	VG	无或弱	山水	1
			中		2
			强	阿内布罗	3
16	叶片:先端形状 QN (b) (+)	VG	尖		1
			钝尖	阿内布罗	2
			圆		3
			钝圆	碧绿 3 号	4
			凹	碧绿 1 号	5
17	*叶片:裂片数量 QN (b) (+)	VG/MS	少		3
			中	玉冠	5
			多	碧绿 3 号	7
18	叶柄:长度 QN (b)	MS	极短	蔓陀绿	1
			短	独秀	3
			中	优秀	5
			长	碧绿 2 号	7
			极长		9
19	叶柄:横截面形状 QN (b) (+)	VG	扁	大板圆顶 90	1
			中	未来	2
			圆	BV146	3
20	主茎:粗度 QN (c)	MS	细	未来	3
			中	优秀	5
			粗	碧绿 2 号	7
21	花球:花茎长度 QN (c) (+)	MS	极短		1
			短	蔓陀绿	3
			中	玉冠	5
			长	万绿	7
			极长		9
22	花球:球面夹叶 QN (c) (+)	VG	无	蔓陀绿	1
			少	碧绿 2 号	2
			中	马拉松	3
			多		4

表 A.1（续）

序号	性　状	观测方法	表达状态	标准品种	代码
23	＊花球:颜色 PQ (c) (+)	VG	黄绿色		1
			绿色		2
			灰绿色		3
			蓝绿色		4
			紫色		5
24	花球:颜色程度 QN (c)	VG	浅		3
			中	独秀	5
			深	玉冠	7
25	花球:花青甙显色 QN (c)	VG	无或极弱	碧绿 2 号	1
			弱	优秀	3
			中	蔓陀绿	5
			强	博爱	7
26	花球:表面凸起 QN (c) (+)	VG	弱	优秀	3
			中	马拉松	5
			强	玉冠	7
27	花球:花蕾大小 QN (c)	42 VG	极小		1
			小	马拉松	3
			中	蔓陀绿	5
			大	玉冠	7
			极大	万绿	9
28	花球:花蕾均匀度 QN (c)	42 VG	不均匀		1
			均匀	优秀	2
29	花球:重量 QN (c)	MS	小		3
			中	马拉松	5
			大		7
30	＊花球:纵切面形状 QN (c) (+)	VG	圆形	蔓陀绿	1
			横阔椭圆形	阿内布罗	2
			横中等椭圆形	碧绿 3 号	3
			横窄椭圆形	独秀	4
			三角形		5
31	花球:球顶形状 QN (c)	VG	平	玉冠	1
			凸	蔓陀绿	2
			尖	山水	3
32	花球:直径 QN (c)	MS	小		3
			中	优秀	5
			大		7
33	花球:紧实度 QN (c)	VG	松	玉冠	3
			中	优秀	5
			紧	碧绿 2 号	7
34	花球:球茎颜色 PQ (c)	VG	绿白色		1
			浅绿色	优秀	2
			中等绿色	未来	3
			绿色带紫条纹		4
35	＊成熟期 QN	MG	极早		1
			早	玉冠	3
			中	优秀	5
			晚	马拉松	7
			极晚		9

表 A.1（续）

序号	性　状	观测方法	表达状态	标准品种	代码
36	*雄性不育 QL	VG	无	马拉松	1
			有	碧绿 2 号	9

A.2 青花菜选测性状

见表 A.2。

表 A.2 青花菜选测性状表

序号	性　状	观测方法	表达状态	标准品种	代码
37	*植株:茎数量 QL (a) (+)	VG	1		1
			1 以上		2
38	叶片:泡状程度 QN (b)	VG	无或弱		1
			中		2
			强		3
39	叶柄:花青甙显色 QL (b)	VG	无		1
			有		9
40	始花期 QN	MG	早		3
			中		5
			晚		7
41	花:花瓣颜色 PQ	VG	白色		1
			浅黄色		2
			中等黄色		
			深黄色		
42	自交亲和性 QL	MG	不亲和	马拉松	1
			亲和		2
43	种子:种皮颜色 PQ	VG	黄色		1
			浅褐色	未来	2
			褐色	优秀	3
			深褐色		4
44	种子:籽粒大小 QN	MG	小		3
			中		5
			大		7
45	抗性:病毒病 QN (+)	MG	高感		1
			感		3
			中抗		5
			抗		7
			高抗		9
46	抗性:黑腐病 QN (+)	MG	高感		1
			感		3
			中抗		5
			抗		7
			高抗		9
47	抗性:根肿病 QN (+)	MG	高感		1
			感		3
			中抗		5
			抗		7
			高抗		9

附 录 B
（规范性附录）
青花菜性状表的解释

B.1 涉及多个性状的解释

（a） 对于植株性状、群体观测的叶部性状的观测，在植株充分生长即将收获时进行。
（b） 对于叶、叶片、叶柄等性状的观测，选用充分生长即将收获时植株上的最大叶片。
（c） 对于花球性状的观测，选用达到收获标准的、能代表本品种特征特性的花球。

B.2 涉及单个性状的解释

性状分级和图中代码见表A.1。
性状1 幼苗：下胚轴花青甙显色，见图B.1。
在植株一叶一心时观测。

无 1　　有 9

图B.1 幼苗：下胚轴花青甙显色

性状6 ＊叶：姿态，见图B.2。

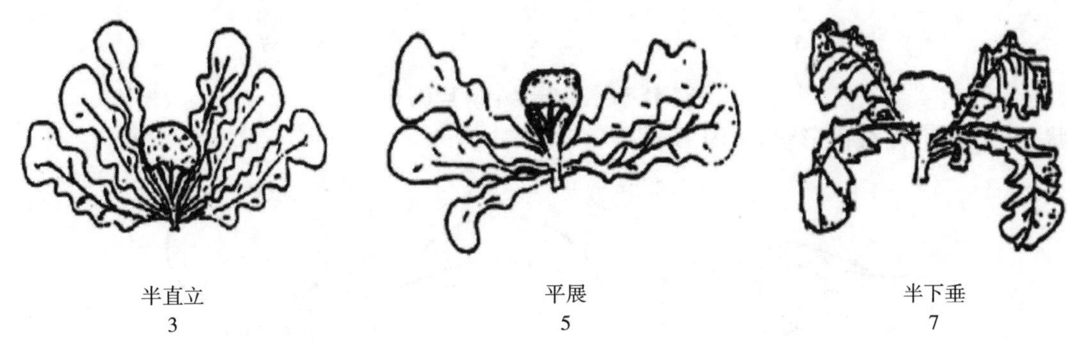

半直立 3　　平展 5　　半下垂 7

图B.2 ＊叶：姿态

性状11 叶片：形状，见图B.3。

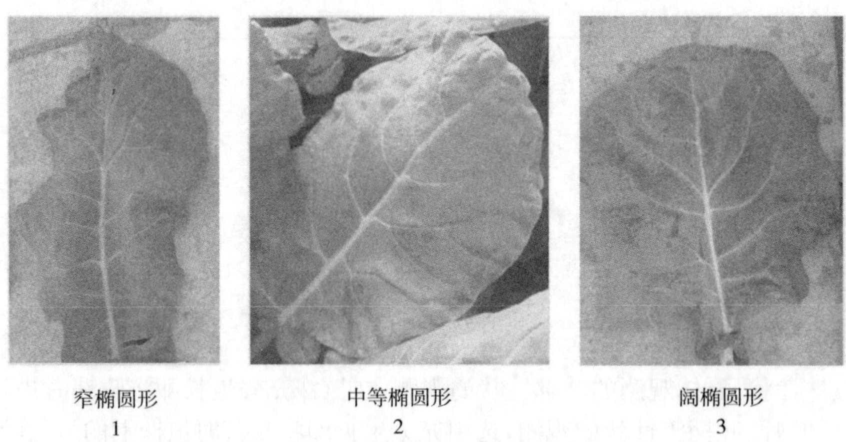

图 B.3 叶片:形状

性状 16 叶片:先端形状,见图 B.4。

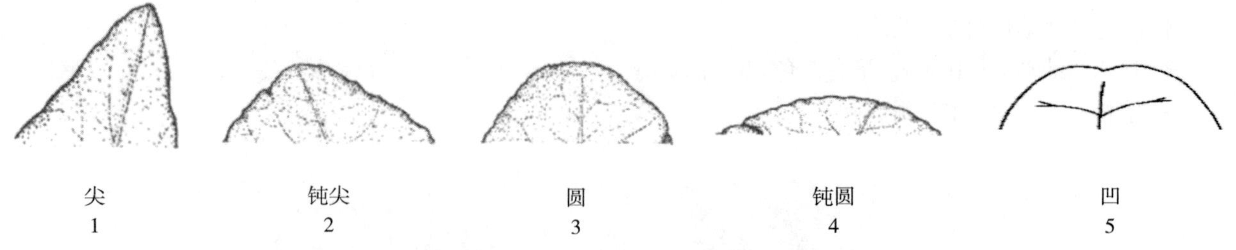

图 B.4 叶片:先端形状

性状 17 ＊叶片:裂片数量,见图 B.5。

图 B.5 ＊叶片:裂片数量

性状 19 叶柄:横截面形状,见图 B.6。

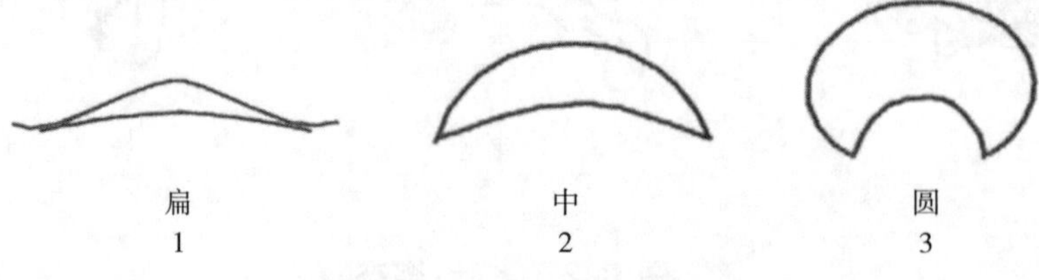

图 B.6 叶柄:横截面形状

性状 21　花球:花茎长度,见图 B.7。

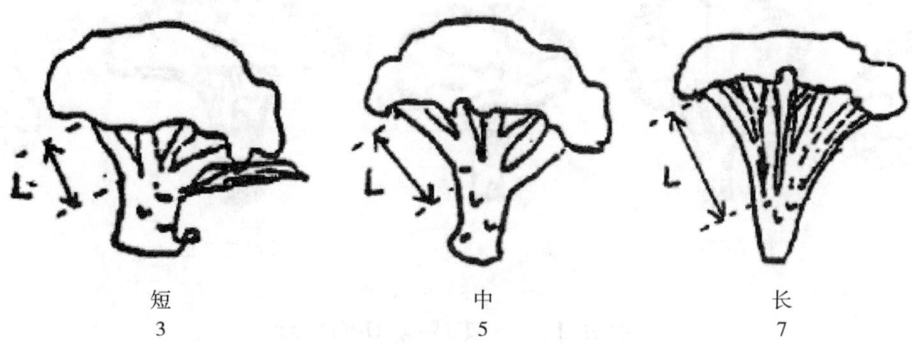

图 B.7　花球:花茎长度

性状 22　花球:球面夹叶,见图 B.8。

图 B.8　花球:球面夹叶

性状 23　＊花球:颜色,见图 B.9。

图 B.9　＊花球:颜色

性状 26　花球:表面凸起,见图 B.10。

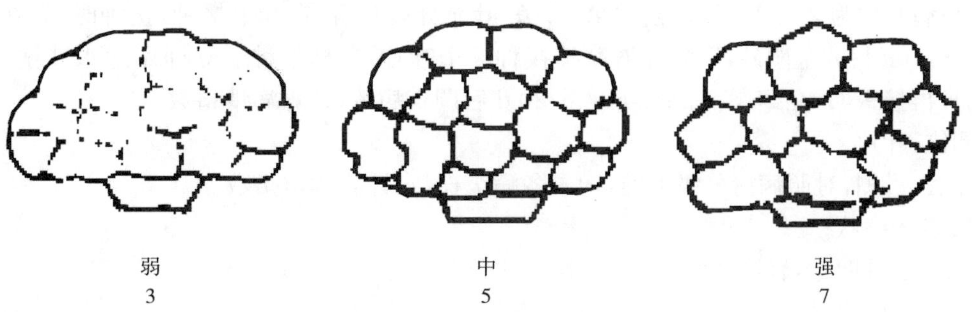

图 B.10　花球:表面凸起

性状 30　＊花球:纵切面形状,见图 B.11。

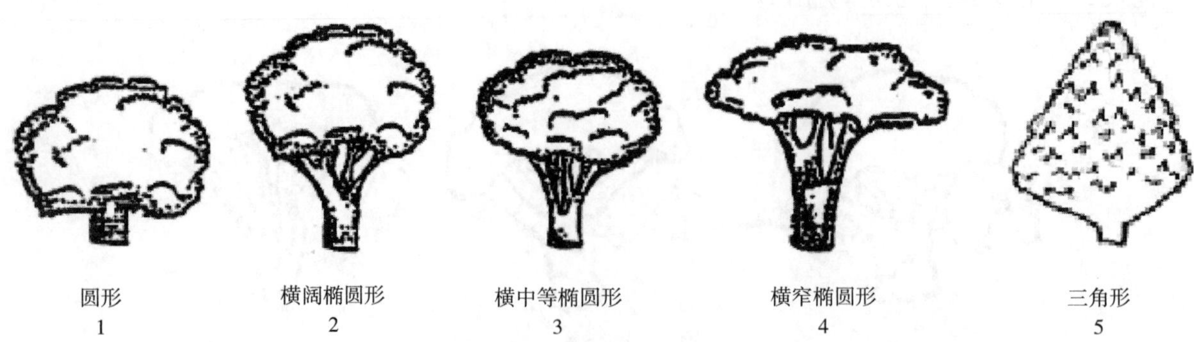

图 B.11　* 花球:纵切面形状

性状 37　* 植株:茎数量,见图 B.12。

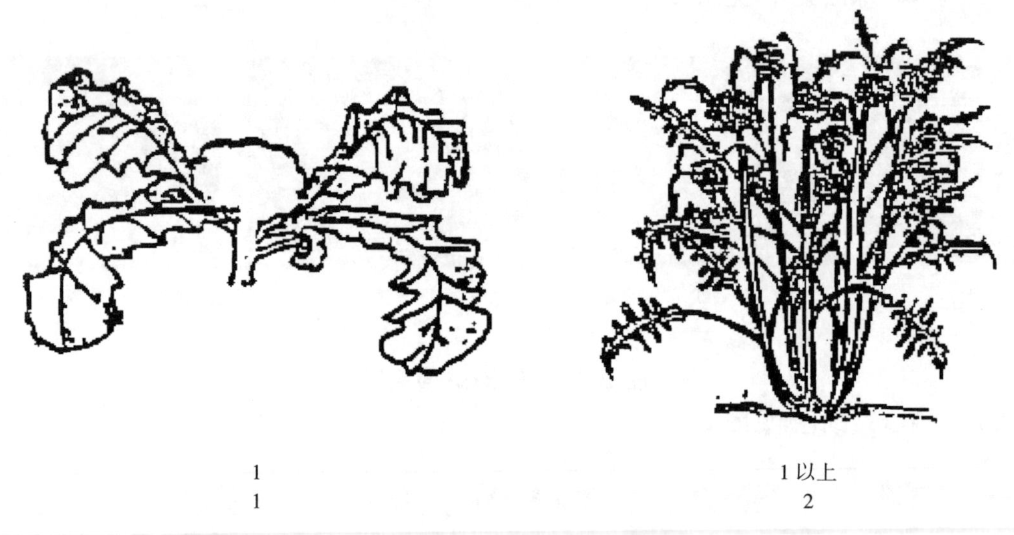

图 B.12　* 植株:茎数量

性状 40　始花期,观测从定植到 50%的植株至少有 10%的花开放时的时间。

性状 45　抗性:病毒病。

播种育苗:测试材料播于室内 8 cm 营养钵或育苗盘中。育苗土按草炭∶蛭石=2∶1 的比例配制,混匀后 120℃高温消毒(120℃,1 h)后备用,种子在 50℃热水中处理 10 min 后,25℃催芽播在装有灭菌土的塑料营养钵内,每钵 1 株,放置无虫环境中培养。保证苗齐、苗壮,整齐一致。

接种方法:取症状明显的病叶(包括 TuMV、CaMV、CMV),加叶质量 2 倍~5 倍的 pH=7 的 0.05 mol/L 的磷酸缓冲液,研碎后再加上病叶的 2 倍上述缓冲液供使用或用含 0.1%巯基乙醇的上述缓冲液,缓冲液与病叶比为 20∶1。当幼苗的第三片真叶充分展开后,在叶上接种,接种时,先在被鉴定材料上喷 300 目~400 目的金刚砂,取病汁液摩擦接种 2 个叶片,单株接种后立即用净水冲洗叶面,接后遮阴 24 h,隔日再接一回,在 25℃~28℃下培养 20 d 后调查病情,计算病情指数。

观测部位:叶片。

观测方法:目测,对照病情分级标准,记录各病级株数,计算病情指数。

0 级:无症状;

1 级:心叶明脉,轻微花叶;

3 级:花叶明显;

5 级:重花叶,个别叶片皱缩、畸形,植株轻度矮化;

7 级:重花叶,多数叶片皱缩、畸形,叶脉轻度坏死,植株矮化;

9 级：重花叶，叶片皱缩、畸形，叶脉坏死，植株停止生长或死亡。

病情指数按式(B.1)计算。

$$DI=\frac{\sum(s_i \cdot n_i)}{9N}\times 100 \quad\cdots\cdots(B.1)$$

式中：

DI ——病情指数，单位为百分率(%)；

s_i ——发病级别；

n_i ——相应病级级别的株数；

i ——病情分级的各个级别；

N ——调查总株数。

性状 46　抗性：黑腐病。

播种育苗：测试材料播于室内 8 cm 营养钵或育苗盘中。育苗土按草炭∶蛭石＝2∶1 的比例配制，混匀后 120℃高温消毒(120℃，1 h)后备用，种子在 50℃热水中处理 10 min 后，25℃催芽播在装有灭菌土的塑料营养钵内，每钵 1 株，放置无虫环境中培养。保证苗齐、苗壮，整齐一致。

接种方法：贮存的原始黑腐病菌株在肉汁胨(牛肉膏、蛋白胨、琼脂培养基)斜面上划线培养，置于 27℃温箱内培养 2 d～3 d，加适量无菌水稀释，并用分光光度计调整菌液浓度至 1×10^7 个菌体/mL～1×10^9 个菌体/mL，供接种使用。当青花菜幼苗 5 片～6 片真叶时移到人工气候室内保湿一夜，第二天早晨制备接种菌液并进行喷雾接种，连续 2 次，在人工气候室内保湿 24 h，然后移入日光温室内继续培养，温室内温度控制在 25℃～30℃，15 d 后调查记载发病情况。

观测部位：叶片及植株长势。

观测方法：目测，对照病情分级标准，记录各病级株数，计算病情指数。

0 级：无症状；

1 级：水孔处有黑色枯死点，无扩展；

3 级：病斑从水孔处向外扩展，病斑小于叶面积的 5%；

5 级：病斑面积占 25%以下；

7 级：病斑面积占 25%～50%；

9 级：病斑面积占 50%以上；

病情指数按式(B.2)计算。

$$DI=\frac{\sum(s_i \cdot n_i)}{9N}\times 100 \quad\cdots\cdots(B.2)$$

式中：

DI ——病情指数，单位为百分率(%)；

s_i ——发病级别；

n_i ——相应病级级别的株数；

i ——病情分级的各个级别；

N ——调查总株数。

性状 47　抗性：根肿病。

播种育苗：测试材料播于室内 8 cm 营养钵或育苗盘中。育苗土按草炭∶蛭石＝2∶1 的比例配制，混匀后 120℃高温消毒(120℃，1 h)后备用，种子在 50℃热水中处理 10 min 后，25℃催芽待播。

接种方法：将 10 g 病土放入装有无菌珍珠岩的营养钵中心部位，催芽后的种子播种在病土内。根肿病于接种后 50 d 调查发病。

观测部位：叶片及植株长势。

观测方法：目测，对照病情分级标准，记录各病级株数，计算病情指数。

0 级：根无肿大症状；

1 级：主根稍肿大，其直径小于 2 倍茎基直径，或须根上有小肿瘤；

3 级：根肿大，其直径为茎基直径的 2 倍～3 倍；

5 级：根肿大，其直径为茎基直径的 3 倍～4 倍；

7 级：根肿大，其直径为茎基直径的 4 倍以上。

病情指数按式(B.3)计算。

$$DI = \frac{\sum (s_i \cdot n_i)}{7N} \times 100 \quad \text{(B.3)}$$

式中：

DI ——病情指数，单位为百分率(%)；

s_i ——发病级别；

n_i ——相应病级级别的株数；

i ——病情分级的各个级别；

N ——调查总株数。

附 录 C
(规范性附录)
青花菜技术问卷格式

青花菜技术问卷

申请号:
申请日:
(由审批机关填写)

(申请人或代理机构签章)

C.1 品种暂定名称

C.2 植物学分类

拉丁名:____________________

中文名:____________________

C.3 品种类型

在相符的类型[ ]中打√。

C.3.1	自交系	[ ]
C.3.2	雄性不育杂交种(__________)	[ ]
C.3.3	自交不亲和杂交种	[ ]
C.3.4	常规种(________________)	[ ]
C.3.5	其他(________________)	[ ]

C.4 申请品种的具有代表性彩色照片

(品种照片粘贴处)
(如果照片较多,可另附页提供)

C.5 其他有助于辨别申请品种的信息

(如品种用途、品质和抗性,请提供详细资料)

C.6　品种种植或测试是否需要特殊条件

在相符的[　]中打√。

是[　]　　　　　　否[　]

(如果回答是,请提供详细资料)

C.7　品种繁殖材料保存是否需要特殊条件

在相符的[　]中打√。

是[　]　　　　　　否[　]

(如果回答是,请提供详细资料)

C.8　申请品种需要指出的性状

在表 C.1 中相符的代码后[　]中打√,若有测量值,请填写在表 C.1 中。

表 C.1　申请品种需要指出的性状

序号	性　状	表达状态	代码	测量值
1	植株:侧枝花球(性状 4)	无	1[　]	
		有	9[　]	
2	*叶:姿态(性状 6)	直立	1[　]	
		直立到半直立	2[　]	
		半直立	3[　]	
		半直立到平展	4[　]	
		平展	5[　]	
		平展到半下垂	6[　]	
		半下垂	7[　]	
		半下垂到下垂	8[　]	
		下垂	9[　]	
3	*花球:颜色(性状 23)	黄绿色	1[　]	
		绿色	2[　]	
		灰绿色	3[　]	
		蓝绿色	4[　]	
		紫色	5[　]	
4	花球:花蕾大小(性状 27)	极小	1[　]	
		极小到小	2[　]	
		小	3[　]	
		小到中	4[　]	
		中	5[　]	
		中到大	6[　]	
		大	7[　]	
		大到极大	8[　]	
		极大	9[　]	

表 C.1（续）

序号	性　　状	表达状态	代码	测量值
5	*花球:纵切面形状(性状 30)	圆形	1[　]	
		横阔椭圆形	2[　]	
		横中等椭圆形	3[　]	
		横窄椭圆形	4[　]	
		三角形	5[　]	
6	*成熟期(性状 35)	极早	1[　]	
		极早到早	2[　]	
		早	3[　]	
		早到中	4[　]	
		中	5[　]	
		中到晚	6[　]	
		晚	7[　]	
		晚到极晚	8[　]	
		极晚	9[　]	
7	*雄性不育(性状 36)	无	1[　]	
		有	9[　]	

参 考 文 献

[1]UPOVTG/151/4 "Guidelines for the conduct of tests for Distinctness, Uniformity and Stability CALABRESE, SPROUTING BROCCOLI"

[2]CPVO-TP/151/2 "PROTOCOL FOR DISTINCTNESS, UNIFORMITY AND STABILITY TESTS(Brassica oleracea L. convar. botrytis(L.) Alef. var. italica)"

[3]UPOV TG/1"GENERAL INTRODUCTION TO THE EXAMINATION OF DISTINCTNESS, UNIFORMITY AND STABILITY AND THE DEVELOPMENT OF HARMONIZED DESCRIPTIONS OF NEW VARIETIES OF PLANTS"(植物新品种特异性、一致性和稳定性审查及性状统一描述总则)

[4]UPOV TGP/7 "DEVELOPMENT OF TEST GUIDELINES"(测试指南的研制)

[5]UPOV TGP/8"TRIAL DESIGN AND TECHNIQUES USED IN THE EXAMINATION OF DISTINCTNESS, UNIFORMITY AND STABILITY"(DUS审查中应用的试验设计和技术方法)

[6]UPOV TGP/9 "EXAMINING DISTINCTNESS"(特异性审查)

[7]UPOV TGP/10 "EXAMINING UNIFORMITY"(一致性审查)

[8]UPOV TGP/11 "EXAMINING STABILITY"(稳定性审查)

ICS 65.020.20
B 05

中华人民共和国农业行业标准

NY/T 2758—2015

植物新品种特异性、一致性和稳定性测试指南　石斛属

Guidelines for the conduct of tests for distinctness, uniformity and stability—Dendrobium

(*Dendrobium* Sw.)

(UPOV: TG/209/1, Guidelines for the conduct of tests for distinctness, uniformity and stability—Dendrobium, NEQ)

2015-05-21 发布　　2015-08-01 实施

中华人民共和国农业部　发布

目　　次

前　言

本标准按照 GB/T 1.1—2009 给出的规则起草。

本标准使用重新起草法，修改采用了国际植物新品种保护联盟（UPOV）指南“TG/209/1，Guidelines for the conduct of tests for distinctness，uniformity and stability—Dendrobium”。

本标准对应于 UPOV 指南 TG/209/1，与 TG/209/1 的一致性程度为非等效。

本标准与 UPOV 指南 TG/209/1 相比存在技术性差异，主要差异如下：

——增加了“假鳞茎：颜色”、和“叶：先端形状”共 2 个性状；

——调整了“花：花瓣和萼片的姿态”、“叶：形状”2 个性状的表达状态。

本标准由农业部种子管理局提出。

本标准由全国植物新品种测试标准化技术委员会(SAC/TC 277)归口。

本标准起草单位：上海市农业科学院[农业部植物新品种测试（上海）分中心]、福建农林大学、农业部科技发展中心、昆明农产品国际交易拍卖中心有限公司、上海市农业生物基因中心。

本标准主要起草人：褚云霞、陈海荣、刘伟、张新明、黄春梅、魏日凤、杨飏、邓姗、黄志城、李寿国、陈美霞、林田、王木善、王丽、董晓晓、朱文宁、顾可飞。

植物新品种特异性、一致性和稳定性测试指南 石斛属

1 范围

本标准规定了石斛属(*Dendrobium* Sw.)新品种特异性、一致性和稳定性测试的技术要求和结果判定的一般原则。

本标准适用于石斛属新品种特异性、一致性和稳定性测试和结果判定。

2 规范性引用文件

下列文件对于本文件的应用是必不可少的。凡是注日期的引用文件,仅注日期的版本适用于本文件。凡是不注日期的引用文件,其最新版本(包括所有的修改单)适用于本文件。

GB/T 19557.1 植物新品种特异性、一致性和稳定性测试指南 总则

3 术语和定义

GB/T 19557.1界定的以及下列术语和定义适用于本文件。

3.1

群体测量 single measurement of a group of plants or parts of plants

对一批植株或植株的某器官或部位进行测量,获得一个群体记录。

3.2

个体测量 measurement of a number of individual plants or parts of plants

对一批植株或植株的某器官或部位进行逐个测量,获得一组个体记录。

3.3

群体目测 visual assessment by a single observation of a group of plants or parts of plants

对一批植株或植株的某器官或部位进行目测,获得一个群体记录。

3.4

个体目测 visual assessment by observation of individual plants or parts of plants

对一批植株或植株的某器官或部位进行逐个目测,获得一组个体记录。

4 符号

下列符号适用于本文件:

MG:群体测量。

MS:个体测量。

VG:群体目测。

VS:个体目测。

QL:质量性状。

QN:数量性状。

PQ:假质量性状。

*:标注性状为UPOV用于统一品种描述所需要的重要性状,除非受环境条件限制性状的表达状态无法测试,所有UPOV成员都应使用这些性状。

(a)～(d):标注内容在 B.1 中进行了详细解释。

(+):标注内容在 B.2 中进行了详细解释。

__:本文件中下划线是特别提示测试性状的适用范围。

5 繁殖材料的要求

5.1 繁殖材料以植株形式提供。

5.2 提交的植株数量至少 30 株。

5.3 提交的繁殖材料应外观健康,活力高,无病虫侵害。繁殖材料的具体质量要求如下:

未开过花的成年植株,每株至少有 2 个假鳞茎。

5.4 提交的繁殖材料一般不进行任何影响品种性状正常表达的处理。如果已处理,应提供处理的详细说明。

5.5 提交的繁殖材料应符合中国植物检疫的有关规定。

6 测试方法

6.1 测试周期

测试周期至少为一个独立的生长周期。

6.2 测试地点

测试通常在一个地点进行。如果某些性状在该地点不能充分表达,可在其他符合条件的地点对其进行观测。

6.3 田间试验

6.3.1 试验设计

申请品种和近似品种相邻种植。温室内基质栽培,每盆 1 株,每小区不少于 12 株。共设 2 个重复。

6.3.2 田间管理

按当地常规生产管理方式进行,申请品种和近似品种的管理应严格一致。

6.4 性状观测

6.4.1 观测时期

性状观测应按照表 A.1 和表 A.2 列出的时期进行。

6.4.2 观测方法

性状观测应按照表 A.1 和表 A.2 规定的观测方法(VG、VS、MG、MS)进行。部分性状观测方法见 B.1 和 B.2。

6.4.3 观测数量

除非另有说明,个体观测性状(VS、MS)植株取样数量不少于 10 个,在观测植株的器官或部位时,每个植株取样数量应为 1 个。群体观测性状(VG、MG)应观测整个小区或规定大小的混合样本。

6.5 附加测试

必要时,可选用表 A.2 中的性状或本文件未列出的性状进行附加测试。

7 特异性、一致性和稳定性结果的判定

7.1 总体原则

特异性、一致性和稳定性的判定按照 GB/T 19557.1 确定的原则进行。

7.2 特异性的判定

申请品种应明显区别于所有已知品种。在测试中,当申请品种至少在一个性状上与近似品种具有

明显且可重现的差异时，即可判定申请品种具备特异性。

7.3 一致性的判定

对于测试品种，一致性判定时，采用1%的群体标准和至少95%的接受概率。当样本大小为10个时，异型株的数量不应超过1个。

7.4 稳定性的判定

如果一个品种具备一致性，则可认为该品种具备稳定性。一般不对稳定性进行测试。

必要时，可以种植该品种的下一批繁殖材料，与以前提供的繁殖材料相比，若性状表达无明显变化，则可判定该品种具备稳定性。

8 性状表

根据测试需要，性状分为基本性状和选测性状，基本性状是测试中必须使用的性状。基本性状见表A.1，选测性状见表A.2。

8.1 概述

性状表列出了性状名称、表达类型、表达状态及相应的代码和标准品种、观测时期和方法等内容。

8.2 表达类型

根据性状表达方式，性状分为质量性状、假质量性状和数量性状3种类型。

8.3 表达状态和相应代码

8.3.1 每个性状划分为一系列表达状态，以便于定义性状和规范描述；每个表达状态赋予一个相应的数字代码，以便于数据记录、处理和品种描述的建立与交流。

8.3.2 对于质量性状和假质量性状，所有的表达状态都已在测试指南中列出；对于数量性状，为了缩小性状表的长度，偶数代码的表达状态未列出，偶数代码的表达状态可以描述为前一个表达状态到后一个表达状态的形式。

8.4 标准品种

性状表中列出了部分性状有关表达状态可参考的标准品种，以助于确定相关性状的不同表达状态和校正环境因素引起的差异。

9 分组性状

本文件中，品种分组性状如下：

a) *植株：大小（表A.1中性状1）。

b) *花序：花的着生位置（表A.1中性状18）。

c) *花：纵径（表A.1中性状27）。

d) *花：横径（表A.1中性状28）。

e) *唇瓣：侧裂片（表A.1中性状71）。

f) *唇瓣：眼（表A.1中性状77）。

g) *唇瓣：图案模式（不包括中间部分、眼和喉）（表A.1中性状80）。

h) 唇瓣：主色（表A.1中性状82）。

组1：绿色。

组2：白色。

组3：黄色。

组4：粉色。

组5：红色。

组6：紫色。

组7：偏红色。

10 技术问卷

申请人应按照附录C给出的格式填写石斛属技术问卷。

附 录 A
(规范性附录)
石斛属性状表

A.1 石斛属基本性状

见表 A.1。

表 A.1 石斛属基本性状表

序号	性 状	观测方法	表达状态	标准品种	代码
1	*植株:大小 QN (+)	VG/MS	极小	霍山石斛 *Den. huoshanense*	1
			小		3
			中		5
			大		7
			极大		9
2	*假鳞茎:姿态 QN (a) (+)	VG	直立		1
			半直立		3
			水平		5
			半下垂		7
			下垂		9
3	*假鳞茎:长度 QN (a) (+)	MS	极短		1
			短		3
			中		5
			长		7
			极长		9
4	*假鳞茎:直径 QN (a) (+)	MS	极细		1
			细		3
			中		5
			粗		7
			极粗		9
5	*假鳞茎:纵切面形状 PQ (a)	VG	线形		1
			披针形		2
			卵圆形		3
6	假鳞茎:横截面形状 PQ (a)	VG	椭圆形		1
			圆形	铁皮石斛 *Den. officinale*	2
			多角形	金钗石斛 *Den. nobile*	3
7	植株:开花假鳞茎的年龄 QL	VG/VS	1年		1
			2年及以上	金钗石斛 *Den. nobile*	2
8	*叶:长度 QN (b)	MS	短		3
			中		5
			长		7
9	*叶:宽度 QN (b)	MS	窄		3
			中		5
			宽		7

表 A.1（续）

序号	性　状	观测方法	表达状态	标准品种	代码
10	* 叶:形状 PQ (b) (+)	VG	窄披针形		1
			条形		2
			椭圆形		3
			窄卵形	金钗石斛 *Den. nobile*	4
			窄倒卵形		5
11	叶:上表面绿色程度 QN (b)	VG	浅		3
			中		5
			深	金钗石斛 *Den. nobile*	7
12	叶:斑有无 QL (b)	VG	无		1
			有		9
13	仅适用于有斑的品种:叶:斑类型 QL (b) (+)	VG	虎斑		1
			点斑		2
			条纹		3
			心斑		4
			镶边		5
14	叶:斑颜色 PQ (b)	VG	白色		1
			黄色		2
			黄绿色		3
			白色和黄色		4
			白色和黄绿色		5
			黄色和黄绿色		6
15	叶:茸毛 QL (b)	VG	无		1
			有		9
16	叶:茸毛颜色 QL (b)	VG	白色		1
			黑色		2
17	* 花序:着生位置 QL (c) (+)	VG	全部节	金钗石斛 *Den. nobile*	1
			仅先端节		2
18	* 花序:花的着生位置 QL (c)	VG	整个花序梗	毛刷石斛 *Den. secundum* "maoshua"	1
			仅先端	金钗石斛 *Den. nobile*	2
19	* 花序:花数量 QN (c)	VG/MS	少		3
			中		5
			多	球花石斛 *Den. thyrsiflorum*	7
20	* 花序梗:长度 QN (c) (+)	MS	短		3
			中		5
			长		7
21	* 花序梗:直径 QN (c)	MS	细		3
			中		5
			粗		7
22	* 花序梗:姿态 PQ (c) (+)	VG	直立		1
			半直立	金钗石斛 *Den. nobile*	2
			水平		3
			下弯	球花石斛 *Den. thyrsiflorum*	4

表 A.1（续）

序号	性　状	观测方法	表达状态	标准品种	代码
23	＊花梗:长度 QN (c) (+)	MS	短		3
			中		5
			长		7
24	＊花梗:直径 QN (c)	MS	细		3
			中		5
			粗		7
25	＊花:花瓣和萼片的姿态 PQ (c)	VG	全部内卷		1
			部分内卷部分平展		2
			全部平展	金钗石斛 *Den. nobile*	3
			部分外弯部分平展		4
			部分内卷部分外弯		5
			全部外弯	铁皮石斛 *Den. officinale*	6
			扭曲	羚羊石斛 *Den. Antennatum*	7
26	花:距长度 QN (c) (+)	MS	短		3
			中		5
			长		7
27	＊花:纵径 QN (c) (+)	MS	短		3
			中		5
			长		7
28	＊花:横径 QN (c) (+)	MS	窄		3
			中		5
			宽		7
29	花:香味 QL (c)	VG	无		1
			有		9
30	＊中萼片:纵轴方向的姿态 QN (c) (+)	VG	强烈内卷	羚羊石斛 *Den. antennatum*	1
			轻微内卷	蜻蜓石斛 *Den. purpureum*	3
			平直		5
			轻微外弯	金钗石斛 *Den. nobile*	7
			强烈外弯		9
31	＊中萼片:长度 QN (c)	MS	短		3
			中		5
			长		7
32	＊中萼片:宽度 QN (c)	MS	窄		3
			中		5
			宽		7
33	＊中萼片:形状 PQ (c) (+)	VG	窄椭圆形	金钗石斛 *Den. nobile*	1
			椭圆形	报春石斛 *Den. primulinum*	2
			卵形		3
			倒卵形		4
			横椭圆形		5
			匙形		6

表 A.1（续）

序号	性　状	观测方法	表达状态	标准品种	代码
34	＊中萼片:横截面 QN (c) (+)	VG	极凹		1
			凹	报春石斛 *Den. primulinum*	3
			平	金钗石斛 *Den. nobile*	5
			凸	蜻蜓石斛 *Den. purpureum*	7
			极凸	晶帽石斛 *Den. crystallinum*	9
35	＊中萼片:扭曲程度 QN (c)	VG	无或极弱	金钗石斛 *Den. nobile*	1
			弱		3
			中		5
			强		7
			极强	扭瓣石斛 *Den. tortile*	9
36	＊中萼片:边缘波状程度 QN (c)	VG	无或极弱		1
			弱	蜻蜓石斛 *Den. purpureum*	3
			中	金钗石斛 *Den. nobile*	5
			强	扭瓣石斛 *Den. tortile*	7
			极强	晶帽石斛 *Den. crystallinum*	9
37	＊侧萼片:纵轴方向的姿态 QN (c) (+)	VG	强烈内卷		1
			轻微内卷	蜻蜓石斛 *Den. purpureum*	3
			平直		5
			轻微外弯	金钗石斛 *Den. nobile*	7
			强烈外弯	羚羊石斛 *Den. antennatum*	9
38	＊侧萼片:长度 QN (c)	MS	短		3
			中		5
			长		7
39	＊侧萼片:宽度 QN (c)	MS	窄		3
			中		5
			宽		7
40	＊侧萼片:形状 PQ (c) (+)	VG	窄椭圆形	金钗石斛 *Den. nobile*	1
			椭圆形		2
			卵形	蜻蜓石斛 *Den. purpureum*	3
			倒卵形		4
			横椭圆形		5
			匙形		6
41	＊侧萼片:横截面 QN (c) (+)	VG	极凹		1
			凹		3
			平	金钗石斛 *Den. nobile*	5
			凸		7
			极凸	晶帽石斛 *Den. crystallinum*	9
42	＊侧萼片:扭曲程度 QN (c)	VG	无或极弱	金钗石斛 *Den. nobile*	1
			弱		3
			中		5
			强		7
			极强		9
43	＊侧萼片:边缘波状程度 QN (c)	VG	无或极弱		1
			弱	金钗石斛 *Den. nobile*	3
			中		5
			强	羚羊石斛 *Den. antennatum*	7
			极强	晶帽石斛 *Den. crystallinum*	9

表 A.1（续）

序号	性　状	观测方法	表达状态	标准品种	代码
44	＊萼片:颜色数量 QL (c)(d)	VG	1种		1
			2种	金钗石斛 *Den. nobile*	2
			3种		3
			4种及以上		4
45	＊萼片:图案模式 QL (c)(d)	VG	无		1
			晕		2
			镶边	蜻蜓石斛 *Den. purpureum*	3
			条状		4
			网状		5
			点状		6
			晕和条状	金钗石斛 *Den. nobile*	7
			晕和网状	报春石斛 *Den. primulinum*	8
			晕和点状		9
46	＊萼片:主色 PQ (c)(d)	VG	RHS标准比色卡号		
47	<u>仅适用于图案模式为晕的品种:</u>萼片:晕的大小 QN (c)(d)	VG	小		1
			中		2
			大		3
48	<u>仅适用于图案模式为晕的品种:</u>萼片:晕的颜色 PQ (c)(d)	VG	RHS标准比色卡号		
49	<u>仅适用于图案模式为镶边的品种:</u>萼片:镶边图案的颜色 PQ (c)(d)	VG	RHS标准比色卡号		
50	<u>仅适用于图案模式为条状图案的品种:</u>萼片:条状的颜色 PQ (c)(d)	VG	RHS标准比色卡号		
51	<u>仅适用于图案模式为网状的品种:</u>萼片:网状图案的颜色 PQ (c)(d)	VG	RHS标准比色卡号		
52	<u>仅适用于图案模式为点状的品种:</u>萼片:点状的颜色 PQ (c)(d)	VG	RHS标准比色卡号		
53	＊花瓣:纵轴方向的姿态 QN (c) (+)	VG	强烈内卷		1
			轻微内卷		3
			平直	金钗石斛 *Den. nobile*	5
			轻微外弯		7
			强烈外弯		9
54	＊花瓣:长度 QN (c)	MS	短		3
			中		5
			长		7

表 A.1（续）

序号	性　状	观测方法	表达状态	标准品种	代码
55	*花瓣:宽度 QN (c)	MS	窄		3
			中		5
			宽		7
56	*花瓣:形状 PQ (c) (+)	VG	窄椭圆形		1
			椭圆形	金钗石斛 *Den. nobile*	2
			卵形	蜻蜓石斛 *Den. purpureum*	3
			倒卵形		4
			横椭圆形		5
			匙形		6
57	*花瓣:横截面 QN (c) (+)	VG	极凹		1
			凹		3
			平	金钗石斛 *Den. nobile*	5
			凸	报春石斛 *Den. primulinum*	7
			极凸	晶帽石斛 *Den. crystallinum*	9
58	*花瓣:扭曲程度 QN (c)	VG	无或极弱	金钗石斛 *Den. nobile*	1
			弱		3
			中		5
			强		7
			极强	羚羊石斛 *Den. antennatum*	9
59	*花瓣:边缘波状程度 QN (c)	VG	无或极弱		1
			弱		3
			中	金钗石斛 *Den. nobile*	5
			强		7
			极强	晶帽石斛 *Den. crystallinum*	9
60	*花瓣:颜色数量 QL (c)(d)	VG	1种	翅梗石斛 *Den. trigonopus*	1
			2种	金钗石斛 *Den. nobile* 鼓槌石斛 *Den. chrysotoxum*	2
			3种	晶帽石斛 *Den. crystallinum* 齿瓣石斛 *Den. devonianum*	3
			4种及以上		4
61	*花瓣:图案模式 PQ (c)(d)	VG	无		1
			晕		2
			镶边	蜻蜓石斛 *Den. purpureum*	3
			条状		4
			网状		5
			点状		6
			晕和条状	金钗石斛 *Den. nobile*	7
			晕和网状	报春石斛 *Den. primulinum*	8
			晕和点状		9
62	*花瓣:主色 PQ (c)(d)	VG	RHS标准比色卡号		
63	仅适用于图案模式为晕的品种:花瓣:晕的大小 QN (c)(d)	VG	小		1
			中		2
			大		3

表 A.1（续）

序号	性　状	观测方法	表达状态	标准品种	代码
64	仅适用于图案模式为晕的品种：花瓣：晕的颜色 PQ (c)(d)	VG	RHS 标准比色卡号		
65	仅适用于图案模式为镶边的品种：花瓣：镶边图案的颜色 PQ (c)(d)	VG	RHS 标准比色卡号		
66	仅适用于图案模式为条状的品种：花瓣：条状图案的颜色 PQ (c)(d)	VG	RHS 标准比色卡号		
67	仅适用于图案模式为网状的品种：花瓣：网状图案的颜色 PQ (c)(d)	VG	RHS 标准比色卡号		
68	仅适用于图案模式为点状的品种：花瓣：点状图案的颜色 PQ (c)(d)	VG	RHS 标准比色卡号		
69	* 唇瓣：长度 QN (c)	MS/VG	短		3
			中		5
			长		7
70	* 唇瓣：宽度 QN (c)	MS/VG	窄		3
			中		5
			宽		7
71	* 唇瓣：侧裂片 QL (c)	VG	无	金钗石斛 *Den. nobile*	1
			有	羚羊石斛 *Den. antennatum*	9
72	* 仅适用于唇瓣无侧裂片的品种：唇瓣：形状 PQ (c) (+)	VG	椭圆形	金钗石斛 *Den. nobile*	1
			圆形		2
			横椭圆形		3
73	* 仅适用于唇瓣无侧裂片的品种：唇瓣：基部叠合 QL (c) (+)	VG	无	金钗石斛 *Den. nobile*	1
			有	扭瓣石斛 *Den. tortile*	9
74	* 仅适用于唇瓣有侧裂片的品种：唇瓣：侧裂片形状 PQ (c) (+)	VG	三角形		1
			卵圆形	羚羊石斛 *Den. antennatum*	2
			窄梯形		3
			阔梯形		4
75	* 仅适用于唇瓣有侧裂片的品种：唇瓣：中裂片形状 PQ (c) (+)	VG	肾形		1
			菱形		2
			横椭圆形		3
			椭圆形	羚羊石斛 *Den. antennatum*	4

表 A.1（续）

序号	性　状	观测方法	表达状态	标准品种	代码
76	*唇瓣:弯曲类型 PQ (c) (+)	VG	类型Ⅰ	金钗石斛 *Den. nobile*	1
			类型Ⅱ		2
			类型Ⅲ		3
			类型Ⅳ	羚羊石斛 *Den. antennatum*	4
			类型Ⅴ		5
			类型Ⅵ		6
			类型Ⅶ		7
77	*唇瓣:眼 QL (c) (+)	VG	无		1
			有	金钗石斛 *Den. nobile*	9
78	*唇瓣:眼类型 PQ (c) (+)	VG	类型Ⅰ		1
			类型Ⅱ		2
			类型Ⅲ		3
			类型Ⅳ	金钗石斛 *Den. nobile*	4
79	*唇瓣:颜色数量(除眼和喉外) QL (c)(d)	VG	1 种		1
			2 种	金钗石斛 *Den. nobile*	2
			3 种		3
			4 种		4
			5 种		5
			5 种以上		6
80	*唇瓣:图案模式（不包括中间部分、眼和喉） PQ (c) (d)	VG	无		1
			晕		2
			镶边		3
			条状		4
			网状		5
			点状	金钗石斛 *Den. nobile*	6
			晕和条状		7
			晕和网状		8
			晕和点状		9
81	仅适用于图案模式为晕的品种:唇瓣:晕的大小 QN (c)(d)	VG	小		3
			中		5
			大		7
82	唇瓣:主色 PQ (c)(d)	VG	RHS 标准比色卡号		
83	唇瓣:中间部分颜色(如果与性状 82 不一致) PQ (c)(d)	VG	RHS 标准比色卡号		
84	仅适用于图案模式为晕的品种:唇瓣:晕图案的颜色 PQ (c)(d)	VG	RHS 标准比色卡号		
85	仅适用于图案模式为镶边的品种:唇瓣:镶边图案的颜色 PQ (c)(d)	VG	RHS 标准比色卡号		

表 A.1（续）

序号	性　状	观测方法	表达状态	标准品种	代码
86	仅适用于图案模式为条状的品种：唇瓣：条状图案的颜色 PQ (c)(d)	VG	RHS标准比色卡号		
87	仅适用于图案模式为网状的品种：唇瓣：网状图案的颜色 PQ (c)(d)	VG	RHS标准比色卡号		
88	仅适用于图案模式为点状的品种：唇瓣：点状图案的颜色 PQ (c)(d)	VG	RHS标准比色卡号		
89	仅适用于有眼的品种：唇瓣：眼颜色 PQ (c)(d)	VG	RHS标准比色卡号		
90	仅适用于喉颜色与唇瓣主色不一致的品种：唇瓣：喉颜色 PQ (c)(d)	VG	RHS标准比色卡号		
91	*唇瓣：扭曲 QN (c)	VG	无或弱	金钗石斛 *Den. nobile*	1
			中		2
			强		3
92	*唇瓣：边缘波状程度 QN (c)	VG	无或弱	金钗石斛 *Den. nobile*	1
			中		2
			强	晶帽石斛 *Den. crystallinum*	3
93	*唇瓣：边缘流苏状程度 QN (c)	VG	无或极弱	金钗石斛 *Den. nobile*	1
			弱		3
			中		5
			强	齿瓣石斛 *Den. devonianum*	7
94	*唇瓣：胼胝体 QL (c)	VG	无	金钗石斛 *Den. nobile*	1
			有		9
95	*唇瓣：茸毛 QN (c)	VG	无或弱	金钗石斛 *Den. nobile*	1
			中		2
			强	蜻蜓石斛 *Den. purpureum*	3
96	*蕊柱：长度 QN (c)	VG/MS	短	金钗石斛 *Den. nobile*	3
			中		5
			长		7
97	蕊柱：药帽颜色 PQ (c)	VG	RHS标准比色卡号		
98	*花期 PQ (+)	VG	早春		1
			春		2
			夏		3
			秋		4
			晚秋		5

A.2 石斛属选测性状

见表 A.2。

表 A.2 石斛属选测性状表

序号	性　　状	观测方法	表达状态	标准品种	代码
99	假鳞茎:颜色 PQ (a)	VG	黄色		1
			黄绿色		2
			绿色		3
			褐色		4
			棕褐色		5
100	叶:先端形状 PQ (b)	VG	锐尖		1
			钝圆		2
			凹缺	金钗石斛 *Den. nobile*	3

附 录 B
(规范性附录)
石斛属性状表的解释

B.1 涉及多个性状的解释

(a) 假鳞茎性状的观测应在开花假鳞茎上进行。

(b) 秋石斛观测开花假鳞茎上的最大叶;春石斛于落叶前观测当年假鳞茎上的最大叶。

(c) 有关花序和花的性状,应在花序上 50%花朵开放时进行,观测花序上最新已完全开放且未开始褪色的花朵。

(d) 花萼、花瓣、唇瓣的颜色应观测内侧中部。

B.2 涉及单个性状的解释

性状分级和图中代码见表 A.1。

性状 1 *植株:大小。开花期测量自茎基部至植株(不包括花序)最顶端的长度及最宽处的宽度,大小以 1/2(长+宽)表示。

性状 2 *假鳞茎:姿态,见图 B.1

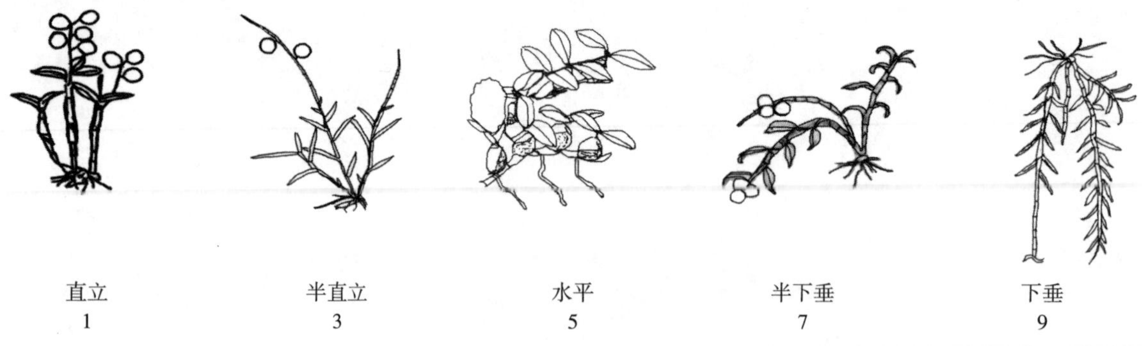

图 B.1 *假鳞茎:姿态

性状 3 *假鳞茎:长度。测量植株中开花的最长假鳞茎长度,精确到 0.1 cm。求平均值。

性状 4 *假鳞茎:直径。测量植株中开花的最长假鳞茎的最宽部分的宽度,精确到 0.1 mm。求平均值。

性状 10 *叶:形状,见图 B.2。

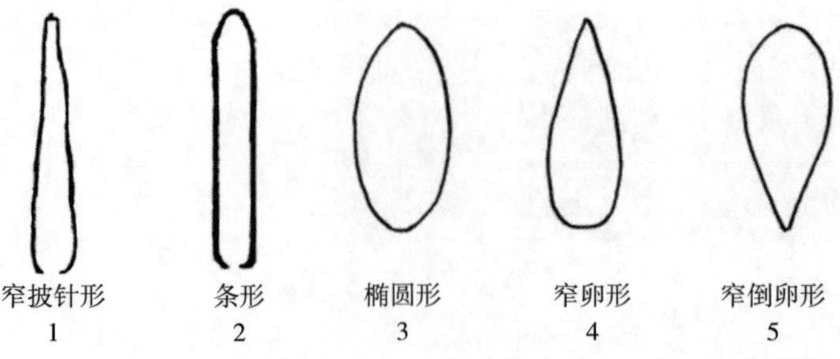

图 B.2 *叶:形状

性状 13　* 仅适用于有斑的品种：叶：斑类型，见图 B. 3。

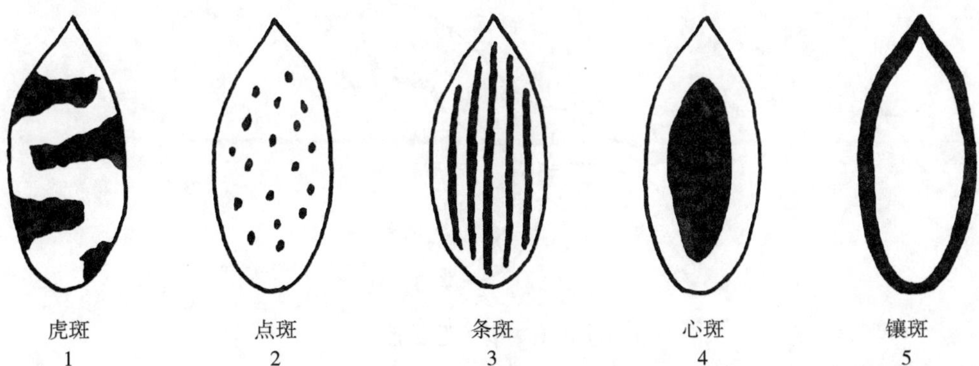

图 B. 3　* 仅适用于有斑的品种：叶：斑类型

性状 17　* 花序：着生位置，见图 B. 4。
性状 20　* 花序梗：长度，见图 B. 4。
性状 23　* 花梗：长度，见图 B. 4。

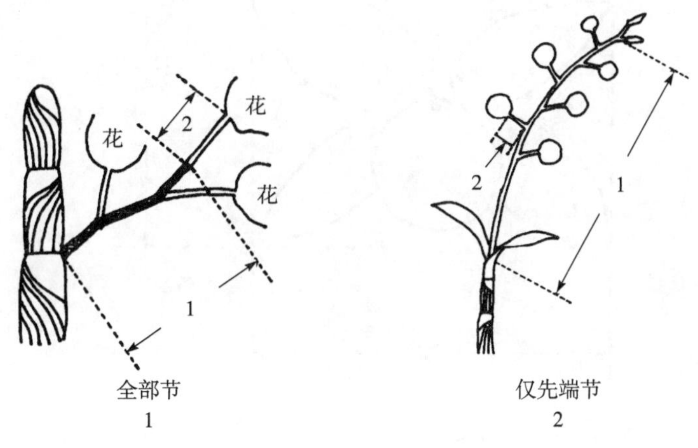

说明：
1——花序梗长度；
2——花梗长度。

图 B. 4　* 花序：着生位置；* 花序梗：长度；* 花梗：长度

性状 22　* 花序梗：姿态，见图 B. 5。

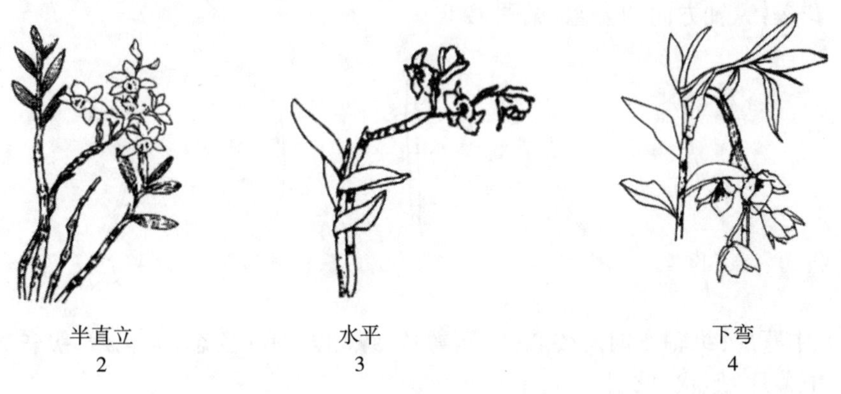

图 B. 5　* 花序梗：姿态

性状 26　花:距长度,见图 B.6。

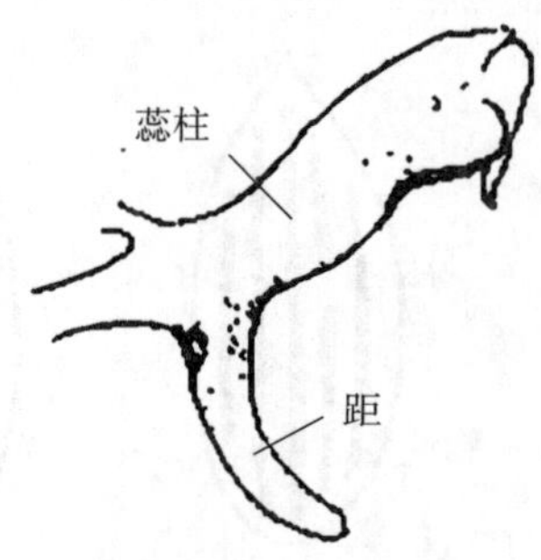

图 B.6　花:距长度

性状 27　*花:纵径,见图 B.7。

性状 28　*花:横径,见图 B.7。

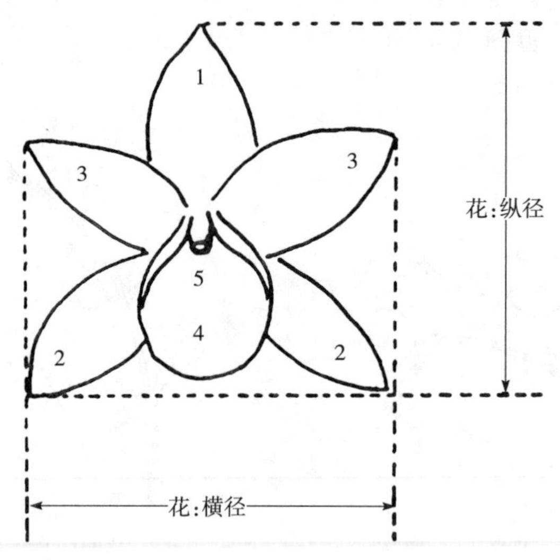

说明:

1——中萼片;　4——唇瓣;

2——侧萼片;　5——蕊柱。

3——花瓣;

图 B.7　*花:纵径;*花:横径

性状 30　*中萼片:纵轴方向的姿态,见图 B.8。

性状 37　*侧萼片:纵轴方向的姿态,见图 B.8。

性状 53　*花瓣:纵轴方向的姿态,见图 B.8。

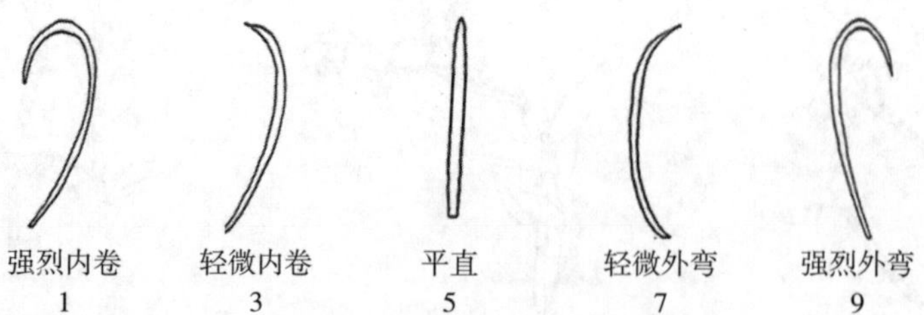

图 B.8　*中萼片:纵轴方向的姿态;*侧萼片:纵轴方向的姿态;*花瓣:纵轴方向的姿态

性状 33　*中萼片:形状,见图 B.9。

性状 40　*侧萼片:形状,见图 B.9。

性状 56　＊花瓣:形状,见图 B.9。

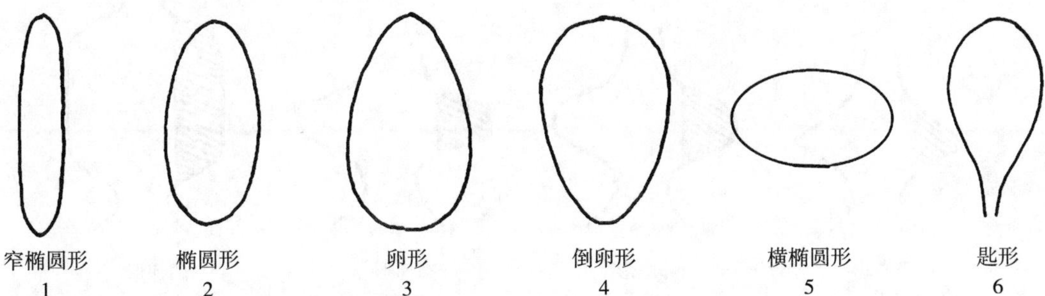

图 B.9　＊中萼片:形状;＊侧萼片:形状;＊花瓣:形状

性状 34　＊中萼片:横截面,见图 B.10。

性状 41　＊侧萼片:横截面,见图 B.10。

性状 57　＊花瓣:横截面,见图 B.10。

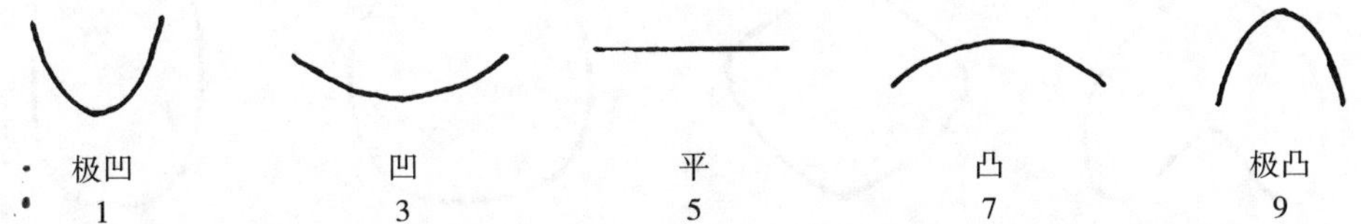

图 B.10　＊中萼片:横截面;＊侧萼片:横截面;＊花瓣:横截面

性状 72　＊仅适用于唇瓣无侧裂片的品种:唇瓣:形状,见图 B.11。

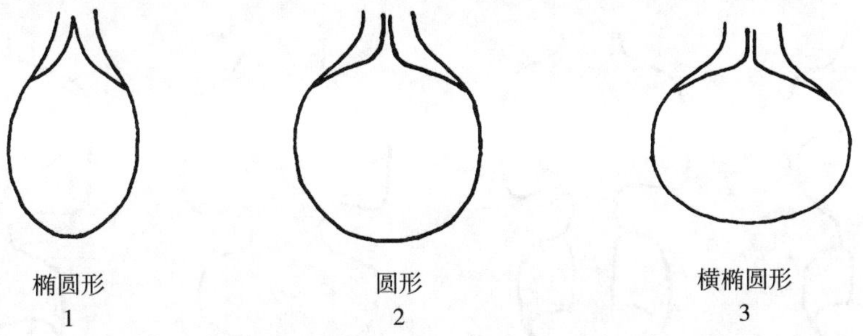

图 B.11　＊仅适用于唇瓣无侧裂片的品种:唇瓣:形状

性状 73　＊仅适用于唇瓣无侧裂片的品种:唇瓣:基部叠合,见图 B.12。

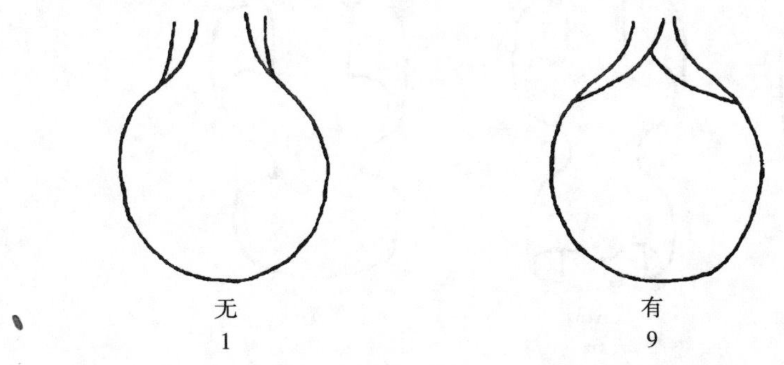

图 B.12　＊仅适用于唇瓣无侧裂片的品种:唇瓣:基部叠合

性状 74　＊仅适用于唇瓣有侧裂片的品种：唇瓣：侧裂片形状，见图 B.13。

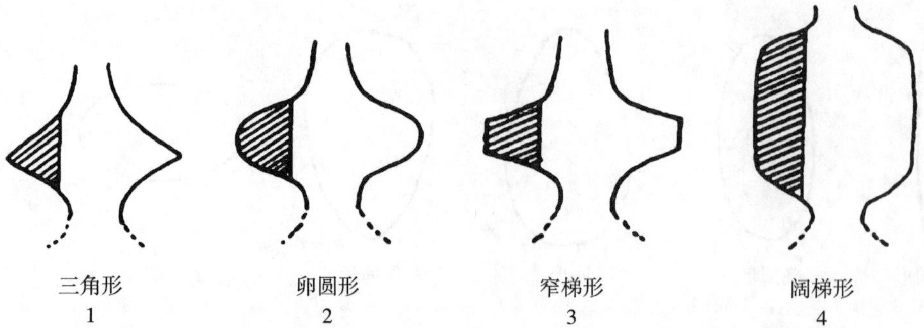

图 B.13　＊仅适用于唇瓣有侧裂片的品种：唇瓣：侧裂片形状

性状 75　＊仅适用于唇瓣有侧裂片的品种：唇瓣：中裂片形状，见图 B.14。

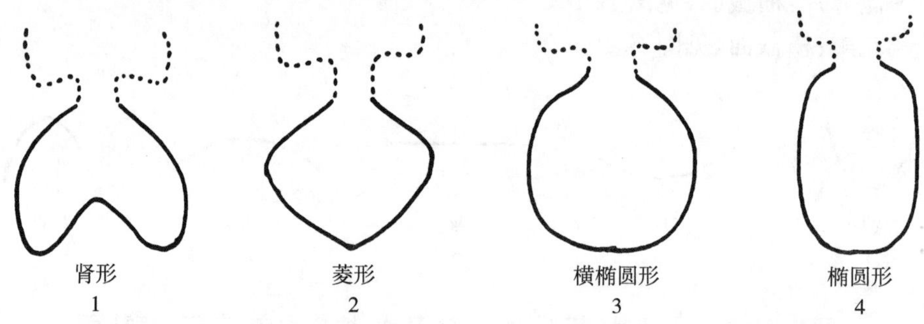

图 B.14　＊仅适用于唇瓣有侧裂片的品种：唇瓣：中裂片形状

性状 76　＊唇瓣：弯曲类型，见图 B.15。

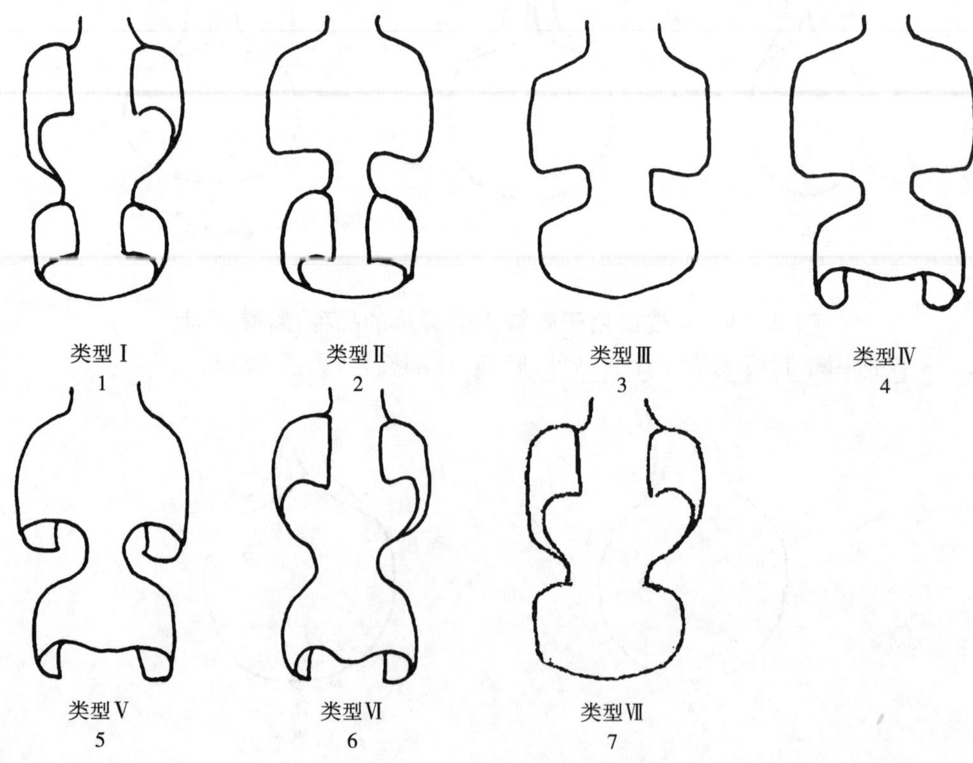

图 B.15　＊唇瓣：弯曲类型

性状 77　＊唇瓣：眼，见图 B.16。

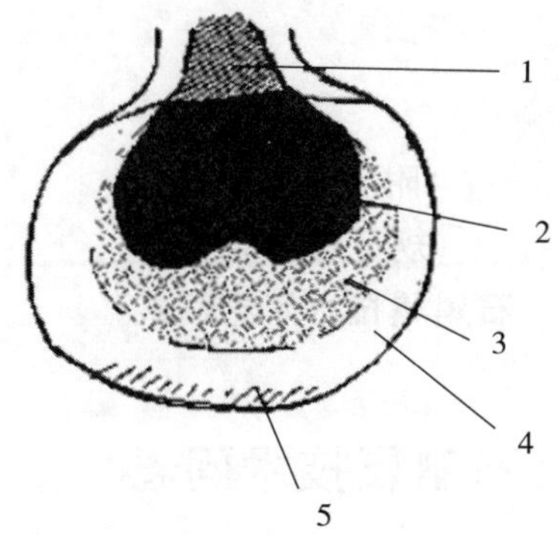

说明：
1——喉；
2——眼；
3——中间部分；
4——基部；
5——阴影。

图 B. 16 ＊唇瓣:眼

性状 78 ＊唇瓣:眼类型，见图 B. 17。

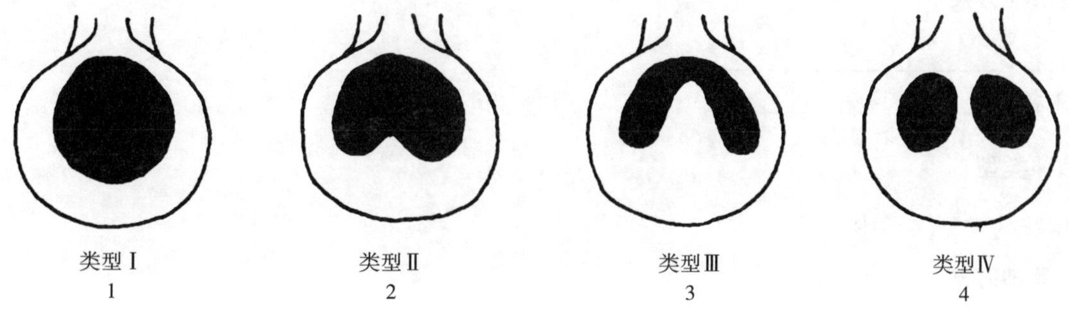

图 B. 17 ＊唇瓣:眼类型

性状 98 ＊花期。记录整个小区中 25%的植株开花的日期。

附　录　C
（规范性附录）
石斛属技术问卷格式

石斛属技术问卷

申请号：
申请日：
（由审批机关填写）

（申请人或代理机构签章）

C.1　品种暂定名称

C.2　植物学分类

拉丁名：____________________
中文名：____________________

C.3　品种类型

在相符的类型[　]中打√。

C.3.1　育种方式

C.3.1.1　杂交　　[　]请列出父母本________________________________

C.3.1.2　突变　　[　]请列出亲本________________________________

C.3.1.3　驯化　　[　]请指出何时、何地、如何发现____________________

C.3.1.4　其他　　[　]请详细说明________________________________

C.3.2　繁殖方式

C.3.2.1　扦插　　[　]

C.3.2.2　分株　　[　]

C.3.2.3　离体繁殖　　[　]

C.3.2.4　其他　　[　]（请指出方式）

C.4　申请品种的具有代表性彩色照片

（品种照片粘贴处）
（如果照片较多，可另附页提供）

C.5 其他有助于辨别申请品种的信息

（如品种用途、品质抗性，请提供详细资料）

C.6 品种种植或测试是否需要特殊条件

在相符的［ ］中打√。

是［ ］ 否［ ］

（如果回答是，请提供详细资料）

C.7 品种繁殖材料保存是否需要特殊条件

在相符的［ ］中打√。

是［ ］ 否［ ］

（如果回答是，请提供详细资料）

C.8 申请品种需要指出的性状

在表 C.1 中相符的代码后［ ］中打√，若有测量值，请填写在表 C.1 中。

表 C.1 申请品种需要指出的性状

序号	性 状	表达状态	代 码	测量值
1	＊植株：大小(性状 1)	极小	1［］	
		极小到小	2［］	
		小	3［］	
		小到中	4［］	
		中	5［］	
		中到大	6［］	
		大	7［］	
		大到极大	8［］	
		极大	9［］	
2	＊花序：着生位置(性状 17)	全部节	1［］	
		仅先端节	2［］	
3	＊花序：花的着生位置(性状 18)	整个花序梗	1［］	
		仅先端	2［］	
4	＊花序：花数量(性状 19)	极少	1［］	
		极少到少	2［］	
		少	3［］	
		少到中	4［］	
		中	5［］	
		中到多	6［］	
		多	7［］	

表 C.1（续）

序号	性　状	表达状态	代　码	测量值
5	* 花:纵径(性状 27)	极短	1 [ ]	
		极短到短	2 [ ]	
		短	3 [ ]	
		短到中	4 [ ]	
		中	5 [ ]	
		中到长	6 [ ]	
		长	7 [ ]	
		长到极长	8 [ ]	
		极长	9 [ ]	
6	* 花:横径(性状 28)	极窄	1 [ ]	
		极窄到窄	2 [ ]	
		窄	3 [ ]	
		窄到中	4 [ ]	
		中	5 [ ]	
		中到宽	6 [ ]	
		宽	7 [ ]	
		宽到极宽	8 [ ]	
		极宽	9 [ ]	
7	* 唇瓣:侧裂片(性状 71)	无	1 [ ]	
		有	9 [ ]	
8	* 唇瓣:眼(性状 77)	无	1 [ ]	
		有	9 [ ]	
9	* 唇瓣:图案模式(不包括中间部分、眼和喉)(性状 80)	无	1 [ ]	
		晕	2 [ ]	
		镶边	3 [ ]	
		条状	4 [ ]	
		网状	5 [ ]	
		点状	6 [ ]	
		晕和条状	7 [ ]	
		晕和网状	8 [ ]	
		晕和点状	9 [ ]	
10	唇瓣:主色 (性状 82)	绿色	1 [ ]	
		白色	2 [ ]	RHS 标准比色卡号
		黄色	3 [ ]	
		粉色	4 [ ]	
		红色	5 [ ]	
		紫色	6 [ ]	
		偏红色	7 [ ]	
11	* 花期(性状 98)	早春	1 [ ]	
		春	2 [ ]	
		夏	3 [ ]	
		秋	4 [ ]	
		晚秋	5 [ ]	

ICS 65.020.20
B 05

中华人民共和国农业行业标准

NY/T 2759—2015

植物新品种特异性、一致性和稳定性测试指南　仙客来

Guidelines for the conduct of tests for distinctness, uniformity and stability—Cyclamen

(*Cyclamen persicum* Mill)

2015-05-21 发布　　2015-08-01 实施

中华人民共和国农业部　发布

目　　次

前　　言

本标准按照GB/T 1.1—2009给出的规则起草。

本标准由农业部科技教育司提出。

本标准由全国植物新品种测试标准化技术委员会(SAC/TC 277)归口。

本标准起草单位:上海市农业科学院[农业部植物新品种测试(上海)分中心]、河北省林业科学研究院、农业部科技发展中心、上海市农业生物基因中心。

本标准主要起草人:褚云霞、陈海荣、林艳、黄志城、郭伟珍、杨旭红、李寿国、顾晓君、林田、邓姗、顾可飞。

植物新品种特异性、一致性和稳定性测试指南 仙　客　来

1　范围

本标准规定了报春花科仙客来属仙客来(*Cyclamen persicum* Mill)新品种特异性、一致性和稳定性测试的技术要求和结果判定的一般原则。

本标准适用于仙客来新品种特异性、一致性和稳定性测试和结果判定。

2　规范性引用文件

下列文件对于本文件的应用是必不可少的。凡是注日期的引用文件,仅注日期的版本适用于本文件。凡是不注日期的引用文件,其最新版本(包括所有的修改单)适用于本文件。

GB/T 19557.1　植物新品种特异性、一致性和稳定性测试指南　总则

3　术语和定义

GB/T 19557.1 界定的以及下列术语和定义适用于本文件。

3.1

群体测量　single measurement of a group of plants or parts of plants

对一批植株或植株的某器官或部位进行测量,获得一个群体记录。

3.2

个体测量　measurement of a number of individual plants or parts of plants

对一批植株或植株的某器官或部位进行逐个测量,获得一组个体记录。

3.3

群体目测　visual assessment by a single observation of a group of plants or parts of plants

对一批植株或植株的某器官或部位进行目测,获得一个群体记录。

3.4

个体目测　visual assessment by observation of individual plants or parts of plants

对一批植株或植株的某器官或部位进行逐个目测,获得一组个体记录。

4　符号

下列符号适用于本文件:

MG:群体测量。

MS:个体测量。

VG:群体目测。

VS:个体目测。

QL:质量性状。

QN:数量性状。

PQ:假质量性状。

(a)、(b):标注内容在 B.1 中进行了详细解释。

(+):标注内容在 B.2 中进行了详细解释。

__：本标准中下划线是特别提示测试性状的适用范围。

5 繁殖材料的要求

5.1 繁殖材料以种子形式提供。

5.2 提交的种子数量至少 2 000 粒。

5.3 提交的种子应外观健康，无病虫侵害。种子的具体质量要求如下：

发芽率≥80%，净度≥98.0%，含水量≤8.0%。

5.4 提交的种子一般不进行任何影响品种性状正常表达的处理(如种子包衣处理)。如果已处理，应提供处理的详细说明。

5.5 提交的种子应符合中国植物检疫的有关规定。

6 测试方法

6.1 测试周期

测试周期至少为一个独立的生长周期。

6.2 测试地点

测试通常在一个地点进行。如果某些性状在该地点不能充分表达，可在其他符合条件的地点对其进行观测。

6.3 田间试验

6.3.1 试验设计

申请品种和近似品种在相同栽培条件下相邻摆放。

穴盘育苗，出苗后 2 叶时移植到 30 穴的穴盘中，5 叶以上时移栽到口径 12 cm～15 cm 的花盆中，1 盆 1 株。

每个小区不少于 30 株，共设 2 个重复。

6.3.2 田间管理

可按当地常规生产管理方式进行。

6.4 性状观测

6.4.1 观测时期

性状观测应在植株盛花期进行。

6.4.2 观测方法

性状观测应按照表 A.1 和表 A.2 规定的观测方法(VG、VS、MG、MS)进行。部分性状观测方法见 B.1 和 B.2。

因为白天光照的变化，用比色卡测试颜色时应在人工模拟日光光照的室内或中午无阳光直射的室内。提供人工照明装置的光谱分布应符合 CIE 推荐的日光 D6500 标准和适合英国 950 标准的第一部分。所有观测应把植株测试部分置于白色背景上进行。

6.4.3 观测数量

除非另有说明，个体观测性状(VS、MS)植株取样数量不少于 20 个，在观测植株的器官或部位时，每个植株取样数量应为 1 个。群体观测性状(VG、MG)应观测整个小区或规定大小的混合样本。

6.5 附加测试

必要时，可选用表 A.2 中的性状或本文件未列出的性状进行附加测试。

7 特异性、一致性和稳定性结果的判定

7.1 总体原则

特异性、一致性和稳定性的判定按照 GB/T 19557.1 确定的原则进行。

7.2 特异性的判定

申请品种应明显区别于所有已知品种。在测试中,当申请品种至少在一个性状上与近似品种具有明显且可重现的差异时,即可判定申请品种具备特异性。

7.3 一致性的判定

一致性判定时,采用 2%的群体标准和至少 95%的接受概率。当样本大小为 19 株~41 株时,最多可以允许有 2 个异型株,当样本大小为 42 株~60 株时,最多可以允许有 3 个异型株。

对于叶片斑纹等特殊性状,在一致性判定时,品种的变异程度不能显著超过同类型品种。

7.4 稳定性的判定

如果一个品种具备一致性,则可认为该品种具备稳定性。一般不对稳定性进行测试。

必要时,可以种植该品种的下一批种子,与以前提供的种子相比,若性状表达无明显变化,则可判定该品种具备稳定性。

对于杂交种的稳定性判定,除直接对杂交种本身进行测试外,还可以通过测试其亲本的一致性和稳定性的方法进行判定。

8 性状表

根据测试需要,性状分为基本性状和选测性状。基本性状是测试中必须使用的性状,基本性状见表 A.1,选测性状见表 A.2。

8.1 概述

性状表列出了性状名称、表达类型、表达状态及相应的代码和标准品种、观测时期和方法等内容。

8.2 表达类型

根据性状表达方式,将性状分为质量性状、假质量性状和数量性状 3 种类型。

8.3 表达状态和相应代码

8.3.1 每个性状划分为一系列表达状态,以便于定义性状和规范描述;每个表达状态赋予一个相应的数字代码,以便于数据记录、处理和品种描述的建立与交流。

8.3.2 对于质量性状和假质量性状,所有的表达状态都应当在测试指南中列出;对于数量性状,为了缩小性状表的长度,偶数代码的表达状态可以不列出,偶数代码的表达状态可以前一个表达状态到后一个表达状态的形式来描述。

8.4 标准品种

性状表中列出了部分性状有关表达状态可参考的标准品种,以助于确定相关性状的不同表达状态和校正环境因素引起的差异。

9 分组性状

本文件中,品种分组性状如下:

a) 植株:大小(表 A.1 中性状 1)。

b) 花茎:数量 (表 A.1 中性状 16)。

c) 花瓣:边缘波状程度(表 A.1 中性状 25)。

d) 花瓣:长度(表 A.1 中性状 26)。

e) 花瓣:主色(表 A.1 中性状 30)。

f) 花:雄蕊的瓣化(表 A.1 中性状 35)。

10 技术问卷

申请人应按附录 C 给出的格式填写仙客来技术问卷。

附 录 A
(规范性附录)
仙客来性状表

A.1 仙客来基本性状

见表A.1。

表A.1 仙客来基本性状表

序号	性 状	观测方法	表达状态	标准品种	代码
1	植株:大小 QN	VG/MS	小	荷兰小花白	3
			中		5
			大	清芬大花红	7
2	叶片:数量 QN	VG/MS	少		3
			中	清芬大花红	5
			多	日本模瓣粉	7
3	叶片:形状 PQ (a) (+)	VG	长心脏形		1
			心脏形	清芬大花红	2
			近圆形	日本模瓣粉	3
			其他		4
4	叶片:绿色程度 QN (a)	VG	浅		3
			中	清芬大花红	5
			深		7
5	叶片:背面花青甙显色 QL (a) (+)	VG	无	日本模瓣粉	1
			有	清芬大花红	9
6	叶片:斑纹 QL (a) (+)	VG	无		1
			有	清芬大花红	9
7	仅适用于叶片有斑纹的品种:叶片:斑纹类型 PQ (a) (+)	VG	内斑		1
			外斑	日本模瓣粉	2
			带斑	清芬大花红	3
			内斑和带斑		4
			其他		5
8	叶片:先端形状 PQ (a) (+)	VG	尖形	清芬大花红	1
			钝形	日本模瓣粉	2
			圆形		3
			凹形		4
9	叶片:基部相对位置 QN (a) (+)	VG	相叠	日本模瓣粉	1
			相接	艾罗红皱边	2
			分离	清芬大花红	3
10	叶片:边缘缺刻 QL (a) (+)	VG	细齿		1
			疏齿		2
			重齿		3

表 A.1（续）

序号	性　　状	观测方法	表达状态	标准品种	代码
11	叶片:边缘波状程度 QN (a)	VG	弱	清芬大花红	3
			中	荷兰小花白	5
			强		7
12	叶片:长度 QN (a) (+)	MS/VG	短	荷兰小花白	3
			中	艾罗红皱边	5
			长	清芬大花红	7
13	叶片:宽度 QN (a) (+)	MS/VG	窄	荷兰小花白	3
			中	清芬大花红	5
			宽	日本模瓣粉	7
14	叶柄:长度 QN (a)	MS	短	荷兰小花白	3
			中	清芬大花红	5
			长		7
15	叶柄:粗细 QN (a)	MS	细	荷兰小花白	3
			中		5
			粗	清芬大花红	7
16	花茎:数量 QN	VG/MS	少	日本模瓣粉	3
			中	清芬大花红	5
			多		7
17	花茎:花青甙显色程度 QN (b) (+)	VG	无或极弱		1
			弱		3
			中	日本模瓣粉	5
			强	清芬大花红	7
			极强		9
18	花茎:长度 QN (b)	MS	极短		1
			短	荷兰小花白	3
			中	清芬大花红	5
			长	日本模瓣粉	7
			极长		9
19	花茎:粗细 QN (b)	MS	细	荷兰小花白	1
			中	清芬大花红	2
			粗		3
20	花:香味 QN	VG	无或极弱	清芬大花红	1
			弱		2
			强		3
21	花瓣:姿态 PQ (+)	VG	不反转		1
			部分反转	清芬大花红	2
			全部反转		3
22	仅适用于花瓣反转的品种:花瓣:基部耳状突起 QL (+)	VG	无	清芬大花红	1
			有		9
23	花瓣:扭曲 QN (b)	VG	弱	清芬大花红	3
			中	日本模瓣粉	5
			强	荷兰小花白	7
24	花瓣:边缘缺刻 QN (b)	VG	无	清芬大花红	1
			弱		2
			强	艾罗红皱边	3

表 A.1（续）

序号	性　状	观测方法	表达状态	标准品种	代码
25	花瓣:边缘波状程度 QN (b)	VG	弱	日本模瓣粉	3
			中	荷兰小花白	5
			强	艾罗红皱边	7
26	花瓣:长度 QN (b)	MS	短	荷兰小花白	3
			中	艾罗红皱边	5
			长	清芬大花红	7
27	花瓣:宽度 QN (b)	MS	窄	荷兰小花白	3
			中	清芬大花红	5
			宽		7
28	花瓣:基部颜色 PQ (b)	VG	RHS 比色卡标定		
29	花瓣:颜色类型 QL (b)	VG	单色	清芬大花红	
			复色	日本模瓣粉	
30	花瓣:主色 PQ (b)	VG	RHS 比色卡标定		
31	花瓣:颜色分布 PQ (b) (+)	VG	均匀		1
			基部向端部变浅		2
			端部向基部变浅		3
32	<u>仅适用于花瓣颜色为复色的品种</u>:花瓣:次色 PQ (b)	VG	RHS 比色卡标定		
33	<u>仅适用于花瓣颜色为复色的品种</u>:花瓣:次色类型 PQ (b)		斑块		1
			斑点		2
			条斑		3
			晕状		4
34	<u>仅适用于花瓣颜色为复色的品种</u>:花瓣:次色分布位置 PQ (b)		端部		1
			边缘		2
			中部		3
			其他		4
35	花:雄蕊的瓣化 QL (b) (+)	VG	无	清芬大花红	1
			有		9
36	花:萼片变异 QL (b) (+)	VG	无	清芬大花红	1
			有		9
37	花:萼片缺刻 QL (b)	VG	无		1
			有	艾罗红皱边	9
38	花药:颜色 PQ (b) (+)	VG	黄色	清芬大花红	1
			褐色		2
			紫红色		3

A.2 仙客来选测性状

见表 A.2。

表 A.2 仙客来选测性状表

序号	性 状	观测方法	表达状态	标准品种	代码
39	块茎:颜色 PQ	VG	浅褐色	日本模瓣粉	1
			灰褐色	清芬大花红	2
			红褐色	荷兰小花白	3
40	叶片:厚度 QN (a)	VG	薄		3
			中	清芬大花红	5
			厚		7

附 录 B
(规范性附录)
仙客来性状表的解释

B.1 涉及多个性状的解释

(a) 叶丛中部 1/3 环的最大完整成熟叶,见图 B.1。

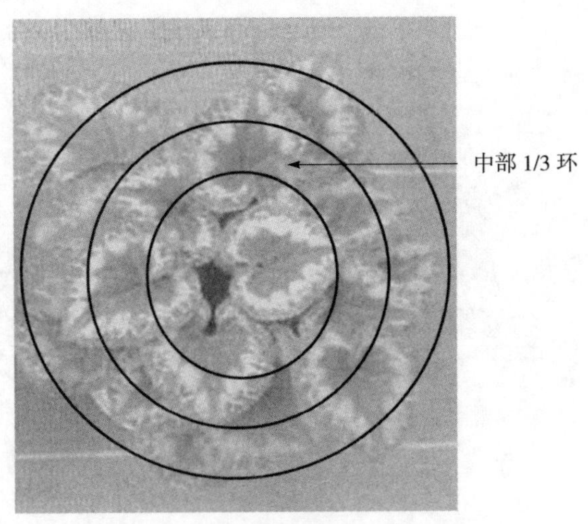

图 B.1 叶丛中部 1/3 环示意图

(b) 最大正常的花茎、花及其器官(或部位)。

B.2 涉及单个性状的解释

性状分级和图中代码见表 A.1。

性状 3 叶片:形状,见图 B.2。

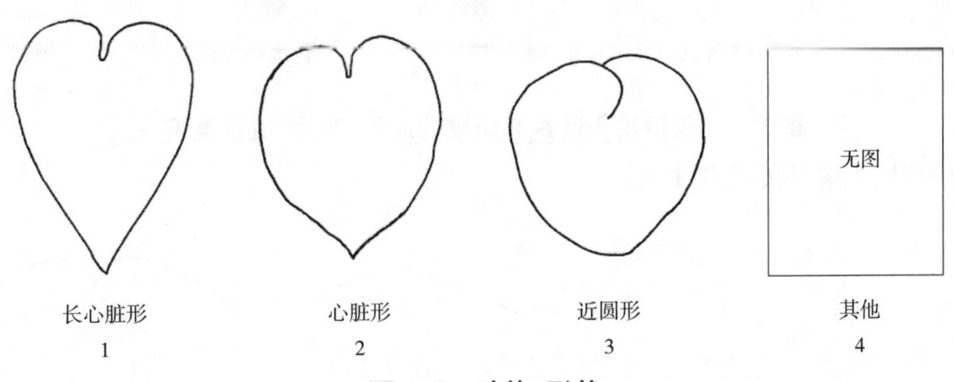

图 B.2 叶片:形状

性状 5 叶片:背面花青甙显色,见图 B.3。

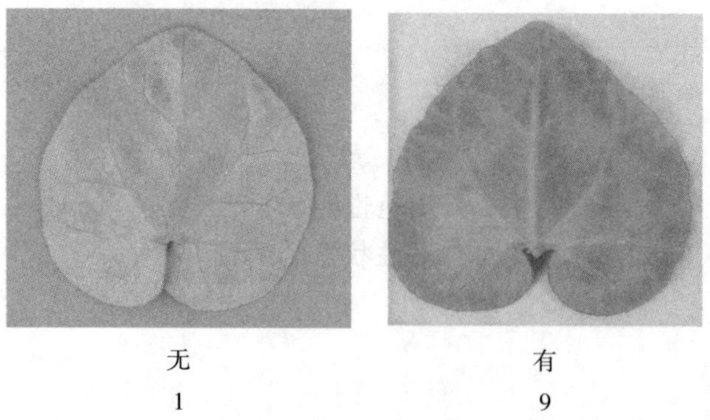

图 B.3　叶片:背面花青甙显色

性状 6　叶片:斑纹,见图 B.4。

图 B.4　叶片:斑纹

性状 7　仅适用于叶片有斑纹的品种:叶片:斑纹类型,见图 B.5。

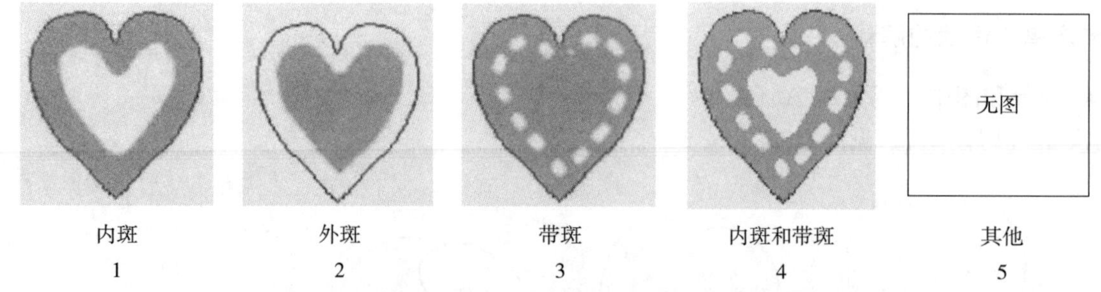

图 B.5　仅适用于叶片有斑纹的品种:叶片:斑纹类型

性状 8　叶片:先端形状,见图 B.6。

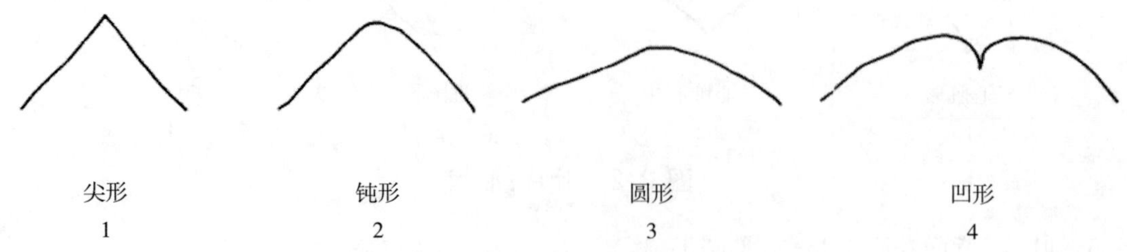

图 B.6　叶片:先端形状

性状 9　叶片:基部相对位置,见图 B.7。

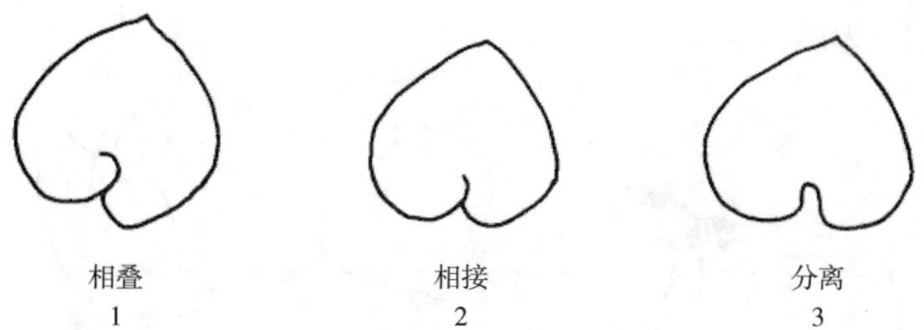

图 B.7　叶片:基部相对位置

性状 10　叶片:边缘缺刻,见图 B.8。

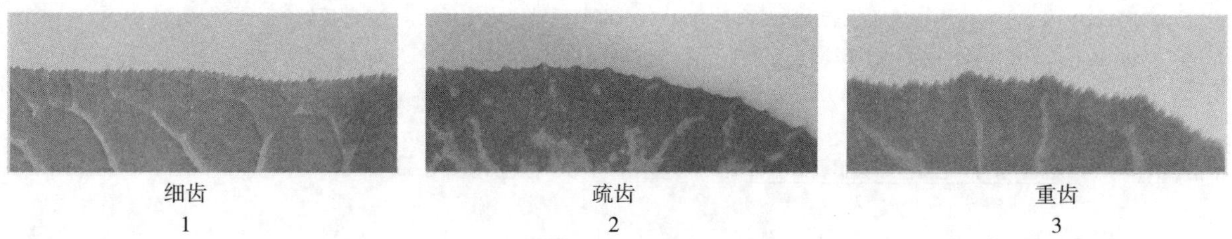

图 B.8　叶片:边缘缺刻

性状 12　叶片:长度,见图 B.9。

性状 13　叶片:宽度,见图 B.9。

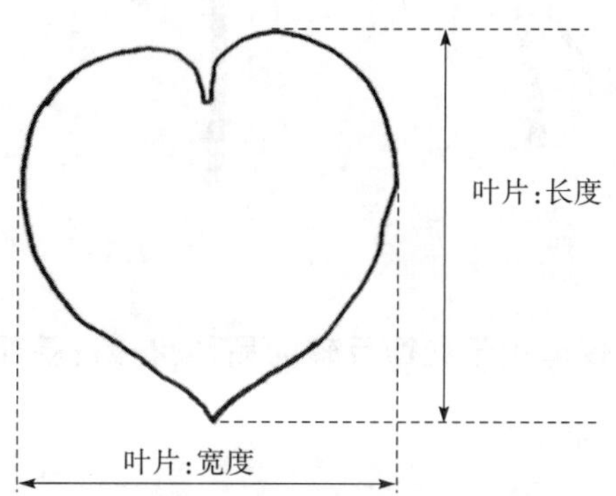

图 B.9　叶片:长度;叶片;宽度

性状 17　花茎:花青甙显色程度,见图 B.10。

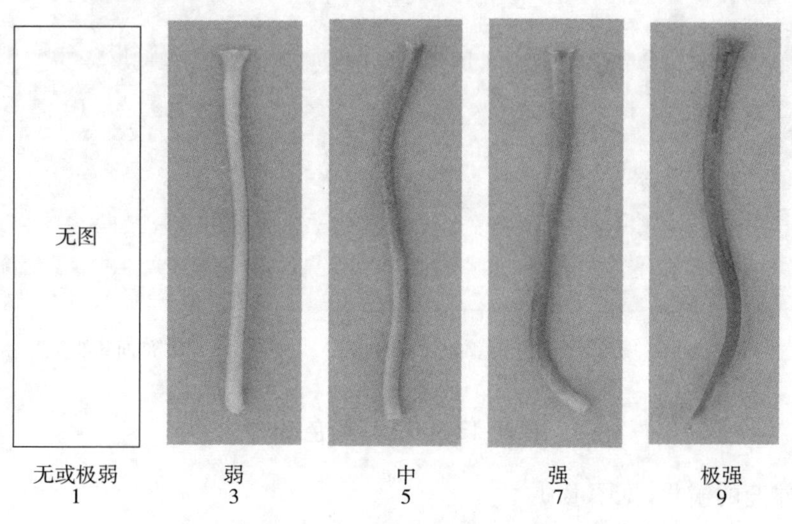

图 B.10　花茎:花青甙显色程度

性状 21　花瓣:姿态,见图 B. 11。

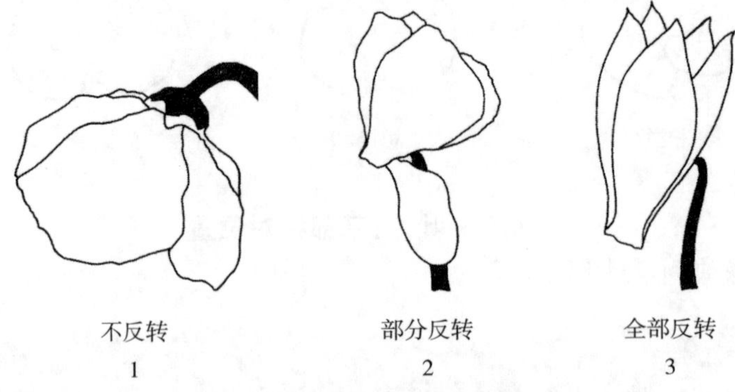

图 B. 11　花瓣:姿态

性状 22　<u>仅适用于花瓣反转的品种:</u>花瓣:基部耳状突起,见图 B. 12。

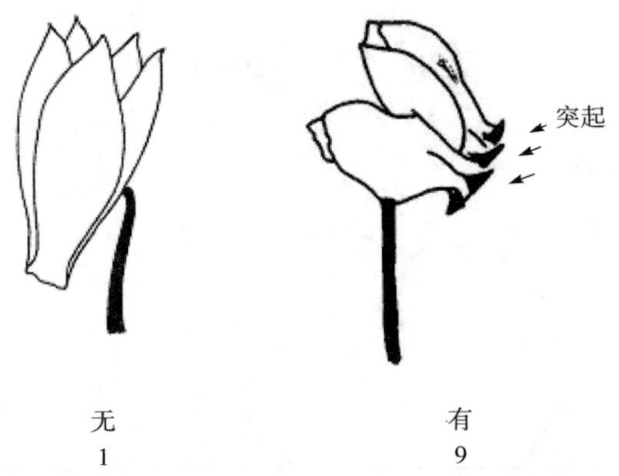

图 B. 12　<u>仅适用于花瓣反转的品种:</u>花瓣:基部耳状突起

性状 31　花瓣:颜色分布,见图 B. 13。

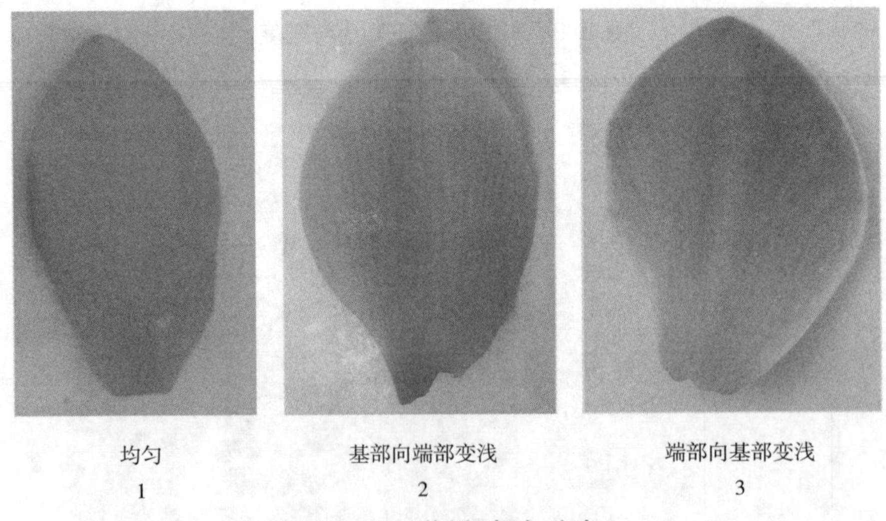

图 B. 13　花瓣:颜色分布

性状 35　花:雄蕊的瓣化,见图 B. 14。

图 B.14　花:雄蕊的瓣化

性状 36　花:萼片变异,见图 B.15。

图 B.15　花:萼片变异

性状 38　花药:颜色,见图 B.16。

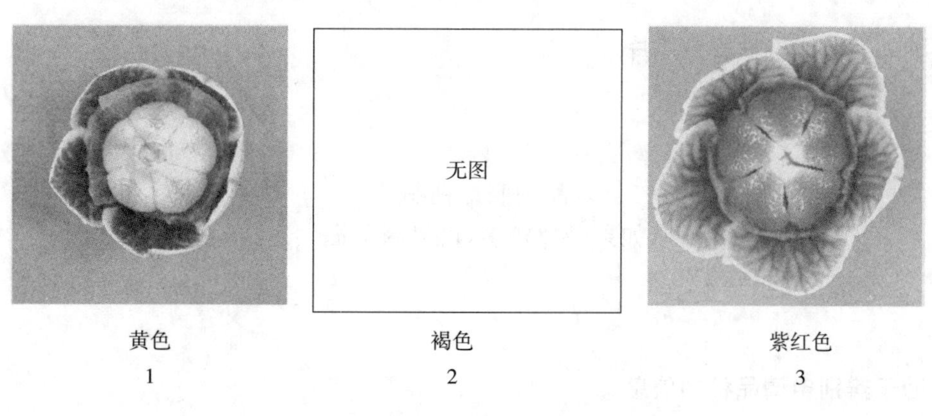

图 B.16　花药:颜色

附 录 C
（规范性附录）
仙客来技术问卷格式

仙客来技术问卷

申请号：
申请日：
（由审批机关填写）

（申请人或代理机构签章）

C.1　品种暂定名称

C.2　植物学分类

拉丁名：*Cyclamen persicum* Mill

中文名：仙客来

C.3　品种类型

在相符的[　]中打√。

C.3.1　按瓣性分

单瓣[　]　　重瓣[　]

C.3.2　按花型分

大花型[　]　　平瓣型[　]　　洛可可型[　]　　皱边型[　]　　迷你型[　]

C.3.3　按品种用途分

观花[　]　　观叶[　]　　兼用型[　]

C.4　申请品种的具有代表性彩色照片

（品种照片粘贴处）
（如果照片较多，可另附页提供）

C.5　其他有助于辨别申请品种的信息

（如品种用途、品质抗性，请提供详细资料）

C.6　品种种植或测试是否需要特殊条件

在相符的［　］中打√。

是［　］　　　　否［　］

（如果回答是，请提供详细资料）

C.7　品种繁殖材料保存是否需要特殊条件

在相符的［　］中打√。

是［　］　　　　否［　］

（如果回答是，请提供详细资料）

C.8　申请品种需要指出的性状

在表C.1中相符的代码后［　］中打√，若有测量值，请填写在表C.1中。

表C.1　申请品种需要指出的性状

序号	性　状	表达状态	代　码	测量值
1	植株：大小（性状1）	极小	1［　］	
		极小到小	2［　］	
		小	3［　］	
		小到中	4［　］	
		中	5［　］	
		中到大	6［　］	
		大	7［　］	
		大到极大	8［　］	
		极大	9［　］	
2	花茎：数量（性状16）	极少	1［　］	
		极少到少	2［　］	
		少	3［　］	
		少到中	4［　］	
		中	5［　］	
		中到多	6［　］	
		多	7［　］	
		多到极多	8［　］	
		极多	9［　］	
3	花瓣：边缘波状程度（性状25）	极弱	1［　］	
		极弱到弱	2［　］	
		弱	3［　］	
		弱到中	4［　］	
		中	5［　］	
		中到强	6［　］	
		强	7［　］	
		强到极强	8［　］	
		极强	9［　］	

表 C.1（续）

序号	性　　状	表达状态	代　码	测量值
4	花瓣：长度（性状 26）	极短	1［ ］	
		极短到短	2［ ］	
		短	3［ ］	
		短到中	4［ ］	
		中	5［ ］	
		中到长	6［ ］	
		长	7［ ］	
		长到极长	8［ ］	
		极长	9［ ］	
5	花瓣：主色（性状 30）	RHS 比色卡标定		
6	花：雄蕊的瓣化（性状 35）	无	1［ ］	
		有	9［ ］	

参 考 文 献

[1]GB/T 19557.1　植物新品种特异性、一致性和稳定性测试指南　总则
[2]仙客来审查基准(日本),http://www.hinsyu.maff.go.jp/info/sinsakijun/kijun/1216.pdf
[3]UPOV TG/1"GENERAL INTRODUCTION TO THE EXAMINATION OF DISTINCTNESS,UNIFORMITY AND STABILITY AND THE DEVELOPMENT OF HARMONIZED DESCRIPTIONS OF NEW VARIETIES OF PLANTS"(植物新品种特异性、一致性和稳定性审查及性状统一描述总则)
[4]UPOV TGP/7 "DEVELOPMENT OF TEST GUIDELINES"(测试指南的研制)
[5]UPOV TGP/8"TRIAL DESIGN AND TECHNIQUES USED IN THE EXAMINATION OF DISTINCTNESS,UNIFORMITY AND STABILITY"(DUS审查中应用的试验设计和技术方法)
[6]UPOV TGP/9 "EXAMINING DISTINCTNESS"(特异性审查)
[7]UPOV TGP/10 "EXAMINING UNIFORMITY"(一致性审查)
[8]UPOV TGP/11 "EXAMINING STABILITY"(稳定性审查)

ICS 65.020.20
B 05

中华人民共和国农业行业标准

NY/T 2760—2015

植物新品种特异性、一致性和稳定性测试指南　香蕉

Guidelines for the conduct of tests for distinctness, uniformity and stability—Banana

(*Musa acumunata* Colla;*Musa* × *paradisiaca* L.)

(UPOV:TG/123/4 Guidelines for the conduct of tests for distinctness, uniformity and stability—Banana,NEQ)

2015-05-21 发布　　　　2015-08-01 实施

中华人民共和国农业部　发布

目　次

前　言

本标准按照 GB/T 1.1—2009 给出的规则起草。

本标准使用重新起草法修改采用了国际植物新品种保护联盟(UPOV)指南“TG/123/4,Guidelines for the conduct of tests for distinctness，uniformity and stability—Banana(*Musa acuminate* Colla,*Musa*×*paradisiaca* L.,*M. acuminata* Colla × *M. balbisiana* Colla)”。

本标准对应于 UPOV 指南 TG/123/4,本标准与 TG/123/4 的一致性程度为非等效。

本标准与 UPOV 指南 TG/123/4 相比存在技术性差异,主要差异如下:

——增加了“叶柄:边缘颜色”、“雄花序:花蕾顶部苞片排列”、“雄花序:苞片外表颜色”3 个性状;

——删除了“雄花序:苞片裂开”和“苞片:内侧颜色”2 个性状。

本标准由农业部种子管理局提出。

本标准由全国植物新品种测试标准化技术委员会(SAC/TC 277)归口。

本标准起草单位:华南农业大学、东莞市香蕉蔬菜研究所、农业部科技发展中心。

本标准主要起草人:李建国、吕顺、李春兰、徐春香、刘文清、陈厚彬、王泽槐、卢新、周建坤、杨贺年、李洪波。

植物新品种特异性、一致性和稳定性测试指南
香　　蕉

1　范围

本标准规定了香蕉新品种特异性、一致性和稳定性(DUS)测试的技术要求和结果判定的一般原则。

本标准适用于可食用的香蕉(*Musa acuminata* Colla)和杂交种 *Musa* × *paradisiaca* L.(*M. acuminata* Colla×*M. balbisiana* Colla)的栽培品种,主要包括 AA、AB、AAA、AAB、ABB、AAAA、AAAB 和 AABB 基因组类型的二倍体、三倍体和四倍体可食用的天然香蕉品种或杂交种新品种特异性、一致性和稳定性测试和结果判定。

2　规范性引用文件

下列文件对于本文件的应用是必不可少的。凡是注日期的引用文件,仅注日期的版本适用于本文件。凡是不注日期的引用文件,其最新版本(包括所有的修改单)适用于本文件。

GB/T 19557.1　植物新品种特异性、一致性和稳定性测试指南　总则

3　术语和定义

GB/T 19557.1 界定的以及下列术语和定义适用于本文件。

3.1

群体测量　Single measurement of a group of plants or parts of plants

对一批植株或植株的某器官或部位进行测量,获得一个群体记录。

3.2

个体测量　Measurement of a number of individual plants or parts of plants

对一批植株或植株的某器官或部位进行逐个测量,获得一组个体记录。

3.3

群体目测　Visual assessment by a single observation of a group of plants or parts of plants

对一批植株或植株的某器官或部位进行目测,获得一个群体记录。

3.4

个体目测　Visual assessment by observation of individual plants or parts of plants

对一批植株或植株的某器官或部位进行逐个目测,获得一组个体记录。

4　符号

下列符号适用于本文件:

MG:群体测量。

MS:个体测量。

VG:群体目测。

VS:个体目测。

QL:质量性状。

QN:数量性状。

PQ:假质量性状。

*：标注性状为UPOV用于统一品种描述所需要的重要性状，除非受环境条件限制性状的表达状态无法测试，所有UPOV成员都应使用这些性状。

(a)～(e)：标注内容在B.2中进行了详细解释。

+：标注内容在B.3中进行了详细解释。

5 繁殖材料的要求

5.1 繁殖材料以吸芽苗或组织培养苗的形式提供。

5.2 提交的繁殖材料数量不少于20株。吸芽苗的吸芽应为剑叶芽，假茎高度30 cm～50 cm，有小叶3片～6片；组织培养苗增殖代数不超过9代，定植时适宜苗龄6片～12片叶，假茎高度8 cm～20 cm，具有5片～10片绿叶。

5.3 提交的繁殖材料外观健康、生长势基本一致，未感染任何重要病虫害。

5.4 提交的繁殖材料一般不进行任何可能影响品种性状正常表达的处理。如果已处理，应提供处理的详细说明。

5.5 提交的繁殖材料应符合中国植物检疫的有关规定。

6 测试方法

6.1 测试周期

测试周期至少为两个独立的生长周期，且每个生长周期都必须能结出正常的果实。特别注意的是所有的观察不要在第一个生长周期内进行。

6.2 测试地点

测试通常在一个地点进行。试验地点应能够满足品种相关性状正常表达所需要的生长条件，且便于性状的调查。如果某些性状在该地点不能充分表达，可在其他符合条件的地点对其进行测试观测。

6.3 田间试验

6.3.1 试验设计

申请品种和近似品种相邻种植。

测试品种植株总数不少于15株，采用适宜的株行距定植，区组间的环境条件应一致。每次测试结果要来源于15株以上的植株。

6.3.2 田间管理

测试田管理与常规管理措施基本相同，但测试田的植株不能断蕾，同一管理措施应当日完成。

6.4 性状观测

6.4.1 观测时期

性状观测应按照表A.1列出的生长发育阶段进行。表B.1对这些生长发育阶段进行了解释。

6.4.2 观测方法

性状观测应按照表A.1规定的观测方法(VG、VS、MG、MS)进行。部分性状观测方法见B.2和B.3。

6.4.3 观测数量

除非另有说明，个体观测性状(VS、MS)植株应对所有15株或15株的器官进行观测。群体观测性状(VG、MG)应观测整个小区或规定大小的混合样本。

6.5 附加测试

必要时，可选用本文件未列出的性状进行附加测试。

7 特异性、一致性和稳定性结果的判定

7.1 总体原则

特异性、一致性和稳定性的判定按照 GB/T 19557.1 确定的原则进行。

7.2 特异性的判定

申请品种应明显区别于所有已知品种。在测试中，当申请品种至少在一个性状上与近似品种具有明显且可重现的差异时，即可判定申请品种具备特异性。

7.3 一致性的判定

一致性判定时，采用1%的群体标准和至少 95%的接受概率。当样本大小为 15 株时，最多可以允许有 1 株异型株。

7.4 稳定性的判定

如果一个品种具备一致性，则可认为该品种具备稳定性。一般不对稳定性进行测试。

必要时，可以种植新提交的该品种无性繁殖材料，与以前提供的繁殖材料相比，若性状表达无明显变化，则可判定该品种具备稳定性。

8 性状表

8.1 概述

性状表列出了性状名称、表达类型、表达状态及相应代码和标准品种、观测时期和方法等内容。

8.2 表达类型

根据性状表达方式，将性状分为质量性状、假质量性状和数量性状 3 种类型。

8.3 表达状态和相应代码

8.3.1 每个性状划分为一系列表达状态，为便于定义性状和规范描述，每个表达状态赋予一个相应的数字代码，以便于数据记录、处理和品种描述的建立与交流。

8.3.2 对于质量性状和假质量性状，所有的表达状态都应当在测试指南中列出；对于数量性状，为了缩小性状表的长度，偶数代码的表达状态未列出，偶数代码的表达状态以前一个表达状态到后一个表达状态的形式进行描述。

8.4 标准品种

性状表中列出了部分性状有关表达状态可参考的标准品种，以助于确定相关性状的不同表达状态和校正环境因素引起的差异。

8.5 性状表的解释

附录 B 对性状表中的观测时期、部分性状观测方法进行了补充解释。

9 分组性状

本文件中，品种分组性状如下：

a) *假茎：高度(表 A.1 中性状 3)。
b) *果穗：长度(表 A.1 中性状 35)。
c) *果穗：宽度(表 A.1 中性状 36)。
d) *果实：果指长度(表 A.1 中性状 41)。
e) *果实：果指先端形状(表 A.1 中性状 44)。
f) *果实：果棱(表 A.1 中性状 47)。
g) *果实：果皮厚度(表 A.1 中性状 50)。
h) *果实：熟果皮颜色(表 A.1 中性状 51)。

i) ＊果实:果肉硬度(表 A.1 中性状 52)。

j) ＊果实:熟果肉颜色(表 A.1 中性状 53)。

10 技术问卷

申请者应按照附录 C 给出的格式填写香蕉技术问卷。

附　录　A
（规范性附录）
香 蕉 性 状 表

A.1　香蕉测试性状

见表 A.1。

表 A.1　香蕉测试性状表

序号	性　　状	观测时期和方法	表达状态	标准品种	代码
1	*倍性 QL (+)	00 MG	二倍体	海贡	2
			三倍体	巴西蕉、东莞中把大蕉、广粉1号、金沙香	3
			四倍体	金手指	4
2	根茎:地上部吸芽数量 QN (+)	04 VG	少		3
			中	巴西蕉、广粉1号	5
			多		7
3	*假茎:高度 QN (a) (+)	01 MS	极矮		1
			矮	北大矮蕉、矮大蕉	3
			中	巴西蕉、东莞中把大蕉	5
			高	东莞高把大蕉、金沙香	7
			极高	高脚顿地雷、大蜜啥、广粉1号	9
4	*假茎:基部粗度 QN (a) (+)	01 MS	小	海贡、贡蕉	3
			中	巴西蕉、东莞中把大蕉	5
			大	广粉1号	7
5	假茎:叶鞘重叠程度 QN (a)	01 VG	无或弱	大蜜啥	1
			中	巴西蕉	2
			强	北大矮蕉	3
6	假茎:上端变细程度 QN (a) (+)	01 VG	无或弱	东莞中把大蕉	1
			中	巴西蕉、海贡	2
			强		3
7	假茎:底色 PQ (a)	01 VG	黄绿色	东莞中把大蕉	1
			浅绿色		2
			中等绿色	海贡	3
			深绿色	抗枯1号	4
			红绿色		5
			红色	红蕉	6
			紫色		7
8	假茎:花青甙显色 QN (a) (+)	01 VG	无或极弱	东莞中把大蕉、广粉1号	1
			弱		3
			中	大蜜啥	5
			强	巴西蕉	7
			极强		9

表 A.1（续）

序号	性　状	观测时期和方法	表达状态	标准品种	代码
9	假茎:基部叶鞘内表面颜色 PQ (a)	01 VG	黄绿色	贡蕉	1
			绿色		2
			红色		3
			紫红色	大矮蕉	4
10	植株:叶距疏密 QN (+)	01 VG	疏	海贡、大蜜啥、金沙香	3
			中	巴西蕉、东莞中把大蕉	5
			密	北大矮蕉、矮大蕉	7
11	*植株:叶姿 QN (+)	00 VG	直立	海贡	1
			开张	巴西蕉、东莞中把大蕉	2
			下垂		3
12	叶柄:顶部两翼姿态 PQ (+)	01 VG	向外翻卷	海贡	1
			垂直		2
			轻微向内翻卷	北大矮蕉	3
			中度向内翻卷	东莞中把大蕉	4
			部分重叠		5
13	叶柄:边缘颜色 PQ	00 VG	无色	东莞中把大蕉	1
			绿色		2
			红色	海贡	3
14	*叶柄:长度 QN (+)	01 MS	短	北大矮蕉、矮大蕉	3
			中	海贡、巴西蕉、东莞中把大蕉	5
			长	高脚顿地雷、大蜜啥、金沙香	7
15	*叶片:叶背中脉颜色 PQ (b) (+)	01 VG	黄色	贡蕉	1
			绿色	东莞中把大蕉、北大矮蕉	2
			粉色	海贡	3
			紫色	红蕉	4
			深紫色		5
16	*叶片:基部形状 PQ (b) (+)	01 VG	两侧圆形	东莞中把大蕉	1
			一侧圆形 一侧尖形	海贡	2
			两侧尖形	大矮蕉	3
17	*叶片:叶面光泽 QL (b)	01 VG	无	大矮蕉	1
			有	海贡、贡蕉、东莞中把大蕉	9
18	叶片:叶背蜡粉 QN (b) (+)	01 VG	无或极少	贡蕉	1
			少	金沙香	3
			中	巴西蕉	5
			多	广粉1号	7
19	叶片:长度 QN (b)	01 MS	短	北大矮蕉、海贡	3
			中	巴西蕉、东莞中把大蕉	5
			长	高脚顿地雷、广粉1号	7
20	叶片:宽度 QN (b)	01 MS	窄	海贡、贡蕉	3
			中	巴西蕉	5
			宽	大矮蕉、东莞中把大蕉	7
21	叶片:长宽比 QN (b)	01 MG	小	北大矮蕉	3
			中	巴西蕉	5
			大	高脚顿地雷、大蜜啥	7

表 A.1（续）

序号	性　状	观测时期和方法	表达状态	标准品种	代码
22	＊花序轴:苞片宿存性 QN (c) (+)	03 VG	无或弱	巴西蕉、海贡、东莞中把大蕉	1
			中		3
			强	北大矮蕉	5
23	＊花序轴:雄花轴姿态 PQ (c) (+)	03 VG	下垂	巴西蕉	1
			斜生		2
			弯曲下垂	高脚顿地雷、大蜜啥	3
			水平斜生	贡蕉、海贡	4
24	花序轴:疤痕突出程度 QN (c) (+)	03 VG	弱	巴西蕉、贡蕉	1
			中		2
			强	东莞中把大蕉、广粉1号	3
25	花序轴:中性花宿存性 QL (c)	03 VG	无	贡蕉	1
			有	金沙香、红蕉	9
26	苞片:顶部形状 PQ (c) (+)	03 VG	锐尖	贡蕉	1
			尖		2
			钝尖	巴西蕉	3
			钝圆	东莞中把大蕉	4
			钝圆且开裂		5
27	雄花序:花蕾顶部苞片排列 PQ (c) (+)	03 VG	完全重叠	巴西蕉、海贡	1
			小覆瓦状		2
			大覆瓦状	东莞中把大蕉	3
28	雄花序:苞片外表颜色 PQ (c)	03 VG	黄绿色		1
			红绿色		2
			紫红色	巴西蕉、海贡、东莞中把大蕉	3
			紫色	大蜜啥	4
			紫褐色		5
29	＊雄花序:雄花蕾存留性 QL (c)	04 VG	无		1
			有	巴西蕉、海贡、东莞中把大蕉、北大矮蕉	9
30	雄花序:雄花蕾形状 PQ (c) (+)	04 VG	披针形	大蜜啥	1
			近椭圆形	巴西蕉、海贡	2
			卵圆形	东莞中把大蕉	3
			圆球形		4
31	果穗柄:长度 QN (+)	04 VG	短	北大矮蕉、海贡、矮大蕉	3
			中	巴西蕉、东莞中把大蕉	5
			长	高脚顿地雷、东莞高把大蕉	7
32	果穗柄:粗度 QN (+)	04 VG	细	海贡	3
			中	巴西蕉、东莞中把大蕉	5
			粗	大矮蕉	7
33	果穗柄:弯曲程度 QN (+)	04 VG	无		1
			弱	金沙香、海贡	3
			中	大矮蕉	5
			强	巴西蕉	7

表 A.1（续）

序号	性　　状	观测时期和方法	表达状态	标准品种	代码
34	*果穗柄:茸毛 QL (+)	04 VG	无		1
			有	海贡、巴西蕉、东莞中把大蕉	9
35	*果穗:长度 QN (d) (+)	04 MS	短	海贡、红蕉	3
			中	矮大蕉、东莞中把大蕉	5
			长	巴西蕉、广粉1号	7
36	*果穗:宽度 QN (d) (+)	04 MS	窄	海贡	3
			中	巴西蕉	5
			宽	东莞中把大蕉	7
37	果穗:形状 PQ (d) (+)	04 VG	圆柱形	巴西蕉	1
			圆锥形	海贡	2
			不规则		3
38	*果穗:果实着生姿态 QN (d) (+)	04 VG	水平或轻微上弯	海贡、东莞中把大蕉	1
			中等上弯	广粉1号	2
			强烈上弯	巴西蕉	3
39	果穗:紧凑性 QN (d) (+)	04 VG	松散	东莞中把大蕉	3
			中	巴西蕉	5
			紧密	北大矮蕉、广粉1号	7
40	*果穗:果梳数 QN (d)	04 MS	少	东莞中把大蕉、海贡、红蕉	3
			中	巴西蕉、广粉1号	5
			多		7
41	*果实:果指长度 QN (e)	04 MS	短	海贡	3
			中	大矮蕉、东莞中把大蕉、北大矮蕉、广粉1号	5
			长	巴西蕉、大蜜啥	7
42	*果实:果指宽度 QN (e) (+)	04 MS	窄	海贡	3
			中	巴西蕉、北大矮蕉	5
			宽	东莞中把大蕉、广粉1号	7
43	*果实:果指形状 PQ (e) (+)	04 VG	直	海贡、东莞中把大蕉	1
			末端轻微弯曲	大蜜啥、金沙香	2
			均匀弯曲	巴西蕉	3
			S形		4
44	*果实:果指先端形状 PQ (e) (+)	04 VG	圆形	红蕉、贡蕉	1
			钝尖	巴西蕉、东莞中把大蕉、广粉1号	2
			瓶颈形	大蜜啥	3
			尖形	海贡	4
45	果实:果柄长度 QN (e)	04 VG	短	海贡	3
			中	巴西蕉、广粉1号	5
			长	东莞中把大蕉	7

表 A.1（续）

序号	性　状	观测时期和方法	表达状态	标准品种	代码
46	＊果实:生果皮颜色 PQ (e) (+)	04 VG	浅黄色		1
			中等黄色		2
			深黄色		3
			黄绿色	东莞中把大蕉	4
			浅绿色	海贡、贡蕉	5
			中等绿色	巴西蕉	6
			深绿色		7
			粉红色		8
			红色	红蕉	9
47	＊果实:果棱 QN (e) (+)	04 VG	不明显	海贡、广粉1号、贡蕉	1
			中	巴西蕉、金沙香	2
			明显	东莞中把大蕉	3
48	果实:果皮黏持性 QN (e) (+)	05 VG	弱	金沙香	3
			中	巴西蕉	5
			强	海贡、贡蕉	7
49	果实:花器官宿存性 QL (e) (+)	04 VG	无	贡蕉、东莞中把大蕉	1
			有	海贡、巴西蕉	9
50	＊果实:果皮厚度 QN (e) (+)	05 VG	薄	贡蕉、海贡、广粉1号、金沙香	3
			中	巴西蕉	5
			厚	东莞中把大蕉	7
51	＊果实:熟果皮颜色 PQ (e)	05 VG	浅黄色	大蜜哈	1
			中等黄色	东莞中把大蕉、孟加拉菜蕉	2
			绿黄色		3
			黄色	巴西蕉、北大矮蕉	4
			深黄色	贡蕉、金沙香	5
			橙色		6
			橙红色		7
			浅红色	红蕉	8
			黑色		9
52	＊果实:果肉硬度 QN (e)	05 VG	软	大矮蕉、金沙香	1
			中	巴西蕉、广粉1号	3
			硬	东莞中把大蕉	5
53	＊果实:熟果肉颜色 PQ	05 VG	白色	粉大蕉	1
			乳白色	广粉1号	2
			黄白色	巴西蕉、金沙香	3
			黄色	海贡、贡蕉、红蕉	4
			橙色	东莞中把大蕉	5
			粉红色		6

附 录 B
(规范性附录)
香蕉性状表的解释

B.1 香蕉生长发育阶段

见表 B.1。

表 B.1 香蕉生长发育阶段表

生育阶段代码	名 称	描 述
00	营养生长期	指种苗定植或宿根蕉出芽开始至出现抽蕾前的生长发育阶段
01	抽蕾期	指从植株最后一片叶展开后至花蕾第 1 苞片张开时间段
02	雌花开放期	雌花蕾第 1 苞片张开至最后一梳雌花开花时间段
03	雄花开放期	雄花蕾开苞开花时期
04	采收期	指蕉指饱满度达到为 75%～85%时期
05	果实完熟期	指经采后催熟后果实达到可食用成熟度时期

B.2 涉及多个性状的解释

(a) 抽蕾期观测植株假茎。

(b) 除另有说明外,所有对叶片的观察都应在抽蕾期选择从上往下数起的第 3 片叶进行观测。

(c) 所有雌花苞片性状在雌花开放期观察,所有雄花苞片性状除顶部形状和苞片排列在采收期观察外,其他性状均在雄花开放期观测。观察部位:雌花苞片为从果轴基部数起的第 3 片雌花苞片;雄花苞片为雄花蕾未松开的第 1 片外层苞片。

(d) 所有果穗相关性状的观察均在果实采收期进行。

(e) 果皮黏持性、果皮厚度、熟果皮颜色、果肉硬度、果肉颜色等五个性状需要在 18℃～22℃和 90%以上湿度条件下催熟至成熟阶段 6 时进行观测,其他性状均在果实采收期进行。观测的果实取自第三梳蕉果内层/排果中间果指。根据颜色判断果实成熟阶段见图 B.1。

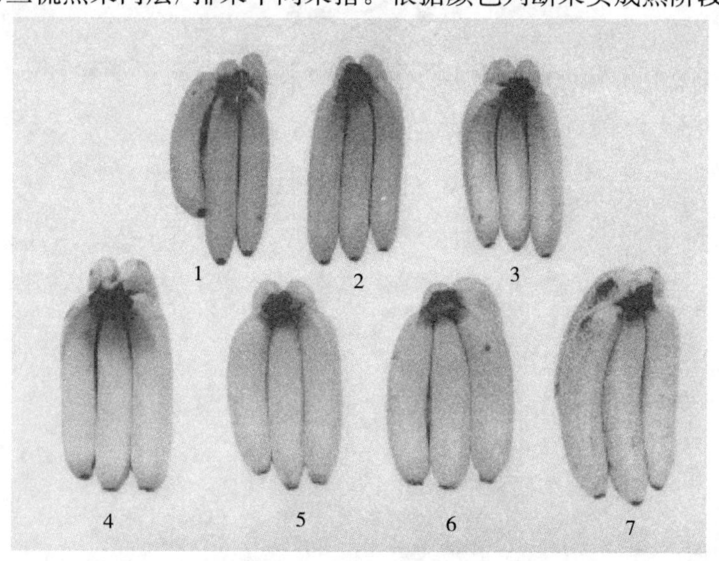

图 B.1 果实成熟阶段

(f) 香蕉植株性状图：假茎、吸芽、花序轴、雄花序、叶柄和叶片的图示如图 B.2。

(g) 香蕉果穗性状图：果穗、果穗柄、果梳、果指、中性花和雄花蕾的图示如图 B.3。

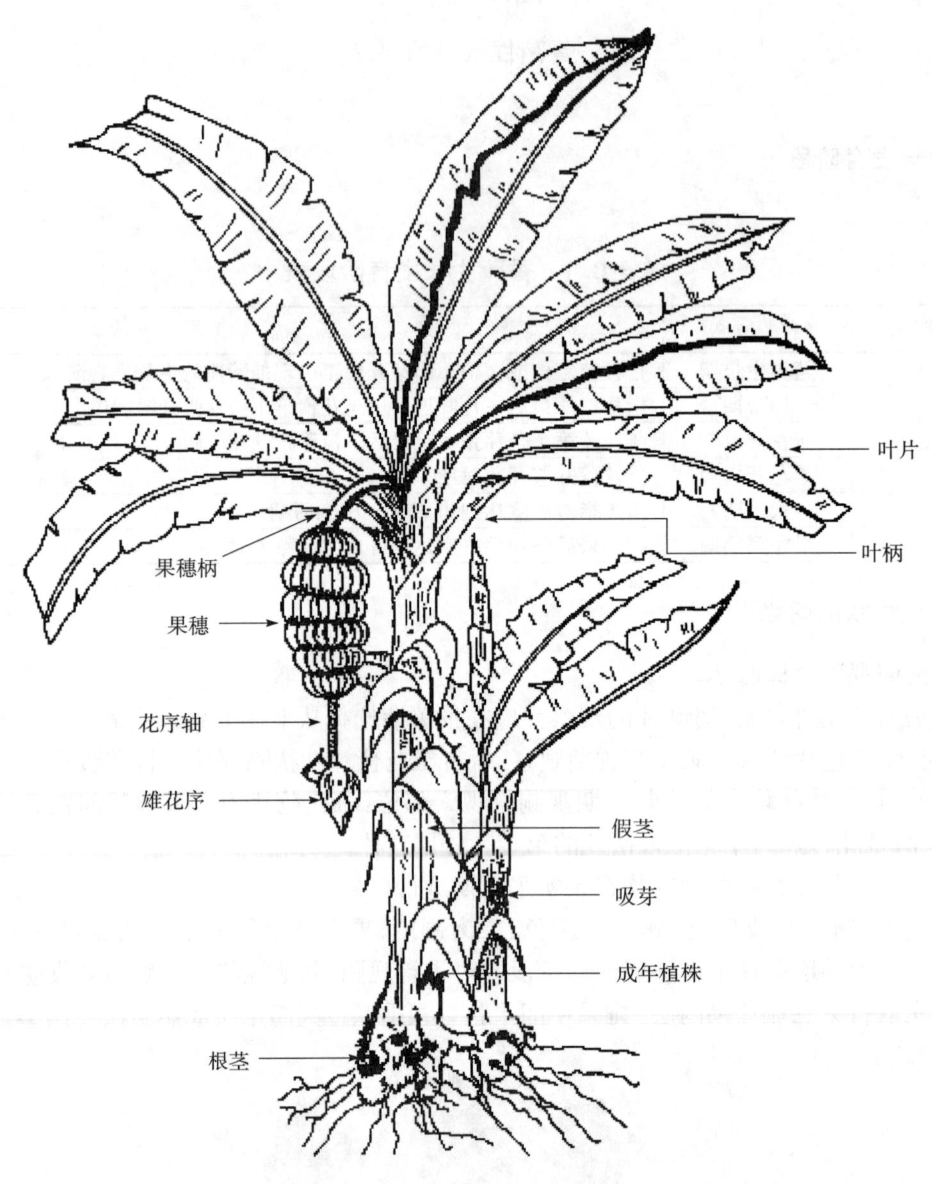

图 B.2　香蕉植株性状图示

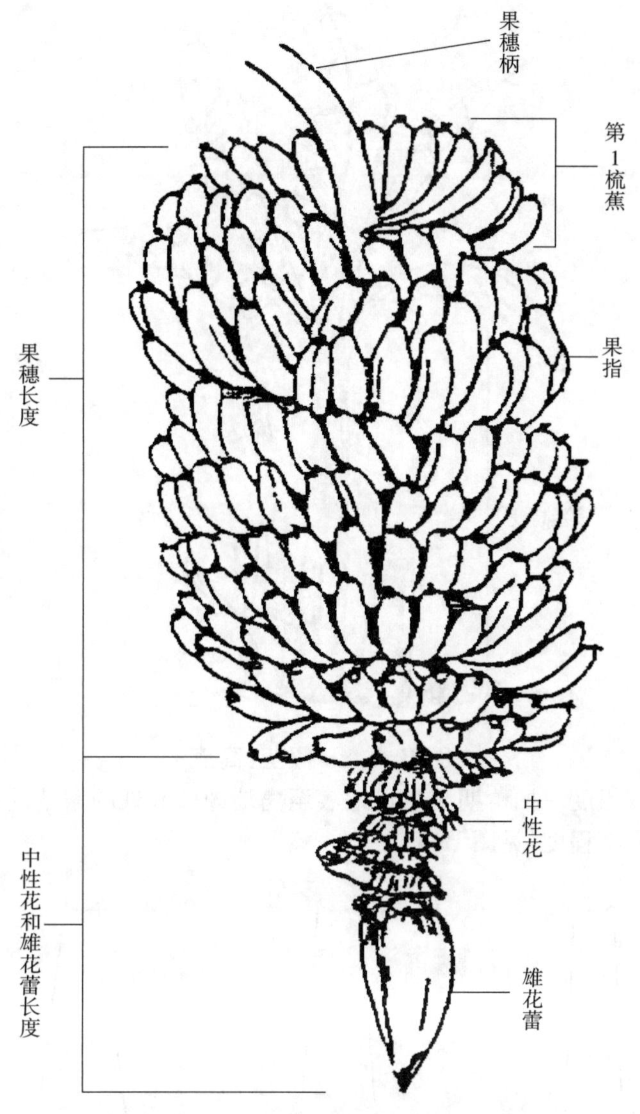

图 B.3　香蕉果穗性状图示

B.3　涉及单个性状的解释

性状分级和图中代码见表 A.1。

性状 1　*倍性。芭蕉科植物适用。

采用植株根尖压片法制片,计算染色体数目。

肉质根尖在 0.036% 8-羟基喹啉中处理 2 h 后用 3∶1 的乙醇—冰醋酸作为固定液进行固定。分生区用含 5%的纤维素酶(Sigma)、1%果胶酶和 1%果胶酶 Y23(Karlan Research,Santa Rosa,Calif)的混合酶液(用柠檬酸缓冲液配制,pH4.5)于 37℃下进行酶解。弃酶溶液后用水清洗几次。将分生组织置于载玻片上,用纸巾吸干多余的水分,然后用 1 滴~2 滴新配制的固定液覆住它。用精细的镊子将分生组织浸渍其中,将细胞涂抹在载玻片上。用相差显微镜进行观察。当细胞开始附着玻片时,滴几滴固定液在玻片的一端,并让溶液覆盖细胞。玻片风干后用 Leishman's 染料进行染色(Singh,1993)。

性状 2　根茎:地上部吸芽数量。上一个生长周期果实收获后计数地表可见吸芽数。

性状 3　*假茎:高度,见图 B.4。

抽蕾期测量植株从地表到花梗抽出处的高度。

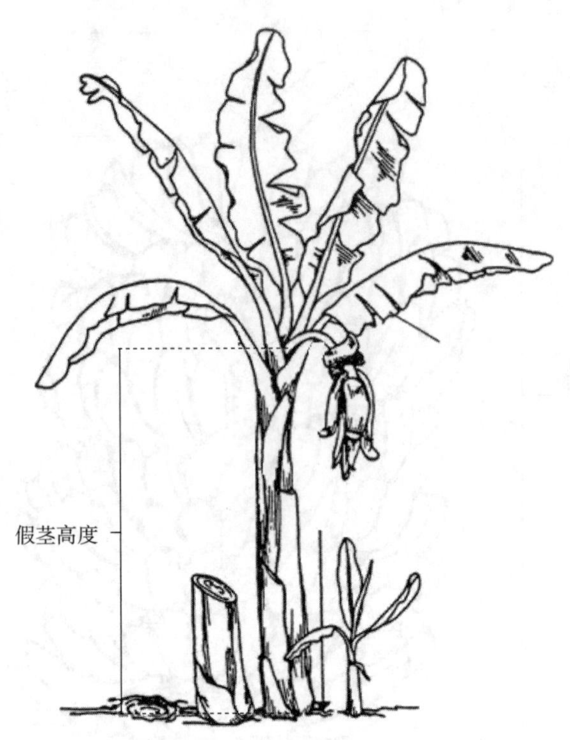

图 B.4 ＊假茎:高度

性状 4 ＊假茎:基部粗度。抽蕾期测量从地表至离地 30 cm 处的假茎周长。

性状 6 假茎:上端变细程度,见图 B.5。

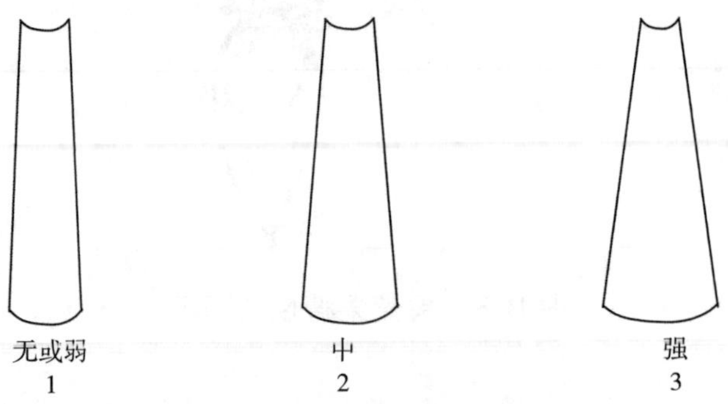

图 B.5 假茎:上端变细程度

性状 8 假茎:花青甙显色,见图 B.6。

图 B.6 假茎:花青甙显色

性状 10　植株:叶距疏密,见图 B.7。

图 B.7　植株:叶距疏密

性状 11　*植株:叶姿,见图 B.8。

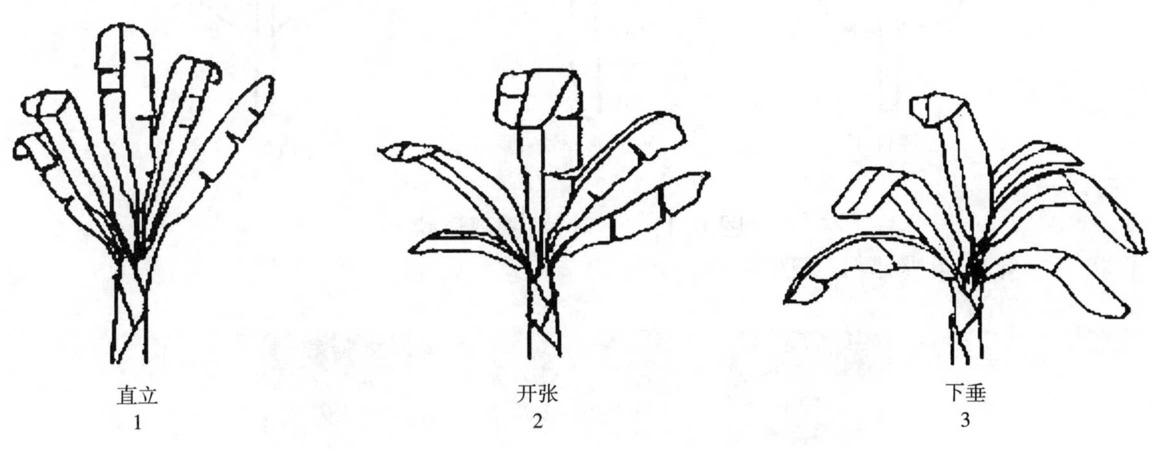

图 B.8　*植株:叶姿

性状 12　叶柄:顶部两翼姿态,见图 B.9。

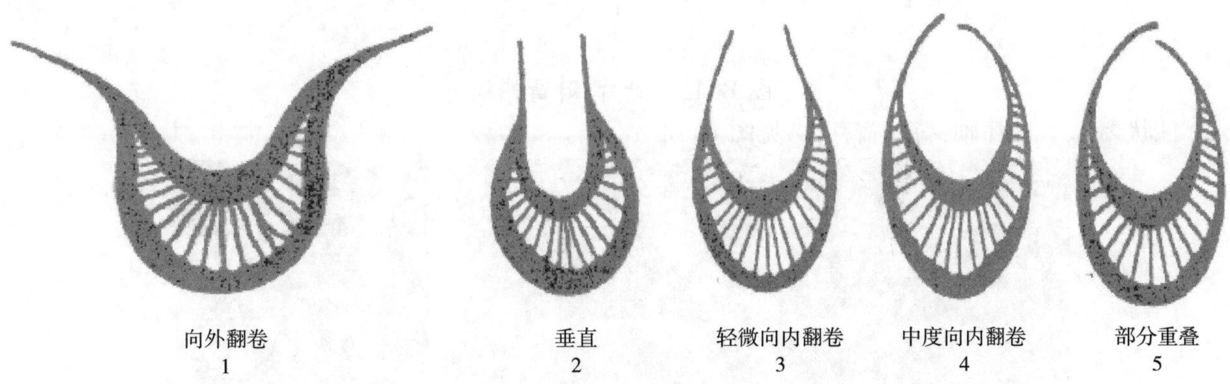

图 B.9　叶柄:顶部两翼姿态

性状 14　*叶柄:长度。测量从上往下数起的第 3 片叶假茎至叶片基部的长度。

性状 15　*叶片:叶背中脉颜色,见图 B.10。

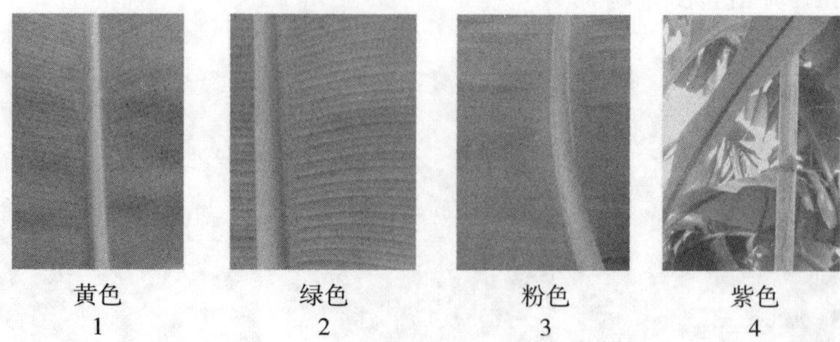

图 B. 10 *叶片:叶背中脉颜色

性状 16 *叶片:基部形状,见图 B. 11。

图 B. 11 *叶片:基部形状

性状 18 叶片:叶背蜡粉,见图 B. 12。

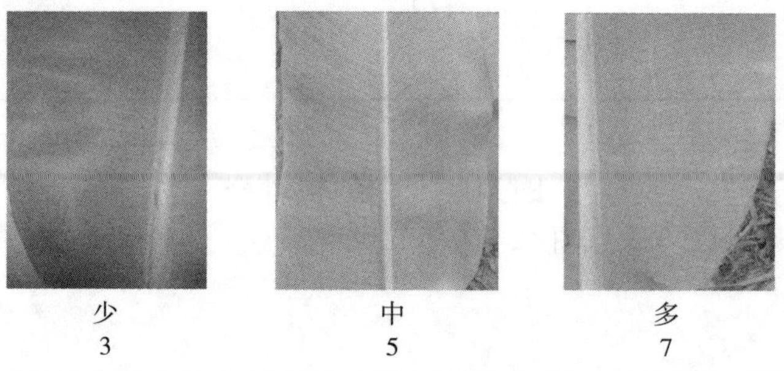

图 B. 12 叶片:叶背蜡粉

性状 22 *花序轴:苞片宿存性,见图 B. 13。

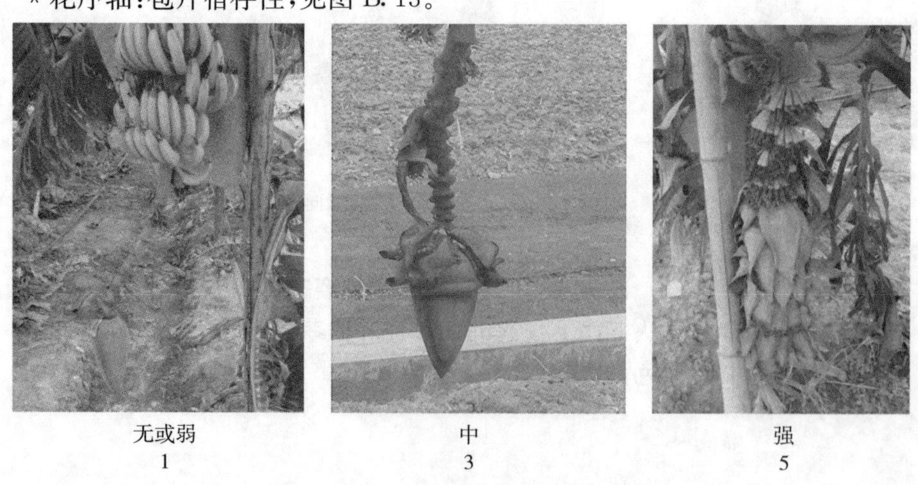

图 B. 13 *花序轴:苞片宿存性

性状 23　* 花序轴:雄花轴姿态,见图 B. 14。

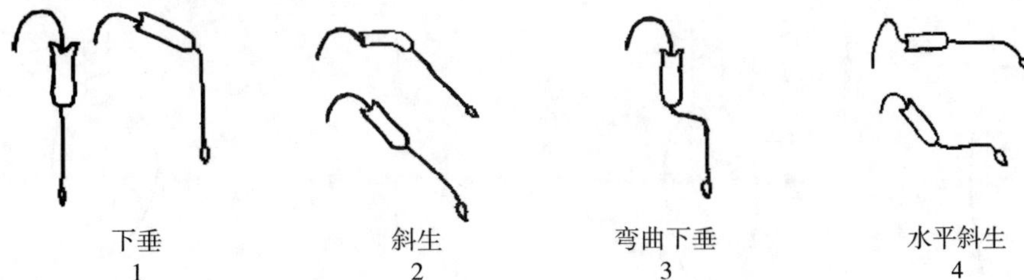

图 B. 14　* 花序轴:雄花轴姿态

性状 24　花序轴:疤痕突出程度,见图 B. 15。

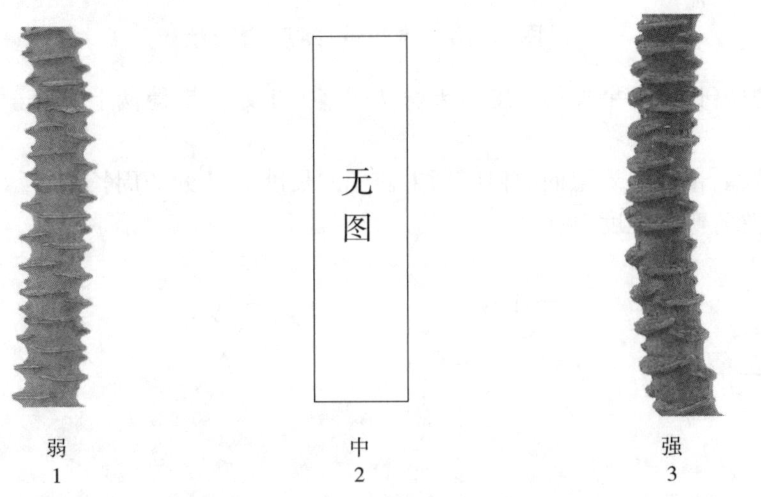

图 B. 15　花序轴:疤痕突出程度

性状 26　苞片:顶部形状,见图 B. 16。

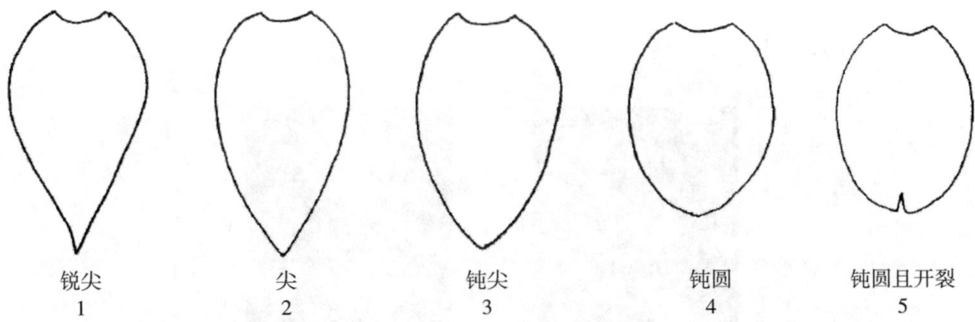

图 B. 16　苞片:顶部形状

性状 27　雄花序:顶部苞片排列,见图 B. 17。

图 B. 17　雄花序:顶部苞片排列

性状 30　雄花序:雄花蕾形状,见图 B.18。

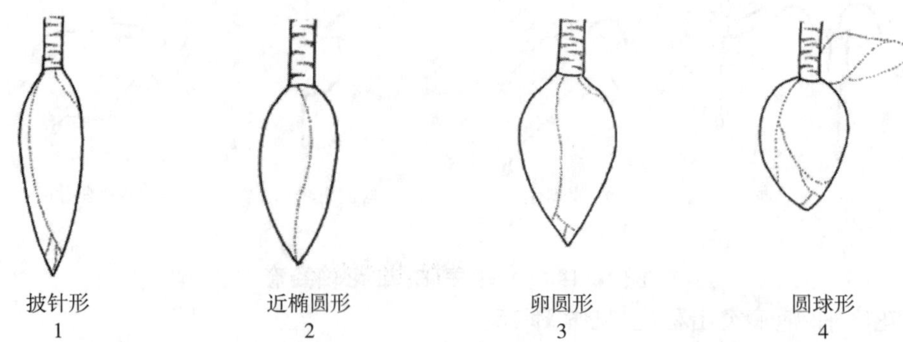

图 B.18　雄花蕾:雄花蕾形状

性状 31　果穗柄:长度。果穗柄长度指果穗从假茎抽出处沿果穗柄上弯面至第 1 梳蕉果着生处之间距离。

性状 32　果穗柄:粗度。果穗柄的粗度用果穗柄的长度 1/2 处的周长来表示。

性状 33　果穗柄:弯曲程度,见图 B.19。

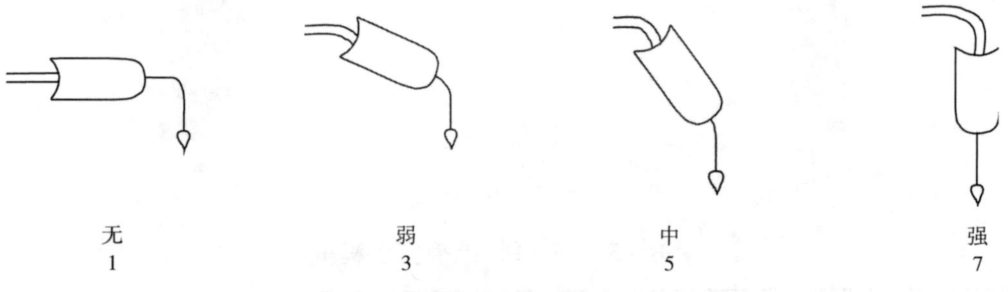

图 B.19　果穗柄:弯曲程度

性状 34　* 果穗柄:茸毛,见图 B.20。

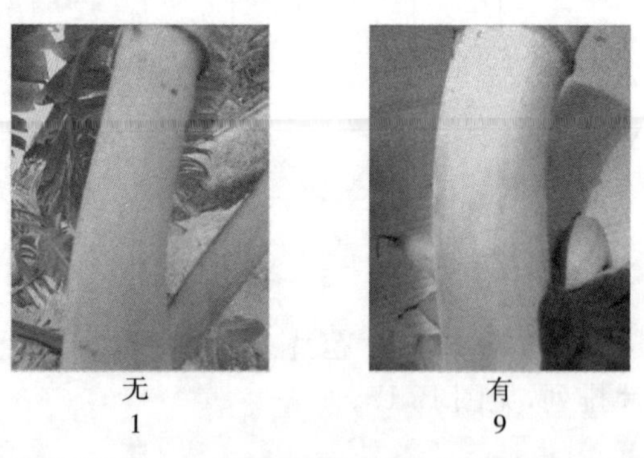

图 B.20　* 果穗柄:茸毛

性状 35　* 果穗:长度。果穗长度是指从第一梳果到最后一梳果的着生处之间的距离。

性状 36　* 果穗:宽度。果穗的宽度为第一梳果与最后一梳果的中间位置量取的果穗直径。

性状 37　果穗:形状,见图 B.21。

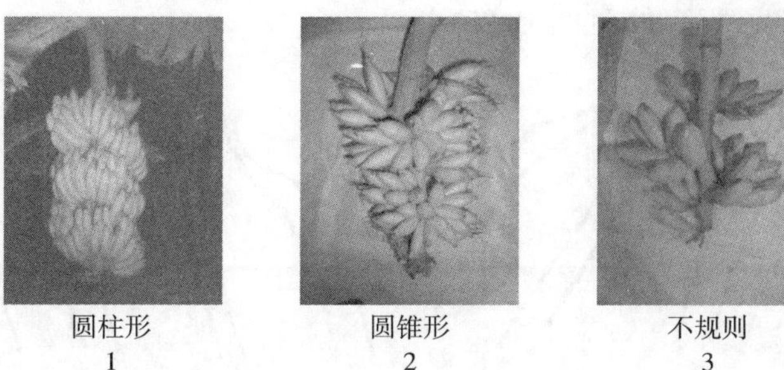

图 B.21　果穗:形状

性状 38　*果穗:果实着生姿态,见图 B.22。

图 B.22　*果穗:果实着生姿态

性状 39　果穗:紧凑性。观测果梳与果梳之间的空隙。

以手或手指能否放入梳间来判断,梳间可轻易放入手视为疏,梳间可放入手指但不能放入手视为中,梳间不能放入手指视为密,对比标准品种给予代码。

性状 41　*果实:果指长度。果指长度是指果指外侧(凸面)从果柄的末端到果指顶的长度。

性状 42　*果实:果指宽度,见图 B.23。

图 B.23　*果实:果指宽度

性状 43　*果实:果指形状,见图 B.24。

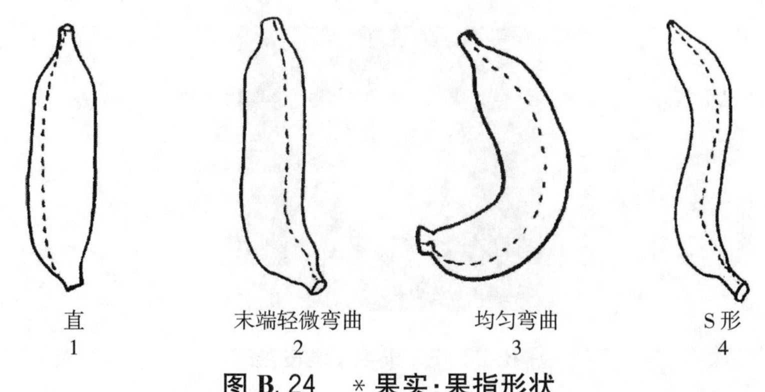

图 B.24　*果实:果指形状

性状 44　＊果实:果指先端形状,见图 B.25。

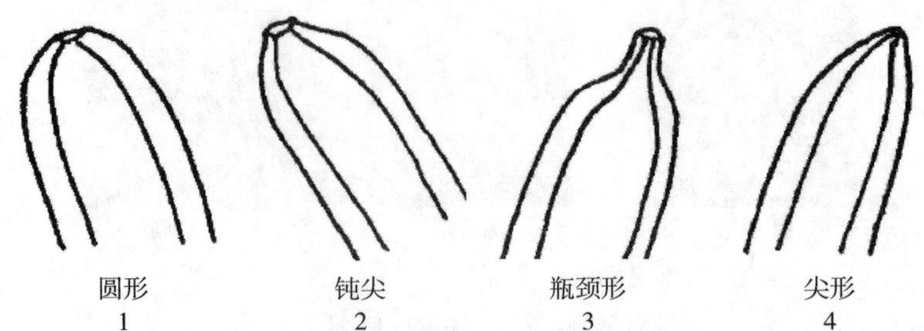

图 B.25　＊果实:果指先端形状

性状 46　＊果实:生果皮颜色。果皮颜色在第一梳果充分发育至应有大小时进行观察。

性状 47　＊果实:果棱,见图 B.26。观察第三梳果外层中间果指。

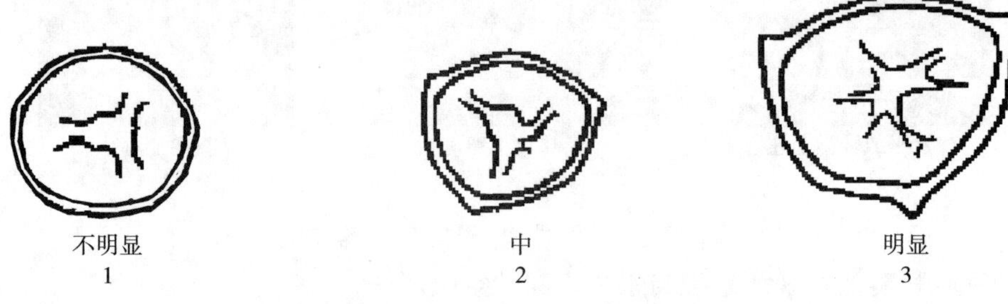

图 B.26　＊果实:果棱

性状 49　果实:花器官宿存性,见图 B.27。

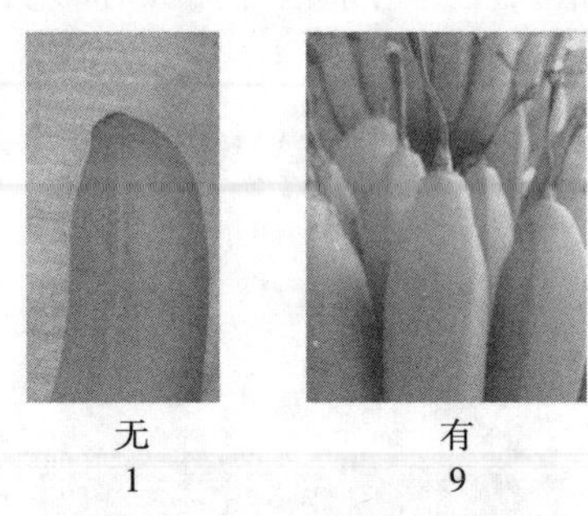

图 B.27　果实:花器官宿存性

性状 50　＊果实:果皮厚度,见图 B.28。

图 B.28　＊果实:果皮厚度

附　录　C
（规范性附录）
香蕉技术问卷格式

香蕉技术问卷

申请号：
申请日：
（由审批机关填写）

（申请人或代理机构签章）

C.1　品种暂定名称

C.2　植物学分类

C.2.1　AA和AAA组群

C.2.1.1　拉丁名：______________________　　[　]

C.2.1.2　中文名：______________________

C.2.1.3　植物组群　AA　[　]
AAA　[　]　大蜜啥类[　]　香芽蕉[　]　红绿蕉[　]

C.2.2　AAB和ABB组群

C.2.2.1　拉丁名：______________________　　[　]

C.2.2.2　中文名：______________________

C.2.2.3　植物组群　AAB　[　]
ABB　[　]　粉蕉类[　]　大蕉类[　]

C.2.3　其他组群______________________　　[　]

C.3　申请品种的具有代表性彩色照片

（品种照片粘贴处）
（如果照片较多，可另附页提供）

C.4　其他有助于辨别申请品种的信息

（如品种用途、品质抗性，请提供详细资料）

C.5 品种种植或测试是否需要特殊条件

在相符的[ ]中打√。

是[ ] 否[ ]

(如果回答是,请提供详细资料)

C.6 品种繁殖材料保存是否需要特殊条件

在相符的[ ]中打√。

是[ ] 否[ ]

(如果回答是,请提供详细资料)

C.7 申请品种需要指出的性状

在表C.1中相符的代码后[ ]中打√,若有测量值,请填写在表C.1中。

表C.1 申请品种需要指出的性状

序号	性 状	表达状态	代 码	测量值
1	*假茎:高度(性状3)	极矮	1[ ]	
		极矮到矮	2[ ]	
		矮	3[ ]	
		矮到中	4[ ]	
		中	5[ ]	
		中到高	6[ ]	
		高	7[ ]	
		高到极高	8[ ]	
		极高	9[ ]	
2	*果穗:长度(性状35)	极短	1[ ]	
		极短到短	2[ ]	
		短	3[ ]	
		短到中	4[ ]	
		中	5[ ]	
		中到高	6[ ]	
		高	7[ ]	
		高到极高	8[ ]	
		极高	9[ ]	

表 C.1（续）

序号	性　状	表达状态	代　码	测量值
3	* 果穗:宽度(性状 36)	极窄	1[ ]	
		极窄到窄	2[ ]	
		窄	3[ ]	
		窄到中	4[ ]	
		中	5[ ]	
		中到宽	6[ ]	
		宽	7[ ]	
		宽到极宽	8[ ]	
		极宽	9[ ]	
4	* 果实:果指长度(性状 41)	极短	1[ ]	
		极短到短	2[ ]	
		短	3[ ]	
		短到中	4[ ]	
		中	5[ ]	
		中到高	6[ ]	
		高	7[ ]	
		高到极高	8[ ]	
		极高	9[ ]	
5	* 果实:果指先端形状(性状 44)	圆形	1[ ]	
		钝尖	2[ ]	
		瓶颈形	3[ ]	
		尖形	4[ ]	
6	* 果实:果棱(性状 47)	不明显	1[ ]	
		中	2[ ]	
		明显	3[ ]	
7	* 果实:果皮厚度(性状 50)	极薄	1[ ]	
		极薄到薄	2[ ]	
		薄	3[ ]	
		薄到中	4[ ]	
		中	5[ ]	
		中到厚	6[ ]	
		厚	7[ ]	
		厚到极厚	8[ ]	
		极厚	9[ ]	
8	* 果实:熟果皮颜色(性状 51)	浅黄色	1[ ]	
		中等黄色	2[ ]	
		绿黄色	3[ ]	
		黄色	4[ ]	
		深黄色	5[ ]	
		橙色	6[ ]	
		橙红色	7[ ]	
		浅红色	8[ ]	
		黑色	9[ ]	
9	* 果实:果肉硬度(性状 52)	软	1[ ]	
		软到中	2[ ]	
		中	3[ ]	
		中到结实	4[ ]	
		结实	5[ ]	

表 C.1（续）

序号	性　状	表达状态	代　码	测量值
10	*果实:熟果肉颜色(性状 53)	白色	1[　]	
		乳白色	2[　]	
		黄白色	3[　]	
		黄色	4[　]	
		橙色	5[　]	
		粉红色	6[　]	

ICS 65.020.20
B 05

中华人民共和国农业行业标准

NY/T 2761—2015

植物新品种特异性、一致性和稳定性测试指南 杨梅

Guidelines for the conduct of tests for distinctness, uniformity and stability—Chinese Bayberry
(*Myrica* Linn.)

2015-05-21 发布　　2015-08-01 实施

中华人民共和国农业部 发布

目　　次

前　　言

本标准按照GB/T 1.1—2009给出的规则起草。

本标准由农业部科技教育司提出。

本标准由全国植物新品种测试标准化技术委员会(SAC/TC 277)归口。

本标准起草单位:浙江省农业科学院、农业部科技发展中心。

本标准主要起草人:戚行江、梁森苗、张新明、郑锡良、杨桂玲、颜丽菊、黄颖宏、柴春燕、邱立军、陈伟立、王毅、陈昌斌。

植物新品种特异性、一致性和稳定性测试指南
杨　　梅

1　范围

本标准规定了杨梅新品种特异性、一致性和稳定性测试的技术要求和结果判定的一般原则。

本标准适用于杨梅(*Myrica* Linn.)新品种特异性、一致性和稳定性测试和结果判定。

2　规范性引用文件

下列文件对于本文件的应用是必不可少的。凡是注日期的引用文件,仅注日期的版本适用于本文件。凡是不注日期的引用文件,其最新版本(包括所有的修改单)适用于本文件。

GB/T 12293　水果、蔬菜制品可滴定酸的测定——氢氧化钠滴定法

GB/T 12295　水果、蔬菜制品可溶性固形物含量的测定——折射仪法

GB/T 19557.1　植物新品种特异性、一致性和稳定性测试指南　总则

3　术语和定义

GB/T 19557.1 界定的以及下列术语和定义适用于本文件。

3.1

群体测量　single measurement of a group of plants or parts of plants

对一批植株或植株的某器官或部位进行测量,获得一个群体记录。

3.2

个体测量　measurement of a number of individual plants or parts of plants

对一批植株或植株的某器官或部位进行逐个测量,获得一组个体记录。

3.3

群体目测　visual assessment by a single observation of a group of plants or parts of plants

对一批植株或植株的某器官或部位进行目测,获得一个群体记录。

3.4

个体目测　visual assessment by observation of individual plants or parts of plants

对一批植株或植株的某器官或部位进行逐个目测,获得一组个体记录。

4　符号

下列符号适用于本文件:

MG:群体测量。

MS:个体测量。

VG:群体目测。

VS:个体目测。

QL:质量性状。

QN:数量性状。

PQ:假质量性状。

(a)～(d):标注内容在 B.2 中进行了详细解释。

(+):标注内容在 B.3 中进行了详细解释。

__:本文件中下划线是特别提示测试性状的适用范围。

5 繁殖材料的要求

5.1 繁殖材料以成品苗木(种苗)或枝条(接穗)的形式提供。

5.2 以实生变异、杂交育成的品种,成品苗木至少应提交 30 株,或枝条至少 30 个(保证足够繁殖出 20 株杨梅树);突变育成的品种,成品苗木至少应提交 50 株,或枝条至少 50 个(保证足够繁殖出 30 株杨梅树)。

5.3 提交的种苗质量,应达到以下要求:地径≥0.6 cm、苗高≥40.0 cm、根系发达,无病虫害。

接穗要求是成年结果树外围的二年生健壮枝条,粗度 0.6 cm 以上、长度 10.0 cm。

5.4 提交的繁殖材料一般不进行任何影响品种性状表达的处理。如果已处理,应提供处理的详细说明。

5.5 提交的繁殖材料应符合中国植物检疫的有关规定。

6 测试方法

6.1 测试周期

测试周期至少为 2 个独立的生长周期。

一个完整的生长周期是指正常结果的植株,从萌芽开始,经过开花受精、果实发育、成熟收获,进入休眠直至休眠期结束为止。

6.2 测试地点

测试通常在一个地点进行。如果某些性状在该地点不能充分表达,可在其他符合条件的地点对其进行观测。试验环境应满足植株正常生长和发育的需要,以确保性状的正常表达和观测。

6.3 田间试验

6.3.1 试验设计

申请品种和近似品种相邻种植或高接,高接时砧木应保持一致。

种苗以挖穴种植,株行距 3.0 m 以上;高接采用全树嫁接方式,树龄与管理条件一致。

设两次重复。通过实生变异、杂交育成的品种,每次重复应种植或高接至少 10 株树;通过突变育成的品种,每次重复应种植或高接至少 15 株树。

6.3.2 田间管理

按当地果园生产管理方式进行。

6.4 性状观测

6.4.1 观测时期

性状观测应按照表 A.1 和表 A.2 列出的生育阶段进行。生育阶段描述见表 B.1。

6.4.2 观测方法

性状观测应按照表 A.1 和表 A.2 规定的观测方法(VG、VS、MG、MS)进行。部分性状观测方法见 B.2 和 B.3。观测样本应取自相近部位与方向。

6.4.3 观测数量

除非另有说明,个体观测均应在种植或高接的 10 株树上进行。在观测植株器官或部位时,每个植株的取样数量应为 1 个。

6.5 附加测试

必要时,可选用表 A.2 中的性状或本文件未列出的性状进行附加测试。

7 特异性、一致性和稳定性结果的判定

7.1 总体原则

特异性、一致性和稳定性的判定按照 GB/T 19557.1 确定的原则进行。

7.2 特异性的判定

申请品种应明显区别于所有已知品种。在测试中，当申请品种至少在一个性状上与近似品种具有明显且可重现的差异时，即可判定申请品种具备特异性。

7.3 一致性的判定

对于通过实生变异、杂交育成的品种，一致性判定时，采用1%的群体标准和至少95%的接受概率。当样本大小为20株时，最多可以允许有1个异型株。

对于通过突变育成的品种，一致性判定时，采用2%的群体标准和至少95%的接受概率。当样本大小为30株时，最多可以允许有2个异型株。

7.4 稳定性的判定

如果一个品种具备一致性，则可认为该品种具备稳定性。一般不对稳定性进行单独测试。

必要时，可以提供该品种的下一批繁殖材料，与以前提供繁殖材料相比，若性状表达无明显变化，则可判定该品种具备稳定性。

8 性状表

根据测试需要，将性状分为基本性状、选测性状。基本性状是测试中必须使用的性状。杨梅基本性状见表 A.1，选测性状见表 A.2。

8.1 概述

性状表列出了性状名称、表达类型、表达状态及相应的代码和标准品种、观测时期和方法等内容。

8.2 表达类型

根据性状表达方式，将性状分为质量性状、假质量性状和数量性状3种类型。

8.3 表达状态和相应代码

8.3.1 每个性状划分成一系列表达状态，以便于定义性状和规范描述。每个表达状态赋予一个相应的数字代码，以便于数据记录、处理和品种描述的建立与交流。

8.3.2 对于质量性状和假质量性状，所有的表达状态都应当在测试指南中列出；对于数量性状，为了缩小性状表的长度，偶数代码的表达状态未列出，偶数代码的表达状态可以前一个表达状态到后一个表达状态的形式进行描述。

8.4 标准品种

性状表中列出了部分性状表达状态可参考的标准品种，以助于确定相关性状的不同表达状态和校正环境因素引起的差异。

9 分组性状

本文件中，品种分组性状如下：

a) 果实：颜色(表 A.1 中性状 23)。
b) 果实：大小(表 A.1 中性状 25)。
c) 果实：成熟期(表 A.1 中性状 28)。

10 技术问卷

申请人应按附录 C 给出的格式填写杨梅技术问卷。

附 录 A
(规范性附录)
杨 梅 性 状 表

A.1 杨梅基本性状

见表A.1。

表A.1 杨梅基本性状表

序号	性 状	观测时期和方法	表达状态	标准品种	代码
1	植株:树势 QN (+)	00 VG	弱	丁香梅	3
			中	荸荠种	5
			强	东魁	7
2	雌花序:长度 QN (c)	10 MS	短	乌酥核	1
			中	乌梅	3
			长	丁香梅	5
3	雌花序:粗度 QN (c) (+)	10 MS	细	丁香梅	1
			中	大叶细蒂	3
			粗	小叶细蒂	5
4	雌花序:鳞片颜色 PQ (c) (+)	11 VG	淡黄褐色	早色	1
			黄褐色	小叶细蒂	2
			褐色	晚稻杨梅	3
5	雌花:开张度 QN (c) (+)	12 VG	小	东魁	1
			中	水晶种	2
			大	荸荠种	3
6	雌花:颜色 PQ (c) (+)	12 VG	粉红色	早色	1
			红色	丁香梅	2
			紫色	乌酥核	3
7	枝条:春梢长度 QN (a)	20 MS	短	黑晶	3
			中	小叶细蒂	5
			长	乌梅	7
8	枝条:夏梢长度 QN (a)	21 MS	短	荸荠种	3
			中	黑晶	5
			长	小叶细蒂	7
9	枝条:枝梢密度 QN (+)	22 VG	稀	大叶细蒂	3
			中	丁香梅	5
			密	深红种	7
10	叶片:长度 QN (b)	22 MS	短	荸荠种	3
			中	小叶细蒂	5
			长	乌梅	7

表 A.1（续）

序号	性　状	观测时期和方法	表达状态	标准品种	代码
11	叶片:宽度 QN (b) (+)	22 VS	窄	荸荠种	3
			中	黑晶	5
			宽	水晶种	7
12	叶片:厚度 QN (b) (+)	22 VG	薄	晚稻杨梅	3
			中	荸荠种	5
			厚	大叶细蒂	7
13	叶片:形状 PQ (b) (+)	22 VG	窄倒披针形	晚稻杨梅	1
			倒披针形	荸荠种	2
			窄倒卵圆形	丁岙梅	3
			倒卵圆形	乌酥核	4
			匙形	黑晶	5
14	叶片:先端形状 PQ (b) (+)	22 VG	微凹	黑晶	1
			钝	荸荠种	2
			渐尖	东魁	3
			急尖	晚稻杨梅	4
15	叶片:边缘缺刻 PQ (b) (+)	22 VG	无	荸荠种	1
			波状	乌酥核	2
			锯齿	大叶细蒂	3
16	叶片:绿色程度 QN (b)	22 VG	浅	水晶种	1
			中	东魁	2
			深	荸荠种	3
17	叶片:叶脉 PQ (b) (+)	22 VS	都不凸出	荸荠种	1
			仅上表面凸出	黑晶	2
			仅下表面凸出	东魁	3
18	果实:果梗长度 QN (d)	30 MS	短	大叶细蒂	1
			中	乌梅	3
			长	丁岙梅	5
19	果实:果梗与果实分离难易程度 QN (d) (+)	30 VG	难	丁岙梅	1
			易	晚稻杨梅	2
20	果实:果蒂凸环 QL (d) (+)	30 VG	无	荸荠种	1
			有	黑晶	9
21	仅适用于果蒂有凸环品种: 果实:果蒂凸环颜色 PQ (d) (+)	30 VG	黄绿色	丁岙梅	1
			粉红色	早大梅	2
			红色	黑晶	3
			紫色	乌酥核	4

表 A.1（续）

序号	性　状	观测时期和方法	表达状态	标准品种	代码
22	果实:形状 PQ (d) (+)	30 VG	扁圆形	荸荠种	1
			圆形	晚稻杨梅	2
			高圆形	东魁	3
23	果实:颜色 PQ (d) (+)	30 VG	白色	水晶种	1
			粉红色	粉红种	2
			红色	早色	3
			深红色	东魁	4
			紫色	丁香梅	5
			乌紫色	晚稻杨梅	6
24	果实:果面缝合线 QN (d) (+)	30 VG	浅	荸荠种	1
			中	水晶种	2
			深	东魁	3
25	果实:大小 QN (d)	30 VG	极小		1
			小	荸荠种	3
			中	早色	5
			大	黑晶	7
			极大	东魁	9
26	果实:硬度 QN (d)	30 VG	软	晚稻杨梅	1
			中	荸荠种	2
			硬	桐子梅	3
27	果实:肉柱先端形状 PQ (d) (+)	30 VG	尖刺形	刺梅	1
			圆钝形	荸荠种	2
			凹心形	黑晶	3
28	果实:成熟期 QN (+)	30 VG	早	早荠蜜梅	3
			中	荸荠种	5
			晚	东魁	7
29	果实:果肉与果核黏离性 PQ (d) (+)	30 VG	黏核	东魁	1
			中间型	乌梅	2
			离核	荸荠种	3
30	种子:果核大小 QN (d)	30 VG	小	荸荠种	3
			中	早大梅	5
			大	东魁	7

A.2 杨梅选测性状

见表 A.2。

表 A.2 杨梅选测性状表

序号	性　状	观测时期和方法	表达状态	标准品种	代码
31	植株:树姿 QN (+)	00 VG	直立	晚稻杨梅	1
			半开张	荸荠种	2
			开张	东魁	3

表 A.2（续）

序号	性　状	观测时期和方法	表达状态	标准品种	代码
32	叶片:基部形状 PQ (b) (+)	22 VG	狭楔形	早大梅	1
			楔形	荸荠种	2
			广楔形	东魁	3
33	叶柄:长度 QN (b)	22 VG	短	早大梅	3
			中	小叶细蒂	5
			长	东魁	7
34	果实:果汁含量 QN (d) (+)	30 MG	少	乌酥核	3
			中	小叶细蒂	5
			多	水晶种	7
35	果实:可溶性固形物含量 QN (d) (+)	30 MG	低	乌酥核	3
			中	早色	5
			高	荸荠种	7
36	果实:可滴定酸 QN (d) (+)	30 MG	低	东魁	3
			中	乌酥核	5
			高	水晶种	7

附 录 B
（规范性附录）
杨梅性状表的解释

B.1 杨梅生育阶段

见表 B.1。

表 B.1 杨梅生育阶段表

观察时期代码	名 称	描 述
00	休眠期	杨梅秋梢停止生长后至春梢开始生长前
10	花蕾期	从早春现蕾开始至全树 5%花序至少有 1 朵花开放的时期
11	初花期	全树 5%花序至少有 1 朵花开放的时期
12	盛花期	全树 50%花序至少有 1 朵花开放的时期
20	春梢停止生长期	全树 75%春梢停止生长的时期
21	夏梢停止生长期	全树 75%夏梢停止生长的时期
22	秋梢停止生长期	全树 75%秋梢停止生长的时期
30	果实成熟期	全树 75%以上的果实表现成熟的时期

B.2 涉及多个性状的解释

（a） 应观测树冠外围中上部向阳面的一年生枝条。

（b） 应观测树冠外围中上部向阳面的当年生春梢中上部成熟的叶片。

（c） 应观测树冠外围中上部向阳面的短果枝上的中心花。

（d） 应观测树冠外围中上部向阳面的采摘的典型果实。

B.3 涉及单个性状的解释

性状分级和图中代码见表 A.1。

性状 1 植株：树势，观测整个植株高度、冠径大小、当年春梢与夏梢生长量，并结合树龄综合评价。

性状 3 雌花序：粗度，测量雌花序最宽部位的横径。

性状 4 雌花序：鳞片颜色，观察花枝中上部的含苞待放时的花序主要类型的颜色。

性状 5 雌花：开张度，见图 B.1。

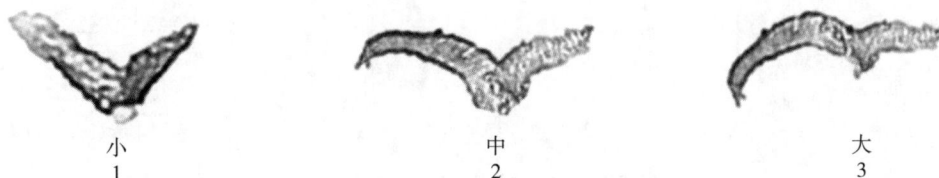

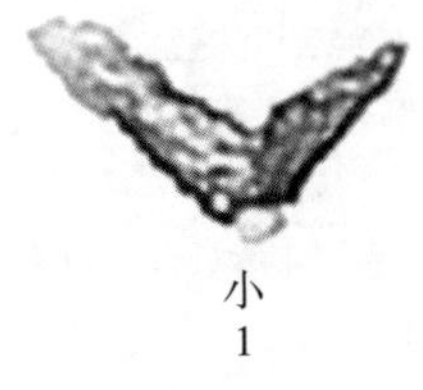

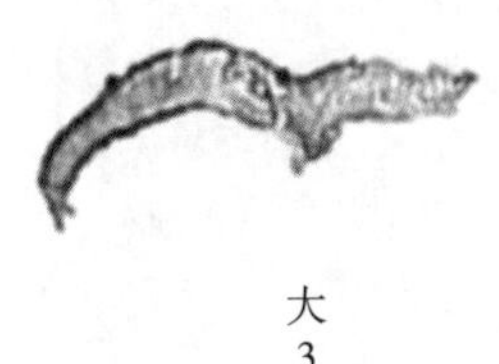

小 1　　中 2　　大 3

图 B.1 雌花：开张度

性状 6 雌花：颜色，见图 B.2。

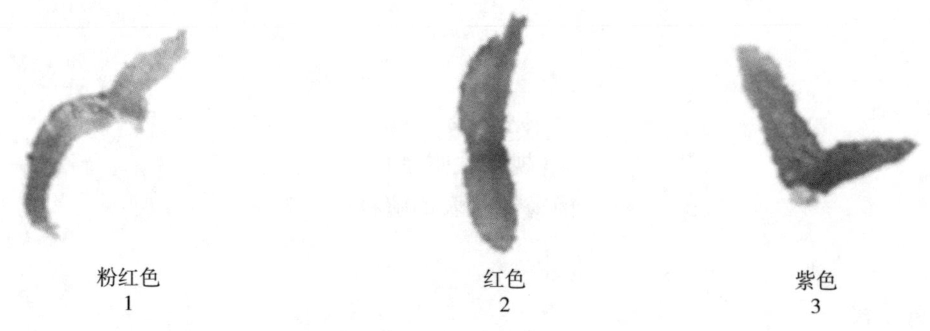

图 B.2　雌花:颜色

性状 9　枝条:枝梢密度,观察树冠外围中上部一年生营养枝条上抽生的各级分枝的数量,判定枝梢密度。

性状 11　叶片:宽度,叶片最宽处的宽度为叶片宽度。

性状 12　叶片:厚度,目测主叶脉到叶缘最宽处中间的厚度。

性状 13　叶片:形状,见图 B.3。

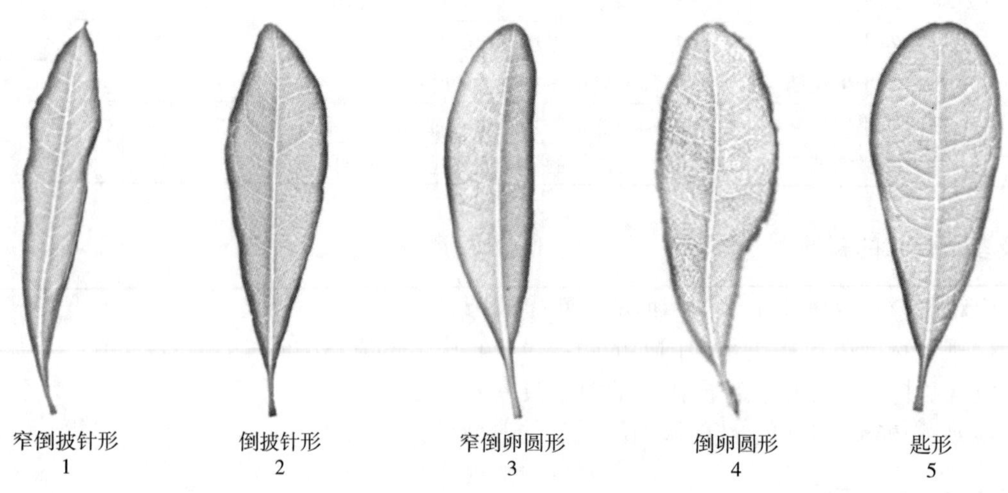

图 B.3　叶片:形状

性状 14　叶片:先端形状,见图 B.4。

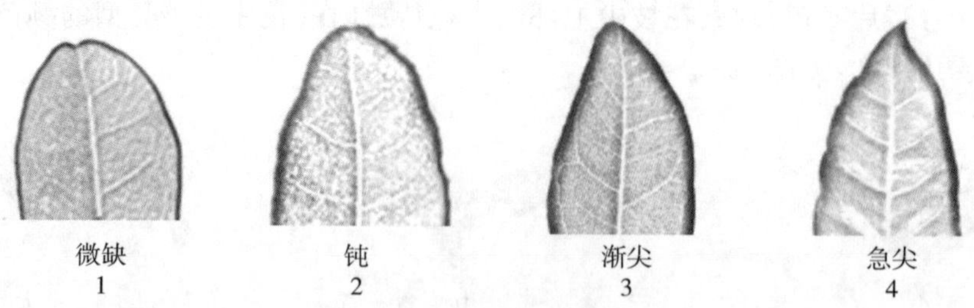

图 B.4　叶片:先端形状

性状 15　叶片:边缘缺刻,见图 B.5。

图 B.5 叶片:边缘缺刻

性状 17 叶片:叶脉,目测叶片主脉是否清晰凸现,手感触摸主脉是否凸出。

性状 19 果实:果梗与果实分离难易程度,轻采果实时观测果实与果梗是否分离,以占主要类型为主。

性状 20 果实:果蒂凸环,判别占主要类型果蒂凸环(果柄与果实连接处蒂部周围呈环状的盘形突起)有或无。

性状 21 <u>仅适用于果蒂有凸环品种:</u>果实:果蒂凸环颜色,见图 B.6。

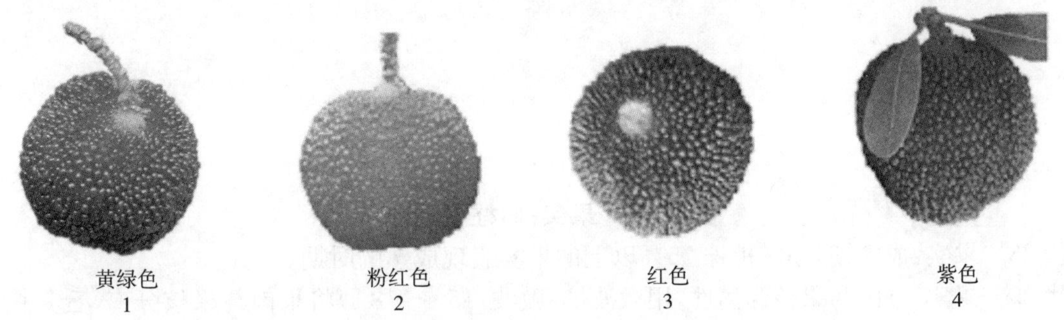

图 B.6 <u>仅适用于果蒂有凸环品种:</u>果实:果蒂凸环颜色

性状 22 果实:形状,见图 B.7。

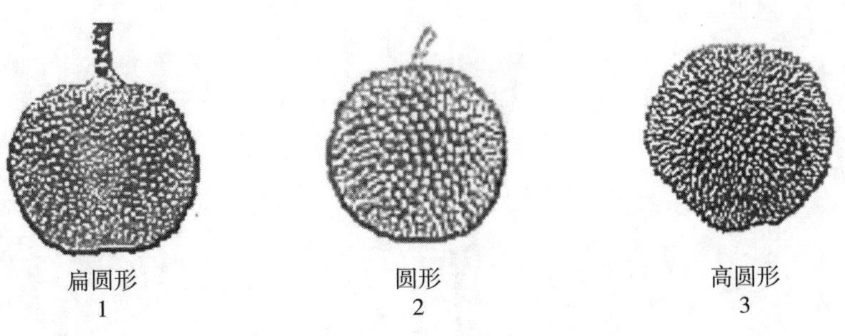

图 B.7 果实:形状

性状 23 果实:颜色,见图 B.8。

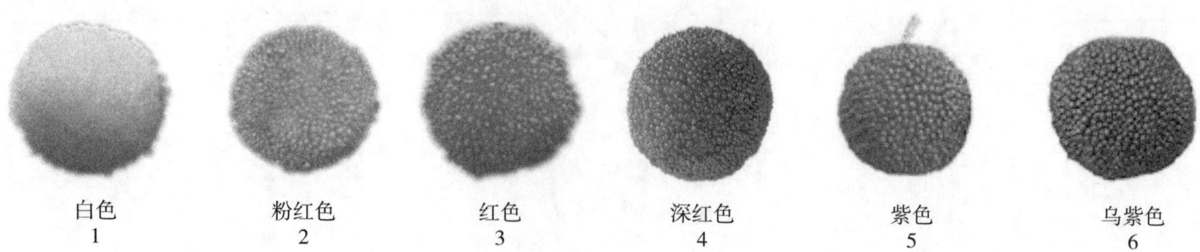

图 B.8 果实:颜色

性状 24 果实:果面缝合线,见图 B.9。

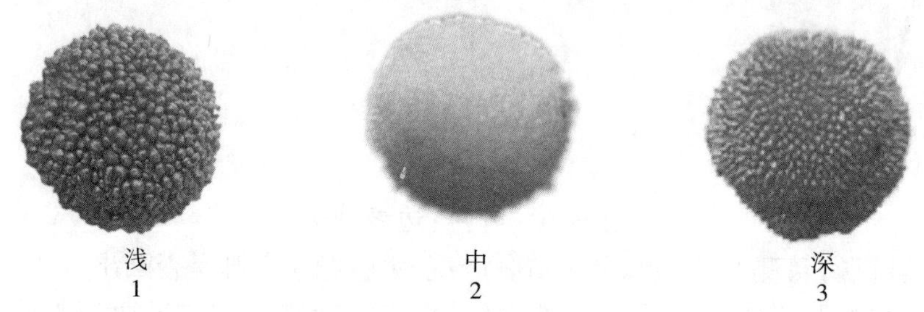

图 B.9 果实:果面缝合线

性状 27 果实:肉柱先端形状,见图 B.10。

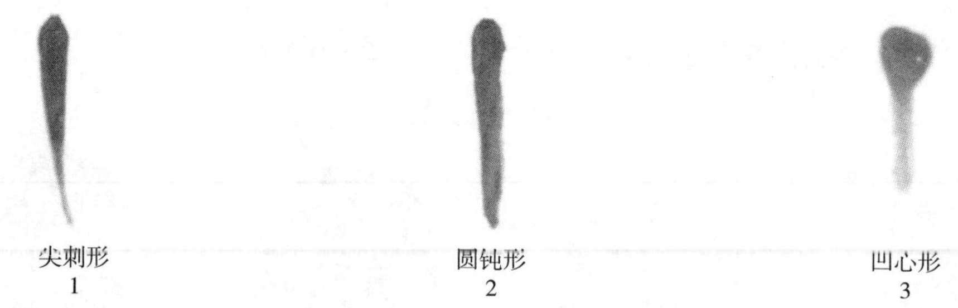

图 B.10 果实:肉柱先端形状

性状 28 果实:成熟期,小区植株 75%以上的果实表现成熟的时期。

性状 29 果实:果肉与果核黏离性,用微波炉(微波,15 s~18 s)将果肉与果核分离,看其核上黏连果肉的情况及分离的难易程度,判定果肉与果核黏离性。

性状 31 植株:树姿,根据植株主干与一级分枝的夹角,顶端新梢生长状态进行综合评定。

性状 32 叶片:基部形状,见图 B.11。

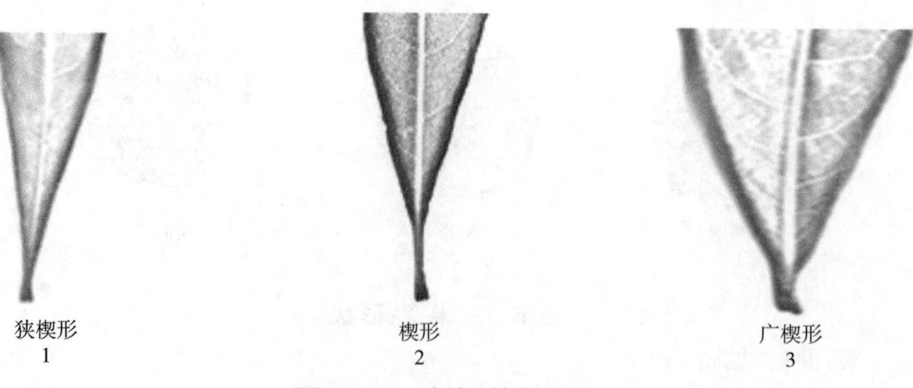

图 B.11 叶片:基部形状

性状 34　果实:果汁含量,称取 50 只果实,人工榨取所有果汁后再用天平称量果汁质量,计算果汁/果实的百分比即为果汁含量。

性状 35　果实:可溶性固形物含量,按照 GB/T 12295 的规定执行。

性状 36　果实:可滴定酸含量,按照 GB/T 12293 的规定执行。

附 录 C
（规范性附录）
杨梅技术问卷格式

杨梅技术问卷

申请号：
申请日：
（由审批机关填写）

（申请人或代理机构签章）

C.1　品种暂定名称

C.2　植物学分类

在相符的分类[　]中打√。

C.2.1　毛杨梅（*Myrica esculenta* Buch. Ham.）　[　]

C.2.2　青杨梅（*Myrica edenophora* Hance）　[　]

C.2.3　矮杨梅（*Myrica nana* Cheval）　[　]

C.2.4　杨梅（*Myrica rubra* Sieb. et Zucc.）　[　]

C.2.5　全缘叶杨梅（*Myrica integrifolia* Roxb）　[　]

C.2.6　大杨梅（*Myrica arboresceus* S. R. Li et X. L. Hu. Sp. nor）　[　]

C.2.7　其他　[　]

C.3　品种类型

在相符的类型[　]中打√。

C.3.1　通过实生变异、杂交育成的品种　[　]　　通过突变育成的品种　[　]

C.3.2　乌梅类　[　]　　红梅类　[　]　　粉红梅类　[　]　　白梅类　[　]

C.4　申请品种的具有代表性彩色照片

（品种照片粘贴处）
（如果照片较多，可另附页提供）

C.5 其他有助于辨别申请品种的信息

（如亲本来源、育种过程、品种用途、品质抗性、童期长短，请提供详细资料）

C.6 品种繁殖材料保存是否需要特殊条件

在相符的[ ]中打√。

是[ ]　　否[ ]

（如果回答是，请提供详细资料）

C.7 品种种植或测试是否需要特殊条件

在相符的[ ]中打√。

是[ ]　　否[ ]

（如果回答是，请提供详细资料）

C.8 申请品种需要指出的性状

在表C.1中相符的代码后[ ]打√，若有测量值，请填写在表C.1中。

表C.1 申请品种需要指出的性状

序号	性　状	表达状态	代码	测量值
1	植株：树势（性状1）	极弱	1[ ]	
		极弱到弱	2[ ]	
		弱	3[ ]	
		弱到中	4[ ]	
		中	5[ ]	
		中到强	6[ ]	
		强	7[ ]	
		强到极强	8[ ]	
		极强	9[ ]	

表 C.1（续）

序号	性　　状	表达状态	代码	测量值
2	叶片:先端形状(性状 14)	微凹	1[　]	
		钝	2[　]	
		渐尖	3[　]	
		急尖	4[　]	
3	叶片:叶脉(性状 17)	都不凸出	1[　]	
		仅上表面凸出	2[　]	
		仅下表面凸出	3[　]	
4	果实:果梗长度(性状 18)	短	1[　]	
		短到中	2[　]	
		中	3[　]	
		中到长	4[　]	
		长	5[　]	
5	果实:果蒂凸环(性状 20)	无	1[　]	
		有	9[　]	
6	果实:形状(性状 22)	扁圆形	1[　]	
		圆形	2[　]	
		高圆形	3[　]	
7	果实:颜色(性状 23)	白色	1[　]	
		粉红色	2[　]	
		红色	3[　]	
		深红色	4[　]	
		紫色	5[　]	
		乌紫色	6[　]	
8	果实:果面缝合线(性状 24)	浅	1[　]	
		中	2[　]	
		深	3[　]	
9	果实:大小(性状 25)	极小	1[　]	
		极小到小	2[　]	
		小	3[　]	
		小到中	4[　]	
		中	5[　]	
		中到大	6[　]	
		大	7[　]	
		大到极大	8[　]	
		极大	9[　]	
10	果实:硬度(性状 26)	软	1[　]	
		中	2[　]	
		硬	3[　]	
11	果实:成熟期(性状 28)	极早	1[　]	
		极早到早	2[　]	
		早	3[　]	
		早到中	4[　]	
		中	5[　]	
		中到晚	6[　]	
		晚	7[　]	
		晚到极晚	8[　]	
		极晚	9[　]	

ICS 65.020.20
B 05

中华人民共和国农业行业标准

NY/T 2762—2015

植物新品种特异性、一致性和稳定性测试指南　南瓜(中国南瓜)

Guidelines for the conduct of tests for distinctness, uniformity and stability—Butternut squash, cheese pumpkin, china squash, pumpkin (*Cucurbita moschata* Duch)

(UPOV: TG/234/1, Guidelines for the conduct of tests for distinctness, uniformity and stability—Butternut squash, cheese pumpkin, china squash, pumpkin, NEQ)

2015-05-21 发布　　　　2015-08-01 实施

中华人民共和国农业部　发布

目　次

前　言

本标准按照 GB/T 1.1—2009 给出的规则起草。

本标准使用重新起草法修改采用了国际植物新品种保护联盟（UPOV）指南“TG/234/1，Guidelines for the conduct of tests for distinctness，uniformity and stability—Butternut，butternut squash，cheese pumpkin，china squash，cushaw，golden cushaw，musky gourd，pumpkin，winter crookneck squash”。

本标准对应于 UPOV 指南 TG/234/1，与 TG/234/1 的一致性程度为非等效。

本标准与 UPOV 指南 TG/234/1 相比存在技术性差异，主要差异如下：

——增加了子叶形状、成熟期和外种皮的有无 3 个性状；

——删除了子叶宽/长之比、雌花萼片长度、雄花萼片长度、花梗长度和花梗粗度 5 个性状；

——调整了果实：纵切面形状 1 个性状的表达状态。

本标准由农业部种子管理局提出。

本标准由全国植物新品种测试标准化技术委员会（SAC/TC 277）归口。

本标准起草单位：北京市农林科学院蔬菜研究中心、河南科技学院。

本标准主要起草人：李海真、周俊国、张国裕、贾长才、张帆、姜立纲。

植物新品种特异性、一致性和稳定性测试指南 南瓜(中国南瓜)

1 范围

本标准规定了南瓜(*Cucurbita moschata* Duch.)新品种特异性、一致性和稳定性测试的技术要求和结果判定的一般原则。

本标准适用于南瓜新品种特异性、一致性和稳定性测试和结果判定。

2 规范性引用文件

下列文件对于本文件的应用是必不可少的。凡是注日期的引用文件,仅注日期的版本适用于本文件。凡是不注日期的引用文件,其最新版本(包括所有的修改单)适用于本文件。

GB/T 19557.1 植物新品种特异性、一致性和稳定性测试指南 总则

3 术语和定义

GB/T 19557.1界定的以及下列术语和定义适用于本文件。

3.1

群体测量 single measurement of a group of plants or parts of plants

对一批植株或植株的某器官或部位进行测量,获得一个群体记录。

3.2

个体测量 measurement of a number of individual plants or parts of plants

对一批植株或植株的某器官或部位进行逐个测量,获得一组个体记录。

3.3

群体目测 visual assessment by a single observation of a group of plants or parts of plants

对一批植株或植株的某器官或部位进行目测,获得一个群体记录。

3.4

个体目测 visual assessment by observation of individual plants or parts of plants

对一批植株或植株的某器官或部位进行逐个目测,获得一组个体记录。

4 符号

下列符号适用于本文件:

MG:群体测量。

MS:个体测量。

VG:群体目测。

VS:个体目测。

QL:质量性状。

QN:数量性状。

PQ:假质量性状。

*:标注性状为UPOV用于统一品种描述所需要的重要性状,除非受环境条件限制性状的表达状态无法测试,所有UPOV成员都应使用这些性状。

(a)～(c):标注内容在 B.1 中进行了详细解释。

(+):标注内容在 B.2 中进行了详细解释。

__:本文件中下划线是特别提示测试性状的适用范围。

5 繁殖材料的要求

5.1 繁殖材料以种子形式提供。

5.2 递交的种子数量至少为 2 500 粒。

5.3 提交的繁殖材料应外观健康,活力高,无病虫侵害。繁殖材料的具体质量要求如下:净度≥99.0%、发芽率≥95%、含水量≤8.0%。

5.4 提交的繁殖材料一般不进行任何影响品种性状正常表达的处理(如包衣种子)。如果已处理,应提供处理的详细说明。

5.5 提交的繁殖材料应符合中国植物检疫的有关规定。

6 测试方法

6.1 测试周期

测试的周期至少为两个独立的生长周期。

6.2 测试地点

测试通常在一个地点进行。如果某些性状在该地点不能充分表达,可在其他符合条件的地点对其进行观测。

6.3 田间试验

6.3.1 试验设计

申请品种和近似品种相邻种植。

采用育苗移栽,露地爬蔓方式种植、单蔓整枝。每个小区不少于 30 株,适宜的株行距,共设 2 个重复。测试地点的土层应深厚、土壤疏松、中等肥力,适于中国南瓜生长。

6.3.2 田间管理

可按当地大田生产管理方式进行。各小区田间管理应严格一致,同一管理措施应当日完成。

6.4 性状观测

6.4.1 观测时期

性状观测应按照表 A.1 列出的生育阶段进行。

6.4.2 观测方法

性状观测应按照表 A.1 规定的观测方法(VG、VS、MG、MS)进行。部分性状观测方法见 B.1 和 B.2。

6.4.3 观测数量

除非另有说明,个体观测性状(VS、MS)植株取样数量不少于 10 个,在观测植株的器官或部位时,每个植株取样数量应为 1 个。群体观测性状(VG、MG)应观测整个小区或规定大小的混合样本。

6.5 附加测试

必要时,可选用本文件未列出的性状进行附加测试。

7 特异性、一致性和稳定性结果的判定

7.1 总体原则

特异性、一致性和稳定性的判定按照 GB/T 19557.1 确定的原则进行。

7.2 特异性的判定

申请品种应明显区别于所有已知品种。在测试中,当申请品种至少在一个性状上与近似品种具有明显且可重现的差异时,即可判定申请品种具备特异性。

7.3 一致性的判定

对于测试品种,一致性判定时,采用1%的群体标准和至少95%的接受概率。30个植株中异型株的数量不能超过1株。

7.4 稳定性的判定

如果一个品种具备一致性,则可认为该品种具备稳定性。一般不对稳定性进行测试。

必要时,可以种植该品种的下一批种子,与以前提供的繁殖材料相比,若性状表达无明显变化,则可判定该品种具备稳定性。

8 性状表

基本性状是测试中必须使用的性状,南瓜基本性状见表A.1。

8.1 概述

性状表列出了性状名称、表达类型、表达状态及相应的代码和标准品种、观测时期和方法等内容。

8.2 表达类型

根据性状表达方式,将性状分为质量性状、假质量性状和数量性状3种类型。

8.3 表达状态和相应代码

8.3.1 每个性状划分为一系列表达状态,以便于定义性状和规范描述;每个表达状态赋予一个相应的数字代码,以便于数据记录、处理和品种描述的建立与交流。

8.3.2 对于质量性状和假质量性状,所有的表达状态都应当在测试指南中列出;对于数量性状,为了缩小性状表的长度,偶数代码的表达状态可以不列出,偶数代码的表达状态可描述为前一个表达状态到后一个表达状态的形式。

8.4 标准品种

性状表中列出了部分性状有关表达状态可参考的标准品种,以助于确定相关性状的不同表达状态和校正环境因素引起的差异。

9 分组性状

本文件中,品种分组性状如下:

a) *仅适用于蔓生品种:植株:主蔓长度(表A.1中性状2)。
b) *果实:纵切面形状(表A.1中性状14)。
c) 果实:棱沟(表A.1中性状20)。
d) *果实:皮主色(表A.1中性状25)。
e) *果实:瘤(表A.1中性状28)。

10 技术问卷

申请人应按照附录C给出的格式填写南瓜技术问卷。

附 录 A
(规范性附录)
南 瓜 性 状 表

A.1 南瓜基本性状

见表A.1。

表A.1 南瓜基本性状表

序号	性 状	观测方法	表达状态	标准品种	代码
1	子叶:形状 PQ (+)	VG	窄椭圆形	猪头番瓜	1
			中等椭圆形	上海盒盘南瓜	2
			阔椭圆形	蜜本南瓜	3
2	* 仅适用于蔓生品种:植株:主蔓长度 QN (+) (a)	VG	短	绥德府老南瓜	3
			中	浙江七叶南瓜	5
			长	蜜本南瓜	7
3	叶片:大小 QN (a)	VG	小	猪头番瓜	3
			中	蜜本南瓜	5
			大	枕头南瓜	7
4	* 叶片:边缘裂刻 QN (+) (a)	VG	浅		1
			中		2
			深		3
5	叶片:正面绿色程度 QN (a)	VG	浅	猪头番瓜	3
			中	上饶七叶南瓜	5
			深	蜜本南瓜	7
6	叶片:正面白斑 QL (+) (a)	VG	无		1
			有		9
7	叶柄:长度 QN (a)	VG	短	十姐妹南瓜	3
			中	蜜本南瓜	5
			长	绥德府老南瓜	7
8	叶柄:粗度 QN (a)	VG	细	浙江七叶南瓜	3
			中	蜜本南瓜	5
			粗	枕头南瓜	7
9	* 果实:瓜皮绿色程度 QN (b)	VG	极浅	枕头南瓜	1
			浅	腻南瓜	3
			中	常熟饲料南瓜	5
			深	猪头番瓜	7
10	* 果实:纵径 QN (b)	MS/VG	极小	绥德府老南瓜	1
			小	猪头番瓜	3
			中	蜜本南瓜	5
			大	十姐妹南瓜	7
			极大	黄皮吊南瓜	9

表 A.1（续）

序号	性　　状	观测方法	表达状态	标准品种	代码
11	果实:横径 QN (+) (b)	MS/VG	小	腻南瓜	3
			中	蜜本南瓜	5
			大	常熟饲料南瓜	7
12	果实:纵径/横径之比 QN (b)	MS/VG	极小	绥德府老南瓜	1
			小	白花菜南瓜	3
			中	枕头南瓜	5
			大	腻南瓜	7
13	*果实:最大横径的位置 QN (+) (b)	VG	近蒂部		1
			中部		2
			近脐部		3
14	*果实:纵切面形状 PQ (+) (b)	VG	扁圆形		1
			厚扁圆形		2
			近圆形		3
			椭圆形		4
			梨形		5
			长把梨形		6
			锥形		7
			哑铃形		8
			长颈圆筒形		9
			长弯圆筒形		10
			柱形		11
			长筒形		12
15	*果实:瓜颈 QN (+) (b)	VG	无或不明显		1
			轻微有		2
			明显		3
16	果实:瓜颈长度 QN (b)	VG	短	榛盆瓜	3
			中	蜜本南瓜	5
			长	腻南瓜	7
17	*果实:弯曲程度 QN (+) (b)	VG	无或极弱	榛盆瓜	1
			弱	黄皮吊南瓜	3
			中	腻南瓜	5
			强	黄狼南瓜	7
			极强	金钩南瓜	9
18	*果实:蒂部形状 PQ (+) (b)	VG	凸		1
			平		2
			轻微凹陷		3
			中等凹陷		4
			强烈凹陷		5
19	*果实:脐部形状 QN (+) (b)	VG	凹		1
			平		2
			凸		3
20	果实:棱沟 QL (+) (b)	VG	无		1
			有		9

表 A.1（续）

序号	性　状	观测方法	表达状态	标准品种	代码
21	果实:棱沟间距 QN (+) (b)	VG	小		3
			中		5
			大		7
22	果实:棱沟深度 QN (+) (b)	VG	浅		3
			中		5
			深		7
23	果实:表面斑纹 QN (b)	VG	无或极弱	枕头南瓜	1
			弱	黄皮吊南瓜	3
			中	腻南瓜	5
			强	蜜本南瓜	7
24	成熟期 QN (+) (c)	MG	早	浙江七叶南瓜	3
			中	常熟饲料南瓜	5
			晚	蜜本南瓜	7
25	*果实:皮主色 PQ (c)	VG	绿色	白花菜南瓜	1
			黄白色	黄皮吊南瓜	2
			黄色	浙江七叶南瓜	3
			橙棕色	蜜本南瓜	4
			棕色	绥德府老南瓜	5
26	果实:皮主色深度 QN (c)	VG	浅	黄皮吊南瓜	3
			中	浙江七叶南瓜	5
			深	绥德府老南瓜	7
27	果实:表面蜡粉 QL (+) (c)	VG	无		1
			有		9
28	*果实:瘤 QL (+) (c)	VG	无		1
			有		9
29	*果实:肉主色 PQ (c)	VG	黄色	枕头南瓜	1
			黄橙色	金钩南瓜	2
			橙色	蜜本南瓜	3
30	果实:肉厚度 QN (+) (b)	VG	薄	白花菜南瓜	3
			中	蜜本南瓜	5
			厚	常熟饲料南瓜	7
31	果实:脐直径 QN (+) (c)	VG	小		3
			中		5
			大		7
32	*种子:长度 QN (c)	VG	短	蜜本南瓜	3
			中	上饶七叶南瓜	5
			长	狗伸腰南瓜	7

表 A.1（续）

序号	性　状	观测方法	表达状态	标准品种	代码
33	种子:宽/长之比 QN (+) (c)	VG	小	浙江七叶南瓜	1
			中	猪头番瓜	2
			大	枕头南瓜	3
34	种子:外种皮颜色 PQ (c)	VG	黄白色	枕头南瓜	1
			黄色	蜜本南瓜	2
			棕色	上饶七叶南瓜	3
			蓝灰色		4
35	种子:外种皮有无 QL (+) (c)	VG	无		1
			有		9

附 录 B
(规范性附录)
南瓜性状表的解释

B.1 涉及多个性状的解释

(a) 叶片性状的观测,在植株第一个果实发育完全时,选取植株中部最大完整叶片。
(b) 观测发育完全(果实充分膨大,完成形态发育)但还没有生理成熟的果实。
(c) 观测完全生理成熟的果实。

B.2 涉及单个性状的解释

性状分级和图中代码见表 A.1。
性状 1 子叶:形状。幼苗两叶一心时观测。
性状 2 *仅适用于蔓生品种:植株:主蔓长度。植株子叶节至植株主蔓生长点的长度。
性状 4 *叶片:边缘裂刻,见图 B.1。

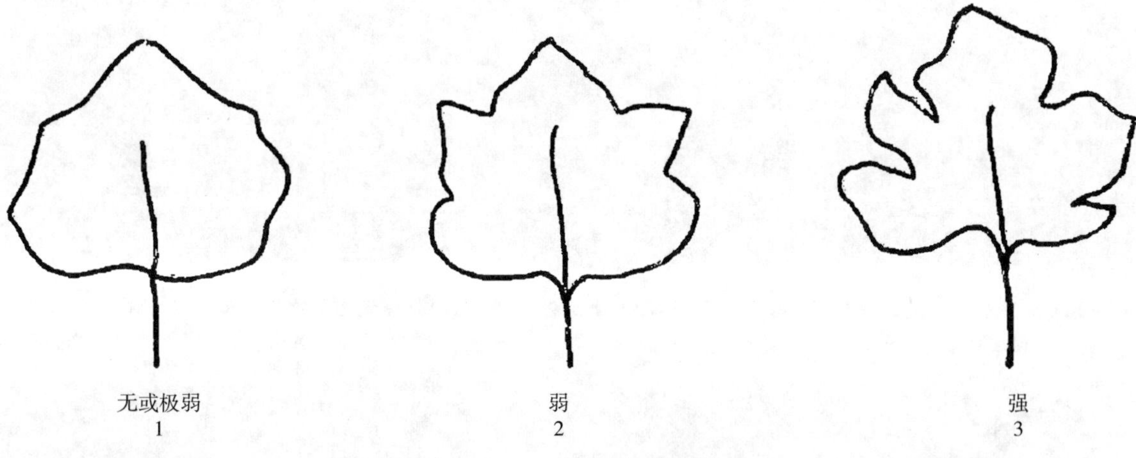

图 B.1 *叶片:边缘裂刻

性状 6 叶片:正面白斑,见图 B.2。

图 B.2 叶片:正面白斑

性状 11　果实:横径。观测完全发育完全的果实最膨大部位的横径。

性状 13　*果实:最大横径的位置,见图 B.3。

图 B.3　*果实:最大横径的位置

性状 14　*果实:纵切面形状,见图 B.4。

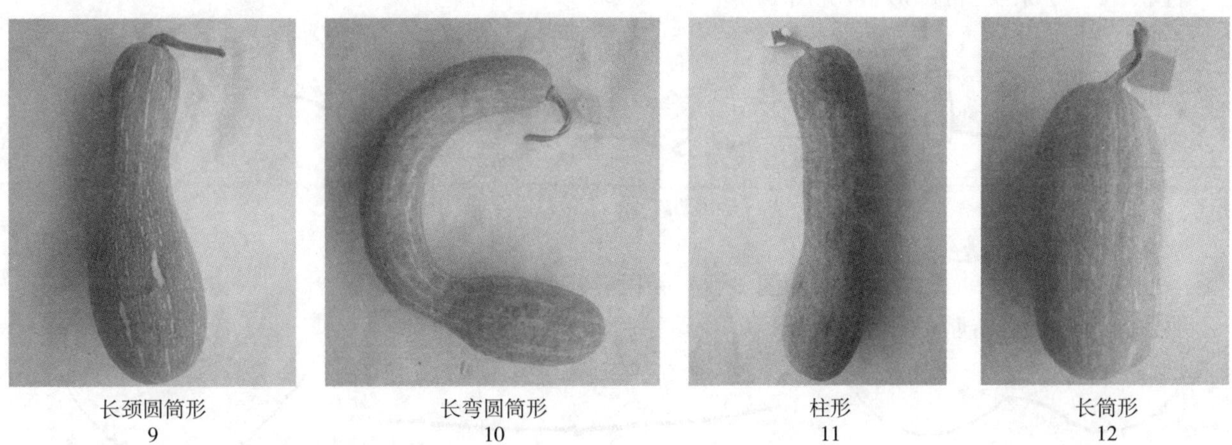

图 B.4 ＊果实:纵切面形状

性状 15 ＊果实:瓜颈,见图 B.5。

图 B.5 ＊果实:瓜颈

性状 17 ＊果实:弯曲程度,见图 B.6。

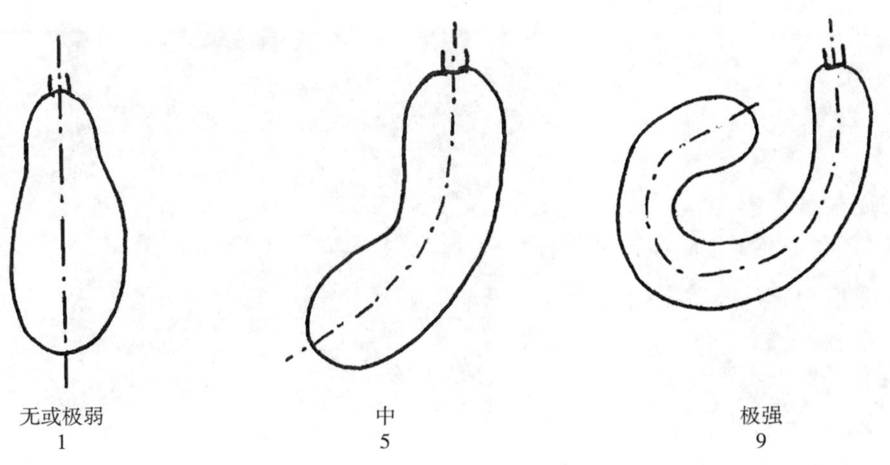

图 B.6 ＊果实:弯曲程度

性状 18　＊果实:蒂部形状,见图 B.7。

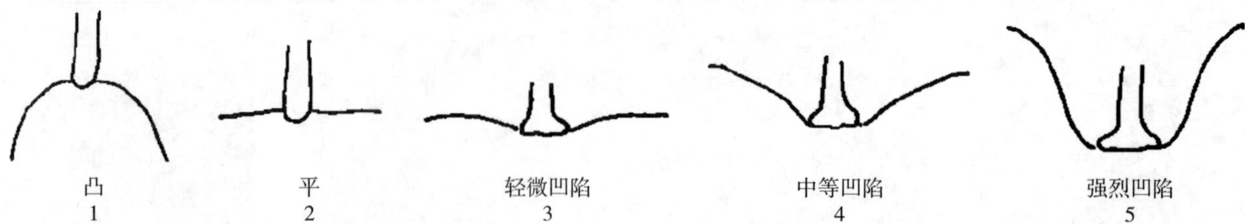

图 B.7　＊果实:蒂部形状

性状 19　＊果实:脐部形状,见图 B.8。

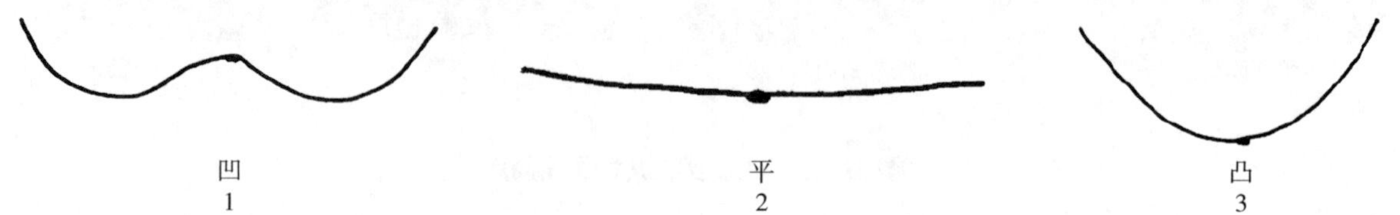

图 B.8　＊果实:脐部形状

性状 20　果实:棱沟,见图 B.9。

图 B.9　果实:棱沟

性状 21　果实:棱沟间距,见图 B.10。

图 B.10　果实:棱沟间距

性状 22　果实:棱沟深度,见图 B.11。

图 B.11　果实:棱沟深度

性状 24　成熟期,见表 B.1。

记录测试品种从播种到 50%植株开始采收第一个生理成熟瓜的日期,计算所需天数。

表 B.1　成熟期

天数	表达状态	代码
≤100 d	早	3
101 d～125 d	中	5
≥126 d	晚	7

性状 27　果实:表面蜡粉,见图 B.12。

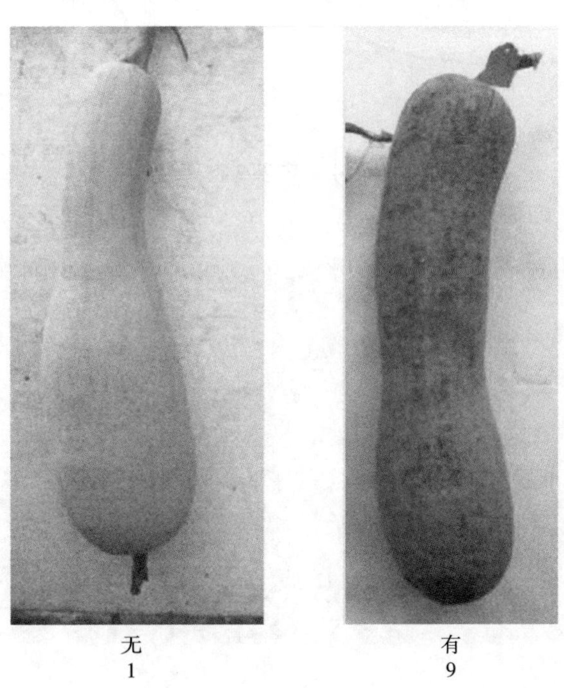

图 B.12　果实:表面蜡粉

性状 28　*果实:瘤,见图 B.13。

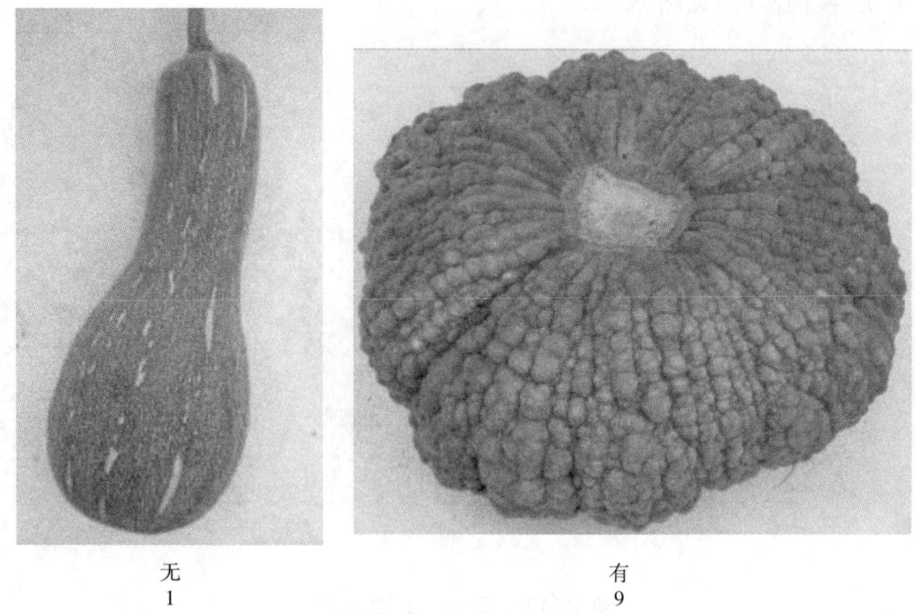

图 B.13 *果实:瘤

性状 30 果实:肉厚度,见图 B.14。最大横径处的果肉厚度。

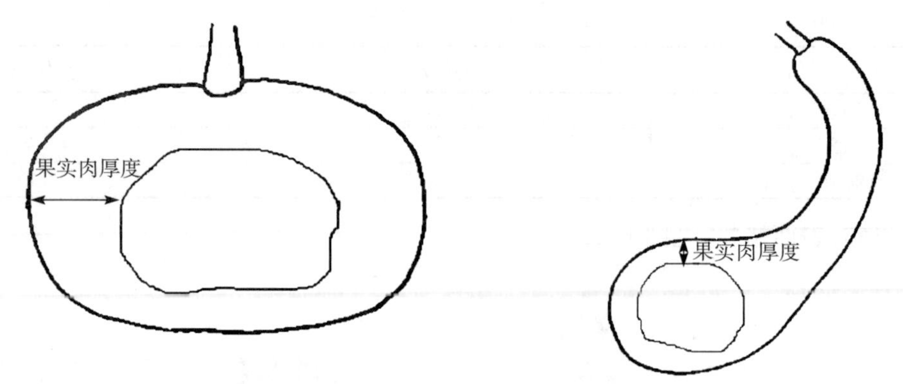

图 B.14 果实:肉厚度

性状 31 果实:脐直径,见图 B.15。

图 B.15 果实:脐直径

性状 33　种子:宽/长之比,见表 B.2。

表 B.2　种子:宽/长之比

宽/长比	表达状态	代码
<0.5	小	1
0.5~0.6	中	2
>0.6	大	3

性状 35　种子:外种皮有无,见图 B.16。

无　　有
1　　9

图 B.16　种子:外种皮有无

附　录　C
（规范性附录）
南瓜（中国南瓜）技术问卷格式

南瓜（中国南瓜）技术问卷

申请号： 申请日： （由审批机关填写）

（申请人或代理机构签章）

C.1　品种暂定名称

C.2　植物学分类

拉丁名：______________________
中文名：______________________

C.3　品种类型

在相符的类型[　]中打√。

C.3.1　按品种来源分

自交系[　]　杂交种[　]　地方品种[　]　其他[　]

C.3.2　按用途分

菜用[　]　饲用[　]　籽用[　]　加工[　]　砧木用[　]　其他[　]

C.3.3　按食用器官分

嫩果[　]　老熟果[　]　种子[　]　嫩茎叶[　]　花[　]　其他[　]

C.4　申请品种具有代表性彩色照片

（品种照片粘贴处）
（如果照片较多，可另附页提供）

C.5　其他有助于辨别申请品种的信息

（如品种用途、品质和抗性，请提供详细资料）

C.6 品种种植或测试是否需要特殊条件

在相符[ ]中打√。
是[ ]　　　　　　否[ ]
(如果回答是,请提供详细资料)

C.7 品种繁殖材料保存是否需要特殊条件

在相符[ ]中打√。
是[ ]　　　　　　否[ ]
(如果回答是,请提供详细资料)

C.8 申请品种需要指出的性状

在表C.1中相符的代码后[ ]中打√,若有测量值,请填写在表C.1中。

表C.1 申请品种需要指出的性状

序号	性　状	表达状态	代码	测量值
1	*仅适用于蔓生品种:植株:主蔓长度(性状2)	极短	1[ ]	
		极短到短	2[ ]	
		短	3[ ]	
		短到中	4[ ]	
		中	5[ ]	
		中到长	6[ ]	
		长	7[ ]	
		长到极长	8[ ]	
		极长	9[ ]	
2	*果实:纵径(性状10)	极短	1[ ]	
		极短到短	2[ ]	
		短	3[ ]	
		短到中	4[ ]	
		中	5[ ]	
		中到长	6[ ]	
		长	7[ ]	
		长到极长	8[ ]	
		极长	9[ ]	

表 C.1（续）

序号	性　状	表达状态	代码	测量值
3	果实:横径(性状 11)	极小	1[ ]	
		极小到小	2[ ]	
		小	3[ ]	
		小到中	4[ ]	
		中	5[ ]	
		中到大	6[ ]	
		大	7[ ]	
		大到极大	8[ ]	
		极大	9[ ]	
4	*果实:纵切面形状(性状 14)	扁圆形	1[ ]	
		厚扁圆形	2[ ]	
		近圆形	3[ ]	
		椭圆形	4[ ]	
		梨形	5[ ]	
		长把梨形	6[ ]	
		锥形	7[ ]	
		哑铃形	8[ ]	
		长颈圆筒形	9[ ]	
		长弯圆筒形	10[ ]	
		柱形	11[ ]	
		长筒形	12[ ]	
5	果实:弯曲程度(性状 17)	无或极弱	1[ ]	
		极弱到弱	2[ ]	
		弱	3[ ]	
		弱到中	4[ ]	
		中	5[ ]	
		中到强	6[ ]	
		强	7[ ]	
		强到极强	8[ ]	
		极强	9[ ]	
6	果实:棱沟(性状 20)	无	1[ ]	
		有	9[ ]	
7	成熟期(性状 24)	早	1[ ]	
		中	2[ ]	
		晚	3[ ]	
8	*果实:皮主色(性状 25)	绿色	1[ ]	
		黄白色	2[ ]	
		黄色	3[ ]	
		橙棕色	4[ ]	
		棕色	5[ ]	
9	*果实:瘤(性状 28)	无	1[ ]	
		有	9[ ]	

ICS 65.020.01
B 30

中华人民共和国农业行业标准

NY/T 2775—2015

农作物生产基地建设标准　糖料甘蔗

Construction criterion of crop production base—Sugarcane

2015-05-21 发布　　2015-08-01 实施

中华人民共和国农业部　发布

目　　次

前　言

本建设标准根据农业部《关于下达 2011 年农业行业标准制定和修订项目资金的通知》(农财发〔2011〕53 号)下达的任务,按照《农业工程项目建设标准编制规范》(NY/T 2081—2011)的要求,结合农业行业工程建设发展的需要而编制。

本建设标准共分 11 章:总则、规范性引用文件、术语和定义、建设规模与项目构成、选址与建设条件、工艺(农艺)与设备、建筑用地与规划布局、建筑工程与附属设施、农业田间工程、节能节水与环境保护和主要技术及经济指标。

本建设标准由农业部发展计划司负责管理,全国农业技术推广服务中心负责具体技术内容的解释。在标准执行过程中如发现有需要修改和补充之处,请将意见和有关资料寄送农业部工程建设服务中心(地址:北京市海淀区学院南路 59 号,邮政编码:100081),以供修订时参考。

本标准管理部门:中华人民共和国农业部发展计划司。

本标准主持单位:农业部工程建设服务中心。

本标准编制单位:全国农业技术推广服务中心。

本标准参编单位:广西农业厅糖料处、农业部甘蔗及制品质量监督检验测试中心、中国农业科学院基建局。

本标准主要起草人:梁桂梅、钟健、林影、张华、夏文省、夏耀西、冷杨、王娟娟。

农作物生产基地建设标准　糖料甘蔗

1　总则

1.1　为加强对糖料甘蔗生产基地建设项目的科学决策和管理，推进技术进步，全面提高项目建设质量和投资效益，特制定本建设标准。

1.2　本建设标准是编制、评估和审批国家糖料甘蔗生产基地建设项目可行性研究报告的重要依据，也是审查建设项目初步设计和监督、检查项目整个建设过程的参考尺度。

1.3　本建设标准适用于糖料甘蔗生产基地新建工程，改(扩)建工程可参照执行。

1.4　糖料甘蔗生产基地建设基本原则包括：

a）遵守国家有关法律、法令；

b）贯彻执行有关节能、节水、节约用地和环境保护等政策法规；

c）符合国家和地区糖料甘蔗发展规划。

1.5　糖料甘蔗生产基地建设除执行本建设标准外，尚应符合国家现行的有关强制性标准、定额或指标的规定。

2　规范性引用文件

下列文件对于本文件的应用是必不可少的。凡是注日期的引用文件，仅注日期的版本适用于本文件。凡是不注日期的引用文件，其最新版本(包括所有的修改单)适用于本文件。

GBJ 39　村镇建筑设计防火规范

GB 5084　农田灌溉水质标准

GB 10498　糖料甘蔗

GB 15618　土壤环境质量标准

GB 50011　建筑抗震设计规范

GB 50265　泵站设计规范

GB/SJ 50288　灌溉与排水工程设计规范

NY/T 1789　糖料甘蔗生产技术规程

SL 371　农田水利示范园区建设标准

3　术语和定义

下列术语和定义适用于本文件。

3.1

糖料甘蔗生产基地　sugarcane planting base

在全国或地区农产品中占有重要地位并能长期稳定地向市场提供大量糖料甘蔗产品的集中生产地区。

3.2

糖料甘蔗　sugarcane

应符合 GB 10498 对糖料甘蔗的定义。

4　建设规模与项目构成

4.1　糖料甘蔗生产基地建设规模应按照“市场需求、生产实际”的原则合理确定。

4.2 糖料甘蔗生产基地建设规模按种植面积划分为小、中、大三类。各类别基地的种植面积应符合表1的规定。

表1 各类别生产基地种植面积(S)

单位为公顷

类 别	种植基地面积
小型基地	30～100
中型基地	100～400
大型基地	400～700

4.3 糖料甘蔗生产基地的项目构成包括种植基地、辅助生产设施、管理及生活设施。

a) 种植基地:土地平整改良、农田灌排渠沟、泵站、田间道路等;

b) 辅助生产设施:种茎库和农机库等;

c) 管理及生活设施:办公用房、生活用房、围墙、大门及值班室等。

5 选址与建设条件

5.1 基地选址应符合当地土地利用总体规划、城乡建设规划和甘蔗优势区域布局规划的要求。

5.2 基地宜选择交通便利,基础设施和农技服务体系比较完善的地区。

5.3 基地应选择年日照大于1 700 h,气温大于10℃的年积温在6 000℃以上,年降水量超过800 mm,地势坡度小于15°,土壤有机质含量大于等于1.5%,排灌条件好,县(市、区)范围常年糖料甘蔗集中连片种植面积超过6 667 hm^2 的区域。其中,土壤应符合GB 15618的规定。

5.4 基地附近应有糖厂,具备相应的加工能力。

5.5 基地建设应远离污染和自然灾害多发区。

6 工艺(农艺)与设备

6.1 糖料甘蔗生产基地的生产能力

应以不同区域高产糖料甘蔗田达到的产量标准为依据。不同区域糖料甘蔗生产能力见附录A。

6.2 生产流程

应符合图1的规定。

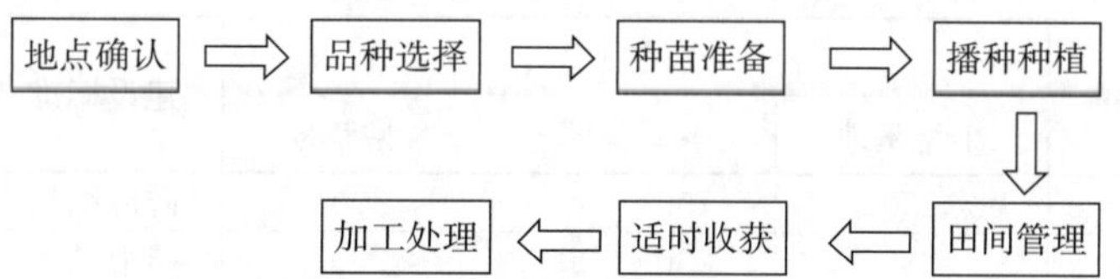

图1 糖料甘蔗生产流程图

6.3 糖料甘蔗生产基地的生产

应符合NY/T 1789的规定。

6.4 农机配备

糖料甘蔗生产基地按生产工艺要求主要配置耕整、种植和收割等农业机械。各类别生产基地农机配备应符合表2的规定。

表2　各类别生产基地农机配备表

类别	配备农机
小型基地（30 hm²～100 hm²）	以20马力～50马力级小型收割机为中心，包括小型甘蔗联合收割机、割铺机、小型耕整地机械、种植用开沟机、小型中耕施肥机具等
中型基地（100 hm²～400 hm²）	以60马力～160马力级中型收割机为中心，包括中型切段式或整秆式甘蔗联合收割机、耕整地机械、联合种植机和高地隙中耕施肥机具等
大型基地（400 hm²～700 hm²）	以250马力～350马力级大型甘蔗联合收割机为中心，辅以大型耕整地机械、联合种植机和高地隙中耕施肥机具等

7　建设用地与规划布局

7.1　糖料甘蔗生产基地的建设用地应符合国家有关规定，坚持科学合理、节约用地的原则。基地内建筑用地应集中布置，尽量利用非耕地，不占或少占良田。

7.2　基地按使用功能要求，划分为种植基地和管理区。应分区布置，各功能区之间联系方便。

7.2.1　生产区应按生产工艺流程排列布局，田块划分应根据基地规模和耕作方式合理划分，可以20 hm²～40 hm² 为单位布置机耕路，其间每2 hm²～4 hm² 以田间路分隔。

7.2.2　管理区建设规模、建筑要求和建设用地，应根据基地规模合理配置。主要分为生活管理区和仓储区。

7.3　各类别生产基地用地规模应符合表3的规定。

表3　各类别生产基地用地规模表

单位为公顷

类别	总占地面积	种植基地面积	管理区面积
小型基地	30～100	29.8～99.8	0.2
中型基地	100～400	99.6～399.6	0.4
大型基地	400～700	399.4～699.4	0.6

8　建筑工程及附属设施

8.1　管理区主要建筑物包括办公用房、生活用房、围墙、大门及值班室、种茎库、农机库等，其建设标准应根据建筑物用途和建设地区条件等合理确定。各类别糖料甘蔗生产基地管理区主要建筑物应符合表4的规定。

表4　糖料甘蔗生产基地管理区建筑一览表

序号	建设内容	单位	建设规模			建设标准	备　注
			小型基地	中型基地	大型基地		
1	办公用房	m²	100	150～300	300	砖混结构	
2	生活用房	m²	230	230～420	700	砖混结构	
3	机井房	座	1	1	1	砖混结构	可设箱式变电站
4	配电室	座	1	1	1	砖混结构	
5	大门及值班室	m²	20	20	20	砖混结构	
6	种茎库	m²	800	800～1 200	1 200～1 800	轻钢结构	
7	农机库	m²	500	700～1 500	1 500～3 000	轻钢结构	

8.2　管理区建筑的耐火等级应符合GBJ 39的规定。

8.3　管理区建筑的抗震标准应符合GB 50011的规定。

9　田间工程

9.1　土地平整

将大小或形状不符合标准要求的田块进行合并或调整。田面平整度指标应符合高标准农田对旱作农田田面平整度的规定。

9.2 灌排渠沟

9.2.1 灌排渠沟布置应与基地内道路布置相结合。

9.2.2 灌排工程应符合 SL 371 及 GB/SJ 50288 的要求。灌溉用水应符合 GB 5084 的要求。

9.2.3 泵站各项标准的设定应符合 GB 50265 的要求。

9.3 田间道路

9.3.1 田间道路应根据糖料甘蔗种植生产特点划分机耕路(主路)和作业路(田埂)。

9.3.2 机耕路(主路)应包括边沟、灌排渠沟、边坡。

9.3.3 机耕路(主路)应保持稳定、密实、路面排水性能良好。

9.3.4 田间道路应符合农机具操作宽度要求。

9.4 田间工程

应符合糖料甘蔗生产特点,生产基地田间工程主要构筑物应符合表 5 的规定。

表 5 田间工程构筑物一览表

序号	建设内容	单位	建设规模			建设标准	备注
			小型基地	中型基地	大型基地		
1	土地平整改良	m^3	134.65~448.82	448.82~1 795.29	1 795.29		
2	田埂	m	3 000~6 000	8 000~20 000	20 000~30 000	混凝土或沙石路,高 0.6 m	适用于水面
3	灌水渠	m	2 000~3 000	3 000~10 000	10 000~15 000	明渠,砖砌或混凝土衬砌	渠断面根据当地灌溉定额确认
4	排水沟	m	2 000~3 000	3 000~10 000	10 000~15 000	明沟,砖砌或混凝土衬砌	沟断面根据当地降水强度确认
5	泵站	座	2~3	3~5	5~6	采用砖混结构	
6	高压线路	m	100~200	200~300	300~600	地埋	根据当地实际情况确定
7	低压线路	m	1 000~2 000	2 000~10 000	10 000~15 000	地埋	
8	机耕路	m	3 000~5 000	5 000~12 000	12 000~17 000	混凝土或碎石路面,150 mm~180 mm 厚	

10 节能节水与环境保护

10.1 建筑设计应严格执行国家规定的有关节能设计标准。

10.2 按项目环评报告的要求,落实防止水、土壤污染的各项措施。

11 主要技术及经济指标

为取得较好的综合投资效益,糖料甘蔗生产基地应尽可能降低工程建设投资。其投资估算指标应符合表 6 的规定。

表 6　糖料甘蔗生产基地投资估算指标

建设规模 （基地面积）	小型基地 （30 hm^2～100 hm^2）	中型基地 （100 hm^2～400 hm^2）	大型基地 （400 hm^2～700 hm^2）
总投资，万元	90～300	300～1 200	1 200～2 100
土建工程，%	9	6	5
田间工程，%	58	59	60
农机设备，%	25	27	27
其他费用，%	5	5	5
基本预备费，%	3	3	3

附　录　A
（规范性附录）
糖料甘蔗生产基地生产能力

糖料甘蔗生产基地生产能力见表 A.1。

表 A.1　糖料甘蔗生产基地生产能力

<table>
<tr><th colspan="2">区域</th><th>所在省(自治区)</th><th>产量标准
t/亩</th><th>平均蔗糖分
%</th></tr>
<tr><td colspan="2">桂中南蔗区</td><td>广西</td><td>5.45</td><td>15</td></tr>
<tr><td colspan="2">滇西南蔗区</td><td>云南</td><td>5</td><td>15</td></tr>
<tr><td rowspan="2">粤西琼北蔗区</td><td>其中:粤西蔗区</td><td>广东</td><td>6</td><td>14.5</td></tr>
<tr><td>琼北蔗区</td><td>海南</td><td>4.8</td><td>14.5</td></tr>
<tr><td colspan="5">注:资料来源于《甘蔗优势区域布局规划(2008—2015 年)》。</td></tr>
</table>

ICS 65.020.01
B 05

中华人民共和国农业行业标准

NY/T 2776—2015

蔬菜产地批发市场建设标准

Construction standards for vegetable wholesale market in production regions

2015-05-21 发布

2015-08-01 实施

中华人民共和国农业部 发布

前　言

本标准按照 GB/T 1.1—2009 给出的规则起草。

本标准由农业部发展计划司提出。

本标准由农业部农业工程建设服务中心归口。

本标准起草单位:农业部规划设计研究院。

本标准主要起草人:程勤阳、聂宇燕、孙静、陈全、郭爱东、李健、周丹丹、李艳、安玉发、胡定寰。

蔬菜产地批发市场建设标准

1 范围

本标准规定了蔬菜产地批发市场的术语与定义、一般规定、建设规模与项目构成、选址与建设条件、工艺与设备、建设用地与规划布局、建筑工程及配套工程、节能节水与环境保护和主要技术经济指标等内容。

本标准适用于以经营蔬菜为主的农产品产地批发市场的新建项目和改、扩建项目，是编制、评估蔬菜产地批发市场工程项目可行性研究报告的依据，是有关部门评审、批复、监督检查和竣工验收的依据，是开展此类项目初步设计的参考依据。

蔬菜产地批发市场的建设，除执行本标准外，还应符合现行国家和行业有关标准和规定。

2 规范性引用文件

下列文件对于本文件的应用是必不可少的。凡是注日期的引用文件，仅注日期的版本适用于本文件。凡是不注日期的引用文件，其最新版本（包括所有的修改单）适用于本文件。

GB 5749 生活饮用水卫生标准

GB 50011 建筑抗震设计规范

GB 50016 建筑设计防火规范

GB 50072 冷库设计规范

GB 50084 自动喷水灭火系统设计规范

GB 50140 建筑灭火器配置设计规范

GB 50189 公共建筑节能设计标准

GB 50222 建筑内部装修设计防火规范

3 术语和定义

下列术语和定义适用于本文件。

3.1

农产品产地批发市场 agricultural products wholesale markets in production regions

在具有较高商品率的农产品主产地，具备将农户和农场自己生产的、经纪人和批发商收购的农产品及时汇集起来，形成批量交易功能的农产品批发市场。

3.2

蔬菜产地批发市场 vegetable wholesale markets in production regions

在具有较高商品率的蔬菜主产地，具备将菜农和农场自己生产的、经纪人和批发商收购的蔬菜及时汇集起来，形成批量交易功能的产地批发市场。

3.3

蔬菜商品化处理 commercializing processing

为了保持蔬菜质量和便于贮藏、运输，并适应各种交易形式，所采取的一系列措施的总称。

3.4

预冷 precooling

新鲜采收的蔬菜，运输贮藏之前，迅速去除田间热，使其温度降低到规定范围的操作过程。

4 一般规定

4.1 市场建设应当遵循因地制宜、经济合理、安全适用、节约土地、节能减排的原则。

4.2 市场建设宜采用一次规划，分期建设的方式进行。

4.3 市场建设方案应进行技术经济比较，合理确定。市场的规模、选址应根据当地蔬菜产业发展现状、市场需求、地形特点和环境条件确定。

4.4 市场应采用成熟可靠、经济适用的工艺技术，因地制宜选择建筑材料和建筑结构型式，优先使用国产设备，市场布局应当均衡、流程顺畅、安全有序、节约用地。

4.5 市场建设应提前落实工程建设资金的来源及构成，以及土地、交通、供电、给排水和通信条件。

5 建设规模与项目构成

5.1 建设规模以市场的日均交易量表示。蔬菜产地批发市场建设规模的大小应根据当地蔬菜资源、投资环境和市场需求，结合建设单位的经济、技术等因素合理确定。蔬菜产地批发市场建设规模见表1。

表1 蔬菜产地批发市场建设规模

建设规模	日均交易量 A t
大	$500 < A \leqslant 2\ 000$
中	$100 < A \leqslant 500$
小	$50 \leqslant A \leqslant 100$

5.2 项目构成

5.2.1 市场构成包括交易设施、商品化处理设施、仓储物流配送设施、行政管理设施、公用与辅助工程以及相应的仪器设备等。

5.2.2 交易设施包括交易场地、交易棚(厅)、结算中心等。

5.2.3 商品化处理设施包括蔬菜预冷、清洗、分选、分级、包装等环节所需的构筑物和建筑物。

5.2.4 仓储物流配送设施包括冷库、贮藏库、制冰间、储冰库、配货场等。

5.2.5 行政管理设施包括办公用房、检测室、监控室、信息中心等。

5.2.6 公用与辅助工程包括场区给排水系统、供电系统、供热系统、道路系统、停车场、垃圾处理系统、污水处理系统、消防系统和绿化等。

5.2.7 市场的仪器设备包括地中衡、电子秤、电子结算设备等交易设备，清洗、分选分级、包装设备等商品化处理设备，传送带、输送机、叉车等仓储物流设备，信息采集、分析、发布系统和安全监控系统等信息化设备，农产品质量检测设备等。

5.3 预冷间和贮藏库可根据产品特性、建设目标和工艺要求等实际情况进行联合或合并建设。

6 选址与建设条件

6.1 项目选址应符合当地城乡建设规划和土地利用规划。

6.2 场址应靠近蔬菜集中产区，与同类市场的距离不宜过近，避免重复建设。

6.3 市场建设应考虑道路交通条件，场址宜靠近公路主干网络或铁路货运节点。市场场址宜与集中居住区、厂矿、企事业单位保持一定的距离，避免互相干扰。

6.4 场址应满足建设工程需要的水文地质和工程地质条件。

6.5 场址应具备供水、供电等市政公用设施。

6.6 场址应远离有害气体、粉尘等污染源以及易燃易爆有毒危险品。

6.7 场址有一定的发展空间。

7 工艺与设备

7.1 蔬菜在产地批发市场内流通的流程包括进场、质量安全检测、交易、结算、商品化处理、入库或运输，具体流程参见图1。

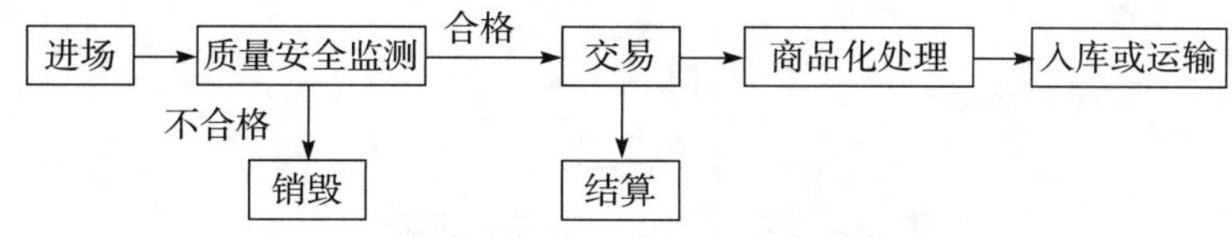

图1 蔬菜在产地批发市场内流程

7.2 蔬菜质量安全检测

7.2.1 市场应建立蔬菜质量安全检测制度和检测实验室。检验方法和检测标准应参照国家相关标准执行。

7.2.2 农药残留检测室应配备农药残留快检分析仪，大型市场应配备通风橱、固相萃取仪、色谱仪等设备。

7.2.3 配备流动检测设备，保证随时进行抽检。

7.3 商品化处理

7.3.1 蔬菜预冷、清洗、分选、分级、包装等商品化处理工艺应根据蔬菜种类合理选择。

7.3.2 分选处理可选择人工或机械分选方式，配套人工分拣台或分选机。产生的废弃物应集中处理，配套垃圾回收设备。

7.3.3 预冷方式可选择冰冷、水冷、普通冷库预冷、差压预冷库预冷等方法。采用普通冷库预冷和差压预冷库预冷时，应根据蔬菜种类、预冷方式、码放方式、预冷后用途等因素合理选择预冷终止温度和预冷时间，保证在24 h内将蔬菜温度降至预冷终止温度。市场应根据需要配置冷库、预冷库、制冰间、制冰设备等。

7.3.4 清洗应以清水清洗表面泥污为主。市场应配置必要的清洗台(池)、清洗设备、加工设备、垃圾和污水收集、过滤、处理设施等。

7.3.5 分级应根据蔬菜外形、重量、色泽等指标进行，市场宜配备卡尺、称重器具等，有条件的市场宜配备分级生产线。

7.3.6 蔬菜应进行必要的包装处理。包装材料应符合国家相关卫生标准。包装应具有一定抗挤压和保鲜能力，便于蔬菜运输。有条件的市场，可根据客户或品牌要求，提供加装原产地和蔬菜品牌标识服务。

7.4 场内搬运装卸

市场应配备搬运装卸设备，主要包括人力搬运车、场内运输车、叉车、装卸台、装卸架、传送带、托盘等。

7.5 交易

7.5.1 市场宜配置与对手交易、电子结算、电子交易、拍卖等方式相匹配的设备。

7.5.2 市场应配备地中衡、电子秤等称重设备，规格和数量应根据市场日交易量、车流量等数据综合确定。

7.5.3 结算宜采用电子结算方式，流程如图2所示。电子结算系统设备包括交易个体智能卡(IC卡)、交易终端、系统服务器等，有条件的应配套银行自动柜员机(ATM机)、销售时点结算系统(POS机)等。

7.5.4 有条件的市场宜建设电子交易(商务)平台。电子交易(商务)平台应考虑开放农产品行情数据接口。

7.5.5 有条件的市场宜开展蔬菜拍卖交易,配备竞拍终端、电子屏、拍卖系统等设备。

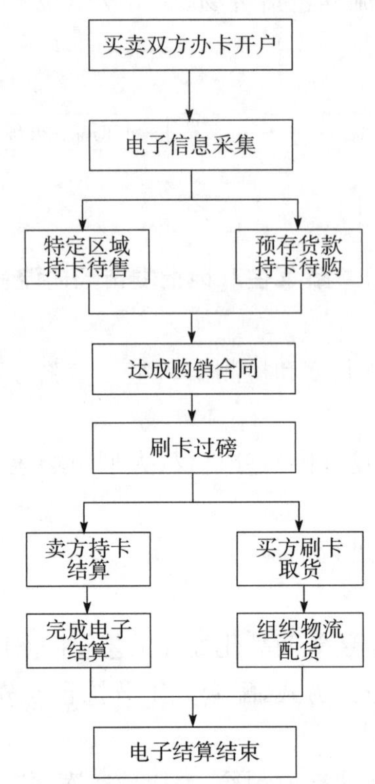

图2 批发市场电子结算流程图

7.6 市场信息系统

市场应具备及时采集、分析、发布蔬菜品种、价格、交易量、交易额等信息的功能,配备计算机、电子屏、网络设备、服务器等设备。

7.7 安全监控系统

市场安全监控系统应对市场的出入口、交易区、商品化处理区、称重区、物流区等重点区域进行实时视频监控和录像。监控数据保存时间不宜小于 90 d。监控设备主要包括服务器、分屏器、控制台、电视墙、不间断电源、报警探测器、报警控制主机等。

8 建设用地与规划布局

8.1 建设用地

8.1.1 市场应统一规划,做到功能齐备、分区合理、容量匹配、布局均衡、流程顺畅、环境优良、生态环保、节约用地。

8.1.2 市场用地规模参见表2。

表2 蔬菜产地批发市场用地规模

建设规模	占地面积 S hm^2
大	$10<S\leqslant 40$
中	$2<S\leqslant 10$
小	$0.5\leqslant S\leqslant 2$

8.2 功能区布局

8.2.1 综合考虑环境和资源等技术条件，按照规模适度、用地合理、设计科学、节约用地、少占耕地的原则，确定市场各功能区的占地规模和数量。

8.2.2 市场按功能分为交易区、商品化处理区、仓储物流配送区、行政管理区和公用与辅助工程等。各功能区内主要设施建筑面积指标见表3。

表3 蔬菜产地批发市场主要设施建筑面积

单位为平方米

设施类型	大	中	小
交易设施	9 150～33 000	2 850～9 150	1 000～2 850
商品化处理设施	500～3 400	200～500	100～200
仓储物流设施	2 700～10 200	400～2 700	200～400
行政管理设施	480～2 700	220～480	40～220

8.2.3 交易棚(厅)一般布局在批发市场的中心位置，交易棚(厅)间距不宜过小，周边宜设停车场。

8.2.4 结算大厅宜临近交易棚(厅)。

8.2.5 在不干扰交易活动和影响交通秩序的条件下，小型市场可在预冷设施周边的空地上进行简易的商品化处理。大、中型市场宜设置相对独立的商品化处理区和物流仓储配送区。

8.3 道路与出口

8.3.1 市场路网应结合各功能区进行设置，做到人车分流、客货分流、供货购货分流。路网宜采用循环道路模式，呈网格化布置，同时满足消防要求。

8.3.2 大型市场主要车行道宽度宜大于35 m，中型市场主要车行道宽度宜大于25 m。

8.3.3 交易区、仓储物流配送区、行政管理区均宜设置相应规模的停车场。

8.3.4 市场应设2个以上出入口，出入口与场外主干道之间应该设置一定缓冲路段。

8.4 市场的疏散、消防通道、应急处理等设施，应本着技术先进、经济合理、预防为主、就近疏散、安全能达的原则。

9 建筑工程及配套工程

9.1 交易棚(厅)

9.1.1 宜采用大跨度钢结构，包括开敞式、半开敞式和封闭式建筑形式。

9.1.2 市场交易棚(厅)单跨跨度宜为15.0 m～36.0 m，大、中型市场可采用连跨结构。交易棚(厅)净高应不低于6.0 m，地面标高应高于室外地坪0.3 m以上。

9.1.3 大跨度交易棚(厅)屋面应设采光带。

9.1.4 地面荷载应考虑大型车荷载，地面应平整、清洁、防滑，宜设排水沟。

9.2 商品化处理间

9.2.1 预冷库

9.2.1.1 预冷库库体建设应符合GB 50072的要求。

9.2.1.2 预冷库出入口前应设月台，月台高0.9 m～1.2 m，月台宽4.5 m～10.5 m，月台及停车位置上方应设置遮阳挡雨设施。

9.2.2 清洗、分选、分级、包装间宜采用钢结构，建筑设计应满足相应工艺要求。

9.3 冷库

9.3.1 冷库设计应符合GB 50072中的相关规定。

9.3.2 冷库出入口前应设月台,月台高 0.9 m～1.2 m,月台宽 4.5 m～10.5 m,月台及停车位置上方应设置遮阳挡雨设施。

9.4 防火设计

9.4.1 交易棚(厅)、预冷库、商品化处理间及贮藏库火灾危险性分类属丁类。

9.4.2 市场内建筑耐火等级及防火间距应符合 GB 50016 的规定,设计人员应根据市场实际情况确定耐火等级。

9.5 防灾设计

9.5.1 市场内建筑抗震要求应符合 GB 50011 中的规定,应根据项目所在地区经济发展水平、抗震设防烈度、建筑物性质和结构类型等实际情况进行抗震设计。

9.5.2 市场内建筑物设计应满足各类建筑对雪灾、风灾、洪水等自然灾害的防御要求。

9.6 市场内的建筑设计应符合 GB 50189 节能要求。

9.7 给排水

9.7.1 供水水质应符合 GB 5749 的有关规定。

9.7.2 污水宜采用暗管排入污水处理设施或市政排水管网。

9.7.3 消防系统设计应符合 GB 50016、GB 50084、GB 50140 和 GB 50222 的有关规定。

9.8 供电

9.8.1 小型市场的用电负荷等级为三级,中型、大型市场的信息系统、电子结算系统、冷库等重要的用电负荷等级为二级,其他用电负荷为三级。

9.8.2 市场应由当地供电网络引入电源,并建设变配电室或箱式变电站。二级负荷的另一路电源可引自自备电源或另一路当地供电电源。

9.9 通信与广播

9.9.1 市场应有电话与互联网接入,无限网络通讯系统覆盖。

9.9.2 市场应设公共广播系统。

10 节能节水与环境保护

10.1 节能节水

10.1.1 蔬菜商品化处理和贮藏等耗能较多的环节,应选用能耗指标较低的工艺和设备,淘汰能耗高的工艺和设备。

10.1.2 采用合理的配电方式,电气设备选用节能型产品,照明设备应使用绿色照明工程产品。

10.1.3 市场内应使用节水设备。

10.1.4 蔬菜清洗用水应进行收集处理和循环再利用,应配置污水收集池和过滤设施,对生产和生活污水进行处理。

10.2 环境保护

10.2.1 市场应对固体废弃物、有机废弃物进行分类、收集和处理。

10.2.2 市场应配置固体垃圾压缩中转站、垃圾处理压缩设备、垃圾外运车、垃圾桶、垃圾收集车等设施设备,对固体废弃物进行收集和统一处理。

11 主要技术经济指标

11.1 市场工程投资估算指标应符合表 4 的规定。

表 4　工程投资估算指标

单位为万元

序号	项目	大	中	小
1	建安工程	2 320～9 420	610～2 320	270～610
1.1	交易设施	390～1 260	130～390	60～130
1.2	商品化处理设施	220～1 360	100～220	60～100
1.3	仓储物流配送设施	280～950	50～280	30～50
1.4	行政管理设施	130～650	70～130	20～70
1.5	公用与辅助工程	1 300～5 200	260～1 300	100～260
2	设备购置费	335～1 570	140～335	30～140
2.1	交易设备	80～225	40～80	5～40
2.2	商品化处理设备	55～125	20～55	5～20
2.3	仓储物流配送设备	55～150	30～55	5～30
2.4	信息化设备	40～320	20～40	5～20
2.5	质量检测设备	105～750	30～105	10～30

11.2　市场的劳动定员应满足表 5 的规定。

表 5　劳动定员指标

单位为人

建设规模	大	中	小
劳动定员	900～1 200	60～90	5～60

11.3　市场每月用水用电指标应参考表 6 的规定。

表 6　用水用电指标

能　耗	建设规模		
	大	中	小
水，t	450～60 000	300～450	250～300
电，kW・h	84 800～319 000	50 900～84 800	17 800～50 900

ICS 65.020.01
B 20

中华人民共和国农业行业标准

NY/T 2777—2015

玉米良种繁育基地建设标准

The standard for corn seed producting bases

2015-05-21 发布　　　　2015-08-01 实施

中华人民共和国农业部　发布

目　次

前　言

根据建设部、国家发展和改革委员会《关于印发〈工程项目建设标准编制程序规定〉和〈工程项目建设标准编写规定〉的通知》(建标〔2007〕144 号)和农业部《农业工程项目建设标准编制规范》(NY/T 2081—2011)的要求，结合农业行业工程建设发展和现代玉米种业发展的需要，按照 GB/T 1.1—2009 给出的规则制定本标准。

本标准共 13 章，主要内容包括范围、规范性引用文件、术语和定义、一般规定、基地规模与项目构成、选址与建设条件、制种田农艺与农机、田间工程、种子加工工艺与设备、种子加工建设用地指标与规划布局、建筑工程及配套设施、环境保护与节能节水以及主要技术经济指标。

本标准由农业部发展计划司负责管理，农业部规划设计研究院负责具体技术内容的解释。在标准执行过程中如发现有需要修改和补充之处，请将意见和有关资料寄送农业部规划设计研究院(地址：北京市朝阳区麦子店街 41 号，邮政编码：100125)。

主编单位：农业部规划设计研究院。

参编单位：吉林省农业科学院、黑龙江农垦勘测设计院、河北省种子管理总站、农业部农业机械化技术开发推广总站、张掖市多成农业集团有限公司、黑龙江省农业科学院、云南省农业科学院。

主要起草人：赵跃龙、李欣、李树君、陈海军、才卓、何艳秋、李志勇、徐振兴、曹靖生、王多成、肖占文、李向岭、范正华。

玉米良种繁育基地建设标准

1 范围

1.1 本标准规定了玉米良种繁育基地的一般规定、基地规模与项目构成、选址与建设条件、农艺与农机、田间工程等内容。

1.2 本标准适用于玉米良种繁育基地建设工程项目规划、可行性研究、初步设计等前期工作，也适用于项目建设管理、实施监督检查和竣工验收。

2 规范性引用文件

下列文件对于本文件的应用是必不可少的。凡是注日期的引用文件，仅注日期的版本适用于本文件。凡是不注日期的引用文件，其最新版本（包括所有的修改单）适用于本文件。

GB/T 3543 农作物种子检验规程
GB 4404.1 粮食作物种子—禾谷类
GB 5084 农田灌溉水质标准
GB/T 12994 种子加工机械 术语
GB/T 14095 农产品干燥技术 术语
GB/T 21158 种子加工成套设备
GB/T 17315 玉米杂交种繁育制种技术操作规程
GB 50016 建筑设计防火规范
GB/SJ 50288 灌溉与排水工程设计规范
NYJ/T 08 种子贮藏库建设标准
NY/T 499 旋耕机 作业质量
NY/T 1142 种子加工成套设备质量评价管理规范
NY/T 1355 玉米收获机 作业质量
NY/T 1716 农业建设项目投资估算内容与方法
NY/T 2148 高标准农田建设标准
SL 207 节水灌溉技术规范
SL 482 灌溉与排水渠系建筑物设计规范

3 术语和定义

下列术语和定义适用于本文件。

3.1

玉米良种繁育基地 corn seed production area

具备完善的标准化生产体系、质量控制体系，能够确保生产合格的杂交玉米种子的基地。

4 一般规定

4.1 符合国家有关土地利用、规划、环境保护及资源节约的相关法律和规定。

4.2 适应当地的资源条件及投资水平。

4.3 满足建设场地所需的自然条件及技术要求。

4.4 统筹规划，节约用地。

5 基地规模与项目构成

5.1 基地建设规模

玉米良种繁育基地的建设规模由杂交玉米制种田规模和加工规模共同确定，共分三大类。划分如下：Ⅰ类 1 001 hm^2～2 000 hm^2 和 1 500 t/批次～3 000 t/批次；Ⅱ类 667 hm^2～1 000 hm^2 和 1 000 t/批次～1 500 t/批次；Ⅲ类 333 hm^2～666 hm^2 和 500 t/批次～1 000 t/批次。详见表1。

表1 玉米良种繁育基地建设规模

类　别	Ⅰ类	Ⅱ类	Ⅲ类
杂交玉米制种田规模，hm^2	1 001～2 000	667～1 000	333～666
加工规模，t/批次	1 500～3 000	1 000～1 500	500～1 000

5.2 建设项目构成

5.2.1 玉米良种繁育基地建设项目由生产设施、辅助生产设施、配套设施和管理及生活设施构成。

5.2.2 生产设施包括田间生产设施和加工生产设施。其中，田间生产设施包括杂交玉米制种田、田间道路、灌溉设施、防护林及农业机械等；加工生产设施包括种子加工所需各类生产用房及设备。

5.2.3 辅助生产设施包括种晒场、计量室、检验检测室、种子仓库、农机库以及贮藏和检验检测所需设备。

5.2.4 配套设施包括供配电设施、给排水设施（不包括田间灌溉）、消防设施、供热设施、通信设施、场区道路及绿化等。

5.2.5 管理及生活设施包括办公管理用房、食堂、宿舍及门卫等。

6 选址与建设条件

6.1 基本条件

6.1.1 地势平缓，积温充足，秋季干爽等生态条件优越。

6.1.2 土层深厚，土壤肥力中上，田块集中连片且自然隔离条件良好。

6.1.3 交通便利，水电供应可靠，灌溉水质符合 GB 5084 的有关规定。

6.1.4 基层政府重视，劳力相对充足，农技服务体系健全。

6.2 应规避的地区

6.2.1 自然灾害频繁的地区。

6.2.2 病虫害频繁发生的地区以及检疫性病虫害严重的地区。

6.2.3 土壤和灌溉水源污染严重的地区。

7 制种田农艺与农机

7.1 农艺技术

7.1.1 制种田农艺作业严格执行 GB/T 17315 的规定，确保隔离条件、花期调节、去杂去雄、肥水管理、安全收获及全程质量控制等各环节达到相应技术要求。

7.1.2 隔离包括空间隔离、屏障隔离和时间隔离。

7.1.3 田间作业农艺措施主要包括以下内容：播前整地、隔离带设计、种子预处理、适期（措期）播种、调节花期、（化学）除草、施肥、（节水）灌溉、病虫防治、去杂去劣、母本去雄、割除父本、果穗收获。

7.2 农机配套

7.2.1 玉米制种田应配套完备、齐全的农机设备，满足各阶段需求。

7.2.2 田间生产全过程所用农机包括耕整地、种植、施肥、去雄、收获及秸秆粉碎六大类型。

7.2.3 农业机械作业水平由机耕率、机播(栽植)率和机收率3项指标决定。其中,东北、西北和华北3个地区的机耕率、机播(栽植)率和机收率皆为100%;西南地区的机耕率、机播(栽植)率和机收率宜不低于90%。

7.2.4 农机作业指标应满足以下要求:

a) 耕作深度≥25 cm;

b) 平整度≤5 cm;

c) 机械收获率≥96%;

d) 收获破碎率≤1%;

e) 机械剥皮率≥85%。

7.2.5 提倡逐步实现机械化去雄。

7.2.6 在条件适宜的地方提倡使用机械化秸秆还田,秸秆粉碎合格率应不低于80%。

8 田间工程

8.1 一般要求

8.1.1 田间工程主要包括土地平整、土壤培肥、灌溉与排水、农田输配电、田间道路和防护林网六大方面。

8.1.2 田块布局应根据地形、降雨、作物、灌水方式,并综合考虑土地权属等情况。

8.1.3 农田灌溉与排水、田间道路、农田输配电、田间防护等田间基础设施占地率应不高于8%。

8.1.4 农田灌溉与排水、田间道路、农田输配电、田间防护等工程设施的使用年限应不少于15年。

8.2 土地平整工程

8.2.1 耕作田块应相对集中,便于机械化管理。

8.2.2 田块形状选择依次为长方形、正方形、梯形和其他形状,长宽比以不小于4:1为宜。田块长度和宽度应根据地形地貌、作物种类、机械作业效率、灌排效率、防止风害等因素确定。

8.2.3 田块平整、田坎修筑、土体及耕作层各项指标应符合NY/T 2148的有关规定。

8.3 土壤培肥工程

8.3.1 根据目标产量确定施肥量,实施测土配方施肥覆盖率应达到100%,并保持土壤养分平衡,适量补足锌、硫等中微量元素,并应做到精确调整排肥量及均匀度。

8.3.2 灌溉区应结合灌溉追施拔节肥,垄侧追肥时随中耕深埋8 cm以上。

8.4 灌溉与排水工程

8.4.1 灌溉与排水工程指包括水源工程、输水工程、喷微灌工程、排水工程、渠系建筑物工程等。

8.4.2 水源配套应考虑地形条件、水源特点等因素,宜采用蓄、引、提相结合的配套方式。

8.4.3 灌溉设计保证率应符合表2的规定,灌溉水利用系数应不低于0.6,并应符合GB/T 50363的有关规定。灌溉要求保证用水率为85%。

表2 灌溉设计保证率

灌水方法	地 区	灌溉设计保证率,%
地面灌溉	干旱地区或水资源紧缺地区	50~75
	半干旱、半湿润地区或水资源不稳定地区	80
	湿润地区或水资源丰富地区	85
喷灌、微灌	各类地区	90

8.4.4 发展节水灌溉,提高水资源利用效率,因地制宜采取渠道防渗、管道输水、喷微灌等节水灌溉措施。

8.4.5 田间斗、农渠等固定渠道宜进行防渗处理，防渗率不低于70%。井灌区固定渠道应全部进行防渗处理。

8.4.6 喷灌、微喷灌区的固定输水管道埋深应在冻土层以下，且不小于0.6 m。

8.4.7 排水设计暴雨重现期宜采用10年一遇，1 d～3 d暴雨从作物受淹起1 d～3 d排至田面无积水。

8.4.8 排涝农沟采用排灌结合的末级固定排灌沟、截流沟和防洪沟，宜采用砖、石、混凝土衬砌。

8.4.9 渠系建筑物应配套完整，满足灌溉与排水系统要求，其使用年限应与灌排系统总体工程相一致。

8.4.10 玉米制种田灌溉与排水工程除应符合本标准规定，还应执行GB 50288、SL 207、GB/T 50085、GB/T 50485、SL 482以及NY/T 2148等相关规定。

8.5 农田输配电工程

8.5.1 农田输配电主要为满足抽水站、机井等供电。农用供电建设包括高压线路、低压线路和变配电设备。

8.5.2 **输电线路** 宜采用10 kV高压和380 V/220 V低压线路输电。低压线路宜采用低压电缆，应有标志。地埋线应敷设在冻土层以下，且深度不小于0.7 m。

8.5.3 变配电设备宜采用地上变台或杆上变台。变压器外壳距地面建筑物的净距离不应小于0.8 m；变压器装设在柱上时，无遮拦导电部分距地面应不小于3.5 m，变压器的绝缘子最低瓷裙距地面高度小于2.5 m时，应设置固定围栏，其高度宜大于1.5 m。

8.6 田间道路工程

8.6.1 田间道路包括机耕路和生产路，机耕路建设应能满足当地机械化作业的通行要求。

8.6.2 机耕路通达度为0.5～1，生产路通达度为0.1～0.2。

8.6.3 机耕路和生产路建设应符合NY/T 2148的规定。

8.7 防护林网工程

8.7.1 在风沙区和干热风等危害严重的地区应设置农田防护林网。

8.7.2 防护林网建设应符合NY/T 2148的规定。

9 种子加工工艺与设备

9.1 加工工艺流程

见图1。

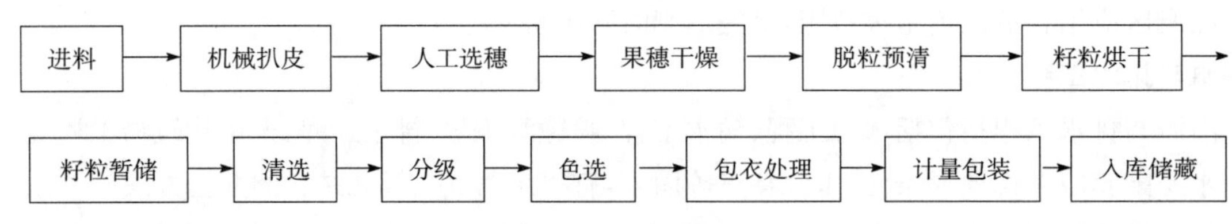

图1 种子加工工艺流程图

9.2 设备要求

9.2.1 应采用全程机械化和重点工序自动化、智能化作业的种子加工成套设备。

9.2.2 在有效的加工期限内，设备的加工能力应与基地种子生产规模相匹配。

9.2.3 选定的种子加工设备技术指标应符合GB/T 21158的相关要求。

9.2.4 加工后的种子质量应符合GB 4404.1的相关要求。

9.3 主要设备配置

玉米种子加工成套设备配置见附录A和附录B。

9.4 种子储藏

9.4.1 储藏量应与基地生产规模及加工能力相匹配。

9.4.2 储藏库主要以常温库为主，在南方地区为防止种子霉变，应考虑低温和除湿要求。

9.4.3 储藏库内应配置移动式或固定式输送、电子控温、控湿、机械通风、熏蒸等设备及防虫、防鼠设施。

9.5 种子的包装

根据不同品种种植要求而有所不同，宜为每袋 1 kg～3 kg 或每袋满足 40 kg～50 kg。

9.6 种子检验

9.6.1 种子检验可分为扦样、室内检验和田间检验。室内检验包括净度分析、发芽试验、水分测定、真实性测定、品种纯度测定、转基因种子测定及种子健康测定。田间检验包括品种真实性和品种纯度的田间和小区种植鉴定。

9.6.2 检验应执行 GB/T 3543 中的有关规定。

9.6.3 扦样仪器包括扦样器。室内检验仪器设备包括显微镜、电子自动数粒仪、分样器、净度工作台、电动筛选器、电子天平、人工气候箱、种子低温储藏箱、干燥箱、高压灭菌器、冷冻离心机、分光光度计、PCR 仪、高压电泳仪、数显电导仪等。主要仪器设备功能见附录 C。

10 种子加工建设用地指标与规划布局

10.1 分区与布局

10.1.1 种子加工用地分为种子加工区和管理服务区两大部分。

10.1.2 种子加工区与制种田的运输距离宜控制在 50 km 以内，最远不要超过 150 km。

10.1.3 管理服务区包括办公管理与生活服务两方面，管理服务区可与种子加工区相毗邻。

10.2 用地指标

种子加工用地指标应符合表 3 的规定。

表 3 种子加工用地指标

类别	加工区总占地面积 hm^2	管理服务占地面积 hm^2
Ⅰ类	3.0～7.0	0.5～1.5
Ⅱ类	2.0～5.0	0.5～1.0
Ⅲ类	1.5～3.0	0.3～0.5

11 建筑工程及配套设施

11.1 建筑工程建设要求

11.1.1 基地各类建筑应满足生产、加工、储藏、检测、管理等要求，做到利于生产、方便生活、经济合理、安全适用。建设标准应根据建筑物用途和建设地区条件合理确定。

11.1.2 建筑工程包括种子加工基地内加工用房及设备基础、晒场、种子仓库、种子检验检测室、办公管理用房、生活类用房及水、电、热等配套设施用房以及制种田内作业管理用房等。

11.1.3 晒场建设应满足生产规模以及运输机械荷载要求，并应做好场地的排水。

11.1.4 各类建筑均应执行 GB 50016 的有关规定。种子生产和储藏的火灾危险性属丙类，生产性用房及辅助生产性用房(除农机具库)的耐火等级应不低于二级。

11.1.5 农机具库的耐火等级宜不低于三级。

11.1.6 主要建筑物的结构使用年限应达到 25 年及以上。

11.1.7 主要建筑物的抗震设防类别应为丙类及以上。

11.2 配套设施建设要求

11.2.1 应与主体工程相配套，力求达到高效、节能、低噪声、少污染。

11.2.2 配套设施包括道路、给水、排水、消防、供热、供配电、通信等。

11.2.3 道路建设应满足以下要求：

a) 应与外界保持便利通畅的联系，与场内各建筑连接通顺；
b) 路面结构宜采用混凝土或沥青路面；
c) 路面宽度单车道应为 3 m，双车道应为 6 m。

11.2.4 场区给水应满足以下要求：

a) 加工区应具有可靠的供水水源和完善的供水设施；
b) 在有市政供水管网的地区应利用市政供水系统供水；
c) 无市政供水管网时可自备水源。

11.2.5 场区排水应满足以下要求：

a) 加工区内排水系统应采用雨污分流制，并应以管道或暗沟方式进行排放；
b) 加工区内的生活污水应排入市政排水管网或经处理后循环使用；
c) 经包衣剂处理后的废水都应进行集中收集，妥善处理。

11.2.6 场区消防应满足以下要求：

a) 加工区的加工车间及种子仓库应设消防给水系统，并保证消防水源的安全供给；
b) 消防设施的配置应根据种子加工规模、建筑类型按国家现行标准确定。

11.2.7 场区供热应满足以下要求：

a) 寒冷地区除根据种子加工工艺要求配备供热设施外，还要考虑办公管理及生活类建筑冬季的采暖，供热系统的设置应执行所在地区相关规范；
b) 在非寒冷地区，根据种子加工工艺要求确定是否配备供热系统。

11.2.8 场区供电应满足以下要求：

加工区应采用当地电网供电，电力负荷等级应不低于三级。

11.2.9 场区通讯应满足以下要求：

加工区通讯设施应与当地电信网的要求相适应。

11.3 工程建设指标

基地内主要工程的建设规模见附录 D。

12 环境保护与节能节水

12.1 环境保护

基地建设应严格执行国家环境保护方面的相关规定。

12.2 节能节水

基地建设应严格执行国家节能节水方面的相关规定。

13 主要技术经济指标

13.1 投资估算原则

13.1.1 投资估算应与当地的建设水平相一致。

13.1.2 投资估算依据建设地点现行造价定额及造价文件。

13.1.3 基地辅助生产建筑的建设内容和规模，应与种植规模相匹配。其建设投资参照相关标准确定，纳入总投资中。

13.2 项目投资内容

玉米良种繁育基地的建设总投资包括田间工程费、种子加工区土建费、生产管理及生活区土建费、种子加工、种子检测检验设备购置及安装费、农机具购置费、工程建设其他费和基本预备费七大部分。

13.3 投资估算指标

不同规模基地的投资估算指标及分项目投资比例可按表 4 的指标控制。

表 4 建设投资估算指标

投资内容	规模,hm^2			备　注
	Ⅰ类	Ⅱ类	Ⅲ类	
	1 001～2 000	667～1 000	333～666	
总投资,万元	12 000～22 000	8 000～12 000	5 000～8 000	
田间工程费,%	28.2～33.9	30.8～31.9	25.3～31.0	田间工程单项投资指标详见附录 E
种子加工区土建工程费,%	19.8～21.1	21.2～22.4	20.5～21.3	指种子加工生产区
生产管理及生活区土建工程费,%	1.4～2.3	2.2～3.1	1.9～3.1	
种子加工、检测检验设备购置及安装费,%	22.5～30.5	21.1～24.9	23.8～32.8	含种子检验检测设备
农机具费,%	9.1～9.2	10.0～10.4	8.2～10.0	
工程建设其他费,%	5.0～7.0	5.0～7.0	5.0～7.0	
基本预备费,%	5.0	5.0	5.0	

13.4 劳动定员规定

13.4.1 田间生产管理人员为 2 人/66 hm^2,工作一个生产周期 150 d～200 d。

13.4.2 田间生产机械作业人员为 1 人/3.3 hm^2,工作一个生产周期 150 d～200 d。

13.4.3 加工技术管理人员:基地规模 666.66 hm^2 需加工能力 10 t 的生产线一条。基地规模 2 000 hm^2 需加工能力 10 t 的生产线二条。按每条生产线每小时实际加工 8 t 种子,每天 8 h,加工周期 100 d,需技术操作、机械维护、安全管理、取样检验人员 4 人计算。

13.4.4 加工作业人员:加工能力 10 t 的一条生产线,按每小时实际加工 8 t 种子,每天 8 h,加工周期 100 d,需加工作业人员 6 人计算。

13.4.5 服务区后勤管理人员、行政管理人员按基地规模大小,完成一个生产、加工周期确定。

13.5 劳动定员指标

13.5.1 各类型基地劳动定员控制应执行表 5 的规定。

表 5 劳动定员指标

生产基地		规模,hm^2		
		1 001～2 000	667～1 000	333～666
总定员,人		360～720	240～360	120～240
生产区	田间管理人员	30～60	20～30	10～20
	田间生产机械作业人员	303～606	202～303	101—202
加工区	加工技术管理人员	6～12	4～6	2～4
	加工作业人员	9～18	6～9	3～6
管理服务区	行政管理人员	6～12	4～6	2～4
	后勤管理人员	6～12	4～6	2～4

附　录　A
（规范性附录）
玉米果穗一次干燥成套设备各工序生产能力

玉米果穗一次干燥成套设备各工序生产能力见表 A.1。

表 A.1　玉米果穗一次干燥成套设备各工序生产能力

建设内容	建设规模		
	Ⅰ类	Ⅱ类	Ⅲ类
进料，t/h	50～100	30～50	15～30
机械扒皮，t/h	50～100	30～50	15～30
人工选穗，t/h	50～100	30～50	15～30
果穗干燥，t/批	1 500～3 000	1 000～1 500	500～1 000
脱粒预清，t/h	50～100	40～50	20～40
籽粒烘干，t/h	20～40	15～20	7.5～15
籽粒暂储，t	3 600～7 200	2 400～3 600	1 200～2 400
清选，t/h	13～24	8～13	5～8
分级，t/h	13～24	8～13	5～8
色选，t/h	13～24	8～13	5～8
包衣，t/h	15.6～31.2	9.6～15.6	6～9.6
包装，t/h	15.6～31.2	9.6～15.6	6～9.6
注 1：表中数值与内容可以根据种子生产能力和品种数量等进行调整或核减。 **注 2**：在相同规模条件下，西南地区建设规模按本表 60%～70%。			

附　录　B
（规范性附录）
玉米穗、粒两次干燥成套设备各工序生产能力

玉米穗、粒两次干燥成套设备各工序生产能力见表B.1。

表B.1　玉米穗、粒两次干燥成套设备各工序生产能力

建设内容	建设规模，hm²			备　注
	Ⅰ类	Ⅱ类	Ⅲ类	
	1 001～2 000	667～1 000	333～666	
机械进料，t/h	50(2套)	50	30	每天工作时间不超过15 h
人工选穗，t/h	50(2套)	50	30	根据品种情况进行核减或取舍
果穗干燥，t/批	800～1 500(2座)	800～1 500	500～800	果穗干燥至16%～18%水分；每批次干燥时间按2.5 d
脱粒预清，t/h	50(2套)	50	30	每天工作时间不超过15 h
湿储仓，t/座	200～300（4～8座）	200～300（2～4座）	150～200（2座）	根据品种情况进行核减
籽粒干燥，t/d	300(2套)	300	200	每天24 h连续工作
籽粒暂储，t	14 000～8 000	2 400～4 000	1 200～2 400	西北、东北地区及华北北部地区按成品种子量的60%
	2 400～4 800	1 400～2 400	700～1 400	西南地区按成品种子量的35%
清选分级，t/h	8(2套)	8	5	每年工作时间不超过75 d
包衣包装 Q，t/h	$8<Q<12$(2套)	$8<Q<12$	$5<Q<7.5$	按清选分级能力的1倍～1.5倍
注：本表中数值可以根据品种数量与种子产量进行调整。				

附　录　C
（规范性附录）
检验检测主要仪器设备及功能

检验检测主要仪器设备及功能见表 C.1。

表 C.1　检验检测主要仪器设备及功能

序号	仪器名称	单位	功　　能
1	显微镜	台	种子净度分析
2	电子数粒仪	台	数种
3	电子天平	台	样品称重
4	人工气候箱	台	发芽试验
5	低温储藏箱	台	样品储藏
6	干燥箱	台	水分测定
7	高压灭菌器	台	高压灭菌
8	冷冻离心机	台	DNA 提取
9	分光光度计	台	DNA 质量检测
10	PCR 仪	台	基因扩增
11	电泳仪	台	凝胶电泳
12	数显电导仪	台	活力测定
13	分样器	台	分样
14	净度工作台	台	净度检验
15	电动筛选器	台	净度检验

附 录 D
（规范性附录）
主要工程建设规模一览表

主要工程建设规模一览表见表 D.1。

表 D.1 主要工程建设规模一览表

序号	建设内容	单位	建设规模，hm^2			备 注
			Ⅰ类	Ⅱ类	Ⅲ类	
			1 001～2 000	667～1 000	333～666	
1	**种子加工生产设施**	**m^2**	**4 000～7 500**	**2 000～4 000**	**1 500～3 000**	**1.1～1.4 之和**
1.1	选穗车间	m^2	960	480	400	
1.2	果穗烘干室	m^2	4 240	2 120	1 640	
1.3	脱粒车间	m^2	270	180	144	
1.4	清选加工车间	m^2	1 800	1 080	810	
1.5	进料装置基础	m^2	300	150	120	占地面积
1.6	籽粒烘干基础	m^2	600	300	240	占地面积
1.7	各类仓群基础	m^2	1 500～2 400	750～1 200	550～800	占地面积
2	**辅助生产设施**					
2.1	种子检验室	m^2	300	200	150	
2.2	种子仓库	m^2	4 000～6 000	3 000	1 500	常温
2.3	晒场	m^2	6 000～12 000	3 000～6 000	2 000～4 000	
2.4	农机库	m^2	2 000	1 200	800	
3	**管理及生活设施**					
3.1	办公用房	m^2	600	400	300	
3.2	职工宿舍	m^2	300	200	60～100	
3.3	食堂	m^2	500	400	300	
3.4	门卫	m^2	8～20	8～20	8～10	
4	**配套设施**					
4.1	锅炉房	m^2	200	180	50～100	
4.2	加工区水泵房	座	1	1	1	
4.3	配电(箱)室	座	1	1	1	
4.4	场区道路	m^2	3 000～7 000	2 000～6 000	1 500～4 000	

附 录 E
（规范性附录）
田间工程项目投资指标一览表

田间工程项目投资指标一览表见表 E.1。

表 E.1 田间工程项目投资指标一览表

序号	工程名称	计量单位	估算指标，元
1	土地平整		
1.1	土地平整	hm^2	2 000～4 000
1.2	耕作层改造	hm^2	3 000～5 000
1.3	田坎（埂）	m	30～150
2	土壤培肥	hm^2	2 000～3 000
3	灌溉工程		
3.1	蓄水池	m^3	250～450
3.2	机井	眼	30 000～100 000
3.3	泵站	kw	15 000～20 000
3.4	灌溉水渠	m	60～250
3.5	管道灌溉	hm^2	9 000～12 000
3.6	喷灌	hm^2	25 000～33 000
3.7	微灌	hm^2	30 000～45 000
4	排水工程		
4.1	防洪沟	m	180～300
4.2	田间排水沟	m	100～250
4.3	暗管排水	m	200～350
5	农用输配电		
5.1	高压线	m	150～250
5.2	低压线	m	70～120
5.3	变配电	座（台）	20 000～60 000
6	道路		
6.1	沙石路	m^2	30～50
6.2	混凝土（沥青混凝土）道路	m^2	100～180
7	防护林网		
7.1	防护林	株	4～6

ICS 67.080.10
X 24

中华人民共和国农业行业标准

NY/T 2779—2015

苹 果 脆 片

Apple crisp chips

2015-05-21 发布

2015-08-01 实施

中华人民共和国农业部 发布

前　言

本标准按照 GB/T 1.1—2009 给出的规则起草。

本标准由农业部农产品加工局提出并归口。

本标准起草单位:中国农业科学院农产品加工研究所、甘肃省农业科学院农产品贮藏加工研究所、中国农业科学院果树研究所。

本标准主要起草人:毕金峰、陈芹芹、刘璇、吴昕烨、张永茂、聂继云、周林燕、易建勇、郑金铠、周沫、李静、康三江。

苹 果 脆 片

1 范围

本标准规定了苹果脆片产品的术语和定义、要求、试验方法、检验规则、标志标签、包装、运输与贮存。

本标准适用于以鲜苹果为主要原料制得的油炸及非油炸苹果脆片。

2 规范性引用文件

下列文件对于本文件的应用是必不可少的。凡是注日期的引用文件，仅注日期的版本适用于本文件。凡是不注日期的引用文件，其最新版本(包括所有的修改单)适用于本文件。

GB/T 191 包装储运图示标志

GB 2716 食用植物油卫生标准

GB 2760 食品安全国家标准 食品添加剂使用卫生标准

GB 2761 食品安全国家标准 食品中真菌毒素限量

GB 2762 食品安全国家标准 食品中污染物限量

GB 2763 食品安全国家标准 食品中农药最大残留限量

GB 5009.3 食品安全国家标准 食品中水分的测定

GB/T 5009.6 食品中脂肪的测定

GB/T 5009.37—2003 食用植物油卫生标准的分析方法

GB/T 5009.56—2003 糕点卫生标准的分析方法

GB/T 6543 运输包装用单瓦楞纸箱和双瓦楞纸箱

GB 7718 食品安全国家标准 预包装食品标签通则

GB 9683 复合食品包装袋卫生标准

GB 14881 食品安全国家标准 食品生产通用卫生规范

GB/T 15549 感官分析 方法学 检测和识别气味方面评价员的入门和培训

GB/T 21172 感官分析 食品颜色评价的总则和检验方法

GB/T 21302 包装用复合膜、袋通则

GB/T 23787 非油炸水果、蔬菜脆片

GB 28050 食品安全国家标准 预包装食品营养标签通则

GB 29921 食品安全国家标准 食品中致病菌限量

JJF 1070 定量包装商品净含量计量检验规则

NY/T 948 香蕉脆片

NY/T 1072 加工用苹果

3 术语和定义

下列术语和定义适用于本文件。

3.1

油炸苹果脆片 fried apple crisp chips

苹果经清洗、去皮(不去皮)、去核、切片、护色、油炸、脱油、包装等工艺制成的加工制品。

3.2

非油炸苹果脆片 non-fried apple crisp chips

苹果经清洗、去皮(不去皮)、去核、切片、护色、干燥、包装等工艺制成的加工制品。

4 要求

4.1 原料

4.1.1 苹果原料要求符合 NY/T 1072 的规定。污染物和农药残留限量应符合 GB 2762、GB 2763 的规定。

4.1.2 植物油应符合 GB 2716 的规定。

4.2 感官指标

感官指标应符合表 1 的规定。

表 1 苹果脆片感官指标

项目	指标
色泽	具有苹果经加工后应有的正常色泽，且色泽均匀
风味与质地	具有苹果经加工后应有的滋味与香气，酸甜适中、口感酥脆、无异味
形状	片状形态应基本完好，同一品种的产品厚度基本均匀，且基本无碎屑
杂质	无肉眼可见外来杂质

4.3 理化指标

理化指标应符合表 2 的规定。

表 2 苹果脆片理化指标

项　目		指　标
净含量允许差，%	≤100 g/袋	±5.0(每批平均净含量不得低于标明量)
	>100 g/袋	±3.0(每批平均净含量不得低于标明量)
水分[a]，%		≤5.0
水分[b]，%		≤8.0
酸价[a](以脂肪计)，(KOH) mg/g		≤5.0
过氧化值[a](以脂肪计)，g/100 g		≤0.25
脂肪[a]，%		≤20
脂肪[b]，%		≤1.0

[a] 适用于油炸苹果脆片。

[b] 适用于非油炸苹果脆片。

4.4 微生物指标

菌落总数、大肠菌群及霉菌指标符合 NY/T 948 的规定，致病菌指标按照 GB 29921 的规定执行。

4.5 展青霉素、污染物指标及农药残留指标

展青霉素、污染物指标及农药残留指标分别按照 GB 2761、GB 2762 和 GB 2763 的规定执行。

4.6 食品添加剂

食品添加剂的使用品种、使用范围和使用量应符合 GB 2760 的规定。

4.7 生产过程中的卫生要求

生产加工过程的卫生要求应符合 GB 14881 的规定。

5 试验方法

5.1 感官检验

感官检验按照 GB/T 21172 和 GB/T 15549 的规定执行。

5.2 理化检验

5.2.1 净含量

按照 JJF 1070 的规定执行

5.2.2 水分

按照 GB 5009.3 的规定执行。

5.2.3 酸价

按照 GB/T 5009.56—2003 中 4.2.2 的规定提取脂肪,按照 GB/T 5009.37—2003 中 4.1 的规定执行。

5.2.4 过氧化值

按照 GB/T 5009.56—2003 中 4.2.2 的规定提取脂肪,按照 GB/T 5009.37—2003 中 4.2 的规定执行。

5.2.5 脂肪

按照 GB/T 5009.6 的规定执行。

6 检验规则

6.1 组批

同一品种、同一生产线、同一班次生产的产品为一检验组批。

6.2 抽样方法和抽样量

按照 GB/T 23787 的规定执行。

6.3 出厂检验

6.3.1 出厂检验项目为感官指标、理化指标、菌落总数、大肠菌群、霉菌。

6.3.2 每批产品出厂前应经生产厂的质检部门按照本标准的规定进行检验,并出具产品合格证后方可出厂。

6.4 型式检验

6.4.1 型式检验的项目包括本标准中规定的全部项目。

6.4.2 正常生产时每半年进行一次,有下列情况之一时必须进行:

——新产品投产前;

——出厂检验结果与上次型式检验有较大差异时;

——更换设备、主要原辅材料或更改关键工艺可能影响产品质量时;

——停产半年及以上,再恢复生产时;

——国家质量技术监督机构提出进行型式检验要求时。

6.5 判定规则

6.5.1 检验项目全部符合本标准规定时,判定该批产品为合格品。

6.5.2 检验项目中微生物指标有一项不符合本标准,判定该批产品为不合格品。

6.5.3 检验项目中除微生物指标外,其他项目不符合本标准,可以在原批次产品中双倍抽样复检一次,以复检结果为准。复检结果全部符合本标准规定时,判定该批产品为合格品;复检结果中仍有一项不符合本标准,判定该批产品为不合格品。

7 标志和标签、包装、运输及贮存

7.1 标志

按照 GB/T 191 的规定执行。

7.2 标签

预包装产品销售包装的标签应符合 GB 7718 和 GB 28050 的规定。

7.3 包装

7.3.1 内包装材料应洁净、干燥、无异味、无毒，且应符合 GB 9683、GB/T 21302 的规定。

7.3.2 外包装采用瓦楞纸箱，应在明显位置标明产品名称、规格、数量、执行标准号、批号、生产企业或经销单位名称、地址和防雨、防晒警示图案或文字。采用的瓦楞纸箱应符合 GB/T 6543 的规定。

7.4 运输

运输车辆应保持干燥、清洁。不应与有毒、有污染、有异味的物品混装。运输时防止强烈挤压、暴晒、雨淋。装卸时轻搬、轻放。

7.5 贮存

产品应贮存在阴凉、干燥、通风的仓库内，常温避光密封贮存。不应与有毒、有害的物品或其他杂物混存。堆放时要离开地面 10 cm 以上，离墙壁 20 cm 以上，要注意防鼠、防潮。

7.6 保质期

在本标准规定的条件下油炸苹果脆片的保质期不低于 6 个月，非油炸苹果脆片的保质期不低于 12 个月。

ICS 67.080.20
X 10/29

中华人民共和国农业行业标准

NY/T 2780—2015

蔬菜加工名词术语

Terminology of vegetable processing

2015-05-21 发布　　　　2015-08-01 实施

中华人民共和国农业部　发布

前　言

本标准按照 GB/T 1.1—2009 的规定起草。

本标准由农业部农产品加工局提出并归口。

本标准起草单位:北京农业职业学院、中国农业科学院农产品加工研究所、江苏省农业科学院农产品加工所、天津农科食品生物科技有限公司、江南大学、四川东坡中国泡菜产业技术研究院。

本标准主要起草人:李淑荣、易建勇、周林燕、王丽、毕金峰、马淑凤、陈功、肖海俊、刘春泉、罗红霞、王志东、高美须。

蔬菜加工名词术语

1 范围

本标准规定了蔬菜加工业的部分名词术语。

本标准适用于蔬菜加工生产、科研、教学及其他相关领域。

2 规范性引用文件

下列文件对于本文件的应用是必不可少的。凡是注日期的引用文件,仅注日期的版本适用于本文件。凡是不注日期的引用文件,其最新版本(包括所有的修改单)适用于本文件。

GB/T 4122.1—2008 包装术语 第1部分:基础

GB 10784—2008 罐头食品分类

GB 11671—2003 果、蔬罐头卫生标准

GB/T 14095—2007 农产品干燥技术术语

GB/T 15091—1994 食品工业基本术语

GB/T 18524—2001 食品辐照通用技术要求

GB/T 18526.3—2001 脱水蔬菜辐照杀菌工艺

GB/T 29602—2013 固体饮料

GB/T 31121—2014 果蔬汁类及其饮料

NY/T 1987—2001 鲜切蔬菜

SB/T 10297—1999 酱腌菜分类

3 术语和定义

下列术语和定义适用于本文件。

3.1

蔬菜加工工序

3.1.1

原料整理 raw material handling (raw material cleaning)

清除蔬菜中夹带的杂质、原料表面的污物和破损部分所采取的各种方法或工序的统称。

[GB/T 15091—1994,定义4.1]

3.1.2

分级 grading

将蔬菜及其制品按大小、重量、色泽等指标进行分类,并剔除不合格的产品的过程。

3.1.3

沥水 drip

将蔬菜表面携带水分去除的过程。

3.1.4

去皮 peeling

去除蔬菜表皮的过程。常用的方法有手工去皮、机械去皮、热力去皮和化学去皮等。

3.1.5

切分　cutting

将蔬菜切分成一定大小和形状的过程。

3.1.6

护色　preserving color

为保持蔬菜原有色泽,采用物理或者化学方法处理蔬菜的操作。

3.1.7

硬化　hardening

为增强蔬菜硬度或防止其质地软化,将含矿物离子溶液喷洒于蔬菜表面,或将蔬菜浸渍于含矿物离子溶液中一段时间的操作。

3.1.8

烫漂　blanching

杀青

将新鲜蔬菜置于热水(或热蒸汽)中进行短时热处理的操作。

3.1.9

冷却　cooling

蔬菜物料漂烫或热杀菌结束后将其温度迅速降低的操作。

注:冷却方法有常压冷却和反压冷却等。

3.1.10

腌制　curing

将食盐、酱或酱油、食糖或有机酸渗入或注射入蔬菜组织内,脱去部分水分或降低水分活度,造成渗透压较高的环境,有选择地控制微生物繁殖的过程。

注:改写 GB/T 15091—1994,定义 4.46。

3.1.11

发酵　fermentation

泛指利用微生物分解有机物,使之生成和积聚特定代谢产物,并产生能量的过程。

[GB/T 15091—1994,定义 4.26]

3.1.12

脱盐　desalt

将蔬菜咸坯置于清水中浸泡,利用咸坯组织液和清水的渗透压力差,使咸坯组织液中食盐溶在清水里的过程。

3.1.13

干燥　drying

使蔬菜物料中水分汽化和分离的过程。主要包括热风干燥、真空干燥、红外干燥、真空冷冻干燥、膨化、真空油炸、热泵干燥和联合干燥等。

注:改写 GB/T 14095—2007,定义 2.1。

3.1.14

排湿　exhaust of moisture

排除人工干燥设备中从蔬菜物料内蒸发出来水分的操作。

3.1.15

均湿　equilibration

回软

回潮

将干燥后的蔬菜制品在密闭室内或容器内进行短暂储藏,以使水分在干制品、干制品相互间进行扩散,重新分布,最后达到均匀一致的过程。

3.1.16

复水 reconstitution

将脱水蔬菜浸在水中,经过一定时间使之基本恢复脱水前的性质(体积、颜色、风味、组织等)的过程。

注:改写 GBT 15091—1994,定义 4.21。

3.1.17

速冻 quick-freezing

采用快速冻结技术,使蔬菜中心温度迅速降至－15℃以下的过程。

注:改写 GB/T 15091—1994,定义 4.43。

3.1.18

打浆 pulping

利用机械方法将蔬菜制成浆料的操作。

注:改写 GB/T 15091—1994,定义 4.7。

3.1.19

榨汁 juicing

通过破碎、加热等方法破坏物料原生质的生理功能,使蔬菜细胞中的汁液及可溶性固形物质渗透到细胞外面的操作。

3.1.20

澄清 clarification

利用物理、生物或化学澄清剂等方法除去蔬菜汁中细小的容易产生沉淀的悬浮物质和胶粒的操作。

3.1.21

浓缩 concentration

从溶液中除去部分溶剂的操作,使溶质和溶剂的均匀混合液实现部分分离的过程。

注:浓缩方式包括常压加热浓缩、真空浓缩、冷冻浓缩、结晶浓缩等。

3.1.22

均质 homogenizing

用机械方法将蔬菜汁中的悬浮粒子进一步破裂(碎),保持蔬菜汁的均匀稳定性的过程。

注:改写 GB/T 15091—1994 中定义 4.25。

3.1.23

脱气 degassing

除去蔬菜原料组织,以及榨汁、均质等加工过程中带入的溶解空气的操作。

3.1.24

调配 blending

通过加入糖、酸、香精或其他果蔬浓缩汁等,使蔬菜制品的色、香、味达到理想状态的操作。

3.1.25

灌装 filling

将处理后的蔬菜原料装入容器,同时灌入一定量汤液的操作。

3.1.26

热灌装 hot filling

蔬菜汁在经过不低于 80℃加热杀菌后,不进行冷却直接趁热灌装,然后密封、冷却的操作方法。

3.1.27

冷灌装　cold filling

蔬菜汁经过加热杀菌后，立即冷却至5℃以下灌装、密封的操作。

3.1.28

注液　injection

（蔬菜罐头）装罐之后，除了流体蔬菜、糊状胶状蔬菜、干装类蔬菜外，需要加注液体的操作。

3.1.29

排气　exhausting

在装罐或封顶后，将蔬菜罐内顶隙间和原料组织中残留的空气排出罐外的操作。

3.1.30

无菌灌装　aseptic filling

将蔬菜汁、包装容器彻底杀菌，达到无菌条件后在无菌环境下进行灌装、封口的操作。

3.1.31

密封　sealing

食品容器经封闭后能阻止微生物进入的状态。

[GB 11671—2003，定义3.1]

3.1.32

提取　extraction

通过溶剂浸提、蒸馏、脱水等处理，经受或不经受压力或离心力作用，或通过其他化学或机械工艺过程从蔬菜中获得组成成分或汁液的过程。

3.1.33

分离　separation

根据蔬菜物料中不同物质的特性，使其分开的操作。

[GB/T 15091—1994，定义4.9]

3.1.34

粉碎　grinding

利用机械方法将固体蔬菜物料分裂成为尺寸更小的操作。

注：改写GB/T 15901—1994，定义4.6。

3.1.35

筛分　screening (sifting)

利用不同筛号的筛网，将物料按颗粒大小进行分离或分级的操作。

[GB/T 15091—1994，定义4.10]

3.1.36

杀菌　sterilization

根据不同物料采用不同措施杀死食品中微生物的过程。包括热杀菌和非热杀菌等。

3.1.37

超高温瞬时灭菌　ultra high temperature short time sterilization，UHT

利用热交换器或直接蒸汽，使食品在130℃～150℃温度下，保持2 s～8 s后迅速冷却，产品达到商业无菌要求的过程。

3.1.38

消毒　disinfection

用物理或化学方法破坏、钝化或除去致病菌、有害微生物的操作。

注 1:改写 GB/T 15091—1994,定义 4.52。

注 2:消毒不能完全杀死细菌芽孢。

3.1.39

巴氏杀菌 pasteurization

采用较低温度,在规定的时间内对蔬菜制品进行加热处理,达到杀死微生物营养体的目的的操作。

注 1:改写 GB/T 15091—1994,定义 4.52.1。

注 2:巴氏杀菌的温度一般为 60℃～82℃。

3.1.40

超高压处理 high hydrostatic pressure

利用 100 MPa 以上的物理压力,在常温或较低温度下将蔬菜中微生物杀死,或改变其品质及相关组分性状的处理。

3.1.41

辐照处理 irradiation

利用电离辐射在蔬菜制品中产生的辐射化学与辐射生物学效应而达到抑制发芽、延迟或促进成熟、杀菌、防腐或灭菌等目的的辐照过程。

注:改写 GB/T 18524—2001,术语 3.2。

3.1.42

包装 package(packaging)

在流通过程中为保护产品、方便贮运、促进销售,按一定技术方法而采用的容器、材料及辅助物品的总称。也指为了达到上述目的而采用容器、材料和辅助物的过程中施加一定技术方法等的操作活动。包括真空包装、充气包装等。

3.1.43

无菌包装 aseptic packaging

产品、包装容器、材料或包装辅助器材灭菌后,在无菌的环境中进行填充和封合的一种包装方法。

[GB/T 4122.1—2008,定义 2.34]

3.1.44

商业无菌 commercial sterilization

罐装蔬菜制品经过适度杀菌后,不含有致病性微生物,也不含有在通常贮藏条件下(包括温度、气体成分、压力等因素)能在其中繁殖的非致病性微生物的状态。

3.1.45

保藏 preservation

利用物理、化学或者生物方法保持蔬菜及其制品质量品质,延长货架期的方法。

3.1.46

复水性 rehydration capacity

蔬菜干制品吸水恢复原来新鲜程度的能力。

3.1.47

水分活度 water activity

蔬菜物料中水溶液的蒸气压与同温度下纯水的蒸气压的比值。

[GB/T 15091—1994,定义 5.17]

3.1.48

湿基含水率 wet base moisture content

蔬菜物料中的水分质量与其总质量之比,以百分率(%)表示。按式(1)计算。

$$M = \frac{W}{m} \times 100 \quad \cdots\cdots (1)$$

式中：

M——物料的湿基含水率，单位为百分率(%)；

W——物料的水分质量，单位为克(g)；

m——物料的总质量，单位为克(g)。

[GB/T 14095—2007，定义 5.1]

3.1.49

干基含水率　dry base moisture content

蔬菜物料中的水分质量与其干物质质量之比，以百分率(%)表示。按式(2)计算。

$$M_g = \frac{W}{m_g} \times 100 \quad \cdots\cdots (2)$$

式中：

M_g——物料的干基含水率，单位为百分率(%)；

m_g——物料中的干物质质量，单位为克(g)。

[GB/T 14095—2007，定义 5.1]

3.2

蔬菜加工产品

3.2.1

鲜切蔬菜　fresh-cut vegetables

以新鲜蔬菜为原料，在清洁环境经清洗、切分、消毒、去除表面水、包装等处理，但仍保持新鲜状态，经冷藏运输而进入销售的定型包装的蔬菜产品。

[NY/T 1987—2001，定义 3.1]

3.2.2

腌制蔬菜　pickled vegetable

以蔬菜为原料，采用腌制(发酵或不发酵)工艺制作而成的蔬菜制品的统称。包括泡菜、酸菜及盐渍、盐水渍、酱渍、酱油渍、清水渍、糖醋渍、虾油渍、糟渍、糠渍等蔬菜制品。

3.2.3

蔬菜咸坯　salted vegetable

新鲜蔬菜经盐腌或盐渍而成的各种腌菜半成品。

3.2.4

脱水蔬菜　dehydrated vegetables

干制蔬菜

蔬菜干

新鲜蔬菜经挑选、清洗、去皮、切分处理后，再经脱水干燥的蔬菜制品。

注：改写 GB/T 18526.3—2001，定义 3.1。

3.2.5

蔬菜脆片　vegetable crisp

以蔬菜为原料，经(或不经)切分等预处理后，采用脱水干燥等工艺制成的口感酥脆并可直接食用的蔬菜干制品，包括油炸蔬菜脆片等。

注：根据切分形状，类似产品还包括蔬菜脆条、脆丁等。

3.2.6

蔬菜脯　sugared vegetable

以蔬菜为原料,采用果脯工艺制作而成的蔬菜制品。

[SB/T 10297—1999,定义 10]

3.2.7

蔬菜粉 vegetable powder

以蔬菜或其汁液为原料,不添加其他食品原辅料,可添加食品添加剂,经加工制成的粉状蔬菜制品。

注:改写 GB/T 29602—2013,定义 4.2.2。

3.2.8

速冻蔬菜 quick-frozen vegetables

蔬菜经挑选、清洗、去皮、切分、热烫等处理后采用速冻工艺制成的蔬菜制品。

注:改写 GB/T 15091—1994,定义 2.1.10。

3.2.9

蔬菜汁 vegetable juice

采用物理方法(机械方法直接榨取、水浸提等),将蔬菜加工制成可发酵但未发酵的汁液,或在浓缩蔬菜汁中加入其加工过程中除去的等量水分复原而成的制品。主要包括鲜榨蔬菜汁、复合蔬菜汁、浓缩蔬菜汁、浓缩复合蔬菜汁(浆)、复合蔬菜汁饮料、蔬菜汁饮料浓浆、发酵蔬菜汁饮料、蔬菜汁饮料。

注:声称 100%蔬菜汁的产品不得添加糖(包括食糖和淀粉糖)。

[GB/T 31121—2014,定义 4.1.2]

3.2.10

蔬菜浆 vegetable pulp

采用物理方法(机械方法直接打浆、水浸提等),将蔬菜加工制成可发酵但未发酵的浆液,或在浓缩蔬菜汁(浆)中加入其加工过程中除去的等量水分复原而成的制品。

注 1:声称 100%果浆/蔬菜浆的产品不得添加糖(包括食糖和淀粉糖)。

注 2:改写 GB/T 31121—2014,定义 4.1.3。

3.2.11

澄清汁 clear juice

经过澄清、过滤等工艺,制成的汁液澄清透明、无悬浮物,稳定性高的蔬菜汁。

3.2.12

浑浊汁 cloudy juice

经过均质、脱气等工序,使果肉变为细小的胶粒状态悬浮于汁液中,汁液呈现均匀浑浊状态的蔬菜汁。

3.2.13

蔬菜酱 vegetable sauce

以蔬菜为原料经预处理后,在拌和调味料、香辛料制作而成的糊状蔬菜制品。

[SB/T 10297—1999,定义 11]

3.2.14

蔬菜泥 vegetable puree

经清洗、压榨等工艺制成的泥状蔬菜制品。

3.2.15

蔬菜罐头 canned vegetable

将符合要求的蔬菜原料经预处理(挑选、分级、清洗、修整、预煮、护色、调理等)、装罐、密封、杀菌、冷却等工艺而制成的罐头食品。

注:改写 GB 10784—2008,分类 2.5。

索　　引

汉语拼音索引

L

M

N

P

Q

R

S

T

W

X

Y

Z

英文对应词索引

A

B

C

D

E

F

G

W

ICS 65.020.01
B 04

中华人民共和国农业行业标准

NY/T 2784—2015

红参加工技术规范

Technical specifications for red ginseng processing

2015-05-21 发布　　2015-08-01 实施

中华人民共和国农业部　发布

前　　言

本标准按照 GB/T 1.1—2009 给出的规则起草。

本标准由农业部农产品加工局提出。

本标准由农业部农产品加工标准化技术委员会归口。

本标准起草单位：中国农业科学院特产研究所、集安新开河（吉林）药业有限公司。

本标准主要起草人：王英平、赵景辉、张瑞、李显辉、肖盛元、张志东、逄世峰、许世泉、郑培和、单薇。

红参加工技术规范

1 范围

本标准规定了红参加工过程中的选址与厂区环境、厂房与车间、设施与设备、卫生管理、加工技术要求、包装、检验、贮存、运输、记录和文件管理等环节的技术要求。

本标准适用于普通红参、边条红参、全须红参的加工。

2 规范性引用文件

下列文件对于本文件的应用是必不可少的。凡是注日期的引用文件，仅注日期的版本适用于本文件。凡是不注日期的引用文件，其最新版本(包括所有的修改单)适用于本文件。

GB/T 191 包装储运图示标志

GB 5749 生活饮用水卫生标准

GB 7718 食品安全国家标准 预包装食品标签通则

GB 14881 食品生产通用卫生规范

GB/T 22533 鲜园参分等质量

GB/T 22538 红参分等质量

3 术语和定义

下列术语和定义适用于本文件。

3.1

下须 root pluning

将人参芋、须根剪掉，支根剪至适宜商品处位置。

3.2

排潮 moisture removal

排出烘干室内多余的热湿空气，使之符合干燥工艺规定要求。

4 选址与厂区环境

应符合 GB 14881 的规定。

5 厂房与车间

应符合 GB 14881 的规定。

6 设施与设备

应符合 GB 14881 的规定。

7 卫生管理

应符合 GB 14881 的规定。

8 加工技术要求

8.1 工艺流程

原料出库→分选→浸润→清洗→蒸制→干燥→分级→包装→检验。

8.1.1 原料

生产所用鲜人参的品种、来源、规格、质量应符合 GB/T 22533 的规定。

8.1.2 生产用水

应符合 GB 5749 的要求。

8.1.3 鲜人参贮存

环境温度应 0℃～10℃，空气相对湿度 60%～80%。

8.1.4 鲜人参分选

按 GB/T 22533 的要求进行分选，去除杂质。

8.1.5 浸润

将鲜人参采用适当方法清水浸润 2 min～3 min。

8.1.6 清洗

将浸润后的鲜人参采用适当方法清洗干净。

8.1.7 蒸制

8.1.7.1 蒸制前摆盘

按鲜人参按芦头朝下，方向一致，排列整齐。

8.1.7.2 蒸制前准备

蒸参设备内加适量水，将摆满鲜人参的参盘整齐摆放，每层盘上各覆一层洁净布帘，最底层盘下铺一层洁净布帘。

8.1.7.3 蒸制

8.1.7.3.1 升温

加热 50 min～60 min，使温度达到 95℃～100℃。

8.1.7.3.2 恒温

依据 GB/T 22533 对原材料规定的等级采用相应的恒温蒸制条件。见表 1。

表 1 蒸制条件

等级	蒸制条件
边条鲜人参一等至特等 普通鲜人参特等	95℃～100℃，≥100 min
边条鲜人参二等至三等 普通鲜人参一等	95℃～100℃，≥90 min
其他适合加工红参的鲜人参	95℃～100℃，≥80 min

8.1.7.3.3 降温

逐渐降温至 90℃时，持续 30 min，排气，温度降至 80℃时，持续 20 min，降至 55℃以下时取出参盘。

8.1.7.4 蒸制后摆盘

蒸制后的人参晾置至 40℃以下时，由蒸参盘中取出整齐摆入干燥盘内，摆放时要顺直伸展，保证规格一致，参形完整。

8.1.7.5 晾晒

将蒸制后的人参放入室内，晾晒至表皮无水珠为止。

8.1.7.6 一次干燥

可采用以下方法或其他适宜方法干燥至参须、支根已干，含水量达到 40%以下为宜：

a) 高温：温度控制在(70±5)℃，每 60 min 排潮一次，共排潮 3 次，每次 3 min～5 min。

b) 中温:温度控制在(60±5)℃,每 90 min 排潮一次,共排潮 3 次,每次 3 min~5 min。

c) 低温:温度控制在(50±5)℃,每 120 min 排潮一次,共排潮 3 次,每次 3 min~5 min。

8.1.7.7 下须

如不加工全须红参可进行下须。

8.1.7.8 二次干燥

干燥室温度控制在 30℃~35℃,使水分达到 12%以下。

9 分级

按照 GB/T 22538 的规定,进行挑选配支。

10 包装

10.1 材质

应符合 GB 14881 的规定。

10.2 标签、标识

标签应符合 GB 7718 的规定,标志应符合 GB/T 191 的规定。

11 检验

按照 GB/T 22538 的规定执行。

12 贮存、运输

应符合 GB 14881 和 GB/T 22538 的要求。

13 记录和文件管理

按 GB 14881 的规定执行。

ICS 65.020
B 01

中华人民共和国农业行业标准

NY/T 2785—2015

花生热风干燥技术规范

Technical specifications for peanut hot air drying

2015-05-21 发布　　2015-08-01 实施

中华人民共和国农业部 发布

前　言

本标准按照GB/T 1.1—2009给出的规则起草。

本标准由农业部农产品加工局提出。

本标准由农业部农产品加工标准化技术委员会归口。

本标准起草单位：中国农业科学院农产品加工研究所。

本标准主要起草人：王强、刘丽、段玉权、刘红芝、石爱民、徐飞、胡晖、林伟静。

花生热风干燥技术规范

1 范围

本标准规定了花生果干燥术语和定义、基本要求、干燥技术要求、安全技术要求、干燥成品质量及检验等内容。

2 规范性引用文件

下列文件对于本文件的应用是必不可少的。凡是注日期的引用文件，仅注日期的版本适用于本文件。凡是不注日期的引用文件，其最新版本(包括所有的修改单)适用于本文件。

GB/T 1532 花生
GB 3095 环境空气质量标准
GB 5491 粮食、油料检验扦样、分样法
GB/T 5492 粮油检验粮食、油料的色泽、气味、口味鉴定
GB/T 5511 谷物和豆类氮含量测定和粗蛋白质含量计算凯氏法
GB/T 5530 动植物油脂酸值和酸度测定
GB 5749 生活饮用水卫生标准
GB/T 14095 农产品干燥技术术语
GB/T 14488.1 植物油料 含油量测定
GB/T 14488.2 油料种籽杂质含量测定法
GB/T 14489.1 油料水分及挥发物含量测定
GB 14881 食品企业通用卫生规范
LS/T 3501.1 粮油加工机械通用技术条件基本技术要求
NY/T 463 粮食干燥机质量评价规范
NY/T 1067 食用花生
NY/T 1068 油用花生

3 术语和定义

GB/T 14095、GB/T 1532、NY/T 1067 和 NY/T 1068 界定的以及下列术语和定义适用于本文件。

3.1

商品用花生果 peanut with shell for trade

除了种用花生以外的其他花生，主要指油用花生和食用花生。

3.2

热风温度 hot air temperature

花生干燥时热风输送的进口温度。

4 基本要求

4.1 厂房及设施

4.1.1 加工厂选址和设计应符合 GB 14881 的要求，所处大气环境应符合 GB 3095 中的规定的二级标准。

4.1.2 加工车间应根据花生干燥的工艺流程，设置与加工能力相适应的原料预处理区、初清区、干燥区、水分平衡区、复清区、包装区及原辅料和成品贮藏库。

4.2 生产设备

4.2.1 所有与原料直接接触的设备和工具，表面材料应符合 GB 14881 的规定。花生的初清和复清设备应便于拆卸和清洗。

4.2.2 花生的热风干燥设备应符合 NY/T 463 的要求，所有配套设备应符合 LS/T 3501.1 中规定，设备应配有温度、湿度的显示仪表，并进行定期计量校准，热风风量、温度要便于调节。

4.2.3 生产线应配备金属探测器。探测器试片规格，铁片：直径 1 mm，不锈钢片：1.2 mm。

4.3 卫生

4.3.1 车间入口应设置与车间相连的更衣室及非手动式洗手设施、消毒池和清除人体毛发装置（或人工清除）等。应有干手设施或提供卫生合格的毛巾、纸巾。在需要保持干燥而不宜设置工作靴消毒池的作业区，应在入口处设置换鞋设施。

4.3.2 加工用水应符合 GB 5749 的规定，水源充足。车间内流水畅通，建筑材料应防水。地面和窗台有一定坡度，排水流畅、无积水，在车间设置排水管路，并在排水口设有防鼠栅栏和防虫存水弯头。

4.3.3 车间及加工设备应保持清洁卫生，每班工作后应用清水清洗并消毒。车间内的废弃物及污物应及时处理。

4.3.4 应有防止鼠、蟑螂等有害生物进入生产车间的措施和装置。

4.4 人员

4.4.1 工人上岗前需经过生产培训，掌握加工技术、操作技能和个人卫生知识。

4.4.2 工人上岗前及每年度均应进行健康检查，取得健康合格证明后方可上岗。

4.4.3 工人在患有传染病期间不得上岗。

4.5 记录

4.5.1 各项控制指标应有原始记录。原始记录格式要规范，应认真填写，字迹清晰。

4.5.2 对检验过程中发现的异常情况，应做好记录，迅速查明原因，并及时加以纠正。

4.5.3 应建立完整的质量管理档案，设有档案柜和档案管理人员，各种记录分类归档，至少保存 3 年备查。

5 工艺流程

花生果干燥流程图见图 1。

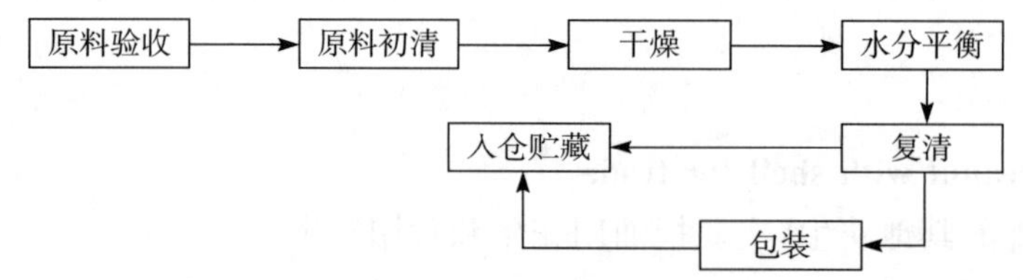

图 1 花生果热风干燥流程

6 技术要求

6.1 原料验收

6.1.1 花生果初始含水率 20%～50%，不同含水率的花生果应分别进行储存、干燥。

6.1.2 同一批干燥的花生果含水率不均匀度不超过 3%。

6.2 原料初清

6.2.1 应除去原料中的大杂、小杂和轻杂。

6.2.2 清选后，花生果的含杂率不超过 2%。

6.3 干燥过程参数控制见表 1。

表 1 干燥过程中各参数控制值

物料含水率，%	最大堆料厚度，m	最低通风风量，$(m^3 \cdot h^{-1})/m^3$（最低风速，$m \cdot s^{-1}$）	推荐烘干温度，℃
10～20	2.20	300(0.04)	45～50
20～30	1.50	600(0.11)	40～45
30～40	0.90	900(0.28)	35～40
40～50	0.70	1 200(0.48)	35～40
注：干燥食用花生果宜采用下限温度。			

6.4 水分平衡

干燥后的花生应在室内通风干燥处，使物料冷却，物料内水分重新分布，达到均衡。

6.5 复清

6.5.1 对干燥后的产品需进行金属探测，除去夹杂在产品中的金属异物。

6.5.2 除金属后的产品进行人工挑选或色选机挑选，除去外来杂质及色泽不达标产品。

6.6 包装

6.6.1 包装材料应符合国家食品卫生要求。

6.6.2 包装材料、包装容器应清洁卫生，在干燥通风的专用库内存放，内、外包装材料要分开存放。

6.7 入仓贮藏

6.7.1 贮藏环境阴凉、通风、干燥、清洁、卫生，有防雨雪、防鼠、防虫设施，不能与有污染的货物一同存放。

6.7.2 不同水分、不同质量的花生应分别存放。

6.7.3 贮藏期间应采取必要的防潮措施。堆放贮藏时应与地面隔离，隔离高度不应低于 25 cm。

7 安全技术要求

7.1 干燥机必须设有安全保护装置及安全标志；干燥机运行时，操作人员不能介入安全标志所警示的危险区和危险部位，严禁打开干燥机检修门。

7.2 电气控制室应设专职人员操作管理，严格执行电气安全操作规程。

7.3 燃烧器应有专人操作管理，液体、气体燃料要远离干燥机贮放。

7.4 干燥机应按使用说明书要求定期清理机内及滞留管内粉尘、花生破壳等全部残存物。

7.5 热风炉提高输出热风温度不得超过额定输出热量时热风温度的 15%。

7.6 发现热风管道内有火花，应立即关闭热风机，检查并消除火花来源。

7.7 发现干燥机排气中有烟或烧焦的气味，应立即采取如下措施：

a） 干燥机实施紧急停机，关闭所有风机及进风闸门；

b） 打开紧急排料机构，排出机内花生及燃烧物；

c） 清理机内燃烧物残余，消除隐患后方可开机。

8 干燥成品质量及检验

8.1 花生干燥成品指标应符合表 2 要求。

表 2 干燥成品指标

指标		检测值
干燥不均匀度,%	降水幅度≤10%	≤1.5
	降水幅度≥10%,≤20%	≤2.0
	降水幅度≥20%	≤3.0
含水率,%		≤10.0
破碎率增加值,%		≤0.3
色泽		花生果壳具有正常的色泽,其中的果仁色泽正常,子叶不变色
气味		具有花生果正常的气味,无异味
油用花生果	酸价(以脂肪计),mgKOH/g	≤2.5
	含油量(以干基计),%	不得降低
食用花生果	可溶性蛋白含量(以干基计),%	不得降低

8.2 花生果质量指标检验

8.2.1 花生样品

按 GB 5491 的规定扦样、分样。

8.2.2 花生果含油量

按 GB/T 14488.1 规定的方法检测。

8.2.3 杂质

按 GB/T 14488.2 规定的方法检测。

8.2.4 花生果含水率

按 GB/T 14489.1 规定的方法检测。

8.2.5 花生果色泽和气味

按 GB/T 5492 规定的方法检测。

8.2.6 可溶性蛋白含量

按 GB/T 5511 规定的方法检测。

8.2.7 酸价

按 GB/T 5530 规定执行。

ICS 67.020
X 04

中华人民共和国农业行业标准

NY/T 2786—2015

低温压榨花生油生产技术规范

Technical specifications for low temperature pressed peanut oil producing

2015-05-21 发布　　　　2015-08-01 实施

中华人民共和国农业部　发布

前　言

本标准按照 GB/T 1.1—2009 给出的规则起草。

本标准由农业部农产品加工局提出。

本标准由农业部农产品加工标准化技术委员会归口。

本标准起草单位：中国农业科学院农产品加工研究所。

本标准主要起草人：王强、石爱民、刘红芝、焦博、刘丽、胡晖。

低温压榨花生油生产技术规范

1 范围

本标准规定了低温压榨花生油生产中的术语和定义、技术要求、标识、包装、贮存和运输等内容。

本标准适用于低温压榨花生油的生产。

2 规范性引用文件

下列文件对于本文件的应用是必不可少的。凡是注日期的引用文件,仅所注日期的版本适用于本文件。凡是不注日期的引用文件,其最新版本(包括所有的修改单)适用于本文件。

GB/T 1532 花生

GB 1534 花生油

GB 2716 食用植物油卫生标准

GB 5491 粮食、油料检验扦样、分样法

GB 5749 生活饮用水卫生标准

GB 7718 预包装食品标签通则

GB 8955 食用植物油厂卫生规范

GB/T 17374 食用植物油销售包装

GB 19641 植物油料卫生标准

GB/T 30354 食用植物油散装运输规范

3 术语和定义

下列术语和定义适用于本文件。

3.1

低温压榨花生油 low temperature pressed peanut oil

以经过清理、去壳(红衣)、色选的优质花生仁为原料,在花生蛋白质变性温度(70℃)以下经破碎、轧坯、调质、压榨得到的毛油,再经除杂精制而成地保留了花生原有的气味、滋味和营养物质的可食用花生油。

3.2

清理 cleaning

利用适宜清理设备除去花生果中所含杂质的工序的总称。

3.3

破碎 crushing

根据加工需要,利用机械的方法,将花生仁变成几瓣的过程。

3.4

色选 color sorting

通过色选机,利用颜色差异将花生中异色粒、霉变粒、不完整脱皮粒挑选出去的过程。

3.5

轧坯 rolling bloom

利用机械的作用,将花生由粒状压成薄片的过程。

3.6

调质　quality adjusting

通过调节温度和湿度，使油料具有适宜弹塑性的过程。

3.7

过滤　filtration

在重力或机械外力作用下，使花生原油通过过滤介质，悬浮杂质被截留在过滤介质上形成滤饼，达到固液分离目和脱除胶体杂质的过程。

4　选址及厂区环境

按 GB 8955 的规定执行。

5　厂房和车间

按 GB 8955 的规定执行。

6　工艺流程

花生果→清理→剥壳→花生仁→破碎→脱种皮(红衣)→色选→轧坯→调质→低温压榨→原油→物理精滤→低温压榨花生油

（脱种皮(红衣)↓花生红衣；低温压榨↓花生饼）

7　加工技术要求

7.1　原料要求

7.1.1　原料品质应符合 GB/T 1532 和 GB 19641 的要求。

7.1.2　每一批次原料均需经质检人员抽样检验，扦样方法按 GB 5491 的规定执行，检验合格方可收购。

7.2　制油工艺与要求

7.2.1　清理

7.2.1.1　工艺

花生果→筛选→风选→磁选→去并肩泥→比重除杂→净料

通过筛选设备分离花生果中的泥土、砂石，通过风选设备分离花生果中的轻杂质及灰尘，通过磁选设备去除花生果中的金属杂质，通过比重设备去除与原料颗粒相仿而比重不同的杂质，通过牙板剥壳机等、铁棍筒碾米机等设备清除并肩泥。

7.2.1.2　设备

振动筛、旋转筛、风选振动筛、风选机、除尘设备、永磁滚筒磁选机、圆筒磁选器、转筒式吸铁机、带式电磁吸铁机、铁辊筒磨泥机、立式圆打筛、分级比重去石机等。

7.2.1.3　质量要求

清理后，花生果含杂量≤0.1%，下脚质量要求见表 1。

表 1　花生果下脚质量要求

下脚中有用花生果含量,%	检验用筛子规格		
	筛网规格,目	筛网金属丝直径,mm	圆孔筛规格直径,mm
≤0.5	10	0.7	2.0

7.2.2　剥壳

7.2.2.1　工艺

花生果→剥壳→仁壳分离→花生仁、花生壳、花生仁屑、花生壳屑

花生仁直接送入下一道工序；花生仁屑和花生壳屑应在分离后分别并入花生仁中和花生壳中；将壳中未脱壳的花生果送回剥壳机重新脱壳，将花生壳中的花生仁通过风选机与壳分离后与净花生仁一并送入下一道工序。

7.2.2.2 **设备与质量要求**

剥壳设备采用圆盘剥壳机、齿辊式剥壳机、锤击式剥壳机等花生剥壳机；壳仁分离设备采用剥壳机自带分选设备或采用花生风选机。

花生果剥壳质量要求见表2。

表2 花生果剥壳质量要求

设　　备	脱壳效率，%	仁中带壳率，%	壳中含仁率，%
花生剥壳机	≥95	≤1	≤0.5
(自带风选功能)风选机	—	≤1	≤1

7.2.3 **破碎**

7.2.3.1 **工艺**

将清理、剥壳后的花生仁送入破碎设备，利用挤压、剪切、磨剥和撞击等作用将花生仁破碎。依照所使用榨油机的要求，本工序在实际生产中可酌情删减。

7.2.3.2 **设备与质量要求**

见表3。

表3 花生仁破碎设备与质量要求

设　　备	花生仁入机含水率，%	破碎程度，瓣	粉　　末	
			通过筛眼，目	限量，%
牙板破碎机	10～15	2～4	20	≤10
对辊破碎机	10～15	2～4	20	≤5
齿辊破碎机	10～15	6～8	20	≤5
注：破碎过程中，应防止露油。				

7.2.4 **脱种皮(红衣)**

7.2.4.1 **工艺**

将花生仁经60℃～70℃热风快速烘烤，经迅速冷却至室温，进入脱皮机内脱花生种皮，通过设备自带风选功能进行仁皮分离。

根据实际设备和生产需求7.2.3和7.2.4的顺序可颠倒，如花生脱红衣设备自带破碎功能则7.2.3和7.2.4可在一步工序内同时进行。

7.2.4.2 **设备与质量要求**

见表4。

表4 花生脱种皮(红衣)设备及质量要求

设　　备	脱皮率，%
花生脱红衣机	≥96

7.2.5 **色选**

7.2.5.1 **工艺**

将脱过种皮(红衣)的花生粒利用色选设备去除异色粒、霉变粒和不完整脱皮粒。

7.2.5.2 设备与质量要求

见表5。

表5 花生色选设备与质量要求

设 备	色选精度,%	带出比(异常粒:正常粒)
花生色选机	≥99	≥8:1

7.2.6 轧坯

7.2.6.1 工艺

根据榨油机要求,对花生粒进行轧坯处理,通过轧辊将花生粒压成薄片。依照所采用的榨油机要求,本工序在实际生产中可酌情删减。

7.2.6.2 设备与质量要求

见表6。

表6 轧坯设备与质量要求

设 备		辊面线速,m/s	坯的厚度的要求,mm
对辊	辊轧机	5～6	≤0.5
双对辊	辊轧机	上辊3～4;下辊5～6	≤0.5
注1:要求轧辊辊径椭圆度不超过0.5 mm。 注2:两轧辊应有(1:1.05)～(1:1.30)的线速差,使油料在轧坯过程中受到挤压和研磨两种力的作用。 注3:油料轧坯后不得露油,20目筛下物不超过3%。			

7.2.7 调质

7.2.7.1 工艺

将色选后的花生粒送入调质设备中(如进行7.2.6轧坯工序,则将轧坯后的物料送入调质设备中),在低于花生蛋白变性温度下,维持一定时间使物料最终含水率在适当的范围之内。

7.2.7.2 设备

软化绞龙、滚筒软化锅、层式软化锅等。

7.2.7.3 关键参数与质量要求

见表7。

表7 花生粒调质参数与质量要求

调质温度,℃	最终含水率,%
≤60	4～8

7.2.8 低温压榨

7.2.8.1 工艺

对螺旋榨油机压榨,将调质后的物料喂入榨油机进料口,通过调节设备参数使压榨温度维持在花生蛋白变性温度以下,经压榨得到花生原油。螺旋榨油机可通过调节出油缝隙和出饼厚度来间接微调温度,还可通过增加冷油喷淋、中空榨轴和榨笼加水循环等方法来调节温度。

对于液压榨油机压榨,将调质后的物料包饼、迭饼、预压饼,然后压榨。通过调节设备参数使压榨温度维持在花生蛋白变性温度以下,经压榨得到花生原油。

压榨温度应维持在70℃以下。

7.2.8.2 设备

液压榨油机、单螺旋榨油机(ZX18、ZY24、ZY28型)、双螺杆榨油机等。

7.2.9 沉降、过滤

7.2.9.1 工艺

原油经沉降、过滤等处理，除去杂质，得到低温压榨花生油。其中，原油沉降得到的油脚采用输送设备送回复榨，以提高出油率。

7.2.9.2 设备

沉降设备可选：沉降池、沉降罐、澄油箱等；

过滤设备可选：箱式压滤机、板框式压滤机、振动式排渣机、立式圆盘叶滤机、卧式圆盘叶滤机、管式压滤机、真空过滤机等。

7.3 生产卫生要求

按 GB 8955 的规定执行。

7.4 生产用水要求

按 GB 5749 的规定执行。

7.5 检验

按 GB 2716、GB 1534 的规定执行。

并且每一批次产品均需经质检人员抽样检验，扦样方法按 GB 5491 的规定执行，检验合格方可出厂。

7.6 产品质量等级指标

按 GB 1534 的规定执行。

8 标签、标志与包装

8.1 标签与标志

按 GB 7718 的规定执行。

8.2 包装

按 GB/T 17374 的规定执行。

9 运输及储藏

9.1 运输

按 GB/T 30354 的要求执行。

运输车辆和器具应保持清洁和卫生，运输中应注意安全，防止日晒、雨淋、渗漏、污染和标签脱落，不得与有毒有害物质混装于同一运输单元。

9.2 贮存

贮存于温度为 5℃～20℃环境中。

贮存于卫生、干燥及避光处，不得与有害有毒物品一同存放，尤其要避开有异常异味的物品。

附 录 A
(规范性附录)
低温压榨油各项技术指标计算方法

A.1 花生果含杂量

按式(A.1)计算。

$$w_1 = \frac{m_1}{m_0} \times 100 \quad \cdots\cdots (A.1)$$

式中:

w_1 ——花生果含杂量,单位为百分率(%);

m_0 ——花生果与杂质的总质量,单位为克(g);

m_1 ——杂质质量,单位为克(g)。

A.2 下脚中有用花生果含量

按式(A.2)计算。

$$w_2 = \frac{m_3}{m_2} \times 100 \quad \cdots\cdots (A.2)$$

式中:

w_2 ——下脚中有用花生果含量,单位为百分率(%);

m_2 ——下脚质量,单位为克(g);

m_3 ——下脚中有用花生果质量,单位为克(g)。

A.3 仁中带壳率

按式(A.3)计算。

$$w_3 = \frac{m_5}{m_4} \times 100 \quad \cdots\cdots (A.3)$$

式中:

w_3 ——仁中带壳率;单位为百分率(%);

m_5 ——花生仁总质量,单位为克(g);

m_4 ——花生仁中壳的质量,单位为克(g)。

A.4 壳中带仁率

按式(A.4)计算。

$$w_4 = \frac{m_7}{m_6} \times 100 \quad \cdots\cdots (A.4)$$

式中:

w_4 ——壳中带仁率,单位为百分率(%);

m_6 ——花生仁总质量,单位为克(g);

m_7 ——花生壳中仁的质量,单位为克(g)。

A.5 含水率

按式(A.5)计算。

$$w_5 = \frac{m_9}{m_8} \times 100 \quad \cdots\cdots (A.5)$$

式中:

w_5 ——含水率,单位为百分率(%);

m_8 ——样品总质量,单位为克(g);

m_9 ——样品水分含量,单位为克(g)。

A.6 脱皮率

按式(A.6)计算。

$$w_6 = \left(1 - \frac{m_{11}}{m_{10}}\right) \times 100 \quad \cdots\cdots (A.6)$$

式中:

w_6 ——脱皮率,单位为百分率(%);

m_{10}——样品总质量,单位为克(g);

m_{11}——脱皮不完全粒质量,单位为克(g)。

A.7 色选精度

按式(A.7)计算。

$$w_7 = \left(1 - \frac{m_{13}}{m_{12}}\right) \times 100 \quad \cdots\cdots (A.7)$$

式中:

w_7 ——色选精度,单位为百分率(%);

m_{12}——样品总质量,单位为克(g);

m_{13}——异色粒总质量,单位为克(g)。

附 录 B
(规范性附录)
低温压榨工厂设备及常用术语统一名称

低温压榨工厂设备及常用术语统一名称见表 B.1。

表 B.1 低温压榨工厂设备及常用术语统一名称

统一名称	俗 称	说 明
振动筛	振动平筛、筛子、平筛、活筛、摇筛、幌筛	
风选振动筛	风筛、风选筛、吸风筛、动平筛、吸风振动筛	利用风力吸取油料分离比重大的杂质(如石子)
轧坯机	轧片机、轧籽机、轧辊、滚子、籽碎机、豆辘	用于轧坯、初轧或破碎
澄油箱	自动出渣器	
压滤机	滤车、滤汕机、过滤机、精油机	
清理	清选、清料、清杂	包括筛选、风选、磁选、去并肩泥、比重除杂等
破碎	粉碎、初碎	
剥壳	嗑皮、嗑籽、去壳	
软化	回软、暖豆、干燥	
轧坯	碾碎、轧片、压片、压破、碾轧	
压榨	榨油、打油、制油	
低温压榨	冷榨	
调质温度	入榨温度	
压榨温度		以饼粕温度计
仁	籽仁、实仁	油料剥壳后叫仁
壳	皮、籽皮、籽壳	
油脚	油底子、油泥、油脚子、油根子、油腻	
杂质	灰杂、土杂、灰渣	油料中的夹杂物

ICS 67.080.10
B 31

中华人民共和国农业行业标准

NY/T 2787—2015

草莓采收与贮运技术规范

Technical specification for harvest, storage and transportation of strawberries

2015-05-21 发布　　2015-08-01 实施

中华人民共和国农业部 发布

前　言

本标准按照GB/T 1.1—2009给出的规则起草。

本标准由农业部农产品加工局提出。

本标准由农业部农产品加工标准化技术委员会归口。

本标准起草单位:浙江省农业科学院食品科学研究所。

本标准主要起草人:郜海燕、陈杭君、房祥军、穆宏磊、周拥军、陶菲、韩强。

草莓采收与贮运技术规范

1 范围

本标准规定了鲜食草莓(*Fragaria* × *ananassa* Duch.)的采收、质量要求、预冷、贮藏、包装、运输以及销售环节的技术规范。

本标准适用于鲜食草莓的采收、贮藏与运输。

2 规范性引用文件

下列文件对于本文件的应用是必不可少的。凡是注日期的引用文件,仅注日期的版本适用于本文件。凡是不注日期的引用文件,其最新版本(包括所有的修改单)适用于本文件。

GB 2762 食品安全国家标准 食品中污染物限量

GB 2763 食品安全国家标准 食品中农药最大残留限量

GB 9687 食品包装用聚乙烯成型品卫生标准

GB/T 9829 水果和蔬菜 冷库中物理条件 定义和测量

GB 14881 食品安全国家标准 食品生产通用卫生规范

NY/T 1778 新鲜水果包装标识 通则

NY/T 1789—2009 草莓等级规格

NY/T 2000—2011 水果气调库贮藏 通则

3 术语和定义

下列术语和定义适用于本文件。

3.1

机械伤 mechanical injury

果实因挤、压、碰、擦等外力所造成的损伤。

3.2

预冷 precooling

采收后,迅速除去果实的田间热,使其温度降低到要求的处理措施。

3.3

自发气调 modified atmosphere(MA)

在塑料薄膜袋或膜帐中,通过果实自身的呼吸代谢调节环境中 O_2 和 CO_2 浓度。

3.4

蓄冷材料 materials for cool storage

指通过低温处理后可存贮冷量,用于降低贮运环境温度,并可一次或多次利用的各种材料,如冰瓶、冰袋或蓄冷板等。

4 采收要求

4.1 采收前准备

采收用盛果容器应清洁干燥、底部平整、内壁光滑,内垫柔软衬垫物,符合食品级卫生要求。

4.2 采收成熟度

4.2.1 当地市场鲜销的草莓，宜在果面着色达到90%以上时采收。

4.2.2 需贮藏或物流运输销售的草莓，应选择耐贮藏品种；果实表面着色达到80%以上且保持较高的硬度时采收，避免过度成熟。

4.3 采收时间

4.3.1 露地栽培的草莓采收宜在晴天气温较低时或阴天进行，避开雨天、露(雨)水未干和高温时段。

4.3.2 保护地栽培的草莓可根据需要适时采摘。

4.4 采收方法

4.4.1 采收时应戴符合食品卫生要求的洁净软质手套，避免手直接触及果实，轻摘、轻放。

4.4.2 采摘时连同花萼自果柄处摘下，采摘的果实要求不带果柄，不损伤花萼和果面，并随时剔除病虫果、软化果、畸形果、机械损伤果及残次果，同时去除杂质。

4.4.3 将果实按大小边采收、边分级，轻放在不同容器内。盛果容器不宜过大且装果高度不宜超过6 cm。果实大小分级按照NY/T 1789—2009中3.3条的规定执行。

4.4.4 果实采摘后应及时转移到就近的预冷场所。来不及转移时，应放在阴凉、通风的场所，并用清洁柔软透气的薄型覆盖物(如纱布、网纱等)覆盖，避免日晒、雨淋和污染。

5 质量要求

质量应符合NY/T 1789—2009中第3章特级和一级的规定要求。

果实污染物和农药最大残留限量指标应分别符合GB 2762、GB 2763的规定要求。

6 预冷

当采摘果实中心温度高于10℃时，需进行预冷。果实采收后预冷宜在2 h内进行，预冷方式可采用冷库预冷、差压预冷、真空预冷等，使果实中心温度尽快预冷至8℃～10℃。

7 贮藏

果实中心温度低于10℃的草莓可直接包装销售或进入物流运输销售，也可置于已消毒的保鲜库内贮藏或周转。保鲜库消毒按照NY/T 2000—2011中5.1.1的规定执行。

7.1 贮藏方式

宜采用冷藏或冷藏结合MA贮藏。MA贮藏须将草莓果实装入聚乙烯薄膜袋中，待果实中心温度降低到2℃～4℃后扎紧袋口。聚乙烯薄膜袋厚度宜为0.02 mm～0.04 mm，卫生指标应符合GB 9687的规定。

7.2 贮藏温湿度

草莓贮藏温度宜为2℃～4℃，相对湿度宜为85%～95%。

7.3 贮藏管理

7.3.1 低温贮藏期间，需及时发现并挑出腐烂果实。

7.3.2 每天检测库内温度和湿度，保持温度和湿度在规定范围内，检测方法按照GB/T 9829的规定执行。

7.4 贮藏期限

7.4.1 当地市场鲜销的草莓，贮藏期不宜超过5 d。

7.4.2 经贮藏后需物流运输销售的草莓，贮藏期不宜超过3 d。

8 包装

8.1 按照同一产地、同一品种、同一等级、同一规格和同一成熟度进行包装。

8.2 草莓包装分 2 种情况：

a) 当地市场鲜销的草莓，内包装宜采用塑料小包装盒或纸盒，果实摆放紧密而不松动，装果高度宜为 1 层；外包装可采用纸箱、泡沫箱等，包装材料应坚固抗压、清洁卫生、干燥无异味，对产品具有良好的保护作用。箱内的独立小包装应摆放整齐、紧密、不松动，小包装盒叠放高度不宜超过 3 层。

b) 需物流运输销售的草莓，外包装应采用具有较高抗压性能的泡沫箱等防震材料，果实直接紧密摆放于外包装箱内，装果高度宜为 1 层，并在包装底部和果实表面垫柔软缓冲物。条件允许也可在外包装泡沫箱内放置小包装盒，每小盒内装果宜为 1 层，小包装盒叠放高度不宜超过 3 层，小包装盒与外包装之间固定不松动，且放置冰瓶（袋）等蓄冷材料并密封。蓄冷材料应与草莓果实相隔离，不宜直接接触。

8.3 包装操作间环境温度宜为 10℃～15℃。

8.4 包装操作间与操作人员卫生条件应符合 GB 14881 的要求。

8.5 包装材料与标识应符合 NY/T 1778 的规定要求。

9 物流运输

9.1 运输方式

除航空运输外，鲜食草莓宜采用冷藏车、保温车或附带保温箱的运输设备，车内温度宜为2℃～4℃。

9.2 运输要求

9.2.1 草莓运输应选择减震性能好的运输设备。装车时，箱与箱之间要摆实、绑紧，层间宜加上减震材料，并做到轻装、轻卸，防止果实因震动或挤压引起机械伤。

9.2.2 运输时尽量选择平坦的运输路线，行车应平稳，尽量减少或避免运输环节产生的机械伤。

10 销售

草莓运达销售地后，宜置于冷藏柜销售或在 2℃～4℃保鲜库内临时贮藏，在 36 h 内完成销售。

ICS 67.080.10
B 31

中华人民共和国农业行业标准

NY/T 2788—2015

蓝莓保鲜贮运技术规程

Technical regulation for storage and transportation of blueberries

2015-05-21 发布　　2015-08-01 实施

中华人民共和国农业部 发布

前　言

本标准按照 GB/T 1.1—2009 给出的规则起草。

本标准由农业部农产品加工局提出。

本标准由农业部农产品加工标准化技术委员会归口。

本标准起草单位：浙江省农业科学院食品科学研究所。

本标准主要起草人：部海燕、陈杭君、周拥军、韩强、陶菲、穆宏磊、房祥军、李斌。

蓝莓保鲜贮运技术规程

1 范围

本标准规定了鲜食蓝莓(*Vaccinium* spp.)的采收与质量要求、贮前准备、预冷与入库、贮藏、出库与包装、运输以及销售等技术要求。

本标准适用于鲜食蓝莓的保鲜贮运。

2 规范性引用文件

下列文件对于本文件的应用是必不可少的。凡是注日期的引用文件,仅注日期的版本适用于本文件。凡是不注日期的引用文件,其最新版本(包括所有的修改单)适用于本文件。

GB 2762 食品安全国家标准 食品中污染物限量

GB 2763 食品安全国家标准 食品中农药最大残留限量

GB 9687 食品包装用聚乙烯成型品卫生标准

GB 14881 食品安全国家标准 食品生产通用卫生规范

GB/T 27658—2011 蓝莓

LY/T 1781—2008 甜樱桃贮藏保鲜技术规程

NY/T 1778 新鲜水果包装标示 通则

3 术语和定义

下列术语和定义适用于本文件。

3.1

果粉 cuticular waxes

果实表面自然形成的白色粉状蜡质。

3.2

果蒂撕裂 fruit pedicel scar

由外力造成果蒂与其连接的皮肉组织发生撕裂的情况。

3.3

机械伤 mechanical injury

果实因挤、压、碰、擦等外力所造成的损伤。

3.4

自发气调 modified atmosphere(MA)

在塑料薄膜袋或膜帐中,通过果实自身的呼吸代谢调节环境中 O_2 和 CO_2 的浓度。

4 采收与质量要求

4.1 采收成熟度

果实表面完全变成蓝色并覆盖该品种应有的白色果粉,分批适时采收。

4.2 采收时间

采收应在晴天气温较低时或阴天进行,避开雨天、露(雨)水未干和高温时段。

4.3 采收方法

4.3.1 采收时应戴符合食品卫生要求的洁净软质手套或指套。采收过程轻摘、轻放，避免果蒂撕裂、碰压等机械损伤，尽量保持果粉的完整；随时剔除机械伤、软化、霉变、畸形果和病、虫、鸟害等果实。

4.3.2 采收时将果实按大小分级置于不同容器内，装果高度不宜超过 10 cm。盛果容器应洁净、干燥，采摘前宜在容器底部垫柔软洁净缓冲物。

4.3.3 采收的果实应及时转移到预冷场所，若不能及时转移时，应放在阴凉、通风的场所，避免日晒或雨淋。

4.4 质量要求

4.4.1 质量应符合 GB/T 27658—2011 中第 4 章优等品和一等品的规定。

4.4.2 卫生指标应符合 GB 2762 和 GB 2763 的规定。

5 贮前准备

贮前库房准备按照 LY/T 1781—2008 中 4.1 的规定执行。

6 预冷与入库

6.1 预冷

采收后宜在 2 h 内进行预冷，预冷方式可采用冷库预冷、差压预冷、真空预冷等，使果实中心温度尽快预冷至 8℃～10℃。

6.2 入库

经预冷后的蓝莓可直接分装进行运输销售，也可入库贮藏。库内堆码方式按照 LY/T 1781—2008 中第 5 章的规定执行。

7 贮藏

7.1 贮藏条件

7.1.1 温度

贮藏温度宜为 0℃～2℃。

7.1.2 相对湿度

贮藏相对湿度宜为 85%～95%。

7.2 贮藏方式

7.2.1 冷藏

冷藏适宜短期贮藏。

7.2.2 冷藏结合 MA

冷藏结合 MA 适宜中长期贮藏。将预冷后的果实装入内衬有聚乙烯薄膜袋的包装箱中，待果实中心温度降至 0℃～2℃后扎紧袋口。薄膜袋厚度宜为 0.03 mm～0.05 mm，卫生指标符合 GB 9687 的规定。

7.3 贮藏管理

7.3.1 定期检查蓝莓贮藏期间的品质变化情况，及时发现并挑出腐烂果实，并根据贮藏品质的变化状况适时结束贮藏。

7.3.2 定时观测记录贮藏温度与湿度，维持贮藏条件在规定的范围内。

7.4 贮藏期限

冷藏贮藏期不宜超过 20 d；冷藏结合 MA 贮藏期不宜超过 40 d。

8 出库与包装

8.1 出库

出库时的蓝莓应基本保持其固有的风味和新鲜度，果实无明显失水、表皮皱缩现象。

8.2 包装

8.2.1 运输销售前，经预冷或贮藏后的果实宜采用独立小包装进行分装。分装过程随时剔除不符合质量要求的果实，小包装装果量宜 100 g～150 g。小包装应有透气孔，结实、干燥洁净、无不良气味、安全无毒。

8.2.2 外包装可采用纸箱、泡沫箱等包装材料，箱内的独立小包装应摆放整齐、紧密，每箱蓝莓不宜超过 2 kg。

8.2.3 包装的操作间环境温度宜在 10℃～15℃。

8.2.4 操作间与操作人员卫生条件应符合 GB 14881 的规定。

8.2.5 包装材料与标识应符合 NY/T 1778 的规定。

9 运输

9.1 运输方式

宜采用冷藏车运输，车厢内温度宜为 2℃～5℃。

9.2 运输要求

车厢内要清洁卫生，避免与其他货物混装，码垛要稳固；运输行车应平稳，减少颠簸和剧烈振荡；装卸过程要轻搬轻放。

10 销售

蓝莓运达销售地后，宜置于冷藏柜销售或在 2℃～5℃贮藏库内临时贮藏，在 5 d 内完成销售。

ICS 67.040
B 01

中华人民共和国农业行业标准

NY/T 2789—2015

薯类贮藏技术规范

Technical specifications for potatoes and sweet potatoes storage

2015-05-21 发布　　　　2015-08-01 实施

中华人民共和国农业部　发布

前　言

本标准按照GB/T 1.1—2009给出的规则起草。

本标准由农业部农产品加工局提出。

本标准由农产品加工标准委员会归口。

本标准起草单位:甘肃省农业科学院农产品贮藏加工研究所、国家马铃薯产业技术研发中心、辽宁省农业科学院食品与加工研究所、国家甘薯产业技术研发中心、四川省农业科学院农产品加工研究所、农业部规划设计研究院。

本标准主要起草人:田世龙、葛霞、李梅、李守强、金黎平、陈玉成、谢江、于天颖、程建新、钮福祥、沈瑾、田甲春。

薯类贮藏技术规范

1 范围

本标准规定了马铃薯和甘薯的贮藏设施、原料要求、预处理、贮藏管理、标识和出库等内容。

本标准适用于马铃薯和甘薯的贮藏。

2 规范性引用文件

下列文件对于本文件的应用是必不可少的。凡是注日期的引用文件,仅注日期的版本适用于本文件。凡是不注日期的引用文件,其最新版本(包括所有的修改单)适用于本文件。

GB 2760 食品安全国家标准 食品添加剂使用标准

GB 2762 食品安全国家标准 食品中污染物限量

GB 2763 食品安全国家标准 食品中农药最大残留限量

GB/T 5737 食品塑料周转箱

GB/T 8946 塑料编织袋

GB 18133—2012 马铃薯种薯

GB 20464 农作物种子标签通则

GB/T 24904 粮食包装 麻袋

GB/T 25872—2010 马铃薯 通风库贮藏指南

GB/T 29379—2012 马铃薯脱毒种薯贮藏、运输技术规程

NY/T 1066—2006 马铃薯等级规格

NY/T 1200—2006 甘薯脱毒种薯

NY/T 1320—2007 农作物种质资源鉴定技术规程 甘薯

NY/T 1605—2008 加工用马铃薯 油炸

QB/T 3810 塑料网眼袋

3 术语和定义

下列术语和定义适用于本文件。

3.1

预处理 pre-storage

在适宜的条件下,将采收后薯块的呼吸热和多余水分及时散发,创伤愈合,薯皮木栓化的过程。

3.2

自然通风库(窖) the stores (silos) with natural air source

利用自然环境条件,通过内外温差或压力差进行自然通风,提供适宜薯类贮藏环境条件的设施。

3.3

强制通风库(窖) the stores (silos) with artificially ventilation

利用外界自然冷源,具有机械通风设备和通风系统,人为控制进行内外空气快速交换,提供适宜薯类贮藏环境条件的设施。

3.4

恒温库 the stores with constant temperature

具有机械强制通风、控温和控湿设备,能够准确控制环境(温度、湿度等),提供精准的薯类贮藏环境

条件的设施。

4 贮藏设施

4.1 设施分类

设施分为自然通风库(窖)、强制通风库(窖)和恒温库。

4.2 辅助设备与设施

配置温度、湿度等监测设备,必要的控温、控湿、施药、消毒、照明、传送、分级设备和保温设施等。

4.3 设施准备

4.3.1 检查

贮藏前应检查库(窖)整体的安全性、牢固性、密封性、保温性,通风管道的畅通情况,风机、照明、监测、传送等设备的运行情况。

4.3.2 清杂

贮藏前一个月应将库(窖)内杂物、垃圾清理,彻底清扫库(窖)内的环境卫生。

4.3.3 通风

贮藏前1周～2周,应充分通风换气。

4.3.4 控湿

a) 气候比较干燥的地区,应在贮藏前2周～3周,用适量水浇库(窖)地面,控制相对湿度为85%以上;

b) 气候比较潮湿、地下水位较高的地区,应将库(窖)门窗打开进行通风散湿,并在库(窖)地面、墙壁摆放不少于5 cm厚消毒过的秸秆,或在库(窖)地面铺放疏密均匀、清洁干燥的砖块、干木板(条)等架空,防潮湿,利通气。

4.3.5 消毒

种薯贮藏设施按照GB/T 29379—2012中7.4和7.5的规定执行。

鲜食薯和加工薯贮藏设施在使用前1周左右,应对贮藏库(窖)、辅助设施和包装材料(袋、箱等)进行彻底消毒,可使用符合GB 2760的规定和国家有关规定的化学药剂或采用热力、光照、辐射等物理方法进行消毒。

4.4 贮藏期间的日常维护

4.4.1 经常检查库(窖)体有无鼠洞、库(窖)周围的排水情况、库(窖)体结构安全性及通风系统畅通情况,确保安全使用。

4.4.2 经常维护库(窖)内照明、风机、温湿度控制及监测设备和辅助设备等,确保设施、设备正常运行。

5 贮藏技术流程

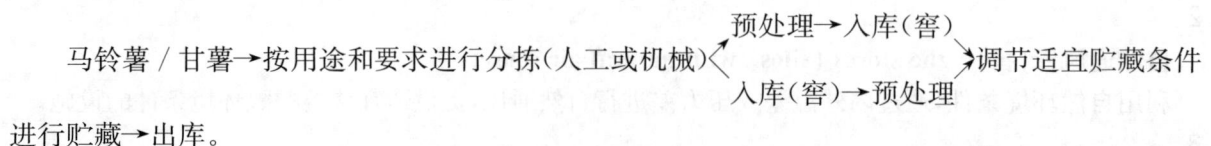

马铃薯/甘薯→按用途和要求进行分拣(人工或机械)<预处理→入库(窖) | 入库(窖)→预处理>→调节适宜贮藏条件进行贮藏→出库。

6 马铃薯贮藏

6.1 原料要求

6.1.1 种薯

应符合GB 18133—2012中第5条的规定。

6.1.2 鲜食薯

除按照 NY/T 1066—2006 中 4.1 的规定执行外,马铃薯中污染物和农药残留限量应符合 GB 2762 和 GB 2763 的规定。

6.1.3 加工薯

薯片、薯条用加工薯按照 NY/T 1605—2008 中第 4 条的规定执行;淀粉用加工薯,淀粉含量要求不低于 16%。污染物和农药残留限量均应符合 GB 2762 和 GB 2763 的规定。

6.2 预处理

6.2.1 预处理条件

在温度 12℃~18℃、相对湿度 85%~95%的环境下,需要 1 周~2 周;在温度 10℃~12℃、相对湿度 85%~95%的环境下,需要 2 周~3 周;在温度 7℃~10℃、相对湿度 85%~95%的环境下,需要 3 周以上;在温度 7℃以下,伤口不愈合,易染病。

6.2.2 预处理方法

6.2.2.1 库(窖)外预处理

在避光、阴凉、通风良好的室内,荫棚下或在露天(在薯堆上应覆盖透气的遮光物)进行预处理。散堆薯垛高不宜超过 0.5 m,宽不宜超过 2 m;袋装薯垛高不宜超过 6 层/垛,垛宽不宜超过 2 m,垛间距不宜小于 0.6 m,垛向应与当地风向一致。

6.2.2.2 库(窖)内预处理

具有强制通风系统的贮藏库(窖),可直接在库(窖)内与贮藏初期管理同步进行。按照 GB/T 25872—2010 中 3.2.2 的规定要求,根据不同地区气候条件确定通风量,一般通风量为每吨薯块 0.005 m^3/s~0.04 m^3/s。寒冷干燥地区通风量相对较小,温暖湿润地区通风量相对较大。每天降温 0.5℃~1℃,确保不会产生冷凝水。

6.3 贮藏

6.3.1 堆放要求

按不同品种、不同用途、不同等级分类贮藏。贮藏总量不应超过库(窖)容量的 65%,贮藏高度一般不超过贮藏库(窖)高度的 2/3,且薯垛上层与库(窖)顶部间的距离不小于 1 m。在运输及贮藏作业时,保证薯块跌落高度不超过 30 cm。其中,适宜的贮藏量(G)按式(1)计算。

$$G = V \times 650 \times 0.65 \quad \cdots\cdots (1)$$

式中:

G ——适宜的贮藏量,单位为千克(kg);

V ——库(窖)容积,单位为立方米(m^3);

650 ——每立方米薯块的约重,单位为千克每立方米(kg/m^3);

0.65——为库(窖)最大容量比例。

6.3.2 贮藏方式

6.3.2.1 散堆

自然通风库(窖)薯垛高度不超过 1.5 m;有地面通风系统的强制通风库和恒温库,种薯堆垛高度不超过 3 m,鲜食薯和加工薯堆垛高度不超过 4 m。

6.3.2.2 袋藏

采用符合 GB/T 8946 规定的透气编织袋、符合 QB/T 3810 规定的网眼袋、符合 GB/T 24904 规定的麻袋包装。鲜食薯和加工薯码放层数,平放不宜超过 8 层/垛,种薯不宜超过 6 层/垛;垛与垛之间留有兼通风作用的观察过道,宽度应不小于 0.6 m,也可根据机械搬运作业的需要确定。

6.3.2.3 箱藏

采用带通气孔的木条箱,符合 GB/T 5737 规定的塑料箱,防潮、防腐蚀的金属筐包装。藏薯码放高度不超过 6 层/垛,垛与垛之间留有兼通风、运输作业和检查作用的过道。

6.3.2.4 架藏

采用具有多层围栏的木架或防潮、防腐蚀的金属架贮藏薯块，层与层之间应留有通风换气的空间。

6.3.3 贮藏条件

6.3.3.1 最适宜温度和湿度

a) 种薯贮藏温度2℃～4℃；
b) 鲜食薯贮藏温度3℃～5℃；
c) 加工薯贮藏温度一般应控制在8℃～12℃，也可根据品种特性适当降低贮藏温度；
d) 堆垛内外温差不超过2℃；
e) 贮藏相对湿度应控制在85%～95%。

6.3.3.2 二氧化碳浓度

种薯贮藏库(窖)内二氧化碳浓度按照GB/T 29379—2012中9.2.4的规定执行；鲜食薯和加工薯贮藏库(窖)内二氧化碳浓度不高于0.5%。

6.3.3.3 光照

种薯按照GB/T 25872—2010中3.2.1e)的规定执行；鲜食薯和加工薯应避光贮藏，作业时应使用低度的电灯照明，作业完成后及时关灯。

6.3.4 贮藏期间管理

6.3.4.1 贮藏初期

贮藏第1个月内，加强通风，及时除湿、散热和降温，防止库(窖)和薯堆内部温湿度过高：

a) 自然通风库(窖)：当夜间温度低于库内温度2℃，通过打开通气孔、库(窖)门进行自然通风降温；
b) 强制通风库(窖)：当外部温度低于内部温度2℃，通过使用机械通风设备和通风系统对库(窖)内进行强制通风换气，降温除湿，温湿度的控制方法和通风量要求同本标准6.2.2.2的要求；
c) 恒温库：逐步降温至本标准6.3.3.1的要求，同时每天进行适当通风。降温幅度和通风量要求同本标准6.2.2.2的要求。

6.3.4.2 贮藏中期

a) 自然通风库(窖)和强制通风库(窖)：调节库(窖)内温湿度达到本标准6.3.3.1的要求。当外界温度低于0℃时，关闭库(窖)门和通气孔，必要时加挂保温门帘或在薯堆上加盖草帘吸湿、保温，或使用加热设备，使马铃薯贮藏温度不低于1℃，以防冻害、冷害的发生。
b) 恒温库：控温、控湿的同时，注意适当通风。

6.3.4.3 贮藏末期

a) 自然通风库(窖)和强制通风库(窖)：出库(窖)前1个月，如果外界气温升高，应尽量少开库(窖)门，利用夜间低温，进行适当通风换气。出库(窖)前，针对不同用途马铃薯，使薯块温度逐步升高，达到GB 25872—2010中3.2.1e)规定的要求。
b) 恒温库：出库前，每天升高温度0.5℃～1℃，使不同用途马铃薯逐步升高，达到GB 25872—2010中3.2.1e)规定的要求。

6.3.4.4 贮藏期间要及时检查，去除烂薯、病薯，控制病害的发生；如发生热窖时，应及时降温散热。

7 甘薯贮藏

7.1 原料要求

7.1.1 种薯

按照NY/T 1200—2006中5.2的规定执行。

7.1.2 鲜食薯

应符合表1的规定。

表1 甘薯鲜食薯质量要求

<table>
<tr><th>等级</th><th>重量</th><th>质量要求</th></tr>
<tr><td>一级薯</td><td>300 g/个～450 g/个</td><td rowspan="3">薯皮光滑无须根、形状整齐，判定标准参照NY/T 1320—2007中4.2.14和4.2.15的要求执行；薯块无畸形、无创伤、无开裂、无虫伤、无霜冻、无涝渍、无发芽、无黑斑病、黑腐病和软腐病及其他病害引起的腐烂等；其中由损伤引起的缺陷不得超过5%，病害引起的缺陷不得超过1%
污染物和农药残留限量应符合GB 2762和GB 2763的规定</td></tr>
<tr><td>二级薯</td><td>150 g/个～300 g/个</td></tr>
<tr><td>三级薯</td><td>除特殊品种外，应不小于120 g/个</td></tr>
</table>

7.1.3 加工薯

应无黑腐病和软腐病及其他病害等引起的腐烂。污染物和农药残留限量应符合GB 2762和GB 2763的规定。

7.2 预处理

7.2.1 预处理条件

最适宜条件：在温度35℃～38℃、相对湿度85%～90%的环境下，处理2 d～3 d。

7.2.2 预处理方法

采用加温方法，使预处理条件达到本标准7.2.1的要求，并保持通风；也可采用露天日晒的方法处理，但要避免雨淋。

7.3 贮藏

7.3.1 堆放要求

同本标准6.3.1马铃薯堆放要求。

7.3.2 贮藏方式

同本标准6.3.2马铃薯贮藏方式。

7.3.3 贮藏条件

7.3.3.1 最适宜温度和湿度

a) 贮藏温度应控制在10℃～14℃，一些特殊的品种可根据其品种特性确定最适宜的温度和湿度；

b) 堆垛内外温差不超过2 ℃；

c) 相对湿度80%～90%。

7.3.3.2 二氧化碳浓度

贮藏库(窖)内二氧化碳浓度不高于5%。

7.3.4 贮藏期间管理

参照本标准6.3.4马铃薯贮藏期间管理调节库(窖)温湿度，达到本标准7.3.3.1的要求。温度超过20℃，引起糠心，加速黑斑病和软腐病的发生；温度低于9℃，易受冷害，使薯块内部变褐色、发黑，发生硬心，后期易腐烂。

8 标识

马铃薯、甘薯贮藏的每个堆垛及最小包装单元均应单独建立标识。其中：

a) 种薯应符合GB 20464的规定；

b) 鲜食薯应包括品种、用途、产地、收获时间、等级规格、数量、入出库(窖)日期、保质期；

c) 加工薯应包括品种、用途、产地、收获时间、等级规格、数量、入出库(窖)日期。

9 出库(窖)

选择晴朗的天气出库(窖)。装运过程中应避免机械损伤,控制好温度,避免冷、热造成的损失。

ICS 67.080.20
X 26

中华人民共和国农业行业标准

NY/T 2790—2015

瓜类蔬菜采后处理与产地贮藏技术规范

Technical specification for postharvest handling and storage in producing area of gourd vegetables

2015-05-21 发布　　2015-08-01 实施

中华人民共和国农业部　发布

前　言

本标准按照 GB/T 1.1—2009 给出的规则起草。

本标准由农业部农产品加工局提出并归口。

本标准起草单位:北京市农林科学院蔬菜研究中心、中国人民大学农业与农村发展学院、北京天安农业发展有限公司。

本标准主要起草人:高丽朴、王清、李江华、林源、左进华、李蕾。

瓜类蔬菜采后处理与产地贮藏技术规范

1 范围

本标准规定了瓜类蔬菜的采收、分级、包装、预冷、产地贮藏和运输的技术要求。

本标准适用于黄瓜、苦瓜、丝瓜、西葫芦、南瓜、冬瓜和瓠瓜的采后处理及产地贮藏，其他瓜类蔬菜可参照执行。

2 规范性引用文件

下列文件对于本文件的应用是必不可少的。凡是注日期的引用文件，仅注日期的版本适用于本文件。凡是不注日期的引用文件，其最新版本（包括所有的修改单）适用于本文件。

GB/T 5737 食品塑料周转箱
GB/T 6543 运输包装用单瓦楞纸箱和双瓦楞纸箱
NY/T 777 冬瓜
NY/T 1587 黄瓜等级规格
NY/T 1588 苦瓜等级规格
NY/T 1655 蔬菜包装标识通用准则
NY/T 1837 西葫芦等级规格
NY/T 1982 丝瓜等级规格
SB/T 10158 新鲜蔬菜包装与标识

3 产品基本要求

3.1 每一包装、批次应为同一品种。

3.2 应具有该品种固有的形状、色泽、口感和风味。

3.3 无腐烂，无严重病虫斑、畸形、机械伤、冷害和其他伤害。

4 采收和分级

4.1 采收

4.1.1 宜选择清晨或傍晚气温较低时采收，避免雨水和露水。

4.1.2 应符合各种瓜类蔬菜适宜的商品成熟度。

4.1.3 宜采用适宜工具剪切下果实，应轻拿轻放，防止机械损伤。

4.1.4 应拭去污物，保持果实表面清洁。

4.2 等级和规格

4.2.1 黄瓜、苦瓜、丝瓜、西葫芦、冬瓜的等级和规格应符合 NY/T 1587、NY/T 1588、NY/T 1982、NY/T 1837 和 NY/T 777 的规定。

4.2.2 南瓜和瓠瓜的等级和规格参见附录 A。

5 包装

5.1 产地包装

5.1.1 依据各种瓜类蔬菜品种的特性，可采用塑料周转箱、纸箱、泡沫箱和网袋等包装。塑料周转箱应符合 GB/T 5737 的规定,纸箱应符合 GB/T 6543 的规定,泡沫箱和网袋等应符合 SB/T 10158 的规定。

5.1.2 易发生机械损伤的瓜类蔬菜(如西葫芦、苦瓜等),应单果包装后再装箱。

5.1.3 采收前宜将包装箱备放在田间,采收后应进行分级。应将同一等级的瓜类蔬菜放置在同一包装箱内。应在包装箱体上标注生产者及产品信息。气候干燥季节应采取保湿措施,防止失水。

5.2 配送包装

配送包装应符合 NY/T 1655 的规定。

6 预冷

6.1 远距离运输和短期贮藏的瓜类蔬菜宜进行预冷,宜采用冷库预冷或差压预冷。

6.2 冷库预冷

6.2.1 预冷库温度 10℃~12℃,相对湿度 90%以上。

6.2.2 应将包装箱放置托盘上,并沿着冷库的冷风流向码放成排,箱与箱之间应留出 5 cm 缝隙,两排间隔 20 cm,包装箱与墙壁之间应留出 30 cm 的风道。包装箱的堆码高度低于冷风出口 50 cm 以上。

6.2.3 预冷应使瓜类蔬菜的温度达到 15℃以下。

6.3 差压预冷

6.3.1 预冷库温度 10℃~12℃,相对湿度 90%以上。

6.3.2 每个预冷批次应为同一种瓜类蔬菜。

6.3.3 应根据差压预冷设备的处理量大小(能力)确定每次的预冷量。

6.3.4 预冷前应将包装箱整齐码放在差压预冷设备的通风道两侧,应根据瓜类蔬菜量各码一排或两排。包装箱要对齐、码平,堆码高度应低于覆盖物。

6.3.5 包装箱码好后,应将通风设备上的覆盖物打开,平铺盖在包装箱上,侧面要贴近包装箱垂直放下,防止漏风。

6.3.6 预冷时应打开差压预冷风机,瓜类蔬菜的温度达到 15℃以下方可关闭预冷风机。

7 产地贮藏

7.1 贮藏前的准备

7.1.1 贮藏前应对贮藏场所和托盘等用具进行彻底清扫和消毒,并进行通风。

7.1.2 应检修所有设备,使冷库处于良好工作状态。

7.1.3 应提前将冷库温度降至适宜的温度。

7.2 入库和堆码

7.2.1 应按产地、批次、品种、等级和规格分类入库贮藏。

7.2.2 堆垛的走向、排列方式应与库内空气循环方向一致,垛底应加托盘或垫层(10 cm~20 cm)。垛间距应≥50 cm、垛与墙壁间应≥30 cm,垛顶部应低于冷风出口 50 cm 以上。靠近蒸发器和冷风出口的部位应遮盖,防止冷害和冻害。

7.3 贮藏温度、湿度和贮藏期限

贮藏库内的温度、湿度和上市前的贮藏期限参见附录 B。

7.4 贮藏管理

7.4.1 应定时观测并记录贮藏温度和湿度,控制贮藏条件(参见附录 B)在规定的范围内。

7.4.2 贮藏期间应定期检查并记录,发现问题及时处理。

7.4.3 贮藏后出库的瓜类蔬菜应符合本标准4.2的规定。

8 运输

8.1 宜采用冷藏车运输,冷藏车温度和湿度控制参见附录B。

8.2 装卸货时应轻拿、轻放,防止机械损伤。

附 录 A
(资料性附录)
南瓜和瓠瓜的等级和规格

A.1 南瓜的等级和规格见表A.1。

表A.1 南瓜的等级和规格

	一级	二级	三级
等级	①形状整齐,色泽均匀良好 ②表皮洁净,无机械伤、无病虫斑 ③个体大小差异、成熟度不超过均值的5%	①形状整齐,色泽较好 ②表皮洁净,有轻微机械伤、无病虫斑 ③个体大小差异、成熟度不超过均值的10%	①表皮洁净,有轻微机械伤、病虫斑 ②个体大小差异不超过均值的20%
规格	同一品种分大、中、小三个规格		

A.2 瓠瓜的等级和规格见表A.2。

表A.2 瓠瓜的等级和规格

	一级	二级	三级
等级	①形状整齐,色泽均匀良好,新鲜,质地嫩 ②表皮洁净,无机械伤、无病虫斑 ③个体大小差异、成熟度不超过均值的5%	①形状整齐,色泽较好,较新鲜,质地较嫩 ②表皮洁净,有轻微机械伤 ③个体大小差异、成熟度不超过均值的10%	①色泽尚好,较新鲜,质地较嫩 ②表皮洁净,有轻微机械伤 ③个体大小差异不超过均值的20%
规格	同一品种分大、中、小三个规格		

附　录　B
（资料性附录）
瓜类蔬菜贮藏温度、湿度和贮藏期限

瓜类蔬菜贮藏温度、湿度和贮藏期限见表B.1。

表B.1　瓜类蔬菜贮藏温度、湿度和贮藏期限

蔬菜种类		贮藏温度，℃	贮藏湿度，%	贮藏期限，d
黄瓜		11～13	90～95	2～3
苦瓜		11～13	90～95	2～3
丝瓜		12～13	90～95	3～6
西葫芦		11～12	90～95	1～2
南瓜	嫩瓜	10～12	85～90	5～7
	成熟瓜	10～12	70～75	30～60
冬瓜		13～15	70～75	10～60
瓠瓜		9～10	90～95	3～5
注：考虑到品种和栽培季节的不同，表中的贮藏温度和贮藏期限仅作为推荐参考。				

ICS 67.200.20
B 33

中华人民共和国农业行业标准

NY/T 2794—2015

花生仁中氨基酸含量测定 近红外法

Determination of amino acids content in peanut—Near-infrared method

2015-05-21 发布　　　　2015-08-01 实施

中华人民共和国农业部 发布

前　　言

本标准按照 GB/T 1.1—2009 给出的规则起草。

本标准由农业部农产品加工局提出。

本标准由农业部农产品加工标准化技术委员会归口。

本标准起草单位:中国农业科学院农产品加工研究所。

本标准主要起草人:王强、刘红芝、王丽、于宏威、刘丽、石爱民、胡晖。

引　　言

本标准根据花生仁中氨基酸分子 C—H、N—H、O—H 等化学键的倍频和合频吸收会产生近红外光谱，能反映花生仁丰富的结构和组成信息的原理制定。在化学值测定和近红外光谱扫描的基础上，通过偏最小二乘法等现代化学计量学的手段，建立近红外吸收光谱与待测成分含量间的线性或非线性关系模型，以此计算未知花生仁样品中氨基酸含量。

本标准是建立在常规方法基础上的花生仁中氨基酸含量的快速测定方法，对于仲裁检验，应以国家标准已规定的常规方法，即天冬氨酸、苏氨酸、丝氨酸、谷氨酸、甘氨酸、亮氨酸和精氨酸 7 种氨基酸按照《食品中氨基酸的测定》(GB/T 5009.124)，胱氨酸按照《饲料中含硫氨基酸测定方法——离子交换色谱法》(GB/T 15399)。

花生仁中氨基酸含量测定 近红外法

1 范围

本标准规定了近红外分析方法测定花生仁中氨基酸含量(湿基)的术语和定义、仪器与软件、样品选择与准备、模型建立与未知样品测定、结果处理和表示、异常样品的确认和处理、定标模型的升级与监控、准确性和精密度及测试报告的要求。

本标准适用于花生仁中天冬氨酸、苏氨酸、丝氨酸、谷氨酸、甘氨酸、亮氨酸、精氨酸和胱氨酸 8 种氨基酸含量(湿基)的无损测定,本方法的最低检出量为 0.01%。

本标准不适用于仲裁检验。

2 规范性引用文件

下列文件对于本文件的应用是必不可少的。凡是注日期的引用文件,仅注日期的版本适用于本文件。凡是不注日期的引用文件,其最新版本(包括所有的修改单)适用于本文件。

GB/T 1532 花生

GB/T 5009.124 食品中氨基酸的测定

GB 5491 粮食、油料检验 扦样、分样法

GB/T 15399 饲料中含硫氨基酸测定方法——离子交换色谱法

GB/T 24895 近红外分析定标模型验证和网络管理与维护通则

3 术语和定义

下列术语和定义适用于本文件。

3.1

基频 fundamental frequency

从基态跃迁到第一能级跃迁产生的近红外吸收频率。

3.2

倍频 frequency multiplication

基频以外的其他振动能级跃迁产生的近红外吸收频率。

3.3

合频 combined frequency

一个光子同时激发两种或多种跃迁所产生的泛频,包括二元组合频,三元组合频以及其他类型组合频。

3.4

外部验证 external validation

样品集分为定标样品集和验证样品集,利用验证样品集验证定标模型的方法。

3.5

相关系数 correlation coefficient

近红外光谱法测定值与参考值之间的相关性,通常定标样品相关系数以 R_C 表示,验证样品相关系

数以 R_V 表示。

3.6

剩余预测偏差　residual predictive deviation

通过线性回归法计算纵坐标预测值所产生的标准误差，定标模型剩余预测偏差以 RPD_C 表示，验证模型剩余预测偏差以 RPD_V 表示。

3.7

马氏距离　mahalanobis distance

用于鉴定未知样品浓度是否超过了定标样本的浓度范围，其计算公式是：

$$MD_i = [(t_i - \bar{t}) \cdot (T_{cen}^T T_{cen})^{-1} \cdot (t_i - \bar{t})^T]$$

式中：

t_i ——定标集第 i 样品光谱的得分；

T ——定标集所有样品的得分矩阵；

$\bar{t}$ ——T 的平均得分向量；

T_{cen}——T 的均值中心化矩阵，即 $T_{cen} = T - \bar{t}$。

3.8

准确性　accuracy

表明近红外测定值与参考值的接近程度，用测定值与参考值之间的标准差(SD)来表示。

4 仪器与软件

4.1 近红外光谱仪

近红外光谱仪符合 GB/T 24895 的要求。

4.2 样品杯

近红外光谱仪上的旋转样品杯。

4.3 软件

具有近红外光谱数据的收集、存储、加工等功能的软件。

5 模型建立与测定未知样品

5.1 样品选择与准备

5.1.1 样品的选择

样品应覆盖产地、品种、含量、季节、种植条件、收获条件及应用范围等，并在一定时间段内，按一定程序采集大量花生仁，从中挑选的花生仁应符合 GB/T 1532 的要求。创建一个新的定标模型，花生样品数不得少于 100 个。

5.1.2 建模样品准备

样品的取样和分样按照 GB 5491 的规定执行，整理样品，除去样品中杂质。将样品分为两组，密封，一组用于测定花生仁氨基酸参考值，另一组用于近红外光谱扫描。

5.2 花生仁氨基酸参考值的测定

以 GB/T 5009.124 和 GB/T 15399 的测定值作为参考值。

5.3 定标模型的建立

5.3.1 近红外光谱扫描

近红外光谱扫描应与样品参考值测定同期进行。

5.3.1.1 仪器预热和测试

每次扫描前应按照近红外光谱仪说明书的要求进行仪器预热和自我测试。

5.3.1.2 样品扫描

每个样品重复装样 3 遍，每遍都振动样品杯，每遍扫描 2 次光谱，取 6 次扫描的平均光谱值用于定标和验证。

5.3.2 定标模型的建立与验证

利用软件建立定标模型，并采用外部验证对定标模型进行验证。定标模型的参数要求，应满足表 1 的要求。

表 1 花生仁中氨基酸模型参数要求

氨基酸	R_c^2	R_v^2	RPD_c	RPD_v
天冬氨酸	0.88	0.84	1.56	2.52
苏氨酸	0.83	0.82	2.25	3.00
丝氨酸	0.86	0.82	1.41	2.40
谷氨酸	0.87	0.85	1.47	2.57
甘氨酸	0.88	0.82	1.44	2.36
亮氨酸	0.88	0.81	0.88	3.00
精氨酸	0.89	0.86	1.69	2.88
胱氨酸	0.96	0.99	3.50	7.50
注：R_c^2、R_v^2、RPD_c 和 RPD_v 为相应指标的最低限。				

5.3.3 对未知样品的测定

未知样品应符合 GB/T 1532 的要求。近红外光谱扫描按照 5.3.1 的要求执行。然后将未知样品近红外光谱与定标样品光谱进行比较，当未知样品 MD 值在定标样品集 MD 范围内，则仪器将直接给出样品的氨基酸值；当待测样品 MD 值不在定标样品集 MD 范围内，则说明样品已超出了定标模型的分析能力，该样品被定为疑似异常样品。

6 结果处理和表示

6.1 测定结果应在近红外光谱仪使用的定标模型所覆盖的氨基酸含量范围内。

6.2 3 次测定结果的标准差应符合本标准第 9 章的要求，取 3 次数据的平均值作为测定结果，测定结果保留小数点后两位。

6.3 对于仪器警报异常的测定结果，所得数据不应作为有效测定数据。异常样品的确认和处理按照本标准第 7 章的要求执行。

7 异常样品的确认和处理

7.1 异常样品的确认

应对造成测定结果异常的原因进行分析和排查，并再次进行近红外测定予以确认。造成测定结果异常的原因，可能包括以下几个方面：

a) 样品中含有过多杂质；

b) 该样品的氨基酸含量参考值超过了定标模型的范围；

c) 光谱扫描过程中样品发生了位移；

d) 定标模型采用不当。

如仍出现报警，则确认为异常样品。

7.2 异常样品的处理

发现异常样品后，应按 GB/T 5009.124 和 GB/T 15399 规定的方法对该样品的氨基酸含量进行测定分析，并封存样品。

8 定标模型的升级与监控

8.1 定标模型的升级

扫描未知样品的近红外光谱，将未知样品的光谱加入到定标样品的光谱中，利用参考方法测定的氨基酸含量，用原有的定标方法进行计算，即获得升级的定标模型。

8.2 定标模型的监控

用监控样品(监控样品的制备见附录 A)进行定期检测，每周 2 次～3 次，同一监控样品的测试结果，应满足 9.2.1 的要求。如检验出现结果不一致时，应重新多次采集光谱，进行预测分析，以确保光谱采集的正确。若仍存在显著性差异，则需要对光谱仪的硬件进行全面的测试检验。

9 准确性和精密度

9.1 准确性

未知样品氨基酸含量近红外测定值与参考值之间的标准差(SD)的具体要求见表 2。

表 2 花生仁中氨基酸近红外分析要求

氨基酸	SD	S_r	S_R
天冬氨酸	0.04	0.04	0.05
苏氨酸	0.04	0.03	0.04
丝氨酸	0.04	0.05	0.06
谷氨酸	0.04	0.03	0.04
甘氨酸	0.04	0.03	0.04
亮氨酸	0.04	0.05	0.06
精氨酸	0.04	0.04	0.05
胱氨酸	0.02	0.04	0.05
注：表中数值为相应指标的最高限。			

9.2 精密度

9.2.1 重复性

在同一实验室，由同一操作者使用相同仪器设备，按相同测试方法，通过重新分样和重新装样，对同一花生仁样品相互独立进行测试，获得的 3 次花生仁中氨基酸含量的测定结果的标准差 S_r 的具体要求见表 2。

9.2.2 再现性

在不同实验室，由不同操作人员使用同一型号不同设备，按相同的测试方法，对相同的花生仁样品进行 3 次独立测试，获得 3 次花生仁中氨基酸含量的测定结果的标准差 S_R 的具体要求见表 2。

10 测试报告

测试报告应包括(但不限于)：

a) 仪器型号与序列号；

b) 检测光程；

c) 定标模型的名称及编号；

d) 定标模型的适用含量范围；

e) 监控样品监控信息；

f) 未知样品名称及编号；

g) 未知样品的采样方法；

h) 未知样品粒度；

i） 未知样品测定结果；

j） 出现异常样品时，应提供异常样品类型及处理的有关信息；

k） 测试单位、测试人及测试时间；

l） 本标准未规定的，或认为是非强制性的，以及可能影响测定结果的全部细节。

附　录　A
（规范性附录）
监控样品的制备

A.1　仪器

近红外光谱仪：符合本标准 4.1 的要求。

A.2　监控样品的制备

A.2.1　取样：按照 GB/T 1532 选择品种单一的花生仁，按 GB 5491 规定的方法采样。

A.2.2　样品的预处理：清除样品中的杂质及破碎粒，分样至每份样品 100 g。

A.2.3　样品的测定：利用近红外光谱仪（A.1）测定样品的氨基酸含量（湿基）。

A.2.4　监控样品应至少制备 2 份，其中一份留作备用。

A.3　监控样品的保存

样品应密封，保存于通风，干燥，阴凉的环境中，保存期不宜超过一年。

A.4　监控样品的使用期限

每个监控样品在使用 100 次之后，或者出现生虫、被污染等，应重新制备。

ICS 67.080
B 31

中华人民共和国农业行业标准

NY/T 2795—2015

苹果中主要酚类物质的测定 高效液相色谱法

Determination of major phenolic compounds in apple—High performance liquid chromatography

2015-05-21 发布　　2015-08-01 实施

中华人民共和国农业部 发布

前　言

本标准按照 GB/T 1.1—2009 给出的规则起草。

本标准由农业部加工局提出并归口。

本标准起草单位:中国农业科学院农产品加工研究所、中国农业科学院果树研究所。

本标准主要起草人:刘璇、毕金峰、陈芊芊、吴昕烨、邓健康、聂继云、易建勇、周林燕、郑金铠、周沫、李静。

苹果中主要酚类物质的测定
高效液相色谱法

1 范围

本标准规定了苹果中主要酚类物质的高效液相色谱测定方法。

本标准适用于苹果中没食子酸、原儿茶酸、新绿原酸、原花青素 B1、儿茶素、绿原酸、原花青素 B2、咖啡酸、表儿茶素、p-香豆酸、芦丁、阿魏酸、槲皮苷、根皮苷、槲皮素和根皮素等单个或多个组分含量的测定。

2 规范性引用文件

下列文件对于本文件的应用是必不可少的。凡是注日期的引用文件，仅注日期的版本适用于本文件。凡是不注日期的引用文件，其最新版本(包括所有的修改单)适用于本文件。

GB/T 6682　分析实验室用水规格和试验方法

3 原理

苹果中的主要酚类物质经乙醇溶液提取，C_{18}固相萃取柱净化、定容，微孔滤膜过滤，高效液相色谱法测定，外标法定量。

4 试剂和材料

除非另有说明，本标准所用试剂均为分析纯，水为 GB/T 6682 规定的一级水。

4.1 试剂

4.1.1　乙醇(CH_3CH_2OH，CAS 号：64-7-5)。

4.1.2　乙腈(CH_3CN，CAS 号：75-05-8)，色谱纯。

4.1.3　甲醇(CH_3OH，CAS 号：67-56-1)，色谱纯。

4.1.4　甲酸(HCOOH，CAS 号：64-18-6)，色谱纯。

4.2 试剂配制

4.2.1　乙醇溶液(8＋2)：取 80 mL 乙醇(4.1.1)加入 20 mL 水中，混匀。

4.2.2　甲酸溶液(2%，体积分数)：取 2 mL 甲酸(4.1.4)，用水稀释至 100 mL。

4.2.3　甲酸—乙腈溶液(95＋5)：取 95 mL 甲酸溶液(4.2.2)，加入 5 mL 乙腈中，混匀。

4.3 标准品

4.3.1　没食子酸($C_7H_6O_5$)，纯度≥98%。

4.3.2　原儿茶酸($C_7H_6O_4$)，纯度≥99%。

4.3.3　新绿原酸($C_{16}H_{18}O_9$)，纯度≥98%。

4.3.4　原花青素 B1($C_{30}H_{26}O_{12}$)，纯度≥95%。

4.3.5　儿茶素($C_{15}H_{14}O_6$)，纯度≥98%。

4.3.6　绿原酸($C_{16}H_{18}O_9$)，纯度≥95%。

4.3.7　原花青素 B2($C_{30}H_{26}O_{12}$)，纯度≥98%。

4.3.8 咖啡酸($C_9H_8O_4$),纯度≥95%。

4.3.9 表儿茶素($C_{15}H_{14}O_6$),纯度≥98%。

4.3.10 p-香豆酸($C_9H_8O_3$),纯度≥98%。

4.3.11 芦丁($C_{27}H_{30}O_{16}$),纯度≥98%。

4.3.12 阿魏酸($C_{10}H_{10}O_4$),纯度≥99%。

4.3.13 槲皮苷($C_{21}H_{20}O_{11}$),纯度≥98%。

4.3.14 根皮苷($C_{21}H_{28}O_{12}$),纯度≥98%。

4.3.15 槲皮素($C_{15}H_{14}O_9$),纯度≥98%。

4.3.16 根皮素($C_{15}H_{14}O_5$),纯度≥99%。

4.4 标准溶液配制

4.4.1 2 mg/mL 单一酚类物质标准储备溶液:分别准确称取酚类物质标准品(4.3)10 mg(精确到0.000 1 g),于5 mL棕色容量瓶中,用甲醇(4.1.3)溶解并稀释至刻度,配制成质量浓度为2 mg/mL的单一酚类物质标准储备溶液。−20℃以下避光贮存,有效期1个月。

4.4.2 0.1 mg/mL 酚类物质混合标准中间溶液:分别准确吸取0.1 mL单一酚类物质标准储备溶液(4.4.1)于2 mL棕色容量瓶中,用甲醇(4.4)稀释至刻度,配置成质量浓度为0.1 mg/mL酚类物质混合标准中间溶液。−20℃以下避光贮存,有效期1周。

4.4.3 酚类物质标准工作溶液:分别吸取酚类物质混合标准中间溶液(4.4.2)0.02 mL、0.1 mL、0.2 mL、0.4 mL、1.0 mL至2 mL棕色容量瓶中,用甲酸—乙腈溶液(4.2.3)定容至刻度,配制成质量浓度为1 mg/L、5 mg/L、10 mg/L、20 mg/L和50 mg/L的系列混合标准工作溶液。现配现用。

4.5 材料

4.5.1 C_{18}固相萃取柱。

4.5.2 滤膜:0.45 μm,有机相。

5 仪器

5.1 液相色谱仪:配有紫外检测器或二极管阵列检测器。

5.2 分析天平:感量0.000 1 g、感量0.01 g。

5.3 研磨仪。

5.4 离心机:转速可达到10 000 r/min。

5.5 漩涡混合器。

5.6 旋转蒸发器。

5.7 超声波萃取仪:工作频率40 kHz,功率500 W。

5.8 固相萃取器。

5.9 圆底烧瓶:100 mL。

5.10 聚四氟乙烯离心管:50 mL。

6 试样制备与保存

将苹果样品,用干净纱布轻轻将样品表面擦净,按取样要求取200 g样品采用对角线分割法,取对角部分,将其切碎,充分混均,再用四分法取样,用液氮冷冻后,于研磨仪中研磨成粉末,装入聚乙烯塑料瓶,−20℃以下保存,备用。

7 分析步骤

7.1 提取

称取试样 5 g(精确到 0.01 g)于 50 mL 聚四氟乙烯离心管中,加入 20 mL 乙醇溶液(4.2.1),用漩涡混合器充分混合,室温下超声提取 15 min,以 10 000 r/min 转速、4℃离心 10 min,上清液倒入 50 mL 棕色容量瓶中,重复提取 1 次,上清液合并转入 50 mL 棕色容量瓶中,用乙醇溶液(4.2.1)定容至 50 mL,备用。

7.2 浓缩

准确吸取 10 mL 样品提取液(7.1)于 100 mL 圆底烧瓶中,在旋转蒸发器上减压蒸发至除去乙醇,温度≤40℃,待净化。

7.3 净化

将 C_{18} 固相萃取柱放在固相萃取器上,依次用 5 mL 甲醇(4.1.3)和 5 mL 水活化,控制流速 1 mL/min。将待净化液(7.2)加入固相萃取柱中,用 5 mL 水清洗旋转蒸发后的圆底烧瓶,加入固相萃取柱中,用 3 mL 水淋洗,弃去;再用 5 mL 甲醇(4.1.3)分 2 次清洗圆底烧瓶,加入到固相萃取柱中,收集洗脱液至 10 mL 棕色容量瓶中并定容,过 0.45 μm 有机相微孔滤膜,供高效液相色谱测定。

7.4 液相色谱参考条件

色谱柱:C_{18} 色谱柱,4.6 mm×250 mm,粒径 5 μm,或相当者。

流动相:A 为 2%甲酸溶液,B 为乙腈,用前过 0.45 μm 滤膜,脱气,梯度洗脱程序见表 1。

表 1 流动相梯度洗脱程序(V_A+V_B)

时间 min	A	B
0	95	5
30	75	25
45	60	40
50	60	40
51	95	5
60	95	5

柱温:40℃。

流速:0.8 mL/min。

检测波长:280 nm,320 nm,360 nm。

进样量:10 μL。

苹果中各主要酚类物质在其最佳定量波长下进行检测,各酚类物质的最佳定量波长见附录 A。

7.5 标准工作曲线

分别吸取 10 μL 标准工作液(4.13)注入高效液相色谱仪,按参考色谱条件测定。以测得峰面积为纵坐标,对应的标准溶液质量浓度(mg/L)为横坐标,绘制标准曲线。求回归方程和相关系数。

7.6 测定

做 3 份试料的平行测定,取 10 μL 试样溶液和相应的标准工作溶液在与标准相同的色谱条件下进行测定,以色谱峰保留时间定性,以色谱峰峰面积定量。标准工作溶液的高效液相色谱图参见附录 B。同时做空白试验,除不称取试料外,均按 7.1～7.3 操作步骤进行测定。

8 结果计算

苹果中被测酚类物质以质量分数计,单位以毫克每千克(mg/kg)表示,按式(1)计算。

$$X = \frac{A \times \rho_s \times V_0 \times V_2}{A_s \times m \times V_1} \quad \cdots\cdots (1)$$

式中：

X ——试料中某一酚类物质的含量，单位为毫克每千克(mg/kg)；

ρ_s ——标准工作溶液中某一酚类物质组分的质量浓度，单位为毫克每升(mg/L)；

A ——试样溶液中某一酚类物质组分的峰面积；

A_s——标准溶液中某一酚类物质组分的峰面积；

V_0——试料中酚类物质提取液定容体积，单位为毫升(mL)；

V_1——过 C_{18} 固相萃取柱所用酚类物质提取液体积，单位为毫升(mL)；

V_2——C_{18} 固相萃取柱净化后定容体积，单位为毫升(mL)；

m ——试料的质量，单位为克(g)；

计算结果保留三位有效数字。

9 精密度

9.1 重复性

在重复性条件下，获得的两次独立测定结果的绝对差值不超过算术平均值的 20%。

9.2 再现性

在再现性条件下，获得的两次独立测定结果的绝对差值不超过算术平均值的 20%。

10 其他

本标准的定量测定范围：没食子酸、原儿茶酸、新绿原酸、绿原酸、咖啡酸、p-香豆酸、芦丁、阿魏酸、槲皮苷、根皮苷和根皮素均为 0.25 mg/kg～100 mg/kg。

儿茶素和槲皮素均为 0.5 mg/kg～100 mg/kg。

原花青素 B1、原花青素 B2 和表儿茶素均为 1 mg/kg～100 mg/kg。

本标准方法的检出限：没食子酸、原儿茶酸、新绿原酸、绿原酸、咖啡酸、p-香豆酸、芦丁、阿魏酸、槲皮苷、根皮苷和根皮素为 0.12 mg/kg，儿茶素和槲皮素为 0.25 mg/kg，原花青素 B1、原花青素 B2 和表儿茶素为 0.5 mg/kg。

附 录 A
(规范性附录)
苹果多酚定量波长

苹果多酚定量波长见表A.1。

表A.1 苹果多酚定量波长

序号	中文名	CAS号	定量波长 nm
1	没食子酸	149-91-7	280
2	原儿茶酸	99-50-3	280
3	新绿原酸	906-33-2	320
4	原花青素B1	20315-25-7	280
5	儿茶素	154-23-4	280
6	绿原酸	327-97-9	320
7	原花青素B2	29106-49-8	280
8	咖啡酸	331-39-5	320
9	表儿茶素	490-46-0	280
10	p-香豆酸	501-98-4	320
11	芦丁	153-18-4	360
12	阿魏酸	537-98-4	320
13	槲皮苷 (槲皮素—鼠李糖苷)	522-12-3	360
14	根皮苷	7061-54-3	280
15	槲皮素	6151-25-3	360
16	根皮素	60-82-2	280

附　录　B
（资料性附录）
标准溶液色谱图

B.1　50 mg/L 苹果酚类物质混合标准溶液色谱图(280 nm)

见图 B.1。

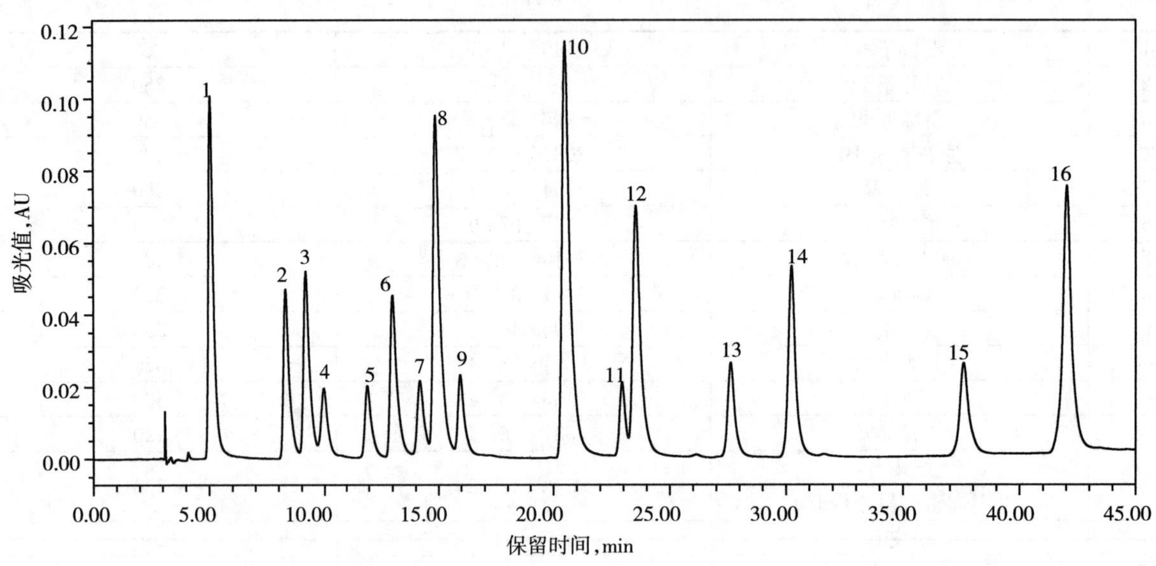

说明：

1——没食子酸；
2——原儿茶酸；
3——新绿原酸；
4——原花青素 B1；
5——儿茶素；
6——绿原酸；
7——原花青素 B2；
8——咖啡酸；
9——表儿茶素；
10——p-香豆酸；
11——芦丁；
12——阿魏酸；
13——槲皮苷；
14——根皮苷；
15——槲皮素；
16——根皮素。

图 B.1　50 mg/L 苹果酚类物质混合标准溶液色谱图(280 nm)

B.2　50 mg/L 苹果酚类物质混合标准溶液色谱图(320 nm)

见图 B.2。

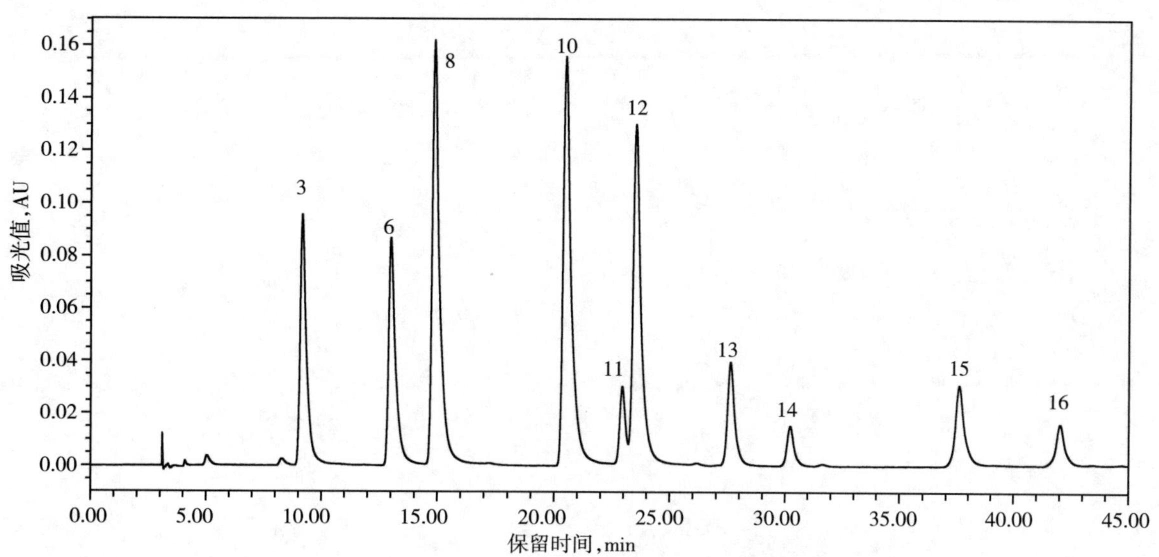

图 B.2　50 mg/L 苹果酚类物质混合标准溶液色谱图(320 nm)

B.3　50 mg/L 苹果酚类物质混合标准溶液色谱图(360 nm)

见图 B.3。

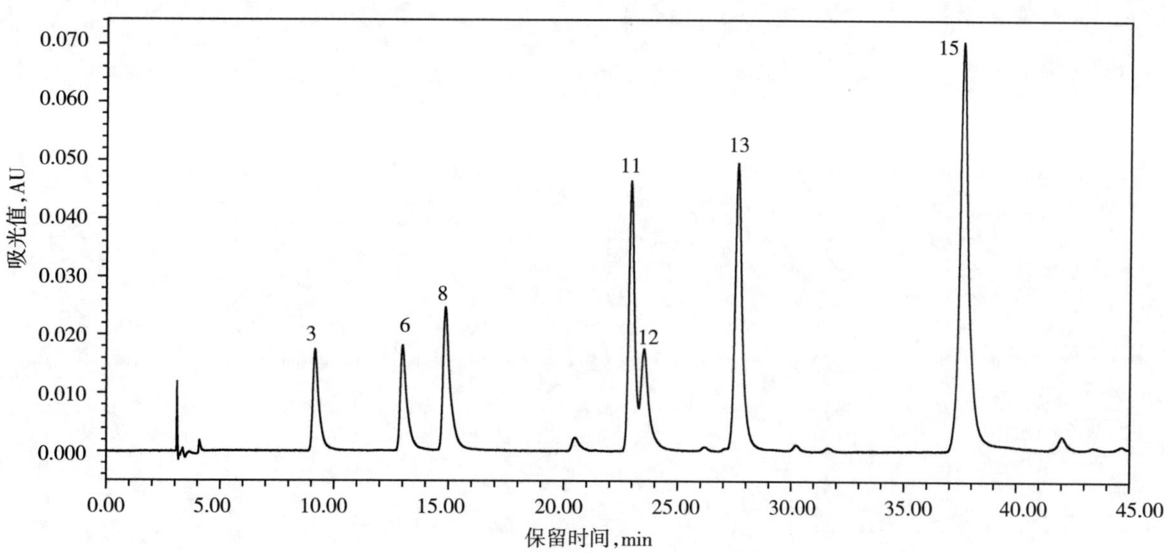

图 B.3　50 mg/L 苹果酚类物质混合标准溶液色谱图(360 nm)

ICS 67.080.10
B 31

中华人民共和国农业行业标准

NY/T 2796—2015

水果中有机酸的测定　离子色谱法

Determination of organic acid in fruits—Ion chromatography

2015-05-21 发布　　2015-08-01 实施

中华人民共和国农业部　发布

前　言

本标准按照GB/T 1.1—2009给出的规则起草。

本标准由农业部加工局提出。

本标准由农业部农产品加工标准化技术委员会归口。

本标准起草单位:农业部果品及苗木质量监督检验测试中心(郑州)、中国农业科学院郑州果树研究所。

本标准主要起草人:方金豹、庞荣丽、谢汉忠、郭琳琳、李君、罗静、黄玉南。

水果中有机酸的测定　离子色谱法

1　范围

本标准规定了新鲜水果中有机酸(柠檬酸、苹果酸、酒石酸和琥珀酸)含量的离子色谱测定方法。

本标准适用于新鲜水果中有机酸(柠檬酸、苹果酸、酒石酸和琥珀酸)含量的测定。

2　规范性引用文件

下列文件对于本文件的应用是必不可少的。凡是注日期的引用文件,仅注日期的版本适用于本文件。凡是不注日期的引用文件,其最新版本(包括所有的修改单)适用于本文件。

GB/T 6682　分析实验室用水规格和试验方法

GB/T 8855　新鲜水果和蔬菜　取样方法

3　原理

试样经乙醇溶液超声提取过滤后,用离子色谱柱进行分离,用离子色谱仪—电导检测器测定,以保留时间定性,标准曲线法定量。

4　试剂和材料

除非另有说明,在分析中仅使用优级纯或以上试剂,实验用水符合 GB/T 6682 的一级水指标。

4.1　试剂的配制

4.1.1　无水乙醇(C_2H_6O)。

4.1.2　硫酸(H_2SO_4)。

4.1.3　乙醇溶液(1+9):量取 100 mL 无水乙醇与 900 mL 水混匀。

4.1.4　硫酸溶液Ⅰ(0.5 mol/L):准确吸取 13.6 mL 硫酸,缓缓注入事先加有 200 mL 水的烧杯中,混匀并冷却后转移到 500 mL 容量瓶中,用水定容。

4.1.5　硫酸溶液Ⅱ(0.005 mol/L):准确吸取 0.5 mol/L 硫酸溶液Ⅰ(4.1.4)10 mL 于 1 000 mL 容量瓶中,用水稀释,用水定容。

4.1.6　氯化锂溶液(0.1 mol/L):称取 2.12 g 氯化锂于 50 mL 烧杯中,用水溶解,转移到 500 mL 容量瓶中,用水定容。

4.2　标准品

4.2.1　柠檬酸标准品(纯度≥99.0%)。

4.2.2　苹果酸标准品(纯度≥99.0%)。

4.2.3　酒石酸标准品(纯度≥99.0%)。

4.2.4　琥珀酸标准品(纯度≥99.0%)。

4.3　标准储备液

4.3.1　柠檬酸标准储备液(4.00 g/L):准确称取 0.400 0 g 柠檬酸(干燥器中干燥 24 h)于 100 mL 烧杯中,用水溶解,转移到 100 mL 容量瓶中,用水定容。在 0℃～5℃下保存,有效期 3 个月。

4.3.2　苹果酸标准储备液(2.00 g/L):准确称取 0.200 0 g 苹果酸(干燥器中干燥 24 h)于 100 mL 烧杯中,用水溶解,转移到 100 mL 容量瓶中,用水定容。在 0℃～5℃下保存,有效期 3 个月。

4.3.3 酒石酸标准储备液(2.00 g/L):准确称取 0.200 0 g 酒石酸(干燥器中干燥 24 h)于 100 mL 烧杯中,用水溶解,转移到 100 mL 容量瓶中,用水定容。在 0℃~5℃下保存,有效期 3 个月。

4.3.4 琥珀酸标准储备液(1.00 g/L):准确称取琥珀酸 0.100 0 g(干燥器中干燥 24 h)于 100 mL 烧杯中,用水溶解,转移到 100 mL 容量瓶中,用水定容。在 0℃~5℃下保存,有效期 3 个月。

4.4 标准工作溶液:分别准确吸取 0.00 mL、1.00 mL、2.00 mL、3.00 mL、4.00 mL、5.00 mL 有机酸标准储备液(4.3),于 50 mL 容量瓶中,用乙醇溶液(4.1.3)稀释定容,即得有机酸混合系列标准工作溶液。柠檬酸质量浓度分别为 0.00 g/L、0.08 g/L、0.16 g/L、0.24 g/L、0.32 g/L、0.40 g/L,苹果酸和酒石酸质量浓度分别为 0.00 g/L、0.04 g/L、0.06 g/L、0.12 g/L、0.16 g/L、0.20 g/L,琥珀酸质量浓度分别为 0.00 g/L、0.02 g/L、0.04 g/L、0.06 g/L、0.08 g/L、0.10 g/L。

5 仪器和设备

5.1 离子色谱仪:配电导检测器。

5.2 分析天平:感量±0.01 g、±0.001 g 和±0.000 1 g。

5.3 组织捣碎机。

5.4 超声波提取器。

5.5 溶剂过滤器:0.45 μm 水性滤膜。

5.6 针头过滤器:0.22 μm 水性滤膜。

6 分析步骤

6.1 试样制备

按照 GB/T 8855 的规定抽取水果样品,取可食部分,经缩分后,将其切碎,充分混匀后放入组织捣碎机中制成匀浆。将匀浆后的试样取 500 g 装入样品瓶中冷冻保存。

6.2 提取和净化

称取试样 2.0 g~5.0 g(精确至 0.001 g)于 150 mL 三角瓶中,加入约 80 mL 乙醇溶液(4.1.3),摇匀后置超声波提取器中提取 30 min,然后转移至 100 mL 容量瓶中,用乙醇溶液(4.1.3)定容,过 0.22 μm水性滤膜针头过滤器,供离子色谱分析用。

6.3 仪器参考条件

6.3.1 离子色谱柱:ICSep COREGEL - 64H,7.8 mm×300 mm,或其他性能相当的色谱柱。

6.3.2 柱温:65℃。

6.3.3 流速:0.60 mL/min。

6.3.4 进样体积:20 μL。

6.3.5 淋洗液:硫酸溶液Ⅱ(4.1.5),临用前过溶剂过滤器。

6.3.6 抑制器再生液:浓度为 0.1 mol/L 的氯化锂溶液(4.1.6),临用前过溶剂过滤器。

6.4 标准工作曲线

将有机酸混合系列标准工作溶液(4.4)经 0.22 μm 水性滤膜针头过滤器过滤后按 6.3 进行测定。以质量浓度为横坐标,以峰高或峰面积为纵坐标,绘制标准曲线。有机酸标准溶液色谱图参见附录 A。

6.5 测定

在相同工作条件下,以保留时间定性,以峰高或峰面积比较定量。试样溶液中柠檬酸、酒石酸、苹果酸和琥珀酸峰高或峰面积超过有机酸混合标准工作溶液最高点时,则将待测液稀释后重新测定。

6.6 空白试验

除不加试样外,其他步骤同试样操作步骤进行。

7 结果计算

试样中柠檬酸、酒石酸、苹果酸和琥珀酸的含量以质量分数 ω 计，数值以克每千克(g/kg)表示，按式(1)计算。

$$\omega=\frac{(\rho-\rho_0)\times V\times 1000}{m\times 1000} \quad \cdots\cdots (1)$$

式中：

ρ ——待测液中柠檬酸、酒石酸、苹果酸和琥珀酸的质量浓度，单位为克每升(g/L)；

ρ_0 ——试剂空白液中柠檬酸、酒石酸、苹果酸和琥珀酸的质量浓度，单位为克每升(g/L)；

V ——待测液定容体积，单位为毫升(mL)；

m ——试样质量，单位为克(g)。

若待测液经过稀释，则计算时加入稀释倍数，计算结果保留三位有效数字。

8 精密度

8.1 重复性

在重复性条件下获得的两次独立测试结果的绝对差值不大于这两次测定值的算术平均值的10%。

8.2 再现性

在再现性条件下获得的两次独立测试结果的绝对差值不大于这两次测定值的算术平均值的10%。

9 其他

本标准方法线性范围：柠檬酸 0.000 3 g/L～0.40 g/L、苹果酸 0.000 2 g/L～0.20 g/L、酒石酸 0.000 2 g/L～0.20 g/L、琥珀酸 0.000 3 g/L～0.10 g/L。

本标准方法检出限：柠檬酸、苹果酸、酒石酸和琥珀酸检出限均为 0.006 g/kg。

附 录 A
(资料性附录)
柠檬酸、酒石酸、苹果酸和琥珀酸混合标准溶液色谱图

柠檬酸、酒石酸、苹果酸和琥珀酸混合标准溶液色谱图见图 A.1。

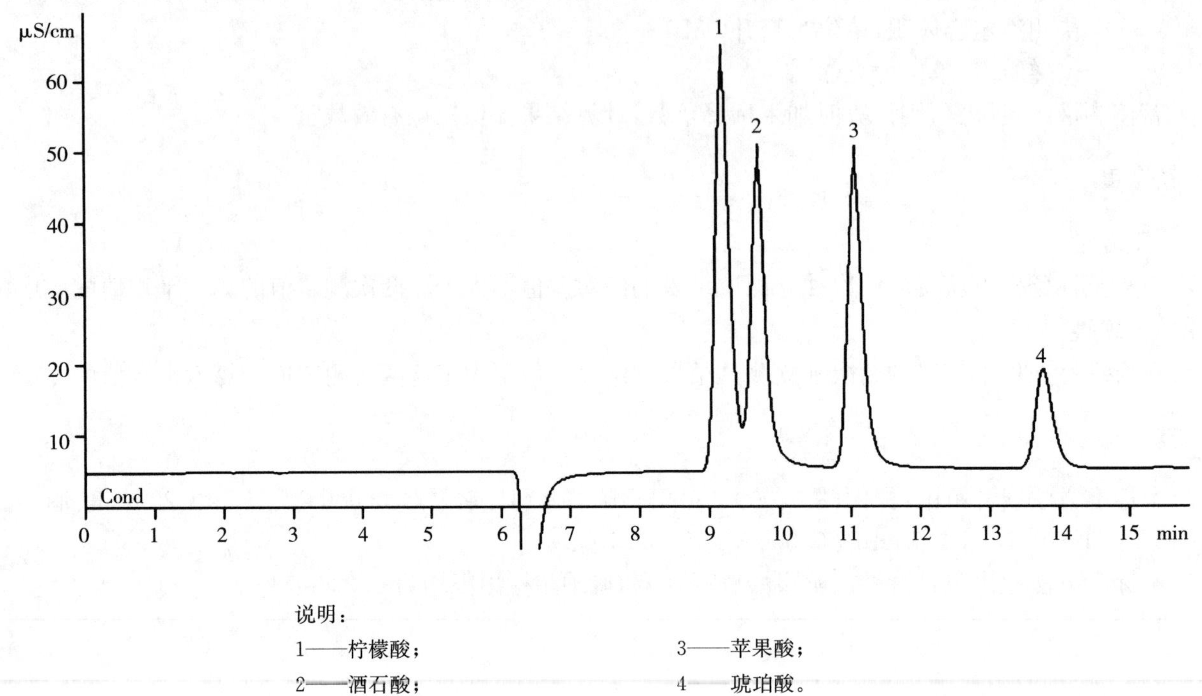

说明:

1——柠檬酸;
2——酒石酸;
3——苹果酸;
4——琥珀酸。

图 A.1　0.16 g/L 柠檬酸、0.08 g/L 酒石酸、0.08 g/L 苹果酸、0.04 g/L 琥珀酸混合标准溶液色谱图

ICS 67.220
B 36

中华人民共和国农业行业标准

NY/T 2808—2015

胡椒初加工技术规程

Technical code for primary processing of pepper

2015-10-09 发布　　　　2015-12-01 实施

中华人民共和国农业部　发布

前　　言

本标准按照 GB/T 1.1—2009 给出的规则起草。

本标准由农业部农垦局提出。

本标准由农业部热带作物及制品标准化技术委员会归口。

本标准起草单位:中国热带农业科学院香料饮料研究所。

本标准主要起草人:邬华松、宗迎、谭乐和、朱红英、刘红、郑维全、杨建峰。

胡椒初加工技术规程

1 范围

本标准规定了胡椒初加工的术语和定义、果实采收、加工方法和包装、标志、贮存与运输的要求。

本标准适用于黑胡椒和白胡椒的初加工。

2 规范性引用文件

下列文件对于本文件的应用是必不可少的。凡是注日期的引用文件，仅注日期的版本适用于本文件。凡是不注日期的引用文件，其最新版本(包括所有的修改单)适用于本文件。

GB/T 3838　地表水环境质量标准

GB 22727　食品加工机械　基本概念　卫生要求

NY/T 455　胡椒

3 术语和定义

下列术语和定义适用于本文件。

3.1

黑胡椒　black pepper

有外果皮的胡椒(*Piper nigrum* Linnaeus)干果。

3.2

白胡椒　water pepper

去掉外果皮的胡椒(*Piper nigrum* Linnaeus)干果。

3.3

针头果　pinhead berry

很小的未成熟果。

3.4

破碎果　broken berry

果实破裂成两部分或更多部分。

3.5

脱粒机　pepper thresher

从胡椒穗上脱下鲜果粒的机械。

3.6

脱皮机　pepper peeler

脱去胡椒外果皮的机械。

4 果实采收

4.1 采果时期

放秋花的地区(如海南省)，采收期一般为翌年 5 月～7 月；放夏花的地区(如云南省)，采收期一般为翌年 2 月～4 月。胡椒鲜果表皮由绿色转为黄色或红色为成熟果的标志。一般情况下，果穗上有 2 粒～4 粒果实为红色时，宜整穗采摘。

4.2　采果方法

胡椒鲜果应用干净的篮子或编织袋盛装。采收时宜自下而上逐行逐株进行，先采摘植株中下层果实，再采摘植株上部的果实，采摘时注意不应损伤叶片、枝条。

5　加工方法

5.1　基本要求

5.1.1　加工设备

浸泡设备、脱粒机、脱皮机、烘干机、电热烘箱、风选机、分级机、色选机、称量器具、缝袋机及其配套设备应符合 GB 22727 的卫生要求。

5.1.2　加工设施

应有专用的干燥房(晒场)和仓库等设施，加工场地应宽敞、明亮、干净，地面硬实、平整，墙面洁净无污垢。加工场地应无异味，无家禽、家畜及宠物出入。

5.1.3　加工用水

加工用水应符合 GB/T 3838 中Ⅲ类水的要求。

5.1.4　加工人员

加工人员应经过培训，熟练掌握加工技术和具有设备操作技能。

5.2　黑胡椒加工方法

5.2.1　加工工艺流程

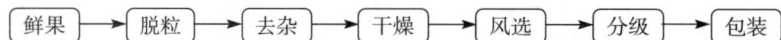

鲜果 → 脱粒 → 去杂 → 干燥 → 风选 → 分级 → 包装

5.2.2　加工工艺

5.2.2.1　脱粒、去杂

胡椒鲜果穗可直接用脱粒机脱粒；或者将果穗在太阳下晒 3 d～4 d，果皮皱缩时，采用木棒捶打或者脱粒机进行脱粒，除去果梗、枝叶等杂物。

5.2.2.2　干燥

5.2.2.2.1　日晒干燥

经脱粒去杂后的胡椒果摊开在平整、硬实、清洁的晒场上，太阳曝晒至含水量小于 13%即可。

5.2.2.2.2　加热干燥

脱粒去杂后的胡椒果放入烘干机、电热烘箱或干燥房中，温度控制在(55±5)℃，干燥至含水量小于 13%即可。

5.2.2.3　风选

经干燥的黑胡椒用筛子或风选机等设备，除去针头果、破碎果及枝、叶、果穗渣等杂质。

5.2.2.4　分级

将风选后的黑胡椒用人工或分级机、色选机等设备进行分级处理，分级要求按 NY/T 455 的规定执行。

5.3　白胡椒加工方法

5.3.1　加工工艺流程

鲜果 → 浸泡 → 脱皮洗涤 → 干燥 → 风选 → 分级 → 包装

5.3.2　加工工艺

5.3.2.1　浸泡

5.3.2.1.1　流动水浸泡

将胡椒鲜果放入有流动水、顶部有进水口、底部有排水口(带过滤网)的胡椒浸泡池中,或者将鲜果装入透水性良好的胶丝袋,置于未被污染且有流动水的河、沟中浸泡。在海南等地区,宜连续浸泡 5 d～7 d;在云南等地区,宜连续浸泡 7 d～15 d,至外果皮完全软化。

5.3.2.1.2 静水浸泡

在没有流动水的情况下,可用静水浸泡。将胡椒鲜果直接放入顶部有进水口、底部有排水口(带过滤网)的胡椒浸泡池或容器中,加入水至浸过胡椒鲜果。采用静水浸泡须每天换水至少 1 次,且换水前应把池中原有的水彻底排净,并及时灌入水,一般在海南等地区,宜连续浸泡 5 d～7 d;在云南等地区,宜连续浸泡 7 d～15 d,至外果皮完全软化。

5.3.2.2 脱皮洗涤

将外果皮已完全软化的胡椒果采用人工搓揉或脱皮机去皮,再用水反复冲洗,除去果皮、果梗、枝叶等杂质,直至洗净为止。

5.3.2.3 干燥

洗净的胡椒湿果置于平整、硬实、清洁的晒场上,经太阳曝晒 2 d～3 d,或置于(45±5)℃的烘干机、电热烘箱或干燥房中 24 h 左右,至胡椒粒含水量小于 14%。

5.3.2.4 风选

充分干燥的白胡椒用筛子或风选机等设备,除去泥沙、针头果、破碎果及枝、叶、果穗渣等杂质。

5.3.2.5 分级

将风选后的白胡椒按颗粒大小、色泽等的不同,用人工或分级机、色选机进行分级处理,分级要求按 NY/T 455 的规定执行。

6 包装、标志、贮存、运输

6.1 包装

每袋黑胡椒或白胡椒应是同一产区、同一品种、同一等级的产品。每袋净含量宜为 50 kg,用称量器具称量后,用人工或缝袋机及其配套设备缝口。包装物应牢固、干燥、洁净、无异味和完好,且不影响黑胡椒或白胡椒质量。

6.2 标志

在每一个包装袋的正面或放在包内的标志卡上应清晰地标明下列项目:

a) 产品名称、商标;

b) 产品标准编号、等级;

c) 生产企业或包装企业名称、详细地址、产品原产地;

d) 净重、毛重;

e) 收获年份及包装日期;

f) 生产国(对出口产品而言);

g) 到岸港口/城镇(对出口产品而言)。

6.3 贮存

黑胡椒和白胡椒应贮存在通风性能良好、干燥、并能防虫和防鼠的库房中,地面要有高度为 15 cm 以上的垫仓板。堆放应整齐,堆间要有适当的通道以利通风。严禁与有毒、有害、有污染和有异味物品混放。

6.4 运输

黑胡椒和白胡椒在运输中应注意避免雨淋、日晒。不应与有毒、有害、有异味物品混运。

ICS 67.080.10
B 31

中华人民共和国农业行业标准

NY/T 2809—2015

澳洲坚果栽培技术规程

Technical code for cultivating macadamia nuts

2015-10-09 发布 2015-12-01 实施

中华人民共和国农业部 发布

前　　言

本标准按照 GB/T 1.1—2009 给出的规则起草。

本标准由农业部农垦局提出。

本标准由农业部热带作物及制品标准化技术委员会归口。

本标准起草单位：中国热带农业科学院南亚热带作物研究所、云南省热带作物科学研究所、广西南亚热带农业科学研究所。

本标准主要起草人：杜丽清、倪书邦、曾辉、贺熙勇、吴浩、蓝庆江、谢江辉、邹明宏、王文林、魏长宾、陶丽。

澳洲坚果栽培技术规程

1 范围

本标准规定了园地选择与规划、品种选择、种植、土肥水管理、整形修剪、花果管理、病虫鼠害防治、防灾减灾措施和果实采收等澳洲坚果生产技术。

本标准适用于澳洲坚果的种植及生产。

2 规范性引用文件

下列文件对于本文件的应用是必不可少的。凡是注日期的引用文件，仅注日期的版本适用于本文件。凡是不注日期的引用文件，其最新版本(包括所有的修改单)适用于本文件。

NY/T 454 澳洲坚果 种苗

NY/T 1521 澳洲坚果 带壳果

NY 5023 无公害食品 热带水果产地环境条件

3 园地选择与规划

3.1 园地选择

3.1.1 气候条件

宜在年平均气温 19℃～23℃，绝对低温在 0℃以上，年降水量在 1 000 mm 以上地区种植。不宜在平均风力≥9 级，阵风达 11 级地区种植。

3.1.2 土壤条件

适宜在土层深度在 50 cm 以上，土壤 pH 4.5～6.5，最适宜的 pH 5.0～5.5，排水性较好地区种植。不宜在低洼地种植。

3.1.3 地势地形

适宜在平地、缓坡地及坡度≤25°的山地种植。

3.1.4 海拔高度

宜建在海拔 800 m 以下区域，如果温度、湿度、光照适合，也可建在海拔 800 m～1 400 m 的区域。

3.1.5 环境条件

园地环境条件应符合 NY 5023 的规定。

3.2 园地规划

平地和 5°以下的缓坡地，栽植行南北向；5°～25°的山地，栽植行沿等高线开垦。配备必要的园内作业与运输道路、排灌设施和建筑物。有风害地区，应营造防风林。

4 品种选择

品种的选择应以区域化和良种化为基础，结合当地自然条件，选择适宜本地的优良品种种植。各产区澳洲坚果推荐种植品种参见附录 A。

5 种植

5.1 整地

根据园地规划，挖长深宽 80 cm×80 cm×80 cm 的栽植穴，穴底填 20 cm 左右的作物秸秆。挖出的表土与足量有机肥混匀，回填穴中，回土约高于地面 20 cm，并覆上一层表土保墒。

5.2 栽植密度

栽植适宜密度为株距 4 m～5 m，行距 5 m～6 m，直立型品种宜密植，开张型品种宜疏植。

5.3 品种配置

不宜单一品种种植，果园宜采用 3 个～5 个品种混合种植。

5.4 苗木的选择

按 NY/T 454 的规定执行。

5.5 栽植时间

根据当地的气候条件确定定植时间，宜于雨季进行。有灌溉条件的果园旱季也可种植。

5.6 栽植技术

在栽植穴内挖种植坑，坑的深度略深于营养袋的高度。种植时除去苗木的营养袋，扶正苗木，纵横成行，填土适当压紧。填土完毕在树苗周围起直径 80 cm～100 cm 的树盘，淋足定根水。

5.7 定植后管理

定植后应及时修复定植盘，平整梯田，用草料或塑料地膜覆盖定植盘，覆盖物应离主干 10 cm；在风害地区，可给幼树附加抗风支架，防止倒伏。

定植后视天气情况及时淋水或注意排涝，确保植株成活。定植成活后及时解除嫁接苗接口处的薄膜，抹除砧木萌生芽，扶正歪倒的苗木。

6 土肥水管理

6.1 土壤管理

6.1.1 深翻改土

幼树栽植后，每年秋季结合秋施基肥从定植穴外缘开始向外深翻扩展 60 cm～80 cm。土壤回填时混以有机肥，表土放在底层，底土放在上层。

6.1.2 种植绿肥和行间生草

行间提倡间作绿肥或豆科短期作物，每年秋季通过翻压、覆盖和沤制等方法将其转化为果园有机肥以利保水、保土和改善果园生态。

6.1.3 中耕除草与覆盖

在没有间种的清耕区内，保持树盘土壤疏松无杂草，中耕深度 5 cm～10 cm。提倡树盘覆盖作物秸秆或草料，覆盖物厚 10 cm～20 cm，或用塑料地膜覆盖，覆盖物应离主干 10 cm。

6.2 施肥

澳洲坚果幼树期、结果期树分别参见附录 B、附录 C 执行。

6.3 水分管理

6.3.1 灌水

根据土壤墒情而定。展叶期、春梢迅速生长期、开花期、果实迅速膨大期等及时灌水，水源缺乏的果园应用作物秸秆覆盖树盘保墒。有条件的果园可采用滴灌、渗灌、微喷等节水灌溉措施。

6.3.2 排水

当果园出现积水时，要及时排水。

7 整形修剪

7.1 幼树期

定植成活后在幼树主干离地约 80 cm 处打顶，注意抹除砧木上的萌芽。1 年～3 年树以培养树冠为主，当新梢长 30 cm～40 cm 时进行摘心，促其分枝。对密集的树冠进行冬季修剪，疏去交叉、重叠枝、徒长枝、枯枝及病虫为害枝。

7.2 初果期

结合冬季修剪除去粘留在结果枝上的果柄轴，疏去交叉重叠枝、徒长枝、枯枝及病虫为害枝，使树冠保持通风透光。

7.3 盛果期

除去影响作业的树冠低位枝，结合冬季修剪除去粘留在结果枝上的果柄轴，疏去交叉重叠枝、徒长枝、枯枝及病虫为害枝。树冠密集时，在顶部开天窗，进行适当回缩修剪，抑制顶端优势，促进多分枝，对长势弱的树也可进行回缩更新复壮。

8 花果管理

8.1 授粉

一般条件下以自然授粉为主，有条件的果园可放养蜜蜂促进授粉。

8.2 保花保果

在花穗抽出至开花前喷施一次含 0.2%硼酸的叶面肥，以提高花的质量。谢花后，及时追施肥一次，以氮、磷、钾复合肥为主，适当增施氮肥。

9 病虫鼠害防治

9.1 主要病虫鼠害

9.1.1 主要病害

澳洲坚果主要病害有斑点病、炭疽病、花疫病。

9.1.2 主要虫害

澳洲坚果主要虫害有蓟马、蚜虫、光亮缘蝽、褐缘蝽、蛀果螟。

9.1.3 鼠害

在果实生长周期内时有鼠害发生，鼠类会在地面或树上咬穿果皮及果壳取食果仁，注意防除。

9.2 防治原则

积极贯彻“预防为主，综合防治”的植保方针，提倡生物防治，根据预测预报和病虫害的发生规律进行综合防治。

9.3 防治措施

澳洲坚果主要病虫鼠害防治措施参见附录 D、附录 E、附录 F。

10 防灾减灾措施

10.1 防冻害

注意气象台低温霜冻天气预报。加强果园管理，减轻冻害。如：结合冬季清园，对树盘进行覆盖，涂白树干；在冻害发生的前 1 d 灌水保温，用塑料袋包裹树冠，在果园进行熏烟。

10.2 防风害

10.2.1 选择风害较少或无台风为害地区种植，必要时营造防风林带；选用抗风品种种植。

10.2.2 加强栽培管理，在树旁设支撑柱；台风季节来临前，对树冠进行适当修剪。

10.2.3 风害发生后的处理方法

有积水的果园及时开沟排水；扶树修枝；防病、追肥。风害后对果园进行杀菌处理，如用 450 g/L 的咪鲜胺乳油 300 mg/kg～500 mg/kg＋0.1%～0.5%的磷酸二氢钾＋0.2%尿素进行叶面喷施，每隔 7 d

左右喷 1 次，连喷 3 次，待树势恢复后，再土施腐熟的人畜粪尿、饼肥或尿素，促发新根。

10.3 防火

澳洲坚果叶片含油量高，易发生火灾。在果园四周应设立防火警示标志，结合冬季清园工作，及时将果园枯草、枯枝清除干净。

11 果实采收

11.1 采果前准备

果实成熟脱落前 1 周～2 周必须先清除果园杂草、枯枝落叶和其他障碍物。平整树冠下的地面，填补洞穴，清理排水沟。

11.2 采收与分拣

坚果落在地后，采用手工或者机械收果，视地面潮湿程度，每隔 1 周～2 周收果一次。在机械脱皮前，必须进行分拣，把碎石、枯枝落叶和果实分离，以便机械脱皮操作。

11.3 脱皮与干燥

果实采收后应在 24 h 内脱皮，如果不能在 24 h 内完成脱皮，应把带皮果存在通风干燥的室内摊晾，不宜在阳光下直接曝晒。去皮后的带壳果必须尽量清除杂质、果皮碎片、病虫受害果、发芽果、裂果(细小的裂缝除外)等。

带壳果按 NY/T 1521 的规定进行大小规格和等级分类。分类后的带壳果要尽快进行干燥，可自然风干或者人工干燥。

自然风干：摊晾在室内钢丝风干架上，不宜在阳光下直接曝晒，摊放厚度不应超过 10 cm，每天翻晾 2 次以上，约 1 个月后果仁含水量降至 10%左右，可供短期贮藏。

人工干燥：将带壳果置于干燥箱或干燥生产线上分别干燥。一般如下程序：32℃(5 d～7 d)→38℃(1 d～2 d)→44℃(1 d～2 d)→50℃(一直干燥到所要求的果仁含水量为止)。干燥的壳果壳内果仁含水量应≤3%。

附 录 A
(资料性附录)
各产区澳洲坚果推荐种植品种

各产区澳洲坚果推荐种植品种见表 A.1。

表 A.1 各产区澳洲坚果推荐种植品种

产区	品 种
云南	Own choice(O. C)、Kau(344)、Purvis(294)、Keauhou(246)、922、Hinde(H2)、900
广西	Own choice(O. C)、922、Beaumont(695)、900、Pahala(788)、桂热 1 号、南亚 1 号、南亚 2 号
广东	Hinde(H2)、Own choice(O. C)、922、Beaumont(695)、Kau(344)、Pahala(788)、南亚 1 号、南亚 2 号、南亚 3 号、南亚 12 号
贵州、四川	Hinde(H2)、Own choice(O. C)、Kau(344)、Pahala(788)
注:品种排名不分先后。	

附 录 B
(资料性附录)
澳洲坚果幼树施肥量推荐表

澳洲坚果幼树施肥量推荐表见表B.1。

表B.1 澳洲坚果幼树施肥量推荐表

树龄 年		1	2	3	4
促梢肥 g/(株·次)	尿素	40	50	75	100
壮梢肥 g/(株·次)	复合肥(N∶P∶K=13∶2∶13)	30	40	50	75
	氯化钾	20	20	30	50
铺肥 kg/(株·次)	猪粪		7.5	15	15
	饼肥		0.25	0.50	0.75
	石灰		0.15	0.15	0.15
压青 kg/(株·次)	绿肥		25	25	25
	猪粪		7.5	15	15
	饼肥		0.50	0.75	1
	石灰		0.25	0.25	0.25
注:促梢肥在枝梢萌芽前一周至植株有少量枝梢萌芽期间施;壮梢肥在新梢长到10 cm至新梢基部叶片由淡绿变为深绿期间施;铺肥在春季生长高峰来临前进行;压青在7月~8月进行。					

附 录 C
（资料性附录）
澳洲坚果结果树年施肥量推荐表

澳洲坚果结果树年施肥量推荐表见表 C.1。

表 C.1 澳洲坚果结果树年施肥量推荐表

树龄 年	氮磷钾复合肥 kg/（株·年）	有机肥 kg/（株·年）
5	3	20
6	4	25
7	4.5	30
8	5	35
9	5.5	40
10	6	50
注：第 10 年后各年参照第 10 年施肥量。结果树一年施 3 次，4 月上旬、7 月上中旬施复合肥、冬季施一次有机肥，分别施全年施肥量的 30%、30% 和 40%，不同地区施肥时间根据气候条件略有不同。结果较多的年份应适当增加施肥量。		

附 录 D
(资料性附录)
澳洲坚果主要病害及其防治措施表

澳洲坚果主要病害及其防治措施表见表D.1。

表D.1 澳洲坚果主要病害及其防治措施表

病害名称	为害部位	药剂防治		其他防治
		推荐使用种类与浓度	方法	
斑点病	果壳	50%戊唑醇悬浮剂10 000倍~14 000倍;或 250 g/L 苯醚甲环唑乳油8 000倍~12 000倍	幼果期喷药,每月1次,连喷3次	选用抗病品种;果壳做肥料应充分腐熟
炭疽病	幼苗 叶片 果实 果柄	250 g/L苯醚甲环唑乳油8 000倍~12 000倍;50%多菌灵可湿性粉剂800倍~1 000倍液	幼苗定期喷洒,结果期定期喷洒	保持果园清洁,及时除草排水,果壳做肥料须充分腐熟
花疫病	花序	50%多菌灵可湿性粉剂800倍~1 000倍液	花期喷洒	合理种植,果园不宜过于密闭

附 录 E
(资料性附录)
澳洲坚果主要虫害及其防治方法

澳洲坚果主要虫害及其防治方法见表 E.1。

表 E.1 澳洲坚果主要虫害及其防治方法

虫害名称	为害部位	药剂防治		其他防治
		推荐使用种类与浓度	方法	
蓟马	刺吸花、嫩梢、嫩叶汁液	2.5%多杀霉素悬浮剂1 000 倍～1 500 倍;或 22.4%螺虫乙酯悬浮剂 4 000 倍～5 000 倍;或 25%亚胺硫磷乳油 600 倍～1 000 倍	流行季节喷洒花、嫩梢、嫩枝	经常清园,防除杂草,减少栖息场所
蚜虫	刺吸嫩梢、花穗、幼果汁液	2.5%高效氯氟氰菊酯乳油 1 000 倍～2 000 倍;或 22.4%螺虫乙酯悬浮剂 4 000 倍～5 000 倍	喷洒嫩梢、花穗、幼果	
光亮缘蝽 褐缘蝽	成虫,若虫刺吸果仁汁液	20%氰戊菊酯乳油 2 000 倍～4 000倍;或 90%敌百虫可溶性粉剂 600 倍～800 倍液	结果期内喷洒果实	
蛀果螟	幼虫在果实中钻洞,取食果仁	20%氰戊菊酯乳油 2 000 倍～4 000倍;或 90%敌百虫可溶性粉剂 600 倍～800 倍液	为害期喷洒果实,每隔 10 d～15 d 喷 1 次	

附　录　F
（资料性附录）
澳洲坚果鼠害及其综合防治表

澳洲坚果鼠害及其综合防治表见表F.1。

表F.1　澳洲坚果鼠害及其综合防治表

为害特点	防治技术	
	农业防治	物理机械防治
在地面或树上咬穿果皮及果壳取食果仁，果实生长周期内均可为害	清除果园周围杂草，枯枝叶及其他杂物，避免老鼠窝藏，结果期采用塑料薄膜包裹地面以上0.3 m～0.5 m的树干部分，避免老鼠爬树	根据鼠类生活习性，采取堵塞鼠洞，运用鼠笼、鼠夹、竹筒鼠吊及电子捕鼠器等捕捉老鼠

ICS 65.020
B 04

中华人民共和国农业行业标准

NY/T 2812—2015

热带作物种质资源收集技术规程

Technical code for the collection of tropical crops germplasm resources

2015-10-09 发布　　2015-12-01 实施

中华人民共和国农业部　发布

前　言

本标准按照GB/T 1.1—2009给出的规则起草。

本标准由农业部农垦局提出。

本标准由农业部热带作物及制品标准化技术委员会归口。

本标准起草单位:中国热带农业科学院热带作物品种资源研究所。

本标准主要起草人:李琼、田新民、李洪立、何云、洪青梅、胡文斌。

热带作物种质资源收集技术规程

1 范围

本标准规定了热带作物种质资源考察收集、引种及征集的术语和定义、收集对象和收集方式。

本标准适用于热带作物种质资源收集。

2 规范性引用文件

下列文件对于本文件的应用是必不可少的。凡是注日期的引用文件,仅注日期的版本适用于本文件。凡是不注日期的引用文件,其最新版本(包括所有的修改单)适用于本文件。

GB/T 2260 中华人民共和国行政区划代码

GB/T 2659 世界各国和地区名称代码

GB/T 12404 单位隶属关系代码

NY/T 1737 引进农作物种质资源试种鉴定技术规程

3 术语和定义

下列术语和定义适用于本文件。

3.1

热带作物 tropical crops

只能在我国热带或南亚热带地区种植的作物,主要包括橡胶树、木薯、香蕉、荔枝、龙眼、芒果、菠萝、咖啡、胡椒、椰子、油棕、槟榔、剑麻、八角等。

3.2

种质资源 germplasm resource

栽培种、野生种以及利用它们创造的各种遗传材料,如果实、种子、苗、根、茎、叶、花、组织、细胞等。

3.3

引种 introduction

从异地引入的作物种、变种、类型、品种等种质资源,经试种鉴定,筛选出适宜者为当地农业生产和科学研究利用的过程(参照 NY/T 1737)。

3.4

征集 acquisition

国内通过国家行政部门或从事种质资源研究的组织协调单位,向省(市)或科研单位、种子公司发通知或征集函,由当地人员采集本地区(本单位)的种质资源,送往指定的主持单位的活动。

4 收集对象

4.1 实物资源

种子、种苗、离体材料及标本等实物。

4.2 信息资源

有关实物资源的共性特征、个性特征、图像等信息。

5 考察收集

5.1 工具

照相机、GPS等电子设备，砍刀、枝剪等采集工具，卷尺、卡尺等度量工具，标签、工作记录本等记录工具，自封袋、保鲜袋等包装工具，标本夹、标本浸渍液等标本制作工具。

5.2 数量要求

数量因作物而异，在不破坏原生境的前提下，根据种质类型和收集部位的不同，收集足够的资源，最大限度地满足保存、科研、育种的需求。

5.3 采集号

由年份加2位省份代码加全年采集顺序号组成。

5.4 考察收集程序

5.4.1 准备工作

5.4.1.1 确定考察收集地点

考察地点应重点选择作物分布中心，尚未考察的地区，具有珍稀、濒危种质资源的地区，种质资源损失威胁最大的地区。

5.4.1.2 制订考察计划

确定目的和任务，制定考察地点和路线，根据5.1准备相关工具并做好经费预算等。

5.4.1.3 组建考察队伍

根据考察计划，组建专业的考察队并进行系统的培训。

5.4.2 收集步骤

5.4.2.1 采集

采集种子(种苗)或其他离体材料。

5.4.2.2 采集编号与信息收集

将采集材料按5.3进行编号，记录该种质的信息资料(见表A.1)。省、市、县名称按照GB/T 2260执行，单位名称参照GB/T 12404执行。

5.4.2.3 图像采集

采集种质的生境、植株以及花果等图像信息资料。

5.4.2.4 安全存放

将采集到的实物和信息等资源安全存放。

5.4.3 材料整理

5.4.3.1 种质材料整理

核对每份实物资源的采集号与数据采集表的记录是否一致，将种质材料和标本分类放置，并列出清单备用。

5.4.3.2 信息数据整理

整理考察收集中填写的种质资源考察收集数据采集表、文字和拍摄图像等资料，统计各项数据。

5.4.4 资料归档和建立数据库

种质资源考察收集有关文字、图表等资料，均应立卷归档。所有资料均应规范、准确、完整地输入计算机，建立种质资源考察收集数据库，并输入种质资源信息共享网络系统。

5.4.5 种质繁育

将收集到的种质带回实验室或苗圃进行繁育。

5.4.6 考察总结

撰写考察报告,总结本次考察的心得和收获。

5.4.7 考察收集注意事项

参见附录 B。

6 国外引种

6.1 引种途径

赴国外考察引种或委托他人从国外收集并带入国内,本文件主要指前者。

6.2 引种数量

同 5.2,且与政府有关部门审批的数量一致。

6.3 引种号

由年份加 4 位顺序号组成的 8 位字符串组成,如“20140001”。

6.4 国外考察引种程序

6.4.1 准备工作

6.4.1.1 确定引种目标

熟悉和掌握引种目标国家、单位的资源情况,确定种质目标及其所属单位或个人。

6.4.1.2 制订引种计划

根据引种目标,制订引种计划和经费预算。

6.4.1.3 组建引种队伍

组建专业的考察队并进行系统的培训。

6.4.2 引种步骤

同 5.4.2,信息数据的收集见引种信息收集表(表 A.2),国家和地区名称参照 GB/T 2659 执行。

6.4.3 材料整理

同 5.4.3。

6.4.4 检疫

对国外引进的种质资源,应到相关部门进行登记,并在有资质的场所隔离试种,依作物生长期的不同,确定隔离试种时间,检查是否携带危险性病、虫、杂草和其他有害生物。

6.4.5 种质繁育

同 5.4.5。

6.4.6 引种总结

同 5.4.6。

6.5 引种注意事项

参见附录 B。

7 征集

7.1 征集发起单位

一般由农业部或从事热带种质资源研究的国家级科教单位组织发起。

7.2 征集对象

从事热带作物种质资源相关研究的科教单位、组织和个人或拥有种质资源的企业和个人。

7.3 征集样本数量

同 5.2。

7.4 征集号

由作物名称(拼音首字母大写)+征集省(自治区、直辖市)+征集单位+数字编号(4位数)组成。省(自治区、直辖市)名称按照GB/T 2260执行,单位名称参照GB/T 12404执行。

7.5 征集程序

7.5.1 准备工作

拟定征集函或征集通知,准备种质资源征集数据采集表(表A.3),发往征集目标单位。

7.5.2 种质征集

根据征集发起单位的要求和任务,收集种质资源,采集信息,具体步骤同5.4.2,省、市、县名称按照GB/T 2260执行,单位名称参照GB/T 12404执行。

7.5.3 样本保管

征集的种子、种苗以及离体材料应妥善处理和放置,防止发霉或使样本失去生活力。

7.5.4 样本寄送

对所征集到的样本进行初步整理,按类型分类有序地归并、包装,尽快寄往指定接受单位进行保存和繁殖。

7.5.5 整理编目

由征集发起单位协调各种质资源研究单位,按类型整理、鉴定以及编写种质资源目录。

7.5.6 种质繁育

同5.4.5。

7.6 征集注意事项

参见附录B。

附 录 A
（规范性附录）
信 息 采 集 表

A.1 考察收集信息采集表

见表 A.1。

表 A.1 考察收集信息采集表

基本信息			
收集号		收集者	
收集日期		收集单位	
作物名称		种质名称	
种名		属名	
别名			
种质类型	1 野生资源 2 地方品种 3 选育品种 4 品系 5 遗传材料 6 其他		
收集材料	1 种子 2 种苗 3 块根、块茎 4 插条(接穗)5 种茎、根蘖 6 标本 7 其他		
种子数量	粒	种苗数量	株
块根块茎数量	个	插条(接穗)数量	条
种茎根蘖数量	个	标本数量	份
原产地			
选育方法		亲本组合	
选育单位(人)		育成年份	
收集地信息			
收集地点	________省(市、区)________县________乡________村		
经度	___度___分___秒	纬度	___度___分___秒
海拔			
收集场所	1 田间、旷野 2 农贸市场 3 村庄农户 4 植物园 5 自然保护区 6 其他		
地形	1 平原 2 山地 3 丘陵 4 盆地 5 高原		
小环境	1 涝洼地 2 沼泽地 3 乱石滩 4 林下 5 林缘 6 林间空地 7 灌丛下 8 竹林下 9 池塘 10 山顶 11 山腰 12 山脚 13 田埂 14 田边 15 田间 16 路边 17 沟底 18 沙岗 19 河滩 20 河谷 21 溪边 22 海滩 23 湖边 24 草地 25 房前屋后 26 村边 27 其他		
气候带	1 热带 2 亚热带 3 温带 4 暖温带 5 其他		
主要伴生物种			
土壤类型	1 砖红壤 2 赤红壤 3 红壤 4 黄壤 5 褐土 6 盐碱土 7 沼泽土 8 其他(说明)		
土壤 pH		年均日照时间	h
年均温度	℃	年均降水量	mm
主要特征信息			
生长习性			
主要生育期			
形态特征			
农艺性状			
抗逆性			
抗病虫性			
品质特性			
补充性记录			

A.2 引种信息采集表

见表 A.2。

表 A.2 引种信息采集表

基本信息			
引种号		引种者	
种质名称		当地名	
属名		种名	
种质类型	1 野生资源 2 地方品种 3 选育品种 4 品系 5 遗传材料 6 其他		
引种地点			
原产地			
引种单位			
采集材料	1 种子 2 种苗 3 块根、块茎 4 插条(接穗) 5 种茎、根蘖 6 标本 7 其他		
种子数量	粒	种苗数量	株
块根块茎数量	个	插条(接穗)数量	条
种茎根蘖数量	个	标本数量	份
选育单位			
选育方法		育成年份	
亲本组合		推广面积	hm^2
主要特征信息			
生长习性			
主要生育期			
形态特征			
农艺性状			
抗逆性			
抗病虫性			
品质特性			
补充性记录			

A.3 征集信息采集表

见表 A.3。

表 A.3 征集信息采集表

基本信息			
征集号		种质名称	
属名		种名	
种质类型	1 野生资源 2 地方品种 3 选育品种 4 品系 5 遗传材料 6 其他		
种质来源	1 当地( ) 2 外地( ) 3 外国( )		
征集材料	1 种子 2 种苗 3 块根、块茎 4 插条(接穗) 5 种茎、根蘖 6 标本 7 其他		
种子数量	粒	种苗数量	株
块根块茎数量	个	插条数量	条
种茎根蘖数量	个	标本数量	份
选育单位			
选育方法		育成年份	
亲本组合		推广面积	hm^2
收集地点			
收集地经度	___度___分___秒	收集地纬度	___度___分___秒
收集地海拔	m	收集地年均气温	℃
收集地年均降水量	mm	收集地年均日照	h
采集单位		采集者	
主要特征特性			
生长习性			
主要生育期			
形态特征			
农艺性状			
抗逆性			
抗病虫性			
品质特性			

附 录 B
(资料性附录)
注 意 事 项

B.1 种子收集和存放

浆果类易腐烂霉变果实应及时将种子取出,并用清水冲洗后晾晒;其他类型果实可带回单位后,剖开果实取出种子。顽拗性种子应采取特殊方式保存,尽快进行繁育,以免存放时间过长而导致萌发力丧失。

B.2 种苗收集和存放

种苗应连根挖起,适当剪去部分枝叶,根部放在塑料袋中保湿,干燥时可加少许水,确保其水分不会丧失太多。

B.3 接穗、插条收集和存放

接穗、插条等采集后,应立即摘去叶片和嫩梢,下部浸水后用半干纸巾或毛巾等包裹,外面用塑料袋包严,临时置于阴凉处,并尽早进行嫁接或扦插繁育。

B.4 块根、块茎等存放

块根、块茎、鳞茎保持适当的湿度,防止霉变,尽量置于阴凉通风处。

B.5 花粉、叶片等材料的采集

花粉、叶片、芽等器官尽量采集分生能力强的新鲜材料,尽快进行组织培养繁育。

B.6 图像资料采集和保存

每份种质图像资料应包括完整植株、生境、花或果的照片;图片格式为".jpg",像素大小至少为1024×768或600 dpi。每份种质的图像分别按照片内容命名(如:"生境"、"植株"、"花"、"果"),放在同一文件夹内,文件夹用种质编号命名,存放在专门的存储介质中。

B.7 采集区域

避免在小范围内收集,应尽可能覆盖整个居群,增大种质的遗传多样性。

B.8 病虫害检查

检查实地是否有作物的危害性病虫害。收集的材料如带有传染性病虫害的要进行杀虫、杀菌处理,隔离栽种或组培繁殖后才能进行入圃(库)保存。

ICS 67.080.10
B 31

中华人民共和国农业行业标准

NY/T 2813—2015

热带作物种质资源描述规范　菠萝

Descriptors standard for tropical crops germplasm—Pineapple

2015-10-09 发布　　2015-12-01 实施

中华人民共和国农业部　发布

前　言

本标准按照 GB/T 1.1—2009 给出的规则起草。

本标准由农业部农垦局提出。

本标准由农业部热带作物及制品标准化技术委员会归口。

本标准起草单位：中国热带农业科学院南亚热带作物研究所、中国热带农业科学院热带作物品种资源研究所。

本标准主要起草人：杜丽清、贺军虎、孙光明、陆新华、刘胜辉、张秀梅、陈华蕊、梁李宏、吴青松。

热带作物种质资源描述规范　菠萝

1　范围

本标准规定了凤梨科(Bromeliaceae)凤梨属(*Ananas* Merr.)菠萝种质资源描述的要求和方法。

本标准适用于菠萝种质资源的描述,不适用于观赏凤梨。

2　规范性引用文件

下列文件对于本文件的应用是必不可少的。凡是注日期的引用文件,仅注日期的版本适用于本文件。凡是不注日期的引用文件,其最新版本(包括所有的修改单)适用于本文件。

GB/T 2260　中华人民共和国行政区划代码

GB/T 2659　世界各国和地区名称代码

GB/T 5009.88　食品中膳食纤维的测定

GB/T 6195　水果、蔬菜维生素C含量测定法(2,6-二氯靛酚滴定法)

GB/T 12456　食品中总酸的测定

NY/T 1688　腰果种质资源鉴定技术规范

NY/T 2637　水果和蔬菜可溶性固形物含量的测定　折射仪法

3　术语和定义

下列术语和定义适用于本文件。

3.1

基本熟　basic mature

菠萝果实基部1层～2层小果的果皮呈黄色,其余小果饱满,呈草绿色。

3.2

全熟　whole mature

菠萝整个果实外皮呈金黄或黄色。

4　要求

4.1　描述内容

描述内容见表1。

表1　菠萝种质资源描述内容

描述类别	描述内容
种质基本信息	全国统一编号、种质库编号、种质圃编号、采集号、引种号、种质名称、种质外文名、科名、属名、学名、种质类型、主要特性、主要用途、系谱、遗传背景、繁殖方式、选育单位、育成年份、原产国、原产省、原产地、原产地经度、原产地纬度、原产地海拔、采集地、采集单位、采集时间、采集材料、保存单位、保存单位编号、种质保存名、保存种质类型、种质定植年份、种质更新年份、图像、特性鉴定评价机构名称、鉴定评价地点、备注
植物学特征	植株树姿、地上茎形状、地上茎颜色、冠芽数量、裔芽(托芽)数量、吸芽数量、蘖芽(块茎芽)数量、冠芽特征、冠芽形状、冠芽叶刺有无、冠芽叶刺分布、叶片着生姿态、叶片数量、叶片在茎上的排列、叶背粉状态、叶片颜色、叶片彩带分布、叶刺有无、叶刺分布、叶刺生长方向、叶刺密度、小花数量、苞片颜色、苞片边缘形态、萼片颜色、花瓣颜色、花瓣开张程度、花冠形态、果实形状、果基形状、果顶形状、果实小果能否剥离、未成熟果实果皮颜色、成熟果实果皮颜色、成熟时果皮颜色的一致性、果颈、果眼数量、果眼外观形态、果眼大小、果眼深度、果眼排列方式、果瘤、种子数量、种皮颜色

表 1（续）

描述类别	描述内容
生物学特性	定植(播种期)、营养生长期、植株高度、地上茎长度、地上茎直径、冠芽高度、冠芽重量、最长叶片的长度、最长叶片最宽处的宽度、最长苞片的长度、最长萼片的长度、花瓣长度、果实生育期、果实重量、果实横径、果实纵径、果柄长度、果柄粗度、果形指数、果实锥化度、果实整齐度、种子重量
品质性状	果皮重量、果皮厚度、果实耐贮性、果肉重量、果肉厚度、果肉颜色、果肉硬度、果肉质地、果肉风味、果汁的含量、果肉香气、果心直径、可食率、可溶性固形物含量、可溶性糖含量、可滴定酸含量、维生素 C 含量、纤维含量

5 描述方法

5.1 种质基本信息

5.1.1 全国统一编号

种质资源的全国统一编号，由物种编号“BL”加保存单位代码再加 4 位顺序号(4 位顺序号从“0001”到“9999”，下同)的字符串组成，种质资源编号具有唯一性。

5.1.2 种质库编号

种质资源长期保存库编号，由“GP”加 2 位物种代码再加 4 位顺序号组成。每份种质具有唯一的种质库编号。

5.1.3 种质圃编号

种质资源保存圃编号，方法同 5.1.2。若种质库与种质圃同时保存的，种质资源保存圃编号由种质库编号加“(P)”组成。

5.1.4 采集号

种质在野外采集时赋予的编号，由年份加 2 位省份代码加全年采集顺序号组成。

5.1.5 引种号

引种号是由年份加 4 位顺序号组成的 8 位字符串，如“19940024”，前 4 位表示种质从外地引进年份，后 4 位为顺序号，从“0001”到“9999”。每份引进种质具有唯一的引种号。

5.1.6 种质名称

国内种质的原始名称，如果有多个名称，可以放在英文括号内，用英文逗号分隔；国外引进种质如果没有中文译名，可以直接填写种质的外文名。

5.1.7 种质外文名

国外引进种质的外文名和国内种质的汉语拼音名，每个汉字的首字拼音大写，字间用连接符连接。

5.1.8 科名

凤梨科(Bromeliaceae)。

5.1.9 属名

凤梨属(*Ananas* Merr.)。

5.1.10 学名

种质资源的植物学名称。

5.1.11 种质类型

种质资源的类型，分为：野生资源、地方品种、引进品种(系)、选育品种(系)、特殊遗传材料、其他。

5.1.12 主要特性

种质资源的主要特性，分为：高产、优质、抗病、抗虫、抗寒、抗旱、其他。

5.1.13 主要用途

种质资源的主要用途，分为：食用、药用、观赏、纤维、材用、育种、其他。

5.1.14　系谱

种质资源的系谱为选育品种（系）和引进品种（系）的亲缘关系。

5.1.15　遗传背景

遗传背景分为：自花授粉、自然授粉、异花授粉、种间杂交、种内杂交、无性选择、自然突变、人工诱变、其他。

5.1.16　繁殖方式

繁殖方式分为：种子繁殖、吸芽繁殖、冠芽繁殖、裔芽繁殖、茎部繁殖、组培繁殖、带芽叶插、其他。

5.1.17　选育单位

选育菠萝品种（系）的单位或个人全称。

5.1.18　育成年份

品种（系）通过新品种审定、品种登记或品种权申请公告的年份，用4位阿拉伯数字表示。

5.1.19　原产国

种质资源的原产国家、地区或国际组织名称。国家和地区名称参照GB/T 2659执行，如该国家名称现不使用，应在原国家名称前加“前”。

5.1.20　原产省

省份名称参照GB/T 2260执行。国外引进种质原产省用原产国家一级行政区的名称。

5.1.21　原产地

菠萝种质资源的原产县、乡、村名称。县名参照GB/T 2260执行。

5.1.22　采集地

菠萝种质的来源国家、省、县名称，地区名称或国际组织名称。

5.1.23　采集地经度

单位为度和分。格式为DDDFF，其中DDD为度，FF为分。后面标明东经（E）、西经（W），如“12136E”。如果“分”的数据缺失，则缺失数据要用连字符(-)连接，如121 - E。

5.1.24　采集地纬度

单位为度和分。格式为DDFF，其中DD为度，FF为分。后面标明南纬（S）、北纬（N），如“3921N”。如果“分”的数据缺失，则缺失数据要用连字符(-)连接，如391 - N。

5.1.25　采集地海拔

单位为米（m）。

5.1.26　采集单位

种质资源采集单位或个人全称。

5.1.27　采集时间

以“年月日”表示，格式“YYYYMMDD”。

5.1.28　采集材料

采集材料分为：种子、果实、芽、茎、叶片、花粉、组培材料、苗、其他。

5.1.29　保存单位

负责菠萝种质繁殖、并提交国家种质资源长期库前的原保存单位或个人全称。

5.1.30　保存单位编号

种质在原保存单位中的种质编号。保存单位编号在同一保存单位应具有唯一性。

5.1.31　种质保存名

种质在资源圃中保存时所用的名称，应与来源名称相一致。

5.1.32　保存种质类型

保存种质资源类型分为：植株、种子、组织培养物、花粉、其他。

5.1.33　种质定植年份

种质在种质圃中定植的年份。以“年月日”表示，格式“YYYYMMDD”。

5.1.34　种质更新年份

种质进行重新种植的年份。以“年月日”表示，格式“YYYYMMDD”。

5.1.35　图像

种质的图像文件名，图像格式为 .jpg。图像文件名由统一编号（图像种质编号）加“—”加序号加“.jpg”组成。图像要求 600 dpi 以上或 1024×768 以上。

5.1.36　特性鉴定评价机构名称

种质特性鉴定评价的机构名称，单位名称应写全称。

5.1.37　鉴定评价地点

种质形态特征和生物学特性的鉴定评价地点，记录到省和县名。

5.1.38　备注

资源收集者了解的生态环境的主要信息、产量、栽培实践等。

5.2　植物学特征

5.2.1　植株树姿

在正常生长菠萝的盛花期，选取代表性植株 10 株以上，测量地上茎中心轴线与地面水平面的夹角，依据夹角的平均值确定植株树姿类型，分为：直立（夹角≥80°）、开张（40°≤夹角<80°）、匍匐（夹角<40°）。

5.2.2　地上茎形状

用 5.2.1 的样本，参照图 1 以最大相似的原则确定地上茎形状，分为：圆柱形、近纺锤形、其他。

圆柱形　　近纺锤形　　其他

图 1　地上茎形状

5.2.3　地上茎颜色

用 5.2.1 的样本，用标准比色卡按最大相似的原则确定地上茎颜色。

5.2.4　冠芽数量

在正常生长菠萝的果实达基本熟时，选取代表性植株 10 株以上，记载着生于果实顶部冠芽的数量，计算平均值，单位为个，精确到 0.1 个。

5.2.5　裔芽（托芽）数量

用5.2.4的样本，记载着生于果柄上部裔芽(托芽)的数量，计算平均值，单位为个，精确到0.1个。

5.2.6 吸芽数量

用5.2.4的样本，记载着生于地上茎吸芽的数量，计算平均值，单位为个，精确到0.1个。

5.2.7 蘖芽(块茎芽)数量

用5.2.4的样本，记载着生于地下茎蘖芽(块茎芽)的数量，计算平均值，单位为个，精确到0.1个。

5.2.8 冠芽特征

用5.2.4的样本，参照图2以最大相似的原则确定冠芽的组成特点，分为：单冠芽、双冠芽、多冠芽、单小冠芽(冠芽高度小于果体高度的1/2)。

图2 冠芽特征

5.2.9 冠芽形状

用5.2.4的样本，参照图3以最大相似的原则确定冠芽形状，分为：短椭圆形、长圆柱形、长圆锥形、心形、扇形、其他。

图3 冠芽形状

5.2.10 冠芽叶刺有无

用5.2.4的样本，参照图4以最大相似的原则确定冠芽叶缘是否着生叶刺。分为：无刺、有刺。

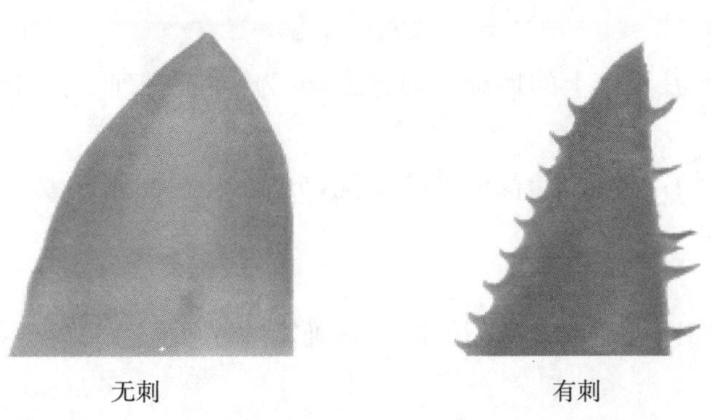

图4 冠芽叶刺有无

5.2.11 冠芽叶刺分布

用5.2.4的样本，参照图5以最大相似的原则确定冠芽叶缘叶刺着生位置。分为：部分叶缘有刺、叶尖有刺、全缘有刺。

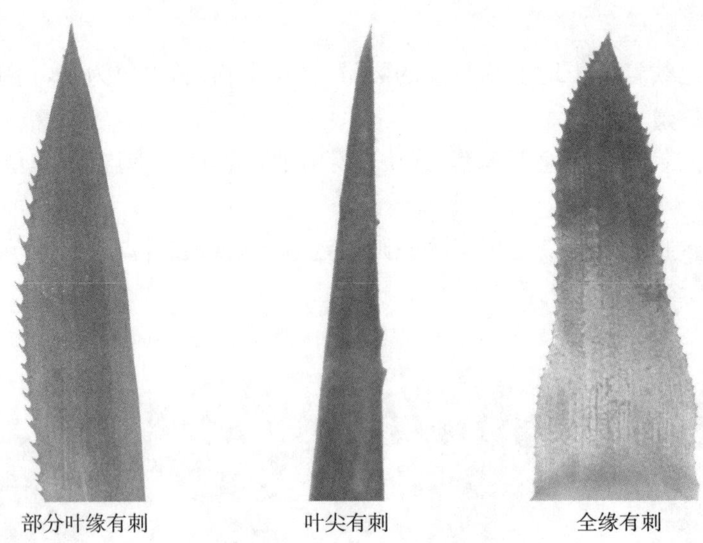

图 5　冠芽叶刺分布

5.2.12　叶片着生姿态

用 5.2.1 的样本，参照图 6 以最大相似的原则确定地上茎中部完全展开叶片的着生姿态，分为：直立、开张、平展、下垂。

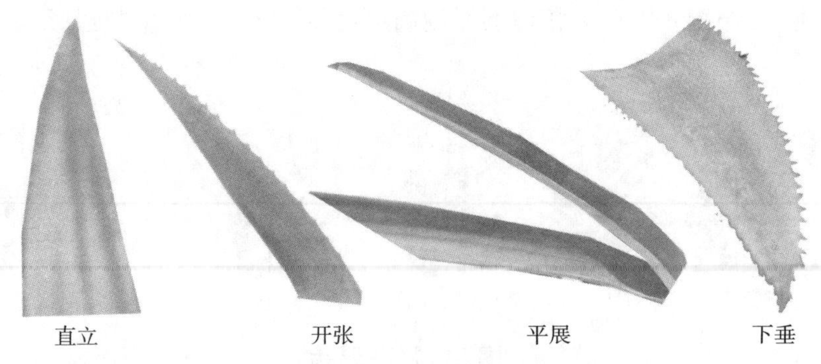

图 6　叶片着生姿态

5.2.13　叶片数量

用 5.2.1 的样本，记载地上茎抽生的叶片的数量，计算平均值，单位为片，精确到 0.1 片。

5.2.14　叶片在茎上的排列

用 5.2.1 的样本，记载叶片在茎上的螺旋排列方式，分为：左旋排列、右旋排列、其他。

5.2.15　叶被粉状态

用 5.2.1 的样本，记载叶片的叶面叶背被粉的情况，分为：叶两面厚粉或薄粉、叶面厚粉或薄粉、叶背厚粉或薄粉、叶两面无被粉。

5.2.16　叶片颜色

用 5.2.1 的样本，用标准比色卡按最大相似的原则确定叶片颜色。

5.2.17　叶片彩带分布

用 5.2.1 的样本，参照图 7 以最大相似的原则确定叶片是否具有彩带和彩带显现部位，分为：无、两侧、中央。

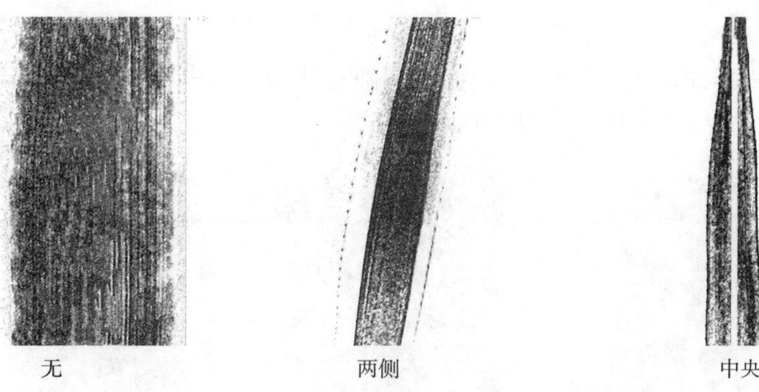

图7　叶片彩带分布

5.2.18　叶刺有无

用5.2.1的样本,观察地上茎中部完全展开叶片叶缘是否有刺。分为:无、有。

5.2.19　叶刺分布

用5.2.1的样本,观察地上茎中部完全展开叶片叶缘,参照图8以最大相似的原则确定叶缘叶刺分布状态。分为:叶先端少刺、细而密布满叶缘、少刺分布不规律、较多刺分布不规律。

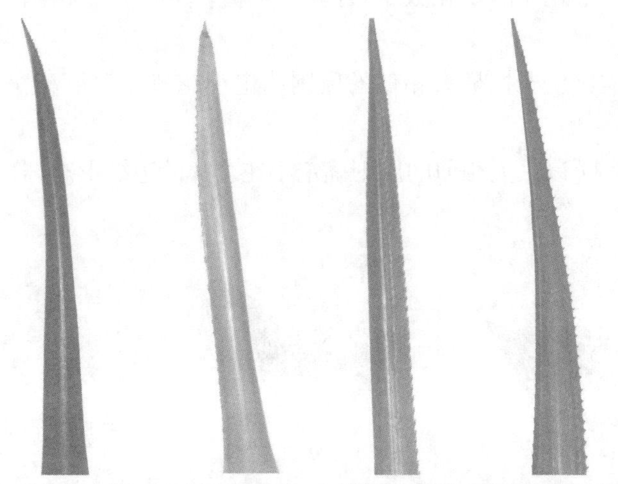

图8　叶刺分布

5.2.20　叶刺生长方向

用5.2.1的样本,参照图9以最大相似的原则确定叶刺尖的朝向状态。分为:向上顺生、向上顺生与向下倒生两种兼备。

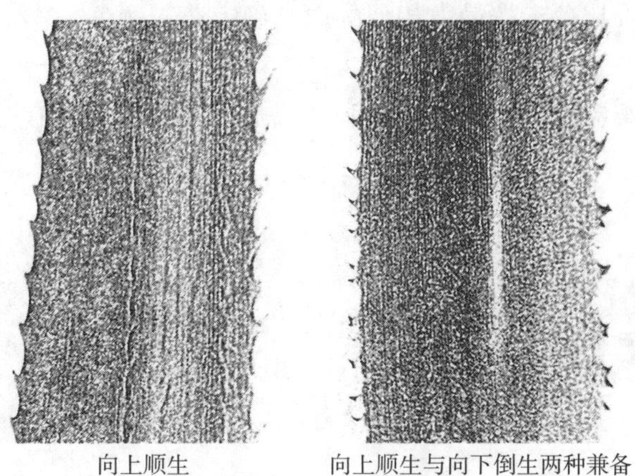

图9　叶刺生长方向

5.2.21 叶刺密度

用 5.2.1 的样本，参照图 10 以最大相似的原则确定叶刺着生密度。分为：稀疏（≤1 枚/cm）、中等（1 枚/cm～2 枚/cm）、密集（≥3 枚/cm）。

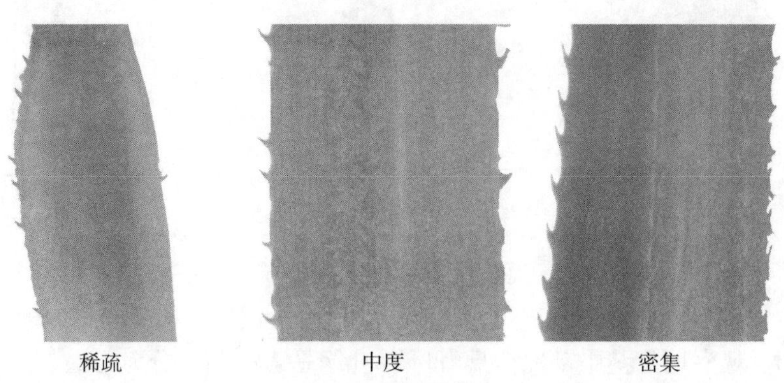

图 10 叶刺密度

5.2.22 小花数量

用 5.2.1 的样本，记载每个花序的小花数量，计算平均值，单位为朵，精确到 0.1 朵。

5.2.23 苞片颜色

用 5.2.1 的样本，用标准比色卡按最大相似的原则确定小花苞片颜色。

5.2.24 苞片边缘形态

用 5.2.1 的样本，参照图 11 以最大相似的原则确定小花苞片的边缘形态，分为：锯齿状、波浪状、光滑。

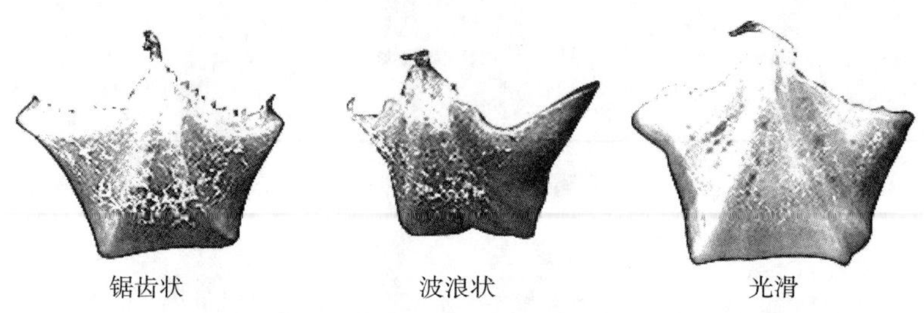

图 11 苞片边缘形态

5.2.25 萼片颜色

用 5.2.1 的样本，用标准比色卡按最大相似的原则确定萼片颜色。

5.2.26 花瓣颜色

用 5.2.1 的样本，用标准比色卡按最大相似的原则确定花瓣颜色。

5.2.27 花瓣开张程度

用 5.2.1 的样本，在花朵完全展开时，参照图 12 以最大相似的原则确定花瓣开张的程度，分为：微开、张开。

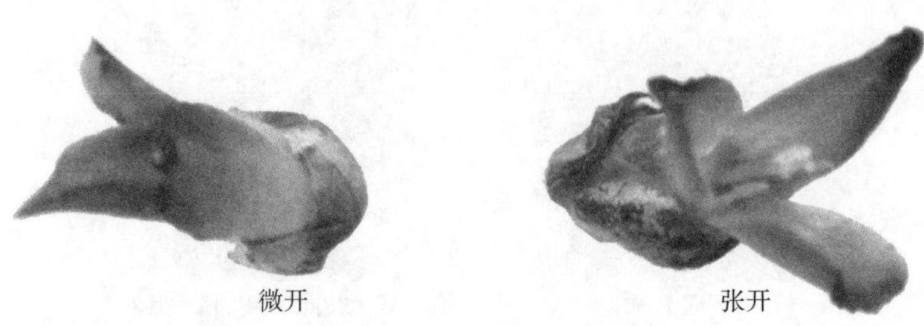

图 12 花瓣开张程度

5.2.28 花冠形态

用 5.2.1 的样本，参照图 13 以最大相似的原则确定花冠间是否重叠及其状态，分为：镊合状、旋转状、覆瓦状。

图 13 花冠形态

5.2.29 果实形状

用 5.2.4 的样本，按照图 14 以最大相似的原则确定果实形状，分为：圆台形、球形、圆柱形、圆锥形、长圆柱形、梨形、其他。

图 14 果实形状

5.2.30 果基形状

用 5.2.4 的样本，参照图 15 以最大相似的原则确定果基形状，分为：平、弧形、突起。

图 15 果基形状

5.2.31 果顶形状

用 5.2.4 的样本，参照图 16 以最大相似的原则确定果顶形状，分为平顶、浑圆、钝圆、尖圆。

图 16 果顶形状

5.2.32 果实小果能否剥离

用5.2.4的样本,观察每个小果能否完整从果实上被剥离。分为:不可剥离、可剥离。

5.2.33 未成熟果实果皮颜色

在正造果接近成熟时,随机选取10个果实,用标准比色卡按最大相似的原则确定未成熟果皮颜色。

5.2.34 成熟果实果皮颜色

用5.2.4的样本,用标准比色卡按最大相似的原则确定成熟果实果皮颜色。

5.2.35 成熟时果皮颜色的一致性

用5.2.4的样本,果实成熟时,果实基部与顶部的果皮颜色是否一致,分为:一致、基本一致、不一致。

5.2.36 果颈

用5.2.4的样本,参照图17以最大相似的原则确定果实顶部与冠芽连接处的外观形态,分为:无颈、有颈。

图17 果 颈

5.2.37 果眼数量

用5.2.4的样本,记载每个果实的小果数量,计算平均值,单位为个,精确到0.1个。

5.2.38 果眼外观形态

用5.2.4的样本,参照图18以最大相似的原则确定果实的小果外观形态,分为:扁平或微凹、微隆起、突起/隆起。

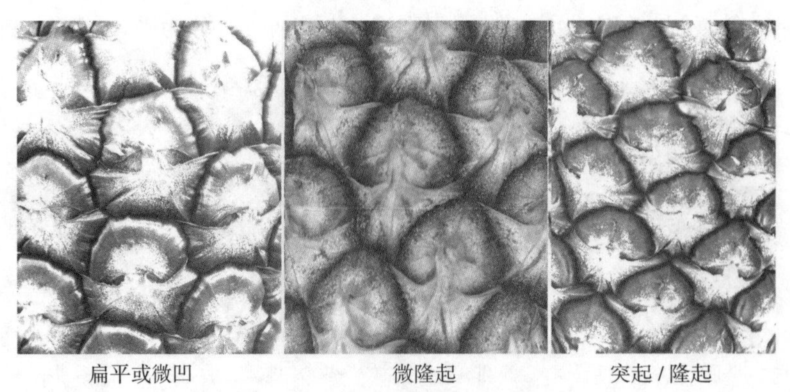

图18 果眼外观形态

5.2.39 **果眼大小**

用 5.2.4 的样本，选取果实中部 5 个小果，测量纵、横径，计算平均值，单位为毫米(mm)，精确到 0.1 mm。

5.2.40 **果眼深度**

用 5.2. 4 的样本，选取成熟果实中部 5 个小果，测量果实果眼中部凹陷下去部分的深度，计算平均值，单位为毫米(mm)，精确到 0.1mm。

5.2.41 **果眼排列方式**

用 5.2.4 的样本，参照图 19 以最大相似的原则确定果实果眼排列方式，分为：左旋、其他、右旋。

左旋　　其他　　右旋

图 19　果眼排列方式

5.2.42 **果瘤**

用 5.2.4 的样本，参照图 20 以最大相似的原则确定果实底部着生的瘤状物的有无和多少。分为：无、少(1 个～2 个)、多。

无　　少(1 个 ~2 个)　　多

图 20　果　瘤

5.2.43 **种子数量**

用 5.2.4 的样本，选取全熟果实取出种子，记载每个果实的种子数量，计算平均值，单位为个，精确到 0.1 个。

5.2.44 **种皮颜色**

用 5.2.4 的样本，用标准比色卡按最大相似的原则确定种皮颜色。

5.3 **生物学特性**

5.3.1 **定植(播种期)**

日期的记载采用“YYYYMMDD”格式。

5.3.2 **营养生长期**

植株种植至出现“红心”(抽蕾)时所需天数(d)。

5.3.3 植株高度

用5.2.1的样本，测量地面至果顶处的距离，计算平均值，单位为厘米(cm)，精确到0.1 cm。

5.3.4 地上茎长度

用5.2.1的样本，测量从地面至果柄连接处的茎秆距离，计算平均值，单位为厘米(cm)，精确到0.1 cm。

5.3.5 地上茎直径

用5.2.1的样本，测量茎秆最粗部位的直径，计算平均值，单位为毫米(mm)，精确到1 mm。

5.3.6 冠芽高度

用5.2.4的样本，测量果顶至冠芽最高处的距离，计算平均值，单位为毫米(mm)，精确到1 mm。

5.3.7 冠芽重量

用5.2.4的样本，称量所有生长的冠芽总质量，计算平均值，单位为克(g)，精确到0.1 g。

5.3.8 最长叶片的长度

用5.2.1的样本，测量最长叶片基部到顶端的距离，计算平均值，单位为厘米(cm)，精确到0.1 cm。

5.3.9 最长叶片最宽处的宽度

用5.2.1的样本，测量最长叶片最宽处的距离，计算平均值，单位为毫米(mm)，精确到0.1 mm。

5.3.10 最长苞片的长度

用5.2.1的样本，测量最长包片基部到顶端的距离，计算平均值，单位为毫米(mm)，精确到0.1 mm。

5.3.11 最长萼片的长度

用5.2.1的样本，测量最长萼片基部到顶端的距离，计算平均值，单位为毫米(mm)，精确到0.1 mm。

5.3.12 花瓣长度

用5.2.1的样本，测量花瓣基部到顶端的距离，计算平均值，单位为毫米(mm)，精确到0.1 mm。

5.3.13 果实生育期

用5.2.4的样本，观测植株第一朵花开放至商品成熟可采收时所经历的天数，计算平均值，单位为天(d)，精确到0.1 d。

5.3.14 果实重量

用5.2.4的样本，称量果实(不包括冠芽部分)质量，计算平均值，单位为克(g)，精确到0.1 g。

5.3.15 果实横径

用5.2.4的样本，测量果实横切面的最大直径，计算平均值，单位为毫米(mm)，精确到0.1 mm。

5.3.16 果实纵径

用5.2.4的样本，测量果实果顶至果基间纵切面的最大直径，计算平均值，单位为毫米(mm)，精确到0.1 mm。

5.3.17 果柄长度

用5.2.4的样本，测量果实果柄长度，计算平均值，单位为毫米(mm)，精确到0.1 mm。

5.3.18 果柄粗度

用5.2.4的样本，测量果实果柄粗度，计算平均值，单位为毫米(mm)，精确到0.1 mm。

5.3.19 果形指数

计算果实纵径与横径的比值，结果取平均值，精确到0.1。

5.3.20 果实锥化度

用5.2.4的样本，计算果实的3/4高度处横径与1/4高度处横径的比值，结果取平均值，精确到 0.1。

5.3.21 果实整齐度

用 5.2.4 的样本，在果实基本熟时，观察果实形状的一致性，确定果实的整齐度，分为：整齐、基本整齐、不整齐。

5.3.22 种子重量

用 5.2.4 的样本，取出种子，称取质量。结果以平均值表示，单位为毫克(mg)，精确到 0.1 mg。

5.4 品质性状

5.4.1 果皮重量

用 5.2.4 的样本，剥取果皮，称取质量。结果以平均值表示，单位为克(g)，精确到 0.1 g。

5.4.2 果皮厚度

用 5.2.4 的样本，剥取果皮，测量赤道面果皮厚度。结果以平均值表示，单位为毫米(mm)，精确到 0.1 mm。

5.4.3 果实耐贮性

用 5.2.4 的样本，选取 5 个基本熟的果实在恒温 25℃条件下，果实品质基本保持不变时可存放的天数。结果以平均值表示，单位为天(d)，精确到 1 d 。

5.4.4 果肉重量

用 5.2.4 的样本，剥去果皮后，称取果肉质量。结果以平均值表示，单位为克(g)，精确到 0.1 g。

5.4.5 果肉厚度

用 5.2.4 的样本，沿果肩中部纵切，测量果实纵切面赤道面的果肉厚度。结果以平均值表示，单位为毫米(mm)，精确到 0.1 mm。

5.4.6 果肉颜色

用 5.2.4 的样本，用标准比色卡按最大相似的原则确定成熟果实果肉颜色。

5.4.7 果肉(果实)硬度

用 5.2.4 的样本，测量果实中部果肉单位面积可承受的压力强度，单位为千克每平方厘米(kg/cm^2)。

5.4.8 果肉质地

用 5.2.4 的样本，品尝判断果肉的质地，分为：细嫩、软滑、软韧、稍脆、爽脆、粗糙。

5.4.9 果肉风味

用 5.2.4 的样本，品尝判断果肉风味，分为：浓甜、清甜、甜酸、酸、极酸、微涩、其他。

5.4.10 果汁的含量

用 5.2.4 的样本，榨取果肉果汁，计算果汁质量占果肉质量的百分率。结果以平均值表示，单位为百分率(%)，精确到 0.1 %。

5.4.11 果肉香气

用 5.2.4 的样本，品尝判断果肉香气，分为：无、微香、浓香、特殊香味、异味。

5.4.12 果心直径

用 5.2.4 的样本，测量果实果心最大直径。结果以平均值表示，单位为毫米(mm)，精确到0.1 mm。

5.4.13 可食率

计算果肉质量占全果重的百分率。结果以平均值表示，单位为百分率(%)，精确到 0.1 %。

5.4.14 可溶性固形物含量

按 NY/T 2637 的规定执行。

5.4.15 可溶性糖含量

按 NY/T 1688 的规定执行。

5.4.16 **可滴定酸含量**

按 GB/T 12456 的规定执行。

5.4.17 **维生素 C 含量**

按 GB/T 6195 的规定执行。

5.4.18 **纤维含量**

按 GB/T 5009.88 的规定执行。

ICS 65.020.01
B 04

中华人民共和国农业行业标准

NY/T 2859—2015

主要农作物品种真实性SSR分子标记检测 普通小麦

Variety genuineness testing of main crops with SSR markers—Wheat (*Triticum aestivum* L.)

2015-10-09 发布 2015-12-01 实施

中华人民共和国农业部 发布

目　　次

前　言

本标准按照 GB/T 1.1—2009 给出的规则起草。

请注意本标准的某些内容有可能涉及专利。本标准的发布机构不应承担识别这些专利的责任。

本标准由农业部种子管理局提出。

本标准由全国农作物种子标准化技术委员会(SAC/TC 37)归口。

本标准起草单位:北京市农林科学院北京杂交小麦工程技术研究中心、全国农业技术推广服务中心、北京市种子管理站。

本标准主要起草人:赵昌平、支巨振、邱军、庞斌双、刘丽华、王立新、谷铁城、刘丰泽、吴明生、刘阳娜、张立平、张风廷、李宏博、赵海艳。

主要农作物品种真实性SSR分子标记检测　普通小麦

1　范围

本标准规定了利用SSR分子标记法进行普通小麦(*Triticum aestivum* L.)常规品种真实性检测的原则、检测方案、检测程序和结果报告。

本标准适用于普通小麦常规品种真实性验证和品种真实性身份鉴定,不适用于实质性派生品种(EDV)和转基因品种的鉴定。

2　规范性引用文件

下列文件对于本文件的应用是必不可少的。凡是注日期的引用文件,仅注日期的版本适用于本文件。凡是不注日期的引用文件,其最新版本(包括所有的修改单)适用于本文件。

GB/T 3543.1　农作物种子检验规程　总则

GB/T 3543.2　农作物种子检验规程　扦样

GB/T 3543.5　农作物种子检验规程　真实性和品种纯度鉴定

GB/T 6682　分析实验室用水规格和试验方法

3　术语和定义

下列术语和定义适用于本文件。

3.1

品种真实性验证　variety verification

与其对应品种名称的标准样品比较,检测证实供检样品品种名称与标注是否相符。

3.2

品种真实性身份鉴定　variety identification

经SSR分子标记检测并通过审定品种SSR指纹数据比对平台(见3.4)筛查比较,确定供检样品的真实品种名称。

3.3

标准样品　standard sample

国家指定机构保存的经认定代表品种特征特性的实物种子样品。

3.4

SSR指纹数据比对平台　SSR fingerprint blast platform

采用SSR标记的标准化方法对品种标准样品的等位变异进行检测,并运用计算机数据库技术和网络信息技术所构建的审定品种分子数据信息的检索比对载体。

3.5

参照样品　reference control sample

用于校准供检样品SSR等位变异已定义扩增产物片段大小的样品。

3.6

引物　primer

一条互补结合在模板DNA链上的短单链,能提供3′-OH末端作为DNA合成的起始点,延伸合成模板DNA的互补链。

3.7

组合引物　panel

具有不同荧光颜色或相同荧光颜色而扩增片段大小不同、能够组合在一起进行电泳的一组荧光标记引物。

3.8

核心引物　core primer

以最少数量的引物最大限度地区分普通小麦品种的一套引物。

3.9

扩展引物　extended primer

辅助真实性检测的一套引物。

4　缩略语

下列缩略语适用于本文件。

bp：base pair　碱基对

CTAB：cetyltrimethylammonium bromide　十六烷基三甲基溴化铵

DNA：deoxyribonucleic acid　脱氧核糖核酸

dNTPs：deoxy－ribonucleoside triphosphates　脱氧核苷三磷酸

PAGE：polyacrylamide gelelectrophoresis　聚丙烯酰胺凝胶电泳

PCR：polymerase chain reaction　聚合酶链式反应

SDS：sodium dodecyl sulfate　十二烷基磺酸钠

SSR：simple sequence repeat　简单序列重复

Taq 酶：*Taq*-DNA polymerase　耐热 DNA 聚合酶

5　总则

普通小麦的不同品种，其基因组存在着能够世代稳定遗传的简单重复序列(SSR)的重复次数差异。这种差异可以通过从抽取有代表性的供检样品中提取 DNA，用 SSR 引物进行扩增和电泳，从而利用扩增片段大小不同而加以区分品种。

依据 SSR 标记检测原理，采用固定数目的 SSR 引物，通过与标准样品比较或与 SSR 指纹数据比对平台比对的方式，对品种真实性进行验证或身份鉴定。真实性验证依据规定数目引物的 SSR 位点差异数目而判定，品种真实性身份鉴定依据被检 SSR 位点无差异原则进行筛查、鉴定。

6　检测方案

6.1　总则

对于真实性鉴定，引物、检测平台、样品状况不同，其检测结果的准确度、精确度可能有所不同。应依据“适于检测目的”的原则，统筹考虑检测规模和检测能力，择定适宜的引物、检测平台、样品状况，制订相应的检测方案。

在严格控制条件下，合成选择的引物，按照确定的检测平台对供检样品按 DNA 提取、PCR 扩增、电泳、数据分析的程序进行检测。

按规定要求填报检测结果，检验报告应注明检测方案所选择的影响检测结果的关键信息。

6.2　检测平台

6.2.1　电泳是检测的关键环节。对于品种真实性验证或身份鉴定，可选择采用变性 PAGE 垂直板电泳或毛细管电泳，如需要利用 SSR 指纹数据比对平台，则需要利用参照样品确定供检样品的指纹后再进行真实性身份鉴定。

6.2.2 对于供检样品量较大的，可将组织研磨仪、DNA 自动提取、自动移液工作站、高通量 PCR 扩增仪、多引物组合的毛细管电泳进行组合，以提高检测的综合效率。

6.2.3 DNA 提取、PCR 扩增和电泳的技术条件要求，在适于检测目的和不影响检测质量的前提下，按照检测平台的要求允许对本标准的规定做适宜的局部改进。

6.3 引物

6.3.1 经对我国审定小麦品种进行 SSR 标记测试后，本文件遴选了 42 对 SSR 引物作为品种真实性验证和身份鉴定的检测引物，具体见表 1 和表 2，并据此构建了已知品种的 SSR 指纹数据比对平台。表 1 为核心引物，编号为 PM01～PM21，表 2 为扩展引物，编号为 PM22～PM42，每组包含 21 对引物。

表 1 核心引物信息

编号	引物名称	染色体（位置）	退火温度 ℃	引物序列（5′-3′）
PM01	cwm65	1A	65	F:TCATTGGTGTCATCCCTCGTGT R:GAATAATGCCTTGACCCTGGAC
PM02	barc80	1BL	65	F:GCGAATTAGCATCTGCATCTGTTTGAG R:CGGTCAACCAACTACTGCACAAC
PM03	cfd72	1DL	60	F:CTCCTTGGAATCTCACCGAA R:TCCTTGGGAATATGCCTCCT
PM04	gwm294	2AL	55	F:GGATTGGAGTTAAGAGAGAACCG R:GCAGAGTGATCAATGCCAGA
PM05	gwm429	2BS	55	F:TTGTACATTAAGTTCCCATTA R:TTTAAGGACCTACATGACAC
PM06	gwm261	2DS	55	F:CTCCCTGTACGCCTAAGGC R:CTCGCGCTACTAGCCATTG
PM07	gwm155	3AL	55	F:CAATCATTTCCCCCTCCC R:AATCATTGGAAATCCATATGCC
PM08	gwm285	3BS	65	F:ATGACCCTTCTGCCAAACAC R:ATCGACCGGGATCTAGCC
PM09	gdm72	3DS	55	F:TGGTTTTCTCGAGCATTCAA R:TGCAACGATGAAGACCAGAA
PM10	gwm610	4AS	65	F:CTGCCTTCTCCATGGTTTGT R:AATGGCCAAAGGTTATGAAGG
PM11	ksum62	4B	60	F:GGAGAGGATAGGCACAGGAC R:GAGAGCAGAGGGAGCTATGG
PM12	barc91	4DL	55	F:TTCCCATAACGCCGATAGTA R:GCGTTTAATATTAGCTTCAAGATCAT
PM13	gwm304	5AS	55	F:AGGAAACAGAAATATCGCGG R:AGGACTGTGGGGAATGAATG
PM14	gwm67	5BL	60	F:ACCACACAAACAAGGTAAGCG R:CAACCCTCTTAATTTTGTTGGG
PM15	cfd29	5DL	65	F:GGTTGTCAGGCAGGATATTTG R:TATTGATAGATCAGGGCGCA
PM16	gwm459	6AS	55	F:AATTTCAAAAAGGAGAGAGA R:AACATGTGTTTTTAGCTATC
PM17	barc198	6BS	55	F:CGCTGAAAAGAAGTGCCGCATTATGA R:CGCTGCCTTTTCTGGATTGCTTGTCA
PM18	cfd76	6DL	65	F:GCAATTTCACACGCGACTTA R:CGCTCGACAACATGACACTT

表 1 （续）

编号	引物名称	染色体（位置）	退火温度 ℃	引物序列(5′-3′)
PM19	cfa2028	7AS	55	F:TGGGTATGAAAGGCTGAAGG R:ATCGCGACTATTCAACGCTT
PM20	gwm333	7BS	60	F:GCCCGGTCATGTAAAACG R:TTTCAGTTTGCGTTAAGCTTTG
PM21	gwm437	7DL	55	F:GATCAAGACTTTTGTATCTCTC R:GATGTCCAACAGTTAGCTTA
注:表中 21 对引物主要参考美国农业部 GrainGenes 网站。				

表 2 扩展引物信息

编号	引物名称	染色体（位置）	退火温度 ℃	引物序列(5′-3′)
PM22	wmc312	1AS	55	F:TGTGCCCGCTGGTGCGAAG R:CCGACGCAGGTGAGCGAAG
PM23	barc240	1BL	55	F:AGAGGACGCTGAGAACTTTAGAGAA R:GCGATCTTTGTAATGCATGGTGAAC
PM24	gdm111	1DL	55	F:CACTCACCCCAAACCAAAGT R:GATGCAATCGGGTCGTTAGT
PM25	wmc522	2AS	55	F:AAAAATCTCACGAGTCGGGC R:CCCGAGCAGGAGCTACAAAT
PM26	cfd51	2DS	55	F:GGAGGCTTCTCTATGGGAGG R:TGCATCTTATCCTGTGCAGC
PM27	barc324	3AS	55	F:CCAATTCTGCCCATAGGTGA R:GAGGAAATAAGATTCAGCCAACTG
PM28	barc164	3BS	55	F:TGCAAACTAATCACCAGCGTAA R:CGCTTTCTAAAACTGTTCGGGATTTCTAA
PM29	cfd9	3DL	55	F:TTGCACGCACCTAAACTCTG R:CAAGTGTGAGCGTCGG
PM30	gwm161	3DS	55	F:GATCGAGTGATGGCAGATGG R:TGTGAATTACTTGGACGTGG
PM31	barc170	4AL	55	F:CGCTTGACTTTGAATGGCTGAACA R:CGCCCACTTTTTACCTAATCCTTTTGAA
PM32	gwm495	4BL	55	F:GAGAGCCTCGCGAAATATAGG R:TGCTTCTGGTGTTCCTTCG
PM33	wmc720	4DS	55	F:CACCATGGTTGGCAAGAGA R:CTGGTGATACTGCCGTGACA
PM34	gwm186	5AL	55	F:GCAGAGCCTGGTTCAAAAAG R:CGCCTCTAGCGAGAGCTATG
PM35	cfa2155	5AL	55	F:TTTGTTACAACCCAGGGGG R:TTGTGTGGCGAAAGAAACAG
PM36	cfd8	5DS	60	F:ACCACCGTCATGTCACTGAG R:GTGAAGACGACAAGACGCAA
PM37	gwm169	6AL	55	F:ACCACTGCAGAGAACACATACG R:GTGCTCTGCTCTAAGTGTGGG
PM38	barc345	6BL	55	F:CGCCAGACTGCTAGGATAATACTTT R:GCGGCTAGTGCTCCCTCATAAT
PM39	barc1121	6DL	60	F:GCGAGCAAACTGATCCCAAAAAG R:TATCGGTGAGTACGCCAAAAACA

表 2 （续）

编号	引物名称	染色体 （位置）	退火温度 ℃	引物序列(5′- 3′)
PM40	cfa2123	7AS	60	F:CGGTCTTTGTTTGCTCTAAACC R:ACCGGCCATCTATGATGAAG
PM41	wmc476	7BS	55	F:TACCAACCACACCTGCGAGT R:CTAGATGAACCTTCGTGCGG
PM42	gwm44	7DS	65	F:GTTGAGCTTTTCAGTTCGGC R:ACTGGCATCCACTGAGCTG
注:表中 21 对引物主要参考美国农业部 GrainGenes 网站。				

6.3.2　品种真实性验证允许采用序贯方式。先采用核心引物进行检测，若检测到可以判定不符结果的差异位点数的，可终止检测。若采用核心引物未达到可以判定不符结果的差异位点数的，则继续完成扩展引物的检测。

6.3.3　品种真实性身份鉴定是在已具备审定品种 SSR 指纹数据比对平台的前提下，通过构建供检样品的指纹，利用 SSR 指纹数据库比对平台能够筛查确定至具体品种。检测时可采用序贯方式，也可直接采用表 1 和表 2 的 42 对 SSR 引物进行检测，直至与 SSR 指纹数据比对平台比较后能够确定到具体品种为止。经比较后，仍与已知品种没有位点差异而无法得出结论的，允许采用其他能够区分的分子标记进行检测。

6.4　样品

6.4.1　供检样品为种子，重量应不低于 50 g 或不少于 1 000 粒。在种子生产基地取样，供检样品可为麦穗，数量应不低于 30 个麦穗(分别来自不同个体)。

注:在种子生产基地取样，供检样品可以为幼苗、叶片等组织或器官，这时注意其检测比对对象。幼苗、叶片的数量至少含有 30 个个体，采用混合样品检测的先单独提取 DNA，再取等量 DNA 混合。

6.4.2　从供检样品中分取有代表性的试样，应符合 GB/T 3543.2 的规定。采用混合样或单个个体进行检测，混合样试样来源应至少含有 30 个个体，单个个体试样应至少含有 30 个个体。

6.5　检测条件

真实性鉴定应在有利于检测正确实施的控制条件下进行，包括但不限于下列条件：

——种子检验员熟悉所使用检测技术的知识和技能；

——所有仪器与使用的技术相适应，并已经过定期维护、验证和校准；

——使用适当等级的试剂和灭菌处理的耗材；

——使用校准检测结果评定的适宜参照样品。

7　仪器设备、试剂和溶液配制

7.1　仪器设备

7.1.1　DNA 提取

高速冷冻离心机、水浴锅或干式恒温金属浴、紫外分光光度计或核酸浓度测定仪、组织研磨仪。

7.1.2　PCR 扩增

PCR 扩增仪或水浴 PCR 扩增装置。

7.1.3　电泳

7.1.3.1　毛细管电泳

遗传分析仪。

7.1.3.2　变性 PAGE 垂直板电泳

高压电泳仪、垂直板电泳槽及制胶附件、胶片观察灯、凝胶成像系统或数码相机。

7.1.4 其他器具

微量移液器、电子天平、高压灭菌锅、加热磁力搅拌器、冰箱、染色盒。

7.2 试剂

7.2.1 DNA 提取

CTAB、三氯甲烷、异戊醇、异丙醇、乙二胺四乙酸二钠($EDTA-Na_2 \cdot 2H_2O$)、三羟甲基氨基甲烷(Tris-base)、盐酸、氢氧化钠、氯化钠,β-巯基乙醇(β-Mercaptoethanol)、乙醇(70%)。

7.2.2 PCR 扩增

dNTPs、*Taq* 酶、10×缓冲液、矿物油、ddH_2O、引物和 Mg^{2+}。

7.2.3 电泳

7.2.3.1 毛细管电泳

与使用的遗传分析仪型号相匹配的分离胶、分子量内标、去离子甲酰胺、电泳缓冲液。

7.2.3.2 变性 PAGE 垂直板电泳

去离子甲酰胺(Formamide)、溴酚蓝(Brph Blue)、二甲苯青(FF)、甲叉双丙烯酰胺(Bisacrylamide)、丙烯酰胺(Acrylamide)、硼酸(Boric Acid)、尿素、亲和硅烷(Binding Silane)、疏水硅烷(Repel Silane)、DNA 分子量标准、无水乙醇、四甲基乙二胺(TEMED)、过硫酸铵(APS)、冰醋酸、乙酸铵、硝酸银、甲醛、氢氧化钠、三羟甲基氨基甲烷(Tris-base)、乙二胺四乙酸二钠($EDTA-Na_2 \cdot 2H_2O$)。

7.3 溶液配制

DNA 提取、PCR 扩增、电泳、银染的溶液按照附录 A 规定的要求进行配制,所用试剂均为分析纯。

试剂配制所用水应符合 GB/T 6682 规定的一级水的要求,其中银染溶液的配制可以使用符合三级要求的水。

8 真实性检测程序

8.1 引物合成

根据真实性验证或身份鉴定的要求,采用序贯式方法,选定表 1 和表 2 的引物。选用变性 PAGE 垂直板电泳,只需合成普通引物。选用荧光毛细管电泳,需要在上游或下游引物的 5′端或 3′端标记与毛细管电泳仪发射和吸收波长相匹配的荧光染料。具体引物分组信息可参见附录 B。

8.2 DNA 提取

8.2.1 总则

DNA 提取方法应保证提取的 DNA 数量和质量符合 PCR 扩增的要求,DNA 无降解,溶液的紫外光吸光度 OD_{260} 与 OD_{280} 的比值宜介于 1.8~2.0。

DNA 提取可选 8.2.2 至 8.2.4 所列的任何一种方法。

8.2.2 CTAB 法

取试样的胚、胚芽、幼苗或叶片 200 mg~300 mg 置于 2.0 mL 离心管,加液氮充分研磨,每管加入 700 μL 经 65℃预热的 CTAB 提取液,充分混匀,65℃水浴 60 min。期间多次轻缓颠倒混匀。每管加入等体积的三氯甲烷/异戊醇(24∶1)混合液,充分混合后静置 10 min,在 12 000 r/min 离心 10 min。吸取上清液转移至新的离心管中,加入等体积预冷的异丙醇,轻轻颠倒混匀,−20℃放置 30 min,4℃、12 000 r/min 离心 10 min。弃上清液,加入 70%乙醇溶液洗涤 2 遍,自然条件下干燥,加入 100 μL 1×TE 缓冲液充分溶解,检测浓度后 4℃备用。

8.2.3 试剂盒法

选用适宜 SSR 标记法的商业试剂盒,并经验证合格后使用。DNA 提取方法,按照试剂盒提供的使用说明进行操作。

8.2.4 SDS 法

取试样的胚、胚芽、幼苗或叶片置于 2.0 mL 离心管，加液氮充分研磨，每管加入 700 μL 的 SDS 提取液，混匀。65℃水浴 60 min，每管加入等体积的三氯甲烷/异戊醇(24∶1)混合液，12 000 r/min 离心 10 min。吸取上清液转移至一新管，加入 2 倍体积预冷的无水乙醇，颠倒混匀，12 000 r/min 离心 10 min，弃上清液，用 70%乙醇溶液洗涤 2 遍。自然条件下干燥后，加入 TE 缓冲液，充分溶解，检测浓度后 4℃备用。

8.3 PCR 扩增

8.3.1 反应体系

PCR 扩增反应体系的总体积和组分的终浓度参照表 3 进行配制，可以依据试验条件不同做相应调整。表 3 中的缓冲液若含有 $MgCl_2$，不再加 $MgCl_2$溶液，加等体积无菌水替代。

表 3 PCR 扩增反应体系

反应组分	原浓度	终浓度	推荐反应体积(10μL)
ddH_2O	—	—	3.05
10×Buffer (Mg^{2+} free)	10×	1×	1.0
$MgCl_2$	25 mmol/L	1.25 mmol/L	0.5
dNTPs	10 mmol/L	0.2 mmol/L	0.2
Tag 酶	2 U/μL	0.05 U	0.25
primers	1.25 μmol/L	0.25 μmol/L	2.0
DNA	50ng	15ng/L	3.0

8.3.2 反应程序

反应程序中各反应参数可根据 PCR 扩增仪型号、酶、引物等不同而做适当的调整。通常采用下列反应程序：

a) 预变性：94℃ 5 min；

b) 扩增：94℃变性 30 s，55℃～65℃(依据引物的退火温度改变)退火 45 s，72℃延伸 60 s，进行 35 次循环；

c) 终延伸：72℃ 10 min。

扩增产物于 4℃保存。

8.4 扩增产物分离

8.4.1 荧光毛细管电泳

8.4.1.1 由于小麦的 SSR 扩增片段大小范围较广，可以依据不同仪器选择采用不多于 11 重组合引物进行电泳。按照预先确定的组合引物，等体积取同一组合引物的不同荧光标记的扩增产物，充分混匀。从混合液中吸取 1 μL，加入到遗传分析仪专用 96 孔上样板上。每孔再分别加入 0.1 μL 分子量内标和 8.9 μL 去离子甲酰胺，95℃变性 5 min，取出立即置于冰上，冷却 10 min 以上，瞬时离心 10 s 后备用。

8.4.1.2 打开遗传分析仪，检查仪器工作状态和试剂状态。

8.4.1.3 将装有样品的 96 孔上样板放置于样品架基座上，将装有电极缓冲液的 buffer 板放置于 buffer 板架基座上，打开数据收集软件，按照遗传分析仪的使用手册进行操作。遗传分析仪将自动运行参数，并保存电泳原始数据。

8.4.2 变性 PAGE 垂直板电泳

8.4.2.1 制胶

沾洗涤灵用清水将玻璃板反复擦洗干净，再用双蒸水、75%乙醇分别擦洗 2 遍。玻璃板干燥后，将 1 mL 亲和硅烷工作液均匀涂在长玻璃板上，将 1 mL 疏水硅烷工作液均匀涂在带凹槽的短玻璃板上，玻璃板干燥后，将 0.4 mm 厚的塑料隔条整齐放在长玻璃板两侧，盖上凹槽短玻璃板，用夹子固定，用水平仪检测玻璃胶室是否水平。取 80 mL 6%的聚丙烯酰胺变性凝胶溶液，加入 60 μL 的 TEMED、180 μL 10%的过硫酸铵(过硫酸铵的用量与温度成反比，需根据温度调整用量)，轻轻摇匀(勿产生大量气泡)，将胶灌满玻璃胶室，在凹槽处将鲨鱼齿梳的平齐端插入胶液 5 mm～6 mm。胶聚合 1.5 h 后，轻轻拔出梳子，用清水洗干净备用。

注：为保证检测结果的准确性，建议玻璃板的规格为 45 cm×35 cm。

8.4.2.2　变性

取 10 μL 扩增产物，加入 2 μL 的 6×加样缓冲液，混匀。95℃变性 5 min，取出立即置于冰上，冷却 10 min 以上备用。

8.4.2.3　电泳

8.4.2.3.1　将胶板安装于电泳槽上，在电泳正极槽(下槽)加入 600 mL 的 0.5×TBE 缓冲液，负极槽(上槽)加入 600 mL 的 0.5×TBE 缓冲液，拔出样品梳，在 1 800 V 恒压预电泳 10 min～20 min，用塑料滴管清除加样槽孔内的气泡和杂质，将样品梳插入胶中 1 mm～2 mm。每一个加样孔加入 5 μL 变性样品(见 8.4.2.2)，在 1 800 V 恒压下电泳。

8.4.2.3.2　电泳的适宜时间参考二甲苯青指示带移动的位置和扩增产物预期片段大小范围(见表 C.1)加以确定。二甲苯青指示带在 6%的变性聚丙烯酰胺凝胶电泳中移动的位置与 230 bp 扩增产物泳动的位置大致相当。扩增产物片段大小在(100±30) bp、(150±30) bp、(200±30) bp、(250±30) bp 范围的，电泳参考时间分别为 1.5 h、2.0 h、2.5 h、3.5 h。电泳结束后关闭电源，取下玻璃板并轻轻撬开，凝胶附着在长玻璃板上。

8.4.2.4　染色

将粘有凝胶的长玻璃板胶面向上浸入“固定/染色液”中，轻摇染色槽，使“固定/染色液”均匀覆盖胶板，染色 5 min～10 min。将胶板移入水中漂洗 30 s～60 s。再移入显影液中，轻摇显影槽，使显影液均匀覆盖胶板，待带型清晰，将胶板移入去离子水中漂洗 5 min，晾干胶板，放在胶片观察灯上观察记录结果，用数码相机或凝胶成像系统拍照保存。

注：固定液/染色液、双蒸水和显影液的用量，可依据胶板数量和大小调整，以没过胶面为准。

8.5　数据分析

8.5.1　总则

8.5.1.1　电泳结果特别是毛细管电泳，需要通过规定程序进行数据分析降低误读率。在引物等位变异片段大小范围内(见表 C.1)，对于毛细管电泳，特异峰呈现为稳定的单峰型或连续峰型；对于变性 PAGE 垂直板电泳，特异谱带呈现稳定的单谱带或连续谱带。

注：当出现非纯合 SSR 位点时，毛细管电泳中会呈现 2 个单峰或 2 个连续峰，在变性 PAGE 垂直板电泳中会显示为稳定的 2 种单谱带或 2 种连续谱带。

8.5.1.2　对于毛细管电泳，由于不同引物扩增产物表现不同、引物不对称扩增、试验条件干扰等因素，可能出现不同状况的峰型，按照以峰高为主、兼顾峰型的原则依据下列规则进行甄别、过滤处置：

a) 对于连带(pull-up)峰，即因某一位置某一颜色荧光的峰值较高而引起同一位置其他颜色荧光峰值升高的，应预先将其干扰消除后再进行分析；
b) 对于(n+1)峰，即同一位置出现 2 个相距 1 bp 左右的峰，应视为单峰；
c) 对于连续多峰，即峰高递增或峰高接近的相差一个重复序列的连续多个峰，应视为单峰，取其最右边的峰，峰高值为连续多个峰的叠加值；
d) 对于高低峰，应通过设定一定阈值不予采集低于阈值的峰；
e) 对于有 2 个及以上特异峰，应考虑是由非纯合 SSR 位点或混入杂株所致。

注：当存在非纯合 SSR 位点时，将会有 2 个特异峰，此时需要采集 2 个峰值。

8.5.1.3　对于变性 PAGE 垂直板电泳，位于相应等位变异扩增片段大小范围之外的谱带需要甄别是非特异性扩增还是新增的稀有等位变异。采用单个个体扩增的产物，出现 3 种及 3 种以上的多带则为非特异性扩增；采用混合样提取的，某些位点出现 3 种及 3 种以上的谱带或上下有弱带等情况出现时，则需要通过单个个体进行甄别。

8.5.1.4 采取混合样检测的，无论是毛细管电泳还是变性 PAGE 垂直板电泳，结果表明在引物位点出现异质性而无法识别特异谱带或特异峰的，应采用单个个体独立检测，试样至少含有 30 个个体。若样品在 50%以上的 SSR 位点中呈现明显的异质性，可终止真实性检测。

8.5.2 数据分析和读取

8.5.2.1 毛细管电泳

导出电泳原始数据文件，采用数据分析软件对数据进行甄别。

a) 设置参数：在数据分析软件中预先设置好 panel、分子量内标、panel 的相应引物的 Bin(等位变异片段大小范围区间)；
b) 导入原始数据文件：将电泳原始数据文件导入分析软件，选择 panel、分子量内标、Bin、质量控制参数等进行分析；
c) 甄别过滤处置数据：执行 8.5.1 的规定。

分析软件会对检测质量赋以颜色标志进行评分，绿色表示质量可靠无需干预，红色表示质量不过关或未落入 Bin 范围内，黄色表示有疑问需要查验原始图像进行确认。

数据比对采用 8.5.3.1、8.5.3.2 方式的，应分别通过同时进行试验的标准样品、参照样品(依据引物选择少量的对照)，校准不同电泳板间的数据偏差后再读取扩增片段大小。甄别后的特异峰落入 Bin 范围内，直接读取扩增片段大小；若其峰大多不在 Bin 范围内，可将其整体平移尽量使峰落入 Bin 设置范围内后读取数据。

8.5.2.2 变性 PAGE 垂直板电泳

对甄别后的特异谱带(见 8.5.1)进行读取。扩增片段大小的读取，统一采用两段式数据记录方式。纯合位点数据记录为 X/X，非纯合位点数据记录为 X/Y(其中 X、Y 分别为该位点 2 个等位基因扩增片段)，小片段数据在前，大片段数据在后，缺失位点数据记录为 0/0。

8.5.3 数据比对

8.5.3.1 采用与标准样品比较的，对甄别后的特异峰(见 8.5.2.1)或特异谱带(见 8.5.2.2)，按照在同一电泳板上的供检样品与标准样品逐个位点进行两两比较，确定其位点差异。

8.5.3.2 采用毛细管电泳与 SSR 指纹数据比对平台比对的，按照数据导入模板的要求，将数据及其指纹截图上传到 SSR 指纹数据比对平台，进行逐个位点在线比对，核实确定相互间的指纹数据的异同。

8.5.3.3 采用 PAGE 垂直板电泳与 SSR 指纹数据比对平台比对的，按照数据导入模板的要求，将数据上传到 SSR 指纹数据比对平台，进行逐个位点的两两比对，核实确定相互间的指纹数据的异同。

注：采用 PAGE 垂直板电泳与 SSR 指纹数据比对平台比对较为困难，建议作为参考使用，比对前采取以下措施：

a) 读取扩增产物片段大小数据的，供检样品与参照样品(附录 C 和附录 D)同时在同一电泳板上电泳；
b) 电泳时间足够，符合 8.4.2.3.2 的要求；
c) 供检样品存在扩增片段为一个基序差异的，按片段大小顺序重新电泳进行复核确定后读取。

8.5.4 数据记录

数据比对后，按照位点存在差异或相同、数据缺失、无法判定等情形，记录每个引物的位点状况。

9 结果计算与表示

统计位点差异记录的结果，计算差异位点数，核实差异位点的引物编号。

检测结果用供检样品和标准样品比较的位点差异数表示，检测结果的容许差距不能大于 2 个位点。对于在容许差距范围内且提出有异议的样品，可以按照 GB/T 3543.5 的规定进行田间小区种植鉴定。

10 结果报告

10.1 按照GB/T 3543.1的检验报告要求，对品种真实性验证或身份鉴定的检测结果进行填报。

10.2 对于真实性验证，选择下列方式之一进行填报：

a) 通过____对引物，采用____电泳方法进行检测，与标准样品比较未能检测出位点差异。

d) 通过____对引物，采用____电泳方法进行检测，与标准样品比较检测出差异位点数____个，差异位点的引物编号为________。

10.3 对于品种身份鉴定，采用下列方式进行填报：

通过______对引物，采用______电泳方法进行检测，经与SSR指纹数据比对平台筛查，供检样品属于______品种，或与____、____品种未能检测出位点差异。

10.4 属于下列情形之一的，需在检验报告中注明：

——供检样品低于6.4.1规定数量的；

——与SSR指纹数据比对平台进行数据比对的；

——供检样品遗传不稳定严重的位点（引物编号）清单；

——检测采用了其他SSR引物的名称及序列。

附 录 A
（规范性附录）
溶 液 配 制

A.1 DNA 提取

A.1.1 0.5 mol/L EDTA 溶液

称取 186.1 g $Na_2EDTA \cdot 2H_2O$ 溶于 800 mL 水中，加固体 NaOH 调 pH 至 8.0，加水定容至 1 000 mL，121℃ 高压灭菌 20 min。

A.1.2 1 mol/L Tris-HCl 溶液

称取 60.55 g Tris 碱溶于适量水中，加 HCl 调 pH 至 8.0，加水定容至 500 mL，121℃ 高压灭菌 20 min。

A.1.3 5 mol/L NaCl 溶液

称取 146.1 g 固体 NaCl，加水定容至 500 mL，121℃ 高压灭菌 20 min。

A.1.4 CTAB 提取液

量取 280 mL 的 5 mol/L NaCl、20 mL 的β-巯基乙醇(C_2H_6OS)、20 g 的 CTAB、100 mL 的1 mol/L Tris-HCl 和 40 mL 的 0.5 mol/L EDTA，加水定容至 1 000 mL，4℃贮存。

A.1.5 SDS 提取液

量取 100 mL 的 1 mol/L Tris-HCl、25 mL 的 0.5 mol/L EDTA、25 mL 的 5 mol/L NaCl 和 2.5 g 的 SDS 混合，加水定容至 500 mL。

A.1.6 5 mol/L KAC

称取 49.67 g 的 KAC，用水溶解，冰乙酸调整 pH 至 5.2，定容至 100 mL，121℃ 高压灭菌 20 min。

A.1.7 1×TE 缓冲液

量取 5 mL 的 1 mol/L Tris-HCl 和 1 mL 的 0.5 mol/L EDTA，加 HCl 调 pH 至 8.0，加水定容至 500 mL，121℃ 高压灭菌 20 min。

A.2 PCR 扩增

A.2.1 dNTP

用超纯水分别配制 dATP、dGTP、dCTP、dTTP 终浓度为 100 mmol/L 的储存液，分别用 0.05 mol/L 的 Tris 碱调整 pH 至 7.0。各取 80 μL 混合，用超纯水 480 μL 定容至终浓度 10 mmol/L each 的工作液。

A.2.2 SSR 引物

用 1×TE 分别配制上游引物、下游引物终浓度均为 100 μmol/L 的储存液，从 100 μmol/L 的储存液中吸取上下游引物各 12.5 μL 混合，再加入 975 μL 的 1×TE 混匀成 1.25 μmol/L 的工作液。

A.3 电泳

A.3.1 6×上样缓冲液

取 98 mL 去离子甲酰胺、2 mL 的 0.5 mol/L EDTA、0.25 g 的溴酚蓝和 0.25 g 的二甲苯青混合摇匀，4℃备用。

A.3.2　0.5 mol/L EDTA 溶液

称取 18.61 g 二水合乙二胺四乙酸二钠（EDTA - $Na_2 \cdot 2H_2O$）溶于水中，用 NaOH 颗粒将 pH 调至 8.0，加水定容至 100 mL。在 121℃灭菌 20 min。

A.3.3　10×TBE 缓冲液

称取 108 g 的 Tris 碱、55 g 的硼酸和 40 mL 的 0.5 mol/L EDTA，加水定容至 1 000 mL，121℃ 高压灭菌 20 min。

A.3.4　6%变性 PAGE 胶

称取 420 g 的尿素、50 mL 的 10×TBE 缓冲液、57 g 的丙烯酰胺（C_3H_5NO）、3 g 的甲叉双丙烯酰胺[$(H_2C=CHCONH)_2CH_2$]，加水定容至 1 000 mL，过滤后备用。

A.3.5　亲和硅烷工作液

量取 93 mL 的 75%乙醇、5 mL 的冰醋酸和 2 mL 的亲和硅烷原液，混匀。

A.3.6　疏水硅烷工作液

量取 25 mL 的二甲基二氯硅烷（H_2Cl_2Si）、75 mL 的三氯甲烷（$CHCl_3$）混匀。

A.3.7　10%过硫酸铵溶液

称取 10 g 的过硫酸铵[$(NH_4)_2S_2O_8$]溶于 100 mL 水中。分装后保存于冰箱冷冻室中备用。

A.3.8　0.5×TBE 工作液

量取 250 mL 的 10×TBE 缓冲液，加水定容至 5 000 mL。

A.4　银染

A.4.1　固定液/染色液

称取 2 g 的硝酸银（$AgNO_3$）、133 mL 的 75%乙醇、6 mL 的 99%乙酸，加水定容至 1 000 mL。

A.4.2　NaOH 显影液

称取 20 g 的氢氧化钠（NaOH），溶于 1 000 mL 的蒸馏水中。使用前加入 6 mL 的甲醛（CH_2O）溶液。

附 录 B
（资料性附录）
引物分组信息

42 对 SSR 引物标记四色荧光的引物分组方案见表 B.1。

表 B.1 42 对 SSR 引物标记四色荧光的引物分组方案

引物级别	组别	荧光标记（PET）	荧光标记（FAM）	荧光标记（VIC）	荧光标记（NED）
核心引物	1	gwm67	gdm72	gwm437	gwm459
		barc91	cfd29	gwm610	gwm304
		cfd72	gwm429	gwm285	
	2	cfd76	barc198	gwm333	gwm294
		barc80	cfa2028	ksum62	gwm155
		cwm65			gwm261
扩展引物	3	cfd51	gwm161	wmc720	barc1121
		gdm111	wmc476	wmc522	gwm495
		barc324		cfa2123	cfd9
	4	barc345	barc170	gwm186	cfd8
		barc164	cfa2155	gwm44	gwm169
			barc240	wmc312	

注 1：每个组别的引物可以组合在一起电泳。

注 2：荧光染料 PET、FAM、VIC、NED 在此仅为示例。

附　录　C
(规范性附录)
等位变异扩增片段信息

表C.1列出了42对引物在已知小麦品种中扩增片段长度范围、主要等位变异扩增片段大小以及参照样品对应的等位变异信息。其中参照样品只是列举,考虑到在某一SSR位点多个品种存在相同的扩增片段大小,确认某一品种在该位点扩增片段大小与参照样品是相同的,该品种也可替代相应的参照样品。

表C.1　已知品种主要等位变异扩增片段信息

<table>
<tr><th colspan="2">引物</th><th colspan="2">等位变异扩增片段大小</th><th rowspan="2">参照样品名称</th></tr>
<tr><th>编号</th><th>名称</th><th>范围,bp</th><th>扩增片段,bp</th></tr>
<tr><td rowspan="8">PM01</td><td rowspan="8">cwm65</td><td rowspan="8">220～252</td><td>252</td><td>扬辐麦2号</td></tr>
<tr><td>249</td><td>济麦3号</td></tr>
<tr><td>246</td><td>西农988</td></tr>
<tr><td>243</td><td>皖麦38</td></tr>
<tr><td>234</td><td>泽优1号</td></tr>
<tr><td>231</td><td>靖麦8号</td></tr>
<tr><td>223</td><td>中优9507</td></tr>
<tr><td>220</td><td>沧麦119</td></tr>
<tr><td rowspan="6">PM02</td><td rowspan="6">barc80</td><td rowspan="6">97～119</td><td>119</td><td>泽优1号</td></tr>
<tr><td>110</td><td>中优9507</td></tr>
<tr><td>107</td><td>周麦17</td></tr>
<tr><td>104</td><td>扬辐麦2号</td></tr>
<tr><td>101</td><td>中麦175</td></tr>
<tr><td>97</td><td>济麦3号</td></tr>
<tr><td rowspan="10">PM03</td><td rowspan="10">cfd72</td><td rowspan="10">215～239</td><td>239</td><td>廊研43号</td></tr>
<tr><td>237</td><td>西科麦4号</td></tr>
<tr><td>235</td><td>农大3659</td></tr>
<tr><td>233</td><td>泽优1号</td></tr>
<tr><td>231</td><td>中优9507</td></tr>
<tr><td>229</td><td>温麦10号</td></tr>
<tr><td>227</td><td>农大3432</td></tr>
<tr><td>223</td><td>沧麦119</td></tr>
<tr><td>221</td><td>静麦2号</td></tr>
<tr><td>215</td><td>川农17</td></tr>
<tr><td rowspan="11">PM04</td><td rowspan="11">gwm294</td><td rowspan="11">68～104</td><td>104</td><td>周麦17</td></tr>
<tr><td>102</td><td>中优9507</td></tr>
<tr><td>100</td><td>宝麦8号</td></tr>
<tr><td>98</td><td>泽优1号</td></tr>
<tr><td>96</td><td>靖麦8号</td></tr>
<tr><td>94</td><td>中麦175</td></tr>
<tr><td>90</td><td>豫麦48</td></tr>
<tr><td>86</td><td>扬麦15</td></tr>
<tr><td>84</td><td>济麦3号</td></tr>
<tr><td>82</td><td>沧麦119</td></tr>
<tr><td>68</td><td>扬辐麦2号</td></tr>
</table>

表 C.1 （续）

引物		等位变异扩增片段大小		参照样品名称
编号	名称	范围，bp	扩增片段，bp	
PM05	gwm429	198～223	223	长武 134
			221	洛麦 23
			219	扬辐麦 2 号
			217	宝麦 8 号
			212	川农 16
			210	农大 3659
			208	中优 9507
			206	中麦 175
			204	泽优 1 号
			202	西科麦 4 号
			200	农大 3488
			198	靖麦 8 号
PM06	gwm261	162～203	203	沧麦 119
			201	烟农 19
			195	扬麦 13
			193	衡 95 观 26
			191	石新 828
			189	中麦 175
			173	苏徐 2 号
			162	中优 9507
PM07	gwm155	127～152	152	中麦 175
			150	农大 3432
			148	廊研 43 号
			146	沧麦 119
			144	中优 9507
			142	泽优 1 号
			130	扬麦 18
			127	周麦 17
PM08	gwm285	218～258	258	中优 9507
			256	中麦 175
			253	农大 3432
			251	农大 211
			243	川农 17
			241	扬麦 18
			238	沧麦 119
			228	烟农 19 号
			224	丰优 3 号
			222	扬麦 15
			220	扬辐麦 2 号
			218	豫麦 48
PM09	gdm72	130～146	146	中麦 175
			142	宁麦 5 号
			140	烟农 19 号
			138	周麦 17
			136	邯优 3475
			134	中优 9507
			132	农大 211
			130	泽优 1 号

表 C.1 （续）

引物		等位变异扩增片段大小		参照样品名称
编号	名称	范围，bp	扩增片段，bp	
PM10	gwm610	166～176	176	云麦 53
			174	济麦 3 号
			172	泽优 1 号
			170	扬辐麦 2 号
			168	中优 9507
			166	云麦 42
PM11	ksum62	179～205	205	云麦 42
			203	扬辐麦 2 号
			201	宝麦 8 号
			189	中优 9507
			183	泽优 1 号
			181	周麦 17
			179	中麦 175
PM12	barc91	116～152	152	泽优 1 号
			149	苏徐 2 号
			140	长武 134
			137	晋麦 54
			134	沧麦 119
			131	扬麦 13 号
			128	中优 9507
			125	周麦 17
			122	中麦 175
			119	扬麦 15
			116	丰优 3 号
PM13	gwm304	197～225	225	烟农 19 号
			223	衡 95 观 26
			221	西农 988
			219	扬麦 20
			217	扬麦 18
			215	长武 134
			207	西科麦 4 号
			205	宝麦 8 号
			203	新麦 13 号
			201	泽优 1 号
			197	石家庄 11 号
PM14	gwm67	79～93	93	临旱 6 号
			89	沧麦 119
			87	中优 9507
			85	云麦 42
			83	豫麦 48
			81	中麦 175
			79	泽优 1 号
PM15	cfd29	159～191	191	邯优 3475
			187	农大 3488
			185	新麦 11 号
			183	山农优麦 2 号
			181	周麦 17
			179	泽优 1 号

表 C.1 （续）

引物		等位变异扩增片段大小		参照样品名称
编号	名称	范围,bp	扩增片段,bp	
PM15	cfd29	159～191	177	济麦 3 号
			175	苏徐 2 号
			173	中麦 175
			171	宁麦 5 号
			159	中优 9507
PM16	gwm459	124～152	152	温麦 10
			146	临旱 6 号
			142	农大 3432
			140	济麦 3 号
			138	扬麦 13 号
			130	云麦 42
			124	川农 17
PM17	barc198	109～161	161	宝麦 8 号
			155	长武 134
			152	新麦 13 号
			149	泽优 1 号
			146	靖麦 8 号
			130	晋麦 54
			127	扬麦 13 号
			124	扬麦 15
			121	中优 9507
			109	陇中 1 号
PM18	cfd76	145～167	167	长 4738
			163	济麦 3 号
			161	扬辐麦 2 号
			159	长武 134
			157	温麦 10 号
			155	烟农 19 号
			153	川农 17
			151	晋麦 54
			149	泽优 1 号
			147	豫麦 48
			145	西农 988
PM19	cfa2028	236～260	260	邯优 3475
			258	川农 16
			256	烟农 19 号
			254	中优 9507
			252	农大 211
			244	新麦 11 号
			236	泽优 1 号
PM20	gwm333	141～149	149	石新 828
			147	泽优 1 号
			145	农大 211
			143	中优 9507
			141	宁麦 5 号

表 C.1 (续)

引物		等位变异扩增片段大小		参照样品名称
编号	名称	范围,bp	扩增片段,bp	
PM21	gwm437	90～133	133	扬麦 15
			131	农大 3659
			125	皖麦 38
			121	川农 17
			119	温麦 10 号
			117	中麦 175
			115	宁麦 8 号
			111	凤麦 24
			109	中优 9507
			107	邯优 3475
			105	扬麦 18
			103	泽优 1 号
			101	农大 3488
			90	石新 828
PM22	wmc312	225～249	249	扬麦 18
			247	豫农 982
			243	邯优 3475
			241	农大 3659
			249	扬麦 18
			247	豫农 982
			243	邯优 3475
			241	农大 3659
			239	靖麦 8 号
			237	皖麦 38
			235	长 4738
			231	扬麦 13 号
			227	临旱 6 号
			225	淮麦 19 号
PM23	barc240	234～277	277	温麦 10 号
			268	农大 3659
			265	石新 828
			256	中育 6 号
			246	淮麦 20 号
			243	豫麦 48
			240	邯优 3475
			237	苏徐 2 号
			234	内麦 8 号
PM24	gdm111	197～207	207	云麦 42
			205	新原 958
			203	宁麦 5 号
			201	川农 17
			199	周麦 17
			197	廊研 43 号
PM25	wmc522	169～213	213	邯优 3475
			211	泽优 1 号
			207	豫农 982
			199	武农 148
			191	农大 211

表 C.1 （续）

引物		等位变异扩增片段大小		参照样品名称
编号	名称	范围，bp	扩增片段，bp	
PM25	wmc522	169～213	187	农大 3432
			183	临旱 6 号
			181	中麦 175
			177	中育 6 号
			171	济麦 2 号
			169	扬麦 15
PM26	cfd51	144～164	164	长武 134
			160	皖麦 38
			158	新麦 11 号
			156	豫农 982
			152	丰优 3 号
			150	京冬 20
			146	农大 3659
			144	扬麦 13 号
PM27	barc324	227～255	255	晋太 170
			251	云麦 42
			245	豫农 035
			242	中麦 175
			239	泽优 1 号
			236	临旱 6 号
			233	苏徐 2 号
			227	农大 211
PM28	barc164	175～211	211	川农 16
			205	安麦 1 号
			202	周麦 17
			190	靖麦 8 号
			187	烟农 19 号
			181	丰优 3 号
			178	农大 3488
			175	济麦 22 号
PM29	cfd9	194～240	240	中麦 175
			238	廊研 43 号
			236	石新 828
			232	周麦 17
			230	温麦 10 号
			228	扬辐麦 2 号
			226	同舟麦 916
			224	西农 988
			222	宁麦 8 号
			220	扬麦 15
			218	邯优 3475
			216	中优 9507
			212	豫农 48
			208	泽优 1 号
			204	扬麦 13 号
			194	农大 3488

表 C.1 （续）

引物		等位变异扩增片段大小		参照样品名称
编号	名称	范围，bp	扩增片段，bp	
PM30	gwm161	150～174	174	扬麦 13 号
			170	丰优 3 号
			168	扬麦 18
			166	凤麦 24
			154	豫农 48
			152	廊研 43 号
			150	济麦 3 号
PM31	barc170	145～196	196	苏徐 2 号
			190	晋麦 54
			187	周麦 19
			184	泽优 1 号
			181	西科麦 4 号
			175	豫农 982
			172	廊研 43 号
			169	山农优麦 2 号
			166	周麦 17
			163	沧麦 119
			157	农大 3659
			154	扬麦 18
			145	周麦 16
PM32	gwm495	151～179	179	烟农 19 号
			177	云麦 42
			175	豫农 982
			163	廊研 43 号
			161	中育 6 号
			159	农大 3488
			155	温麦 10 号
			151	新麦 13 号
PM33	wmc720	98～144	144	靖麦 8 号
			142	川农 16
			138	长武 134
			130	川农 17
			128	洛麦 23
			126	中麦 175
			124	安麦 1 号
			116	石新 828
			114	西农 928
			112	轮选 987
			110	豫农 48
			108	临旱 6 号
			98	藁优 9415
PM34	gwm186	112～145	145	太 10604
			140	徐州 24 号
			134	陇鉴 301
			130	新麦 18 号
			124	许农 5 号
			118	富麦 2008
			116	新麦 16 号
			112	济麦 19 号

表 C.1 (续)

引物		等位变异扩增片段大小		参照样品名称
编号	名称	范围,bp	扩增片段,bp	
PM35	cfa2155	208～216	216	农大 3432
			214	豫农 48
			212	丰优 3 号
			210	济麦 3 号
			208	静麦 2 号
PM36	cfd8	152～162	162	宁麦 5 号
			158	廊研 43 号
			156	农大 3659
			154	云麦 42
			152	扬麦 18
PM37	gwm169	176～221	221	靖麦 8 号
			219	西科麦 4 号
			204	新麦 11 号
			198	临旱 6 号
			196	扬麦 18
			194	温麦 10 号
			192	农大 3488
			190	石家庄 11 号
			186	豫农 982
			176	中育 10 号
PM38	barc345	120～154	154	中麦 175
			148	武农 148
			146	扬麦 18
			144	济麦 3 号
			140	山农优麦 2 号
			138	石新 828
			120	豫农 982
PM39	barc1121	102～130	130	豫农 982
			127	西科麦 4 号
			124	农大 3488
			121	山农优麦 2 号
			118	农大 3432
			109	长 6878
			102	运 9805
PM40	cfa2123	241～254	254	徐州 24 号
			249	农大 3659
			247	西科麦 4 号
			245	苏徐 2 号
			243	中育 6 号
			241	中麦 175
PM41	wmc476	178～215	215	太 10604
			213	济麦 3 号
			209	丰优 3 号
			205	农大 3432
			200	农大 3659
			198	川农 17
			190	豫农 48
			178	京 411

表 C.1 (续)

引物		等位变异扩增片段大小		参照样品名称
编号	名称	范围,bp	扩增片段,bp	
PM42	gwm44	163～189	189	济麦 3 号
			187	温麦 10 号
			183	烟农 19 号
			181	宁麦 5 号
			179	泽优 1 号
			177	农大 3488
			175	武农 148
			173	农大 3659
			171	邯优 3475
			163	陇中 1 号

附 录 D
（资料性附录）
参照样品名单

参照样品名单见表 D.1。

表 D.1 参照样品名单

序号	品种名称	序号	品种名称	序号	品种名称	序号	品种名称
1	太 10604	21	晋太 170	41	石新 828	61	扬麦 18
2	洛麦 23	22	京 411	42	苏徐 2 号	62	扬麦 20
3	安麦 1 号	23	京冬 20	43	太 10604	63	豫麦 48
4	宝麦 8 号	24	靖麦 8 号	44	同舟麦 916	64	豫农 035
5	沧麦 119	25	静麦 2 号	45	皖麦 38	65	豫农 982
6	川农 16	26	廊研 43 号	46	温麦 10	66	云麦 42
7	川农 17	27	临旱 6 号	47	汶农 6 号	67	云麦 53
8	丰优 3 号	28	陇鉴 301	48	武农 148	68	运 9805
9	凤麦 24	29	陇中 1 号	49	西科麦 4 号	69	泽优 1 号
10	富麦 2008	30	轮选 987	50	西农 928	70	长 4738
11	藁优 9415	31	周麦 19	51	新麦 11 号	71	长 6878
12	邯优 3475	32	内麦 8 号	52	新麦 13 号	72	长武 134
13	衡 95 观 26	33	宁麦 5 号	53	新麦 16 号	73	中麦 175
14	淮麦 19 号	34	宁麦 8 号	54	新原 958	74	中优 9507
15	淮麦 20 号	35	农大 211	55	徐州 24 号	75	中育 10 号
16	济麦 19 号	36	农大 3432	56	许农 5 号	76	中育 6 号
17	济麦 22 号	37	农大 3488	57	烟农 19 号	77	周麦 16
18	济麦 2 号	38	农大 3659	58	扬辐麦 2 号	78	周麦 17
19	济麦 3 号	39	山农优麦 2 号	59	扬麦 13 号		
20	晋麦 54	40	石家庄 11 号	60	扬麦 15		
注：表中的参照样品均为审定小麦品种。							

ICS 67.080.10
B 31

中华人民共和国农业行业标准

NY/T 2860—2015

冬枣等级规格

Grades and specifications of winter jujube

2015-12-29 发布　　2016-04-01 实施

中华人民共和国农业部　发布

前　言

本标准按照 GB/T 1.1—2009 给出的规则起草。

本标准由农业部种植业管理司提出。

本标准由全国果品标准化技术委员会(SAC/TC 510)归口。

本标准起草单位:山东省农业科学院农业质量标准与检测技术研究所、山东省标准化研究院。

本标准主要起草人:滕葳、李倩、张树秋、柳琪、王磊、聂燕、王玉涛、郭栋梁、高磊。

冬枣等级规格

1 范围

本标准规定了冬枣等级规格的要求、抽样方法、包装及标识。

本标准适用于冬枣等级规格的划分。

2 规范性引用文件

下列文件对于本文件的应用是必不可少的。凡是注日期的引用文件，仅注日期的版本适用于本文件。凡是不注日期的引用文件，其最新版本(包括所有的修改单)适用于本文件。

GB/T 191 包装储运图示标志

GB/T 6543 运输包装用单瓦楞纸箱和双瓦楞纸箱

GB 7718 食品安全国家标准 预包装食品标签通则

GB/T 8855 新鲜水果和蔬菜 取样方法

NY/T 1778 新鲜水果包装标识 通则

国家质量监督检验检疫总局令〔2005〕第75号 定量包装商品计量监督管理办法

3 术语和定义

下列术语和定义适用于本文件。

3.1

果点 spot fruit

因药害、气孔木质化等原因导致的冬枣果面分散的细小斑点。

3.2

浆头 serous part

枣的两头或局部出现浆包，色泽发暗。

4 要求

4.1 等级

4.1.1 基本要求

冬枣应符合下列基本要求：

——果形基本一致，果面清洁、果点小，成熟适度；

——无皱缩、萎蔫、浆头、腐烂或变质、异味；

——无病虫害导致的严重虫蚀、病斑和裂果等损伤；

——无冷冻、高温、日灼、机械导致的严重损伤；

——无不正常外来水分，无异物。

4.1.2 等级划分

在符合基本要求的前提下，冬枣分为特级、一级和二级。各等级应符合表1的规定。

表 1　冬枣等级

等级	要　求
特级	具有该品种固有的形态，果皮赭红光亮、着色 50%以上，果肉白或黄白色，皮薄、果肉细脆无渣、浓甜微酸、爽口，无病虫害导致的病斑和裂果等损伤。无冷冻、高温、日灼、机械导致的损伤
一级	具有该品种固有的形态，果皮赭红光亮、着色 40%以上，果肉白或黄白色，皮薄、果肉细脆无渣、浓甜微酸、爽口，无病虫害导致的病斑，无冷冻、高温、日灼导致的损伤。允许有轻微机械导致的损伤。同批果中裂纹果不超过 2%
二级	具有该品种固有的形态，果皮赭红光亮、着色 30%以上，果肉白或黄白色，皮薄、果肉较脆无渣、浓甜微酸、较爽口，无病虫害导致的病斑，无冷冻、高温导致的损伤，允许有少许日灼、机械导致的损伤。同批果中裂纹果不超过 5%

4.1.3　等级容许度

等级的容许度按其数量计：

a)　特级允许有 3%的产品不符合该等级的要求，但应符合一级的要求；

b)　一级允许有 5%的产品不符合该等级的要求，但应符合二级的要求；

c)　二级允许有 8%的产品不符合该等级的要求，但符合基本要求。

4.2　规格

4.2.1　规格划分

以冬枣单果重为划分规格的指标，分为大(L)、中(M)、小(S)三个规格。冬枣的规格应符合表 2 的规定。

表 2　冬枣规格

规　　格	大(L)	中(M)	小(S)
单果重(*W*)，g	>17	$15 \leqslant W \leqslant 17$	$12 \leqslant W < 15$
同一包装中的允许误差，%	$\leqslant 15$	$\leqslant 10$	$\leqslant 5$

4.2.2　规格容许度

规格的容许度按其数量计：

a)　特级允许有 5%的单果不符合该规格的要求；

b)　一级和二级允许有 10%的单果不符合该规格的要求。

5　抽样方法

按 GB/T 8855 和表 3 的规定执行。

表 3　抽样数量

批量件数	≤100	101～300	301～500	501～1 000	>1 000
抽样件数	5	7	9	10	15

6　包装

6.1　基本要求

同一包装内，应为同一地点生产、同一采收时间、同一等级和同一规格的产品。

6.2　包装方式

宜采用纸箱等包装。包装材料应清洁、卫生、干燥、无毒、无异味，符合 GB/T 6543 的规定。

6.3　净含量及允许负偏差

每个包装质量视具体情况确定，净含量及允许负偏差应符合国家质量监督检验检疫总局令〔2005〕

第 75 号的规定。

6.4 限度范围

每批受检样品质量和大小不符合等级、规格要求的允许误差按所检单位的平均值计算，其值不应超过规定的限度，且任何所检单位的允许误差值不应超过规定值的 2 倍。

7 标识

包装物上应有明显标识，内容包括：产品名称、等级、规格、产品的标准编号、生产或供应商单位及详细地址、产地、净含量和采收、包装日期、联系方式。标注内容应字迹清晰、规范、完整。标识应符合 NY/T 1778 的规定。产品标签应符合 GB 7718 的规定。

包装外部应注明防晒、防雨、防挤压、轻拿轻放要求和保存方法。包装标识图示应符合 GB/T 191 的要求。

ICS 67.080.10
B 31

中华人民共和国农业行业标准

NY/T 2861—2015

杨梅良好农业规范

Good agricultural practice for production of bayberry

2015-12-29 发布　　　　　　　　　　2016-04-01 实施

中华人民共和国农业部　发布

前　言

本标准按照 GB/T 1.1—2009 给出的规则起草。

本标准由农业部种植业管理司提出。

本标准由全国果品标准化技术委员会(SAC/TC 510)归口。

本标准起草单位:浙江省农业科学院、中国农业科学院农业质量标准与检测技术研究所、浙江省农业厅、台州市黄岩区果树技术推广总站。

本标准主要起草人:戚行江、梁森苗、杨桂玲、虞铁俊、王敏、汪雯、王强、黄茜斌、毛雪飞、张志恒、蔡铮、郑锡良、任海英。

杨梅良好农业规范

1 范围

本标准规定了杨梅生产组织管理、质量安全管理、种植操作规范、采收、分级、包装与标识、贮运等基本要求。

本标准适用于杨梅生产管理。

2 规范性引用文件

下列文件对于本文件的应用是必不可少的。凡是注日期的引用文件，仅注日期的版本适用于本文件。凡是不注日期的引用文件，其最新版本（包括所有的修改单）适用于本文件。

GB 2762 食品安全国家标准 食品中污染物限量

GB 2763 食品安全国家标准 食品中农药最大残留限量

GB 3095 环境空气质量标准

GB 5084 农田灌溉水质标准

GB/T 8321（所有部分） 农药合理使用准则

GB 9687 食品包装用聚乙烯成型品卫生标准

GB 15618 土壤环境质量标准

GB/T 29373 农产品追溯要求 果蔬

LY/T 1747 杨梅质量等级

NY/T 496 肥料合理使用准则 通则

NY/T 1778 新鲜水果包装标识 通则

NY/T 2315 杨梅低温物流技术规范

3 组织管理

3.1 宜有统一或相对统一的组织形式，管理杨梅良好操作规范的实施。可采用但不限于以下几种形式：

——公司化组织管理；

——公司加基地加农户；

——专业合作组织；

——农场或农庄；

——种植大户牵头的生产基地。

3.2 农业生产经营者宜建立与生产相适应的组织机构，包含生产、加工、销售、质量管理、检验等部门，并有专人负责。明确各管理部门和各岗位人员职责。

3.3 宜有相应专业知识的技术人员，负责杨梅生产操作规程的制定、技术指导、技术培训等工作。

3.4 宜有熟知杨梅生产质量安全的管理人员，负责杨梅生产过程的质量管理与控制。

3.5 从事生产的人员经过生产技术、安全及卫生知识培训，掌握杨梅种植技术、投入品施用技术及安全防护知识。

3.6 宜为从事特种工作的人员（如施药人员等）提供完备、完好的防护服（如胶靴、防护服、胶手套、面罩等）。

4 质量安全管理

4.1 实施单位应制定质量安全管理制度和追溯制度。

4.2 质量安全管理制度由以下内容构成：

——组织机构图及相关部门(如果有)、人员的职责和权限；

——质量管理措施和内部检查程序；

——人员培训规定；

——生产、加工、销售实施计划；

——投入品(含供应商)、设施和设备管理办法；

——产品的溯源管理办法；

——记录与档案管理制度；

——客户投诉处理及产品质量改进制度。

4.3 可追溯系统由生产批号和生产记录构成，追溯信息应符合 GB/T 29373 的要求。

4.3.1 生产批号以保障溯源为目的，作为生产过程各项记录的唯一编码，可包括种植产地、基地名称、产品类型、区块号、采收时间等信息内容。宜有文件进行规定。

4.3.2 生产记录应如实反映生产真实情况，并能涵盖生产的全过程。基本记录格式参见附录 A。

4.3.2.1 基本情况记录

——区块/基地分布图。宜清楚标示出基地内区块的大小和位置。

——区块的基本情况。环境发生重大变化或杨梅生长异常时，宜监测并记录。

4.3.2.2 生产过程记录

——农事管理记录。主要包括品种、嫁接育苗、移栽日期、土壤耕作、整形修剪日期、病虫草害发生防治记录、投入品使用记录、采收日期、产量、贮存、土壤处理和其他操作。

——投入品进货记录。包括投入品名称、供应商、生产单位、购进日期和数量。

——肥料、农药的领用、配制、回收及报废处理记录。

——销售记录。包含销售日期、产品名称、批号、销售量、购买者等信息。

4.3.2.3 其他记录

——环境、投入品和产品质量检验记录；

——农药和化肥的使用宜有统一的技术指导和监督记录；

——生产使用的设施和设备宜有定期的维护和检查记录。

4.3.2.4 记录保存和内部自查

——宜保存本标准要求的所有记录，保存期不少于 2 年；

——宜根据本标准制定自查规程和自查表，每年至少进行 1 次内部自查，保存相关记录；

——根据内部自查结果，对发现不符合项，制定有效的整改措施，付诸实施并编写相关报告。

5 种植操作规范

5.1 产地环境

5.1.1 产地远离工矿区和公路铁路干线，避开工业和城市污染源的影响，环境空气质量应符合 GB 3095 的要求。灌溉水质应符合 GB 5084 的要求。土壤环境质量应符合 GB 15618 的要求。每 2 年委托有资质的检测机构对产地环境进行分析检测，对不符合产地环境标准要求的土壤宜进行整改或放弃。

5.1.2 种植前宜从以下几个方面对产地环境进行调查和评估，并保存相关的检测和评价记录：

——种植基地以前的土地使用情况以及重金属、化学农药(特别是长残留农药)的残留程度；

——周围农用、民用和工业用水的排污情况以及土壤的浸蚀和溢流情况；

——周围农业生产中农药等化学物品使用情况，包括常用化学物品种类及其操作方法对杨梅的影响。

5.2　基地宜提供、配备并维护生产所需的基础设施，包括：

——生产所需的山坡地、果园道路网络以及喷灌等配套设施；

——采收、包装、贮存、运输、检测和卫生等生产设施；

——生产可选的杀虫灯、黄粘板、性诱剂、防虫网、避雨伞、塑料大棚等配备设施。

5.3　农业投入品管理

5.3.1　采购

5.3.1.1　制定农业投入品采购管理制度，选择合格的供应商，并对其合法性和质量保证能力等方面进行评价。

5.3.1.2　采购的农药、肥料及其他化学药剂等农业投入品有产品合格证明、建立登记台账，保存相关票据、质保单、合同等文件资料。

5.3.2　贮存

5.3.2.1　农业投入品仓库宜清洁、干燥、安全，有相应的标识，并配备通风、防潮、防火、防爆、防虫、防鼠、防鸟和防止渗漏等设施。

5.3.2.2　不同种类的农业投入品分区域存放，并清晰标识，危险品宜有危险警告标识；有专人管理，并有进出库领用记录。

5.4　种苗管理

5.4.1　品种选择

5.4.1.1　充分考虑当地自然条件、市场需求和优良品种区划，选择具有对病害和虫害有抗性和耐性的、良好经济性状和地方特色的品种。

5.4.1.2　常见的品种有东魁、荸荠种、丁香梅、晚稻杨梅、黑晶、早佳、夏至红、晚荠蜜梅、早色、乌紫杨梅、早大梅、桐子梅、水晶种、深红种、乌酥核、紫晶、细蒂、乌梅、火炭梅、浮宫一号、硬丝、软丝、慈荠等。

5.4.2　苗木采购

5.4.2.1　苗木采购宜具备检疫合格证或相关的有效证明；保存苗木质量、品种纯度、品种名称等有关记录及苗木销售商的证书。选购时，以 1 年生嫁接苗为好，选择粗壮、无伤根的一级苗木，起苗后根系打黄泥浆，并用尼龙薄膜包裹好，再行调运；起苗至定植时间最长不宜超过 10 d。定植前，剪去苗木嫁接口 30 cm 以上的枝叶、30 cm 之内叶片的 2/3；技术成熟地区，可用 3 年～4 年生树苗定植。

5.4.2.2　苗木质量应符合表 1 的要求。

表 1　苗木质量要求

级　别	地径，cm	苗高，cm	根　系	检疫性病虫害
一　级	≥0.6	≥50	发达	无
二　级	≥0.5	≥40	较发达	无

5.5　小苗定植技术

5.5.1　宜在春季(3 月～4 月上旬)，选择无风阴天栽植。定植密度依山地气候、土壤肥力、土层厚度和品种特性而异。栽植密度宜每亩 19 株～33 株。

5.5.2　定植穴宜挖 80 cm×80 cm×80 cm 大小为好。定植时避免根系与肥料接触，周围杂草等不宜立即去掉。

5.5.3　宜选择壮苗，先定单主干 30 cm，再去掉嫁接部位接穗上的尼龙薄膜，剪去主根、修剪过长和劈裂根系。定植时根系宜舒展，分次填入表土，四周踏实，浇水 1 次～2 次，最后再盖一层松土。定植完毕宜立即用柴草覆盖树盘，或遮阳网覆盖树体，直至当年9月份。

5.5.4 杨梅发展新区，按1%～2%搭配杨梅授粉树(雄株)，并根据花期风向和地形确定杨梅雄株的位置。

5.5.5 定植后的第一年，杨梅根系不发达，高温干旱时宜进行防旱抗旱。有水源的可行灌水或浇水；也可在出梅后地湿时，覆盖5 cm～10 cm厚的草于鱼鳞坑范围内，防旱抗旱。

5.6 大树移栽技术

5.6.1 宜在萌芽前(2月～4月上旬)，或秋冬季(10月～11月)，选择在阴天或小雨天进行。

5.6.2 先挖定植穴，穴内填少量的小石砾及红黄壤土。挖树时先剪去树冠部分枝条及当年生新梢，短截过长枝，控制树冠高度。挖掘时需环状开沟，并带钵状土球，直径为树干直径的6倍～8倍。挖后宜及时修剪根系，剪平伤口，四周用稻草绳扎缚固定，并及时运到栽植地。栽种时把带土球的树置于穴内后，先扶正树干，覆土(高度宜略低于土球)，踏实，灌水，使土壤充分湿润，最后再覆盖一层松土。

5.6.3 移栽后立即进行修剪和整形，树冠喷水，使枝叶充分湿润。5 d～7 d内宜坚持早晚各喷一次水。高温季节宜检查根部草包的干湿情况。

5.7 耕作管理

5.7.1 宜根据杨梅生长喜含石砾的沙性红壤或黄壤、适宜生长结果的土壤pH为4～6的原则，结合芒萁、杜鹃等指示植物生长茂盛的土壤杨梅生长结果最佳的特性，考虑杨梅园的地形、朝向、海拔高度等因素，科学、合理选择杨梅园适宜的耕作制度，如清耕法、自然生草法、地面覆盖法等。

5.7.2 幼龄树定植后，于夏季伏旱来临前(6月下旬至7月上旬)，在树盘直径1 m～1.5 m内，结合清除灌木、杂草，用杂草枝叶进行覆盖，厚度约10 cm，并用少量泥块压实，覆盖物离开主干10 cm。

5.7.3 成年树管理，山坡地宜用“自然生草法”，冬季翻土时清除杂灌木和多年生草本植物，一年生草本植物任其自然生长，仅在采收前割去树冠下杂草。平地果园也提倡生草栽培、生态栽培。

5.8 肥料管理

5.8.1 宜遵循培肥地力、改良土壤、平衡施肥、以地养地的原则，科学、平衡、合理施用肥料，提高肥料利用率和降低肥料对种植环境的影响。根据土壤状况、杨梅品种和生长阶段以及栽培条件等因素，选择肥料类型和施肥方式。肥料的使用应符合NY/T 496的规定。不宜使用工业垃圾、医院垃圾、城镇生活垃圾、污泥和未经处理的畜禽粪便。

5.8.2 幼龄树以氮肥为主，特别是新栽幼树，施肥上宜适当增施氮肥，开始结果后减少氮肥用量，增施钾肥。每年上半年施速效性肥1次～2次，每株施尿素或复合肥0.1 kg～0.3 kg，随着树龄的增大宜增加施肥量，4年～5年生树每株增施过磷酸钙0.05 kg～0.1 kg。

5.8.3 成年树在杨梅生长周期施肥宜氮：磷：钾配比以1：0.3：4为宜，减少磷肥的施用量，增大钾肥的施用量，施用钾肥需采用硫酸钾。

5.8.4 正常结果树，全年施肥2次。第一次为春肥(2月～3月)，每株施尿素0.1 kg～0.3 kg、硫酸钾0.5 kg或焦泥灰15 kg～20 kg；第二次为采后肥(7月)，每株施尿素0.2 kg、硫酸钾0.2 kg～0.5 kg。磷肥隔1年～2年施用1次，每株施0.1 kg～0.15 kg，不宜单施氮肥及过量施用磷肥。

5.8.5 大年结果树，全年施肥3次。第一次是春肥，每株施尿素0.2 kg～0.3 kg ，促进春梢抽发；第二次是壮果肥(4月～5月)，每株施复合肥1 kg加硫酸钾1 kg～2 kg；第三次是采后肥，采收结束前2 d～3 d施复合肥0.5 kg～1 kg，以促进于树体恢复，促使夏梢抽发。

5.8.6 小年结果树，全年施肥2次。第一次是壮果肥，每株施1kg～2 kg的硫酸钾；第二次是秋冬肥(10月～11月)，每株施有机肥25 kg或复合肥1 kg。生长势过旺的树，宜减少对氮肥的使用，增加钾肥的用量；长势过旺而开花少的树，宜同时增加磷肥的用量，株增施0.5 kg的过磷酸钙以促进花芽形成，磷肥施用一般隔年进行，防止使用过多。

5.8.7 对于树势衰弱的树，增加氮肥的用量，每株施 1 kg～2 kg 尿素。

5.9 整形

5.9.1 一般采用开心形或圆头形方式整形，但生长旺盛和枝条直立性强的品种宜用主干形或疏散分层形方式整形。

5.9.2 开心形：定干高度 30 cm，抹除当年在主干下半部上的新梢，过多时要及时疏删，一般保留 2 个～3 个新梢。夏梢超过 25 cm 时摘心。保留 2 个～3 个秋梢，并在 20 cm 以上时摘心，促其粗壮。一般幼树第二年可在离主干 70 cm 的主枝上选留第一副主枝，处于主枝侧面略向下的部位，要求从属于主枝。第三年可在完成三主枝及第一副主枝基础上选留第二副主枝。第一、第二副主枝间隔 60 cm。其上的侧枝宜留 30 cm 缩剪。第四年继续延长主枝和副主枝。在距离第二副主枝约 40 cm 处选留第三副主枝，在主枝和副主枝上继续培养侧枝，连续 5 年～6 年后即可完成整形。

5.9.3 圆头形：定干高度 30 cm，其后除保留从主干所分生的 4 个～5 个强壮枝条外，及早去除其余枝条。保留的枝条彼此约 20 cm 间隔，并各向一个方向发展，避免互相重叠。距离主干 70 cm～80 cm 部位，在侧面略下方留副主枝，大枝间均保留 80 cm～90 cm 间距，以利分生侧枝，充分利用空间。控制主枝、副主枝以外过强枝的生长。经过 7 年～8 年即可完成整形。

5.9.4 主干形：适用在土壤肥沃、土层深厚的地方种植杨梅。定植后在干高 60 cm～70 cm 处定干，其后抽生的枝条，最上一枝为主枝的延长枝，下面留 3 个～4 个主枝，向四周开张，删去过多的强枝。第二年在主干延长枝上，长约 60 cm 处进行短截，在主干延长枝下部选 3 个～4 个斜生枝作为主枝，第三年～第四年进行相同操作，直至盛果期树冠不再升高。此类树形不设副主枝，在主干以上以多余主枝来代替副主枝。在完成整形以后，全树共有 12 个～15 个主枝。

5.9.5 疏散分层形：需要较大的生长空间，密植园不宜采用。一般分两层整形，但如果土壤肥水条件好，可以设第三层，主枝数第一层 3 个，第二层、第三层 2 个～3 个。定植时定干高度 30 cm，促使剪口附近发生强壮枝条，选择最顶端枝条作为主干延长枝，其后在其下部选择 3 个不同方向基角大、生长粗壮的枝条作为主枝培养，并尽量拉大主枝和中心领导干的角度，主枝的先端朝上，与中心领导干角度 45°左右，其余予以疏除，以免树冠内部过于荫蔽。主枝及领导干上的小枝宜尽量保留。第二年继续培养中心领导干、主枝和副主枝。为克服杨梅上强下弱、树冠内膛枝条易荫蔽的生长特性，中心领导干不宜过粗过长，并且要求曲折上升，同时宜尽量促使主枝生长，并使其自然伸展避免弯曲，以保持较旺的生长势，与中心领导干的生长保持平衡。第三年开始，培养第二层主枝，两层主枝间的距离一般保持在 100 cm 以上。第一层主枝培养 2 个～3 个副主枝，第二层主枝培养 1 个～2 个副主枝。第一层副主枝离地面 80 cm～90 cm，第二层副主枝离第一层副主枝 60 cm～70 cm。

5.10 修剪

5.10.1 宜提倡“粗放型”的疏删、短截相结合原则，做到通风透光、去直留斜、立体结果。

5.10.2 生长期修剪在 4 月～10 月，休眠期修剪在 11 月至翌年 3 月。最适修剪时期为春剪(4 月)、夏剪(7 月)、秋冬剪(11 月)。

5.11 花果管理

5.11.1 对杨梅旺树采取不施氮、增施钾肥和磷肥的措施进行保果。

5.11.2 对花枝、花芽过量或结果过多的树，于 2 月～3 月疏删花枝及密生、纤细、内膛小侧枝。少部分结果枝短剪促分枝。

5.11.3 对东魁等大果型品种可推广人工疏果。每年盛花后 20 d 和谢花后 30 d～35 d，疏去密生果、劣果和小果，果实迅速膨大前再疏果定位。疏果标准为 15 cm 以上的长果枝和粗壮果枝留果 3 个～4 个，5 cm～15 cm 长的留果 2 个～3 个，5 cm 以下的短果枝留果 1 个。

5.12 杨梅关键技术

杨梅提早结果、矮化树体等关键技术参见附录B。

6 病虫害防治

6.1 坚持“预防为主、综合防治”方针，合理选用农业防治、物理防治和生物防治，根据病虫害发生的经济阈值，适时开展化学防治。提倡使用诱虫灯、粘虫板等措施，人工繁殖释放天敌。优先使用生物源和矿物源等高效低毒低残留农药，并按GB/T 8321的要求执行，严格控制安全间隔期、施药量和施药次数。

6.2 采用农业防治措施。选择对主要病虫害抗性较强的杨梅良种。加强栽培管理，及时清除病虫为害枝条及枯枝、残枝、重叠枝、交叉枝、骑马枝，冬季清园，改善杨梅林的生态环境。

6.3 物理防治

6.3.1 趋光诱杀：每10亩安装1盏黄绿光灯(果蝇趋性最强的光源波长为560 nm)。或每30亩挂1盏频振式杀虫灯，一般悬挂在树体高度的2/3处，5月下旬～6月下旬开灯。

6.3.2 黄粘板：树内1.5 m高处挂黄板，每树1块～2块。

6.3.3 昆虫性诱剂诱杀：离地1.5 m处挂果蝇性诱剂诱集器，每树1个，5月下旬～6月下旬悬挂。

6.3.4 防虫网：在杨梅矮化树冠上搭建棚架(单株棚架，采用6根～8根钢管，中间固定，均匀插地)，防虫网直接覆盖在棚架上，四周用泥土和砖块压实，留一侧揭盖。

6.3.5 化学防治：杨梅登记用药较少，不能满足正常的生产需要；需要谨慎选择高效、低毒、低残留的农药，用药建议参见附录C。

7 采收

7.1 采前检测

采收上市前，宜进行安全性、自律性检测或委托农产品质量安全检测机构检验。卫生指标符合GB 2763和GB 2762的要求，方可上市。

7.2 采收时间

果实采收成熟度，根据销售终端地点不同而确定(以荸荠种和东魁杨梅为例)。近距离运输果实可以采用完熟采收。中距离运输果实以九成熟采收为好。远距离运输果实以八成熟采收为好。采收宜在晴天上午露水干后或阴天进行，不宜在雨天、雨后和高温下采收。

7.3 采收方法

7.3.1 采收时宜戴洁净手套，轻摘轻放，避免果实肉柱损伤，并随时剔除机械伤、软化、霉变等果实。

7.3.2 周转箱(筐)或采果篮宜清洁、干燥，不宜过高过大，装果高度不宜超过20 cm，采摘前宜在容器底部及四周垫柔软缓冲物。

7.3.3 采收时宜同时携带2只篮子，一边采摘一边分级。品质好的放入小篮子，品质一般的放入大篮子。

8 分级与分装

杨梅采摘后，在10℃～15℃操作间，按LY/T 1747的要求进行挑选分级，分级后装入适宜销售的小塑料篮或竹篮内，装果高度不宜超过15 cm，装果量不宜超过2 kg。

9 预冷

按照NY/T 2315的要求，果实采收后宜在2 h内完成分级并进行预冷，可采用冷库、强制冷风、真空冷却等方式，使果心温度降至0℃～2℃。

10 包装与标识

10.1 薄膜包装

经预冷或者贮藏的杨梅，在果框外，选择 0.04 mm～0.06 mm 厚的聚乙烯薄膜包装袋进行抽气或充氮包装。薄膜袋的卫生指标应符合 GB 9687 的规定。

10.2 外包装

将包装后的杨梅和冰瓶(袋)等蓄冷材料同置于 2 cm～3 cm 厚的定型泡沫箱内并密封。杨梅与冰瓶(袋)的重量比不大于 4∶1；冰瓶(袋)为水等蓄冷材料在－18℃条件下冻结制得。

10.3 标识

包装上市的杨梅宜在包装上标明品名、产地、生产日期、生产者或销售者名称、地址、联系电话。未包装的杨梅宜采取附加标签、标识牌、标识带、说明书等形式，标明品名、产地、生产日期、生产者或销售者名称、地址、联系电话。获得“三品”认证的杨梅，经包装或附加标识后上市销售，并标注相应标志和发证机构。

11 贮运

11.1 库房消毒

库房经整理、清扫后，用 0.1%次氯酸钠喷洒消毒，或用 5 g/m^3 硫黄熏蒸消毒，一般处理后经 24 h 密闭，然后通风 1 d～2 d，按要求调节到规定温度备用(产地预冷库房和销售端预存库房要求相同处理)。

11.2 贮藏

经预冷后的杨梅可直接包装进入物流运输销售，也可置于保鲜库短期贮藏。杨梅低温贮藏温度宜为 0℃～2℃，相对湿度宜为 80%～90%。整个贮藏期间要保持库内温度的稳定。杨梅近距离运输销售，贮藏期不宜超过 5 d～6 d；杨梅远距离运输周转销售，贮藏期不宜超过 3 d～4 d。

11.3 运输

采用低温冷藏车运输，冷藏车车内温度宜为 2℃～5℃。杨梅运输最长期限不宜超过 24 h。果实运达销售地后，宜置于 0℃～2℃保鲜库内临时贮藏，宜在 48 h 内完成销售。运输行车宜平稳，减少颠簸和剧烈振荡。码垛要稳固，货件之间以及货件与底板间留有 5 cm～8 cm 间隙。

附 录 A
（资料性附录）
杨梅生产良好农业规范记录表

A.1 地块基本情况表

见表 A.1。

表 A.1 地块基本情况表

生产基地名称			
检测单位		检测日期	
大气检测情况			
土壤检测情况			
土壤类型		土壤肥力	
灌溉用水检测情况			
水来源及位置与国家标准符合情况说明			
与国家标准符合情况说明			
周围环境			
污染发生及投入品使用历史情况			
备注	附基地方位图、基地地块分布图		

记录人：　　　　　　　　　　　　负责人：

年　月　日　　　　　　　　　　　年　月　日

A.2 生产记录表

见表 A.2。

表 A.2 生产记录表

<table>
<tr><td colspan="2">基地名称</td><td colspan="3"></td></tr>
<tr><td colspan="2">种植品种</td><td></td><td>种植时间</td><td></td></tr>
<tr><td colspan="2">区块编号</td><td></td><td>面积,亩</td><td></td></tr>
<tr><td>日期</td><td>天气</td><td colspan="2">田间作业内容</td><td>作业人员签名</td></tr>
<tr><td></td><td></td><td colspan="2"></td><td></td></tr>
<tr><td></td><td></td><td colspan="2"></td><td></td></tr>
<tr><td></td><td></td><td colspan="2"></td><td></td></tr>
<tr><td colspan="2">备注</td><td colspan="3"></td></tr>
</table>

记录人： 负责人：

年 月 日 年 月 日

A.3 农业投入品使用记录表

见表 A.3。

表 A.3 农业投入品使用记录表

<table>
<tr><td colspan="2">基地名称</td><td colspan="4"></td></tr>
<tr><td colspan="2">种植品种</td><td></td><td>种植品种</td><td colspan="2"></td></tr>
<tr><td colspan="2">区块编号</td><td></td><td>区块编号</td><td colspan="2"></td></tr>
<tr><td>日期</td><td>天气</td><td>投入品名称及浓度(配比)</td><td>使用量</td><td>施用方式</td><td>施用人签名</td></tr>
<tr><td></td><td></td><td></td><td></td><td></td><td></td></tr>
<tr><td></td><td></td><td></td><td></td><td></td><td></td></tr>
<tr><td></td><td></td><td></td><td></td><td></td><td></td></tr>
<tr><td></td><td></td><td></td><td></td><td></td><td></td></tr>
<tr><td>备注</td><td colspan="5"></td></tr>
</table>

记录人： 负责人：

年 月 日 年 月 日

A.4 采收记录

见表 A.4。

表 A.4 采收记录

采收日期	区块号	种植品种	面积,亩	采收数量	生产批号	检验情况
备注						

记录人： 负责人：

年 月 日 年 月 日

A.5 销售记录

见表 A.5。

表 A.5 销售记录

生产批号	日期	销售人	销售数量	规格	购买者	联系方式
备注						

记录人： 负责人：

年 月 日 年 月 日

A.6 成品贮藏记录表

见表 A.6。

表 A.6 成品贮藏记录表

批号	仓库地点	仓库号	贮存日期	品种	包装规格 kg/袋	进库量 t	出库		
							日期	数量	目的地
备注									

记录人：　　　　　　　　　　　　　　　　　负责人：

年　月　日　　　　　　　　　　　　　　　　年　月　日

附 录 B
(资料性附录)
杨梅生产关键技术

B.1 杨梅提早结果关键技术

栽植后1年～3年以促使树体迅速扩大为主要目的,确保春梢、夏梢、秋梢正常抽生。夏季摘梢替代冬季修剪,同时加强病虫害及肥培管理;第四年～第六年为促花结果的转换期,由前期的快速生长转变为生长和结果并重时期,在扩展树冠的同时促进树体结果,宜采用缓和树势和促进花芽分化的修剪方法。对树冠上部强枝进行适当疏剪,形成上稀下密的枝叶分布,对各主枝进行拉枝,以开张树冠,对主枝可采用环割或环剥。

B.2 矮化杨梅树体关键技术

大枝修剪是矮化杨梅树体的主要技术措施,适用于树龄小于15年生树体,一般树高可控制在4 m以内。盛果期杨梅树由于主干粗、枝叶及结果部位过高,进行矮化修剪会影响产量,因此建议分年度逐步进行。

大枝修剪宜在春季未开花前进行。一般去除直立的中心杆,从基部去除上部生长较强的生长枝,删除过密的重叠主枝,使树体呈现开天窗的形状。大枝修剪后,对枝梢上部抽生的强枝须从基部去除,做到抑上促下,去强留弱,控制长势,促进结果,以果压树。老龄树大枝修剪一般需逐年分步进行,即每年把高大的主枝逐年回缩,年回缩大枝长度一般控制在1 m～2.5 m,促使其发出新梢进行更新,通过几年的修剪可把原来高7 m～8 m的树冠回缩到4 m左右,并可减少产量损失。修剪顺序宜先大枝后小枝,先上后下,先内后外。同时,修剪后的剪口要平,不留短桩,大的锯口或剪口宜涂保护剂。

B.3 杨梅设施栽培关键技术

利用塑料大棚改变杨梅生长发育的环境条件,可促成早熟,提早上市,提高栽培效益。大棚结构形式有简易竹制、钢架和大型温室3种。竹制大棚以单栋建造形式较方便,可用大棚卡槽固定薄膜和防虫网;建连栋竹大棚需在拱间设置集雨槽,其扣膜及压膜线安装技术难度较大;钢架大棚则需根据杨梅园地条件,请大棚专业施工人员设计安装,以保证棚室的安全可靠。搭建高度宜离树冠顶部1 m以上;盖膜时间宜在元旦前后。杨梅硬核期搭棚,可省去低温季节的大棚管理环节,节省成本和用工。

设施栽培适宜全国各早熟杨梅产区。宜选择喜阴湿环境,选用早熟、易结果、品质优良品种,采用矮化密植栽培,但新种已投产杨梅树宜定植一年后盖棚。大棚内前期气温低,注意扣膜保温,晴天中午宜适当通风换气降湿;3月～4月温度上升,宜适时通风降温,防止高温灼伤树体;4月中下旬气温升高后,可将四周薄膜拆除,保留(或换上)防虫网,让棚内通风透气,使树体在自然温度条件下生长。棚内铺设地膜能有效控制棚内湿度,减少因低温高湿造成的病害发生,减少水分蒸腾。

B.4 杨梅省力化栽培技术

栽植时植被不全部清除,以后根据需要逐年清除;定植前在等高线上根据定植的行株距,确定定植点,从上部挖土,修成外高内低半月形小台面,在离小台面外缘2/3台面处挖直径在0.5 m～0.6 m、深度0.4 m～0.5 m的定植小穴进行种植,可省工50%以上。

栽植密度宜4 m×5 m(亩栽33株),主干高宜控制在15 cm以内,树高宜控制在3 m以下。与原先亩栽22株、树高通常在4.5 m以上相比，杨梅采摘、修剪、喷药、除草等农事操作较容易，管理成本约低30%以上。

修剪上，主枝数量可适当放宽到三主枝以上。在杨梅幼年期，采用先促后控、轻剪缓放的修剪方法，达到修剪量少、用工少、树冠扩大快、初果期提早的目的。修剪时以大枝开张修剪为主，不须采用摘心、拉枝、吊枝等措施，只需采用多剪直立枝、下垂枝，多剪大枝、少剪小枝，使树体矮壮开张，树冠分层不重叠，内膛不光秃，树冠凹凸，达到立体结果即可。

附 录 C
（资料性附录）
杨梅用药使用建议

杨梅用药使用建议见表 C.1。

表 C.1 杨梅用药使用建议

<table>
<tr><th>防治对象</th><th>农药通用名（商品名）</th><th>含量</th><th>用量</th><th>使用方法</th><th>生长季使用最多次数</th><th>安全间隔期，d</th></tr>
<tr><td rowspan="2">褐斑病</td><td>波尔多波</td><td>—</td><td>硫酸铜：熟石灰：水＝1：2：200</td><td>新梢长到 2 cm～3 cm 喷雾</td><td>1</td><td>30</td></tr>
<tr><td>嘧菌酯</td><td>25%</td><td>1 250 倍～2 500 倍</td><td>采果后喷施，或冬季清园使用</td><td>1</td><td>7</td></tr>
<tr><td>干枯病</td><td>石硫合剂</td><td>—</td><td>3 波美度～5 波美度</td><td>早期刮除病斑后涂、或冬季清园使用</td><td>1</td><td>30</td></tr>
<tr><td rowspan="3">果蝇</td><td>阿维菌素</td><td>0.1%浓饵剂</td><td>180 g/亩～300 g/亩</td><td>在杨梅果实硬核着色期进入成熟期之间，诱杀</td><td>1</td><td>—</td></tr>
<tr><td>灭蝇胺</td><td>50%</td><td>3 300 倍</td><td>在杨梅果实硬核着色期进入成熟期之间施药</td><td>1</td><td>15</td></tr>
<tr><td>乙基多杀菌素</td><td>6%</td><td>1 500 倍</td><td>在杨梅果实硬核着色期进入成熟期之间施药</td><td>1</td><td>15</td></tr>
<tr><td>白腐病</td><td>抑霉唑硫酸盐</td><td>13.3%</td><td>1 000 倍</td><td>在杨梅果实硬核着色期进入成熟期之间施药</td><td>1</td><td>15</td></tr>
<tr><td rowspan="5">介壳虫类</td><td>矿物油</td><td>95%</td><td>50 倍～60 倍</td><td rowspan="2">7 月～8 月第二代介壳虫发生初期，或冬季清园，喷雾。高温季节应在早晨或傍晚避开高温使用，提高稀释倍数，长期干旱应补充水分后使用</td><td>1</td><td>30</td></tr>
<tr><td>机油</td><td>95%</td><td>50 倍～60 倍</td><td>1</td><td>30</td></tr>
<tr><td rowspan="2">松脂酸钠</td><td>45%</td><td>100 倍～200 倍</td><td rowspan="2">7 月～8 月第二代介壳虫发生初期，或冬季清园，喷雾。高温季节应早晨或傍晚避开高温使用，提高稀释倍数</td><td>1</td><td>30</td></tr>
<tr><td>30%</td><td>300 倍</td><td>1</td><td>30</td></tr>
<tr><td>噻嗪酮</td><td>65%</td><td>2 500 倍～3 000 倍</td><td>7 月～8 月第二代介壳虫发生初期，冬季清园，喷雾</td><td>1</td><td>15</td></tr>
<tr><td rowspan="2">尺蠖、蓑蛾类</td><td>苏云金杆菌</td><td>16 000 IU/mg</td><td>400 倍～800 倍</td><td>于 4 月～5 月幼虫期发生初期，喷雾</td><td>1</td><td>30</td></tr>
<tr><td>氯虫苯甲酰胺</td><td>35%</td><td>7 000 倍～10 000 倍</td><td>于 4 月～5 月幼虫期发生初期，喷雾</td><td>1</td><td>30</td></tr>
</table>

ICS 01.040.65
B 04

中华人民共和国农业行业标准

NY/T 2862—2015

节水抗旱稻　术语

Water-saving and drought-resistance rice—Terminology

2015-12-29 发布　　2016-04-01 实施

中华人民共和国农业部 发布

前　言

本标准按照 GB/T 1.1—2009 给出的规则起草。

本标准由农业部种植业管理司提出并归口。

本标准起草单位：上海市农业生物基因中心。

本标准主要起草人：罗利军、毕俊国、梅捍卫、余新桥、刘鸿艳、刘国兰、张安宁、王飞名。

节水抗旱稻 术语

1 范围

本标准规定了节水抗旱稻名词术语和定义。

本标准适用于节水抗旱稻的教学、科研、生产、经营和管理等领域。

2 术语和定义

2.1

水稻 paddy rice

稻的基本类型，具有特殊的裂生通气组织，能将空气从植株的上部输送到根系，使根部有足够的氧气，不会在淹水的条件下因缺氧而死亡，耐旱性一般较差。

2.2

旱稻 upland rice

水稻因环境变化而变异产生的变异型。对栽培土壤中的水分条件敏感性较弱，具有极强抗旱性反应的生态类型水稻。

2.3

节水抗旱稻 water-saving and drought-resistance rice (WDR)

节水抗旱稻是一种具有旱稻节水抗旱特性、又有水稻高产优质特性的新型栽培稻。

2.4

抗旱性 drought resistance

在一定的干旱缺水条件下仍能正常生长、结实并获得足够产量的能力。包括避旱性、耐旱性、逃旱性和复原抗旱性等。

2.5

节水性 water saving

同等产量条件下，节水抗旱稻较其他栽培水稻节水的能力。

2.6

抗旱性鉴定 identification and evaluation for drought resistance

根据节水抗旱稻抗旱性鉴定技术规程要求，进行抗旱能力的评价。

2.7

缺水敏感期 water deficiency sensitive period

生育过程中对缺水敏感、且需水量较大的时期，包括分蘖期、孕穗期、抽穗开花期和灌浆期。

2.8

旱播旱管 dry direct seeding and dry cultivation

以旱作方式直播，灌水或等候雨水萌发、出苗，整个生长发育期间以利用雨水为主，或缺水敏感期适当灌溉的种植方式。

2.9

抗旱指数 drought resistance index

以籽粒产量为依据，以对照品种作为比较标准，评价待测品种（系）抗旱性的指标，按式（1）计算。

$$DHI = \frac{X_1}{CK_1} \Bigg/ \frac{X_2}{CK_2} \quad \cdots\cdots (1)$$

式中：

DHI——抗旱指数；

X_1 ——水分胁迫条件下参试品种（系）产量，单位为千克每公顷（kg/hm^2）；

X_2 ——常规水分条件下参试品种（系）产量，单位为千克每公顷（kg/hm^2）；

CK_1 ——水分胁迫条件下已知抗旱性品种产量，单位为千克每公顷（kg/hm^2）；

CK_2 ——常规水分条件下已知抗旱性品种产量，单位为千克每公顷（kg/hm^2）。

2.10

抗旱系数　drought index

同一节水抗旱稻品种（系）旱处理产量与水处理产量的比值，按式（2）计算。

$$DI = \frac{X_1}{X_2} \quad \cdots\cdots (2)$$

式中：

DI——抗旱系数；

X_1——水分胁迫条件下参试品种（系）的产量，单位为千克每公顷（kg/hm^2）；

X_2——常规水分条件下参试品种（系）的产量，单位为千克每公顷（kg/hm^2）。

2.11

旱敏感品种　drought sensitive variety

抗旱指数小于或等于 0.69 的水稻品种。

ICS 65.020.01
B 05

中华人民共和国农业行业标准

NY/T 2863—2015

节水抗旱稻抗旱性鉴定技术规范

Technical specification of identification and evaluation for rice drought resisitance

2015-12-29 发布 2016-04-01 实施

中华人民共和国农业部 发布

前　　言

本标准按照GB/T 1.1—2009给出的规则起草。

本标准由农业部种植业管理司提出并归口。

本标准起草单位：上海市农业生物基因中心。

本标准主要起草人：罗利军、毕俊国、梅捍卫、余新桥、刘鸿艳、刘国兰、张安宁、王飞名。

节水抗旱稻抗旱性鉴定技术规范

1 范围

本标准规定了节水抗旱稻抗旱性鉴定方法。

本标准适用于节水抗旱稻抗旱性的鉴定。

2 抗旱性鉴定

2.1 试验材料

对照品种（系）(包括旱敏感品种和已知抗旱性品种)，参试品种（系）。

2.2 试验设计

设置水分胁迫和常规水分对照两个处理。相同生育期材料种植在同一试验区域，保证各个区域独立灌溉，且区域之间的水分互不影响。每个处理 3 次重复，小区面积不少于 3 m^2

2.3 种子处理和播种

播前种子水漂精选并浸种消毒 24 h，清洗后播种，每穴 2 粒。3 叶 1 心期进行定苗，基本苗为 1 株/穴。

2.4 干旱胁迫处理

2.4.1 前期处理

播种至幼穗分化Ⅱ期前，田间采用间歇灌溉保持湿润状态，土壤水势维持在－15 kPa～0 kPa，当水势低于－15 kPa 时，应及时补灌。

2.4.2 水分胁迫处理

幼穗分化Ⅱ期开始即停止供水，进行水分胁迫。水分胁迫在达到以下 3 种指标之一后，即代表水分胁迫处理完成：①干旱敏感对照水稻品种，所有叶片在清晨卷叶不恢复连续达到 5 d 时；②旱敏感品种枯死叶率达到 50％时；③保持田间土壤水势在－1 500 kPa～－50 kPa 连续达 20 d。水分胁迫完成时，即进行复水，按照前期处理的水分管理方式进行。

2.5 常规水分对照处理

全生育期保持湿润状态，土壤水势维持在－15 kPa～0 kPa，田间土壤水势低于－15 kPa 时，应及时补灌。

2.6 产量测定

成熟时，每个小区单独收割、脱粒、风干、称重，同时测定水分。籼稻按含水量 13.5％、粳稻按含水量 14.5％计算产量。

3 抗旱指数计算

按式（1）计算。

$$DHI = \frac{X_1}{CK_1} \bigg/ \frac{X_2}{CK_2} \quad \cdots\cdots (1)$$

式中：

DHI ——抗旱指数；

X_1 ——水分胁迫条件下参试品种（系）产量，单位为千克每公顷（kg/hm^2）；

X_2 ——常规水分条件下参试品种（系）产量，单位为千克每公顷（kg/hm^2）；

CK_1 ——水分胁迫条件下已知抗旱性品种产量，单位为千克每公顷（kg/hm^2）；

CK_2 ——常规水分下已知抗旱性品种产量，单位为千克每公顷（kg/hm^2）。

4 抗旱性的判定

抗旱级别分为 1、2、3、4 和 5 共 5 个等级。等级对应的抗旱性分别为高抗（HR，High resistance）、抗（R，Resistance）、中抗（MR，Medium resistance）、旱敏感（MS，Medium susceptible）和高度旱敏感（S，Susceptible）。详见表 1。

表 1 水稻抗旱特性等级划分标准

抗旱级别	抗旱指数	抗旱性评价
1	≥1.3	高抗（HR）
2	0.90～1.3	抗（R）
3	0.70～0.89	中抗（MR）
4	0.35～0.69	旱敏感（MS）
5	≤0.35	高度旱敏感（S）

ICS 65.020.01
B 05

中华人民共和国农业行业标准

NY/T 2866—2015

旱作马铃薯全膜覆盖技术规范

Whole film mulching technical specification for potato on dryland

2015-12-29 发布　　　　2016-04-01 实施

中华人民共和国农业部　发布

前　言

本标准按照 GB/T 1.1—2009 给出的规则起草。

本标准由农业部种植业管理司提出并归口。

本标准起草单位:全国农业技术推广服务中心、中国农业科学院农业资源与农业区划研究所、甘肃省农业节水与土壤肥料管理总站。

本标准主要起草人:钟永红、杜森、吴勇、张赓、崔增团、万伦、白由路、高祥照。

旱作马铃薯全膜覆盖技术规范

1 范围

本标准规定了北方旱作区马铃薯全膜覆盖技术的播前准备、起垄、覆膜、播种、田间管理和残膜回收等技术要求。

本标准适用于年降水量 250 mm～550 mm 地区的北方旱作区马铃薯种植。

2 规范性引用文件

下列文件对于本文件的应用是必不可少的，凡是注日期的引用文件，仅注日期的版本适用于本文件。凡是不注日期的引用文件，其最新版本（包括所有的修改单）适用于本文件。

GB 13735 聚乙烯吹塑农用地面覆盖薄膜

GB 18133 马铃薯脱毒种薯

3 术语和定义

下列术语和定义适用于本文件。

3.1

旱作农业 dryland farming

也称雨养农业，指主要依靠自然降水进行生产的农业。

3.2

覆盖保墒 mulching for soil moisture conservation

通过田间覆盖地膜、秸秆、生草等，达到集雨、保墒和提高地温等作用，实现作物高产稳产目标。

3.3

全膜覆盖技术 whole film mulching techniques

用地膜对地表进行全覆盖，实现集雨、保墒、调节地温、抑制杂草等多种功能的高效用水农业技术模式。

4 技术原理

全膜覆盖是北方旱作区马铃薯生产的重要技术之一，其原理是在田间起大小双垄，用地膜对地表进行全覆盖，在垄上种植，集成膜面集水、垄沟汇集、抑制蒸发、增温保墒、抑制杂草等功能，充分利用自然降水，有效缓解干旱影响，实现高产稳产。

5 技术要求

5.1 播前准备

5.1.1 地块与茬口选择

选择田面平整，土层深厚、土质疏松等土壤理化性状良好、保水保肥能力较强的地块，前茬最好为小麦、豆类，玉米、胡麻次之，不宜与茄科作物连作，忌重茬。西北地区以豆、麦、马铃薯三年轮作为宜。

5.1.2 整地蓄墒

在前茬作物收获后，采取翻耕、深松耕、旋耕、耕后耙耱等措施进行整地蓄墒，做到田面平整、土壤细绵、无坷垃、无根茬，为覆膜、播种创造良好条件。有条件的地区可结合整地进行秸秆粉碎还田。

5.1.3 施好底肥

增施有机肥；根据马铃薯的品种特性、目标产量、土壤养分等确定肥料用量和养分比例，缺钾地区应注意补充钾肥，同时注重锌、硼等中微量元素肥料的施用。科学施用保水剂等抗旱抗逆制剂，推荐施用长效肥、缓释肥及相关专用肥。底肥在整地起垄时施用。

5.1.4 选用良种

根据降水、积温、土壤肥力、生产需要等情况选择适宜品种。有针对性地选择菜用型、鲜食型、淀粉加工型、油炸加工型等不同用途和早熟、中早熟、中熟、中晚熟、晚熟等不同生育期品种。宜选用符合 GB 18133 规定的脱毒种薯。

5.2 起垄

5.2.1 起垄规格

大垄垄宽 60 cm～70 cm，垄高约 10 cm；小垄垄宽 40 cm～50 cm，垄高约 15 cm；大小垄相间。在垄上播种(图 1)。

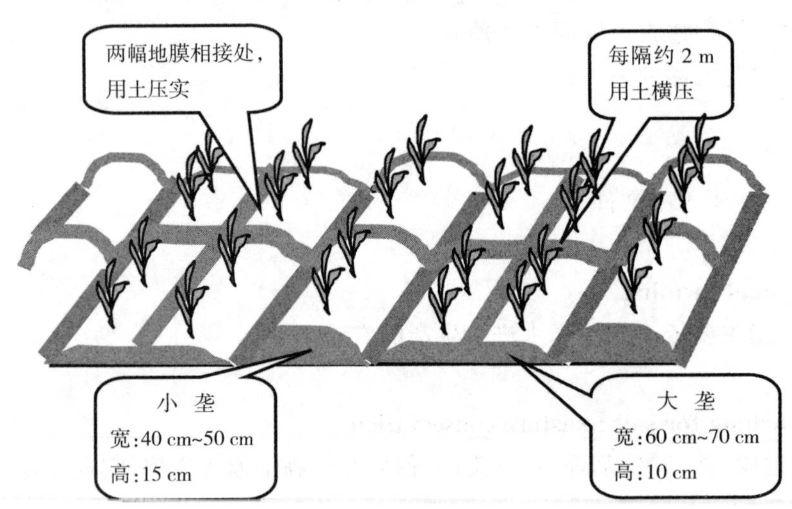

图 1 起垄覆膜

5.2.2 起垄方法

按照起垄规格划行起垄，做到垄面宽窄均匀，垄脊高低一致，无凹陷。缓坡地沿等高线开沟起垄，有条件的地区推荐采取机械起垄施肥播种覆膜一体化作业。

5.2.3 土壤处理

病虫草害严重的地块，在整地起垄时进行土壤处理，喷洒杀虫剂、杀菌剂和除草剂后及时覆膜。

5.3 覆膜

5.3.1 地膜选择

地膜应符合 GB 13735 要求，为便于回收，应选用厚度 0.01 mm 以上的地膜。宜应用强度与效果满足要求的全降解地膜和功能地膜。

5.3.2 覆膜时间

根据降水和土壤墒情选择秋季覆膜或春季顶凌覆膜。秋季覆膜可有效阻止秋、冬、春三季水分蒸发，最大限度保蓄土壤水分。春季土壤昼消夜冻、白天土壤表层消冻约 15 cm 时顶凌覆膜，可有效阻止春季水分蒸发。

5.3.3 覆膜方法

全地面覆盖，相邻两幅地膜在大垄垄脊相接，用土压实。地膜应拉展铺平，与垄面、垄沟贴紧，每隔约 2 m 用土横压，防大风掀开地膜。覆膜后在播种沟内每隔 50 cm 打直径约 3 mm 的渗水孔，便于降水入渗。加强管理,防止牲畜入地践踏等造成地膜破损。经常检查,发现破损时及时用土盖严。也可用秸秆覆盖护膜。

5.4 播种

5.4.1 种薯处理

5.4.1.1 晒种催芽

播前15 d左右种薯出窖,剔除病、虫、烂薯,进行晒种。播前7 d开始催芽,集中堆放催芽,用农膜覆盖,提高温度,促其发芽。芽长1 cm左右准备切块播种。

5.4.1.2 种薯切块

切薯前用高锰酸钾消毒刀具,将种薯切成25 g～50 g大小的薯块,每个薯块带1个～2个芽眼。鼓励用50 g左右的小整薯播种,提高出苗率,增强抗旱、防病能力。薯块用草木灰或种衣剂拌、浸种,阴凉处晾干待播。

5.4.2 播种时间

5 cm～10 cm耕层地温稳定通过10℃时播种,通常在4月下旬至5月上旬,也可根据当地气候条件、墒情状况和马铃薯品种等因素调整。

5.4.3 种植密度

根据土壤肥力、降水和品种特性等确定种植密度。一般每667 m^2种植密度为3 000株～4 500株。土壤肥力高、墒情状况好的地块或选择生育期短、植株矮小的品种的地块可适当加大种植密度。

5.4.4 播种方法

按照种植密度和株距将种薯破膜穴播。用特制的打孔器按预定株距人工打孔,孔深10 cm～15 cm、直径4 cm～5 cm,播种时芽眼向上,播后及时将播种孔封闭。有条件的地区推荐采用起垄施肥播种覆膜一体机播种。耕层土壤相对含水量低于60%的地块应补墒播种。

5.5 田间管理

5.5.1 苗期管理

5.5.1.1 查苗放苗

破土引苗,幼苗与播种孔错位应及时放苗,并重新封好播种孔。出苗后发现缺苗断垄时应及时补苗。

5.5.1.2 查膜护膜

马铃薯出苗到现蕾期应保持膜面完好,及时用细土封严破损处,防止大风揭膜。

5.5.2 中后期管理

5.5.2.1 现蕾期

根据马铃薯长势进行追肥,采取打孔追肥或叶面喷施。

5.5.2.2 块茎膨大期

块茎膨大期适时揭膜,并进行人工或机械培土,以利块茎膨大。

5.5.3 病虫防治

做好早疫病、晚疫病、环腐病及蛴螬、蝼蛄、蚜虫等病虫害防治,鼓励应用生物防治技术。

5.6 适时收获

除早熟品种外,植株大部分茎叶变黄枯萎时收获。注意块茎储存,防止受潮霉变。

5.7 残膜回收

采用人工或机械对残膜进行回收,鼓励以旧换新和一膜两年用。

ICS 67.080.20
B 31

中华人民共和国农业行业标准

NY/T 2868—2015

大白菜贮运技术规范

Technical specification of storage and transportation for Chinese cabbage

2015-12-29 发布　　　　2016-04-01 实施

中华人民共和国农业部 发布

前 言

本标准按照 GB/T 1.1—2009 给出的规则起草。

本标准由农业部种植业管理司提出。

本标准由全国蔬菜标准化技术委员会(SAC/TC 467)归口。

本标准起草单位:山东省农业科学院农业质量标准与检测技术研究所、山东省聊城市农业局。

本标准主要起草人:聂燕、滕葳、刘宾、万春燕、谷晓红、张丙春、郭长英、王金辉、张红、邓立刚、邬元娟。

大白菜贮运技术规范

1 范围

本标准规定了大白菜的基本要求、贮藏、出库(窖)与运输要求。

本标准适用于新鲜结球大白菜的贮藏和运输。

2 规范性引用文件

下列文件对于本文件的应用是必不可少的。凡是注日期的引用文件,仅注日期的版本适用于本文件。凡是不注日期的引用文件,其最新版本(包括所有的修改单)适用于本文件。

GB/T 8946 塑料编织袋通用技术要求

GB/T 9829 水果和蔬菜 冷库中物理条件 定义和测量

GB/T 30134 冷库管理规范

NY/T 943 大白菜等级规格

SB/T 10158 新鲜蔬菜包装与标识

SB/T 10332 大白菜

SB/T 10879 大白菜流通规范

3 基本要求

3.1 质量

3.1.1 用于贮藏的大白菜,质量应达到 SB/T 10332 的要求。

3.1.2 贮运过程中,不得使用未经登记许可的防腐保鲜剂。

3.2 采收

3.2.1 用于贮藏的大白菜,成熟度达到 SB/T 10879 的规定,宜采收。

3.2.2 采收前 10 d,菜园停止灌水。采收应选择晴天进行。

3.2.3 气温不低于−1℃时,可延迟 5 d~10 d 采收。

3.2.4 冷藏库贮藏的大白菜,采收宜用刀砍除菜根,削平茎基部。

3.2.5 通风窖贮藏的大白菜,采收宜整株拔起,保留主根。

3.2.6 大白菜采收、运输和入贮过程,应轻拿轻放,减少机械伤。

4 贮藏

4.1 冷藏

4.1.1 库房准备

4.1.1.1 入库前对冷藏库进行彻底清扫、消毒、通风换气。

4.1.1.2 检查和调试库房制冷系统。

4.1.1.3 入库前 1 d~2 d,将库房温度调整至预冷温度。

4.1.2 入库

4.1.2.1 摘除大白菜的黄叶、烂叶以及外层老叶,按 NY/T 943 的要求进行等级规格分选。

4.1.2.2 经分选的大白菜,按不同等级规格分别进行产地包装,一般 6 棵/袋~8 棵/袋。宜采用根部朝外叶球相对，单层摆放于网袋或编织袋中。编织袋应符合 GB/T 8946 的规定，其他包装材料、容器和包装方法应符合 SB/T 10158 的规定。

4.1.2.3　大白菜应尽快预冷，预冷至菜体中心温度 0℃～5℃为宜。如气温在 0℃～5℃，可直接入库不需预冷。

4.1.2.4　入库的大白菜，应按不同等级规格分别集中码放于货架上。码垛应层排整齐稳固，垂直垛叠交叉码放应不超过 4 层，货垛排列方式、走向以及货垛间隙应与库内空气环流方向一致。

4.1.3　冷藏条件

大白菜适宜的冷藏温度为－1℃～1℃，相对湿度为 85%～90%。

4.1.4　冷藏管理

4.1.4.1　冷藏库管理按 GB/T 30134 的规定执行。

4.1.4.2　定期测量和记录库内温度和相对湿度，温湿度测量方法按 GB/T 9829 的规定执行。

4.1.4.3　库内相对湿度过低时，应采用库内喷水雾或地面洒水的方式进行补充。

4.1.4.4　大白菜入库初期 15 d，应加强库内通风换气，每天定时开启通风系统，直至大白菜外层菜叶表层干爽。之后逐渐减少通风次数和通风时间，一般每 15 d 开启通风系统换气一次，通风换气宜选择库内外温差最小时进行。

4.1.5　冷藏期限

冷藏库贮藏期限，一般为 5 个月～6 个月。

4.2　窖藏

4.2.1　通风窖的准备

4.2.1.1　入窖前，对通风窖进行彻底清扫、消毒。

4.2.1.2　检查通风窖内通风设备。

4.2.1.3　白天关闭夜间开启所有通风口，降低窖内温度。

4.2.2　入窖

4.2.2.1　窖藏大白菜，采收后应先摆放在田间自然晾晒，期间翻动菜体，晾晒至菜棵直立外叶下垂不折断为宜。

4.2.2.2　摘除烂叶、病叶、黄叶，保留正常的外层老叶，清除菜根泥土。

4.2.2.3　如窖温高于 3℃，应临时堆放进行预贮，堆顶用干净覆盖物遮盖，待窖温达 0℃～3℃入窖。

4.2.2.4　入窖大白菜，可单棵码放于窖内菜架上，垂直垛叠交叉码放 2 层～3 层；也可将大白菜装入柳条筐，码放 3 层～4 层，保证空气流通。

4.2.3　窖藏管理

4.2.3.1　定期查窖，观察大白菜外观性状，发现腐烂菜棵，及时清除。

4.2.3.2　入窖初期 20 d～25 d，防热为主，加强通风换气，夜间开启通风口和窖门，尽量保持窖内温度 0℃左右。随气温下降，可逐渐减少通风量和通风时间，控制窖内温湿度尽量接近大白菜的适宜贮藏条件。

4.2.3.3　入窖中期 60 d 左右，防冻为主。如气温低于－3℃，应关闭通风口和窖门；如气温高于 3℃，白天开启通风口，晚上关闭。保持窖内温湿度稳定。每 15 d 通风换气一次，换气宜在晴天的中午进行。

4.2.3.4　入窖后期，根据气温变化开启和关闭通风口和窖门，调节窖内温度。如气温升至 10℃，应进行机械强制通风。

4.2.4　窖藏期限

通风窖贮藏期限一般为 3 个月～4 个月。

5 出库(窖)与运输

5.1 出库(窖)

5.1.1 大白菜出库(窖)应遵循“先进先出”的原则。

5.1.2 出库的大白菜,应先放入冷藏库穿堂中,防止菜体表面结露;出窖的大白菜,可根据需要进行修整、分选、包装。

5.2 运输

5.2.1 大白菜运输工具应清洁、卫生、无污染、无杂物,具备防晒、防雨、防冻和通风功能。

5.2.2 运输方式可根据运输期间气温,选择常温、保温或冷藏运输方式。运输过程温度应保持在0℃～3℃,确保空气流通。

5.2.3 大白菜装卸,应摆放稳固、紧实、整齐,防止运输过程中松散碰撞。

5.2.4 装卸及运输过程中,菜温波动不应大于3℃。

5.2.5 500 km以内的短途运输,可采取先将菜体预冷至0℃～5℃,装入透明塑料袋,封口,再装入简易保温车。运输期限不超过24 h。

5.2.6 500 km以上的长途运输,宜采用冷藏运输。控制箱内温度0℃～3℃,相对湿度85%～90%,保持厢内空气流通。

ICS 67.080.20
B 31

中华人民共和国农业行业标准

NY/T 2869—2015

姜贮运技术规范

Technical specification of storage and transportation for ginger

2015-12-29 发布　　　　2016-04-01 实施

中华人民共和国农业部　发布

前　言

本标准按照 GB/T 1.1—2009 给出的规则起草。

本标准由农业部种植业管理司提出。

本标准由全国蔬菜标准化技术委员会(SAC/TC 467)归口。

本标准起草单位:山东省农业科学院农业质量标准与检测技术研究所、山东省莱芜市农业局。

本标准主要起草人:聂燕、张树秋、岳晖、张丙春、王玉涛、亓翠玲、王磊、郭栋梁、刘俊华、官帅。

姜贮运技术规范

1 范围

本标准规定了鲜姜贮运的基本要求、贮藏、出库(窖)与运输的要求。

本标准适用于鲜姜的贮藏和运输。

2 规范性引用文件

下列文件对于本文件的应用是必不可少的。凡是注日期的引用文件,仅注日期的版本适用于本文件。凡是不注日期的引用文件,其最新版本(包括所有的修改单)适用于本文件。

GB/T 6543 运输包装用单瓦楞纸箱和双瓦楞纸箱

GB 9687 食品包装用聚乙烯成型品卫生标准

GB/T 9829 水果和蔬菜 冷库中物理条件 定义和测量

GB/T 24689.2 植物保护机械 频振式杀虫灯

GB/T 30134 冷库管理规范

NY/T 1193 姜

NY/T 2376 农产品等级规格 姜

SB/T 10158 新鲜蔬菜包装与标识

3 术语和定义

下列术语和定义适用于本文件。

3.1

圆头(留头) make obtuse

姜块采收后,根茎逐渐老化,皮肉相合,形成变厚且不易脱落的完好周皮,残茎完全脱落,疤痕逐渐愈伤长平,顶芽长圆的过程。

4 基本要求

4.1 质量

4.1.1 用于贮藏的姜,其质量应达到 NY/T 1193 的要求。

4.1.2 贮运过程中,不得使用未经登记许可的杀虫剂和熏蒸剂等。

4.2 采收

4.2.1 当姜茎叶开始枯黄,根茎饱满、坚挺、充分成熟,表皮呈浅黄色至黄褐色时,进行采收。

4.2.2 采收前 3 d~4 d 进行灌溉。采收应避开雨天及烈日时段。

4.2.3 采收可直接拔出或刨出整株,从茎基部 2 cm 左右砍除地上茎,清除姜块泥土。

4.2.4 不得将姜瘟病病株姜块以及姜瘟病病株周围 2 m 范围内的姜块用于贮藏。

4.2.5 采收的姜应尽快贮藏,不宜在田间过夜。

4.2.6 采收、运输和入贮过程,应轻拿轻放,尽可能减少机械伤。

5 贮藏

5.1 冷藏

5.1.1 库房准备

5.1.1.1 入库前应对库房进行彻底清扫、消毒、通风换气。

5.1.1.2 检查和调试库房制冷系统。

5.1.1.3 入库前 1 d～2 d，将库房温度调至 13℃～15℃。

5.1.2 入库

5.1.2.1 采收的姜，按 NY/T 2376 的规定进行等级规格分选，并分别进行产地包装，每箱 10 kg～15 kg。

5.1.2.2 将姜块装入内衬 0.04 mm～0.06 mm 厚的塑料袋（底部设有通气孔）的硬质纸箱中，袋口对折，纸箱虚掩。塑料袋应符合 GB 9687 的规定，纸箱应符合 GB/T 6543 的规定。

5.1.2.3 不同等级规格的包装箱分别集中码放于货架或托盘上。包装箱直接排放在货架上；托盘码垛，每行 2 箱～3 箱，垂直垛叠交叉码放不超过 4 层，行间留 1 箱空间。码垛应层排稳固，货垛的走向、排列方式应与库内空气环流方向一致。

5.1.3 库藏条件

圆头期，姜的适宜温度为 13℃～17℃，保持库内通风良好；圆头后适宜的贮藏温度为 13℃～14℃。贮藏期相对湿度为 90%～95%。

5.1.4 库藏管理

5.1.4.1 冷藏库管理按 GB/T 30134 的规定执行。

5.1.4.2 库内至少设 3 个有代表性的温湿度测定点，定期测量和记录，测量方法按 GB/T 9829 的规定执行。

5.1.4.3 姜入库 15 d 内，库温从 13℃缓慢上升至 17℃，注意加强库内通风，之后缓慢降低库温，观察生姜圆头状况；姜圆头结束后，控制库温 13℃～14℃，箱内湿度控制在 90%～95%。定期对库房进行通风换气，每月 2 次～3 次。换气宜选择库内外温差最小时进行，湿度过大时不宜换气。

5.1.4.4 每 15 d，检查记录姜的外观、色泽、气味，发现腐烂姜块及时清除。

5.1.5 贮藏期限

冷藏库贮藏期限一般为 10 个月～12 个月。

5.2 窖藏

5.2.1 窖（井窖及大型姜窖）的准备

5.2.1.1 将窖内陈旧姜块、碎屑、铺垫物等清扫干净。

5.2.1.2 使用国家登记允许使用的杀虫剂和杀菌剂对窖内及窖口进行杀虫和消毒。将贮运用塑料周转箱、箩筐等用具以及窖藏用沙一并喷洒消毒。入窖前 2 d 通风换气。

5.2.1.3 姜洞底部铺 5 cm 厚的湿沙，湿度达到手握湿润不结团即可。

5.2.1.4 窖口应放置防虫网。

5.2.2 入窖

5.2.2.1 姜的分选同 5.1.2.1，姜块按等级规格集中码放。

5.2.2.2 将姜块竖立摆放于洞底湿沙上，一层姜覆盖 2 cm～3 cm 厚的湿沙，摆放至距窖顶约 55 cm，覆盖约 25 cm 厚的湿沙。

5.2.3 窖藏管理

5.2.3.1 姜入井窖后，每次下窖前应强制通风至少 1 h。

5.2.3.2 入窖初期，宜将窖口和通风口完全敞开通风，必要时可强制通风。窖口应放遮阳物及防虫网。20 d 后，白天开启窖口，晚上关闭窖口。

5.2.3.3 入窖 25 d～30 d 可下窖封洞口，洞口应留 30 cm 的方形通气窗。入窖 60 d 左右可封井口。保持窖内温度 13℃～15℃，相对湿度 90%～95%。

5.2.3.4 大型姜窖，应根据气温变化开启和关闭通风孔。走道顶部宜悬挂 1 台频振式杀虫灯，杀虫灯应符合 GB/T 24689.2 的要求。

5.2.3.5 定期检查记录窖内温湿度，观察姜的状态，发现腐烂姜块应及时清出姜窖，同时将病姜周围的姜块拣出单独存放，做好消毒处理。

5.2.4 窖藏期限

姜窖贮藏期限一般为 12 个月～18 个月。

6 出库(窖)与运输

6.1 出库(窖)

姜出库后，宜先放入冷藏库穿堂中，防止温度波动过大；出库(窖)的姜，可根据需要进行清洗、包装，包装按 SB/T 10158 的规定执行。

6.2 运输

6.2.1 姜的运输车辆应清洁、卫生、无污染、无杂物，具备防晒、防雨、防冻和通风设备。

6.2.2 装卸应摆放稳固、紧实、整齐，防止运输过程中松散碰撞。

6.2.3 非控温运输，应采用篷布或其他覆盖物遮盖，根据气候状况采取适当措施保证运输质量，控制堆心温度接近姜的适宜贮藏温度。

6.2.4 控温运输，温度控制在 13℃～18℃，相对湿度 90%～95%，保持厢内空气流通。

ICS 65.020
B 32

中华人民共和国农业行业标准

NY/T 2870—2015

黄麻、红麻纤维线密度的快速检测　显微图像法

Quick determination of jute and kenaf fiber linear density—Microscopic image method

2015-12-29 发布　　2016-04-01 实施

中华人民共和国农业部　发布

前　　言

本标准按照GB/T 1.1—2009给出的规则起草。

本标准由农业部种植业管理司提出并归口。

本标准起草单位：中国农业科学院麻类研究所、农业部麻类产品质量监督检验测试中心。

本标准主要起草人：肖爱平、杨喜爱、冷鹃、廖丽萍、黎宇。

黄麻、红麻纤维线密度的快速检测　显微图像法

1　范围

本标准规定了用显微图像快速检测黄麻、红麻纤维线密度的试验方法。

本标准适用于黄麻、红麻纤维线密度的测定。

2　规范性引用文件

下列文件对于本文件的应用是必不可少的。凡是注日期的引用文件，仅注日期的版本适用于本文件。凡是不注日期的引用文件，其最新版本（包括所有的修改单）适用于本文件。

GB/T 6529　纺织品　调湿和试验用标准大气

3　原理

试样经显微光学系统成像于数码摄像头（CCD）靶面，通过计算机软件处理转化为数字图像，得到纤维的宽度，将宽度值代入纤维宽度与线密度的换算公式，计算出纤维线密度。

4　仪器

4.1　分析天平

感量 0.1 mg。

4.2　电热恒温干燥箱

室温～200 ℃，精度±2 ℃。

4.3　纤维直径分析仪

2 μm～200 μm，分辨率 0.01 μm。

4.4　纤维切割器

1 mm～2 mm。

4.5　纤维散布器

2 mm。

4.6　不锈钢梳子

8 针/cm～10 针/cm。

5　试样制备

将样品混匀理直平铺于台面上，从麻基部随机选取 3 个抽样点，每点抽取一小束（20 g～30 g），沿长度方向对折剪断，从剪断部位处沿基部方向剪取 10 cm 试样，拣出麻骨，用手搓揉至分散均匀，分别捏住一端用梳子轻轻梳理 30 次～40 次，纤维分离完好后，整理备用。

6　分析步骤

6.1　试样调湿

将试样全部置于干燥箱中，(50±2)℃下烘 1.5 h，然后按 GB/T 6529 的规定调湿平衡。

6.2　制片

从达到调湿平衡的试样中随机取出 3 小束，共约 1 g，在切割器上切成 1 mm～2 mm 长的纤维碎

末，然后放入散布器，将洁净的玻璃样片打开置于散布器下方，启动散布器，使纤维碎末均匀分布于玻璃样片上（尽量不重叠），拿出样片，轻轻盖上盖玻片待测。每个试样制两个平行样片。

6.3 校准

用国际标准羊毛纤维校准纤维直径分析仪。

6.4 测定

将纤维直径分析仪调至测试状态，把制好的样片置于载物台上，启动测量，得到试样平均宽度。两个平行样片的测试结果分别用 d_1 和 d_2 表示。

7 结果计算

7.1 纤维宽度

纤维宽度按式（1）计算。

$$d = \frac{d_1 + d_2}{2} \qquad (1)$$

式中：

d ——纤维密度，单位为微米（μm）；

d_1——样片 1 测定的纤维宽度，单位为微米（μm）；

d_2——样片 2 测定的纤维宽度，单位为微米（μm）。

计算结果修约至两位小数。

7.2 纤维线密度

黄麻纤维线密度按式（2）、红麻纤维线密度按式（3）计算。

$$\rho l_{黄麻} = 1.74 + 0.01d^2 \qquad (2)$$

$$\rho l_{红麻} = 17.82 + 0.005d^2 \qquad (3)$$

式中：

$\rho l_{黄麻}$——黄麻纤维线密度，单位为分特克斯（dtex）；

$\rho l_{红麻}$——红麻纤维线密度，单位为分特克斯（dtex）；

d ——纤维的平均宽度，单位为微米（μm）。

计算结果修约至一位小数。

7.3 公制支数

黄麻、红麻纤维公制支数按式（4）计算。

$$N_m = 10000\,\rho_l \qquad (4)$$

式中：

N_m ——黄麻、红麻纤维公制支数，单位为公支（m/g）；

ρ_l ——纤维线密度，单位为分特克斯（dtex）。

10 000——换算系数。

计算结果修约至整数。

8 精密度

在重现性条件下获得的两次独立测试结果的绝对差值不大于这两个测定值的算术平均值的 10%。

ICS 65.020.01
B 05

中华人民共和国农业行业标准

NY/T 2871—2015

水稻中43种植物激素的测定 液相色谱—串联质谱法

Determination of 43 plant hormones in rice—Liquid chromatography–Tandem mass spectrometry

2015-12-29 发布　　2016-04-01 实施

中华人民共和国农业部　发布

前　言

本标准按照 GB/T 1.1—2009 给出的规则起草。

本标准由农业部种植业管理司提出并归口。

本标准起草单位:农业部稻米及制品质量监督检验测试中心、中国水稻研究所。

本标准主要起草人:曹赵云、陈铭学、牟仁祥、张卫星、章林平、朱智伟。

水稻中43种植物激素的测定　液相色谱—串联质谱法

1　范围

本标准规定了水稻中43种植物激素(见附录A)的液相色谱—串联质谱测定方法。

本标准适用于水稻植株的根、茎、叶等组织中43种植物激素含量的测定。

本标准的方法检出限为0.02 ng/g～8.0 ng/g。

2　规范性引用文件

下列文件对于本文件的应用是必不可少的。凡是注日期的引用文件,仅注日期的版本适用于本文件。凡是不注日期的引用文件,其最新版本(包括所有的修改单)适用于本文件。

GB/T 6682　分析实验室用水规格和试验方法

3　术语和定义

下列术语和定义适用于本文件。

3.1

植物激素　plant hormone

由植物自身合成,通常自产生部位移动到作用部位,并在极低浓度下具有显著生理作用的微量有机物质,也被称为植物天然激素或植物内源激素。

4　原理

试样用甲醇溶液提取,提取液经稀释后用混合型离子交换固相萃取柱净化,液相色谱—串联质谱测定,根据色谱保留时间和质谱碎片及其离子丰度比定性,外标法定量。

5　试剂和材料

以下所用试剂,除特殊注明外均为分析纯试剂,水为符合GB/T 6682规定的一级水。

5.1　甲醇(CH_3OH):色谱纯。

5.2　乙醇(C_2H_5OH):色谱纯。

5.3　甲酸(HCOOH):色谱纯。

5.4　二甲基亚砜(C_2H_6OS):色谱纯。

5.5　甲醇+水(20+80):取20 mL甲醇(5.1)加80 mL水,混匀。

5.6　甲醇+水(80+20):取80 mL甲醇(5.1)加20 mL水,混匀。

5.7　甲醇+水(60+40):取60 mL甲醇(5.1)加40 mL水,混匀。

5.8　乙醇+水(80+20):取80 mL乙醇(5.2)加20 mL水,混匀。

5.9　1%甲酸溶液:准确吸取1.00 mL甲酸(5.3)加水至100 mL。

5.10　1%甲酸甲醇溶液:准确吸取1.00 mL甲酸(5.3)加甲醇(5.1)至100 mL。

5.11　1 mol/L氢氧化钠溶液:称取4.0 g氢氧化钠(NaOH)加水溶解至100 mL。

5.12　0.1 mol/L氢氧化钠甲醇溶液:称取0.4 g氢氧化钠(NaOH)加甲醇(5.1)溶解至100 mL。

5.13　0.5%氨水甲醇溶液:准确吸取0.50 mL氨水(NH_4OH)加甲醇(5.1)至100 mL。

5.14 5 mmol/L 甲酸铵:称取 0.315 g 甲酸铵(HCO_2NH_4)加水溶解至 1 000 mL。

5.15 43 种植物激素标准品:纯度≥98%,见附录 A。

5.16 **植物激素标准溶液配制**

5.16.1 标准储备液:分别称取各植物激素标准品(精确至 0.1 mg)至棕色容量瓶中,根据标准物的溶解性选甲醇、乙醇等溶剂(见附录 A)配成浓度为 1 000 μg/mL 的标准储备溶液,于－80℃保存。

5.16.2 混合标准储备液:分别吸取一定量的 43 种植物激素标准储备液(5.16.1),置于棕色容量瓶中,用甲醇稀释成浓度为 1.00 μg/mL 的混合标准储备液,于－80 ℃保存。

5.16.3 混合标准工作溶液:分别吸取一定量的混合标准储备液(5.16.2),用甲醇＋水(20＋80)稀释成浓度为 0.02 ng/mL～100 ng/mL 的植物激素混合标准工作溶液,临用新配。

5.17 混合型阴离子交换固相萃取柱:60 mg,3 mL;或其他等效柱。使用前依次用 2 mL 甲醇和 2 mL 水活化。

5.18 混合型阳离子交换固相萃取柱:60 mg,3 mL,或其他等效柱。使用前依次用 2 mL 甲醇和 2 mL 1%甲酸溶液(5.9)活化。

5.19 液氮。

5.20 滤膜:0.22 μm,有机相。

6 仪器

6.1 液相色谱—串联质谱仪:配电喷雾离子源(ESI)。

6.2 分析天平:感量±0.000 1 g。

6.3 漩涡混合器。

6.4 冷冻离心机:最高转速大于或等于 5 000 r/min。

6.5 氮吹仪。

6.6 超低温冰箱:温度可至－80℃。

7 试样制备

取新鲜的水稻植株,如根、茎、叶等供试样,用水洗净样品附着的杂物,表面水分用吸水纸擦干,剪碎,于研钵中加液氮磨细,混匀,立即转移至－80 ℃冰箱中避光保存。

8 分析步骤

8.1 提取

称取约 0.2 g 试样(精确到 0.1 mg)于 15 mL 塑料离心管中,加入 2 mL 预冷(4℃)的甲醇＋水(80＋20),置于 4℃冰箱中浸提 16 h,其间振摇 2 次～3 次;取出,于 4℃下 5 000 r/min 离心 10 min,倾出上清液;往残渣中再次加入 2 mL 甲醇＋水(80＋20),漩涡振荡,按上述条件离心,合并 2 次提取液于 10 mL 容量瓶中,用水稀释至刻度,混匀,待净化。

8.2 净化

8.2.1 A 组植物激素(见附录 A)的净化:移取 4.00 mL 上述提取液过混合型阴离子交换固相萃取柱(5.17),依次用 2 mL 水和 2 mL 甲醇淋洗,用 2 mL 1%甲酸甲醇溶液(5.10)洗脱 2 次,洗脱液用 5 mL 刻度管收集,并于 50℃下氮吹至近干,加水稀释至 0.5 mL,漩涡混匀,滤膜过滤,该溶液用于 A 组植物激素的测定。

8.2.2 B 组植物激素(见附录 A)的净化:吸取 4.00 mL 上述剩余提取液于 15 mL 离心管中,加入 40 μL 甲酸(5.3),混匀后转移至混合型阳离子交换固相萃取柱(5.18)中,用 1 mL 甲醇＋水(20＋80) 冲洗离心管后过柱，并重复1次，依次用2 mL 1%甲酸溶液(5.9)和2 mL甲醇淋洗，用2 mL 0.5%氨水甲醇溶液(5.13)洗脱2次，洗脱液用5 mL刻度管收集，并于50℃下氮吹至近干，加水稀释至0.5 mL，旋涡混匀，滤膜过滤，该溶液用于B组植物激素的测定。

8.3 液相色谱—串联质谱测定

8.4 色谱参考条件

a) 色谱柱：ZORBAX Extend-C18(1.8 μm，100 mm×2.1 mm)，或相当者；

b) 流动相及梯度洗脱条件见表1；

表1 流动相及梯度洗脱参考条件

时间 min	流动相A(5 mmol/L甲酸铵) %	流动相B(甲醇) %	流速 mL/min
0.0	90	10	0.15
30.0	55	45	0.15
35.0	5	95	0.15
35.1	90	10	0.15
55.0	90	10	0.15

c) 柱温：40℃；

d) 进样量：5 μL。

8.5 质谱参考条件

a) 离子源：ESI源；

b) 扫描方式：正离子扫描模式和负离子扫描模式(参见附录B)；

c) 喷雾电压：2.8 kV，−2.2 kV；

d) 离子源温度：350℃；

e) 检测方式：多反应监测；

f) 鞘气压力(氮气)：241 kPa；

g) 辅助气流量(氮气)：1.5 mL/min；

h) 碰撞气(氩气)压力：0.2 Pa；

i) 离子传输管温度：300℃；

j) 监测离子对、碰撞能量和透镜电压等质谱参数参见附录B。

8.6 定性测定

在进行样品测定时，若检出物质保留时间与标准溶液保留时间的偏差不超过标准溶液保留时间的±2.5%，且所选择的离子丰度比与标准溶液的离子丰度比相 致，即相对丰度>50%，允许±20%偏差；相对丰度>20%～50%，允许±25%偏差；相对丰度>10%～20%，允许±30%偏差；相对丰度≤10%，允许±50%偏差，则可判定样品中存在该植物激素。

8.7 定量测定

取混合标准工作液与试样交替进样，采用单点或多点校准，外标法定量。当样品的上机液浓度超过线性范围时，需根据测定浓度，稀释后进行重新测定。43种植物激素标准溶液的多反应监测色谱图参见附录C。

9 结果计算

样品中植物激素含量按式(1)计算。

$$W = V \times \frac{c \times V_1}{m \times V_2} \quad \cdots\cdots (1)$$

式中：

W ——样品中植物激素含量,单位为纳克每克(ng/g);

V ——提取液定容体积,单位为毫升(mL);

c ——样液中植物激素质量浓度,单位为纳克每毫升(ng/mL);

V_1——样液最终定容体积,单位为毫升(mL);

m ——试样的质量,单位为克(g);

V_2——用于净化的提取液体积,单位为毫升(mL)。

平行测定结果用算术平均值表示,结果保留两位有效数字。

10 精密度

在重复性条件下获得的两次独立测试结果的绝对差值不大于这两个测定值的算术平均值的20%。

附　录　A
（规范性附录）
43 种植物激素中英文名称（缩写）、溶剂选择、CAS 号、方法检出限和分组

43 种植物激素中英文名称（缩写）、溶剂选择、CAS 号、方法检出限和分组见表 A.1。

表 A.1　43 种植物激素中英文名称（缩写）、溶剂选择、CAS 号、方法检出限和分组

序号	中文名称	英文名称（缩写）	CAS 号	溶剂	检出限 ng/g
A 组					
1	赤霉素 A_1	Gibberellin A_1 (GA_1)	545-97-1	甲醇	0.8
2	赤霉素 A_3	Gibberellin Acid(GA_3)	77-06-5	甲醇	0.8
3	赤霉素 A_4	Gibberellin A_4 (GA_4)	468-44-0	甲醇	3.0
4	赤霉素 A_5	Gibberellin A_5 (GA_5)	561-56-8	甲醇	2.0
5	赤霉素 A_7	Gibberellin A_7 (GA_7)	510-75-8	甲醇	0.1
6	赤霉素 A_8	Gibberellin A_8 (GA_8)	7044-72-6	甲醇	0.2
7	赤霉素 A_9	Gibberellin A_9 (GA_9)	427-77-0	甲醇	0.3
8	赤霉素 A_{12}	Gibberellin A_{12} (GA_{12})	1164-45-0	甲醇	0.3
9	赤霉素 A_{20}	Gibberellin A_{20} (GA_{20})	19143-87-4	甲醇	0.8
10	赤霉素 A_{24}	Gibberellin A_{24} (GA_{24})	19427-32-8	甲醇	1.5
11	赤霉素 A_{44}	Gibberellin A_{44} (GA_{44})	36434-15-8	甲醇	1.5
12	赤霉素 A_{53}	Gibberellin A_{53} (GA_{53})	51576-08-0	甲醇	0.3
13	脱落酸	(±)—*cis*,*trans*-abscisic acid (ABA)	14375-45-2	甲醇	0.2
14	脱落酸-β-葡糖基酯	(±)—*cis*,*trans*-abscisic acid glucosyl ester(ABAGE)	79199-48-7	甲醇	1.5
15	茉莉酸	(±)—jasmonic acid(JA)	3572-66-5	甲醇	8.0
16	水杨酸	Salicylic acid(SA)	69-72-7	甲醇	5.0
17	吲哚-3-乙酸	Indole-3-acetic acid(IAA)	87-51-4	甲醇	2.0
18	吲哚-3-丁酸	Indole-3-butyric acid(IBA)	133-32-4	甲醇	0.8
19	N-(吲哚-3-乙酰)-L-天冬氨酸	Indole-3-acetyl-L-aspartic acid (IAAsp)	2456-73-7	甲醇	1.5
20	N-(羟吲哚-3-乙酰)-L-苯丙氨酸	Indole-3-acetyl-L-phenylalanine (IAPhe)	57105-50-7	乙醇	0.2
21	N-(羟吲哚-3-乙酰)-L-异亮氨酸	Indole-3-acetyl-L-isoleucine (IAILeu)	57105-45-0	乙醇	0.3
22	N-(羟吲哚-3-乙酰)-L-丙氨酸	Indole-3-acetyl-L-alanine (IAAla)	57105-39-2	乙醇	0.2
23	N-(羟吲哚-3-乙酰)-L-色氨酸	Indole-3-acetyl-l-tryptophan(IATrp)	57105-53-0	乙醇	0.2
24	N-(羟吲哚-3-乙酰)-L-缬氨酸	Indole-3-acetyl-l-valine(IAVal)	57105-42-7	乙醇	0.3
25	N-(羟吲哚-3-乙酰)-L-亮氨酸	Indole-3-acetyl-l-leucine(IALeu)	36838-63-8	乙醇	0.3
B 组					
26	6-苄氨基嘌呤	N^6-benzyladenine(BA)	1214-39-7	甲醇	0.08
27	异戊烯腺嘌呤	N^6-isopentenyladenine(iP)	2365-40-4	甲醇	0.08
28	异戊烯基腺嘌呤核苷	N^6-isopentenyladenosine(iPR)	7724-76-7	1 mol/L 氢氧化钠	0.02
29	7-β-葡糖基-6-(异戊二烯基)腺嘌呤	N^6-isopentenyladenine-7-glucoside (iP7G)	59384-58-6	二甲基亚砜	0.08
30	9-β-葡糖基-6-(异戊二烯基)腺嘌呤	N^6-isopentenyladenine-9-glucoside (iP9G)	83087-94-9	二甲基亚砜	0.15

表 A.1（续）

序号	中文名称	英文名称(缩写)	CAS 号	溶剂	检出限 ng/g
B 组					
31	反式-玉米素	*trans*-zeatin(tZ)	1637-39-4	甲醇	0.08
32	反式-玉米素核苷	*trans*-zeatin riboside(tZR)	6025-53-2	1 mol/L 氢氧化钠	0.08
33	反式-7-β-葡糖基玉米素	*trans*-zeatin-7-glucoside(tZ7G)	38165-56-9	二甲基亚砜	0.08
34	反式-9-β-葡糖基玉米素	*trans*-zeatin-9-glucoside(tZ9G)	51255-96-0	0.1 mol/L 氢氧化钠甲醇溶液	0.03
35	反式-O-β-葡糖基玉米素	*trans*-zeatin-O-glucoside(tZOG)	56329-06-7	甲醇+水(60+40)	0.05
36	反式-O-β-葡糖基-9-核糖基玉米素	*trans*-zeatin-O-glucoside riboside (tZROG)	62512-97-4	乙醇+水(80+20)	0.08
37	顺式-玉米素	*cis*-zeatin(cZ)	32771-64-5	乙醇+水(80+20)	0.04
38	顺式-玉米素核苷	*cis*-zeatin riboside(cZR)	15896-46-5	乙醇+水(80+20)	0.02
39	二氢玉米素	Dihydrozeatin(DZ)	14894-18-9	0.1 mol/L 氢氧化钠甲醇溶液	0.05
40	7-β-葡糖基二氢玉米素	Dihydrozeatin-7-glucoside(DZ7G)	91599-03-0	乙醇+水(80+20)	0.06
41	9-β-葡糖基二氢玉米素	Dihydrozeatin-9-glucoside(DZ9G)	73263-99-7	甲醇+水(60+40)	0.04
42	O-β-葡糖基二氢玉米素	Dihydrozeatin-O-glucoside (DZOG)	62512-96-3	甲醇+水(60+40)	0.08
43	O-β-葡糖基-9-核糖基二氢玉米素	Dihydrozeatin-O-glucoside riboside (DZROG)	62512-95-2	甲醇+水(60+40)	0.08

附　录　B
（资料性附录）
43 种植物激素的保留时间、监测离子对、碰撞气能量和透镜电压

43 种植物激素的保留时间、监测离子对、碰撞气能量和透镜电压见表 B.1。

表 B.1　43 种植物激素的保留时间、监测离子对、碰撞气能量和透镜电压

序号	中文名称	英文名缩写	保留时间 min	定量离子 *m/z*	定性离子 *m/z*	碰撞气能量 V	透镜电压 V
	负离子扫描模式						
1	赤霉素 A_1	GA_1	12.51	347.1/259.1	347.1/273.1	18,30	92
2	赤霉素 A_3	GA_3	12.62	345.1/239.1	345.1/143.1	30,30	91
3	赤霉素 A_4	GA_4	29.19	331.2/243.2	331.1/257.1	29,22	89
4	赤霉素 A_5	GA_5	18.01	329.2/241.2	329.2/145.2	19,31	80
5	赤霉素 A_7	GA_7	27.93	329.1/223.2	329.2/211.1	22,32	88
6	赤霉素 A_8	GA_8	4.49	363.1/275.2	363.1/257.2	21,19	85
7	赤霉素 A_9	GA_9	33.04	315.1/271.3	315.1/253.2	21,31	88
8	赤霉素 A_{12}	GA_{12}	35.46	331.2/313.2	331.2/287.2	30,30	91
9	赤霉素 A_{20}	GA_{20}	19.65	331.2/287.1	331.2/243.5	23,21	94
10	赤霉素 A_{24}	GA_{24}	32.38	345.2/257.4	345.2/301.4	29,25	93
11	赤霉素 A_{44}	GA_{44}	22.79	345.2/301.1		23	88
12	赤霉素 A_{53}	GA_{53}	33.25	347.2/329.2	347.2/303.2	30,28	100
13	脱落酸	ABA	16.72	363.0/153.0	363.0/204.0	13,21	83
14	脱落酸-β-葡糖基酯	ABAGE	19.30	425.1/263.2	425.1/153.2	16,25	90
15	茉莉酸	JA	19.30	209.2/59.5		16	71
16	水杨酸	SA	5.50	137.1/93.2		19	58
	正离子扫描模式						
17	吲哚-3-乙酸	IAA	6.61	176.1/130.2		16	83
18	吲哚-3-丁酸	IBA	18.75	204.2/186.2		13	80
19	N-(羟吲哚-3-乙酰)-L-天冬氨酸	IAAsp	3.62	291.2/130.2		27	85
20	N-(羟吲哚-3-乙酰)-L-苯丙氨酸	IAPhe	26.35	323.2/130.2		35	85
21	N-(羟吲哚-3-乙酰)-L-异亮氨酸	IAILeu	24.89	289.3/130.2		32	95
22	N-(羟吲哚-3-乙酰)-L-丙氨酸	IAAla	10.43	247.2/130.2		21	81
23	N-(羟吲哚-3-乙酰)-L-色氨酸	IATrp	24.33	362.2/130.2		32	96
24	N-(羟吲哚-3-乙酰)-L-缬氨酸	IAVal	19.85	275.2/130.2		23	90
25	N-(羟吲哚-3-乙酰)-L-亮氨酸	IALeu	25.21	289.2/130.2		34	91
26	6-苄氨基嘌呤	BA	25.26	226.1/91.3		23	83
27	异戊烯腺嘌呤	iP	26.87	204.2/136.2	204.2/119.2	15,30	87
28	异戊烯基腺嘌呤核苷	iPR	27.31	336.1/204.0	336.1/136.1	19,30	102
29	7-β-葡糖基-N6-(异戊二烯基)腺嘌呤	iP7G	15.66	366.3/204.2	366.3/136.2	20,31	102
30	9-β-葡糖基-N6-(异戊二烯基)腺嘌呤	iP9G	21.25	366.2/204.2	366.2/136.2	20,30	112
31	反式-玉米素	tZ	12.8	220.0/136.1	220.0/119.2	18,36	83
32	反式-玉米素核苷	tZR	15.06	352.3/220.2	352.3/136.2	19,33	101
33	反式-7-β-葡糖基玉米素	tZ7G	8.03	382.3/220.2	382.3/136.2	20,35	69
34	反式-9-β-葡糖基玉米素	tZ9G	9.50	382.2/220.2	382.3/136.2	19,33	98
35	反式-O-β-葡糖基玉米素	tZOG	11.09	382.4/220.2	382.4/136.2	17,31	95

表 B.1（续）

序号	中文名称	英文名缩写	保留时间 min	定量离子 m/z	定性离子 m/z	碰撞气能量 V	透镜电压 V
正离子扫描模式							
36	反式-O-β-葡糖基-9-核糖基玉米素	tZROG	13.25	514.4/382.2	514.4/220.2	16,26	102
37	顺式-玉米素	cZ	14.30	220.2/136.2	220.2/119.2	18,37	80
38	顺式-玉米素核苷	cZR	16.22	352.1/220.2	352.1/136.2	14,33	82
39	二氢玉米素	DZ	14.26	222.2/136.1	222.2/148.1	19,21	83
40	7-β-葡糖基二氢玉米素	DZ7G	9.71	384.3/222.2	384.3/136.3	26,10	94
41	9-β-葡糖基二氢玉米素	DZ9G	10.53	384.2/222.2	384.2/136.3	22,38	93
42	O-β-葡糖基二氢玉米素	DZOG	13.46	384.4/222.2	384.4/136.3	20,35	101
43	O-β-葡糖基-9-核糖基二氢玉米素	DZROG	15.28	516.4/222.1	516.4/384.3	30,21	111

附　录　C
（资料性附录）
43 种植物激素的多反应监测(MRM)色谱图

A 组、B 组植物激素反应监测(MRM)色谱图如图 C. 1。

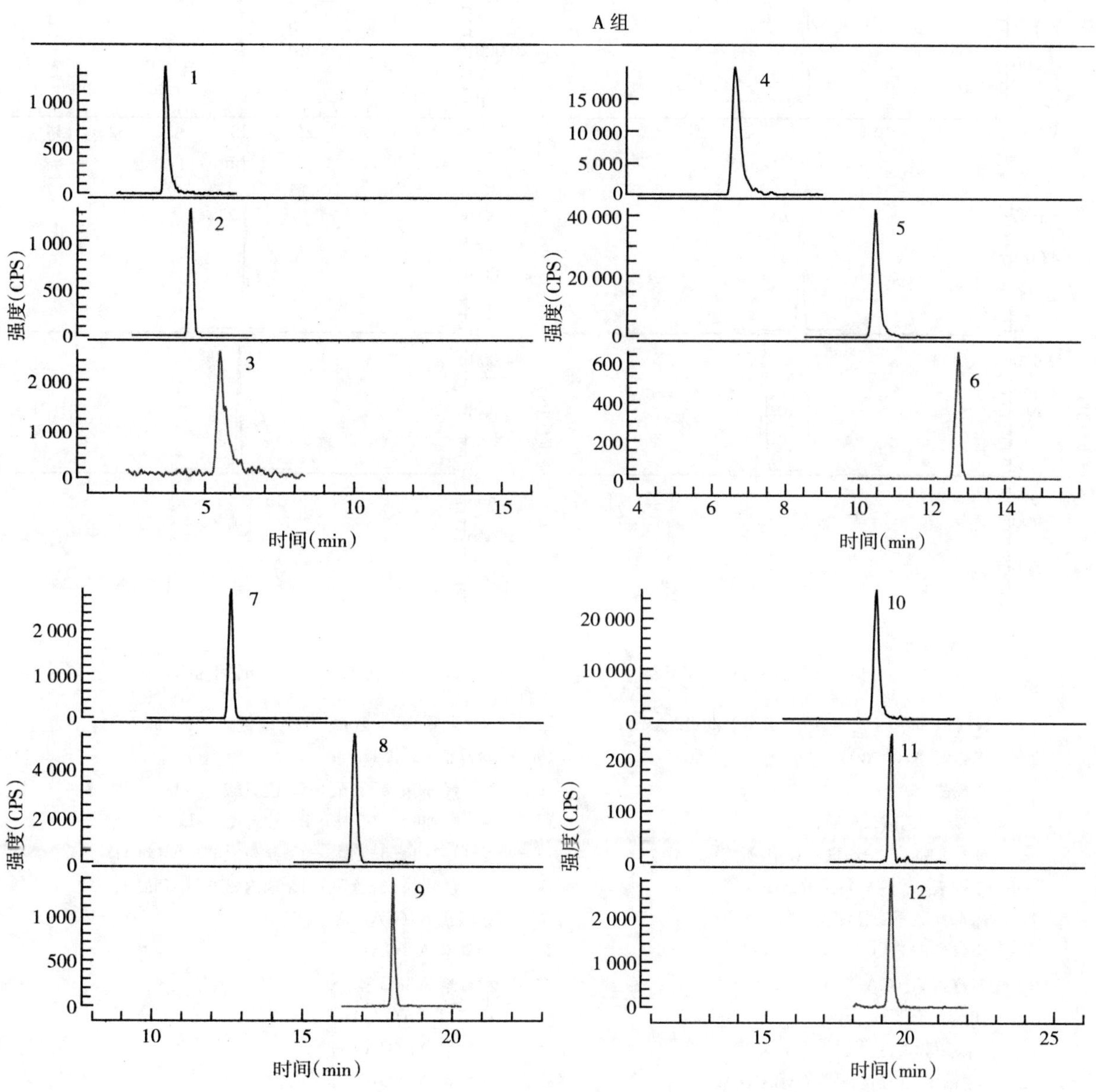

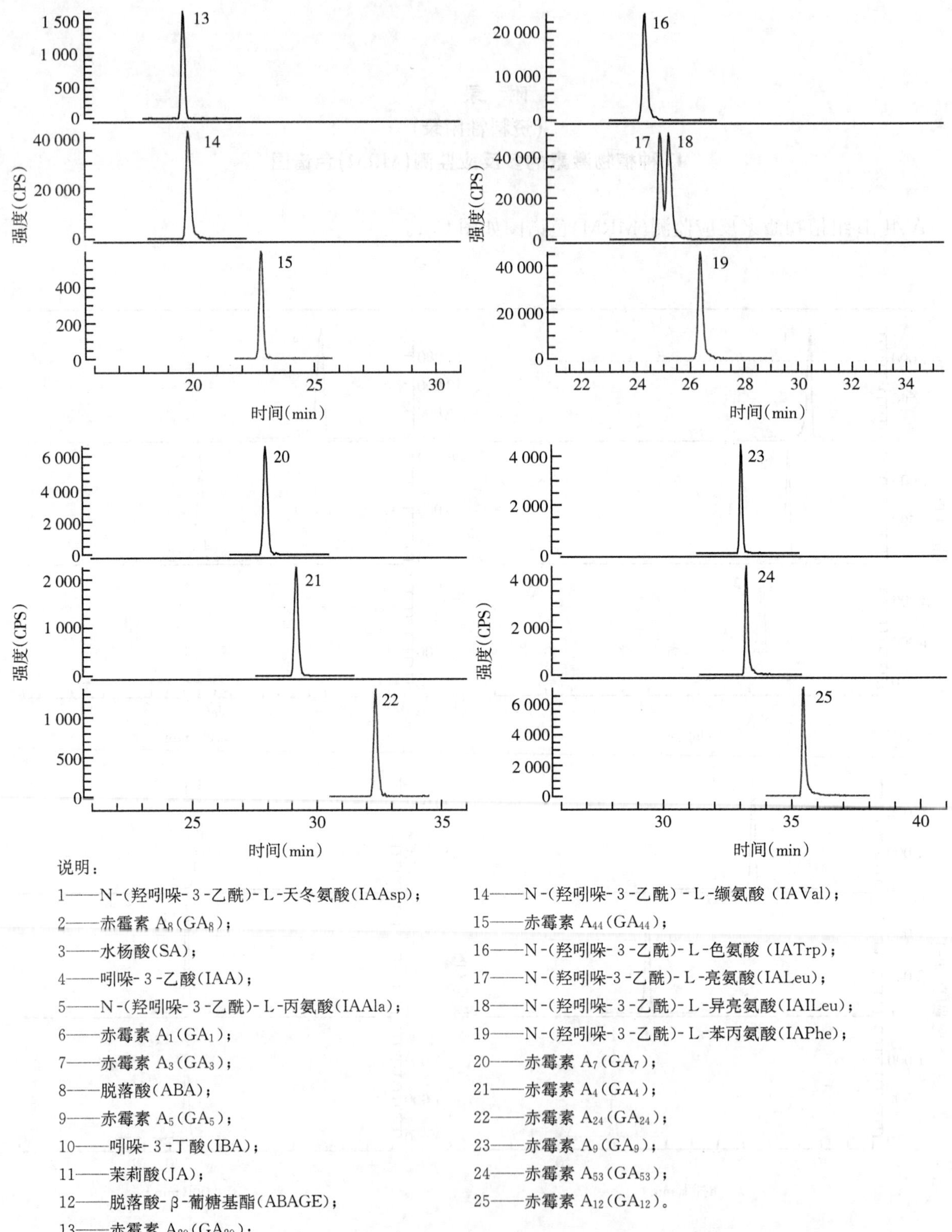

说明：

1——N-(羟吲哚-3-乙酰)-L-天冬氨酸(IAAsp)；
2——赤霉素 A_8(GA_8)；
3——水杨酸(SA)；
4——吲哚-3-乙酸(IAA)；
5——N-(羟吲哚-3-乙酰)-L-丙氨酸(IAAla)；
6——赤霉素 A_1(GA_1)；
7——赤霉素 A_3(GA_3)；
8——脱落酸(ABA)；
9——赤霉素 A_5(GA_5)；
10——吲哚-3-丁酸(IBA)；
11——茉莉酸(JA)；
12——脱落酸-β-葡糖基酯(ABAGE)；
13——赤霉素 A_{20}(GA_{20})；
14——N-(羟吲哚-3-乙酰)-L-缬氨酸(IAVal)；
15——赤霉素 A_{44}(GA_{44})；
16——N-(羟吲哚-3-乙酰)-L-色氨酸(IATrp)；
17——N-(羟吲哚-3-乙酰)-L-亮氨酸(IALeu)；
18——N-(羟吲哚-3-乙酰)-L-异亮氨酸(IAILeu)；
19——N-(羟吲哚-3-乙酰)-L-苯丙氨酸(IAPhe)；
20——赤霉素 A_7(GA_7)；
21——赤霉素 A_4(GA_4)；
22——赤霉素 A_{24}(GA_{24})；
23——赤霉素 A_9(GA_9)；
24——赤霉素 A_{53}(GA_{53})；
25——赤霉素 A_{12}(GA_{12})。

B组

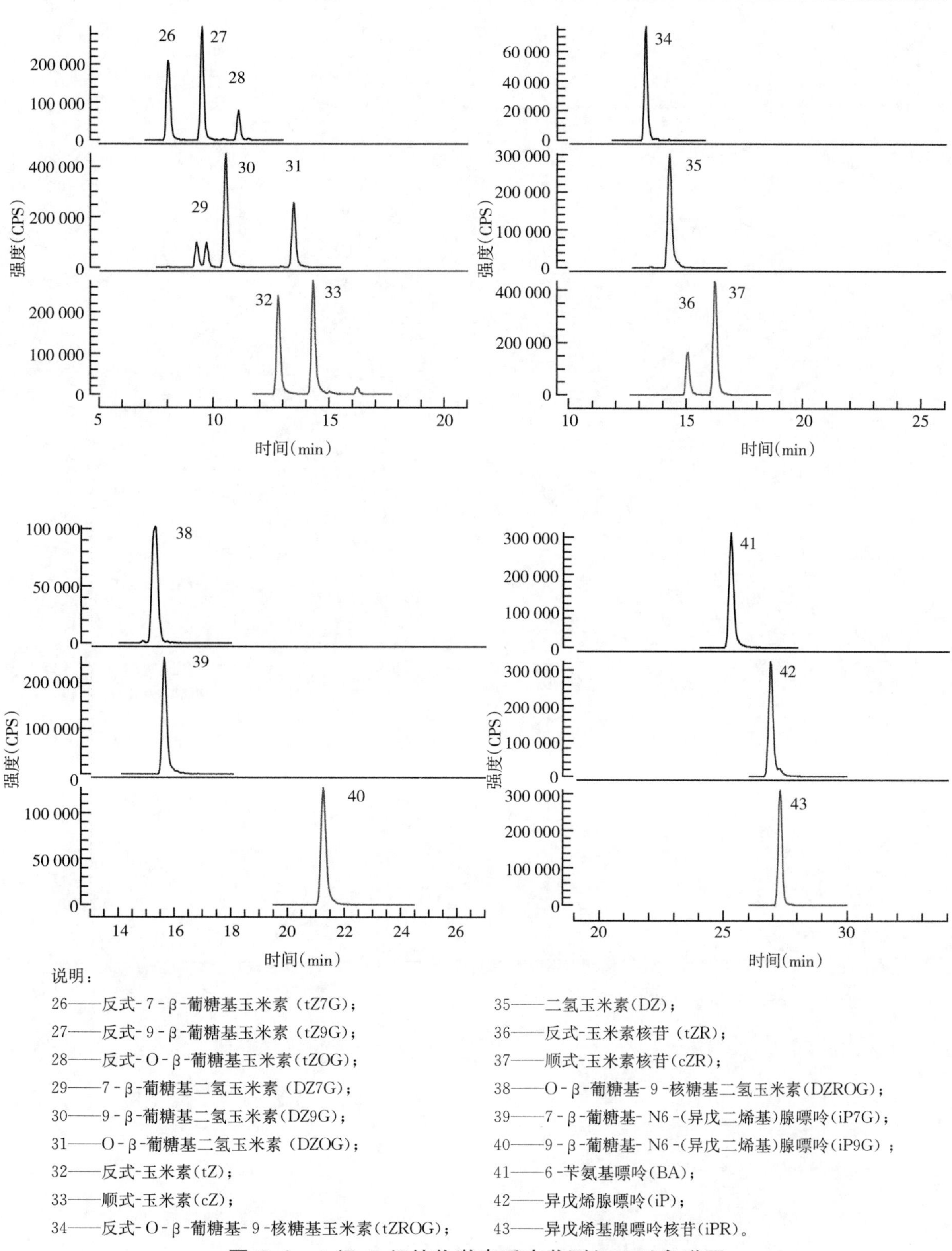

说明：

26——反式-7-β-葡糖基玉米素(tZ7G)；
27——反式-9-β-葡糖基玉米素(tZ9G)；
28——反式-O-β-葡糖基玉米素(tZOG)；
29——7-β-葡糖基二氢玉米素(DZ7G)；
30——9-β-葡糖基二氢玉米素(DZ9G)；
31——O-β-葡糖基二氢玉米素(DZOG)；
32——反式-玉米素(tZ)；
33——顺式-玉米素(cZ)；
34——反式-O-β-葡糖基-9-核糖基玉米素(tZROG)；
35——二氢玉米素(DZ)；
36——反式-玉米素核苷(tZR)；
37——顺式-玉米素核苷(cZR)；
38——O-β-葡糖基-9-核糖基二氢玉米素(DZROG)；
39——7-β-葡糖基-N6-(异戊二烯基)腺嘌呤(iP7G)；
40——9-β-葡糖基-N6-(异戊二烯基)腺嘌呤(iP9G)；
41——6-苄氨基嘌呤(BA)；
42——异戊烯腺嘌呤(iP)；
43——异戊烯基腺嘌呤核苷(iPR)。

图C.1 A组、B组植物激素反应监测(MRM)色谱图

ICS 65.020.01
B 10

中华人民共和国农业行业标准

NY/T 2872—2015

耕地质量划分规范

Specification for cultivated land quality division

2015-12-29 发布　　　　2016-04-01 实施

中华人民共和国农业部　发布

前　言

本标准按照 GB/T 1.1—2009 给出的规则起草。

本标准由农业部种植业管理司提出并归口。

本标准起草单位：全国农业技术推广服务中心、北京市土壤肥料工作站、中国农业科学院农业资源与农业区划研究所、山东省土壤肥料总站、江苏省耕地质量保护站、山西省土壤肥料工作站、华南农业大学、辽宁省土壤肥料总站、安徽省土壤肥料总站、成都土壤肥料测试中心、重庆市农业技术推广总站、陕西省土壤肥料工作站。

本标准主要起草人：辛景树、任意、赵永志、薛彦东、李涛、王绪奎、张藕珠、徐明岗、李永涛、李金凤、钱晓华、李昆、李伟、徐文华、李旭军、郑磊、胡良兵。

耕地质量划分规范

1 范围

本标准规定了耕地质量区域划分、指标确定、耕地质量划分流程等内容。

本标准适用于耕地质量划分,也适用于园地质量划分。

2 规范性引用文件

下列文件对于本文件的应用是必不可少的。凡是注日期的引用文件,仅注日期的版本适用于本文件。凡是不注日期的引用文件,其最新版本(包括所有的修改单)适用于本文件。

GB 15618 土壤环境质量标准

HJ/T 166 土壤环境监测技术规范

NY/T 1634 耕地地力调查与质量评价技术规程

NY/T 309 全国耕地类型区、耕地地力等级划分

3 术语和定义

下列术语和定义适用于本文件。

3.1

耕地 cultivated land

用于农作物种植的土地。

3.2

耕地质量 cultivated land quality

由耕地地力、土壤健康状况和田间基础设施构成的满足农产品持续产出和质量安全的能力。

3.3

耕地地力 cultivated land productivity

在当前管理水平下,由土壤立地条件、自然属性等相关要素构成的耕地生产能力。

3.4

土壤健康状况 soil health condition

耕地土壤中污染物等对生态系统和人体健康不产生不良或有害效应的程度,用清洁程度表示。

3.5

海拔高度 altitude

地面某个地点由海平面起算的高度。

3.6

地形部位 parts of the terrain

具有特定形态特征和成因的中小地貌单元。

3.7

田面坡度 surface slope

农田坡面与水平面的夹角度数。

3.8

土壤养分状况 soil nutrient status

土壤养分的数量、形态、分解、转化规律以及土壤的保肥、供肥性能。

3.9

土壤酸碱度　soil acidity

土壤溶液的酸碱性强弱程度，以 pH 表示。

3.10

土壤有机质　soil organic matter

土壤中形成的和外加入的所有动植物残体不同阶段的各种分解产物和合成产物的总称，包括高度腐解的腐殖物质、解剖结构尚可辨认的有机残体和各种微生物体。

3.11

土壤障碍因素　soil constraint factor

土体中妨碍农作物正常生长发育、对农产品产量和品质造成不良影响的因素。

3.12

土壤障碍层次　soil constraint layer

在耕层以下出现的阻碍根系伸展或影响水分渗透的层次。

3.13

农田林网化率　farmland shelter rate

农田四周的林带保护面积与农田总面积之比。

3.14

有效土层厚度　effective soil layer thickness

作物能够利用的母质层以上的土体总厚度或障碍层以上的土层厚度。

3.15

耕地土壤生物多样性　biodiversity of cultivated land

在一定时间和一定区域内耕地土壤生物物种、生物群落和功能的多样性及生态平衡状态。

3.16

耕层厚度　arable layer thickness

经耕种熟化而形成的土壤表土层厚度。

3.17

耕层质地　arable layer texture

耕层土壤颗粒的大小及其组合情况。

3.18

土壤盐渍化　soil salinization

土壤底层或地下水的盐分随毛管水上升到地表，水分散失后，使盐分积累在表层土壤中，当土壤含盐量过高时，形成的盐碱危害。

3.19

灌溉能力　irrigation capability

预期灌溉用水量在多年灌溉中能够得到满足的程度。

3.20

排水能力　drainage capability

为保证农作物正常生长，及时排除农田地表积水，有效控制和降低地下水位的能力。

4　耕地质量划分流程

4.1　耕地质量划分流程图

耕地质量划分流程见图 1。

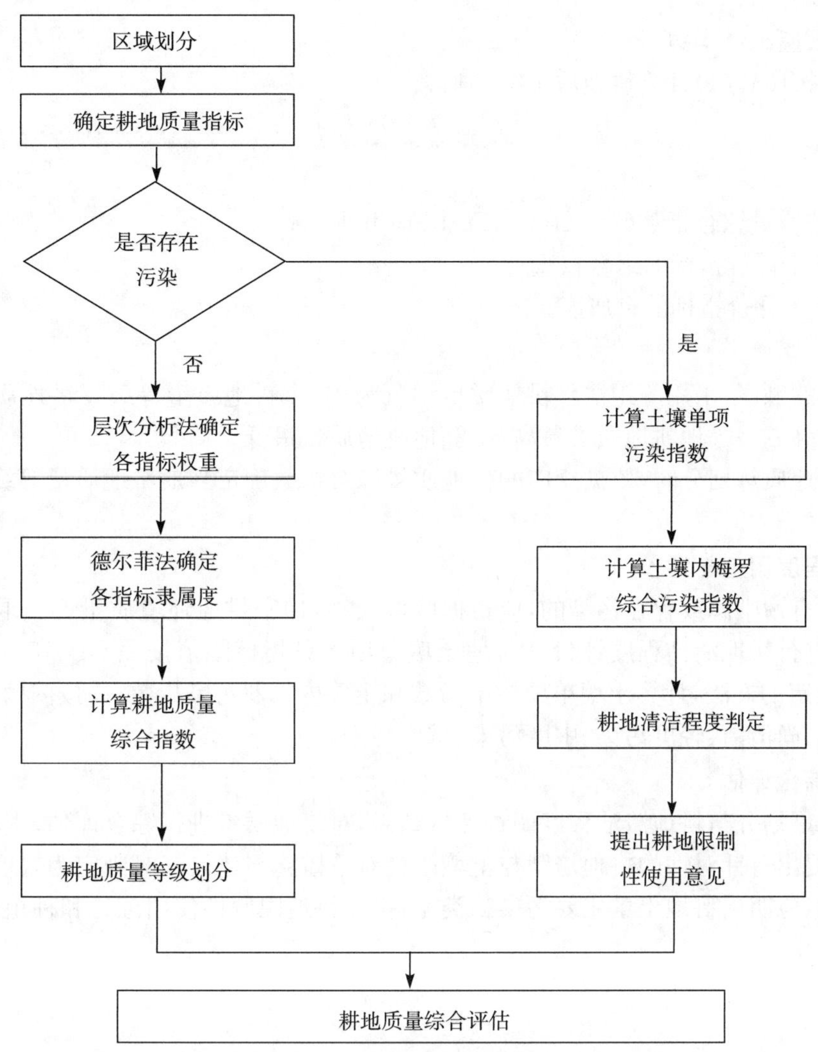

图 1　耕地质量划分流程

4.2　区域划分

根据全国综合农业区划，结合不同区域耕地特点，将全国耕地划分为东北区、内蒙古及长城沿线区、黄淮海区、黄土高原区、长江中下游区、西南区、华南区、甘新区、青藏区九大区域。各区涵盖的具体县(市、区、旗)名见附录 A。

4.3　耕地质量指标

各区域耕地质量指标由基础性指标和区域补充性指标组成，其中，基础性指标包括地形部位、有效土层厚度、有机质、耕层质地、土壤养分状况、生物多样性、障碍因素、灌溉能力、排水能力、清洁程度 10 个指标。区域补充性指标包括耕层厚度、田面坡度、农田林网化程度、盐渍化程度、酸碱度、海拔高度等。各区域耕地质量划分指标见附录 B。

4.4　确定各指标权重

按照 NY/T 1634 规定的层次分析法，建立目标层、准则层和指标层层次结构，构造判断矩阵。经层次单排序及其一致性检验，计算并确定所有指标对于耕地质量(目标层)相对重要性的排序权重值。

4.5　计算各指标隶属度

依据 NY/T 1634 规定的方法和附录 B，对定性指标采用德尔菲法，直接给出相应的隶属度；对定量指标采用德尔菲法与隶属函数相结合的方法,确定各指标的隶属函数。将各指标值代入隶属函数计算,即可得到各指标的隶属度。

4.6 计算耕地质量综合指数

采用累加法按照式(1)计算耕地质量综合指数。

$$P = \sum (C_i \times F_i) \quad \cdots\cdots (1)$$

式中:

P ——耕地质量综合指数(Integrated Fertility Index);

C_i ——第 i 个评价指标的组合权重;

F_i ——第 i 个评价指标的隶属度。

4.7 等级划分

按从大到小的顺序,采用等距法将耕地质量划分为 10 个耕地质量等级。耕地质量综合指数越大,耕地质量水平越高。一等地耕地质量最高,十等地耕地质量最低。

各区域内耕地质量划分时,依据相应的耕地质量综合指数确定当地耕地质量等级范围,再划分耕地质量等级。

4.8 耕地清洁程度调查与评价

当耕地周边有污染源或存在污染的,应根据区域大小,加密耕地环境质量调查取样点密度,检测土壤污染物含量,进行耕地清洁程度评价。耕地土壤单项污染指标限值按照 GB 15618 的规定执行。按照 HJ/T 166 规定的方法,计算土壤单项污染指数和土壤内梅罗污染指数,并按内梅罗指数将耕地清洁程度划分为清洁、尚清洁、轻度污染、中度污染、重度污染。

4.9 耕地质量综合评估

依据耕地质量划分与耕地清洁程度调查评价结果,对耕地质量进行综合评估,查明影响耕地质量的主要障碍因子,提出有针对性的耕地培肥与土壤改良对策措施与建议。对判定为轻度污染、中度污染和重度污染的耕地,应明确耕地土壤主要污染物类型,提出耕地限制性使用意见和种植作物调整建议。

附 录 A
(规范性附录)
耕地质量划分区域范围

耕地质量划分区域范围见表 A.1。

表 A.1 耕地质量划分区域范围

一级农业区	二级农业区	县(市、旗、区)
(一)东北区	兴安岭林区	根河、额尔古纳、牙克石、鄂伦春、莫力达瓦、阿荣旗、扎兰屯、呼玛、爱辉、孙吴、逊克、伊春、嘉荫、铁力
	松嫩—三江平原农业区	嫩江、五大连池、北安、讷河、甘南、龙江、富裕、依安、克山、克东、拜泉、林甸、杜尔伯特、泰来、海伦、绥棱、庆安、绥化、望奎、青冈、明水、安达、兰西、肇东、肇州、肇源、呼兰、巴彦、木兰、通河、方正、延寿、尚志、宾县、阿城、双城、五常、依兰、汤原、桦川、桦南、勃利、七台河、集贤、宝清、富锦、同江、抚远、饶河、绥滨、萝北、虎林、密山、鸡东、扎赉特、白城、镇赉、洮南、通榆、大安、乾安、扶余、前郭、长岭、农安、德惠、九台、榆树、双阳、舒兰、永吉、吉林市郊区、双辽、公主岭、梨树、伊通、辽源、东丰
	长白山地林农区	林口、穆棱、海林、宁安、东安、绥芬河、鸡西、敦化、安图、和龙、延吉、图们、汪清、珲春、辉南、梅河口、柳河、通化、集安、浑江、靖宇、抚松、长白、蛟河、桦甸、磐石
	辽宁平原丘陵农林区	西丰、昌图、开原、铁岭、康平、法库、抚顺、清原、新宾、新民、辽中、本溪、桓仁、辽阳、灯塔、岫岩、东港、凤城、宽甸、瓦房店、普兰店、金州、庄河、长海、盖州、营口、大洼、盘山、台安、海城、阜新、彰武、绥中、兴城、凌海、义县、北镇、黑山
(二)内蒙古及长城沿线区	内蒙古北部牧农区	陈巴尔虎、鄂温克、新巴尔虎左、新巴尔虎右、海拉尔、满洲里、东乌珠穆沁、西乌珠穆沁、锡林浩特、阿巴嘎、苏尼特左、正蓝、正镶白、镶黄、苏尼特右、二连浩特、四子王、达尔罕茂明安
	内蒙古中南部牧农区	科尔沁右前、突泉、乌兰浩特、科尔沁右中、科尔沁左中、扎鲁特、科尔沁、开鲁、奈曼、阿鲁科尔沁、敖汉、巴林左、巴林右、翁牛特、林西、克什克腾、多伦、太仆寺、察右后、察右中、化德、商都、达拉特、准格尔、东胜、伊金霍洛、围场、丰宁、沽源、康保、张北、尚义、府谷、神木、榆林、横山、靖边、定边、盐池、红寺堡
	长城沿线农牧区	北票、朝阳、凌源、喀左、建昌、集宁、兴和、察右前、丰镇、凉城、卓资、武川、和林格尔、清水河、元宝山、红山、松山、喀喇沁、宁城、土默特左、托克托、固阳、土默特右、隆化、滦平、兴隆、平泉、宽城、青龙、承德、万全、怀安、阳原、蔚县、宣化、涿鹿、怀来、赤城、崇礼、涞源、大同、右玉、左云、平鲁、朔城、山阴、怀仁、应县、浑源、灵丘、阳高、天镇、广灵、繁峙、宁武、神池、偏关、五寨、岢岚、静乐、岚县、方山、娄烦、古交、赛罕、回民、玉泉、新城、九原
(三)黄淮海区	燕山太行山山麓平原农业区	门头沟、海淀、丰台、朝阳、房山、大兴、通州、昌平、平谷、怀柔、密云、顺义、延庆、蓟县、抚宁、卢龙、昌黎、迁安、迁西、遵化、丰润、玉田、滦县、大厂、三河、香河、涞水、涿州、高碑店、易县、定兴、容城、徐水、顺平、清苑、满城、望都、曲阳、唐县、博野、安国、蠡县、赞皇、高邑、赵县、辛集、晋州、元氏、藁城、鹿泉、正定、灵寿、行唐、新乐、无极、深泽、临城、柏乡、隆尧、内丘、邢台、任县、沙河、南和、宁晋、邯郸、武安、永年、肥乡、成安、磁县、临漳、安阳、淇滨、林州、淇县、汤阴、浚县、辉县、卫辉、新乡、修武、获嘉、武陟、博爱、温县、沁阳、孟州、栾城、定州
	冀鲁豫低洼平原农业区	静海、宁河、武清、宝坻、乐亭、滦南、丰南、安次、固安、永清、霸州、文安、大城、雄县、安新、高阳、广阳、曹妃甸、任丘、河间、沧县、青县、黄骅、海兴、盐山、孟村、南皮、东光、泊头、吴桥、献县、肃宁、安平、饶阳、深州、武强、阜城、景县、武邑、桃城区、冀县、枣强、故城、新河、巨鹿、平乡、广宗、南宫、威县、清河、临西、鸡泽、曲周、馆陶、广平、大名、魏县、邱县、莘县、阳谷、东昌府、冠县、临清、茌平、东阿、高唐、夏津、武城、平原、禹城、齐河、济阳、陵县、临邑、商河、宁津、乐陵、庆云、惠民、阳信、滨城、无棣、沾化、利津、垦利、广饶、博兴、高青、寿光、内黄、南乐、清丰、范县、台前、濮阳、滑县、长垣、原阳、延津、封丘

表 A.1（续）

一级农业区	二级农业区	县(市、旗、区)
(三)黄淮海区	黄淮平原农业区	梁园、睢阳、民权、睢县、宁陵、柘城、虞城、夏邑、永城、荥阳、兰考、杞县、祥符、通许、尉氏、中牟、新郑、扶沟、太康、西华、商水、淮阳、鹿邑、郸城、沈丘、项城、西平、遂平、上蔡、平舆、汝南、新蔡、正阳、许昌、长葛、鄢陵、临颍、郾城、舞阳、襄城、叶县、禹州、郏县、宝丰、息县、淮滨、嘉祥、金乡、鱼台、微山、梁山、郓城、鄄城、巨野、东明、牡丹、定陶、成武、曹县、单县、临泉、界首、太和、阜阳、阜南、颍上、亳州、涡阳、利辛、蒙城、凤台、砀山、萧县、濉溪、宿州、灵璧、固镇、泗县、五河、怀远、蚌埠、丰县、沛县、铜山、邳州、睢宁、新沂、东海、赣榆、清浦、淮阴、涟水、灌云、灌南、沭阳、泗阳、宿迁、泗洪、响水、滨海
	山东丘陵农林区	荣成、文登、牟平、乳山、海阳、福山、栖霞、蓬莱、龙口、招远、莱州、莱阳、莱西、即墨、昌邑、寒亭、昌乐、平度、高密、胶州、黄岛、诸城、五莲、安丘、青州、临朐、历城、崂山、邹平、桓台、沂源、沂水、蒙阴、平邑、费县、沂南、兰陵、郯城、临沭、莒南、莒县、长青、平阴、肥城、宁阳、新泰、章丘、淄川、博山、临淄、周村、薛城、峄城、台儿庄、山亭、市中、东营、河口、潍城、寒亭、坊子、岱岳、环翠、东港、莱城、钢城、河东、罗庄、兰山、德城、张店、东平、兖州、曲阜、泗水、邹城、滕州、汶上
(四)黄土高原区	晋东豫西丘陵山地农林牧区	五台、盂县、寿阳、昔阳、和顺、左权、平定、榆社、沁源、沁县、武乡、襄垣、黎城、潞城、屯留、长治、长子、平顺、壶关、高平、陵川、阳城、沁水、泽州、安泽、垣曲、平陆、芮城、阜平、平山、井陉、涉县、济源、巩义、登封、新密、鲁山、偃师、孟津、伊川、汝州、汝阳、新安、渑池、宜阳、陕州、灵宝、洛宁、栾川、卢氏
	汾渭谷地农业区	代县、原平、定襄、忻府、阳曲、清徐、晋源、小店、杏花岭、迎泽、尖草坪、万柏林、榆次、太谷、祁县、平遥、介休、灵石、交城、文水、汾阳、孝义、霍州、洪洞、尧都、古县、浮山、翼城、襄汾、曲沃、侯马、新绛、稷山、河津、绛县、闻喜、万荣、夏县、盐湖、临猗、永济、韩城、澄城、白水、蒲城、大荔、耀州、渭南、临潼、蓝田、华州、华阴、潼关、长安、三原、泾阳、高陵、淳化、旬邑、彬县、长武、永寿、乾县、礼泉、兴平、武功、周至、户县、陈仓、麟游、陇县、千阳、凤翔、岐山、扶风、眉县、合阳、富平、临渭、渭城、秦都、金台、印台
	晋陕甘黄土丘陵沟壑牧林农区	河曲、保德、兴县、临县、离石、柳林、中阳、石楼、交口、汾西、隰县、永和、大宁、蒲县、吉县、乡宁、佳县、吴堡、米脂、绥德、子洲、清涧、延川、子长、安塞、吴起、宝塔、延长、甘泉、富县、宜川、黄龙、洛川、黄陵、宜君、西峰、庆城、环县、华池、合水、正宁、宁县、镇原、灵台、泾川、崆峒、崇信、华亭、原州、海原、西吉、泾源、隆德、同心、彭阳、志丹
	陇中青东丘陵农牧区	静宁、庄浪、张家川、清水、秦安、秦州、麦积、天水、甘谷、武山、漳县、靖远、平川、白银、会宁、安定、通渭、陇西、渭源、临洮、榆中、皋兰、永登、临夏、和政、东乡、广河、康乐、永靖、积石山、民和、乐都、互助、化隆、循化、湟中、湟源、大通、尖扎、同仁、贵德、西宁市郊区、贵德
(五)长江中下游区	长江下游平原丘陵农畜水产区	崇明、宝山、浦东、奉贤、松江、金山、嘉定、青浦、吴县、吴江、江阴、张家港、常熟、太仓、昆山、丹徒、武进、扬中、金坛、宜兴、溧阳、高淳、溧水、句容、启东、海门、如东、南通、如皋、海安、东台、大丰、建湖、射阳、阜宁、邗江、江都、靖江、泰兴、仪征、高邮、宝应、兴化、盱眙、洪泽、金湖、淮安、江宁、浦口、六合、嘉善、南湖、秀洲、海盐、海宁、桐乡、吴兴、南浔、德清、上城、下城、江干、拱墅、西湖、滨江、萧山、余杭、越城、柯桥、上虞、慈溪、余姚、海曙、江东、江北、北仑、镇海、鄞州、定海、岱山、普陀、平湖、嵊泗、当涂、芜湖、繁昌、南陵、铜陵、庐江、无为、肥东、巢湖、含山、和县、枞阳、桐城、怀宁、望江、宿松、滁州、全椒、定远、凤阳、明光、来安、天长、长丰、霍邱、寿县、肥西、安庆、合肥、马鞍山
	鄂豫皖平原山地农林区	襄州、襄城、樊城、枣阳、老河口、曾都、随县、广水、大悟、红安、麻城、罗田、英山、平桥、浉河、罗山、光山、新县、固始、商城、潢川、内乡、镇平、邓州、新野、南召、方城、社旗、唐河、六安、金寨、霍山、舒城、岳西、潜山、太湖、宛城区、卧龙、确山、泌阳、桐柏、淅川
	长江中游平原农业水产区	九江、彭泽、湖口、都昌、星子、德安、永修、瑞昌、鄱阳、乐平、万年、余干、余江、东乡、进贤、临川、南昌、丰城、清浦、高安、新余、安义、江夏、蔡甸、东西湖、汉南、黄陂、新洲、黄州、团风、浠水、蕲春、武穴、黄梅、安陆、云梦、应城、孝南、孝昌、汉川、黄陂、嘉鱼、鄂城、华容、梁子湖、掇刀、东宝、屈家岭、沙洋、钟祥、京山、宜城、天门、仙桃、潜江、洪湖、监利、石首、公安、松滋、沙市、江陵、当阳、枝江、临湘、岳阳、汨罗、湘阴、华容、南县、沅江、益阳、安乡、澧县、临澧、常德、汉寿、桃源、津市

表 A.1（续）

一级 农业区	二级 农业区	县(市、旗、区)
(五) 长江中下游区	江南丘陵 山地农林区	东至、贵池、泾县、青阳、宣城、郎溪、广德、石台、黄山、宁国、旌德、绩溪、歙县、休宁、黟县、祁门、安吉、诸暨、临安、富阳、桐庐、建德、淳安、浦江、兰溪、金东、婺城、衢江、柯城、龙游、磐安、长兴、江山、常山、开化、义乌、东阳、永康、武义、婺源、德兴、玉山、广丰、上饶、铅山、横峰、弋阳、贵溪、金溪、资溪、南城、黎川、南丰、宜黄、崇仁、乐安、广昌、石城、宁都、兴国、瑞金、会昌、安远、于都、信丰、赣县、南康、新干、峡江、永丰、吉水、吉安、安福、莲花、永新、宁冈、泰和、万安、遂川、铜鼓、靖安、奉新、宜丰、上高、分宜、万载、宜春、修水、武宁、黄石市郊区、阳新、大冶、咸安、赤壁、崇阳、通山、通城、平江、浏阳、醴陵、攸县、茶陵、湘潭、湘乡、株洲、桃江、安化、宁乡、新化、冷水江、涟源、双峰、邵东、新邵、邵阳、隆回、洞口、武冈、新宁、衡山、衡东、衡阳、祁东、祁阳、常宁、衡南、东安、永州、安仁、耒阳、永兴、长沙、望城、韶山
	浙闽丘陵 山地林农区	嵊州、新昌、奉化、宁海、象山、天台、三门、临海、仙居、椒江、黄岩、路桥、温岭、玉环、永嘉、乐清、洞头、瑞安、平阳、文成、泰顺、缙云、丽水、莲都、青田、云和、遂昌、龙泉、庆元、浦城、松溪、政和、崇安、建阳、建瓯、光泽、邵武、顺昌、福鼎、柘荣、寿宁、福安、周宁、屏南、古田、霞浦、罗源、闽侯、闽清、永泰、建宁、泰宁、将乐、宁化、明溪、沙县、清流、永定、龙溪、大田、德化、永春、漳平、长汀、连城、永定、上杭、武平、龙湖、鹿城、瓯海、苍南、景宁
	南岭丘陵 山地林农区	大余、全南、龙南、定南、寻乌、上犹、崇义、桂东、资兴、汝城、郴州、桂阳、嘉禾、临武、宜章、新田、宁远、道县、蓝山、江华、江永、双牌、炎陵、平远、蕉岭、梅县、兴宁、大埔、龙川、和平、连平、翁源、始兴、南雄、仁化、乐昌、乳源、连州、连南、连山、阳山、曲江、怀集、广宁、封开、富川、钟山、八步、昭平、蒙山、资源、全州、兴安、灌阳、灵川、龙胜、临桂、永福、阳朔、荔浦、平乐、恭城、金秀、象州、武宣、忻城、柳江、柳城、鹿寨、融水、融安、三江、罗城、宜山、上林
(六) 西南区	秦岭大巴山 林农区	西峡、淅川、洛南、商州、汉滨、汉台、丹凤、商南、山阳、柞水、镇安、宁陕、石泉、汉阴、紫阳、旬阳、白河、平利、岚皋、镇坪、佛坪、洋县、西乡、镇巴、城固、南郑、勉县、宁强、略阳、留坝、太白、凤县、两当、徽县、西和、礼县、岷县、宕昌、武都、文县、成县、康县、舟曲、北川、平武、青川、旺苍、南江、通江、万源、白沙、城口、巫溪、十堰市郊区、郧阳、郧西、竹溪、竹山、房县、丹江口、谷城、保康、南漳、神农架
	四川盆地 农林区	巴州、平昌、宣汉、开江、大竹、渠县、邻水、通川、梁平、忠县、万州、开县、垫江、丰都、涪陵、南川、巴南、綦江、江北、长寿、合川、铜梁、璧山、大足、荣昌、永川、江津、潼南、苍溪、阆中、仪陇、南部、营山、蓬安、岳池、广安、武胜、西充、安州、绵竹、德阳、中江、绵阳、江油、剑阁、梓潼、盐亭、三台、射洪、蓬溪、遂宁、什邡、广汉、彭州、新都、都江堰、郫县、温江、崇州、新津、大邑、邛崃、蒲江、彭山、眉山、青神、仁寿、井研、犍为、沐川、峨眉、夹江、洪雅、丹棱、宝兴、芦山、名山、天全、荥经、隆昌、乐至、安岳、简阳、资中、威远、富顺、泸县、合江、纳溪、江安、南溪、宜宾县、高县、长宁、双流、金堂、荣县、渝北、北碚、沙坪坝、九龙坡、大渡口
	渝鄂湘黔边境 山地林农牧区	云阳、奉节、巫山、武隆、彭水、黔江、酉阳、秀山、石柱、远安、兴山、秭归、宜都、长阳、五峰、巴东、建始、利川、宣恩、鹤峰、咸丰、来凤、石门、慈利、龙山、桑植、张家界、永顺、保靖、古丈、花垣、吉首、泸溪、凤凰、沅陵、辰溪、溆浦、麻阳、芷江、新晃、洪江、会同、靖州、通道、绥宁、城步、沿河、德江、思南、印江、石阡、江口、松桃、万山、玉屏、道真、务川、正安、岑巩、镇远、施秉、三穗、台江、剑河、雷山、丹寨、天柱、锦屏、黎平、榕江、从江、凯里、三都、怀化
	黔桂高原 山地林农牧区	绥阳、桐梓、习水、赤水、仁怀、遵义、湘潭、凤冈、余庆、瓮安、福泉、贵定、龙里、都匀、独山、平塘、惠水、长顺、罗甸、荔波、黄平、麻江、开阳、息烽、修文、清镇、平坝、普定、镇宁、关岭、紫云、金沙、黔西、大方、织金、纳雍、六枝、盘县、水城、晴隆、普安、兴仁、贞丰、兴义、安龙、册亨、望谟、古蔺、叙永、兴文、珙县、筠连、环江、南丹、天峨、凤山、东兰、巴马、都安、马山、乐业、凌云、田林、隆林、西林
	川滇高原山地 农林牧区	米易、盐边、泸定、汉源、石棉、屏山、甘洛、越西、喜德、美姑、昭觉、雷波、金阳、布拖、普格、峨边、马边、金口河、冕宁、西昌、德昌、宁南、会东、会理、盐源、赫章、威宁、绥江、盐津、永善、大关、彝良、威信、镇雄、鲁甸、巧家、东川、会泽、宣威、沾益、富源、马龙、寻甸、嵩明、宜良、石林、陆良、师宗、罗平、富民、安宁、晋宁、呈贡、易门、峨山、江川、通海、华宁、澄江、弥勒、泸西、丘北、文山、砚山、永仁、大姚、姚安、南华、牟定、楚雄、双柏、禄丰、武定、禄劝、元谋、景东、鹤庆、剑川、洱源、云龙、永平、漾濞、大理、巍山、宾川、祥云、弥渡、南涧、保山、腾冲、宁蒗、永胜、华坪、泸水、兰坪、西山、五华、盘龙、官渡、禄劝、古城、玉龙、昭阳、麒麟、红塔

表 A.1(续)

一级农业区	二级农业区	县(市、旗、区)
(七)华南区	闽南粤中农林水产区	长乐、平潭、福清、仙游、安溪、南安、惠安、晋江、同安、华安、长泰、龙海、南靖、平和、漳浦、云霄、东山、诏安、饶平、南澳、潮安、澄海、潮阳、丰顺、五华、普宁、惠来、揭西、陆丰、海丰、丰顺、五华、紫金、惠东、惠阳、博罗、番禺、花都、增城、从化、龙门、新丰、南海、三水、顺德、斗门、新会、鹤山、开平、台山、恩平、四会、高要、德庆、新兴、罗定、郁南、英德、佛冈
	粤西桂南农林区	阳春、信宜、高州、电白、化州、廉江、吴川、苍梧、藤县、岑溪、桂平、贵港、玉州、北流、容县、陆川、博白、平南、宾阳、横县、邕宁、武鸣、隆安、天等、大新、扶绥、龙州、宁明、凭祥、灵山、浦北、合浦、防城、上思、平果、田东、田阳、德保、靖西、那坡
	滇南农林区	广南、富宁、西畴、麻栗坡、马关、石屏、建水、开远、蒙自、个旧、屏边、河口、金平、元阳、红河、绿春、元江、新平、镇沅、景谷、墨江、江城、澜沧、西盟、孟连、景洪、勐海、勐腊、凤庆、云县、双江、耿马、沧源、永德、镇康、昌宁、施甸、龙陵、盈江、梁河、芒市、陇川、瑞丽、思茅、临翔、隆阳
	琼雷及南海诸岛农林区	遂溪、雷州、徐闻、琼山、文昌、定安、澄迈、临高、琼海、屯昌、儋州、万宁、琼中、保亭、陵水、白沙、昌江、东方、乐东、崖州
(八)甘新区	蒙宁甘农牧区	乌达、海勃湾、五原、临河、杭锦后、磴口、乌拉特前、乌拉特中、乌拉特后、阿拉善左、阿拉善右、额济纳、杭锦、乌审、鄂托克、永宁、贺兰、平罗、灵武、青铜峡、中宁、沙坡头、凉州、古浪、景泰、民勤、永昌、金川、甘州、山丹、民乐、高台、临泽、嘉峪关、肃州、玉门、金塔、瓜州、敦煌、肃北、阿克塞、惠农、大武口、利通、兴庆、金凤、西夏
	北疆农牧林区	阿勒泰、布尔津、吉木乃、哈巴河、福海、富蕴、青河、塔城、额敏、裕民、托里、和布克赛尔、乌苏、沙湾、伊宁、霍城、察布查尔、尼勒克、巩留、新源、特克斯、昭苏、奎屯、精河、博乐、温泉、木垒、奇台、吉木萨尔、阜康、来泉、昌吉、呼图壁、玛纳斯、乌鲁木奇市郊区、克拉玛依、石河子、巴里坤、伊吾
	南疆农牧林区	哈密、鄯善、哈密、吐鲁番、托克逊、和静、和硕、焉耆、博湖、库尔勒、尉犁、轮台、且末、若羌、库车、沙雅、拜城、新和、温宿、阿克苏、阿瓦提、乌什、柯坪、喀什、疏附、疏勒、伽师、岳普湖、巴楚、麦盖提、莎车、英吉沙、泽普、叶城、塔什库尔干、阿合奇、阿图什、乌恰、阿克陶、皮山、墨玉、和田、洛浦、策勒、于田、民丰
(九)青藏区	藏南农牧区	吉隆、聂拉木、昂仁、定日、谢通门、拉孜、萨迦、定结、岗巴、白朗、江孜、南木林、仁布、康马、业东、尼木、堆龙德庆、曲水、林周、达孜、墨竹工卡、浪卡子、贡嘎、扎囊、洛扎、乃东、琼结、桑日、曲松、措美、隆子、错那
	川藏林农牧区	加查、朗县、工布江达、米林、墨脱、索县、边坝、洛隆、丁青、类乌齐、江达、波密、察隅、八宿、左贡、察雅、芒康、贡觉、贡山、福贡、维西、香格里拉、德钦、木里、白玉、巴塘、理塘、得荣、乡城、稻城、新龙、炉霍、道孚、丹巴、雅江、康定、九龙、金川、小金、马尔康、理县、汶川、黑水、茂县、松潘、九寨沟
	青甘牧农区	合作、夏河、临潭、卓尼、迭部、碌曲、天祝、肃南、泽库、共和、贵南、兴海、同德、祁连、刚察、海晏、门源、天峻、乌兰、都兰、格尔木、河南、德令哈
	青藏高寒地区	仲巴、萨嘎、普兰、扎达、噶尔、日土、革吉、改则、措勤、那曲、嘉黎、比如、聂荣、安多、班戈、申扎、巴青、双湖、当雄、玉树、称多、杂多、治多、曲麻来、玛多、玛沁、甘德、达日、班玛、久治、石渠、德格、色达、甘孜、壤塘、阿坝、若尔盖、红原、玛曲

附 录 B
（规范性附录）
区域耕地质量划分指标

B.1 东北区耕地质量划分指标见表 B.1。

表 B.1 东北区耕地质量划分指标

指 标	等 级									
	一等	二等	三等	四等	五等	六等	七等	八等	九等	十等
地形部位	岗平地、宽谷漫岗地、河流二级阶地		岗平地、河谷阶地、漫岗缓坡地、台地			河漫滩、低阶地、漫岗缓坡地、岗坡地、山地下部		岗间洼地、河漫滩、低阶地、岗顶岗坡地		
有效土层厚度,cm	≥100			80～100		60～80		<60		
有机质,g/kg	≥20				15～25		10～20		<10	
耕层质地	中壤、重壤		沙壤、轻壤、中壤、重壤			沙壤、轻壤、黏土			沙土、黏土	
土壤养分状况	最佳水平			潜在缺乏				养分贫瘠		
生物多样性	丰富			一般				不丰富		
障碍因素	无障碍因素			较少或较轻,有轻度盐碱			较多或较重,或有钙积层、白浆层等障碍层次,犁底层浅薄		多或重,重度盐碱,或有砂砾层、砂漏层、潜育层等障碍层次	
灌溉能力	充分满足			满足			基本满足		不满足	
排水能力	充分满足			满足			基本满足		不满足	
清洁程度	清洁、尚清洁									
耕层厚度,cm	≥25		20～25		15～25			<15		
农田林网化程度	高			中			低			

注 1:土壤养分状况根据耕地土壤类型、种植作物、土壤养分状况等情况综合评价后填写,生物多样性、农田林网化程度根据实际调查情况填写。

注 2:对判定为轻度污染、中度污染和重度污染的耕地,应提出耕地限制性使用意见,采取有关措施进行耕地环境质量修复。

B.2 内蒙古及长城沿线区耕地质量划分指标见表 B.2。

表 B.2 内蒙古及长城沿线区耕地质量划分指标

指 标	等 级									
	一等	二等	三等	四等	五等	六等	七等	八等	九等	十等
地形部位	河流冲积平原的河漫滩、低阶地山前倾斜平原的中、下部				河流冲积平原的中阶地、河谷阶地、山前倾斜平原上部			河流冲积平原边缘地带、山前倾斜平原前缘、低山丘陵坡地		
有效土层厚度,cm	≥60			30～60				<30		
有机质,g/kg	≥12			8～15				<8		
耕层质地	中壤、轻壤			沙壤、轻壤、中壤、重壤					沙土、黏土	
土壤养分状况	最佳水平			潜在缺乏				养分贫瘠		
生物多样性	丰富、一般			一般、不丰富				不丰富		
障碍因素	无障碍因素,或有轻度盐碱、轻度沙化				轻度、中度盐碱、轻度沙化			沙化,中度、重度盐碱		
灌溉能力	充分满足、满足				满足、基本满足			基本满足、不满足		
排水能力	充分满足、满足				满足、基本满足			基本满足、不满足		
清洁程度	清洁、尚清洁									
农田林网化程度	高、中				中			低		
田面坡度,°	≤3			2～10				10～15		

注 1:土壤养分状况根据耕地土壤类型、种植作物、土壤养分状况等情况综合评价后填写,生物多样性、农田林网化程度根据实际调查情况填写。

注 2:对判定为轻度污染、中度污染和重度污染的耕地,应提出耕地限制性使用意见,采取有关措施进行耕地环境质量修复。

B.3 黄淮海区耕地质量划分指标见表B.3。

表 B.3 黄淮海区耕地质量划分指标

指　标	等　级									
	一等	二等	三等	四等	五等	六等	七等	八等	九等	十等
地形部位	交接洼地、微斜平原、山前平原、缓平坡地、冲洪积扇			交接洼地、微斜平地、缓平坡地、平原高阶、丘陵下部、丘陵中部、河滩高地			滨海低平地、河滩高地、坡地上部、丘陵上部			
有效土层厚度,cm	≥100			60～100			<60			
有机质,g/kg	≥15			10～20			<12			
耕层质地	中壤、重壤、轻壤			沙土、沙壤、重壤、黏土			沙壤、黏土			
土壤养分状况	最佳水平			潜在缺乏			养分贫瘠			
生物多样性	丰富			一般			不丰富			
障碍因素	无			存在沙姜层、夹沙层、夹砾石层、黏化层、白浆层或黏盘层等			存在夹沙层、夹砾石层、黏化层或黏盘层等			
灌溉能力	充分满足			满足、基本满足			不满足			
排水能力	充分满足			满足、基本满足			不满足			
清洁程度	清洁、尚清洁									
耕层厚度,cm	≥20			15～20			<18			
盐渍化程度	无、轻度			轻度			中度、重度			

注1:土壤养分状况根据耕地土壤类型、种植作物、土壤养分状况等情况综合评价后填写,生物多样性根据实际调查情况填写。

注2:对判定为轻度污染、中度污染和重度污染的耕地,应提出耕地限制性使用意见,采取有关措施进行耕地环境质量修复。

B.4 黄土高原区耕地质量划分指标见表B.4。

表 B.4 黄土高原区耕地质量划分指标

指　标	等　级									
	一等	二等	三等	四等	五等	六等	七等	八等	九等	十等
地形部位	河流一、二级阶地			河谷阶地、塬地、洪积扇中下部、涧地			河漫滩、梁面平地、缓坡地		梁、峁、坡地	
有效土层厚度,cm	≥100					60～100			<60	
有机质,g/kg	≥15			8～15					<10	
耕层质地	中壤、轻壤				沙壤、轻壤、中壤			沙土、重壤、黏土		
土壤养分状况	最佳水平			潜在缺乏				养分贫瘠		
生物多样性	丰富、一般			一般、不丰富				不丰富		
障碍因素	无障碍因素			轻度、中度侵蚀				中度、重度侵蚀		
灌溉能力	充分满足			满足、基本满足			基本满足		不满足	
排水能力	充分满足、满足			满足、基本满足		基本满足、不满足			不满足	
清洁程度	清洁、尚清洁									
田面坡度,°	≤3			2～10		10～15			15～25	

注1:土壤养分状况根据耕地土壤类型、种植作物、土壤养分状况等情况综合评价后填写,生物多样性根据实际调查情况填写。

注2:对判定为轻度污染、中度污染和重度污染的耕地,应提出耕地限制性使用意见,采取有关措施进行耕地环境质量修复。

B.5 长江中下游区耕地质量划分指标见表 B.5。

表 B.5 长江中下游区耕地质量划分指标

指　　标	等　　级									
	一等	二等	三等	四等	五等	六等	七等	八等	九等	十等
地形部位	宽谷盆地、平坝、低塝田、下冲垄田、河湖冲、沉积平原、冲积海积平原、滨海平原、河流中下游平缓阶地		山间盆地、山间畈田、缓塝田、缓丘坡田、冲垄下部、下部田，平原湖（圩）田、河湖冲、沉积平原、冲积海积平原、滨海平原河流上游宽谷阶地、低丘坡田		河湖冲、沉积平原低洼地、滨海平原洼地、新垦滩涂、河谷低阶地、丘陵低谷地、盆谷阶地、江河高阶地、缓岗地、丘陵中部、下部、冲垄上部田			封闭洼地、山间谷地、丘陵谷地、新垦滩涂、河谷阶地、高丘山地、山垄上冲田、丘陵上部		
有效土层厚度，cm	≥100			60～100				＜60		
有机质，g/kg	≥24		18～40			10～30			＜10	
耕层质地	中壤、重壤、轻壤		沙壤、轻壤、中壤、重壤、黏土			沙土、重壤、黏土				
土壤养分状况	最佳水平			潜在缺乏			养分贫瘠			
生物多样性	丰富			一般			不丰富			
障碍因素	100 cm 内无障碍因素或障碍层出现			50 cm～100 cm 内出现障碍层（潜育层、网纹层、白土层、黏化层、盐积层、焦砾层、砂砾层等），或有其他障碍因素			50 cm 内出现障碍层（潜育层、白土层、网纹层、盐积层、黏化层、焦砾层、砂砾层、腐泥层、泥炭层等），或有其他障碍因素			
灌溉能力	充分满足		满足			基本满足		不满足		
排水能力	充分满足		满足			基本满足		不满足		
清洁程度	清洁、尚清洁									
酸碱度	6.0～8.0				5.5～8.5		4.5～6.5、8.5～9.0		＞9.0 或＜4.5	

注 1：土壤养分状况根据耕地土壤类型、种植作物、土壤养分状况等情况综合评价后填写，生物多样性根据实际调查情况填写。

注 2：对判定为轻度污染、中度污染和重度污染三个等级的耕地，应提出耕地限制性使用意见，采取有关措施进行耕地环境质量修复。

B.6 西南区耕地质量划分指标见表 B.6。

表 B.6 西南区耕地质量划分指标

指　　标	等　　级									
	一等	二等	三等	四等	五等	六等	七等	八等	九等	十等
地形部位	宽谷盆地、平原阶地、河流阶地、丘陵坝区、台地、丘陵下部			河流阶地、丘陵坝区、台地，丘陵中、下部，山地中、下部			丘陵上部、山地上、中、下部			
有效土层厚度，cm	≥80			50～80			30～50		＜30	
有机质，g/kg	≥25		20～30			15～20		10～15		＜10
耕层质地	中壤、重壤			沙壤、轻壤、重壤、黏土			沙土、沙壤、黏土			
土壤养分状况	最佳水平			潜在缺乏			养分贫瘠			
生物多样性	丰富			一般			不丰富			
障碍因素	无障碍层次			50 cm～100 cm 出现沙漏、黏盘、潜育层等障碍层		50 cm 以内出现沙漏、黏盘、潜育层等障碍层，或砾石含量大于 10%				
灌溉能力	充分满足、满足		满足、基本满足			基本满足、不满足				
排水能力	充分满足、满足		满足、基本满足			基本满足、不满足				
清洁程度	清洁、尚清洁									
酸碱度	6.0～7.5		4.5～6.5、7.5～8.5						＜4.5 或＞8.5	
海拔高度，m	≤1 600			800～2 000				＞2 000		

注 1：土壤养分状况根据耕地土壤类型、种植作物、土壤养分状况等情况综合评价后填写，生物多样性根据实际调查情况填写。

注 2：对判定为轻度污染、中度污染和重度污染的耕地，应提出耕地限制性使用意见，采取有关措施进行耕地环境质量修复。

B.7 华南区耕地质量划分指标见表 B.7。

表 B.7 华南区耕地质量划分指标

<table>
<tr><td rowspan="2">指　标</td><td colspan="10">等　级</td></tr>
<tr><td>一等</td><td>二等</td><td>三等</td><td>四等</td><td>五等</td><td>六等</td><td>七等</td><td>八等</td><td>九等</td><td>十等</td></tr>
<tr><td>地形部位</td><td colspan="2">河口三角洲平原、峰林平原、河流冲积平原、宽谷冲积平原、宽谷阶地、平坝、丘陵缓坡</td><td colspan="3">宽谷冲积平原、峰林平原、河流冲积平原、宽谷的中上部、低丘坡麓、丘间谷地、河坝地、滨海砂地、宽谷阶地、平坝、丘陵缓坡</td><td colspan="2">低丘坡麓、丘间洼地、河流冲积坝地、滨海地区、峰林谷地、沟谷地、山地坡下部</td><td colspan="3">滨海地区、封闭洼地、丘陵低谷地、山间峡谷、峰林谷地、沟谷地、山地坡中部</td></tr>
<tr><td>有效土层厚度,cm</td><td colspan="3">≥100</td><td colspan="4">60～100</td><td colspan="3"><60</td></tr>
<tr><td>有机质,g/kg</td><td colspan="2">≥25</td><td colspan="3">20～30</td><td colspan="3">10～20</td><td colspan="2"><10</td></tr>
<tr><td>耕层质地</td><td colspan="3">中壤、重壤</td><td colspan="2">沙壤、轻壤、中壤、重壤</td><td colspan="5">沙土、沙壤、重壤、黏土</td></tr>
<tr><td>土壤养分状况</td><td colspan="2">最佳水平</td><td colspan="3">潜在缺乏</td><td colspan="5">养分贫瘠</td></tr>
<tr><td>生物多样性</td><td colspan="2">丰富</td><td colspan="3">一般</td><td colspan="5">不丰富</td></tr>
<tr><td>障碍因素</td><td colspan="3">无障碍层次</td><td colspan="4">侵蚀、沙化、酸化、瘠薄</td><td colspan="3">盐渍化、酸化、渍潜</td></tr>
<tr><td>灌溉能力</td><td colspan="3">充分满足、满足</td><td colspan="3">满足、基本满足</td><td colspan="4">基本满足、不满足</td></tr>
<tr><td>排水能力</td><td colspan="3">充分满足、满足</td><td colspan="3">满足、基本满足</td><td colspan="4">基本满足、不满足</td></tr>
<tr><td>清洁程度</td><td colspan="10">清洁、尚清洁</td></tr>
<tr><td>酸碱度</td><td colspan="2">5.5～7.5</td><td colspan="2">5.0～7.0</td><td colspan="3">4.5～5.5、6.5～7.5</td><td colspan="3">>7.5 或<4.5</td></tr>
<tr><td colspan="11">注 1:土壤养分状况根据耕地土壤类型、种植作物、土壤养分状况等情况综合评价后填写,生物多样性根据实际调查情况填写。
注 2:对判定为轻度污染、中度污染和重度污染的耕地,应提出耕地限制性使用意见,采取有关措施进行耕地环境质量修复。</td></tr>
</table>

B.8 甘新区耕地质量划分指标见表 B.8。

表 B.8 甘新区耕地质量划分指标

<table>
<tr><td rowspan="2">指　标</td><td colspan="10">等　级</td></tr>
<tr><td>一等</td><td>二等</td><td>三等</td><td>四等</td><td>五等</td><td>六等</td><td>七等</td><td>八等</td><td>九等</td><td>十等</td></tr>
<tr><td>地形部位</td><td colspan="3">大河三角洲的上部、河流冲积平原的河漫滩、低阶、地山前平原的中、下部</td><td colspan="5">泛滥河流的河间洼地、山前平原中部、上部、下切河流冲积平原的中阶地、大河三角洲中部</td><td colspan="2">大河三角洲下游、河流冲积平原的边缘地带山前平原上部</td></tr>
<tr><td>有效土层厚度,cm</td><td colspan="3">≥100</td><td colspan="4">60～100</td><td colspan="3"><60</td></tr>
<tr><td>有机质,g/kg</td><td colspan="3">≥18</td><td colspan="3">10～20</td><td colspan="4"><15</td></tr>
<tr><td>耕层质地</td><td colspan="3">中壤、轻壤</td><td colspan="4">沙壤、轻壤、重壤</td><td colspan="3">沙土、重壤、黏土</td></tr>
<tr><td>土壤养分状况</td><td colspan="3">最佳水平</td><td colspan="4">潜在缺乏</td><td colspan="3">养分贫瘠</td></tr>
<tr><td>生物多样性</td><td colspan="3">丰富、一般</td><td colspan="4">一般、不丰富</td><td colspan="3">不丰富</td></tr>
<tr><td>障碍因素</td><td colspan="3">无</td><td colspan="4">部分土体中含夹沙层、夹砾石层,部分沙化</td><td colspan="3">含夹沙层、夹砾石层障碍层,沙化</td></tr>
<tr><td>灌溉能力</td><td colspan="5">充分满足、满足</td><td colspan="3">满足、基本满足</td><td colspan="2">基本满足、不满足</td></tr>
<tr><td>排水能力</td><td colspan="5">充分满足、满足</td><td colspan="3">满足、基本满足</td><td colspan="2">基本满足、不满足</td></tr>
<tr><td>清洁程度</td><td colspan="10">清洁、尚清洁</td></tr>
<tr><td>农田林网化程度</td><td colspan="4">高</td><td colspan="4">中</td><td colspan="2">低</td></tr>
<tr><td>盐渍化程度</td><td colspan="3">无、轻度</td><td colspan="4">轻度、中度</td><td colspan="3">中度、重度</td></tr>
<tr><td colspan="11">注 1:土壤养分状况根据耕地土壤类型、种植作物、土壤养分状况等情况综合评价后填写,生物多样性、农田林网化程度根据实际调查情况填写。
注 2:对判定为轻度污染、中度污染和重度污染的耕地,应提出耕地限制性使用意见,采取有关措施进行耕地环境质量修复。</td></tr>
</table>

B.9 青藏区耕地质量划分指标见表B.9。

表B.9 青藏区耕地质量划分指标

<table>
<tr><th rowspan="2">指　标</th><th colspan="10">等　级</th></tr>
<tr><th>一等</th><th>二等</th><th>三等</th><th>四等</th><th>五等</th><th>六等</th><th>七等</th><th>八等</th><th>九等</th><th>十等</th></tr>
<tr><td>地形部位</td><td colspan="3">河流低谷地、洪积扇前缘、台地</td><td colspan="7">河流宽谷阶地、坡地、湖盆阶地、洪积扇中后部、坡积裙、起伏侵蚀高台地</td></tr>
<tr><td>有效土层厚度,cm</td><td>≥50</td><td colspan="7">＞30</td><td colspan="2">＜30</td></tr>
<tr><td>有机质,g/kg</td><td colspan="3">20～40</td><td colspan="5">10～30</td><td colspan="2">＜10</td></tr>
<tr><td>耕层质地</td><td colspan="3">中壤、轻壤</td><td colspan="5">沙壤、轻壤、重壤</td><td colspan="2">沙土、重壤、黏土</td></tr>
<tr><td>土壤养分状况</td><td colspan="3">最佳水平</td><td colspan="3">潜在缺乏</td><td colspan="4">养分贫瘠</td></tr>
<tr><td>生物多样性</td><td colspan="3">丰富</td><td colspan="3">一般</td><td colspan="4">不丰富</td></tr>
<tr><td>障碍因素</td><td colspan="3">无</td><td colspan="4">50 cm以下出现沙漏、黏盘、潜育层等障碍层</td><td colspan="3">50 cm以内出现沙漏、黏盘、潜育层障碍层;临界地下水位≤30 cm,砾石含量≥20%,盐化</td></tr>
<tr><td>灌溉能力</td><td colspan="2">充分满足</td><td colspan="3">满足</td><td colspan="3">基本满足</td><td colspan="2">不满足</td></tr>
<tr><td>排水能力</td><td colspan="2">充分满足</td><td colspan="3">满足</td><td colspan="3">基本满足</td><td colspan="2">不满足</td></tr>
<tr><td>清洁程度</td><td colspan="10">清洁、尚清洁</td></tr>
<tr><td>海拔高度,m</td><td colspan="2">＜1 500内陆灌(漠)淤土2 800～3 000</td><td>1 500～2 500内陆灌(漠)淤土3 000～3 200</td><td>2 000～3 000</td><td colspan="3">2 500～3 800</td><td colspan="3">＞3 800</td></tr>
<tr><td colspan="11">注1:土壤养分状况根据耕地土壤类型、种植作物、土壤养分状况等情况综合评价后填写,生物多样性根据实际调查情况填写。
注2:对判定为轻度污染、中度污染和重度污染的耕地,应提出耕地限制性使用意见,采取有关措施进行耕地环境质量修复。</td></tr>
</table>

ICS 67.140.10
B 35

中华人民共和国农业行业标准

NY/T 5018—2015
代替 NY/T 5018—2001

茶叶生产技术规程

Code of practice for tea production

2015-02-09 发布　　2015-05-01 实施

中华人民共和国农业部　发布

前　言

本标准按照 GB/T 1.1—2009 给出的规则起草。

本标准代替 NY/T 5018—2001《无公害食品　茶叶生产技术规程》，与 NY/T 5018—2001 相比，除编辑性修改外主要技术变化如下：

——在基地选择与规划方面，修改了遮阳树遮光率参数，增加了茶园远离污染源和边界隔离的要求；

——在茶树种植方面，细化了种植方法技术参数；

——在土壤管理和施肥方面，修改了土壤检测年限、酸化土壤 pH 改良范围，细化了茶园施肥技术参数，增加了土壤重金属等污染物含量超标茶园退茶还林的要求，进一步明确肥料质量要求；

——在病、虫、草害防治方面，进一步明确茶园禁限止使用农药名单，并在附录 C 中列出，进一步明确茶园使用的农药必须通过农业部在茶叶上使用登记许可；增加了秋冬季节石硫合剂封园要求，增加了施药操作人员防护要求和药瓶、药袋和剩余药剂处理规定；

——增加了档案记录和保管方面的具体要求。

本标准由农业部种植业管理司提出并归口。

本标准起草单位：中国农业科学院茶叶研究所。

本标准主要起草人：阮建云、陈宗懋、马立锋、孙晓玲、肖强、韩文炎。

本标准的历次版本发布情况为：

——NY/T 5018—2001。

茶叶生产技术规程

1 范围

本标准规定了茶叶生产的基地选择规划，茶树种植，土壤管理和施肥，病、虫、草害防治，茶树修剪，茶叶采摘和档案记录。

本标准适用于茶叶的田间生产。

2 规范性引用文件

下列文件对于本文件的应用是必不可少的。凡是注日期的引用文件，仅注日期的版本适用于本文件。凡是不注日期的引用文件，其最新版本(包括所有的修改单)适用于本文件。

GB 4285 农药安全使用标准

GB 5084 灌溉水环境质量标准

GB/T 8321 农药合理使用准则(所有部分)

GB 11767 茶树种苗

GB 15063 复混肥料(复合肥料)

GB/T 17419 含氨基酸叶面肥料

GB/T 17420 微量元素叶面肥料

GB 18877 有机—无机复混肥料

NY/T 225 机械化采茶技术规程

NY 227 微生物肥料

NY 525 有机肥料

NY 5020 无公害食品 茶叶产地环境条件

3 基地选择与规划

3.1 茶园环境

3.1.1 基地应远离化工厂和有毒土壤、水质、气体等污染源。

3.1.2 与主干公路、荒山、林地和农田等的边界应设立缓冲带、隔离沟、林带或物理障碍区。

3.1.3 产地环境条件应符合 NY 5020 的规定。

3.2 园地规划

园地规划与建设应有利于保护和改善茶区生态环境、维护茶园生态平衡和生物多样性，发挥茶树良种的优良种性。

3.3 道路和水利系统

3.3.1 根据基地规模、地形和地貌等条件，设置合理的道路系统，包括主道、支道、步道和地头道，便于运输和茶园机械作业。大中型茶场以总部为中心，与各区、片、块有道路相通。规模较小的茶场设置支道、步道和地头道。

3.3.2 建立完善的水利系统，做到能蓄能排。宜建立茶园节水灌溉系统。

3.4 茶园开垦

3.4.1 茶园开垦应注意水土保持，根据不同坡度和地形，选择适宜的时期、方法和施工技术。

3.4.2 平地和坡度 15°以下的缓坡地等高开垦；坡度在 15°以上时，建筑内倾等高梯级园地。

3.4.3 开垦深度在 50 cm 以上，在此深度内有明显障碍层（如硬塥层、网纹层或犁底层）的土壤应破除障碍层。

3.5 茶园生态建设

3.5.1 茶园四周或茶园内不适合种茶的空地应植树造林，茶园的上风口应营造防护林。主要道路、沟渠两边种植行道树。

3.5.2 除北方茶区外其他茶区集中连片的茶园可适当种植遮阳树，遮光率控制在 10%～30%。

3.5.3 缺丛断行严重、覆盖度低于 50%的茶园，补植缺株，合理剪、采、养，提高茶园覆盖度。树龄大、品种老化的茶园应改植换种。

3.5.4 土壤坡度较大、水土流失严重茶园退茶还林。

4 茶树种植

4.1 品种选择

4.1.1 选择适应当地气候、土壤和所制茶类并经国家或省级审（认、鉴）定的茶树品种。

4.1.2 合理配置早、中、晚生品种，种苗质量符合 GB 11767 中Ⅰ、Ⅱ级的规定。

4.1.3 从国外引种或国内向外地引种时，应进行植物检疫，符合 GB 11767 的规定。

4.2 种植方法

4.2.1 平地茶园直线种植，坡地茶园横坡等高种植；采用单行条植或双行条植方式种植，满足田间机械作业要求；单行条植行距 1.5 m～1.8 m、丛距 0.33 m，双行条植行距 1.5 m～1.8 m、列距 0.3 m、丛距 0.33 m，每丛 1 株～2 株。

4.2.2 种植前施足底肥，以有机肥和矿物源肥料为主，底肥深度在 30 cm～40 cm。

4.2.3 种植茶苗根系离底肥 10 cm 以上，防止底肥灼伤茶苗。

5 土壤管理和施肥

5.1 土壤管理

5.1.1 定期监测土壤肥力水平和重金属元素含量，每 3 年检测 1 次。根据检测结果，有针对性地采取土壤改良措施。对于土壤重金属等污染物含量超标的茶园应退茶还林。

5.1.2 采用地面覆盖等措施提高茶园的保土保肥蓄水能力，植物源覆盖材料（草、修剪枝叶和作物秸秆等）应未受有害或有毒物质的污染。

5.1.3 采用合理耕作、施用有机肥等方法改良土壤结构。耕作时应考虑当地降水条件，防止水土流失。土壤深厚、松软、肥沃，树冠覆盖度大，病虫草害少的茶园可实行减耕或免耕。

5.1.4 幼龄或台刈改造茶园，宜间作豆科绿肥或高光效牧草等，适时刈割。

5.1.5 土壤 pH 低于 4.0 的茶园，宜施用白云石粉、石灰等物质调节土壤 pH 至 4.0～5.5 范围内。土壤 pH 高于 6.0 的茶园应多选用生理酸性肥料调节土壤 pH 至适宜的范围。

5.1.6 土壤相对含水量低于 70%时，茶园宜节水灌溉。灌溉用水水质符合 GB 5084 中旱作的规定。

5.2 施肥

5.2.1 根据土壤理化性质、茶树长势、预计产量、制茶类型和气候等条件，确定合理的肥料种类、数量和施肥时间，实施茶园测土平衡施肥，基肥和追肥配合施用。一般成龄采摘茶园全年每 667 m^2 氮肥（按纯氮计）用量 20 kg～30 kg、磷肥（按 P_2O_5 计）4 kg～8 kg、钾肥（按 K_2O 计）6 kg～10 kg。

5.2.2 宜多施有机肥料，化学肥料与有机肥料应配合使用，避免单纯使用化学肥料和矿物源肥料。

5.2.3 茶园使用的有机肥料、复混肥料（复合肥料）、有机—无机复混肥料、微生物肥料应分别符合

NY 525、GB 15063、GB 18877、NY 227 的规定；农家肥施用前应经渥(沤)堆等无害化处理。

5.2.4 基肥于当年秋季采摘结束后施用，有机肥与化肥配合施用；平地和宽幅梯级茶园在茶行中间、坡地和窄幅梯级茶园于上坡位置或内侧方向开沟深施，深度 20 cm 以上，施肥后及时盖土。一般每 667 m^2 基肥施用量(按纯氮计)6 kg～12 kg(占全年的 30%～40%)。根据土壤条件，配合施用磷肥、钾肥和其他所需营养。

5.2.5 追肥结合茶树生育规律进行，时间在各季茶叶开采前 20 d～40 d 施用，以化肥为主，开沟施入，沟深 10 cm 左右，开沟位置同 5.2.4 的要求施用，施肥后及时盖土。追肥氮肥施用量(按纯氮计)每次每 667 m^2 不超过 15 kg。

5.2.6 茶树出现营养元素缺乏时可以使用叶面肥，施用的商品叶面肥应经农业部登记许可，符合 GB/T 17419、GB/T 17420 的规定。叶面肥应与土壤施肥相结合，采摘前 10 d 停止使用。

6 病、虫、草害防治

6.1 防治原则

遵循“预防为主，综合治理”方针，从茶园整个生态系统出发，综合运用各种防治措施，创造不利于病虫草等有害生物孳生和有利于各类天敌繁衍的环境条件，保持茶园生态系统的平衡和生物的多样性，将有害生物控制在允许的经济阈值以下，将农药残留降低到规定标准的范围。

6.2 农业防治

6.2.1 换种改植或发展新茶园时，应选用对当地主要病虫抗性较强的品种。

6.2.2 分批、多次、及时采摘，抑制假眼小绿叶蝉、茶橙瘿螨、茶白星病等为害芽叶的病虫。

6.2.3 采用深修剪或重修剪等技术措施，减轻毒蛾类、蚧类、黑刺粉虱等害虫的为害，控制螨类的越冬基数。

6.2.4 秋末宜结合施基肥，进行茶园深耕，减少翌年在土壤中越冬的鳞翅目和象甲类害虫的种群密度。

6.2.5 清理病虫危害茶树根际附近的落叶和翻耕表土，减少茶树病原菌和在表土中害虫的越冬场所。

6.3 物理防治

6.3.1 采用人工捕杀，减轻茶毛虫、茶蚕、蓑蛾类、茶丽纹象甲等害虫为害。

6.3.2 利用害虫的趋性，进行灯光诱杀、色板诱杀或异性诱杀。

6.3.3 采用机械或人工方法防除杂草。

6.4 生物防治

6.4.1 保护和利用当地茶园中的草蛉、瓢虫、蜘蛛、捕食螨、寄生蜂等有益生物，减少人为因素对天敌的伤害。

6.4.2 宜使用生物源农药如微生物农药、植物源农药和矿物源农药。所使用的生物源农药和矿物源农药应通过农业部登记许可。

6.5 化学防治

6.5.1 严格按制订的防治指标(经济阈值)，掌握防治适期施药。宜一药多治或农药的合理混用，有限制地使用低毒、低残留、低水溶解度的农药，限制使用高水溶性农药，所使用农药应通过农业部茶叶上使用登记许可。茶园主要病虫害的防治指标、防治适期及推荐使用药剂参见附录 A。茶园可使用的农药品种及其安全使用标准参见附录 B。

6.5.2 宜低容量喷雾，一般蓬面害虫实行蓬面扫喷；茶丛中下部害虫提倡侧位低容量喷雾。

6.5.3 禁止使用国家公告禁限止高毒、高残留农药和撤销茶树上使用登记许可的农药。茶园禁限止使用农药参见附录 C。

6.5.4 严格按照 GB 4285、GB/T 8321 的规定控制施药量。

6.5.5 在茶园冬季管理结束后，用石硫合剂进行封园。

6.5.6 施药操作人员应做好防护，防止农药中毒。妥善保管农药，妥善处理使用后的药瓶、药袋和剩余药剂。

7 茶树修剪

7.1 修剪方法

根据茶树的树龄、长势和修剪目的分别采用定型修剪、轻修剪、深修剪、重修剪和台刈等方法，培养优化型树冠，复壮树势。

7.2 清理树冠

重修剪和台刈改造的茶园应清理树冠，宜使用波尔多液冲洗枝干，防治苔藓和剪口病菌感染等。

7.3 侧边修剪

覆盖度较大的茶园，每年进行茶行边缘修剪，相邻茶行树冠外缘保持 20cm 左右的间距。

7.4 修剪枝叶处理

修剪枝叶留在茶园内，病虫枝条清出茶园。

8 茶叶采摘

8.1 合理采摘

根据茶树生长特性和各茶类对加工原料的要求，遵循采留结合、量质兼顾和因园制宜的原则，按照标准，适时采摘。

8.2 手工采茶

手工采茶要求提手采，保持芽叶完整、新鲜、匀净，不夹带鳞片、鱼叶、茶果与老枝叶，不宜捋采和抓采。

8.3 机械采茶

发芽整齐，生长势强，采摘面平整的茶园提倡机采；机采作业符合 NY/T 225 的要求。采茶机应使用无铅汽油和机油，防止污染茶叶、茶树和土壤。

8.4 鲜叶储运

采用清洁、通风性良好的竹编、网眼茶篮或篓筐盛装鲜叶。采下的茶叶及时运抵茶厂进行加工，防止鲜叶质变和混入有毒、有害物质。

8.5 安全期间隔期采摘

采茶时期应符合 GB 4285、GB/T 8321 规定的农药使用安全间隔期要求。

9 档案记录

9.1 农资投入品档案

建立农药、化肥等投入品采购、入出库、使用档案，包括投入品成分、来源、使用方法、使用量、使用日期、使用人、防治对象等信息。

9.2 农事操作档案

建立农事操作管理档案，包括植保措施、土肥管理、修剪、采摘等信息。

9.3 档案记录保管

档案记录保持 2 年，内容准确、完整、清晰。

附　录　A
(资料性附录)
茶树主要病虫害的防治指标、防治适期及推荐使用药剂

茶树主要病虫害的防治指标、防治适期及推荐使用的药剂见表 A.1。

表 A.1　茶树主要病虫害的防治指标、防治适期及推荐使用药剂

病虫害名称	防治指标	防治适期	推荐使用药剂
茶尺蠖	成龄投产茶园:幼虫量每平方米 7 头以上	喷施茶尺蠖病毒制剂应掌握在 1 龄~2 龄幼虫期,喷施化学农药或植物源农药掌握在 3 龄前幼虫期	茶尺蠖病毒制剂、鱼藤酮、苦参碱、联苯菊酯、氯氰菊酯、溴氰菊酯、除虫脲、茚虫威、阿立卡
茶黑毒蛾	第一代幼虫量每平方米 4 头以上;第二代幼虫量每平方米 7 头以上	3 龄前幼虫期	Bt 制剂、苦参碱、溴氰菊酯、氯氰菊酯、联苯菊酯、除虫脲、茚虫威、阿立卡、溴虫腈
假眼小绿叶蝉	第一峰百叶虫量超过 6 头或每平方米虫量超过 15 头;第二峰百叶虫量超过 12 头或每平方米虫量超过 27 头	施药适期掌握在入峰后(高峰前期),且若虫占总量的 80%以上	白僵菌制剂、鱼藤酮、杀螟丹、联苯菊酯、氯氰菊酯、三氟氯氰菊酯、溴虫腈、茚虫威
茶橙瘿螨	每平方厘米叶面积有虫 3 头~4 头,或指数值 6~8	发生高峰期以前,一般为 5 月中旬至 6 月上旬,8 月下旬至 9 月上旬	克螨特、四螨嗪、溴虫腈
茶丽纹象甲	成龄投产茶园每平方米虫量在 15 头以上	成虫出土盛末期	白僵菌、杀螟丹、联苯菊酯、茚虫威、阿立卡
茶毛虫	百丛卵块 5 个以上	3 龄前幼虫期	茶毛虫病毒制剂、Bt 制剂、溴氰菊酯、氯氰菊酯、除虫脲、溴虫腈、茚虫威
黑刺粉虱	小叶种 2 头/叶~3 头/叶,大叶种 4 头/叶~7 头/叶	卵孵化盛末期	粉虱真菌、溴虫腈
茶蚜	有蚜芽梢率 4%~5%,芽下二叶有蚜叶上平均虫口 20 头	发生高峰期,一般为 5 月上中旬和 9 月下旬至 10 月中旬	溴氰菊酯、茚虫威
茶小卷叶蛾	1、2 代,采摘前,每平方米茶丛幼虫数 8 头以上;3、4 代每平方米幼虫量 15 头以上	1、2 龄幼虫期	溴氰菊酯、三氟氯氰菊酯、氯氰菊酯、茚虫威
茶细蛾	百芽梢有虫 7 头以上	潜叶、卷边期(1 龄~3 龄幼虫期)	苦参碱、溴氰菊酯、三氟氯氰菊酯、氯氰菊酯、茚虫威
茶刺蛾	每平方米幼虫数幼龄茶园 10 头、成龄茶园 15 头	2、3 龄幼虫期	参照茶尺蠖
茶芽枯病	叶罹病率 4%~6%	春茶初期,老叶发病率 4%~6%时	石灰半量式波尔多液、甲基托布津
茶白星病	叶罹病率 6%	春茶期,气温在 16℃~24℃,相对湿度 80%以上;或叶发病率>6%	石灰半量式波尔多液、甲基托布津
茶饼病	芽梢罹病率 35%	春、秋季发病期,5 d 中有 3 d 上午日照<3 小时,或降水量>2.5 mm~5 mm;芽梢发病率>35%	石灰半量式波尔多液、多抗霉素、百菌清
茶云纹叶枯病	叶罹病率 44%;成老叶罹病率 10%~15%	6 月、8~9 月发生盛期,气温>28℃,相对湿度>80%或叶发病率 10%~15%施药防治	石灰半量式波尔多液、甲基托布津

附 录 B
（资料性附录）
茶园可使用的农药品种及其安全使用标准

茶园可使用的农药品种及其安全使用标准见表 B.1。

表 B.1 茶园可使用的农药品种及其安全使用标准

农药品种	每 667 m^2 使用剂量 g 或 mL	稀释倍数	安全间隔期 d	施药方法、每季最多使用次数
2.5%三氟氯氰菊酯乳油	12.5～20	4 000～6 000	5	喷雾 1 次
2.5%联苯菊酯乳油	12.5～25	3 000～6 000	6	喷雾 1 次
10%氯氰菊酯乳油	12.5～20	4 000～6 000	7	喷雾 1 次
2.5%溴氰菊酯乳油	12.5～20	4 000～6 000	5	喷雾 1 次
20%四螨嗪悬浮剂	50～75	1 000	10*	喷雾 1 次
15%茚虫威乳油	12～18	2 500～3 000	10～14	喷雾
24%溴虫腈悬浮剂	25～30	1 500～1 800	7	喷雾
22%噻虫嗪高效氯氟氰菊酯微囊悬浮剂(阿立卡)	8～10	6 000	7	喷雾
0.5%苦参碱乳油	75	1 000	7*	喷雾
2.5%鱼藤酮乳油	150～250	300～500	7	喷雾
20%除虫脲悬浮剂	20	2 000	7～10	喷雾 1 次
99%矿物油乳油	300～500	150～200	5*	喷雾 1 次
Bt 制剂(1 600 国际单位)	75	1 000	3*	喷雾 1 次
茶尺蠖病毒制剂 (0.2 亿 PIB/mL)	50	1 000	3*	喷雾 1 次
茶毛虫病毒制剂 (0.2 亿 PIB/mL)	50	1 000	3*	喷雾 1 次
白僵菌制剂 (100 亿孢子/g)	100	500	3*	喷雾 1 次
粉虱真菌制剂 (10 亿孢子/g)	100	200	3*	喷雾 1 次
45%晶体石硫合剂	300～500	150～200	封园防治;采摘期不宜使用	喷雾
石灰半量式波尔多液(0.6%)	75 000	—	采摘期不宜使用	喷雾
75%百菌清可湿性粉剂	75～100	800～1 000	10	喷雾
70%甲基托布津可湿性粉剂	50～75	1 000～1 500	10	喷雾
* 表示暂时执行的标准。				

附 录 C
（资料性附录）
茶园禁限止使用农药

茶园禁限止使用农药见表 C.1。

表 C.1 茶园禁限止使用农药

类 别	名 称
有机氯类	六六六，滴滴涕，三氯杀螨醇，毒杀芬，艾氏剂，狄氏剂，硫丹
有机磷类	甲胺磷，甲基对硫磷，对硫磷，久效磷，磷胺，甲拌磷，甲基异柳磷，特丁硫磷，甲基硫环磷，治螟磷，内吸磷，灭线磷，硫环磷，蝇毒磷，地虫硫磷，氯唑磷，苯线磷
氨基甲酸酯类	克百威，涕灭威，灭多威
有机氮类	杀虫脒，敌枯双
拟除虫菊酯类	氰戊菊酯
除草剂类	除草醚
其他	二溴氯丙烷，二溴乙烷，汞制剂，砷类，铅类，氟乙酰胺，甘氟，毒鼠强，氟乙酸钠，毒鼠硅，氟虫腈

附录

中华人民共和国农业部公告
第 2224 号

根据《中华人民共和国兽药管理条例》和《中华人民共和国饲料和饲料添加剂管理条例》规定，《饲料中赛地卡霉素的测定　高效液相色谱法》等 4 项标准业经专家审定通过，现批准发布为中华人民共和国国家标准，自 2015 年 4 月 1 日起实施。

特此公告。

附件：《饲料中赛地卡霉素的测定　高效液相色谱法》等 4 项农业国家标准目录

农业部

2015 年 1 月 30 日

附件：

《饲料中赛地卡霉素的测定　高效液相色谱法》等 4 项农业国家标准目录

序号	标准名称	标准代号
1	饲料中赛地卡霉素的测定　高效液相色谱法	农业部 2224 号公告—1—2015
2	饲料中炔雌醇的测定　高效液相色谱法	农业部 2224 号公告—2—2015
3	饲料中雌二醇的测定　液相色谱—串联质谱法	农业部 2224 号公告—3—2015
4	饲料中苯丙酸诺龙的测定　高效液相色谱法	农业部 2224 号公告—4—2015

中华人民共和国农业部公告
第 2227 号

《尿素硝酸铵溶液》等 86 项标准业经专家审定通过，现批准发布为中华人民共和国农业行业标准，自 2015 年 5 月 1 日起实施。

特此公告。

附件：《尿素硝酸铵溶液》等 86 项农业行业标准目录

农业部

2015 年 2 月 9 日

附件：

《尿素硝酸铵溶液》等86项农业行业标准目录

序号	标准号	标准名称	代替标准号
1	NY 2670—2015	尿素硝酸铵溶液	
2	NY/T 2671—2015	甘味绞股蓝生产技术规程	
3	NY/T 2672—2015	茶粉	
4	NY/T 2673—2015	棉花术语	
5	NY/T 2674—2015	水稻机插钵形毯状育秧盘	
6	NY/T 2675—2015	棉花良好农业规范	
7	NY/T 2676—2015	棉花抗盲椿象性鉴定方法	
8	NY/T 2677—2015	农药沉积率测定方法	
9	NY/T 2678—2015	马铃薯6种病毒的检测　RT-PCR法	
10	NY/T 2679—2015	甘蔗病原菌检测规程　宿根矮化病菌　环介导等温扩增检测法	
11	NY/T 2680—2015	鱼塘专用稻种植技术规程	
12	NY/T 2681—2015	梨苗木繁育技术规程	
13	NY/T 2682—2015	酿酒葡萄生产技术规程	
14	NY/T 2683—2015	农田主要地下害虫防治技术规程	
15	NY/T 2684—2015	苹果树腐烂病防治技术规程	
16	NY/T 2685—2015	梨小食心虫综合防治技术规程	
17	NY/T 2686—2015	旱作玉米全膜覆盖技术规范	
18	NY/T 2687—2015	刺萼龙葵综合防治技术规程	
19	NY/T 2688—2015	外来入侵植物监测技术规程　长芒苋	
20	NY/T 2689—2015	外来入侵植物监测技术规程　少花蒺藜草	
21	NY/T 2690—2015	蒙古羊	
22	NY/T 2691—2015	内蒙古细毛羊	
23	NY/T 2692—2015	奶牛隐性乳房炎快速诊断技术	
24	NY/T 2693—2015	斑点叉尾鮰配合饲料	
25	NY/T 2694—2015	饲料添加剂氨基酸锰及蛋白锰络(螯)合强度的测定	
26	NY/T 2695—2015	牛遗传缺陷基因检测技术规程	
27	NY/T 2696—2015	饲草青贮技术规程　玉米	
28	NY/T 2697—2015	饲草青贮技术规程　紫花苜蓿	
29	NY/T 2698—2015	青贮设施建设技术规范　青贮窖	
30	NY/T 2699—2015	牧草机械收获技术规程　苜蓿干草	
31	NY/T 2700—2015	草地测土施肥技术规程　紫花苜蓿	
32	NY/T 2701—2015	人工草地杂草防除技术规范　紫花苜蓿	
33	NY/T 2702—2015	紫花苜蓿主要病害防治技术规程	
34	NY/T 2703—2015	紫花苜蓿种植技术规程	
35	NY/T 2704—2015	机械化起垄全铺膜作业技术规范	
36	NY/T 2705—2015	生物质燃料成型机　质量评价技术规范	
37	NY/T 2706—2015	马铃薯打秧机　质量评价技术规范	
38	NY/T 2707—2015	纸质湿帘　质量评价技术规范	
39	NY/T 2708—2015	温室透光覆盖材料安装与验收规范　玻璃	
40	NY/T 2709—2015	油菜播种机　作业质量	
41	NY/T 2710—2015	茶树良种繁育基地建设标准	
42	NY/T 2711—2015	草原监测站建设标准	
43	NY/T 2712—2015	节水农业示范区建设标准　总则	

（续）

序号	标准号	标准名称	代替标准号
44	NY/T 2713—2015	水产动物表观消化率测定方法	SC/T 1089—2006
45	NY/T 60—2015	桃小食心虫综合防治技术规程	NY/T 60—1987
46	NY/T 500—2015	秸秆粉碎还田机　作业质量	NY/T 500—2002
47	NY/T 503—2015	单粒(精密)播种机　作业质量	NY/T 503—2002
48	NY/T 509—2015	秸秆揉丝机　质量评价技术规范	NY/T 509—2002
49	NY/T 648—2015	马铃薯收获机　质量评价技术规范	NY/T 648—2002
50	NY/T 1640—2015	农业机械分类	NY/T 1640—2008
51	NY/T 5018—2015	茶叶生产技术规程	NY/T 5018—2001
52	NY/T 1151.1—2015	农药登记用卫生杀虫剂室内药效试验及评价　第1部分:防蛀剂	NY/T 1151.1—2006
53	SC/T 1123—2015	翘嘴鲌	
54	SC/T 1124—2015	黄颡鱼　亲鱼和苗种	
55	SC/T 2068—2015	凡纳滨对虾　亲虾和苗种	
56	SC/T 2072—2015	马氏珠母贝　亲贝和苗种	
57	SC/T 2079—2015	毛蚶　亲贝和苗种	
58	SC/T 3049—2015	刺参及其制品中海参多糖的测定　高效液相色谱法	
59	SC/T 3218—2015	干江蓠	
60	SC/T 3219—2015	干鲍鱼	
61	SC/T 5061—2015	人工钓饵	
62	SC/T 6055—2015	养殖水处理设备　微滤机	
63	SC/T 6056—2015	水产养殖设施　名词术语	
64	SC/T 6080—2015	渔船燃油添加剂试验评定方法	
65	SC/T 7019—2015	水生动物病原微生物实验室保存规范	
66	SC/T 7218.1—2015	指环虫病诊断规程　第1部分:小鞘指环虫病	
67	SC/T 7218.2—2015	指环虫病诊断规程　第2部分:页形指环虫病	
68	SC/T 7218.3—2015	指环虫病诊断规程　第3部分:鳙指环虫病	
69	SC/T 7218.4—2015	指环虫病诊断规程　第4部分:坏鳃指环虫病	
70	SC/T 7219.1—2015	三代虫病诊断规程　第1部分:大西洋鲑三代虫病	
71	SC/T 7219.2—2015	三代虫病诊断规程　第2部分:鲩三代虫病	
72	SC/T 7219.3—2015	三代虫病诊断规程　第3部分:鲢三代虫病	
73	SC/T 7219.4—2015	三代虫病诊断规程　第4部分:中型三代虫病	
74	SC/T 7219.5—2015	三代虫病诊断规程　第5部分:细锚三代虫病	
75	SC/T 7219.6—2015	三代虫病诊断规程　第6部分:小林三代虫病	
76	SC/T 7220—2015	中华绒螯蟹螺原体PCR检测方法	
77	SC/T 9417—2015	人工鱼礁资源养护效果评价技术规范	
78	SC/T 9418—2015	水生生物增殖放流技术规范　鲷科鱼类	
79	SC/T 9419—2015	水生生物增殖放流技术规范　中国对虾	
80	SC/T 9420—2015	水产养殖环境(水体、底泥)中多溴联苯醚的测定　气相色谱—质谱法	
81	SC/T 9421—2015	水生生物增殖放流技术规范　日本对虾	
82	SC/T 9422—2015	水生生物增殖放流技术规范　鲆鲽类	
83	SC/T 3203—2015	调味生鱼干	SC/T 3203—2001
84	SC/T 3210—2015	盐渍海蜇皮和盐渍海蜇头	SC/T 3210—2001
85	SC/T 8045—2015	渔船无线电通信设备修理、安装及调试技术要求	SC/T 8045—1994
86	SC/T 7002.6—2015	渔船用电子设备环境试验条件和方法　盐雾(Ka)	SC/T 7002.6—1992

中华人民共和国农业部公告
第 2258 号

《农产品等级规格评定技术规范　通则》等 131 项标准业经专家审定通过，现批准发布为中华人民共和国农业行业标准，自 2015 年 8 月 1 日起实施。

特此公告。

附件：《农产品等级规格评定技术规范　通则》等 131 项农业行业标准目录

农业部

2015 年 5 月 21 日

附件：

《农产品等级规格评定技术规范　通则》等131项农业行业标准目录

序号	标准号	标准名称	代替标准号
1	NY/T 2714—2015	农产品等级规格评定技术规范　通则	
2	NY/T 2715—2015	平菇等级规格	
3	NY/T 2716—2015	马铃薯原原种等级规格	
4	NY/T 2717—2015	樱桃良好农业规范	
5	NY/T 2718—2015	柑橘良好农业规范	
6	NY/T 2719—2015	苹果苗木脱毒技术规范	
7	NY/T 2720—2015	水稻抗纹枯病鉴定技术规范	
8	NY/T 2721—2015	柑橘商品化处理技术规程	
9	NY/T 2722—2015	秸秆腐熟菌剂腐解效果评价技术规程	
10	NY/T 2723—2015	茭白生产技术规程	
11	NY/T 2724—2015	甘蔗脱毒种苗生产技术规程	
12	NY/T 2725—2015	氯化苦土壤消毒技术规程	
13	NY/T 2726—2015	小麦蚜虫抗药性监测技术规程	
14	NY/T 2727—2015	蔬菜烟粉虱抗药性监测技术规程	
15	NY/T 2728—2015	稻田稗属杂草抗药性监测技术规程	
16	NY/T 2729—2015	李属坏死环斑病毒检测规程	
17	NY/T 2730—2015	水稻黑条矮缩病测报技术规范	
18	NY/T 2731—2015	小地老虎测报技术规范	
19	NY/T 2732—2015	农作物害虫性诱监测技术规范(螟蛾类)	
20	NY/T 2733—2015	梨小食心虫监测性诱芯应用技术规范	
21	NY/T 2734—2015	桃小食心虫监测性诱芯应用技术规范	
22	NY/T 2735—2015	稻茬小麦涝渍灾害防控与补救技术规范	
23	NY/T 2736—2015	蝗虫防治技术规范	
24	NY/T 2737.1—2015	稻纵卷叶螟和稻飞虱防治技术规程　第1部分:稻纵卷叶螟	
25	NY/T 2737.2—2015	稻纵卷叶螟和稻飞虱防治技术规程　第2部分:稻飞虱	
26	NY/T 2738.1—2015	农作物病害遥感监测技术规范　第1部分:小麦条锈病	
27	NY/T 2738.2—2015	农作物病害遥感监测技术规范　第2部分:小麦白粉病	
28	NY/T 2738.3—2015	农作物病害遥感监测技术规范　第3部分:玉米大斑病和小斑病	
29	NY/T 2739.1—2015	农作物低温冷害遥感监测技术规范　第1部分:总则	
30	NY/T 2739.2—2015	农作物低温冷害遥感监测技术规范　第2部分:北方水稻延迟型冷害	
31	NY/T 2739.3—2015	农作物低温冷害遥感监测技术规范　第3部分:北方春玉米延迟型冷害	
32	NY/T 2740—2015	农产品地理标志茶叶类质量控制技术规范编写指南	
33	NY/T 2741—2015	仁果类水果中类黄酮的测定　液相色谱法	
34	NY/T 2742—2015	水果及制品可溶性糖的测定　3,5-二硝基水杨酸比色法	
35	NY/T 2743—2015	甘蔗白色条纹病菌检验检疫技术规程　实时荧光定量PCR法	
36	NY/T 2744—2015	马铃薯纺锤块茎类病毒检测　核酸斑点杂交法	
37	NY/T 2745—2015	水稻品种鉴定　SNP标记法	
38	NY/T 2746—2015	植物新品种特异性、一致性和稳定性测试指南　烟草	
39	NY/T 2747—2015	植物新品种特异性、一致性和稳定性测试指南　紫花苜蓿和杂花苜蓿	
40	NY/T 2748—2015	植物新品种特异性、一致性和稳定性测试指南　人参	

（续）

序号	标准号	标准名称	代替标准号
41	NY/T 2749—2015	植物新品种特异性、一致性和稳定性测试指南　橡胶树	
42	NY/T 2750—2015	植物新品种特异性、一致性和稳定性测试指南　凤梨属	
43	NY/T 2751—2015	植物新品种特异性、一致性和稳定性测试指南　普通洋葱	
44	NY/T 2752—2015	植物新品种特异性、一致性和稳定性测试指南　非洲凤仙	
45	NY/T 2753—2015	植物新品种特异性、一致性和稳定性测试指南　红花	
46	NY/T 2754—2015	植物新品种特异性、一致性和稳定性测试指南　华北八宝	
47	NY/T 2755—2015	植物新品种特异性、一致性和稳定性测试指南　韭	
48	NY/T 2756—2015	植物新品种特异性、一致性和稳定性测试指南　莲属	
49	NY/T 2757—2015	植物新品种特异性、一致性和稳定性测试指南　青花菜	
50	NY/T 2758—2015	植物新品种特异性、一致性和稳定性测试指南　石斛属	
51	NY/T 2759—2015	植物新品种特异性、一致性和稳定性测试指南　仙客来	
52	NY/T 2760—2015	植物新品种特异性、一致性和稳定性测试指南　香蕉	
53	NY/T 2761—2015	植物新品种特异性、一致性和稳定性测试指南　杨梅	
54	NY/T 2762—2015	植物新品种特异性、一致性和稳定性测试指南　南瓜(中国南瓜)	
55	NY/T 2763—2015	淮猪	
56	NY/T 2764—2015	金陵黄鸡配套系	
57	NY/T 2765—2015	獭兔饲养管理技术规范	
58	NY/T 2766—2015	牦牛生产性能测定技术规范	
59	NY/T 2767—2015	牧草病害调查与防治技术规程	
60	NY/T 2768—2015	草原退化监测技术导则	
61	NY/T 2769—2015	牧草中 15 种生物碱的测定　液相色谱—串联质谱法	
62	NY/T 2770—2015	有机铬添加剂(原粉)中有机形态铬的测定	
63	NY/T 2771—2015	农村秸秆青贮氨化设施建设标准	
64	NY/T 2772—2015	农业建设项目可行性研究报告编制规程	
65	NY/T 2773—2015	农业机械安全监理机构装备建设标准	
66	NY/T 2774—2015	种兔场建设标准	
67	NY/T 2775—2015	农作物生产基地建设标准　糖料甘蔗	
68	NY/T 2776—2015	蔬菜产地批发市场建设标准	
69	NY/T 2777—2015	玉米良种繁育基地建设标准	
70	NY/T 2778—2015	骨素	
71	NY/T 2779—2015	苹果脆片	
72	NY/T 2780—2015	蔬菜加工名词术语	
73	NY/T 2781—2015	羊胴体等级规格评定规范	
74	NY/T 2782—2015	风干肉加工技术规范	
75	NY/T 2783—2015	腊肉制品加工技术规范	
76	NY/T 2784—2015	红参加工技术规范	
77	NY/T 2785—2015	花生热风干燥技术规范	
78	NY/T 2786—2015	低温压榨花生油生产技术规范	
79	NY/T 2787—2015	草莓采收与贮运技术规范	
80	NY/T 2788—2015	蓝莓保鲜贮运技术规程	
81	NY/T 2789—2015	薯类贮藏技术规范	
82	NY/T 2790—2015	瓜类蔬菜采后处理与产地贮藏技术规范	
83	NY/T 2791—2015	肉制品加工中非肉类蛋白质使用导则	
84	NY/T 2792—2015	蜂产品感官评价方法	
85	NY/T 2793—2015	肉的食用品质客观评价方法	
86	NY/T 2794—2015	花生仁中氨基酸含量测定　近红外法	
87	NY/T 2795—2015	苹果中主要酚类物质的测定　高效液相色谱法	

（续）

序号	标准号	标准名称	代替标准号
88	NY/T 2796—2015	水果中有机酸的测定　离子色谱法	
89	NY/T 2797—2015	肉中脂肪无损检测方法　近红外法	
90	NY/T 2798.1—2015	无公害农产品　生产质量安全控制技术规范　第1部分:通则	
91	NY/T 2798.2—2015	无公害农产品　生产质量安全控制技术规范　第2部分:大田作物产品	
92	NY/T 2798.3—2015	无公害农产品　生产质量安全控制技术规范　第3部分:蔬菜	
93	NY/T 2798.4—2015	无公害农产品　生产质量安全控制技术规范　第4部分:水果	
94	NY/T 2798.5—2015	无公害农产品　生产质量安全控制技术规范　第5部分:食用菌	
95	NY/T 2798.6—2015	无公害农产品　生产质量安全控制技术规范　第6部分:茶叶	
96	NY/T 2798.7—2015	无公害农产品　生产质量安全控制技术规范　第7部分:家畜	
97	NY/T 2798.8—2015	无公害农产品　生产质量安全控制技术规范　第8部分:肉禽	
98	NY/T 2798.9—2015	无公害农产品　生产质量安全控制技术规范　第9部分:生鲜乳	
99	NY/T 2798.10—2015	无公害农产品　生产质量安全控制技术规范　第10部分:蜂产品	
100	NY/T 2798.11—2015	无公害农产品　生产质量安全控制技术规范　第11部分:鲜禽蛋	
101	NY/T 2798.12—2015	无公害农产品　生产质量安全控制技术规范　第12部分:畜禽屠宰	
102	NY/T 2798.13—2015	无公害农产品　生产质量安全控制技术规范　第13部分:养殖水产品	
103	NY/T 2799—2015	绿色食品　畜肉	
104	NY/T 658—2015	绿色食品　包装通用准则	NY/T 658—2002
105	NY/T 843—2015	绿色食品　畜禽肉制品	NY/T 843—2009
106	NY/T 895—2015	绿色食品　高粱	NY/T 895—2004
107	NY/T 896—2015	绿色食品　产品抽样准则	NY/T 896—2004
108	NY/T 902—2015	绿色食品　瓜籽	NY/T 902—2004, NY/T 429—2000
109	NY/T 1049—2015	绿色食品　薯芋类蔬菜	NY/T 1049—2006
110	NY/T 1055—2015	绿色食品　产品检验规则	NY/T 1055—2006
111	NY/T 1324—2015	绿色食品　芥菜类蔬菜	NY/T 1324—2007
112	NY/T 1325—2015	绿色食品　芽苗类蔬菜	NY/T 1325—2007
113	NY/T 1326—2015	绿色食品　多年生蔬菜	NY/T 1326—2007
114	NY/T 1405—2015	绿色食品　水生蔬菜	NY/T 1405—2007
115	NY/T 1506—2015	绿色食品　食用花卉	NY/T 1506—2007
116	NY/T 1511—2015	绿色食品　膨化食品	NY/T 1511—2007
117	NY/T 1714—2015	绿色食品　即食谷粉	NY/T 1714—2009
118	NY/T 5295—2015	无公害农产品　产地环境评价准则	NY/T 5295—2004
119	NY/T 544—2015	猪流行性腹泻诊断技术	NY/T 544—2002
120	NY/T 546—2015	猪传染性萎缩性鼻炎诊断技术	NY/T 546—2002
121	NY/T 548—2015	猪传染性胃肠炎诊断技术	NY/T 548—2002
122	NY/T 553—2015	禽支原体PCR检测方法	NY/T 553—2002
123	NY/T 562—2015	动物衣原体病诊断技术	NY/T 562—2002
124	NY/T 576—2015	绵羊痘和山羊痘诊断技术	NY/T 576—2002
125	NY/T 635—2015	天然草地合理载畜量的计算	NY/T 635—2002
126	NY/T 798—2015	复合微生物肥料	NY/T 798—2004
127	NY/T 983—2015	苹果采收与贮运技术规范	NY/T 983—2006
128	NY/T 1160—2015	蜜蜂饲养技术规范	NY/T 1160—2006
129	NY/T 1392—2015	猕猴桃采收与贮运技术规范	NY/T 1392—2007
130	SC/T 6074—2015	渔船用射频识别(RFID)设备技术要求	
131	SC/T 8149—2015	渔业船舶用气胀式工作救生衣	

中华人民共和国农业部公告
第 2259 号

根据《中华人民共和国农业转基因生物安全管理条例》规定，《转基因植物及其产品成分检测　基体标准物质定值技术规范》等 19 项标准业经专家审定通过，现批准发布为中华人民共和国国家标准，自 2015 年 8 月 1 日起实施。

特此公告。

附件：《转基因植物及其产品成分检测　基体标准物质定值技术规范》等 19 项农业国家标准目录

农业部

2015 年 5 月 21 日

附件：

《转基因植物及其产品成分检测　基体标准物质定值技术规范》等 19 项农业国家标准目录

序号	标准名称	标准代号
1	转基因植物及其产品成分检测　基体标准物质定值技术规范	农业部 2259 号公告—1—2015
2	转基因植物及其产品成分检测　玉米标准物质候选物繁殖与鉴定技术规范	农业部 2259 号公告—2—2015
3	转基因植物及其产品成分检测　棉花标准物质候选物繁殖与鉴定技术规范	农业部 2259 号公告—3—2015
4	转基因植物及其产品成分检测　定性 PCR 方法制定指南	农业部 2259 号公告—4—2015
5	转基因植物及其产品成分检测　实时荧光定量 PCR 方法制定指南	农业部 2259 号公告—5—2015
6	转基因植物及其产品成分检测　耐除草剂大豆 MON87708 及其衍生品种定性 PCR 方法	农业部 2259 号公告—6—2015
7	转基因植物及其产品成分检测　抗虫大豆 MON87701 及其衍生品种定性 PCR 方法	农业部 2259 号公告—7—2015
8	转基因植物及其产品成分检测　耐除草剂大豆 FG72 及其衍生品种定性 PCR 方法	农业部 2259 号公告—8—2015
9	转基因植物及其产品成分检测　耐除草剂油菜 MON88302 及其衍生品种定性 PCR 方法	农业部 2259 号公告—9—2015
10	转基因植物及其产品成分检测　抗虫玉米 IE09S034 及其衍生品种定性 PCR 方法	农业部 2259 号公告—10—2015
11	转基因植物及其产品成分检测　抗虫耐除草剂水稻 G6H1 及其衍生品种定性 PCR 方法	农业部 2259 号公告—11—2015
12	转基因植物及其产品成分检测　抗虫耐除草剂玉米双抗 12-5 及其衍生品种定性 PCR 方法	农业部 2259 号公告—12—2015
13	转基因植物试验安全控制措施　第 1 部分:通用要求	农业部 2259 号公告—13—2015
14	转基因植物试验安全控制措施　第 2 部分:药用工业用转基因植物	农业部 2259 号公告—14—2015
15	转基因植物及其产品环境安全检测　抗除草剂水稻　第 1 部分:除草剂耐受性	农业部 2259 号公告—15—2015
16	转基因植物及其产品环境安全检测　抗除草剂水稻　第 2 部分:生存竞争能力	农业部 2259 号公告—16—2015
17	转基因植物及其产品环境安全检测　耐除草剂油菜　第 1 部分:除草剂耐受性	农业部 2259 号公告—17—2015
18	转基因植物及其产品环境安全检测　耐除草剂油菜　第 2 部分:生存竞争能力	农业部 2259 号公告—18—2015
19	转基因生物良好实验室操作规范　第 1 部分:分子特征检测	农业部 2259 号公告—19—2015

中华人民共和国农业部公告
第 2307 号

《微耕机　安全操作规程》等 68 项标准业经专家审定通过，现批准发布为中华人民共和国农业行业标准，自 2015 年 12 月 1 日起实施。

特此公告。

附件：《微耕机　安全操作规程》等 68 项农业行业标准目录

农业部

2015 年 10 月 9 日

附件：

《微耕机　安全操作规程》等68项农业行业标准目录

序号	标准号	标准名称	代替标准号
1	NY 2800—2015	微耕机　安全操作规程	
2	NY 2801—2015	机动脱粒机　安全操作规程	
3	NY 2802—2015	谷物干燥机大气污染物排放标准	
4	NY/T 2803—2015	家禽繁殖员	
5	NY/T 2804—2015	蔬菜园艺工	
6	NY/T 2805—2015	农业职业经理人	
7	NY/T 2806—2015	饲料检验化验员	
8	NY/T 2807—2015	兽用中药检验员	
9	NY/T 2808—2015	胡椒初加工技术规程	
10	NY/T 2809—2015	澳洲坚果栽培技术规程	
11	NY/T 2810—2015	橡胶树褐根病菌鉴定方法	
12	NY/T 2811—2015	橡胶树棒孢霉落叶病病原菌分子检测技术规范	
13	NY/T 2812—2015	热带作物种质资源收集技术规程	
14	NY/T 2813—2015	热带作物种质资源描述规范　菠萝	
15	NY/T 2814—2015	热带作物种质资源抗病虫鉴定技术规程　橡胶树白粉病	
16	NY/T 2815—2015	热带作物病虫害防治技术规程　红棕象甲	
17	NY/T 2816—2015	热带作物主要病虫害防治技术规程　胡椒	
18	NY/T 2817—2015	热带作物病虫害监测技术规程　香蕉枯萎病	
19	NY/T 2818—2015	热带作物病虫害监测技术规程　红棕象甲	
20	NY/T 2819—2015	植物性食品中腈苯唑残留量的测定　气相色谱—质谱法	
21	NY/T 2820—2015	植物性食品中抑食肼、虫酰肼、甲氧虫酰肼、呋喃虫酰肼和环虫酰肼5种双酰肼类农药残留量的同时测定　液相色谱—质谱联用法	
22	NY/T 2821—2015	蜂胶中咖啡酸苯乙酯的测定　液相色谱—串联质谱法	
23	NY/T 2822—2015	蜂产品中砷和汞的形态分析　原子荧光法	
24	NY/T 2823—2015	八眉猪	
25	NY/T 2824—2015	五指山猪	
26	NY/T 2825—2015	滇南小耳猪	
27	NY/T 2826—2015	沙子岭猪	
28	NY/T 2827—2015	简州大耳羊	
29	NY/T 2833—2015	陕北白绒山羊	
30	NY/T 2828—2015	蜀宣花牛	
31	NY/T 2829—2015	甘南牦牛	
32	NY/T 2830—2015	山麻鸭	
33	NY/T 2831—2015	伊犁马	
34	NY/T 2832—2015	汶上芦花鸡	
35	NY/T 2834—2015	草品种区域试验技术规程　豆科牧草	
36	NY/T 2835—2015	奶山羊饲养管理技术规范	
37	NY/T 2836—2015	肉牛胴体分割规范	
38	NY/T 2837—2015	蜜蜂瓦螨鉴定方法	
39	NY/T 2838—2015	禽沙门氏菌病诊断技术	
40	NY/T 2839—2015	致仔猪黄痢大肠杆菌分离鉴定技术	
41	NY/T 2840—2015	猪细小病毒间接ELISA抗体检测方法	
42	NY/T 2841—2015	猪传染性胃肠炎病毒RT-nPCR检测方法	
43	NY/T 2842—2015	动物隔离场所动物卫生规范	
44	NY/T 2843—2015	动物及动物产品运输兽医卫生规范	

（续）

序号	标准号	标准名称	代替标准号
45	NY/T 2844—2015	双层圆筒初清筛	
46	NY/T 2845—2015	深松机　作业质量	
47	NY/T 2846—2015	农业机械适用性评价通则	
48	NY/T 2847—2015	小麦免耕播种机适用性评价方法	
49	NY/T 2848—2015	谷物联合收割机可靠性评价方法	
50	NY/T 2849—2015	风送式喷雾机施药技术规范	
51	NY/T 2850—2015	割草压扁机　质量评价技术规范	
52	NY/T 2851—2015	玉米机械化深松施肥播种作业技术规范	
53	NY/T 2852—2015	农业机械化水平评价　第5部分:果、茶、桑	
54	NY/T 2853—2015	沼气生产用原料收贮运技术规范	
55	NY/T 2854—2015	沼气工程发酵装置	
56	NY/T 2855—2015	自走式沼渣沼液抽排设备试验方法	
57	NY/T 2856—2015	非自走式沼渣沼液抽排设备试验方法	
58	NY/T 2857—2015	休闲农业术语、符号规范	
59	NY/T 2858—2015	农家乐设施与服务规范	
60	NY/T 2859—2015	主要农作物品种真实性SSR分子标记检测　普通小麦	
61	NY/T 1648—2015	荔枝等级规格	NY/T 1648—2008
62	NY/T 1089—2015	橡胶树白粉病测报技术规程	NY/T 1089—2006
63	NY/T 264—2015	剑麻加工机械　刮麻机	NY/T 264—2004
64	NY/T 1496.1—2015	户用沼气输气系统　第1部分:塑料管材	NY/T 1496.1—2007
65	NY/T 1496.2—2015	户用沼气输气系统　第2部分:塑料管件	NY/T 1496.2—2007
66	NY/T 1496.3—2015	户用沼气输气系统　第3部分:塑料开关	NY/T 1496.3—2007
67	NY/T 538—2015	鸡传染性鼻炎诊断技术	NY/T 538—2002
68	NY/T 561—2015	动物炭疽诊断技术	NY/T 561—2002

中华人民共和国农业部公告
第 2349 号

根据《中华人民共和国兽药管理条例》和《中华人民共和国饲料和饲料添加剂管理条例》规定，《饲料中妥曲珠利的测定　高效液相色谱法》等 8 项标准业经专家审定通过和我部审查批准，现批准发布为中华人民共和国国家标准，自 2016 年 4 月 1 日起实施。

特此公告。

附件：《饲料中妥曲珠利的测定　高效液相色谱法》等 8 项标准目录

农业部

2015 年 12 月 29 日

附件：

《饲料中妥曲珠利的测定　高效液相色谱法》等8项标准目录

序号	标准名称	标准代号
1	饲料中妥曲珠利的测定　高效液相色谱法	农业部2349号公告—1—2015
2	饲料中赛杜霉素钠的测定　柱后衍生高效液相色谱法	农业部2349号公告—2—2015
3	饲料中巴氯芬的测定　高效液相色谱法	农业部2349号公告—3—2015
4	饲料中可乐定和赛庚啶的测定　高效液相色谱法	农业部2349号公告—4—2015
5	饲料中磺胺类和喹诺酮类药物的测定　液相色谱—串联质谱法	农业部2349号公告—5—2015
6	饲料中硝基咪唑类、硝基呋喃类和喹噁啉类药物的测定　液相色谱—串联质谱法	农业部2349号公告—6—2015
7	饲料中司坦唑醇的测定　液相色谱—串联质谱法	农业部2349号公告—7—2015
8	饲料中二甲氧苄氨嘧啶、三甲氧苄氨嘧啶和二甲氧甲基苄氨嘧啶的测定　液相色谱—串联质谱法	农业部2349号公告—8—2015

中华人民共和国农业部公告
第 2350 号

《冬枣等级规格》等 23 项标准业经专家审定通过，现批准发布为中华人民共和国农业行业标准，自 2016 年 4 月 1 日起实施。

特此公告。

附件：《冬枣等级规格》等 23 项农业行业标准目录

农业部

2015 年 12 月 29 日

附件:

《冬枣等级规格》等 23 项农业行业标准目录

序号	标准号	标准名称	代替标准号
1	NY/T 2860—2015	冬枣等级规格	
2	NY/T 2861—2015	杨梅良好农业规范	
3	NY/T 2862—2015	节水抗旱稻　术语	
4	NY/T 2863—2015	节水抗旱稻抗旱性鉴定技术规范	
5	NY/T 2864—2015	葡萄溃疡病抗性鉴定技术规范	
6	NY/T 2865—2015	瓜类果斑病监测规范	
7	NY/T 2866—2015	旱作马铃薯全膜覆盖技术规范	
8	NY/T 2867—2015	西花蓟马鉴定技术规范	
9	NY/T 2868—2015	大白菜贮运技术规范	
10	NY/T 2869—2015	姜贮运技术规范	
11	NY/T 2870—2015	黄麻、红麻纤维线密度的快速检测　显微图像法	
12	NY/T 2871—2015	水稻中 43 种植物激素的测定　液相色谱—串联质谱法	
13	NY/T 2872—2015	耕地质量划分规范	
14	NY/T 2873—2015	农药内分泌干扰作用评价方法	
15	NY/T 2874—2015	农药每日允许摄入量	
16	NY/T 2875—2015	蚊香类产品健康风险评估指南	
17	NY/T 2876—2015	肥料和土壤调理剂　有机质分级测定	
18	NY/T 2877—2015	肥料增效剂　双氰胺含量的测定	
19	NY/T 2878—2015	水溶肥料　聚天门冬氨酸含量的测定	
20	NY/T 2879—2015	水溶肥料　钴、钛含量测定	
21	NY/T 2880—2015	生物质成型燃料工程运行管理规范	
22	NY/T 2881—2015	生物质成型燃料工程设计规范	
23	NY/T 2140—2015	绿色食品　代用茶	NY/T 2140—2012

图书在版编目(CIP)数据

最新中国农业行业标准．第十二辑．种植业分册/农业标准编辑部编．—北京：中国农业出版社，2016.11

(中国农业标准经典收藏系列)

ISBN 978-7-109-22329-5

Ⅰ．①最… Ⅱ．①农… Ⅲ．①农业—行业标准—汇编—中国②种植业—行业标准—汇编—中国 Ⅳ．①S-65 ②S3-65

中国版本图书馆 CIP 数据核字(2016)第 271448 号

中国农业出版社出版

(北京市朝阳区麦子店街 18 号楼)

(邮政编码 100125)

责任编辑 冀 刚 廖 宁

北京中科印刷有限公司印刷　新华书店北京发行所发行

2017 年 1 月第 1 版　2017 年 1 月北京第 1 次印刷

开本：880mm×1230mm 1/16　印张：60.25

字数：1500 千字

定价：540.00 元